한번에 합격하기

〈위험물산업기사〉 필수 핵심강의

한 번도 안본 수험생은 있어도, 한 번만 본 수험생은 없다는
여승훈 쌤의 감동적인 동영상 강의 대방출~
여러분을 쉽고 빠른 자격증 취득의 길로 안내할 기초화학부터 위험물안전관리법령까지
친절하고 꼼꼼한 무료강의 꼭 확인해 보시길 바랍니다.

1 기초화학

원소주기율표와 기초화학
원소주기율표 암기법 및 반응식 만드는 방법 등 위험물 공부를 위해 꼭~ 필요한 기초화학
내용입니다. 화학이 이렇게 쉬웠던가 싶을 겁니다.^^

2 위험물의 종류

제6류 위험물과 제1류 위험물의 성질
제6류 위험물에 있는 수소를 빼고 그 자리에 금속을 넣으니 이럴 수가! 갑자기 제1류
위험물이 되네요. 꼭 확인해보세요.

제2류 위험물의 성질
철분과 금속분은 얼마만큼 크기의 체를 통과하는 것이 위험물에 포함되는지, 이들이 물과
반응하면 어떤 반응이 일어나는지 알려드립니다.

제3류 위험물의 성질
제3류 위험물이 물과 반응하면 왜 위험해지는지 그 이유를 반응식을 통해 속 시원~하게
풀어드립니다.

제4류 위험물의 성질
너무나 많은 종류의 제4류 위험물의 화학식과 구조식을 어떻게 외워야 할까요? 이 강의
하나면 고민할 필요 없습니다.

제5류 위험물의 성질
복잡한 TNT의 화학식과 구조식 말인가요?? 이 강의를 본 뒤 그려보시겠어요? 이유는
모르겠지만 내가 TNT의 구조식과 화학식을 아주 쉽~게 그리고 있을 겁니다.

3 위험물안전관리법령

현장에 있는 실물 사진으로 강의 구성!

옥내저장소의 위치 · 구조 및 설비의 기준

법령에 있는 옥내저장소 필수내용을 완전 압축시켰습니다. 처마높이는 얼마이며, 용기를 겹쳐 쌓는 높이는 또 얼마인지 모두 알려드립니다.

★무료강의GO★

옥외탱크저장소의 위치 · 구조 및 설비의 기준

태어나서 한 번도 본 적이 없는 방유제를 볼 수 있대요. 또 밸브 없는 통기관과 플렉시블 조인트도요. 강의 확인해보세요.

★무료강의GO★

지하탱크저장소의 위치 · 구조 및 설비의 기준

지하저장탱크 전용실에 설치한 탱크는 전용실의 벽과 간격을 얼마만큼 두어야 할까요? 전용실 안에 채우는 자갈분의 지름은 또 얼마 이하일까요? 이 강의에서 알려드립니다.

★무료강의GO★

옥외저장소의 위치 · 구조 및 설비의 기준

옥외저장소에 저장할 수 없는 위험물 종류도 있다고 하네요. 선반은 또 어떻게 생겼을까요? 이 강의에서 모~두 알려드립니다.

★무료강의GO★

주유취급소의 위치 · 구조 및 설비의 기준

주유취급소에서 주유하면서 많이 보던 설비들!! 아~~~ 얘네들이 이런 이유 때문에 거기에 설치되어 있었구나 하실 겁니다.

★무료강의GO★

성안당은 여러분의 합격을 응원합니다!

★더 쉽게 더 빠르게 산업기사 되기

한번에 합격하기

한번에 합격하기 합격플래너

위험물산업기사 필기+실기 [필기]

			1회독	2회독	3회독
핵심이론 (필기+실기 공통)	일반화학	물질의 구분과 상태 및 변화 / 주기율표 / 원자의 구성 / 원자와 원자의 이온화	☐ DAY 1	☐ DAY 31	☐ DAY 46
		화학식과 분자 / 화학의 법칙과 용어 / 화학적 결합과 반응식 / 물질의 용해도와 농도	☐ DAY 2		
		물질의 전해 및 산과 염기 / 산화 · 환원과 전기 화학 / 반응속도와 평형이동 및 열과의 반응 / 무기 및 유기 화합물과 방사성 원소	☐ DAY 3	☐ DAY 32	
	화재예방과 소화방법	연소이론 / 소화이론	☐ DAY 4	☐ DAY 33	☐ DAY 47
		소방시설의 종류 및 설치기준	☐ DAY 5		
	위험물의 성상 및 취급	위험물의 총칙 / 제1류 위험물	☐ DAY 6	☐ DAY 34	
		제2류 위험물 / 제3류 위험물	☐ DAY 7		
		제4류 위험물	☐ DAY 8	☐ DAY 35	
		제5류 위험물 / 제6류 위험물	☐ DAY 9		
위험물 안전관리법 (필기+실기 공통)	위험물안전관리법의 총칙		☐ DAY 10	☐ DAY 36	☐ DAY 48
	제조소, 저장소의 위치 · 구조 및 설비의 기준		☐ DAY 11		
			☐ DAY 12		
	취급소의 위치 · 구조 및 설비의 기준		☐ DAY 13	☐ DAY 37	
	소화난이도등급 및 소화설비의 적응성		☐ DAY 14		
	위험물의 저장 · 취급 및 운반에 관한 기준 / 유별에 따른 위험성 시험방법 및 인화성 액체의 인화점 시험방법		☐ DAY 15		
필기 기출문제	**2020년 제1, 2회 통합 위험물산업기사 필기**		☐ DAY 16	☐ DAY 38	☐ DAY 49
	2020년 제3회 위험물산업기사 필기		☐ DAY 17		
	2020년 제4회 위험물산업기사 필기		☐ DAY 18	☐ DAY 39	
	2021년 제1회 위험물산업기사 필기		☐ DAY 19		
	2021년 제2회 위험물산업기사 필기		☐ DAY 20	☐ DAY 40	☐ DAY 50
	2021년 제4회 위험물산업기사 필기		☐ DAY 21		
	2022년 제1회 위험물산업기사 필기		☐ DAY 22	☐ DAY 41	☐ DAY 51
	2022년 제2회 위험물산업기사 필기		☐ DAY 23		
	2022년 제4회 위험물산업기사 필기		☐ DAY 24	☐ DAY 42	
	2023년 제1회 위험물산업기사 필기		☐ DAY 25		
	2023년 제2회 위험물산업기사 필기		☐ DAY 26	☐ DAY 43	☐ DAY 52
	2023년 제4회 위험물산업기사 필기		☐ DAY 27		
	2024년 제1회 위험물산업기사 필기		☐ DAY 28	☐ DAY 44	
	2024년 제2회 위험물산업기사 필기		☐ DAY 29		☐ DAY 53
	2024년 제3회 위험물산업기사 필기		☐ DAY 30	☐ DAY 45	
신경향예상문제	저자가 엄선한 신경향 족집게 문제		—		
CBT 온라인모의고사 제1회, 제2회, 제3회			—	—	☐ DAY 54
별책부록 | 핵심 써머리 1. 핵심이론 2. 위험물안전관리법 (시험 전 최종 마무리 및 시험장에서 활용 가능)			—	—	☐ DAY 55

한번에 합격하기 합격플래너

위험물산업기사 필기+실기 필기

단기완성! 1회독 맞춤플랜

구분	세부항목	내용	Plan2 33일 꼼꼼코스	Plan3 16일 집중코스	Plan4 8일 속성코스
핵심이론 (필기+실기 공통)	일반화학	물질의 구분과 상태 및 변화 / 주기율표 / 원자의 구성 / 원자와 원자의 이온화	DAY 1	DAY 1	DAY 1
		화학식과 분자 / 화학의 법칙과 용어 / 화학적 결합과 반응식 / 물질의 용해도와 농도	DAY 2	DAY 2	DAY 2
		물질의 전해 및 산과 염기 / 산화 · 환원과 전기화학 / 반응속도와 평형이동 및 열과의 반응 / 무기 및 유기 화합물과 방사성 원소	DAY 3		
	화재예방과 소화방법	연소이론 / 소화이론	DAY 4	DAY 3	DAY 3
		소방시설의 종류 및 설치기준	DAY 5		
	위험물의 성상 및 취급	위험물의 총칙 / 제1류 위험물	DAY 6	DAY 4	
		제2류 위험물 / 제3류 위험물	DAY 7		
		제4류 위험물	DAY 8		
		제5류 위험물 / 제6류 위험물	DAY 9		
위험물 안전관리법 (필기+실기 공통)		위험물안전관리법의 총칙	DAY 10	DAY 5	DAY 4
		제조소, 저장소의 위치 · 구조 및 설비의 기준	DAY 11		
			DAY 12		
		취급소의 위치 · 구조 및 설비의 기준	DAY 13	DAY 6	
		소화난이도등급 및 소화설비의 적응성	DAY 14		
		위험물의 저장 · 취급 및 운반에 관한 기준 / 유별에 따른 위험성 시험방법 및 인화성 액체의 인화점 시험방법	DAY 15		
필기 기출문제		2020년 제1, 2회 통합 위험물산업기사 필기	DAY 16	DAY 7	DAY 5
		2020년 제3회 위험물산업기사 필기	DAY 17		
		2020년 제4회 위험물산업기사 필기	DAY 18	DAY 8	
		2021년 제1회 위험물산업기사 필기	DAY 19		
		2021년 제2회 위험물산업기사 필기	DAY 20	DAY 9	
		2021년 제4회 위험물산업기사 필기	DAY 21		
		2022년 제1회 위험물산업기사 필기	DAY 22	DAY 10	DAY 6
		2022년 제2회 위험물산업기사 필기	DAY 23		
		2022년 제4회 위험물산업기사 필기	DAY 24	DAY 11	
		2023년 제1회 위험물산업기사 필기	DAY 25		
		2023년 제2회 위험물산업기사 필기	DAY 26	DAY 12	
		2023년 제4회 위험물산업기사 필기	DAY 27		
		2024년 제1회 위험물산업기사 필기	DAY 28	DAY 13	DAY 7
		2024년 제2회 위험물산업기사 필기	DAY 29		
		2024년 제3회 위험물산업기사 필기	DAY 30		
신경향예상문제		저자가 엄선한 신경향 족집게 문제	DAY 31	DAY 14	
CBT 온라인모의고사 제1회, 제2회, 제3회			DAY 32	DAY 15	
별책부록	핵심 써머리 1. 핵심이론 2. 위험물안전관리법 (시험 전 최종 마무리 및 시험장에서 활용 가능)			DAY 33	DAY 16	DAY 8

절취선

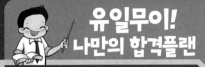

한번에 합격하기 합격플래너

위험물산업기사 [필기]+[실기]   [필기]

분류	세부	내용	일정	1회독	2회독	3회독	MEMO
핵심이론 (필기+실기 공통)	일반화학	물질의 구분과 상태 및 변화 / 주기율표 / 원자의 구성 / 원자와 원자의 이온화	월 일	☐	☐	☐	
		화학식과 분자 / 화학의 법칙과 용어 / 화학적 결합과 반응식 / 물질의 용해도와 농도	월 일	☐	☐	☐	
		물질의 전해 및 산과 염기 / 산화 · 환원과 전기화학 / 반응속도와 평형이동 및 열과의 반응 / 무기 및 유기 화합물과 방사성 원소	월 일	☐	☐	☐	
	화재예방과 소화방법	연소이론 / 소화이론	월 일	☐	☐	☐	
		소방시설의 종류 및 설치기준	월 일	☐	☐	☐	
	위험물의 성상 및 취급	위험물의 총칙 / 제1류 위험물	월 일	☐	☐	☐	
		제2류 위험물 / 제3류 위험물	월 일	☐	☐	☐	
		제4류 위험물	월 일	☐	☐	☐	
		제5류 위험물 / 제6류 위험물	월 일	☐	☐	☐	
위험물 안전관리법 (필기+실기 공통)		위험물안전관리법의 총칙	월 일	☐	☐	☐	
		제조소, 저장소의 위치 · 구조 및 설비의 기준	월 일	☐	☐	☐	
			월 일	☐	☐	☐	
		취급소의 위치 · 구조 및 설비의 기준	월 일	☐	☐	☐	
		소화난이도등급 및 소화설비의 적응성	월 일	☐	☐	☐	
		위험물의 저장 · 취급 및 운반에 관한 기준 / 유별에 따른 위험성 시험방법 및 인화성 액체의 인화점 시험방법	월 일	☐	☐	☐	
필기 기출문제		2020년 제1, 2회 통합 위험물산업기사 필기	월 일	☐	☐	☐	
		2020년 제3회 위험물산업기사 필기	월 일	☐	☐	☐	
		2020년 제4회 위험물산업기사 필기	월 일	☐	☐	☐	
		2021년 제1회 위험물산업기사 필기	월 일	☐	☐	☐	
		2021년 제2회 위험물산업기사 필기	월 일	☐	☐	☐	
		2021년 제4회 위험물산업기사 필기	월 일	☐	☐	☐	
		2022년 제1회 위험물산업기사 필기	월 일	☐	☐	☐	
		2022년 제2회 위험물산업기사 필기	월 일	☐	☐	☐	
		2022년 제4회 위험물산업기사 필기	월 일	☐	☐	☐	
		2023년 제1회 위험물산업기사 필기	월 일	☐	☐	☐	
		2023년 제2회 위험물산업기사 필기	월 일	☐	☐	☐	
		2023년 제4회 위험물산업기사 필기	월 일	☐	☐	☐	
		2024년 제1회 위험물산업기사 필기	월 일	☐	☐	☐	
		2024년 제2회 위험물산업기사 필기	월 일	☐	☐	☐	
		2024년 제3회 위험물산업기사 필기	월 일	☐	☐	☐	
신경향예상문제		저자가 엄선한 신경향 족집게 문제	월 일	☐	☐	☐	
CBT 온라인모의고사 제1회, 제2회, 제3회			월 일	☐	☐	☐	
별책부록 │ 핵심 써머리 1. 핵심이론 2. 위험물안전관리법 (시험 전 최종 마무리 및 시험장에서 활용 가능)			월 일	☐	☐	☐	

절취선

저자쌤의 **필기** 합격 플래너 활용 Tip.

01. Choice

시험대비를 위해 여유 있는 시간을 확보해 제대로 공부하여 시험합격은 물론 고득점을 노리는 수험생들은 Plan 1. 55일 완벽코스를, 폭넓고 깊은 학습은 불가능해도 꼼꼼하게 공부해 한번에 시험합격을 원하시는 수험생들은 Plan 2. 33일 꼼꼼코스를, 시험준비를 늦게 시작하였으나 짧은 기간에 온전히 학습할 수 있는 많은 시간확보가 가능한 수험생들은 Plan 3. 16일 집중코스를, 부족한 시간이지만 열심히 공부하여 60점만 넘어 합격의 영광을 누리고 싶은 수험생들은 Plan 4. 8일 속성코스가 적합합니다!

단, 저자쌤은 위의 학습플랜 중 충분한 학습기간을 가지고 제대로 시험대비를 할 수 있는 Plan 1을 추천합니다!!!

02. Plus

Plan 1~4까지 중 나에게 맞는 학습플랜이 없을 시, Plan 5에 나에게 꼭~ 맞는 나만의 학습계획을 스스로 세워보거나, 또는 Plan 2 + Plan 3, Plan 2 + Plan 4, Plan 3 + Plan 4 등 제시된 코스를 활용하여 나의 시험준비기간에 잘~ 맞는 학습계획을 세워보세요!

03. Unique

유일무이! 나만의 합격 플랜에는 계획에 따라 3회독까지 학습체크를 할 수 있는 공란과, 처음 1회독 시 학습한 날짜를 기입할 수 있는 공간을 따로 두었습니다!

04. Pass

별책부록으로 수록되어 있는 핵심 써머리는 플래너의 학습일과 상관없이 기출문제를 풀 때 옆에 두고 수시로 참고하거나, 모든 학습이 끝난 후 한번 더 반복하여 봐주시고, 시험당일 시험장에서 최종마무리용으로 활용하시길 바랍니다!

절취선

한번에 합격하기 합격플래너

위험물산업기사 [필기]+[실기] 실기

저자추천!
3회독 완벽플랜

Plan1 34일 완벽코스

			1회독	2회독	3회독
핵심이론 (필기+실기 공통)	화재예방과 소화방법	연소이론 / 소화이론	DAY 1	DAY 23	DAY 30
		소방시설의 종류 및 설치기준			
	위험물의 성상 및 취급	위험물의 총칙 / 제1류 위험물	DAY 2		
		제2류 위험물 / 제3류 위험물			
		제4류 위험물			
		제5류 위험물 / 제6류 위험물			
위험물 안전관리법 (필기+실기 공통)	위험물안전관리법의 총칙		DAY 3		
	제조소, 저장소의 위치 · 구조 및 설비의 기준				
	취급소의 위치 · 구조 및 설비의 기준		DAY 4		
	소화난이도등급 및 소화설비의 적응성				
	위험물의 저장 · 취급 및 운반에 관한 기준 / 유별에 따른 위험성 시험방법 및 인화성 액체의 인화점 시험방법				
실기 예상문제	기초화학		DAY 5	DAY 24	
	화재예방과 소화방법				
	위험물의 성상 및 취급				
	위험물안전관리법				
실기 기출문제	2020년 제1회 위험물산업기사 실기		DAY 6	DAY 25	DAY 31
	2020년 제1, 2회 통합 위험물산업기사 실기		DAY 7		
	2020년 제3회 위험물산업기사 실기		DAY 8		
	2020년 제4회 위험물산업기사 실기		DAY 9		
	2020년 제5회 위험물산업기사 실기		DAY 10		
	2021년 제1회 위험물산업기사 실기		DAY 11		
	2021년 제2회 위험물산업기사 실기		DAY 12	DAY 26	
	2021년 제4회 위험물산업기사 실기		DAY 13		
	2022년 제1회 위험물산업기사 실기		DAY 14		
	2022년 제2회 위험물산업기사 실기		DAY 15	DAY 27	
	2022년 제4회 위험물산업기사 실기		DAY 16		
	2023년 제1회 위험물산업기사 실기		DAY 17		DAY 32
	2023년 제2회 위험물산업기사 실기		DAY 18	DAY 28	
	2023년 제4회 위험물산업기사 실기		DAY 19		
	2024년 제1회 위험물산업기사 실기		DAY 20		
	2024년 제2회 위험물산업기사 실기		DAY 21	DAY 29	
	2024년 제3회 위험물산업기사 실기		DAY 22		
실기신유형문제	2020~2024년 새롭게 출제된 신유형 문제 분석		—		DAY 33
	별책부록	핵심 써머리 1. 핵심이론 2. 위험물안전관리법 (시험 전 최종 마무리 및 시험장에서 활용 가능)		—	—	DAY 34

절취선

한번에 합격하기 합격플래너

위험물산업기사 [필기]+[실기] [실기]

단기완성! 1회독 맞춤플랜

구분	세부	내용	Plan2 22일 꼼꼼코스	Plan3 11일 집중코스	Plan4 7일 속성코스
핵심이론 (필기+실기 공통)	화재예방과 소화방법	연소이론 / 소화이론	☐ DAY 1	☐ DAY 1	☐ DAY 1
		소방시설의 종류 및 설치기준			
	위험물의 성상 및 취급	위험물의 총칙 / 제1류 위험물			
		제2류 위험물 / 제3류 위험물			
		제4류 위험물			
		제5류 위험물 / 제6류 위험물			
위험물 안전관리법 (필기+실기 공통)		위험물안전관리법의 총칙	☐ DAY 2	☐ DAY 2	
		제조소, 저장소의 위치·구조 및 설비의 기준			
		취급소의 위치·구조 및 설비의 기준			
		소화난이도등급 및 소화설비의 적응성			
		위험물의 저장·취급 및 운반에 관한 기준 / 유별에 따른 위험성 시험방법 및 인화성 액체의 인화점 시험방법			
실기 예상문제		기초화학	☐ DAY 3	☐ DAY 3	☐ DAY 2
		화재예방과 소화방법			
		위험물의 성상 및 취급			
		위험물안전관리법			
실기 기출문제		2020년 제1회 위험물산업기사 실기	☐ DAY 4	☐ DAY 4	☐ DAY 3
		2020년 제1, 2회 통합 위험물산업기사 실기	☐ DAY 5		
		2020년 제3회 위험물산업기사 실기	☐ DAY 6		
		2020년 제4회 위험물산업기사 실기	☐ DAY 7	☐ DAY 5	
		2020년 제5회 위험물산업기사 실기	☐ DAY 8		
		2021년 제1회 위험물산업기사 실기	☐ DAY 9	☐ DAY 6	☐ DAY 4
		2021년 제2회 위험물산업기사 실기	☐ DAY 10		
		2021년 제4회 위험물산업기사 실기	☐ DAY 11		
		2022년 제1회 위험물산업기사 실기	☐ DAY 12	☐ DAY 7	
		2022년 제2회 위험물산업기사 실기	☐ DAY 13		
		2022년 제4회 위험물산업기사 실기	☐ DAY 14		
		2023년 제1회 위험물산업기사 실기	☐ DAY 15	☐ DAY 8	☐ DAY 5
		2023년 제2회 위험물산업기사 실기	☐ DAY 16		
		2023년 제4회 위험물산업기사 실기	☐ DAY 17		
		2024년 제1회 위험물산업기사 실기	☐ DAY 18		
		2024년 제2회 위험물산업기사 실기	☐ DAY 19	☐ DAY 9	
		2024년 제3회 위험물산업기사 실기	☐ DAY 20		
실기 신유형 문제		2020~2024년 새롭게 출제된 신유형 문제 분석	☐ DAY 21	☐ DAY 10	☐ DAY 6
별책부록 | 핵심 써머리 1. 핵심이론 2. 위험물안전관리법 (시험 전 최종 마무리 및 시험장에서 활용 가능)			☐ DAY 22	☐ DAY 11	☐ DAY 7

절취선

한번에 합격하기 합격플래너

위험물산업기사 [필기]+[실기] [실기]

유일무이! 나만의 합격플랜

Plan5 나의 합격코스

				1회독	2회독	3회독	MEMO
핵심이론 (필기+실기 공통)	화재예방과 소화방법	연소이론 / 소화이론	월 일	☐	☐	☐	
		소방시설의 종류 및 설치기준	월 일	☐	☐	☐	
	위험물의 성상 및 취급	위험물의 총칙 / 제1류 위험물	월 일	☐	☐	☐	
		제2류 위험물 / 제3류 위험물	월 일	☐	☐	☐	
		제4류 위험물	월 일	☐	☐	☐	
		제5류 위험물 / 제6류 위험물	월 일	☐	☐	☐	
위험물 안전관리법 (필기+실기 공통)	위험물안전관리법의 총칙		월 일	☐	☐	☐	
	제조소, 저장소의 위치 · 구조 및 설비의 기준		월 일	☐	☐	☐	
	취급소의 위치 · 구조 및 설비의 기준		월 일	☐	☐	☐	
	소화난이도등급 및 소화설비의 적응성		월 일	☐	☐	☐	
	위험물의 저장 · 취급 및 운반에 관한 기준 / 유별에 따른 위험성 시험방법 및 인화성 액체의 인화점 시험방법		월 일	☐	☐	☐	
실기 예상문제	기초화학		월 일	☐	☐	☐	
	화재예방과 소화방법		월 일	☐	☐	☐	
	위험물의 성상 및 취급		월 일	☐	☐	☐	
	위험물안전관리법		월 일	☐	☐	☐	
실기 기출문제	**2020년** 제1회 위험물산업기사 실기		월 일	☐	☐	☐	
	2020년 제1, 2회 통합 위험물산업기사 실기		월 일	☐	☐	☐	
	2020년 제3회 위험물산업기사 실기		월 일	☐	☐	☐	
	2020년 제4회 위험물산업기사 실기		월 일	☐	☐	☐	
	2020년 제5회 위험물산업기사 실기		월 일	☐	☐	☐	
	2021년 제1회 위험물산업기사 실기		월 일	☐	☐	☐	
	2021년 제2회 위험물산업기사 실기		월 일	☐	☐	☐	
	2021년 제4회 위험물산업기사 실기		월 일	☐	☐	☐	
	2022년 제1회 위험물산업기사 실기		월 일	☐	☐	☐	
	2022년 제2회 위험물산업기사 실기		월 일	☐	☐	☐	
	2022년 제4회 위험물산업기사 실기		월 일	☐	☐	☐	
	2023년 제1회 위험물산업기사 실기		월 일	☐	☐	☐	
	2023년 제2회 위험물산업기사 실기		월 일	☐	☐	☐	
	2023년 제4회 위험물산업기사 실기		월 일	☐	☐	☐	
	2024년 제1회 위험물산업기사 실기		월 일	☐	☐	☐	
	2024년 제2회 위험물산업기사 실기		월 일	☐	☐	☐	
	2024년 제3회 위험물산업기사 실기		월 일	☐	☐	☐	
실기신유형문제	2020~2024년 새롭게 출제된 신유형 문제 분석		월 일	☐	☐	☐	
별책부록 | 핵심 써머리 1. 핵심이론 2. 위험물안전관리법 (시험 전 최종 마무리 및 시험장에서 활용 가능)			월 일	☐	☐	☐	

절취선

저자쌤의 실기 합격 플래너 활용 Tip.

01. Choice

시험대비를 위해 여유 있는 시간을 확보해 제대로 공부하여 시험합격은 물론 고득점을 노리는 수험생들은 **Plan 1. 34일 완벽코스**를, 폭넓고 깊은 학습은 불가능해도 꼼꼼하게 공부해 한번에 시험합격을 원하시는 수험생들은 **Plan 2. 22일 꼼꼼코스**를, 시험준비를 늦게 시작하였으나 짧은 기간에 온전히 학습할 수 있는 많은 시간확보가 가능한 수험생들은 **Plan 3. 11일 집중코스**를, 부족한 시간이지만 열심히 공부하여 60점만 넘어 합격의 영광을 누리고 싶은 수험생들은 **Plan 4. 7일 속성코스**가 적합합니다!

단, 저자쌤은 위의 학습플랜 중 충분한 학습기간을 가지고 제대로 시험대비를 할 수 있는 **Plan 1**을 추천합니다!!!

02. Plus

Plan 1~4까지 중 나에게 맞는 학습플랜이 없을 시, **Plan 5에 나에게 꼭~ 맞는 나만의 학습계획**을 스스로 세워보거나, 또는 **Plan 2 + Plan 3, Plan 2 + Plan 4, Plan 3 + Plan 4** 등 제시된 코스를 활용하여 나의 시험준비기간에 잘~ 맞는 학습계획을 세워보세요!

03. Unique

유일무이! 나만의 합격 플랜에는 계획에 따라 3회독까지 학습체크를 할 수 있는 공란과, 처음 1회독 시 학습한 날짜를 기입할 수 있는 공간을 따로 두었습니다!

04. Pass

별책부록으로 수록되어 있는 **핵심 써머리**는 플래너의 학습일과 상관없이 기출문제를 풀 때 옆에 두고 수시로 참고하거나, 모든 학습이 끝난 후 한번 더 반복하여 봐주시고, 시험당일 시험장에서 최종마무리용으로 활용하시길 바랍니다!

※ "합격플래너"를 활용해 계획적으로 시험대비를 하여 필기시험에 합격하신 수험생분께는 「문화상품권(2만원)」을 보내드립니다(단, 선착순(10명)이며, 온라인서점에 플래너 활용사진을 포함한 도서리뷰 or 합격후기를 올려주신 후 인증사진을 보내주신 분에 한합니다). (☎ 문의 : 031-950-6349)

표준 주기율표
(Periodic Table of The Elements)

표기법:

원자 번호
기호
원소명(국문)
원소명(영문)
일반 원자량
표준 원자량

1	2		3	4	5	6	7	8	9	10	11	12	13	14	15	16	17	18
1 **H** 수소 hydrogen 1.008 [1.0078, 1.0082]																		2 **He** 헬륨 helium 4.0026
3 **Li** 리튬 lithium 6.94 [6.938, 6.997]	4 **Be** 베릴륨 beryllium 9.0122												5 **B** 붕소 boron 10.81 [10.806, 10.821]	6 **C** 탄소 carbon 12.011 [12.009, 12.012]	7 **N** 질소 nitrogen 14.007 [14.006, 14.008]	8 **O** 산소 oxygen 15.999 [15.999, 16.000]	9 **F** 플루오린 fluorine 18.998	10 **Ne** 네온 neon 20.180
11 **Na** 소듐 sodium 22.990	12 **Mg** 마그네슘 magnesium 24.305 [24.304, 24.307]												13 **Al** 알루미늄 aluminium 26.982	14 **Si** 규소 silicon 28.085 [28.084, 28.086]	15 **P** 인 phosphorus 30.974	16 **S** 황 sulfur 32.06 [32.059, 32.076]	17 **Cl** 염소 chlorine 35.45 [35.446, 35.457]	18 **Ar** 아르곤 argon 39.95 [39.792, 39.963]
19 **K** 포타슘 potassium 39.098	20 **Ca** 칼슘 calcium 40.078(4)		21 **Sc** 스칸듐 scandium 44.956	22 **Ti** 타이타늄 titanium 47.867	23 **V** 바나듐 vanadium 50.942	24 **Cr** 크로뮴 chromium 51.996	25 **Mn** 망가니즈 manganese 54.938	26 **Fe** 철 iron 55.845(2)	27 **Co** 코발트 cobalt 58.933	28 **Ni** 니켈 nickel 58.693	29 **Cu** 구리 copper 63.546(3)	30 **Zn** 아연 zinc 65.38(2)	31 **Ga** 갈륨 gallium 69.723	32 **Ge** 저마늄 germanium 72.630(8)	33 **As** 비소 arsenic 74.922	34 **Se** 셀레늄 selenium 78.971(8)	35 **Br** 브로민 bromine 79.904 [79.901, 79.907]	36 **Kr** 크립톤 krypton 83.798(2)
37 **Rb** 루비듐 rubidium 85.468	38 **Sr** 스트론튬 strontium 87.62		39 **Y** 이트륨 yttrium 88.906	40 **Zr** 지르코늄 zirconium 91.224(2)	41 **Nb** 나이오븀 niobium 92.906	42 **Mo** 몰리브데넘 molybdenum 95.95	43 **Tc** 테크네튬 technetium	44 **Ru** 루테늄 ruthenium 101.07(2)	45 **Rh** 로듐 rhodium 102.91	46 **Pd** 팔라듐 palladium 106.42	47 **Ag** 은 silver 107.87	48 **Cd** 카드뮴 cadmium 112.41	49 **In** 인듐 indium 114.82	50 **Sn** 주석 tin 118.71	51 **Sb** 안티모니 antimony 121.76	52 **Te** 텔루륨 tellurium 127.60(3)	53 **I** 아이오딘 iodine 126.90	54 **Xe** 제논 xenon 131.29
55 **Cs** 세슘 caesium 132.91	56 **Ba** 바륨 barium 137.33		57-71 란타넘족 lanthanoids	72 **Hf** 하프늄 hafnium 178.49(2)	73 **Ta** 탄탈럼 tantalum 180.95	74 **W** 텅스텐 tungsten 183.84	75 **Re** 레늄 rhenium 186.21	76 **Os** 오스뮴 osmium 190.23(3)	77 **Ir** 이리듐 iridium 192.22	78 **Pt** 백금 platinum 195.08	79 **Au** 금 gold 196.97	80 **Hg** 수은 mercury 200.59	81 **Tl** 탈륨 thallium 204.38 [204.38, 204.39]	82 **Pb** 납 lead 207.2	83 **Bi** 비스무트 bismuth 208.98	84 **Po** 폴로늄 polonium	85 **At** 아스타틴 astatine	86 **Rn** 라돈 radon
87 **Fr** 프랑슘 francium	88 **Ra** 라듐 radium		89-103 악티늄족 actinoids	104 **Rf** 러더포듐 rutherfordium	105 **Db** 두브늄 dubnium	106 **Sg** 시보귬 seaborgium	107 **Bh** 보륨 bohrium	108 **Hs** 하슘 hassium	109 **Mt** 마이트너륨 meitnerium	110 **Ds** 다름슈타튬 darmstadtium	111 **Rg** 뢴트게늄 roentgenium	112 **Cn** 코페르니슘 copernicium	113 **Nh** 니호늄 nihonium	114 **Fl** 플레로븀 flerovium	115 **Mc** 모스코븀 moscovium	116 **Lv** 리버모륨 livermorium	117 **Ts** 테네신 tennessine	118 **Og** 오가네손 oganesson

57 **La** 란타넘 lanthanum 138.91	58 **Ce** 세륨 cerium 140.12	59 **Pr** 프라세오디뮴 praseodymium 140.91	60 **Nd** 네오디뮴 neodymium 144.24	61 **Pm** 프로메튬 promethium	62 **Sm** 사마륨 samarium 150.36(2)	63 **Eu** 유로퓸 europium 151.96	64 **Gd** 가돌리늄 gadolinium 157.25(3)	65 **Tb** 터븀 terbium 158.93	66 **Dy** 디스프로슘 dysprosium 162.50	67 **Ho** 홀뮴 holmium 164.93	68 **Er** 어븀 erbium 167.26	69 **Tm** 툴륨 thulium 168.93	70 **Yb** 이터븀 ytterbium 173.05	71 **Lu** 루테튬 lutetium 174.97
89 **Ac** 악티늄 actinium	90 **Th** 토륨 thorium 232.04	91 **Pa** 프로트악티늄 protactinium 231.04	92 **U** 우라늄 uranium 238.03	93 **Np** 넵투늄 neptunium	94 **Pu** 플루토늄 plutonium	95 **Am** 아메리슘 americium	96 **Cm** 퀴륨 curium	97 **Bk** 버클륨 berkelium	98 **Cf** 캘리포늄 californium	99 **Es** 아인슈타이늄 einsteinium	100 **Fm** 페르뮴 fermium	101 **Md** 멘델레븀 mendelevium	102 **No** 노벨륨 nobelium	103 **Lr** 로렌슘 lawrencium

출처_© 대한화학회

※ 표준 원자량은 2011년 IUPAC에서 결정한 새로운 형식을 따른 것으로, [ ] 안에 표시된 숫자는 2종류 이상의 안정한 동위원소가 존재하는 경우에 지각 시료에서 발견되는 자연 존재비의 분포를 고려한 표준 원자량의 범위를 나타낸 것임.

화학용어 변경사항 정리

표준화 지침에 따라 화학용어가 일부 변경되었습니다.
본 도서는 바뀐 화학용어로 표기되어 있으나, 시험에 변경 전 용어로 출제될 수도 있어 수험생들의
완벽한 시험 대비를 위해 변경 전/후의 화학용어를 정리해 두었습니다.
학습하시는 데 참고하시기 바랍니다.

변경 후	변경 전	변경 후	변경 전
염화 이온	염소 이온	메테인	메탄
염화바이닐	염화비닐	에테인	에탄
이산화황	아황산가스	프로페인	프로판
사이안	시안	뷰테인	부탄
알데하이드	알데히드	헥세인	헥산
황산철(Ⅱ)	황산제일철	셀레늄	셀렌
산화크로뮴(Ⅲ)	삼산화제이크롬	테트라플루오로에틸렌	사불화에틸렌
크로뮴	크롬	실리카젤	실리카겔
다이크로뮴산	중크롬산	할로젠	할로겐
브로민	브롬	녹말	전분
플루오린	불소, 플루오르	아이소뷰틸렌	이소부틸렌
다이클로로메테인	디클로로메탄	아이소사이아누르산	이소시아눌산
1,1-다이클로로에테인	1,1-디클로로에탄	싸이오	티오
1,2-다이클로로에테인	1,2-디클로로에탄	다이	디
클로로폼	클로로포름	트라이	트리
스타이렌	스틸렌	설폰 / 설폭	술폰 / 술폭
1,3-뷰타다이엔	1,3-부타디엔	나이트로 / 나이트릴	니트로 / 니트릴
아크릴로나이트릴	아크릴로니트릴	하이드로	히드로
트라이클로로에틸렌	트리클로로에틸렌	하이드라	히드라
N,N-다이메틸폼아마이드	N,N-디메틸포름아미드	퓨란	푸란
다이에틸헥실프탈레이트	디에틸헥실프탈레이트	아이오딘	요오드
바이닐아세테이트	비닐아세테이트	란타넘	란탄
하이드라진	히드라진	에스터	에스테르
망가니즈	망간	에터	에테르
알케인	알칸	60분+방화문, 60분 방화문	갑종방화문
알카인	알킨	30분 방화문	을종방화문

한번에
합격하는
위험물산업기사

필기 여승훈, 박수경 지음

BM (주)도서출판 성안당

■ 도서 A/S 안내

성안당에서 발행하는 모든 도서는 저자와 출판사, 그리고 독자가 함께 만들어 나갑니다.

좋은 책을 펴내기 위해 많은 노력을 기울이고 있습니다. 혹시라도 내용상의 오류나 오탈자 등이 발견되면 **"좋은 책은 나라의 보배"**로서 우리 모두가 함께 만들어 간다는 마음으로 연락주시기 바랍니다. 수정 보완하여 더 나은 책이 되도록 최선을 다하겠습니다.

성안당은 늘 독자 여러분들의 소중한 의견을 기다리고 있습니다. 좋은 의견을 보내 주시는 분께는 성안당 쇼핑몰의 포인트(3,000포인트)를 적립해 드립니다.

잘못 만들어진 책이나 부록 등이 파손된 경우에는 교환해 드립니다.

저자 문의 e-mail : antidanger@kakao.com(박수경)
본서 기획자 e-mail : coh@cyber.co.kr(최옥현)
홈페이지 : http://www.cyber.co.kr   전화 : 031) 950-6300

안녕하십니까?

위험물안전관리법에서는 위험물을 취급할 수 있는 자의 자격을 위험물에 관한 국가기술자격을 취득한 자로 규정하고 있어 석유화학단지를 비롯한 대부분의 사업장에서 근무하기 위해서는 위험물을 취급할 수 있는 자격을 갖추어야 합니다.

현재 대한민국은 사회전반에 걸쳐 안전에 대한 요구가 증가하고 있어, 안전과 관련된 자격증의 수요 역시 점차 확산되고 있는 추세입니다. 특히 화학공장에서 발생하는 사고의 규모는 매우 크기 때문에 이에 대한 규제를 더 강화하고 있는 실정이며, 위험물자격 취득의 수요는 앞으로 더 늘어날 수밖에 없을 것입니다. 위험물산업기사는 위험물기능사와 달리 바로 법적으로 안전관리자로 선임할 수 있으므로 수요가 매우 큰 자격증이라 할 수 있습니다.

위험물산업기사를 준비하기 위해 책을 선택하는 기준은 크게 두 가지로 볼 수 있습니다.

첫 번째, **문제에 대한 해설이 이해하기 쉽게 되어 있는 책**을 선택해야 합니다. 기출문제는 같아도 그 문제에 대한 풀이는 책마다 다를 수밖에 없으며, 해설의 길이가 길고 짧음을 떠나 얼마나 이해하기 쉽고 전달력 있게 풀이하는지가 더 중요합니다.

두 번째, **최근 개정된 법령이 반영되어 있는 책**인지를 확인해야 합니다. 위험물안전관리법은 자주 개정되는 편은 아니지만, 개정 시점에는 꼭 개정된 부분에 대해 출제되는 경향이 있습니다. 그렇다고 해서 수험생 여러분들이 개정된 법까지 찾아가며 공부하는 것은 힘들기 때문에 믿고 공부할 수 있는 수험서를 선택해야 합니다.

해마다 도서의 내용을 수정, 보완하고 기출문제를 추가해 나가고 있습니다. 정성을 다하여 하고 있으나 수험생분들이 시험대비를 하는 데 부족한 부분이 있을까 염려됩니다. 혹시라도 내용의 오류나 학습하시는 데 불편한 부분이 있다면 언제든지 말씀해 주시면 개정판 작업 시 반영하여 좀더 나은 수험서로 거듭날 수 있도록 노력하겠습니다.

마지막으로 이 책을 출간하기까지 여러 가지로 도움을 주신 모든 분들께 감사의 말씀을 드립니다.

저자

위험물안전관리법에서는 다음과 같이 위험물을 취급하는 모든 사업장은 위험물의 취급에 관한 자격이 있는 자를 위험물안전관리자로 선임해야 하며, 위험물을 취급할 수 있는 자격이 있는 자만이 위험물을 취급할 수 있다 라고 규정하고 있기 때문에 석유화학단지에서는 필수 자격증을 넘어 필수 면허증의 개념으로 활용되고 있습니다.

(위험물안전관리법 제15조) 제조소등의 관계인은 위험물의 안전관리에 관한 직무를 수행하게 하기 위하여 제조소등마다 대통령령이 정하는 위험물의 취급에 관한 자격이 있는 자(이하 "위험물취급자격자"라 한다)를 위험물안전관리자(이하 "안전관리자"라 한다)로 선임하여야 한다.

① ⋯ 자격명

위험물산업기사(Industrial Engineer Hazardous material)

② ⋯ 개요

위험물은 발화성, 인화성, 가연성, 폭발성 때문에 사소한 부주의에도 커다란 재해를 가져올 수 있습니다. 또한 위험물의 용도가 다양해지고, 제조시설도 대규모화되면서 생활공간과 가까이 설치되는 경우가 많아짐에 따라 위험물의 취급과 관리에 대한 안전성을 높이고자 자격제도를 제정하였습니다.

③ ⋯ 수행직무

위험물안전관리법에 규정된 위험물의 저장, 제조, 취급소에서 위험물을 안전하게 취급하고 일반작업자를 지시·감독하며, 각 설비 및 시설에 대한 안전점검 실시, 재해발생 시 응급조치 실시 등 위험물에 대한 보안, 감독 업무를 수행합니다.

④ ⋯ 진로 및 전망

- 위험물(제1류~제6류)의 제조, 저장, 취급 전문업체에 종사하거나 도료제조, 고무제조, 금속제련, 유기합성물제조, 염료제조, 화장품제조, 인쇄잉크제조 업체 및 지정수량 이상의 위험물 취급업체에 종사할 수 있습니다.
- 산업체에서 사용하는 발화성, 인화성 물품을 위험물이라 하는데 산업의 고도성장에 따라 위험물의 수요와 종류가 많아지고 있어 위험성 역시 대형화되어가고 있습니다. 이에 따라 위험물을 안전하게 취급·관리하는 전문가의 수요는 꾸준할 것으로 전망됩니다. 또한 위험물산업기사의 경우 위험물안전관리법으로 정한 위험물 제1류~제6류에 속하는 모든 위험물을 관리할 수 있으므로 취업영역이 넓은 편입니다.

⑤ 관련부처 및 시행기관

- 관련부처 – 소방청
- 시행기관 – 한국산업인력공단(http://www.q-net.or.kr)

⑥ 관련학과 및 훈련기관

- 관련학과 – 전문대학 및 대학의 화학공업, 화학공학 등 관련학과
- 훈련기관 – 일반 사설학원

⑦ 원서 접수 방법

시행기관인 한국산업인력공단에서 운영하는 홈페이지 큐넷(http://www.q-net.or.kr)에 회원가입 후, 원하는 지역을 선택하여 원서접수를 할 수 있습니다.

내방접수는 불가능하니, 꼭 온라인사이트를 이용하세요!

⑧ 시험 수수료 및 원서 접수시간

- 시험 수수료 – 위험물산업기사 필기시험 수수료는 19,400원(실기시험은 20,800원) (2024년 12월 기준으로서 추후 변동 가능)입니다.
- 원서 접수시간 – 원서 접수기간의 첫날 10:00부터 마지막 날 18:00 까지입니다.

가끔 마지막 날 밤 12:00까지로 알고 접수를 놓치는 경우도 있으니, 꼭 해지기 전에 신청하세요!

⑨ 시험 준비물 및 시험 기간

- 시험 준비물 : 신분증, 수험표(또는 수험번호), 흑색사인펜 또는 볼펜(실기시험 시), 수정테이프(실기시험 시), 계산기(공학용 계산기 및 일반 계산기 : 공학용의 경우 기종의 제한이 있으니 미리 확인하시기 바랍니다.)
- 시험 기간 : 필기시험은 약 1주의 기간 동안 진행되는데 그 중 원하는 날짜와 원하는 시간을 선택할 수 있으며 한 회당 한 번만 응시할 수 있습니다.
  - 1부(08:40까지 입실) ~ 8부(16:40까지 입실)

시험장 입실 시간은 시험시작 20분 전이고, 필기시험은 문제를 빨리 풀면 즉시 완료하고 언제든지 시험장에서 나올 수 있습니다!

⑩ 시험문제 형식(필기-CBT 형식)

문제은행에서 무작위로 선별된 문제들로 구성되며, 응시자 모두가 다른 형태로 구성된 문제를 풀게 됩니다.

문제 구성은 공평한 난이도로 이뤄지기 때문에 나한테만 어려운 문제들이 집중되지는 않으니 걱정하지 마세요!

⑪ ⋯⋯ 합격 여부

CBT 시험은 시험을 완료하면 화면을 통해 본인의 점수를 즉시 확인할 수 있습니다.

⑫ ⋯⋯ 과락 유의사항

1과목 물질의 물리·화학적 성질, 2과목 화재예방과 소화방법, 3과목 위험물의 성상 및 취급은 각 20문제씩 출제되며, 총 60문제 중 36개 이상, 또한 각 과목마다 8개 이상 맞혀야 합격할 수 있습니다. 다시 말해 총 36개 이상을 맞혔다 하더라도 3과목 중 한 과목이라도 7개 이하로 맞히면 불합격됩니다(즉, 100점을 만점으로 하여 과목당 40점 이상, 전 과목 평균 60점 이상이 되어야 합격합니다).

⑬ ⋯⋯ 연도별 검정현황

연 도	필 기			실 기		
	응시자	합격자	합격률	응시자	합격자	합격률
2023	31,065명	16,007명	51.5%	19.896명	9,116명	45.8%
2022	25,227명	13,416명	53.2%	17,393명	8,412명	48.4%
2021	25,076명	13,886명	55.4%	18,232명	8,691명	47.7%
2020	21,597명	11,622명	53.8%	15,985명	8,544명	53.5%
2019	23,292명	11,567명	49.7%	14,473명	9,450명	65.3%
2018	20,662명	9,390명	45.4%	12,114명	6,635명	54.8%
2017	20,764명	9,818명	47.3%	11,200명	6,490명	57.9%
2016	19,475명	7,251명	37.2%	9,239명	6,564명	71%
2015	16,127명	7,760명	48.1%	9,206명	5,453명	59.2%

⑭ ⋯⋯ 시험 일정

회 별	필기 원서접수 (인터넷)	필기 시험	필기 합격 (예정자) 발표	실기 원서접수 (인터넷)	실기 시험	최종 합격자 발표
제1회	1월 중	2월 초	3월 중	3월 말	4월 중	6월 초
제2회	4월 중	5월 중	6월 중	6월 말	7월 중	9월 초
제3회	7월 말	8월 초	9월 초	9월 말	11월 초	12월 초

[비고] 1. 최종합격자 발표시간은 해당 발표일 09:00입니다.
2. 해마다 시험 일정이 조금씩 상이하니 자세한 시험 일정은 Q-net 홈페이지(www.q-net.co.kr)를 참고하시기 바랍니다.

15 ···· 응시자격

(1) 학력

관련학과의 2년제 또는 3년제 전문대학 졸업자(최종학년 재학 중인 자 또는 졸업예정자 포함), 그리고 관련학과의 대학졸업자(최종학년 재학 중인 자 또는 졸업예정자 또는 전 이수과정의 1/2 이상 수료자 포함)의 전공이 화학, 화공, 기계, 환경, 안전, 소방, 재료 등의 공과계열의 학과인 경우 응시할 수 있으며, 자세한 사항은 큐넷 사이트 (www.q-net.or.kr)에서 로그인 후 마이페이지 – 응시자격 – 응시자격 자가진단을 통해 학교와 학과를 입력 후 진단결과로 응시 가능 여부를 확인할 수 있습니다.

(2) 경력

응시하려는 종목이 속하는 동일 및 유사 직무분야의 다른 종목의 산업기사 등급 이상의 자격을 취득한 사람이나 동일 및 유사 직무분야의 산업기사 수준 기술훈련 과정 이수자 또는 그 이수예정자, 그리고 고용노동부령으로 정하는 기능경기대회 입상자는 응시 가능하며, 다음과 같은 직종에 종사한 경력이 2년(어떤 종목이든 상관없이 기능사를 취득 후 1년) 이상인 경우에 응시가 가능합니다.

1. 화학 및 화공
2. 경영·회계·사무 중 생산관리
3. 광업자원 중 채광
4. 기계
5. 재료
6. 섬유·의복
7. 안전관리
8. 환경·에너지

(3) 군경력(병사 기준)

훈련소 기간을 제외하고 병적증명서 상 다음과 같은 주특기 코드(주특기명)에 해당하는 경력이 2년(어떤 종목이든 상관없이 기능사를 취득 후 1년) 이상인 경우 응시가 가능합니다.

가. 육군 및 의경	
226 101(장비수리 부속공구 보급)	231 101(편성보급)
411 108(의무보급)	111 101(소총)
111 102(기관총)	111 103(K-11복합형 소총)
111 104(고속유탄기관총)	111 105(90mm 무반동총)
111 106(106mm 무반동총)	111 107(60mm 박격포)
111 108(81mm 박격포)	111 109(4.2″ 박격포)
111 110(대전차유도탄)	112 103(특전화기)

121 101(K계열 전차조종)	121 102(M계열 전차조종)
122 101(K계열 전차부대정비)	122 102(K계열 전차포탑정비)
122 103(M계열 전차부대정비)	122 104(M계열 전차포탑정비)
123 101(장갑차 조종)	123 102(장갑차부대정비)
123 103(K-21 보병전투차량조종)	123 104(K-21 보병전투차량부대정비)
131 101(105mm 견인포병)	131 102(155mm 견인포병)
131 103(155mm 자주포병)	131 104(K-55 자주포조종)
131 105(견인포화포정비)	131 106(K-55 자주포정비)
131 107(K9 자주포조종)	131 108(K9 자주포화포/장갑정비)
132 101(다련장 운용/정비)	132 102(K239 운영/정비)
133 109(자동측지 운용/정비)	134 101(현무발사대운용/정비)
134 102(현무사격통제장비운용/정비)	141 101(발칸운용)
141 102(오리콘운용)	141 103(비호운용)
141 105(휴대용유도무기운용/정비)	141 106(천마운용)
142 101(발칸정비)	142 102(오리콘정비)
142 103(비호정비)	142 104(천마정비)
143 101(방공레이다 운용/정비)	163 114(발전기 운용/정비)
163 115(공병장비부대정비)	182 110(헬기무장정비)
221 101(대공포정비)	221 102(로켓무기정비)
221 103(유도무기정비)	222 101(총기정비)
222 102(화포정비)	222 103(광학기재정비)
222 104(감시장비정비)	222 105(K계열전차정비)
222 106(K계열전차사격기재정비)	222 107(M계열전차정비)
222 108(M계열전차사격기재정비)	222 109(K55 계열자주포정비)
222 113(K-9 자주포정비)	222 114(장갑차정비)
222 115(K-21 보병전투차량정비)	223 107(전자전장비정비)
223 108(보안장비정비)	224 102(공병장비정비)
224 103(발전기정비)	224 105(병참장비정비)
224 107(의무장비정비)	231 106(물자근무지원)
241 106(경장갑차운전)	155 101(무인항공정찰기 운용)
181 101(항공운항/관제)	182 101(소형공격헬기정비)
182 102(중형공격헬기정비)	182 103(대형공격헬기정비)
182 104(소형기동헬기정비)	182 105(중형기동헬기정비)
182 106(대형기동헬기정비)	182 107(헬기기체정비)
182 108(헬기기관정비)	156 101(드론운용/정비)
224 101(차량정비)	241 101(소형차량운전)

241 102(중형차량운전)	241 103(대형차량운전)
241 104(견인차량운전)	241 107(차량부대정비)
241 108(K-53 계열 차량운전)	241 109(구난차량운전)
321 103(모터사이클승무)	224 104(용접/기계공작)
211 101(화생방)	211 102(연막)
211 103(화생방제독)	211 104(화생방정찰)
224 106(화생방장비정비)	231 104(유류관리)
411 106(약제)	112 101(특수장애물운용)
161 102(장애물운용(M))	161 103(장애물운용(E))
225 101(탄약관리)	225 102(탄약검사 및 정비)
225 103(탄약처리지원)	112 104(낙하산정비)
162 102(소방장비)	411 107(물리치료)
412 106(전문물리치료)	322 101(수사헌병)
411 105(방사선촬영)	412 104(전문방사선촬영)
135 101(포병기상)	

나. 공군

46110(항공기재보급)	46111(항공유류보급)
46112(급양)	18110(대공포운용)
18111(단거리유도무기운용)	18210(중거리유도무기탐지운용)
18211(중거리유도무기발사운용)	18212(중거리유도무기추적운용)
18310(장거리유도무기탐지운용)	18311(장거리유도무기발사운용)
18312(장거리유도무기추적운용)	42110(방공유도무기정비)
81110(헌병)	16110(항공관제)
17110(항공통제)	40110(항공전자장비정비)
40810(항공기부속정비)	41110(항공기지상장비정비)
41310(항공기기체정비)	41410(항공기기관정비)
41610(항공기무기정비)	41810(항공기제작정비)
46210(항공운수)	41710(항공탄약정비)
46310(일반차량운전)	46311(특수차량운전)
46312(방공포차량운전)	46313(차량정비)
81210(경장갑차운전)	55810(화학)
55510(항공설비)	55610(항공소방)
55710(항공기초과저지)	96110(항공의무)
55910(환경)	25110(항공기상관측)

다. 해군 및 해병

11-28(보급병)	29-1(보급관리)
29(해병군수)	11-62(특전병)
23-11(기계공작)	17-1(보병)
17-5(박격포병)	17-6(대전차화기)
18-1(야포)	18-2(방공무기운용)
18-5(자주포조종)	18-6(자주포정비)
19-2(장비공병)	21-1(전차승무)
21-2(전차정비)	21-3(장갑차승무)
23-1(총포정비)	23-10(대전차무기정비)
23-2(전차/장갑차정비)	23-3(자주포정비)
23-9(대공무기정비)	43-40(기관병(가스터빈))
43-42(기관병(내연병))	43-43(기관병(보일러))
43(기관병)	11-12(조타병)
11-23(항공조작병)	11-24(항공병)
78(해병항공)	22(상장)
48(운전병)	32-1(차량운전)
32-2(차량정비)	43-38(기관병(보수))
17-3(화생방)	23-7(화학장비정비)
43-39(기관병(화생방))	43-41(기관병(화학))
23-4(탄약관리)	23-5(폭발물처리)
11-13(병기병)	49(의무병)
46-01(환경관리)	

[실기시험 공부방법]

1. 필기시험은 전체적인 개념을 이해해야 풀 수 있는 문제들로 출제되지만, 실기는 화학식과 구조식은 물론 화학반응원리까지 알아야 합니다.
2. 실기는 문제와 답만 외워서는 절대 안됩니다. 시간이 좀 걸리더라도 기출문제와 본문 내용까지 완벽하게 이해하면서 학습해야 합니다.
3. 위험물안전관리법의 암기사항, 그리고 화학반응식과 계산문제까지 학습해야 합니다.
4. 몰라서 틀리는 문제는 몇 개 없지만 긴장으로 인한 실수가 많은 시험이니 실수를 줄이는 게 중요합니다.
5. 시험문제를 다 풀고 난 후 꼭 문제 수와 배점을 확인해야 합니다. 그렇지 않으면 시험 문제를 다 안 풀고 나올 수도 있습니다.

[실기 시험장에서의 수험자 유의사항]

시험장에 가면 감독위원께서 시험볼 때의 주의사항을 친절히 다 알려주시겠지만, 그래도 이것만은 미리 알고 가도록 합니다.
1. 수험번호 및 성명 기재
2. 흑색 필기구만 사용
3. 시험지에 낙서, 특이한 기록사항 있을 시 0점
4. 답안 정정 시 두 줄(=)로 그어 표시하거나 수정테이프 사용 가능(단, 수정액 사용 불가)
5. 계산연습이 필요한 경우 시험지의 아래쪽에 있는 연습란 사용
6. 계산결과 값은 소수 셋째자리에서 반올림하여 둘째자리까지 구하여야 함
7. 답에 단위가 없으면 오답으로 처리 (단, 요구사항에 단위가 있으면 생략)
8. 요구한 답란에 정답과 오답이 함께 기재되어 있을 경우 오답으로 처리
9. 소문제로 파생되거나, 가짓수를 요구하는 문제는 대부분 부분배점 적용
10. 시험종료 후 가슴에 달고 있는 번호표는 반납해야 함

[시험 접수에서 자격증 수령까지 안내]

☑ **원서접수 안내 및 유의사항입니다.**

- 원서접수 확인 및 수험표 출력기간은 접수당일부터 시험시행일까지 출력 가능(이외 기간은 조회불가)합니다. 또한 출력장애 등을 대비하여 사전에 출력 보관하시기 바랍니다.
- 원서접수는 온라인(인터넷, 모바일앱)에서만 가능합니다.
- 스마트폰, 태블릿 PC 사용자는 모바일앱 프로그램을 설치한 후 접수 및 취소/환불 서비스를 이용하시기 바랍니다.

STEP 01	STEP 02	STEP 03	STEP 04
필기시험 원서접수	필기시험 응시	필기시험 합격자 확인	실기시험 원서접수

- 필기시험은 온라인 접수만 가능
- Q-net(www.q-net.or.kr) 사이트 회원 가입
- 응시자격 자가진단 확인 후 원서 접수 진행
- 반명함 사진 등록 필요 (6개월 이내 촬영/ 3.5cm×4.5cm)

- 입실시간 미준수 시 시험 응시 불가 (시험시작 20분 전에 입실 완료)
- 수험표, 신분증, 계산기 지참

- 2020년 4회 시험부터 CBT로 시행되고 있으므로 시험완료 즉시 본인 점수 확인 가능
- 인터넷 게시 공고, ARS 를 통한 확인 (단, CBT 시험은 인터넷 게시 공고)

- Q-net(www.q-net.or.kr) 사이트에서 원서 접수
- 응시자격서류 제출 후 심사에 합격 처리된 사람에 한하여 원서 접수 가능 (응시자격서류 미제출 시 필기시험 합격예정 무효)

★ 실기 시험정보
1. **문항 수 및 문제당 배점**
   20문제(한 문제당 5점)로 출제되며, 출제방식에 따라 문항 수와 배점이 달라질 수 있습니다.
2. **시험시간**
   2시간이며, 시험시간의 2분의 1이 지나 퇴실할 수 있습니다.
3. **가답안 공개여부**
   시험문제 및 가답안은 공개되지 않습니다.

"성안당은 여러분의 합격을 기원합니다"

STEP 05	STEP 06	STEP 07	STEP 08
실기시험 응시	실기시험 합격자 확인	자격증 교부 신청	자격증 수령

- 수험표, 신분증, 필기구, 공학용 계산기, 종목별 수험자 준비물 지참 (공학용 계산기(일반 계산기도 가능)는 허용된 종류에 한하여 사용 가능하며 반드시 포맷 사용)

- 문자 메시지, SNS 메신저를 통해 합격 통보 (합격자만 통보)
- Q-net(www.q-net.or.kr) 사이트 및 ARS (1666-0100)를 통해서 확인 가능

- 상장형 자격증, 수첩형 자격증 형식 신청 가능
- Q-net(www.q-net.or.kr) 사이트를 통해 신청

- 상장형 자격증은 합격자 발표 당일부터 인터넷으로 발급 가능 (직접 출력하여 사용)
- 수첩형 자격증은 인터넷 신청 후 우편수령만 가능 (수수료 : 3,100원 / 배송비 : 3,010원)

★ 필기/실기 시험 시 허용되는 공학용 계산기 기종
1. 카시오(CASIO) FX-901~999
2. 카시오(CASIO) FX-501~599
3. 카시오(CASIO) FX-301~399
4. 카시오(CASIO) FX-80~120
5. 샤프(SHARP) EL-501-599
6. 샤프(SHARP) EL-5100, EL-5230, EL-5250, EL-5500
7. 캐논(CANON) F-715SG, F-788SG, F-792SGA
8. 유니원(UNIONE) UC-400M, UC-600E, UC-800X
9. 모닝글로리(MORNING GLORY) ECS-101

※ 1. 직접 초기화가 불가능한 계산기는 사용 불가
2. 사칙연산만 가능한 일반 계산기는 기종 상관없이 사용 가능
3. 허용군 내 기종 번호 말미의 영어 표기(ES, MS, EX 등)는 무관

＊자세한 사항은 Q-net 홈페이지(www.q-net.or.kr)를 참고하시기 바랍니다.

CBT란 Computer Based Test의 약자로, 컴퓨터 기반 시험을 의미한다. 정보기기운용기능사, 정보처리기능사, 굴삭기운전기능사, 지게차운전기능사, 제과기능사, 제빵기능사, 한식조리기능사, 양식조리기능사, 일식조리기능사, 중식조리기능사, 미용사(일반), 미용사(피부) 등 12종목은 이미 오래 전부터 CBT 시험을 시행하고 있으며, 위험물기능사는 2016년 5회부터, **위험물산업기사는 2020년 4회부터 CBT 시험이 시행**되었다.

【CBT 시험 과정】

한국산업인력공단에서 운영하는 홈페이지 **큐넷(Q-net)**에서는 누구나 쉽게 CBT 시험을 볼 수 있도록 실제 자격시험 환경과 동일하게 구성한 **가상 웹 체험 서비스를 제공**하고 있으며, 그 과정을 요약한 내용은 아래와 같다.

① ···· 시험시작 전 신분 확인절차

수험자가 자신에게 배정된 좌석에 앉아 있으면 신분 확인절차가 진행된다.
이것은 시험장 감독위원이 컴퓨터에 나온 수험자 정보와 신분증이 일치하는지를 확인하는 단계이다.

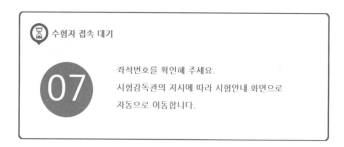

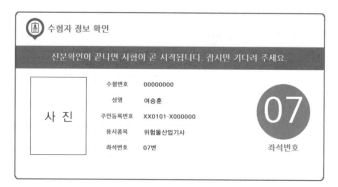

② ···· CBT 시험안내 진행

신분 확인이 끝난 후 시험시작 전 CBT 시험안내가 진행된다.

안내사항 > 유의사항 > 메뉴 설명 > 문제풀이 연습 > 시험준비 완료

(1) 시험 [안내사항]을 확인한다.

- 시험은 총 5문제로 구성되어 있으며, 5분간 진행된다.

  ※ 자격종목별로 시험문제 수와 시험시간은 다를 수 있다.
  (위험물산업기사 필기 – 60문제/1시간 30분)

- 시험도중 수험자 PC 장애 발생 시 손을 들어 시험감독관에게 알리면 긴급장애조치
  또는 자리이동을 할 수 있다.

- 시험이 끝나면 합격여부를 바로 확인할 수 있다.

(2) 시험 [유의사항]을 확인한다.

시험 중 금지되는 행위 및 저작권 보호에 관한 유의사항이 제시된다.

(3) 문제풀이 [메뉴 설명]을 확인한다.

문제풀이 기능 설명을 유의해서 읽고 기능을 숙지해야 한다.

(4) 자격검정 CBT [문제풀이 연습]을 진행한다.

실제 시험과 동일한 방식의 문제풀이 연습을 통해 CBT 시험을 준비한다.

- CBT 시험 문제화면의 기본 글자크기는 150%이다. 글자가 크거나 작을 경우 크기를
  변경할 수 있다.

- 화면배치는 1단 배치가 기본 설정이다. 더 많은 문제를 볼 수 있는 2단 배치와 한
  문제씩 보기 설정이 가능하다.

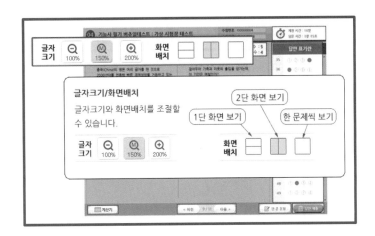

• 답안은 문제의 보기번호를 클릭하거나 답안표기 칸의 번호를 클릭하여 입력할 수 있다.

• 입력된 답안은 문제화면 또는 답안표기 칸의 보기번호를 클릭하여 변경할 수 있다.

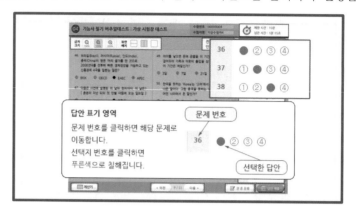

• 페이지 이동은 아래의 페이지 이동 버튼 또는 답안표기 칸의 문제번호를 클릭하여 이동할 수 있다.

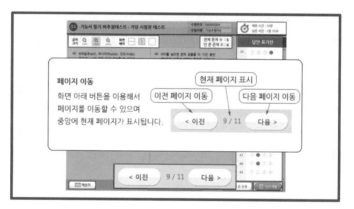

• 응시종목에 계산문제가 있을 경우 좌측 하단의 계산기 기능을 이용할 수 있다.

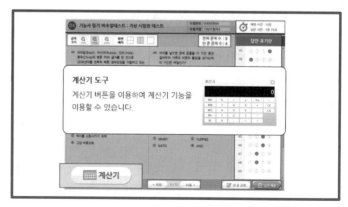

- 안 푼 문제 확인은 답안 표기란 좌측에 안 푼 문제 수를 확인하거나 답안 표기란 하단 [안 푼 문제] 버튼을 클릭하여 확인할 수 있다. 안 푼 문제번호 보기 팝업창에 안 푼 문제번호가 표시된다. 번호를 클릭하면 해당 문제로 이동한다.

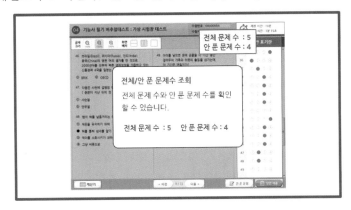

- 시험문제를 다 푼 후 답안 제출을 하거나 시험시간이 모두 경과되었을 경우 시험이 종료되며 시험결과를 바로 확인할 수 있다.
- [답안 제출] 버튼을 클릭하면 답안 제출 승인 알림창이 나온다. 시험을 마치려면 [예] 버튼을 클릭하고 시험을 계속 진행하려면 [아니오] 버튼을 클릭하면 된다. 답안 제출은 실수 방지를 위해 두 번의 확인 과정을 거친다. 이상이 없으면 [예] 버튼을 한 번 더 클릭하면 된다.

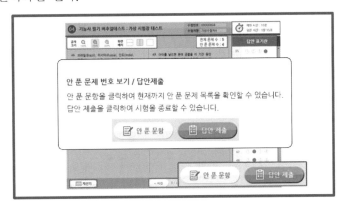

(5) [시험준비 완료]를 한다.

시험 안내사항 및 문제풀이 연습까지 모두 마친 수험자는 [시험준비 완료] 버튼을 클릭한 후 잠시 대기한다.

③ ···· CBT 시험 시행

④ ···· 답안 제출 및 합격 여부 확인

- **자격종목** : 위험물산업기사
- **직무/중직무 분야** : 화학/위험물
- **수행직무** : 위험물을 저장·취급·제조하는 제조소등에서 위험물을 안전하게 저장·취급·제조하고 일반 작업자를 지시·감독하며, 각 설비에 대한 점검과 재해발생 시 응급조치 등의 안전관리 업무를 수행하는 직무
- **검정방법** : 〈필기〉 객관식(4지택일형)
  〈실기〉 필답형

① ····· 필기 출제기준

- 적용기간 : 2025.1.1. ~ 2029.12.31.
- 필기 과목명 : 물질의 물리·화학적 성질, 화재예방과 소화방법, 위험물의 성상 및 취급
- 필기 검정방법 : 객관식(문제 수 – 60문항 / 시험시간 – 1시간 30분)

〈물질의 물리·화학적 성질〉

주요항목	세부항목	세세항목
1 기초화학	(1) 물질의 상태와 화학의 기본법칙	① 물질의 상태와 변화 ② 화학의 기초법칙 ③ 화학 결합
	(2) 원자의 구조와 원소의 주기율	① 원자의 구조 ② 원소의 주기율표
	(3) 산, 염기	① 산과 염기 ② 염 ③ 수소이온농도
	(4) 용액	① 용액 ② 용해도 ③ 용액의 농도
	(5) 산화, 환원	① 산화 ② 환원
2 유기화합물 위험성 파악	(1) 유기화합물 종류·특성 및 위험성	① 유기화합물의 개념 ② 유기화합물의 종류 ③ 유기화합물의 명명법 ④ 유기화합물의 특성 및 위험성
3 무기화합물 위험성 파악	(1) 무기화합물 종류·특성 및 위험성	① 무기화합물의 개념 ② 무기화합물의 종류 ③ 무기화합물의 명명법 ④ 무기화합물의 특성 및 위험성 ⑤ 방사성 원소

〈화재예방과 소화방법〉

주요항목	세부항목	세세항목
1 위험물 사고 대비·대응	(1) 위험물 사고 대비	① 위험물의 화재예방 ② 취급 위험물의 특성 ③ 안전장비의 특성
	(2) 위험물 사고 대응	① 위험물시설의 특성 ② 초동조치 방법 ③ 위험물의 화재 시 조치
2 위험물 화재예방·소화방법	(1) 위험물 화재예방 방법	① 위험물과 비위험물 판별 ② 연소이론 ③ 화재의 종류 및 특성 ④ 폭발의 종류 및 특성
	(2) 위험물 소화방법	① 소화이론 ② 위험물 화재 시 조치방법 ③ 소화설비에 대한 분류 및 작동방법 ④ 소화약제의 종류 ⑤ 소화약제별 소화원리
3 위험물 제조소등의 안전계획	(1) 소화설비 적응성	① 유별 위험물의 품명 및 지정수량 ② 유별 위험물의 특성 ③ 대상물 구분별 소화설비의 적응성
	(2) 소화 난이도 및 소화설비 적용	① 소화설비의 설치기준 및 구조·원리 ② 소화난이도별 제조소등 소화설비 기준
	(3) 경보설비·피난설비 적용	① 제조소등 경보설비의 설치대상 및 종류 ② 제조소등 피난설비의 설치대상 및 종류 ③ 제조소등 경보설비의 설치기준 및 구조·원리 ④ 제조소등 피난설비의 설치기준 및 구조·원리

〈위험물의 성상 및 취급〉

주요항목	세부항목	세세항목
1 제1류 위험물 취급	(1) 성상 및 특성	① 제1류 위험물의 종류 ② 제1류 위험물의 성상 ③ 제1류 위험물의 위험성·유해성
	(2) 저장 및 취급방법의 이해	① 제1류 위험물의 저장방법 ② 제1류 위험물의 취급방법
2 제2류 위험물 취급	(1) 성상 및 특성	① 제2류 위험물의 종류 ② 제2류 위험물의 성상 ③ 제2류 위험물의 위험성·유해성
	(2) 저장 및 취급방법의 이해	① 제2류 위험물의 저장방법 ② 제2류 위험물의 취급방법

주요항목	세부항목	세세항목
3 제3류 위험물 취급	(1) 성상 및 특성	① 제3류 위험물의 종류 ② 제3류 위험물의 성상 ③ 제3류 위험물의 위험성 · 유해성
	(2) 저장 및 취급방법의 이해	① 제3류 위험물의 저장방법 ② 제3류 위험물의 취급방법
4 제4류 위험물 취급	(1) 성상 및 특성	① 제4류 위험물의 종류 ② 제4류 위험물의 성상 ③ 제4류 위험물의 위험성 · 유해성
	(2) 저장 및 취급방법의 이해	① 제4류 위험물의 저장방법 ② 제4류 위험물의 취급방법
5 제5류 위험물 취급	(1) 성상 및 특성	① 제5류 위험물의 종류 ② 제5류 위험물의 성상 ③ 제5류 위험물의 위험성 · 유해성
	(2) 저장 및 취급방법의 이해	① 제5류 위험물의 저장방법 ② 제5류 위험물의 취급방법
6 제6류 위험물 취급	(1) 성상 및 특성	① 제6류 위험물의 종류 ② 제6류 위험물의 성상 ③ 제6류 위험물의 위험성 · 유해성
	(2) 저장 및 취급방법의 이해	① 제6류 위험물의 저장방법 ② 제6류 위험물의 취급방법
7 위험물 운송 · 운반	(1) 위험물 운송기준	① 위험물운송자의 자격 및 업무 ② 위험물 운송방법 ③ 위험물 운송 안전조치 및 준수사항 ④ 위험물 운송차량 위험성 경고 표지
	(2) 위험물 운반기준	① 위험물운반자의 자격 및 업무 ② 위험물 용기기준, 적재방법 ③ 위험물 운반방법 ④ 위험물 운반 안전조치 및 준수사항 ⑤ 위험물 운반차량 위험성 경고 표지
8 위험물 제조소등의 유지관리	(1) 위험물제조소	① 제조소의 위치기준 ② 제조소의 구조기준 ③ 제조소의 설비기준 ④ 제조소의 특례기준
	(2) 위험물저장소	① 옥내저장소의 위치, 구조, 설비 기준 ② 옥외탱크저장소의 위치, 구조, 설비 기준 ③ 옥내탱크저장소의 위치, 구조, 설비 기준 ④ 지하탱크저장소의 위치, 구조, 설비 기준 ⑤ 간이탱크저장소의 위치, 구조, 설비 기준 ⑥ 이동탱크저장소의 위치, 구조, 설비 기준 ⑦ 옥외저장소의 위치, 구조, 설비 기준 ⑧ 암반탱크저장소의 위치, 구조, 설비 기준

주요항목	세부항목	세세항목
	(3) 위험물취급소	① 주유취급소의 위치, 구조, 설비 기준 ② 판매취급소의 위치, 구조, 설비 기준 ③ 이송취급소의 위치, 구조, 설비 기준 ④ 일반취급소의 위치, 구조, 설비 기준
	(4) 제조소등의 소방시설 점검	① 소화난이도 등급 ② 소화설비 적응성 ③ 소요단위 및 능력단위 산정 ④ 옥내소화전설비 점검 ⑤ 옥외소화전설비 점검 ⑥ 스프링클러설비 점검 ⑦ 물분무소화설비 점검 ⑧ 포소화설비 점검 ⑨ 불활성가스소화설비 점검 ⑩ 할로젠화물소화설비 점검 ⑪ 분말소화설비 점검 ⑫ 수동식 소화기설비 점검 ⑬ 경보설비 점검 ⑭ 피난설비 점검
9 위험물 저장·취급	(1) 위험물 저장기준	① 위험물 저장의 공통기준 ② 위험물 유별 저장의 공통기준 ③ 제조소등에서의 저장기준
	(2) 위험물 취급기준	① 위험물 취급의 공통기준 ② 위험물 유별 취급의 공통기준 ③ 제조소등에서의 취급기준
10 위험물안전관리 감독 및 행정처리	(1) 위험물시설 유지관리 감독	① 위험물시설 유지관리 감독 ② 예방규정 작성 및 운영 ③ 정기검사 및 정기점검 ④ 자체소방대 운영 및 관리
	(2) 위험물안전관리법상 행정 사항	① 제조소등의 허가 및 완공검사 ② 탱크안전 성능검사 ③ 제조소등의 지위승계 및 용도폐지 ④ 제조소등의 사용정지, 허가취소 ⑤ 과징금, 벌금, 과태료, 행정명령

② ⋯⋯ 실기 출제기준

– 적용기간 : 2025.1.1. ～ 2029.12.31.
– 실기 과목명 : 위험물 취급 실무
– 실기 검정방법 : 필답형(시험시간 2시간)
– 수행준거

1. 위험물을 안전하게 관리하기 위하여 성상ㆍ위험성ㆍ유해성 조사, 운송ㆍ운반 방법, 저장ㆍ취급 방법, 소화방법을 수립할 수 있다.
2. 사고예방을 위하여 운송ㆍ운반 기준과 시설을 파악할 수 있다.
3. 위험물의 저장ㆍ취급과 위험물시설에 대한 유지ㆍ관리, 교육ㆍ훈련 및 안전감독 등에 대한 계획을 수립하고, 사고대응 매뉴얼을 작성할 수 있다.
4. 사업장 내의 위험물로 인한 화재의 예방과 소화방법에 대한 계획을 수립할 수 있다.
5. 관련 물질자료를 수집하여 성상을 파악하고, 유별로 분류하여 위험성을 표시할 수 있다.
6. 위험물제조소의 위치ㆍ구조ㆍ설비 기준을 파악하고 시설을 점검할 수 있다.
7. 위험물저장소의 위치ㆍ구조ㆍ설비 기준을 파악하고 시설을 점검할 수 있다.
8. 위험물취급소의 위치ㆍ구조ㆍ설비 기준을 파악하고 시설을 점검할 수 있다.
9. 사업장의 법적 기준을 준수하기 위하여 허가신청서류, 예방규정, 신고서류에 대한 작성과 안전관리 인력을 관리할 수 있다.

주요항목	세부항목
1 제4류 위험물 취급	(1) 성상ㆍ유해성 조사하기 (2) 저장방법 확인하기 (3) 취급방법 파악하기 (4) 소화방법 수립하기
2 제1류, 제6류 위험물 취급	(1) 성상ㆍ유해성 조사하기 (2) 저장방법 확인하기 (3) 취급방법 파악하기 (4) 소화방법 수립하기
3 제2류, 제5류 위험물 취급	(1) 성상ㆍ유해성 조사하기 (2) 저장방법 확인하기 (3) 취급방법 파악하기 (4) 소화방법 수립하기
4 제3류 위험물 취급	(1) 성상ㆍ유해성 조사하기 (2) 저장방법 확인하기 (3) 취급방법 파악하기 (4) 소화방법 수립하기
5 위험물 운송ㆍ운반 시설 기준 파악	(1) 운송기준 파악하기 (2) 운송시설 파악하기 (3) 운반기준 파악하기 (4) 운반시설 파악하기

주요항목	세부항목
6 위험물 안전계획 수립	(1) 위험물 저장 · 취급 계획 수립하기 (2) 시설 유지 · 관리 계획 수립하기 (3) 교육 · 훈련 계획 수립하기 (4) 위험물 안전감독 계획 수립하기 (5) 사고대응 매뉴얼 작성하기
7 위험물 화재예방 · 소화방법	(1) 위험물 화재예방방법 파악하기 (2) 위험물 화재예방계획 수립하기 (3) 위험물 소화방법 파악하기 (4) 위험물 소화방법 수립하기
8 위험물제조소 유지 · 관리	(1) 제조소의 시설기술기준 조사하기 (2) 제조소의 위치 점검하기 (3) 제조소의 구조 점검하기 (4) 제조소의 설비 점검하기 (5) 제조소의 소방시설 점검하기
9 위험물저장소 유지 · 관리	(1) 저장소의 시설기술기준 조사하기 (2) 저장소의 위치 점검하기 (3) 저장소의 구조 점검하기 (4) 저장소의 설비 점검하기 (5) 저장소의 소방시설 점검하기
10 위험물취급소 유지 · 관리	(1) 취급소의 시설기술기준 조사하기 (2) 취급소의 위치 점검하기 (3) 취급소의 구조 점검하기 (4) 취급소의 설비 점검하기 (5) 취급소의 소방시설 점검하기
11 위험물 행정처리	(1) 예방규정 작성하기 (2) 허가 신청하기 (3) 신고서류 작성하기 (4) 안전관리인력 관리하기

Contents

제3편 | 필기 기출문제

※ 2020년 제4회부터는 CBT로 시행되고 있으므로 기출복원문제임을 알려드립니다.

제4편 | 신경향 예상문제

제5편 | 실기 예제문제

별책부록 핵심 써머리

1. 핵심이론 정리 요점 2
   1 물질의 물리·화학적 성질 / **2** 화재예방과 소화방법 /
   3 위험물의 유별에 따른 필수 암기사항 / **4** 위험물의 종류와 지정수량 /
   5 위험물의 유별에 따른 대표적 성질 / **6** 위험물의 중요 반응식
2. 위험물안전관리법 요약 요점 36
   1 위험물안전관리법의 행정규칙 / **2** 위험물제조소등의 시설기준 /
   3 제조소등의 소화설비 / **4** 위험물의 저장·취급 기준 / **5** 위험물의 운반기준

Industrial Engineer Hazardous material

| 위험물산업기사 필기＋실기 |

www.cyber.co.kr

위험물산업기사 **핵심이론**

(필기/실기 공통)

미리 알아 두면 좋은 위험물의 성질에 관한 용어

- 활성화(점화)에너지 – 물질을 활성화(점화)시키기 위해 필요한 에너지의 양
- 산화력 – 가연물을 태우는 힘
- 흡열반응 – 열을 흡수하는 반응
- 중합반응 – 물질의 배수로 반응
- 가수분해 – 물을 가하여 분해시키는 반응
- 무상 – 안개 형태
- 주수 – 물을 뿌리는 행위
- 용융 – 녹인 상태
- 소분 – 적은 양으로 분산하는 것
- 촉매 – 반응속도를 증가시키는 물질
- 침상결정 – 바늘 모양의 고체
- 주상결정 – 기둥 모양의 고체
- 냉암소 – 차갑고 어두운 장소
- 동소체 – 단체로서 모양과 성질은 다르나 최종 연소생성물이 동일한 물질
- 이성질체 – 동일한 분자식을 가지고 있지만 구조나 성질이 다른 물질
- 부동태 – 막이 형성되어 반응을 하지 않는 상태
- 소포성 – 포를 소멸시키는 성질
- 불연성 – 타지 않는 성질
- 조연성 – 연소를 돕는 성질
- 조해성 – 수분을 흡수하여 자신이 녹는 성질
- 흡습성 – 습기를 흡수하는 성질

제1장

물질의 물리·화학적 성질

1-1 물질의 구분과 상태 및 변화

01 순물질과 혼합물

(1) 순물질

① 다른 물질과 섞여 있지 않은 순수한 물질을 말하며, 홑원소와 화합물로 분류된다.

ㄱ 홑원소 : 하나의 원소로만 구성된 물질

> 예 C(탄소), H_2(수소), O_2(산소) 등

ㄴ 화합물 : 두 가지 이상의 원소들로 구성된 물질

> 예 NaCl(염화나트륨), H_2O(물), NH_3(암모니아) 등

② 다른 물질과 섞여 있지 않으므로 녹는점과 끓는점이 항상 일정하다.

녹는점과 끓는점

녹는점은 물질이 녹기 시작하는 온도로서 "융점"이라고도 불리며, 끓는점은 물질이 끓기 시작하는 온도로서 "비점"이라고도 불린다.

(2) 혼합물

① 순물질이 두 가지 이상 섞여 있는 상태의 물질을 말한다.

> 예 NaCl + H_2O(소금물), NH_3 + H_2O(암모니아수) 등

② 다른 물질과 섞여 있어 녹는점과 끓는점은 측정할 때마다 달라진다.

③ 혼합물의 분리방법

ㄱ 재결정 : 빨리 녹는 고체와 천천히 녹는 고체의 용해도 차이를 이용하여 두 물질을 분리하는 방법

> 예 질산칼륨 수용액 속에 포함된 염화나트륨을 분리하는 경우

ㄴ 추출 : 특정 액체만을 녹일 수 있는 물질을 이용하여 녹는 액체와 녹지 않는 액체를 분리하는 방법

> 예 아세트산과 물의 혼합액에 아세트산만 녹일 수 있는 에터를 넣어 아세트산과 물을 분리하는 경우

02 물질의 상태와 변화

(1) 물질의 상태

① 고체 : 일정한 모양과 부피를 가지고 있는 물질을 말하며, 표현 방법은 물질의 뒤에 "Solid"의 첫 글자인 "s"를 붙인다.

> 예 탄소 : C(s), 황 : S(s) 등

② **액체** : 모양은 여러 형태로 변할 수 있으나 부피는 일정한 물질을 말하며, 표현 방법은 물질의 뒤에 "Liquid"의 첫 글자인 "l"을 붙인다.

> 예 물 : $H_2O(l)$, 과산화수소 : $H_2O_2(l)$ 등

③ **기체** : 모양과 부피가 모두 일정하지 않아 모양과 부피 모두 여러 형태로 변할 수 있는 물질을 말하며, 표현 방법은 물질의 뒤에 "Gas"의 첫 글자인 "g"를 붙인다.

> 예 수증기 : $H_2O(g)$, 염화수소 : $HCl(g)$ 등

④ **수용액** : 물질이 물에 녹아 있는 상태를 말하며, 표현 방법은 물질의 뒤에 "aqueous solution"의 첫 부분인 "aq"를 붙인다.

> 예 염화나트륨 수용액 : $NaCl(aq)$, 황산수용액 : $H_2SO_4(aq)$ 등

(2) 물질의 변화

① **물리적 변화** : 물질의 성질은 변하지 않고 상태만 변하는 현상을 말하며, 종류는 다음과 같다.

ㄱ **고체와 액체 간의 변화**

ⓐ 고체 → 액체 : "융해" 또는 "용융"

> 예 얼음이 물로 변하는 현상

ⓑ 액체 → 고체 : "응고"

> 예 물이 얼음으로 변하는 현상

ㄴ **액체와 기체 간의 변화**

ⓐ 액체 → 기체 : "기화" 또는 "증발"

> 예 물이 수증기로 변하는 현상

ⓑ 기체 → 액체 : "액화"

> 예 수증기가 물로 변하는 현상

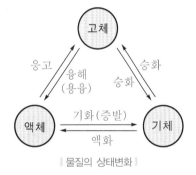

┊ 물질의 상태변화 ┊

ㄷ **고체와 기체 간의 변화**

ⓐ 고체 → 기체 : "승화"

> 예 얼음이 수증기로 변하는 현상

ⓑ 기체 → 고체 : "승화"

> 예 수증기가 얼음으로 변하는 현상

② **화학적 변화** : 화학적 반응을 통해 전혀 다른 성질의 물질로 변하는 현상을 말하며, 종류는 다음과 같다.

ㄱ **화합** : 두 가지 이상의 물질이 반응하여 한 가지의 새로운 물질을 만드는 반응

> 예 $A + B \rightarrow AB$

ㄴ **분해** : 하나의 물질이 분해하여 두 가지 이상의 새로운 물질을 만드는 반응

> 예 $A \rightarrow B + C$

ⓒ 치환 : 물질의 원소 하나가 다른 원소와 치환되어 새로운 물질을 만드는 반응

　예 AB+C → AC+B

ⓔ 복분해 : 물질에 포함된 원소들이 다른 물질에 포함된 원소들과 각각 치환되어 새로운 물질을 만드는 반응

　예 AB+CD → AD+CB

예제 1 질산칼륨 수용액 속에 소량의 염화나트륨이 불순물로 포함되어 있다. 용해도 차이를 이용하여 이 불순물을 제거하는 방법으로 가장 적당한 것은?

① 증류　　　　　　　　　　② 막분리
③ 재결정　　　　　　　　　④ 전기분해

풀이 빨리 녹는 고체와 천천히 녹는 고체의 용해도 차이를 이용하여 두 물질을 분리하는 방법을 말하며 이를 재결정이라 한다.

정답 ③

예제 2 물질의 상태변화 중 고체에서 액체로 변하는 현상을 무엇이라 하는가?

① 융해　　　　　　　　　　② 승화
③ 증발　　　　　　　　　　④ 응고

풀이 물질의 상태변화
1) 고체 → 액체 : 융해(용융)
2) 액체 → 고체 : 응고
3) 액체 → 기체 : 기화(증발)
4) 기체 → 액체 : 액화
5) 고체 → 기체 : 승화
6) 기체 → 고체 : 승화

정답 ①

예제 3 다음과 같은 화학 변화를 무엇이라 하는가?

$$AgNO_3 + HCl \rightarrow AgCl + HNO_3$$

① 화합　　　　　　　　　　② 분해
③ 치환　　　　　　　　　　④ 복분해

풀이 〈문제〉의 반응식에서 Ag를 A, NO_3를 B, H를 C, Cl을 D라 가정하면 다음과 같이 반응식을 AB+CD → AD+CB의 형태로 나타낼 수 있다.

$AgNO_3$ + HCl → AgCl + HNO_3
　AB　　CD　　AD　　CB

이 반응은 한 물질에 포함된 원소들이 다른 물질에 포함된 원소들과 각각 치환되어 새로운 물질을 만드는 반응이므로 복분해라고 한다.

정답 ④

1-2 주기율표

01 주기율표의 구성

원소주기율표는 가로와 세로로 구성되어 있는데, 가로를 '주기'라고 하고 세로를 '족'이라 한다.

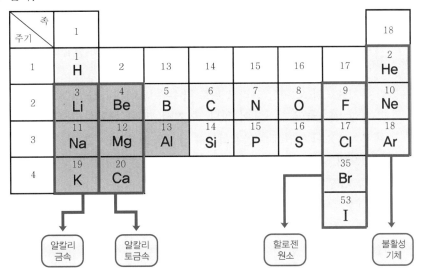

‖ 원소주기율표 ‖

(1) 주기

① 1주기 : H(수소), He(헬륨)

② 2주기 : Li(리튬), Be(베릴륨), B(붕소), C(탄소), N(질소), O(산소), F(플루오린), Ne(네온)

③ 3주기 : Na(나트륨), Mg(마그네슘), Al(알루미늄), Si(규소), P(인), S(황), Cl(염소), Ar(아르곤)

④ 4주기 : K(칼륨), Ca(칼슘), Br(브로민)

※ I(아이오딘)은 5주기에 속하는 원소이다.

(2) 족

비슷한 화학적 성질을 가진 원소들끼리 모아 놓은 것으로 다음과 같이 구분한다.

① 1족 : H(수소), Li(리튬), Na(나트륨), K(칼륨)이 해당된다. 이 원소들을 '+1가 원소'라 하며, 이 중에서 기체원소인 수소를 제외한 Li(리튬), Na(나트륨), K(칼륨)을 **알칼리금속족**이라 부른다.

※ 그 외에 1족의 알칼리금속족에는 Rb(루비듐), Cs(세슘), Fr(프랑슘)이라는 원소들도 있다.

② 2족 : Be(베릴륨), Mg(마그네슘), Ca(칼슘)이 해당된다. 이 원소들을 '+2가 원소'라 하며, **알칼리토금속족**이라 부른다.

③ 17족 : F(플루오린), Cl(염소), Br(브로민), I(아이오딘)이 해당된다. 이 원소들을 '+7가 원소' 또는 '-1가 원소'라 하며, **할로젠원소족**이라 부른다.

④ 18족 : He(헬륨), Ne(네온), Ar(아르곤)이 해당된다. 이 원소들을 '0족 원소'라 하며, **불활성 기체족**이라 부른다.

(3) 원소의 분포

① 주기율표의 왼쪽, 그리고 아래로 갈수록 K(칼륨), Ca(칼슘) 등 금속성 또는 **알칼리성**이 강한 원소들이 분포되어 있다.

② 주기율표의 오른쪽, 그리고 위로 갈수록 염소(Cl), 산소(O) 등 비금속성 또는 **산성**이 강한 원소들이 분포되어 있다. 여기서, 18족(불활성 기체)의 원소들은 제외한다.

③ 주기율표의 중간에는 알칼리성과 산성을 모두 가지고 있는 **양쪽성 원소**가 분포되어 있으며, 그 종류는 다음과 같다.

　㉠ Al(알루미늄)

　㉡ Zn(아연)

　㉢ Sn(주석)

　㉣ Pb(납)

(4) 원자번호

원소들은 모두 고유의 번호와 기호를 가지고 있는데 이것을 각각 원자번호와 원소기호라고 한다. 다음은 1번부터 20번까지의 원소들에 대한 원자번호와 원소기호를 나타낸 것이다.

원자번호	원소기호	원자번호	원소기호
1	H(수소)	11	Na(나트륨)
2	He(헬륨)	12	Mg(마그네슘)
3	Li(리튬)	13	Al(알루미늄)
4	Be(베릴륨)	14	Si(규소)
5	B(붕소)	15	P(인)
6	C(탄소)	16	S(황)
7	N(질소)	17	Cl(염소)
8	O(산소)	18	Ar(아르곤)
9	F(플루오린)	19	K(칼륨)
10	Ne(네온)	20	Ca(칼슘)

톡톡 튀는 **암기법** 헤헤니배 비키니옷벗네 나만알지 푹쉬그라크크

예제 1 원소주기율표에서 서로 비슷한 화학적 성질을 가진 원소들끼리 모아놓은 것을 무엇이라 하는가?

① 주기   ② 족
③ 오비탈   ④ 핵

풀이 원소주기율표에서 서로 비슷한 화학적 성질을 가진 원소들끼리 모아 놓은 것을 족이라 한다.

정답 ②

예제 2 원소주기율표의 왼쪽에는 어떤 성질이 강한 원소들이 분포되어 있는가?

① 금속성
② 비금속성
③ 탄성
④ 양쪽성

풀이 원소주기율표의 왼쪽으로 갈수록 금속성 또는 알칼리성이 강한 원소들이 분포되어 있다.

정답 ①

예제 3 F의 원자번호는 몇 번인가?

① 6번   ② 7번
③ 8번   ④ 9번

풀이 F(플루오린)은 9번 원소이며, 할로젠원소족에 속한다.

정답 ④

예제 4 양쪽성 원소에 속하지 않는 것은?

① Al   ② Zn
③ K   ④ Sn

풀이 양쪽성 원소에 속하는 것에는 Al(알루미늄), Zn(아연), Sn(주석), Pb(납)이 있다.

정답 ③

02 원자가와 원소의 반응원리

(1) 원자가

다음의 그림에서 보듯이 원자가는 이론적으로 "＋"원자가와 "－"원자가가 있는데 정확한 기준점은 없지만 주기율표의 왼쪽에 있는 원소들은 "＋"원자가를 사용하여 ＋1가, ＋2가 원소라고 부르고 오른쪽에 있는 원소들은 "－"원자가를 사용하여 －1가, －2가 원소라고 부른다.

원자가	+1	+2	+3	+4	+5	+6	+7	0
	−7	−6	−5	−4	−3	−2	−1	0

족 주기	1	2	13	14	15	16	17	18
1	1 H	2	13	14	15	16	17	2 He
2	3 Li	4 Be	5 B	6 C	7 N	8 O	9 F	10 Ne
3	11 Na	12 Mg	13 Al	14 Si	15 P	16 S	17 Cl	18 Ar
4	19 K	20 Ca					35 Br	
							53 I	

┃ 주기율표의 원자가 ┃

① "+"원자가 : Na(나트륨)은 +1가이면서 동시에 −7가 원소이지만 주기율표의 왼쪽 부분에 있기 때문에 +1가 원소로 사용된다.

② "−"원자가 : F(플루오린)은 +7가 원소이면서 동시에 −1가 원소이지만 주기율표의 오른쪽 부분에 있기 때문에 −1가 원소로 사용된다.

③ 예외의 경우 : P(인)은 주기율표의 오른쪽 부분에 있으므로 −3가 원소이며 O(산소)도 주기율표의 오른쪽 부분에 있으므로 −2가 원소로 사용되지만 만일 이 두 원소가 화합을 하는 경우라면 둘 중 하나는 +원자가로 작용해야 하고 다른 하나는 −원자가로 작용해야 하는데, 이때 O(산소)가 더 오른쪽에 있기 때문에 P(인)은 +5가 원소, O(산소)는 −2가 원소로 사용된다.

④ 원자가 0 : 불활성 기체로서 다른 원소와 반응하지 않으므로 원자가는 없다.

(2) 원소의 반응원리

자신의 원자가를 상대 원소에게 주고 상대 원소의 원자가를 자신이 받아들인다.

① K(칼륨)과 O(산소)의 반응원리

: $K^{+1} \searrow \nearrow O^{-2} \to K_2O$

② Na(나트륨)과 F(플루오린)의 반응원리

: $Na^{+1} \searrow \nearrow F^{-1} \to NaF$

③ P(인)과 O(산소)의 반응원리

: $P^{+5} \searrow \nearrow O^{-2} \to P_2O_5$

> **Tip**
> 화학에서는 숫자 1을 표시하지 않으므로 K_2O_1 또는 Na_1F_1이라고 표현하지 않습니다.

📖 **화학식 읽는 방법**

여러 개의 원소가 조합된 화학식을 읽을 때는 먼저 뒤쪽 원소 명칭의 끝 글자 대신 "~화"를 붙이고, 여기에 앞쪽 원소의 명칭을 붙여서 읽는다.

1) K_2O : 뒤쪽 원소 명칭(산소)의 끝 글자(소) 대신 "~화"를 붙이고(산화), 여기에 앞쪽 원소의 명칭(칼륨)을 붙여서 "산화칼륨"이라고 읽는다.
   ※ K_2O(산화칼륨)에 산소를 추가하면 K_2O_2가 되는데 이는 산화칼륨에 산소가 과하게 존재하는 상태를 의미하므로 과산화칼륨이라 부른다.

2) NaF : 뒤쪽 원소 명칭(플루오린)의 끝 글자에 "~화"를 붙이고(플루오린화), 여기에 앞쪽 원소의 명칭(나트륨)을 붙여서 "플루오린화나트륨"이라고 읽는다.

3) P_2O_5 : 뒤쪽 원소 명칭(산소)의 끝 글자(소) 대신 "~화"를 붙이고(산화), 여기에 앞쪽 원소의 명칭(인)을 붙이는데 이 물질은 산소의 개수가 5개이므로 "오산화인"이라고 읽는다.

예제 1 알루미늄과 산소의 반응으로 만들어지는 화합물은 무엇인가?

① AlO ② Al_2O_3
③ Al_3O_2 ④ AlO_3

✔️**풀이** Al(알루미늄)은 +3가 원소, O(산소)는 −2가 원소이므로 Al은 원자가 3을 O에게 주고 O의 원자가 2를 받아 Al_2O_3(산화알루미늄)이 된다.

정답 ②

예제 2 인과 산소의 반응으로 만들어지는 화합물은 무엇인가?

① PO ② P_5O_2
③ P_2O_5 ④ PO_4

✔️**풀이** P(인)은 −3가 원소이지만 상대원소인 O(산소)가 −2가로서 주기율표상 더 오른쪽에 위치하고 있기 때문에 이때 P는 +원자가가 되어야 한다. 따라서 P는 +5가 원소, O는 −2가 원소이므로 P는 원자가 5를 O에게 주고 O의 원자가 2를 받아 P_2O_5(오산화인)이 된다.

정답 ③

예제 3 과산화칼륨의 화학식으로 옳은 것은?

① KO ② K_2O
③ KO_2 ④ K_2O_2

✔️**풀이** K(칼륨)은 +1가 원소, O(산소)는 −2가 원소이므로 K은 원자가 1을 O에게 주고 O의 원자가 2를 받아 K_2O(산화칼륨)이 된다. 여기서, 산화칼륨에 산소를 추가하면 과산화칼륨이 되고 과산화칼륨의 화학식은 K_2O_2이다.

정답 ④

1-3 원자의 구성

01 원자의 구조

원자는 원자핵과 그 주위를 돌고 있는 전자로 구성되어 있다.

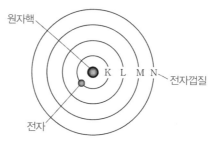

‖ 원자의 구성 ‖

(1) 원자핵

양성자와 중성자, 그리고 중간자로 구성되어 있다.

① 양성자 : 전기적으로 "+" 성질을 가진 것

② 중성자 : 전기적으로 "+"도 아니고 "−"도 아닌 전기적 성질이 없는 것

③ 중간자 : 양성자와 중성자가 서로 떨어지지 않게 묶어 주는 역할을 하는 것

(2) 전자

전기적으로 "−" 성질을 가진 것으로서 원자핵의 주위에 존재한다.

(3) 전자껍질

주기율표의 주기와 같은 개념으로서 전자가 위치하는 궤도를 의미하며 원자핵으로부터 가장 가까운 껍질을 K, 그 다음부터 순서대로 L, M, N이라 부른다.

(4) 최외각전자

① 원자핵으로부터 가장 멀리 떨어진 전자껍질에 위치한 전자를 말한다.

② 같은 족에 속한 원소들은 최외각전자 수가 같다.

(5) 양성자 수 및 전자수의 원자번호와의 관계

양성자 수는 전자수와 같고 원자번호와도 같다.

양성자 수 = 전자수 = 원자번호

예제 1 원자핵을 구성하는 요소가 아닌 것은?

① 양성자   ② 중성자

③ 중간자   ④ 전자

> **풀이** 원자핵은 양성자와 중성자, 그리고 중간자로 구성되어 있으며, 전자는 원자핵의 주위에 존재하는 요소이다.
>
> **정답** ④

예제 2 최외각전자 수가 같은 원소끼리 짝지어진 것은?

① Na과 Br   ② N와 Cl

③ C와 B   ④ Ne와 Ar

> **풀이** 같은 족에 속하는 원소는 최외각전자 수가 같다. Ne(네온)과 Ar(아르곤)은 같은 0족에 속하며, 최외각전자 수는 8개로 서로 같다.
>
> **정답** ④

예제 3 양성자 수가 11개인 원소는 어느 것인가?

① Li   ② C

③ Na   ④ K

> **풀이** 양성자 수는 원자번호와 같으므로 양성자 수가 11개인 원소는 원자번호가 11번이고 원자번호가 11번인 원소는 나트륨(Na)이다.
>
> **정답** ③

02 오비탈(orbital)

(1) 오비탈의 구조

다음 그림과 같이 전자들이 채워지는 공간을 오비탈이라 하며, 궤도함수라고도 불린다.

전자껍질	주양자수 (n)	오비탈의 종류			
		s	p	d	f
K	1	••			
L	2	••	•• •• ••		
M	3	••	•• •• ••	•• •• •• •• ••	
N	4	••	•• •• ••	•• •• •• •• ••	•• •• •• •• •• •• ••

① 전자껍질과 주양자수 : 전자들은 원자핵의 바깥쪽 둘레에 존재하는 전자껍질에 채워지며, 각 전자껍질의 번호인 주양자수(n)는 다음과 같다.
　　㉠ K껍질의 주양자수 : 1
　　㉡ L껍질의 주양자수 : 2
　　㉢ M껍질의 주양자수 : 3
　　㉣ N껍질의 주양자수 : 4

📖 **파울리의 배타원리**

> 양자수에는 주양자수, 각운동량 양자수, 자기 양자수 및 스핀 양자수가 있으며, 한 원자에서 이 4가지의 양자수가 동일한 상태의 전자는 2개 이상 존재할 수 없다.

② 각 전자껍질에 들어 있는 오비탈의 개수 : K껍질부터 N껍질까지에 들어 있는 오비탈의 개수는 다음과 같다.
　　㉠ K껍질 : s오비탈 1개
　　㉡ L껍질 : s오비탈 1개+p오비탈 3개
　　㉢ M껍질 : s오비탈 1개+p오비탈 3개+d오비탈 5개
　　㉣ N껍질 : s오비탈 1개+p오비탈 3개+d오비탈 5개+f오비탈 7개

③ 각 오비탈에 채울 수 있는 전자의 최대 개수 : 하나의 오비탈에 채울 수 있는 전자의 최대 개수는 2개이므로, 각 오비탈에 채울 수 있는 전자의 최대 개수는 다음과 같다.
　　㉠ s오비탈 : 2개
　　㉡ p오비탈 : 6개
　　㉢ d오비탈 : 10개
　　㉣ f오비탈 : 14개

④ K껍질부터 N껍질까지 채울 수 있는 전자의 최대 개수 : 각 전자껍질에 채울 수 있는 전자의 개수를 구하는 공식은 $2n^2$이다. 이 공식에 주양자수 n을 1부터 4까지 대입하면 다음과 같이 K껍질부터 N껍질까지 채울 수 있는 전자의 개수를 구할 수 있다.
　　㉠ K껍질 : $2 \times 1^2 = 2$개
　　㉡ L껍질 : $2 \times 2^2 = 8$개
　　㉢ M껍질 : $2 \times 3^2 = 18$개
　　㉣ N껍질 : $2 \times 4^2 = 32$개

(2) 오비탈에 전자 채우기

① 오비탈의 표시

㉠ 1s : 주양자수가 1인 K껍질에 있는 s오비탈

㉡ 2s, 2p : 주양자수가 2인 L껍질에 있는 s오비탈과 p오비탈

㉢ 3s, 3p, 3d : 주양자수가 3인 M껍질에 있는 s오비탈, p오비탈, d오비탈

㉣ 4s, 4p, 4d, 4f : 주양자수가 4인 N껍질에 있는 s오비탈, p오비탈, d오비탈, f오비탈

② 오비탈에 전자를 채우는 순서

$1s \rightarrow 2s \rightarrow 2p \rightarrow 3s \rightarrow 3p \rightarrow 4s \rightarrow 3d \rightarrow 4p \rightarrow 4d \rightarrow 4f$

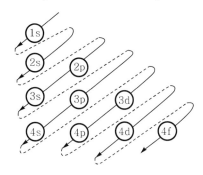

┃ 오비탈에 전자를 채우는 순서 ┃

③ 훈트(hund)의 법칙 : 각 오비탈에 들어가는 전자들은 분산되어 채워진다.

📝 산소(O)의 전자를 오비탈에 채우는 과정

원자번호는 전자 수와 같으므로 원자번호가 8인 산소(O)의 전자수는 8개이며, 훈트의 법칙에 의해 전자를 채우는 순서는 다음과 같다.

1. 첫 번째 : 1s 오비탈에 전자 2개를 채운다.

주양자수(n)	s	p	d	f

1	••

2	

2. 두 번째 : 2s 오비탈에도 전자 2개를 채워 총 4개의 전자를 만든다.

주양자수(n)	s	p	d	f

1	••

2	••

3. 세 번째 : 1s와 2s는 오비탈이 1개이므로 훈트의 법칙을 적용할 필요가 없지만, 2p는 3개의 오비탈로 존재하기 때문에 훈트의 법칙을 적용하여 각 오비탈에 전자를 각각 분산시켜 한 개씩 채워 총 전자 7개를 만든다.

주양자수(n)	s	p	d	f

1	••

2	••	•	•	•

4. 네 번째 : 남은 1개의 전자를 2p 오비탈의 첫 번째 칸에 채워 쌍을 이루도록 하면 총 8개의 전자를 모두 채우게 된다.

주양자수(n)	s	p	d	f
1	••			
2	••	•• • •		

2p 오비탈에는 짝지어진 전자쌍 1개와 짝지어지지 않은 전자 2개가 존재한다. 이렇게 짝지어지지 않은 전자를 부대전자 또는 홀전자라고 부른다.

(3) 오비탈을 이용한 원소의 표시

① 오비탈 앞에 붙는 숫자 : 주기와 같은 의미인 주양자수를 나타낸 것이다.

② 오비탈 오른쪽 위에 붙는 숫자 : 각 오비탈에 들어 있는 전자수를 나타낸 것이며, 이 전자 수를 모두 합하면 그 원소의 원자번호가 된다.

예 원자번호 6인 C(탄소)와 원자번호 12인 Mg(마그네슘)의 오비탈

1. 원자번호 6인 C를 나타내는 오비탈은 1s에 전자 2개, 2s에 전자 2개, 2p에 전자 2를 채운 상태로서 총 전자수는 6개이며, 다음과 같이 나타낼 수 있다.

$$\text{C} \rightarrow 1\text{s}^2 2\text{s}^2 2\text{p}^2$$

（주기, 전자의 수, 오비탈의 종류）

2. 원자번호 12인 Mg를 나타내는 오비탈은 1s에 전자 2개, 2s에 전자 2개, 2p에 전자 6개, 3s에 전자 2개를 채운 상태로서 총 전자수는 12개이며, 다음과 같이 나타낼 수 있다.

$$\text{Mg} \rightarrow 1\text{s}^2 2\text{s}^2 2\text{p}^6 3\text{s}^2$$

(4) 혼성오비탈

한 원자의 오비탈과 다른 원자의 오비탈을 혼합해 만든 오비탈로서 혼성궤도함수라고도 한다.

① 오비탈에 전자를 채우는 방법 : 각 원소의 원자가에 해당하는 수만큼 s오비탈과 p오비탈에 전자를 채운다.

② 오비탈을 읽는 방법 : 채워진 전자를 두 개씩 한 쌍으로 묶어 하나의 오비탈로 읽는다.

예 CH_4의 혼성궤도함수의 표시

1. C는 원자가가 +4이므로 s오비탈에 전자 2개와 p오비탈에 전자 2개를 각각 '•' 표시로 채운다.

2. H는 원자가가 +1이고 4개 있으므로 p오비탈에 전자 4개를 '×' 표시로 채운다.

3. 그 결과 s오비탈에 전자쌍 1개와 p오비탈에 전자쌍 3개가 채워지므로 CH_4의 혼성궤도함수는 sp^3가 된다.

예제 1 p오비탈에 수용할 수 있는 전자의 개수는 총 몇 개인가?

① 2   ② 4

③ 6   ④ 10

💿 **풀이** 하나의 오비탈에 채울 수 있는 전자의 개수는 총 2개이고 p오비탈은 3개로 구성되어 있으므로 p오비탈에 채울 수 있는 전자의 총 개수는 6개이다.

정답 ③

예제 2 전자배열이 $1s^2 2s^2 2p^4$인 원소는 어느 것인가?

① N   ② O

③ F   ④ Ne

💿 **풀이** 전자배열 $1s^2 2s^2 2p^4$에는 전자가 1s와 2s에 2개씩 들어있고 2p에 4개 들어있다. 따라서 총 전자수는 8개이며, 전자수는 원자번호와 같으므로 이 전자배열은 8번 원소인 산소(O)를 나타낸다.

정답 ②

예제 3 오비탈에 들어가는 전자들은 분산되어 채워진다라는 법칙을 무엇이라 하는가?

① 훈트의 법칙

② 라울의 법칙

③ 아레니우스의 법칙

④ 아보가드로의 법칙

💿 **풀이** 오비탈에 들어가는 전자들은 분산되어 채워진다라는 법칙을 훈트의 법칙이라고 한다.

정답 ①

1-4   원자와 원자의 이온화

01 원자 반지름

(1) 같은 주기에서는 원자번호가 커질수록 원자반지름은 작아진다.

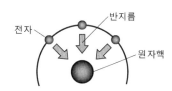

원자핵은 전자를 잡아당기는 성질이 있다. **같은 주기에서는 원자번호가 커질수록** 전자수가 많아져 원자핵이 전자를 안쪽으로 잡아당기는 힘도 세지기 때문에 **원자의 반지름은 작아진다.**

(2) 같은 족에서는 원자번호가 커질수록 원자반지름도 커진다.

같은 족에서는 원자번호가 커질수록 전자껍질의 수가 많아져 마지막 전자껍질에 들어 있는 최외각전자가 원자핵으로부터 멀어지기 때문에 **원자의 반지름도 커진다.**

예제 1 다음 중 원자반지름이 가장 작은 원소는?

① Li   ② Be

③ O   ④ F

풀이 같은 주기에서는 원자번호가 커질수록 원자반지름은 작아진다. Li(리튬), Be(베릴륨), O(산소), F(플루오린)은 같은 주기에 속하며, 이 중 원자번호가 가장 큰 원소는 F이므로 F의 원자반지름이 가장 작다.

정답 ④

예제 2 다음 중 원자반지름이 가장 큰 원소는?

① H   ② Li

③ Na   ④ K

풀이 같은 족에서는 원자번호가 커질수록 원자반지름도 커진다. H(수소), Li(리튬), Na(나트륨), K(칼륨)는 같은 족에 속하며, 이 중 원자번호가 가장 큰 원소는 K이므로 K의 원자반지름이 가장 크다.

정답 ④

---

02 원자량

원소 한 개의 질량을 의미하는 것으로 질량수라고 부르기도 한다. 원자량의 단위는 "g"과 "kg"을 모두 사용할 수 있지만 단순하게 특정 원소의 원자량을 나타내는 경우는 단위를 생략하고 숫자만 표시한다.

(1) 원자번호를 이용한 원자량 구하기

① 원자번호가 짝수인 원소 : 원자량＝원자번호×2

② 원자번호가 홀수인 원소 : 원자량＝원자번호×2＋1

③ 예외인 원자량

　　㉠ 수소(H) : 원자번호가 1번, 즉 홀수이므로 원자량은 1×2＋1＝3이 되어야 하지만 원자량은 1이다.

　　㉡ 질소(N) : 원자번호가 7번, 즉 홀수이므로 원자량은 7×2＋1＝15가 되어야 하지만 원자량은 14이다.

　　㉢ 염소(Cl) : 원자번호가 17번, 즉 홀수이므로 원자량은 17×2＋1＝35가 되어야 하지만 원자량은 35.5이다.

(2) 양성자 수와 중성자 수를 이용한 원자량 구하기

원자량(질량수)은 양성자 수와 중성자 수를 합한 값과 같다.

원자량＝양성자 수＋중성자 수
　　　　　↳ 전자수＝원자번호

(3) 원자번호와 원자량의 표시방법

　⌐ 원자량＝양성자 수＋중성자 수

$$^{12}_{6}\text{C}$$

　⌐ 원자번호＝양성자 수＝전자수

예제 1 마그네슘(Mg)의 원자량은?

① 12　　　　　　　　　　　② 24

③ 44　　　　　　　　　　　④ 64

풀이 Mg은 원자번호가 12번이고 이 번호는 짝수이므로 원자량은 12×2＝24이다.

정답 ②

예제 2 양성자 수가 11개이고 중성자 수는 12개인 원소의 원자량은?

① 11　　　　　　　　　　　② 12

③ 13　　　　　　　　　　　④ 23

풀이 원자량＝양성자 수＋중성자 수이므로, 이 원소의 원자량은 11＋12＝23이다.

정답 ④

03 동위원소와 원자단

(1) 동위원소

양성자 수(원자번호)는 같아도 중성자 수가 달라서 질량수가 달라지는 원소를 말하며, 수소를 예로 들면 다음과 같다.

① $_1^1H$(수소) : 원자번호=1, 중성자 수=0, 질량수=1

② $_1^2H$(중수소) : 원자번호=1, 중성자 수=1, 질량수=2

③ $_1^3H$(삼중수소) : 원자번호=1, 중성자 수=2, 질량수=3

(2) 원자단

2개의 원소들이 서로 결합된 상태로 존재하여 하나의 원소처럼 반응하는 것을 의미한다.

① 종류

   ㉠ OH(수산기) : −1가 원자단이며, OH^-로 표시한다.

   ㉡ SO₄(황산기) : −2가 원자단이며, SO_4^{2-}로 표시한다.

   ㉢ NH₄(암모늄기) : $^+$1가 원자단이며, NH_4^+로 표시한다.

② 원자단이 원자가 2 이상을 가진 원소와 화합하는 경우에는 **원자단에 괄호를 묶어서 표시**해야 한다.

   🔴 예 Al과 OH의 화합 : Al(알루미늄)은 +3가 원소이고 OH(수산기)는 −1가 원자단이다. 이때 Al은 OH에게 숫자 3을 주게 되는데 여기서 OH에 괄호를 하지 않으면 OH_3가 되어 O는 1개, H만 3개가 된다. 원자단은 하나의 원소처럼 반응해야 하므로 OH를 괄호로 묶어 $(OH)_3$가 되도록 해야 하며 이렇게 해야 O의 개수도 3개가 되고 H의 개수도 3개가 되어 $Al(OH)_3$(수산화알루미늄)을 만들게 된다.

예제 1 $_1^1H$(수소)와 $_1^2H$(중수소)는 서로 어떤 관계의 원소인가?

   ① 동소체   ② 동위원소

   ③ 이성질체   ④ 중성원자

   🖊 **풀이** $_1^1H$와 $_1^2H$의 원자번호 및 중성자 수, 그리고 질량수는 다음과 같다.

       ① $_1^1H$(수소) : 원자번호=1, 중성자 수=0, 질량수=1

       ② $_1^2H$(중수소) : 원자번호=1, 중성자 수=1, 질량수=2

      위와 같이 원자번호는 같아도 중성자 수가 달라서 질량수가 달라지는 원소를 동위원소라고 한다.

                                       정답 ②

예제 2 Mg과 OH의 화합으로 만들어지는 물질의 화학식으로 옳은 것은?

   ① $MgOH_2$ ② $Mg_2(OH)_2$

   ③ MgO_2H ④ $Mg(OH)_2$

   🖊 **풀이** Mg(마그네슘)은 +2가 원소이고 OH(수산기)는 −1가 원자단이므로 Mg은 OH로부터 숫자 1을 받고 OH는 Mg으로부터 숫자 2를 받아 $Mg(OH)_2$(수산화마그네슘)을 만든다.

                                       정답 ④

04 이온화경향과 이온화에너지

(1) 중성원자와 이온

① 중성원자 : 원자가 전자를 얻은 상태도 아니고 잃은 상태도 아닌 것으로서 K(칼륨), Mg(마그네슘), Cl(염소), O(산소)와 같이 원소기호만 표시하여 나타낸다.

② 이온

　ㄱ 양이온 : 중성원자가 전자를 잃은 상태로서 원자의 오른쪽 위에 "+"를 첨자로 표시한다.

　　ⓐ K^+ : K(칼륨)이 전자 1개를 잃은 상태의 양이온

　　ⓑ Mg^{2+} : Mg(마그네슘)이 전자 2개를 잃은 상태의 양이온

　ㄴ 음이온 : 중성원자가 전자를 얻은 상태로서 원자의 오른쪽 위에 "−"를 첨자로 표시한다.

　　ⓐ Cl^- : Cl(염소)가 전자 1개를 얻은 상태의 음이온

　　ⓑ O^{2-} : O(산소)가 전자 2개를 얻은 상태의 음이온

(2) 이온화경향

원자가 전자를 잃고 양(+)이온이 되려는 성질을 말한다.

① 이온화경향이 큰 원자와 작은 원자의 반응에서는 이온화경향이 큰 원자가 작은 원자에게 전자를 내주고 양이온이 된다. 따라서 이온화경향의 크기가 큰 원자일수록 전자를 잃고 양이온이 되기 쉽다.

② **이온화경향의 크기**는 다음과 같다.

K > Ca > Na > Mg > Al > Zn > Fe > Ni > Sn > Pb > H > Cu > Hg > Ag > Pt > Au
칼륨 칼슘 나트륨 마그 알루 아연 철 니켈 주석 납 수소 구리 수은 은 백금 금 　　　　　네슘 미늄

🔺톡톡튀는 **암기법** 1. H보다 앞에 있는 원소들은 주기율표 왼쪽 아래에 있는 K, Ca과 그 위에 있는 Na, Mg, Al의 순서로 시작하여 Zn, Fe, Ni(아페니) 즉, 애를 패니까 Sn, Pb(<u>주</u>님 <u>납</u>셨네)로 암기하세요.

　　　　2. H보다 뒤에 있는 원소들은 Cu, Hg, Ag, Pt, Au(<u>구수</u>한 <u>은백금</u>)으로 암기하세요.

(3) 이온화에너지

중성인 원자에서 전자 1개를 떼어 내면 그 중성원자는 전자를 잃어 양이온이 된다. 이 과정에서 전자 1개를 떼어 내는 데 필요한 에너지의 양을 이온화에너지라고 하며, 주기율표의 주기와 족을 기준으로 이온화에너지의 크기를 비교하면 다음과 같다.

① 같은 주기에서의 비교

ㄱ 주기율표의 왼쪽에 있는 금속 원소는 "＋"원자가 즉, 양이온 상태를 유지하려는 성질이 커서 전자를 필요로 하지 않는다. 따라서 금속 원소로부터 전자를 떼어 낼 때는 힘이 많이 필요하지 않으므로 **금속 원소의 이온화에너지는 작다.**

ㄴ 주기율표의 오른쪽에 있는 비금속 원소는 "－"원자가 즉, 전자를 갖고 있으려는 성질이 커서 전자를 안 뺏기려고 한다. 따라서 비금속 원소로부터 전자를 떼어 낼 때는 힘이 많이 필요하므로 **비금속 원소의 이온화에너지는 크다.**

② 같은 족에서의 비교

ㄱ 같은 족의 위쪽에 있는 원소의 전자는 원자핵과 가까이 있어 그 원자의 전자를 떼어 낼 때는 힘이 많이 필요하므로 **위쪽에 있는 원소의 이온화에너지는 크다.**

ㄴ 같은 족의 아래쪽에 있는 원소의 전자는 원자핵과 멀리 떨어져 있어 그 원자의 전자를 떼어 낼 때는 힘이 많이 필요하지 않으므로 **아래쪽에 있는 원소의 이온화에너지는 작다.**

(4) 전기음성도

원자가 전자를 끌어 당길 수 있는 힘을 말하며, 전기음성도가 클수록 전자를 잡아당기는 힘이 더 크다. 주기율표의 주기와 족을 기준으로 전기음성도의 크기를 비교하면 다음과 같다.

① 같은 주기에서의 비교

ㄱ 주기율표의 왼쪽에 있는 금속 원소는 양이온의 성질을 가지고 있어 전자를 필요로 하지 않으므로 전기음성도는 작다.

ㄴ 주기율표의 오른쪽에 있는 비금속 원소는 음이온의 성질을 가지고 있어 전자를 갖고 있으려고 하므로 전기음성도는 크다.

② 같은 족에서의 비교

ㄱ 같은 족의 위쪽에 있는 원소는 가볍고 화학적 활성이 커 전자를 잘 끌어당기므로 전기음성도는 크다.

ㄴ 같은 족의 아래쪽에 있는 원소는 무겁고 화학적 활성이 크지 않아 상대적으로 전자를 끌어당기는 힘이 약하므로 전기음성도는 작다.

예제 1 **중성원자가 무엇을 잃으면 양이온으로 되는가?**

① 중성자   ② 핵전하

③ 양성자   ④ 전자

🖊 **풀이** 중성원자는 전자(－)를 잃으면 양이온(＋)이 된다.

정답 ④

예제 2 다음 중 이온화경향이 가장 큰 원소는?

① Mg ② Zn

③ Ni ④ Cu

풀이 이온화경향의 크기는 다음과 같다.
K > Ca > Na > Mg > Al > Zn > Fe > Ni > Sn > Pb > H > Cu > Hg > Ag > Pt > Au

정답 ①

예제 3 다음 중 이온화에너지가 가장 큰 원소는?

① Na ② Al

③ Cl ④ P

풀이 같은 주기에서는 오른쪽에 있는 원소일수록 이온화에너지가 크므로, Na(나트륨), Al(알루미늄), Cl(염소), P(인) 중 이온화에너지가 가장 큰 원소는 제일 오른쪽에 있는 Cl이다.

정답 ③

예제 4 다음 중 전기음성도가 가장 큰 원소는?

① F ② Cl

③ Br ④ I

풀이 같은 족에서는 위쪽에 있는 원소일수록 전기음성도가 크므로, F(플루오린), Cl(염소), Br(브로민), I(아이오딘) 중 전기음성도가 가장 큰 원소는 제일 위쪽에 있는 F이다.

정답 ①

1-5 화학식과 분자

01 화학식의 종류

(1) 시성식

화합물이 가지고 있는 특징을 알 수 있도록 작용기를 표시하여 나타낸 식

예 아세트산의 시성식 : CH_3COOH

> **Tip**
>
> 일반적으로 '화학식으로 나타내시오'라고 하면 시성식을 쓰면 됩니다.

(2) 분자식

화합물을 구성하는 각 원소의 개수를 표시하여 나타낸 식

예 아세트산의 분자식 : $C_2H_4O_2$

(3) 실험식

화합물을 구성하는 원소들을 가장 간단한 정수비로 표시하여 나타낸 식

예 아세트산의 실험식 : CH_2O

(4) 구조식

화합물을 구성하는 원소들의 결합상태를 선으로 표시
하여 나타낸 식

‖ 아세트산의 구조식 ‖

(5) 전자점식

원소의 주위에 그 원소의 원자가에 해당하는 수를 점으로 표시한 구조로서 전자 두
개를 묶어 하나의 전자쌍이라고 하며, 전자쌍은 다음과 같이 공유전자쌍과 비공유전
자쌍으로 구분한다.

① 공유전자쌍 : 한 원소의 전자가 상대 원소의 전자와 서로 공유하고 있는 상태의 전
자쌍을 말한다.

② 비공유전자쌍 : 한 원소의 전자끼리 결합해 상대 원소의 전자와는 공유하지 않은
상태의 전자쌍을 말한다.

예 NH_3(암모니아)의 전자점식은 다음과 같은 순서에 의해 만들 수 있으며, 이때 N의 전자는 '•'으로 표
시하고 H의 전자는 '×'로 표시한다.
　－1단계 : N은 +5가 원소이므로 N 주위에 '•'을 5개 표시한다.
　－2단계 : H는 +1가 원소이고 H가 3개 있으므로 '×'을 '•'와 함께 3개 표시한다.
그 결과 아래의 그림과 같이 '•'와 '×'가 쌍을 이룬 공유전자쌍 3개와 '•'끼리 쌍을 이룬 비공유전
자쌍 1개로 구성된 NH_3(암모니아)의 전자점식을 만들 수 있다.

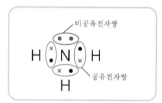

‖ 암모니아의 전자점식 ‖

02 분자

(1) 분자의 정의

둘 이상의 원자가 결합하여 생성된 것으로서 물질의 특성이나 성질을 나타내는 가장
작은 입자 단위를 말한다.

(2) 분자의 종류

① 단원자분자 : 한 개의 원자로 이루어진 분자

예 He(헬륨), Ne(네온), Ar(아르곤) 등

② 이원자분자 : 두 개의 원자로 이루어진 분자

　　📵 H_2(수소), O_2(산소), N_2(질소) 등

③ 다원자 분자 : 세 개 이상의 원자로 이루어진 분자

　　📵 O_3(오존), CO_2(이산화탄소), CH_4(메테인) 등

(3) 분자량

분자를 구성하고 있는 원자들의 원자량의 개수를 모두 합한 양을 말한다.

📵 SO_2(이산화황)의 분자량은 다음과 같다.
　 S의 원자량은 $16 \times 2 = 32$이고 O의 원자량은 $8 \times 2 = 16$이므로, SO_2의 분자량은 $32 + (16 \times 2) = 64$이다.

(4) 동소체

한 종류의 원소만으로 구성된 것으로서 원자배열과 성질은 서로 다르지만 연소 후 남는 최종생성물은 동일한 물질을 말하며, 다음과 같은 종류가 있다.

① 황(S) : 사방황(S), 단사황(S), 고무상황(S)의 3가지 동소체가 있으며, 이들은 서로 다른 물질들이지만 연소(산소와 반응) 시 공통적으로 이산화황(SO_2)을 발생한다.

② 인(P) : 적린(P), 황린(P_4)의 2가지 동소체가 있으며, 이들은 서로 다른 물질들이지만 연소 시 공통적으로 오산화인(P_2O_5)을 발생한다.

(5) 이성질체

이성질체는 일반적으로 다음과 같은 종류로 구분할 수 있다.

① 구조이성질체 : 분자식은 같아도 원자들의 결합구조가 달라서 성질도 달라지는 화합물을 말하며, 다음과 같은 종류가 있다.
　　㉠ 크실렌 : 벤젠(C_6H_6)에 메틸(CH_3)기 2개를 치환시킨 구조의 물질로서 오르토(o) 크실렌, 메타(m) 크실렌, 파라(p) 크실렌의 3가지 구조이성질체가 존재하며, 시성식과 구조식은 다음과 같다.
　　　　ⓐ 시성식 : $C_6H_4(CH_3)_2$
　　　　ⓑ 구조식

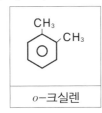 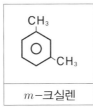 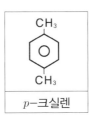

| o-크실렌 | m-크실렌 | p-크실렌 |

　　㉡ 크레졸 : 벤젠(C_6H_6)에 메틸(CH_3)기 1개와 수산(OH)기 1개를 치환시킨 구조의 물질로서 오르토(o) 크레졸, 메타(m) 크레졸, 파라(p) 크레졸의 3가지 구조이성질체가 존재하며, 시성식과 구조식은 다음과 같다.
　　　　ⓐ 시성식 : $C_6H_4CH_3OH$

ⓑ 구조식

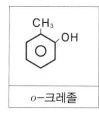 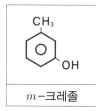 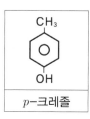

| o-크레졸 | m-크레졸 | p-크레졸 |

② 기하이성질체 : 이중결합으로 구성된 원자들이 서로 대칭을 이루고 있지만 양쪽의 구조가 똑같지 않을 수 있는 화합물을 말한다.

③ 광학이성질체 : 거울에는 같은 구조로 보이지만 두 개를 포갰을 때 결코 겹쳐지지 않는 구조의 화합물을 말한다.

예제 1 벤젠의 실험식으로 옳은 것은?

① C_6H_6 ② CH
③ C_3H_3 ④ CH_6

풀이 실험식이란 화합물을 구성하는 원소들을 가장 간단한 정수비로 나타낸 식이므로 C_6H_6 (벤젠)을 약분하면 벤젠의 실험식은 CH가 된다.

정답 ②

예제 2 H_2O의 공유전자쌍과 비공유전자쌍의 개수로 옳은 것은?

① 공유전자쌍 : 1개, 비공유전자쌍 : 1개
② 공유전자쌍 : 1개, 비공유전자쌍 : 2개
③ 공유전자쌍 : 2개, 비공유전자쌍 : 1개
④ 공유전자쌍 : 2개, 비공유전자쌍 : 2개

풀이 H_2O의 전자점식은 다음과 같은 순서에 의해 만들 수 있으며, 이때 O의 전자는 '•'으로 표시하고 H의 전자는 '×'로 표시한다.
① 1단계 : O는 +6가 원소이므로 O 주위에 '•'을 6개 표시한다.
② 2단계 : H는 +1가 원소이고 H가 2개 있으므로 '×'을 '•'와 함께 2개 표시한다.
그 결과 아래의 그림과 같이 '•'와 '×'가 쌍을 이룬 **공유전자쌍 2개**와 '•'끼리 쌍을 이룬 **비공유전자쌍 2개**로 구성된 H_2O의 전자점식을 만들 수 있다.

$$H$$
$$\overset{\times}{\underset{\cdot\cdot}{:O:}}H$$

정답 ④

예제 3 분자식은 같아도 원자들의 결합구조가 달라 성질도 달라지는 화합물을 무엇이라 하는가?

① 구조이성질체   ② 기하이성질체
③ 광학이성질체   ④ 분자이성질체

풀이 분자식은 같아도 원자들의 결합구조가 달라 성질도 달라지는 화합물을 구조이성질체라고 한다.

정답 ①

1-6 화학의 법칙과 용어

01 화학의 법칙

(1) 질량보존의 법칙

반응 전 물질의 전체 질량은 반응 후에 생성된 물질의 전체 질량과 같다.

예 $C + O_2 \rightarrow CO_2$
$12 + 32 = 44$

(2) 일정성분비의 법칙

화합물을 구성하는 원소들 사이의 질량비는 일정하다.

예 $2H_2 + O_2 \rightarrow 2H_2O$
H의 원자량은 1이고 O의 원자량은 16이므로 H와 O의 질량비는 1 : 16이지만 H_2O에는 H 2개에 산소는 1개만 결합되어 있으므로 H : O의 질량비는 1 : 8이 된다. 위의 식에서도 H_2와 O 사이의 질량비는 2 : 16 즉, 1 : 8인 것을 알 수 있다.

(3) 배수비례의 법칙

A와 B 두 원소가 화합하여 2가지 이상의 화합물을 만들 때 A원소의 일정량과 결합하는 B원소의 질량은 간단한 정수비를 가진다.

예 CO에서 C와 결합하는 산소는 16이고 CO_2에서 C와 결합하는 산소는 32이므로 C와 결합하는 산소의 질량은 16 : 32, 즉 1 : 2의 정수비를 가진다.

(4) 보일(Boyle)의 법칙

일정한 온도에서 기체의 압력과 부피는 반비례한다.

$$P_1 V_1 = P_2 V_2$$

여기서, P_1과 P_2 : 기체의 압력
V_1과 V_2 : 기체의 부피

(5) 샤를(Charles)의 법칙

일정한 압력에서 기체의 부피는 절대온도에 비례한다.

$$\frac{V_1}{T_1} = \frac{V_2}{T_2}$$

여기서, V_1과 V_2 : 기체의 부피
T_1과 T_2 : 기체의 절대온도
※ 기체의 절대온도란 "273 + 실제온도"를 말한다.

(6) 보일-샤를(Boyle-Charles)의 법칙

기체의 부피는 압력에 반비례하고 절대온도에 비례한다.

$$\frac{P_1 V_1}{T_1} = \frac{P_2 V_2}{T_2}$$

여기서, P_1과 P_2 : 기체의 압력
V_1과 V_2 : 기체의 부피
T_1과 T_2 : 기체의 절대온도

(7) 그레이엄(Graham)의 기체 확산속도의 법칙

같은 온도와 같은 압력에서 두 기체의 확산속도는 분자량의 제곱근에 반비례한다.

$$\frac{V_1}{V_2} = \sqrt{\frac{M_2}{M_1}}$$

여기서, V_1과 V_2 : 각 기체의 확산속도
M_1과 M_2 : 각 기체의 분자량

(8) 돌턴(Dalton)의 분압의 법칙

각 기체의 압력, 즉 분압은 혼합기체의 압력, 즉 전압에 각 기체가 차지하는 부피의 값을 곱한 것으로 각 기체의 분압의 합은 전압과 같다.

$$P_A = P \times \frac{V_A}{V_A + V_B}$$

$$P_B = P \times \frac{V_B}{V_A + V_B}$$

여기서, P_A과 P_B : 각 기체의 분압
P : 혼합기체의 전압
V_A와 V_B : 각 기체의 부피

(9) 헤스(Hess)의 법칙

화학반응에서 반응열은 그 반응의 시작과 끝 상태만으로 결정되며 반응하는 과정 동안의 경로에는 관계하지 않는다.

(10) 이상기체상태방정식

기체의 압력, 부피, 몰수, 온도 간의 관계를 나타내는 방정식이다.

$$PV= \frac{w}{M}RT= nRT$$

여기서, P : 압력(기압＝atm)
V : 부피(L)
w : 질량(g)
M : 분자량(g/mol)
n : 몰수(mol)
R : 이상기체상수(0.082atm · L/K · mol)
T : 절대온도(K)

(11) 삼투현상과 삼투압

서로 다른 농도를 가진 두 용액 중 낮은 농도의 용액에 있는 물분자가 반투막을 통과하여 높은 농도의 용액 쪽으로 이동함으로써 용액의 농도가 같아지는 현상을 삼투현상이라 한다. 또한 삼투현상을 막기 위해 가해지는 최소 압력을 삼투압이라 하며, 공식은 이상기체상태방정식과 같다.

$$PV= \frac{w}{M}RT$$

여기서, P : 삼투압(기압)
V : 부피(L)
w : 질량(g)
M : 분자량(g/mol)
R : 이상기체상수(0.082atm · L/K · mol)
T : 절대온도(K)

(12) 아보가드로(Avogadro)의 법칙

모든 기체는 같은 온도와 같은 압력에서 같은 부피와 같은 분자수를 가진다.

① **표준상태(0℃, 1기압)에서 모든 기체 1몰의 부피는 22.4L이다.**

② **표준상태에서 모든 기체 1몰의 분자수는 6.02×10^{23}개이다.**

※ 다음과 같이 이상기체상태방정식을 이용하여 0℃, 1기압에서 기체 1몰의 부피는 22.4L인 것을 증명할 수 있다.
$PV= nRT$
여기서, P : 1기압, V : 부피(L), n : 1몰
R : 이상기체상수(0.082atm · L/K · mol)
T : 273＋0(K)
$1 \times V = 1 \times 0.082 \times (273＋0)$
$V =22.4$L

예제 1 다음 중 배수비례의 법칙이 성립되는 화합물을 나열한 것은?

① CH_4, CCl_4 ② SO_2, SO_3

③ H_2O, H_2S ④ NH_3, BH_3

풀이 배수비례의 법칙은 A원소의 일정량과 결합하는 B원소의 질량은 간단한 정수비를 가진다는 것이다. 〈보기〉 ②에서 SO_2는 S와 결합하는 O_2의 질량이 16×2=32이고 SO_3는 S와 결합하는 O_3의 질량이 16×3=48이다. 따라서 SO_2와 SO_3에 포함된 O는 32 : 48, 즉 2 : 3의 정수비를 나타내므로 이들 사이에는 배수비례의 법칙이 성립하는 것을 알 수 있다.

정답 ②

예제 2 1기압에서 2L의 부피를 차지하는 어떤 이상기체의 압력을 4기압으로 하면 부피는 몇 L가 되는가? (단, 온도는 동일한 상태이다.)

① 2.0L   ② 1.5L

③ 1.0L   ④ 0.5L

풀이 온도변화 없이 기체의 압력과 부피를 활용하는 문제이므로 다음과 같이 보일의 법칙을 이용한다.

$P_1 V_1 = P_2 V_2$

1기압×2L=4기압× V_2

$\therefore V_2 = \dfrac{1 \times 2}{4} = 0.5L$

정답 ④

예제 3 A기체의 분자량을 4배로 하면 이 기체의 확산속도는 처음의 몇 배가 되는가?

① 0.5배   ② 1배

③ 2배   ④ 4배

풀이 기체의 확산속도를 구하는 문제이므로 다음과 같이 그레이엄의 기체확산속도의 법칙을 이용한다.

$$V_A = \sqrt{\dfrac{1}{M_A}}$$

여기서, A기체의 처음 분자량(M_A)을 1이라 가정하면 A기체의 확산속도(V_A)= $\sqrt{\dfrac{1}{1}}$, 즉 1이 되지만, 〈문제〉는 A기체의 분자량을 처음 분자량의 4배로 한다고 했으므로 M_A에 4를 대입하면 A기체의 확산속도 $V_A = \sqrt{\dfrac{1}{4}}$, 즉 $\dfrac{1}{2}$이 된다. 따라서 A기체의 분자량을 4배로 하면 A기체의 확산속도는 처음의 0.5배가 된다.

정답 ①

예제 4 질소 2L와 산소 3L의 혼합기체의 전압력이 10기압일 때 질소의 분압은 몇 기압인가?

① 2기압   ② 4기압

③ 8기압   ④ 10기압

풀이 기체의 분압을 구하는 문제이므로 다음과 같이 분압의 법칙을 이용한다.

1) **질소의 분압**=혼합기체의 전압×$\dfrac{질소의\ 부피}{질소의\ 부피+산소의\ 부피}$

$$=10기압×\dfrac{2L}{2L+3L}=4기압$$

2) **산소의 분압**=혼합기체의 전압×$\dfrac{산소의\ 부피}{질소의\ 부피+산소의\ 부피}$

$$=10기압×\dfrac{3L}{2L+3L}=6기압$$

정답 ②

예제 5 0℃, 1기압에서 이산화탄소 1몰이 기화되었을 때 기화된 이산화탄소의 부피는 몇 L 인가?

① 5.6L
② 11.2L
③ 22.4L
④ 44.8L

풀이 기체의 부피를 구하는 문제이므로 다음과 같이 이상기체상태방정식을 이용한다.

$PV=nRT$

여기서, P : 압력=1기압

V : 부피

n : 몰수=1mol

R : 이상기체 상수=0.082atm · L/K · mol

T : 절대온도=273+0(K)

$1×V=1×0.082×(273+0)$

∴ $V=22.4L$

정답 ③

02 용어

(1) 질량

분자 또는 물질이 가지는 양의 크기로서 단위는 g 또는 kg으로 나타낸다.

(2) 부피

분자 또는 물질이 차지하는 공간의 크기로서 단위는 L 또는 m^3로 나타낸다.

(3) 밀도

질량을 부피로 나눈 값으로서 정해진 공간에 입자들이 얼마나 밀집되어 있는지를 나타내며, 단위는 고체 및 액체는 g/mL로 나타내고 기체는 g/L로 나타낸다.

① 고체 또는 액체의 밀도

$$밀도 = \dfrac{질량}{부피}\ (g/mL)$$

② 기체(증기)의 밀도

㉠ 0℃, 1기압이 아닌 상태

$$증기밀도 = \frac{PM}{RT} \ (g/L)$$

📖 증기밀도 공식의 유도과정

다음과 같이 이상기체상태방정식을 이용하여 공식을 유도할 수 있다.

$$PV = \frac{w}{M} RT$$

이 식은 V와 M의 자리를 바꿈으로써 다음과 같이 나타낼 수 있다.

$$PM = \frac{w}{V} RT$$

여기서, RT를 PM 아래의 분모자리로 넘기면 증기밀도$\left(\frac{w}{V}\right)$를 구할 수 있다.

$$\therefore \ \frac{w}{V} = \frac{PM}{RT}$$

㉡ 0℃, 1기압인 상태 : $\frac{PM}{RT}$ 인 증기밀도 공식에 0℃, 1기압을 대입하면 다음과 같다.

$$증기밀도 = \frac{1 \times M(분자량)}{0.082 \times (273 + 0)} = \frac{분자량}{22.4} \ (g/L)$$

$$증기밀도 = \frac{분자량}{22.4} \ (g/L)$$

(4) 비중

고체 및 액체의 표준물질은 물이고 기체의 표준물질은 공기이며 물과 공기의 비중은 모두 1이다. 비중이란 물질이 표준물질보다 얼마나 더 무거운지 또는 가벼운지를 나타내는 기준으로 단위는 존재하지 않는다.

① 고체 또는 액체의 비중 : 물질의 밀도를 표준물질의 밀도인 1g/mL로 나눈 값으로 다음과 같이 나타낸다.

$$비중 = \frac{밀도(g/mL)}{표준물질의 \ 밀도(g/mL)} = \frac{밀도(g/mL)}{1g/mL} = 밀도$$

② 기체(증기)의 비중 : 물질의 분자량을 공기의 분자량인 29로 나눈 값으로 다음과 같이 나타낸다.

$$증기비중 = \frac{분자량}{29}$$

(5) 몰수

① 정의 : 분자 앞에 붙이는 숫자로서 분자의 개수를 의미하며 분자가 1개 있으면 1몰, 2개 있으면 2몰이다.

예 수소(H_2) 1몰의 표시 : H_2
산소(O_2) 2몰의 표시 : $2O_2$
질소(N_2) 3몰의 표시 : $3N_2$

② 공식 : 몰수는 질량을 분자량으로 나눈 값으로 다음과 같이 나타낸다.

$$몰수 = \frac{질량}{분자량}$$

예제 1 비중이 0.8인 휘발유 400mL의 질량은 몇 g인가?

① 280 　　　　② 320
③ 440 　　　　④ 620

 풀이 비중 = $\frac{질량(g)}{부피(mL)}$ 이므로 질량(g)=비중×부피(mL)가 된다.

〈문제〉의 휘발유는 부피가 400mL이므로 질량(g)=0.8×400mL=320g이다.

 정답 ②

예제 2 CS_2의 증기비중은 얼마인가?

① 1.52 　　　　② 2.10
③ 2.62 　　　　④ 3.08

 풀이 증기비중 = $\frac{분자량}{29}$ 이고 CS_2의 분자량은 12(C)+32(S)×2=76이므로

CS_2의 증기비중 = $\frac{76}{29}$ = 2.62이다.

정답 ③

1-7 화학적 결합과 반응식

01 화학적 결합

(1) 화학적 결합의 종류

① 이온결합 : 금속과 비금속의 결합

  예) $Na^+ + Cl^- \rightarrow NaCl$

② 금속결합 : 금속과 자유전자의 결합

  예) Cu, Zn 등의 일반적인 금속

③ 공유결합 : 비금속과 비금속의 결합

  예) $C + O_2 \rightarrow CO_2$

④ 수소결합 : H와 F, O, N의 결합을 말하며, 끓는점(비등점)이 높은 것이 특징이다.

⑤ 배위결합 : 물질이 비공유전자쌍을 다른 이온에게 제공하여 그 이온과 결합하는 방식

  예) $NH_3 + H^+ \rightarrow NH_4^+$

⑥ 반 데르 발스 결합 : 분자와 분자 간의 끌어당기는 힘에 의해 결합하는 방식

(2) 결합력의 세기

> 원자결합 > 공유결합 > 이온결합 > 금속결합 > 수소결합 > 반 데르 발스 결합

톡톡 튀는 **암기법** 공유결합의 공을 "숭"으로 바꾸어 앞 글자만 읽으면 "원숭이금수반"이 된다.

예제 1 다음 중 수소결합 물질이 아닌 것은?

① NH_3 ② H_2S

③ HF   ④ H_2O

풀이 수소결합 물질은 H와 F, O, N이 결합한 물질로서 〈보기〉 ②의 H_2S는 수소결합 물질이 아니다.

정답 ②

예제 2 결합력이 큰 것부터 작은 순서로 나열한 것은?

① 공유결합>수소결합>반 데르 발스 결합

② 수소결합>공유결합>반 데르 발스 결합

③ 반 데르 발스 결합>수소결합>공유결합

④ 수소결합>반 데르 발스 결합>공유결합

풀이 결합력의 세기
원자결합>공유결합>이온결합>금속결합>수소결합>반 데르 발스 결합

정답 ①

02 물질의 반응식

(1) 반응식의 정의

물질이 반응을 일으키는 현상에 대해 그 반응과정을 알 수 있도록 표현한 식을 말하며, 반응식의 중간에 있는 화살표를 기준으로 반응 전의 물질은 화살표의 왼쪽에 표시하고 반응 후에 생성된 물질은 화살표의 오른쪽에 표시한다.

(2) 반응생성물

원소의 반응생성물은 다음 [표]에 제시된 반응원리를 이용해 만들 수 있다.

> **Tip**
> 이 단원에서는 **예**의 전체 반응식이 왜 저렇게 만들어지는지 그 이유보다 어떤 생성물이 만들어지는지를 더 중점적으로 학습하시길 바랍니다.

번 호	생성물	반응원리
1	$H + O \rightarrow H_2O$	하나의 물질에는 H가 포함되어 있고 다른 하나의 물질에는 O가 포함되어 있을 때, H는 +1가 원소이고 O는 -2가 원소이므로 서로의 원자가를 주고받아 H_2O가 만들어진다. **예** $CH_4 + 2O_2 \rightarrow CO_2 + 2H_2O$ 　메테인　산소　이산화탄소　물
2	$C + O \rightarrow CO_2$	하나의 물질에는 C가 포함되어 있고 다른 하나의 물질에는 O가 포함되어 있을 때, C는 +4가 원소이고 O는 -2가 원소이므로 서로의 원자가를 주고받아 C_2O_4가 만들어지는데 이 경우 두 수를 약분하여 CO_2로 나타내야 한다. **예** $2C_6H_6 + 15O_2 \rightarrow 12CO_2 + 6H_2O$ 　벤젠　　산소　　이산화탄소　물
3	$C + S \rightarrow CS_2$	하나의 물질에는 C가 포함되어 있고 다른 하나의 물질에는 S가 포함되어 있을 때, C는 +4가 원소이고 S는 -2가 원소이므로 서로의 원자가를 주고받아 C_2S_4가 만들어지는데 이 경우 두 수를 약분하여 CS_2로 나타내야 한다. **예** $C + 2S \rightarrow CS_2$ 　탄소　황　이황화탄소
4	$S + O \rightarrow SO_2$	하나의 물질에는 S가 포함되어 있고 다른 하나의 물질에는 O가 포함되어 있을 때, S와 O는 모두 -2가 원소로 동일한 원자가를 가지므로 SO_2가 만들어지는 것으로 암기한다. **예** $2P_2S_5 + 15O_2 \rightarrow 2P_2O_5 + 10SO_2$ 　오황화인　산소　　오산화인　이산화황
5	$H + S \rightarrow H_2S$	하나의 물질에는 H가 포함되어 있고 다른 하나의 물질에는 S가 포함되어 있을 때, H는 +1가 원소이고 S는 -2가 원소이므로 서로의 원자가를 주고받아 H_2S가 된다. **예** $P_2S_5 + 8H_2O \rightarrow 5H_2S + 2H_3PO_4$ 　오황화인　물　　황화수소　　인산

번 호	생성물	반응원리
6	$P + H \rightarrow PH_3$	하나의 물질에는 P가 포함되어 있고 다른 하나의 물질에는 H가 포함되어 있을 때, P는 −3가 원소이고 H는 +1가 원소이므로 서로의 원자가를 주고받아 PH_3가 만들어진다. 예 $Ca_3P_2 + 6H_2O \rightarrow 3Ca(OH)_2 + 2PH_3$ 　　인화칼슘　　물　　　수산화칼슘　　포스핀
7	$P + O \rightarrow P_2O_5$	하나의 물질에는 P가 포함되어 있고 다른 하나의 물질에는 O가 포함되어 있을 때, P는 +5가 원소이고 O는 −2가 원소이므로 서로의 원자가를 주고받아 P_2O_5가 만들어진다. 예 $P_4 + 5O_2 \rightarrow 2P_2O_5$ 　황린　산소　　오산화인

(3) 반응식의 종류와 이해

반응식의 종류는 많지만 여기서는 분해반응식, 연소반응식, 물과의 반응식의 3가지 반응식에 대해 알아본다. 반응식을 작성할 때에는 반응에 필요한 물질과 반응 후 생성되는 물질을 먼저 적은 후 화살표의 왼쪽과 오른쪽에 있는 원소의 개수를 같게 만들어야 하는데 이를 위해 반응 전 물질과 반응 후 물질 앞에 붙이는 계수를 조정한다.

① 분해반응식 : 물질이 열이나 빛에 의해 분해되어 또 다른 물질을 만드는 반응식을 말하며, 다음은 과산화나트륨의 분해반응식을 나타낸 것이다.

　㉠ 분해반응식 작성방법

　　ⓐ 1단계(생성물질의 확인) : 과산화나트륨(Na_2O_2) 1mol을 분해시키면 산화나트륨(Na_2O)과 산소(O_2)가 발생한다.

　　　$Na_2O_2 \rightarrow Na_2O + O_2$

　　ⓑ 2단계(O원소의 개수 확인) : 화살표 왼쪽에는 Na_2O_2에 O가 2개 있고, 화살표 오른쪽에는 Na_2O에 O가 1개, O_2에 O가 2개로 O가 모두 3개 있으므로 화살표 오른쪽에 있는 O_2에 0.5를 곱해 양쪽의 O의 개수를 같게 만들어 반응식을 완성한다.

　　　$Na_2O_2 \rightarrow Na_2O + 0.5O_2$

　㉡ 분해반응식의 이해 : 과산화나트륨 1mol의 분해반응식인 "$Na_2O_2 \rightarrow Na_2O + 0.5O_2$"에 포함된 물질들을 몰수와 부피, 그리고 질량으로 나타내면 다음과 같다.

　　ⓐ 몰수 : 과산화나트륨(Na_2O_2) 1몰을 분해시키면 산화나트륨(Na_2O) 1몰과 산소(O_2) 0.5몰이 발생한다.

　　ⓑ 부피 : 표준상태(0℃, 1기압)에서 모든 기체 1몰은 22.4L이므로 과산화나트륨 1몰을 분해시키면 산소 $0.5 \times 22.4L = 11.2L$가 발생한다.

　　ⓒ 질량 : 과산화나트륨(Na_2O_2) 78g을 분해시키면 산화나트륨(Na_2O) 62g과 산소(O_2) $0.5 \times 32g = 16g$이 발생한다.

📖 **과산화나트륨, 산화나트륨, 산소의 1mol의 분자량**

1) 과산화나트륨(Na_2O_2) : 23(Na)g×2 + 16(O)g×2=78g
2) 산화나트륨(Na_2O) : 23(Na)g×2 + 16(O)g×1=62g
3) 산소(O_2) : 16(O)g×2=32g

② **연소반응식** : 물질이 산소와 반응하여 또 다른 물질을 만드는 반응식을 말하며, 다음은 아세톤의 연소반응식을 나타낸 것이다.

㉠ **연소반응식 작성방법**

ⓐ **1단계(생성물질의 확인)** : 아세톤(CH_3COCH_3)을 연소시키면 이산화탄소(CO_2)와 물(H_2O)이 발생한다.

$$CH_3COCH_3 + O_2 \rightarrow CO_2 + H_2O$$

ⓑ **2단계(C원소의 개수 확인)** : 화살표 왼쪽에는 CH_3COCH_3에 C가 3개 있고, 화살표 오른쪽에는 CO_2에 C가 1개 있으므로 화살표 오른쪽에 있는 CO_2에 3을 곱해 양쪽의 C의 개수를 같게 만든다.

$$CH_3COCH_3 + O_2 \rightarrow 3CO_2 + H_2O$$

ⓒ **3단계(H원소의 개수 확인)** : 화살표 왼쪽에는 CH_3COCH_3에 H가 6개 있고, 화살표 오른쪽에는 H_2O에 H가 2개 있으므로 화살표 오른쪽에 있는 H_2O에 3을 곱해 양쪽의 H의 개수를 같게 만든다.

$$CH_3COCH_3 + O_2 \rightarrow 3CO_2 + 3H_2O$$

ⓓ **4단계(O원소의 개수 확인)** : 화살표 왼쪽에는 CH_3COCH_3에 O가 1개, O_2에 O가 2개로 O가 모두 3개 있고, 화살표 오른쪽에는 $3CO_2$에 O가 6개, $3H_2O$에 O가 3개로 O가 모두 9개 있으므로 화살표 왼쪽에 있는 O_2에 4를 곱해 양쪽의 O의 개수를 같게 만들어 반응식을 완성한다.

$$CH_3COCH_3 + 4O_2 \rightarrow 3CO_2 + 3H_2O$$

㉡ **연소반응식의 이해** : 아세톤의 연소반응식인 "$CH_3COCH_3 + 4O_2 \rightarrow 3CO_2 + 3H_2O$"에 포함된 물질들을 몰수와 부피, 그리고 질량으로 나타내면 다음과 같다.

ⓐ **몰수** : 아세톤(CH_3COCH_3) 1몰을 산소(O_2) 4몰로 연소시키면 이산화탄소(CO_2) 3몰과 물(H_2O) 3몰이 발생한다.

ⓑ **부피** : 표준상태(0℃, 1기압)에서 모든 기체 1몰은 22.4L이므로 아세톤 1몰을 산소 4×22.4L=89.6L로 연소시키면 이산화탄소 3×22.4L=67.2L가 발생한다.

ⓒ **질량** : 아세톤(CH_3COCH_3) 58g을 산소 4×32g=128g으로 연소시키면 이산화탄소(CO_2) 3×44g=132g과 물(H_2O) 3×18g=54g이 발생한다.

📖 **아세톤, 이산화탄소, 물의 1mol의 분자량**

1) 아세톤(CH_3COCH_3) : 12(C)g×3 + 1(H)g×6+16(O)g=58g
2) 이산화탄소(CO_2) : 12(C)g + 16(O)g×2=44g
3) 물(H_2O) : 1(H)g×2+16(O)g=18g

③ 물과의 반응식 : 물질이 물과 반응하여 또 다른 물질을 만드는 반응식을 말하며, 다음은 나트륨과 물과의 반응식을 나타낸 것이다.

　㉠ 물과의 반응식 작성방법

　　ⓐ 1단계(생성물질의 확인) : 나트륨(Na) 1mol을 물(H_2O)과 반응시키면 수산화나트륨(NaOH)과 수소(H_2)가 발생한다.

　　　$Na + H_2O \rightarrow NaOH + H_2$

　　ⓑ 2단계(H원소의 개수 확인) : 화살표 왼쪽에는 H_2O에 H가 2개 있고, 화살표 오른쪽에는 NaOH에 H가 1개, H_2에 H가 2개로 H가 모두 3개 있으므로 화살표 오른쪽에 있는 H_2에 0.5를 곱해 양쪽의 H의 개수를 같게 만들어 반응식을 완성한다.

　　　$Na + H_2O \rightarrow NaOH + 0.5H_2$

　㉡ 물과의 반응식의 이해 : 1mol의 나트륨과 물과의 반응식인 "$Na + H_2O \rightarrow NaOH + 0.5H_2$"에 포함된 물질들을 몰수와 부피, 그리고 질량으로 나타내면 다음과 같다.

　　ⓐ 몰수 : 나트륨(Na) 1몰을 물 1몰과 반응시키면 수산화나트륨(NaOH) 1몰과 수소(H_2) 0.5몰이 발생한다.

　　ⓑ 부피 : 표준상태(0℃, 1기압)에서 모든 기체 1몰은 22.4L이므로 나트륨 1몰을 물과 반응시키면 수소 0.5×22.4L=11.2L가 발생한다.

　　ⓒ 질량 : 나트륨(Na) 23g을 물 18g과 반응시키면 수산화나트륨(NaOH) 40g과 수소(H_2) 0.5×2g=1g이 발생한다.

　　📖 **수산화나트륨, 수소의 1mol의 분자량**

　　　1) 수산화나트륨(NaOH) : 23(Na)g+16(O)g+1(H)g=40g
　　　2) 수소(H_2) : 1(H)g×2=2g

예제 표준상태(0℃, 1기압)에서 29g의 아세톤을 연소시킬 때 이산화탄소와 물은 각각 몇 몰씩 발생하는가?

① 이산화탄소 3몰, 물 3몰
② 이산화탄소 1.5몰, 물 1.5몰
③ 이산화탄소 3몰, 물 1.5몰
④ 이산화탄소 1.5몰, 물 3몰

　풀이 다음 아세톤의 연소반응식에서 알 수 있듯이 아세톤 1몰 즉, 58g을 연소시키면 이산화탄소와 물은 각각 3몰씩 발생하는 것을 알 수 있다.
　　– 아세톤의 연소반응식 : $CH_3COCH_3 + 4O_2 \rightarrow 3CO_2 + 3H_2O$
　　〈문제〉는 아세톤 29g 즉, 58g의 절반만을 연소시키는 경우이므로 이산화탄소와 물도 각각 절반인 1.5몰씩만 발생한다.

정답 ②

1-8 물질의 용해도와 농도

01 물질의 용해도

(1) 용해도

어떤 온도에서 용매 100g에 녹아 있는 용질의 g수를 나타낸 것이다.

① 용질 : 녹는 물질

② 용매 : 녹이는 물질

③ 용액 : 용질＋용매

(2) 헨리(Henry)의 법칙

액체에 녹아 있는 기체의 양은 용기의 내부 압력에 비례한다.

※ 이 법칙은 액체에 잘 녹는 기체에는 적용할 수 없고 탄산가스처럼 액체에 약간 녹는 성질의 기체에 적용할 수 있다.

사이다의 병뚜껑을 따기 전에는 병 내부의 압력도 높고 사이다에 녹아 있는 탄산가스의 양도 많다. 그런데 병을 흔들어 뚜껑을 따면 병 내부의 압력은 감소하게 되고 사이다에 녹아 있는 탄산가스의 양도 압력만큼 비례해 줄어들게 되는데 이러한 이유로 인해 탄산가스의 일부가 거품이 되어 솟아오르는 현상이 발생한다.

예제 1 25℃의 용매 50g 속에 용질이 30g 녹아 있는 물질이 있다. 같은 온도에서 이 물질의 용해도는 얼마인가?

① 30   ② 40   ③ 50   ④ 60

풀이 〈문제〉의 용매 50g에 용질이 30g 녹아 있는 것은 용매를 100g 즉, 2배로 하면 용질도 2배인 60g이 녹아 있는 것과 같다. 용해도란 특정온도에서 용매 100g에 녹아 있는 용질의 g수를 말하는데 이 물질은 용매 100g에 용질이 60g 녹아 있는 상태이므로 이 물질의 용해도는 60이다.

정답 ④

예제 2 탄산음료의 병마개를 열면 거품이 솟아오르는 이유를 가장 올바르게 설명한 것은?

① 수증기가 생성되기 때문이다.

② 이산화탄소가 분해되기 때문이다.

③ 용기 내부압력이 줄어들어 액체에 녹아 있던 기체의 양도 감소하기 때문이다.

④ 온도가 내려가게 되어 기체가 생성물의 반응이 진행되기 때문이다.

풀이 탄산음료의 병마개를 열면 거품이 나오는 현상은 헨리의 법칙으로 설명될 수 있다. 병의 내부압력이 높은 상태에서는 액체에 녹아 있는 탄산가스의 양도 많지만 병의 마개를 열면 병의 내부압력이 줄어 액체에 녹아 있던 탄산가스의 양도 내부압력이 줄어든 만큼 감소한다. 따라서 탄산음료의 병마개를 열면 거품이 나는 이유는 병 속의 내부압력이 감소한 만큼 액체에 녹아있던 기체가 거품이 되어 병 밖으로 빠져나오기 때문이다.

정답 ③

---

02 물질의 농도

(1) 물질의 g당량

① 원소의 g당량 : 원자량을 원자가로 나눈 값

$$원소의\ g당량 = \frac{원자량}{원자가}$$

② 산의 g당량 : 분자량을 그 물질에 포함된 수소(H)의 개수로 나눈 값

※ 여기서, 산이란 H를 포함한 물질을 말한다.

$$산의\ g당량 = \frac{분자량}{H의\ 개수}$$

③ 염기의 g당량 : 분자량을 그 물질에 포함된 수산기(OH)의 개수로 나눈 값

※ 여기서, 염기란 OH를 포함한 물질을 말한다.

$$염기의\ g당량 = \frac{분자량}{OH의\ 개수}$$

예제 1 Cu의 g당량은 얼마인가?

① 12 　　　　② 24 　　　　③ 32 　　　　④ 64

풀이 Cu(구리)는 원자량이 64이고, 원자가는 2이므로 g당량 = $\frac{원자량}{원자가}$ = $\frac{64}{2}$ = 32이다.

정답 ③

예제 2 H_2SO_4의 g당량은 얼마인가?

① 49 　　　　② 107 　　　　③ 156 　　　　④ 180

풀이 H_2SO_4(황산)은 H를 포함하고 있는 산이며, 분자량은 1(H)×2+32(S)+16(O)×4=98

이고, 황산에 포함된 H는 2개이므로 g당량 = $\frac{98}{2}$ = 49이다.

정답 ①

예제 3 NaOH의 g당량은 얼마인가?

① 20 　　　　② 30 　　　　③ 40 　　　　④ 50

풀이 NaOH(수산화나트륨)은 OH를 포함하고 있는 염기이며, 분자량은 23(Na)+16(O)+

1(H)=40이고, 수산화나트륨에 포함된 OH는 1개이므로 g당량 = $\frac{40}{1}$ = 40이다.

정답 ③

(2) 농도의 종류

① 몰농도(M) : 용액 1,000mL에 녹아 있는 용질의 몰수를 나타낸 값

$$M = \frac{용질의\ 몰수}{용액\ 1,000mL}$$

② 노르말농도(N) : 용액 1,000mL에 녹아 있는 용질의 g당량수를 나타낸 값

$$N = \frac{용질의\ g당량수}{용액\ 1,000mL}$$

③ 몰랄농도(m) : 용매 1,000g에 녹아 있는 용질의 몰수를 나타낸 값

$$m = \frac{용질의\ 몰수}{용매\ 1,000g}$$

④ ppm 농도 : 용액 1,000,000mL에 녹아 있는 용질의 g수를 나타낸 값

$$ppm농도 = \frac{용질의\ g수}{용액\ 1,000,000mL}$$

⑤ 퍼센트(%)농도 : 용액 100g에 녹아 있는 용질의 g수를 백분율로 나타낸 값

$$\%농도 = \frac{용질의\ g수}{용액\ 100g} \times 100$$

⑥ 몰분율 : 전체 물질의 몰수 중에 해당 물질의 몰수가 얼마나 들어 있는지 나타낸 값

$$몰분율 = \frac{해당\ 물질의\ 몰수}{전체\ 물질의\ 몰수}$$

⑦ %농도의 환산

　㉠ %농도를 몰농도(M)로 나타낸 공식은 다음과 같다.

$$M = \frac{10 \times d\,(비중) \times s\,(농도)}{분자량}$$

　㉡ %농도를 노르말농도(N)로 나타낸 공식은 다음과 같다.

$$N = \frac{10 \times d\,(비중) \times s\,(농도)}{g당량}$$

(3) 빙점강하

용매에 녹아 있는 용질의 질량이 얼마인가에 따라 온도가 얼마나 떨어지는지 그 차이(Δt)를 나타낸 것으로 공식은 다음과 같다.

$$\Delta t = \frac{1,000 \times w \times K_f}{M \times a}$$

여기서, Δt : 빙점강하($^{\circ}\text{C}$)
w : 용질의 질량(g)
M : 용질의 분자량(g/mol)
a : 용매의 질량(g)
K_f : 빙점강하상수($^{\circ}\text{C} \cdot \text{kg/mol}$)

(4) 콜로이드

① 콜로이드는 작은 미립자가 기체 또는 액체 중에 분산된 상태를 말하며, 콜로이드 용액의 성질은 다음과 같다.
  ㉠ 틴들 현상 : 입자가 큰 콜로이드가 녹아 있는 용액에 센 빛을 비추면 빛의 진로가 보이는 현상을 말한다.
  ㉡ 브라운 운동 : 콜로이드 입자가 불규칙하게 지속적으로 움직이는 현상을 말한다.
  ㉢ 투석(다이알리시스) : 콜로이드보다 작은 입자를 가진 물질을 콜로이드와 함께 반투막에 통과시켰을 때 상대적으로 입자가 더 큰 콜로이드는 반투막을 통과하지 못하고 남는 현상을 말한다.
  ㉣ 엉김 : 분산된 작은 콜로이드 입자들이 뭉쳐져서 큰 입자가 되어 가라앉는 현상을 말한다.
  ㉤ 전기영동 : 콜로이드 용액의 전극에 전압을 가했을 때 콜로이드 입자가 한쪽 전극의 방향으로 이동하는 현상을 말한다.

② 콜로이드의 종류
  ㉠ 소수 콜로이드 : 물과 친화력이 약한 콜로이드로서, 수산화철(Ⅱ), 금, 은 등의 종류가 있다.
  ㉡ 친수 콜로이드 : 물과 친화력이 큰 콜로이드로서, 아교, 녹말, 단백질 등의 종류가 있다.
  ㉢ 보호 콜로이드 : 불안정한 소수 콜로이드에 첨가하는 친수 콜로이드를 말하며, 먹물 속의 아교, 잉크 속의 아라비아고무 등의 종류가 있다.

예제 1 황산 수용액 1,000mL에 황산이 49g 녹아 있는 상태의 몰농도(M)는 얼마인가?

① 0.1　　　　　　② 0.2　　　　　　③ 0.5　　　　　　④ 1.0

풀이 황산(H_2SO_4) 수용액 1,000mL에 황산 98g, 즉 1몰이 녹아 있는 상태는 1몰농도이지만 황산 49g, 즉 0.5몰만 녹아 있는 상태는 0.5몰농도이다.

정답 ③

예제 2 물 1,000g에 황산이 49g 녹아 있는 상태의 몰랄농도(m)는 얼마인가?

① 0.5　　　　　　② 1.0　　　　　　③ 1.5　　　　　　④ 2.0

풀이 물 1,000g에 황산(H_2SO_4) 98g, 즉 1몰이 녹아 있는 상태는 1몰랄농도이지만 황산 49g, 즉 0.5몰이 녹아 있는 상태는 0.5몰랄농도이다.

정답 ①

예제 3 농도가 30wt%인 진한 HCl의 비중은 1.1이다. 진한 HCl의 몰농도는 얼마인가? (단, HCl의 분자량은 36.5이다.)

① 7.21　　　　　　② 9.04　　　　　　③ 11.36　　　　　　④ 13.08

풀이 %농도를 몰(M)농도로 나타내는 공식은 다음과 같다.

$$M = \frac{10 \cdot d \cdot s}{분자량}$$

여기서, d(비중)=1.1
　　　　s(농도)=30wt%
　　　　분자량=36.5g/mol

따라서, HCl의 몰농도(M)$= \dfrac{10 \times 1.1 \times 30}{36.5} = 9.04$이다.

정답 ②

예제 4 물 200g에 A물질 2.9g을 녹인 용액의 빙점은 얼마인가? (단, 물의 빙점강하 상수는 1.86℃·kg/mol이고, A물질의 분자량은 58이다.)

① −0.465℃　　　　　　　　　　② −0.932℃

③ −1.871℃　　　　　　　　　　④ −2.453℃

풀이 빙점이란 어떤 용액이 얼기 시작하는 온도를 말하며, 강하란 내림 혹은 떨어진다라는 의미를 갖고 있다. 물에 어떤 물질을 녹인 용액의 빙점은 다음과 같이 빙점강하(Δt) 공식을 이용해 구할 수 있다.

$$\Delta t = \frac{1,000 \times w \times K_f}{M \times a}$$

여기서, w(용질 A의 질량)=2.9g
　　　　K_f(물의 어는점 내림상수)=1.86℃·kg/mol
　　　　M(용질 A의 분자량)=58g/mol
　　　　a(용매 물의 질량)=200g

$\Delta t = \dfrac{1,000 \times 2.9 \times 1.86}{58 \times 200} = 0.465$℃

따라서 용액의 빙점은 물의 빙점 0℃보다 0.465℃ 만큼 더 내린 온도이므로 0℃ − 0.465℃ = −0.465℃이다.

정답 ①

예제 5 먹물에 아교나 젤라틴을 약간 풀어주면 탄소입자가 쉽게 침전되지 않는다. 이때 가해준 아교는 무슨 콜로이드로 작용하는가?

① 서스펜션 콜로이드

② 소수 콜로이드

③ 복합 콜로이드

④ 보호 콜로이드

풀이 콜로이드의 종류

1) 소수 콜로이드 : 물과 친화력이 약한 콜로이드로서, 수산화철(Ⅱ), 금, 은 등의 종류가 있다.
2) 친수 콜로이드 : 물과 친화력이 큰 콜로이드로서, 아교, 녹말, 단백질 등의 종류가 있다.
3) **보호 콜로이드** : 불안정한 소수 콜로이드에 첨가하는 친수 콜로이드를 말하며, **먹물 속의 아교**, 잉크 속의 아라비아고무 등의 종류가 있다.

정답 ④

1-9 산과 염기

01 전해질과 비전해질

(1) 전해질

물에 녹였을 때 전류가 흐를 수 있는 물질을 말한다.

(2) 비전해질

물에 녹였을 때 전류가 흐르지 않는 물질을 말한다.

(3) 전리도

전체 물질 중에 이온화된 물질이 얼마나 들어있는지 나타낸 값으로서 공식은 다음과 같으며, 이를 이온화도 또는 해리도라고도 한다.

※ 여기서, 해리란 화합물이 이온으로 분리되는 현상을 말한다.

$$\text{전리도} = \frac{\text{이온화된 물질의 분자수}}{\text{전체 물질의 분자수}}$$

예제 다음 중 전리도가 가장 커지는 경우는?

① 농도와 온도가 일정할 때

② 농도가 진하고, 온도가 높을수록

③ 농도가 묽고, 온도가 높을수록

④ 농도가 진하고, 온도가 낮을수록

풀이 전리도는 물질이 용액에서 얼마나 이온으로 잘 분리되는지 그 정도를 나타내는 것으로서, 어떤 물질이 용액에서 쉽게 분리되기 위해서는 즉, 전리도가 커지기 위해서는 용액의 농도는 묽고 용액에 가해지는 온도는 높아야 한다.

정답 ③

02 산과 염기

(1) 산과 염기의 정의

① 아레니우스(Arrhenius)의 산과 염기

  ㉠ 산 : H^+를 내놓는 물질

  ㉡ 염기 : OH^-를 내놓는 물질

② 루이스(Lewis)의 산과 염기

  ㉠ 산 : 비공유전자쌍을 얻는 물질

  ㉡ 염기 : 비공유전자쌍을 내주는 물질

③ **브뢴스테드(Brönsted)의 산과 염기**

  ㉠ 산 : H^+를 내놓는 물질

  ㉡ 염기 : H^+를 얻는 물질

  ㉢ 산과 염기를 찾는 방법

    ⓐ 1단계 : H도 아니고 O도 아닌 원소가 포함된 물질끼리, 그리고 남은 물질끼리 선으로 연결한다.

    ⓑ 2단계 : 연결선을 따라 확인했을 때 반응을 통해 H^+를 잃은 물질은 산이고 H^+를 얻는 물질은 염기가 된다.

  예 $H_2O + NH_3 \rightleftarrows OH^- + NH_4^+$의 반응식에서 산과 염기를 구분하는 방법

  H도 아니고 O도 아닌 원소는 'N'이므로 N이 포함된 NH_3와 NH_4^+를 선으로 연결하고 남은 물질인 H_2O와 OH^-도 선으로 연결하면 다음과 같이 나타낼 수 있다.

  $H_2O + NH_3 \rightleftarrows OH^- + NH_4^+$

  여기서, $H_2O \rightarrow OH^-$: H_2O는 H가 2개였는데 반응을 통해 H 1개를 내놓았으므로 **산**이다.

  $NH_3 \rightarrow NH_4^+$: NH_3는 H가 3개였는데 반응을 통해 H 1개를 얻었으므로 **염기**이다.

  이때 산인 H_2O와 연결된 OH^-는 염기가 되고, 염기인 NH_3와 연결된 NH_4^+는 산이 된다.

(2) 지시약

용액에 첨가 시 나타나는 색의 변화를 통해 산성, 중성, 염기성(알칼리성)을 구분하는 물질로서, 그 종류는 다음과 같다.

지시약의 명칭	산성	중성	염기성	비 고
메틸오렌지	적색	황색	황색	–
메틸레드	적색	주황	황색	–
리트머스	청색 → 적색	보라	적색 → 청색	두 가지 종류의 리트머스 종이를 사용
페놀프탈레인	무색	무색	적색	색의 변화가 있는 염기성만 구분 가능

(3) 중화적정

농도를 알고 있는 산 또는 염기의 용액을 이용해 농도를 모르는 산 또는 염기의 농도를 결정할 때 사용하는 방법이다. 또한 각 용액의 농도와 부피를 곱한 값이 서로 같으면 이 용액의 성분은 중성이 되는 의미를 가지기도 하며 그 공식은 다음과 같다.

$$N_1 V_1 = N_2 V_2$$

여기서, N_1과 N_2 : 각 물질의 노르말농도
V_1과 V_2 : 각 물질의 부피

(4) 이온농도지수

① 수소이온농도(pH) : 용액 1L에 존재하는 H^+ 이온의 몰수를 의미하며, 다음의 식으로 나타낸다.

$$pH = -\log[H^+]$$

여기서, $[H^+]$: 수소이온의 농도

② 수산화이온농도(pOH) : 용액 1L에 존재하는 OH^- 이온의 몰수를 의미하며, 다음의 식으로 나타낸다.

$$pOH = -\log[OH^-]$$

여기서, $[OH^-]$: 수산화이온의 농도

③ pH와 pOH의 비교

㉠ pH는 7이 중성이며, pH가 7보다 작으면 산성, 7보다 크면 염기성을 나타낸다.

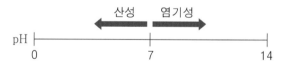

㉡ pOH 또한 7이 중성이며, pOH가 7보다 작으면 염기성, 7보다 크면 산성을 나타낸다.

㉢ pH+pOH=14의 공식이 성립한다.

⑩ pH+pOH=14이므로 어떤 물질의 pOH=9라면 이 물질의 pH는 14-9=5가 된다.

(5) 완충용액

완충용액이란 외부에서 산이나 염기를 가해도 그 영향을 받지 않아 pH가 크게 변하지 않는 용액을 말하며, 그 종류로는 CH_3COOH(아세트산)과 CH_3COONa(아세트산나트륨)의 혼합용액이 대표적이다.

(6) 염

K, Na, NH_4 등의 염류 또는 양이온이 H^+를 밀어내고, H^+와 결합하고 있던 음이온과 다시 결합하여 만든 물질을 말한다.

예제 1 지시약으로 사용되는 페놀프탈레인 용액은 산성에서 어떤 색을 띠는가?

① 적색　　　　　　　　② 청색
③ 무색　　　　　　　　④ 황색

풀이 페놀프탈레인 용액은 **산성에서는 무색**, 염기성에서는 적색을 띠므로, 염기성 용액의 판별은 가능하지만 산성 용액의 판별은 힘들다.

정답 ③

예제 2 NaOH 수용액 100mL를 중화하는 데 2.5N의 HCl 80mL가 소요되었다. NaOH 용액의 농도(N)는?

① 1　　　　　　　　② 2
③ 3　　　　　　　　④ 4

풀이 염기성인 용액 NaOH와 산성인 용액 HCl을 중화하는 데 필요한 공식은 $N_1 V_1 = N_2 V_2$ 이다.
여기서, N_1 : NaOH 농도
　　　V_1 : NaOH 부피(100mL)
　　　N_2 : HCl 농도(2.5N)
　　　V_2 : HCl 부피(80mL)
〈문제〉의 조건을 공식에 대입하면
$N_1 \times 100 = 2.5 \times 80$
$\therefore N_1 = \dfrac{2.5 \times 80}{100} = 2N$

정답 ②

예제 3 0.01N HCl의 pH의 값은 얼마인가?

① 1　　　　　　　　② 2
③ 3　　　　　　　　④ 4

풀이 $pH = -\log[H^+]$이고 HCl의 $[H^+] = 0.01N$이므로, $pH = -\log 0.01 = -\log 10^{-2} = 2$이다.

정답 ②

1-10 산화 · 환원과 전기화학

01 산화와 환원

(1) 산화와 환원

① 산화

- ㉠ 산소를 얻는 것
- ㉡ 수소를 잃는 것
- ㉢ 전자를 잃는 것
- ㉣ 산화수가 증가하는 것

② 환원

- ㉠ 산소를 잃는 것
- ㉡ 수소를 얻는 것
- ㉢ 전자를 얻는 것
- ㉣ 산화수가 감소하는 것

(2) 산화제와 환원제

① 산화제 : 산소를 포함하고 있는 물질을 말하며, 가연물을 태울 수 있는 산소공급원의 역할을 한다. 이 과정에서 산화제는 산소를 잃게 되므로 **자신은 환원**하는 상태가 된다.

② 환원제 : 산소를 공급받아 직접 탈 수 있는 물질을 말하며, 가연물의 역할을 한다. 이 과정에서 환원제는 산소를 얻게 되므로 **자신은 산화**하는 상태가 된다.

(3) 산화수

① 화합물을 구성하고 있는 각 원소들의 원자가의 합은 그 화합물의 전하수(전자를 잃거나 얻은 개수)와 같아지는데 이 상태에서의 각 원소의 원자가를 산화수라 한다.

② 산화수 구하는 순서

㉠ 전하수가 0인 화합물 : 각 원소의 원자가의 합은 0이다.

> **예** $HClO_4$ 중 Cl의 산화수를 구하는 순서는 다음과 같다.
> - 1단계 : 산화수를 구하고자 하는 Cl을 $+x$로 둔다.
>   H <u>Cl</u> O₄
> $+x$
> - 2단계 : x와 나머지 원소들의 원자가를 모두 합한 값을 0으로 둔다. 여기서, H는 $+1$가 원소이고, O는 -2가 원소이며 그 개수는 총 4개이므로 -8로 표시한다.
>   H   <u>Cl</u>   O₄
> $+1 \ +x \ -8=0, \ +x-7=0$
> ∴ 이때 x값이 Cl의 산화수이다.
> $x=+7$

ⓛ 전하수가 0이 아닌 화합물 : 각 원소의 원자가의 합은 화합물의 전하수이다.

> 예 $Cr_2O_7^{2-}$ 중 Cr의 산화수를 구하는 순서는 다음과 같다.
>
> － 1단계 : 산화수를 구하고자 하는 Cr을 $+x$로 두되, Cr이 2개이므로 $+2x$로 표시한다.
> $$\underline{Cr_2}\ O_7{}^{2-}$$
> $+2x$
>
> － 2단계 : $+2x$와 나머지 원소들의 원자가를 모두 합한 값을 전하수 즉, -2로 둔다. 여기서, O는 -2가 원소이며 그 개수는 총 7개이므로 -14로 표시한다.
> $$\underline{Cr_2}\ \underline{O_7}{}^{2-}$$
> $+2x-\ 14=\ -2,\ +2x=+12$
> ∴ 이때 x값이 Cr의 산화수이다.
> $$x=+6$$

③ 산화수가 변하지 않는 원소

　　㉠ 하나의 원소로 구성된 물질의 경우 그 원소의 산화수는 0이다.

　　㉡ 원자가가 $+1$인 알칼리금속의 산화수는 항상 $+1$이다.

　　㉢ 원자가가 $+2$인 알칼리토금속의 산화수는 항상 $+2$이다.

(4) 산화물의 종류

① 산성 산화물 : 비금속과 산소가 결합된 물질

> 예 CO_2(이산화탄소), SO_2(이산화황) 등

② 염기성 산화물 : 금속과 산소가 결합된 물질

> 예 K_2O(산화칼륨), MgO(산화마그네슘) 등

③ 양쪽성 산화물 : Al(알루미늄), Zn(아연), Sn(주석), Pb(납)과 산소가 결합된 물질

> 예 Al_2O_3(산화알루미늄), ZnO(산화아연) 등

예제 1 다음 중 $KMnO_4$에서 Mn의 산화수는?

　① $+1$

　② $+3$

　③ $+5$

　④ $+7$

　🔘 **풀이** $KMnO_4$는 전하수가 0인 화합물로서 망가니즈(Mn)의 산화수를 구하는 방법은 다음과 같다.

　　1) 1단계 : 필요한 원소들의 원자가를 확인한다.

　　　㉠ 칼륨(K) : $+1$가 원소

　　　㉡ 산소(O) : -2가 원소

　　2) 2단계 : 망가니즈(Mn)를 $+x$로 두고 나머지 원소들의 원자가와 그 개수를 적는다.

　　　　K　　Mn　　　O_4
　　　$(+1)\ (+x)\ (-2\times4)$

　　3) 3단계 : 전하수가 0이므로 다음과 같이 원자가와 그 개수의 합이 0이 되도록 한다.

　　　$+1+x-8=0$

　　　∴ $x=+7$

정답 ④

예제 2 다음 중 산성 산화물에 해당하는 것은?

① CaO   ② Na_2O

③ CO_2 ④ MgO

풀이 산성 산화물은 비금속이 산소와 결합한 물질이고, 염기성 산화물은 금속이 산소와 결합한 물질이다. 〈보기〉 중 CO_2는 비금속인 C가 산소와 결합하였으므로 산성 산화물이며, 그 외의 것은 모두 금속이 산소와 결합하였으므로 염기성 산화물이다.

정답 ③

02 전기화학과 전지

(1) 전지의 구분

전지는 산화와 환원 반응을 통해 화학에너지를 전기에너지로 변환시키는 장치로서 충전이 불가능한 1차 전지와 충전이 가능한 2차 전지로 구분한다.

① 1차 전지

    ㉠ 볼타전지

        ⓐ 묽은 황산(H_2SO_4)에 구리(Cu)판과 아연(Zn)판을 연결한 전지

        ⓑ 구리판에 생성되는 수소로 인해 전압이 떨어지는 분극현상이 발생

    ㉡ 다니엘전지

        한쪽에는 황산구리($CuSO_4$) 수용액에 구리판, 다른 한쪽에는 황산아연($ZnSO_4$) 수용액에 아연판을 담근 후 이들을 연결한 전지

② 2차 전지

    – 납축전지 : 황산에 이산화납(PbO_2)을 (+)극, 납(Pb)을 (−)극으로 연결한 전지

(2) 전지의 원리

① 이온화 경향이 작은 금속은 (+)극에 존재하고, 이온화 경향이 큰 금속은 (−)극에 존재한다.

② 전자와 전류 이동방향

    ㉠ 전자 : (−)극 → (+)극으로 이동

    ㉡ 전류 : (+)극 → (−)극으로 이동

(3) 패러데이(Faraday)의 법칙

① 1F(패럿)은 물질 1g당량을 석출하는 데 필요한 전기량이며, 여기서 물질이 원소인 경우 원소의 g당량$=\dfrac{\text{원자량}}{\text{원자가}}$ 이다.

② 1F는 96,500C(쿨롬)과 같은 양이다.

$$1F(패럿) = 96,500C(쿨롬)$$

③ C(쿨롬)은 전류(A)에 시간(초)을 곱한 값과 같다.

$$C(쿨롬) = A(암페어) \times s(초)$$

톡톡 튀는 **암기법** "쿨롬은 애프터서비스이다" 즉, C = AS이다.

예제 1 다음과 같은 구조를 가진 전지를 무엇이라 하는가?

$$Cu \parallel H_2SO_4 \parallel Zn$$

① 볼타전지   ② 다니엘전지
③ 건전지   ④ 납축전지

풀이 묽은 황산(H_2SO_4) 용액에 구리(Cu)판과 아연(Zn)판을 연결한 구조를 가진 전지는 볼타전지이다.

정답 ①

예제 2 황산구리 수용액을 전기분해할 때 63.5g의 구리를 석출시키는 데 필요한 전기량은 몇 F인가? (단, Cu의 원자량은 63.5이다.)

① 0.635F

② 1F

③ 2F

④ 63.5F

풀이 1F(패럿)이란 물질 1g당량을 석출하는 데 필요한 전기량이다. 구리(Cu)는 원자량이 63.5g이고 원자가는 2가인 원소이므로 1g당량 $= \dfrac{원자량}{원자가} = \dfrac{63.5}{2} = 31.75$g이고 이 말은 1F의 전기량으로 구리를 31.75g 석출할 수 있다는 의미이다. 〈문제〉는 31.75g의 2배의 양인 63.5g의 구리를 석출하는 데 필요한 전기량을 구하는 것이므로 이 경우 전기량도 2배인 2F가 필요하다.

정답 ③

1-11 반응속도와 평형이동 및 열과의 반응

01 반응속도와 평형이동

(1) 반응속도

물질의 반응속도에는 정반응속도와 역반응속도가 있으며, 아래의 반응식을 이용해 두 반응속도를 다음과 같이 구분할 수 있다.

$$a\mathrm{A} + b\mathrm{B} \rightleftarrows c\mathrm{C} + d\mathrm{D}$$

① **정반응 속도(V_1)** : 반응이 진행되기 쉬운 방향으로 반응하는 속도를 말하며, 위의 반응식에서는 A와 B가 반응하여 C와 D를 만드는 방향의 속도를 의미한다.

$$V_1 = k_1[\mathrm{A}]^a[\mathrm{B}]^b$$

여기서, k_1 : 정반응 속도상수

[A] : A의 몰농도

[B] : B의 몰농도

a : A의 계수

b : B의 계수

② **역반응 속도(V_2)** : 생성물이 역의 방향으로 진행하는 반응속도를 말하며, 위의 반응식에서는 C와 D가 반응하여 A와 B를 만드는 방향의 속도를 의미한다.

$$V_2 = k_2[\mathrm{C}]^c[\mathrm{D}]^d$$

여기서, k_2 : 역반응 속도상수

[C] : C의 몰농도

[D] : D의 몰농도

c : C의 계수

d : D의 계수

③ **평형상수** : 위의 반응에서 반응속도 V_1과 V_2가 같다면 화학적으로 평형이 되며, 이를 식으로 나타내면 다음과 같다.

$V_1 = V_2$이므로

$$k_1[\mathrm{A}]^a[\mathrm{B}]^b = k_2[\mathrm{C}]^c[\mathrm{D}]^d$$

$$\frac{k_1}{k_2} = \frac{[\mathrm{C}]^c[\mathrm{D}]^d}{[\mathrm{A}]^a[\mathrm{B}]^b}$$

여기서 $\dfrac{k_1}{k_2}$를 평형상수(K)라고 하며, K는 다음과 같이 나타낼 수 있다.

$$K = \dfrac{[\mathrm{C}]^c[\mathrm{D}]^d}{[\mathrm{A}]^a[\mathrm{B}]^b}$$

(2) 평형이동의 법칙

$$a\,\mathrm{A} + b\,\mathrm{B} \rightleftarrows c\,\mathrm{C} + d\,\mathrm{D}$$

위의 기체의 반응식에서 화학적인 평형은 온도, 압력, 농도를 증가시킴에 따라 다음과 같이 이동한다.
① 온도를 상승시키면 흡열반응 쪽으로 이동한다.
② 압력을 증가시키면 기체몰수의 합이 적은 쪽으로 이동한다.
③ 농도를 증가시키면 농도가 적은 쪽으로 이동한다.

예제 1 기체 A, B, C가 일정한 온도에서 다음과 같은 반응을 할 때 평형상수 값은? (단, A의 몰농도=1M, B의 몰농도=2M, C의 몰농도=4M이다.)

$$A + 3B \rightarrow 2C$$

① 0.5   ② 2   ③ 3   ④ 4

풀이 반응식 $a\mathrm{A} + b\mathrm{B} \rightarrow c\mathrm{C}$의 평형상수 $K = \dfrac{[\mathrm{C}]^c}{[\mathrm{A}]^a[\mathrm{B}]^b}$이다. 여기서, [A], [B]는 반응 전 물질의 몰농도이고 [C]는 반응 후 물질의 몰농도이며, a, b, c는 A, B, C의 각 계수이다. 이를 반응식 A+3B → 2C에 적용하면 A, B, C의 몰농도는 1M, 2M, 4M이고, 계수는 $a=1$, $b=3$, $c=2$이므로 $K = \dfrac{[4]^2}{[1]^1[2]^3} = 2$이다.

정답 ②

예제 2 수소와 질소로 암모니아를 합성하는 반응의 화학반응식은 다음과 같다. 이 반응에서 화학평형을 오른쪽으로 이동시키기 위한 조건은?

$$N_2 + 3H_2 \rightarrow 2NH_3$$

① 압력을 높인다.   ② 압력을 낮춘다.
③ 온도를 높인다.   ④ 온도를 낮춘다.

풀이 〈문제〉의 반응식은 N_2 1몰과 H_2 3몰을 반응시켜 NH_3 2몰을 생성하는 과정을 나타내며, 이 반응에서 반응식의 왼쪽은 기체 몰수의 합이 4몰이고 오른쪽은 기체 몰수의 합이 2몰이다. 화학평형은 압력을 높이면 기체 몰수의 합이 적은 쪽으로 이동하고 압력을 낮추면 기체 몰수의 합이 많은 쪽으로 이동하므로, 이 반응에서 화학평형을 오른쪽으로 즉, 기체 몰수의 합이 적은 쪽으로 이동시키기 위해서는 압력을 높여야 한다.

정답 ①

02 열과의 반응

(1) 열의 종류

물질이 갖고 있거나 내놓을 수 있는 열의 물리적인 양을 의미하며, 현열과 잠열로 구분한다.

① 현열 : 온도변화가 존재하는 구간에서의 열을 말하며, 현열의 열량을 구하는 공식은 다음과 같다.

$$Q_1 = cm\Delta t$$

여기서, Q_1 : 현열의 열량(kcal)

c : 비열(물질 1kg의 온도를 1℃ 올리는 데 필요한 열량)(kcal/kg · ℃)

m : 질량(kg)

Δt : 온도차(℃)

톡톡 튀는 암기법 **열량은 시멘트($c \cdot m \cdot \Delta t$)이다.**

② 잠열 : 온도변화는 없고 상태가 변화는 구간에서의 열을 말하며, 잠열의 열량을 구하는 공식은 다음과 같다.

$$Q_2 = m\gamma$$

여기서, Q_2 : 잠열의 열량(kcal)

m : 질량(kg)

γ : 잠열상수(얼음의 잠열상수=80kcal/kg, 수증기의 잠열상수=539kcal/kg)

(2) 발열반응과 흡열반응

① 발열반응 : 반응과정에서 열이 발생하여 반응 후 온도가 높아진 반응으로 다음과 같이 두 가지 방법으로 나타낼 수 있다.

㉠ 다음 반응식은 A와 B의 반응으로 C가 생성될 때 Q(kcal) 만큼의 열이 발생하는 반응을 나타낸 것으로서 발생한 열량을 $+Q$(kcal)로 표시한 것이다.

$$A+B \rightarrow C+Q\,(kcal)$$

㉡ 다음 반응식은 A와 B의 반응으로 C가 생성될 때 A와 B로부터 Q(kcal) 만큼의 열이 발생하여 빠져가는 반응을 나타낸 것으로서, 빠져간 열량을 엔탈피 변화(ΔH)를 이용해 $-Q$(kcal)로 표시한 것이다.

※ 엔탈피 변화란 반응하는 과정 내에서 잃거나 얻은 열량을 말한다.

$$A+B \rightarrow C, \ \Delta H = -Q\,(kcal)$$

② 흡열반응 : 반응과정에서 열이 흡수되어 반응 후 온도가 낮아진 반응으로 발열반응을 표시하는 방법과 동일하게 하되 부호를 반대로 표시하며, 다음과 같이 두 가지 방법으로 나타낼 수 있다.

㉠

$$A+B \rightarrow C- Q \,(\mathrm{kcal})$$

㉡

$$A+B \rightarrow C, \ \Delta H = + Q \,(\mathrm{kcal})$$

(3) 열역학법칙

① **열역학 제0법칙(열평형의 법칙)** : 물질 A가 B와 열평형 상태에 있고 물질 B가 C와 열평형 상태에 있다면, 물질 A도 C와 열평형 상태에 있다는 법칙이다.

② **열역학 제1법칙(에너지 보존의 법칙)** : 하나의 계 안에서는 어떤 형태의 에너지가 다른 형태로 바뀌더라도 그 안에 있는 모든 에너지의 총합은 일정하다는 법칙이다.

③ **열역학 제2법칙(에너지 전달의 방향성 법칙)** : 열이 고온에서 저온으로 이동하면서 중간 온도를 만드는 것과 같이 자연계의 모든 현상은 엔트로피가 증가하는 방향으로 발생한다는 법칙이다.

   ※ 엔트로피란 실제로 일을 하는 에너지가 아닌 고온의 온도를 중간 온도로 만드는 현상에 관여하는 에너지를 말한다.

④ **열역학 제3법칙(절대영도에서 엔트로피에 관한 법칙)** : 0K(절대영도)에 가까워질수록 물질의 엔트로피는 0이 된다는 법칙이다.

예제 1 **10℃의 물 2kg을 100℃의 수증기로 만드는 데 필요한 열량은?**

    ① 180kcal   ② 340kcal

    ③ 719kcal   ④ 1,258kcal

풀이   1) 현열(Q_1) : 10℃부터 100℃까지의 온도변화가 존재하는 구간의 열량

        $Q_1 = cm\Delta t$

        여기서, c : 비열(물질 1kg의 온도를 1℃ 올리는 데 필요한 열량)

                ※ 물의 비열 : 1kcal/kg · ℃

             m : 질량(g)=2kg

             Δt : 온도차=100℃ – 10℃=90℃

        $Q_1 = 1 \times 2 \times 90 = 180$kcal

  2) 증발잠열(Q_2) : 온도변화가 없는 수증기 상태의 열량

        $Q_2 = m\gamma$

        여기서, m : 질량(g)=2kg

             γ : 잠열상수 값=539kcal/kg

        $Q_2 = 2 \times 539 = 1,078$kcal

  ∴ $Q = Q_1 + Q_2 = 180$kcal $+ 1,078$kcal$=1,258$kcal

정답 ④

예제 2 다음 반응식 중 흡열반응을 나타내는 것은?

① $CO + 0.5O_2 \rightarrow CO_2 + 68kcal$

② $N_2 + O_2 \rightarrow 2NO, \ \Delta H = +42kcal$

③ $C + O_2 \rightarrow CO_2, \ \Delta H = -94kcal$

④ $H_2 + 0.5O_2 \rightarrow H_2O + 58kcal$

풀이 흡열반응은 반응 시 열을 흡수하는 반응으로 반응 후 열량을 $-Q(kcal)$로 표시하거나 엔탈피 변화(ΔH)를 이용해 $\Delta H = +Q(kcal)$로 표시한다. 〈보기〉 중 ② $N_2 + O_2 \rightarrow 2NO$, $\Delta H = +42kcal$의 반응은 $\Delta H = +Q(kcal)$로 표시한 흡열반응을 나타낸 것이고, 그 외의 것은 모두 발열반응을 나타낸 것이다.

정답 ②

예제 3 다음은 열역학 제 몇 법칙에 대한 내용인가?

0K(절대영도)에서 물질의 엔트로피는 0이다.

① 열역학 제0법칙 ② 열역학 제1법칙

③ 열역학 제2법칙 ④ 열역학 제3법칙

풀이 0K(절대영도)에 가까워질수록 물질의 엔트로피는 0이 된다는 법칙은 열역학 제3법칙이다.

정답 ④

1-12 무기 및 유기 화합물과 방사성 원소

01 무기화합물

탄소(C) 외의 원소로 이루어진 물질을 무기물이라 하며, 무기물이 화합된 상태의 물질을 무기화합물이라 한다. 다만, 이산화탄소(CO_2)와 같은 탄소의 산화물 또는 탄산나트륨(Na_2CO_3)과 같은 탄산염류 등은 탄소를 포함하고 있지만 무기화합물에 속한다.

(1) 금속과 그 화합물

① 금속

　㉠ 알칼리금속 및 알칼리토금속 : 원소주기율표의 1족과 2족에 속하는 금속

　㉡ 붕소(B) 및 알루미늄(Al) 등 : 원소주기율표의 3족에 속하는 금속

　㉢ 수은(Hg) : 액체상태의 금속

② 금속의 화합물

　㉠ 탄산나트륨(Na_2CO_3) : 솔베이법 공정으로 만드는 물질

　※ 솔베이법 공정 : 암모니아 소다법이라고도 하며, 염화나트륨($NaCl$)과 탄산칼슘($CaCO_3$) 을 반응시켜 탄산나트륨(Na_2CO_3)과 염화칼슘($CaCl_2$)을 만드는 공정이다.
　　－ 반응식 : $2NaCl + CaCO_3 \rightarrow Na_2CO_3 + CaCl_2$

　㉡ 테르밋 : 알루미늄(Al)과 산화철(Ⅲ)(Fe_2O_3)의 혼합물

(2) 비금속과 그 화합물

① 비금속

　㉠ 불활성 기체 : 원소주기율표의 0족에 속하는 기체

　㉡ 할로젠원소 : 원소주기율표의 7족에 속하는 물질

　㉢ 금속 외의 원소 : 수소(H_2), 산소(O_2), 질소(N_2) 등

② 비금속의 화합물

　㉠ 수성가스 : 고온으로 가열한 석탄 또는 코크스(C)에 수증기(H_2O)를 반응시켜 만드는 기체로서 일산화탄소(CO)와 수소(H_2)가 주성분이다.
　　－ 반응식 : $C + H_2O \rightarrow CO + H_2$

　㉡ 플루오린화수소(HF) : 수용성 물질로서 유리를 부식시키는 성질을 가지고 있는 기체

예제 1 다음 중 상온에서 액체상태로 존재하는 금속은?

① 칼륨

② 나트륨

③ 수은

④ 마그네슘

풀이 수은(Hg)은 상온에서 액체상태로 존재하는 금속이다.

정답 ③

예제 2 수성가스(water gas)의 주성분을 올바르게 나타낸 것은?

① CO_2, CH_4

② CO, H_2

③ CO_2, H_2, O_2

④ H_2, H_2O

풀이 고온으로 가열한 석탄 또는 코크스에 수증기를 반응시켜 만드는 기체로서 일산화탄소(CO)와 수소(H_2)가 주성분이다.

정답 ②

02 유기화합물

탄소(C)가 수소(H) 등의 비금속 물질과 결합한 화합물을 말하며, 이 중 탄소와 수소의 결합물질을 탄화수소라 한다.

(1) 탄화수소의 구분

① 알케인(Alkane)

  ㉠ 메테인계 또는 파라핀계라고도 한다.

  ㉡ 일반식은 C_nH_{2n+2}이며, n의 개수를 달리하여 숫자를 대입하면 다음과 같은 물질을 만들 수 있다.

   ⓐ $n=1 \rightarrow C_n$의 n에 1을 대입하면 C는 1개가 되고 H_{2n+2}의 n에 1을 대입하면 H는 $2 \times 1 + 2 = 4$개가 되어 CH_4(메테인)을 만들 수 있다.

   ⓑ $n=2 \rightarrow C_n$의 n에 2를 대입하면 C는 2개가 되고 H_{2n+2}의 n에 2를 대입하면 H는 $2 \times 2 + 2 = 6$개가 되어 C_2H_6(에테인)을 만들 수 있다.

   ⓒ $n=3 \rightarrow C_n$의 n에 3을 대입하면 C는 3개가 되고 H_{2n+2}의 n에 3을 대입하면 H는 $2 \times 3 + 2 = 8$개가 되어 C_3H_8(프로페인)을 만들 수 있다.

   ⓓ $n=4 \rightarrow C_n$의 n에 4를 대입하면 C는 4개가 되고 H_{2n+2}의 n에 4를 대입하면 H는 $2 \times 4 + 2 = 10$개가 되어 C_4H_{10}(뷰테인)을 만들 수 있다.

> **Tip**
> 알케인에 속하는 물질들의 명칭은 "~테인" 또는 "~페인"과 같은 형태로 끝납니다.

$n=1$ CH_4 (메테인)	$n=2$ C_2H_6 (에테인)	$n=3$ C_3H_8 (프로페인)	$n=4$ C_4H_{10} (뷰테인)	$n=5$ C_5H_{12} (펜테인)
$n=6$ C_6H_{14} (헥세인)	$n=7$ C_7H_{16} (헵테인)	$n=8$ C_8H_{18} (옥테인)	$n=9$ C_9H_{20} (노네인)	$n=10$ $C_{10}H_{22}$ (데케인)

② 알켄(Alkene)

  ㉠ 에틸렌계 또는 올레핀계라고도 한다.

  ㉡ 일반식은 C_nH_{2n}이며, n에 2를 대입하면 C는 2개가 되고 H_{2n}의 n에 2를 대입하면 H는 $2 \times 2 = 4$개가 되어 C_2H_4(에틸렌)을 만들 수 있다.

③ 알카인(Alkyne)

  ㉠ 아세틸렌계라고도 한다.

  ㉡ 일반식은 C_nH_{2n-2}이며, n에 2를 대입하면 C는 2개가 되고 H_{2n-2}의 n에 2를 대입하면 H는 $2 \times 2 - 2 = 2$개가 되어 C_2H_2(아세틸렌)을 만들 수 있다.

④ 알킬(Alkyl)

  ㉠ 일반식은 C_nH_{2n+1}이며, n의 개수를 달리하여 숫자를 대입하면 다음과 같은 물질을 만들 수 있다.

ⓐ $n=1$ → C_n의 n에 1을 대입하면 C는 1개가 되고 H_{2n+1}의 n에 1을 대입하면 H는 $2\times1+1=3$개가 되어 CH_3(메틸)을 만들 수 있다.

      ⓑ $n=2$ → C_n의 n에 2를 대입하면 C는 2개가 되고 H_{2n+1}의 n에 2를 대입하면 H는 $2\times2+1=5$개가 되어 C_2H_5(에틸)을 만들 수 있다.

      ⓒ $n=3$ → C_n의 n에 3을 대입하면 C는 3개가 되고 H_{2n+1}의 n에 3을 대입하면 H는 $2\times3+1=7$개가 되어 C_3H_7(프로필)을 만들 수 있다.

      ⓓ $n=4$ → C_n의 n에 4를 대입하면 C는 4개가 되고 H_{2n+1}의 n에 4를 대입하면 H는 $2\times4+1=9$개가 되어 C_4H_9(뷰틸)을 만들 수 있다.

  ⓛ 단일 물질로는 존재할 수 없고 다른 물질의 고리에 붙어 작용하는 원자단이다.

> **Tip**
> 알킬에 속하는 물질들의 명칭은 "~틸" 또는 "~필"과 같은 형태로 끝납니다.

     예 CH_3(메틸)을 OH(수산기)에 결합시키면 CH_3OH(메틸알코올)을 만들 수 있다.

(2) 포화탄화수소와 불포화탄화수소

① **포화탄화수소** : 탄소가 하나의 선으로만 연결된 단일결합 물질을 말하며, 메테인, 에테인 등과 같은 알케인에 속하는 물질을 포함한다.

    예 아래의 구조식에서 알 수 있듯이 메테인(CH_4)과 에테인(C_2H_6)은 탄소가 모두 하나의 선으로 연결된 단일결합 물질이다.

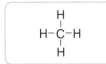
‖ 메테인의 구조식 ‖

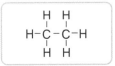
‖ 에테인의 구조식 ‖

② **불포화탄화수소** : 탄소가 두 개 이상의 선으로 연결된 이중결합 또는 삼중결합 물질을 말하며, 에틸렌, 아세틸렌 등과 같은 알켄 또는 알카인에 속하는 물질을 포함한다.

    예 아래의 구조식에서 알 수 있듯이 에틸렌(C_2H_4)은 탄소가 두 개의 선으로 연결된 이중결합 물질이고, 아세틸렌(C_2H_2)은 탄소가 세 개의 선으로 연결된 삼중결합 물질이다.

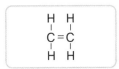
‖ 에틸렌의 구조식 ‖

‖ 아세틸렌의 구조식 ‖

(3) 지방족 화합물과 방향족 화합물

① **지방족(사슬족) 화합물**

  ⓐ 사슬형의 구조로 이루어진 물질을 말한다.

ⓛ 종류

ⓐ 에터(R-O-R′) : 알킬과 알킬의 사이에 O가 포함된 물질

❽ 다이에틸에터($C_2H_5OC_2H_5$)

$$H-\underset{\underset{H}{|}}{\overset{\overset{H}{|}}{C}}-\underset{\underset{H}{|}}{\overset{\overset{H}{|}}{C}}-O-\underset{\underset{H}{|}}{\overset{\overset{H}{|}}{C}}-\underset{\underset{H}{|}}{\overset{\overset{H}{|}}{C}}-H$$

‖ 다이에틸에터의 구조식 ‖

ⓑ 알데하이드(R-CHO) : 알킬과 CHO가 결합된 물질

❽ 아세트알데하이드(CH_3CHO)

$$H-\underset{\underset{H}{|}}{\overset{\overset{H}{|}}{C}}-C\overset{O}{\underset{H}{\diagdown}}$$

‖ 아세트알데하이드의 구조식 ‖

ⓒ 케톤(R-CO-R′) : 알킬과 알킬의 사이에 CO가 포함된 물질

❽ 아세톤(CH_3COCH_3)

$$H-\underset{\underset{H}{|}}{\overset{\overset{H}{|}}{C}}-\underset{}{\overset{\overset{O}{||}}{C}}-\underset{\underset{H}{|}}{\overset{\overset{H}{|}}{C}}-H$$

‖ 아세톤의 구조식 ‖

② 방향족(벤젠족) 화합물

ⓛ 고리형의 구조로 이루어진 물질로서 주로 벤젠을 포함한다.

ⓛ 종류

ⓐ 벤젠(C_6H_6) : 첨가반응보다는 치환반응을 주로 하는 물질로서, 구조식은 오른쪽과 같이 육각형 안에 원(동그라미)을 표시하는 것과 이중결합으로 표시하는 것 두 가지로 사용되며 여기서 원은 이중결합과 같은 의미를 갖는다.

‖ 벤젠의 구조식 ‖

ⓑ 페놀(C_6H_5OH) : 석탄산이라고도 하며, 약산성으로서 $FeCl_3$[염화철(Ⅲ)] 용액과 보라색 정색반응을 하는 물질이다.

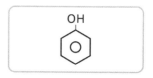

‖ 페놀의 구조식 ‖

> **예제 1** 포화탄화수소가 아닌 것은?
>
> ① 메테인   ② 에틸렌
>
> ③ 에테인   ④ 프로페인
>
> **풀이** 〈보기〉 중 메테인(CH_4), 에테인(C_2H_6), 프로페인(C_3H_8)은 탄소가 하나의 선으로만 연결된 단일결합 물질이므로 포화탄화수소이고, 에틸렌(C_2H_4)은 탄소가 두 개의 선으로 연결된 이중결합 물질이므로 불포화탄화수소이다.
>
> **정답** ②
>
> **예제 2** 다음 중 방향족 화합물에 속하는 것은?
>
> ① 에틸렌   ② 프로페인
>
> ③ 아세틸렌   ④ 벤젠
>
> **풀이** 〈보기〉 중 에틸렌(C_2H_4), 프로페인(C_3H_8), 아세틸렌(C_2H_2)은 사슬형의 구조로 이루어진 지방족 화합물이고, 벤젠(C_6H_6)은 고리형의 구조로 이루어진 방향족 화합물이다.
>
> **정답** ④
>
> **예제 3** 다음 물질 중 수용액에서 약한 산성을 나타내며 염화철(Ⅲ) 수용액과 정색반응을 하는 것은?
>
> ① $C_6H_5NH_2$
>
> ② C_6H_5OH
>
> ③ $C_6H_5NO_2$
>
> ④ C_6H_5Cl
>
> **풀이** 석탄산이라고도 하며, 약산성으로서 $FeCl_3$[염화철(Ⅲ)] 용액과 보라색 정색반응을 하는 물질은 페놀(C_6H_5OH)이다.
>
> **정답** ②

03 방사성 원소

(1) 방사선의 종류

① α(알파)선 : 핵붕괴 시 발생하는 헬륨(He)의 원자핵을 말하며, 양전하를 띤다.

② β(베타)선 : 핵붕괴 시 발생하는 전자의 흐름을 말하며, 음전하를 띤다.

③ γ(감마)선 : 핵붕괴 시 발생하는 전자기파로서, 파장이 짧고 질량도 없으며 전하도 띠지 않는다.

(2) 방사선의 투과력의 세기

α선 < β선 < γ선의 순으로 γ선의 투과력이 가장 세다.

(3) 방사성 원소의 핵붕괴

① α붕괴 : 1회 발생 시 원자번호는 2 감소하고 원자량(질량수)은 4 감소한다.

② β붕괴 : 1회 발생 시 원자번호는 1 증가하고 원자량(질량수)은 불변이다.

> **Tip**
> 1. 원자번호가 2이고 원자량이 4인 원소는 헬륨(He)이므로 α붕괴는 헬륨의 원자핵과 같습니다.
> 2. 원자번호의 증가는 전자수가 많아지는 것과 같으므로 β붕괴는 전자의 흐름과 같습니다.

(4) 반감기

핵붕괴 시 방사성 원소의 양이 처음의 $\frac{1}{2}$로 감소하는 데 걸리는 시간을 말한다.

예제 1 방사선 중 투과력의 세기가 가장 센 것은?

① α선
② β선
③ γ선
④ 모두 동일한 세기를 가진다.

풀이 방사선의 투과력의 세기는 α선 < β선 < γ선의 순으로, γ(감마)선의 투과력이 가장 세다.

정답 ③

예제 2 방사성 붕괴의 형태 중 $_{88}Ra$가 α붕괴할 때 생기는 원소는?

① $_{86}Rn$
② $_{90}Th$
③ $_{91}Pa$
④ $_{92}U$

풀이 α(알파)붕괴는 원자번호가 2 감소하고 질량수가 4 감소하는 것이고, β(베타)붕괴는 원자번호가 1 증가하고 질량수는 변동이 없는 것을 말한다.
〈문제〉의 원자번호 88번인 Ra(라듐)이 α붕괴하면 원자번호가 2만큼 감소하므로 원자번호 88번 − 2 = 86번인 $_{86}Rn$(라돈)이 생긴다.

정답 ①

예제 3 방사성 동위원소의 반감기가 20일일 때 40일이 지난 후 남은 원소의 분율은?

① $\frac{1}{2}$
② $\frac{1}{3}$
③ $\frac{1}{4}$
④ $\frac{1}{6}$

풀이 반감기란 핵붕괴 시 방사성 원소의 양이 처음의 $\frac{1}{2}$로 감소하는 데 걸리는 시간을 말한다. 〈문제〉의 반감기가 20일인 원소는 20일이 지나면 처음의 질량보다 $\frac{1}{2}$로 감소하므로 40일이 지나면 처음 질량보다 $\frac{1}{4}$로 감소한다. 따라서 40일이 지난 후 남은 원소의 질량은 처음 질량의 $\frac{1}{4}$이다.

정답 ③

제2장

화재예방과 소화방법

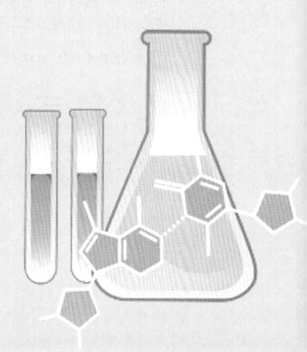

Section 01 연소이론

1-1 연소

01 연소의 정의

연소란 빛과 열을 수반하는 급격한 산화작용으로서 열을 발생하는 반응만을 의미한다.

(1) 산화

① 산소를 얻는다.
② 수소를 잃는다.

(2) 환원

산화와 반대되는 현상을 말한다.

02 연소의 4요소

연소의 4요소는 점화원, 가연물, 산소공급원, 연쇄반응이다.

(1) 점화원

연소반응을 발생시킬 수 있는 최소의 에너지양으로서 전기불꽃, 산화열, 마찰, 충격, 과열, 정전기, 고온체 등으로 구분한다.

📖 전기불꽃에 의한 에너지식

$$E = \frac{1}{2}QV = \frac{1}{2}CV^2$$

여기서, E : 전기불꽃에너지(J)
$\quad\quad\quad Q$: 전기량(C)
$\quad\quad\quad V$: 방전전압(V)
$\quad\quad\quad C$: 전기용량(F)

📖 **고온체의 온도와 색상의 관계**

암적색(700℃) < 적색(850℃) < 휘적색(950℃) < 황적색(1,100℃) < 백적색(1,300℃)
고온체의 온도가 높아질수록 색상이 밝아지며, 낮아질수록 색상은 어두워진다.

(2) 가연물(환원제)

불에 잘 타는 성질, 즉 탈 수 있는 성질의 물질을 의미한다.
가연물의 구비조건은 다음과 같다.
① 산소와의 친화력(산소를 잘 받아들이는 힘)이 커야 한다.
② 발열량이 커야 한다.
③ **표면적(공기와 접촉하는 면적의 합)이 커야 한다.**
④ **열전도율이 적어야 한다.**

   ※ 다른 물질에 열을 전달하는 정도가 적어야 자신이 열을 가지고 있을 수 있기 때문에 가연물이 될 수 있다.

⑤ 활성화에너지가 적어야 한다.

   ※ 활성화에너지(점화에너지) : 물질을 활성화(점화)시키기 위해 필요한 에너지의 양

📖 **가연물이 될 수 없는 조건**

1) **흡열반응하는 물질**
   ※ 산화하더라도 흡열반응하는 물질은 가연물에서 제외한다.
2) **주기율표상 18족의 불활성 기체**(He, Ne, Ar, Xe 등)
3) **연소 후 남는 최종 생성물**(CO_2, P_2O_5, H_2O 등)

(3) 산소공급원

물질이 연소할 때 연소를 도와주는 역할을 하는 물질을 의미하며, 그 종류는 다음과 같다.
① 공기 중 산소
   ※ 공기 중 산소는 부피기준으로는 약 21%, 중량기준으로는 약 23.2%가 포함되어 있다.
② 제1류 위험물
③ 제6류 위험물
④ 제5류 위험물
⑤ 원소주기율표상 7족 원소인 할로젠원소로 이루어진 분자(F_2, Cl_2, Br_2, I_2)

(4) 연쇄반응

외부로부터 별도의 에너지를 공급하지 않아도 계속해서 반복적으로 진행하는 반응을 의미한다.

예제 1 전기불꽃에 의한 에너지식을 올바르게 나타낸 것은 무엇인가? (단, E는 전기불꽃에너지, C는 전기용량, Q는 전기량, V는 방전전압이다.)

① $E = \dfrac{1}{2}QV$ 　　　　　　② $E = \dfrac{1}{2}QV^2$

③ $E = \dfrac{1}{2}CV$ 　　　　　　④ $E = \dfrac{1}{2}VQ^2$

풀이 전기불꽃에너지는 $E = \dfrac{1}{2}QV$ 또는 $E = \dfrac{1}{2}CV^2$의 2가지 공식을 가진다.

정답 ①

예제 2 다음 고온체의 색상을 낮은 온도부터 올바르게 나열한 것은?

① 암적색<황적색<백적색<휘적색

② 휘적색<백적색<황적색<암적색

③ 휘적색<암적색<황적색<백적색

④ 암적색<휘적색<황적색<백적색

풀이 고온체의 색상은 온도가 낮을수록 어두운 색이며 온도가 높을수록 밝은 색을 띠게 된다. 따라서, 암적색<휘적색<황적색<백적색의 순이 된다.

정답 ④

예제 3 가연물이 되기 쉬운 조건이 아닌 것은?

① 산화반응의 활성이 크다.　　② 표면적이 넓다.

③ 활성화에너지가 크다.　　　　④ 열전도율이 낮다.

풀이 가연물의 구비조건에는 다음의 것들이 있다.
1) 산소와의 친화력이 커야 한다.
2) 반응열이 커야 한다.
3) 표면적이 커야 한다.
4) 열전도도가 적어야 한다.
5) 활성화에너지가 적어야 한다.

정답 ③

예제 4 다음 중 연소의 4요소를 모두 갖춘 것은?

① 휘발유+공기+산소+연쇄반응　　② 적린+수소+성냥불+부촉매반응

③ 성냥불+황+산소+연쇄반응　　　④ 알코올+수소+산소+부촉매반응

풀이 연소의 4요소는 가연물, 산소공급원, 점화원, 연쇄반응이다.
① 휘발유+공기+산소+연쇄반응 : 가연물+산소공급원+산소공급원+연쇄반응
② 적린+수소+성냥불+부촉매반응 : 가연물+가연물+점화원+부촉매반응
③ 성냥불+황+산소+연쇄반응 : 점화원+가연물+산소공급원+연쇄반응
④ 알코올+수소+산소+부촉매반응 : 가연물+가연물+산소공급원+부촉매반응

정답 ③

03 연소의 형태와 분류

(1) 기체의 연소

① **확산연소** : 공기 중에 가연성 가스를 확산시키면 연소가 가능하도록 산소와 혼합된 가스만을 연소시키는 현상이며 기체의 일반적인 연소형태이다.

　예 아세틸렌(C_2H_2)가스와 산소(공기), LPG가스와 산소(공기), 수소가스와 산소(공기) 등

② **예혼합연소** : 연소 전에 미리 공기와 혼합된 연소 가능한 가스를 만들어 연소시키는 형태이다.

　예 가솔린 엔진, 보일러 점화버너 등

(2) 액체의 연소

① **증발연소** : 액체의 가장 일반적인 연소형태로 액체의 직접적인 연소라기보다는 액체에서 발생하는 가연성 가스가 공기와 혼합된 상태에서 연소하는 형태를 의미한다.

　예 제4류 위험물 중 특수인화물, 제1석유류, 알코올류, 제2석유류 등

② **분해연소** : 비휘발성이고 점성이 큰 액체상태의 물질이 연소하는 형태로 열분해로 인해 생성된 가연성 가스와 공기가 혼합상태에서 연소하는 것을 의미한다.

　예 제4류 위험물 중 제3석유류, 제4석유류, 동식물유류 등

③ **액적연소** : 휘발성이 적고 점성이 큰 액체 입자를 무상(안개형태)으로 분무하여 액체의 표면적을 크게 함으로써 연소하는 방법이다.

　예 벙커C유 등

(3) 고체의 연소 　실기에도 잘 나와요!

① **표면연소** : 가스의 발생 없이 연소물의 표면에서 산소와 접촉하여 연소하는 반응이다.

　예 코크스(탄소), 목탄(숯), 금속분 등

② **분해연소** : 고체 가연물에서 열분해반응이 일어날 때 발생된 가연성 증기가 공기와 혼합되면서 발생된 혼합기체가 연소하는 형태를 의미한다.

　예 목재, 종이, 석탄, 플라스틱, 합성수지 등

③ **자기연소(내부연소)** : 자체적으로 산소공급원을 가지고 있는 고체 가연물이 외부로부터 공기 또는 산소공급원의 유입 없이도 연소할 수 있는 형태로서 연소속도가 폭발적인 연소형태이다.

　예 제5류 위험물 등

④ **증발연소** : 고체 가연물이 액체형태로 상태변화를 일으키면서 가연성 증기를 증발시켜 이 가연성 증기가 공기와 혼합하여 연소하는 형태이다.

　예 황(S), 나프탈렌($C_{10}H_8$), 양초(파라핀) 등

예제 1 액체연료의 연소형태가 아닌 것은?

① 확산연소   ② 증발연소

③ 액적연소   ④ 분해연소

풀이 기체연료의 대표적 연소형태로는 확산연소와 예혼합연소가 있다.

정답 ①

예제 2 주된 연소형태가 표면연소인 것은 무엇인가?

① 숯   ② 목재

③ 플라스틱   ④ 나프탈렌

풀이 ① 숯 : 표면연소   ② 목재 : 분해연소

        ③ 플라스틱 : 분해연소   ④ 나프탈렌 : 증발연소

정답 ①

예제 3 양초의 연소형태는 무엇인가?

① 분해연소   ② 증발연소

③ 표면연소   ④ 자기연소

풀이 ① 분해연소 : 석탄, 플라스틱, 나무 등

        ② 증발연소 : (고체의 경우) 황, 나프탈렌, 양초

        ③ 표면연소 : 목탄, 코크스, 금속분

        ④ 자기연소 : 제5류 위험물

정답 ②

04 연소 용어의 정리

(1) 인화점

① 외부점화원에 의해서 연소할 수 있는 최저온도를 의미한다.

② 가연성 가스가 연소범위의 하한에 도달했을 때의 온도를 의미한다.

(2) 착화점(발화점)

외부의 점화원에 관계없이 직접적인 점화원에 의한 발화가 아닌 스스로 열의 축적에 의하여 발화 또는 연소되는 최저온도를 의미한다.

> 📖 **착화점이 낮아지는 조건**
>
> 1) 압력이 클수록
> 2) 발열량이 클수록
> 3) 화학적 활성이 클수록
> 4) 산소와 친화력이 좋을수록
>
> ※ 착화점이 낮아진다는 것은 낮은 온도에서도 착화가 잘된다는 것으로, 위험성이 커진다는 의미이다.

예제1 다음 중 인화점의 정의로 맞는 것은?

① 외부 점화원에 의해 연소할 수 있는 최고온도이다.

② 외부 점화원의 공급 없이 스스로 열의 축적에 의해 연소할 수 있는 최고온도이다.

③ 외부 점화원의 공급 없이 스스로 열의 축적에 의해 연소할 수 있는 최저온도이다.

④ 외부 점화원에 의해 연소할 수 있는 최저온도이다.

풀이 1) 인화점 : 외부 점화원에 의해 연소할 수 있는 최저온도
2) 착화점(발화점) : 외부의 점화원에 관계없이 직접적인 점화원에 의한 발화가 아닌 스스로 열의 축적에 의하여 발화되는 최저온도

정답 ④

예제2 물질의 착화온도가 낮아지는 경우는?

① 발열량이 작을 때

② 산소의 농도가 작을 때

③ 화학적 활성도가 클 때

④ 산소와 친화력이 작을 때

풀이 착화온도가 낮아진다는 것은 착화가 잘된다는 의미이며, 착화온도가 낮아지는 조건은 다음과 같다.
1) 발열량이 클수록
2) 산소의 농도가 클수록
3) 화학적 활성이 클수록
4) 산소와 친화력이 좋을수록

정답 ③

05 자연발화

공기 중에 존재하는 물질이 상온에서 저절로 열을 발생시켜 발화 및 연소되는 현상을 말한다.

(1) 자연발화의 형태

① **분**해열에 의한 발열

② **산**화열에 의한 발열

③ **중**합열에 의한 발열

④ **미**생물에 의한 발열

⑤ **흡**착열에 의한 발열

톡톡 튀는 **암기법** 분산된 중국과 미국을 흡수하자.

(2) 자연발화의 인자

① **열**의 축적

② **열**전도율

③ **공**기의 이동

④ **수**분

⑤ **발**열량

⑥ **퇴**적방법

톡톡 튀는 **암기법** 열심히 또 열심히 공부 수발 들었더니만 결과는 퇴!!

(3) 자연발화의 방지법

① 습도를 낮춰야 한다.

② 저장온도를 낮춰야 한다.

③ 퇴적 및 수납 시 열이 쌓이지 않도록 해야 한다.

④ 통풍이 잘되도록 해야 한다.

(4) 자연발화가 되기 쉬운 조건

① 표면적이 넓어야 한다.

② 발열량이 커야 한다.

③ 열전도율이 적어야 한다.

　※ 열전도율이 크면 갖고 있는 열을 상대에게 주는 것이므로 자연발화는 발생하기 어렵다.

④ 주위 온도가 높아야 한다.

예제 1 자연발화가 잘 일어나는 경우로 가장 거리가 먼 것은?

① 주변의 온도가 높을 것　　　② 습도가 높을 것

③ 표면적이 넓을 것　　　　　④ 열전도율이 클 것

풀이 ④ 자연발화가 잘 일어나기 위해서는 열전도율이 적어야 한다.

정답 ④

예제 2 자연발화의 방지법이 아닌 것은?

① 습도를 높게 유지할 것

② 저장실의 온도를 낮출 것

③ 퇴적 및 수납 시 열축적이 없을 것

④ 통풍을 잘 시킬 것

풀이 ① 자연발화를 방지하기 위해서는 습도를 낮춰야 한다.

정답 ①

1-2 물질의 위험성

01 물질의 성질에 따른 위험성

물질의 성질에 따른 위험성은 다음과 같은 경우 증가한다.

① 융점 및 비점이 낮을수록

② 인화점 및 착화점이 낮은 물질일수록

③ 연소범위가 넓을수록

④ 연소하한농도가 낮을수록

02 연소범위(폭발범위)

공기 또는 산소 중에 포함된 가연성 증기의 농도범위로서 다음 [그림]의 $C_1 \sim C_2$ 구간에 해당한다. 이때 낮은 농도(C_1)를 연소하한, 높은 농도(C_2)를 연소상한이라고 한다.

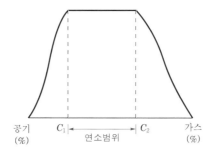

(1) 연소범위의 증가

온도 및 압력이 높아질수록 연소범위는 넓어지며 이때 연소하한은 변하지 않으나 연소상한이 커지면서 연소범위가 증가하는 것이다.

(2) 위험도 〈실기에도 잘 나와요!〉

연소범위가 넓어지는 경우에도 위험성이 커지지만 연소하한이 낮아지는 경우에도 위험성은 커진다. 다시 말해 공기 중에 포함된 가연성 가스의 농도가 낮아도 불이 쉽게 붙을 수 있다는 의미이다. 따라서 연소범위가 넓은 경우와 연소하한이 낮은 경우 중 어느 쪽이 더 위험한지를 판단할 수 있어야 한다. 이때 필요한 공식이 바로 위험도이다.

$$\text{위험도(Hazard)} = \frac{\text{연소상한(Upper)} - \text{연소하한(Lower)}}{\text{연소하한(Lower)}}$$

(3) 열량 〔실기에도 잘 나와요!〕

열량이란 물질이 가지거나 내놓을 수 있는 열의 물리적인 양을 의미하며 현열과 잠열로 구분할 수 있다.

예를 들어, 물은 0℃보다 낮은 온도에서는 얼음(고체상태)으로, 0℃부터 100℃까지는 물(액체상태)로 존재하며 100℃ 이상의 온도에서는 수증기(기체상태)가 된다. 이때 온도변화가 있는 액체상태의 열을 현열이라 하며, 온도변화 없이 성질만 변하는 고체 및 기체 상태의 열을 잠열이라 한다.

1) 현열

$$Q_{현열} = c \times m \times \Delta t$$

여기서, Q : 현열의 열량(kcal)
c : 비열(물질 1kg의 온도를 1℃ 올리는 데 필요한 열량)(kcal/kg·℃)
m : 질량(kg)
Δt : 온도차(℃)

톡톡 튀는 〔암기법〕 $c \times m \times \Delta t$ ⇨ '시×멘×트'로 암기한다.

2) 잠열

$$Q_{잠열} = m \times \gamma$$

여기서, Q : 잠열의 열량(kcal)
m : 질량(kg)
γ : 잠열상수값
※ 융해잠열(얼음) : 80kcal/kg
증발잠열(수증기) : 539kcal/kg

〔예제 1〕 **휘발유의 연소범위는 1.4~7.6%이다. 휘발유의 위험도를 구하면 얼마인가?**

① 3.47

② 4.43

③ 5.70

④ 6.72

〔풀이〕 위험도(H) $= \dfrac{연소상한(U) - 연소하한(L)}{연소하한(L)}$

$= \dfrac{7.6 - 1.4}{1.4}$

$= 4.43$

〔정답〕 ②

예제 2 온도가 20℃이고 질량이 100kg인 물을 100℃까지 가열하여 모두 수증기상태가 되었다고 가정할 때 이 과정에서 소모된 열량은 몇 kcal인가?

① 8,000kcal
② 53,900kcal
③ 61,900kcal
④ 71,200kcal

풀이 액체상태의 물이 수증기가 되었으므로 현열과 잠열의 합을 구한다.

① $Q_{현열} = c \times m \times \Delta t$

여기서, 물의 비열(c)=1kcal/kg・℃
   물의 질량(m)=100kg
   물의 온도차(Δt)=100-20=80℃

$Q_{현열} = 1 \times 100 \times 80 = 8{,}000$kcal

② $Q_{잠열} = m \times \gamma$

여기서, 잠열상수(γ)=539kcal/kg

$Q_{잠열} = 100 \times 539 = 53{,}900$kcal

∴ $Q_{현열} + Q_{잠열} = 8{,}000 + 53{,}900 = 61{,}900$kcal

정답 ③

1-3 폭발

가연성 물질의 열의 발생속도가 열의 일산속도를 초과하는 현상을 의미한다.

※ 일산속도 : 방출 또는 잃어버리는 속도

01 폭발과 폭굉

(1) 전파속도

① 폭발의 전파속도 : 0.1~10m/sec
② 폭굉의 전파속도 : 1,000~3,500m/sec

(2) 폭굉유도거리(DID)가 짧아지는 조건

폭굉유도거리는 다음 조건의 경우 짧아진다.

① 정상연소속도가 큰 혼합가스일수록
② 압력이 높을수록
③ 관속에 방해물이 있거나 관지름이 좁을수록
④ 점화원의 에너지가 강할수록

02 분진폭발

탄소, 금속분말, 밀가루, 황분말 등의 가연성 고체를 미립자상태로 공기 중에 분산시킬 때 나타나는 폭발현상이다.

(1) 분진폭발이 가능한 물질

금속분말, 합성수지, 농산물 등이 있다.

① 금속분말 : 알루미늄, 마그네슘 등

② 합성수지 : 플라스틱, 폴리스타이렌폼 등

③ 농산물 : 쌀, **밀가루**, 커피가루, 담뱃가루 등

(2) 분진폭발이 불가능한 물질

시멘트분말, 대리석분말, 가성소다(NaOH)분말 등이 있다.

예제 1 폭굉유도거리(DID)가 짧아지는 경우는?

① 정상연소속도가 작은 혼합가스일수록 짧아진다.

② 압력이 높을수록 짧아진다.

③ 관속에 방해물이 있거나 관지름이 넓을수록 짧아진다.

④ 점화원의 에너지가 약할수록 짧아진다.

풀이 폭굉유도거리(DID)가 짧아지는 조건은 다음과 같다.
1) 정상연소속도가 큰 혼합가스일수록 짧아진다.
2) 압력이 높을수록 짧아진다.
3) 관속에 방해물이 있거나 관지름이 좁을수록 짧아진다.
4) 점화원의 에너지가 강할수록 짧아진다.

정답 ②

예제 2 폭발 시 연소파의 전파속도범위에 가장 가까운 것은?

① 0.1~10m/sec

② 100~1,000m/sec

③ 2,000~3,500m/sec

④ 5,000~10,000m/sec

풀이 1) 폭발의 전파속도 : 0.1~10m/sec
2) 폭굉의 전파속도 : 1,000~3,500m/sec

정답 ①

예제 3 다음 중 분진폭발의 원인물질로 작용할 위험성이 가장 낮은 것은?

① 마그네슘분말　　② 밀가루

③ 담배분말　　④ 시멘트분말

풀이 시멘트분말과 대리석분말은 분진폭발을 일으키지 않는다.

정답 ④

Section 02 / 소화이론

2-1 화재의 종류 및 소화기의 표시색상

화재의 종류는 A급·B급·C급·D급으로 구분한다. 실기에도 잘 나와요!

적응화재	화재의 종류	소화기의 표시색상
A급(일반화재)	목재, 종이 등의 화재	백색
B급(유류화재)	기름, 유류 등의 화재	황색
C급(전기화재)	전기 등의 화재	청색
D급(금속화재)	금속분말 등의 화재	무색

2-2 소화방법의 구분

소화방법은 크게 물리적 소화방법과 화학적 소화방법 2가지로 구분한다.

01 물리적 소화방법

물리적 소화방법에는 제거소화, 질식소화, 냉각소화, 희석소화, 유화소화가 있다.

(1) 제거소화 – 가연물 제거

가연물을 제거하여 연소를 중단시키는 소화방법을 의미하며, 그 방법으로는 다음과 같은 종류가 있다.

① 입으로 불어서 촛불을 끄는 경우 : 양초가 연소할 때 액체상태의 촛농이 증발하면서 가연성 가스가 지속적으로 타게 된다. 이 촛불을 바람을 불어 소화하면 촛농으로부터 공급되는 가연성 가스를 제거하는 원리이므로 이 방법은 제거소화에 해당된다. 한편, 손가락으로 양초 심지를 꼭 쥐어서 소화했다면 이는 질식소화 원리에 해당한다.

② 산불화재 시 벌목으로 불을 끄는 경우 : 산불이 진행될 때 가연물은 산에 심어진 나무들이므로 나무를 잘라 벌목하게 되면 가연물을 제거하는 제거소화 원리에 해당한다.

③ 가스화재 시 밸브를 잠궈 소화하는 경우 : 밸브를 잠금으로써 가스공급을 차단하게 되므로 제거소화에 해당한다.

④ 유전화재 시 폭발로 인해 가연성 가스를 날리는 경우 : 폭약의 폭발을 이용하여 순간적으로 화염을 날려버리는 원리이므로 제거소화에 해당한다.

(2) 질식소화 – 산소공급원 제거

공기 중의 산소 또는 산소공급원의 공급을 막아 연소를 중단시키는 소화방법이다. 공기 중에 가장 많이 함유된 물질은 질소로 78%를 차지하고 있으며, 그 다음으로 많은 양은 산소로서 약 21%를 차지하는데 이 **산소를 15% 이하로 낮추면 연소의 지속이 어려워** 질식소화를 할 수 있게 된다.

📖 질식소화기의 종류

1) 포소화기 : A급·B급 화재에 적응성이 있다.
2) 분말소화기 : B급·C급 또는 A급·B급·C급 화재에 적응성이 있다.
3) 이산화탄소(탄산가스) 소화기 : B급·C급 화재에 적응성이 있다.
4) 마른모래, 팽창질석, 팽창진주암 : 모든 위험물의 화재에 적응성이 있다.

(3) 냉각소화

타고 있는 연소물로부터 열을 빼앗아 **발화점 이하로 온도**를 낮추어 소화하는 방법으로서 주로 주수소화가 이에 해당된다. 물은 증발 시 증발(기화)잠열이 발생하고 이 잠열이 연소면의 열을 흡수함으로써 연소면의 온도를 낮춰 소화한다.

(4) 희석소화

가연물의 농도를 낮추어 소화하는 방법이다. 질식소화가 산소공급원을 차단하여 연소를 중단시키는 반면, 희석소화는 산소공급원은 그대로 두고 가연물의 농도를 연소범위의 연소하한 이하로 낮추어 소화하는 것이 질식소화와의 차이점이다.

(5) 유화소화

포소화약제를 사용하는 경우나 물보다 무거운 비수용성의 화재 시 물을 안개형태로 흩어뿌림으로써 유류 표면을 덮어 증기발생을 억제시키는 소화효과로 일부 질식소화효과도 가진다.

02 화학적 소화방법

화학적 소화방법에는 억제소화(부촉매소화)가 있다.

– 억제소화(부촉매소화)

연쇄반응의 속도를 빠르게 하는 정촉매의 역할을 억제시키는 것으로 화학적 소화방법에 해당한다. **억제소화약제**의 종류로는 **할로젠화합물**(증발성 액체) **소화약제**와 제3종 분말소화약제 등이 있다.

예제 1 전기화재의 급수와 색상을 올바르게 나타낸 것은?

① C급 – 백색
② D급 – 백색
③ C급 – 청색
④ D급 – 청색

풀이 화재별 소화기의 표시색상은 다음과 같다.
1) A급(일반화재) – 백색
2) B급(유류화재) – 황색
3) C급(전기화재) – 청색
4) D급(금속화재) – 무색

정답 ③

예제 2 연소 중인 가연물의 온도를 떨어뜨려 연소반응을 정지시키는 소화의 방법은?

① 냉각소화
② 질식소화
③ 제거소화
④ 억제소화

풀이 냉각소화는 타고 있는 연소물로부터 열을 빼앗아 발화점 이하로 온도를 낮추어 소화하는 방법이다.

정답 ①

예제 3 촛불의 화염을 입으로 불어서 끄는 소화방법은?

① 냉각소화
② 촉매소화
③ 제거소화
④ 억제소화

풀이 양초가 탈 때 촛농에서 발생하는 가연성 증기가 증발하면서 연소를 유지하기 때문에 입으로 불었을 때 증발하고 있는 가연성 가스가 제거되는 것이다. 따라서 이 방식은 가연물을 제거하여 불을 끄는 제거소화방법이다.

정답 ③

예제 4 포소화약제에 의한 소화방법으로 다음 중 가장 주된 소화효과는?

① 희석소화
② 질식소화
③ 제거소화
④ 자기소화

풀이 포소화약제는 질식소화효과를 가진다.

정답 ②

2-3 소화기의 구분

01 냉각소화기의 종류

(1) 물소화기

① 적응화재 : A급 화재

② 방출방식 : 축압식, 가스가압식, 수동펌프식

(2) 산·알칼리 소화기

① 적응화재 : A급 · C급 화재

② 방출방식 : **탄산수소나트륨**과 **황산**을 반응시키는 원리이며 이때 약제를 방사하는 압력원은 이산화탄소이다.

③ 화학반응식 : $2NaHCO_3 + H_2SO_4 \rightarrow Na_2SO_4 + 2CO_2 + 2H_2O$
　　　　　　　탄산수소나트륨　　황산　　황산나트륨　이산화탄소　　물

(3) 강화액 소화기 〔실기에도 잘 나와요!〕

① 적응화재 : A급 화재, 무상의 경우 A급·B급·C급 화재

② 방출방식 : 축압식의 경우 압력원으로 축압된 공기를 사용하며 가스가압식과 반응식은 탄산가스의 압력에 의해 약제를 방출한다.

③ 특징
　㉠ 물의 소화능력을 강화시키기 위해 물에 **탄산칼륨**(K_2CO_3) 등을 첨가시킨 수용액이다.
　㉡ 수용액의 비중은 1보다 크다.
　㉢ 약제는 **강알칼리성**(pH = 12)이다.
　㉣ 잘 얼지 않으므로 겨울이나 온도가 낮은 지역에서 사용할 수 있다.

02 질식소화기의 종류

(1) 포소화기(포말소화기 또는 폼소화기)

연소물에 수분과 포 원액의 혼합물을 이용하여 공기와의 반응 또는 화학변화를 일으켜 거품을 방사하는 소화방법이다.

1) 포소화약제의 조건

① 유동성 : 이동성이라고 볼 수 있으며 연소면에 잘 퍼지는 성질을 의미한다.

② 부착성 : 연소면과 포소화약제 간에 잡아당기는 성질이 강해 부착이 잘되어야 한다.

③ 응집성 : 포소화약제끼리의 잡아당기는 성질이 강해야 한다.

2) 포소화기의 종류

포소화기는 크게 기계포 소화기와 화학포 소화기 2가지로 구분할 수 있다.

① 기계포(공기포) 소화기 : 소화액과 공기를 혼합하여 발포시키는 방법으로, 종류로는 수성막포, 단백질포, 내알코올포, 합성계면활성제포가 있다.

  ㉠ 수성막포 : 포소화약제 중 가장 효과가 좋으며 유류화재 소화 시 분말소화약제를 사용할 경우 소화 후 재발화현상이 가끔씩 발생할 수 있는데 이러한 현상을 예방하기 위하여 병용하여 사용하면 가장 효과적인 포소화약제이기도 하다.

  ㉡ 단백질포 : 포소화약제를 대표하는 유류화재용으로 사용하는 약제이다.

  ㉢ 내알코올포 : 수용성 가연물이 가지고 있는 소포성에 견딜 수 있는 성질이 있으므로 **수용성 화재에 사용**되는 포소화약제이다.

    ※ 소포성 : 포를 소멸시키는 성질

  ㉣ 합성계면활성제포 : 가장 많이 사용되는 포소화약제이다.

② 화학포 소화기 : **탄산수소나트륨($NaHCO_3$)과 황산알루미늄[$Al_2(SO_4)_3$]**이 반응하는 소화기이다.

  ㉠ 화학반응식

    $$6NaHCO_3 + Al_2(SO_4)_3 \cdot 18H_2O \rightarrow 3Na_2SO_4 + 2Al(OH)_3 + 6CO_2 + 18H_2O$$
    탄산수소나트륨　　황산알루미늄　　물　　　　황산나트륨　수산화알루미늄　이산화탄소　　물

  ㉡ 기포안정제 : 단백질분해물, 사포닌, 계면활성제(소화기의 외통에 포함)

(2) 이산화탄소 소화기

용기에 이산화탄소(탄산가스)가 액화되어 충전되어 있으며 공기보다 1.52배 무거운 가스가 발생하게 된다.

① 줄-톰슨 효과 : 이산화탄소 약제를 방출할 때 액체 이산화탄소가 가는 관을 통과하게 되는데 이때 압력과 온도의 급감으로 인해 **드라이아이스**가 관내에 생성됨으로써 노즐이 막히는 현상이다.

② 이산화탄소 소화기의 장점과 단점

  ㉠ 장점 : 자체적으로 이산화탄소를 포함하고 있으므로 별도의 추진가스가 필요 없다.

  ㉡ 단점 : 피부에 접촉 시 동상에 걸릴 수 있고 작동 시 소음이 심하다.

(3) 분말소화기

1) 분말소화기의 기준

① 분말소화약제의 분류 실기에도 잘 나와요!

분말의 구분	주성분	화학식	적응화재	착 색
제1종 분말	탄산수소나트륨	$NaHCO_3$	B·C급	백색
제2종 분말	탄산수소칼륨	$KHCO_3$	B·C급	보라색
제3종 분말	인산암모늄	$NH_4H_2PO_4$	A·B·C급	담홍색
제4종 분말	탄산수소칼륨과 요소의 반응생성물	$KHCO_3 + (NH_2)_2CO$	B·C급	회색

② 분말소화기의 방출방식 : 주로 축압식을 이용하고 압력원은 **질소(N_2)** 또는 **이산화탄소** 가스이며 압력지시계의 정상압력의 범위는 $7.0 \sim 9.8kg/cm^2$이다.

③ 발수제(방수제) : 실리콘오일이 사용된다.

④ 방습제 : 스테아린산아연 또는 스테아린산마그네슘 등이 사용된다.

2) 종별 분말소화약제의 반응식 및 소화원리 실기에도 잘 나와요!

① 제1종 분말소화약제의 열분해반응식 - 질식, 냉각

㉠ 1차 열분해반응식(270℃) : $2NaHCO_3 \rightarrow Na_2CO_3 + H_2O + CO_2$
　　　　　　　　　　　　　　　탄산수소나트륨　　탄산나트륨　　물　　이산화탄소

㉡ 2차 열분해반응식(850℃) : $2NaHCO_3 \rightarrow Na_2O + H_2O + 2CO_2$
　　　　　　　　　　　　　　　탄산수소나트륨　　산화나트륨　　물　　이산화탄소

㉢ 제1종 분말소화약제의 소화원리 : 식용유화재에 지방을 가수분해하는 비누화현상으로 거품을 생성하여 질식소화하는 원리이다.

※ 비누의 일반식 : $C_nH_{2n+1}COONa$

② 제2종 분말소화약제의 열분해반응식 - 질식, 냉각

㉠ 1차 열분해반응식(190℃) : $2KHCO_3 \rightarrow K_2CO_3 + H_2O + CO_2$
　　　　　　　　　　　　　　　탄산수소칼륨　　탄산칼륨　　물　　이산화탄소

㉡ 2차 열분해반응식(890℃) : $2KHCO_3 \rightarrow K_2O + H_2O + 2CO_2$
　　　　　　　　　　　　　　　탄산수소칼륨　　산화칼륨　　물　　이산화탄소

③ 제3종 분말소화약제의 열분해반응식 - 질식, 냉각, 억제

㉠ 1차 열분해반응식(190℃) : $NH_4H_2PO_4 \rightarrow H_3PO_4 + NH_3$
　　　　　　　　　　　　　　　인산암모늄　　오르토인산　암모니아

㉡ 2차 열분해반응식(215℃) : $2H_3PO_4 \rightarrow H_4P_2O_7 + H_2O$
　　　　　　　　　　　　　　　오르토인산　　피로인산　　물

㉢ 3차 열분해반응식(300℃) : $H_4P_2O_7 \rightarrow 2HPO_3 + H_2O$
　　　　　　　　　　　　　　　피로인산　　메타인산　　물

㉣ 완전열분해반응식 : $NH_4H_2PO_4 \rightarrow NH_3 + H_2O + HPO_3$
　　　　　　　　　　　　인산암모늄　　암모니아　　물　　메타인산

> **Tip**
> 열분해반응식 문제에서 몇 차 열분해반응식이라는 조건이 없다면 다음과 같이 답하세요.
> 1. 제1·2종 분말소화약제 : 1차 열분해반응식
> 2. 제3종 분말소화약제 : 완전열분해반응식

(4) 기타 소화설비

① 건조사(마른모래)
　⊙ 모래는 반드시 건조상태여야 한다.
　ⓒ 모래에는 가연물이 함유되지 않아야 한다.

② 팽창질석, 팽창진주암
　마른모래와 성질이 비슷한 불연성 고체 물질이다.

03 억제소화기의 종류

(1) 할로젠화합물 소화기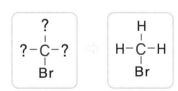

할로젠분자(F_2, Cl_2, Br_2, I_2), 탄소와 수소로 구성된 증발성 액체 소화약제로서 기화가 잘되고 공기보다 무거운 가스를 발생시켜 질식효과, 냉각효과, 억제효과를 가진다.

① **할론명명법** : 할로젠화합물 소화약제는 할론명명법에 의해 번호를 부여한다. 그 방법으로는 C − F − Cl − Br의 순서대로 개수를 표시하는데, 원소의 위치가 바뀌어 있더라도 C − F − Cl − Br의 순서대로만 표시하면 된다.

　예 CF_3Br → Halon 1301
　CCl_4 → Halon 1040 또는 Halon 104
　CH_3Br → Halon 1001

> **Tip**
> 할론번호에서 마지막 '0'은 생략이 가능합니다.

　※ 이 경우는 수소가 3개 포함되어 있지만 수소는 할론번호에는 영향을 미치지 않기 때문에 무시해도 좋다. 하지만 할론번호를 보고 화학식을 조합할 때는 수소가 매우 중요한 역할을 하게 된다.

② **화학식 조합방법**
　⊙ Halon 1301 → CF_3Br

탄소는 원소주기율표에서 4가 원소이므로 다른 원소를 붙일 수 있는 가지 4개를 갖게 되는데, 여기서는 F 3개, Br 1개가 탄소의 가지 4개를 완전히 채울 수 있으므로 수소 없이 화학식은 CF_3Br이 된다.

　ⓒ Halon 1001 → CH_3Br

여기에는 탄소 1개와 Br 1개만 존재하기 때문에 탄소의 가지 4개 중 Br 1개만을 채울 수밖에 없으므로 나머지 3개의 탄소가지에는 수소를 채워야 한다. 따라서 화학식은 CH_3Br이 된다.

(2) 할로젠화합물 소화약제의 종류

명 칭	분자식	할론번호	상온에서의 상태
사염화탄소	CCl_4	Halon 1040	액체
일브로민화일염화이플루오린화메테인	CF_2ClBr	Halon 1211	기체
일브로민화삼플루오린화메테인	CF_3Br	Halon 1301	기체
이브로민화사플루오린화에테인	$C_2F_4Br_2$	Halon 2402	액체

- 사염화탄소(CCl_4)

  ※ 카본테트라클로라이드(CTC)라고도 한다.

  ① 무색투명한 불연성 액체이다.

  ② 알코올, 에터에는 녹고 물에 녹지 않으며 전기화재에 사용된다.

  ③ 연소 및 물과의 반응을 통해 독성인 포스겐($COCl_2$)가스를 발생하므로 현재 사용을 금지하고 있다.

  ④ 화학반응식

  ㉠ 연소반응식 : $2CCl_4 + O_2 \rightarrow 2COCl_2 + 2Cl_2$
  　　　　　　　　사염화탄소　산소　　포스겐　　염소

  ㉡ 물과의 반응식 : $CCl_4 + H_2O \rightarrow COCl_2 + 2HCl$
  　　　　　　　　　사염화탄소　물　　포스겐　염화수소

예제 1 영하 20℃ 이하의 겨울철이나 한랭지에서 사용하기에 적합한 소화기는?

① 분무주수 소화기　　　　　　② 봉상주수 소화기
③ 물주수 소화기　　　　　　　④ 강화액 소화기

풀이 겨울철이나 한랭지에서 사용하기에 적합한 소화기는 강화액 소화기이다.

정답 ④

예제 2 식용유화재에 지방을 가수분해하는 비누화현상을 이용한 분말소화약제는 무엇인가?

① 제1종 분말　　　　　　　　② 제2종 분말
③ 제3종 분말　　　　　　　　④ 제4종 분말

풀이 제1종 분말소화약제의 소화원리 : 식용유화재에 지방을 가수분해하는 비누화현상으로 거품을 생성하여 질식소화하는 원리이며 비누의 일반식은 $C_nH_{2n+1}COONa$이다. 또한 제1종 분말소화약제($NaHCO_3$) 역시 비누가 포함하는 Na를 포함하고 있다.

정답 ①

예제 3 탄산수소나트륨과 황산알루미늄의 소화약제가 반응하여 생성되는 이산화탄소를 이용하여 화재를 진압하는 소화약제는?

① 단백포　　　　　　　　　　② 수성막포
③ 화학포　　　　　　　　　　④ 내알코올포

풀이 화학포 소화기의 반응식은 다음과 같다.
$6NaHCO_3 + Al_2(SO_4)_3 \cdot 18H_2O \rightarrow 3Na_2SO_4 + 2Al(OH)_3 + 6CO_2 + 18H_2O$
탄산수소나트륨　황산알루미늄　　물　　황산나트륨　수산화알루미늄　이산화탄소　　물

정답 ③

예제 4 이산화탄소 소화기 사용 시 줄-톰슨 효과에 의해서 생성되는 물질은?

① 포스겐   ② 일산화탄소

③ 드라이아이스   ④ 수성가스

풀이 줄-톰슨 효과 : 이산화탄소 약제를 방출할 때 액체 이산화탄소가 가는 관을 통과하게 되는데 이때 압력과 온도의 급감으로 인해 드라이아이스가 관내에 생성됨으로써 노즐이 막히는 현상이다.

정답 ③

예제 5 제3종 분말소화약제의 색상은 무엇인가?

① 백색   ② 담홍색

③ 무색   ④ 보라색

풀이 종별 분말소화약제의 색상은 다음과 같다.
1) 제1종 분말 - 백색
2) 제2종 분말 - 보라색
3) 제3종 분말 - 담홍색
4) 제4종 분말 - 회색

정답 ②

예제 6 할론 1301의 화학식은 무엇인가?

① CCl_4 ② CH_3Br

③ CF_3Br ④ CF_2Br_2

풀이 할로젠화합물 소화약제는 할론명명법에 의해 번호를 부여한다.
그 방법으로는 C - F - Cl - Br의 순서대로 개수를 표시하는데, 원소의 위치가 바뀌어 있더라도 C - F - Cl - Br의 순서대로만 표시하면 된다.
그러므로, Halon 1301은 CF_3Br이 된다.

정답 ③

예제 7 Halon 1211 소화약제에 대한 설명으로 틀린 것은?

① 저장용기에 액체상으로 충전한다.

② 화학식은 CF_2ClBr이다.

③ 비점이 낮아서 기화가 용이하다.

④ 공기보다 가볍다.

풀이 할로젠화합물 소화약제의 성질은 다음과 같다.
1) 할로젠화합물 소화약제이다.
2) 증발성 액체 소화약제로 저장용기에 액체상으로 충전한다.
3) 비점이 낮아서 기화가 잘된다.
4) 공기보다 무거운 불연성 기체상으로 방사된다.

정답 ④

Section 03 소방시설의 종류 및 설치기준

3-1 소화설비

다양한 소화약제를 사용하여 소화를 행하는 기계 및 기구 설비를 소화설비라 하며 그 종류로는 소화기구, 옥내소화전설비, 옥외소화전설비, 스프링클러설비, 물분무등소화설비 등이 있다. 여기서 물분무등소화설비의 종류로는 물분무소화설비, 포소화설비, 불활성 가스 소화설비, 할로젠화합물 소화설비, 분말소화설비가 있다.

01 소화기구

소화기구는 소형수동식 소화기, 대형수동식 소화기로 구분 한다.

◀ 대형수동식 소화기

(1) 수동식 소화기 설치기준

수동식 소화기는 충마다 설치하되 소방대상물의 각 부분으로부터 소형 소화기는 보행 거리 20m 이하마다 1개 이상, 대형 소화기는 30m 이하마다 1개 이상 설치하며 바닥 으로부터 1.5m 이하의 위치에 설치한다.

(2) 전기설비의 소화설비

전기설비가 설치된 제조소등에는 면적 100m²마다 소형수동식 소화기를 1개 이상 설치 한다.

(3) 소화기의 일반적인 사용방법

① 적응화재에만 사용해야 한다.
② 성능에 따라 불 가까이에 접근하여 사용해야 한다.
③ 소화작업은 바람을 등지고 바람이 부는 위쪽에서 아래쪽(풍상에서 풍하 방향)을 향해 소화작업을 해야 한다.
④ 소화는 양옆으로 비로 쓸듯이 골고루 이루어져야 한다.

예제 1 위험물안전관리법령상 대형수동식 소화기의 설치기준에서 방호대상물의 각 부분으로부터 하나의 대형수동식 소화기까지의 보행거리는 몇 m 이하로 설치하여야 하는가?

① 10m　　　　　　　　　　　② 15m

③ 20m　　　　　　　　　　　④ 30m

📝풀이　방호대상물의 각 부분으로부터 수동식 소화기까지의 보행거리는 다음과 같다.
　　　1) 대형수동식 소화기까지의 보행거리 : 30m
　　　2) 소형수동식 소화기까지의 보행거리 : 20m

정답 ④

예제 2 다음에서 소화기의 사용방법을 올바르게 설명한 것을 모두 나열한 것은?

> ㉠ 적응화재에만 사용할 것
> ㉡ 불과 최대한 멀리 떨어져서 사용할 것
> ㉢ 바람을 마주보고 풍하에서 풍상 방향으로 사용할 것
> ㉣ 양옆으로 비로 쓸 듯이 골고루 사용할 것

① ㉠, ㉡　　　　　　　　　　② ㉠, ㉢

③ ㉠, ㉣　　　　　　　　　　④ ㉠, ㉢, ㉣

📝풀이　㉡ 불과 최대한 가까이 접근해서 사용할 것
　　　㉢ 바람을 등지고 풍상에서 풍하 방향으로 사용할 것

정답 ③

예제 3 전기설비가 설치되어 있는 제조소의 면적이 200m^{2}일 때 그 장소에는 소형수동식 소화기를 몇 개 이상 설치해야 하는가?

① 1개　　　　　　　　　　　② 2개

③ 3개　　　　　　　　　　　④ 4개

📝풀이　전기설비가 설치된 제조소등에는 면적 100m^{2}마다 소형수동식 소화기를 1개 이상 설치해야 하므로 면적 200m^{2}일 때에는 2개 이상 설치해야 한다.

정답 ②

(4) 소요단위 및 능력단위 💬실기에도 잘 나와요!

1) 소요단위

소화설비의 설치대상이 되는 건축물 또는 그 밖에 공작물의 규모나 위험물량의 기준을 1소요단위라고 정하며, 다음의 [표]와 같이 구분한다.

구 분	외벽이 내화구조	외벽이 비내화구조
위험물 제조소 및 취급소	연면적 100m^2	연면적 50m^2
위험물저장소	연면적 150m^2	연면적 75m^2
위험물	지정수량의 10배	

※ 제조소 또는 일반취급소의 옥외에 설치된 공작물은 외벽이 내화구조인 것으로 간주하고 공작물의 최대수평투영면적을 연면적으로 간주한다.

2) 능력단위

① 소화기의 능력단위 : 소화기의 소화능력을 표시하는 것을 능력단위라고 한다.

> **예** 능력단위 A-2, B-4, C의 소화기 : A급 화재에 대하여 2단위의 능력단위를 가지며, B급 화재에 대해서는 4단위, C급 화재에도 사용이 가능한 소화기이다.

② 기타 소화설비의 능력단위

소화설비	용 량	능력단위
소화전용 물통	8L	0.3
수조(소화전용 물통 3개 포함)	80L	1.5
수조(소화전용 물통 6개 포함)	190L	2.5
마른모래(삽 1개 포함)	50L	0.5
팽창질석 또는 팽창진주암(삽 1개 포함)	160L	1.0

예제 1 지정수량이 10kg인 위험물을 200kg으로 저장하는 경우 소요단위는 얼마인가?

① 0.5단위 ② 1단위

③ 1.5단위 ④ 2단위

> **풀이** 위험물의 1소요단위는 지정수량의 10배이다. 문제의 조건이 지정수량 10kg인 위험물이므로 여기에 10배를 하면 100kg이 된다.
> 여기서, 소요단위라는 것은 100kg마다 소화설비 1단위를 설치하라는 의미이므로 200kg을 저장하고 있는 경우 소요단위는 2단위로서 소화설비 2단위를 필요로 한다는 것이다.
>
> **정답** ④

예제 2 위험물제조소의 외벽이 내화구조일 경우 1소요단위에 해당하는 것은 연면적 몇 m^2인가?

① $50m^2$ ② $75m^2$

③ $100m^2$ ④ $150m^2$

> **풀이** 위험물제조소 또는 일반취급소의 1소요단위는 다음과 같다.
> 1) 외벽이 내화구조인 건축물 : 연면적 $100m^2$
> 2) 외벽이 비내화구조인 건축물 : 연면적 $50m^2$
>
> **정답** ③

예제 3 소화전용물통 3개를 포함한 수조 80L의 능력단위는?

① 0.3 ② 0.5

③ 1.0 ④ 1.5

> **풀이** 수조(소화전용물통 3개 포함) 80L의 능력단위는 1.5단위이다.
>
> **정답** ④

02 옥내소화전설비

(1) 옥내소화전의 설치기준 실기에도 잘 나와요!

① 필요한 물(수원)의 양 계산 : 수원의 양은 옥내소화전이 가장 많이 설치되어 있는 층의 소화전의 수에 $7.8m^3$를 곱한 양 이상으로 하면 되는데 소화전의 수가 5개 이상이면 **최대 5개**의 옥내소화전 수만 곱해주면 된다.

② 해당 층의 모든 옥내소화전(최대 5개)을 동시에 사용할 때 각 노즐선단의 방수량 : 260L/min **이상**으로 해야 한다.

③ 해당 층의 모든 옥내소화전(최대 5개)을 동시에 사용할 때 각 노즐선단의 방수압력 : 350kPa **이상**으로 해야 한다.

④ 호스 접속구까지의 수평거리 : 제조소등 건축물의 층마다 그 층의 각 부분에서 하나의 호스 접속구까지의 수평거리가 **25m 이하**가 되도록 설치해야 한다.

⑤ 개폐밸브 및 호스 접속구의 설치높이 : 바닥으로부터 1.5m 이하로 한다.

⑥ 비상전원 : **45분 이상** 작동해야 한다.

⑦ 옥내소화전함에는 "소화전"이라는 표시를 부착해야 한다.

⑧ 표시등은 적색으로 소화전함 상부에 부착하며 부착면으로부터 15° 범위 안에서 10m 떨어진 장소에서도 식별이 가능해야 한다.

(2) 옥내소화전설비의 가압송수장치

옥내소화전설비의 가압송수장치는 다음에 정한 것에 의하여 설치한다.

① 고가수조를 이용한 가압송수장치 : 낙차(수조의 하단으로부터 호스 접속구까지의 수직거리)는 다음 식에 의하여 구한 수치 이상으로 한다.

$$H = h_1 + h_2 + 35\,m$$

여기서, H : 필요낙차(m)
h_1 : 소방용 호스의 마찰손실수두(m)
h_2 : 배관의 마찰손실수두(m)

② 압력수조를 이용한 가압송수장치 : 압력수조의 압력은 다음 식에 의하여 구한 수치 이상으로 한다.

$$P = p_1 + p_2 + p_3 + 0.35\,MPa$$

여기서, P : 필요한 압력(MPa)
p_1 : 소방용 호스의 마찰손실수두압(MPa)
p_2 : 배관의 마찰손실수두압(MPa)
p_3 : 낙차의 환산수두압(MPa)

③ 펌프를 이용한 가압송수장치 : 펌프의 전양정은 다음 식에 의하여 구한 수치 이상으로 한다.

$$H = h_1 + h_2 + h_3 + 35\,\text{m}$$

여기서, H : 펌프의 전양정(m)
  h_1 : 소방용 호스의 마찰손실수두(m)
  h_2 : 배관의 마찰손실수두(m)
  h_3 : 낙차(m)

03 옥외소화전설비

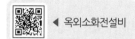

◀ 옥외소화전설비

– 옥외소화전의 설치기준 〈실기에도 잘 나와요!〉

① 필요한 물(수원)의 양 계산 : 수원의 양은 옥외소화전의 수에 $13.5\,\text{m}^3$를 곱한 양 이상으로 하면 되는데 소화전의 수가 4개 이상이면 **최대 4개**의 옥외소화전 수만 곱해주면 된다.

② 모든 옥외소화전(최대 4개)을 동시에 사용할 때 각 노즐선단의 방수량 : 450L/min 이상으로 해야 한다.

③ 모든 옥외소화전(최대 4개)을 동시에 사용할 때 각 노즐선단의 방수압력 : 350kPa 이상으로 해야 한다.

④ 호스 접속구까지의 수평거리 : 방호대상물(제조소등의 건축물)의 각 부분에서 하나의 호스 접속구까지의 수평거리가 40m 이하가 되도록 설치해야 한다.

⑤ 개폐밸브 및 호스 접속구의 설치높이 : 바닥으로부터 1.5m 이하로 한다.

⑥ 해당 건축물의 1층 및 2층 부분만을 방사능력범위로 하며 그 외의 층은 다른 소화설비를 설치해야 한다.

⑦ 비상전원 : 45분 이상 작동해야 한다.

⑧ 옥외소화전함과의 상호거리 : 옥외소화전은 옥외소화전함으로부터 떨어져 있는데 그 상호거리는 5m 이내이어야 한다.

예제 1 건축물의 1층 또는 2층 부분만을 방사능력범위로 하고 그 외의 층은 다른 소화설비를 설치해야 하는 소화설비는?

  ① 옥내소화전설비
  ② 옥외소화전설비
  ③ 스프링클러설비
  ④ 물분무소화설비

  🖉 **풀이** 건축물의 1층 또는 2층 부분만을 방사능력범위로 하는 소화설비는 옥외소화전설비이다.

정답 ②

예제 2 옥내소화전설비의 비상전원은 몇 분 이상 작동하여야 하는가?

① 45분　　　　② 30분　　　　③ 20분　　　　④ 10분

풀이 옥내 및 옥외 소화전설비 모두 비상전원은 45분 이상 작동할 수 있어야 한다.

정답 ①

예제 3 위험물제조소등에 옥내소화전설비를 설치한다. 옥내소화전이 가장 많이 설치된 층의 소화전 개수가 4개일 경우 확보하여야 할 수원의 양은?

① $10.4m^3$　　　② $20.8m^3$　　　③ $31.2m^3$　　　④ $41.6m^3$

풀이 옥내소화전의 수원의 양은 옥내소화전이 가장 많이 설치되어 있는 층의 옥내소화전 수에 $7.8m^3$를 곱한 양 이상으로 구하므로, $4 \times 7.8m^3 = 31.2m^3$ 이다.

정답 ③

예제 4 옥내소화전설비의 개폐밸브 및 호스 접속구의 설치높이는 바닥으로부터 몇 m 이하로 해야 하는가?

① 0.5m　　　　② 1m　　　　③ 1.5m　　　　④ 2m

풀이 개폐밸브 및 호스 접속구의 위치는 바닥으로부터 1.5m 이하의 높이가 가장 이상적이다.

정답 ③

예제 5 위험물제조소등에 옥외소화전을 6개 설치할 경우 수원의 수량은 몇 m^3 이상이어야 하는가?

① $48m^3$ 이상　　　　　　　　② $54m^3$ 이상

③ $60m^3$ 이상　　　　　　　　④ $81m^3$ 이상

풀이 옥외소화전의 수원의 양은 옥외소화전의 수에 $13.5m^3$를 곱한 양 이상으로 하면 되는데 소화전의 수가 4개 이상이면 최대 4개의 옥외소화전 수만 곱해주면 된다.

$\therefore 13.5m^3 \times 4 = 54m^3$

정답 ②

예제 6 위험물안전관리법령상 압력수조를 이용한 옥내소화전설비의 가압송수장치에서 압력수조의 최소압력(MPa)은? (단, 소방용 호스의 마찰손실수두압은 3MPa, 배관의 마찰손실수두압은 1MPa, 낙차의 환산수두압은 1.35MPa이다.)

① 5.35MPa　　　② 5.70MPa　　　③ 6.00MPa　　　④ 6.35MPa

풀이 옥내소화전설비의 압력수조를 이용한 가압송수장치 압력수조의 압력은 다음 식에 의하여 구한 수치 이상으로 한다.

$P = p_1 + p_2 + p_3 + 0.35MPa$

여기서, P : 필요한 압력(MPa)

　　　　p_1 : 소방용 호스의 마찰손실수두압(MPa)

　　　　p_2 : 배관의 마찰손실수두압(MPa)

　　　　p_3 : 낙차의 환산수두압(MPa)

$\therefore P = 3 + 1 + 1.35 + 0.35 = 5.70$

정답 ②

04 스프링클러설비

(1) 스프링클러헤드의 종류

1) 개방형 스프링클러헤드

① 스프링클러헤드의 반사판으로부터 보유공간 : 하방으로 0.45m, 수평방향으로 0.3m의 공간을 보유해야 한다.

② 스프링클러설비에 설치하는 수동식 개방밸브를 개방조작하는 데 필요한 힘 : 15kg 이하로 한다.

2) 폐쇄형 스프링클러헤드

① 스프링클러헤드의 반사판과 헤드의 부착면과의 거리 : 0.3m 이하이어야 한다.

② 해당 덕트 등의 아래면에도 스프링클러헤드를 설치해야 하는 경우 : 급배기용 덕트 등의 긴 변의 길이가 1.2m를 초과하는 것이 있는 경우이다.

③ 스프링클러헤드 부착장소의 평상시 최고주위온도에 따른 표시온도 : 스프링클러헤드는 그 부착장소의 평상시 최고주위온도에 따라 다음 [표]에서 정한 표시온도를 갖는 것을 설치해야 한다.

부착장소의 최고주위온도(℃)	표시온도(℃)
28 미만	58 미만
28 이상 39 미만	58 이상 79 미만
39 이상 64 미만	79 이상 121 미만
64 이상 106 미만	121 이상 162 미만
106 이상	162 이상

톡톡 튀는 **암기법** 부착장소의 최고주위온도×2의 값에 1 또는 2를 더한 값이 오른쪽의 표시온도라고 암기하세요.

(2) 스프링클러설비의 설치기준

① 방호대상물과 스프링클러헤드까지의 수평거리 : 1.7m 이하가 되도록 설치해야 한다.

② 방사구역 : 150m^2 이상으로 해야 한다.
단, 방호대상물의 바닥면적이 150m^2 미만인 경우에는 그 바닥면적으로 한다.

③ 수원의 수량

　㉠ 개방형 스프링클러헤드 : 스프링클러헤드가 가장 많이 설치된 방사구역의 스프링클러헤드 설치개수에 2.4m^{3}를 곱한 양 이상이 되도록 설치해야 한다.

　㉡ 폐쇄형 스프링클러헤드 : 30개(헤드의 설치개수가 30 미만인 방호대상물인 경우에는 그 설치개수)에 2.4m^{3}를 곱한 양 이상이 되도록 설치해야 한다.

④ 방사압력 : 100kPa 이상이어야 한다.

⑤ 방수량 : 80L/min 이상이어야 한다.

⑥ 제어밸브의 설치높이 : 바닥으로부터 0.8m 이상
1.5m 이하로 해야 한다.

> **⊙ Tip**
>
> 소화설비의 방사압력은 스프링
> 클러만 100kPa 이상이며, 나머
> 지 소화설비는 모두 350kPa
> 이상입니다.

05 물분무소화설비

① 방사구역 : 150m^2 이상으로 해야 한다.
단, 방호대상물의 바닥면적이 150m^2 미만인 경우에는 그 바닥면적으로 한다.

② 수원의 수량 : 표면적×20L/m^2 · min×30min의 양 이상이어야 한다.

③ 방사압력 : 350kPa 이상이어야 한다.

④ 제어밸브의 설치높이 : 바닥으로부터 0.8m 이상 1.5m 이하로 해야 한다.

예제 1 폐쇄형 스프링클러헤드 설치 시 급배기용 덕트의 긴 변의 길이가 얼마를 초과하는 것이 있는 경우에는 해당 덕트의 아랫부분에도 헤드를 설치하는가?

① 0.8m

② 1.2m

③ 1.5m

④ 1.7m

풀이 폐쇄형 스프링클러헤드 설치 시 급배기용 덕트 등의 긴 변의 길이가 1.2m를 초과하는 것이 있는 경우에는 해당 덕트 등의 아랫면에도 스프링클러헤드를 설치해야 한다.

정답 ②

예제 2 위험물제조소등에 설치해야 하는 각 소화설비의 설치기준에 있어서 각 노즐 또는 헤드 선단의 방사압력기준이 나머지 셋과 다른 설비는?

① 옥내소화전설비

② 옥외소화전설비

③ 스프링클러설비

④ 물분무소화설비

풀이 각 〈보기〉의 노즐 또는 헤드 선단의 방사압력기준은 다음과 같다.
① 옥내소화전설비 : 350kPa
② 옥외소화전설비 : 350kPa
③ 스프링클러설비 : 100kPa
④ 물분무소화설비 : 350kPa

정답 ③

06 포소화설비

(1) 포소화약제 혼합장치

① **펌프 프로포셔너방식** : 펌프에서 토출된 물의 일부를 펌프의 토출관과 흡입관 사이의 배관에 설치해 놓은 흡입기에 보내고 포소화약제 탱크와 연결된 자동농도조절밸브를 통해 얻어진 포소화약제를 펌프의 흡입 측으로 다시 보내어 약제를 흡입 및 혼합하는 방식을 말한다.

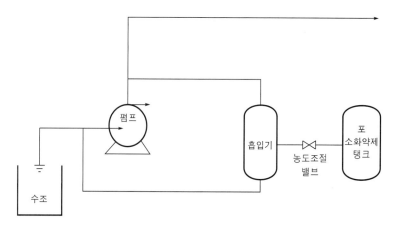

② **프레셔 프로포셔너방식** : 펌프와 발포기의 중간에 설치된 벤투리관의 벤투리작용과 펌프 가압수가 포소화약제 저장탱크에 제공하는 압력에 의하여 포소화약제를 흡입 및 혼합하는 방식을 말한다.

※ 벤투리관 : 직경이 달라지는 관의 일종

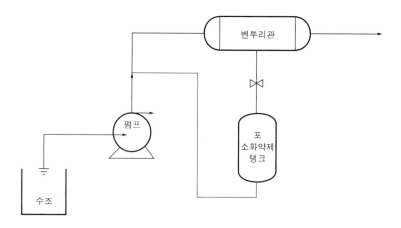

③ 라인 프로포셔너방식 : 펌프와 발포기의 중간에 설치된 벤투리관의 벤투리작용에 의하여 포소화약제를 흡입 및 혼합하는 방식을 말한다.

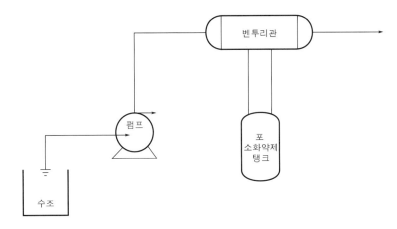

④ 프레셔사이드 프로포셔너방식 : 펌프의 토출관에 압입기를 설치하여 포소화약제 압입용 펌프로 포소화약제를 압입시켜 혼합하는 방식을 말한다.

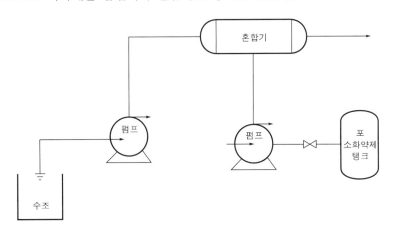

(2) 탱크에 설치하는 고정식 포소화설비의 포방출구

① 탱크의 지붕구조에 따른 포방출구의 형태와 포주입법

탱크 지붕의 구분	포방출구의 형태	포주입법
고정지붕구조의 탱크	Ⅰ형 방출구	상부포주입법
	Ⅱ형 방출구	
	Ⅲ형 방출구	저부포주입법
	Ⅳ형 방출구	
부상지붕구조의 탱크	특형 방출구	상부포주입법

📖 **상부포주입법과 저부포주입법**

1) **상부포주입법** : 고정포방출구를 탱크 옆판의 상부에 설치하여 액표면상에 포를 방출하는 방법
2) **저부포주입법** : 탱크의 액면하에 설치된 포방출구로부터 포를 탱크 내에 주입하는 방법

② 포방출구의 종류에 따른 포수용액량과 방출률

포방출구의 종류 / 위험물의 구분	I 형 포수용액량 (L/m²)	방출률 (L/m²·min)	II 형 포수용액량 (L/m²)	방출률 (L/m²·min)	특형 포수용액량 (L/m²)	방출률 (L/m²·min)	III 형 포수용액량 (L/m²)	방출률 (L/m²·min)	IV 형 포수용액량 (L/m²)	방출률 (L/m²·min)
제4류 위험물 중 인화점이 21℃ 미만인 것	120	4	220	4	240	8	220	4	220	4
제4류 위험물 중 인화점이 21℃ 이상 70℃ 미만인 것	80	4	120	4	160	8	120	4	120	4
제4류 위험물 중 인화점이 70℃ 이상인 것	60	4	100	4	120	8	100	4	100	4

(3) 보조포소화전의 기준

3개 이상 설치되어 있는 경우는 3개의 노즐을 동시에 사용할 경우를 기준으로 한다.
① 각각의 보조포소화전 상호간의 보행거리 : 75m 이하이어야 한다.
② 각각의 노즐선단의 방사압력 : 0.35MPa 이상이어야 한다.
③ 각각의 노즐선단의 방사량 : 400L/min 이상의 성능이어야 한다.

(4) 포헤드방식의 포헤드 기준

① 설치해야 할 헤드 수 : 방호대상물의 **표면적 9m²당 1개 이상**이어야 한다.
② 방호대상물의 표면적 1m²당 방사량 : **6.5L/min 이상**이어야 한다.
③ 방사구역 : 100m² 이상이어야 한다.
단, 방호대상물의 표면적이 100m² 미만인 경우에는 그 표면적으로 한다.

(5) 포모니터 노즐

위치가 고정된 노즐의 방사각도를 수동 또는 자동으로 조준하여 포를 방사하는 설비를 말한다.
 ◀ 포모니터 노즐
① 노즐선단의 방사량 : 1,900L/min 이상이어야 한다.
② 수평 방사거리 : 30m 이상이어야 한다.

예제 1 포소화약제 혼합장치 중 펌프에서 토출된 물의 일부를 펌프의 토출관과 흡입관 사이의 배관에 설치한 흡입기에 보내고 포소화약제탱크와 연결된 자동농도조절밸브를 통해 얻어진 포소화약제를 펌프의 흡입 측으로 다시 보내어 약제를 흡입 및 혼합하는 방식은 무엇인가?

① 펌프 프로포셔너방식

② 프레셔 프로포셔너방식

③ 라인 프로포셔너방식

④ 프레셔사이드 프로포셔너방식

풀이 토출된 물의 일부를 포소화약제로 만들어 펌프의 흡입 측으로 다시 보내는 방식은 펌프 프로포셔너방식이다.

정답 ①

예제 2 고정지붕구조의 탱크에 설치하는 포방출구의 형태가 아닌 것은?

① Ⅰ형 방출구　　　　　　② Ⅱ형 방출구

③ 특형 방출구　　　　　　④ Ⅲ형 방출구

풀이 포방출구의 형태 중 Ⅰ형, Ⅱ형, Ⅲ형, Ⅳ형 방출구는 고정지붕구조의 탱크에 설치하고, 특형 방출구는 부상지붕구조의 탱크에 설치한다.

정답 ③

---

07 분말소화설비

(1) 전역방출방식 분말소화설비

① 분사방식 : 방사된 소화약제가 방호구역의 전역에 균일하고 신속하게 확산할 수 있도록 설치한 것이다.

② 분사헤드의 방사압력 : 0.1MPa 이상이어야 한다.

③ 소화약제의 방사시간 : 30초 이내에 방사해야 한다.

④ 방호구역체적 $1m^3$당 소화약제의 양

소화약제의 종별	소화약제의 양(kg)
제1종 분말	0.6
제2종ㆍ제3종 분말	0.36
제4종 분말	0.24

톡톡 튀는 암기법 제1종 분말소화약제의 양은 0.6kg이다.

제2종 및 제3종 분말소화약제의 양은 숫자 2와 3의 곱인 6을 제1종 분말소화약제의 양인 0.6kg에 곱한 0.36kg이 된다.

제4종 분말소화약제의 양 또한 숫자 4를 제1종 분말소화약제의 양인 0.6kg에 곱한 0.24kg이 된다.

(2) 국소방출방식 분말소화설비

① 분사방식 : 방호대상물의 모든 표면이 분사헤드의 유효사정 내에 있도록 설치한 것이다.

② 분사헤드의 방사압력 : 0.1MPa 이상이어야 한다.

③ 소화약제의 방사시간 : 30초 이내에 방사해야 한다.

(3) 분말소화약제 저장용기의 충전비 – 전역방출방식·국소방출방식 공통

소화약제의 종별	충전비의 범위
제1종 분말	0.85 이상 1.45 이하
제2종·제3종 분말	1.05 이상 1.75 이하
제4종 분말	1.50 이상 2.50 이하

(4) 이동식 분말소화설비의 하나의 노즐마다 매분당 소화약제 방사량

소화약제의 종류	소화약제의 양(kg)
제1종 분말	45 〈50〉
제2종·제3종 분말	27 〈30〉
제4종 분말	18 〈20〉

※ 오른쪽 칸에 기재된 〈 〉 속의 수치는 전체 소화약제의 양이다.

예제 1 전역방출방식 분말소화설비의 분사헤드는 소화약제를 몇 초 이내에 방사해야 하는가?

① 10초　　② 20초
③ 30초　　④ 40초

풀이 전역방출방식 및 국소방출방식 모두 분말소화설비 분사헤드의 소화약제 방사시간은 30초 이내이다.

정답 ③

예제 2 국소방출방식 분말소화설비 분사헤드의 방사압력은 얼마 이상이어야 하는가?

① 0.1MPa 이상
② 0.2MPa 이상
③ 0.3MPa 이상
④ 0.4MPa 이상

풀이 전역방출방식 및 국소방출방식 모두 분말소화설비 분사헤드의 방사압력은 0.1MPa 이상이다.

정답 ①

08 불활성가스 소화설비

(1) 전역방출방식 불활성가스 소화설비

① 분사방식 : 방사된 소화약제가 방호구역의 전역에 균일하고 신속하게 확산될 수 있도록 설치한 것이다.

② 소화약제의 방사시간
  ㉠ 이산화탄소 : 60초 이내에 방사해야 한다.
  ㉡ 불활성가스(IG-100, IG-55, IG-541) : 소화약제 95% 이상을 60초 이내에 방사해야 한다.

> **📖 불활성가스의 종류별 구성 성분** 실기에도 잘 나와요!
>
> 1) IG-100 : 질소 100%
> 2) IG-55 : 질소 50%와 아르곤 50%
> 3) IG-541 : 질소 52%와 아르곤 40%와 이산화탄소 8%

(2) 국소방출방식 불활성가스 소화설비

① 분사방식(불활성가스 중 이산화탄소 소화약제에 한함) : 방호대상물의 모든 표면이 분사헤드의 유효사정 내에 있도록 설치한 것이다.

② 소화약제의 방사시간(불활성가스 중 이산화탄소 소화약제에 한함) : 30초 이내에 방사해야 한다.

> **🔘 Tip**
>
> 소화약제의 방사시간은 전역방출방식 이산화탄소 및 불활성가스 소화설비만 60초 이내이며 나머지 소화설비는 대부분 30초 이내입니다.

(3) 전역방출방식과 국소방출방식의 공통기준

① 분사헤드의 방사압력
  ㉠ 이산화탄소 분사헤드
    ⓐ 고압식(상온(20℃)으로 저장되어 있는 것) : 2.1MPa 이상
    ⓑ 저압식(-18℃ 이하로 저장되어 있는 것) : 1.05MPa 이상
  ㉡ 불활성가스(IG-100, IG-55, IG-541) 분사헤드 : 1.9MPa 이상

② 저장용기의 충전비 및 충전압력
  ㉠ 이산화탄소 저장용기의 충전비
    ⓐ 고압식 : 1.5 이상 1.9 이하
    ⓑ 저압식 : 1.1 이상 1.4 이하
  ㉡ IG-100, IG-55, IG-541 저장용기의 충전압력 : 21℃의 온도에서 32MPa 이하

③ 불활성가스 소화약제 용기의 설치장소

㉠ 방호구역 외부에 설치한다.

㉡ 온도가 40℃ 이하이고 온도변화가 적은 장소에 설치한다.

㉢ 직사광선 및 빗물이 침투할 우려가 없는 장소에 설치한다.

㉣ 저장용기에는 안전장치(용기밸브에 설치되어 있는 것을 포함)를 설치한다.

㉤ 용기 외면에 소화약제의 종류와 양, 제조년도 및 제조자를 표시한다.

④ 저장용기의 설치기준

㉠ 고압식 : 용기밸브를 설치해야 한다.

㉡ 저압식

ⓐ 액면계 및 압력계를 설치해야 한다.

ⓑ 2.3MPa 이상의 압력 및 1.9MPa 이하의 압력에서 작동하는 압력경보장치를 설치해야 한다.

ⓒ 용기 내부의 온도를 영하 20℃ 이상, 영하 18℃ 이하로 유지할 수 있는 자동 냉동기를 설치해야 한다.

ⓓ 파괴판을 설치해야 한다.

ⓔ 방출밸브를 설치해야 한다.

예제 1 불활성가스 소화설비에 사용되는 불활성가스의 종류로 옳지 않은 것은?

① IG-100

② IG-55

③ IG-541

④ IG-10

풀이 불활성가스 소화설비에 사용되는 불활성가스의 종류는 다음과 같다.
1) IG-100 : 질소
2) IG-55 : 질소 50%, 아르곤 50%
3) IG-541 : 질소 52%, 아르곤 40%, 이산화탄소 8%

정답 ④

예제 2 국소방출방식 이산화탄소 소화설비의 분사헤드에서 방출되는 소화약제의 방사기준은 어느 것인가?

① 10초 이내에 균일하게 방사할 수 있을 것

② 15초 이내에 균일하게 방사할 수 있을 것

③ 30초 이내에 균일하게 방사할 수 있을 것

④ 60초 이내에 균일하게 방사할 수 있을 것

풀이 이산화탄소 소화설비의 방사시간은 다음과 같이 구분한다.
1) 전역방출방식 : 60초 이내
2) 국소방출방식 : 30초 이내

정답 ③

예제3 불활성가스 소화약제 저장용기를 설치하는 기준에 대한 설명으로 틀린 것은?

① 방호구역 외부에 설치한다.

② 온도가 50℃ 이하이고 온도변화가 적은 장소에 설치한다.

③ 직사광선 및 빗물이 침투할 우려가 없는 장소에 설치한다.

④ 용기 외면에 소화약액의 종류와 양, 제조년도 및 제조자를 표시한다.

풀이 불활성가스 소화약제의 저장용기는 온도가 40℃ 이하이고 온도변화가 적은 장소에 설치한다.

정답 ②

---

09 할로젠화합물 소화설비

(1) 전역방출방식 할로젠화합물 소화설비

① 분사방식 : 방사된 소화약제가 방호구역 전역에 균일하고 신속하게 확산할 수 있도록 설치한 것이다.

② 방호구역체적 $1m^3$당 소화약제의 양

소화약제의 종별	소화약제의 양(kg)
할론 2402	0.4
할론 1211	0.36
할론 1301	0.32

③ 소화약제의 방사시간

- 할론 2402, 할론 1211, 할론 1301 : 30초 이내에 방사해야 한다.

(2) 국소방출방식 할로젠화합물 소화설비

① 분사방식 : 방호대상물의 모든 표면이 분사헤드의 유효사정 내에 있도록 설치한 것이다.

② 소화약제의 방사시간

- 할론 2402, 할론 1211, 할론 1301 : 30초 이내에 방사해야 한다.

(3) 전역방출방식과 국소방출방식의 공통기준

① 분사헤드의 방사압력

㉠ 할론 2402 : 0.1MPa 이상

㉡ 할론 1211 : 0.2MPa 이상

㉢ 할론 1301 : 0.9MPa 이상

② 저장용기의 충전비

ㄱ 할론 2402 가압식 저장용기 : 0.51 이상 0.67 이하

ㄴ 할론 2402 축압식 저장용기 : 0.67 이상 2.75 이하

ㄷ 할론 1211 저장용기 : 0.7 이상 1.4 이하

ㄹ 할론 1301 저장용기 : 0.9 이상 1.6 이하

③ 축압식 저장용기의 압력 : 21℃에서 할론 1211과 1301의 저장용기는 다음의 압력이 되도록 질소가스로 축압한다.

ㄱ 할론 1211 : 1.1MPa 또는 2.5MPa

ㄴ 할론 1301 : 2.5MPa 또는 4.2MPa

예제 1 전역방출방식 할로젠화합물 소화설비 중 할론 1301 소화약제는 몇 초 이내에 방사해야 하는가?

① 10초 ② 30초

③ 60초 ④ 90초

풀이 전역방출방식 및 국소방출방식 할로젠화합물 소화설비 중 할론 2402, 할론 1211, 할론 1301 소화약제의 방사시간은 모두 30초 이내이다.

정답 ②

예제 2 다음 중 할론 2402의 분사헤드의 방사압력은 얼마 이상인가?

① 0.1MPa ② 0.2MPa

③ 0.5MPa ④ 0.9MPa

풀이 할로젠화합물 소화약제 분사헤드의 방사압력은 다음과 같이 구분한다.
1) 할론 2402 : 0.1MPa
2) 할론 1211 : 0.2MPa
3) 할론 1301 : 0.9MPa

정답 ①

3-2 경보설비

01 위험물제조소등에 설치하는 경보설비의 종류

① 자동화재탐지설비

② 자동화재속보설비

③ 비상경보설비

④ 확성장치

⑤ 비상방송설비

02 제조소등의 경보설비 설치기준 실기에도 잘 나와요!

(1) 경보설비 중 자동화재탐지설비만을 설치해야 하는 제조소등

제조소등의 구분	제조소등의 규모, 저장 또는 취급하는 위험물의 종류 및 최대수량 등
제조소 및 일반취급소	• 연면적 500m² 이상인 것 • 옥내에서 지정수량의 100배 이상을 취급하는 것 (고인화점 위험물만을 100℃ 미만의 온도에서 취급하는 것은 제외한다)
옥내저장소	• 지정수량의 100배 이상을 저장 또는 취급하는 것 (고인화점 위험물만을 저장 또는 취급하는 것은 제외한다) • 저장창고의 연면적이 150m²를 초과하는 것 • 처마높이가 6m 이상인 단층 건물의 것
옥내탱크저장소	단층 건물 외의 건축물에 설치된 옥내탱크저장소로서 소화난이도등급 I에 해당하는 것
주유취급소	옥내주유취급소

※ 고인화점위험물 : 인화점이 100℃ 이상인 제4류 위험물

(2) 경보설비 중 자동화재탐지설비 및 자동화재속보설비를 설치해야 하는 제조소등

제조소등의 구분	제조소등의 규모, 저장 또는 취급하는 위험물의 종류 및 최대수량 등
옥외탱크저장소	특수인화물, 제1석유류 및 알코올류를 저장 또는 취급하는 탱크의 용량이 1,000만L 이상인 것

(3) 경보설비(자동화재속보설비 제외) 중 1가지 이상을 설치해야 하는 제조소등

제조소등의 구분	제조소등의 규모, 저장 또는 취급하는 위험물의 종류 및 최대수량 등
자동화재탐지설비 설치대상 외의 제조소등	지정수량의 10배 이상을 저장 또는 취급하는 것 (이동탱크저장소는 제외한다)

03 자동화재탐지설비의 설치기준 실기에도 잘 나와요!

① 자동화재탐지설비의 경계구역은 건축물, 그 밖의 공작물의 2 이상의 층에 걸치지 아니하도록 해야 한다.
  단, 하나의 경계구역의 면적이 500m² 이하이면서 경계구역이 두 개의 층에 걸치거나 계단 등에 연기감지기를 설치하는 경우는 2 이상의 층에 걸치도록 할 수 있다.

② 하나의 경계구역의 면적은 600m² 이하로 하고 그 한 변의 길이는 50m(광전식 분리형 감지기는 100m) 이하로 해야 한다.
  단, 해당 건축물 등의 주요한 출입구에서 그 내부 전체를 볼 수 있는 경우에는 그 면적을 1,000m² 이하로 할 수 있다.

③ 자동화재탐지설비의 감지기는 지붕 또는 벽의 옥내에 면한 부분에 유효하게 화재의 발생을 감지할 수 있도록 설치해야 한다.

④ 자동화재탐지설비에는 비상전원을 설치해야 한다.

3-3 피난설비

위험물안전관리법상 피난설비로는 유도등이 있다.

01 유도등의 설치기준

① 주유취급소 중 2층 이상의 부분을 점포, 휴게음식점 또는 전시장의 용도에 있어서는 건축물의 2층 이상으로부터 주유취급소의 부지 밖으로 통하는 출입구와 그 출입구로 통하는 통로, 계단 및 출입구에 유도등을 설치하여야 한다.

② 옥내주유취급소에 있어서는 해당 사무소 등의 출입구 및 피난구와 그 피난구로 통하는 통로, 계단 및 출입구에 유도등을 설치하여야 한다.

③ 유도등에는 비상전원을 설치하여야 한다.

예제 1 위험물제조소의 연면적이 몇 m^2 이상이 되면 경보설비 중 자동화재탐지설비를 설치하여야 하는가?

① $400m^2$ ② $500m^2$

③ $600m^2$ ④ $800m^2$

풀이 자동화재탐지설비만을 설치해야 하는 제조소 및 일반취급소는 다음과 같다.
1) 연면적 $500m^2$ 이상인 것
2) 지정수량의 100배 이상을 취급하는 것

정답 ②

예제 2 위험물안전관리법령상 자동화재탐지설비를 설치하지 않고 비상경보설비로 대신할 수 있는 것은?

① 일반취급소로서 연면적 $600m^2$인 것

② 지정수량 20배를 저장하는 옥내저장소로서 처마높이가 8m인 단층 건물

③ 단층 건물 외의 건축물에 설치된 지정수량 15배의 옥내탱크저장소로서 소화난이도등급Ⅱ에 속하는 것

④ 지정수량 20배를 저장·취급하는 옥내주유취급소

풀이 자동화재탐지설비만을 설치해야 하는 경우는 다음과 같다.
1) 제조소 및 일반취급소로서 연면적 500m² 이상인 것
2) 옥내저장소로서 처마높이가 6m 이상인 단층 건물의 것
3) 옥내탱크저장소로서 단층 건물 외의 건축물에 있는 옥내탱크저장소로서 소화난이도 등급 Ⅰ에 해당하는 것
4) 주유취급소로서 옥내주유취급소에 해당하는 것

정답 ③

예제 3 지정수량의 100배 이상을 저장 또는 취급하는 옥내저장소에 설치하여야 하는 경보설비는? (단, 고인화점 위험물만을 저장 또는 취급하는 것은 제외한다.)

① 비상경보설비   ② 자동화재탐지설비
③ 비상방송설비   ④ 비상조명등설비

풀이 자동화재탐지설비만을 설치해야 하는 옥내저장소는 다음과 같다.
1) 지정수량의 100배 이상을 저장하는 것
2) 연면적이 150m²를 초과하는 것
3) 처마높이가 6m 이상인 단층 건물의 것

정답 ②

예제 4 제조소 및 일반취급소에 설치하는 자동화재탐지설비의 설치기준으로 틀린 것은?

① 하나의 경계구역은 600m² 이하로 하고, 한 변의 길이는 50m 이하로 한다.
② 주요한 출입구에서 내부 전체를 볼 수 있는 경우 경계구역은 1,000m² 이하로 할 수 있다.
③ 하나의 경계구역이 300m² 이하면 2개 층을 하나의 경계구역으로 할 수 있다.
④ 비상전원을 설치하여야 한다.

풀이 ③ 하나의 경계구역의 면적이 500m² 이하이면 2개 층을 하나의 경계구역으로 할 수 있다.

정답 ③

예제 5 위험물안전관리법에서 주유취급소에 설치하는 피난설비의 종류는 무엇인가?

① 유도등   ② 연결송수관설비
③ 공기안전매트   ④ 자동화재탐지설비

풀이 주유취급소 중 2층 이상의 부분을 점포, 휴게음식점 또는 전시장의 용도로 사용하는 건축물과 옥내주유취급소에 있어서는 출입구 및 피난구와 그 출입구, 피난구로 통하는 통로, 계단 및 출입구 등에 유도등을 설치해야 한다.

정답 ①

빨리 성장하는 것은 쉬 시들고,
서서히 성장하는 것은 영원히 존재한다.

-호란드-

☆

빠른 것만이 꼭 좋은 것이 아닙니다.
주위를 두리번거리면서 느릿느릿, 서서히 커나가야
인생이 알차지고 단단해집니다.
이른바 "느림의 미학"이지요.

제3장

위험물의 성상 및 취급

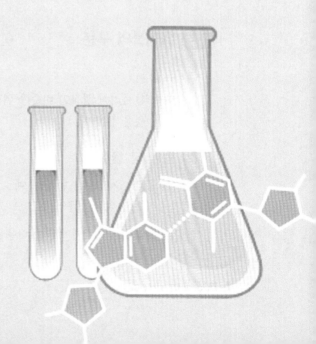

Section 01 / 위험물의 총칙

1-1 위험물의 개요

01 용어의 정의

(1) 위험물

인화성 또는 발화성 등의 성질을 가지는 것으로서 대통령령이 정하는 물품을 말한다.

(2) 지정수량

위험물의 종류별로 위험성을 고려하여 대통령령이 정하는 수량으로서 제조소등의 설치 허가 등에 있어서 최저의 기준이 되는 수량을 말한다.

(3) 지정수량 배수의 합 실기에도 잘 나와요!

2개 이상 위험물의 지정수량 배수의 합이 1 이상이 되는 경우 지정수량 이상의 위험물로 본다.

$$\text{지정수량 배수의 합} = \frac{A \text{ 위험물의 저장수량}}{A \text{ 위험물의 지정수량}} + \frac{B \text{ 위험물의 저장수량}}{B \text{ 위험물의 지정수량}} + \cdots$$

02 위험물의 구분

(1) 유별

화학적·물리적 성질이 비슷한 위험물을 제1류 위험물에서 제6류 위험물의 범위로 구분해 놓은 것을 말한다.

(2) 품명 및 물질명

① 품명 : 제4류 위험물을 예로 들면, "제○석유류"로 표기된 형태로 화학적 성질이 비슷한 위험물들의 소규모 그룹 이름으로 볼 수 있다.

② 물질명 : 개별적 위험물들의 명칭을 의미한다.

03 지정수량과 위험등급

위험물은 화학적·물리적 성질에 따라 제1류에서 제6류로 구분하며 운반에 관한 기준으로서 위험등급Ⅰ, 위험등급Ⅱ, 위험등급Ⅲ으로 구분한다. 여기서 지정수량이 적을수록 위험한 물질이므로 지정수량이 가장 적은 품명들이 위험등급Ⅰ로 지정되어 있으며 지정수량이 많을수록 위험등급은 Ⅱ·Ⅲ등급으로 바뀌게 된다.

> **Tip**
> 위험등급은 운반에 관한 기준으로 정하기 때문에 액체상태의 제6류 위험물은 모두 위험등급Ⅰ로 정하고 있습니다.

04 위험물의 유별 저장·취급 공통기준 실기에도 잘 나와요!

① 제1류 위험물은 가연물과의 접촉·혼합이나 분해를 촉진하는 물품과의 접근 또는 과열, 충격, 마찰 등을 피하는 한편, 알칼리금속의 과산화물 및 이를 함유한 것에 있어서는 물과의 접촉을 피해야 한다.

② 제2류 위험물은 산화제와의 접촉·혼합이나 불티, 불꽃, 고온체와의 접근 또는 과열을 피하는 한편, 철분, 금속분, 마그네슘 및 이를 함유한 것에 있어서는 물이나 산과의 접촉을 피하고 인화성 고체에 있어서는 함부로 증기를 발생시키지 않아야 한다.

③ 제3류 위험물 중 자연발화성 물질에 있어서는 불티, 불꽃, 고온체와의 접근, 과열 또는 공기와의 접촉을 피하고, 금수성 물질에 있어서는 물과의 접촉을 피해야 한다.

④ 제4류 위험물은 불티, 불꽃, 고온체와의 접근 또는 과열을 피하고, 함부로 증기를 발생시키지 않아야 한다.

⑤ 제5류 위험물은 불티, 불꽃, 고온체와의 접근이나 과열, 충격 또는 마찰을 피해야 한다.

⑥ 제6류 위험물은 가연물과의 접촉·혼합이나 분해를 촉진하는 물품과의 접근 또는 과열을 피해야 한다.

예제 1 다음은 무엇에 대한 정의인가?

> 인화성 또는 발화성 등의 성질을 가지는 것으로서 대통령령이 정하는 물품을 말한다.

① 위험물   ② 가연물
③ 특수인화물   ④ 제4류 위험물

풀이 위험물은 인화성 또는 발화성 등의 성질을 가지는 것으로서 대통령령이 정하는 물품을 말한다.

정답 ①

예제 2 위험물의 지정수량에 대한 설명 중 옳은 것은?

① 행정안전부령이 정하는 수량으로서 제조소등의 설치허가 등을 받는 데 있어서 최저의 기준이 되는 수량을 말한다.

② 대통령령이 정하는 수량으로서 제조소등의 설치허가 등을 받는 데 있어서 최고의 기준이 되는 수량을 말한다.

③ 행정안전부령이 정하는 수량으로서 제조소등의 설치허가 등을 받는 데 있어서 최고의 기준이 되는 수량을 말한다.

④ 대통령령이 정하는 수량으로서 제조소등의 설치허가 등을 받는 데 있어서 최저의 기준이 되는 수량을 말한다.

풀이 지정수량은 대통령령이 정하는 수량으로서 제조소등의 설치허가 등을 받는 데 있어서 최저의 기준이 되는 수량을 말한다.

정답 ④

예제 3 다음은 몇 류 위험물의 저장 또는 취급의 공통기준에 대한 설명인가?

> 불티, 불꽃, 고온체와의 접근이나 과열, 충격 또는 마찰을 피해야 한다.

① 제1류 위험물　　　　　　② 제3류 위험물
③ 제5류 위험물　　　　　　④ 제6류 위험물

풀이 자체적으로 가연물과 산소공급원을 동시에 포함하고 있는 제5류 위험물(자기반응성 물질)은 불티, 불꽃, 고온체, 과열, 충격, 마찰 등의 점화원을 피하는 것이 가장 중요하다.

정답 ③

1-2 위험물의 유별 정의

(1) 제1류 위험물(산화성 고체)

고체(액체 또는 기체 외의 것)로서 산화력의 잠재적인 위험성 또는 충격에 대한 민감성을 판단하기 위하여 소방청장이 정하여 고시하는 시험에서 고시로 정하는 성질과 상태를 나타내는 것을 말한다.

📖 **액체와 기체**

1) **액체** : 1기압 및 섭씨 20도에서 액상인 것 또는 섭씨 20도 초과 섭씨 40도 이하에서 액상인 것
　※ 액상 : 수직으로 된 시험관(안지름 30밀리미터, 높이 120밀리미터의 원통형 유리관을 말한다)에 시료를 55밀리미터까지 채운 다음, 이 시험관을 수평으로 하였을 때 시료액면의 선단이 30밀리미터를 이동하는 데 걸리는 시간이 90초 이내에 있는 것
2) **기체** : 1기압 및 섭씨 20도에서 기상인 것

(2) 제2류 위험물(가연성 고체) 실기에도 잘 나와요!

고체로서 화염에 의한 발화의 위험성 또는 인화의 위험성을 판단하기 위하여 고시로 정하는 시험에서 고시로 정하는 성질과 상태를 나타내는 것을 말하며, 이 중 위험물이 될 수 있는 조건을 필요로 하는 품명의 종류와 조건의 기준은 다음과 같다.

① 황 : 순도가 **60중량% 이상**인 것을 말한다.

　　※ 이 경우, 순도 측정에 있어서 불순물은 활석 등 불연성 물질과 수분에 한한다.

② 철분 : 철의 분말로서 **53마이크로미터의 표준체**를 통과하는 것이 **50중량% 미만인 것은 제외**한다.

③ 금속분 : 알칼리금속·알칼리토금속·철 및 마그네슘 외의 금속분말을 말하고, 구리분·니켈분 및 **150마이크로미터의 체**를 통과하는 것이 **50중량% 미만인 것은 제외**한다.

　　※ 구리(Cu)분과 니켈(Ni)분은 입자크기에 관계없이 무조건 위험물에 포함되지 않는다.

　　톡톡 튀는 암기법) Cu는 위험물이 아니라, 편의점이다.

④ 마그네슘 : 다음 중 하나에 해당하는 것은 **제외**한다.
　　㉠ **2밀리미터의 체**를 통과하지 않는 덩어리상태의 것
　　㉡ **직경 2밀리미터 이상**의 막대모양의 것

⑤ 인화성 고체 : 고형 알코올, 그 밖에 1기압에서 인화점이 섭씨 40도 미만인 고체를 말한다.

(3) 제3류 위험물(자연발화성 물질 및 금수성 물질)

고체 또는 액체로서 공기 중에서 발화의 위험성이 있거나 물과 접촉하여 발화하는 것 또는 가연성 가스를 발생하는 위험성이 있는 것을 말하며, 칼륨·나트륨·알킬알루미늄·알킬리튬은 '자연발화성 물질 및 금수성 물질'의 규정에 의한 성상이 있는 것으로 본다.

(4) 제4류 위험물(인화성 액체) 실기에도 잘 나와요!

액체(제3석유류, 제4석유류 및 동식물유류에 있어서는 1기압과 섭씨 20도에서 액상인 것에 한한다)로서 인화의 위험성이 있는 것을 말한다.

> 💡 **Tip**
> 제3석유류, 제4석유류 및 동식물유류는 점성이 있기 때문에 상온(1기압과 섭씨 20도)에서 고체로 될 수 있는 경향이 있어 액상인 경우만 제4류 위험물로 분류한다는 의미입니다.

① 특수인화물 : **이황화탄소, 다이에틸에터**, 그 밖에 1기압에서 **발화점이 섭씨 100도 이하**인 것 또는 **인화점이 섭씨 영하 20도 이하**이고 **비점이 섭씨 40도 이하**인 것을 말한다.

② 제1석유류 : **아세톤, 휘발유**, 그 밖에 1기압에서 **인화점이 섭씨 21도 미만**인 것을 말한다.

③ 알코올류 : 1분자를 구성하는 **탄소원자의 수가 1개부터 3개까지**인 포화1가알코올 (변성알코올을 포함)을 말한다.

단, 다음 중 하나에 해당하는 것은 **제외**한다.

㉠ 1분자를 구성하는 탄소원자의 수가 1개 내지 3개의 **포화1가알코올의 함유량이 60중량% 미만**인 수용액

㉡ **가연성 액체량이 60중량% 미만**이고 **인화점 및 연소점이 에틸알코올 60중량% 수용액의 인화점 및 연소점을 초과**하는 것

④ 제2석유류 : **등유, 경유**, 그 밖에 1기압에서 **인화점이 섭씨 21도 이상 70도 미만인 것**을 말한다.

단, 도료류, 그 밖의 물품에 있어서 **가연성액체량이 40중량% 이하이면서 인화점이 섭씨 40도 이상인 동시에 연소점이 섭씨 60도 이상인 것**은 **제외**한다.

⑤ 제3석유류 : **중유, 크레오소트유**, 그 밖에 1기압에서 **인화점이 섭씨 70도 이상 섭씨 200도 미만인 것**을 말한다.

단, 도료류, 그 밖의 물품은 **가연성 액체량이 40중량% 이하인 것**은 **제외**한다.

⑥ 제4석유류 : **기어유, 실린더유**, 그 밖에 1기압에서 **인화점이 섭씨 200도 이상 섭씨 250도 미만의 것**을 말한다.

단, 도료류, 그 밖의 물품은 **가연성 액체량이 40중량% 이하인 것**은 **제외**한다.

⑦ 동식물유류 : 동물의 지육등 또는 식물의 종자나 과육으로부터 추출한 것으로서 1기 압에서 **인화점이 섭씨 250도 미만인 것**을 말한다.

단, 행정안전부령으로 정하는 용기기준에 따라 수납되어 저장·보관되고 용기의 외부에 물품의 통칭명, 수량 및 화기엄금의 표시(화기엄금과 동일한 의미를 갖는 표시를 포함)가 있는 경우를 제외한다.

(5) 제5류 위험물(자기반응성 물질)

① 자기반응성 물질 : 고체 또는 액체로서 폭발의 위험성 또는 가열분해의 격렬함을 판단 하기 위하여 고시로 정하는 시험에서 고시로 정하는 성질과 상태를 나타내는 것을 말하며, 위험성 유무와 등급에 따라 제1종 또는 제2종으로 분류한다.

② 제5류 위험물 중 유기과산화물이 아닌 것

㉠ 과산화벤조일의 함유량이 35.5중량% 미만인 것으로서 전분가루, 황산칼슘2 수화물 또는 인산수소칼슘2수화물과의 혼합물

㉡ 비스(4-클로로벤조일)퍼옥사이드의 함유량이 30중량% 미만인 것으로서 불활 성 고체와의 혼합물

㉢ 과산화다이쿠밀의 함유량이 40중량% 미만인 것으로서 불활성 고체와의 혼합물

㉣ 1·4비스(2-터셔리뷰틸퍼옥시아이소프로필)벤젠의 함유량이 40중량% 미만인 것 으로서 불활성 고체와의 혼합물

ⓜ 사이클로헥산온퍼옥사이드의 함유량이 30중량% 미만인 것으로서 불활성 고체와의 혼합물

> **톡톡 튀는 암기법** ⓛ ⓜ 처럼 물질명에 "~퍼옥사이드"가 있으면 → 함유량이 30중량% 미만
> ⓖ 의 "과산화벤조일"만 → 함유량이 35.5중량% 미만
> ⓒ ⓔ 처럼 그 외의 것은 → 함유량이 40중량% 미만

(6) 제6류 위험물(산화성 액체) 실기에도 잘 나와요!

액체로서 산화력의 잠재적인 위험성을 판단하기 위하여 고시로 정하는 시험에서 고시로 정하는 성질과 상태를 나타내는 것을 말하며, 이 중 위험물이 될 수 있는 조건을 필요로 하는 품명의 종류와 조건의 기준은 다음과 같다.

① 과산화수소 : 농도가 36중량% 이상인 것을 말한다.

② 질산 : 비중이 1.49 이상인 것을 말한다.

1-3 복수성상물품

(1) 정의

위험물의 성질로 규정된 성상을 2가지 이상 포함하는 물품을 말한다.

(2) 유별 지정기준

① 복수성상물품이 산화성 고체와 가연성 고체의 성상을 갖는 경우 : 제2류 위험물

② 복수성상물품이 산화성 고체와 자기반응성 물질의 성상을 갖는 경우 : 제5류 위험물

③ 복수성상물품이 가연성 고체와 자연발화성 물질 및 금수성 물질의 성상을 갖는 경우 : 제3류 위험물

④ 복수성상물품이 자연발화성 물질 및 금수성 물질과 인화성 액체의 성상을 갖는 경우 : 제3류 위험물

⑤ 복수성상물품이 인화성 액체와 자기반응성 물질의 성상을 갖는 경우 : 제5류 위험물

> 📖 **복수성상물품의 공식**
>
> 복수성상물품은 1<2<4<3<5의 공식으로 정리할 수 있다.
> 1) 산화성 고체(제1류 위험물) < 가연성 고체(제2류 위험물)=제2류 위험물
> 2) 산화성 고체(제1류 위험물) < 자기반응성 물질(제5류 위험물)=제5류 위험물
> 3) 가연성 고체(제2류 위험물) < 자연발화성 물질 및 금수성 물질(제3류 위험물)=제3류 위험물
> 4) 자연발화성 물질 및 금수성 물질(제3류 위험물) > 인화성 액체(제4류 위험물)=제3류 위험물
> 5) 인화성 액체(제4류 위험물) < 자기반응성 물질(제5류 위험물)=제5류 위험물

예제 1 제2류 위험물 중 철분의 정의에 대해 알맞은 것은 무엇인가?

① 철의 분말로서 53마이크로미터의 표준체를 통과하는 것이 50중량% 미만인 것은 제외

② 철의 분말로서 150마이크로미터의 표준체를 통과하는 것이 50중량% 미만인 것은 제외

③ 철의 분말로서 53마이크로미터의 표준체를 통과하는 것이 100중량% 미만인 것은 제외

④ 철의 분말로서 150마이크로미터의 표준체를 통과하는 것이 100중량% 미만인 것은 제외

풀이 제2류 위험물 중 철분은 철의 분말로서 53마이크로미터의 표준체를 통과하는 것이 50중량% 미만인 것은 제외한다.

정답 ①

예제 2 다음 중 제1류 위험물의 성질은 무엇인가?

① 산화성 액체　　　　　　　② 가연성 고체

③ 인화성 액체　　　　　　　④ 산화성 고체

풀이 위험물의 유별에 따른 성질은 다음과 같이 구분한다.
1) 제1류 위험물 : 산화성 고체
2) 제2류 위험물 : 가연성 고체
3) 제3류 위험물 : 자연발화성 물질 및 금수성 물질
4) 제4류 위험물 : 인화성 액체
5) 제5류 위험물 : 자기반응성 물질
6) 제6류 위험물 : 산화성 액체

정답 ④

예제 3 제2류 위험물 중 금속분의 정의에 대해 알맞은 것은 무엇인가?

① 금속분이라 함은 구리분·니켈분 및 250마이크로미터의 체를 통과하는 것이 50중량% 미만인 것은 제외한다.

② 금속분이라 함은 구리분·니켈분 및 150마이크로미터의 체를 통과하는 것이 50중량% 미만인 것은 제외한다.

③ 금속분이라 함은 구리분·니켈분 및 300마이크로미터의 체를 통과하는 것이 150중량% 미만인 것은 제외한다.

④ 금속분이라 함은 구리분·니켈분 및 250마이크로미터의 체를 통과하는 것이 150중량% 미만인 것은 제외한다.

풀이 금속분이라 함은 구리분·니켈분 및 150마이크로미터의 체를 통과하는 것이 50중량% 미만인 것은 제외한다.

정답 ②

예제 4 제2류 위험물 중 황은 위험물의 조건으로 순도가 얼마 이상인 것인가?

① 40중량%   ② 50중량%

③ 60중량%   ④ 70중량%

풀이 황은 순도가 60중량% 이상인 것을 말한다.

정답 ③

예제 5 제2류 위험물 중 마그네슘의 정의에 대해 알맞은 것은 무엇인가?

① 3mm의 체를 통과하지 아니하는 덩어리상태의 것과 직경 3mm 이상의 막대 모양의 것은 제외한다.

② 4mm의 체를 통과하지 아니하는 덩어리상태의 것과 직경 4mm 이상의 막대 모양의 것은 제외한다.

③ 2mm의 체를 통과하지 아니하는 덩어리상태의 것과 직경 3mm 이상의 막대 모양의 것은 제외한다.

④ 2mm의 체를 통과하지 아니하는 덩어리상태의 것과 직경 2mm 이상의 막대 모양의 것은 제외한다.

풀이 마그네슘은 2mm의 체를 통과하지 아니하는 덩어리상태의 것과 직경 2mm 이상의 막대 모양의 것은 제외한다.

정답 ④

예제 6 제3류 위험물의 성질에 해당하는 것은?

① 자연발화성 물질 및 금수성 물질

② 인화성 액체

③ 산화성 고체

④ 자기반응성 물질

풀이 제3류 위험물은 자연발화성 물질 및 금수성 물질의 성질을 가진다.

정답 ①

예제 7 다음 (   ) 안에 알맞은 내용은 무엇인가?

> 특수인화물이라 함은 이황화탄소, 다이에틸에터, 그 밖에 1기압에서 발화점이 섭씨 (   )도 이하인 것 또는 인화점이 섭씨 영하 (   )도 이하이고 비점이 섭씨 (   )도 이하인 것을 말한다.

① 100, 20, 40   ② 150, 20, 40

③ 100, 20, 50   ④ 200, 40, 60

풀이 특수인화물이라 함은 이황화탄소, 다이에틸에터, 그 밖에 1기압에서 발화점이 섭씨 100도 이하인 것 또는 인화점이 섭씨 영하 20도 이하이고 비점이 섭씨 40도 이하인 것을 말한다.

정답 ①

예제 8 다음 중 옳은 문장은 무엇인가?

① 제1석유류라 함은 아세톤, 휘발유, 그 밖에 1기압에서 인화점이 섭씨 120도 미만인 것을 말한다.

② 제2석유류라 함은 등유, 경유, 그 밖에 1기압에서 인화점이 섭씨 21도 이상 70도 미만인 것을 말한다.

③ 제3석유류라 함은 등유, 경유, 그 밖에 1기압에서 인화점이 섭씨 200도 이상 섭씨 250도 미만인 것을 말한다.

④ 제4석유류라 함은 아세톤, 휘발유, 그 밖에 1기압에서 인화점이 섭씨 250도 미만의 것을 말한다.

풀이 ① 제1석유류라 함은 아세톤, 휘발유, 그 밖에 1기압에서 인화점이 섭씨 21도 미만인 것을 말한다.
② 제2석유류라 함은 등유, 경유, 그 밖에 1기압에서 인화점이 섭씨 21도 이상 70도 미만인 것을 말한다.
③ 제3석유류라 함은 중유, 크레오소트유, 그 밖에 1기압에서 인화점이 섭씨 70도 이상 섭씨 200도 미만인 것을 말한다.
④ 제4석유류라 함은 기어유, 실린더유, 그 밖에 1기압에서 인화점이 섭씨 200도 이상 250도 미만의 것을 말한다.

정답 ②

예제 9 고체 또는 액체로서 폭발의 위험성을 가지는 자기반응성 물질은 몇 류 위험물인가?

① 제1류 위험물

② 제2류 위험물

③ 제4류 위험물

④ 제5류 위험물

풀이 제5류 위험물의 성질은 자기반응성 물질이다.

정답 ④

예제 10 과산화수소는 그 농도가 얼마 이상인 것이 위험물에 속하는가?

① 34중량%

② 35중량%

③ 36중량%

④ 37중량%

풀이 과산화수소의 위험물 조건은 그 농도가 36중량% 이상인 것에 한한다.

정답 ③

예제 11 질산은 비중이 얼마 이상인 것이 위험물에 속하는가?

① 1.16　　　　　　② 1.27

③ 1.38　　　　　　④ 1.49

풀이 질산의 위험물 조건은 그 비중이 1.49 이상인 것에 한한다.

정답 ④

[예제 12] 고체로만 구성되거나 액체로만 구성되어 있는 유별이 아닌 것은 무엇인가?

① 제1류 위험물   ② 제2류 위험물

③ 제3류 위험물   ④ 제4류 위험물

풀이   1) 제1류 위험물 : 산화성 고체
        2) 제2류 위험물 : 가연성 고체
        3) 제3류 위험물 : 자연발화성 물질 및 금수성 물질(고체와 액체가 모두 포함)
        4) 제4류 위험물 : 인화성 액체
        5) 제5류 위험물 : 자기반응성 물질(고체와 액체가 모두 포함)
        6) 제6류 위험물 : 산화성 액체
        제3류 위험물과 제5류 위험물은 고체와 액체가 모두 포함되어 있다.

정답 ③

[예제 13] 복수의 성상을 가지는 위험물에 대한 유별 지정기준상 연결이 틀린 것은?

① 산화성 고체 및 가연성 고체의 성상을 가지는 경우 : 가연성 고체

② 산화성 고체 및 자기반응성 물질의 성상을 가지는 경우 : 자기반응성 물질

③ 가연성 고체, 자연발화성 물질 및 금수성 물질의 성상을 가지는 경우 : 자연발화성 물질 및 금수성 물질

④ 인화성 액체 및 자기반응성 물질의 성상을 가지는 경우 : 인화성 액체

풀이   ① 산화성 고체(제1류) < 가연성 고체(제2류) : 가연성 고체
        ② 산화성 고체(제1류) < 자기반응성 물질(제5류) : 자기반응성 물질
        ③ 가연성 고체(제2류) < 자연발화성 물질 및 금수성 물질(제3류) : 자연발화성 물질 및 금수성 물질
        ④ 인화성 액체(제4류) < 자기반응성 물질(제5류) : 자기반응성 물질

정답 ④

Section 02 위험물의 종류 및 성질

2-1 제1류 위험물 – 산화성 고체

유 별	성 질	위험등급	품 명	지정수량
제1류	산화성 고체	I	1. 아염소산염류	50kg
			2. 염소산염류	50kg
			3. 과염소산염류	50kg
			4. 무기과산화물	50kg
		II	5. 브로민산염류	300kg
			6. 질산염류	300kg
			7. 아이오딘산염류	300kg
		III	8. 과망가니즈산염류	1,000kg
			9. 다이크로뮴산염류	1,000kg
		I, II, III	10. 그 밖에 행정안전부령으로 정하는 것	
			① 과아이오딘산염류	300kg
			② 과아이오딘산	300kg
			③ 크로뮴, 납 또는 아이오딘의 산화물	300kg
			④ 아질산염류	300kg
			⑤ 차아염소산염류	50kg
			⑥ 염소화아이소사이아누르산	300kg
			⑦ 퍼옥소이황산염류	300kg
			⑧ 퍼옥소붕산염류	300kg
			11. 제1호 내지 제10호의 어느 하나 이상을 함유한 것	50kg, 300kg 또는 1,000kg

01 제1류 위험물의 일반적 성질

(1) 일반적인 성질

① 제1류 위험물의 품명은 아염소산염류, 염소산염류, 과염소산염류, 질산염류, 다이크로뮴산염류처럼 "~산염류"라는 단어를 포함하고 있다. 여기서 염류란 칼륨, 나트륨, 암모늄 등의 금속성 물질을 의미한다.

② 제1류 위험물을 화학식으로 표현했을 때 금속과 산소가 동시에 포함되어 있는 것을 알 수 있다.

　예 $KClO_3$(염소산칼륨), $NaNO_3$(질산나트륨) 등

③ 대부분 무색 결정 또는 백색 분말이다.

　단, **과망가니즈산염류는 흑자색**(검은 보라색)이며, **다이크로뮴산염류는 등적색**(오렌지색)이다.

④ 비중은 모두 1보다 크다(물보다 무겁다).

⑤ 불연성이지만 조연성이다.

⑥ 산화제로서 산화력이 있다.

⑦ 산소를 포함하고 있기 때문에 부식성이 강하다.

⑧ 모든 **제1류 위험물은 고온의 가열, 충격, 마찰** 등에 의해 분해하여 가지고 있던 **산소를 발생**하여 가연물을 태우게 된다.

⑨ 제1류 위험물 중 알칼리금속의 과산화물은 다른 제1류 위험물들처럼 가열, 충격, 마찰에 의해 산소를 발생할 뿐만 아니라 물 또는 이산화탄소와 반응할 경우에도 산소를 발생한다.

⑩ 제1류 위험물 중 **알칼리금속의 과산화물은 산**(염산, 황산, 초산 등)**과 반응 시 과산화수소를 발생**한다.

(2) 저장방법

제1류 위험물은 용기를 밀전하여 냉암소에 보관해야 한다. 그 이유는 조해성(수분을 흡수하여 자신이 녹는 성질)이 있기 때문에 용기를 밀전하지 않으면 공기 중의 수분을 흡수하여 녹게 되고 분해도 더 쉬워지기 때문이다.

　　📖 **조해성이 있는 물질**

　1) **염화칼슘** : 눈이 많이 내렸을 때 뿌려주는 제설제로, 눈에 포함된 수분을 자신이 흡수하여 녹는다.
　2) **제습제** : 장롱 속에 흰색 고체 알갱이상태로 넣어 두면 시간이 지난 후 습기를 흡수하여 자신도 녹아 물이 되는 성질의 물질이다.

(3) 소화방법

① 제1류 위험물과 같은 산화제(산화성 물질)는 자체적으로 산소를 포함하기 때문에 산소를 제거하여 소화하는 방법인 질식소화는 효과가 없다. 따라서 산화제는 냉각소화를 해야 한다.

② 예외적으로 알칼리금속(K, Na, Li 등)의 과산화물은 물과 반응하여 발열과 함께 산소를 발생할 수 있기 때문에 주수소화를 금지하고 마른모래나 탄산수소염류 분말소화약제로 질식소화를 해야 한다.

  ※ 알칼리금속의 과산화물의 종류 : 과산화칼륨(K_2O_2), 과산화나트륨(Na_2O_2), 과산화리튬(Li_2O_2)

예제 1 제1류 위험물의 품명과 지정수량의 연결이 옳은 것은?

① 염소산염류 – 100kg

② 무기과산화물 – 10kg

③ 과망가니즈산염류 – 500kg

④ 브로민산염류 – 300kg

풀이 제1류 위험물의 지정수량은 다음과 같이 구분한다.
1) 아염소산염류, 염소산염류, 과염소산염류, 무기과산화물 : 50kg
2) 브로민산염류, 질산염류, 아이오딘산염류 : 300kg
3) 과망가니즈산염류, 다이크로뮴산염류 : 1,000kg

정답 ④

예제 2 물로 냉각소화하면 위험한 제1류 위험물은 어느 것인가?

① 염소산염류　　　　　　　② 알칼리금속의 과산화물

③ 질산염류　　　　　　　　④ 다이크로뮴산염류

풀이 제1류 위험물 중 알칼리금속의 과산화물(과산화칼륨, 과산화나트륨, 과산화리튬)은 물과 반응하여 발열과 함께 산소를 발생하므로 위험하다.

정답 ②

예제 3 제1류 위험물의 성질에 대해 옳은 것은?

① 물보다 가벼운 제1류 위험물도 있다.

② 무기과산화물은 초산과 반응 시 수소를 발생한다.

③ 제1류 위험물은 가연성 물질로서 산소와의 접촉을 피해야 한다.

④ 모든 제1류 위험물은 열분해 시 산소를 발생한다.

풀이 ① 제1류 위험물은 모두 물보다 무겁다.
② 무기과산화물은 초산과 반응 시 과산화수소를 발생하며 제1류 위험물의 반응에서는 수소는 발생하지 않는다.
③ 제1류 위험물은 산화성 물질이며 가연물과 접촉을 피해야 한다.

정답 ④

02 제1류 위험물의 종류별 성질

(1) 아염소산염류 〈지정수량 : 50kg〉

- 아염소산나트륨($NaClO_2$)

① 분해온도 180~200℃이다.

② 무색 결정이다.

③ 열분해 시 염화나트륨과 산소가 발생한다.

- 열분해반응식 : $NaClO_2 \rightarrow NaCl + O_2$
  아염소산나트륨　염화나트륨　산소

④ 산과 반응 시 폭발성이며 **독성 가스인 이산화염소(ClO_2)가 발생**한다.

⑤ 소화방법 : 물로 냉각소화한다.

(2) 염소산염류 〈지정수량 : 50kg〉

1) 염소산칼륨($KClO_3$)

① 분해온도 400℃, 비중 2.32이다.

② 무색 결정 또는 백색 분말이다.

③ 열분해 시 염화칼륨과 산소가 발생한다.

- 열분해반응식 : $2KClO_3 \rightarrow 2KCl + 3O_2$ 　실기에도 잘 나와요!
  염소산칼륨　염화칼륨　산소

④ 황산과 반응 시 제6류 위험물인 과염소산, 황산칼륨, **독성 가스인 이산화염소**, 그리고 물이 발생한다.

- 황산과의 반응식 : $6KClO_3 + 3H_2SO_4 \rightarrow 2HClO_4 + 3K_2SO_4 + 4ClO_2 + 2H_2O$
  염소산칼륨　　황산　　　과염소산　황산칼륨　이산화염소　　물

⑤ 찬물과 알코올에는 안 녹고 온수 및 글리세린에 잘 녹는다.

⑥ 소화방법 : 물로 냉각소화한다.

2) 염소산나트륨($NaClO_3$)

① 분해온도 300℃, 비중 2.5이다.

② 무색 결정이다.

③ 열분해 시 염화나트륨과 산소가 발생한다.

- 열분해반응식 : $2NaClO_3 \rightarrow 2NaCl + 3O_2$ 　실기에도 잘 나와요!
  염소산나트륨　염화나트륨　산소

④ 물, 알코올, 에터에 잘 녹는다.

⑤ **산을 가하면 독성 가스인 이산화염소(ClO_2)가 발생**한다. 　실기에도 잘 나와요!

⑥ 조해성과 흡습성이 있다.

⑦ 철제용기를 부식시키므로 철제용기 사용을 금지해야 한다.

⑧ 소화방법 : 물로 냉각소화한다.

3) 염소산암모늄(NH_4ClO_3)

① 분해온도 100℃, 비중 1.87이다.

② 폭발성이 큰 편이다.

③ 무색 결정 또는 백색 분말이다.

④ 열분해 시 질소, 염소, 산소, 그리고 물이 발생한다.

　－ 열분해반응식 : $2NH_4ClO_3 \rightarrow N_2 + Cl_2 + O_2 + 4H_2O$
　　　　　　　　　　염소산암모늄　　질소　염소　산소　　물

⑤ 부식성이 있다.

⑥ 조해성을 가지고 있다.

⑦ 소화방법 : 물로 냉각소화한다.

(3) 과염소산염류 〈지정수량 : 50kg〉

1) 과염소산칼륨($KClO_4$)

① 분해온도 400~610℃, 비중 2.5이다.

② 무색 결정이다.

③ 물에 잘 녹지 않고 알코올, 에터에도 잘 녹지 않는다.

④ 열분해 시 염화칼륨과 산소가 발생한다.

　－ 열분해반응식 : $KClO_4 \rightarrow KCl + 2O_2$　◀실기에도 잘 나와요!
　　　　　　　　　　과염소산칼륨　염화칼륨　산소

⑤ 염소산칼륨의 성질과 비슷하다.

⑥ 소화방법 : 물로 냉각소화한다.

2) 과염소산나트륨($NaClO_4$)

① 분해온도 482℃, 비중 2.5이다.

② 무색 결정이다.

③ 물, 알코올, 아세톤에 잘 녹고 에터에 녹지 않는다.

④ 열분해 시 염화나트륨과 산소가 발생한다.

　－ 열분해반응식 : $NaClO_4 \rightarrow NaCl + 2O_2$　◀실기에도 잘 나와요!
　　　　　　　　　　과염소산나트륨　염화나트륨　산소

⑤ 조해성과 흡습성이 있다.

⑥ 소화방법 : 물로 냉각소화한다.

3) 과염소산암모늄(NH_4ClO_4)

① 분해온도 130℃, 비중 1.87이다.

② 무색 결정이다.

③ 열분해 시 질소, 염소, 산소, 그리고 물이 발생한다.

　－ 열분해반응식 : $2NH_4ClO_4 \rightarrow N_2 + Cl_2 + 2O_2 + 4H_2O$
　　　　　　　　　　과염소산암모늄　질소　염소　산소　　　물

④ 물, 알코올, 아세톤에 잘 녹고 에터에 녹지 않는다.

⑤ 황산과 반응 시 황산수소암모늄과 제6류 위험물인 과염소산이 발생한다.

 – 황산과의 반응식 : $NH_4ClO_4 + H_2SO_4 \rightarrow NH_4HSO_4 + HClO_4$
 　　　　　　　　　　 과염소산암모늄　　황산　　황산수소암모늄　과염소산

⑥ **소화방법** : 물로 냉각소화한다.

(4) 무기과산화물 〈지정수량 : 50kg〉

1) 과산화칼륨(K_2O_2)

① 분해온도 490℃, 비중 2.9이다.

> **Tip**
> 알칼리금속의 과산화물에 속하는 종류
> 1. 과산화칼륨(K_2O_2)
> 2. 과산화나트륨(Na_2O_2)
> 3. 과산화리튬(Li_2O_2)

② 무색 또는 주황색의 결정이다.

③ 알코올에 잘 녹는다.

④ 열분해 시 산화칼륨과 산소가 발생한다.

 – 열분해반응식 : $2K_2O_2 \rightarrow 2K_2O + O_2$ **실기에도 잘 나와요!**
 　　　　　　　　 과산화칼륨　　산화칼륨　산소

⑤ 물과의 반응으로 수산화칼륨과 다량의 산소, 그리고 열을 발생하므로 물기엄금해야 한다.

 – 물과의 반응식 : $2K_2O_2 + 2H_2O \rightarrow 4KOH + O_2$ **실기에도 잘 나와요!**
 　　　　　　　　 과산화칼륨　　물　　수산화칼륨　산소

⑥ 이산화탄소(탄산가스)와 반응하여 탄산칼륨과 산소가 발생한다.

 – 이산화탄소와의 반응식 : $2K_2O_2 + 2CO_2 \rightarrow 2K_2CO_3 + O_2$
 　　　　　　　　　　　　 과산화칼륨　이산화탄소　탄산칼륨　산소

⑦ 초산과 반응 시 초산칼륨과 제6류 위험물인 과산화수소가 발생한다.

 – 초산과의 반응식 : $K_2O_2 + 2CH_3COOH \rightarrow 2CH_3COOK + H_2O_2$ **실기에도 잘 나와요!**
 　　　　　　　　 과산화칼륨　　초산　　　초산칼륨　　과산화수소

⑧ **소화방법** : 물로 냉각소화하면 산소와 열의 발생으로 위험하므로 마른모래, 팽창질석, 팽창진주암, 탄산수소염류 분말소화약제로 질식소화를 해야 한다.

2) 과산화나트륨(Na_2O_2)

① 분해온도 460℃, 비중 2.8이다.

② 백색 또는 황백색 분말이다.

③ 알코올에 잘 녹지 않는다.

④ 열분해 시 산화나트륨과 산소가 발생한다.

 – 열분해반응식 : $2Na_2O_2 \rightarrow 2Na_2O + O_2$
 　　　　　　　　 과산화나트륨　산화나트륨　산소

⑤ 물과의 반응으로 수산화나트륨과 다량의 산소, 그리고 열을 발생하므로 물기엄금해야 한다.

 – 물과의 반응식 : $2Na_2O_2 + 2H_2O \rightarrow 4NaOH + O_2$
 　　　　　　　　 과산화나트륨　　물　　수산화나트륨　산소

⑥ 이산화탄소(탄산가스)와 반응하여 탄산나트륨과 산소가 발생한다.

   – 이산화탄소와의 반응식 : $2Na_2O_2 + 2CO_2 \rightarrow 2Na_2CO_3 + O_2$
                      과산화나트륨   이산화탄소   탄산나트륨   산소

⑦ 초산과 반응 시 초산나트륨과 제6류 위험물인 과산화수소가 발생한다.

   – 초산과의 반응식 : $Na_2O_2 + 2CH_3COOH \rightarrow 2CH_3COONa + H_2O_2$
                     과산화나트륨   초산   초산나트륨   과산화수소

⑧ **소화방법** : 물로 냉각소화하면 산소와 열이 발생하여 위험하므로 마른모래, 팽창질석, 팽창진주암, 탄산수소염류 분말소화약제로 질식소화를 해야 한다.

3) 과산화리튬(Li_2O_2)

① 분해온도 195℃이다.

② 백색 분말이다.

③ 열분해 시 산화리튬과 산소가 발생한다.

   – **열분해반응식** : $2Li_2O_2 \rightarrow 2Li_2O + O_2$
                 과산화리튬   산화리튬   산소

④ 물과의 반응으로 수산화리튬과 다량의 산소, 그리고 열을 발생하므로 물기엄금해야 한다.

   – **물과의 반응식** : $2Li_2O_2 + 2H_2O \rightarrow 4LiOH + O_2$
               과산화리튬   물   수산화리튬   산소

⑤ **소화방법** : 물로 냉각소화하면 산소와 열이 발생하여 위험하므로 마른모래, 팽창질석, 팽창진주암, 탄산수소염류 분말소화약제로 질식소화를 해야 한다.

4) 과산화마그네슘(MgO_2)

① 물보다 무겁고 물에 녹지 않는다.

② 백색 분말이다.

③ 열분해 시 산소가 발생한다.

④ 초산이나 황산 등 산의 종류와 반응 시 제6류 위험물인 과산화수소가 발생한다.

⑤ **소화방법** : 물로 냉각소화하면 약간의 산소와 열의 발생이 있으나 알칼리금속의 과산화물보다 약하므로 냉각소화가 가능하다.

5) 과산화칼슘(CaO_2)

① 분해온도 200℃, 비중 3.34이다.

② 백색 분말이다.

③ 물에 약간 녹는다.

④ 열분해 시 산소가 발생한다.

⑤ 초산이나 황산 등 산의 종류와 반응 시 제6류 위험물인 과산화수소가 발생한다.

⑥ **소화방법** : 물로 냉각소화하면 약간의 산소와 열의 발생이 있으나 알칼리금속의 과산화물보다 약하므로 냉각소화가 가능하다.

6) 과산화바륨(BaO_2)

① 분해온도 840℃, 비중 4.96이다.

② 백색 분말이다.

③ 물에 녹지 않는다.

④ 열분해 시 산소가 발생한다.

⑤ 초산이나 황산 등 산의 종류와 반응 시 제6류 위험물인 과산화수소가 발생한다.

⑥ 소화방법 : 물로 냉각소화하면 약간의 산소와 열의 발생이 있으나 알칼리금속의 과산화물보다 약하므로 냉각소화가 가능하다.

(5) 브로민산염류 〈지정수량 : 300kg〉

1) 브로민산칼륨($KBrO_3$)

① 분해온도 370℃, 비중 3.27이다.

② 백색 분말이다.

③ 물에 잘 녹는다.

④ 열분해 시 산소가 발생한다.

⑤ 소화방법 : 물로 냉각소화한다.

2) 브로민산나트륨($NaBrO_3$)

① 분해온도 380℃, 비중 3.3이다.

② 무색 결정이다.

③ 물에 잘 녹고 알코올에는 안 녹는다.

④ 열분해 시 산소가 발생한다.

⑤ 소화방법 : 물로 냉각소화한다.

(6) 질산염류 〈지정수량 : 300kg〉

1) 질산칼륨(KNO_3)

① 초석이라고도 불린다.

② **분해온도 400℃, 비중 2.1이다.**

③ 무색 결정 또는 백색 분말이다.

④ 물, 글리세린에 잘 녹고 알코올에는 안 녹는다.

⑤ 흡습성 및 조해성이 없다.

⑥ **'숯 + 황 + 질산칼륨'의 혼합물은 흑색화약**이 되며 실기에도 잘 나와요!
불꽃놀이 등에 사용된다.

⑦ 열분해 시 아질산칼륨과 산소가 발생한다.

  – **열분해반응식** : $2KNO_3 \rightarrow 2KNO_2 + O_2$
  　　　　　　　　질산칼륨　　아질산칼륨　산소

⑧ 소화방법 : 물로 냉각소화한다.

2) 질산나트륨($NaNO_3$)

① 칠레초석이라고도 불린다.

② 분해온도 380℃, 비중 2.25이다.

③ 무색 결정 또는 백색 분말이다.

④ **물, 글리세린에 잘 녹고 무수알코올에는 안 녹는다.**

⑤ 흡습성 및 조해성이 있다.

⑥ 열분해 시 아질산나트륨과 산소가 발생한다.

   – **열분해반응식 : $2NaNO_3 \longrightarrow 2NaNO_2 + O_2$** 〈실기에도 잘 나와요!〉
              질산나트륨   아질산나트륨 산소

⑦ 소화방법 : 물로 냉각소화한다.

3) 질산암모늄(NH_4NO_3)

① 분해온도 220℃, 비중 1.73이다.

② 무색 결정 또는 백색 분말이다.

③ **물, 알코올에 잘 녹으며 물에 녹을 때 열을 흡수한다.**

④ 흡습성 및 조해성이 있다.

⑤ 단독으로도 급격한 충격 및 가열로 인해 분해·폭발할 수 있다.

⑥ 열분해 시 질소와 산소, 그리고 수증기가 발생한다.

   – **열분해반응식 : $2NH_4NO_3 \longrightarrow 2N_2 + O_2 + 4H_2O$** 〈실기에도 잘 나와요!〉
              질산암모늄   질소   산소 수증기

⑦ **ANFO(Ammonium Nitrate Fuel Oil) 폭약은 질산 암모늄(94%)과 경유(6%)의 혼합으로 만든다.**

⑧ 소화방법 : 물로 냉각소화한다.

> 🔴 **Tip**
> 질산암모늄이 열분해할 때 발생하는 H_2O는 액체상태의 물이 아닌 기체상태의 수증기로 출제됩니다.

(7) 아이오딘산염류 〈지정수량 : 300kg〉

– 아이오딘산칼륨(KIO_3)

① 분해온도 560℃, 비중 3.98이다.

② 무색 결정 또는 분말이다.

③ 물에 녹으나 알코올에 안 녹는다.

④ 열분해 시 산소가 발생한다.

⑤ 소화방법 : 물로 냉각소화한다.

(8) 과망가니즈산염류 〈지정수량 : 1,000kg〉

– 과망가니즈산칼륨($KMnO_4$)

① 카멜레온이라고도 불린다.

② 분해온도 240℃, 비중 2.7이다.

③ **흑자색 결정이다.**

④ 물에 녹아서 진한 보라색이 되며 아세톤, 메탄올, 초산에도 잘 녹는다.

⑤ 열분해 시 망가니즈산칼륨, 이산화망가니즈, 그리고 산소가 발생한다.

– 열분해반응식(240℃) : $2KMnO_4 \rightarrow K_2MnO_4 + MnO_2 + O_2$ 실기에도 잘 나와요!

　　　　　 과망가니즈산칼륨　망가니즈산칼륨　이산화망가니즈　산소

⑥ 묽은 황산과 반응 시 황산칼륨, 황산망가니즈, 물, 그리고 산소가 발생한다.

– 묽은 황산과의 반응식 : $4KMnO_4 + 6H_2SO_4 \rightarrow 2K_2SO_4 + 4MnSO_4 + 6H_2O + 5O_2$

　　　　　 과망가니즈산칼륨　　황산　　황산칼륨　황산망가니즈　　물　　산소

⑦ 소화방법 : 물로 냉각소화한다.

(9) 다이크로뮴산염류 〈지정수량 : 1,000kg〉

1) 다이크로뮴산칼륨($K_2Cr_2O_7$)

① 분해온도 500℃, 비중 2.7이다.

② **등적색**이다.

③ 물에 녹으며 알코올에는 녹지 않는다.

④ 열분해 시 크로뮴산칼륨, 암녹색의 산화크로뮴(Ⅲ), 그리고 산소가 발생한다.

– 열분해반응식 : $4K_2Cr_2O_7 \rightarrow 4K_2CrO_4 + 2Cr_2O_3 + 3O_2$

　　　　　 다이크로뮴산칼륨　　크로뮴산칼륨　산화크로뮴(Ⅲ)　산소

⑤ 소화방법 : 물로 냉각소화한다.

2) 다이크로뮴산암모늄[$(NH_4)_2Cr_2O_7$]

① 분해온도 185℃, 비중 2.2이다.

② 등적색이다.

③ 열분해 시 질소, 산화크로뮴(Ⅲ), 그리고 물이 발생한다.

– 열분해반응식 : $(NH_4)_2Cr_2O_7 \rightarrow N_2 + Cr_2O_3 + 4H_2O$

　　　　　 다이크로뮴산암모늄　　질소　산화크로뮴(Ⅲ)　　물

④ 소화방법 : 물로 냉각소화한다.

(10) 크로뮴의 산화물 〈지정수량 : 300kg〉

– 삼산화크로뮴(CrO_3)

① 행정안전부령으로 정하는 위험물로 무수크로뮴산이라고도 한다.

② 분해온도 250℃, 비중 2.7이다.

③ 암적자색 결정이다.

④ 물, 알코올에 잘 녹는다.

⑤ 열분해 시 산화크로뮴(Ⅲ)과 산소가 발생한다.

– 열분해반응식 : $4CrO_3 \rightarrow 2Cr_2O_3 + 3O_2$ 실기에도 잘 나와요!

　　　　　 삼산화크로뮴　　산화크로뮴(Ⅲ)　산소

⑥ 소화방법 : 물로 냉각소화한다.

예제 1 아염소산나트륨이 염산과 반응 시 발생하는 독성 가스는 무엇인가?

① 이산화염소(ClO_2) ② 수소(H_2)

③ 산소(O_2) ④ 과산화수소(H_2O_2)

풀이 아염소산나트륨이 염산 또는 질산 등의 산의 물질들과 반응 시 독성인 이산화염소(ClO_2)가 발생한다.

정답 ①

예제 2 염소산나트륨을 가열하여 분해시킬 때 발생하는 기체는 무엇인가?

① 산소 ② 질소

③ 나트륨 ④ 수소

풀이 염소산나트륨은 제1류 위험물이므로 분해 시 산소가 발생한다.

정답 ①

예제 3 과염소산칼륨과 혼합했을 때 발화폭발의 위험이 가장 높은 것은 무엇인가?

① 석면 ② 금

③ 유리 ④ 목탄

풀이 과염소산칼륨은 제1류 위험물의 산소공급원이기 때문에 〈보기〉 중 목탄(숯)이라는 가연물이 가장 위험한 물질이다.

정답 ④

예제 4 과산화나트륨에 의해 화재가 발생했다. 진화작업 과정으로 잘못된 것은?

① 공기호흡기를 착용한다.

② 가능한 주수소화를 한다.

③ 건조사나 암분으로 피복소화한다.

④ 가능한 가연물과의 접촉을 피한다.

풀이 과산화나트륨은 제1류 위험물 중 알칼리금속의 과산화물로 물과 반응하여 산소를 발생하므로 물을 사용할 수 없다.

정답 ②

예제 5 염소산칼륨과 염소산나트륨의 공통성질에 대한 설명으로 적합한 것은?

① 가연성을 가진 물질들이다.

② 가연물과 혼합 시 가열·충격에 의해 연소위험이 있다.

③ 독성은 없으나 연소생성물은 유독하다.

④ 상온에서 발화하기 쉽다.

풀이 제1류 위험물은 산소공급원이므로 가연물과 혼합 시 가열·충격에 의해 연소위험이 있다.

정답 ②

예제 6 알칼리금속의 과산화물에 관한 일반적인 설명으로 옳은 것은?

① 안정한 물질이다.

② 물을 가하면 발열한다.

③ 주로 환원제로 사용된다.

④ 더 이상 분해되지 않는다.

풀이 알칼리금속의 과산화물은 제1류 위험물로서 물과 반응하면 발열과 함께 산소가 발생하는 물질이다.

정답 ②

예제 7 과산화칼륨이 초산과 반응 시 발생하는 제6류 위험물은 무엇인가?

① 과염소산($HClO_4$)

② 과산화수소(H_2O_2)

③ 질산(HNO_3)

④ 황산(H_2SO_4)

풀이 과산화칼륨과 같은 무기과산화물은 초산 및 염산 등과 반응 시 과산화수소가 발생한다.

정답 ②

예제 8 질산칼륨에 대한 설명으로 옳은 것은?

① 흑색의 고체상태이다.

② 칠레초석이라고도 한다.

③ 물에 녹지 않는다.

④ 흑색화약의 원료이다.

풀이 ① 무색 또는 백색 고체이다.
　　　② 초석이라고도 한다.
　　　③ 물에 잘 녹는다.
　　　④ 숯, 황, 질산칼륨을 혼합하면 흑색화약의 원료로 사용된다.

정답 ④

예제 9 제1류 위험물은 자신은 불연성 물질이다. 이 중 단독으로도 급격한 충격 및 가열로 분해·폭발할 수 있는 물질은 무엇인가?

① 염소산칼륨

② 과산화나트륨

③ 질산암모늄

④ 다이크로뮴산칼륨

풀이 질산암모늄(NH_4NO_3)은 단독으로도 급격한 충격 및 가열로 분해·폭발할 수 있다.

정답 ③

예제 10 과망가니즈산칼륨의 색상은 무엇인가?

① 백색

② 무색

③ 적갈색

④ 흑자색

풀이 제1류 위험물은 대부분 백색 또는 무색이지만 과망가니즈산칼륨은 흑자색이다.

정답 ④

2-2 제2류 위험물 – 가연성 고체

유 별	성 질	위험등급	품 명	지정수량
제2류	가연성 고체	Ⅱ	1. 황화인	100kg
			2. 적린	100kg
			3. 황	100kg
		Ⅲ	4. 금속분	500kg
			5. 철분	500kg
			6. 마그네슘	500kg
		Ⅱ, Ⅲ	7. 그 밖에 행정안전부령으로 정하는 것	100kg 또는 500kg
			8. 제1호 내지 제7호의 어느 하나 이상을 함유한 것	
		Ⅲ	9. 인화성 고체	1,000kg

01 제2류 위험물의 일반적 성질

(1) 일반적인 성질

① 저온에서 착화하기 쉬운 물질이다.

② 연소하는 속도가 빠르다.

③ **철분, 마그네슘, 금속분은 물이나 산과 접촉하면 수소가스를 발생**하여 폭발한다.

④ 모두 물보다 무겁다.

(2) 저장방법

① 가연물이므로 점화원 및 가열을 피해야 한다.

② 산화제(산소공급원)의 접촉을 피해야 한다.

③ 할로젠원소(산소공급원 역할)의 접촉을 피해야 한다.

④ 철분, 마그네슘, 금속분은 물이나 산과의 접촉을 피해야 한다.

(3) 소화방법

① 철분, 금속분, 마그네슘, 오황화인, 칠황화인은 탄산수소염류 분말소화약제, 마른 모래, 팽창질석 또는 팽창진주암으로 질식소화를 해야 한다.

② 그 밖의 것은 주수에 의한 냉각소화가 일반적이다.

02 제2류 위험물의 종류별 성질

(1) 황화인 〈지정수량 : 100kg〉

1) 삼황화인(P_4S_3)

① 착화점 100℃, 비중 2.03, 융점 172.5℃이다.

② 황색 고체로서 **조해성이 없다.**

③ **물, 염산, 황산에 녹지 않고 질산, 알칼리, 끓는 물, 이황화탄소에 녹는다.**

④ 연소 시 이산화황과 오산화인이 발생한다.

　– 연소반응식 : $P_4S_3 + 8O_2 \rightarrow 3SO_2 + 2P_2O_5$
　　　　　　　삼황화인　산소　이산화황　오산화인

⑤ 소화방법 : 물로 냉각소화한다.

2) 오황화인(P_2S_5)

① 착화점 142℃, 비중 2.09, 융점 290℃이다.

② 황색 고체로서 조해성이 있다.

③ 연소 시 이산화황과 오산화인이 발생한다.

　– 연소반응식 : $2P_2S_5 + 15O_2 \rightarrow 10SO_2 + 2P_2O_5$ ◀실기에도 잘 나와요!
　　　　　　　오황화인　산소　이산화황　오산화인

④ 물과 반응 시 황화수소와 인산이 발생한다.

　– 물과의 반응식 : $P_2S_5 + 8H_2O \rightarrow 5H_2S + 2H_3PO_4$ ◀실기에도 잘 나와요!
　　　　　　　오황화인　물　황화수소　인산

⑤ 소화방법 : 물에 의한 냉각소화는 적당하지 않으며(H_2S 발생), 건조분말, CO_2, 마른모래 등으로 질식소화한다.

3) 칠황화인(P_4S_7)

① 비중 2.19, 융점 310℃이다.

② 황색 고체로서 조해성이 있다.

③ 연소 시 이산화황과 오산화인이 발생한다.

　– 연소반응식 : $P_4S_7 + 12O_2 \rightarrow 7SO_2 + 2P_2O_5$
　　　　　　　칠황화인　산소　이산화황　오산화인

④ 소화방법 : 물에 의한 냉각소화는 적당하지 않으며(H_2S 발생), 건조분말, CO_2, 마른모래 등으로 질식소화한다.

(2) 적린(P) 〈지정수량 : 100kg〉

① **발화점 260℃, 비중 2.2, 융점 600℃이다.**

② 암적색 분말이다.

③ **승화온도 400℃이다.**

　※ **승화** : 고체에 열을 가하면 액체를 거치지 않고 바로 기체가 되는 현상

④ 공기 중에서 안정하며 독성이 없다.

⑤ 물, 이황화탄소 등에 녹지 않고 PBr_3(브로민화인)에 녹는다.

⑥ 황린(P_4)의 동소체이다.

   ※ **동소체** : 단체로서 모양과 성질은 다르나 최종 연소생성물이 동일한 물질

⑦ 연소 시 오산화인이 발생한다.

   - 연소반응식 : $4P + 5O_2 \rightarrow 2P_2O_5$ 💬실기에도 잘 나와요!
     적린　산소　오산화인

⑧ 소화방법 : 물로 냉각소화한다.

(3) 황(S) 〈지정수량 : 100kg〉

① 발화점 232℃이다. 💬실기에도 잘 나와요!

② 유황이라고도 하며, 순도가 60중량% 이상인 것을 위험물로 정한다.

   ※ 이 경우 순도 측정에 있어서 불순물은 활석 등 불연성 물질과 수분에 한한다.

③ 황색 결정이며, 물에 녹지 않는다.

④ **사방황, 단사황, 고무상황의 3가지 동소체**가 존재한다.

   ㉠ 사방황

      ⓐ **비중 2.07**, 융점 113℃이다.

      ⓑ 자연상태의 황을 의미한다.

   ㉡ 단사황

      ⓐ **비중 1.96**, 융점 119℃이다.

      ⓑ 사방황을 95.5℃로 가열하면 만들어진다.

   ㉢ 고무상황

      ⓐ 용융된 황을 급랭시켜 얻는다.

      ⓑ **이황화탄소에 녹지 않는다.**

⑤ **고무상황을 제외한 나머지 황은 이황화탄소(CS_2)에 녹는다.**

⑥ 비금속성 물질이므로 전기불량도체이며 정전기가 발생할 수 있는 위험이 있다.

⑦ 미분상태로 공기 중에 떠 있을 때 분진폭발의 위험이 있다.

⑧ 연소 시 청색 불꽃을 내며 이산화황이 발생한다.

   - 연소반응식 : $S + O_2 \rightarrow SO_2$ 💬실기에도 잘 나와요!
     황　산소　이산화황

⑨ 소화방법 : 물로 냉각소화한다.

(4) 철분(Fe) 〈지정수량 : 500kg〉

'철분'이라 함은 철의 분말을 말하며 $53\mu m$(마이크로미터)의 표준체를 통과하는 것이 **50중량% 미만인 것은 제외한다.** 💬실기에도 잘 나와요!

① 비중 7.86, 융점 1,538℃이다.

② 은색 또는 회색 분말이다.

③ 온수와 반응 시 수산화철(Ⅱ)과 수소가 발생한다.

※ 수소의 연소범위는 4~75%이다.

– 물과의 반응식 : $Fe + 2H_2O \rightarrow Fe(OH)_2 + H_2$
　　　　　　　　철　　　물　　　수산화철(Ⅱ)　수소

④ 염산과 반응 시 염화철(Ⅱ)과 수소가 발생한다.

– 염산과의 반응식 : $Fe + 2HCl \rightarrow FeCl_2 + H_2$
　　　　　　　　철　　　염산　　염화철(Ⅱ)　수소

※ Fe은 2가 원소이기도 하고 3가 원소이기도 한데 Fe을 3가 원소로서 염산과 반응시키면 염화철(Ⅲ)과 수소가 발생하며 Fe을 2가로 쓰든 3가로 쓰든 모두 정답으로 인정한다.

– 3가 원소로서의 Fe과 염산과의 반응식 : $2Fe + 6HCl \rightarrow 2FeCl_3 + 3H_2$
　　　　　　　　　　　　　　　　철　　　염산　　염화철(Ⅲ)　수소

⑤ **소화방법** : 냉각소화 시 수소가 발생하므로 마른모래, 탄산수소염류 등으로 질식소화를 해야 한다.

(5) 마그네슘 〈지정수량 : 500kg〉

※ 다음 중 어느 하나에 해당하는 마그네슘은 제2류 위험물에서 제외한다.
　• **2mm의 체를 통과하지 아니하는 덩어리상태의 것**
　• **직경 2mm 이상의 막대모양의 것**

① 비중 1.74, 융점 650℃, 발화점 473℃이다.

② 은백색 광택을 가지고 있다.

③ 열전도율이나 전기전도도가 큰 편이나 알루미늄보다는 낮은 편이다.

④ 온수와 반응 시 수산화마그네슘과 수소가 발생한다.

– 물과의 반응식 : $Mg + 2H_2O \rightarrow Mg(OH)_2 + H_2$
　　　　　　　마그네슘　　물　　수산화마그네슘　수소

⑤ 염산과 반응 시 염화마그네슘과 수소가 발생한다.

– 염산과의 반응식 : $Mg + 2HCl \rightarrow MgCl_2 + H_2$
　　　　　　　　마그네슘　염산　　염화마그네슘　수소

⑥ 황산과 반응 시 황산마그네슘과 수소가 발생한다.

– 황산과의 반응식 : $Mg + H_2SO_4 \rightarrow MgSO_4 + H_2$
　　　　　　　　마그네슘　황산　　황산마그네슘　수소

⑦ 연소 시 산화마그네슘이 발생한다.

– 연소반응식 : $2Mg + O_2 \rightarrow 2MgO$
　　　　　　마그네슘　산소　　산화마그네슘

⑧ 이산화탄소와 반응 시 산화마그네슘과 가연성 물질인 탄소 또는 유독성 기체인 일산화탄소가 발생한다.

– 이산화탄소와의 반응식 : $2Mg + CO_2 \rightarrow 2MgO + C$
　　　　　　　　　　　마그네슘　이산화탄소　산화마그네슘　탄소

$$Mg + CO_2 \rightarrow MgO + CO$$
　　　　마그네슘　이산화탄소　산화마그네슘　일산화탄소

⑨ **소화방법** : 냉각소화 시 수소가 발생하므로 마른모래, 탄산수소염류 등으로 질식소화를 해야 한다.

(6) 금속분 〈지정수량 : 500kg〉

'금속분'이라 함은 알칼리금속·알칼리토금속·철 및 마그네슘 외의 금속의 분말을 말하며, **구리분·니켈분 및 150μm(마이크로미터)의 체를 통과하는 것이 50중량% 미만인 것은 제외**한다. 실기에도 잘 나와요!

1) 알루미늄분(Al)

① 비중 2.7, 융점 660℃이다.

② 은백색 광택을 가지고 있다.

③ 열전도율이나 전기전도도가 큰 편이다.

④ 온수와 반응 시 수산화알루미늄과 수소가 발생한다.

- 물과의 반응식 : $2Al + 6H_2O \rightarrow 2Al(OH)_3 + 3H_2$ 실기에도 잘 나와요!
  알루미늄　　물　　수산화알루미늄　수소

⑤ 염산과 반응 시 염화알루미늄과 수소가 발생한다.

- 염산과의 반응식 : $2Al + 6HCl \rightarrow 2AlCl_3 + 3H_2$ 실기에도 잘 나와요!
  알루미늄　염산　염화알루미늄　수소

⑥ 황산과 반응 시 황산알루미늄과 수소가 발생한다.

- 황산과의 반응식 : $2Al + 3H_2SO_4 \rightarrow Al_2(SO_4)_3 + 3H_2$
  알루미늄　　황산　　황산알루미늄　수소

⑦ 연소 시 산화알루미늄이 발생한다.

- 연소반응식 : $4Al + 3O_2 \rightarrow 2Al_2O_3$ 실기에도 잘 나와요!
  알루미늄　산소　산화알루미늄

⑧ 산과 알칼리 수용액에서도 수소가 발생하므로 양쪽성 원소라 불린다.

⑨ 묽은 질산에는 녹지만 진한 질산과는 부동태하므로 표면에 산화피막을 형성하여 내부를 보호하는 성질이 있다.

⑩ **소화방법** : 냉각소화 시 수소가 발생하므로 마른모래, 탄산수소염류 등으로 질식소화를 해야 한다.

2) 아연분(Zn)

① 비중 7.14, 융점 419℃이다.

② 은백색 광택을 가지고 있다.

③ 물과 반응 시 수산화아연과 수소가 발생한다.

- 물과의 반응식 : $Zn + 2H_2O \rightarrow Zn(OH)_2 + H_2$ 실기에도 잘 나와요!
  아연　　물　　수산화아연　수소

④ 염산과 반응 시 염화아연과 수소가 발생한다.

- 염산과의 반응식 : $Zn + 2HCl \rightarrow ZnCl_2 + H_2$ 실기에도 잘 나와요!
  아연　염산　염화아연　수소

⑤ 황산과 반응 시 황산아연과 수소가 발생한다.

- 황산과의 반응식 : $Zn + H_2SO_4 \rightarrow ZnSO_4 + H_2$
  아연　황산　황산아연　수소

⑥ 산과 알칼리 수용액에서도 수소가 발생하므로 양쪽성 원소라 불린다.

⑦ 표면에 산화피막을 형성하여 내부를 보호하는 성질이 있지만 부동태하지 않는다.

⑧ 소화방법 : 냉각소화 시 수소가 발생하므로 마른모래, 탄산수소염류 등으로 질식소화를 해야 한다.

(7) 인화성 고체 〈지정수량 : 1,000kg〉

❤️실기에도 잘 나와요!

① 정의 : **고형 알코올**, 그 밖에 1기압에서 **인화점이 섭씨 40도 미만인 고체**를 말한다.

② 소화방법 : 냉각소화 및 질식소화 모두 가능하다.

예제 1 제2류 위험물의 품명과 지정수량의 연결이 틀린 것은?

① 황화인 – 100kg

② 적린 – 100kg

③ 철분 – 100kg

④ 인화성 고체 – 1,000kg

풀이 제2류 위험물의 지정수량은 다음과 같이 구분한다.
1) 황화인, 적린, 황 : 100kg
2) 철분, 금속분, 마그네슘 : 500kg
3) 인화성 고체 : 1,000kg

정답 ③

예제 2 제2류 위험물의 성질에 대해 틀린 것은?

① 모두 물보다 무겁다.

② 제2류 위험물은 열분해 시 산소를 발생한다.

③ 제2류 위험물은 가연성의 고체 물질로만 존재한다.

④ 철분, 금속분, 마그네슘을 제외하고는 냉각소화한다.

풀이 열분해 시 산소를 발생하는 것은 제1류 위험물이고 제2류 위험물은 자체적으로 산소를 갖고 있지 않기 때문에 열을 가해도 산소를 발생할 수 없다.

정답 ②

예제 3 위험물의 유별 구분이 나머지 셋과 다른 하나는?

① 황린

② 금속분

③ 황화인

④ 마그네슘

풀이 ① 황린 : 제3류 위험물
② 금속분 : 제2류 위험물
③ 황화인 : 제2류 위험물
④ 마그네슘 : 제2류 위험물

정답 ①

예제 4 다음 중 제2류 위험물이 아닌 것은 무엇인가?

① 황화인   ② 황

③ 마그네슘   ④ 칼륨

풀이 칼륨은 제3류 위험물이다.

정답 ④

예제 5 가연성 고체에 해당하는 물품으로서 위험등급 Ⅱ에 해당하는 것은?

① P_4S_3, P

② Mg, CH_3CHO

③ P_4, AlP

④ NaH, Zn

풀이 ① P_4S_3, P : 삼황화인(제2류 위험물의 Ⅱ등급), 적린(제2류 위험물의 Ⅱ등급)
② Mg, CH_3CHO : 마그네슘(제2류 위험물의 Ⅲ등급), 아세트알데하이드(제4류 위험물의 Ⅰ등급)
③ P_4, AlP : 황린(제3류 위험물의 Ⅰ등급), 인화알루미늄(제3류 위험물의 Ⅲ등급)
④ NaH, Zn : 수소화나트륨(제3류 위험물의 Ⅲ등급), 아연(제2류 위험물의 Ⅲ등급)

정답 ①

예제 6 오황화인이 물과 반응 시 발생하는 기체와 연소 시 발생하는 기체를 모두 맞게 나열한 것은 무엇인가?

① O_2, P_2O_5 ② H_2S, SO_2

③ H_2, PH_3 ④ O_2, H_2

풀이 1) 오황화인의 물과의 반응식 : $P_2S_5 + 8H_2O \rightarrow 5H_2S + 2H_3PO_4$
2) 오황화인의 연소반응식 : $2P_2S_5 + 15O_2 \rightarrow 10SO_2 + 2P_2O_5$

정답 ②

예제 7 일반적으로 알려진 황화인의 3가지 종류에 속하지 않는 것은?

① P_4S_3 ② P_2S_5

③ P_4S_7 ④ P_2S_9

풀이 제2류 위험물의 황화인은 삼황화인(P_4S_3), 오황화인(P_2S_5), 칠황화인(P_4S_7)의 3가지가 있다.

정답 ④

예제 8 적린이 연소하면 발생하는 백색 기체는 무엇인가?

① P_2O_5 ② SO_2

③ PH_3 ④ H_2

풀이 적린 및 황린이 연소하면 공통적으로 오산화인(P_2O_5)이 발생한다.

정답 ①

예제 9 황의 동소체 중 이황화탄소에 녹지 않는 것은?

① 사방황

② 고무상황

③ 단사황

④ 적황

✅**풀이** 사방황, 단사황은 이황화탄소에 녹지만 고무상황은 녹지 않는다.

정답 ②

예제 10 황의 성상에 관한 설명으로 틀린 것은?

① 연소할 때 발생하는 가스는 냄새를 갖고 있으나 인체에 무해하다.

② 미분이 공기 중에 떠 있을 때 분진폭발의 우려가 있다.

③ 용융된 황을 물에서 급랭하면 고무상황을 얻을 수 있다.

④ 연소할 때 아황산가스를 발생한다.

✅**풀이** 연소 시 발생하는 아황산가스는 자극성 냄새와 독성을 가지고 있다.
연소반응식 : $S + O_2 \rightarrow SO_2$

정답 ①

예제 11 황의 화재예방 및 소화방법에 대한 설명 중 틀린 것은?

① 산화제와 혼합하여 저장한다.

② 정전기가 축적되는 것을 방지한다.

③ 화재 시 분무주수하여 소화할 수 있다.

④ 화재 시 유독가스가 발생하므로 보호장구를 착용하고 소화한다.

✅**풀이** 제2류 위험물인 황은 가연물이므로 산화제(산소공급원)와 혼합하면 위험하다.

정답 ①

예제 12 알루미늄분의 성질에 대한 설명 중 틀린 것은?

① 염산과 반응하여 수소를 발생한다.

② 끓는물과 반응하면 수소화알루미늄이 생성된다.

③ 산화제와 혼합시키면 착화의 위험이 있다.

④ 은백색의 광택이 있고 물보다 무거운 금속이다.

✅**풀이** 제2류 위험물인 알루미늄은 은백색 광택을 가지며 비중은 2.7로 물보다 무겁고 물과의
반응으로 수소화알루미늄(AlH_3)이 아닌 수산화알루미늄[$Al(OH)_3$]이 생성된다.
물과의 반응식 : $2Al + 6H_2O \rightarrow 2Al(OH)_3 + 3H_2$

정답 ②

예제 13 **적린은 다음 중 어떤 물질과 혼합 시 마찰, 충격, 가열에 의해 폭발할 위험이 가장 높은가?**

① 염소산칼륨

② 이산화탄소

③ 질소

④ 물

풀이 제2류 위험물인 적린은 가연성 고체이므로 마찰, 충격, 가열에 의해 위험이 높아지는 것은 산화제(산소공급원)가 혼합되는 경우이다.
〈보기〉 중 산화제는 제1류 위험물인 염소산칼륨이다.

정답 ①

예제 14 **알루미늄분의 위험성에 대한 설명 중 틀린 것은?**

① 산화제와 혼합 시 가열, 충격, 마찰에 의하여 발화할 수 있다.

② 할로젠원소와 접촉하면 발화하는 경우도 있다.

③ 분진폭발의 위험성이 있으므로 분진에 기름을 묻혀 보관한다.

④ 습기를 흡수하여 자연발화의 위험이 있다.

풀이 제2류 위험물인 알루미늄은 산화제뿐만 아니라 할로젠원소(F, Cl, Br, I)라는 산소공급원과 접촉해도 발화할 수 있으며 물 또는 습기와 반응 시에도 수소라는 폭발성 가스가 발생한다. 또한 분진에 기름을 묻히면 더욱 위험해 질 수 있다.

정답 ③

예제 15 **위험물 화재 시 주수소화가 오히려 위험한 것은?**

① 과염소산칼륨

② 적린

③ 황

④ 마그네슘

풀이 철분, 금속분, 마그네슘은 주수소화하면 폭발성의 수소가 발생한다.

정답 ④

예제 16 **고형 알코올의 지정수량은 얼마인가?**

① 50kg   ② 100kg

③ 500kg   ④ 1,000kg

풀이 인화성 고체란 고형 알코올, 그 밖에 1기압에서 인화점이 섭씨 40도 미만인 고체를 말한다. 따라서, 고형 알코올은 인화성 고체에 해당하고 인화성 고체의 지정수량은 1,000kg이다.

정답 ④

2-3 제3류 위험물 – 자연발화성 물질 및 금수성 물질

유별	성질	위험등급	품명	지정수량
제3류	자연발화성 물질 및 금수성 물질	Ⅰ	1. 칼륨	10kg
			2. 나트륨	10kg
			3. 알킬알루미늄	10kg
			4. 알킬리튬	10kg
			5. 황린	20kg
		Ⅱ	6. 알칼리금속(칼륨 및 나트륨 제외) 및 알칼리토금속	50kg
			7. 유기금속화합물(알킬알루미늄 및 알킬리튬 제외)	50kg
		Ⅲ	8. 금속의 수소화물	300kg
			9. 금속의 인화물	300kg
			10. 칼슘 또는 알루미늄의 탄화물	300kg
		Ⅰ, Ⅱ, Ⅲ	11. 그 밖에 행정안전부령으로 정하는 것	
			① 염소화규소화합물	300kg
			12. 제1호 내지 제11호의 어느 하나 이상을 함유한 것	10kg, 20kg, 50kg 또는 300kg

01 제3류 위험물의 일반적 성질

(1) 일반적인 성질

① 자연발화성 물질은 공기 중에서 발화의 위험성을 갖는 물질이다.

② 금수성 물질은 물과 반응하여 발열하고, 동시에 가연성 가스를 발생하는 물질이다.

③ **금속칼륨(K)과 금속나트륨(Na), 알킬알루미늄, 알킬리튬은 물과 반응하여 가연성가스를 발생할 뿐 아니라 공기 중에서 발화할 수 있는 자연발화성도 가지고 있다.**

④ **황린은 대표적인 자연발화성 물질로 착화온도(34℃)가 낮아 pH 9인 약알칼리성의 물속에 보관해야** 한다.

⑤ **칼륨, 나트륨** 등의 물질은 공기 중에 노출되면 화재의 위험성이 있으므로 **보호액인 석유(경유, 등유 등)에 완전히 담가 저장하여야** 한다.

⑥ 다량 저장 시 화재가 발생하면 소화가 어려우므로 희석제를 혼합하거나 소분하여 냉암소에 저장한다.

(2) 소화방법

① 자연발화성 물질인 황린은 다량의 물로 냉각소화를 한다.

② 금수성 물질은 물뿐만 아니라 이산화탄소(CO_2)를 사용하면 가연성 물질인 **탄소(C)가 발생하여 폭발**할 수 있으므로 절대 사용할 수 없고 마른모래, 탄산수소염류 분말 소화약제를 사용해야 한다.

02 제3류 위험물의 종류별 성질

(1) 칼륨(K)＝포타슘 〈지정수량 : 10kg〉

① 비중 0.86, 융점 63.5℃, 비점 762℃이다.

② 은백색 광택의 무른 경금속이다.

③ 물과 반응 시 수산화칼륨과 수소가 발생한다.

- 물과의 반응식 : $2K + 2H_2O \rightarrow 2KOH + H_2$ 〈실기에도 잘 나와요!
  　　　　　　　칼륨　　물　　수산화칼륨　수소

④ 메틸알코올과 반응 시 칼륨메틸레이트와 수소가 발생한다.

- 메틸알코올과의 반응식 : $2K + 2CH_3OH \rightarrow 2CH_3OK + H_2$
  　　　　　　　　　　칼륨　메틸알코올　칼륨메틸레이트　수소

⑤ 에틸알코올과 반응 시 칼륨에틸레이트와 수소가 발생한다.

- 에틸알코올과의 반응식 : $2K + 2C_2H_5OH \rightarrow 2C_2H_5OK + H_2$ 〈실기에도 잘 나와요!
  　　　　　　　　　　칼륨　에틸알코올　　칼륨에틸레이트　수소

⑥ 연소 시 산화칼륨이 발생한다.

- 연소반응식 : $4K + O_2 \rightarrow 2K_2O$ 〈실기에도 잘 나와요!
  　　　　　　칼륨　산소　산화칼륨

⑦ 이산화탄소와 반응 시 탄산칼륨과 탄소가 발생한다.

- 이산화탄소와의 반응식 : $4K + 3CO_2 \rightarrow 2K_2CO_3 + C$ 〈실기에도 잘 나와요!
  　　　　　　　　　　칼륨　이산화탄소　탄산칼륨　탄소

⑧ 이온화경향(화학적 활성도)이 큰 금속으로 반응성이 좋다.

⑨ 비중이 1보다 작으므로 **석유(등유, 경유, 유동파라핀) 속에 보관**하여 공기와 접촉을 방지한다. 〈실기에도 잘 나와요!

⑩ **보라색 불꽃반응**을 내며 탄다.

⑪ 피부와 접촉 시 화상을 입을 수 있다.

(2) 나트륨(Na) 〈지정수량 : 10kg〉

① 비중 0.97, 융점 97.8℃, 비점 880℃이다.

② 은백색 광택의 무른 경금속이다.

③ 물과 반응 시 수산화나트륨과 수소가 발생한다.

　– 물과의 반응식 : $2Na + 2H_2O \rightarrow 2NaOH + H_2$　[실기에도 잘 나와요!]
　　　　　　　　　나트륨　물　　수산화나트륨　수소

④ 메틸알코올과 반응 시 나트륨메틸레이트와 수소가 발생한다.

　– 메틸알코올과의 반응식 : $2Na + 2CH_3OH \rightarrow 2CH_3ONa + H_2$
　　　　　　　　　　　　나트륨　메틸알코올　나트륨메틸레이트　수소

⑤ 에틸알코올과 반응 시 나트륨에틸레이트와 수소가 발생한다.　[실기에도 잘 나와요!]

　– 에틸알코올과의 반응식 : $2Na + 2C_2H_5OH \rightarrow 2C_2H_5ONa + H_2$
　　　　　　　　　　　　나트륨　에틸알코올　나트륨에틸레이트　수소

⑥ 연소 시 산화나트륨이 발생한다.

　– 연소반응식 : $4Na + O_2 \rightarrow 2Na_2O$　[실기에도 잘 나와요!]
　　　　　　　나트륨　산소　　산화나트륨

⑦ 이산화탄소와 반응 시 탄산나트륨과 탄소가 발생한다.

　– 이산화탄소와의 반응식 : $4Na + 3CO_2 \rightarrow 2Na_2CO_3 + C$　[실기에도 잘 나와요!]
　　　　　　　　　　　　나트륨　이산화탄소　탄산나트륨　탄소

⑧ **황색 불꽃반응**을 내며 탄다.

⑨ 그 밖의 성질은 칼륨과 동일하다.

(3) 알킬알루미늄 〈지정수량 : 10kg〉

📖 **알킬** (※ 일반적으로 R 이라고 표현한다.)

일반식 : C_nH_{2n+1}
- $n=1$일 때 → CH_3 (메틸)
- $n=2$일 때 → C_2H_5 (에틸)
- $n=3$일 때 → C_3H_7 (프로필)
- $n=4$일 때 → C_4H_9 (뷰틸)

① 트라이메틸알루미늄$[(CH_3)_3Al]$

　㉠ 비중 0.752, 융점 15℃, 비점 125℃이다.

　㉡ 무색 투명한 액체이다.

　㉢ 물과 반응 시 수산화알루미늄과 메테인이 발생한다.

　　– 물과의 반응식 : $(CH_3)_3Al + 3H_2O \rightarrow Al(OH)_3 + 3CH_4$　[실기에도 잘 나와요!]
　　　　　　　　　트라이메틸알루미늄　물　　수산화알루미늄　메테인

　㉣ 메틸알코올과 반응 시 알루미늄메틸레이트와 메테인이 발생한다.　[실기에도 잘 나와요!]

　　– 메틸알코올과의 반응식 : $(CH_3)_3Al + 3CH_3OH \rightarrow (CH_3O)_3Al + 3CH_4$
　　　　　　　　　　　　　트라이메틸알루미늄　메틸알코올　알루미늄메틸레이트　메테인

　㉤ 에틸알코올과 반응 시 알루미늄에틸레이트와 메테인이 발생한다.　[실기에도 잘 나와요!]

　　– 에틸알코올과의 반응식 : $(CH_3)_3Al + 3C_2H_5OH \rightarrow (C_2H_5O)_3Al + 3CH_4$
　　　　　　　　　　　　　트라이메틸알루미늄　에틸알코올　알루미늄에틸레이트　메테인

　㉥ 저장 시에는 용기 상부에 질소(N_2) 또는 아르곤(Ar) 등의 불연성 가스를 봉입한다.

② 트라이에틸알루미늄[(C₂H₅)₃Al]

　㉠ 비중 0.835, 융점 −50℃, 비점 128℃이다.

　㉡ 무색 투명한 액체이다.

　㉢ 물과 반응 시 수산화알루미늄과 에테인이 발생한다.

　　– 물과의 반응식 : $(C_2H_5)_3Al + 3H_2O \rightarrow Al(OH)_3 + 3C_2H_6$ 《실기에도 잘 나와요!》
　　　　　　　트라이에틸알루미늄　물　　수산화알루미늄　에테인

　㉣ 메틸알코올과 반응 시 알루미늄메틸레이트와 에테인이 발생한다. 《실기에도 잘 나와요!》

　　– 메틸알코올과의 반응식 : $(C_2H_5)_3Al + 3CH_3OH \rightarrow (CH_3O)_3Al + 3C_2H_6$
　　　　　　　　　　트라이에틸알루미늄　메틸알코올　알루미늄메틸레이트　에테인

　㉤ 에틸알코올과 반응 시 알루미늄에틸레이트와 에테인이 발생한다. 《실기에도 잘 나와요!》

　　– 에틸알코올과의 반응식 : $(C_2H_5)_3Al + 3C_2H_5OH \rightarrow (C_2H_5O)_3Al + 3C_2H_6$
　　　　　　　　　　트라이에틸알루미늄　에틸알코올　알루미늄에틸레이트　에테인

　㉥ 연소 시 산화알루미늄, 이산화탄소, 그리고 물이 발생한다.

　　– 연소반응식 : $2(C_2H_5)_3Al + 21O_2 \rightarrow Al_2O_3 + 12CO_2 + 15H_2O$ 《실기에도 잘 나와요!》
　　　　　　　트라이에틸알루미늄　산소　산화알루미늄　이산화탄소　물

　㉦ 희석제로는 벤젠(C_6H_6) 또는 헥세인(C_6H_{14})이 사용된다.

　㉧ 저장 시에는 용기상부에 질소(N_2) 또는 아르곤(Ar) 등의 불연성 가스를 봉입한다.

(4) 알킬리튬 〈지정수량 : 10kg〉

① 메틸리튬(CH_3Li)

물과 반응 시 수산화리튬과 메테인이 발생한다.

　– 물과의 반응식 : $CH_3Li + H_2O \rightarrow LiOH + CH_4$ 《실기에도 잘 나와요!》
　　　　　메틸리튬　　물　　수산화리튬　메테인

② 에틸리튬(C_2H_5Li)

물과 반응 시 수산화리튬과 에테인이 발생한다.

　– 물과의 반응식 : $C_2H_5Li + H_2O \rightarrow LiOH + C_2H_6$ 《실기에도 잘 나와요!》
　　　　　에틸리튬　　물　　수산화리튬　에테인

③ 뷰틸리튬(C_4H_9Li)

물과 반응 시 수산화리튬과 뷰테인이 발생한다.

　– 물과의 반응식 : $C_4H_9Li + H_2O \rightarrow LiOH + C_4H_{10}$
　　　　　뷰틸리튬　　물　　수산화리튬　뷰테인

④ 그 밖의 성질은 알킬알루미늄과 동일하다.

(5) 황린(P₄) 〈지정수량 : 20kg〉

① 발화점 34℃, 비중 1.82, 융점 44.1℃, 비점 280℃이다.

② 백색 또는 황색의 고체로, 자극적인 냄새가 나고 독성이 강하다.

③ 물에 녹지 않고 이황화탄소에 잘 녹는다.

④ 착화온도가 매우 낮아서 공기 중에서 자연발화할 수 있기 때문에 물속에 보관한다. 하지만, 강알칼리성의 물에서는 독성인 포스핀가스를 발생하기 때문에 **소량의 수산화칼슘[Ca(OH)₂]을 넣어 만든 pH가 9인 약알칼리성의 물속에 보관**한다. 🗨️실기에도 잘 나와요!

⑤ 공기를 차단하고 **260℃로 가열하면 적린**이 된다.

⑥ 공기 중에서 **연소 시 오산화인(P_2O_5)이라는 흰 연기가 발생**한다.

– 연소반응식 : $P_4 + 5O_2 \rightarrow 2P_2O_5$ 🗨️실기에도 잘 나와요!
　　　　　　　황린　산소　　오산화인

(6) 알칼리금속(칼륨, 나트륨 제외) 및 알칼리토금속 〈지정수량 : 50kg〉

1) 리튬(Li)

① 비중 0.534, 융점 180℃, **비점 1,336℃**이다.

② 알칼리금속에 속하는 은백색의 무른 경금속이다.

③ 2차 전지의 원료로 사용된다.

④ **적색 불꽃반응**을 내며 탄다.

⑤ 물과 반응 시 수산화리튬과 수소가 발생한다.

– 물과의 반응식 : $2Li + 2H_2O \rightarrow 2LiOH + H_2$
　　　　　　　　 리튬　　물　　수산화리튬 수소

2) 칼슘(Ca)

① 비중 1.57, 융점 845℃, 비점 1,484℃이다.

② 알칼리토금속에 속하는 은백색의 무른 경금속이다.

③ 물과 반응 시 수산화칼슘과 수소가 발생한다.

– 물과의 반응식 : $Ca + 2H_2O \rightarrow Ca(OH)_2 + H_2$
　　　　　　　　 칼슘　　물　　수산화칼슘 수소

(7) 유기금속화합물(알킬알루미늄 및 알킬리튬 제외) 〈지정수량 : 50kg〉

① 유기물과 금속(알루미늄 및 리튬 제외)의 화합물을 말한다.

② 다이메틸마그네슘[(CH₃)₂Mg], 에틸나트륨(C₂H₅Na) 등의 종류가 있다.

③ 기타 성질은 알킬알루미늄 및 알킬리튬에 준한다.

(8) 금속의 수소화물 〈지정수량 : 300kg〉

1) 수소화칼륨(KH)

① 암모니아와 고온에서 반응하여 칼륨아마이드와 수소를 발생한다.

– 암모니아와의 반응식 : $KH + NH_3 \rightarrow KNH_2 + H_2$
　　　　　　　　　　　수소화칼륨 암모니아 칼륨아마이드　수소

② 물과 반응 시 수산화칼륨과 수소가 발생한다.

– 물과의 반응식 : $KH + H_2O \rightarrow KOH + H_2$ 🗨️실기에도 잘 나와요!
　　　　　　　　 수소화칼륨　물　수산화칼륨　수소

2) 수소화나트륨(NaH)

① 비중 1.396, 융점 800℃, 비점 425℃이다.

② 물과 반응 시 수산화나트륨과 수소가 발생한다.

- 물과의 반응식 : $NaH + H_2O \rightarrow NaOH + H_2$
수소화나트륨　물　수산화나트륨　수소

3) 수소화리튬(LiH)

① 비중 0.78, 융점 680℃, 비점 400℃이다.

② 물과 반응 시 수산화리튬과 수소가 발생한다.

- 물과의 반응식 : $LiH + H_2O \rightarrow LiOH + H_2$
수소화리튬　물　수산화리튬　수소

③ 가열 시 리튬과 수소가 발생한다.

- 열분해반응식 : $2LiH \rightarrow 2Li + H_2$
수소화리튬　리튬　수소

4) 수소화알루미늄리튬(LiAlH₄)

① 비중 0.92, 융점 130℃이다.

② 물과 반응 시 2가지의 염기성 물질(수산화리튬과 수산화알루미늄)과 수소가 발생한다.

- 물과의 반응식 : $LiAlH_4 + 4H_2O \rightarrow LiOH + Al(OH)_3 + 4H_2$
수소화알루미늄리튬　물　수산화리튬　수산화알루미늄　수소

(9) 금속의 인화물 〈지정수량 : 300kg〉

1) 인화칼슘(Ca₃P₂)

① 비중 2.51, 융점 1,600℃, 비점 300℃이다.

② 적갈색 분말로 존재한다.

③ 물과 반응 시 수산화칼슘과 함께 가연성이면서 맹독성인 포스핀(인화수소, PH₃)가스가 발생한다.

- 물과의 반응식 : $Ca_3P_2 + 6H_2O \rightarrow 3Ca(OH)_2 + 2PH_3$ 실기에도 잘 나와요!
인화칼슘　물　수산화칼슘　포스핀

④ 염산과 반응 시 염화칼슘과 포스핀가스가 발생한다.

- 염산과의 반응식 : $Ca_3P_2 + 6HCl \rightarrow 3CaCl_2 + 2PH_3$
인화칼슘　염산　염화칼슘　포스핀

2) 인화알루미늄(AlP)

① 비중 2.5, 융점 1,000℃이다.

② 어두운 회색 또는 황색 결정으로 존재한다.

③ 물과 반응 시 수산화알루미늄과 포스핀가스가 발생한다.

- 물과의 반응식 : $AlP + 3H_2O \rightarrow Al(OH)_3 + PH_3$ 실기에도 잘 나와요!
인화알루미늄　물　수산화알루미늄　포스핀

④ 염산과 반응 시 염화알루미늄과 포스핀가스가 발생한다.

- 염산과의 반응식 : $AlP + 3HCl \rightarrow AlCl_3 + PH_3$
  인화알루미늄 염산 염화알루미늄 포스핀

(10) 칼슘 또는 알루미늄의 탄화물 〈지정수량 : 300kg〉

1) 탄화칼슘(CaC_2)

① 비중 2.22, 융점 2,300℃, 비점 350℃이다.

② 순수한 것은 백색 결정이지만 시판품은 흑회색의 불규칙한 괴상으로 나타난다.

③ 물과 반응 시 수산화칼슘과 **아세틸렌가스가 발생**한다.

※ 아세틸렌가스의 연소범위는 2.5~81%이다.

- 물과의 반응식 : $CaC_2 + 2H_2O \rightarrow Ca(OH)_2 + C_2H_2$ **실기에도 잘 나와요!**
  탄화칼슘 물 수산화칼슘 아세틸렌

④ 고온에서 질소와 반응 시 석회질소(칼슘사이안아마이드)와 탄소가 발생한다.

- 질소와의 반응식 : $CaC_2 + N_2 \rightarrow CaCN_2 + C$ **실기에도 잘 나와요!**
  탄화칼슘 질소 석회질소 탄소

⑤ 아세틸렌은 수은, 은, 구리, 마그네슘과 반응하여 폭발성인 금속아세틸라이드를 만들기 때문에 이들 금속과 접촉시키지 않아야 한다.

톡톡 튀는 암기법 수은, 은, 구리, 마그네슘 ⇨ 수 은 구 루 마

2) 탄화알루미늄(Al_4C_3)

① 비중 2.36, 융점 1,400℃이다.

② 황색 결정으로 나타난다.

③ 물과 반응 시 수산화알루미늄과 메테인가스가 발생한다.

※ 메테인가스의 연소범위는 5~15%이다.

- 물과의 반응식 : $Al_4C_3 + 12H_2O \rightarrow 4Al(OH)_3 + 3CH_4$ **실기에도 잘 나와요!**
  탄화알루미늄 물 수산화알루미늄 메테인

3) 기타 카바이드

> 💡 Tip
>
> 기타 카바이드는 위험물에 해당되지 않습니다.

① 망가니즈카바이드(Mn_3C)

물과 반응 시 수산화망가니즈, **메테인, 그리고 수소가 발생**한다.

- 물과의 반응식 : $Mn_3C + 6H_2O \rightarrow 3Mn(OH)_2 + CH_4 + H_2$
  망가니즈카바이드 물 수산화망가니즈 메테인 수소

② 마그네슘카바이드(MgC_2)

물과 반응 시 수산화마그네슘과 아세틸렌이 발생된다.

- 물과의 반응식 : $MgC_2 + 2H_2O \rightarrow Mg(OH)_2 + C_2H_2$
  마그네슘카바이드 물 수산화마그네슘 아세틸렌

예제 1 제3류 위험물 중 알킬알루미늄 및 알킬리튬의 지정수량은 얼마인가?

① 10kg   ② 20kg

③ 50kg   ④ 100kg

풀이 1) 지정수량 10kg : 칼륨, 나트륨, 알킬알루미늄, 알킬리튬
2) 지정수량 20kg : 황린
3) 지정수량 50kg : 알칼리금속(칼륨, 나트륨 제외), 유기금속화합물(알킬알루미늄, 알킬리튬 제외)
4) 지정수량 300kg : 금속의 수소화물, 금속의 인화물, 칼슘 또는 알루미늄의 탄화물

정답 ①

예제 2 제3류 위험물의 소화방법 중 물로 냉각소화할 수 있는 것은?

① 칼륨   ② 나트륨

③ 황린   ④ 인화칼슘

풀이 제3류 위험물 중 황린을 제외한 나머지는 모두 금수성 물질이므로 물로 소화할 수 없다. 따라서, 물로 냉각소화할 수 있는 제3류 위험물은 황린이다.

정답 ③

예제 3 칼륨, 나트륨, 리튬의 불꽃반응색을 순서대로 나열한 것은 어느 것인가?

① 칼륨 : 흑색, 나트륨 : 황색, 리튬 : 백색

② 칼륨 : 황색, 나트륨 : 백색, 리튬 : 보라색

③ 칼륨 : 보라색, 나트륨 : 황색, 리튬 : 적색

④ 칼륨 : 분홍색, 나트륨 : 청색, 리튬 : 적색

풀이 제3류 위험물 중 칼륨은 보라색, 나트륨은 황색, 리튬은 적색의 불꽃반응색을 나타낸다.

정답 ③

예제 4 다음 제3류 위험물 중 비중이 1보다 작아 등유 속에 저장하는 위험물은 어느 것인가?

① 탄화칼슘   ② 인화칼슘

③ 트라이에틸알루미늄   ④ 칼륨

풀이 칼륨, 나트륨 등의 물보다 가벼운(비중이 1보다 작은) 물질은 공기와 접촉을 방지하기 위해 석유(등유, 경유, 유동파라핀)에 저장하여 보관한다.

정답 ④

예제 5 칼륨이 물 또는 에틸알코올과 반응 시 공통으로 생성되는 가스는 무엇인가?

① 수소   ② 산소

③ 아세틸렌   ④ 에틸렌

풀이 1) 칼륨과 물과의 반응식 : $2K + 2H_2O \rightarrow 2KOH + H_2$
2) 칼륨과 에틸알코올과의 반응식 : $2K + 2C_2H_5OH \rightarrow 2C_2H_5OK + H_2$
두 경우 모두 수소가 발생한다.

정답 ①

예제 6 트라이에틸알루미늄이 물과 반응 시 발생하는 기체는 무엇인가?

① 수소 ② 에테인
③ 산소 ④ 질소

풀이 트라이에틸알루미늄은 물과의 반응으로 에테인(C_2H_6)을 발생한다.
$(C_2H_5)_3Al + 3H_2O \rightarrow Al(OH)_3 + 3C_2H_6$

정답 ②

예제 7 트라이에틸알루미늄을 저장하는 용기의 상부에 봉입해야 하는 기체의 종류로 맞는 것은?

① 산소 ② 수소
③ 질소 ④ 에테인

풀이 트라이에틸알루미늄을 저장한 용기의 상부에 공기가 존재하면 공기 중 수분과 트라이에틸알루미늄의 반응으로 에테인(C_2H_6)이 발생하므로 용기 상부에 불연성 가스인 질소 또는 아르곤을 채워 보관하게 된다.

정답 ③

예제 8 다음 제3류 위험물 중 자연발화성 물질인 황린의 보호액은 무엇인가?

① 등유 ② 경유
③ 에틸알코올 ④ 물

풀이 제3류 위험물 중 자연발화성 물질인 황린은 공기와의 접촉으로 자연발화하기 때문에 물속에 보관하지만 약산성인 황린은 중성인 물과는 독성이면서 가연성인 포스핀가스를 발생하므로 황린을 저장하는 물은 pH=9인 약알칼리성으로 해야 한다.

정답 ④

예제 9 다음 제3류 위험물 중 자연발화성 물질인 황린을 연소시키면 발생하는 가스의 종류와 색상으로 맞는 것은?

① 오황화인, 적색 ② 오산화인, 백색
③ 산소, 백색 ④ 수소, 무색

풀이 공기 중에서 연소 시 오산화인(P_2O_5)이라는 흰 연기가 발생한다.
– 연소반응식 : $P_4 + 5O_2 \rightarrow 2P_2O_5$

정답 ②

예제 10 수소화나트륨(NaH)이 물과 반응 시 발생하는 가스는 무엇인가?

① 수소 ② 산소
③ 질소 ④ 오산화인

풀이 물과 반응 시 수소가스가 발생한다.
– 물과의 반응식 : $NaH + H_2O \rightarrow NaOH + H_2$

정답 ①

예제 11 인화칼슘(Ca_3P_2)이 물과 반응 시 발생하는 가스는 무엇인가?

① 수소 ② 산소
③ 포스핀 ④ 아세틸렌

풀이 물 또는 산에서 가연성이며 맹독성 가스인 포스핀(인화수소, PH_3)가스를 발생한다.
– 물과의 반응식 : $Ca_3P_2 + 6H_2O \rightarrow 3Ca(OH)_2 + 2PH_3$

정답 ③

예제 12 탄화칼슘(CaC_2)이 물과 반응 시 발생하는 가스는 무엇인가?

① 수소 ② 산소
③ 포스핀 ④ 아세틸렌

풀이 물과 반응하여 연소범위가 2.5~81%인 아세틸렌(C_2H_2)가스를 발생한다.
– 물과의 반응식 : $CaC_2 + 2H_2O \rightarrow Ca(OH)_2 + C_2H_2$

정답 ④

예제 13 탄화알루미늄(Al_4C_3)이 물과 반응 시 발생하는 가스는 무엇인가?

① 산소 ② 뷰테인
③ 에테인 ④ 메테인

풀이 물과 반응하여 연소범위가 5~15%인 메테인(CH_4)가스를 발생한다.
– 물과의 반응식 : $Al_4C_3 + 12H_2O \rightarrow 4Al(OH)_3 + 3CH_4$

정답 ④

2-4 제4류 위험물 – 인화성 액체

유 별	성 질	위험등급	품 명		지정수량
제4류	인화성 액체	I	1. 특수인화물		50L
		II	2. 제1석유류	비수용성 액체	200L
				수용성 액체	400L
			3. 알코올류		400L
		III	4. 제2석유류	비수용성 액체	1,000L
				수용성 액체	2,000L
			5. 제3석유류	비수용성 액체	2,000L
				수용성 액체	4,000L
			6. 제4석유류		6,000L
			7. 동식물유류		10,000L

01 제4류 위험물의 일반적 성질

(1) 일반적인 성질

① 상온에서 액체이고 인화하기 쉽다. 순수한 것은 모두 무색투명한 액체로 존재하며 공업용은 착색을 한다.

② 비중은 대부분 물보다 작으며 물에 녹기 어렵다.
단, 물질명에 알코올이라는 명칭이 붙게 되면 수용성인 경우가 많다.

③ **대부분 제4류 위험물에서 발생된 증기는 공기보다 무겁다.** <실기에도 잘 나와요!>
단, 제4류 위험물 중 제1석유류의 수용성 물질인 사이안화수소(HCN)는 분자량이 27로 공기의 분자량인 29보다 작으므로 증기는 공기보다 가볍다.

📖 **증기비중과 증기밀도** <실기에도 잘 나와요!>

1) **증기비중** = $\dfrac{분자량}{29}$ (여기서, 29는 공기의 분자량을 의미한다.)

2) **증기밀도** = $\dfrac{분자량(g)}{22.4L}$ (0℃, 1기압인 경우에 한함)

④ 특이한 냄새를 가지고 있으며 액체가 직접 연소하기보다는 발생증기가 공기와 혼합되어 연소하게 된다.

⑤ 전기불량도체이므로 정전기를 축적하기 쉽다.

⑥ 휘발성이 있으므로 용기를 밀전·밀봉하여 보관한다.

⑦ 발생된 증기는 높은 곳으로 배출하여야 한다.

(2) 소화방법 <실기에도 잘 나와요!>

① 제4류 위험물은 **물보다 가볍고 물에 녹지 않기 때문에 화재 시 물을 이용하게 되면 연소면을 확대할 위험**이 있으므로 사용할 수 없으며 이산화탄소(CO_2)·할로젠화합물·분말·포 소화약제를 이용한 질식소화가 효과적이다.

② **수용성 물질의 화재 시에는 일반 포소화약제는 소포성 때문에 효과가 없으므로** 이에 견딜 수 있는 알코올포(내알코올포) 소화약제를 사용해야 한다.

예제 1 **제4류 위험물의 지정수량의 단위는 무엇으로 정하는가?**

① 부피   ② 질량

③ 비중   ④ 밀도

✔ **풀이** 제4류 위험물의 지정수량은 부피단위인 L(리터)로 정하고 나머지 유별은 모두 질량단위인 kg(킬로그램)으로 정한다.

정답 ①

예제 2 증기비중을 구하는 공식으로 맞는 것은?

① $\dfrac{\text{분자량}}{29}$

② $\dfrac{\text{부피}}{29}$

③ $\dfrac{\text{분자량}}{22.4L}$

④ $\dfrac{\text{부피}}{22.4L}$

풀이

1) 증기비중 $= \dfrac{\text{분자량}}{29}$

2) 증기밀도 $= \dfrac{\text{분자량(g)}}{22.4L}$ (0℃, 1기압인 경우에 한함)

정답 ①

예제 3 제2석유류 중 비수용성의 지정수량은 얼마인가?

① 50L

② 200L

③ 400L

④ 1,000L

풀이 제4류 위험물의 지정수량은 다음과 같이 구분한다.

1) 특수인화물 : 50L
2) 제1석유류(비수용성) : 200L
3) 제1석유류(수용성) 및 알코올류 : 400L
4) 제2석유류(비수용성) : 1,000L
5) 제2석유류(수용성) 및 제3석유류(비수용성) : 2,000L
6) 제3석유류(수용성) : 4,000L
7) 제4석유류 : 6,000L
8) 동식물유류 : 10,000L

정답 ④

예제 4 물보다 가볍고 비수용성인 제4류 위험물의 화재 시 물로 소화하면 위험한 이유는 무엇인가?

① 연소면이 확대되기 때문에

② 수용성이 증가하기 때문에

③ 증발잠열이 증가하기 때문에

④ 물의 표면장력이 증가하기 때문에

풀이 물보다 가볍고 비수용성인 제4류 위험물의 화재 시 물로 소화하면 연소면이 확대되기 때문에 위험하다.

정답 ①

예제 5 대부분의 제4류 위험물에서 발생하는 증기는 공기보다 무겁다. 제4류 위험물 중 공기보다 가벼운 가스를 발생하는 것은 무엇인가?

① 휘발유

② 등유

③ 경유

④ 사이안화수소

풀이 제4류 위험물 제1석유류 수용성인 사이안화수소(HCN)의 분자량은 27로 공기의 분자량인 29보다 작으므로 사이안화수소의 증기는 공기보다 가볍다.

정답 ④

예제 6 수용성의 제4류 위험물의 화재 시에 사용할 수 있는 포소화약제는 어떤 것인가?

① 단백질포 소화약제　　　　　　② 알코올포 소화약제

③ 수성막포 소화약제　　　　　　④ 공기포 소화약제

풀이 수용성 물질의 화재 시에는 일반 포소화약제는 소포성 때문에 효과가 없으므로 이에 견딜 수 있는 알코올포(내알코올포) 소화약제를 사용해야 한다.

정답 ②

02 제4류 위험물의 종류별 성질

(1) 특수인화물 〈지정수량 : 50L〉

이황화탄소, 다이에틸에터, 그 밖에 1기압에서 **발화점이 섭씨 100도 이하인 것** 또는 **인화점이 섭씨 영하 20도 이하이고 비점이 섭씨 40도 이하인 것**을 말한다. 　**실기에도 잘 나와요!**

1) 다이에틸에터($C_2H_5OC_2H_5$)＝에터

① **인화점 −45℃, 발화점 180℃, 비점 34.6℃, 연소 범위 1.9~48%**이다. 　**실기에도 잘 나와요!**

② **비중 0.7**인 물보다 가벼운 무색투명한 액체로 증기는 마취성이 있다.

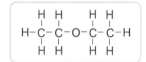

┃ 다이에틸에터의 구조식 ┃

③ 물에 안 녹고 알코올에는 잘 녹는다.

④ 연소 시 이산화탄소와 물을 발생시킨다.

- 연소반응식 : $C_2H_5OC_2H_5 + 6O_2 \longrightarrow 4CO_2 + 5H_2O$
　　　　　　　다이에틸에터　　산소　　이산화탄소　물

⑤ 햇빛에 분해되거나 공기 중 산소로 인해 과산화물을 생성할 수 있으므로 반드시 **갈색병에 밀전·밀봉하여 보관**해야 한다. 만일, 이 유기물이 **과산화되면 제5류 위험물의 유기과산화물로 되고 성질도 자기반응성으로 변하게 되어** 매우 위험해진다.

⑥ 저장 시 과산화물의 생성 여부를 확인하는 **과산화물 검출시약은 KI(아이오딘화칼륨) 10% 용액**이며, 이 용액을 반응시켰을 때 **황색**으로 변하면 과산화물이 생성되었다고 판단한다. 　**실기에도 잘 나와요!**

⑦ 과산화물이 생성되었다면 제거를 해야 하는데 **과산화물 제거시약으로는 황산철(Ⅱ) 또는 환원철을 이용**한다.

⑧ 에틸알코올 2몰을 가열할 때 황산을 촉매로 사용하여 탈수반응을 일으키면 물이 빠져나오면서 다이에틸에터가 생성된다.

- 140℃ 가열 : $2C_2H_5OH \xrightarrow[\text{촉매로서 탈수를 일으킨다}]{H_2SO_4} C_2H_5OC_2H_5 + H_2O$ 　**실기에도 잘 나와요!**
　　　　　　　에틸알코올　　　　　　　　　　　　다이에틸에터　물

⑨ **소화방법** : 이산화탄소(CO_2)·할로젠화합물·분말·포 소화약제로 질식소화한다.

2) 이황화탄소(CS_2)

① 인화점 −30℃, 발화점 100℃, 비점 46.3℃, 연소범위 1~50%이다. **실기에도 잘 나와요!**

② 비중 1.26으로 물보다 무겁고 물에 녹지 않는다.

③ 독성을 가지고 있으며 연소 시 이산화황(아황산가스)을 발생시킨다.

– 연소반응식 : CS_2 + $3O_2$ → CO_2 + $2SO_2$ **실기에도 잘 나와요!**
　　　　　　 이황화탄소　　산소　　이산화탄소　이산화황

④ 공기 중 산소와의 반응으로 **가연성 가스가 발생할 수 있기 때문에 이 가연성 가스의 발생방지를 위해 물속에 넣어 보관**한다. **실기에도 잘 나와요!**

⑤ 물에 저장한 상태에서 150℃ 이상의 열로 가열하면 황화수소(H_2S)가스가 발생하므로 냉수에 보관해야 한다.

– 물과의 반응식 : CS_2 + $2H_2O$ → $2H_2S$ + CO_2
　　　　　　　　 이황화탄소　　물　　황화수소　이산화탄소

⑥ **소화방법** : 이산화탄소(CO_2) · 할로젠화합물 · 분말 · 포 소화약제로 질식소화한다. 또한 물보다 무겁고 물에 녹지 않기 때문에 물로 질식소화도 가능하다.

3) 아세트알데하이드(CH_3CHO)

① 인화점 −38℃, 발화점 185℃, 비점 21℃, 연소범위 4.1~57%이다. **실기에도 잘 나와요!**

② 물보다 가벼운 무색 액체로 물에 잘 녹으며 자극적인 냄새가 난다.

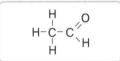

┃아세트알데하이드의 구조식┃

③ 연소 시 이산화탄소와 물을 발생시킨다.

– 연소반응식 : $2CH_3CHO$ + $5O_2$ → $4CO_2$ + $4H_2O$
　　　　　　 아세트알데하이드　산소　　이산화탄소　물

④ **산화되면 아세트산**이 되며 **환원되면 에틸알코올**이 된다.

📖 **산화 및 환원** **실기에도 잘 나와요!**

1) **산화** : 산소를 얻는다. 수소를 잃는다.
2) **환원** : 수소를 얻는다. 산소를 잃는다.

C_2H_5OH $\xleftarrow{+H_2(환원)}$ CH_3CHO $\xrightarrow{+0.5O_2(산화)}$ CH_3COOH
에틸알코올　　　　　아세트알데하이드　　　　　아세트산

⑤ 환원력이 강하여 은거울반응과 펠링용액반응을 한다.

⑥ **수은, 은, 구리, 마그네슘**은 아세트알데하이드와 중합반응을 하면서 폭발성의 금속아세틸라이드를 생성하여 위험해지기 때문에 저장용기 재질로서는 사용하면 안 된다. **실기에도 잘 나와요!**

톡톡 튀는 **암기법** 수은, 은, 구리, 마그네슘 ⇨ 수은 구 루 마

⑦ 저장 시 용기 상부에 질소(N$_2$)와 같은 불연성 가스 또는 아르곤(Ar)과 같은 불활성 기체를 봉입한다.

⑧ **소화방법** : 이산화탄소(CO$_2$), 할로젠화합물, 분말을 사용하고 포를 이용해 소화할 경우 일반 포는 소포성 때문에 효과가 없으므로 알코올포 소화약제를 사용해야 한다.

4) 산화프로필렌(CH$_3$CHOCH$_2$) = 프로필렌옥사이드

① **인화점 −37℃, 발화점 465℃, 비점 34℃, 연소범위 2.5~38.5%이다.** 💬실기에도 잘 나와요!

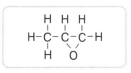
∥ 산화프로필렌의 구조식 ∥

② 물보다 가벼운 무색 액체로 물에 잘 녹으며 피부접촉 시 동상을 입을 수 있다.

③ 연소 시 이산화탄소와 물을 발생시킨다.

– **연소반응식** : CH$_3$CHOCH$_2$ + 4O$_2$ → 3CO$_2$ + 3H$_2$O
　　　　　　　산화프로필렌　　산소　　이산화탄소　　물

④ 증기의 흡입으로 폐부종(폐에 물이 차는 병)이 발생할 수 있다.

⑤ 증기압이 높아 위험하다.

⑥ **수은, 은, 구리, 마그네슘**은 산화프로필렌과 중합반응을 하면서 폭발성의 금속 아세틸라이드를 생성하여 위험해지기 때문에 저장용기 재질로서는 사용하면 안 된다. 💬실기에도 잘 나와요!

⑦ 저장 시 용기 상부에 질소(N$_2$)와 같은 불연성 가스 또는 아르곤(Ar)과 같은 불활성 기체를 봉입한다.

⑧ **소화방법** : 이산화탄소(CO$_2$), 할로젠화합물, 분말을 사용하고 포를 이용해 소화할 경우 일반 포는 소포성 때문에 효과가 없으므로 알코올포 소화약제를 사용해야 한다.

5) 기타 특수인화물

① 펜테인[CH$_3$(CH$_2$)$_3$CH$_3$] : 인화점 −57℃, 수용성

② 아이소펜테인[CH$_3$CH$_2$CH(CH$_3$)$_2$] : 인화점 −51℃, 비수용성

③ 아이소프로필아민[(CH$_3$)$_2$CHNH$_2$] : 인화점 −28℃, 수용성

📖 **특수인화물의 비수용성과 수용성 구분**

1) **다이에틸에터**(C$_2$H$_5$OC$_2$H$_5$) : 비수용성
2) **이황화탄소**(CS$_2$) : 비수용성
3) **아세트알데하이드**(CH$_3$CHO) : 수용성
4) **산화프로필렌**(CH$_3$CHOCH$_2$) : 수용성

예제 1 다이에틸에터에 아이오딘화칼륨(KI)을 넣어 황색 반응을 보였다. 이때 아이오딘화 칼륨의 용도는 무엇인가?

① 과산화물 제거

② 과산화물 검출

③ 촉매

④ 정전기 방지

풀이 다이에틸에터 저장 시에 과산화물이 생성되었는지를 확인하는 과산화물 검출시약은 KI (아이오딘화칼륨) 10% 용액이며, 이 용액을 반응시켰을 때 황색으로 변하면 과산화물이 생성되었다고 판단한다.

정답 ②

예제 2 에틸알코올에 황산을 촉매로 사용하여 발생하는 특수인화물은 무엇인가?

① 다이에틸에터   ② 아세톤

③ 이황화탄소   ④ 산화프로필렌

풀이 에틸알코올 2몰을 가열할 때 황산을 촉매로 사용하여 탈수반응을 일으키면 물이 빠져 나오면서 다이에틸에터가 생성된다.

$$- 140\text{℃ 가열} : 2C_2H_5OH \xrightarrow[\text{촉매로서 탈수를 일으킨다}]{H_2SO_4} C_2H_5OC_2H_5 + H_2O$$

정답 ①

예제 3 제4류 위험물 중 연소 시 이산화황(아황산가스)을 발생시키는 물질로 이를 방지하 기 위해 물속에 넣어 보관하는 물질은 어느 것인가?

① 다이에틸에터

② 아세트알데하이드

③ 이황화탄소

④ 산화프로필렌

풀이 이황화탄소는 연소 시 이산화황(아황산가스)을 발생시킨다.
연소반응식 : $CS_2 + 3O_2 \rightarrow CO_2 + 2SO_2$
이렇게 공기 중에서 가연성 가스가 발생하기 때문에 이 가연성 가스의 발생을 방지 하기 위해 물속에 넣어 보관한다.

정답 ③

예제 4 다음 중 인화점이 가장 낮은 위험물은 어느 것인가?

① 다이에틸에터   ② 아세트알데하이드

③ 이황화탄소   ④ 산화프로필렌

풀이 ① 다이에틸에터 : -45℃
② 아세트알데하이드 : -38℃
③ 이황화탄소 : -30℃
④ 산화프로필렌 : -37℃

정답 ①

예제 5 제4류 위험물 중 발화점이 가장 낮은 위험물은 어느 것인가?

① 다이에틸에터

② 아세트알데하이드

③ 이황화탄소

④ 산화프로필렌

풀이 ① 다이에틸에터 : 180℃

② 아세트알데하이드 : 185℃

③ 이황화탄소 : 100℃

④ 산화프로필렌 : 465℃

정답 ③

예제 6 특수인화물 중 수용성이 아닌 물질은 어느 것인가?

① 다이에틸에터

② 아세트알데하이드

③ 아이소프로필아민

④ 산화프로필렌

풀이 특수인화물 중에서 다이에틸에터와 이황화탄소는 비수용성이며 아세트알데하이드, 아이소프로필아민, 산화프로필렌은 수용성 물질이다.

정답 ①

예제 7 다음 중 아세트알데하이드를 저장하는 용기의 재질로서 사용할 수 없는 것은 어느 것인가?

① 철

② 니켈

③ 구리

④ 코발트

풀이 아세트알데하이드와 산화프로필렌의 저장용기 재질로 수은, 은, 구리, 마그네슘을 사용하게 되면 중합반응하여 금속아세틸라이트라는 폭발성 물질을 생성하여 위험해진다.

정답 ③

(2) 제1석유류 〈지정수량 : 200L(비수용성) / 400L(수용성)〉

아세톤, 휘발유, 그 밖에 1기압에서 **인화점이 섭씨 21도 미만**인 것을 말한다.

1) 아세톤(CH_3COCH_3) = 다이메틸케톤 〈지정수량 : 400L(수용성)〉

① 인화점 −18℃, 발화점 538℃, 비점 56.5℃, 연소범위 2.6~12.8%이다.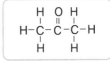

┌─────────────┐
│   H O H   │
│ H-C-C-C-H   │
│   H   H   │
└─────────────┘
∥ 아세톤의 구조식 ∥

톡톡 튀는 암기법 아세톤은 옷에 묻은 페인트 등을 지우는 용도로 사용된다.

옷에 페인트가 묻으면 화가 나면서 욕이 나올 수 있는데,

이때 인화점이 욕(-열여덟, −18℃)으로 지정된 아세톤을 떠올리면 된다.

② 비중 0.79인 물보다 가벼운 무색 액체로 물에 잘 녹으며 자극적인 냄새가 난다.

③ 연소 시 이산화탄소와 물을 발생시킨다.

　– 연소반응식 : $CH_3COCH_3 + 4O_2 \longrightarrow 3CO_2 + 3H_2O$ 　**실기에도 잘 나와요!**
　　　　　　아세톤　　　　산소　　　　이산화탄소　　물

④ 피부에 닿으면 탈지작용이 있다.

⑤ 2차 알코올이 산화하면 케톤(R-CO-R′)이 만들어진다.

$$(CH_3)_2CHOH \xrightarrow{\;-H_2(\text{산화})\;} CH_3COCH_3$$
　아이소프로필알코올　　　　　　　　　　아세톤
　　(2차 알코올)

⑥ 아이오도폼반응(반응을 통해 아이오도폼(CHI_3)이 생성되는 반응)을 한다.

⑦ 아세틸렌을 저장하는 용도로도 사용된다.

⑧ **소화방법** : 이산화탄소(CO_2), 할로젠화합물, 분말을 사용하며 포를 이용해 소화할 경우에는 일반 포는 불가능하며 알코올포 소화약제만 사용할 수 있다.

2) **휘발유(C_8H_{18}) = 가솔린 = 옥테인 〈지정수량 : 200L(비수용성)〉**

① **인화점 −43~−38℃, 발화점 300℃, 연소범위 1.4~7.6%이다.** 　**실기에도 잘 나와요!**

② 비중 0.7~0.8인 물보다 가벼운 무색 액체로 C_5~C_9의 탄화수소이다.

③ 탄소수 8개의 포화탄화수소를 옥테인이라 하며 화학식은 C_8H_{18}이다.

　톡톡 튀는 **암기법**　옥테인은 욕이다. C_8H_{18}을 또박또박 읽어보세요.
　　　　　　　　　　"C(씨)8(팔)H(에이취)18(십팔)"

　📖 **옥테인값** 　**실기에도 잘 나와요!**

> 옥테인값이란 아이소옥테인을 100, 노르말헵테인을 0으로 하여 가솔린의 품질을 정하는 기준이다.
>
> $$\text{옥테인값} = \frac{\text{아이소옥테인}}{\text{아이소옥테인 + 노르말헵테인}} \times 100$$

④ 연소 시 이산화탄소와 물을 발생시킨다.

　– 연소반응식 : $2C_8H_{18} + 25O_2 \longrightarrow 16CO_2 + 18H_2O$
　　　　　　휘발유(옥테인)　　산소　　　　이산화탄소　　　물

⑤ 가솔린 제조방법에는 직류증류법(분류법), 열분해법(크래킹), 접촉개질법(리포밍)이 있다.

⑥ **소화방법** : 포소화약제가 가장 일반적이며 이산화탄소(CO_2) 소화약제를 사용할 수 있다.

3) **콜로디온 〈지정수량 : 200L(비수용성)〉**

① 인화점 −18℃이다.

② 약질화면에 에틸알코올과 다이에틸에터를 3 : 1의 비율로 혼합한 것이다.

4) 벤젠(C_6H_6) 〈지정수량 : 200L(비수용성)〉

‖ 벤젠의 구조식 ‖

※ 벤젠을 포함하고 있는 물질들을 방향족이라 하고 아세톤과 같은 사슬형태의 물질들을 지방족이라 한다.

① 인화점 −11℃, 발화점 498℃, 연소범위 1.4~7.1%, 융점 5.5℃, 비점 80℃이다. 💬실기에도 잘 나와요!

🎇톡톡 튀는 암기법 'ㅂㅔㄴ', 'ㅈㅔㄴ'에서 'ㅔ'를 떼어쓰면 벤젠의 인화점인 −11처럼 보인다.

② 비중 0.95인 물보다 가벼운 무색투명한 액체로 증기는 독성이 강하다.

③ 연소 시 이산화탄소와 물을 발생시킨다.

  – 연소반응식 : $2C_6H_6 + 15O_2 \rightarrow 12CO_2 + 6H_2O$ 💬실기에도 잘 나와요!
                 벤젠   산소   이산화탄소   물

④ 고체상태에서도 가연성 증기가 발생할 수 있으므로 주의해야 한다.

⑤ 탄소함량이 많아 연소 시 그을음이 생긴다.

⑥ 아세틸렌(C_2H_2)을 중합반응하면 $C_2H_2 \times 3$이 되어 벤젠(C_6H_6)이 만들어진다.

  ※ 중합반응 : 물질의 배수로 반응

⑦ 벤젠을 포함하는 물질은 대부분 비수용성이다.

⑧ 주로 치환반응이 일어나지만 첨가반응을 하기도 한다.

  ㉠ 치환반응

    ⓐ 클로로벤젠 생성과정(염소와 반응시킨다)

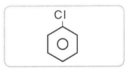

‖ 클로로벤젠의 구조식 ‖

       $C_6H_6 + Cl_2 \rightarrow C_6H_5Cl + HCl$
       벤젠   염소   클로로벤젠   염화수소

    ⓑ 벤젠술폰산 생성과정(황산과 반응시킨다)

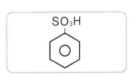

‖ 벤젠술폰산의 구조식 ‖

       $C_6H_6 + H_2SO_4 \rightarrow C_6H_5SO_3H + H_2O$
       벤젠   황산   벤젠술폰산   물

    ⓒ 나이트로벤젠 생성과정(질산과 황산을 반응시킨다)

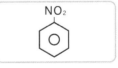

‖ 나이트로벤젠의 구조식 ‖

       $C_6H_6 + HNO_3 \xrightarrow[\text{촉매로서 탈수를 일으킨다}]{H_2SO_4} C_6H_5NO_2 + H_2O$
       벤젠   질산   나이트로벤젠   물

    ⓓ 톨루엔 생성과정(프리델−크래프츠 반응)

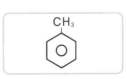

‖ 톨루엔의 구조식 ‖

       $C_6H_6 + CH_3Cl \xrightarrow{AlCl_3(\text{염화알루미늄})} C_6H_5CH_3 + HCl$
       벤젠   염화메틸   톨루엔   염화수소

ⓛ 첨가반응
  - 사이클로헥세인(C_6H_{12}) : Ni 촉매하에서 H_2를 첨가한다.
⑨ 소화방법 : 제4류 위험물의 비수용성 물질과 동일하다.

5) 톨루엔($C_6H_5CH_3$)＝메틸벤젠 〈지정수량 : 200L(비수용성)〉

① **인화점 4℃**, 발화점 552℃, **연소범위 1.4~6.7%**, 융점 -95℃, 비점 111℃이다. ◀실기에도 잘 나와요!

② 비중 0.86인 물보다 가벼운 무색투명한 액체로, 증기의 독성은 벤젠보다 약하며 **TNT의 원료**이다.

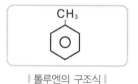
‖ 톨루엔의 구조식 ‖

📖 **TNT(트라이나이트로톨루엔 – 제5류 위험물) 제조방법**

$$C_6H_5CH_3 + 3HNO_3 \xrightarrow[\text{촉매로서 탈수를 일으킨다}]{H_2SO_4} C_6H_2CH_3(NO_2)_3 + 3H_2O$$
　　톨루엔　　　질산　　　　　　　　　　　　트라이나이트로톨루엔　　물

③ 연소 시 이산화탄소와 물을 발생시킨다.
  - 연소반응식 : $C_6H_5CH_3 + 9O_2 \longrightarrow 7CO_2 + 4H_2O$
　　　　　　　톨루엔　　　산소　　　이산화탄소　　물

④ 벤젠에 염화메틸을 반응시켜 톨루엔을 만든다.
  ※ 이 반응을 프리델-크래프츠 반응이라 한다.

⑤ 소화방법 : 제4류 위험물의 비수용성 물질과 동일하다.

6) 초산메틸(CH_3COOCH_3) 〈지정수량 : 200L(비수용성)〉

① 인화점 -10℃, 발화점 454℃, 연소범위 3~16%, 비점 57℃, 비중 0.93이다.

② 초산(CH_3COOH)의 H 대신 메틸(CH_3)로 치환된 물질이다.

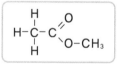
‖ 초산메틸의 구조식 ‖

$$CH_3COOH + CH_3OH \xrightarrow[\text{촉매로서 탈수를 일으킨다}]{H_2SO_4} CH_3COOCH_3 + H_2O$$
　　초산　　　메틸알코올　　　　　　　　　　　초산메틸　　　물

③ 초산과 메틸알코올의 축합(탈수)물로서 다시 초산메틸을 가수분해하면 초산과 메틸알코올이 생긴다.
  ※ 가수분해 : 물을 가하여 분해시키는 반응
  $$CH_3COOCH_3 + H_2O \longrightarrow CH_3COOH + CH_3OH$$
　　초산메틸　　　물　　　초산　　　메틸알코올

④ 소화방법 : 이산화탄소(CO_2), 할로젠화합물, 분말을 사용하며 포를 이용해 소화할 경우에는 약간의 수용성 때문에 알코올포 소화약제를 사용한다.

7) 초산에틸($CH_3COOC_2H_5$) 〈지정수량 : 200L(비수용성)〉

① 인화점 $-4℃$, 발화점 $427℃$, 연소범위 2.5~9.0%,
비점 $77℃$, 비중 0.9이다.

② 초산(CH_3COOH)의 H 대신 에틸(C_2H_5)로 치환된 물질이다.

‖ 초산에틸의 구조식 ‖

$$CH_3COOH + C_2H_5OH \xrightarrow[\text{촉매로서 탈수를 일으킨다}]{H_2SO_4} CH_3COOC_2H_5 + H_2O$$
초산   에틸알코올   초산에틸   물

③ 초산과 에틸알코올의 축합(탈수)물로서 다시 초산에틸을 가수분해하면 초산과 에틸
알코올이 생긴다.

$$CH_3COOC_2H_5 + H_2O \rightarrow CH_3COOH + C_2H_5OH$$
초산에틸   물   초산   에틸알코올

④ 과일향을 내는 데 사용되는 물질이다.

⑤ 소화방법 : 이산화탄소(CO_2), 할로젠화합물, 분말을 사용하며 포를 이용해 소화할
경우에는 약간의 수용성 때문에 알코올포 소화약제를 사용한다.

8) 의산메틸($HCOOCH_3$) 〈지정수량 : 400L(수용성)〉

① 인화점 $-19℃$, 발화점 $449℃$, 연소범위 5.0~20%,
비점 $32℃$, 비중 0.97이다.

② 의산($HCOOH$)의 H 대신 메틸(CH_3)로 치환된 물질이다.

‖ 의산메틸의 구조식 ‖

$$HCOOH + CH_3OH \xrightarrow[\text{촉매로서 탈수를 일으킨다}]{H_2SO_4} HCOOCH_3 + H_2O$$
의산   메틸알코올   의산메틸   물

③ 의산과 메틸알코올의 축합(탈수)물로서 다시 의산메틸을 가수분해하면 의산과 메틸
알코올이 생긴다.

$$HCOOCH_3 + H_2O \rightarrow HCOOH + CH_3OH$$
의산메틸   물   의산   메틸알코올

④ 소화방법 : 이산화탄소(CO_2), 할로젠화합물, 분말을 사용하며 포를 이용해 소화할
경우에는 수용성 때문에 알코올포 소화약제를 사용한다.

9) 의산에틸($HCOOC_2H_5$) 〈지정수량 : 200L(비수용성)〉

① 인화점 $-20℃$, 발화점 $578℃$, 연소범위 2.7~13.5%,
비점 $54℃$, 비중 0.92이다.

② 의산($HCOOH$)의 H 대신 에틸(C_2H_5)로 치환된 물질이다.

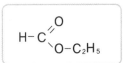
‖ 의산에틸의 구조식 ‖

$$HCOOH + C_2H_5OH \xrightarrow[\text{촉매로1서 탈수를 일으킨다}]{H_2SO_4} HCOOC_2H_5 + H_2O$$
의산   에틸알코올   의산에틸   물

③ 의산과 에틸알코올의 축합(탈수)물로서 다시 의산에틸을 가수분해하면 의산과 에틸
알코올이 생긴다.

$$HCOOC_2H_5 + H_2O \rightarrow HCOOH + C_2H_5OH$$
의산에틸   물   의산   에틸알코올

④ 소화방법 : 이산화탄소(CO_2), 할로젠화합물, 분말을 사용하며 포를 이용해 소화할
경우에는 약간의 수용성 때문에 알코올포 소화약제를 사용한다.

10) 피리딘(C_5H_5N) 〈지정수량 : 400L(수용성)〉

① 인화점 20℃, 발화점 482℃, 연소범위 1.8~12.4%, 비점 115℃이다.

② 비중 0.99인 물보다 가볍고 물에 잘 녹는 수용성의 물질로 순수한 것은 무색이나 공업용은 담황색 액체이다.

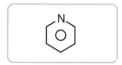

‖ 피리딘의 구조식 ‖

③ 다른 벤젠 치환체와는 달리 벤젠의 수소와 치환된 것이 아니고 벤젠을 구성하는 탄소와 직접 치환되었으므로 탄소의 수가 줄어들게 된다.

※ 벤젠을 포함하는 거의 모든 물질은 비수용성이지만 피리딘은 벤젠 육각형의 모서리 하나가 깨진 형태를 보이므로 성질은 수용성이다.

④ 탄소와 수소, 질소로만 구성되어 금속성분이 없는 물질임에도 불구하고 자체적으로 약알칼리성을 가진다.

⑤ 유해한 악취와 독성을 가지고 있다.

⑥ 소화방법 : 제4류 위험물의 수용성 물질과 동일하다.

11) 메틸에틸케톤($CH_3COC_2H_5$)=MEK 〈지정수량 : 200L(비수용성)〉

① 인화점 −1℃, 발화점 516℃, 연소범위 1.8~11%, 비점 80℃이다.

② 비중이 0.8로 물보다 가볍고 탈지작용이 있으며 직사광선에 의해 분해된다.

③ 소화방법 : 제4류 위험물의 비수용성 물질과 동일하다.

12) 염화아세틸(CH_3COCl) 〈지정수량 : 200L(비수용성)〉

① 인화점 5℃, 발화점 734℃, 비점 52℃이다.

② 비중 1.1로 물보다 무거운 물질이다.

③ 소화방법 : 제4류 위험물의 비수용성 물질과 동일하다.

13) 사이안화수소(HCN) 〈지정수량 : 400L(수용성)〉

① 인화점 −17℃, 발화점 538℃, 연소범위 5.6~40%, 비점 26℃이다.

② 비중 0.69로 물보다 가벼운 물질이다.

③ 소화방법 : 제4류 위험물의 수용성 물질과 동일하다.

14) 사이클로헥세인(C_6H_{12}) 〈지정수량 : 200L(비수용성)〉

① 인화점 −18℃, 비점 80℃, 비중 0.77이다.

② 벤젠을 Ni촉매하에 수소로 첨가반응하여 만든다.

③ 소화방법 : 제4류 위험물의 비수용성 물질과 동일하다.

‖ 사이클로헥세인의 구조식 ‖

예제 1 아세톤의 화학식은 어느 것인가?

① HCOOH

② CH_3COOCH_3

③ CH_3COCH_3

④ C_8H_{18}

풀이　① HCOOH : 의산
　　　　② CH_3COOCH_3 : 초산메틸
　　　　③ CH_3COCH_3 : 아세톤
　　　　④ C_8H_{18} : 휘발유(옥테인)

정답 ③

예제 2 아이소옥테인을 100, 노르말헵테인을 0으로 하여 가솔린의 품질을 정하는 기준으로 사용하는 것은 무엇인가?

① 옥테인값　　　　　　　　　　　② 헵테인값

③ 세테인값　　　　　　　　　　　④ 데케인값

풀이　옥테인값이란 아이소옥테인을 100, 노르말헵테인을 0으로 하여 가솔린의 품질을 정하는 기준이다.

정답 ①

예제 3 다음 중 수용성이 아닌 물질은 무엇인가?

① 아세톤　　　　　　　　　　　　② 피리딘

③ 벤젠　　　　　　　　　　　　　④ 아세트알데하이드

풀이　벤젠 및 벤젠을 포함하고 있는 물질은 거의 비수용성이다.

정답 ③

예제 4 인화점이 낮은 것부터 높은 순서로 나열된 것은?

① 톨루엔 – 아세톤 – 벤젠

② 아세톤 – 톨루엔 – 벤젠

③ 톨루엔 – 벤젠 – 아세톤

④ 아세톤 – 벤젠 – 톨루엔

풀이　아세톤(-18℃) < 벤젠(-11℃) < 톨루엔(4℃)

정답 ④

예제 5 $C_6H_5CH_3$의 일반적인 성질이 아닌 것은?

① 벤젠보다 독성이 매우 강하다.

② 질산과 황산으로 나이트로화하면 TNT가 된다.

③ 비중은 약 0.86이다.

④ 물에 녹지 않는다.

풀이　제4류 위험물인 톨루엔($C_6H_5CH_3$)의 독성은 벤젠보다 약하다. 질산과 황산으로 나이트로화시키면 트라이나이트로톨루엔(TNT)을 만들 수 있으며 물보다 가벼운 비수용성 물질이다.

정답 ①

예제 6 위험물의 성질에 관한 설명 중 옳은 것은?

① 벤젠과 톨루엔 중 인화온도가 낮은 것은 톨루엔이다.
② 다이에틸에터는 휘발성이 높으며 마취성이 있다.
③ 에틸알코올은 물이 조금이라도 섞이면 불연성 액체가 된다.
④ 휘발유는 전기양도체이므로 정전기 발생의 위험이 있다.

풀이 ① 벤젠의 인화점은 −11℃, 톨루엔의 인화점은 4℃이다.
② 다이에틸에터는 제4류 위험물의 특수인화물로서 휘발성이 높으며 마취성이 있다.
③ 에틸알코올 60중량%에 물이 40중량%까지 섞여 있어도 제4류 위험물인 인화성 액체가 되므로 물이 조금 섞여 있으면 매우 강한 인화성 액체가 된다.
④ 휘발유는 전기불량도체이므로 정전기 발생의 위험이 있다.

정답 ②

예제 7 초산(CH_3COOH)의 H 대신 에틸(C_2H_5)로 치환된 제4류 위험물의 제1석유류는 무엇인가?

① 의산메틸
② 의산에틸
③ 초산메틸
④ 초산에틸

풀이 초산(CH_3COOH)의 H 대신 에틸(C_2H_5)로 치환된 물질은 초산에틸($CH_3COOC_2H_5$)이다.

$$CH_3COOH + C_2H_5OH \xrightarrow[\text{촉매로서 탈수를 일으킨다}]{H_2SO_4} CH_3COOC_2H_5 + H_2O$$
초산   에틸알코올   초산에틸   물

정답 ④

예제 8 피리딘에 대한 설명 중 틀린 것은?

① 화학식은 C_5H_5N이다.
② 벤젠핵을 포함하므로 비수용성이다.
③ 약알칼리성이다.
④ 인화점은 20℃이다.

풀이 일반적으로 육각형의 고리구조인 벤젠을 가지고 있으면 비수용성 물질이지만 피리딘의 구조는 벤젠 육각형의 모서리 하나가 깨진 형태를 가지고 있으므로 수용성 물질이다.

정답 ②

예제 9 메틸에틸케톤($CH_3COC_2H_5$)의 지정수량은 얼마인가?

① 400L
② 200L
③ 100L
④ 50L

풀이 메틸에틸케톤($CH_3COC_2H_5$)은 제1석유류의 비수용성으로 지정수량은 200L이다.

정답 ②

(3) 알코올류 〈지정수량 : 400L〉

알킬(C_nH_{2n+1})에 수산기(OH)를 결합한 형태로 OH의 수에 따라 1가, 2가 알코올이라 하고 알킬의 수에 따라 1차, 2차 알코올이라고 한다. 이러한 알코올이 제4류 위험물 중 알코올류 품명에 포함되는 기준은 다른 품명과 달리 인화점이 아닌 다음과 같은 기준에 따른다.

1) 알코올류의 정의 〈실기에도 잘 나와요!〉

위험물안전관리법상 알코올류는 **탄소의 수가 1~3개까지의 포화(단일결합만 존재)1가 알코올**(변성알코올 포함)을 의미한다.

단, 다음의 경우는 **제외**한다.

① 알코올의 **농도(함량)가 60중량% 미만**인 수용액

② **가연성 액체량이 60중량% 미만**이고 **인화점 및 연소점이 에틸알코올 60중량%인 수용액의 인화점 및 연소점을 초과**하는 것

2) 알코올의 성질

① 탄소수가 작아서 연소 시 그을음이 많이 발생하지 않는다.

② 대표적인 수용성이므로 화재 시 알코올포 소화약제를 사용한다. 물론 이산화탄소 및 분말 소화약제 등도 사용할 수 있다.

> 📖 **탄소의 수가 증가할수록 나타나는 성질**
>
> 1) 물에 녹기 어려워진다.
> 2) 인화점이 높아진다.
> 3) 발화점이 낮아진다.
> 4) 비등점과 융점이 높아진다.
> 5) 이성질체수가 많아진다.

3) 알코올류의 종류

① 메틸알코올(CH_3OH)=메탄올 〈지정수량 : 400L(수용성)〉

　㉠ 인화점 11℃, 발화점 464℃, 연소범위 7.3~36%, 비점 65℃로 〈실기에도 잘 나와요!〉 물보다 가볍다.

　㉡ 시신경장애의 독성이 있으며 심하면 실명까지 가능하다.

　㉢ 알코올류 중 탄소수가 가장 작으므로 수용성이 가장 크다.

　㉣ 산화되면 폼알데하이드를 거쳐 폼산이 된다.

　㉤ **소화방법** : 제4류 위험물의 수용성 물질과 동일하다.

② 에틸알코올(C_2H_5OH)=에탄올 〈지정수량 : 400L(수용성)〉

　㉠ 인화점 13℃, 발화점 363℃, 연소범위 4.3~19%, 비점 80℃로 〈실기에도 잘 나와요!〉 물보다 가볍다.

　㉡ 무색투명하고 향기가 있는 수용성 액체로서 술의 원료로 사용되며 독성은 없다.

💬실기에도 잘 나와요!

ⓒ 아이오도폼(CHI_3)이라는 황색 침전물을 만드는 아이오도폼반응을 한다.

$$C_2H_5OH + 6NaOH + 4I_2 \rightarrow CHI_3 + 5NaI + HCOONa + 5H_2O$$
에틸알코올　　수산화나트륨　아이오딘　아이오도폼　아이오딘화나트륨　의산나트륨　　물

ⓔ 에탄올에 진한 황산을 넣고 가열하면 온도에 따라 다른 물질이 생성된다.

ⓐ 140℃ 가열 : $2C_2H_5OH \xrightarrow[\text{촉매로서 탈수를 일으킨다}]{H_2SO_4} C_2H_5OC_2H_5 + H_2O$ 💬실기에도 잘 나와요!
　　　　　에틸알코올　　　　　　　　　　　　　　다이에틸에터　　물

ⓑ 160℃ 가열 : $C_2H_5OH \xrightarrow[\text{촉매로서 탈수를 일으킨다}]{H_2SO_4} C_2H_4 + H_2O$
　　　　　에틸알코올　　　　　　　　　　　　　　에틸렌　　물

ⓜ 산화되면 아세트알데하이드를 거쳐 아세트산(초산)이 된다.

ⓗ 소화방법 : 제4류 위험물의 수용성 물질과 동일하다.

③ 프로필알코올(C_3H_7OH)＝프로판올 〈지정수량 : 400L(수용성)〉

ⓒ 인화점 15℃, 발화점 371℃, 비점 97℃, 비중 0.8이다.

ⓒ 아이소프로필알코올의 화학식 : $(CH_3)_2CHOH$

ⓒ 소화방법 : 제4류 위험물의 수용성 물질과 동일하다.

4) 알코올의 산화 💬실기에도 잘 나와요!

① 메틸알코올의 산화 : $CH_3OH \underset{+H_2(\text{환원})}{\overset{-H_2(\text{산화})}{\rightleftharpoons}} HCHO \underset{-0.5O_2(\text{환원})}{\overset{+0.5O_2(\text{산화})}{\rightleftharpoons}} HCOOH$
　　　　　　　　메틸알코올　　　　　　　폼알데하이드　　　　　　　　폼산

② 에틸알코올의 산화 : $C_2H_5OH \underset{+H_2(\text{환원})}{\overset{-H_2(\text{산화})}{\rightleftharpoons}} CH_3CHO \underset{-0.5O_2(\text{환원})}{\overset{+0.5O_2(\text{산화})}{\rightleftharpoons}} CH_3COOH$
　　　　　　　　에틸알코올　　　　　　아세트알데하이드　　　　　　아세트산

5) 알코올의 연소 💬실기에도 잘 나와요!

① 메틸알코올의 연소반응식 : $2CH_3OH + 3O_2 \rightarrow 2CO_2 + 4H_2O$
　　　　　　　　　　　　　메틸알코올　　산소　이산화탄소　　물

② 에틸알코올의 연소반응식 : $C_2H_5OH + 3O_2 \rightarrow 2CO_2 + 3H_2O$
　　　　　　　　　　　　　에틸알코올　　산소　이산화탄소　　물

예제 1 다음 중 1가 알코올이 아닌 것은?

① CH_3OH 　　　　　　　　　　② $C_3H_5(OH)_3$

③ C_3H_7OH 　　　　　　　　　④ $(CH_3)_2CHOH$

풀이 알킬(C_nH_{2n+1})에 수산기(OH)기를 결합한 형태로 OH의 수에 따라 1가, 2가 알코올이라
한다.
① 메틸알코올(CH_3OH) → OH 1개 : 1가 알코올
② 글리세린[$C_3H_5(OH)_3$] → OH 3개 : 3가 알코올
③ 프로필알코올[C_3H_7OH] → OH 1개 : 1가 알코올
④ 아이소프로필알코올[$(CH_3)_2CHOH$] → OH 1개 : 1가 알코올

정답 ②

예제 2 제4류 위험물의 알코올 품명에 해당하는 알코올의 탄소수는 몇 개인가?

① 1~3개   ② 1~4개

③ 2~4개   ④ 2~5개

풀이 위험물안전관리법상 알코올류는 탄소의 수가 1~3개까지의 포화(단일결합만 존재) 1가 알코올(변성 알코올 포함)을 의미하는데 다음의 경우는 제외한다.
1) 알코올의 농도(함량)가 60중량% 미만인 수용액
2) 가연성 액체량이 60중량% 미만이고 인화점 및 연소점이 에틸알코올 60중량% 수용액의 인화점 및 연소점을 초과하는 것

정답 ①

예제 3 에틸알코올을 1차 산화하면 어떤 물질이 만들어지는가?

① CH_3OH

② CH_3CHO

③ C_3H_7OH

④ $(CH_3)_2CHOH$

풀이 에틸알코올이 1차 산화하면 수소를 잃어 아세트알데하이드가 만들어진다.

$$C_2H_5OH \xrightarrow{-H_2 (산화)} CH_3CHO$$

정답 ②

예제 4 메틸알코올이 가지는 독성은 무엇인가?

① 무독성   ② 폐부종

③ 위장장애   ④ 시신경장애

풀이 시신경장애의 독성이 있으며 심하면 실명까지 가능하다.

정답 ④

예제 5 에틸알코올의 아이오도폼반응 시 생성되는 아이오도폼의 화학식과 색상으로 맞는 것은?

① C_3H_7OH, 백색

② CHI_3, 황색

③ $C_2H_5OC_2H_5$, 적색

④ C_2H_4, 흑색

풀이 에틸알코올은 아이오도폼(CHI_3)이라는 황색 침전물이 생성되는 아이오도폼반응을 하는 물질이다.

$$C_2H_5OH + 6NaOH + 4I_2 \rightarrow CHI_3 + 5NaI + HCOONa + 5H_2O$$

정답 ②

(4) 제2석유류 〈지정수량 : 1,000L(비수용성) / 2,000L(수용성)〉

등유, 경유, 그 밖에 1기압에서 **인화점이 섭씨 21도 이상 70도 미만인 것**을 말한다. 단, 도료류, 그 밖의 물품에 있어서 가연성 액체량이 40중량% 이하이면서 인화점이 40℃ 이상인 동시에 연소점이 60℃ 이상인 것은 제외한다.

1) 등유(케로신) 〈지정수량 : 1,000L(비수용성)〉

① 탄소수 $C_{10} \sim C_{17}$의 탄화수소로 물보다 가볍다.

② 인화점 25~50℃, 발화점 220℃, 연소범위 1.1~6%이다.

③ 순수한 것은 무색이나 착색됨으로써 담황색 또는 갈색 액체로 생산된다.

④ 증기비중 4~5 정도이다.

⑤ 소화방법 : 제4류 위험물의 비수용성 물질과 동일하다.

2) 경유(디젤) 〈지정수량 : 1,000L(비수용성)〉

① 탄소수 $C_{18} \sim C_{35}$의 탄화수소로 물보다 가볍다.

② 인화점 50~70℃, 발화점 200℃, 연소범위 1~6%이다.

③ 증기비중 4~5 정도이다.

④ 소화방법 : 제4류 위험물의 비수용성 물질과 동일하다.

3) 의산(HCOOH)=폼산=개미산 〈지정수량 : 2,000L(수용성)〉

① 인화점 69℃, 발화점 600℃, 비점 101℃, 비중 1.22이다.

② 무색투명한 액체로 물에 잘 녹으며 물보다 무겁고 초산보다 강산이므로 내산성 용기에 보관한다.

③ 피부와 접촉 시 물집이 발생하며 심하면 화상을 입는다.

④ 황산 촉매로 가열하면 **탈수되어 일산화탄소를 발생**시킨다.

$$HCOOH \xrightarrow[\text{촉매로서 탈수를 일으킨다}]{H_2SO_4} CO + H_2O$$

의산   일산화탄소   물

⑤ 연소 시 이산화탄소와 물(수증기)을 발생시킨다.

– **연소반응식** : $2HCOOH + O_2 \rightarrow 2CO_2 + 2H_2O$

의산   산소   이산화탄소   물

⑥ 소화방법 : 제4류 위험물의 수용성 물질과 동일하다.

‖ 의산의 구조식 ‖

4) 초산(CH_3COOH)=빙초산=아세트산 〈지정수량 : 2,000L(수용성)〉

① 인화점 40℃, 발화점 427℃, 비점 118℃, **융점 16.6℃**, 비중 1.05이다.

② 무색투명한 액체로 물에 잘 녹으며 물보다 무겁고 강산이므로 내산성 용기에 보관해야 한다.

③ 연소 시 이산화탄소와 물(수증기)을 발생시킨다.

– **연소반응식** : $CH_3COOH + 2O_2 \rightarrow 2CO_2 + 2H_2O$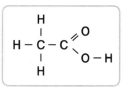

아세트산   산소   이산화탄소   물

④ 피부와 접촉 시 물집이 발생하며 심하면 화상을 입는다.

⑤ 3~5% 수용액을 식초라 한다.

⑥ 소화방법 : 제4류 위험물의 수용성 물질과 동일하다.

‖ 초산의 구조식 ‖

5) 테레핀유($C_{10}H_{16}$)＝타펜유＝송정유 〈지정수량 : 1,000L(비수용성)〉

   ① 인화점 35℃, 발화점 240℃, 비점 153~175℃, 비중 0.86이다.

   ② 소화방법 : 제4류 위험물의 비수용성 물질과 동일하다.

6) 크실렌[$C_6H_4(CH_3)_2$]＝자일렌＝다이메틸벤젠 〈지정수량 : 1,000L(비수용성)〉

   ① 크실렌의 3가지 이성질체 : 크실렌은 3가지의 이성질체를 가지고 있으며 모두 물보다 가볍다. **실기에도 잘 나와요!**

   ※ 이성질체 : 동일한 분자식을 가지고 있지만 구조나 성질이 다른 물질

명 칭	오르토크실렌 (o-크실렌)	메타크실렌 (m-크실렌)	파라크실렌 (p-크실렌)
구조식	CH_3 CH_3	CH_3 CH_3	CH_3 CH_3
인화점	32℃	25℃	25℃

   ※ BTX : 벤젠(C_6H_6), 톨루엔($C_6H_5CH_3$), 크실렌[$C_6H_4(CH_3)_2$]을 의미한다. **실기에도 잘 나와요!**

   ② 소화방법 : 제4류 위험물의 비수용성 물질과 동일하다.

7) 클로로벤젠(C_6H_5Cl) 〈지정수량 : 1,000L(비수용성)〉

   ① 인화점 32℃, 발화점 593℃, 비점 132℃, 비중 1.11이다.

   ② 물보다 무겁고 비수용성이다.

   ③ 소화방법 : 제4류 위험물의 비수용성 물질과 동일하다.

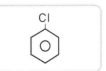

‖ 클로로벤젠의 구조식 ‖

8) 스타이렌($C_6H_5CH_2CH$) 〈지정수량 : 1,000L(비수용성)〉

   ① 인화점 32℃, 발화점 490℃, 비점 146℃, 비중 0.8이다.

   ② 소화방법 : 제4류 위험물의 비수용성 물질과 동일하다.

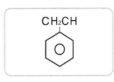

‖ 스타이렌의 구조식 ‖

9) 하이드라진(N_2H_4) 〈지정수량 : 2,000L(수용성)〉

   ① 인화점 38℃, 발화점 270℃, 비점 113℃, 비중 1이다.

   ② 과산화수소와의 반응식 : $N_2H_4 + 2H_2O_2 \rightarrow N_2 + 4H_2O$ **실기에도 잘 나와요!**
                      하이드라진 과산화수소 질소   물

   ③ 소화방법 : 제4류 위험물의 수용성 물질과 동일하다.

10) 뷰틸알코올(C_4H_9OH) 〈지정수량 : 1,000L(비수용성)〉

   ① 인화점 35℃, 비점 117℃, 비중 0.81이다.

   ② 소화방법 : 제4류 위험물의 비수용성 물질과 동일하다.

11) 아크릴산($CH_2CHCOOH$) 〈지정수량 : 2,000L(수용성)〉

   ① 인화점 46℃, 발화점 438℃, 비점 139℃, 비중 1.1이다.

   ② 소화방법 : 제4류 위험물의 수용성 물질과 동일하다.

12) 벤즈알데하이드(C_6H_5CHO) 〈지정수량 : 1,000L(비수용성)〉
① 인화점 64℃, 발화점 190℃, 비점 179℃, 비중 1.05이다.
② 소화방법 : 제4류 위험물의 비수용성 물질과 동일하다.

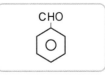

‖ 벤즈알데하이드의 구조식 ‖

예제 1 다음 중 발화점이 가장 낮은 물질은 무엇인가?

① 휘발유　　　　　　　　② 등유
③ 벤젠　　　　　　　　　④ 아세톤

풀이 ① 휘발유 : 300℃
② 등유 : 220℃
③ 벤젠 : 498℃
④ 아세톤 : 538℃

정답 ②

예제 2 경유에 대한 설명으로 틀린 것은?

① 품명은 제3석유류이다.
② 디젤기관의 연료로 이용할 수 있다.
③ 원유의 증류 시 등유와 중유 사이에서 유출된다.
④ K, Na의 보호액으로 사용할 수 있다.

풀이 경유는 제2석유류로서 탄소수 $C_{18}{\sim}C_{35}$의 탄화수소이다.

정답 ①

예제 3 다음 중 초산의 성질로서 틀린 것은?

① 무색투명한 액체로 물에 잘 녹으며 물보다 무겁고 강산이므로 내산성 용기에
　보관해야 한다.
② 피부와 접촉 시 물집이 발생하며 심하면 화상을 입는다.
③ 30~50% 수용액을 식초라 한다.
④ 소화방법은 제4류 위험물의 수용성 물질과 동일하다.

풀이 초산의 3~5% 수용액을 식초라 한다.

정답 ③

예제 4 크실렌은 몇 개의 이성질체를 가지고 있는가?

① 1개　　　　　　　　　② 2개
③ 3개　　　　　　　　　④ 4개

풀이 크실렌은 오르토, 메타, 파라의 3가지 이성질체를 가지고 있다.

정답 ③

예제 5 BTX에 해당하는 위험물의 종류가 아닌 것은?

① 벤젠 　　　　　　　　　　② 헥세인

③ 톨루엔 　　　　　　　　　　④ 크실렌

풀이 BTX : 벤젠(B), 톨루엔(T), 크실렌(X)을 의미한다.

정답 ②

예제 6 제2석유류에 해당하는 위험물로만 짝지어진 것이 아닌 것은?

① 하이드라진, 메틸에틸케톤 　　② 의산, 초산

③ 클로로벤젠, 스타이렌 　　　　④ 등유, 경유

풀이 ① 하이드라진(N_2H_4)은 제2석유류에 해당하지만 메틸에틸케톤($CH_3COC_2H_5$)은 제1석유류에 해당하는 물질이다.

정답 ①

(5) 제3석유류 〈지정수량 : 2,000L(비수용성) / 4,000L(수용성)〉

중유, 크레오소트유, 그 밖에 1기압에서 인화점이 섭씨 70도 이상 200도 미만인 것을 말한다.

단, 도료류, 그 밖의 물품에 있어서 가연성 액체량이 40중량% 이하인 것은 제외한다.

1) 중유 〈지정수량 : 2,000L(비수용성)〉

① 인화점 70~150℃, 비점 300~350℃, 비중 0.9로 물보다 가벼운 비수용성 물질이다.

② 직류중유와 분해중유로 구분하며, 분해중유는 동점도에 따라 A중유, B중유, C중유로 구분한다.

③ 소화방법 : 제4류 위험물의 비수용성 물질과 동일하다.

2) 크레오소트유(타르유) 〈지정수량 : 2,000L(비수용성)〉

① 인화점 74℃, 발화점 336℃, 비점 190~400℃, 비중 1.05로 물보다 무거운 비수용성 물질이다.

② 석탄 건류 시 생성되는 기름으로 독성이 강하고 부식성이 커 내산성 용기에 저장한다.

③ 소화방법 : 제4류 위험물의 비수용성 물질과 동일하다.

3) 글리세린[$C_3H_5(OH)_3$] 〈지정수량 : 4,000L(수용성)〉 **실기에도 잘 나와요!**

① 인화점 160℃, 발화점 393℃, 비점 290℃, 비중 1.26으로 물보다 무거운 물질이다.

② 무색투명하고 단맛이 있는 액체로서 **물에 잘 녹는 3가 (OH의 수가 3개) 알코올**이다.

③ **독성이 없으므로** 화장품이나 의료기기의 원료로 사용된다.

④ 소화방법 : 제4류 위험물의 수용성 물질과 동일하다.

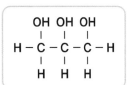

‖ 글리세린의 구조식 ‖

4) 에틸렌글리콜[$C_2H_4(OH)_2$] 〈지정수량 : 4,000L(수용성)〉 🗨️실기에도 잘 나와요!

① **인화점 111℃**, 발화점 410℃, 비점 197℃, 비중 1.1로 물보다 무거운 물질이다.

② 무색투명하고 단맛이 있는 액체로서 **물에 잘 녹는 2가 (OH의 수가 2개) 알코올**이다.

③ **독성이 있고 부동액의 원료**로 사용된다.

④ 글리세린으로부터 성분원소를 한 개씩 줄인 상태이므로 글리세린과 비슷한 성질을 가진다.

C$_3$H$_5$(OH)$_3$ (글리세린)
↓　↓　　↓ ⇒ C, H, OH 각각의 원소들을 한 개씩 줄여 준 상태이다.
C$_2$H$_4$(OH)$_2$ (에틸렌글리콜)

⑤ 소화방법 : 제4류 위험물의 수용성 물질과 동일하다.

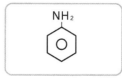

‖ 에틸렌글리콜의 구조식 ‖

5) 아닐린($C_6H_5NH_2$) 〈지정수량 : 2,000L(비수용성)〉 🗨️실기에도 잘 나와요!

① **인화점 75℃**, 발화점 538℃, 비점 184℃, 비중 1.01로 물보다 무거운 물질이다.

② **나이트로벤젠을 환원**하여 만들 수 있다.

③ 알칼리금속과 반응하여 수소를 발생한다.

④ 소화방법 : 제4류 위험물의 비수용성 물질과 동일하다.

‖ 아닐린의 구조식 ‖

6) 나이트로벤젠($C_6H_5NO_2$) 〈지정수량 : 2,000L(비수용성)〉 🗨️실기에도 잘 나와요!

① **인화점 88℃**, 발화점 480℃, 비점 210℃, 비중 1.2로 물보다 무거운 물질이다.

② **벤젠에 질산과 황산을 가해 나이트로화(NO_2)시켜서 만든다.**

③ **아닐린을 산화**시켜 만들 수 있다.

④ 소화방법 : 제4류 위험물의 비수용성 물질과 동일하다.

‖ 나이트로벤젠의 구조식 ‖

📖 **나이트로벤젠과 아닐린의 산화·환원 과정**

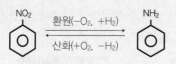

- 나이트로벤젠을 환원시키면 아닐린이 된다.
- 아닐린을 산화시키면 나이트로벤젠이 된다.

7) 나이트로톨루엔($C_6H_4CH_3NO_2$) 〈지정수량 : 2,000L(비수용성)〉

① 인화점 106℃, 발화점 305℃, 비점 222℃, 비중 1.16으로 물보다 무거운 물질이다.

② 기타 성질 및 소화방법 : 나이트로벤젠과 비슷하다.

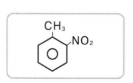

‖ 나이트로톨루엔의 구조식 ‖

8) 염화벤조일(C_6H_5COCl) 〈지정수량 : 2,000L(비수용성)〉

인화점 72℃, 발화점 197℃, 비점 74℃, 비중 1.21로 물보다 무거운 물질이다.

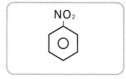

9) 하이드라진 하이드레이트($N_2H_4 \cdot H_2O$) 〈지정수량 : 4,000L(수용성)〉

① 인화점 73℃, 비점 120℃, 융점 −51℃, 비중 1.013으로 물보다 무거운 수용성 물질이다.

② 소화방법 : 제4류 위험물의 수용성 물질과 동일하다.

10) 메타크레졸($C_6H_4CH_3OH$) 〈지정수량 : 2,000L(비수용성)〉

① 인화점 86℃, 발화점 558℃, 비점 203℃, 융점 8℃, 비중 1.03으로 물보다 무거운 비수용성 물질이다.

② 소화방법 : 제4류 위험물의 비수용성 물질과 동일하다.

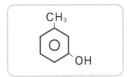

┃ 메타크레졸의 구조식 ┃

📖 o-크레졸과 p-크레졸

1) o-크레졸   2) p-크레졸

• 오르토크레졸과 파라크레졸은 비위험물에 해당한다.

예제 1 다음 중 제3석유류의 설명으로 잘못된 것은?

① 중유는 비수용성 물질로서 동점도에 따라 A중유, B중유, C중유로 구분한다.
② 제3석유류의 비수용성은 지정수량이 2,000L이고 수용성은 4,000L이다.
③ 제3석유류의 인화점은 섭씨 70도 이상 200도 미만이다.
④ 크레오소트유는 부식성은 크지만 독성은 없다.

🔍**풀이** 크레오소트유는 석탄 건류 시 생성되는 기름으로 독성과 부식성이 강하다.

정답 ④

예제 2 글리세린의 성질로 맞는 것은?

① 무색투명하고 쓴 맛이 있는 액체로서 물에 잘 녹는 2가(OH의 수가 2개) 알코올이다.
② 독성이 있으므로 화장품이나 의료기기의 원료로 사용할 수 없다.
③ 소화방법은 제4류 위험물의 비수용성 물질과 동일하다.
④ 화학식은 $C_3H_5(OH)_3$이다.

🔍**풀이** ① 무색투명하고 단맛이 있는 액체로서 물에 잘 녹는 3가(OH의 수가 3개) 알코올이다.
② 독성이 없으므로 화장품이나 의료기기의 원료로 사용된다.
③ 소화방법은 제4류 위험물의 수용성 물질과 동일하다.
④ 화학식은 $C_3H_5(OH)_3$이다.

정답 ④

예제 3 제3석유류에 해당하는 위험물로만 짝지어진 것은?

① 등유, 메타크레졸, 아닐린
② 벤젠, 아세톤, 나이트로벤젠
③ 나이트로톨루엔, 에틸렌글리콜, 염화벤조일
④ 아세트알데하이드, 초산, 경유

풀이 ① 등유(제2석유류), 메타크레졸(제3석유류), 아닐린(제3석유류)
② 벤젠(제1석유류), 아세톤(제1석유류), 나이트로벤젠(제3석유류)
③ 나이트로톨루엔(제3석유류), 에틸렌글리콜(제3석유류), 염화벤조일(제3석유류)
④ 아세트알데하이드(특수인화물), 초산(제2석유류), 경유(제2석유류)

정답 ③

예제 4 무색투명하고 단맛이 있는 액체로서 물에 잘 녹는 2가 알코올이며 독성이 있고 부동액의 원료로 사용되는 위험물은 무엇인가?

① 나이트로벤젠   ② 아닐린
③ 에틸렌글리콜   ④ 초산

풀이 에틸렌글리콜의 성질은 다음과 같다.
1) 무색투명하고 단맛이 있는 액체로서 물에 잘 녹는 2가(OH의 수가 2개) 알코올이다.
2) 독성이 있고 부동액의 원료로 사용된다.

정답 ③

예제 5 아닐린의 지정수량은 얼마인가?

① 200L   ② 400L
③ 2,000L   ④ 4,000L

풀이 아닐린은 제4류 위험물의 제3석유류이고 벤젠 구조를 가지고 있으므로 비수용성이다. 따라서, 지정수량은 2,000L이다.

정답 ③

예제 6 벤젠에 질산과 황산을 반응시켜 만드는 위험물은 무엇인가?

① 나이트로벤젠   ② 아닐린
③ 에틸렌글리콜   ④ 초산

풀이 벤젠에 질산과 황산을 가해 나이트로화(NO_2)시켜 나이트로벤젠을 만든다.

정답 ①

예제 7 다음 중 아닐린의 화학식은 무엇인가?

① $C_6H_5NH_2$ ② $C_6H_5NO_2$
③ C_6H_5Cl ④ $C_6H_5CH_2CH$

풀이 ① $C_6H_5NH_2$: 아닐린(제3석유류)
② $C_6H_5NO_2$: 나이트로벤젠(제3석유류)
③ C_6H_5Cl : 클로로벤젠(제2석유류)
④ $C_6H_5CH_2CH$: 스타이렌(제2석유류)

정답 ①

(6) 제4석유류 〈지정수량 : 6,000L〉

기어유, 실린더유, 그 밖에 1기압에서 **인화점이 섭씨 200도 이상 250도 미만인 것**을 말한다. 단, 도료류, 그 밖의 물품은 가연성 액체량이 40중량% 이하인 것을 제외한다.

① **윤활유** : 기계의 마찰을 적게 하기 위해 사용하는 물질을 말한다.

　예 기어유, 실린더유, 엔진오일, 스핀들유, 터빈유, 모빌유 등

② **가소제** : 딱딱한 성질의 물질을 부드럽게 해주는 역할을 하는 물질을 말한다.

　예 DOP(다이옥틸프탈레이트), TCP(트라이크레실포스테이트) 등

(7) 동식물유류 〈지정수량 : 10,000L〉

동물의 지육 등 또는 식물의 과육으로부터 추출한 것으로서 1기압에서 **인화점이 섭씨 250도 미만인 것**을 말한다.

> 📖 **동식물유류에서 제외되는 경우**
>
> 행정안전부령으로 정하는 용기기준에 따라 수납되어 저장·보관되고 용기의 외부에 물품의 통칭명, 수량 및 화기엄금의 표시(화기엄금과 동일한 의미를 갖는 표시를 포함)가 있는 경우

1) 건성유

아이오딘값이 130 이상인 동식물유류이며, 불포화도가 커 축적된 산화열로 인한 자연발화의 우려가 있다. 🔖실기에도 잘 나와요!

① **동물유** : 정어리유(154~196), 기타 생선유

② **식물유** : 동유(155~170), 해바라기유(125~135), 아마인유(175~195), 들기름(200)

　　🔊톡톡 튀는 **암기법** 동유, 해바라기유, 아마인유, 들기름 ⇨ <u>동해아들</u>

2) 반건성유

아이오딘값이 100~130인 동식물유류이다.

① **동물유** : 청어유(125~145)

② **식물유** : 쌀겨기름(100~115), 면실유(100~110), 채종유(95~105), 옥수수기름(110~135), 참기름(105~115)

3) 불건성유

아이오딘값이 100 이하인 동식물유류이다.

① **동물유** : 소기름, 돼지기름, 고래기름

② **식물유** : 올리브유(80~95), 동백유(80~90), 피마자유(80~90), 야자유(50~60)

※ 위 동식물유류의 괄호 안의 수치는 아이오딘값을 의미한다.

> 📖 **아이오딘값** 🔖실기에도 잘 나와요!
>
> 유지 100g에 흡수되는 아이오딘의 g수를 의미하며, 불포화도에 비례하고 이중결합수에도 비례한다.

예제 1 동식물유류는 1기압에서 인화점이 얼마인 것을 말하는가?

① 200℃ 미만

② 200℃ 이상 250℃ 미만

③ 250℃ 미만

④ 300℃ 미만

풀이 동식물유류란 동물의 지육 등 또는 식물의 종자나 과육으로부터 추출한 것으로서 1기압에서 인화점이 섭씨 250도 미만인 것을 말한다.

정답 ③

예제 2 다음 (   ) 안에 들어갈 표시의 종류에 해당하는 것은?

> 동식물유류에서 제외되는 경우는 행정안전부령이 정하는 기준에 따라 수납되어 저장·보관되고 용기의 외부에 물품의 통칭명, 수량, (   )의 표시가 있는 경우이다.

① 안전관리자의 성명 또는 직명

② 화기엄금(화기엄금과 동일한 의미를 갖는 표시를 포함)

③ 지정수량의 배수

④ 화기주의(화기주의와 동일한 의미를 갖는 표시를 포함)

풀이 동식물유류에서 제외되는 경우는 행정안전부령이 정하는 기준에 따라 수납되어 저장·보관되고 용기의 외부에 물품의 통칭명, 수량, 화기엄금(화기엄금과 동일한 의미를 갖는 표시를 포함)의 표시가 있는 경우이다.

정답 ②

예제 3 동식물유류 중 건성유에 해당하는 물질은 무엇인가?

① 참기름   ② 팜유

③ 쌀겨기름   ④ 아마인유

풀이 동식물유류 중 건성유에 해당하는 식물유로는 동유(오동나무기름), 해바라기유, 아마인유(아마씨기름), 들기름이 있다.

정답 ④

예제 4 불건성유의 아이오딘값 범위는 얼마인가?

① 130 이상   ② 100 이상 130 이하

③ 100 이하   ④ 50 이하

풀이 동식물유류의 아이오딘값 범위는 다음과 같이 구분한다.
1) 건성유 : 아이오딘값이 130 이상
2) 반건성유 : 아이오딘값이 100~130
3) 불건성유 : 아이오딘값이 100 이하

정답 ③

예제 5 동식물유류의 아이오딘값의 정의는 무엇인가?

① 유지 1,000g에 흡수되는 아이오딘의 g수

② 유지 100g에 흡수되는 KOH의 g수

③ 유지 100g에 흡수되는 아이오딘의 L수

④ 유지 100g에 흡수되는 아이오딘의 g수

풀이 아이오딘값이란 유지 100g에 흡수되는 아이오딘의 g수로서 불포화도에 비례하고 이중결합수에도 비례한다.

정답 ④

2-5 제5류 위험물 – 자기반응성 물질

유 별	성 질	위험등급	품 명	지정수량
제5류	자기 반응성 물질	I , II	1. 유기과산화물	제1종 : 10kg, 제2종 : 100kg
			2. 질산에스터류	
			3. 나이트로화합물	
			4. 나이트로소화합물	
			5. 아조화합물	
			6. 다이아조화합물	
			7. 하이드라진유도체	
			8. 하이드록실아민	
			9. 하이드록실아민염류	
			10. 그 밖에 행정안전부령으로 정하는 것	
			① 금속의 아지화합물	
			② 질산구아니딘	
			11. 제1호 내지 제10호의 어느 하나 이상을 함유한 것	

01 제5류 위험물의 일반적 성질

(1) 제5류 위험물의 구분

① 유기과산화물 : 유기물이 빛이나 산소에 의해 과산화되어 만들어지는 물질

② 질산에스터류 : 질산의 H 대신에 알킬기 C_nH_{2n+1}로 치환된 물질($R-O-NO_2$)

③ 나이트로화합물 : 나이트로기(NO₂)가 결합된 유기화합물

④ 나이로소화합물 : 나이트로소기(NO)가 결합된 유기화합물

⑤ 아조화합물 : 아조기(-N=N-)와 유기물이 결합된 화합물

⑥ 다이아조화합물 : 다이아조기(=N₂)와 유기물이 결합된 화합물

⑦ 하이드라진유도체 : 하이드라진(N₂H₄)은 제4류 위험물의 제2석유류 중 수용성 물질이지만 하이드라진에 다른 물질을 결합시키면 제5류 위험물의 하이드라진유도체가 생성된다.

⑧ 하이드록실아민 : 하이드록실과 아민(NH₂)의 화합물

   ※ 여기서, 하이드록실은 OH 또는 수산기와 동일한 명칭이다.

⑨ 하이드록실아민염류 : 하이드록실아민이 금속염류와 결합된 화합물

(2) 일반적인 성질

① 가연성 물질이며 그 자체가 산소공급원을 함유한 물질로 자기연소(내부연소)가 가능한 물질이다.

② 연소속도가 대단히 빠르고 폭발성이 있다.

③ 자연발화가 가능한 성질을 가진 것도 있다.

④ 비중은 모두 1보다 크며 액체 또는 고체로 존재한다.

⑤ 제5류 위험물 중 고체상의 물질은 수분을 함유하면 폭발성이 줄어든다.

⑥ 모두 물에 안 녹는다.

⑦ 점화원 및 분해를 촉진시키는 물질로부터 멀리해야 한다.

(3) 소화방법

자체적으로 산소공급원을 함유하고 있어서 질식소화는 효과가 없기 때문에 다량의 물로 냉각소화를 해야 한다.

02 제5류 위험물의 종류별 성질

(1) 유기과산화물

퍼옥사이드는 과산화라는 의미로서 벤젠 등의 유기물이 과산화된 상태의 물질을 말한다.

1) 과산화벤조일[(C₆H₅CO)₂O₂]＝벤조일퍼옥사이드

① 분해온도 75~80℃, 발화점 125℃, 융점 54℃, 비중 1.2이다.

② 가열 시에 약 100℃에서 백색의 산소를 발생한다.

③ 무색무취의 고체상태이다.

④ 상온에서는 안정하며 강산성 물질이고, 가열 및 충격에 의해 폭발한다.

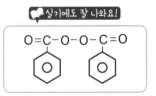

$$O=C-O-O-C=O$$

‖ 과산화벤조일의 구조식 ‖

⑤ 건조한 상태에서는 마찰 등으로 폭발의 위험이 있고 수분 포함 시 폭발성이 현저히 줄어든다.

⑥ 물에 안 녹고 유기용제에는 잘 녹는다.

2) 과산화메틸에틸케톤[$(CH_3COC_2H_5)_2O_2$] = 메틸에틸케톤퍼옥사이드

① 분해온도 40℃, 발화점 205℃, 인화점 59℃, 융점 20℃, 비점 75℃, 비중 1.06이다.

② 무색이며 특유의 냄새가 나는 **기름형태의 액체**로 존재한다.

③ 물에 안 녹으며 유기용제에는 잘 녹는다.

| 과산화메틸에틸케톤의 구조식 |

3) 아세틸퍼옥사이드[$(CH_3CO)_2O_2$]

① 발화점 121℃, 인화점 45℃, 융점 30℃, 비점 63℃이다.

② 무색의 고체이며 강한 자극성의 냄새를 가진다.

③ 물에 잘 녹지 않으며 유기용제에는 잘 녹는다.

| 아세틸퍼옥사이드의 구조식 |

(2) 질산에스터류

질산의 H 대신에 알킬기 C_nH_{2n+1}로 치환된 물질($C_nH_{2n+1}-O-NO_2$)을 말한다.

1) 질산메틸(CH_3ONO_2)

① 비점 66℃, 비중 1.2, **분자량 77**이다.

② 무색투명한 액체이며 향긋한 냄새와 단맛을 가지고 있다.

③ 물에는 안 녹으나 알코올, 에터에는 잘 녹는다.

④ 인화하기 쉽고 제4류 위험물과 성질이 비슷하다.

2) 질산에틸($C_2H_5ONO_2$)

① 비점 88℃, 비중 1.1, **분자량 91**이다.

② 무색투명한 액체이며 향긋한 냄새와 단맛을 가지고 있다.

③ 물에는 안 녹으나 알코올, 에터에는 잘 녹는다.

④ 인화하기 쉽고 제4류 위험물과 성질이 비슷하다.

3) 나이트로글리콜[$C_2H_4(ONO_2)_2$]

① 비점 200℃, 비중 1.5인 물질이다.

② 무색무취의 투명한 액체이나 공업용은 담황색이다.

③ 나이트로글리세린보다 충격감도는 적으나 충격·가열에 의해 폭발을 일으킨다.

④ 다이너마이트 등 폭약의 제조에 사용된다.

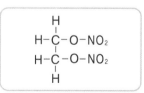
| 나이트로글리콜의 구조식 |

4) 나이트로글리세린[$C_3H_5(ONO_2)_3$]

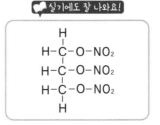

① 융점 2.8℃, 비점 218℃, 비중 1.6이다.

② 순수한 것은 무색무취의 투명한 액체이나 공업용은 담황색이다.

③ 동결된 것은 충격에 둔감하나 액체상태는 충격에 매우 민감하여 운반이 금지되어 있다.

④ 규조토에 흡수시킨 것이 다이너마이트이다.

∥ 나이트로글리세린의 구조식 ∥

⑤ 분해반응식 : $4C_3H_5(ONO_2)_3 \rightarrow 12CO_2 + 10H_2O + 6N_2 + O_2$

        나이트로글리세린   이산화탄소   수증기   질소   산소

    4몰의 나이트로글리세린을 분해시키면 총 29몰의 기체가 발생한다.

5) 나이트로셀룰로오스($[C_6H_7O_2(ONO_2)_3]_n$) = 질화면

① 분해온도 130℃, 발화온도 180℃, 비점 83℃, 비중 1.23이다.

② 물에는 안 녹고 알코올, 에터에 녹는 고체상태의 물질이다.

③ 셀룰로오스에 질산과 황산을 반응시켜 제조한다.

④ 질화도가 클수록 폭발의 위험성이 크다.

    ※ 질화도는 질산기의 수에 따라 결정된다.

⑤ 분해반응식 : $2C_{24}H_{29}O_9(ONO_2)_{11} \rightarrow 24CO + 24CO_2 + 17H_2 + 12H_2O + 11N_2$

           나이트로셀룰로오스   일산화탄소 이산화탄소   수소   수증기   질소

⑥ 건조하면 발화 위험이 있으므로 **함수알코올(수분 또는 알코올)을 습면**시켜 저장한다.

⑦ 물에 녹지 않고 직사일광에서 자연발화할 수 있다.

6) 셀룰로이드

① 발화점 165℃인 고체상태의 물질이다.

② 물에 녹지 않고 자연발화성이 있는 물질이다.

(3) 나이트로화합물

나이트로기(NO_2)가 결합된 유기화합물을 포함한다.

1) 트라이나이트로페놀[$C_6H_2OH(NO_2)_3$] = 피크린산

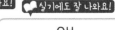

① 발화점 300℃, 융점 121℃, 비점 240℃, 비중 1.8, 분자량 229이다.

② 황색의 침상결정(바늘 모양의 고체)인 고체상태로 존재한다.

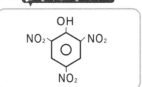

③ 찬물에는 안 녹고 온수, 알코올, 벤젠, 에터에는 잘 녹는다.

∥ 트라이나이트로페놀의 구조식 ∥

④ 쓴맛이 있고 독성이 있다.

⑤ 단독으로는 충격·마찰 등에 둔감하지만 구리, 아연 등 금속염류와의 혼합물은 피크린산염을 생성하여 마찰·충격 등에 위험해진다.

⑥ 분해반응식 : $2C_6H_2OH(NO_2)_3 \longrightarrow 4CO_2 + 6CO + 3N_2 + 2C + 3H_2$
　　　　　　　트라이나이트로페놀　　이산화탄소　일산화탄소　질소　탄소　수소

⑦ 고체 물질로 건조하면 위험하고 약한 습기에 저장하면 안정하다.

⑧ 주수하여 냉각소화를 해야 한다.

2) 트라이나이트로톨루엔$[C_6H_2CH_3(NO_2)_3]$=TNT 〔실기에도 잘 나와요!〕 〔실기에도 잘 나와요!〕

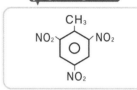

‖ 트라이나이트로톨루엔의 구조식 ‖

① 발화점 300℃, 융점 81℃, 비점 240℃, 비중 1.66, 분자량 227이다.

② 담황색의 주상결정(기둥 모양의 고체)인 고체상태로 존재한다.

③ 햇빛에 갈색으로 변하나 위험성은 없다.

④ 물에는 안 녹으나 알코올, 아세톤, 벤젠 등 유기용제에 잘 녹는다.

⑤ 독성이 없고 기준폭약으로 사용되며 피크린산보다 폭발성은 떨어진다.

⑥ 분해반응식 : $2C_6H_2CH_3(NO_2)_3 \longrightarrow 12CO + 2C + 3N_2 + 5H_2$
　　　　　　　트라이나이트로톨루엔　　일산화탄소　탄소　질소　수소

⑦ 고체 물질로, 건조하면 위험하고 약한 습기에 저장하면 안정하다.

⑧ 주수하여 냉각소화를 해야 한다.

📖 TNT의 생성과정

톨루엔에 질산과 함께 황산을 촉매로 반응시키면 촉매에 의한 탈수와 함께 나이트로화 반응을 3번 일으키면서 트라이나이트로톨루엔이 생성된다. 〔실기에도 잘 나와요!〕

$$C_6H_5CH_3 + 3HNO_3 \xrightarrow[\text{촉매로서 탈수를 일으킨다}]{H_2SO_4} C_6H_2CH_3(NO_2)_3 + 3H_2O$$
　　톨루엔　　　　질산　　　　　　　　　　　　　트라이나이트로톨루엔　　수증기

3) 테트릴$[C_6H_2NCH_3NO_2(NO_2)_3]$

① 융점 130℃, 비중 1.57이다.

② 담황색 고체로 존재한다.

(4) 나이트로소화합물

나이트로소기(NO)가 결합된 유기화합물을 포함한다.

① 파라다이나이트로소벤젠$[C_6H_4(NO)_2]$

② 다이나이트로소레조르신$[C_6H_2(OH)_2(NO)_2]$

(5) 아조화합물

아조기(–N=N–)와 유기물이 결합된 화합물이다.

① 아조다이카본아마이드($NH_2CON=NCONH_2$)

② 아조비스아이소뷰티로나이트릴[$(CH_3)_2CNCN=NCNC(CH_3)_2$]

(6) 다이아조화합물

다이아조기(=N_2)와 유기물이 결합된 화합물이다.

① 다이아조아세트나이트릴($N_2=CHCN$)

② 다이아조다이나이트로페놀[$C_6H_2ON_2(NO_2)_2$]

(7) 하이드라진유도체

하이드라진(N_2H_4)은 제4류 위험물의 제2석유류 중 수용성 물질이지만 하이드라진에 다른 물질을 결합시키면 제5류 위험물의 하이드라진유도체가 생성된다.

① 염산하이드라진(N_2H_4HCl)

② 황산하이드라진($N_2H_4H_2SO_4$)

(8) 하이드록실아민(NH_2OH)

하이드록실과 아민(NH_2)의 화합물이다.

※ 여기서, 하이드록실은 OH 또는 수산기와 동일한 명칭이다.

(9) 하이드록실아민염류

하이드록실아민이 금속염류와 결합된 화합물이다.

① 황산하이드록실아민[$(NH_2OH)_2H_2SO_4$]

② 나트륨하이드록실아민(NH_2OHNa)

(10) 금속의 아지화합물

행정안전부령으로 정하는 제5류 위험물로서 금속과 아지(N_3)의 화합물을 의미한다.

① 아지화나트륨(NaN_3)

② 아지화납[$Pb(N_3)_2$]

(11) 질산구아니딘($CH_5N_3HNO_3$)

행정안전부령으로 정하는 제5류 위험물이다.

예제 1 **트라이나이트로톨루엔을 만들 수 있는 재료는 무엇인가?**

① 벤젠　　　　　　　　　　② 페놀

③ 톨루엔　　　　　　　　　④ 휘발유

풀이 트라이나이트로톨루엔(TNT)은 톨루엔에 질산과 황산을 반응시켜 만든다.

정답 ③

예제 2 다음 중 품명이 다른 하나는 무엇인가?

① 나이트로글리콜   ② 나이트로글리세린

③ 트라이나이트로페놀   ④ 셀룰로이드

> **풀이** 제5류 위험물의 품명은 다음과 같다.
> ① 나이트로글리콜 : 질산에스터류
> ② 나이트로글리세린 : 질산에스터류
> ③ 트라이나이트로페놀 : 나이트로화합물
> ④ 셀룰로이드 : 질산에스터류

정답 ③

예제 3 다음의 제5류 위험물 중 상온에서 고체상태인 위험물로만 짝지어진 것은?

① 과산화벤조일과 나이트로셀룰로오스

② 메틸에틸케톤퍼옥사이드와 피크린산

③ 나이트로글리세린과 TNT

④ 질산메틸과 셀룰로이드

> **풀이** ① 과산화벤조일 : 고체, 나이트로셀룰로오스 : 고체
> ② 메틸에틸케톤퍼옥사이드 : 액체, 피크린산 : 고체
> ③ 나이트로글리세린 : 액체, TNT : 고체
> ④ 질산메틸 : 액체, 셀룰로이드 : 고체

정답 ①

예제 4 과산화벤조일[$(C_6H_5CO)_2O_2$]에 대한 설명 중 잘못된 것은 무엇인가?

① 분해온도는 75~80℃이고 발화점은 125℃이다.

② 가열 시 약 100℃에서 백색의 산소를 발생한다.

③ 무색무취의 고체상태이다.

④ 건조한 상태에서는 안정하지만 수분을 포함 시 매우 위험해진다.

> **풀이** ④ 과산화벤조일은 건조한 상태에서는 마찰 등으로 폭발의 위험이 있고 수분을 포함
> 시 폭발성이 현저히 줄어든다.

정답 ④

예제 5 행정안전부령으로 정하는 제5류 위험물의 종류로 맞는 것은?

① 염소화규소화합물

② 질산구아니딘

③ 할로젠간화합물

④ 염소화아이소사이아누르산

> **풀이** ① 염소화규소화합물 : 제3류 위험물
> ② 질산구아니딘 : 제5류 위험물
> ③ 할로젠간화합물 : 제6류 위험물
> ④ 염소화아이소사이아누르산 : 제1류 위험물

정답 ②

예제 6 질산에틸($C_2H_5ONO_2$)에 대한 설명 중 잘못된 것은 무엇인가?

① 비점 88℃, 분자량 91이다.

② 무색투명한 액체이며 향긋한 냄새와 단맛을 가지고 있다.

③ 물에도 잘 녹고 알코올, 에터에도 잘 녹는다.

④ 인화하기 쉽고 제4류 위험물의 제1석유류와 성질이 비슷하다.

풀이 ③ 질산에틸은 물에 잘 안 녹고 알코올, 에터에는 잘 녹는다.

정답 ③

예제 7 나이트로글리세린[$C_3H_5(ONO_2)_3$]의 성질로 맞는 것은 무엇인가?

① 나이트로화합물에 포함되는 물질이다.

② 순수한 것은 황색 고체이나 공업용은 무색이다.

③ 동결된 것은 충격에 민감하나 액체는 충격에 둔감하다.

④ 규조토에 흡수시킨 것이 다이너마이트이다.

풀이 ① 질산에스터류에 포함되는 물질이다.
② 순수한 것은 무색 무취의 투명한 액체이나 공업용은 담황색이다.
③ 동결된 것은 충격에 둔감하나 액체상태에서는 충격에 매우 민감하여 운반이 금지되어 있다.

정답 ④

예제 8 건조하면 발화 위험이 있으므로 함수알코올(수분 또는 알코올)을 습면시켜 저장하는 물질은 무엇인가?

① 나이트로글리세린

② 나이트로셀룰로오스

③ 피크린산

④ TNT

풀이 나이트로셀룰로오스는 고체상태로서 건조하면 발화의 위험이 있으므로 함수알코올(수분 또는 알코올)에 습면시켜 저장한다.

정답 ②

예제 9 피크린산의 성질에 대해 틀린 것은 무엇인가?

① 황색의 침상결정인 고체상태로 존재한다.

② 찬물에는 안 녹고 온수, 알코올, 벤젠, 에터에는 잘 녹는다.

③ 쓴맛이 있고 독성이 있다.

④ 폭발성의 물질이므로 구리, 아연 등의 금속재질로 만들어진 용기에 저장해야 한다.

풀이 ④ 트라이나이트로페놀(피크린산)은 단독으로는 충격, 마찰 등에 둔감하나 구리, 아연 등의 금속재질과는 반응을 통해 피크린산염을 생성하여 마찰, 충격 등에 위험해진다.

정답 ④

예제 10 질산메틸의 분자량은 얼마인가?

① 77
② 88
③ 91
④ 97

풀이 질산메틸의 화학식은 CH_3ONO_2이다.
포함된 원소의 수는 C 1개, H 3개, O 3개, N 1개이므로
분자량은 $12(C) + 1(H) \times 3 + 16(O) \times 3 + 14(N) = 77$ 이다.

정답 ①

2-6 제6류 위험물 – 산화성 액체

유 별	성 질	위험등급	품 명	지정수량
제6류	산화성 액체	I	1. 과염소산	300kg
			2. 과산화수소	300kg
			3. 질산	300kg
			4. 그 밖에 행정안전부령으로 정하는 것	
			① 할로젠간화합물	300kg
			5. 제1호 내지 제4호의 어느 하나 이상을 함유한 것	300kg

01 제6류 위험물의 일반적 성질

(1) 일반적인 성질

① 비중은 1보다 크며 물에 잘 녹는 액체상태의 물질이다.
② 자신은 불연성이고 산소를 함유하고 있어 가연물의 연소를 도와준다.
③ 증기는 부식성과 독성이 강하다.
④ **물과 발열반응**을 한다.
⑤ 분해하면 산소를 발생한다.
⑥ 강산화제로서 저장용기는 산에 견딜 수 있는 내산성 용기를 사용해야 한다.

(2) 소화방법

① 다량의 물로 냉각소화한다.
② 소화작업 시 유해한 가스가 발생하므로 방독면을 착용해야 하며 피부에 묻었을 때는 다량의 물로 씻어낸다.

02 제6류 위험물의 종류별 성질

(1) 과염소산($HClO_4$) 〈지정수량 : 300kg〉

① 융점 −112℃, 비점 39℃, 비중 1.7이다.

② 무색투명한 액체상태이다.

③ 산화력이 강하며 염소산 중에서 가장 강한 산이다.

④ 분해 시 발생하는 물질들은 기체상태이므로, HCl은 염산이 아닌 염화수소이며 이는 기관지를 손상시킬만큼 유해하다.

  – 분해반응식 : $HClO_4 \rightarrow HCl + 2O_2$ 〈실기에도 잘 나와요!〉
               과염소산　염화수소　산소

(2) 과산화수소(H_2O_2) 〈지정수량 : 300kg〉

※ 위험물안전관리법상 과산화수소는 농도가 36중량% 이상인 것을 말한다. 〈실기에도 잘 나와요!〉

① 융점 −0.43℃, 비점 150.2℃, 비중 1.46이다.

② 순수한 것은 점성의 무색 액체이나 많은 양은 청색으로 보인다.

③ 산화제이지만 환원제로 작용할 때도 있다.

④ 시판품의 농도는 30~40중량%이며, 농도가 60중량% 이상인 것은 충격에 의하여 폭발적으로 분해한다.

⑤ **물, 에터, 알코올에 녹지만 석유 및 벤젠에는 녹지 않는다.** 〈실기에도 잘 나와요!〉

⑥ **촉매로는 아이오딘화칼륨(KI)과 이산화망가니즈(MnO_2)가 사용된다.** 〈실기에도 잘 나와요!〉

⑦ 열, 햇빛에 의하여 분해하므로 착색된 내산성 용기에 담아 냉암소에 보관한다.

⑧ 상온에서 불안정한 물질이라 분해하여 산소를 발생시키며 이때 발생한 산소의 압력으로 용기를 파손시킬 수 있어 이를 방지하기 위해 용기는 구멍이 뚫린 마개로 막는다.

  – 분해반응식 : $2H_2O_2 \rightarrow 2H_2O + O_2$ 〈실기에도 잘 나와요!〉
             과산화수소　　물　　산소

⑨ 수용액에는 분해방지안정제를 첨가한다. 〈실기에도 잘 나와요!〉

  ※ 분해방지안정제 : **인산(H_3PO_4), 요산($C_5H_4N_4O_3$), 아세트아닐리드(C_8H_9NO)**

⑩ 용도로는 표백제, 산화제, 소독제, 화장품 등에 사용되며 특히 소독제로는 농도가 3%인 옥시돌(옥시풀)을 사용한다.

(3) 질산(HNO_3) 〈지정수량 : 300kg〉　〈실기에도 잘 나와요!〉

※ 위험물안전관리법상 질산은 **비중 1.49 이상**인 것으로 진한 질산만을 의미한다.

① 융점 −42℃, 비점 86℃, 비중 1.49이다.

② 햇빛에 의해 분해하면 **적갈색 기체인 이산화질소(NO_2)가 발생**하기 때문에 이를 방지하기 위하여 착색병을 사용한다.

  – 분해반응식 : $4HNO_3 \rightarrow 2H_2O + 4NO_2 + O_2$ 〈실기에도 잘 나와요!〉
             질산　　　물　　이산화질소　산소

③ 금(Au), 백금(Pt), 이리듐(Ir), 로듐(Rh)을 제외한 모든 금속을 녹일 수 있다.

④ **염산(HCl)과 질산(HNO₃)을 3 : 1의 부피비로 혼합한 용액을 왕수라 하며 왕수는 금과 백금도 녹일 수 있다.** 🔊실기에도 잘 나와요!

　※ 단, 이리듐, 로듐은 왕수로도 녹일 수 없다.

⑤ 제6류 위험물에 해당하는 진한 질산은 대부분의 반응에서 수소(H_2)가스를 발생시키지 않지만 묽은 질산의 경우 금속을 용해시킬 때 수소(H_2)가스를 발생시킨다.

$$Ca + 2HNO_3 \rightarrow Ca(NO_3)_2 + H_2$$
　칼슘　　묽은 질산　　 질산칼슘　　수소

⑥ **철(Fe), 코발트(Co), 니켈(Ni), 크로뮴(Cr), 알루미늄(Al) 등의 금속들은 진한 질산에서 부동태한다.** 🔊실기에도 잘 나와요!

　※ 부동태 : 물질 표면에 얇은 금속산화물의 막을 형성시켜 산화반응의 진행을 막아주는 현상

⑦ **단백질(프로틴 또는 프로테인)과의 접촉으로 노란색으로 변하는 크산토프로테인 반응을 일으킨다.** 🔊실기에도 잘 나와요!

(4) 할로젠간화합물 〈지정수량 : 300kg〉

※ 행정안전부령으로 정하는 제6류 위험물로서 할로젠원소끼리의 화합물을 의미하며 무색 액체로서 부식성이 있다.

① 삼플루오린화브로민(BrF₃) : 융점 8.77℃, 비점 125℃이다.

② 오플루오린화아이오딘(IF₅) : 융점 9.43℃, 비점 100.5℃이다.

③ 오플루오린화브로민(BrF₅) : 융점 −60.5℃, 비점 40.76℃이다.

예제 1 **제6류 위험물의 지정수량은 얼마인가?**

　① 100kg
　② 300kg
　③ 500kg
　④ 1,000kg

　🔘**풀이** 모든 제6류 위험물의 지정수량은 300kg이다.

　　　　　　　　　　　　　　　　　　　　　　　　　　　　정답 ②

예제 2 **제6류 위험물의 일반적인 성질 중 잘못된 것은 무엇인가?**

　① 비중은 1보다 크며 물에 잘 녹는 액체상태의 물질이다.
　② 산소를 함유하고 있어 가연물의 연소를 도와준다.
　③ 부식성이 강하고 증기는 독성이 강하다.
　④ 물과 흡열반응을 한다.

　🔘**풀이** ④ 제6류 위험물은 물과 발열반응을 한다.

　　　　　　　　　　　　　　　　　　　　　　　　　　　　정답 ④

예제 3 과염소산이 열분해하여 발생하는 독성 가스는 무엇인가?

① 염화수소   ② 산소
③ 수소   ④ 염소

풀이 공기 중에서 분해하면 염화수소(HCl)가스가 발생하여 기관지를 손상시킨다.

정답 ①

예제 4 과산화수소가 위험물이 되기 위한 농도의 조건은 무엇인가?

① 36중량% 이상
② 60중량% 이상
③ 76중량% 이상
④ 86중량% 이상

풀이 위험물안전관리법상 과산화수소는 농도가 36중량% 이상인 것을 말한다.

정답 ①

예제 5 과산화수소를 녹일 수 없는 물질은 무엇인가?

① 물   ② 에터
③ 알코올   ④ 석유

풀이 과산화수소는 물, 에터, 알코올에 녹지만 석유 및 벤젠에는 녹지 않는다.

정답 ④

예제 6 과산화수소의 분해방지안정제의 종류가 아닌 것은?

① 이산화망가니즈   ② 인산
③ 요산   ④ 아세트아닐리드

풀이 과산화수소의 분해방지안정제의 종류로는 인산, 요산, 아세트아닐리드가 있다.
이산화망가니즈는 촉매로 사용되어 오히려 분해를 촉진시키는 역할을 한다.

정답 ①

예제 7 질산이 위험물이 되기 위한 비중의 조건은 무엇인가?

① 1.16 이상   ② 1.28 이상
③ 1.38 이상   ④ 1.49 이상

풀이 위험물안전관리법상 질산은 비중이 1.49 이상인 것을 말한다.

정답 ④

예제 8 질산이 분해할 때 발생하는 적갈색 기체는 무엇인가?

① 산소   ② 이산화질소
③ 질소   ④ 수증기

풀이 질산의 분해반응식 : $4HNO_3 \rightarrow 2H_2O + 4NO_2 + O_2$
이때 발생하는 이산화질소(NO_2)가스의 색상은 적갈색이다.

정답 ②

예제 9 질산이 부동태하는 물질이 아닌 것은?

① 철
② 코발트
③ 니켈
④ 구리

풀이 철(Fe), 코발트(Co), 니켈(Ni), 크로뮴(Cr), 알루미늄(Al)은 진한 질산과 부동태한다. 부동태란 물질 표면에 얇은 금속산화물의 막을 형성시켜 산화반응의 진행을 막아주는 현상을 의미한다.

정답 ④

예제 10 질산은 단백질과 노란색으로 변하는 반응을 일으키는데 이를 무엇이라 하는가?

① 뷰렛반응
② 크산토프로테인반응
③ 아이오도폼반응
④ 은거울반응

풀이 질산은 단백질과의 접촉으로 노란색으로 변하는 크산토프로테인반응을 일으킨다.

정답 ②

예제 11 금과 백금을 녹이기 위해 왕수를 만들 수 있는데, 다음 중 왕수를 만드는 방법은 무엇인가?

① 염산과 질산을 1 : 3의 부피비로 혼합한다.
② 초산과 질산을 3 : 1의 부피비로 혼합한다.
③ 염산과 질산을 3 : 1의 부피비로 혼합한다.
④ 초산과 질산을 1 : 3의 부피비로 혼합한다.

풀이 염산(HCl)과 질산(HNO_3)을 3 : 1의 부피비로 혼합한 용액을 왕수라 하며, 왕수는 금과 백금도 녹일 수 있다.

정답 ③

성공하려면

당신이 무슨 일을 하고 있는지를 알아야 하며,

하고 있는 그 일을 좋아해야 하며,

하는 그 일을 믿어야 한다.

-월 로저스(Will Rogers)-

☆

때론 지치고 힘들지만 언제나 가슴에 큰 꿈을 안고 삽시다.

노력은 배반하지 않습니다. ^^

제2편

위험물산업기사 위험물안전관리법

(필기/실기 공통)

Industrial Engineer Hazardous material

Section 01 / 위험물안전관리법의 총칙

1-1 위험물과 위험물안전관리법

01 위험물과 지정수량의 정의

① 위험물 : 인화성 또는 발화성 등의 성질을 가지는 것으로서 대통령령이 정하는 물품
② 지정수량 : 대통령령이 정하는 수량으로서 제조소등의 설치허가등에 있어서 최저의 기준이 되는 수량

02 위험물안전관리법의 적용범위

(1) 위험물안전관리법의 적용 제외

일반적으로 육상에 존재하는 위험물의 저장·취급 및 운반은 위험물안전관리법의 적용을 받지만 항공기, 선박, 철도 및 궤도에 의한 위험물의 저장·취급 및 운반의 경우는 위험물안전관리법의 적용을 받지 않는다.

(2) 대통령령으로 정하는 위험물과 시·도조례로 정하는 위험물의 기준

① 지정수량 이상 위험물의 저장·취급·운반 기준 : 위험물안전관리법
② 지정수량 미만 위험물의 저장·취급 기준 : 시·도조례
③ 지정수량 미만 위험물의 운반기준 : 위험물안전관리법

1-2 위험물제조소등

01 제조소등의 정의

제조소, 저장소 및 취급소를 의미하며, 각 정의는 다음과 같다.
① 제조소 : 위험물을 제조할 목적으로 지정수량 이상의 위험물을 취급하기 위하여 허가를 받은 장소
② 저장소 : 지정수량 이상의 위험물을 저장하기 위한 대통령령이 정하는 장소
③ 취급소 : 지정수량 이상의 위험물을 제조 외의 목적으로 취급하기 위한 대통령령이 정하는 장소

02 위험물저장소 및 위험물취급소의 구분

(1) 위험물저장소의 구분 실기에도 잘 나와요!

저장소의 구분	지정수량 이상의 위험물을 저장하기 위한 장소
옥내저장소	옥내(건축물 내부)에 위험물을 저장하는 장소
옥외탱크저장소	옥외(건축물 외부)에 있는 탱크에 위험물을 저장하는 장소
옥내탱크저장소	옥내에 있는 탱크에 위험물을 저장하는 장소
지하탱크저장소	지하에 매설한 탱크에 위험물을 저장하는 장소
간이탱크저장소	간이탱크에 위험물을 저장하는 장소
이동탱크저장소	차량에 고정된 탱크에 위험물을 저장하는 장소
옥외저장소	옥외에 위험물을 저장하는 장소
암반탱크저장소	암반 내의 공간을 이용한 탱크에 액체 위험물을 저장하는 장소

(2) 위험물취급소의 구분 실기에도 잘 나와요!

취급소의 구분	위험물을 제조 외의 목적으로 취급하기 위한 장소
이송취급소	배관 및 이에 부속된 설비에 의하여 위험물을 이송하는 장소
주유취급소	고정주유설비에 의하여 자동차, 항공기 또는 선박 등에 직접 연료를 주유하기 위하여 위험물을 취급하는 장소
일반취급소	주유취급소, 판매취급소, 이송취급소 외의 위험물을 취급하는 장소
판매취급소	점포에서 위험물을 용기에 담아 판매하기 위하여 지정수량의 40배 이하의 위험물을 취급하는 장소(페인트점 또는 화공약품점)

톡톡 튀는 암기법 이주일판매(이번 주 일요일에 판매합니다.)

예제 1 위험물안전관리법의 규제에 대한 설명으로 틀린 것은?

① 지정수량 미만 위험물의 저장·취급 및 운반은 시·도조례에 의해 규제한다.
② 항공기에 의한 위험물의 저장·취급 및 운반은 위험물안전관리법의 규제대상이 아니다.
③ 궤도에 의한 위험물의 저장·취급 및 운반은 위험물안전관리법의 규제대상이 아니다.
④ 선박법의 선박에 의한 위험물의 저장·취급 및 운반은 위험물안전관리법의 규제대상이 아니다.

풀이 ① 지정수량 미만 위험물의 저장·취급은 시·도조례에 의해 규제하지만 운반은 지정수량 미만이라 하더라도 위험물안전관리법의 규제를 받는다.

정답 ①

예제 2 위험물안전관리법에서 사용하는 용어의 정의 중 틀린 것은?

① '지정수량'은 위험물의 종류별로 위험성을 고려하여 대통령령이 정하는 수량이다.

② '제조소'라 함은 위험물을 제조할 목적으로 지정수량 이상의 위험물을 취급하기 위하여 규정에 따라 허가를 받은 장소이다.

③ '저장소'라 함은 지정수량 이상의 위험물을 저장하기 위한 대통령령이 정하는 장소로서 규정에 따라 허가를 받은 장소를 말한다.

④ '제조소등'이라 함은 제조소, 저장소 및 이동탱크를 말한다.

풀이 ① '지정수량'은 위험물의 종류별로 위험성을 고려하여 대통령령이 정하는 수량으로 허가를 위한 최소의 기준이다.
② '제조소'라 함은 위험물을 제조할 목적으로 지정수량 이상의 위험물을 취급하기 위하여 규정에 따라 허가를 받은 장소이다.
③ '저장소'라 함은 지정수량 이상의 위험물을 저장하기 위한 대통령령이 정하는 장소로서 규정에 따라 허가를 받은 장소를 말한다.
④ '제조소등'이라 함은 제조소, 저장소 및 취급소를 말한다.

정답 ④

예제 3 다음 중 위험물저장소의 종류에 해당하지 않는 것은?

① 옥내저장소   ② 옥외탱크저장소
③ 이동탱크저장소   ④ 이송저장소

풀이 저장소의 종류는 다음과 같다.
1) 옥내저장소
2) 옥외탱크저장소
3) 옥내탱크저장소
4) 지하탱크저장소
5) 간이탱크저장소
6) 이동탱크저장소
7) 옥외저장소
8) 암반탱크저장소

정답 ④

예제 4 다음 중 위험물취급소의 종류에 해당하지 않는 것은?

① 이송취급소   ② 옥외취급소
③ 판매취급소   ④ 일반취급소

풀이 취급소의 종류는 다음과 같다.
1) 이송취급소
2) 주유취급소
3) 일반취급소
4) 판매취급소

정답 ②

1-3 위험물제조소등 시설의 허가 및 신고

(1) 시·도지사에게 허가를 받아야 하는 경우 〔실기에도 잘 나와요!〕

① 제조소등을 설치하고자 할 때

② 제조소등의 위치·구조 및 설비를 변경하고자 할 때

※ 제조소등의 설치허가 또는 제조소등의 위치·구조 및 설비의 변경허가에 있어서 한국소방산업기술원의 기술검토를 받아야 하는 사항
  1. 지정수량의 1천배 이상의 위험물을 취급하는 제조소 또는 일반취급소의 구조·설비에 관한 사항
  2. 50만L 이상인 옥외탱크저장소 또는 암반탱크저장소의 위험물탱크의 기초·지반, 탱크 본체 및 소화설비에 관한 사항

(2) 시·도지사에게 신고해야 하는 경우

① 제조소등의 위치·구조 또는 설비의 변경 없이 위험물의 품명·수량 또는 지정수량의 배수를 변경하고자 하는 자 : 변경하고자 하는 날의 1일 전까지 신고

② 제조소등의 설치자의 지위를 승계한 자 : 승계한 날부터 30일 이내에 신고

③ 제조소등의 용도를 폐지한 때 : 제조소등의 용도를 폐지한 날부터 14일 이내에 신고

(3) 허가나 신고 없이 제조소등을 설치하거나 위치·구조 또는 설비를 변경할 수 있고 위험물의 품명·수량 또는 지정수량의 배수를 변경할 수 있는 경우

① 주택의 난방시설(공동주택의 중앙난방시설을 제외한다)을 위한 **저장소 또는 취급소**

② 농예용·축산용 또는 수산용으로 필요한 난방시설 또는 건조시설을 위한 **지정수량 20배 이하의 저장소**

(4) 제조소등이 아닌 장소에서 지정수량 이상의 위험물을 취급할 수 있는 경우

① 관할소방서장의 승인을 받아 지정수량 이상의 위험물을 90일 이내의 기간 동안 임시로 저장 또는 취급하는 경우

② 군부대가 지정수량 이상의 위험물을 군사목적으로 임시로 저장 또는 취급하는 경우

1-4 위험물안전관리자

01 자격의 기준

(1) 위험물을 취급할 수 있는 자

위험물취급자격자의 구분	취급할 수 있는 위험물
위험물기능장, 위험물산업기사, 위험물기능사	모든 위험물
안전관리자 교육이수자	제4류 위험물
3년 이상의 소방공무원 경력자	제4류 위험물

(2) 제조소등의 종류 및 규모에 따라 선임하는 안전관리자의 자격

안전관리자의 선임을 위한 위험물기능사의 실무경력은 위험물기능사를 취득한 날로부터 2년 이상으로 한다.

1) 제조소

제조소의 규모	선임하는 안전관리자의 자격
1. 제4류 위험물만을 취급하는 것으로서 지정수량 5배 이하의 것	위험물기능장, 위험물산업기사, 위험물기능사, 안전관리자 교육이수자 또는 3년 이상의 소방공무원 경력자
2. 제1호에 해당하지 아니하는 것	위험물기능장, 위험물산업기사 또는 2년 이상 경력의 위험물기능사

2) 취급소

취급소의 규모		선임하는 안전관리자의 자격
주유취급소		위험물기능장, 위험물산업기사, 위험물기능사, 안전관리자 교육이수자 또는 3년 이상의 소방공무원 경력자
판매취급소	제4류 위험물만으로서 지정수량 5배 이하	
	제1석유류·알코올류·제2석유류·제3석유류·제4석유류·동식물유류만을 취급하는 것	
제4류 위험물만을 취급하는 일반취급소로서 지정수량 10배 이하의 것		
제2석유류·제3석유류·제4석유류·동식물유류만을 취급하는 일반취급소로서 지정수량 20배 이하의 것		
농어촌 전기공급사업촉진법에 따라 설치된 자가발전시설에 사용되는 위험물을 취급하는 일반취급소		
그 밖의 경우에 해당하는 취급소		위험물기능장, 위험물산업기사 또는 2년 이상의 실무경력이 있는 위험물기능사

3) 저장소

	저장소의 규모	선임하는 안전관리자의 자격
옥내 저장소	제4류 위험물만으로서 지정수량 5배 이하	위험물기능장, 위험물산업기사, 위험물 기능사, 안전관리자 교육이수자 또는 3년 이상의 소방공무원 경력자
	알코올류·제2석유류·제3석유류·제4석유류· 동식물유류만으로서 지정수량 40배 이하	
옥외 탱크 저장소	제4류 위험물만으로서 지정수량 5배 이하	
	제2석유류·제3석유류·제4석유류·동식물유 류만으로서 지정수량 40배 이하	
옥내 탱크 저장소	제4류 위험물만을 저장하는 것으로서 지정수 량 5배 이하의 것	
	제2석유류·제3석유류·제4석유류·동식물유 류만을 저장하는 것	
지하 탱크 저장소	제4류 위험물만을 저장하는 것으로서 지정수 량 40배 이하의 것	
	제1석유류·알코올류·제2석유류·제3석유류· 제4석유류·동식물유류만을 저장하는 것으로 서 지정수량 250배 이하의 것	
간이탱크저장소로서 제4류 위험물만을 저장하는 것		
옥외저장소 중 제4류 위험물만을 저장하는 것으로서 지정수량의 40배 이하의 것		
그 밖의 경우에 해당하는 저장소		위험물기능장, 위험물산업기사 또는 2년 이상 경력의 위험물기능사

02 선임 및 해임의 기준

(1) 안전관리자의 선임 및 해임의 신고기간 🔲실기에도 잘 나와요!

① 안전관리자가 해임되거나 퇴직한 때에는 해임되거나 퇴직한 날부터 **30일 이내에 다시 안전관리자를 선임**하여야 한다.

② 안전관리자를 선임한 때에는 **14일 이내**에 소방본부장 또는 소방서장에게 **신고**하여야 한다.

③ 안전관리자가 해임되거나 퇴직한 경우에는 소방본부장이나 소방서장에게 그 사실을 알려 해임 및 퇴직 사실을 확인받을 수 있다.

④ 안전관리자가 일시적으로 직무를 수행할 수 없거나 안전관리자의 해임 또는 퇴직과 동시에 다른 안전관리자를 선임하지 못하는 경우에는 **대리자를 지정하여 30일 이내 로만 대행**하게 하여야 한다.

📖 안전관리자 대리자의 자격

1) 안전교육을 받은 자
2) 제조소등의 위험물안전관리 업무에 있어서 안전관리자를 지휘·감독하는 직위에 있는 자

(2) 안전관리자의 중복 선임

다수의 제조소등을 동일인이 설치한 경우에는 다음의 경우에 대해 1인의 안전관리자를 중복하여 선임할 수 있다.

① 동일구내에 있거나 상호 100m 이내의 거리에 있는 저장소를 동일인이 설치한 장소로서 다음의 종류에 해당하는 경우

    ㉠ 10개 이하의 옥내저장소

    ㉡ 30개 이하의 옥외탱크저장소

    ㉢ 옥내탱크저장소

    ㉣ 지하탱크저장소

    ㉤ 간이탱크저장소

    ㉥ 10개 이하의 옥외저장소

    ㉦ 10개 이하의 암반탱크저장소

② 다음 기준에 모두 적합한 5개 이하의 제조소등을 동일인이 설치한 경우

    ㉠ 각 제조소등이 동일구내에 위치하거나 상호 100m 이내의 거리에 있을 것

    ㉡ 각 제조소등에서 저장 또는 취급하는 위험물의 최대수량이 지정수량의 3천배 미만일 것(단, 저장소의 경우에는 그러하지 아니하다)

예제 1 위험물 관련 신고 및 선임에 관한 사항으로 옳지 않은 것은?

① 제조소의 위치·구조 변경 없이 위험물의 품명 변경 시는 변경하고자 하는 날의 7일 이전까지 신고하여야 한다.

② 제조소 설치자의 지위를 승계한 자는 승계한 날로부터 30일 이내에 신고하여야 한다.

③ 제조소등의 용도를 폐지한 때에는 제조소등의 용도를 폐지한 날부터 14일 이내에 신고하여야 한다.

④ 위험물안전관리자가 퇴직한 경우는 퇴직일로부터 30일 이내에 선임하여야 한다.

풀이 위험물시설의 신고 및 선임은 다음의 기준으로 한다.

    1) 제조소등의 위치·구조 또는 설비의 변경 없이 위험물의 품명·수량 또는 지정수량의 배수를 변경하고자 하는 자는 변경하고자 하는 날의 1일 전까지 시·도지사에게 신고하여야 한다.

    2) 제조소등의 설치자의 지위를 승계한 자는 승계한 날부터 30일 이내에 시·도지사에게 신고하여야 한다.

    3) 제조소등의 용도를 폐지한 때에는 제조소등의 용도를 폐지한 날부터 14일 이내에 시·도지사에게 신고하여야 한다.

    4) 위험물안전관리자가 선임한 경우는 선임일로부터 14일 이내에 소방본부장 또는 소방서장에게 신고하여야 한다.

    5) 위험물안전관리자가 퇴직한 경우는 퇴직일로부터 30일 이내에 선임하여야 한다.

정답 ①

예제 2 허가 없이 제조소등을 설치·변경할 수 있고 신고 없이 위험물의 품명·수량 또는 지정수량의 배수를 변경할 수 있는 대상이 아닌 것은?

① 주택의 난방시설(공동주택의 중앙난방시설을 제외)을 위한 저장소

② 농예용·축산용으로 필요한 난방 또는 건조시설을 위한 지정수량 20배 이하의 저장소

③ 주택의 난방시설(공동주택의 중앙난방시설을 제외)을 위한 취급소

④ 수산용으로 필요한 난방시설 또는 건조시설을 위한 지정수량 20배 이하의 취급소

풀이 ④ 수산용으로 필요한 난방시설 또는 건조시설을 위한 지정수량 20배 이하의 저장소가 대상이며 취급소는 대상이 아니다.

다음에 해당하는 제조소등의 경우에는 허가를 받지 않고 제조소등을 설치하거나 위치·구조 또는 설비를 변경할 수 있고 신고를 하지 아니하고 위험물의 품명·수량 또는 지정수량의 배수를 변경할 수 있다.

1) 주택의 난방시설(공동주택의 중앙난방시설을 제외한다)을 위한 저장소 또는 취급소
2) 농예용·축산용 또는 수산용으로 필요한 난방시설 또는 건조시설을 위한 지정수량 20배 이하의 저장소

정답 ④

예제 3 다음 중 잘못된 설명은 무엇인가?

① 위험물기능사를 취득했지만 경력이 없는 사람도 주유취급소의 위험물안전관리자로 선임을 할 수 있다.

② 위험물기능사 취득 후 경력 1년인 사람은 제4류 위험물을 지정수량의 10배로 취급하는 제조소의 위험물안전관리자로 선임을 할 수 있다.

③ 위험물기능장을 취득했지만 경력이 없는 사람도 제4류 위험물을 지정수량의 10배로 취급하는 제조소의 위험물안전관리자로 선임을 할 수 있다.

④ 소방공무원 경력 5년인 사람은 제4류 위험물을 지정수량의 5배로 취급하는 제조소의 위험물안전관리자로 선임을 할 수 있다.

풀이 ① 주유취급소의 위험물안전관리자 선임은 위험물기능사만 취득하면 가능하다.
② 지정수량의 5배를 초과하는 제조소의 위험물안전관리자로 선임을 할 수 있는 경우는 위험물기능사 취득 후 경력 2년 이상을 충족하여야 한다.
③ 위험물산업기사 또는 위험물기능장은 어떠한 조건에서도 위험물안전관리자로 선임할 수 있다.
④ 소방공무원 경력 3년 이상인 자는 제4류 위험물을 지정수량의 5배 이하로 취급하는 제조소의 위험물안전관리자로 선임할 수 있다.

정답 ②

예제 4 위험물안전관리자를 선임한 때에는 며칠 이내에 신고를 하여야 하는가?

① 14일　　　　　　　　② 15일

③ 20일　　　　　　　　④ 30일

풀이 위험물안전관리자를 선임한 때에는 14일 이내에 소방본부장이나 소방서장에게 신고하여야 한다.

정답 ①

예제 5 다음 중 위험물취급자격자에 해당하지 않는 사람은 누구인가?

① 안전관리자교육이수자

② 위험물기능사

③ 소방공무원 경력 2년인 자

④ 위험물산업기사

풀이 위험물취급자격자는 다음과 같다.
   1) 위험물기능장, 위험물산업기사, 위험물기능사의 자격자
   2) 안전관리자교육이수자
   3) 소방공무원으로 근무한 경력이 3년 이상인 자

정답 ③

예제 6 위험물안전관리자가 해임되거나 퇴직한 경우 위험물제조소등의 관계인이 조치해야 할 사항은?

① 해임 또는 퇴직일로부터 7일 이내에 소방본부장이나 소방서장에게 반드시 신고해야 한다.

② 해임 또는 퇴직일로부터 14일 이내에 소방본부장이나 소방서장에게 반드시 신고해야 한다.

③ 해임 또는 퇴직일로부터 30일 이내에 소방본부장이나 소방서장에게 반드시 신고해야 한다.

④ 해임 또는 퇴직한 경우에는 소방본부장이나 소방서장에게 그 사실을 알려 해임 및 퇴직 사실을 확인받을 수 있다.

풀이 위험물안전관리자가 해임 또는 퇴직한 경우에는 소방본부장이나 소방서장에게 그 사실을 알려 해임 및 퇴직 사실을 확인받을 수 있게 되었다.

정답 ④

예제 7 동일구내에 있는 다수의 저장소들을 동일인이 설치한 경우 1인의 위험물안전관리자를 중복하여 선임할 수 있는 경우에 해당하지 않는 것은?

① 10개의 옥내저장소

② 35개의 옥외탱크저장소

③ 10개의 지하탱크저장소

④ 10개의 옥외저장소

풀이 동일구내에 있는 다수의 저장소들을 동일인이 설치한 경우 1인의 위험물안전관리자를 중복하여 선임할 수 있는 경우는 다음과 같다.
   1) 10개 이하의 옥내저장소
   2) 30개 이하의 옥외탱크저장소
   3) 옥내탱크저장소
   4) 지하탱크저장소
   5) 간이탱크저장소
   6) 10개 이하의 옥외저장소
   7) 10개 이하의 암반탱크저장소

정답 ②

1-5　자체소방대

(1) 자체소방대의 설치기준

① 제4류 위험물을 지정수량의 3천배 이상 취급하는 제조소 및 일반취급소와 50만배 이상 저장하는 옥외탱크저장소에 설치한다. 🔴실기에도 잘 나와요!

② 자체소방대를 설치하지 않을 수 있는 일반취급소의 종류

　　㉠ 보일러, 버너, 그 밖에 이와 유사한 장치로 위험물을 소비하는 일반취급소

　　㉡ 이동저장탱크, 그 밖에 이와 유사한 것에 위험물을 주입하는 일반취급소

　　㉢ 용기에 위험물을 옮겨 담는 일반취급소

　　㉣ 유압장치, 윤활유순환장치, 그 밖에 이와 유사한 장치로 위험물을 취급하는 일반취급소

　　㉤ 「광산안전법」의 적용을 받는 일반취급소

(2) 자체소방대에 두는 화학소방자동차와 자체소방대원의 수의 기준 🔴실기에도 잘 나와요!

사업소의 구분	화학소방자동차의 수	자체소방대원의 수
지정수량의 3천배 이상 12만배 미만으로 취급하는 제조소 또는 일반취급소	1대	5인
지정수량의 12만배 이상 24만배 미만으로 취급하는 제조소 또는 일반취급소	2대	10인
지정수량의 24만배 이상 48만배 미만으로 취급하는 제조소 또는 일반취급소	3대	15인
지정수량의 48만배 이상으로 취급하는 제조소 또는 일반취급소	4대	20인
지정수량의 50만배 이상으로 저장하는 옥외탱크저장소	2대	10인

(3) 자체소방대 편성의 특례

2개 이상의 사업소가 상호응원에 관한 협정을 체결하고 있는 경우 다음 기준에 따른다.

① 모든 사업소를 하나의 사업소로 볼 것

② 각 사업소에서 취급하는 양을 합산한 양을 하나의 사업소에서 취급하는 양으로 간주할 것

③ 상호응원에 관한 협정을 체결하고 있는 각 사업소의 자체소방대에는 화학소방차 대수의 2분의 1 이상의 대수와 화학소방자동차마다 5인 이상의 자체소방대원을 둘 것

(4) 화학소방자동차(소방차)에 갖추어야 하는 소화능력 및 설비의 기준 💬실기에도 잘 나와요!

소방차의 구분	소화능력 및 설비의 기준
포수용액방사차	포수용액의 방사능력이 매분 2,000L 이상일 것
	소화약액탱크 및 소화약액혼합장치를 비치할 것
	10만L 이상의 포수용액을 방사할 수 있는 양의 소화약제를 비치할 것
분말방사차	분말의 방사능력이 매초 35kg 이상일 것
	분말탱크 및 가압용 가스설비를 비치할 것
	1,400kg 이상의 분말을 비치할 것
할로젠화합물방사차	할로젠화합물의 방사능력이 매초 40kg 이상일 것
	할로젠화합물탱크 및 가압용 가스설비를 비치할 것
	1,000kg 이상의 할로젠화합물을 비치할 것
이산화탄소방사차	이산화탄소의 방사능력이 매초 40kg 이상일 것
	이산화탄소 저장용기를 비치할 것
	3,000kg 이상의 이산화탄소를 비치할 것
제독차	가성소다 및 규조토를 각각 50kg 이상 비치할 것

※ 포수용액을 방사하는 화학소방자동차의 대수는 화학소방자동차 대수의 3분의 2 이상으로 하여야 한다.

예제 1 취급하는 제4류 위험물의 수량이 지정수량의 30만배인 일반취급소가 있는 사업장에 자체소방대를 설치함에 있어서 전체 화학소방차 중 포수용액을 방사하는 화학소방차는 몇 대 이상 두어야 하는가?

① 필수적인 것은 아니다.　　② 1대
③ 2대　　④ 3대

📝풀이 포수용액을 방사하는 화학소방자동차의 대수는 화학소방자동차의 대수의 3분의 2 이상으로 하여야 한다. 문제의 조건이 지정수량의 30만배이므로 필요한 화학소방자동차의 대수는 3대인데, 그 중 포수용액을 방사하는 화학소방차는 전체 대수의 3분의 2 이상으로 해야 하므로 3대 중 3분의 2 이상은 2대 이상이 되는 것이다.

정답 ③

예제 2 위험물제조소등에 자체소방대를 두어야 할 대상의 위험물안전관리법령상 기준으로 옳은 것은? (단, 원칙적인 경우에 한한다.)

① 지정수량 3,000배 이상의 위험물을 저장하는 저장소 또는 제조소
② 지정수량 3,000배 이상의 위험물을 취급하는 제조소 또는 일반취급소
③ 지정수량 3,000배 이상의 제4류 위험물을 저장하는 저장소 또는 제조소
④ 지정수량 3,000배 이상의 제4류 위험물을 취급하는 제조소 또는 일반취급소

📝풀이 자체소방대를 설치해야 하는 기준 : 제4류 위험물을 지정수량의 3천배 이상 취급하는 제조소 또는 일반취급소

정답 ④

1-6 위험물의 운반과 운송 및 벌칙기준 등

01 위험물의 운반

(1) 위험물운반자

① 운반용기에 수납된 위험물을 지정수량 이상으로 차량에 적재하여 **운반하는 차량의 운전자**

② 위험물 분야의 자격 취득 또는 위험물 운반과 관련된 교육을 수료할 것

(2) 위험물 운반기준

용기 · 적재방법 및 운반방법에 관한 중요기준과 세부기준에 따라 행하여야 한다.

① **중요기준** : 위반 시 직접적으로 화재를 일으킬 가능성이 큰 경우로 행정안전부령이 정하는 기준

② **세부기준** : 위반 시 중요기준보다 상대적으로 적은 영향을 미치거나 간접적으로 화재를 일으킬 수 있는 경우 및 위험물의 안전관리에 필요한 표시와 서류 · 기구 등의 비치에 관한 행정안전부령이 정하는 기준

(3) 위험물 운반용기 검사

① 운반용기를 제작하거나 수입한 자 등의 신청에 따라 시 · 도지사가 검사한다.

② 기계에 의해 하역하는 구조로 된 대형 운반용기로서 행정안전부령이 정하는 것을 제작하거나 수입한 자 등은 용기를 사용하거나 유통시키기 전에 시 · 도지사가 실시하는 검사를 받아야 한다.

02 위험물의 운송

(1) 위험물운송자

① 이동탱크저장소에 의하여 위험물을 운송하는 자로 **운송책임자** 및 **이동탱크저장소 운전자**

② 위험물 분야의 자격 취득 또는 위험물 운송과 관련된 교육을 수료할 것

(2) 위험물 운송기준

① 운전자를 2명 이상으로 하는 경우

㉠ 고속국도에서 340km 이상에 걸치는 운송을 하는 경우

㉡ 일반도로에서 200km 이상에 걸치는 운송을 하는 경우

② 운전자를 1명으로 할 수 있는 경우

㉠ 운송책임자를 동승시킨 경우

ⓛ 제2류 위험물, 제3류 위험물(칼슘 또는 알루미늄의 탄화물에 한한다) 또는 제4류
        위험물(특수인화물 제외)을 운송하는 경우
      ⓒ 운송 도중에 2시간 이내마다 20분 이상씩 휴식하는 경우
   ③ 위험물안전카드를 휴대해야 하는 위험물 **실기에도 잘 나와요!**
      ㉠ 제4류 위험물 중 특수인화물 및 제1석유류
      ⓛ 제1류ㆍ제2류ㆍ제3류ㆍ제5류ㆍ제6류 위험물 전부

(3) 운송책임자

   ① 운송책임자의 자격요건
      ㉠ 위험물 국가기술자격을 취득하고 관련 업무에 1년 이상 종사한 경력이 있는 자
      ⓛ 위험물의 운송에 관한 안전교육을 수료하고 관련 업무에 2년 이상 종사한 경력이
        있는 자
   ② 운송 시 운송책임자의 감독ㆍ지원을 받아야 하는 위험물 **실기에도 잘 나와요!**
      ㉠ 알킬알루미늄
      ⓛ 알킬리튬

03 벌칙기준

(1) 제조소등에서 위험물의 유출ㆍ방출 또는 확산 시 벌칙

   ① 사람의 생명ㆍ신체 또는 재산에 대하여 위험을 발생시킨 자 : 1년 이상 10년 이하의 징역
   ② 사람을 상해에 이르게 한 때 : 무기 또는 3년 이상의 징역
   ③ 사람을 사망에 이르게 한 때 : 무기 또는 5년 이상의 징역

(2) 업무상 과실로 인해 제조소등에서 위험물의 유출ㆍ방출 또는 확산 시 벌칙

   ① 사람의 생명ㆍ신체 또는 재산에 대하여 위험을 발생시킨 자 : 7년 이하의 금고 또는
      7천만원 이하의 벌금
   ② 사람을 사상에 이르게 한 자 : 10년 이하의 징역 또는 금고나 1억원 이하의 벌금

(3) 설치허가를 받지 아니하거나 허가받지 아니한 장소에서 위험물 취급 시 벌칙

   ① 제조소등의 설치허가를 받지 아니하고 제조소등을 설치한 자 : 5년 이하의 징역 또는
      1억원 이하의 벌금
   ② 저장소 또는 제조소등이 아닌 장소에서 지정수량 이상의 위험물을 저장 또는 취급한 자
      : 3년 이하의 징역 또는 3천만원 이하의 벌금

(4) 1년 이하의 징역 또는 1천만원 이하의 벌금에 해당하는 벌칙 **실기에도 잘 나와요!**

   ① 탱크시험자로 등록하지 아니하고 탱크시험자의 업무를 한 자

② 정기점검을 하지 아니하거나 정기검사를 받지 아니한 자

③ 자체소방대를 두지 아니한 자

④ 운반용기의 검사를 받지 아니하고 사용 또는 유통시킨 자

⑤ 출입·검사 등의 명령을 위반한 위험물을 저장 또는 취급하는 장소의 관계인

⑥ 제조소등에 긴급 사용정지·제한명령을 위반한 자

04 제조소등 설치허가의 취소와 사용정지 등

시·도지사는 다음에 해당하는 때에는 허가를 취소하거나 6월 이내의 기간을 정하여 제조소등의 전부 또는 일부의 사용정지를 명할 수 있다.

① **수리·개조** 또는 이전의 명령을 위반한 때

② 저장·취급 기준 **준**수명령을 위반한 때

③ **완**공검사를 받지 아니하고 제조소등을 사용한 때

④ 위험물안**전**관리자를 선임하지 아니한 때

⑤ **변경**허가를 받지 아니하고 제조소등의 위치, 구조 또는 설비를 변경한 때

⑥ **대**리자를 지정하지 아니한 때

⑦ **정**기점검을 실시하지 아니한 때

⑧ 정기**검**사를 받지 아니한 때

톡톡튀는 **암기법** 수준 완전 변경 대정검(수준 완전 변변하네 대장금)

05 제조소등에 대한 행정처분기준

위반사항	행정처분기준		
	1차	2차	3차
수리·개조 또는 이전의 명령에 위반한 때	사용정지 30일	사용정지 90일	허가취소
저장·취급 기준 준수명령을 위반한 때	사용정지 30일	사용정지 60일	허가취소
완공검사를 받지 아니하고 제조소등을 사용한 때	사용정지 15일	사용정지 60일	허가취소
위험물안전관리자를 선임하지 아니한 때			
변경허가를 받지 아니하고 제조소등의 위치, 구조 또는 설비를 변경한 때	경고 또는 사용정지 15일	사용정지 60일	허가취소
대리자를 지정하지 아니한 때	사용정지 10일	사용정지 30일	허가취소
정기점검을 하지 아니한 때			
정기검사를 받지 아니한 때			

예제 1 이동탱크저장소에 의한 위험물의 운송 시 준수하여야 하는 기준에서 다음 중 어떤 위험물을 운송할 때 위험물운송자는 위험물안전카드를 휴대하여야 하는가?

① 특수인화물 및 제1석유류　　　　② 알코올류 및 제2석유류

③ 제3석유류 및 동식물유류　　　　④ 제4석유류

풀이 위험물 운송 시 위험물안전카드를 휴대해야 하는 위험물은 전체 유별이 적용되지만 제4류 위험물의 경우 특수인화물과 제1석유류만 해당된다.

정답 ①

예제 2 운송 시 운송책임자의 감독·지원을 받아야 하는 위험물은 어느 것인가?

① 특수인화물 및 제1석유류　　　　② 알킬알루미늄 및 알킬리튬

③ 황린과 적린　　　　　　　　　　④ 과산화수소와 질산

풀이 운송 시 운송책임자의 감독·지원을 받아야 하는 위험물은 알킬알루미늄 및 알킬리튬이다.

정답 ②

예제 3 제조소등에서 위험물을 유출·방출 또는 확산시켜 사람을 상해에 이르게 한 경우의 벌칙에 관한 기준에 해당하는 것은 무엇인가?

① 3년 이상 10년 이하의 징역　　　② 무기 또는 10년 이하의 징역

③ 무기 또는 3년 이상의 징역　　　④ 무기 또는 5년 이상의 징역

풀이 제조소등에서 위험물을 유출·방출 또는 확산시켜 사람을 상해에 이르게 한 때에는 무기 또는 3년 이상의 징역에 처하며, 사망에 이르게 한 때에는 무기 또는 5년 이상의 징역에 처한다.

정답 ③

예제 4 제조소등의 관계인에게 제조소등의 허가취소 또는 사용정지처분을 할 수 있는 사유가 아닌 것은?

① 변경허가를 받지 아니하고 제조소등의 위치, 구조 또는 설비를 변경한 때

② 수리, 개조 또는 이전의 명령을 위반한 때

③ 정기점검을 하지 아니한 때

④ 출입검사를 정당한 사유 없이 거부한 때

풀이 시·도지사가 제조소등의 설치허가를 취소하거나 6개월 이내로 제조소등의 전부 또는 일부의 사용정지를 명할 수 있는 경우는 다음과 같다.
1) 변경허가를 받지 아니하고 제조소등의 위치·구조 또는 설비를 변경한 때
2) 완공검사를 받지 아니하고 제조소등을 사용한 때
3) 수리·개조 또는 이전의 명령을 위반한 때
4) 위험물안전관리자를 선임하지 아니한 때
5) 대리자를 지정하지 아니한 때
6) 정기점검을 실시하지 않거나 정기검사를 받지 아니한 때
7) 저장·취급 기준 준수명령을 위반한 때

정답 ④

1-7 탱크의 내용적 및 공간용적

01 탱크의 내용적

탱크의 내용적은 탱크 전체의 용적(부피)을 말한다.

(1) 타원형 탱크의 내용적 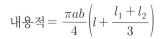 실기에도 잘 나와요!

① 양쪽이 볼록한 것

$$\text{내용적} = \frac{\pi ab}{4}\left(l + \frac{l_1 + l_2}{3}\right)$$

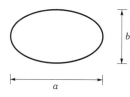
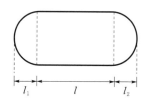

② 한쪽은 볼록하고 다른 한쪽은 오목한 것

$$\text{내용적} = \frac{\pi ab}{4}\left(l + \frac{l_1 - l_2}{3}\right)$$

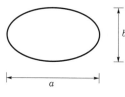
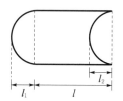

(2) 원통형 탱크의 내용적 실기에도 잘 나와요!

① 가로로 설치한 것

$$\text{내용적} = \pi r^2\left(l + \frac{l_1 + l_2}{3}\right)$$

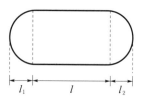

② 세로로 설치한 것

$$내용적 = \pi r^2 l$$

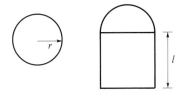

02 탱크의 공간용적

(1) 일반탱크의 공간용적 〔실기에도 잘 나와요!〕

탱크 내용적의 100분의 5 이상 100분의 10 이하로 한다.

(2) 소화설비를 설치하는 탱크의 공간용적

※ 여기서 소화설비는 소화약제 방출구를 탱크 안의 윗부분에 설치하는 것에 한한다.

해당 소화설비의 소화약제 방출구 아래의 0.3m **이상** 1m **미만** 사이의 면으로부터 윗부분의 용적을 공간용적으로 한다.

(3) 암반탱크의 공간용적 〔실기에도 잘 나와요!〕

해당 탱크 내에 용출하는 **7일간의 지하수의 양**에 상당하는 용적과 그 **탱크 내용적의 100분의 1의 용적** 중에서 **보다 큰 용적**을 공간용적으로 한다.

03 탱크의 최대용량 〔실기에도 잘 나와요!〕

탱크의 최대용량은 다음과 같이 구한다.

$$탱크의 최대용량 = 탱크의 내용적 - 탱크의 공간용적$$

예제 1 **탱크 내용적이란 무엇을 말하는가?**

① 탱크 전체의 용적을 말한다.
② 탱크의 최대용적에 110%를 곱한 양을 말한다.
③ 탱크의 최대용적에서 공간용적을 뺀 양을 말한다.
④ 탱크의 공간용적에 110%를 곱한 양을 말한다.

풀이 탱크 내용적이란 탱크 전체의 용적(부피)을 말한다.

정답 ①

예제2 세로로 세워진 탱크에서 공간용적이 10%일 경우 탱크의 용량은? (단, $r = 2m$, $l = 10m$이다.)

① 113.04m³   ② 124.34m³

③ 129.06m³   ④ 138.16m³

풀이 탱크 내용적에서 공간용적이 10%이므로 탱크 용량은 탱크 내용적의 90%이다.
∴ 탱크 용량 = $\pi \times 2^2 \times 10 \times 0.9 = 113.04m^3$

정답 ①

예제3 다음은 위험물을 저장하는 탱크의 공간용적 산정기준이다. (   ) 안에 들어갈 수치로 옳은 것은?

> 위험물을 저장·취급하는 탱크의 공간용적은 탱크 내용적의 (A) 이상 (B) 이하의 용적으로 한다. 단, 소화설비(소화약제 방출구를 탱크 안의 윗부분에 설치하는 것에 한한다)를 설치하는 탱크의 공간용적은 그 소화설비의 소화약제 방출구 아래의 (C)m 이상 (D)m 미만 사이 면으로부터 윗부분의 용적으로 한다.

① A : 3/100, B : 10/100, C : 0.5, D : 1.5

② A : 5/100, B : 5/100, C : 0.5, D : 3

③ A : 5/100, B : 10/100, C : 0.3, D : 1.5

④ A : 5/100, B : 10/100, C : 0.3, D : 1

풀이 탱크의 공간용적은 다음의 기준으로 한다.
1) 일반탱크의 공간용적 : 탱크의 내용적의 100분의 5 이상 100분의 10 이하
2) 소화설비(소화약제 방출구를 탱크 안의 윗부분에 설치하는 것에 한한다)를 설치하는 탱크의 공간용적 : 그 소화설비의 소화약제 방출구 아래의 0.3m 이상 1m 미만 사이의 면으로부터 윗부분의 용적으로 한다.

정답 ④

예제4 내용적이 20,000L인 옥내저장탱크에 대하여 저장 또는 취급의 허가를 받을 수 있는 최대용량은?

① 18,000L

② 19,000L

③ 19,400L

④ 20,000L

풀이 탱크의 공간용적 : 탱크 내용적의 100분의 5 이상 100분의 10 이하
탱크의 용량 : 탱크 내용적의 90% 이상 95% 이하
탱크의 최대용량은 공간용적이 최소가 되는 경우이므로 탱크 내용적의 95%를 적용해야 탱크의 최대용량이 된다.
∴ 20,000L × 0.95 = 19,000L

정답 ②

1-8 | 예방규정과 정기점검 및 정기검사

01 예방규정

(1) 예방규정의 정의

제조소등의 화재예방과 화재 등의 재해발생 시 비상조치를 위하여 필요한 사항을 작성해 놓은 규정을 말한다.

(2) 예방규정을 정해야 하는 제조소등

① 지정수량의 10배 이상의 위험물을 취급하는 제조소
② 지정수량의 100배 이상의 위험물을 저장하는 옥외저장소
③ 지정수량의 150배 이상의 위험물을 저장하는 옥내저장소
④ 지정수량의 200배 이상의 위험물을 저장하는 옥외탱크저장소
⑤ 암반탱크저장소
⑥ 이송취급소
⑦ 지정수량의 10배 이상의 위험물을 취급하는 일반취급소

02 정기점검

(1) 정기점검의 정의

제조소등이 자체적으로 기술수준에 적합한지의 여부를 정기적으로 점검하고 결과를 기록·보존하는 것을 말한다.

(2) 정기점검의 대상이 되는 제조소등

① 예방규정대상에 해당하는 것
② 지하탱크저장소
③ 이동탱크저장소
④ 위험물을 취급하는 탱크로서 지하에 매설된 탱크가 있는 제조소, 주유취급소 또는 일반취급소

(3) 정기점검의 횟수

연 1회 이상으로 한다.

03 정기검사

(1) 정기검사의 정의

소방본부장 또는 소방서장으로부터 제조소등이 기술수준에 적합한지 여부를 정기적으로 검사받는 것을 말한다.

(2) 정기검사의 대상이 되는 제조소등

특정 · 준특정 옥외탱크저장소(위험물을 저장 또는 취급하는 50만L 이상의 옥외탱크저장소)

예제 1 예방규정을 정해야 하는 제조소등의 사항으로 틀린 것은?

① 지정수량의 10배 이상의 위험물을 취급하는 제조소
② 지정수량의 200배 이상의 위험물을 저장하는 옥내저장소
③ 암반탱크저장소
④ 이송취급소

풀이 ② 예방규정의 대상이 되는 옥내저장소는 지정수량의 150배 이상의 위험물을 저장하는 경우이다.

정답 ②

예제 2 다음 중 정기점검대상이 아닌 것은 무엇인가?

① 암반탱크저장소
② 이송취급소
③ 옥내탱크저장소
④ 이동탱크저장소

풀이 ③ 옥내탱크저장소는 정기점검대상에 해당하지 않는다.

정답 ③

1-9 업무의 위탁

(1) 한국소방산업기술원이 시 · 도지사로부터 위탁받아 수행하는 업무

① 탱크 안전성능검사
② 완공검사

③ 소방본부장 또는 소방서장의 정기검사

④ 시·도지사의 운반용기검사

⑤ 소방청장의 권한 중 탱크시험자의 기술인력으로 종사하는 자에 대한 안전교육

📖 **탱크 안전성능검사 및 완공검사의 위탁업무에 해당하는 기준**

1) 탱크 안전성능검사의 위탁업무에 해당하는 탱크
   ㉠ 100만L 이상인 액체 위험물 저장탱크
   ㉡ 암반탱크
   ㉢ 지하저장탱크 중 이중벽의 위험물탱크

2) 완공검사의 위탁업무에 해당하는 제조소등
   ㉠ 지정수량 1천배 이상의 위험물을 취급하는 제조소 또는 일반취급소
   ㉡ 50만L 이상의 옥외탱크저장소
   ㉢ 암반탱크저장소

(2) 한국소방안전원이 소방청장으로부터 위탁받아 수행하는 업무

한국소방안전원이 소방청장으로부터 위탁받아 수행하는 업무는 안전교육이며, 그 세부 내용은 다음과 같다.

1) 안전교육대상자
   ① 안전관리자로 선임된 자
   ② 탱크시험자의 기술인력으로 종사하는 자
   ③ 위험물운반자로 종사하는 자
   ④ 위험물운송자로 종사하는 자

2) 안전교육 과정 및 시간

교육과정	교육대상자	교육시간	교육시기	교육기관
강습 교육	안전관리자가 되려는 사람	24시간	최초 선임되기 전	한국소방 안전원
	위험물운반자가 되려는 사람	8시간	최초 종사하기 전	
	위험물운송자가 되려는 사람	16시간	최초 종사하기 전	
실무 교육	안전관리자	8시간 이내	1. 제조소등의 안전관리자로 선임된 날부터 6개월 이내 2. 신규교육을 받은 후 2년마다 1회	
	위험물운반자	4시간	1. 위험물운반자로 종사한 날부터 6개월 이내 2. 신규교육을 받은 후 3년마다 1회	
	위험물운송자	8시간 이내	1. 위험물운송자로 종사한 날부터 6개월 이내 2. 신규교육을 받은 후 3년마다 1회	
	탱크시험자의 기술인력	8시간 이내	1. 탱크시험자의 기술인력으로 등록한 날부터 6개월 이내 2. 신규교육을 받은 후 2년마다 1회	한국 소방산업 기술원

예제 1 한국소방산업기술원이 위탁받아 수행하는 탱크 안전성능검사에 해당하지 않는 탱크는 어느 것인가?

① 100만L 이상인 액체 위험물 저장탱크
② 암반탱크
③ 지하저장탱크 중 이중벽의 위험물탱크
④ 옥내저장탱크 중 이중벽의 위험물탱크

풀이 한국소방산업기술원이 위탁받아 수행하는 탱크 안전성능검사에 해당하는 탱크
1) 100만L 이상인 액체 위험물 저장탱크
2) 암반탱크
3) 지하저장탱크 중 이중벽의 위험물탱크

정답 ④

예제 2 다음 중 한국소방안전원에서 실시하는 위험물안전관리자의 실무교육은 신규교육을 받은 후 몇 년마다 1회의 교육을 받아야 하는가?

① 1년
② 2년
③ 3년
④ 4년

풀이 한국소방안전원에서 실시하는 위험물안전관리자의 교육시기는 다음과 같이 구분한다.
1) 제조소등의 안전관리자로 선임된 날부터 6개월 이내
2) 신규교육을 받은 후 2년마다 1회

정답 ②

예제 3 다음 중 위험물안전관리법상 제조소등의 완공검사 절차에 관한 설명으로 틀린 것은 어느 것인가?

① 지정수량의 1천배 이하의 위험물을 취급하는 제조소의 탱크 설치에 따른 완공검사는 한국소방산업기술원이 실시한다.
② 암반탱크저장소의 변경에 따른 완공검사는 한국소방산업기술원이 실시한다.
③ 지정수량의 1천배 이상의 위험물을 취급하는 일반취급소의 설치에 따른 완공검사는 한국소방산업기술원이 실시한다.
④ 50만L 이상인 옥외탱크저장소 설치에 따른 완공검사는 한국소방산업기술원이 실시한다.

풀이 한국소방산업기술원이 시·도지사로부터 위탁받아 수행하는 탱크의 설치 또는 변경에 따른 완공검사의 업무에 해당하는 제조소등은 다음과 같다.
1) 지정수량의 1천배 이상의 위험물을 취급하는 제조소 또는 일반취급소의 설치 또는 변경에 따른 완공검사
2) 50만L 이상의 옥외탱크저장소 또는 암반탱크저장소의 설치 또는 변경에 따른 완공검사

정답 ①

예제 4 다음 중 한국소방산업기술원이 위탁받아 수행하는 업무에 해당하는 것은?

① 안전관리자로 선임된 자에 대한 안전교육

② 위험물운송자로 종사하는 자에 대한 안전교육

③ 탱크시험자의 기술인력으로 종사하는 자에 대한 안전교육

④ 위험물운송책임자로 종사하는 자에 대한 안전교육

풀이 1. 한국소방안전원이 위탁받아 수행하는 업무
　　 1) 안전관리자로 선임된 자에 대한 안전교육
　　 2) 위험물운송자로 종사하는 자에 대한 안전교육
　　2. 한국소방산업기술원이 위탁받아 수행하는 업무
　　 – 탱크시험자의 기술인력으로 종사하는 자에 대한 안전교육

정답 ③

1-10 탱크 안전성능검사와 완공검사

01 탱크 안전성능검사

(1) 탱크 안전성능검사의 종류와 대상 　실기에도 잘 나와요!

① 기초 · 지반 검사 : 액체위험물을 저장하는 100만L 이상인 옥외저장탱크

② 충수 · 수압 검사 : 액체위험물을 저장 또는 취급하는 탱크

③ 용접부 검사 : 액체위험물을 저장하는 100만L 이상인 옥외저장탱크

④ 암반탱크 검사 : 액체위험물을 저장 또는 취급하는 암반 내의 공간을 이용한 탱크

※ 시 · 도지사가 면제할 수 있는 탱크 안전성능검사의 종류는 충수 · 수압 검사이다.

(2) 탱크 안전성능검사의 신청시기 　실기에도 잘 나와요!

① 기초 · 지반 검사 : 위험물탱크의 기초 및 지반에 관한 공사의 개시 전

② 충수 · 수압 검사 : 위험물 탱크에 배관, 그 밖의 부속설비를 부착하기 전

③ 용접부 검사 : 탱크 본체에 관한 공사의 개시 전

④ 암반탱크 검사 : 암반탱크의 본체에 관한 공사의 개시 전

02 완공검사

(1) 완공검사의 실시

제조소등의 설치 또는 변경을 마친 때에는 시 · 도지사가 행하는 완공검사를 받아야 하며 그 결과가 행정안전부령으로 정하는 기술기준에 적합하다고 인정되는 때에는 시 · 도지사는 **완공검사합격확인증을** 교부하여야 한다.

(2) 완공검사의 신청시기 ◀ 💬실기에도 잘 나와요!

① 지하탱크가 있는 제조소등의 경우 : **지하탱크를 매설하기 전**

② 이동탱크저장소의 경우 : **이동저장탱크를 완공하고 상치장소를 확보한 후**

③ 이송취급소의 경우 : 이송배관 공사의 전체 또는 일부를 완료한 후

④ 전체 공사가 완료된 후에는 완공검사를 실시하기 곤란한 경우

    ㉠ 위험물설비 또는 배관의 설치가 완료되어 기밀시험 또는 내압시험을 실시하는 시기

    ㉡ 배관을 지하에 설치하는 경우에는 시·도지사, 소방서장 또는 기술원이 지정하는 부분을 매몰하기 직전

    ㉢ 기술원이 지정하는 부분의 비파괴시험을 실시하는 시기

⑤ 그 밖의 제조소등의 경우 : 제조소등의 공사를 완료한 후

03 탱크시험자의 기술능력과 시설 및 장비

(1) 기술능력

탱크시험자의 필수인력은 다음과 같다.

① 위험물기능장, 위험물산업기사 또는 위험물기능사 중 1명 이상

② 비파괴검사기술사 1명 이상 또는 방사선비파괴검사, 초음파비파괴검사, 자기비파괴검사 및 침투비파괴검사별로 기사 또는 산업기사 각 1명 이상

(2) 시설

탱크시험자의 필수시설은 다음과 같다.

– 전용사무실

(3) 장비 ◀ 💬실기에도 잘 나와요!

탱크시험자의 필수장비와 필요한 경우에 두는 장비는 다음과 같다.

① 필수장비

    ㉠ 자기탐상시험기

    ㉡ 초음파두께측정기

    ㉢ '방사선투과시험기 및 초음파시험기' 또는 '영상초음파시험기' 중 어느 하나

② 필요한 경우에 두는 장비

    ㉠ 진공누설시험기

    ㉡ 기밀시험장치

    ㉢ 수직·수평도 측정기

예제 1 다음 중 탱크 안전성능검사의 종류에 해당하지 않는 것은?

① 기초·지반 검사
② 충수·수압 검사
③ 이동탱크 검사
④ 용접부 검사

풀이 탱크 안전성능검사의 종류
1) 기초·지반 검사
2) 충수·수압 검사
3) 용접부 검사
4) 암반탱크 검사

정답 ③

예제 2 탱크시험자의 기술인력 중 필수인력에 포함되지 않는 자는?

① 위험물기능장
② 위험물기능사
③ 비파괴검사기술사
④ 토양오염기사

풀이 탱크시험자의 기술인력 중 필수인력에 해당하는 자는 위험물기능장, 위험물산업기사, 위험물기능사, 비파괴검사기술사, 그리고 방사선비파괴검사, 초음파비파괴검사, 자기비파괴검사 및 침투비파괴검사별로 기사 또는 산업기사이다.

정답 ④

예제 3 제조소등이 완공검사를 받아 그 결과가 기술기준에 적합하다고 인정되는 때에는 시·도지사는 무엇을 교부하여야 하는가?

① 소방검사서
② 예방규정
③ 완공검사합격확인증
④ 탱크시험성적서

풀이 제조소등이 완공검사를 받아 그 결과가 기술기준에 적합하다고 인정되는 때에는 시·도지사는 완공검사합격확인증을 교부하여야 한다.

정답 ③

Section 02 제조소, 저장소의 위치·구조 및 설비의 기준

2-1 제조소

01 안전거리

(1) 제조소의 안전거리기준 ◀ 실기에도 잘 나와요!

제조소로부터 다음 건축물 또는 공작물의 외벽(외측) 사이에는 다음과 같이 안전거리를 두어야 한다.

① 주거용 건축물(제조소의 동일부지 외에 있는 것) : 10m 이상

② 학교, 병원, 극장(300명 이상), 다수인 수용시설 : 30m 이상

③ 유형문화재, 지정문화재 : 50m 이상

④ 고압가스, 액화석유가스 등의 저장·취급 시설 : 20m 이상

⑤ 사용전압이 7,000V 초과 35,000V 이하의 특고압가공전선 : 3m 이상

⑥ 사용전압이 35,000V를 초과하는 특고압가공전선 : 5m 이상

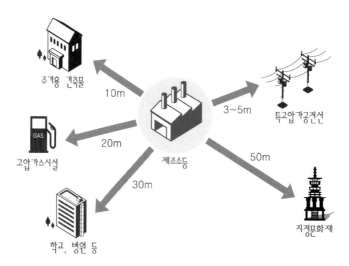

┃ 제조소등의 안전거리 ┃

(2) 제조소등의 안전거리를 제외할 수 있는 조건

① 제6류 위험물을 취급하는 제조소, 취급소 또는 저장소 〈실기에도 잘 나와요!〉
② 주유취급소
③ 판매취급소
④ 지하탱크저장소
⑤ 옥내탱크저장소
⑥ 이동탱크저장소
⑦ 간이탱크저장소
⑧ 암반탱크저장소

(3) 하이드록실아민등(하이드록실아민과 하이드록실아민염류) 제조소의 안전거리기준

하이드록실아민등을 취급하는 제조소의 안전거리는 특고압가공전선을 제외하고 다음의 공식에 의해서 결정된다.

$$D = 51.1 \times \sqrt[3]{N}$$

여기서, D : 안전거리(m)
N : 취급하는 하이드록실아민등의 지정수량의 배수

(4) 제조소등의 안전거리를 단축할 수 있는 기준

제조소등과 주거용 건축물, 학교 및 유치원 등, 문화재의 사이에 **방화상 유효한 담을 설치**하면 **안전거리**를 다음과 같이 **단축**할 수 있다.

① 방화상 유효한 담을 설치한 경우의 안전거리

구 분	취급하는 위험물의 최대수량 (지정수량의 배수)	안전거리(m, 이상)		
		주거용 건축물	학교, 유치원 등	문화재
제조소·일반취급소	10배 미만	6.5	20	35
	10배 이상	7.0	22	38
옥내저장소	5배 미만	4.0	12.0	23.0
	5배 이상 10배 미만	4.5	12.0	23.0
	10배 이상 20배 미만	5.0	14.0	26.0
	20배 이상 50배 미만	6.0	18.0	32.0
	50배 이상 200배 미만	7.0	22.0	38.0
옥외탱크저장소	500배 미만	6.0	18.0	32.0
	500배 이상 1,000배 미만	7.0	22.0	38.0
옥외저장소	10배 미만	6.0	18.0	32.0
	10배 이상 20배 미만	8.5	25.0	44.0

② 방화상 유효한 담의 높이

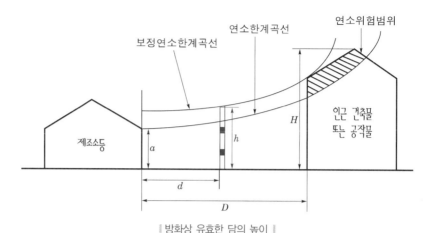

∥ 방화상 유효한 담의 높이 ∥

- $H \leqq pD^2 + a$인 경우 : $h = 2$
- $H > pD^2 + a$인 경우 : $h = H - p(D^2 - d^2)$

여기서, D : 제조소등과 인근 건축물 또는 공작물과의 거리(m)
H : 인근 건축물 또는 공작물의 높이(m)
a : 제조소등의 외벽의 높이(m)
d : 제조소등과 방화상 유효한 담과의 거리(m)
h : 방화상 유효한 담의 높이(m)
p : 상수(0.15 또는 0.04)

방화상 유효한 담의 높이는 위의 수치 이상으로 하며, 2 미만일 때에는 담의 높이를 2m로 하고 담의 높이가 4 이상일 때에는 담의 높이를 4m로 하되 적절한 소화설비를 보강하여야 한다.

예제 1 제조소로부터 지정문화재까지의 안전거리는 최소 얼마 이상이 되어야 하는가?

① 10m 이상   ② 30m 이상

③ 50m 이상   ④ 70m 이상

풀이 제조소로부터 다음 건축물 또는 공작물의 외벽(외측) 사이에는 다음과 같이 안전거리를 두어야 한다.
1) 주거용 건축물 : 10m 이상
2) 학교, 병원, 극장(300명 이상), 다수인 수용시설 : 30m 이상
3) 유형문화재, 지정문화재 : 50m 이상
4) 고압가스, 액화석유가스 등의 저장·취급 시설 : 20m 이상
5) 사용전압이 7,000V 초과 35,000V 이하의 특고압가공전선 : 3m 이상
6) 사용전압이 35,000V를 초과하는 특고압가공전선 : 5m 이상

정답 ③

예제 2 질산을 제조하는 제조소로부터 학교까지의 안전거리는 최소 얼마 이상이어야 하는가?

① 50m
② 30m
③ 20m
④ 필요 없음

✔풀이 제조소로부터 학교까지의 안전거리는 30m 이상이지만, 질산은 제6류 위험물이기 때문에 안전거리가 필요 없다.

정답 ④

예제 3 안전거리를 제외할 수 있는 제조소등의 종류가 아닌 것은?

① 옥외저장소
② 주유취급소
③ 제6류 위험물을 취급하는 제조소
④ 옥내탱크저장소

✔풀이 안전거리를 제외할 수 있는 제조소등은 다음과 같다.
1) 제6류 위험물을 취급하는 제조소, 취급소, 저장소
2) 주유취급소
3) 판매취급소
4) 지하탱크저장소
5) 옥내탱크저장소
6) 이동탱크저장소
7) 간이탱크저장소
8) 암반탱크저장소

정답 ①

예제 4 제2종 하이드록실아민 800kg을 제조하는 제조소로부터 학교까지의 안전거리는 얼마 이상인가?

① 25.55m
② 51.1m
③ 102.2m
④ 153.3m

✔풀이 제2종 하이드록실아민(제5류 위험물)의 지정수량은 100kg이므로 800kg은 지정수량의 8배이다.
따라서, $N=8$이 되므로, 안전거리를 구하는 식은 다음과 같다.
$D = 51.1 \times \sqrt[3]{N} = 51.1 \times \sqrt[3]{8} = 51.1 \times 2 = 102.2m$

정답 ③

예제 5 제조소로부터 문화재 사이의 안전거리는 50m 이상이다. 이 안전거리를 지정수량의 배수에 따른 거리만큼 단축하기 위해 필요한 설비는 무엇인가?

① 보유공지
② 옥외소화전설비
③ 소화기
④ 방화상 유효한 담

✔풀이 방화상 유효한 담을 설치하면 안전거리를 단축시킬 수 있다.

정답 ④

예제 6 방화상 유효한 담을 설치하더라도 제조소의 안전거리를 단축시킬 수 없는 대상은 어느 것인가?

① 주거용 건축물
② 학교, 유치원 등
③ 지정문화재
④ 특고압가공전선

✔풀이 방화상 유효한 담을 설치한 경우의 단축시킬 수 있는 안전거리의 대상은 주거용 건축물, 학교, 유치원 등, 지정문화재만이며 고압가스 및 액화석유가스 저장·취급 시설 및 특고압가공전선은 제외한다.

정답 ④

예제 7 제조소의 안전거리를 단축기준과 관련하여 $H \leq pD^2 + a$인 경우 방화상 유효한 담의 높이(h)는 2m 이상으로 한다. 이때 a가 의미하는 것은 무엇인가?

① 제조소등과 방화상 유효한 담 사이의 거리

② 인근 건축물의 높이

③ 제조소등의 외벽의 높이

④ 제조소등과 인근 건축물 또는 공작물과의 거리

풀이 $H \leq pD^2 + a$

여기서, D : 제조소등과 인근 건축물 또는 공작물과의 거리

H : 인근 건축물 또는 공작물의 높이

a : 제조소등의 외벽의 높이

p : 상수

정답 ③

02 보유공지

위험물을 취급하는 건축물(위험물 이송배관은 제외)의 주위에는 그 취급하는 위험물의 최대수량에 따라 공지(비워두어야 하는 공간 또는 부지)를 보유하여야 한다.

(1) 제조소 보유공지의 기준 실기에도 잘 나와요!

지정수량의 배수	공지의 너비
지정수량의 10배 이하	3m 이상
지정수량의 10배 초과	5m 이상

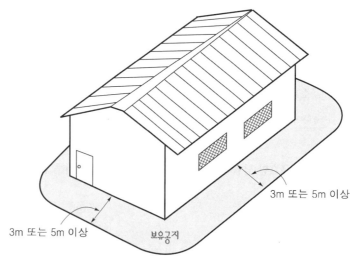

3m 또는 5m 이상

3m 또는 5m 이상

보유공지

‖ 제조소의 보유공지 ‖

(2) 제조소에 보유공지를 두지 않을 수 있는 경우 🗨️실기에도 잘 나와요!

제조소는 최소 3m 이상의 보유공지를 확보해야 하는데 만일 제조소와 그 인접한 장소에 다른 작업장이 있고 그 작업장과 제조소 사이에 공지를 두게 되면 작업에 지장을 초래하는 경우가 발생할 수 있다. 이때 아래의 조건을 만족하는 **방화상 유효한 격벽(방화벽)**을 설치한 경우에는 제조소에 공지를 두지 않을 수 있다.

① **방화벽**은 **내화구조**로 할 것(단, 제6류 위험물의 제조소라면 불연재료도 가능)
② 방화벽에 설치하는 출입구 및 창에는 **자동폐쇄식의 60분＋방화문 또는 60분 방화문**을 설치할 것
③ 방화벽의 **양단 및 상단**이 외벽 또는 지붕으로부터 **50cm 이상 돌출**할 것

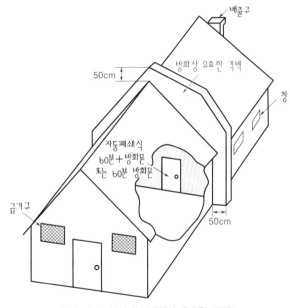

┃ 제조소에 설치하는 방화상 유효한 격벽 ┃

📖 방화문

1) **60분＋방화문** : 연기 및 불꽃을 차단할 수 있는 시간이 60분 이상이고 열을 차단할 수 있는 시간이 30분 이상인 방화문
2) **60분 방화문** : 연기 및 불꽃을 차단할 수 있는 시간이 60분 이상인 방화문
3) **30분 방화문** : 연기 및 불꽃을 차단할 수 있는 시간이 30분 이상 60분 미만인 방화문

📖 내화구조와 불연재료

1) **내화구조** : 불에 견디는 구조(철근콘크리트)
2) **불연재료** : 불에 타지 않는 재료(철강 및 벽돌 등, 유리는 제외)
※ 내구성의 크기 : 내화구조 ＞ 불연재료

예제 1 어느 제조소는 일일 최대량으로 휘발유 4,000L를 제조한다. 이 제조소의 보유공지는 최소 얼마 이상을 확보해야 하는가?

① 5m   ② 3m

③ 1m   ④ 필요 없음

풀이 휘발유는 제4류 위험물의 제1석유류 비수용성 물질이므로 지정수량이 200L이다.
따라서, 지정수량의 배수는 4,000L/200L＝20배이다.
이 경우, 지정수량의 20배를 제조하기 때문에 지정수량의 10배 초과에 해당하는 보유공지인 5m 이상을 확보해야 한다.

정답 ①

예제 2 제4류 위험물을 취급하는 제조소와 다른 작업장 사이에 보유공지를 두지 않기 위해 설치하는 방화벽은 어떤 구조로 해야 하는가?

① 내화구조   ② 불연재료

③ 방화구조   ④ 난연재료

풀이 제조소와 다른 작업장 사이에 다음과 같은 조건의 방화벽을 설치하면 제조소에 보유공지를 두지 않을 수 있다.
1) 방화벽은 내화구조로 할 것(단, 제6류 위험물 제조소는 불연재료도 가능)
2) 방화벽에 설치하는 출입구 및 창에는 자동폐쇄식 60분＋방화문 또는 60분 방화문을 설치할 것
3) 방화벽의 양단 및 상단이 외벽 또는 지붕으로부터 50cm 이상 돌출할 것

정답 ①

03 표지 및 게시판

(1) 제조소 표지의 기준

① 위치 : 제조소 주변의 보기 쉬운 곳에 설치하는 것 외에 특별한 규정은 없다.

② 크기 : 한 변 0.3m 이상, 다른 한 변 0.6m 이상인 직사각형

③ 내용 : 위험물제조소

④ 색상 : 백색 바탕, 흑색 문자

‖ 제조소의 표지 ‖

(2) 방화에 관하여 필요한 사항을 표시한 게시판의 기준 실기에도 잘 나와요!

① 위치 : 제조소 주변의 보기 쉬운 곳에 설치하는 것 외에 특별한 규정은 없다.

② 크기 : 한 변 0.3m 이상, 다른 한 변 0.6m 이상인 직사각형

③ 내용 : 위험물의 유별·품명, 저장최대수량(또는 취급최대수량), 지정수량의 배수, 안전관리자의 성명(또는 직명)

④ 색상 : 백색 바탕, 흑색 문자

유별 · 품명	제4류 제4석유류
저장(취급)최대수량	40,000리터
지정수량의 배수	200배
안전관리자	여승훈

0.6m 이상

0.3m 이상

▎방화에 관하여 필요한 사항을 표시한 게시판 ▎

(3) 주의사항 게시판의 기준

① **위치** : 제조소 주변의 보기 쉬운 곳에 설치하는 것 외에 특별한 규정은 없다.

② **크기** : 한 변 0.3m 이상, 다른 한 변 0.6m 이상인 직사각형

③ **위험물에 따른 주의사항 내용 및 색상** ◀실기에도 잘 나와요!

위험물의 종류	주의사항 내용	색 상	게시판 형태
• 제2류 위험물 중 인화성 고체 • 제3류 위험물 중 자연발화성 물질 • 제4류 위험물 • 제5류 위험물	화기엄금	적색 바탕, 백색 문자	**화기엄금** (0.6m 이상, 0.3m 이상)
• 제2류 위험물 (인화성 고체 제외)	화기주의	적색 바탕, 백색 문자	**화기주의** (0.6m 이상, 0.3m 이상)
• 제1류 위험물 중 알칼리금속의 과산화물 • 제3류 위험물 중 금수성 물질	물기엄금	청색 바탕, 백색 문자	**물기엄금** (0.6m 이상, 0.3m 이상)
• 제1류 위험물(알칼리 금속의 과산화물 제외) • 제6류 위험물	게시판을 설치할 필요 없음		

예제 1 방화에 필요한 사항을 게시한 게시판의 내용으로 틀린 것은?

① 유별 및 품명　　　　　　　② 지정수량의 배수
③ 위험등급 및 화학명　　　　　④ 안전관리자의 성명 또는 직명

풀이 방화에 필요한 사항을 게시한 게시판의 내용은 다음과 같다.
　　1) 유별
　　2) 품명
　　3) 저장최대수량 또는 취급최대수량
　　4) 지정수량의 배수
　　5) 안전관리자의 성명 또는 직명

정답 ③

예제 2 위험물제조소의 표지에 대한 설명으로 틀린 것은?

① 제조소 표지의 위치는 보기 쉬운 곳에 설치하는 것 외에는 특별한 규정이 없다.
② 제조소 표지에는 위험물제조소와 취급하는 유별을 표시해야 한다.
③ 바탕은 백색으로 하고 문자는 흑색으로 한다.
④ 표지는 한 변 0.3m 이상, 다른 한 변 0.6m 이상으로 한다.

풀이 제조소 표지에는 "위험물제조소"만 표시한다.

정답 ②

예제 3 제조소의 주의사항 게시판 중 물기엄금이 표시되어 있는 경우 바탕색과 문자색은 각각 무엇인가?

① 바탕색 : 백색, 문자색 : 흑색
② 바탕색 : 적색, 문자색 : 흑색
③ 바탕색 : 청색, 문자색 : 백색
④ 바탕색 : 백색, 문자색 : 청색

풀이 제조소의 주의사항 게시판 내용과 색상은 다음의 기준에 따른다.
　　1) 화기엄금 : 적색 바탕, 백색 문자
　　2) 화기주의 : 적색 바탕, 백색 문자
　　3) 물기엄금 : 청색 바탕, 백색 문자

정답 ③

예제 4 제1류 위험물의 알칼리금속의 과산화물을 취급하는 제조소에 설치해야 하는 주의사항 게시판의 내용은 무엇인가?

① 물기엄금　　　　　　　　　② 화기엄금
③ 화기주의　　　　　　　　　④ 필요 없음

풀이 제1류 위험물의 제조소의 주의사항 게시판은 다음의 기준에 따른다.
　　1) 알칼리금속의 과산화물 : 물기엄금
　　2) 그 밖의 제1류 위험물 : 필요 없음

정답 ①

예제 5 다음의 빈칸에 맞는 단어를 적절하게 나열한 것은 무엇인가?

> 제조소에서 제5류 위험물을 취급한다면 한 변의 길이 (   )m 이상, 다른 한 변의 길이 (   )m 이상인 직사각형의 주의사항 게시판을 설치해야 한다. 이 게시판의 내용은 (   )이며 바탕은 (   )색, 문자는 (   )색으로 해야 한다.

① 0.3, 0.6, 화기엄금, 적, 백   ② 0.9, 0.3, 화기주의, 적, 백
③ 0.3, 0.6, 화기주의, 황, 적   ④ 0.9, 0.3, 화기엄금, 백, 적

풀이 제5류 위험물을 취급하는 장소에는 한 변의 길이 0.3m 이상, 다른 한 변의 길이 0.6m 이상인 직사각형의 주의사항 게시판을 설치해야 한다. 이 게시판의 내용은 화기엄금이며 바탕은 적색, 문자는 백색으로 해야 한다.

정답 ①

04 건축물의 기준

(1) 제조소 건축물의 구조별 기준

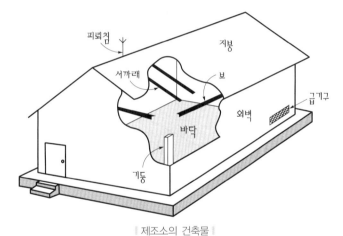

| 제조소의 건축물 |

① 바닥은 지면보다 높게 하고 지하층이 없도록 한다.

② 벽, 기둥, 바닥, 보, 서까래 및 계단 : 불연재료

톡톡 튀는 암기법 벽, 기둥, 바닥, 보 ⇨ 벽기바보

③ 연소의 우려가 있는 외벽 : 출입구 외의 개구부가 없는 내화구조

> ※ 연소의 우려가 있는 외벽 : 다음 ㉠ ~ ㉢의 지점으로부터 3m(제조소등의 건축물이 1층인 경우) 또는 5m(제조소등의 건축물이 2층 이상인 경우) 이내에 있는 제조소등의 외벽부분
> ㉠ 제조소등의 부지경계선
> ㉡ 제조소등에 면하는 도로중심선
> ㉢ 동일부지 내에 있는 다른 건축물과의 상호 외벽 간의 중심선

 ◀ 연소의 우려가 있는 외벽의 기준

④ **지붕** : 폭발력이 위로 방출될 정도의 가벼운 불연재료

📖 **지붕을 내화구조로 할 수 있는 경우**

1) 제2류 위험물(분상의 것과 인화성 고체를 제외)을 취급하는 경우
2) 제4류 위험물 중 제4석유류, 동식물유류를 취급하는 경우
3) 제6류 위험물을 취급하는 경우
4) 내부의 과압 또는 부압에 견딜 수 있는 철근콘크리트조의 밀폐형 구조의 건축물인 경우
5) 외부 화재에 90분 이상 견딜 수 있는 밀폐형 구조의 건축물인 경우

⑤ 출입구의 방화문 💬실기에도 잘 나와요!

　　㉠ 출입구 : 60분+방화문·60분 방화문 또는 30분 방화문
　　㉡ 연소의 우려가 있는 외벽에 설치하는 출입구 : 수시로 열 수 있는 **자동폐쇄식 60분
　　　+방화문 또는 60분 방화문**

⑥ 바닥
　　㉠ 액체 위험물이 스며들지 못하는 재료를 사용한다.
　　㉡ 적당한 경사를 둔다.
　　㉢ 최저부에 집유설비(기름을 모으는 설비)를 한다.

(2) 제조소의 환기설비 및 배출설비 💬실기에도 잘 나와요!

1) 환기설비

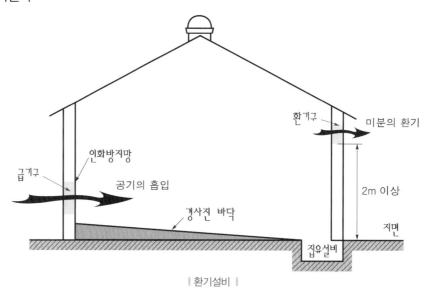

‖환기설비‖

① 환기방식 : 자연배기방식
② 급기구의 기준
　　※ 급기구 : 외부의 공기를 건물 내부로 유입시키는 통로를 말한다.
　　㉠ 급기구의 설치위치 : 낮은 곳에 설치

ⓛ 급기구의 크기 및 개수

ⓐ 바닥면적 150m^2 이상인 경우 : 크기가 800cm^2 이상인 급기구를 바닥면적 150m^{2}마다 1개 이상 설치한다.

ⓑ 바닥면적 150m^2 미만인 경우

바닥면적	급기구의 면적
60m^2 미만	150cm^2 이상
60m^2 이상 90m^2 미만	300cm^2 이상
90m^2 이상 120m^2 미만	450cm^2 이상
120m^2 이상 150m^2 미만	600cm^2 이상

ⓒ 급기구의 설치장치 : 가는 눈의 구리망 등으로 **인화방지망** 설치

③ 환기구의 기준

- 환기구의 설치위치 : 지붕 위 또는 **지상 2m 이상**의 높이에 설치

2) 배출설비

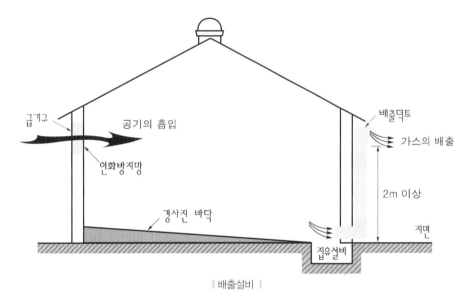

‖ 배출설비 ‖

① 설치장소 : 가연성의 증기(미분)가 체류할 우려가 있는 건축물

② 배출방식 : **강제배기방식**(배풍기, 배출덕트, 후드 등을 이용하여 강제적으로 배출하는 방식)

③ 급기구의 기준

㉠ 급기구의 설치위치 : **높은 곳**에 설치

㉡ 급기구의 개수 및 면적 : 환기설비와 동일

㉢ 급기구의 설치장치 : 환기설비와 동일

 ◀ 급기구 및 배출구

④ 배출구의 기준
  - 배출구의 설치위치 : **지상 2m 이상**의 높이에 설치

⑤ 배출설비의 능력
  기본적으로 국소방식으로 하지만 위험물취급설비가 배관이음 등으로만 된 경우에는 전역방식으로 할 수 있다.
  ㉠ 국소방식의 배출능력 : 1시간당 배출장소용적의 **20배 이상**
  ㉡ 전역방식의 배출능력 : 1시간당 **바닥면적 1m²마다 18m³ 이상**

(3) 제조소 옥외설비의 바닥의 기준

① 바닥의 둘레에 높이 0.15m 이상의 턱을 설치한다.
② 바닥은 위험물이 스며들지 아니하는 재료로 하고 턱이 있는 쪽이 낮게 경사지도록 한다.
③ 바닥의 최저부에 집유설비를 한다.
④ 유분리장치(기름과 물을 분리하는 장치)를 설치한다.

예제 1 제조소에서 반드시 내화구조로 해야 하는 것은 무엇인가? (단, 제4류 위험물을 취급하는 제조소라 가정한다.)

① 벽   ② 기둥
③ 연소의 우려가 있는 외벽   ④ 바닥

풀이 제조소에서는 벽, 기둥, 바닥, 보, 서까래, 계단은 불연재료로 하고 연소의 우려가 있는 외벽은 내화구조로 해야 한다.

정답 ③

예제 2 제조소의 건축물 구조기준 중 연소의 우려가 있는 외벽은 출입구 외에 개구부가 없는 내화구조의 벽으로 하여야 한다. 이때 연소의 우려가 있는 외벽은 제조소가 설치된 부지의 경계선에서 몇 m 이내에 있는 외벽을 말하는가? (단, 단층 건물일 경우이다.)

① 3m   ② 4m   ③ 5m   ④ 6m

풀이 연소의 우려가 있는 외벽은 다음의 지점으로부터 3m(제조소의 건축물이 단층인 경우) 또는 5m(제조소의 건축물이 2층 이상인 경우) 이내에 있는 제조소의 외벽 부분을 말한다.
1) 제조소의 부지경계선
2) 제조소에 접하는 도로중심선
3) 동일부지 내에 있는 다른 건축물과의 상호 외벽 간의 중심선

정답 ①

예제 3 제조소 배출설비의 방식은 무엇인가?

① 강제배기방식   ② 자연배기방식   ③ 순환배기방식   ④ 반복배기방식

풀이 가연성 증기 또는 미분이 체류할 우려가 있는 제조소의 건축물에는 강제배기방식을 이용하는 배출설비를 설치한다.

정답 ①

예제 4 제조소 건축물에 대한 설명으로 틀린 것은?

① 제조소의 지붕은 폭발력이 위로 방출될 정도의 가벼운 불연재료로 한다.

② 연소의 우려가 있는 외벽에 있는 출입구에는 60분＋방화문·60분 방화문을 설치한다.

③ 바닥은 적당한 경사를 두어 최저부에 집유설비를 한다.

④ 제6류 위험물을 취급하는 제조소의 지붕은 내화구조로 할 수 있다.

풀이 제조소의 출입구는 60분＋방화문·60분 방화문 또는 30분 방화문을 설치하지만 연소의 우려가 있는 외벽에 있는 출입구에는 자동폐쇄식 60분＋방화문 또는 60분 방화문을 설치해야 한다.

정답 ②

예제 5 제조소의 환기설비에 대한 설명 중 틀린 것은?

① 환기설비는 자연배기방식으로 한다.

② 급기구는 높은 곳에 설치한다.

③ 환기구는 지붕 위 또는 지상 2m 이상의 높이에 설치한다.

④ 제조소의 바닥면적이 150m²마다 급기구를 1개 이상 설치한다.

풀이 제조소에서 공기를 흡입하는 장치인 급기구는 배출설비의 경우에는 높은 곳에 설치하지만, 환기설비인 경우에는 낮은 곳에 설치하여야 한다.

정답 ②

예제 6 제조소의 바닥면적이 $300m^2$일 경우 필요한 급기구의 개수와 하나의 급기구 면적은 각각 얼마 이상으로 해야 하는가?

① 1개, $600cm^2$ ② 2개, $600cm^2$

③ 1개, $800cm^2$ ④ 2개, $800cm^2$

풀이 급기구는 제조소의 바닥면적 150m²마다 1개 이상으로 하고, 크기는 800cm² 이상으로 해야 한다. 〈문제〉에서는 바닥면적이 300m²이므로 급기구는 2개 이상 필요하고, 급기구 하나의 면적은 800cm² 이상으로 해야 한다.

정답 ④

예제 7 국소방식의 배출설비를 설치해 놓은 제조소의 배출장소용적은 $200m^3$이다. 이 배출설비가 한 시간 안에 배출해야 하는 가연성 가스의 양은 몇 m^3 이상인가?

① $2,000m^3$

② $4,000m^3$

③ $6,000m^3$

④ $8,000m^3$

풀이 국소방식의 경우 배출능력은 1시간당 배출장소용적의 20배 이상으로 해야 하므로, $200m^3 \times 20 = 4,000m^3$ 이상으로 배출시킬 수 있어야 한다.

정답 ②

05 기타 설비

(1) 압력계 및 안전장치

① 압력계
② 자동 압력상승정지장치
③ 감압 측에 안전밸브를 부착한 감압밸브
④ 안전밸브를 병용하는 경보장치
⑤ 파괴판(안전밸브의 작동이 곤란한 가압설비에 설치)

(2) 정전기 제거방법 실기에도 잘 나와요!

① 접지에 의한 방법
② 공기 중의 **상대습도를 70% 이상**으로 하는 방법
③ 공기를 이온화하는 방법

(3) 피뢰설비 실기에도 잘 나와요!

– 피뢰설비의 대상 : 지정수량 10배 이상의 위험물을 취급하는 제조소(제6류 위험물제조소는 제외)

◀ 피뢰침의 실제 모습

예제 1 제조소에서 안전밸브의 작동이 곤란한 가압설비에 설치해야 하는 안전장치는 다음 중 어느 것인가?

① 자동 압력상승정지장치
② 안전밸브를 부착한 감압밸브
③ 안전밸브를 병용하는 경보장치
④ 파괴판

풀이 제조소의 안전장치 중 파괴판은 안전밸브의 작동이 곤란한 가압설비에 설치해야 한다.

정답 ④

예제 2 정전기 제거방식이 아닌 것은?

① 접지할 것
② 공기를 이온화시킬 것
③ 공기 중의 상대습도를 70% 미만으로 할 것
④ 전기도체를 사용할 것

풀이 정전기 제거방법에는 다음의 것들이 있다.
1) 접지에 의한 방법
2) 공기를 이온화하는 방법
3) 공기 중의 상대습도를 70% 이상으로 하는 방법
4) 전기도체를 이용해 전기를 통과시키는 방법

정답 ③

예제 3 지정수량 10배 이상의 위험물을 취급하는 제조소에는 피뢰침을 설치하여야 하지만 몇 류 위험물을 취급하는 경우는 이를 제외할 수 있는가?

① 제2류 위험물

② 제4류 위험물

③ 제5류 위험물

④ 제6류 위험물

풀이 지정수량 10배 이상의 위험물을 취급하는 제조소에는 피뢰설비(피뢰침)를 설치해야 한다. 단, 제6류 위험물을 취급하는 제조소는 제외할 수 있다.

정답 ④

06 위험물취급탱크

(1) 위험물취급탱크의 정의

위험물제조소의 옥외 또는 옥내에 설치하는 탱크로서 위험물의 저장용도가 아닌 위험물을 취급하기 위한 탱크를 말한다.

(2) 위험물제조소의 옥외에 설치하는 위험물취급탱크의 방유제 용량 실기에도 잘 나와요!

① 하나의 취급탱크의 방유제 용량 : 탱크 용량의 50% 이상

② 2개 이상의 취급탱크의 방유제 용량 : 탱크 중 용량이 최대인 것의 50%에 나머지 탱크 용량 합계의 10%를 가산한 양 이상

※ 이 경우 방유제의 용량은 방유제의 내용적에서 다음의 것을 빼야 한다.
   ㉠ 용량이 최대인 탱크가 아닌 그 외의 탱크의 방유제 높이 이하 부분의 용적
   ㉡ 방유제 내에 있는 모든 탱크의 지반면 이상 부분의 기초의 체적과 간막이 둑의 체적
   ㉢ 방유제 내에 있는 배관 등의 체적

방유제 용량으로 산정되는 부분

📖 위험물 옥외저장탱크 방유제의 용량

인화성 액체를 저장하는 경우에 한하여 다음의 기준에 따른다.
1) 하나의 옥외저장탱크의 방유제 용량 : 탱크 용량의 110% 이상
2) 2개 이상의 옥외저장탱크의 방유제 용량 : 탱크 중 용량이 최대인 것의 110% 이상

※ 이황화탄소 저장탱크는 방유제를 설치하지 않는다. 그 이유는 이황화탄소의 저장탱크는 수조(물탱크)에 저장하기 때문이다.

(3) 위험물제조소의 옥내에 설치하는 위험물취급탱크의 방유턱 용량

① 하나의 취급탱크의 방유턱 용량 : 탱크에 수납하는 위험물의 양의 전부

② 2개 이상의 취급탱크의 방유턱 용량 : 탱크 중 실제로 수납하는 위험물의 양이 최대인 탱크의 양의 전부

> **예제 1** 제조소의 옥내에 위험물취급탱크 2기를 설치했다. 방유턱 안에 설치하는 취급탱크의 용량이 7,000L와 4,000L일 때 방유턱의 용량은 얼마인가? (단, 취급탱크 2개 모두 실제로 수납하는 위험물의 양이다.)
>
> ① 7,000L 　　　　　　　② 4,400L
>
> ③ 3,900L 　　　　　　　④ 7,700L
>
> **풀이** 제조소 옥내에 설치하는 2개 이상의 취급탱크의 방유턱 용량은 탱크 중 실제로 수납하는 위험물의 양이 최대인 탱크의 양의 전부이므로 7,000L가 방유턱의 용량이 된다.
>
> **정답** ①

> **예제 2** 제조소의 옥외에 모두 3기의 휘발유취급탱크를 설치하고자 한다. 방유제 안에 설치하는 각 취급탱크의 용량이 60,000L, 20,000L, 10,000L일 때 필요한 방유제의 용량은 몇 L 이상인가?
>
> ① 66,000L 　　　　　　　② 60,000L
>
> ③ 33,000L 　　　　　　　④ 30,000L
>
> **풀이** 하나의 방유제 안에 위험물취급탱크가 2개 이상 포함되어 있으면 가장 용량이 큰 취급탱크 용량의 50%에 나머지 탱크들을 합한 용량의 10%를 가산한 양 이상으로 정한다.
> 60,000L × 1/2 = 30,000L
> (20,000L + 10,000L) × 0.1 = 3,000L
> ∴ 30,000L + 3,000L = 33,000L
>
> **정답** ③

07 각종 위험물제조소의 특례

(1) 고인화점 위험물제조소의 특례

① 고인화점 위험물 : 인화점이 100℃ 이상인 제4류 위험물

② 고인화점 위험물제조소의 특례 : 고인화점 위험물만을 100℃ 미만으로 취급하는 제조소(고인화점 위험물제조소)는 제조소의 위치, 구조 및 설비의 기준 등에 대한 일부 규정을 제외할 수 있다.

(2) 위험물의 성질에 따른 각종 제조소의 특례　**실기에도 잘 나와요!**

1) 알킬알루미늄등(알킬알루미늄, 알킬리튬)을 취급하는 제조소의 설비

① 불활성기체 봉입장치를 갖추어야 한다.

② 누설범위를 국한하기 위한 설비를 갖추어야 한다.

③ 누설된 알킬알루미늄등을 안전한 장소에 설치된 저장실에 유입시킬 수 있는 설비를 갖추어야 한다.

2) 아세트알데하이드등(아세트알데하이드, 산화프로필렌)을 취급하는 제조소의 설비

① 은, 수은, 구리(동), 마그네슘을 성분으로 하는 합금으로 **만들지 아니한다.**

② 연소성 혼합기체의 폭발을 방지하기 위한 불활성기체 또는 수증기 봉입장치를 갖추어야 한다.

③ 아세트알데하이드등을 저장하는 탱크에는 냉각장치 또는 보냉장치(냉방을 유지하는 장치) 및 불활성기체 봉입장치를 갖추어야 한다.

3) 하이드록실아민등(하이드록실아민, 하이드록실아민염류)을 취급하는 제조소의 설비

① 하이드록실아민등의 온도 및 농도의 상승에 따른 위험한 반응을 방지하기 위한 조치를 강구한다.

② 철이온 등의 혼입에 따른 위험한 반응을 방지하기 위한 조치를 강구한다.

예제 1 고인화점 위험물의 정의로 옳은 것은?

① 인화점이 21℃ 이상인 제4류 위험물
② 인화점이 70℃ 이상인 제4류 위험물
③ 인화점이 100℃ 이상인 제4류 위험물
④ 인화점이 200℃ 이상인 제4류 위험물

풀이 고인화점 위험물이란 인화점이 100℃ 이상인 제4류 위험물을 말한다.

정답 ③

예제 2 알킬알루미늄등을 취급하는 제조소의 설비에 해당하지 않는 것은?

① 불활성 기체 봉입장치
② 누설범위를 국한하기 위한 설비
③ 연소성 혼합기체의 폭발을 방지하기 위한 수증기 봉입장치
④ 누설된 알킬알루미늄등을 저장실에 유입시킬 수 있는 설비

풀이 제3류 위험물인 알킬알루미늄등은 금수성 물질이므로 수증기 봉입장치를 설치하면 오히려 위험해진다.

정답 ③

예제 3 아세트알데하이드등의 제조소의 특례기준으로 옳지 않은 것은?

① 아세트알데하이드등을 취급하는 설비에는 수증기를 봉입하는 장치를 설치한다.
② 아세트알데하이드등을 취급하는 설비에는 불활성 기체를 봉입하는 장치를 설치한다.
③ 아세트알데하이드등을 취급하는 설비는 폭발을 방지하기 위해 구리합금으로 만든 장치로 한다.
④ 아세트알데하이드등을 저장하는 탱크에는 냉각장치 또는 보냉장치 및 불활성 기체 봉입장치를 갖춘다.

풀이 아세트알데하이드등을 취급하는 제조소의 설비를 수은, 은, 구리(동), 마그네슘을 성분으로 하는 합금으로 만들면 오히려 폭발성 물질을 생성한다.

정답 ③

2-2 옥내저장소

01 안전거리

(1) 옥내저장소의 안전거리기준
위험물제조소와 동일하다.

(2) 옥내저장소의 안전거리를 제외할 수 있는 조건 《실기에도 잘 나와요!》
① 지정수량 20배 미만의 제4석유류 또는 동식물유류를 저장하는 경우
② 제6류 위험물을 저장하는 경우
③ 지정수량의 20배 이하로서 다음의 기준을 동시에 만족하는 경우
  ㉠ 저장창고의 **벽, 기둥, 바닥, 보 및 지붕을 내화구조**로 할 것

  톡톡 튀는 **암기법** 벽, 기둥, 바닥, 보 및 지붕 ⇨ 벽기 바보지

  ㉡ 저장창고의 출입구에 수시로 열 수 있는 **자동폐쇄식의 60분+방화문 또는 60분 방화문**을 설치할 것
  ㉢ 저장창고에 **창을 설치하지 아니할 것**

02 보유공지

(1) 옥내저장소 보유공지의 기준 《실기에도 잘 나와요!》

저장 또는 취급하는 위험물의 최대수량	공지의 너비	
	벽·기둥 및 바닥이 내화구조로 된 건축물	그 밖의 건축물
지정수량의 5배 이하	–	0.5m 이상
지정수량의 5배 초과 10배 이하	1m 이상	1.5m 이상
지정수량의 10배 초과 20배 이하	2m 이상	3m 이상
지정수량의 20배 초과 50배 이하	3m 이상	5m 이상
지정수량의 50배 초과 200배 이하	5m 이상	10m 이상
지정수량의 200배 초과	10m 이상	15m 이상

(2) 2개의 옥내저장소 사이의 거리
지정수량의 20배를 초과하는 옥내저장소가 동일한 부지 내에 2개 있을 때 이들 옥내저장소 사이의 거리는 위의 [표]에서 정하는 **공지 너비의 1/3 이상**으로 할 수 있으며 이 수치가 3m 미만인 경우에는 최소 3m의 거리를 두어야 한다.

예제 1 다음 중 옥내저장소의 안전거리를 제외할 수 있는 조건으로 거리가 먼 것은 어느 것 인가?

① 지정수량의 20배 미만의 제4석유류를 저장하는 경우

② 제6류 위험물을 저장하는 옥내저장소

③ 지정수량의 20배 미만의 동식물유류를 저장하는 경우

④ 지정수량의 30배 이하의 제1류 위험물을 저장하는 경우

풀이 다음의 경우 옥내저장소의 안전거리를 제외할 수 있다.
1) 지정수량의 20배 미만의 제4석유류 또는 동식물유류를 저장하는 경우
2) 제6류 위험물을 저장하는 옥내저장소
3) 지정수량의 20배 이하로서 다음의 기준을 동시에 만족하는 경우
　　㉠ 저장창고의 벽, 기둥, 바닥, 보 및 지붕을 내화구조로 할 것
　　㉡ 저장창고의 출입구에 자동폐쇄식 60분＋방화문 또는 60분 방화문을 설치할 것
　　㉢ 저장창고에 창을 설치하지 아니할 것

정답 ④

예제 2 벽, 기둥, 바닥이 내화구조로 된 옥내저장소에 일일 최대량으로 휘발유 4,000L를 저장한다. 이 옥내저장소의 보유공지는 최소 얼마 이상을 확보해야 하는가?

① 2m

② 3m

③ 4m

④ 10m

풀이 휘발유는 제4류 위험물의 제1석유류 비수용성 물질이므로 지정수량은 200L이다.
따라서, 지정수량의 배수는 4,000L/ 200L＝20배이다.
지정수량의 20배는 10배 초과 20배 이하에 해당하는 양이므로 벽, 기둥, 바닥이 내화 구조인 옥내저장소의 보유공지는 2m 이상이다.

정답 ①

예제 3 지정수량의 20배를 초과하는 옥내저장소가 동일한 부지 내에 2개가 있을 경우 이들 옥내저장소 사이의 거리는 보유공지 너비의 얼마 이상으로 할 수 있는가?

① 1/3

② 1/4

③ 1/5

④ 1/6

풀이 지정수량의 20배를 초과하는 옥내저장소가 동일한 부지 내에 2개 있을 경우 이 옥내 저장소 사이의 거리는 보유공지 너비의 1/3 이상으로 하며, 이 수치가 3m 미만인 경우 에는 3m 이상으로 할 수 있다.

정답 ①

03 표지 및 게시판

옥내저장소의 표지 및 게시판 기준은 위험물제조소와 동일하다.

※ 단, 표지의 내용은 "위험물옥내저장소"이다.

제조소·옥내저장소
게시판의 공통기준

| 옥내저장소의 표지 |

04 건축물의 기준

(1) 옥내저장소 건축물의 구조별 기준

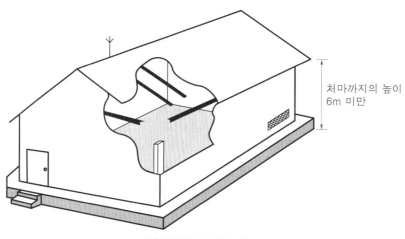

처마까지의 높이
6m 미만

| 옥내저장소의 처마 높이 |

① 지면에서 처마까지의 높이 : 6m 미만인 단층 건물

📖 지면에서 처마까지의 높이를 20m 이하로 할 수 있는 조건 〔실기에도 잘 나와요!〕

제2류 또는 제4류의 위험물만을 저장하는 창고로서 아래의 기준에 적합한 창고인 경우
1) 벽, 기둥, 바닥 및 보를 내화구조로 할 것
2) 출입구에 60분+방화문 또는 60분 방화문을 설치할 것
3) 피뢰침을 설치할 것

톡톡 튀는 (암기법)
벽, 기둥, 바닥 및 보 ⇨ 벽기 바보

② 바닥 : 빗물 등의 유입을 방지하기 위해 지면보다 높게 한다.

③ 벽, 기둥, 바닥 : 내화구조 🗨실기에도 잘 나와요!

📖 내화구조로 해야 하는 것

　　1) 제조소 : 연소의 우려가 있는 외벽
　　2) 옥내저장소 : 외벽을 포함한 벽, 기둥, 바닥

④ 보, 서까래, 계단 : 불연재료

⑤ 지붕 : 폭발력이 위로 방출될 정도의 가벼운 불연재료 🗨실기에도 잘 나와요!

　　※ 제2류 위험물(분상의 것과 인화성 고체 제외)과 제6류 위험물만의 저장창고에 있어서
　　　는 지붕을 내화구조로 할 수 있다.

⑥ 천장 : 기본적으로는 설치하지 않는다.

　　※ 제5류 위험물만의 저장창고는 창고 내의 온도를 저온으로 유지하기 위하여 난연재료
　　　또는 불연재료로 된 천장을 설치할 수 있다.

⑦ 출입구의 방화문 🗨실기에도 잘 나와요!

　　㉠ 출입구 : 60분＋방화문·60분 방화문 또는 30분 방화문
　　㉡ 연소의 우려가 있는 외벽에 설치하는 출입구 : 자동폐쇄식 60분＋방화문 또는 60분
　　　방화문

⑧ 바닥 🗨실기에도 잘 나와요!

　　㉠ 물이 스며나오거나 스며들지 아니하는 바닥구조로 해야 하는 위험물
　　　ⓐ 제1류 위험물 중 알칼리금속의 과산화물
　　　ⓑ 제2류 위험물 중 철분, 금속분, 마그네슘
　　　ⓒ 제3류 위험물 중 금수성 물질
　　　ⓓ 제4류 위험물
　　㉡ 액상 위험물의 저장창고 바닥 : 위험물이 스며들지 아니하는 구조로 하고, 적당히
　　　경사지게 하여 그 최저부에 집유설비를 해야 한다.

⑨ 피뢰침 : 지정수량 10배 이상의 저장창고(제6류 위험물의 저장창고는 제외)에 설치
　　한다. 🗨실기에도 잘 나와요!

(2) 옥내저장소의 환기설비 및 배출설비 🗨실기에도 잘 나와요!

위험물제조소의 환기설비 및 배출설비와 동일한 조건이며, 위험물저장소에는 환기설비
를 해야 하지만 인화점이 70℃ 미만인 위험물의 저장창고에 있어서는 배출설비를 갖
추어야 한다.

(3) 옥내저장소의 바닥면적과 저장기준 실기에도 잘 나와요!

① 바닥면적 $1,000m^2$ 이하에 저장할 수 있는 물질

    ㉠ 제1류 위험물 중 아염소산염류, 염소산염류, 과염소산염류, 무기과산화물, 그 밖에 지정수량이 50kg인 위험물(**위험등급Ⅰ**)

    ㉡ 제3류 위험물 중 칼륨, 나트륨, 알킬알루미늄, 알킬리튬, 그 밖에 지정수량이 10kg인 위험물 및 황린(**위험등급Ⅰ**)

    ㉢ 제4류 위험물 중 특수인화물, 제1석유류 및 알코올류(**위험등급Ⅰ 및 위험등급Ⅱ**)

    ㉣ 제5류 위험물 중 유기과산화물, 질산에스터류, 그 밖에 지정수량이 10kg인 위험물(**위험등급Ⅰ**)

    ㉤ 제6류 위험물 중 과염소산, 과산화수소, 질산(**위험등급Ⅰ**)

② 바닥면적 $2,000m^2$ 이하에 저장할 수 있는 물질 : 바닥면적 $1,000m^2$ 이하에 저장할 수 있는 물질 이외의 것

③ 바닥면적 $1,000m^2$ 이하에 저장하는 물질과 바닥면적 $2,000m^2$ 이하에 저장하는 물질을 같은 저장창고에 저장하는 때에는 바닥면적을 $1,000m^2$ 이하로 한다.

④ 바닥면적 $1,000m^2$ 이하에 저장할 수 있는 위험물과 바닥면적 $2,000m^2$ 이하에 저장할 수 있는 위험물을 내화구조의 격벽으로 완전히 구획된 실에 각각 저장하는 창고의 전체 면적은 $1,500m^2$ 이하로 할 수 있다(단, 바닥면적 $1,000m^2$ 이하에 저장할 수 있는 위험물을 저장하는 실의 면적은 $500m^2$를 초과할 수 없다).

05 다층 건물 옥내저장소의 기준 실기에도 잘 나와요!

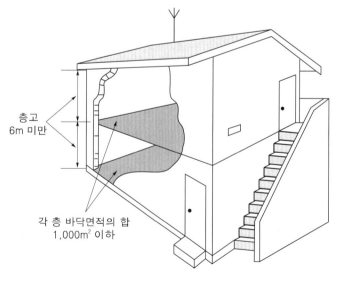

층고 6m 미만

각 층 바닥면적의 합 $1,000m^2$ 이하

‖ 다층 건물 옥내저장소 ‖

① 저장 가능한 위험물 : 제2류(인화성 고체 제외) 또는 제4류(인화점 70℃ 미만 제외)

② 층고(바닥으로부터 상층 바닥까지의 높이) : 6m 미만

③ 하나의 저장창고의 모든 층의 바닥면적 합계 : 1,000m^2 이하

06 복합용도건축물 옥내저장소의 기준

하나의 건축물 안에 위험물을 저장하는 부분과 그 외의 용도로 사용하는 부분이 함께 있는 건축물을 복합용도건축물이라 한다.

① 저장 가능한 위험물의 양 : 지정수량의 20배 이하

② 건축물의 기준 : 벽, 기둥, 바닥, 보가 내화구조인 건축물의 1층 또는 2층에 설치할 것

③ 층고 : 6m 미만

④ 위험물을 저장하는 옥내저장소의 용도에 사용되는 부분의 바닥면적 : 75m^2 이하

예제 1 일반적으로 옥내저장소는 단층 건물로 하고 지면으로부터 처마까지의 높이를 몇 m 미만으로 해야 하는가?

① 3m　　　　　　　　　② 4m
③ 5m　　　　　　　　　④ 6m

풀이 옥내저장소는 지면으로부터 처마까지의 높이를 6m 미만으로 한다.

정답 ④

예제 2 옥내저장소에서 천장을 설치할 수 있는 경우는 다음 중 몇 류 위험물을 저장하는 경우인가?

① 제1류 위험물　　　　　② 제3류 위험물
③ 제5류 위험물　　　　　④ 제6류 위험물

풀이 제5류 위험물만의 저장창고는 창고 내의 온도를 저온으로 유지하기 위해 난연재료 또는 불연재료로 된 천장을 설치할 수 있다.

정답 ③

예제 3 물이 스며나오거나 스며들지 아니하는 바닥구조로 해야 하는 위험물의 종류가 아닌 것은?

① 알칼리금속의 과산화물　　② 제5류 위험물
③ 제4류 위험물　　　　　　④ 마그네슘

풀이 물이 스며나오거나 스며들지 아니하는 바닥구조로 해야 하는 위험물은 다음과 같다.
1) 제1류 위험물 중 알칼리금속의 과산화물
2) 제2류 위험물 중 철분, 금속분, 마그네슘
3) 제3류 위험물 중 금수성 물질
4) 제4류 위험물

정답 ②

예제 4 옥내저장소에서 인화점이 몇 ℃ 미만인 제4류 위험물을 저장하는 경우 배출설비를 설치해야 하는가?

① 21℃   ② 70℃

③ 200℃   ④ 250℃

풀이 위험물저장소에는 환기설비를 해야 하지만 인화점 70℃ 미만인 위험물을 저장하는 경우에 있어서는 배출설비를 갖추어야 한다.

정답 ②

예제 5 옥내저장소에 제1류 위험물의 염소산염류를 저장하려면 바닥면적은 얼마 이하로 해야 하는가?

① 3,000m²   ② 2,000m²

③ 1,000m²   ④ 500m²

풀이 제1류 위험물 중 아염소산염류, 염소산염류, 과염소산염류, 무기과산화물의 옥내저장소의 바닥면적은 1,000m² 이하로 해야 한다.

정답 ③

예제 6 다층 건물 옥내저장소에 대한 설명 중 틀린 것은?

① 저장 가능한 위험물의 종류는 인화성 고체를 제외한 제2류 위험물과 인화점이 70℃ 미만을 제외한 제4류 위험물이다.

② 층고의 높이는 5m 미만으로 한다.

③ 모든 층의 바닥면적의 합은 1,000m² 이하로 해야 한다.

④ 건축물의 내부가 2층 이상의 층으로 이루어져 있는 옥내저장소를 말한다.

풀이 다층 건물 옥내저장소의 층고의 높이는 6m 미만으로 한다.

정답 ②

예제 7 복합용도건축물의 옥내저장소에서 위험물을 저장하는 용도와 그 외의 용도로 사용하는 부분이 함께 있는 경우 위험물의 저장용도로 사용하는 부분의 바닥면적은 얼마 이하로 해야 하는가?

① 50m²   ② 75m²

③ 100m²   ④ 150m²

풀이 지정수량의 20배 이하로 저장할 수 있는 복합용도건축물의 옥내저장소는 위험물의 저장용도로 사용하는 부분의 바닥면적을 75m² 이하로 해야 한다.

정답 ②

07 지정과산화물 옥내저장소의 기준

(1) 지정과산화물의 정의 ☜실기에도 잘 나와요!

제5류 위험물 중 유기과산화물 또는 이를 함유한 것으로서 지정수량이 10kg인 것을 말한다.

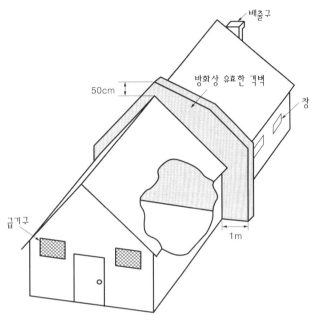

지정과산화물 옥내저장소

(2) 지정과산화물 옥내저장소의 안전거리 및 보유공지

① 안전거리

저장 또는 취급하는 위험물의 최대수량	안전거리					
	주거용 건축물		학교·병원 등		지정문화재	
	저장창고의 주위에 담 또는 토제를 설치하는 경우	그 외의 경우	저장창고의 주위에 담 또는 토제를 설치하는 경우	그 외의 경우	저장창고의 주위에 담 또는 토제를 설치하는 경우	그 외의 경우
10배 이하	20m 이상	40m 이상	30m 이상	50m 이상	50m 이상	60m 이상
10배 초과 20배 이하	22m 이상	45m 이상	33m 이상	55m 이상	54m 이상	65m 이상
20배 초과 40배 이하	24m 이상	50m 이상	36m 이상	60m 이상	58m 이상	70m 이상
40배 초과 60배 이하	27m 이상	55m 이상	39m 이상	65m 이상	62m 이상	75m 이상
60배 초과 90배 이하	32m 이상	65m 이상	45m 이상	75m 이상	70m 이상	85m 이상
90배 초과 150배 이하	37m 이상	75m 이상	51m 이상	85m 이상	79m 이상	95m 이상
150배 초과 300배 이하	42m 이상	85m 이상	57m 이상	95m 이상	87m 이상	105m 이상
300배 초과	47m 이상	95m 이상	66m 이상	110m 이상	100m 이상	120m 이상

② 보유공지

저장 또는 취급하는 위험물의 최대수량	공지의 너비	
	저장창고의 주위에 담 또는 토제를 설치하는 경우	그 외의 경우
지정수량의 5배 이하	3.0m 이상	10m 이상
지정수량의 5배 초과 10배 이하	5.0m 이상	15m 이상
지정수량의 10배 초과 20배 이하	6.5m 이상	20m 이상
지정수량의 20배 초과 40배 이하	8.0m 이상	25m 이상
지정수량의 40배 초과 60배 이하	10.0m 이상	30m 이상
지정수량의 60배 초과 90배 이하	11.5m 이상	35m 이상
지정수량의 90배 초과 150배 이하	13.0m 이상	40m 이상
지정수량의 150배 초과 300배 이하	15.0m 이상	45m 이상
지정수량의 300배 초과	16.5m 이상	50m 이상

※ 2개 이상의 지정과산화물 옥내저장소를 동일한 부지 내에 인접해 설치하는 경우에는 상호간 공지의 너비를 3분의 2로 줄일 수 있다.

(3) 격벽의 기준 실기에도 잘 나와요!

바닥면적 $150m^2$ 이내마다 격벽으로 구획한다.

① 격벽의 두께
ㄱ 철근콘크리트조 또는 철골철근콘크리트조 : 30cm 이상
ㄴ 보강콘크리트블록조 : 40cm 이상

② 격벽의 돌출길이
ㄱ 창고 양측의 외벽으로부터 : 1m 이상
ㄴ 창고 상부의 지붕으로부터 : 50cm 이상

> **Tip**
> 지정과산화물 옥내저장소의 격벽 두께는 저장창고의 외벽 두께보다 10cm 더 두껍습니다.

(4) 저장창고 외벽 두께의 기준 실기에도 잘 나와요!

① 철근콘크리트조 또는 철골철근콘크리트조 : 20cm 이상
② 보강콘크리트블록조 : 30cm 이상

(5) 저장창고 지붕의 기준

① 중도리 또는 서까래의 간격은 30cm 이하로 할 것
② 지붕의 아래쪽 면에는 한 변의 길이가 45cm 이하의 막대기 등으로 된 강철제의 격자를 설치할 것
③ 두께 5cm 이상, 너비 30cm 이상의 목재로 만든 받침대를 설치할 것

(6) 저장창고의 문 및 창의 기준 실기에도 잘 나와요!

① 출입구의 방화문 : 60분＋방화문 또는 60분 방화문

② 창의 높이 : 바닥으로부터 **2m 이상**

③ 창 한 개의 면적 : 0.4m² 이내

④ 벽면에 부착된 모든 창의 면적 : 창이 부착되어 있는 벽면 면적의 80분의 1 이내

(7) 담 또는 토제(흙담)의 기준 실기에도 잘 나와요!

지정과산화물 옥내저장소의 안전거리 또는 보유공지를 단축시키고자 할 때 설치한다.

① 담 또는 토제와 저장창고 외벽까지의 거리 : **2m 이상**으로 하며 지정과산화물 옥내저장소의 보유공지 너비의 **5분의 1을 초과할 수 없다.**

② 담 또는 토제의 높이 : 저장창고의 처마높이 이상

③ 담의 두께 : 15cm 이상의 철근콘크리트조나 철골철근콘크리트조 또는 두께 20cm 이상의 보강콘크리트블록조

④ 토제의 경사도 : 60° 미만

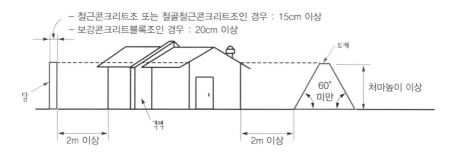

‖ 지정과산화물 옥내저장소의 담 또는 토제 ‖

예제 1 **지정과산화물의 정의로 맞는 것은?**

① 제5류 위험물 중 무기과산화물 또는 이를 함유하는 것으로서 지정수량이 10kg인 것

② 제4류 위험물 중 유기과산화물 또는 이를 함유하는 것으로서 지정수량이 50L인 것

③ 제5류 위험물 중 유기과산화물 또는 이를 함유하는 것으로서 지정수량이 10kg인 것

④ 제1류 위험물 중 무기과산화물 또는 이를 함유하는 것으로서 지정수량이 50kg인 것

풀이 제5류 위험물 중 유기과산화물 또는 이를 함유하는 것으로서 지정수량이 10kg인 것이다.

정답 ③

예제 2 지정과산화물 옥내저장소는 바닥으로부터 창의 높이와 창 하나의 면적을 각각 얼마로 해야 하는가?

① 2m 이상, 0.4m² 이내
② 3m 이상, 0.8m² 이내
③ 4m 이상, 0.4m² 이내
④ 2m 이상, 0.8m² 이내

풀이 지정과산화물 옥내저장소의 창은 바닥으로부터 2m 이상 높이에 있어야 하고 창 한 개의 면적은 0.4m² 이내로 해야 한다.

정답 ①

예제 3 지정과산화물 옥내저장소에 대한 설명 중 틀린 것은?

① 바닥면적 150m² 이내마다 격벽으로 구획한다.
② 철근콘크리트조의 격벽의 두께는 30cm 이상으로 한다.
③ 담 또는 토제와 저장창고 외벽까지의 거리는 2m 이상으로 한다.
④ 격벽은 창고의 외벽으로부터 50cm 이상, 지붕으로부터 1m 이상 돌출되어야 한다.

풀이 1) 지정과산화물 옥내저장소의 격벽의 돌출길이
　　　　㉠ 외벽으로부터 1m 이상　　㉡ 지붕으로부터 50cm 이상
　　　2) 제조소의 방화상 유효한 격벽의 돌출길이
　　　　㉠ 외벽으로부터 50cm 이상　　㉡ 지붕으로부터 50cm 이상

정답 ④

2-3　옥외탱크저장소

01　안전거리

위험물제조소의 안전거리기준과 동일하다.

02　보유공지

(1) 옥외탱크저장소 보유공지의 기준 〔실기에도 잘 나와요!〕

① 제6류 위험물 외의 위험물을 저장하는 옥외저장탱크의 보유공지

저장 또는 취급하는 위험물의 최대수량	공지의 너비
지정수량의 500배 이하	3m 이상
지정수량의 500배 초과 1,000배 이하	5m 이상
지정수량의 1,000배 초과 2,000배 이하	9m 이상
지정수량의 2,000배 초과 3,000배 이하	12m 이상
지정수량의 3,000배 초과 4,000배 이하	15m 이상
지정수량의 4,000배 초과	1. 탱크의 지름과 높이 중 큰 것 이상으로 한다. 2. 최소 15m 이상, 최대 30m 이하로 한다.

② 제6류 위험물을 저장하는 옥외저장탱크의 보유공지 : 위 [표]의 옥외저장탱크 보유공지 너비의 1/3 이상(최소 1.5m 이상)

(2) 동일한 방유제 안에 있는 2개 이상의 옥외저장탱크의 상호간 거리

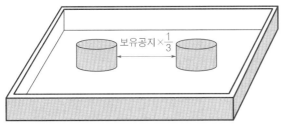

보유공지×$\frac{1}{3}$

┃ 옥외저장탱크의 상호간 거리 ┃

① 제6류 위험물 외의 위험물을 저장하는 옥외저장탱크 : 옥외저장탱크 보유공지 너비의 1/3 이상(최소 3m 이상)
② 제6류 위험물을 저장하는 옥외저장탱크 : 제6류 위험물 옥외저장탱크의 보유공지 너비의 1/3 이상(최소 1.5m 이상)

예제 1 옥외저장탱크에 휘발유 400,000L를 저장할 때 필요한 보유공지는 최소 얼마 이상을 확보해야 하는가?

① 3m   ② 5m   ③ 9m   ④ 12m

 풀이 휘발유는 제4류 위험물의 제1석유류 비수용성 물질이므로 지정수량은 200L이다.
따라서, 지정수량의 배수는 400,000L/ 200L＝2,000배이다.
지정수량의 2,000배는 지정수량의 1,000배 초과 2,000배 이하에 해당하는 양이므로 보유공지는 9m 이상이다.

정답 ③

예제 2 제6류 위험물의 옥외저장탱크의 보유공지는 제6류 위험물이 아닌 옥외저장탱크 보유공지의 얼마 이상으로 해야 하는가?

① 1/5   ② 1/4   ③ 1/3   ④ 1/2

풀이 제6류 위험물의 옥외저장탱크의 보유공지는 제6류 위험물이 아닌 옥외저장탱크 보유공지의 1/3 이상(최소 1.5m 이상)으로 한다.

정답 ③

예제 3 휘발유를 저장하는 옥외저장탱크 2개를 서로 인접해 설치하였을 때 인접하는 방향의 너비는 옥외저장탱크 보유공지의 얼마 이상으로 하는가?

① 1/5   ② 1/4
③ 1/3   ④ 1/2

풀이 옥외저장탱크의 인접하는 방향의 너비
1) 제6류 위험물이 아닌 위험물 : 위험물의 옥외저장탱크 보유공지의 1/3(최소 3m 이상)
2) 제6류 위험물 : 제6류 위험물의 옥외저장탱크 보유공지의 1/3(최소 1.5m 이상)

정답 ③

03 표지 및 게시판

옥외탱크저장소의 표지 및 게시판 기준은 위험물제조소와 동일하다.

※ 단, 표지의 내용은 "위험물옥외탱크저장소"이다.

제조소 · 옥외탱크저장소
게시판의 공통기준

‖ 옥외탱크저장소의 표지 ‖

04 옥외저장탱크의 물분무설비

(1) 물분무설비의 정의

탱크 상부로부터 탱크의 벽면으로 물을 분무하는 설비를 말한다.

(2) 물분무설비의 설치효과

옥외저장탱크 **보유공지를 1/2 이상의 너비(최소 3m 이상)**로 할 수 있다.

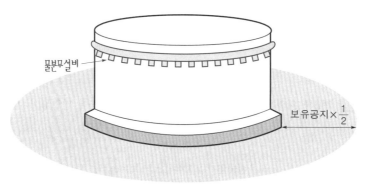

‖ 물분무설비 ‖

(3) 물분무설비의 설치기준

필요한 물의 양은 탱크 원주($\pi \times$ 지름)의 길이 1m에 대해 분당 37L 이상으로 하고 20분 이상 방사할 수 있어야 한다.

> 필요한 물의 양 $= \pi \times$ 탱크의 지름 $\times$ 분당 37L $\times$ 20분

05 특정 옥외저장탱크 및 준특정 옥외저장탱크

(1) 특정 옥외저장탱크

저장 또는 취급하는 액체 위험물의 **최대수량이 100만L 이상**의 것을 의미한다.

> 특정옥외저장탱크가 받는 풍하중
> $$Q = 0.588k\sqrt{h}$$
> 여기서, Q : 풍하중(kN/m^2)
> k : 풍력계수(원통형 탱크는 0.7, 그 외의 탱크는 1.0)
> h : 지반면으로부터의 탱크의 높이

📖 특정 옥외탱크저장소의 용접 방법

1) 옆판(세로 및 가로 이음)의 용접 : 완전용입 맞대기용접
2) 옆판과 에눌러판(에눌러판이 없는 경우에는 밑판)과의 용접 : 부분용입 그룹용접
   ※ 에눌러판 : 탱크의 옆판과 바닥을 이어주는 판
3) 에눌러판과 에눌러판의 용접 : 뒷면에 재료를 댄 맞대기용접
4) 에눌러판과 밑판 및 밑판과 밑판의 용접 : 뒷면에 재료를 댄 맞대기용접 또는 겹치기용접
5) 필렛용접(직각으로 만나는 두 면을 접합하는 용접)의 사이즈
   $$t_1 \geq S \geq \sqrt{2t_2}$$
   여기서, t_1 : 얇은 쪽의 강판의 두께(mm)
   t_2 : 두꺼운 쪽의 강판의 두께(mm)
   S : 사이즈(mm)

(2) 준특정 옥외저장탱크

저장 또는 취급하는 액체 위험물의 **최대수량이 50만L 이상 100만L 미만**의 것을 의미한다.

예제 1 옥외저장탱크에 물분무설비를 설치하면 보유공지를 얼마 이상으로 단축할 수 있는가?

① 1/5
② 1/4
③ 1/3
④ 1/2

✅ **풀이** 옥외저장탱크에 물분무설비를 설치하면 보유공지를 1/2 이상의 너비(최소 3m 이상)로 할 수 있다.

정답 ④

예제 2 다음의 ( ) 안에 알맞은 수치는?

> 옥외저장탱크에 설치하는 물분무설비에 필요한 물의 양은 원주길이 1m마다 분당 ( )L 이상이며, ( )분 이상 방사할 수 있어야 한다.

① 37, 20　　　　　　　　　　② 47, 30

③ 47, 40　　　　　　　　　　④ 53, 20

풀이 옥외저장탱크에 설치하는 물분무설비에 필요한 물의 양은 원주길이 1m마다 분당 37L 이상이며, 20분 이상 방사할 수 있어야 한다.

정답 ①

예제 3 특정 옥외저장탱크는 액체 위험물을 얼마 이상 저장할 수 있는 것을 말하는가?

① 100만L 이상

② 50만L 이상

③ 30만L 이상

④ 20만L 이상

풀이 1) 특정 옥외저장탱크 : 저장 또는 취급하는 액체 위험물의 최대수량이 100만L 이상인 것
2) 준특정 옥외저장탱크 : 저장 또는 취급하는 액체 위험물의 최대수량이 50만L 이상 100만L 미만인 것

정답 ①

06 옥외저장탱크의 외부 구조 및 설비

(1) 탱크의 두께

① 특정 옥외저장탱크 : 소방청장이 정하여 고시하는 규격에 적합한 강철판

② 준특정 옥외저장탱크 및 그 외 일반적인 옥외탱크
　: 3.2mm 이상의 강철판　<실기에도 잘 나와요!>

(2) 탱크의 시험압력

다음의 시험에서 새거나 변형되지 않아야 한다.

① 압력탱크 : 최대상용압력의 1.5배 압력으로 10분간 실시하는 수압시험

② 압력탱크 외의 탱크 : 충수시험(물을 담아두고 시험하는 방법)

(3) 통기관　<실기에도 잘 나와요!>

압력탱크 외의 탱크(제4류 위험물 저장)에는 **밸브 없는 통기관**(밸브가 설치되어 있지 않은 통기관) 또는 **대기밸브부착 통기관**(밸브가 부착되어 있는 통기관)을 설치한다.

1) 밸브 없는 통기관

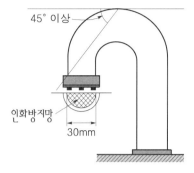

45° 이상

인화방지망

30mm

| 밸브 없는 통기관 |

◀ 밸브 없는
통기관의 모습

① 직경 : **30mm 이상**

② 선단 : 수평면보다 **45도 이상 구부릴 것**(빗물 등의 침투 방지)

③ 설치장치

　　㉠ 인화점이 38℃ 미만인 위험물만을 저장, 취급하는 탱
　　크의 통기관 : 화염방지장치 설치

◀ 탱크에 설치된
인화방지망

　　㉡ 인화점이 38℃ 이상 70℃ 미만인 위험물을 저장, 취
　　급하는 탱크의 통기관 : 400mesh 이상의 구리망으로 된 인화방지장치 설치

　　※ **인화점 70℃ 이상의 위험물만을** 해당 위험물의 인화점 미만의 온도로 저장 또는 취급
　　하는 탱크에 설치하는 통기관에는 인화방지장치를 설치하지 않아도 된다.

④ 가연성 증기를 회수할 목적이 있을 때에는 밸브를 통기관에 설치할 수 있다. 이때
밸브는 개방되어 있어야 하며 닫혔을 경우 10kPa 이하의 압력에서 개방되는 구조
로 한다(개방부분의 단면적은 777.15mm^2 이상).

2) 대기밸브부착 통기관

밸브 없는 통기관의 기준에 준하며 **5kPa 이하의
압력** 차이로 작동할 수 있어야 한다.

◀ 대기밸브부착
통기관의 모습

(4) 옥외저장탱크의 주입구

1) 게시판의 설치기준

인화점이 21℃ 미만인 위험물을 주입하는 주입구 주변에는 게시판을 설치해야 한다.

2) 주입구 게시판의 기준

① 게시판의 크기 : 한 변 0.3m 이상, 다른 한 변 0.6m 이상인 직사각형

② 게시판의 내용 : "**옥외저장탱크 주입구**", 유별, 품명, 주의사항

③ 게시판의 색상

　　㉠ 게시판의 내용(주의사항 제외) : **백색 바탕, 흑색 문자**

　　㉡ 주의사항 : 백색 바탕, 적색 문자

07 옥외저장탱크의 펌프설비 기준

(1) 펌프설비의 보유공지

① 너비 : 3m 이상(단, 방화상 유효한 격벽을 설치하는 경우 및 제6류 위험물 또는 지정수량의 10배 이하 위험물의 옥외저장탱크의 펌프설비에 있어서는 제외)

② 펌프설비로부터 옥외저장탱크까지의 사이 : 옥외저장탱크의 보유공지 너비의 3분의 1 이상

(2) 펌프설비를 설치하는 펌프실의 구조

① 펌프실의 벽·기둥·바닥 및 보 : 불연재료

② 펌프실의 지붕 : 폭발력이 위로 방출될 정도의 가벼운 불연재료

③ 펌프실의 바닥의 주위 턱 높이 : 0.2m 이상

④ 펌프실의 바닥 : 적당히 경사지게 하여 그 최저부에는 집유설비를 설치해야 한다.

(3) 펌프설비를 설치하는 펌프실 외 장소의 구조

① 펌프실 외 장소의 턱 높이 : 0.15m 이상

② 펌프실 외 장소의 바닥 : 지반면은 적당히 경사지게 하여 그 최저부에는 집유설비를 설치하고 배수구 및 유분리장치도 설치해야 한다.

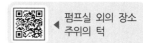

펌프실 외의 장소 주위의 턱

※ 알코올류와 같은 수용성 물질을 취급하는 경우 알코올과 물을 분리할 수 없으므로 유분리 장치는 설치할 필요가 없다.

(4) 플렉시블 조인트(Flexible Joint)

탱크에 연결된 배관들은 외부의 충격 등에 의해 파손되거나 비틀림이 발생할 수 있는데 이를 방지하기 위해 배관과 배관을 탄성의 재질로 연결한 연결체를 말한다.

배관을 연결하는 플렉시블 조인트

예제 1 위험물 옥외저장탱크의 통기관에 관한 사항으로 옳지 않은 것은?

① 밸브 없는 통기관의 직경은 30mm 이상으로 한다.
② 대기밸브부착 통기관은 항시 열려 있어야 한다.
③ 밸브 없는 통기관의 선단은 수평면보다 45도 이상 구부려 빗물 등의 침투를 막는 구조로 한다.
④ 대기밸브부착 통기관은 5kPa 이하의 압력 차이로 작동할 수 있어야 한다.

풀이 밸브 없는 통기관의 직경은 30mm 이상으로 하고 밸브 없는 통기관의 선단은 수평면보다 45도 이상 구부려 빗물 등의 침투를 막는 구조로 한다. 반면, 대기밸브부착 통기관은 항시 열려 있어야 하는 것이 아니라 5kPa 이하의 압력 차이로 작동할 수 있어야 한다.

정답 ②

예제 2 탱크에 부착된 밸브 없는 통기관에 인화방지망을 설치하지 않아도 되는 탱크는 다음 중 어느 것인가?

① 인화점 21℃ 이상의 위험물만을 해당 위험물의 비점 미만으로 저장하는 탱크
② 인화점 21℃ 이상의 위험물만을 해당 위험물의 인화점 미만으로 저장하는 탱크
③ 인화점 70℃ 이상의 위험물만을 해당 위험물의 비점 미만으로 저장하는 탱크
④ 인화점 70℃ 이상의 위험물만을 해당 위험물의 인화점 미만으로 저장하는 탱크

풀이 인화점 70℃ 이상의 위험물만을 해당 위험물의 인화점 미만으로 저장하는 탱크에 부착되어 있는 밸브 없는 통기관에는 인화방지망을 설치하지 않아도 된다.

정답 ④

예제 3 옥외저장탱크 펌프설비의 보유공지 너비는 얼마 이상으로 하여야 하는가?

① 1m ② 2m
③ 3m ④ 4m

풀이 옥외저장탱크 펌프설비의 기준은 다음과 같다.
1) 보유공지의 너비 : 3m 이상
2) 펌프설비로부터 옥외저장탱크까지의 거리 : 옥외저장탱크 보유공지의 1/3 이상

정답 ③

08 옥외저장탱크의 방유제

(1) 방유제의 정의

탱크의 파손으로 탱크로부터 흘러나온 위험물이 외부로 유출·확산되는 것을 방지하기 위해 철근콘크리트로 만든 둑을 말한다.

(2) 옥외저장탱크(이황화탄소 제외)의 방유제 기준

※ 이황화탄소 옥외저장탱크는 방유제가 필요 없으며 벽 및 바닥의 두께가 0.2m 이상인 철근콘크리트의 수조에 넣어 보관한다.

 이황화탄소 ◀ 옥외저장탱크의 설치

① 방유제의 용량 **실기에도 잘 나와요!**

㉠ 인화성이 있는 위험물 옥외저장탱크의 방유제

ⓐ 옥외저장탱크를 1개만 포함하는 경우 : 탱크 용량의 110% 이상
ⓑ 옥외저장탱크를 2개 이상 포함하는 경우 : 탱크 중 용량이 최대인 것의 110% 이상

㉡ 인화성이 없는 위험물 옥외저장탱크의 방유제

 옥외탱크저장소 ◀ 주위에 설치하는 방유제

ⓐ 옥외저장탱크를 1개만 포함하는 경우 : 탱크 용량의 100% 이상
ⓑ 옥외저장탱크를 2개 이상 포함하는 경우 : 탱크 중 용량이 최대인 것의 100% 이상

※ 하나의 방유제 안에 옥외저장탱크가 2개 이상 있는 경우의 방유제의 용량은 방유제의 내용적에서 다음의 것을 빼야 한다.
 ㉠ 용량이 최대인 탱크가 아닌 그 외의 탱크의 방유제 높이 이하 부분의 용적
 ㉡ 방유제 내에 있는 모든 탱크의 지반면 이상 부분의 기초의 체적과 간막이 둑의 체적
 ㉢ 방유제 내에 있는 배관 등의 체적

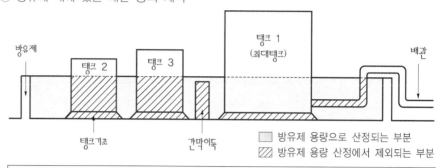

방유제의 유효용량 = 방유제 내부 체적 − 탱크 2와 3의 방유제 높이 이하 부분의 체적 − 모든 저장탱크(탱크 1, 2, 3)의 기초 부분의 체적 − 방유제 높이 이하 부분의 배관, 지지대 등 부속설비의 체적

┃ 방유제 용량으로 산정되는 부분 ┃

📖 위험물취급탱크의 방유제 용량

1) **하나의 취급탱크** : 탱크 용량의 50% 이상
2) **2개 이상의 취급탱크** : 탱크 중 용량이 최대인 것의 50%에 나머지 탱크 용량 합계의 10%를 가산한 양 이상

② 방유제의 높이 : **0.5m 이상 3m 이하** 🐾실기에도 잘 나와요!

③ 방유제의 두께 : **0.2m 이상** 🐾실기에도 잘 나와요!

④ 방유제의 지하매설깊이 : **1m 이상** 🐾실기에도 잘 나와요!

⑤ 하나의 방유제의 면적 : **8만m² 이하** 🐾실기에도 잘 나와요!

⑥ 방유제의 재질 : **철근콘크리트**

⑦ 하나의 방유제 안에 설치할 수 있는 옥외저장탱크의 수 🐾실기에도 잘 나와요!
 ㉠ **10개 이하** : **인화점 70℃ 미만**의 위험물을 저장하는 옥외저장탱크
 ㉡ **20개 이하** : 모든 옥외저장탱크의 **용량의 합이 20만L 이하**이고 인화점이 **70℃ 이상 200℃ 미만**(제3석유류)인 경우
 ㉢ **개수 무제한** : 인화점이 **200℃ 이상**인 위험물을 저장하는 경우

⑧ 소방차 및 자동차의 통행을 위한 도로 설치기준 : 방유제 외면의 2분의 1 이상은 3m 이상의 폭을 확보한 도로를 설치한다.
 ※ 외면의 2분의 1이란, 외면이 4개일 경우 2개의 면을 의미한다.

⑨ 방유제로부터 옥외저장탱크의 옆판까지의 거리 🐾실기에도 잘 나와요!
 ㉠ **탱크 지름이 15m 미만** : **탱크 높이의 3분의 1 이상**
 ㉡ **탱크 지름이 15m 이상** : **탱크 높이의 2분의 1 이상**

 ◀ 탱크와 방유제 까지의 거리

⑩ 간막이둑을 설치하는 기준 : 방유제 내에 설치된 용량이 1,000만L 이상인 옥외저장 탱크에는 각각의 탱크마다 간막이둑을 설치한다.

  ⓐ 간막이둑의 높이 : 0.3m 이상(방유제 높이보다 0.2m 이상 낮게)

  ⓑ 간막이둑의 용량 : 탱크 용량의 10% 이상

  ⓒ 간막이둑의 재질 : 흙 또는 철근콘크리트

⑪ 계단 또는 경사로의 기준 : 높이가 1m를 넘는 방유제 의 안팎에는 약 50m마다 계단 또는 경사로를 설치한 다. 실기에도 잘 나와요!

 ◀ 방유제의 계단

예제 1 이황화탄소의 옥외저장탱크를 보관하는 수조의 벽 및 바닥의 두께로 옳은 것은?

① 0.1m 이상

② 0.2m 이상

③ 0.3m 이상

④ 0.4m 이상

풀이 이황화탄소의 옥외저장탱크는 벽 및 바닥의 두께가 0.2m 이상이고 누수가 되지 아니하는 철근콘크리트의 수조에 넣어 보관하여야 한다.

정답 ②

예제 2 하나의 방유제 안에 하나의 탱크가 설치되어 있을 때 인화성 액체(이황화탄소 제외)를 저장하는 위험물 옥외저장탱크의 방유제 용량은 탱크 용량의 몇 % 이상으로 하는가?

① 50%   ② 100%

③ 110%   ④ 150%

풀이 인화성이 있는 위험물의 옥외저장탱크의 방유제 용량은 다음의 기준에 따른다.

1) 하나의 옥외저장탱크의 방유제 용량 : 탱크 용량의 110% 이상

2) 2개 이상의 옥외저장탱크의 방유제 용량 : 탱크 중 용량이 최대인 것의 110% 이상

정답 ③

예제 3 질산을 저장하는 옥외저장탱크 3개가 설치되어 있는 방유제의 용량은 얼마인가?

① 탱크 중 용량이 최대인 것의 100% 이상

② 모든 탱크 용량의 합의 100% 이상

③ 탱크 중 용량이 최대인 것의 110% 이상

④ 모든 탱크 용량의 합의 110% 이상

풀이 질산과 같이 인화성이 없는 제6류 위험물의 옥외저장탱크의 방유제 용량은 다음의 기준에 따른다.

1) 하나의 옥외저장탱크의 방유제 용량 : 탱크용량의 100% 이상

2) 2개 이상의 옥외저장탱크의 방유제 용량 : 탱크 중 용량이 최대인 것의 100% 이상

정답 ①

예제 4 옥외저장탱크의 방유제의 최소 높이는 얼마인가?

① 0.5m   ② 1m

③ 1.5m   ④ 2m

풀이 방유제의 높이는 0.5m 이상 3m 이하로 한다.

정답 ①

예제 5 옥외저장탱크의 방유제의 두께는 얼마 이상으로 하는가?

① 0.1m   ② 0.2m

③ 0.3m   ④ 0.5m

풀이 옥외저장탱크의 방유제의 두께는 0.2m 이상으로 한다.

정답 ②

예제 6 옥외저장탱크의 방유제의 지하매설깊이는 얼마 이상으로 하는가?

① 0.5m   ② 1m

③ 1.5m   ④ 2m

풀이 옥외저장탱크의 방유제의 지하매설깊이는 1m 이상으로 한다.

정답 ②

예제 7 옥외저장탱크의 방유제 면적은 최대 얼마로 해야 하는가?

① 5만m^2 이하   ② 6만m^2 이하

③ 7만m^2 이하   ④ 8만m^2 이하

풀이 방유제의 면적은 8만m^2 이하로 한다.

정답 ④

예제 8 다음 중 하나의 방유제 내에 설치하는 옥외저장탱크의 수에 관한 설명으로 맞는 것을 고르면?

① 인화점 21℃ 미만의 위험물을 저장하는 탱크는 5개 이하로 설치한다.

② 인화점 70℃ 미만의 위험물을 저장하는 탱크는 7개 이하로 설치한다.

③ 모든 옥외저장탱크의 용량의 합이 20만L 이하이고 인화점 70℃ 이상 200℃ 미만의 위험물을 저장하는 탱크는 20개 이하로 설치한다.

④ 인화점 250℃ 이상의 위험물을 저장하는 탱크는 개수 제한이 없다.

풀이 1) 10개 이하 : 인화점 70℃ 미만의 위험물을 저장하는 옥외저장탱크
2) 20개 이하 : 모든 옥외저장탱크의 용량의 합이 20만L 이하이고 인화점 70℃ 이상 200℃ 미만의 위험물을 저장하는 옥외저장탱크
3) 개수 무제한 : 인화점 200℃ 이상의 위험물을 저장하는 옥외저장탱크

정답 ③

예제 9 방유제의 외면의 얼마 이상을 소방차 및 자동차의 통행을 위한 도로에 접하도록 해야 하는가?

① 방유제 외면의 2분의 1 이상

② 방유제 외면의 3분의 1 이상

③ 방유제 외면의 5분의 1 이상

④ 방유제 외면의 모든 부분

풀이 방유제 외면의 2분의 1 이상은 자동차 등이 통행할 수 있는 3m 이상의 구내도로에 직접 접하도록 해야 한다.

정답 ①

예제 10 지름이 15m인 옥외저장탱크의 옆판으로부터 방유제까지의 거리는 최소 얼마 이상이 되어야 하는가?

① 탱크 높이의 5분의 1 이상

② 탱크 높이의 4분의 1 이상

③ 탱크 높이의 3분의 1 이상

④ 탱크 높이의 2분의 1 이상

풀이 방유제로부터 옥외저장탱크 옆판까지의 거리는 다음과 같다.
1) 탱크지름이 15m 미만 : 탱크 높이의 3분의 1 이상
2) 탱크지름이 15m 이상 : 탱크 높이의 2분의 1 이상
탱크지름이 15m이면 15m 이상에 포함되므로 탱크높이의 2분의 1 이상으로 한다.

정답 ④

예제 11 방유제 내에 설치한 옥외저장탱크의 용량이 얼마 이상일 경우 각 탱크마다 간막이둑을 설치해야 하는가?

① 100만L

② 500만L

③ 1,000만L

④ 1,500만L

풀이 방유제 내에 설치한 옥외저장탱크 용량이 1,000만L 이상일 경우 각 탱크마다 간막이둑을 설치해야 한다.

정답 ③

예제 12 높이가 1m 이상인 방유제의 안팎에는 얼마의 간격으로 계단 또는 경사로를 설치해야 하는가?

① 10m ② 30m

③ 50m ④ 70m

풀이 높이가 1m 이상인 방유제의 안팎에는 방유제 내에 출입하기 위한 계단 또는 경사로를 약 50m마다 설치한다.

정답 ③

2-4 옥내탱크저장소

01 안전거리

필요 없음

02 보유공지

필요 없음

03 표지 및 게시판

옥내탱크저장소의 표지 및 게시판 기준은 위험물제조소와 동일하다.

※ 단, 표지의 내용은 "위험물옥내탱크저장소"이다.

▶ 제조소·옥내탱크저장소 게시판의 공통기준

0.6m 이상

위험물옥내탱크저장소

0.3m 이상

‖ 옥내탱크저장소의 표지 ‖

04 옥내저장탱크

(1) 옥내저장탱크의 정의

단층 건축물에 설치된 탱크전용실에 설치하는 위험물의 저장 또는 취급 탱크를 말한다.

(2) 옥내저장탱크의 구조

① 옥내저장탱크의 두께 : 3.2mm 이상의 강철판

② 옥내저장탱크의 간격 〈실기에도 잘 나와요!〉

　㉠ 옥내저장탱크와 탱크전용실 벽과의 사이 간격 : 0.5m 이상

　㉡ 옥내저장탱크 상호간의 간격 : 0.5m 이상

(3) 옥내저장탱크에 저장할 수 있는 위험물의 종류

1) 탱크전용실을 단층 건축물에 설치한 옥내저장탱크에 저장할 수 있는 위험물

　- 모든 유별의 위험물

2) 탱크전용실을 단층 건물 외의 건축물에 설치한 옥내저장탱크에 저장할 수 있는 위험물

① 건축물의 1층 또는 지하층 〈실기에도 잘 나와요!〉

　　㉠ 제2류 위험물 중 황화인, 적린 및 덩어리상태의 황

　　㉡ 제3류 위험물 중 황린

　　㉢ 제6류 위험물 중 질산

② 건축물의 모든 층

　　– 제4류 위험물 중 인화점이 38℃ 이상인 위험물

(4) 옥내저장탱크의 용량

동일한 탱크전용실에 옥내저장탱크를 2개 이상 설치하는 경우에는 각 탱크 용량의 합계를 말한다.

1) 단층 건물에 탱크전용실을 설치하는 경우 〈실기에도 잘 나와요!〉

지정수량의 40배 이하(단, 제4석유류 및 동식물유류 외의 제4류 위험물은 20,000L 초과 시 20,000L 이하)

> 💡 Tip
>
> 단층 건물 또는 1층 이하의 층에 탱크전용실을 설치하는 경우의 탱크 용량은 2층 이상의 층에 탱크전용실을 설치하는 경우의 4배입니다.

2) 단층 건물 외의 건축물에 탱크전용실을 설치하는 경우

① 1층 이하의 층에 탱크전용실을 설치하는 경우

지정수량의 40배 이하(단, 제4석유류 및 동식물유류 외의 제4류 위험물은 20,000L 초과 시 20,000L 이하)

② 2층 이상의 층에 탱크전용실을 설치하는 경우

지정수량의 10배 이하(단, 제4석유류 및 동식물유류 외의 제4류 위험물은 5,000L 초과 시 5,000L 이하)

(5) 옥내저장탱크의 통기관

1) 밸브 없는 통기관 〈실기에도 잘 나와요!〉

① 통기관의 선단(끝단)과 건축물의 창, 출입구와의 거리 : 옥외의 장소로 1m 이상

② 지면으로부터 통기관의 선단까지의 높이 : 4m 이상

③ 인화점 40℃ 미만인 위험물을 저장하는 탱크의 통기관과 부지경계선까지의 거리 : 1.5m 이상

④ 통기관의 선단은 옥외에 설치해야 한다.

⑤ 기타 통기관의 기준은 옥외저장탱크 통기관의 기준과 동일하다.

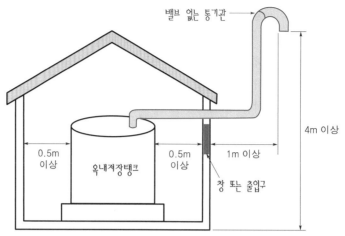

▌옥내저장탱크의 밸브 없는 통기관 ▌

2) 대기밸브부착 통기관

밸브 없는 통기관의 기준에 준하며 5kPa 이하의 압력차이로 작동할 수 있어야 한다.

예제 1 옥내저장탱크의 강철판 두께는 얼마 이상인가?

① 1.6mm 이상   ② 2.3mm 이상   ③ 3.2mm 이상   ④ 6mm 이상

풀이 옥내저장탱크는 3.2mm 이상의 강철판으로 제작한다.

정답 ③

예제 2 옥내저장탱크의 전용실 안쪽 면과 탱크 사이의 거리 및 2개의 탱크 사이의 거리는 몇 m 이상으로 하는가?

① 0.1m   ② 0.3m   ③ 0.5m   ④ 1m

풀이 1) 옥내저장탱크와 탱크전용실의 벽과의 사이 간격 : 0.5m 이상
      2) 옥내저장탱크의 상호간의 간격 : 0.5m 이상

정답 ③

예제 3 단층 건물에 설치한 탱크전용실에 제1석유류를 저장한 옥내저장탱크를 설치하는 경우 옥내저장탱크의 용량은 얼마 이하인가?

① 10,000L 이하   ② 20,000L 이하

③ 30,000L 이하   ④ 40,000L 이하

풀이 단층 건물에 탱크전용실을 설치하는 옥내저장탱크의 용량은 지정수량의 40배 이하로 한다.
      단, 제4석유류 및 동식물유류 외의 제4류 위험물을 저장하는 경우 20,000L 이하로 한다.

정답 ②

예제 4 옥내저장탱크의 밸브 없는 통기관의 선단은 지면으로부터 몇 m 이상의 높이에 있어야 하는가?

① 1m   ② 2m   ③ 3m   ④ 4m

풀이 옥내저장탱크의 밸브 없는 통기관의 지면으로부터 선단까지의 높이 : 4m 이상

정답 ④

2-5 지하탱크저장소

01 안전거리

필요 없음

02 보유공지

필요 없음

03 표지 및 게시판

지하탱크저장소의 표지 및 게시판 기준은 위험물제조소와 동일하다.

※ 단, 표지의 내용은 "위험물지하탱크저장소"이다.

▌지하탱크저장소의 표지▐

제조소 · 지하탱크저장소
게시판의 공통기준

04 지하저장탱크

(1) 지하저장탱크의 정의

지면 아래에 있는 탱크전용실에 설치하는 위험물의 저장 또는 취급을 위한 탱크를 의미한다.

(2) 지하저장탱크의 시험압력

다음의 시험에서 새거나 변형되지 않아야 한다.

① 압력탱크 : 최대상용압력의 1.5배 압력으로 10분간 실시하는 수압시험

② 압력탱크 외의 탱크 : 70kPa의 압력으로 10분간 실시하는 수압시험

(3) 지하저장탱크의 용량

제한 없음

(4) 지하저장탱크의 통기관

1) 밸브 없는 통기관

① 직경 : 30mm 이상

② 선단 : 수평면보다 45도 이상 구부릴 것(빗물 등의 침투 방지)

③ 설치장치 : 인화방지장치(가는 눈의 구리망 등으로 설치)

④ 지면으로부터 통기관의 선단까지의 높이 : 4m 이상 실기에도 잘 나와요!

※ 옥내저장탱크의 밸브 없는 통기관의 설치기준에 준한다.

2) 대기밸브부착 통기관

밸브 없는 통기관의 기준에 준하며 5kPa 이하의 압력차이로 작동할 수 있어야 한다.

※ 제4류 위험물의 제1석유류를 저장하는 탱크는 다음의 압력 차이로 작동해야 한다.
  ㉠ 정압(대기압보다 높은 압력) : 0.6kPa 이상 1.5kPa 이하
  ㉡ 부압(대기압보다 낮은 압력) : 1.5kPa 이상 3kPa 이하

05 지하탱크저장소의 설치기준 실기에도 잘 나와요!

위험물을 저장 또는 취급하는 지하저장탱크는 지면 하에 설치된 탱크전용실에 설치하여야 한다.

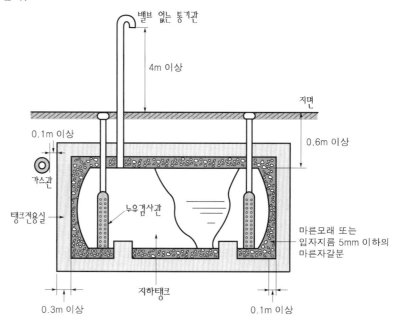

‖ 지하탱크저장소의 구조 ‖

① 전용실의 내부 : 입자지름 5mm 이하의 마른자갈분 또는 마른모래를 채운다.

② 지면으로부터 지하탱크의 윗부분까지의 거리 : 0.6m 이상

③ 지하탱크를 2개 이상 인접해 설치할 때 상호거리 : 1m 이상
   ※ 탱크 용량의 합계가 지정수량의 100배 이하일 경우 : 0.5m 이상

④ 탱크전용실로부터 안쪽과 바깥쪽으로의 거리

    ㉠ 지하의 벽, 가스관, 대지경계선으로부터 탱크전용실 바깥쪽과의 사이 : 0.1m 이상

    ㉡ 지하저장탱크와 탱크전용실 안쪽과의 사이 : 0.1m 이상

⑤ 탱크전용실의 기준 : 벽, 바닥 및 뚜껑의 두께는 0.3m 이상의 철근콘크리트로 한다.

⑥ 지면으로부터 통기관의 선단까지의 높이 : 4m 이상

📖 **제4류 위험물을 저장하는 지하저장탱크를 탱크전용실에 설치하지 않을 수 있는 경우**

1) 탱크를 지하철, 지하가 또는 지하터널로부터 수평거리 10m 이상에 설치할 때
2) 탱크의 세로 및 가로보다 각각 0.6m 이상 크고 두께가 0.3m 이상인 철근콘크리트조의 뚜껑으로 덮을 때
3) 뚜껑에 걸리는 중량이 직접 탱크에 걸리지 않는 구조로 할 때
4) 탱크를 견고한 기초 위에 고정시킬 때
5) 탱크를 지하의 벽, 가스관, 대지경계선으로부터 0.6m 이상 떨어진 곳에 설치할 때

06 기타 설비 ◀실기에도 잘 나와요!

(1) 지하저장탱크의 주입구

1) 게시판의 설치기준

인화점이 21℃ 미만인 위험물을 주입하는 주입구 주변에는 게시판을 설치해야 한다.

2) 주입구 게시판의 기준

① 게시판의 크기 : 한 변 0.3m 이상, 다른 한 변 0.6m 이상인 직사각형

② 게시판의 내용 : "지하저장탱크 주입구", 유별, 품명, 주의사항

③ 게시판의 색상

    ㉠ 게시판의 내용(주의사항 제외) : **백색바탕, 흑색문자**

    ㉡ 주의사항 : 백색바탕, 적색문자

(2) 누설(누유)검사관

① **누설(누유)검사관**은 하나의 탱크에 대해 **4군데 이상 설치**한다.

② 누설(누유)검사관의 설치기준

    ㉠ 이중관으로 할 것. 다만 소공이 없는 상부는 단관으로 할 것

    ㉡ 재료는 금속관 또는 경질합성수지관으로 할 것

    ㉢ 관의 밑부분으로부터 탱크의 중심높이까지에는 소공이 뚫려 있을 것. 다만, 지하수위가 높은 장소에 있어서는 지하수위 높이까지의 부분에 소공이 뚫려 있을 것

ㄹ 상부는 물이 침투하지 아니하는 구조로 하고 뚜껑은 검사 시에 쉽게 열 수 있
도록 할 것

(3) 과충전 방지장치

① 탱크 용량을 초과하는 위험물이 주입될 때 자동으로 주입구를 폐쇄하거나 위험물
의 공급을 차단하는 방법을 사용한다.

② 탱크 용량의 **90%가 찰 때 경보음**을 울리는 방법을 사용한다.

예제 1 지하저장탱크 중 압력탱크 외의 탱크의 수압시험압력은 얼마로 해야 하는가?

① 50kPa   ② 60kPa
③ 70kPa   ④ 80kPa

풀이 압력탱크 외의 탱크는 70kPa의 압력으로 10분간 수압시험을 한다.

정답 ③

예제 2 지하저장탱크 전용실의 내부에 채우는 마른 자갈분의 입자지름은 얼마 이하인가?

① 1mm   ② 3mm
③ 5mm   ④ 7mm

풀이 지하탱크전용실 내부에는 입자지름 5mm 이하의 마른 자갈분 또는 마른모래를 채운다.

정답 ③

예제 3 탱크전용실에 설치한 지하저장탱크에 대한 설명으로 틀린 것은?

① 지하저장탱크와 탱크전용실 안쪽과의 거리는 0.1m 이상으로 한다.
② 지면으로부터 지하저장탱크 윗부분까지의 거리는 0.6m 이상으로 한다.
③ 지정수량 배수의 합이 200배인 지하저장탱크 2개를 인접하여 설치한 탱크
사이의 거리는 0.5m 이상으로 한다.
④ 탱크전용실의 벽, 바닥 및 뚜껑의 두께는 0.3m 이상으로 한다.

풀이 지정수량 배수의 합이 200배인 지하저장탱크 2개를 인접해 설치한 탱크 사이의 거리
는 1m 이상(지정수량 배수의 합이 100배 이하인 경우 0.5m 이상)으로 한다.

정답 ③

예제 4 지하저장탱크에 설치하는 누유검사관은 하나의 탱크에 대해 몇 군데 이상 설치해야
하는가?

① 1군데   ② 2군데
③ 3군데   ④ 4군데

풀이 지하저장탱크에 설치하는 누유검사관은 하나의 탱크에 대해 4군데 이상 설치해야 한다.

정답 ④

예제 5 제4류 위험물을 저장하는 지하저장탱크를 탱크전용실에 설치하지 아니할 수 있는 경우에 해당하는 것은?

① 탱크를 지하철, 지하가 또는 지하터널로부터 수평거리 5m 이상에 설치할 경우

② 탱크의 세로 및 가로보다 각각 0.3m 이상 크고 두께가 0.6m 이상인 철근 콘크리트조의 뚜껑으로 덮을 경우

③ 탱크를 지하의 벽, 가스관, 대지경계선으로부터 0.6m 이상 떨어진 곳에 설치할 경우

④ 뚜껑에 걸리는 중량이 직접 탱크에 걸리는 구조일 경우

풀이 ① 탱크를 지하철, 지하가 또는 지하터널로부터 수평거리 10m 이상에 설치할 경우
② 탱크의 세로 및 가로보다 각각 0.6m 이상 크고 두께가 0.3m 이상인 철근콘크리트조의 뚜껑으로 덮을 경우
④ 뚜껑에 걸리는 중량이 직접 탱크에 걸리지 아니하는 구조일 경우

정답 ③

2-6 간이탱크저장소

01 안전거리

필요 없음

02 보유공지

① 옥외에 설치하는 경우 : 1m 이상으로 한다.

② 전용실 안에 설치하는 경우 : 탱크와 전용실 벽 사이를 0.5m 이상으로 한다.

03 표지 및 게시판

간이탱크저장소의 표지 및 게시판 기준은 위험물제조소와 동일하다.

※ 단, 표지의 내용은 "위험물간이탱크저장소"이다.

 ◀ 제조소 · 간이탱크저장소 게시판의 공통기준

0.6m 이상

0.3m 이상

‖ 간이탱크저장소의 표지 ‖

04 탱크의 기준

(1) 간이탱크저장소의 구조 및 설치기준 (실기에도 잘 나와요!)

① 하나의 간이탱크저장소에 설치할 수 있는 간이저장탱크의 수 : 3개 이하

※ 동일한 품질의 위험물의 간이저장탱크를 2개 이상 설치하지 않는다.

② 간이저장탱크의 용량 : 600L 이하

③ 간이저장탱크의 두께 : 3.2mm 이상의 강철판

④ 수압시험 : 70kPa의 압력으로 10분간 실시

(2) 통기관 기준

1) 밸브 없는 통기관

① 통기관의 지름 : 25mm 이상

② 통기관의 설치위치 : 옥외

③ 선단

㉠ 선단의 높이 : 지상 1.5m 이상

㉡ 수평면보다 45도 이상 구부릴 것(빗물 등의 침투 방지)

④ 설치장치 : 인화방지장치(가는 눈의 구리망 등으로 설치)

2) 대기밸브부착 통기관

밸브 없는 통기관의 기준에 준하며 5kPa 이하의 압력차이로 작동할 수 있어야 한다.

예제 1 옥외에 설치하는 간이탱크저장소의 보유공지는 얼마 이상으로 해야 하는가?

① 1m 이상

② 2m 이상

③ 3m 이상

④ 4m 이상

풀이 간이저장탱크의 보유공지는 다음의 기준으로 한다.
   1) 옥외에 설치하는 경우 : 1m 이상
   2) 전용실 안에 설치하는 경우 : 탱크와 전용실 벽 사이를 0.5m 이상으로 한다.

정답 ①

예제 2 하나의 간이탱크저장소에 설치할 수 있는 간이탱크의 수는 몇 개 이하인가?

① 1개   ② 2개

③ 3개   ④ 4개

풀이 하나의 간이탱크저장소에 설치할 수 있는 간이탱크의 수는 3개 이하이다.

정답 ③

예제 3 하나의 간이저장탱크의 용량은 몇 L 이하로 해야 하는가?

① 400L

② 500L

③ 600L

④ 700L

✅ **풀이** 하나의 간이저장탱크의 용량은 600L 이하로 한다.

정답 ③

예제 4 간이저장탱크의 밸브 없는 통기관의 안지름은 얼마 이상으로 해야 하는가?

① 20mm

② 25mm

③ 30mm

④ 35mm

✅ **풀이** 간이저장탱크의 밸브 없는 통기관의 안지름은 25mm 이상으로 하고, 지상 1.5m 이상의 옥외에 설치해야 한다.

정답 ②

2-7 이동탱크저장소

01 안전거리

필요 없음

02 보유공지

필요 없음

03 표지 및 게시판

이동탱크에는 저장하는 위험물의 분류에 따라 표지 및 UN번호, 그리고 그림문자를 표시하여야 한다.

(1) 표지 실기에도 잘 나와요!

① **부착위치** : 이동탱크저장소의 전면 상단 및 후면 상단

② **규격 및 형상** : 가로형 사각형(60cm 이상×30cm 이상)

③ **색상 및 문자** : 흑색 바탕에 황색의 반사도료로 "위험물" 이라고 표기할 것

‖ 이동탱크저장소의 표지 ‖

(2) 이동탱크에 저장하는 위험물의 분류

분류기호 및 물질	구 분	내 용
〈분류기호 1〉 폭발성 물질 및 제품	1.1	순간적인 전량폭발이 주위험성인 폭발성 물질 및 제품
	1.2	발사나 추진 현상이 주위험성인 폭발성 물질 및 제품
	1.3	심한 복사열 또는 화재가 주위험성인 폭발성 물질 및 제품
	1.4	중대한 위험성이 없는 폭발성 물질 및 제품
	1.5	순간적인 전량폭발이 주위험성이지만, 폭발 가능성은 거의 없는 물질
	1.6	순간적인 전량폭발 위험성을 제외한 그 이외의 위험성이 주위험성이지만, 폭발 가능성은 거의 없는 제품
〈분류기호 2〉 가스	2.1	인화성 가스
	2.2	비인화성 가스, 비독성 가스
	2.3	독성 가스
〈분류기호 3〉 인화성 액체	–	–
〈분류기호 4〉 인화성 고체, 자연발화성 물질 및 물과 접촉 시 인화성 가스를 생성하는 물질	4.1	인화성 고체, 자기반응성 물질 및 둔감화된 고체 화약
	4.2	자연발화성 물질
	4.3	물과 접촉 시 인화성 가스를 생성하는 물질
〈분류기호 5〉 산화성 물질과 유기과산화물	5.1	산화성 물질
	5.2	유기과산화물
〈분류기호 6〉 독성 및 전염성 물질	6.1	독성 물질
	6.2	전염성 물질
〈분류기호 7〉 방사성 물질	–	–
〈분류기호 8〉 부식성 물질	–	–
〈분류기호 9〉 기타 위험물	–	–

(3) UN번호

① 그림문자의 외부에 표기하는 경우

   ㉠ 부착위치 : 이동탱크저장소의 후면 및 양 측면(그림문자와 인접한 위치)

   ㉡ 규격 및 형상 : 가로형 사각형(30cm 이상×12cm 이상)

   ㉢ 색상 및 문자 : 흑색 테두리선(굵기 1cm)과 오렌지색으로 이루어진 바탕에 UN번호(글자 높이 6.5cm 이상)를 흑색으로 표기할 것

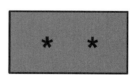

▎UN번호를 그림문자 외부에 표기하는 경우▎

② 그림문자의 내부에 표기하는 경우

   ㉠ 부착위치 : 이동탱크저장소의 후면 및 양 측면

   ㉡ 규격 및 형상 : 심벌 및 분류·구분의 번호를 가리지
      않는 크기의 가로형 사각형

   ㉢ 색상 및 문자 : 흰색 바탕에 UN번호(글자 높이 6.5cm
      이상)를 흑색으로 표기할 것

┃UN번호를 그림문자 내부에
표기하는 경우┃

(4) 그림문자

① 부착위치 : 이동탱크저장소의 후면 및 양 측면

② 규격 및 형상 : 마름모꼴(25cm 이상×25cm 이상)

③ 색상 및 문자 : 위험물의 품목별로 해당하는 심벌을 표
기하고 그림문자의 하단에 분류·구분의 번호(글자 높
이 2.5cm 이상)를 표기할 것

④ 위험물의 분류·구분별 그림문자의 세부기준 : 다음의 분
류·구분에 따라 주위험성 및 부위험성에 해당되는 그
림문자를 모두 표시한다.

┃그림문자┃

분류기호 및 물질		심벌 색상	분류번호 색상	배경 색상	그림문자
〈분류기호 1〉 폭발성 물질		검정	검정	오렌지	
〈분류기호 2〉 가스		(해당 없음)			
〈분류기호 3〉 인화성 액체		검정 혹은 흰색	검정 혹은 흰색	빨강	
〈분류 기호 4〉	인화성 고체	검정	검정	흰색 바탕에 7개의 빨간 수직막대	
	자연발화성 물질	검정	검정	상부 절반 흰색, 하부 절반 빨강	
	금수성 물질	검정 혹은 흰색	검정 혹은 흰색	파랑	

분류기호 및 물질		심벌 색상	분류번호 색상	배경 색상	그림문자
〈분류기호 5〉	산화(제)성 물질	검정	검정	노랑	
	유기 과산화물	검정 혹은 흰색	검정	상부 절반 빨강, 하부 절반 노랑	
〈분류기호 6〉	독성 물질	검정	검정	흰색	
	전염성 물질	검정	검검	흰색	
〈분류기호 7〉 방사성 물질		(해당 없음)			
〈분류기호 8〉 부식성 물질		검정	흰색	상부 절반 흰색, 하부 절반 검정	
〈분류기호 9〉 기타 위험물		(해당 없음)			

04 이동탱크저장소의 기준

(1) 이동저장탱크의 구조 실기에도 잘 나와요!

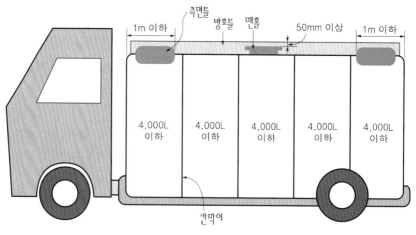

측면틀 방호틀 맨홀 50mm 이상 1m 이하 1m 이하

1m 이하

4,000L 이하 4,000L 이하 4,000L 이하 4,000L 이하 4,000L 이하

칸막이

‖ 이동탱크저장소 ‖

① 탱크(맨홀 및 주입관의 뚜껑 포함)의 두께 : 3.2mm 이상의 강철판

② 칸막이

　　㉠ 하나로 구획된 칸막이의 용량 : 4,000L 이하

　　㉡ 칸막이의 두께 : 3.2mm 이상의 강철판

③ 안전장치의 작동압력 : 안전장치는 다음의 압력에서 작동해야 한다.

　　㉠ 상용압력이 20kPa 이하인 탱크 : 20kPa 이상 24kPa 이하의 압력

　　㉡ 상용압력이 20kPa 초과하는 탱크 : 상용압력의 1.1배 이하의 압력

④ 방파판

　　칸막이로 구획된 부분의 용량이 2,000L 미만인 부분에는 설치하지 않을 수 있다.

　　㉠ 두께 및 재질 : 1.6mm 이상의 강철판 또는 이와 동등 이상의 강도·내열성 및 내식성이 있는 금속성의 것

　　㉡ 개수 : 하나의 구획부분에 2개 이상

　　㉢ 면적의 합 : 구획부분의 최대 수직단면의 50% 이상

※ 칸막이와 방파판은 출렁임을 방지하는 기능을 한다.

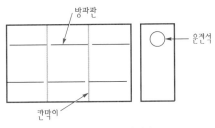

‖칸막이 및 방파판‖

(2) 측면틀 및 방호틀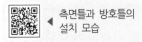

측면틀과 방호틀은 부속장치의 손상을 방지하는 기능을 한다.

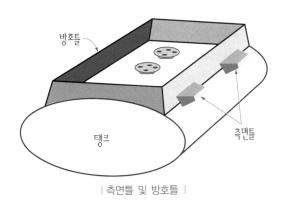

‖측면틀 및 방호틀‖

　　측면틀과 방호틀의 설치 모습

① 측면틀

　　㉠ 측면틀의 최외측과 탱크 최외측의 연결선과 수평면이 이루는 내각 : 75도 이상

    ⓛ 탱크 중량의 중심점(G)과 측면틀 최외측을 연결하는 선과 중심점을 지나는 직선 중 최외측선과 직각을 이루는 선과의 내각 : 35도 이상

    ⓒ 탱크 상부의 네 모퉁이로부터 탱크의 전단 또는 후단까지의 거리 : 각각 1m 이내

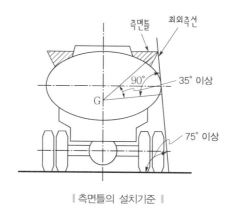

‖ 측면틀의 설치기준 ‖

  ② 방호틀
    ㉠ 두께 : 2.3mm 이상의 강철판
    ⓛ 높이 : 방호틀의 정상부분을 부속장치보다 50mm 이상 높게 유지

(3) 이동저장탱크의 시험압력 실기에도 잘 나와요!

다음의 시험에서 새거나 변형되지 않아야 한다.

① 압력탱크 : 최대상용압력의 1.5배의 압력으로 10분간 실시하는 수압시험
② 압력탱크 외의 탱크 : 70kPa의 압력으로 10분간 실시하는 수압시험

(4) 이동저장탱크의 주입설비

이동탱크저장소에 주입설비(개폐밸브가 설치된 주입호스)를 설치하는 경우에는 다음의 기준에 의하여야 한다.

① 위험물이 샐 우려가 없고 화재예방상 안전한 구조로 할 것
② 주입설비의 길이는 50m 이내로 하고, 그 선단에 축적되는 정전기를 유효하게 제거할 수 있는 장치를 할 것
③ 분당 토출량은 200L 이하로 할 것

(5) 이동저장탱크의 접지도선 실기에도 잘 나와요!

제4류 위험물 중 특수인화물, 제1석유류 또는 제2석유류를 저장하는 이동저장탱크에 설치해야 한다.

(6) 이동저장탱크의 외부도장 색상

① 제1류 위험물 : 회색

② 제2류 위험물 : 적색

③ 제3류 위험물 : 청색

④ 제4류 위험물 : 적색(색상에 대한 제한은 없으나 적색을 권장)

⑤ 제5류 위험물 : 황색

⑥ 제6류 위험물 : 청색

※ 탱크의 앞면과 뒷면을 제외한 면적의 40% 이내의 면적은 다른 유별에 정해진 색상 외의 색상으로 도장하는 것이 가능하다.

(7) 상치장소(주차장으로 허가받은 장소) 실기에도 잘 나와요!

① 옥외에 있는 상치장소 : 화기를 취급하는 장소 또는 인근의 건축물로부터 5m 이상의 거리 확보(인근의 건축물이 1층인 경우에는 3m 이상)

② 옥내에 있는 상치장소 : 벽·바닥·보·서까래 및 지붕이 내화구조 또는 불연재료로 된 건축물의 1층에 설치

예제 1 이동탱크의 강철판 두께와 하나의 칸막이 용량은 얼마로 해야 하는가?

① 두께 : 6mm 이상, 용량 : 2,000L 이하

② 두께 : 3.2mm 이상, 용량 : 4,000L 이하

③ 두께 : 6mm 이상, 용량 : 4,000L 이하

④ 두께 : 3.2mm 이상, 용량 : 2,000L 이하

풀이 이동저장탱크는 3.2mm 이상의 강철판으로 하며, 하나로 구획된 칸막이의 용량은 4,000L 이하로 한다.

정답 ②

예제 2 위험물안전관리법령에서 정한 제5류 위험물 이동저장탱크의 외부도장 색상은 다음 중 어느 것인가?

① 황색

② 회색

③ 적색

④ 청색

풀이 ① 황색 : 제5류 위험물
② 회색 : 제1류 위험물
③ 적색 : 제2류·제4류 위험물(제4류는 권장)
④ 청색 : 제3류·제6류 위험물

정답 ①

예제 3 이동탱크에는 압력의 상승으로 인한 탱크의 파손을 막기 위해 안전장치를 설치한다. 탱크의 상용압력이 21kPa라면 이때 안전장치가 작동되어야 할 압력은 얼마 이하인가?

① 20kPa
② 23.1kPa
③ 25kPa
④ 31kPa

풀이 이동탱크의 안전장치는 다음의 압력에서 작동해야 한다.
1) 상용압력이 20kPa 이하인 탱크 : 20kPa 이상 24kPa 이하의 압력
2) 상용압력이 20kPa를 초과하는 탱크 : 상용압력의 1.1배 이하의 압력
문제에서는 21kPa, 즉 20kPa을 초과하는 압력이므로 21kPa×1.1＝23.1kPa 이하의 압력에서 안전장치가 작동되어야 한다.

정답 ②

예제 4 다음의 (　) 안에 알맞은 수치는?

> 이동저장탱크 중 압력탱크의 경우에는 최대상용압력의 (　)배의 압력으로, 압력탱크 외의 탱크는 (　)kPa의 압력으로, 각각 10분간 수압시험을 실시하여 새거나 변형되지 않아야 한다.

① 1.3, 80
② 1.5, 70
③ 1.3, 50
④ 1.5, 90

풀이 이동탱크 중 압력탱크의 경우에는 최대상용압력의 1.5배의 압력으로, 압력탱크 외의 탱크는 70kPa의 압력으로, 각각 10분간 수압시험을 실시하여 새거나 변형되지 않아야 한다.

정답 ②

예제 5 다음의 품명 중 이동저장탱크에 접지도선을 설치해야 하는 경우가 아닌 것은?

① 특수인화물
② 제1석유류
③ 알코올류
④ 제2석유류

풀이 이동저장탱크에 접지도선을 설치해야 하는 위험물의 품명은 특수인화물, 제1석유류, 제2석유류이다.

정답 ③

예제 6 이동탱크의 방파판 두께와 방호틀 두께는 각각 얼마 이상으로 해야 하는가?

① 1.6mm 이상, 2.3mm 이상
② 3.2mm 이상, 4.6mm 이상
③ 2.3mm 이상, 1.6mm 이상
④ 4.6mm 이상, 2.3mm 이상

풀이 1) 방파판은 두께 1.6mm 이상의 강철판으로 하나의 구획부분에 2개 이상 설치한다.
2) 방호틀은 두께 2.3mm 이상의 강철판으로 정상부분은 부속장치보다 50mm 이상 높게 한다.

정답 ①

05 컨테이너식 이동저장탱크 및 알킬알루미늄등을 저장하는 이동저장탱크의 기준

(1) 컨테이너식 이동저장탱크

컨테이너식 이동저장탱크는 상자모양의 틀 안에 이동저장탱크를 수납한 형태의 것을 말한다.

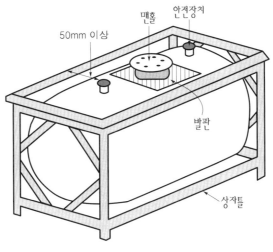

‖ 컨테이너식 이동저장탱크 ‖

① 탱크의 본체·맨홀 및 주입구 뚜껑의 두께는 다음과 같이 **강철판 또는 이와 동등 이상의 기계적 성질이 있는 재료**로 한다. **실기에도 잘 나와요!**

  ㉠ 직경이나 장경이 1.8m를 초과하는 경우 : 6mm 이상

  ㉡ 직경이나 장경이 1.8m 이하인 경우 : 5mm 이상

  ※ 직경 : 지름
    장경 : 타원의 경우 긴 변의 길이

② 칸막이 두께 : **3.2mm 이상의 강철판 또는 이와 동등 이상의 기계적 성질이 있는 재료**로 한다.

③ 부속장치의 간격 : **상자틀의 최외측과 50mm 이상의 간격 유지** **실기에도 잘 나와요!**

④ 개폐밸브의 설치 : 탱크 배관의 선단부에는 **개폐밸브**를 설치해야 한다.

(2) 알킬알루미늄등(알킬알루미늄 및 알킬리튬)을 저장하는 이동저장탱크

① 탱크·맨홀 및 주입구 뚜껑의 두께 : **10mm 이상의 강철판** 또는 이와 동등 이상의 기계적 성질이 있는 재료로 한다. **실기에도 잘 나와요!**

② 시험방법 : 1MPa 이상의 압력으로 10분간 수압시험 실시

③ 탱크의 용량 : **1,900L 미만** **실기에도 잘 나와요!**

④ 안전장치의 작동압력 : 이동저장탱크의 수압시험의 3분의 2를 초과하고 5분의 4를 넘지 않는 범위의 압력

⑤ 탱크의 배관 및 밸브의 위치 : 탱크의 윗부분

⑥ 탱크 외면의 색상 : 적색 바탕

⑦ 주의사항 색상 : 백색 문자

📖 탱크 및 부속장치의 강철판 두께

1) 이동저장탱크
   ㉠ 본체·맨홀 및 주입관의 뚜껑, 칸막이 : 3.2mm 이상
   ㉡ 방파판 : 1.6mm 이상
   ㉢ 방호틀 : 2.3mm 이상
2) 컨테이너식 이동저장탱크
   ㉠ 본체·맨홀 및 주입구의 뚜껑
      ⓐ 직경이나 장경이 1.8m를 초과하는 경우 : 6mm 이상
      ⓑ 직경이나 장경이 1.8m 이하인 경우 : 5mm 이상
   ㉡ 칸막이 : 3.2mm 이상
3) 알킬알루미늄등을 저장하는 이동저장탱크
   – 본체·맨홀 및 주입구의 뚜껑 : 10mm 이상

예제 1 컨테이너식 이동저장탱크의 경우 직경이 1.8m를 초과할 때 탱크의 두께는 얼마 이상으로 해야 하는가?

① 1.6mm 이상
② 3.2mm 이상
③ 5mm 이상
④ 6mm 이상

풀이 컨테이너식 이동저장탱크의 두께는 다음의 기준으로 한다.
1) 직경 또는 장경이 1.8m를 초과하는 경우 : 6mm 이상
2) 직경 또는 장경이 1.8m 이하인 경우 : 5mm 이상

정답 ④

예제 2 알킬알루미늄등을 저장하는 이동탱크의 두께는 얼마 이상의 강철판으로 해야 하는가?

① 3.2mm
② 6.4mm
③ 8.6mm
④ 10mm

풀이 알킬알루미늄등을 저장하는 이동탱크의 두께는 10mm 이상의 강철판으로 한다.

정답 ④

예제 3 알킬알루미늄등을 저장하는 이동탱크의 용량은 얼마 미만으로 하는가?

① 1,000L 미만
② 1,400L 미만
③ 1,900L 미만
④ 2,300L 미만

풀이 알킬알루미늄등을 저장하는 이동탱크의 용량은 1,900L 미만으로 한다.

정답 ③

2-8 옥외저장소

01 안전거리

위험물제조소와 동일하다.

02 보유공지

옥외저장소 보유공지의 기준은 다음과 같다. 실기에도 잘 나와요!

저장 또는 취급하는 위험물의 최대수량	공지의 너비
지정수량의 10배 이하	3m 이상
지정수량의 10배 초과 20배 이하	5m 이상
지정수량의 20배 초과 50배 이하	9m 이상
지정수량의 50배 초과 200배 이하	12m 이상
지정수량의 200배 초과	15m 이상

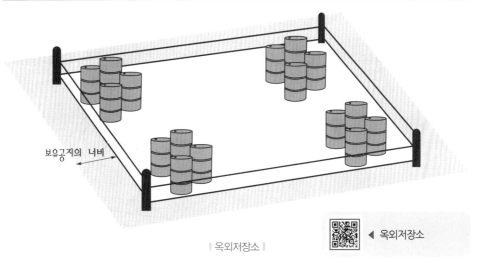

◀ 옥외저장소

| 옥외저장소 |

📖 **보유공지를 공지 너비의 1/3로 단축할 수 있는 위험물의 종류** 실기에도 잘 나와요!

1) 제4류 위험물 중 제4석유류
2) 제6류 위험물

※ 옥외저장소의 보유공지는 1/3로 단축하더라도 옥외탱크저장소의 기준인 최소 3m 이상
또는 1.5m 이상으로 하는 규정은 적용하지 않습니다.

03 표지 및 게시판

옥외저장소의 표지 및 게시판 기준은 위험물제조소와 동일하다.

※ 단, 표지의 내용은 "위험물옥외저장소"이다.

◀ 제조소·옥외저장소 게시판의 공통기준

‖ 옥외저장소의 표지 ‖

04 옥외저장소의 저장기준

(1) 불연성 또는 난연성의 천막 등을 설치해야 하는 위험물

① 과산화수소

② 과염소산

(2) 덩어리상태의 황만을 경계표시의 안쪽에 저장하는 기준 실기에도 잘 나와요!

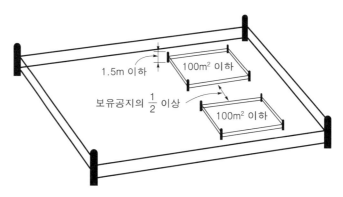

‖ 덩어리상태의 황만을 저장하는 경계표시 ‖

① 하나의 경계표시의 내부면적 : $100m^2$ 이하

② 2 이상의 경계표시 내부면적 전체의 합 : $1,000m^2$ 이하

③ 인접하는 경계표시와 경계표시와의 간격 : 보유공지의 너비의 1/2 이상

  ※ 저장하는 위험물의 최대수량이 지정수량 200배 이상의 경계표시끼리의 간격 : 10m 이상

④ 경계표시의 높이 : 1.5m 이하

⑤ 경계표시의 재료 : 불연재료

⑥ 천막고정장치의 설치간격 : 경계표시의 길이 2m마다 1개 이상

(3) 옥외저장소의 선반의 설치기준 〈실기에도 잘 나와요!

① 불연재료로 만들고 견고한 지반면에 고정할 것

② 선반 및 그 부속설비의 자중·저장하는 위험물의 중량·풍하중·지진의 영향 등에 의하여 생기는 응력에 대하여 안전할 것

③ 선반의 높이는 6m를 초과하지 아니할 것

④ 위험물을 수납한 용기가 쉽게 낙하하지 아니하는 조치를 강구할 것

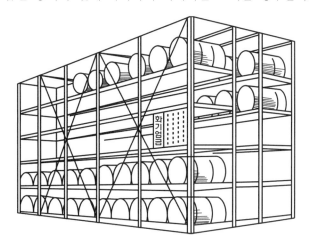

(4) 옥외저장소에 저장 가능한 위험물 〈실기에도 잘 나와요!

① 제2류 위험물 : 황 또는 인화성 고체(인화점이 섭씨 0도 이상인 것에 한한다)

② 제4류 위험물

    ㉠ 제1석유류(인화점이 섭씨 0도 이상인 것에 한한다)

    ㉡ 알코올류

    ㉢ 제2석유류

    ㉣ 제3석유류

    ㉤ 제4석유류

    ㉥ 동식물유류

③ 제6류 위험물

④ 시·도 조례로 정하는 제2류 또는 제4류 위험물

⑤ 국제해상위험물규칙(IMDG Code)에 적합한 용기에 수납된 위험물

(5) 배수구 및 분리장치

황을 저장 또는 취급하는 장소의 주위에는 배수구와 분리장치를 설치해야 한다.

〈실기에도 잘 나와요!

(6) 인화성 고체(인화점 21℃ 미만인 것), 제1석유류, 알코올류의 옥외저장소의 특례

① 인화성 고체(인화점 21℃ 미만인 것), 제1석유류, 알코올류를 저장 또는 취급하는 장소에는 위험물을 적당한 온도로 유지하기 위한 살수설비 등을 설치해야 한다.

② 제1석유류 또는 알코올류를 저장 또는 취급하는 장소의 주위에는 배수구 및 집유 설비를 설치하여야 한다. 이 경우 20℃의 물 100g에 용해되는 양이 1g 미만인 제1석유류를 저장 또는 취급하는 장소에 있어서는 집유설비에 유분리장치도 함께 설치하여야 한다.

예제 1 등유 80,000L를 저장하는 옥외저장소의 보유공지는 최소 몇 m 이상으로 해야 하는가?

① 3m　　　　　　　　　　② 5m
③ 9m　　　　　　　　　　④ 12m

풀이 등유는 제4류 위험물 제2석유류의 비수용성이므로 지정수량이 1,000L이다. 지정수량의 배수는 80,000L/1,000L=80배이므로, 지정수량의 50배 초과 200배 이하의 범위에 해당한다. 즉, 12m의 보유공지가 필요하다.

정답 ④

예제 2 옥외저장소의 보유공지를 3분의 1로 단축할 수 있는 위험물의 종류가 아닌 것은?

① 제4석유류　　　　　　　② 동식물유류
③ 질산　　　　　　　　　④ 과산화수소

풀이 옥외저장소의 보유공지를 3분의 1로 단축할 수 있는 위험물에는 제4석유류와 제6류 위험물은 포함되지만 동식물유류는 포함되지 않는다.

정답 ②

예제 3 옥외저장소 중 덩어리상태의 황만을 경계표시 안쪽에 저장할 때 하나의 경계표시의 내부 면적은 몇 m^2 이하로 해야 하는가?

① $100m^2$　　　　　　　② $150m^2$
③ $200m^2$　　　　　　　④ $250m^2$

풀이 옥외저장소 중 덩어리상태의 황만을 경계표시 안쪽에 저장할 때 하나의 경계표시의 내부 면적은 $100m^2$ 이하로 해야 한다.

정답 ①

예제 4 윤활유 900,000L를 저장하는 옥외저장소의 보유공지는 최소 몇 m 이상으로 해야 하는가?

① 3m　　　　　　　　　　② 4m
③ 5m　　　　　　　　　　④ 6m

풀이 윤활유는 제4류 위험물의 제4석유류이므로 지정수량이 6,000L이다.
지정수량의 배수는 900,000L/6,000L=150배이므로 지정수량의 50배 초과 200배 이하의 범위에 해당한다. 즉, 12m의 보유공지가 필요하지만 제4석유류 또는 제6류 위험물의 저장 시에는 보유공지를 1/3로 단축할 수 있기 때문에 최소공지의 너비는 4m이다.

정답 ②

예제 5 옥외저장소에서 예외조건 없이 모든 종류를 저장할 수 있는 위험물의 유별은?

① 제2류 위험물

② 제4류 위험물

③ 제6류 위험물

④ 시·도조례로 정하는 위험물

풀이 옥외저장소에 저장 가능한 위험물은 다음과 같다.
1) 제2류 위험물 : 황 또는 인화성 고체(인화점 0℃ 이상인 것)
2) 제4류 위험물 : 특수인화물 및 제1석유류(인화점 0℃ 미만인 것) 제외
3) 제6류 위험물 : 모든 종류
4) 시·도조례로 정하는 제2류 또는 제4류 위험물
5) 국제해상위험물규칙(IMDG Code)에 적합한 용기에 수납한 위험물

정답 ③

2-9 암반탱크저장소

01 안전거리

필요 없음

02 보유공지

필요 없음

03 표지 및 게시판

암반탱크저장소의 표지 및 게시판은 위험물제조소와 동일하다.

※ 단, 표지의 내용은 "위험물암반탱크저장소"이다.

◀ 제조소·암반탱크저장소
게시판의 공통기준

0.6m 이상

위험물암반탱크저장소

0.3m
이상

‖ 암반탱크저장소의 표지 ‖

04 암반탱크의 설치기준

암반투수계수가 1초당 10만분의 1m 이하인 천연암반 내에 설치한다.

05 암반탱크의 공간용적 〔실기에도 잘 나와요!〕

① 일반적인 탱크의 공간용적 : **탱크 내용적의 100분의 5 이상 100분의 10 이하**

② 암반탱크의 공간용적 : 탱크 내에 용출하는 **7일간 지하수의 양**에 상당하는 용적과 탱크 내용적의 100분의 1의 용적 중 더 큰 용적

예제 다음의 위험물을 저장하는 암반탱크의 공간용적 기준이다. ( ) 안에 들어갈 수치를 나열한 것으로 옳은 것은?

> 암반탱크에 있어서는 해당 탱크 내에 용출하는 (A)일간의 지하수의 양에 상당하는 용적과 해당 탱크 내용적의 (B)의 용적 중에서 보다 큰 용적을 공간용적으로 한다.

① A : 10, B : 10/100 ② A : 5, B : 1/150

③ A : 7, B : 1/100 ④ A : 20, B : 10/150

풀이 암반탱크의 공간용적은 해당 탱크 내에 용출하는 7일간의 지하수의 양에 상당하는 용적과 해당 탱크 내용적의 100분의 1의 용적 중에서 보다 큰 용적을 공간용적으로 한다.

정답 ③

S'ection 03 취급소의 위치·구조 및 설비의 기준

3-1 주유취급소

01 안전거리

필요 없음

02 주유공지

주유취급소의 고정주유설비 주위에 주유를 받으려는 자동차 등이 출입할 수 있도록 비워둔 부지를 말한다.

(1) 주유공지의 크기 ◀실기에도 잘 나와요!

너비 15m 이상, 길이 6m 이상으로 한다.

(2) 주유공지 바닥의 기준 ◀실기에도 잘 나와요!

① 주유공지의 **바닥은 주위 지면보다 높게** 한다.
② **표면을 적당하게 경사지게** 한다.
③ **배수구, 집유설비, 유분리장치를 설치**한다.

◀ 배수구와 집유설비

◀ 유분리장치

03 표지 및 게시판

(1) 주유취급소의 표지 및 게시판

주유취급소의 표지 및 게시판 기준은 위험물제조소와 동일하다.
※ 단, 표지의 내용은 "위험물주유취급소"이다.

◀ 제조소·주유취급소 게시판의 공통기준

| 주유취급소의 표지 |

0.6m 이상

0.3m 이상

(2) 주유중엔진정지 게시판의 기준 실기에도 잘 나와요!

0.6m 이상

0.3m 이상

▌주유중엔진정지 게시판▐

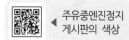 주유중엔진정지 게시판의 색상

① 크기 : 한 변 0.6m 이상, 다른 한 변 0.3m 이상인 직사각형
② 내용 : 주유중엔진정지
③ 색상 : 황색 바탕, 흑색 문자

예제 1 주유취급소의 주유공지를 나타낸 것으로 맞는 것은?

① 너비 10m 이상, 길이 6m 이상
② 너비 15m 이상, 길이 6m 이상
③ 너비 18m 이상, 길이 5m 이상
④ 너비 20m 이상, 길이 5m 이상

풀이 주유취급소에는 주유를 받으려는 자동차 등이 출입할 수 있도록 너비 15m 이상, 길이 6m 이상의 주유공지가 필요하다.

정답 ②

예제 2 주유취급소의 주유중엔진정지 게시판의 색상은 무엇인가?

① 황색 바탕, 흑색 문자　　② 흑색 바탕, 황색 문자
③ 백색 바탕, 흑색 문자　　④ 적색 바탕, 백색 문자

풀이 주유취급소의 주유중엔진정지 게시판의 색상은 황색 바탕에 흑색 문자로 해야 한다.

정답 ①

---

04 주유취급소의 탱크 용량 및 개수 실기에도 잘 나와요!

① 고정주유설비 및 고정급유설비에 직접 접속하는 전용 탱크 : 각각 50,000L 이하
　※ 고정주유설비 : 자동차에 위험물을 주입하는 설비
　　고정급유설비 : 이동탱크 또는 용기에 위험물을 주입하는 설비
② 보일러 등에 직접 접속하는 전용 탱크 : 10,000L 이하
③ 폐유, 윤활유 등의 위험물을 저장하는 탱크 : 2,000L 이하
④ 고정주유설비 또는 고정급유설비에 직접 접속하는 전용 간이탱크 : 600L 이하의 탱크 3기 이하
⑤ 고속국도(고속도로)의 주유취급소 탱크 : 60,000L 이하

📖 **주유취급소에 설치하는 탱크의 종류**

1) 지하저장탱크
2) 옥내저장탱크
3) 간이저장탱크(3개 이하)
4) 이동저장탱크(상치장소(주차장)를 확보한 경우)

예제 1 주유취급소의 고정주유설비용 탱크의 용량은 얼마 이하로 해야 하는가?

① 50,000L　　　　② 40,000L
③ 30,000L　　　　④ 20,000L

✅ **풀이** 주유취급소의 고정주유설비용 탱크의 용량은 50,000L 이하로 한다.

정답 ①

예제 2 주유취급소에서 고정주유설비에 직접 접속하는 전용 간이저장탱크는 몇 개 이하로 해야 하는가?

① 2개 이하　　　　② 3개 이하
③ 4개 이하　　　　④ 5개 이하

✅ **풀이** 주유취급소에서 고정주유설비 또는 고정급유설비에 직접 접속하는 전용 간이저장탱크는 600L 이하의 탱크 3개 이하로 설치한다.

정답 ②

---

05 고정주유설비 및 고정급유설비

(1) 고정주유설비 및 고정급유설비의 기준 🗨실기에도 잘 나와요!

① 주유관 선단에서의 최대토출량
　㉠ 제1석유류 : 분당 50L 이하
　㉡ 경유 : 분당 180L 이하
　㉢ 등유 : 분당 80L 이하

② 주유관의 길이
　㉠ 고정주유설비 또는 고정급유설비 주유관 : 5m 이내
　㉡ 현수식 주유관 : 지면 위 0.5m의 수평면에 수직으로 내려 만나는 점을 중심으로 반경 3m 이내
　　※ 현수식 : 천장에 매달려 있는 형태

③ 고정주유설비의 설치기준
　㉠ 고정주유설비의 중심선을 기점으로 하여 도로경계선까지의 거리 : 4m 이상
　㉡ 고정주유설비의 중심선을 기점으로 하여 부지경계선, 담 및 벽까지의 거리 : 2m 이상
　㉢ 고정주유설비의 중심선을 기점으로 하여 개구부가 없는 벽까지의 거리 : 1m 이상

④ 고정급유설비의 설치기준

　　㉠ 고정급유설비의 중심선을 기점으로 하여 도로경계선까지의 거리 : 4m 이상

　　㉡ 고정급유설비의 중심선을 기점으로 하여 부지경계선 및 담까지의 거리 : 1m 이상

　　㉢ 고정급유설비의 중심선을 기점으로 하여 건축물의 벽까지의 거리 : 2m 이상

　　㉣ 고정급유설비의 중심선을 기점으로 하여 개구부가 없는 벽까지의 거리 : 1m 이상

⑤ 고정주유설비와 고정급유설비 사이의 거리 : 4m 이상

(2) 셀프용 고정주유설비 및 고정급유설비의 기준　⟨실기에도 잘 나와요!⟩

① 셀프용 고정주유설비

　　㉠ 1회 연속주유량의 상한 : 휘발유는 100L 이하, 경유는 200L 이하

　　㉡ 1회 연속주유시간의 상한 : 4분 이하

② 셀프용 고정급유설비

　　㉠ 1회 연속급유량의 상한 : 100L 이하

　　㉡ 1회 연속급유시간의 상한 : 6분 이하

06 건축물등의 기준

(1) 주유취급소에 설치할 수 있는 건축물의 용도

① 주유 또는 등유, 경유를 옮겨 담기 위한 작업장

② 주유취급소의 업무를 행하기 위한 사무소

③ 자동차 등의 점검 및 간이정비를 위한 작업장

④ 자동차 등의 세정을 위한 작업장

⑤ 주유취급소에 출입하는 사람을 대상으로 한 점포, 휴게음식점 또는 전시장

⑥ 주유취급소의 관계자가 거주하는 주거시설

⑦ 전기자동차용 충전설비

(2) 건축물 중 용도에 따른 면적의 합

주유취급소의 직원 외의 자가 출입하는 다음의 용도에 제공하는 부분의 면적의 합은 1,000m²를 초과할 수 없다.

① 주유취급소의 업무를 행하기 위한 사무소

② 자동차 등의 점검 및 간이정비를 위한 작업장

③ 주유취급소에 출입하는 사람을 대상으로 한 점포, 휴게음식점 또는 전시장

(3) 건축물등의 구조

① 벽 · 기둥 · 바닥 · 보 및 지붕 : 내화구조 또는 불연재료

② 누설한 가연성의 증기가 건축물 내부로 유입되지 않도록 하는 기준
  ㉠ 출입구는 건축물의 안에서 밖으로 수시로 개방할 수 있는 자동폐쇄식의 것으로 할 것
  ㉡ 출입구 또는 사이 통로의 문턱의 높이를 15cm 이상으로 할 것
  ㉢ 높이 1m 이하의 부분에 있는 창 등은 밀폐시킬 것
③ 사무실등의 창 및 출입구에 사용하는 유리의 종류 : 망입유리 또는 강화유리
  ※ 강화유리의 두께는 창에는 8mm 이상, 출입구에는 12mm 이상으로 한다.

(4) 옥내주유취급소

① 건축물 안에 설치하는 주유취급소
② 캐노피·처마 등의 수평투영면적이 주유취급소의 공지면적의 3분의 1을 초과하는 주유취급소
  ※ 여기서, 공지면적이란 주유취급소의 부지면적에서 건축물 중 벽 및 바닥으로 구획된 부분의 수평투영면적을 뺀 면적을 말한다.

07 담 또는 벽

(1) 담 또는 벽의 설치기준

① 설치장소 : 주유취급소의 자동차 등이 출입하는 쪽 외의 부분
② 설치높이 : 2m 이상
③ 담 또는 벽의 구조 : 내화구조 또는 불연재료

(2) 담 또는 벽에 유리를 부착하는 기준 《실기에도 잘 나와요!》

① 유리의 부착위치 : 주입구, 고정주유설비 및 고정급유설비로부터 4m 이상 이격할 것
② 유리의 부착방법
  ㉠ 주유취급소 내의 지반면으로부터 70cm를 초과하는 부분에 한하여 유리를 부착할 것
  ㉡ 하나의 **유리판의 가로의 길이는 2m 이내**일 것
  ㉢ 유리판의 테두리를 금속제의 구조물에 견고하게 고정하고 해당 구조물을 담 또는 벽에 견고하게 부착할 것
  ㉣ 유리의 구조는 접합유리로 하되, 비차열 30분 이상의 방화성능이 인정될 것
    ※ 비차열 : 열은 차단하지 못하고 화염만 차단할 수 있는 것
③ 유리의 부착범위 : 전체의 담 또는 벽의 길이의 10분의 2를 초과하지 아니할 것

08 캐노피(주유소의 지붕)의 기준

① 배관이 캐노피 내부를 통과할 경우 : 1개 이상의 점검 구를 설치한다.

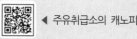 ◀ 주유취급소의 캐노피

② 캐노피 외부의 점검이 곤란한 장소에 배관을 설치하는 경우 : 용접이음으로 한다.

③ 캐노피 외부의 배관이 일광열의 영향을 받을 우려가 있는 경우 : 단열재로 피복한다.

예제 1 고정주유설비의 주유관 선단에서 제1석유류의 최대토출량은 분당 얼마인가?

① 50L 이하

② 80L 이하

③ 100L 이하

④ 180L 이하

풀이 고정주유설비의 주유관 선단에서 제1석유류의 최대토출량은 분당 50L 이하로 한다.

정답 ①

예제 2 주유취급소에서 고정주유설비의 주유관의 길이는 얼마인가?

① 3m 이내   ② 5m 이내

③ 7m 이내   ④ 9m 이내

풀이 주유취급소에서 고정주유설비 및 고정급유설비의 주유관 길이는 5m 이내로 한다.

정답 ②

예제 3 주유취급소의 고정주유설비의 중심선을 기점으로 하여 도로경계선까지의 거리는 얼마 이상으로 해야 하는가?

① 2m   ② 3m

③ 4m   ④ 5m

풀이 1) 고정주유설비의 중심선을 기점으로 하여 도로경계선까지의 거리 : 4m 이상
2) 고정주유설비의 중심선을 기점으로 하여 부지경계선, 담 및 벽까지의 거리 : 2m 이상
3) 고정주유설비의 중심선을 기점으로 하여 개구부가 없는 벽까지의 거리 : 1m 이상

정답 ③

예제 4 셀프용 고정주유설비에서 휘발유를 주유할 때 1회 연속주유량의 상한은 얼마 이하인가?

① 50L   ② 100L

③ 150L   ④ 200L

풀이 셀프용 고정주유설비에서 1회 연속주유량의 상한 : 휘발유는 100L 이하, 경유는 200L 이하

정답 ②

예제 5 주유취급소의 직원 외의 자가 출입하는 용도에 제공하는 부분의 면적의 합은 얼마를 초과할 수 없는가?

① 500m² 　　　　　　　　　　 ② 1,000m²

③ 1,500m² 　　　　　　　　　　 ④ 2,000m²

풀이 주유취급소의 직원 외의 자가 출입하는 다음의 용도에 제공하는 부분의 면적의 합은 1,000m²를 초과할 수 없다.
1) 주유취급소의 업무를 행하기 위한 사무소
2) 자동차 등의 점검 및 간이정비를 위한 작업장
3) 주유취급소에 출입하는 사람을 대상으로 한 점포, 휴게음식점 또는 전시장

정답 ②

예제 6 주유취급소의 벽에 유리를 부착할 수 있는 기준으로 옳은 것은?

① 유리의 부착위치는 주입구, 고정주유설비로부터 2m 이상 이격되어야 한다.

② 지반면으로부터 50cm를 초과하는 부분에 한하여 유리를 설치하여야 한다.

③ 하나의 유리판의 가로의 길이는 2m 이내로 한다.

④ 유리의 구조는 강화유리로 해야 한다.

풀이 ① 유리의 부착위치는 주입구, 고정주유설비 및 고정급유설비로부터 4m 이상 이격할 것
② 주유취급소 내의 지반면으로부터 70cm를 초과하는 부분에 한하여 유리를 부착할 것
④ 유리의 구조는 접합유리로 하되, 비차열 30분 이상의 방화성능이 인정될 것

정답 ③

3-2 　판매취급소

01 　안전거리

필요 없음

02 　보유공지

필요 없음

03 　표지 및 게시판

판매취급소의 표지 및 게시판 기준은 위험물제조소와 동일하다.

※ 단, 표지의 내용은 "위험물판매취급소"이다.

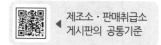

제조소·판매취급소
게시판의 공통기준

‖ 판매취급소의 표지 ‖

04 판매취급소의 구분

판매취급소는 페인트점 또는 화공약품대리점을 의미한다.

(1) 제1종 판매취급소

① 저장 또는 취급하는 위험물의 수량 : **지정수량의 20배 이하** 실기에도 잘 나와요!

② 판매취급소의 설치기준 : 건축물의 1층에 설치한다.

③ 판매취급소의 건축물 기준

　㉠ 내화구조 또는 불연재료로 할 것

　㉡ 보와 천장은 불연재료로 하고, 지붕은 내화구조 또는 불연재료로 할 것

　㉢ 창 및 출입구에는 60분＋방화문·60분 방화문 또는 30분 방화문을 설치할 것

　㉣ 판매취급소로 사용되는 부분과 다른 부분과의 격벽은 내화구조로 할 것

④ 위험물 배합실의 기준 실기에도 잘 나와요!

　㉠ 바닥 : **$6m^2$ 이상 $15m^2$ 이하의 면적**으로 적당한 경사를 두고 집유설비를 할 것

　㉡ 벽 : 내화구조 또는 불연재료로 된 벽으로 구획

　㉢ 출입구의 방화문 : 자동폐쇄식 60분＋방화문 또는 60분 방화문

　㉣ 출입구 문턱의 높이 : **바닥면으로부터 0.1m 이상**

　㉤ 가연성의 증기 또는 미분을 지붕 위로 방출하는 설비를 할 것

(2) 제2종 판매취급소

① 저장 또는 취급하는 위험물의 수량 : **지정수량의 40배 이하** 실기에도 잘 나와요!

② 판매취급소의 건축물 기준

　㉠ 벽·기둥·바닥·보를 내화구조로 할 것

　㉡ 천장은 불연재료로 할 것

　㉢ 지붕은 내화구조로 할 것

③ 그 밖의 것은 제1종 판매취급소의 기준을 준용한다.

예제 **위험물 판매취급소에 대한 설명 중 틀린 것은?**

① 제1종 판매취급소라 함은 저장 또는 취급하는 위험물의 수량이 지정수량의 20배 이하인 판매취급소를 말한다.

② 위험물을 배합하는 실의 바닥면적은 $6m^2$ 이상 $15m^2$ 이하이어야 한다.

③ 제2종 판매취급소라 함은 저장 또는 취급하는 위험물의 수량이 지정수량의 40배 이하인 판매취급소를 말한다.

④ 제1종 판매취급소는 건축물의 2층까지만 설치가 가능하다.

풀이 제1종 판매취급소는 건축물의 1층에만 설치가 가능하다.

정답 ④

3-3 이송취급소

01 안전거리

배관 설치의 종류에 따라 다르다.

02 보유공지

배관 설치의 종류에 따라 다르다.

03 표지 및 게시판

이송취급소의 표지 및 게시판 기준은 위험물제조소와 동일하다.

※ 단, 표지의 내용은 "위험물이송취급소"이다.

◀ 제조소·이송취급소
게시판의 공통기준

‖ 이송취급소의 표지 ‖

04 설치 제외 장소

이송취급소는 **다음의 장소에는 설치할 수 없다.**

① 철도 및 도로의 터널 안

② 고속국도 및 자동차전용도로의 차도, 길어깨 및 중앙분리대

③ 호수, 저수지 등으로서 수리의 수원이 되는 곳

④ 급경사지역으로서 붕괴의 위험이 있는 지역

📖 설치 제외 장소 중 이송취급소를 설치할 수 있는 조건

위 ①~④에 해당하는 장소라도, 다음의 경우에 한하여 이송취급소를 설치할 수 있다.
1) 지형상황 등 부득이한 사유가 있고 안전에 필요한 조치를 하는 경우
2) 고속국도 및 자동차전용도로의 차도, 길어깨 및 중앙분리대 또는 호수, 저수지 등으로서 수리의 수원이 되는 장소를 횡단하여 설치하는 경우

05 설비 및 장치의 설치기준

(1) 배관의 설치기준

배관을 설치하는 기준으로는 다음과 같은 것이 있다.

① 지하 매설

② 도로 밑 매설

③ 철도부지 밑 매설

④ 하천 홍수관리구역 내 매설

⑤ 지상 설치

⑥ 해저 설치

⑦ 해상 설치

⑧ 도로 횡단 설치

⑨ 철도 밑 횡단 매설

⑩ 하천 등 횡단 설치

📖 비파괴시험

배관 등의 용접부는 비파괴시험을 실시하여 합격하여야 한다. 이 경우 이송기지 내의 지상에 설치된 배관 등은 **전체 용접부의 20% 이상을 발췌**하여 시험할 수 있다.
※ 비파괴시험의 방법, 판정기준 등은 소방청장이 정하여 고시하는 바에 의한다.

(2) 압력안전장치의 설치기준

배관계에는 배관 내의 압력이 최대상용압력을 초과하거나 유격작용 등에 의하여 생긴 압력이 최대상용압력의 1.1배를 초과하지 아니하도록 제어하는 장치(압력안전장치)를 설치한다.

① 압력안전장치의 재료 및 구조는 배관 등의 기준에 의한다.

② 압력안전장치는 배관계의 압력변동을 충분히 흡수할 수 있는 용량을 가져야 한다.

(3) 경보설비의 설치기준

이송취급소에는 다음의 기준에 의하여 경보설비를 설치하여야 한다.

① 이송기지에는 **비상벨장치** 및 **확성장치**를 설치한다.

② 가연성 증기를 발생하는 위험물을 취급하는 펌프실 등에는 가연성 증기 경보설비를 설치한다.

(4) 피그장치의 설치기준

피그장치를 설치하는 경우에는 다음의 기준에 의하여야 한다.

① 피그장치를 설치한 장소의 바닥은 위험물이 침투하지 아니하는 구조로 하고 누설한 위험물이 외부로 유출되지 아니하도록 배수구 및 집유설비를 설치한다.

② 피그장치의 주변에는 너비 3m 이상의 공지를 보유하여야 한다. 다만, 펌프실 내에 설치하는 경우에는 그러하지 아니하다.

(5) 밸브의 설치기준

교체밸브, 제어밸브 등은 다음의 기준에 의하여 설치하여야 한다.

① 밸브는 원칙적으로 이송기지 또는 전용부지 내에 설치한다.

② 밸브는 그 개폐상태가 해당 밸브의 설치장소에서 쉽게 확인할 수 있도록 한다.

③ 밸브를 지하에 설치하는 경우에는 점검상자 안에 설치한다.

④ 밸브는 해당 밸브의 관리에 관계하는 자가 아니면 수동으로 개폐할 수 없도록 한다.

(6) 긴급차단밸브의 설치기준

① 시가지에 설치하는 경우에는 약 4km의 간격

② 하천·호수 등을 횡단하여 설치하는 경우에는 횡단하는 부분의 양 끝

③ 해상 또는 해저를 통과하여 설치하는 경우에는 통과하는 부분의 양 끝

④ 산림지역에 설치하는 경우에는 약 10km의 간격

⑤ 도로 또는 철도를 횡단하여 설치하는 경우에는 횡단하는 부분의 양 끝

(7) 감진장치

배관의 경로에는 지진의 발생을 감지하기 위해 25km의 거리마다 감진장치 및 강진계를 설치하여야 한다.

예제 1 이송취급소의 배관설치의 기준에 해당하지 않는 종류는 무엇인가?

① 지하 매설　　　　　　　　　② 도로 위 매설

③ 해저 설치　　　　　　　　　④ 철도 밑 횡단 매설

🔍**풀이** 이송취급소의 배관설치의 기준은 다음과 같다.
　1) 지하 매설
　2) 도로 밑 매설
　3) 철도부지 밑 매설
　4) 하천 홍수관리구역 내 매설
　5) 지상 설치
　6) 해저 설치
　7) 해상 설치
　8) 도로 횡단 설치
　9) 철도 밑 횡단 매설
　10) 하천 등 횡단 설치

정답 ②

예제 2 이송기지 내의 지상에 설치된 배관등은 전체 용접부의 몇 % 이상을 발췌하여 시험할 수 있는가?

① 5%　　　　　　　　　　　② 10%

③ 15%　　　　　　　　　　④ 20%

🔍**풀이** 이송기지 내의 지상에 설치된 배관 등은 전체 용접부의 20% 이상을 발췌하여 시험할 수 있다.

정답 ④

예제 3 이송취급소의 피그장치 주변에 확보해야 하는 공지의 너비는 몇 m 이상으로 해야 하는가?

① 1m　　　　　　　　　　　② 2m

③ 3m　　　　　　　　　　　④ 4m

🔍**풀이** 이송취급소의 피그장치 주변에 확보해야 하는 공지의 너비는 3m 이상으로 해야 한다.

정답 ③

예제 4 이송취급소의 이송기지에 설치해야 하는 경보설비의 종류는 무엇인가?

① 비상벨장치, 확성장치
② 자동화재탐지설비, 비상방송설비
③ 비상벨장치, 비상경보설비
④ 비상유도등, 비상방송설비

🔍**풀이** 이송취급소의 이송기지에 설치하는 경보설비의 종류로는 비상벨장치 및 확성장치가 있다.

정답 ①

3-4 일반취급소

01 안전거리

'**충전하는 일반취급소**'는 제조소의 안전거리와 동일하며, 나머지 일반취급소는 안전
거리가 필요 없다. 실기에도 잘 나와요!

02 보유공지

'**충전하는 일반취급소**'는 제조소의 보유공지와 동일하며, 나머지 일반취급소는 보유
공지가 필요 없다. 실기에도 잘 나와요!

03 표지 및 게시판

일반취급소의 표지 및 게시판 기준은 위험물제조소와 동일하다.

※ 단, 표지의 내용은 "위험물일반취급소"이다.

제조소 · 일반취급소
게시판의 공통기준

‖ 일반취급소의 표지 ‖

04 일반취급소의 특례

일반취급소의 기준은 위험물제조소의 위치·구조 및 설비의 기준과 동일하지만 다음
의 일반취급소에 대해서는 특례를 적용한다.

① 분무도장작업 등의 일반취급소 : 도장, 인쇄 또는 도포를 위하여 **제2류 위험물**
또는 제4류 위험물(특수인화물을 제외)을 지정수량의 30배 미만으로 취급하는
장소 실기에도 잘 나와요!

② 세정작업의 일반취급소 : 세정을 위하여 인화점이 40℃ 이상인 제4류 위험물을 지
정수량의 30배 미만으로 취급하는 장소

③ 열처리작업 등의 일반취급소 : 열처리작업 또는 방전가공을 위하여 인화점이 70℃
이상인 제4류 위험물을 지정수량의 30배 미만으로 취급하는 장소

④ 보일러 등으로 위험물을 소비하는 일반취급소 : 보일러, 버너 등으로 인화점이 38℃ 이상인 제4류 위험물을 지정수량의 30배 미만으로 소비하는 장소

⑤ 충전하는 일반취급소 : 이동저장탱크에 액체 위험물(알킬알루미늄등, 아세트알데하이드등 및 하이드록실아민등을 제외)을 주입하는 장소 **실기에도 잘 나와요!**

⑥ 옮겨 담는 일반취급소 : 고정급유설비에 의하여 인화점이 38℃ 이상인 제4류 위험물을 지정수량의 40배 미만으로 용기에 옮겨 담거나 4,000L 이하의 이동저장탱크에 주입하는 장소

⑦ 유압장치 등을 설치하는 일반취급소 : 위험물을 이용한 유압장치 또는 윤활유 순환장치를 설치하는 장소(지정수량의 50배 미만의 고인화점 위험물만을 100℃ 미만의 온도로 취급하는 것에 한함)

⑧ 절삭장치 등을 설치하는 일반취급소 : 절삭유의 위험물을 이용한 절삭장치, 연삭장치 등을 설치하는 장소(지정수량의 30배 미만의 고인화점 위험물만을 100℃ 미만의 온도로 취급하는 것에 한함)

⑨ 열매체유 순환장치를 설치하는 일반취급소 : 위험물 외의 물건을 가열하기 위하여 지정수량의 30배 미만의 고인화점 위험물을 이용한 열매체유 순환장치를 설치하는 장소

⑩ 화학실험의 일반취급소 : 화학실험을 위하여 지정수량의 30배 미만으로 위험물을 취급하는 장소

예제 1 분무도장작업 등의 일반취급소에서 취급하는 위험물의 종류가 아닌 것은?

① 황화인　　　　　　　　② 적린
③ 다이에틸에터　　　　　④ 휘발유

풀이 도장, 인쇄 또는 도포를 위하여 제2류 위험물 또는 제4류 위험물(특수인화물을 제외한다)을 취급하는 일반취급소로서 지정수량의 30배 미만의 것이다.
여기서, 다이에틸에터는 제4류 위험물의 특수인화물에 해당하므로 분무도장작업 등의 일반취급소에서 취급하는 물질에서 제외된다.

정답 ③

예제 2 세정작업의 일반취급소에서 세정을 위하여 취급하는 위험물에 해당하는 범위는?

① 인화점이 −20℃ 이상인 제4류 위험물에 한한다.
② 인화점이 0℃ 이상인 제4류 위험물에 한한다.
③ 인화점이 20℃ 이상인 제4류 위험물에 한한다.
④ 인화점이 40℃ 이상인 제4류 위험물에 한한다.

풀이 세정을 위하여 위험물(인화점이 40℃ 이상인 제4류 위험물에 한한다)을 취급하는 일반취급소로서 지정수량의 30배 미만의 것

정답 ④

Section 04 / 소화난이도등급 및 소화설비의 적응성

4-1 소화난이도등급

01 소화난이도등급 Ⅰ

(1) 소화난이도등급 Ⅰ에 해당하는 제조소등 실기에도 잘 나와요!

제조소등의 구분	제조소등의 규모, 저장 또는 취급하는 위험물의 품명 및 최대수량 등
제조소 및 일반취급소	연면적 1,000m² 이상인 것
	지정수량의 100배 이상인 것(고인화점 위험물만을 100℃ 미만의 온도에서 취급하는 것은 제외)
	지반면으로부터 6m 이상의 높이에 위험물취급설비가 있는 것(고인화점 위험물만을 100℃ 미만의 온도에서 취급하는 것은 제외)
	일반취급소로 사용되는 부분 외의 부분을 갖는 건축물에 설치된 것(내화구조로 개구부 없이 구획된 것 및 고인화점 위험물만을 100℃ 미만의 온도에서 취급하는 것 및 화학실험의 일반취급소 제외)
주유취급소	주유취급소의 직원 외의 자가 출입하는 부분의 면적의 합이 500m²를 초과하는 것
옥내저장소	지정수량의 150배 이상인 것(고인화점 위험물만을 저장하는 것은 제외)
	연면적 150m²를 초과하는 것(150m² 이내마다 불연재료로 개구부 없이 구획된 것 및 인화성 고체 외의 제2류 위험물 또는 인화점 70℃ 이상의 제4류 위험물만을 저장하는 것은 제외)
	처마높이가 6m 이상인 단층 건물의 것
	옥내저장소로 사용되는 부분 외의 부분이 있는 건축물에 설치된 것(내화구조로 개구부 없이 구획된 것 및 인화성 고체 외의 제2류 위험물 또는 인화점 70℃ 이상의 제4류 위험물만을 저장하는 것은 제외)
옥외탱크저장소	액표면적이 40m² 이상인 것(제6류 위험물을 저장하는 것 및 고인화점 위험물만을 100℃ 미만의 온도에서 저장하는 것은 제외)
	지반면으로부터 탱크 옆판의 상단까지 높이가 6m 이상인 것(제6류 위험물을 저장하는 것 및 고인화점 위험물만을 100℃ 미만의 온도에서 저장하는 것은 제외)
	지중탱크 또는 해상탱크로서 지정수량의 100배 이상인 것(제6류 위험물을 저장하는 것 및 고인화점 위험물만을 100℃ 미만의 온도에서 저장하는 것은 제외)
	고체 위험물을 저장하는 것으로서 지정수량의 100배 이상인 것

제조소등의 구분	제조소등의 규모, 저장 또는 취급하는 위험물의 품명 및 최대수량 등
옥내탱크 저장소	**액표면적이 40m² 이상인 것**(제6류 위험물을 저장하는 것 및 고인화점 위험물만을 100℃ 미만의 온도에서 저장하는 것은 제외)
	바닥면으로부터 탱크 옆판의 상단까지 높이가 6m 이상인 것(제6류 위험물을 저장하는 것 및 고인화점 위험물만을 100℃ 미만의 온도에서 저장하는 것은 제외)
	탱크전용실이 단층 건물 외의 건축물에 있는 것으로서 인화점 38℃ 이상 70℃ 미만의 위험물을 지정수량의 5배 이상 저장하는 것(내화구조로 개구부 없이 구획된 것은 제외한다)
옥외저장소	덩어리상태의 황을 저장하는 것으로서 경계표시 내부의 면적(2 이상의 경계표시가 있는 경우에는 각 경계표시의 내부의 면적을 합한 면적)이 100m² 이상인 것
	인화성 고체(인화점 21℃ 미만), 제1석유류 또는 알코올류를 저장하는 것으로서 지정수량의 100배 이상인 것
암반탱크 저장소	**액표면적이 40m² 이상인 것**(제6류 위험물을 저장하는 것 및 고인화점 위험물만을 100℃ 미만의 온도에서 저장하는 것은 제외)
	고체 위험물만을 저장하는 것으로서 지정수량의 100배 이상인 것
이송취급소	모든 대상

※ 제조소등의 구분별로 오른쪽 칸에 정한 제조소등의 규모, 저장 또는 취급하는 위험물의 품명 및 최대수량 등의 어느 하나에 해당하는 제조소등은 소화난이도등급 Ⅰ에 해당하는 것으로 한다.

(2) 소화난이도등급 Ⅰ의 제조소등에 설치해야 하는 소화설비 실기에도 잘 나와요!

제조소등의 구분		소화설비
제조소 및 일반취급소		옥내소화전설비, 옥외소화전설비, 스프링클러설비 또는 물분무등 소화설비(**화재발생 시 연기가 충만할 우려가 있는 장소**에는 **스프링클러설비** 또는 이동식 외의 **물분무등 소화설비**에 한한다)
주유취급소		스프링클러설비(건축물에 한정한다), 소형수동식 소화기 등(능력단위의 수치가 건축물 그 밖의 공작물 및 위험물의 소요단위의 수치에 이르도록 설치한다)
옥내 저장소	처마높이가 6m 이상인 단층 건물 또는 다른 용도의 부분이 있는 건축물에 설치한 옥내저장소	스프링클러설비 또는 이동식 외의 물분무등 소화설비
	그 밖의 것	옥외소화전설비, 스프링클러설비, 이동식 외의 물분무등 소화설비 또는 이동식 포소화설비(포소화전을 옥외에 설치하는 것에 한한다)

제조소등의 구분			소화설비
옥외 탱크 저장소	지중탱크 또는 해상탱크 외의 것	황만을 저장·취급하는 것	물분무소화설비
		인화점 70℃ 이상의 제4류 위험물만을 저장·취급하는 것	**물분무소화설비** 또는 **고정식 포소화설비**
		그 밖의 것	고정식 포소화설비(포소화설비가 적응성이 없는 경우에는 분말소화설비)
	지중탱크		고정식 포소화설비, 이동식 이외의 불활성가스 소화설비 또는 이동식 이외의 할로젠화합물 소화설비
	해상탱크		고정식 포소화설비, 물분무소화설비, 이동식 이외의 불활성가스 소화설비 또는 이동식 이외의 할로젠화합물 소화설비
옥내 탱크 저장소	황만을 저장·취급하는 것		물분무소화설비
	인화점 70℃ 이상의 제4류 위험물만을 저장·취급하는 것		물분무소화설비, 고정식 포소화설비, 이동식 이외의 불활성가스 소화설비, 이동식 이외의 할로젠화합물 소화설비 또는 이동식 이외의 분말소화설비
	그 밖의 것		고정식 포소화설비, 이동식 이외의 불활성가스 소화설비, 이동식 이외의 할로젠화합물 소화설비 또는 이동식 이외의 분말소화설비
옥외저장소 및 이송취급소			옥내소화전설비, 옥외소화전설비, 스프링클러설비 또는 물분무등 소화설비(화재발생 시 연기가 충만할 우려가 있는 장소에는 스프링클러설비 또는 이동식 이외의 물분무등 소화설비에 한한다)
암반 탱크 저장소	황만을 저장·취급하는 것		물분무소화설비
	인화점 70℃ 이상의 제4류 위험물만을 저장·취급하는 것		물분무소화설비 또는 고정식 포소화설비
	그 밖의 것		고정식 포소화설비(포소화설비가 적응성이 없는 경우에는 분말소화설비)

고정식
◀ 포소화설비의
모습

※ 제4류 위험물을 저장 또는 취급하는 옥외탱크저장소 또는 옥내탱크저장소에는 소형수동식 소화기 등을 2개 이상 설치하여야 한다.

02 소화난이도등급 Ⅱ

(1) 소화난이도등급 Ⅱ에 해당하는 제조소등

제조소등의 구분	제조소등의 규모, 저장 또는 취급하는 위험물의 품명 및 최대수량 등
제조소 및 일반취급소	연면적 600m² 이상인 것
	지정수량의 10배 이상인 것(고인화점 위험물만을 100℃ 미만의 온도에서 취급하는 것은 제외)
	소화난이도등급 Ⅰ의 제조소등에 해당하지 아니하는 것(고인화점 위험물만을 100℃ 미만의 온도에서 취급하는 것은 제외)
옥내저장소	단층 건물 이외의 것
	다층 건물의 옥내저장소 또는 소규모 옥내저장소
	지정수량의 10배 이상인 것(고인화점 위험물만을 저장하는 것은 제외)
	연면적 150m² 초과인 것
	복합용도건축물의 옥내저장소로서 소화난이도등급 Ⅰ의 제조소등에 해당하지 아니하는 것
옥외탱크저장소, 옥내탱크저장소	소화난이도등급 Ⅰ의 제조소등 외의 것(고인화점 위험물만을 100℃ 미만의 온도로 저장하는 것 및 제6류 위험물만을 저장하는 것은 제외)
옥외저장소	덩어리상태의 황을 저장하는 것으로서 경계표시 내부의 면적(2 이상의 경계표시가 있는 경우에는 각 경계표시의 내부의 면적을 합한 면적)이 5m² 이상 100m² 미만인 것
	인화성 고체(인화점이 21℃ 미만), 제1석유류 또는 알코올류를 저장하는 것으로서 지정수량의 10배 이상 100배 미만인 것
	지정수량의 100배 이상인 것(덩어리상태의 황 또는 고인화점 위험물을 저장하는 것은 제외)
주유취급소	**옥내주유취급소**로서 소화난이도등급 Ⅰ의 제조소등에 해당하지 아니하는 것
판매취급소	제2종 판매취급소

(2) 소화난이도등급 Ⅱ의 제조소등에 설치하여야 하는 소화설비

제조소등의 구분	소화설비
제조소, 옥내저장소, 옥외저장소, 주유취급소, 판매취급소, 일반취급소	방사능력범위 내에 해당 건축물, 그 밖의 공작물 및 위험물이 포함되도록 대형수동식 소화기를 설치하고, 해당 위험물의 소요단위의 1/5 이상에 해당되는 능력단위의 소형수동식 소화기등을 설치할 것
옥외탱크저장소, 옥내탱크저장소	대형수동식 소화기 및 소형수동식 소화기 등을 각각 1개 이상 설치할 것

03 소화난이도등급 Ⅲ

(1) 소화난이도등급 Ⅲ의 제조소등

제조소등의 구분	제조소등의 규모, 저장 또는 취급하는 위험물의 품명 및 최대수량 등
제조소 및 일반취급소	소화난이도등급 Ⅰ 또는 소화난이도등급 Ⅱ의 제조소등에 해당하지 아니하는 것
옥내저장소	소화난이도등급 Ⅰ 또는 소화난이도등급 Ⅱ의 제조소등에 해당하지 아니하는 것
지하탱크저장소, 간이탱크저장소, 이동탱크저장소	모든 대상
옥외저장소	덩어리상태의 황을 저장하는 것으로서 경계표시 내부의 면적(2 이상의 경계표시가 있는 경우에는 각 경계표시의 내부의 면적을 합한 면적)이 5m² 미만인 것
	덩어리상태의 황 외의 것을 저장하는 것으로서 소화난이도등급 Ⅰ 또는 소화난이도등급 Ⅱ의 제조소등에 해당하지 아니하는 것
주유취급소	옥내주유취급소 외의 것으로서 소화난이도등급 Ⅰ의 제조소등에 해당하지 아니하는 것
제1종 판매취급소	모든 대상

(2) 소화난이도등급 Ⅲ의 제조소등에 설치하여야 하는 소화설비 〔실기에도 잘 나와요!〕

제조소등의 구분	소화설비	설치기준	
지하탱크저장소	소형수동식 소화기 등	능력단위의 수치가 3 이상	2개 이상
이동탱크저장소	자동차용 소화기	무상의 강화액 8L 이상	2개 이상
		이산화탄소 3.2kg 이상	
		일브로민화일염화이플루오린화메테인(CF₂ClBr) 2L 이상	
		일브로민화삼플루오린화메테인(CF₃Br) 2L 이상	
		이브로민화사플루오린화에테인(C₂F₄Br₂) 1L 이상	
		소화분말 3.3kg 이상	
	마른모래 및 팽창질석 또는 팽창진주암	마른모래 150L 이상	
		팽창질석 또는 팽창진주암 640L 이상	
그 밖의 제조소등	소형수동식 소화기 등	능력단위의 수치가 건축물, 그 밖의 공작물 및 위험물의 소요단위의 수치에 이르도록 설치할 것(다만, 옥내소화전설비, 옥외소화전설비, 스프링클러설비, 물분무등 소화설비 또는 대형수동식 소화기를 설치한 경우에는 해당 소화설비의 방사능력범위 내의 부분에 대하여는 수동식 소화기 등을 그 능력단위의 수치가 해당 소요단위의 수치의 1/5 이상이 되도록 하는 것으로 족한다.)	

※ **알킬알루미늄등**을 저장 또는 취급하는 이동탱크저장소에 있어서는 자동차용 소화기를 설치하는 것 외에 **마른모래**나 **팽창질석** 또는 **팽창진주암**을 추가로 설치하여야 한다.

4-2 소화설비의 적응성 ⬤실기에도 잘 나와요!

소화설비의 구분			건축물·그 밖의 공작물	전기설비	제1류 위험물 알칼리금속의 과산화물등	제1류 위험물 그 밖의 것	제2류 위험물 철분·금속분·마그네슘등	제2류 위험물 인화성 고체	제2류 위험물 그 밖의 것	제3류 위험물 금수성 물품	제3류 위험물 그 밖의 것	제4류 위험물	제5류 위험물	제6류 위험물
옥내소화전 또는 옥외소화전 설비			○			○		○	○		○		○	○
스프링클러설비			○			○		○	○		○	△	○	○
물분무등 소화설비		물분무소화설비	○	○		○		○	○		○	○	○	○
		포소화설비	○			○		○	○		○	○	○	○
		불활성가스 소화설비		○				○				○		
		할로젠화합물 소화설비		○				○				○		
	분말 소화 설비	인산염류등	○	○		○		○	○			○		○
		탄산수소염류등		○	○		○	○		○		○		
		그 밖의 것			○		○			○				
대형·소형 수동식 소화기		봉상수(棒狀水) 소화기	○			○		○	○		○		○	○
		무상수(霧狀水) 소화기	○	○		○		○	○		○		○	○
		봉상강화액 소화기	○			○		○	○		○		○	○
		무상강화액 소화기	○	○		○		○	○		○	○	○	○
		포소화기	○			○		○	○		○	○	○	○
		이산화탄소 소화기		○				○				○		△
		할로젠화합물 소화기		○				○				○		
	분말 소화기	인산염류 소화기	○	○		○		○	○			○		○
		탄산수소염류 소화기		○	○		○	○		○		○		
		그 밖의 것			○		○			○				
기타		물통 또는 수조	○			○		○	○		○		○	○
		건조사			○	○	○	○	○	○	○	○	○	○
		팽창질석 또는 팽창진주암			○	○	○	○	○	○	○	○	○	○

※ "○"는 소화설비의 적응성이 있다는 의미이다.

※ "△"의 의미는 다음과 같다.
① 스프링클러설비 : 제4류 위험물 화재에는 사용할 수 없지만 취급장소의 살수기준면적에 따라 스프링클러설비의 살수밀도가 다음 [표]의 기준 이상이면 제4류 위험물 화재에 사용할 수 있다.

살수기준면적(m^2)	방사밀도(L/m^2·분)	
	인화점 38℃ 미만	인화점 38℃ 이상
279 미만	16.3 이상	12.2 이상
279 이상 372 미만	15.5 이상	11.8 이상
372 이상 465 미만	13.9 이상	9.8 이상
465 이상	12.2 이상	8.1 이상

살수기준면적은 내화구조의 벽 및 바닥으로 구획된 하나의 실의 바닥면적을 말하고, 하나의 실의 바닥면적이 465m^2 이상인 경우의 살수기준면적은 465m^2로 한다. 다만, 위험물의 취급을 주된 작업내용으로 하지 아니하고 소량의 위험물을 취급하는 설비 또는 부분이 넓게 분산되어 있는 경우에는 방사밀도는 8.2L/m^2·분 이상, 살수기준면적은 279m^2 이상으로 할 수 있다.
② 이산화탄소 소화기 : 폭발의 위험이 없는 장소에 한하여 이산화탄소 소화기가 제6류 위험물에 적응성이 있음을 의미한다.

📖 **물분무등 소화설비의 종류**

1) 물분무소화설비
2) 포소화설비
3) 불활성가스 소화설비
4) 할로젠화합물 소화설비
5) 분말소화설비

예제 1 **소화난이도등급 I에 해당하는 위험물제조소는 연면적이 몇 m^2 이상인 것인가?**

① 400m^2
② 600m^2
③ 800m^2
④ 1,000m^2

✅풀이 소화난이도등급 I에 해당하는 위험물제조소는 연면적 1,000m^2 이상이다.

정답 ④

예제 2 **소화난이도등급 I에 해당하지 않는 제조소등은?**

① 제1석유류 위험물을 제조하는 제조소로서 연면적 1,000m^2 이상인 것
② 제1석유류 위험물을 저장하는 옥외탱크저장소로서 액표면적이 40m^2 이상인 것
③ 모든 이송취급소
④ 제6류 위험물을 저장하는 암반탱크저장소

✅풀이 소화난이도등급 I에 해당하는 암반탱크저장소의 조건은 액표면적이 40m^2 이상인 것이지만 제6류 위험물을 저장하는 것 및 고인화점 위험물만을 100℃ 미만의 온도에서 저장하는 것은 제외한다.

정답 ④

예제 3 소화난이도등급 Ⅰ에 해당하는 제조소등에 해당하지 않는 것은?

① 지정수량의 100배 이상인 것을 저장하는 옥내저장소
② 직원 외의 자가 출입하는 부분의 면적의 합이 500m²를 초과하는 주유취급소
③ 지반면으로부터 탱크 옆판 상단까지의 높이가 6m 이상인 옥외탱크저장소
④ 덩어리상태의 황을 저장하는 것으로서 경계표시 내부의 면적의 합이 100m² 이상인 옥외저장소

🌀**풀이** 소화난이도등급 Ⅰ에 해당하는 옥내저장소는 지정수량의 150배 이상을 저장하는 것이다.

정답 ①

예제 4 처마높이가 6m 이상인 단층 건물에 설치한 옥내저장소에 필요한 소화설비는?

① 스프링클러설비   ② 옥내소화전
③ 옥외소화전   ④ 봉상강화액 소화기

🌀**풀이** 처마높이가 6m 이상인 단층 건물에 설치한 옥내저장소에는 스프링클러설비 또는 이동식 외의 물분무등 소화설비가 필요하다.

정답 ①

예제 5 인화점 70℃ 이상의 제4류 위험물을 저장하는 옥외탱크저장소에 설치하여야 하는 소화설비들로만 이루어진 것은? (단, 소화난이도등급 Ⅰ에 해당한다.)

① 물분무소화설비 또는 고정식 포소화설비
② 불활성가스 소화설비 또는 물분무소화설비
③ 할로젠화물 소화설비 또는 불활성가스 소화설비
④ 고정식 포소화설비 또는 할로젠화합물 소화설비

🌀**풀이** 인화점 70℃ 이상의 제4류 위험물을 저장하는 옥외탱크저장소에 설치하여야 하는 소화설비는 물분무소화설비 또는 고정식 포소화설비이다.

정답 ①

예제 6 소화난이도등급 Ⅱ에 해당하는 제조소의 연면적은 얼마 이상인가?

① 300m²   ② 600m²
③ 900m²   ④ 1,200m²

🌀**풀이** 소화난이도등급 Ⅱ에 해당하는 제조소의 연면적은 600m² 이상이다.

정답 ②

예제 7 위험물안전관리법령상 옥내주유취급소의 소화난이도등급은?

① Ⅰ   ② Ⅱ
③ Ⅲ   ④ Ⅳ

🌀**풀이** 옥내주유취급소의 소화난이도등급은 Ⅱ이다.

정답 ②

예제 8 소화난이도등급 Ⅱ에 해당하는 옥외탱크저장소 및 옥내탱크저장소에는 대형수동식 소화기 및 소형수동식 소화기 등을 각각 몇 개 이상 설치해야 하는가?

① 1개   ② 2개

③ 3개   ④ 4개

풀이 소화난이도등급 Ⅱ에 해당하는 옥외탱크저장소 및 옥내탱크저장소에는 대형수동식 소화기 및 소형수동식 소화기 등을 각각 1개 이상 설치한다.

정답 ①

예제 9 소화난이도등급 Ⅲ에 해당하는 지하탱크저장소에 설치하는 소형수동식 소화기 등의 능력단위의 수치와 설치개수는 각각 얼마인가?

① 능력단위의 수치 : 1 이상, 설치개수 : 2개 이상

② 능력단위의 수치 : 2 이상, 설치개수 : 3개 이상

③ 능력단위의 수치 : 3 이상, 설치개수 : 2개 이상

④ 능력단위의 수치 : 4 이상, 설치개수 : 3개 이상

풀이 소화난이도등급 Ⅲ에 해당하는 지하탱크저장소에는 능력단위 3단위 이상의 소형수동식 소화기 등을 2개 이상 설치한다.

정답 ③

예제 10 전기설비의 화재에 효과가 없는 소화설비는 어느 것인가?

① 불활성가스 소화설비   ② 할로젠화합물 소화설비

③ 물분무소화설비   ④ 포소화설비

풀이 포소화설비는 수분을 포함하고 있어 전기설비의 화재에는 사용할 수 없다. 반면 물분무 소화설비는 물을 아주 잘게 쪼개서 흩어뿌리기 때문에 전기화재에 효과 있는 소화설비 이다.

정답 ④

예제 11 제1류 위험물 중 알칼리금속의 과산화물에 적응성이 있는 소화설비는 무엇인가?

① 불활성가스 소화설비   ② 할로젠화합물 소화설비

③ 탄산수소염류 분말소화설비   ④ 물분무소화설비

풀이 제1류 위험물 중 알칼리금속의 과산화물, 제2류 위험물 중 철분, 금속분, 마그네슘, 제3류 위험물 중 금수성 물질의 화재에는 탄산수소염류 분말소화설비 또는 소화기, 마른모래, 팽창질석, 팽창진주암만이 적응성이 있다.

정답 ③

예제 12 모든 유별의 화재에 대해 모두 적응성을 가지는 소화설비 및 소화기구는 무엇인가?

① 옥내소화전설비   ② 스프링클러설비

③ 마른모래   ④ 무상강화액 소화기

풀이 마른모래, 팽창질석 또는 팽창진주암은 모든 유별의 화재에 대해 모두 적응성을 갖는 소화설비이다.

정답 ③

예제 13 다음의 ( ) 안에 들어갈 말로 적합한 것은?

> 제4류 위험물의 화재에는 스프링클러를 사용할 수 없지만 취급장소의 살수
> 기준면적에 따라 스프링클러의 (   )가(이) 일정 기준 이상이면 제4류
> 위험물의 화재에도 사용할 수 있다.

① 방사밀도   ② 방사압력
③ 방사각도   ④ 방사시간

풀이 제4류 위험물의 화재에는 스프링클러를 사용할 수 없지만 취급장소의 살수기준면적에
따라 스프링클러의 방사밀도가 일정기준 이상이면 제4류 위험물의 화재에도 사용할
수 있다.

정답 ①

예제 14 위험물안전관리법령에 따른 소화설비의 적용성에 관한 다음 내용 중 ( ) 안에 적합
한 내용은?

> 제6류 위험물을 저장·취급하는 장소로서 폭발의 위험이 없는 장소에 한하여
> (   )가(이) 제6류 위험물에 대하여 적응성이 있다.

① 할로젠화합물 소화기
② 분말소화기 중 탄산수소염류 소화기
③ 분말소화기 중 그 밖의 것
④ 이산화탄소 소화기

풀이 이산화탄소 소화기는 제6류 위험물을 저장·취급하는 장소에서는 사용할 수 없지만
폭발의 위험이 없는 장소에 한하여 이산화탄소 소화기가 제6류 위험물에 대하여 적응성
이 있다.

정답 ④

Section 05 위험물의 저장·취급 및 운반에 관한 기준

5-1 위험물의 저장 및 취급에 관한 기준

위험물을 저장·취급하는 건축물 또는 설비는 위험물의 성질에 따라 **차광** 또는 **환기**를 실시하여야 하며 위험물은 **온도계, 습도계, 압력계** 등의 계기를 감시하여 위험물의 성질에 맞는 적정한 **온도, 습도** 또는 **압력**을 유지하도록 해야 한다. 🗨️실기에도 잘 나와요!

01 위험물의 저장기준

(1) 유별이 서로 다른 위험물을 동일한 저장소에 저장하는 경우 🗨️실기에도 잘 나와요!

옥내저장소 또는 옥외저장소에서는 서로 다른 유별끼리 함께 저장할 수 없다.

단, 다음의 조건을 만족하면서 유별로 정리하여 **서로 1m 이상의 간격**을 두는 경우에는 저장할 수 있다.

 ◀ 옥내·옥외 저장소 저장용기의 이격거리

① 제1류 위험물(알칼리금속의 과산화물 제외)과 제5류 위험물
② 제1류 위험물과 제6류 위험물
③ 제1류 위험물과 제3류 위험물 중 자연발화성 물질(황린)
④ 제2류 위험물 중 인화성 고체와 제4류 위험물
⑤ 제3류 위험물 중 알킬알루미늄등과 제4류 위험물(알킬알루미늄 또는 알킬리튬을 함유한 것)
⑥ 제4류 위험물 중 유기과산화물과 제5류 위험물 중 유기과산화물

> 🌀 **Tip**
> 옥내저장소와 옥외저장소에서는 위험물과 위험물이 아닌 물품을 함께 저장할 수 없지만, 함께 저장할 수 있는 종류별로 모아서 저장할 경우 상호간에 1m 이상의 간격을 두면 됩니다.

(2) 유별이 같은 위험물을 동일한 저장소에 저장하는 경우 🗨️실기에도 잘 나와요!

① 제3류 위험물 중 **황린**과 같이 물속에 저장하는 물품과 **금수성 물질**은 동일한 저장소에서 저장하지 아니하여야 한다.
② 동일 품명의 위험물이라도 자연발화할 우려가 있거나 재해가 현저하게 증대할 우려가 있는 위험물을 다량 저장하는 경우에는 **지정수량의 10배 이하마다** 구분하여 상호간 **0.3m 이상의 간격**을 두어 저장하여야 한다.

(3) 용기의 수납

① 옥내저장소에서 용기에 수납하지 않고 저장 가능한 위험물
   ㉠ 덩어리상태의 황
   ㉡ 화약류의 위험물(옥내저장소에만 해당)
② 옥내저장소에서 용기에 수납하여 저장하는 위험물의 저장온도 : 55℃ 이하

02 옥내저장소 또는 옥외저장소의 저장용기를 쌓는 높이의 기준 실기에도 잘 나와요!

① 기계에 의하여 하역하는 구조로 된 용기 : 6m 이하
② 제4류 위험물 중 제3석유류, 제4석유류 및 동식물유류의
   용기 : 4m 이하
③ 그 밖의 경우 : 3m 이하
④ 용기를 선반에 저장하는 경우
   ㉠ 옥내저장소에 설치한 선반 : 높이의 제한 없음
   ㉡ 옥외저장소에 설치한 선반 : 6m 이하

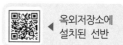
옥외저장소에 설치된 선반

🌀 Tip

저장용기가 아닌 운반용기의 경우에는
위험물의 종류에 관계없이 겹쳐 쌓는
높이를 3m 이하로 합니다.

03 탱크에 저장할 경우 위험물의 저장온도기준 실기에도 잘 나와요!

(1) 옥외저장탱크, 옥내저장탱크 또는 지하저장탱크

① 이들 탱크 중 압력탱크 외의 탱크에 저장하는 경우
   ㉠ 아세트알데하이드등 : 15℃ 이하
   ㉡ 산화프로필렌등과 다이에틸에터등 : 30℃ 이하
② 이들 탱크 중 압력탱크에 저장하는 경우
   ㉠ 아세트알데하이드등 : 40℃ 이하
   ㉡ 다이에틸에터등 : 40℃ 이하

(2) 이동저장탱크

① 보냉장치가 있는 이동저장탱크에 저장하는 경우
   ㉠ 아세트알데하이드등 : 비점 이하
   ㉡ 다이에틸에터등 : 비점 이하
② 보냉장치가 없는 이동저장탱크에 저장하는 경우
   ㉠ 아세트알데하이드등 : 40℃ 이하
   ㉡ 다이에틸에터등 : 40℃ 이하
※ 보냉장치 : 냉각을 유지하는 장치

04 취급의 기준

(1) 제조에 관한 기준

① **증류공정** : 위험물을 취급하는 설비의 내부압력의 변동 등에 의하여 액체 또는 증기가 새지 아니하도록 할 것

② **추출공정** : 추출관의 내부압력이 비정상으로 상승하지 아니하도록 할 것

③ **건조공정** : 위험물의 온도가 국부적으로 상승하지 아니하는 방법으로 가열 또는 건조할 것

④ **분쇄공정** : 위험물의 분말이 현저하게 부유하거나 기계 · 기구 등에 부착된 상태로 그 기계 · 기구를 취급하지 아니할 것

(2) 소비에 관한 기준

① **분사도장작업** : 방화상 유효한 격벽 등으로 구획된 안전한 장소에서 실시할 것

② **담금질 또는 열처리작업** : 위험물이 위험한 온도에 이르지 아니하도록 하여 실시할 것

③ **버너를 사용하는 경우** : 버너의 역화를 방지하고 위험물이 넘치지 아니하도록 할 것

05 위험물제조소등에서의 위험물의 취급기준

(1) 주유취급소

① 위험물을 주유할 때 자동차 등의 원동기를 정지시켜야 하는 경우 : **인화점 40℃ 미만의 위험물의 주유** 실기에도 잘 나와요!

② 이동저장탱크로부터 다른 탱크로 위험물을 주입할 때 원동기를 정지시켜야 하는 경우 : 인화점 40℃ 미만의 위험물의 주입

③ 이동저장탱크에 위험물을 주입할 때의 기준

  ㉠ 이동저장탱크의 상부로부터 위험물을 주입할 때 : 위험물의 액표면이 주입관의 선단을 넘는 높이가 될 때까지 주입관 내의 유속을 초당 1m 이하로 한다.

  ㉡ 이동저장탱크의 밑부분으로부터 위험물을 주입할 때 : 위험물의 액표면이 주입관의 정상부분을 넘는 높이가 될 때까지 주입관 내의 유속을 초당 1m 이하로 한다.

(2) 이동탱크저장소

① 알킬알루미늄등의 이동탱크로부터 알킬알루미늄을 꺼낼 때 : 동시에 200kPa 이하의 압력으로 불활성 기체를 봉입해야 한다.

② 알킬알루미늄등의 이동탱크에 알킬알루미늄을 저장할 때 : 20kPa 이하의 압력으로 불활성 기체를 봉입해야 한다.

③ 아세트알데하이드등의 이동탱크로부터 아세트알데하이드를 꺼낼 때 : 동시에 100kPa 이하의 압력으로 불활성 기체를 봉입해야 한다.

(3) 판매취급소

① 위험물은 운반용기에 수납한 채로 운반해야 한다.

② 판매취급소에서 배합하거나 옮겨 담을 수 있는 위험물의 종류 〔실기에도 잘 나와요!〕

　　㉠ 도료류

　　㉡ 제1류 위험물 중 염소산염류

　　㉢ 황

　　㉣ 인화점 38℃ 이상인 제4류 위험물

예제 1 유별로 정리하여 서로 1m 이상 간격을 둔 옥내저장소에 함께 저장할 수 없는 경우는 무엇인가?

① 제1류 위험물 중 알칼리금속의 과산화물과 제5류 위험물
② 제1류 위험물과 제6류 위험물
③ 제1류 위험물과 제3류 위험물 중 자연발화성 물질(황린)
④ 제2류 위험물 중 인화성 고체와 제4류 위험물

풀이 제1류 위험물(알칼리금속의 과산화물 제외)과 제5류 위험물을 함께 저장할 수 있다.

정답 ①

예제 2 동일 품명의 위험물이라도 자연발화할 우려가 있거나 재해가 증대할 우려가 있는 위험물을 다량 저장하는 경우에 위험물의 저장방법으로 맞는 것은?

① 지정수량의 5배 이하마다 구분하여 상호간 0.3m 이상의 간격을 두어 저장한다.
② 지정수량의 10배 이하마다 구분하여 상호간 0.3m 이상의 간격을 두어 저장한다.
③ 지정수량의 5배 이하마다 구분하여 상호간 0.5m 이상의 간격을 두어 저장한다.
④ 지정수량의 10배 이하마다 구분하여 상호간 0.5m 이상의 간격을 두어 저장한다.

풀이 지정수량의 10배 이하마다 구분하여 상호간 0.3m 이상의 간격을 두어 저장한다.

정답 ②

예제 3 옥내저장소 또는 옥외저장소에서 용기에 수납하지 않고 저장이 가능한 위험물은?

① 덩어리상태의 황　　　　　　② 칼륨
③ 탄화칼슘　　　　　　　　　　④ 과산화수소

풀이 옥내저장소 또는 옥외저장소에서 용기에 수납하지 않고 저장이 가능한 위험물은 덩어리 상태의 황과 화약류의 위험물이다.

정답 ①

예제 4 옥내저장소에서 용기에 수납하여 저장하는 위험물의 저장온도는 얼마로 하는가?

① 35℃ 이하　　　　　　　　② 45℃ 이하
③ 55℃ 이하　　　　　　　　④ 65℃ 이하

풀이 옥내저장소에서 용기에 수납하여 저장하는 위험물의 저장온도는 55℃ 이하이다.

정답 ③

예제 5 옥내저장소에 제4류 위험물 중 제3석유류를 저장할 때 저장용기를 겹쳐 쌓을 수 있는 높이는 얼마를 초과할 수 없나?

① 3m ② 4m

③ 5m ④ 6m

🔖**풀이** 옥내저장소 또는 옥외저장소에서 제4류 위험물 중 제3석유류, 제4석유류 및 동식물유류의 저장용기를 쌓는 높이의 기준은 4m 이하이다.

정답 ②

예제 6 옥외저장소에서 선반을 이용하여 용기를 겹쳐 쌓을 수 있는 높이는 얼마 이하인가?

① 3m 이하 ② 4m 이하

③ 5m 이하 ④ 6m 이하

🔖**풀이** 옥외저장소에서 선반을 이용하여 용기를 겹쳐 쌓을 수 있는 높이는 6m 이하이다.

정답 ④

예제 7 옥외저장탱크 중 압력탱크 외의 탱크에 아세트알데하이드등을 저장하는 경우 저장온도는 몇 ℃ 이하로 해야 하나?

① 15℃ ② 30℃

③ 35℃ ④ 40℃

🔖**풀이** 옥외저장탱크, 옥내저장탱크 또는 지하저장탱크 중 압력탱크 외의 탱크에 저장하는 경우 저장온도는 다음의 기준에 따른다.
1) 아세트알데하이드등 : 15℃ 이하
2) 산화프로필렌등과 다이에틸에터등 : 30℃ 이하

정답 ①

예제 8 보냉장치가 있는 이동탱크에 아세트알데하이드등을 저장하는 경우 저장온도는 몇 ℃ 이하로 해야 하나?

① 녹는점 ② 어는점

③ 비점 ④ 연소점

🔖**풀이** 보냉장치가 있는 이동저장탱크에 저장하는 경우 아세트알데하이드등과 다이에틸에터등의 저장온도는 모두 비점 이하로 한다.

정답 ③

예제 9 이동저장탱크의 상부로부터 위험물을 주입할 때 위험물의 액표면이 주입관의 선단을 넘는 높이가 될 때까지 주입관 내의 유속을 초당 몇 m 이하로 해야 하는가?

① 4m ② 3m

③ 2m ④ 1m

🔖**풀이** 이동저장탱크의 상부로부터 위험물을 주입할 때에는 위험물의 액표면이 주입관의 선단을 넘는 높이가 될 때까지 주입관 내의 유속을 초당 1m 이하로 해야 한다.

정답 ④

예제 10 판매취급소에서 위험물을 배합하거나 옮겨 담을 수 있는 위험물의 종류가 아닌 것은?

① 도료류
② 제1류 위험물 중 염소산염류
③ 인화점 38℃ 이상인 제4류 위험물
④ 제5류 위험물 중 유기과산화물

풀이 판매취급소에서 위험물을 배합하거나 옮겨 담을 수 있는 위험물의 종류로는 도료류, 제1류 위험물 중 염소산염류, 황, 인화점 38℃ 이상인 제4류 위험물이 있다.

정답 ④

5-2 위험물의 운반에 관한 기준

01 운반용기의 기준

(1) 운반용기의 재질

강판, 알루미늄판, 양철판, 유리, 금속판, 종이, 플라스틱, 섬유판, 고무류, 합성섬유, 삼, 짚 또는 나무

(2) 운반용기의 수납률 ⟨실기에도 잘 나와요!⟩

① 고체 위험물 : 운반용기 내용적의 95% 이하
② 액체 위험물 : 운반용기 내용적의 98% 이하(55℃에서 누설되지 않도록 공간용적 유지)
③ 알킬알루미늄 및 알킬리튬 : 운반용기 내용적의 90% 이하(50℃에서 5% 이상의 공간용적 유지)

(3) 운반용기 외부에 표시해야 하는 사항 ⟨실기에도 잘 나와요!⟩

① 품명, 위험등급, 화학명 및 수용성
② 위험물의 수량
③ 위험물에 따른 주의사항

유 별	품 명	운반용기의 주의사항
제1류	알칼리금속의 과산화물	화기충격주의, 가연물접촉주의, 물기엄금
	그 밖의 것	화기충격주의, 가연물접촉주의
제2류	철분, 금속분, 마그네슘	화기주의, 물기엄금
	인화성 고체	화기엄금
	그 밖의 것	화기주의
제3류	금수성 물질	물기엄금
	자연발화성 물질	화기엄금, 공기접촉엄금
제4류	인화성 액체	화기엄금
제5류	자기반응성 물질	화기엄금, 충격주의
제6류	산화성 액체	가연물접촉주의

(4) 운반용기의 최대용적 또는 중량

1) 고체 위험물

운반용기				수납위험물의 종류 및 위험등급									
내장용기		외장용기		제1류			제2류		제3류			제5류	
용기의 종류	최대용적(중량)	용기의 종류	최대용적(중량)	Ⅰ	Ⅱ	Ⅲ	Ⅱ	Ⅲ	Ⅰ	Ⅱ	Ⅲ	Ⅰ	Ⅱ
유리용기 또는 플라스틱용기	10L	나무상자 또는 플라스틱상자	125kg	○	○	○	○	○	○	○	○	○	○
			225kg		○	○	○	○		○	○		○
		파이버판상자	40kg	○	○	○	○	○	○	○	○	○	○
			55kg		○	○	○	○		○	○		○
금속제용기	30L	나무상자 또는 플라스틱상자	125kg	○	○	○	○	○	○	○	○	○	○
			225kg		○	○	○	○		○	○		○
		파이버판상자	40kg	○	○	○	○	○	○	○	○	○	○
			55kg		○	○	○	○		○	○		○
플라스틱 필름포대 또는 종이포대	5kg	나무상자 또는 플라스틱상자	50kg	○	○	○	○	○					
	50kg		50kg	○	○	○	○	○					○
	125kg		125kg	○	○	○	○	○	○	○	○		○
	225kg		225kg					○			○		
	5kg	파이버판상자	40kg	○	○	○	○	○	○				
	40kg		40kg	○	○	○	○	○					○
	55kg		55kg					○			○		
		금속제용기(드럼 제외)	60L	○					○				
		플라스틱용기(드럼 제외)	10L		○	○	○	○		○	○		○
			30L		○		○			○			
		금속제드럼	250L	○	○	○	○	○	○	○	○	○	○
		플라스틱드럼 또는 파이버드럼(방수성이 있는 것)	60L	○	○	○	○	○	○	○	○	○	○
			250L		○	○		○		○	○		○
		합성수지포대(방수성이 있는 것), 플라스틱필름포대, 섬유포대(방수성이 있는 것) 또는 종이포대(여러 겹으로서 방수성이 있는 것)	50kg	○	○		○		○	○			○

2) 액체 위험물 실기에도 잘 나와요!

| 운반용기 | | | | 수납위험물의 종류 및 위험등급 | | | | | | | | |
| 내장용기 | | 외장용기 | | 제3류 | | | 제4류 | | | 제5류 | | 제6류 |
용기의 종류	최대용적(중량)	용기의 종류	최대용적(중량)	I	II	III	I	II	III	I	II	I
유리용기	5L	나무 또는 플라스틱상자 (불활성의 완충재를 채울 것)	75kg	○	○	○	○	○	○	○	○	○
유리용기	10L	나무 또는 플라스틱상자 (불활성의 완충재를 채울 것)	125kg		○	○		○	○		○	
유리용기	10L	나무 또는 플라스틱상자 (불활성의 완충재를 채울 것)	225kg						○			
유리용기	5L	파이버판상자	40kg	○	○	○	○	○	○	○	○	○
유리용기	10L	파이버판상자	55kg						○			
플라스틱용기	10L	나무 또는 플라스틱상자	75kg	○	○	○	○	○	○	○	○	○
플라스틱용기	10L	나무 또는 플라스틱상자	125kg		○	○		○	○		○	
플라스틱용기	10L	나무 또는 플라스틱상자	225kg						○			
플라스틱용기	10L	파이버판상자	40kg	○	○	○	○	○	○	○	○	○
플라스틱용기	10L	파이버판상자	55kg						○			
금속제용기	30L	나무 또는 플라스틱상자	125kg	○	○	○	○	○	○	○	○	○
금속제용기	30L	나무 또는 플라스틱상자	225kg						○			
금속제용기	30L	파이버판상자	40kg	○	○	○	○	○	○	○	○	○
금속제용기	30L	파이버판상자	55kg		○	○		○	○		○	
		금속제용기 (금속제드럼 제외)	60L		○	○		○	○		○	
		플라스틱용기 (플라스틱드럼 제외)	10L		○	○		○	○		○	
		플라스틱용기 (플라스틱드럼 제외)	20L					○	○			
		플라스틱용기 (플라스틱드럼 제외)	30L						○		○	
		금속제드럼 (뚜껑고정식)	250L	○	○	○	○	○	○	○	○	○
		금속제드럼 (뚜껑탈착식)	250L					○	○			
		플라스틱 또는 파이버드럼 (플라스틱내용기 부착의 것)	250L		○	○			○		○	

예제 1 다음 ( ) 안에 적합한 숫자를 차례대로 나열한 것은?

> 자연발화성 물질 중 알킬알루미늄등은 운반용기 내용적의 ( )% 이하의 수납률로 수납하되 50℃의 온도에서 ( )% 이상의 공간용적을 유지하도록 할 것

① 90, 5　　　　　　　　　　　② 90, 10
③ 95, 5　　　　　　　　　　　④ 95, 10

풀이 알킬알루미늄을 저장하는 운반용기는 내용적의 90% 이하(50℃에서 5% 이상의 공간 용적을 유지)로 한다.

정답 ①

예제 2 운반용기 외부에 표시하는 사항이 아닌 것은?

① 품명　　　　　　　　　　　② 화학명
③ 위험물의 수량　　　　　　　④ 유별

풀이 운반용기 외부에는 품명, 위험등급, 화학명 및 수용성, 위험물의 수량, 위험물에 따른 주의사항을 표시한다.

정답 ④

예제 3 제2류 위험물 중 철분, 금속분, 마그네슘의 운반용기 외부에 표시해야 하는 주의사항 내용은 무엇인가?

① 화기주의 및 물기주의　　　　② 화기엄금 및 화기주의
③ 물기엄금 및 화기엄금　　　　④ 화기주의 및 물기엄금

풀이 제2류 위험물 중 철분, 금속분, 마그네슘의 운반용기의 외부에는 "화기주의" 및 "물기엄금" 주의사항을 표시해야 하며, 그 밖의 제2류 위험물에는 "화기주의"를 표시한다.

정답 ④

예제 4 제5류 위험물의 운반용기에 표시해야 하는 주의사항 내용은 무엇인가?

① 화기주의, 화기엄금　　　　　② 물기엄금, 공기접촉엄금
③ 화기엄금, 충격주의　　　　　④ 가연물접촉주의

풀이 제5류 위험물의 운반용기에 표시해야 하는 주의사항 내용은 화기엄금과 충격주의이다.

정답 ③

예제 5 아염소산염류의 운반용기 중 적응성 있는 내장용기의 종류 및 최대 용적이나 중량을 올바르게 나타낸 것은 무엇인가? (단, 외장용기의 종류는 나무상자, 플라스틱상자이고, 외장용기의 최대중량은 125kg으로 한다.)

① 금속제용기 : 20L　　　　　② 종이포대 : 55kg
③ 플라스틱필름포대 : 60kg　　④ 유리용기 : 10L

풀이 고체인 아염소산염류의 운반용기 중 유리용기(10L), 플라스틱용기(10L), 금속제용기(30L)의 내장용기 용적만 암기하면 된다.

정답 ④

예제 6 액체 위험물의 운반용기 중 외장용기로 사용되는 금속제 드럼의 최대용량은 얼마인가?

① 100L   ② 150L

③ 200L   ④ 250L

풀이 액체 위험물의 운반용기 중 외장용기로 사용되는 금속제 드럼(뚜껑고정식 및 뚜껑탈착식)의 최대용량은 250L이다.

정답 ④

02 운반 시 위험물의 성질에 따른 조치의 기준 실기에도 잘 나와요!

(1) 차광성 피복으로 가려야 하는 위험물

① 제1류 위험물

② 제3류 위험물 중 자연발화성 물질

③ 제4류 위험물 중 특수인화물

④ 제5류 위험물

⑤ 제6류 위험물

> **Tip**
> 차광성 피복과 방수성 피복을 모두 해야 하는 위험물은 다음과 같습니다.
> 1. 제1류 위험물 중 알칼리금속의 과산화물
> 2. 제3류 위험물 중 칼륨, 나트륨, 알킬알루미늄, 알킬리튬, 금속의 수소화물

※ 제5류 위험물 중 55℃ 이하의 온도에서 분해될 우려가 있는 것은 보냉컨테이너에 수납하는 등 적정한 온도관리를 해야 한다.

(2) 방수성 피복으로 가려야 하는 위험물

① 제1류 위험물 중 알칼리금속의 과산화물

② 제2류 위험물 중 철분, 금속분, 마그네슘

③ 제3류 위험물 중 금수성 물질

03 운반에 관한 위험등급기준 실기에도 잘 나와요!

(1) 위험등급 I

① 제1류 위험물 : 아염소산염류, 염소산염류, 과염소산염류, 무기과산화물 등 지정수량이 50kg인 위험물

② 제3류 위험물 : 칼륨, 나트륨, 알킬알루미늄, 알킬리튬, 황린 등 지정수량이 10kg 또는 20kg인 위험물

③ 제4류 위험물 : 특수인화물

④ 제5류 위험물 : 유기과산화물, 질산에스터류 등 지정수량이 10kg인 위험물

⑤ 제6류 위험물

(2) 위험등급 II

① 제1류 위험물 : 브로민산염류, 질산염류, 아이오딘산염류 등 지정수량이 300kg인 위험물

② 제2류 위험물 : 황화인, 적린, 황 등 지정수량이 100kg인 위험물

③ 제3류 위험물 : 알칼리금속(칼륨 및 나트륨을 제외한다) 및 알칼리토금속, 유기금속 화합물(알킬알루미늄 및 알킬리튬을 제외한다) 등 지정수량이 50kg인 위험물

④ 제4류 위험물 : 제1석유류 및 알코올류

⑤ 제5류 위험물 : 위험등급 I 외의 것

(3) 위험등급 III

위험등급 I, 위험등급 II 외의 것

04 위험물의 혼재기준

(1) 유별을 달리하는 위험물의 혼재기준(운반기준) 실기에도 잘 나와요!

위험물의 구분	제1류	제2류	제3류	제4류	제5류	제6류
제1류		×	×	×	×	○
제2류	×		×	○	○	×
제3류	×	×		○	×	×
제4류	×	○	○		○	×
제5류	×	○	×	○		×
제6류	○	×	×	×	×	

※ 이 표는 지정수량의 1/10 이하의 위험물에 대하여는 적용하지 아니한다.

📖 "위험물의 혼재기준 표" 그리는 방법

423, 524, 61의 숫자 조합으로 표를 만들 수 있다.
1) 가로줄의 제4류를 기준으로 아래로 제2류와 제3류에 "○"을 표시한다.
2) 가로줄의 제5류를 기준으로 아래로 제2류와 제4류에 "○"을 표시한다.
3) 가로줄의 제6류를 기준으로 아래로 제1류에 "○"을 표시한다.
4) 세로줄의 제4류를 기준으로 오른쪽으로 제2류와 제3류에 "○"을 표시한다.
5) 세로줄의 제5류를 기준으로 오른쪽으로 제2류와 제4류에 "○"을 표시한다.
6) 세로줄의 제6류를 기준으로 오른쪽으로 제1류에 "○"을 표시한다.

(2) 위험물과 혼재가 가능한 고압가스

내용적 120L 미만인 용기에 충전한 불활성 가스, 액화석유가스 또는 압축천연가스이며 액화석유가스와 압축천연가스의 경우에는 제4류 위험물과 혼재하는 경우에 한한다.

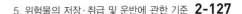

예제 1 제4류 위험물 중 운반 시 차광성의 피복으로 덮어야 하는 위험물의 품명은 무엇인가?

① 특수인화물

② 제1석유류

③ 알코올류

④ 제2석유류

풀이 운반 시 차광성 피복으로 가려야 하는 위험물은 제1류 위험물, 제3류 위험물 중 자연발화성 물질, 제4류 위험물 중 특수인화물, 제5류 위험물, 제6류 위험물이다.

정답 ①

예제 2 운반 시 방수성 피복으로 덮어야 하는 위험물이 아닌 것은?

① 제1류 위험물 중 알칼리금속의 과산화물

② 제3류 위험물 중 금수성 물질

③ 제5류 위험물

④ 제2류 위험물 중 철분

풀이 운반 시 방수성 피복으로 덮어야 하는 위험물은 다음과 같다.
1) 제1류 위험물 중 알칼리금속의 과산화물
2) 제2류 위험물 중 철분, 금속분, 마그네슘
3) 제3류 위험물 중 금수성 물질

정답 ③

예제 3 위험등급 I에 속하는 물질로만으로 짝지어진 것은 무엇인가?

① 염소산염류, 과산화수소

② 브로민산염류, 알코올류

③ 염소산염류, 나이트로화합물

④ 금속의 인화물, 제3석유류

풀이 염소산염류는 제1류 위험물의 위험등급 I, 과산화수소는 제6류 위험물의 위험등급 I에 해당한다.

정답 ①

예제 4 위험등급에 관한 설명 중 잘못된 것은?

① 제1류 위험물은 위험등급 I, II, III 모두에 해당한다.

② 제2류 위험물은 위험등급 II, III에만 해당하며 위험등급 I에는 해당하지 않는다.

③ 제5류 위험물은 위험등급 I, II, III 모두에 해당한다.

④ 제6류 위험물은 모두 위험등급 I에 해당한다.

풀이 위험등급 III에 해당하는 제5류 위험물은 없다.

정답 ③

예제 5 위험물의 운반 시 제4류 위험물과 혼재할 수 있는 유별에 해당하지 않는 것은 무엇인가? (단, 지정수량의 1/10을 초과하는 경우이다.)

① 제1류 위험물 ② 제2류 위험물

③ 제3류 위험물 ④ 제5류 위험물

풀이 유별을 달리하는 위험물의 혼재기준(운반기준)에 따라 제4류 위험물은 제2류, 제3류, 제5류 위험물과 혼재 가능하다.

정답 ①

예제 6 위험물의 운반 시 제1류 위험물과 혼재할 수 있는 유별은 무엇인가? (단, 지정수량의 1/10을 초과하는 경우이다.)

① 제2류 위험물 ② 제4류 위험물

③ 제5류 위험물 ④ 제6류 위험물

풀이 위험물의 운반 시 제1류 위험물은 제6류 위험물만 혼재할 수 있고 제6류 위험물은 제1류 위험물만 혼재할 수 있다.

정답 ④

예제 7 위험물의 운반에 관한 혼재기준은 지정수량의 몇 배 이하일 때 적용하지 않는가?

① 1/3 이하 ② 1/5 이하

③ 1/10 이하 ④ 1/15 이하

풀이 위험물의 운반에 관한 혼재기준은 지정수량의 1/10 이하일 때는 적용하지 않는다.

정답 ③

예제 8 위험물안전관리법령에 따라 위험물 운반을 위해 적재하는 경우 제4류 위험물과 혼재가 가능한 액화석유가스 또는 압축천연가스의 용기 내용적은 몇 L 미만인가?

① 120L ② 150L

③ 180L ④ 200L

풀이 위험물과 혼재 가능한 고압가스는 내용적이 120L 미만인 용기에 충전한 불활성 가스, 액화석유가스 또는 압축천연가스이며, 액화석유가스와 압축천연가스의 경우에는 제4류 위험물과 혼재하는 경우에 한한다.

정답 ①

Section 06 유별에 따른 위험성 시험방법 및 인화성 액체의 인화점 시험방법

6-1 위험물의 유별에 따른 위험성 시험방법

(1) 제1류 위험물

① 산화성 시험 : 연소시험

② 충격민감성 시험 : 낙구타격감도시험

(2) 제2류 위험물

① 착화위험성 시험 : 작은 불꽃 착화시험

② 고체의 인화위험성 시험 : 가연성 고체의 인화점 측정시험

(3) 제3류 위험물

① 자연발화성 물질의 시험 : 고체의 공기 중 발화위험성의 시험

② 금수성 물질의 시험 : 물과 접촉하여 발화하거나 가연성 가스를 발생할 위험성의 시험

(4) 제4류 위험물

① 인화성 액체의 인화점 시험

ㄱ 태그밀폐식 인화점측정기에 의한 인화점 측정시험

ㄴ 신속평형법 인화점측정기에 의한 인화점 측정시험

ㄷ 클리블랜드개방컵 인화점 측정기에 의한 인화점 측정시험

② 인화성 액체 중 수용성 액체란 20℃, 1기압에서 동일한 양의 증류수와 완만하게 혼합하여, 혼합액의 유동이 멈춘 후 그 혼합액이 균일한 외관을 유지하는 것을 말한다.

(5) 제5류 위험물

① 폭발성 시험 : 열분석 시험

② 가열분해성 시험 : 압력용기 시험

(6) 제6류 위험물

연소시간의 측정시험

6-2　인화성 액체의 인화점 시험방법

01 인화점 측정시험의 종류 〔실기에도 잘 나와요!〕

인화성 액체의 인화점 측정시험은 인화점측정기에 의해 이루어지며, 인화점측정기의
종류에 따라 3가지로 구분된다.

(1) 태그밀폐식 인화점측정기

① 측정결과가 0℃ 미만인 경우 : 그 측정결과를 인화점으로 할 것

② 측정결과가 0℃ 이상 80℃ 이하인 경우 : 동점도 측정을 하여 동점도가 $10mm^2/s$
미만인 경우에는 그 측정결과를 인화점으로 하고 동점도가 $10mm^2/s$ 이상인 경우
에는 신속평형법 측정기로 다시 측정할 것

(2) 신속평형법 인화점측정기

① 측정결과가 0℃ 이상 80℃ 이하인 경우 : 동점도 측정을 하여 동점도가 $10mm^2/s$
이상인 경우에는 그 측정결과를 인화점으로 할 것

② 측정결과가 80℃를 초과하는 경우 : 클리브랜드개방컵 측정기로 다시 측정할 것

(3) 클리브랜드개방컵 인화점측정기

– 측정결과가 80℃를 초과하는 경우 : 그 측정결과를 인화점으로 할 것

02 인화점 측정시험의 조건 〔실기에도 잘 나와요!〕

(1) 태그밀폐식 인화점측정기

① 시험장소 : 1기압, 무풍의 장소

② 시험물품의 양 : $50cm^3$

③ 화염의 크기 : 직경 4mm

(2) 신속평형법 인화점측정기

① 시험장소 : 1기압, 무풍의 장소

② 시험물품의 양 : 2mL

③ 화염의 크기 : 직경 4mm

(3) 클리브랜드개방컵 인화점측정기

① 시험장소 : 1기압, 무풍의 장소

② 시험물품의 양 : 시료컵의 표선까지

③ 화염의 크기 : 직경 4mm

예제 1 제5류 위험물의 위험성 시험방법으로 알맞은 것은?

① 인화점 시험 ② 작은 불꽃 착화시험
③ 열분석 시험 ④ 금수성의 시험

풀이 제5류 위험물의 연소위험성 시험방법은 폭발성 시험의 열분석 시험과 가열분해성 시험의 압력용기 시험이 있다.

정답 ③

예제 2 위험물안전관리법에서 정하는 제4류 위험물의 인화점측정기가 아닌 것은?

① 태그밀폐식 인화점측정기
② 신속평형법 인화점측정기
③ 펜스키마르텐스 인화점측정기
④ 클리브랜드개방컵 인화점측정기

풀이 위험물안전관리법에서 정하는 제4류 위험물의 인화점측정기는 다음의 3가지가 있다.
1) 태그밀폐식 인화점측정기
2) 신속평형법 인화점측정기
3) 클리브랜드개방컵 인화점측정기

정답 ③

예제 3 태그밀폐식 인화점측정기로 인화점을 측정할 때 시험장소의 기준으로 옳은 것은?

① 1기압, 무풍의 장소
② 2기압, 무풍의 장소
③ 1기압, 초속 2m/s 이하의 장소
④ 2기압, 초속 2m/s 이하의 장소

풀이 태그밀폐식 인화점측정기, 신속평형법 인화점측정기 및 클리브랜드개방컵 인화점측정기 모두 인화점을 시험하는 장소는 공통적으로 1기압, 무풍의 장소에서 실시한다.

정답 ①

제3편

위험물산업기사 필기 기출문제

최근의 과년도 출제문제 수록

Industrial Engineer Hazardous material

2020 제1,2회 통합 위험물산업기사

제1과목 | 일반화학

01 물 200g에 A물질 2.9g을 녹인 용액의 어는점은? (단, 물의 어는점 내림상수는 1.86℃ · kg/mol이고, A물질의 분자량은 58이다.)

① -0.017℃   ② -0.465℃

③ -0.932℃   ④ -1.871℃

》 빙점(어는점)이란 어떤 용액이 얼기 시작하는 온도를 말하며, 강하란 내림 혹은 떨어진다라는 의미를 갖고 있다. 물에 어떤 물질을 녹인 용액의 빙점은 다음과 같이 빙점강하(ΔT) 공식을 이용하여 구할 수 있다.

$$\Delta T = \frac{1,000 \times w \times K_f}{M \times a}$$

여기서, w(용질 A의 질량) : 2.9g
K_f(물의 어는점 내림상수) : 1.86℃ · kg/mol
M(용질 A의 분자량) : 58g/mol
a(용매 물의 질량) : 200g

$$\Delta T = \frac{1,000 \times 2.9 \times 1.86}{58 \times 200} = 0.465℃$$

따라서 용액의 빙점은 물의 빙점 0℃보다 0.465℃만큼 더 내린 온도이므로 0℃-0.465℃=-0.465℃이다.

02 다음과 같은 기체가 일정한 온도에서 반응을 하고 있다. 평형에서 기체 A, B, C가 각각 1몰, 2몰, 4몰이라면 평형상수 K의 값은 얼마인가?

A + 3B → 2C + 열

① 0.5   ② 2

③ 3   ④ 4

》 aA + bB → cC의 반응식에서
평형상수 $K = \dfrac{[C]^c}{[A]^a [B]^b}$이다.

여기서, [A], [B]는 반응 전 물질의 몰농도, [C]는 반응 후 물질의 몰농도이며, a, b, c는 물질의 계수를 나타낸다.
〈문제〉의 반응식 A + 3B → 2C에서 a = 1, b = 3, c = 2임을 알 수 있으며, 〈문제〉에서 [A]는 1몰농도, [B]는 2몰농도, [C]는 4몰농도라고 하였으므로

$$K = \frac{[4]^2}{[1][2]^3} = 2이다.$$

03 0.01N CH₃COOH의 전리도가 0.01이면, pH는 얼마인가?

① 2   ② 4

③ 6   ④ 8

》 전리도는 이온화도라고도 하며, 물질이 용액에 녹아 이온으로 분리되는 정도를 말한다. 〈문제〉의 아세트산(CH₃COOH)의 수소이온농도[H⁺]는 전리도가 1이라면 0.01N을 유지하겠지만 전리도가 0.01이 되면 0.01×0.01N = 0.0001N 즉, [H⁺] = 10^{-4}N가 된다.
따라서 pH = $-\log$[H⁺]이므로 pH = $-\log 10^{-4}$ = 4이다.

04 액체나 기체 안에서 미소입자가 불규칙적으로 계속 움직이는 것을 무엇이라 하는가?

① 틴들현상   ② 다이알리시스

③ 브라운운동   ④ 전기영동

》 ① 틴들현상 : 입자가 큰 콜로이드가 녹아 있는 용액에 센 빛을 비추면 빛의 진로가 보이는 현상
② 다이알리시스 : 투석이라고도 하며, 콜로이드와 콜로이드보다 더 작은 입자를 가진 물질을 반투막에 통과시켜 통과되지 않는 콜로이드를 남기는 현상
③ **브라운운동 : 콜로이드 입자가 불규칙하게 지속적으로 움직이는 현상**
④ 전기영동 : 콜로이드 용액의 전극에 전압을 가했을 때 콜로이드 입자가 한쪽 전극의 방향으로 이동하는 현상

정답   01. ②   02. ②   03. ②   04. ③

05 다음 중 파장이 가장 짧으면서 투과력이 가장 강한 것은?

① α - 선   ② β - 선

③ γ - 선   ④ X - 선

≫ **방사선의 투과력 세기**는 $\alpha < \beta < \gamma$ 이므로, 파장이 가장 짧으면서 투과력이 가장 강한 것은 γ-선이다.

06 1패럿(Farad)의 전기량으로 물을 전기분해하였을 때 생성되는 수소기체는 0℃, 1기압에서 얼마의 부피를 갖는가?

① 5.6L   ② 11.2L

③ 22.4L   ④ 44.8L

≫ 1F(패럿)이란 물질 1g당량을 석출하는 데 필요한 전기량이므로 1F(패럿)의 전기량으로 물(H_2O)을 전기분해하면 수소(H_2) 1g당량과 산소(O_2) 1g당량이 발생한다.

여기서, 1g당량이란 $\dfrac{\text{원자량}}{\text{원자가}}$ 인데 H(수소)는 원자량이 1g이고 원자가도 1이기 때문에 H의 1g당량은 $\dfrac{1g}{1}$ = 1g이다.

0℃, 1기압에서 수소기체(H_2) 1몰 즉, 2g의 부피는 22.4L이지만 1F(패럿)의 전기량으로 얻는 수소기체 1g당량 즉, 수소기체 1g은 0.5몰이므로 수소의 부피는 0.5몰×22.4L = 11.2L이다.

> **Check**   산소기체의 부피
>
> O(산소)는 원자량이 16g이고 원자가는 2이기 때문에 O의 1g당량은 $\dfrac{16g}{2}$ = 8g이다. 0℃, 1기압에서 산소기체(O_2) 1몰 즉, 32g의 부피는 22.4L이지만 1F(패럿)의 전기량으로 얻는 산소기체 1g당량 즉, 산소기체 8g은 0.25몰이므로 산소의 부피는 0.25몰×22.4L = 5.6L이다.

07 구리줄을 불에 달구어 약 50℃ 정도의 메탄올에 담그면 자극성 냄새가 나는 기체가 발생한다. 이 기체는 무엇인가?

① 폼알데하이드

② 아세트알데하이드

③ 프로페인

④ 메틸에터

≫ 산화란 수소를 잃거나 산소를 얻는 과정을 말한다. 구리를 불에 달구는 산화반응을 통해 메탄올(CH_3OH)을 **산화시키면 메탄올은 H_2를 잃어 폼알데하이드(HCHO)를 생성**하고, 생성된 폼알데하이드(HCHO)는 O를 얻는 산화를 통해 최종적으로 폼산(HCOOH)이 된다.

• 메틸알코올(메탄올)의 산화과정

$$CH_3OH \xrightarrow{-H_2} HCHO \xrightarrow{+0.5O_2} HCOOH$$

08 다음 〈보기〉의 금속원소를 반응성이 큰 순서부터 나열한 것은?

> Na, Li, Cs, K, Rb

① Cs > Rb > K > Na > Li

② Li > Na > K > Rb > Cs

③ K > Na > Rb > Cs > Li

④ Na > K > Rb > Cs > Li

≫ 〈보기〉의 원소들은 모두 같은 알칼리금속족에 속하며, **알칼리금속은 원자번호가 증가할수록** 즉, 아래로 내려갈수록 **반응성도 커진다.** 따라서 **반응성이 가장 큰 Cs(세슘)**부터 Rb(루비듐), K(칼륨), Na(나트륨), Li(리튬)의 순서대로 나열하면 된다.

09 "기체의 확산속도는 기체의 밀도(또는 분자량)의 제곱근에 반비례한다."라는 법칙과 연관성이 있는 것은?

① 미지의 기체 분자량을 측정에 이용할 수 있는 법칙이다.

② 보일-샤를이 정립한 법칙이다.

③ 기체상수 값을 구할 수 있는 법칙이다.

④ 이 법칙은 기체상태방정식으로 표현된다.

≫ "기체의 확산속도는 기체의 밀도(또는 분자량)의 제곱근에 반비례한다."는 그레이엄이 정립한 법칙으로서 공식은 다음과 같으며, 기체의 확산속도를 이용해 **알 수 없는 기체의 분자량을 구할 수 있다.**

• 기체의 확산속도 법칙 : $V = \sqrt{\dfrac{1}{M}}$

여기서, V : 기체의 확산속도
        M : 기체의 분자량

정답   05. ③   06. ②   07. ①   08. ①   09. ①

10 다음 물질 중에서 염기성인 것은?

① $C_6H_5NH_2$ ② $C_6H_5NO_2$

③ C_6H_5OH ④ C_6H_5COOH

》》 염기성 물질은 수소이온(H^+)을 받는 물질을 말한다. $C_6H_5NH_2$(아닐린)이 H_2O(물)에 녹으면 H^+을 받고 **OH^-(수산기)를 내놓으므로 염기성 물질**에 속한다.

• 아닐린과 물의 반응식

$C_6H_5NH_2 + H_2O \rightarrow C_6H_5NH_3^+ + OH^-$

그 외 $C_6H_5NO_2$(나이트로벤젠), C_6H_5OH(페놀), C_6H_5COOH(벤조산)은 모두 산성 물질에 속한다.

11 다음의 반응에서 환원제로 쓰인 것은?

$$MnO_2 + 4HCl \rightarrow MnCl_2 + 2H_2O + Cl_2$$

① Cl_2 ② $MnCl_2$

③ HCl ④ MnO_2

》》 환원제란 산화제로부터 산소를 받아들여 자신이 직접 탈 수 있는 가연물을 의미하며, 산화제란 자신이 포함하고 있는 산소를 환원제(가연물)에게 공급해 주는 물질을 의미한다. 반응식에서 환원제 또는 산화제의 역할을 하는 물질은 반응 전의 물질들 중에서 결정되며 반응 후의 물질들은 단지 생성물의 의미만 갖는다.

따라서 반응 전의 물질인 MnO_2과 HCl 중에 산소를 포함하고 있는 MnO_2가 산화제가 되고, 이 산화제와 반응하고 있는 **HCl은 환원제가 되며**, $MnCl_2$와 H_2O와 Cl_2은 산화제도 아니고 환원제도 아닌 이 반응의 생성물들이다.

12 ns^2np^5의 전자구조를 가지지 않는 것은?

① F(원자번호 9)

② Cl(원자번호 17)

③ Se(원자번호 34)

④ I(원자번호 53)

》》 ns^2np^5에서 n은 주양자수를 나타내는데, n에 2를 대입하면 전자구조는 $2s^22p^5$이 되고 n에 3을 대입하면 전자구조는 $3s^23p^5$이 된다. 이 경우 주양자수 2와 3의 오비탈에 전자를 채우기 위해서는 주양자수 1의 오비탈에 전자를 먼저 채워야 하므로 실제 전자를 모두 채운 상태의 전자배열은 $1s^22s^22p^5$과 $1s^22s^22p^63s^23p^5$이 된다.

여기서 전자구조 $1s^22s^22p^5$은 전자가 1s와 2s에 2개씩 들어있고 2p에는 5개가 들어있으므로 총 전자수는 9개로서 원자번호 9번인 플루오린(F)을 말하는 것이며, 전자구조 $1s^22s^22p^63s^23p^5$은 전자가 1s와 2s에 각 2개, 2p에 6개, 3s에 2개, 3p에 5개가 들어있으므로 총 전자수는 17개로서 원자번호 17번인 염소(Cl)를 말하는 것이다.

따라서 ns^2np^5은 플루오린(F)과 염소(Cl)뿐만 아니라 브로민(Br)과 아이오딘(I)의 전자구조도 나타낼 수 있는 것으로 할로젠원소의 전자구조라 할 수 있다.

13 98% H_2SO_4 50g에서 H_2SO_4에 포함된 산소원자 수는?

① 3×10^{23}개

② 6×10^{23}개

③ 9×10^{23}개

④ 1.2×10^{24}개

》》 H_2SO_4(황산) 1mol의 분자량은 1(H)g×2 + 32(S)g + 16(O)g ×4 = 98g이며, 여기에 포함된 산소는 4몰이다. 〈문제〉의 98% 황산 50g은 0.98× 50g =49g으로 황산 98g의 절반의 양이므로 여기에 포함된 산소 역시 절반인 2몰이다. 한편 모든 기체 1몰의 원자 수는 아보가드로의 수인 6.02×10^{23}개이므로 산소 2몰의 원자 수는 12.04×10^{23}개이고 이는 1.2×10^{24}개와 같은 수이다.

14 질소와 수소로 암모니아를 합성하는 반응의 화학반응식은 다음과 같다. 암모니아의 생성률을 높이기 위한 조건은?

$$N_2 + 3H_2 \rightarrow 2NH_3 + 22.1kcal$$

① 온도와 압력을 낮춘다.

② 온도는 낮추고, 압력은 높인다.

③ 온도를 높이고, 압력은 낮춘다.

④ 온도와 압력을 높인다.

》》 화학평형의 이동

1) 온도를 높이면 흡열반응 쪽으로 반응이 진행되고, 온도를 낮추면 발열반응 쪽으로 반응이 진행된다.

2) 압력을 높이면 기체 몰수의 합이 적은 쪽으로 반응이 진행되고, 압력을 낮추면 기체 몰수의 합이 많은 쪽으로 반응이 진행된다.

〈문제〉의 반응식은 반응식의 왼쪽에 있는 N_2와 H_2를 반응시켜 반응식의 오른쪽에 있는 암모니아(NH_3)를 생성하면서 22.1kcal의 열을 발생하는 발열반응을 나타낸다. 여기서 암모니아의 생성률을 높이기 위한 조건이란 반응식의 왼쪽에서 반응식의 오른쪽으로 반응이 진행되도록 할 수 있는 조건을 말하며, 이를 위한 온도와 압력에 대한 화학평형의 이동은 다음과 같다.

1) 반응식의 왼쪽에서 오른쪽으로의 반응은 발열반응이므로 **발열반응 쪽으로 반응이 진행되도록 하기 위해서는 온도를 낮춰야 한다.**

2) 반응식의 왼쪽의 기체 몰수의 합은 1몰(N_2) + 3몰(H_2) = 4몰이고, 오른쪽의 기체 몰수는 2몰(NH_3)이므로 **기체 몰수의 합이 많은 왼쪽에서 기체 몰수의 합이 적은 오른쪽으로 반응이 진행되도록 하기 위해서는 압력을 높여야 한다.**

따라서 이 반응에서 암모니아의 생성률을 높이기 위해서는 온도는 낮추고 압력은 높여야 한다.

15 pH가 2인 용액은 pH가 4인 용액과 비교하면 수소이온농도가 몇 배인 용액이 되는가?

① 100배　　　　② 2배

③ 10^{-1}배　　　④ 10^{-2}배

≫ pH = $-\log[H^+]$이며 pH = 2는 $-\log[H^+]$ = 2로 나타낼 수 있으므로 이때의 농도 $[H^+]$ = 10^{-2}이고 pH = 4는 $-\log[H^+]$ = 4로 나타낼 수 있으므로 이때의 농도 $[H^+]$ = 10^{-4}이다.
따라서 pH = 2인 용액의 농도 10^{-2}는 pH = 4인 용액의 농도 10^{-4}의 100배이다.

16 다음 그래프는 어떤 고체물질의 온도에 따른 용해도 곡선이다. 이 물질의 포화용액을 80℃에서 0℃로 내렸더니 20g의 용질이 석출되었다. 80℃에서 이 포화용액의 질량은 몇 g인가?

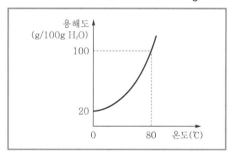

① 50g　　　　② 75g

③ 100g　　　　④ 150g

≫ 용해도란 특정 온도에서 용매 100g에 녹는 용질의 g수를 말하는데, 여기서 용매는 녹이는 물질이고 용질은 녹는 물질이며 용액은 용매와 용질을 더한 값이다.

[그래프]에 표시된 각 온도에서의 용해도를 이용하여 다음과 같이 용액의 질량을 구할 수 있다.

• 80℃에서 용해도 100인 용액 : 용매 100g에 용질이 100g 녹아 있는 것이므로
용액 = 100g + 100g = 200g

• 0℃에서 용해도 20인 용액 : 용매 100g에 용질이 20g 녹아 있는 것이므로
용액 = 100g + 20g = 120g

정리하면 80℃에서는 용액 200g에 용질이 100g 녹아 있고 0℃에서는 용액 120g에 용질이 20g 녹아 있으므로 온도를 80℃에서 0℃로 낮추면 녹지 않고 석출되는 용질의 양은 100g − 20g = 80g이 된다. 하지만 〈문제〉는 온도를 80℃에서 0℃로 낮추었더니 녹지 않고 석출된 용질의 양이 80g이 아닌 20g이었고 이 경우 낮추기 전의 온도인 80℃에서 용액은 몇 g인지를 구하라는 것이다.

다시 말해 석출된 용질의 양이 80g일 때는 용액이 200g이었는데 석출된 용질의 양이 20g밖에 되지 않는 경우는 용액이 몇 g인지 구해야 하므로 다음의 비례식을 이용하면 된다.

석출된 용질의 양　　용액의 양

$80 \times x = 20 \times 200$

∴ x = 50g

17 중성원자가 무엇을 잃으면 양이온으로 되는가?

① 중성자　　　　② 핵전하

③ 양성자　　　　④ 전자

≫ 중성원자는 양이온(+)과 전자(−)로 구성되어 있는데, 이 중 중성원자가 **전자(−)를 잃으면 양이온(+)만 남게 된다.**

18 2차 알코올을 산화시켜서 얻어지며, 환원성이 없는 물질은?

① CH_3COCH_3

② $C_2H_5OC_2H_5$

③ CH_3OH

④ CH_3OCH_3

》 2차 알코올이란 알킬이 2개 존재하는 알코올을 말하며, 2차 알코올을 산화시키면 수소(H_2)를 잃어 케톤($R-CO-R'$)이 만들어진다. $(CH_3)_2CHOH$(아이소프로필알코올)은 CH_3(메틸)이 2개 존재하므로 **2차 알코올**이며, 여기서 **수소 2개를 빼서 산화시키면** 아세톤이라 불리는 CH_3COCH_3(다이메틸케톤)이 만들어진다.

19 다음은 표준수소전극과 짝지어 얻은 반쪽반응 표준환원전위 값이다. 이들 반쪽전지를 짝지었을 때 얻어지는 전지의 표준전위차 E^0는?

$$Cu^{2+} + 2e^- \rightarrow Cu, \ E^0 = +0.34V$$
$$Ni^{2+} + 2e^- \rightarrow Ni, \ E^0 = -0.23V$$

① $+0.11V$ ② $-0.11V$

③ $+0.57V$ ④ $-0.57V$

》 일반적으로 이온화경향이 큰 금속은 전자를 잃는 산화반응을 하고, 이온화경향이 작은 금속은 전자를 얻는 환원반응을 한다. 〈문제〉의 두 금속 중 Ni(니켈)이 Cu(구리)보다 이온화경향이 더 크므로 Ni은 산화반응을 하고, Cu는 환원반응을 한다. 표준전위차란 환원반응하는 전지의 표준전위 값에서 산화반응하는 전지의 표준전위 값을 뺀 것으로 Cu의 표준전위 값 $+0.34V$에서 Ni의 표준전위 값 $-0.23V$를 빼면 이 전지의 표준전위차 $E^0 = +0.34V - (-0.23V) = +0.57V$이다.

20 다이에틸에터는 에탄올과 진한 황산의 혼합물을 가열하여 제조할 수 있는데 이것을 무슨 반응이라고 하는가?

① 중합반응

② 축합반응

③ 산화반응

④ 에스터화반응

》 에탄올 2몰을 진한 황산을 촉매로 사용해 가열하면 물이 빠져나오면서 다이에틸에터를 만드는데 이때 물이 빠져나오는 탈수반응을 축합반응이라고 부르기도 한다.
• 에탄올의 축합반응식(140℃)

$$2C_2H_5OH \xrightarrow{H_2SO_4} C_2H_5OC_2H_5 + H_2O$$

제2과목 **화재예방과 소화방법**

21 1기압, 100℃에서 물 36g이 모두 기화되었다. 생성된 기체는 약 몇 L인가?

① 11.2   ② 22.4

③ 44.8   ④ 61.2

》 물(H_2O) 1mol의 분자량은 $1(H)g \times 2 + 16(O)g = 18g$이며, 1기압 100℃에서 물 36g을 기화시켜 기체로 만들었을 때의 부피는 다음과 같이 이상기체상태방정식으로 구할 수 있다.

$$PV = \frac{w}{M}RT$$

여기서, P(압력) : 1기압
       V(부피) : V(L)
       w(질량) : 36g
       M(분자량) : 18g/mol
       R(이상기체상수) : 0.082atm·L/K·mol
       T(절대온도) : (273 + 100)(K)

$$1 \times V = \frac{36}{18} \times 0.082 \times (273 + 100)$$

$$\therefore \ V = 61.2L$$

22 스프링클러설비에 관한 설명으로 옳지 않은 것은?

① 초기화재 진화에 효과가 있다.

② 살수밀도와 무관하게 제4류 위험물에는 적응성이 없다.

③ 제1류 위험물 중 알칼리금속의 과산화물에는 적응성이 없다.

④ 제5류 위험물에는 적응성이 있다.

》 물이 소화약제인 스프링클러설비는 제4류 위험물의 화재에는 적응성이 없지만 **살수 기준면적에 따른 방사밀도**가 다음 [표]에 정하는 기준 이상을 충족하는 경우에는 **스프링클러설비도 제4류 위험물의 화재에 적응성을 갖게** 된다.

살수 기준면적(m^2)	방사밀도(L/m^2·분)		비 고
	인화점 38℃ 미만	인화점 38℃ 이상	
279 미만	16.3 이상	12.2 이상	살수 기준면적은 내화구조의 벽 및 바닥으로 구획된 하나의 실의 바닥면적을 말한다.
279 이상 372 미만	15.5 이상	11.8 이상	
372 이상 465 미만	13.9 이상	9.8 이상	
465 이상	12.2 이상	8.1 이상	

23 표준상태에서 프로페인 $2m^3$가 완전연소할 때 필요한 이론공기량은 약 몇 m^3인가? (단, 공기 중 산소농도는 21vol%이다.)

① 23.81

② 35.72

③ 47.62

④ 71.43

» 프로페인(C_3H_8)을 연소할 때 필요한 공기의 부피를 구하기 위해서는 연소에 필요한 산소의 부피를 먼저 구해야 한다. 아래의 연소반응식에서 알 수 있듯이 22.4L(1몰)의 프로페인을 연소시키기 위해 필요한 산소는 $5 \times 22.4L$인데 〈문제〉는 $2m^3$의 프로페인을 연소시키기 위해서는 몇 m^3의 산소가 필요한가를 구하는 것이므로 다음과 같이 비례식을 이용하여 구할 수 있다.

• 프로페인의 연소반응식

$$C_3H_8 + 5O_2 \rightarrow 3CO_2 + 4H_2O$$

$$\underset{2m^3}{22.4L} \underset{x_{산소}(m^3)}{\times} 5 \times 22.4L$$

$$22.4 \times x_{산소} = 2 \times 5 \times 22.4$$

$$\therefore x_{산소} = 10m^3$$

여기서, 프로페인 $2m^3$를 연소시키는 데 필요한 산소의 부피는 $10m^3$이지만 〈문제〉의 조건은 연소에 필요한 산소의 부피가 아니라 공기의 부피를 구하는 것이다. 공기 중 산소의 부피는 공기 부피의 21%이므로 공기의 부피를 구하는 식은 다음과 같다.

$$공기의 부피 = 산소의 부피 \times \frac{100}{21} = 10m^3 \times \frac{100}{21}$$
$$= 47.62m^3$$

⊙ Tip

공기 100% 중 산소는 21%의 부피비를 차지하므로 공기는 산소보다 약 5배 즉, $\frac{100}{21}$배 더 많은 부피이므로 앞으로 공기의 부피를 구하는 문제가 출제되면 "공기의 부피 = 산소의 부피 $\times \frac{100}{21}$"이라는 공식을 활용하시기 바랍니다.

24 묽은 질산이 칼슘과 반응하였을 때 발생하는 기체는?

① 산소

② 질소

③ 수소

④ 수산화칼슘

» 묽은 질산은 칼슘(Ca)과 같은 금속과 반응할 경우 수소(H_2)를 발생시킨다.

• 묽은 질산과 칼슘의 반응식

$$\underset{칼슘}{Ca} + \underset{묽은질산}{2HNO_3} \rightarrow \underset{질산칼슘}{Ca(NO_3)_2} + \underset{수소}{H_2}$$

25 소화기와 주된 소화효과가 올바르게 짝지어진 것은?

① 포소화기 – 제거소화

② 할로젠화합물소화기 – 냉각소화

③ 탄산가스소화기 – 억제소화

④ 분말소화기 – 질식소화

» ① 포소화기 – 질식소화

② 할로젠화합물소화기 – 억제소화

③ 탄산가스(이산화탄소)소화기 – 질식소화

④ **분말소화기 – 질식소화**

26 인화점이 70℃ 이상인 제4류 위험물을 저장·취급하는 소화난이도 등급 I의 옥외탱크저장소(지중탱크 또는 해상탱크 외의 것)에 설치하는 소화설비는?

① 스프링클러소화설비

② 물분무소화설비

③ 간이소화설비

④ 분말소화설비

» 소화난이도 등급 Ⅰ의 옥외탱크저장소(지중탱크, 해상탱크 외의 것)에 설치하는 소화설비

1) 황만을 저장·취급하는 것 : 물분무소화설비

2) **인화점 70℃ 이상인 제4류 위험물만을 저장·취급하는 것 : 물분무소화설비** 또는 고정식 포소화설비

3) 그 밖의 것 : 고정식 포소화설비(포소화설비가 적응성이 없는 경우에는 분말소화설비)

27 Na_2O_2와 반응하여 제6류 위험물을 생성하는 것은?

① 아세트산

② 물

③ 이산화탄소

④ 일산화탄소

» 과산화나트륨(Na_2O_2)은 제1류 위험물 중 알칼리금속에 속하며, 〈보기〉의 물질들과 다음과 같은 반응을 한다.

① 아세트산(CH_3COOH)과 반응하여 아세트산나트륨(CH_3COONa)과 **제6류 위험물인 과산화수소(H_2O_2)를 발생**한다.
- 아세트산과의 반응식
$Na_2O_2 + 2CH_3COOH \rightarrow 2CH_3COONa + H_2O_2$

② 물(H_2O)과 반응하여 수산화나트륨($NaOH$)과 산소(O_2)를 발생한다.
- 물과의 반응식
$2Na_2O_2 + 2H_2O \rightarrow 4NaOH + O_2$

③ 이산화탄소(CO_2)와 반응하여 탄산나트륨(Na_2CO_3)과 산소(O_2)를 발생한다.
- 이산화탄소와의 반응식
$2Na_2O_2 + 2CO_2 \rightarrow 2Na_2CO_3 + O_2$

④ 일산화탄소(CO)와 반응하여 탄산나트륨(Na_2CO_3)을 발생한다.
- 일산화탄소와의 반응식
$Na_2O_2 + CO \rightarrow Na_2CO_3$

28 다음 물질의 화재 시 내알코올포를 사용하지 못하는 것은?

① 아세트알데하이드
② 알킬리튬
③ 아세톤
④ 에탄올

≫ 제4류 위험물 중 수용성 물질의 화재에는 일반 포소화약제로 소화할 경우 포가 소멸되어 소화효과가 없기 때문에 포가 소멸되지 않는 내알코올포소화약제를 사용해야 한다. 〈보기〉의 아세트알데하이드와 아세톤, 그리고 에탄올은 모두 수용성의 제4류 위험물이라 내알코올포를 사용해야 하지만, 알킬리튬은 제3류 위험물 중 금수성 물질이기 때문에 내알코올포를 포함한 모든 포소화약제를 사용할 수 없고 마른 모래 등으로 질식소화해야 한다.

29 다음 중 고체가연물로서 증발연소를 하는 것은?

① 숯
② 나무
③ 나프탈렌
④ 나이트로셀룰로오스

≫ 고체의 연소형태
1) 표면연소 : 연소물의 표면에서 산소와 산화반응을 하여 연소하는 반응이다.
예) 코크스(탄소), 목탄(숯), 금속분

2) 분해연소 : 고체가연물이 점화원의 에너지를 공급받게 되면 공급된 에너지에 의해 열분해 반응이 일어나게 되고 이때 발생된 가연성 증기가 공기와 혼합하여 형성된 혼합기체가 연소하는 형태를 의미한다.
예) 목재, 종이, 석탄, 플라스틱, 합성수지 등
3) 자기연소(내부연소) : 자체적으로 산소공급원을 가지고 있는 고체가연물이 외부로부터 공기 또는 산소공급원의 유입 없이도 연소할 수 있는 형태를 의미한다.
예) 제5류 위험물
4) **증발연소** : 고체가연물이 점화원의 에너지를 공급받아 액체형태로 상태변화를 일으키면서 가연성 증기를 발생시키고 이 가연성 증기가 공기와 혼합하여 연소하는 형태이다.
예) 황(S), **나프탈렌($C_{10}H_8$)**, 양초(파라핀) 등

30 이산화탄소의 특성에 관한 내용으로 틀린 것은?

① 전기의 전도성이 있다.
② 냉각 및 압축에 의하여 액화될 수 있다.
③ 공기보다 약 1.52배 무겁다.
④ 일반적으로 무색, 무취의 기체이다.

≫ ① 이산화탄소는 전기의 **비전도성**으로 전기화재에도 적응성이 있는 소화약제이다.

31 위험물안전관리법령상 분말소화설비의 기준에서 가압용 또는 축압용 가스로 알맞은 것은?

① 산소 또는 수소
② 수소 또는 질소
③ 질소 또는 이산화탄소
④ 이산화탄소 또는 산소

≫ 분말소화설비에 사용하는 가압용 또는 축압용 가스는 **질소** 또는 **이산화탄소**로 지정되어 있다.

32 위험물제조소에서 옥내소화전이 1층에 4개, 2층에 6개가 설치되어 있을 때 수원의 수량은 몇 L 이상이 되도록 설치하여야 하는가?

① 13,000 　　② 15,600
③ 39,000 　　④ 46,800

⟫ 위험물제조소에 설치된 옥내소화전설비의 수원의 양은 옥내소화전이 가장 많이 설치된 층의 옥내소화전의 설치개수(설치개수가 5개 이상이면 5개)에 7.8m³를 곱한 값 이상의 양으로 한다. 〈문제〉에서 2층의 옥내소화전 개수가 6개로 개수가 가장 많지만 5개 이상이면 5개를 7.8m³에 곱해야 하므로 수원의 양은 5개 × 7.8m³ = 39m³ 이상이며 이는 39,000L 이상의 양과 같다.

Check

옥외소화전설비의 수원의 양은 옥외소화전의 설치개수(설치개수가 4개 이상이면 4개)에 13.5m³를 곱한 값 이상의 양으로 한다.

33 Halon 1301에 대한 설명 중 틀린 것은?

① 비점은 상온보다 낮다.
② 액체 비중은 물보다 크다.
③ 기체 비중은 공기보다 크다.
④ 100℃에서도 압력을 가해 액화시켜 저장할 수 있다.

⟫ Halon 1301은 할로젠화합물소화약제로서 화학식은 CF₃Br이며, 성상은 다음과 같다.
① 비점은 −57.8℃이므로 상온(20℃)보다 낮다.
② 액체상태의 비중은 1.57이므로 물의 비중 1보다 크다.
③ 기체상태의 비중 즉, 증기비중은
$$\frac{12(C) + 19(F) \times 3 + 80(Br)}{29} = 5.140$$이므로 공기보다 크다.
④ 물질이 액화될 수 있는 가장 높은 온도를 임계온도라고 하는데, Halon 1301의 임계온도는 31℃이므로 100℃에서는 액화시킬 수 없다.

34 위험물안전관리법령상 제조소등에서의 위험물의 저장 및 취급에 관한 기준에 따르면 보냉장치가 있는 이동저장탱크에 저장하는 다이에틸에터의 온도는 얼마 이하로 유지하여야 하는가?

① 비점   ② 인화점
③ 40℃   ④ 30℃

⟫ 이동저장탱크에 아세트알데하이드등 또는 다이에틸에터등을 저장하는 온도
1) **보냉장치가 있는 이동저장탱크 : 비점 이하**
2) 보냉장치가 없는 이동저장탱크 : 40℃ 이하

Check

옥외저장탱크 · 옥내저장탱크 또는 지하저장탱크에 위험물을 저장하는 온도
(1) 압력탱크 외의 탱크에 저장하는 경우
   ㉠ 아세트알데하이드등 : 15℃ 이하
   ㉡ 산화프로필렌과 다이에틸에터등 : 30℃ 이하
(2) 압력탱크에 저장하는 경우
   • 아세트알데하이드등 또는 다이에틸에터등 : 40℃ 이하

35 과산화수소의 화재예방 방법으로 틀린 것은?

① 암모니아와의 접촉은 폭발의 위험이 있으므로 피한다.
② 완전히 밀전 · 밀봉하여 외부 공기와 차단한다.
③ 불투명 용기를 사용하여 직사광선이 닿지 않게 한다.
④ 분해를 막기 위해 분해방지 안정제를 사용한다.

⟫ 제6류 위험물인 과산화수소(H₂O₂)는 상온에서도 분해하여 산소를 발생시키며 이때 발생하는 산소의 압력으로 인해 용기가 파손될 수 있으므로 이를 방지하기 위해 **용기의 마개에 미세한 구멍을 뚫어 저장**한다.

36 위험물안전관리법령에 따른 옥내소화전설비의 기준에서 펌프를 이용한 가압송수장치의 경우 펌프의 전양정(H)을 구하는 식으로 옳은 것은? (단, h_1은 소방용 호스의 마찰손실수두, h_2는 배관의 마찰손실수두, h_3는 낙차이며, h_1, h_2, h_3의 단위는 모두 m이다.)

① $H = h_1 + h_2 + h_3$
② $H = h_1 + h_2 + h_3 + 0.35\text{m}$
③ $H = h_1 + h_2 + h_3 + 35\text{m}$
④ $H = h_1 + h_2 + 0.35\text{m}$

⟫ 옥내소화전설비의 펌프를 이용한 가압송수장치에서 펌프의 전양정은 다음 식에 의하여 구한 수치 이상으로 한다.
$$H = h_1 + h_2 + h_3 + 35\text{m}$$

여기서, H : 펌프의 전양정(m)
　　　　h_1 : 소방용 호스의 마찰손실수두(m)
　　　　h_2 : 배관의 마찰손실수두(m)
　　　　h_3 : 낙차(m)

　Check

옥내소화전설비의 또 다른 가압송수장치

(1) 고가수조를 이용한 가압송수장치
　　낙차(수조의 하단으로부터 호스접속구까지의 수직거리)는 다음 식에 의하여 구한 수치 이상으로 한다.

$$H = h_1 + h_2 + 35\text{m}$$

　　여기서, H : 필요낙차(m)
　　　　　　h_1 : 소방용 호스의 마찰손실수두(m)
　　　　　　h_2 : 배관의 마찰손실수두(m)

(2) 압력수조를 이용한 가압송수장치
　　압력수조의 압력은 다음 식에 의하여 구한 수치 이상으로 한다.

$$P = p_1 + p_2 + p_3 + 0.35\text{MPa}$$

　　여기서, P : 필요한 압력(MPa)
　　　　　　p_1 : 소방용 호스의 마찰손실수두압(MPa)
　　　　　　p_2 : 배관의 마찰손실수두압(MPa)
　　　　　　p_3 : 낙차의 환산수두압(MPa)

37 분말소화약제인 제1인산암모늄(인산이수소암모늄)의 열분해반응을 통해 생성되는 물질로 부착성 막을 만들어 공기를 차단시키는 역할을 하는 것은?

① HPO_3　　　　② PH_3
③ NH_3　　　　④ P_2O_3

≫ 제3종 분말소화약제인 인산암모늄($NH_4H_2PO_4$)은 열분해 시 메타인산(HPO_3)과 암모니아(NH_3), 그리고 수증기(H_2O)를 발생시키는데, 이 중 **메타인산(HPO_3)은 부착성이 좋은 막을 형성**하여 산소의 유입을 차단하는 역할을 한다.
• 제3종 분말소화약제의 열분해반응식
$NH_4H_2PO_4 \rightarrow HPO_3 + NH_3 + H_2O$

38 점화원 역할을 할 수 없는 것은?

① 기화열　　　　② 산화열
③ 정전기불꽃　　④ 마찰열

≫ 기화열은 화재 시 연소면의 열을 흡수함으로써 냉각소화할 수 있는 소화약제이므로 점화원의 역할은 할 수 없다.

39 일반적으로 다량의 주수를 통한 소화가 가장 효과적인 화재는?

① A급 화재
② B급 화재
③ C급 화재
④ D급 화재

≫ ① A급(일반) 화재 : 주수(냉각)소화
② B급(유류) 화재 : 질식소화
③ C급(전기) 화재 : 질식소화
④ D급(전기) 화재 : 질식소화

40 소화효과에 대한 설명으로 옳지 않은 것은?

① 산소공급원 차단에 의한 소화는 제거효과이다.
② 가연물질의 온도를 떨어뜨려서 소화하는 것은 냉각효과이다.
③ 촛불을 입으로 바람을 불어 끄는 것은 제거효과이다.
④ 물에 의한 소화는 냉각효과이다.

≫ ① 산소공급원 차단에 의한 소화를 질식효과라 하며, 이는 공기 중에 포함된 산소의 농도를 15% 이하로 떨어뜨려 소화하는 원리를 말한다.

제3과목　**위험물의 성질과 취급**

41 짚, 헝겊 등을 다음의 물질과 적셔서 대량으로 쌓아 두었을 경우 자연발화의 위험성이 가장 높은 것은?

① 동유
② 야자유
③ 올리브유
④ 피마자유

≫ 동식물유류 중 아이오딘값이 130 이상인 것을 건성유라 하는데, 그 종류로는 **동유**, 해바라기유, 아마인유, 들기름이 있으며, 이들은 축적된 산화열로 인해 다른 가연물과 반응하여 자연발화할 수 있는 위험성이 매우 높은 물질들이다.

정답　37. ①　38. ①　39. ①　40. ①　41. ①

42 다음 중 제1류 위험물에 해당하는 것은?

① 염소산칼륨　　② 수산화칼륨

③ 수소화칼륨　　④ 아이오딘화칼륨

≫ ① **염소산칼륨($KClO_3$) : 제1류 위험물**
② 수산화칼륨(KOH) : 비위험물
③ 수소화칼륨(KH) : 제3류 위험물
④ 아이오딘화칼륨(KI) : 비위험물

43 제4류 위험물 중 제1석유류란 1기압에서 인화점이 몇 ℃인 것을 말하는가?

① 21℃ 미만　　② 21℃ 이상

③ 70℃ 미만　　④ 70℃ 이상

≫ 제4류 위험물의 인화점 범위
1) 특수인화물 : 이황화탄소, 다이에틸에터, 그 밖에 1기압에서 발화점이 100℃ 이하인 것 또는 인화점이 영하 20℃ 이하이고 비점이 40℃ 이하인 것
2) **제1석유류 : 아세톤, 휘발유, 그 밖에 1기압에서 인화점이 21℃ 미만인 것**
3) 알코올류 : 탄소수가 1개부터 3개까지의 포화 1가 알코올인 것(인화점으로 구분하지 않음)
4) 제2석유류 : 등유, 경유, 그 밖에 1기압에서 인화점이 21℃ 이상 70℃ 미만인 것
5) 제3석유류 : 중유, 크레오소트유, 그 밖에 1기압에서 인화점이 70℃ 이상 200℃ 미만인 것
6) 제4석유류 : 기어유, 실린더유, 그 밖에 1기압에서 인화점이 200℃ 이상 250℃ 미만인 것
7) 동식물유류 : 동물의 지육 등 또는 식물의 종자나 과육으로부터 추출한 것으로서 1기압에서 인화점이 250℃ 미만인 것

44 삼황화인과 오황화인의 공통 연소생성물을 모두 나타낸 것은?

① H_2S, SO_2　　② P_2O_5, H_2S

③ SO_2, P_2O_5　　④ H_2S, SO_2, P_2O_5

≫ 삼황화인(P_4S_3)과 오황화인(P_2S_5)은 둘 다 인(P)과 황(S)을 포함하고 있으므로 산소(O_2)로 연소시키면 **이산화황(SO_2)과 오산화인(P_2O_5)이 공통으로 생성**된다.
1) 삼황화인의 연소반응식
　$P_4S_3 + 8O_2 \rightarrow 3SO_2 + 2P_2O_5$
2) 오황화인의 연소반응식
　$2P_2S_5 + 15O_2 \rightarrow 10SO_2 + 2P_2O_5$

45 주유취급소의 표지 및 게시판의 기준에서 "위험물 주유취급소" 표지와 "주유중엔진정지" 게시판의 바탕색을 차례대로 올바르게 나타낸 것은?

① 백색, 백색

② 백색, 황색

③ 황색, 백색

④ 황색, 황색

≫ 주유취급소의 표지 및 주유중엔진정지 게시판의 규격은 한 변의 길이 0.3m 이상, 다른 한 변의 길이 0.6m 이상이며, 바탕과 문자의 색은 다음과 같다.
1) "위험물 주유취급소" 표지 : **백색 바탕**에 흑색 문자
2) "주유중엔진정지" 게시판 : **황색 바탕**에 흑색 문자

46 제6류 위험물인 과산화수소의 농도에 따른 물리적 성질에 대한 설명으로 옳은 것은?

① 농도와 무관하게 밀도, 끓는점, 녹는점이 일정하다.

② 농도와 무관하게 밀도는 일정하나, 끓는점과 녹는점은 농도에 따라 달라진다.

③ 농도와 무관하게 끓는점, 녹는점은 일정하나, 밀도는 농도에 따라 달라진다.

④ 농도에 따라 밀도, 끓는점, 녹는점이 달라진다.

≫ 과산화수소가 제6류 위험물로 규정되기 위한 조건은 농도가 36중량% 이상인 경우이며, 농도가 달라짐에 따라 밀도, 끓는점, 녹는점도 달라진다.

47 트라이나이트로페놀의 성질에 대한 설명 중 틀린 것은?

① 폭발에 대비하여 철, 구리로 만든 용기에 저장한다.

② 휘황색을 띤 침상결정이다.

③ 비중이 약 1.8로 물보다 무겁다.

④ 단독으로는 테트릴보다 충격, 마찰에 둔감한 편이다.

» ① **철** 또는 **구리** 등의 금속과 반응 시 피크린산
염을 생성하여 **위험성이 커지므로** 금속 재질
인 용기의 사용은 피해야 한다.
② 결정이 뾰족한 형상인 휘황색의 침상결정이다.
③ 물보다 1.82배 더 무겁다.
④ 단독으로 존재할 경우 충격, 마찰에 둔감하다.

48 적린에 대한 설명으로 옳은 것은?

① 발화 방지를 위해 염소산칼륨과 함께 보
관한다.
② 물과 격렬하게 반응하여 열을 발생한다.
③ 공기 중에 방치하면 자연발화한다.
④ 산화제와 혼합한 경우 마찰·충격에 의
해서 발화한다.

» ① 제2류 위험물로서 가연성 고체인 적린(P)은
제1류 위험물로서 산소공급원 역할을 하는
염소산칼륨(KClO₃)과 함께 보관하면 위험하다.
② 적린은 물과 반응하지 않는다.
③ 적린의 발화온도는 260℃이므로 공기 중에서
자연발화하지 않는다.
④ **적린**은 가연물이므로 산소공급원인 **산화제와 혼
합할 경우 마찰·충격에 의해서 발화**할 수 있다.

49 위험물안전관리법령상 위험물의 취급 중 소
비에 관한 기준에 해당하지 않는 것은?

① 분사도장작업은 방화상 유효한 격벽
등으로 구획된 안전한 장소에서 실시
할 것
② 버너를 사용하는 경우에는 버너의 역화
를 방지할 것
③ 반드시 규격용기를 사용할 것
④ 열처리작업은 위험물이 위험한 온도에
이르지 아니하도록 하여 실시할 것

» 위험물의 취급 중 소비에 관한 기준
1) 분사도장작업은 방화상 유효한 격벽 등으로
구획된 안전한 장소에서 실시할 것
2) 담금질 또는 열처리작업은 위험물이 위험한
온도에 이르지 아니하도록 하여 실시할 것
3) 버너를 사용하는 경우에는 버너의 역화를 방
지하고 위험물이 넘치지 아니하도록 할 것

50 다이에틸에터 중의 과산화물을 검출할 때 그
검출시약과 정색반응의 색이 올바르게 짝지
어진 것은?

① 아이오딘화칼륨용액 – 적색
② 아이오딘화칼륨용액 – 황색
③ 브로민화칼륨용액 – 무색
④ 브로민화칼륨용액 – 청색

» 제4류 위험물 중 특수인화물에 속하는 다이에틸
에터(C₂H₅OC₂H₅)에 과산화물이 생성되었는지의
여부를 확인하기 위해 사용하는 과산화물 검출
시약은 **KI(아이오딘화칼륨)** 10% **용액**이며, 이
용액을 반응시켰을 때 **황색**으로 변하면 다이에
틸에터에 과산화물이 생성되었다고 판단한다.

51 제1류 위험물로서 조해성이 있으며 흑색화약
의 원료로 사용하는 것은?

① 염소산칼륨
② 과염소산나트륨
③ 과망가니즈산암모늄
④ 질산칼륨

» 제1류 위험물인 **질산칼륨**(KNO₃)은 황과 숯을 혼
합하여 **흑색화약을 만들 수 있으며**, 순수한 것은
조해성이 없으나 시판품은 조해성을 갖는다.

52 다음 중 3개의 이성질체가 존재하는 물질은?

① 아세톤
② 톨루엔
③ 벤젠
④ 자일렌(크실렌)

» 제4류 위험물 중 제2석유류 비수용성 물질인 크
실렌[C₆H₄(CH₃)₂]은 **자일렌**이라고도 불리며, 다
음과 같은 **3개의 이성질체**를 갖는다.

오르토크실렌 (o-크실렌)	메타크실렌 (m-크실렌)	파라크실렌 (p-크실렌)

※ 이성질체 : 동일한 분자식을 가지고 있지만
구조나 성질이 다른 물질을 말한다.

53 위험물을 저장 또는 취급하는 탱크의 용량 산정방법에 관한 설명으로 옳은 것은?

① 탱크의 내용적에서 공간용적을 뺀 용적으로 한다.

② 탱크의 공간용적에서 내용적을 뺀 용적으로 한다.

③ 탱크의 공간용적에 내용적을 더한 용적으로 한다.

④ 탱크의 볼록하거나 오목한 부분을 뺀 용적으로 한다.

>> **탱크의 용량**은 탱크 전체의 용적을 의미하는 **탱크의 내용적에서** 법에서 정한 **공간용적을 뺀 용적**으로 정한다.

Check 탱크의 공간용적

(1) 일반탱크 : 탱크의 내용적의 100분의 5 이상 100분의 10 이하의 용적

(2) 소화약제 방출구를 탱크 안의 윗부분에 설치한 탱크 : 소화약제 방출구 아래의 0.3m 이상 1m 미만 사이의 면으로부터 윗부분의 용적

(3) 암반저장탱크 : 해당 탱크 내에 용출하는 7일간의 지하수의 양에 상당하는 용적과 그 탱크 내용적의 100분의 1의 용적 중에서 보다 큰 용적

54 물과 반응하였을 때 발생하는 가연성 가스의 종류가 나머지 셋과 다른 하나는?

① 탄화리튬

② 탄화마그네슘

③ 탄화칼슘

④ 탄화알루미늄

>> ① 탄화리튬(Li_2C_2)은 물과 반응 시 수산화리튬(LiOH)과 아세틸렌(C_2H_2) 가스를 발생한다.
• 탄화리튬과 물과의 반응식
$$Li_2C_2 + 2H_2O \rightarrow 2LiOH + C_2H_2$$

② 탄화마그네슘(MgC_2)은 물과 반응 시 수산화마그네슘[$Mg(OH)_2$]과 아세틸렌(C_2H_2) 가스를 발생한다.
• 탄화마그네슘과 물과의 반응식
$$MgC_2 + 2H_2O \rightarrow Mg(OH)_2 + C_2H_2$$

③ 탄화칼슘(CaC_2)은 물과 반응 시 수산화칼슘[$Ca(OH)_2$]과 아세틸렌(C_2H_2) 가스를 발생한다.
• 탄화칼슘과 물과의 반응식
$$CaC_2 + 2H_2O \rightarrow Ca(OH)_2 + C_2H_2$$

④ 탄화알루미늄(Al_4C_3)은 물과 반응 시 수산화알루미늄[$Al(OH)_3$]과 **메테인(CH_4) 가스를 발생**한다.
• 탄화알루미늄과 물과의 반응식
$$Al_4C_3 + 12H_2O \rightarrow 4Al(OH)_3 + 3CH_4$$

55 칼륨과 나트륨의 공통 성질이 아닌 것은?

① 물보다 비중 값이 작다.

② 수분과 반응하여 수소를 발생한다.

③ 광택이 있는 무른 금속이다.

④ 지정수량이 50kg이다.

>> 칼륨(K)과 나트륨(Na)은 둘 다 제3류 위험물로서 **지정수량은 10kg**이며, 물보다 가볍고 무른 경금속으로 물과 반응 시 수소를 발생한다.

56 옥내탱크저장소에서 탱크 상호 간에는 얼마 이상의 간격을 두어야 하는가? (단, 탱크의 점검 및 보수에 지장이 없는 경우는 제외한다.)

① 0.5m   ② 0.7m

③ 1.0m   ④ 1.2m

>> 옥내저장탱크의 간격

1) 2 이상의 **옥내저장탱크 상호 간 : 0.5m 이상**

2) 옥내저장탱크로부터 탱크전용실의 안쪽 면까지 : 0.5m 이상

Check 지하저장탱크의 간격

(1) 2 이상의 지하저장탱크 상호 간 : 1m 이상(지하저장탱크 용량의 합이 지정수량 100배 이하인 경우 0.5m 이상)

(2) 지하저장탱크로부터 탱크전용실의 안쪽 면까지 : 0.1m 이상

57 인화칼슘의 성질에 대한 설명 중 틀린 것은?

① 적갈색의 괴상고체이다.

② 물과 격렬하게 반응한다.

③ 연소하여 불연성의 포스핀가스를 발생한다.

④ 상온의 건조한 공기 중에서는 비교적 안정하다.

>> 인화칼슘(Ca_3P_2)은 제3류 위험물 중 금속의 인화물에 속하는 적갈색 고체로서 연소가 아닌 **물 또는 산과 반응 시 독성이면서 가연성인 포스핀(PH_3)가스를 발생**한다.

정답   53.①   54.④   55.④   56.①   57.③

58 주유취급소에서 고정주유설비는 도로경계선과 몇 m 이상 거리를 유지하여야 하는가? (단, 고정주유설비의 중심선을 기점으로 한다.)

① 2   ② 4

③ 6   ④ 8

» 주유취급소에서 고정주유설비의 중심선을 기점으로 한 거리

1) **도로경계선까지의 거리 : 4m 이상**
2) 부지경계선, 담 및 벽까지의 거리 : 2m 이상
3) 개구부가 없는 벽까지의 거리 : 1m 이상

59 제4류 위험물 중 제1석유류를 저장, 취급하는 장소에서 정전기를 방지하기 위한 방법으로 볼 수 없는 것은?

① 가급적 습도를 낮춘다.

② 주위 공기를 이온화시킨다.

③ 위험물 저장, 취급 설비를 접지시킨다.

④ 사용기구 등은 도전성 재료를 사용한다.

» 정전기 제거방법

1) 접지에 의한 방법
2) 공기 중의 **상대습도를 70% 이상으로 하는 방법**
3) 공기를 이온화하는 방법
※ 이 외에도 전기를 통과시키는 도체 재료를 사용하여 정전기를 제거하는 방법도 있다.

60 4몰의 나이트로글리세린이 고온에서 열분해·폭발하여 이산화탄소, 수증기, 질소, 산소의 4가지 가스를 생성할 때 발생되는 가스의 총 몰수는?

① 28   ② 29

③ 30   ④ 31

» 나이트로글리세린[$C_3H_5(ONO_2)_3$]은 제5류 위험물로서 품명은 질산에스터류이다. 다음의 분해반응식에서 알 수 있듯이 **4몰의 나이트로글리세린을 분해**시키면 이산화탄소(CO_2) 12몰, 수증기(H_2O) 10몰, 질소(N_2) 6몰, 산소(O_2) 1몰의 **총 29몰의 가스가 발생**한다.

• 분해반응식

$$4C_3H_5(ONO_2)_3 \rightarrow 12CO_2 + 10H_2O + 6N_2 + O_2$$

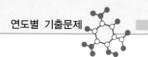

2020 제3회 위험물산업기사

2020년 8월 23일 시행

제1과목 일반화학

01 황산 수용액 400mL 속에 순황산이 98g 녹아 있다면 이 용액의 농도는 몇 N인가?

① 3
② 4
③ 5
④ 6

≫ 노르말농도(N)는 용액 1,000mL에 용질이 몇 g 당량 녹아 있는지 나타내는 것이며, 황산과 같은 산의 g당량은 $\dfrac{분자량}{H 수}$ 의 공식을 이용해 구한다.

황산(H_2SO_4) 1mol의 분자량은 1(H)g×2+32(S)g +16(O)g×4=98g이고, 황산에는 수소(H)가 2개 포함되어 있으므로 황산의 g당량은 $\dfrac{98g}{2}$=49g 이다. 다시 말해 용액 1,000mL에 황산이 49g 녹아 있는 것은 1노르말농도인데, 〈문제〉는 용액 400mL 속에 황산이 98g 녹아 있다면 이 상태는 몇 노르말농도인지를 구하라는 것이고 비례식을 이용하여 풀면 다음과 같다.

노르말농도(N)　　g당량　　용액(mL)
　　1　　　　　　49　　　　1,000
　　x　　　　　98　　　　400

$49 \times 400 \times x = 1 \times 98 \times 1,000$

∴ $x = 5N$

02 질량수 52인 크로뮴의 중성자수와 전자수는 각각 몇 개인가? (단, 크로뮴의 원자번호는 24이다.)

① 중성자수 24, 전자수 24
② 중성자수 24, 전자수 52
③ 중성자수 28, 전자수 24
④ 중성자수 52, 전자수 24

≫ 질량수(원자량)는 양성자수와 중성자수를 합한 값과 같으며, 여기서 양성자수는 원자번호와 같고 전자수와도 같다. 〈문제〉에서 크로뮴(Cr)의 원자번호가 24라고 했으므로 크로뮴의 전자수도 역시 24개가 되고 이 상태에서 질량수 52가 되려면 **전자수** 또는 양성자수 **24개**에 중성자수 **28개**를 더하면 된다.

03 1패럿(Farad)의 전기량으로 물을 전기분해 하였을 때 생성되는 기체 중 산소기체는 0℃, 1기압에서 몇 L인가?

① 5.6
② 11.2
③ 22.4
④ 44.8

≫ 1F(패럿)이란 물질 1g당량을 석출하는 데 필요한 전기량이므로 1F(패럿)의 전기량으로 물(H_2O)을 전기분해하면 수소(H_2) 1g당량과 산소(O_2) 1g당량이 발생한다.

여기서, 1g당량이란 $\dfrac{원자량}{원자가}$ 인데, O(산소)는 원자가 2이고 원자량이 16g이기 때문에 O의 1g당량은 $\dfrac{16g}{2}$=8g이다.

0℃, 1기압에서 산소기체(O_2) 1몰 즉, 32g의 부피는 22.4L이지만 1F(패럿)의 전기량으로 얻는 산소기체 1g당량 즉, 산소기체 8g은 $\dfrac{1}{4}$몰 이므로 산소의 부피는 $\dfrac{1}{4}$몰×22.4L=5.6L이다.

Check 수소기체의 부피
H(수소)는 원자가 1이고 원자량도 1이기 때문에 H의 1g당량은 $\dfrac{1g}{1}$=1g이다.

0℃, 1기압에서 수소기체(H_2) 1몰 즉, 2g의 부피는 22.4L이지만 1F(패러데이)의 전기량으로 얻는 수소기체 1g당량, 즉 수소기체 1g은 0.5몰이므로 수소의 부피는 0.5몰×22.4L=11.2L이다.

04 다음 중 방향족 탄화수소가 아닌 것은?

① 에틸렌
② 톨루엔
③ 아닐린
④ 안트라센

정답 　01. ③　02. ③　03. ①　04. ①

물질명	화학식	구조식	비 고
① 에틸렌	C_2H_4		**사슬족** (지방족)
② 톨루엔	$C_6H_5CH_3$		벤젠족 (방향족)
③ 아닐린	$C_6H_5NH_2$		벤젠족 (방향족)
④ 안트라센	$C_{14}H_{10}$		벤젠족 (방향족)

05 다음 〈보기〉의 벤젠 유도체 가운데 벤젠의 치환반응으로부터 직접 유도할 수 없는 것은 어느 것인가?

〈보기〉
ⓐ $-Cl$, ⓑ $-OH$, ⓒ $-SO_3H$

① ⓐ

② ⓑ

③ ⓒ

④ ⓐ, ⓑ, ⓒ

≫ 〈보기〉의 벤젠 유도체는 다음과 같다.
ⓐ $-Cl$
   예 벤젠(C_6H_6)의 H와 염소(Cl_2)의 **Cl을 직접 치환**시키면 클로로벤젠(C_6H_5Cl)과 염화수소(HCl)가 발생한다.
   • 벤젠과 염소의 반응식
   $C_6H_6 + Cl_2 \rightarrow C_6H_5Cl + HCl$
ⓑ $-OH$
   예 페놀(C_6H_5OH)은 일반적으로 큐멘이라는 물질을 산화시켜 만들며 벤젠(C_6H_6)의 H가 페놀에 포함된 OH를 **직접 치환시켜 만드는 것은 아니다.**
ⓒ $-SO_3H$
   예 벤젠(C_6H_6)의 H와 황산(H_2SO_4)의 술폰기 **(SO_3H)를 직접 치환**시키면 벤젠술폰산($C_6H_5SO_3H$)과 수소(H_2)가 발생한다.
   • $C_6H_6 + H_2SO_4 \rightarrow C_6H_5SO_3H + H_2$

06 전자배치가 $1s^2 2s^2 2p^6 3s^2 3p^5$인 원자의 M껍질에는 몇 개의 전자가 들어 있는가?

① 2

② 4

③ 7

④ 17

≫ 전자를 채우는 공간을 오비탈이라 하며, 그 종류로는 s오비탈, p오비탈, d오비탈, f오비탈이 있다. 오비탈에 전자를 채울 때는 주양자수가 1인 K전자껍질부터 채우고 그 후에 남는 전자들을 주양자수가 2인 L전자껍질과 주양자수가 3인 M전자껍질에 채우는데 이때 s오비탈에는 전자를 최대 2개 채울 수 있고 p오비탈에는 전자를 최대 6개까지 채울 수 있다.
〈문제〉의 $1s^2 2s^2 2p^6 3s^2 3p^5$인 원자의 전자는 1s와 2s에 각각 2개, 2p에 6개, 3s에 2개, 3p에 5개 들어있으므로 총 전자수는 17개이고 전자수는 원자번호와 같으므로 이는 원자번호 17번인 염소(Cl)를 나타낸다. 〈문제〉는 염소의 전자배치 중 M껍질에는 전자가 몇 개 들어있는지 묻는 것이므로 다음에서 알 수 있듯이 M껍질에는 3s에 2개, 3p에 5개로 총 **7개의 전자**가 들어있다.

전자껍질	주양자수	s오비탈	p오비탈		
K	1	··			
L	2	··	··	··	··
M	3	··	··	··	·

07 원자번호가 7인 질소와 같은 족에 해당되는 원소의 원자번호는?

① 15

② 16

③ 17

④ 18

≫ 한 주기에는 전자, 즉 원자가 8개 있으므로 원자번호 7인 질소(N)와 같은 족이 되려면 질소의 원자번호 7에 8을 더하면 되며 이는 7 + 8 = **15번 원소**인 인(P)이다.

08 다음 물질 1g을 1kg의 물에 녹였을 때 빙점강하가 가장 큰 것은? (단, 빙점강하 상수값(어는점 내림상수)은 동일하다고 가정한다.)

① CH_3OH

② C_2H_5OH

③ $C_3H_5(OH)_3$

④ $C_6H_{12}O_6$

>> 빙점이란 어떤 용액이 얼기 시작하는 온도를 말하며, 강하란 내림 혹은 떨어진다라는 의미를 갖고 있다. 물에 어떤 물질을 녹인 용액의 빙점은 다음과 같이 빙점강하(ΔT) 공식을 이용하여 구할 수 있다.

$$\Delta T = \frac{1,000 \times w \times K_f}{M \times a}$$

여기서, w : 용질의 질량
K_f : 물의 어는점 내림상수
M : 용질의 분자량
a : 용매 물의 질량

이 식에서 빙점강하(Δt)는 M(분자량)과 반비례 관계이므로 분자량(M)이 적을수록 빙점강하는 크며, 〈보기〉의 물질들의 1mol의 분자량은 다음과 같다.

① CH_3OH : 12(C)g + 1(H)g×3 + 16(O)g + 1(H)g = 32g
② C_2H_5OH : 12(C)g×2 + 1(H)g×5 + 16(O)g + 1(H)g = 46g
③ $C_3H_5(OH)_3$: 12(C)g×3 + 1(H)g×5 + (16(O)g + 1(H)g)×3 = 92g
④ $C_6H_{12}O_6$: 12(C)g×6 + 1(H)g×12 + 16(O)g ×6 = 180g

이 중 ① CH_3OH은 분자량이 32g/mol로 가장 작으므로 빙점강하는 가장 크다.

09 원자량이 56인 금속 M 1.12g을 산화시켜 실험식이 M_xO_y인 산화물 1.60g을 얻었다. x, y는 각각 얼마인가?

① $x=1$, $y=2$
② $x=2$, $y=3$
③ $x=3$, $y=2$
④ $x=2$, $y=1$

>> 금속 M의 원자가는 알 수 없으므로 $+y$라 하고 산소 O의 원자가는 -2이므로 금속 M이 산소 O와 결합하여 만들어진 산화물의 화학식은 M_2O_y이다. 여기서 x의 값은 이미 2로 정해진다. 〈문제〉에서 산화물 M_2O_y는 1.60g이고 금속 M_2가 1.12g이라 하였으므로 산소 O_y는 산화물 M_2O_y의 질량 1.60g에서 금속 M_2의 질량 1.12g을 뺀 0.48g이 된다. 이는 산화물 M_2O_y가 금속 M_2 1.12g, 산소 O_y 0.48g으로 구성되어 있다는 것을 의미하며, 이러한 비율로 구성된 산화물의 화학식을 알기 위해서는 금속 M의 원자량 56g을 대입해 금속 M_2를 56g×2=112g으로 하였을 때 산소 O_y의 질량이 얼마인지를 구하면 된다.

M_2　　　　　O_y
1.12g　　　　0.48g
112g　　　　x(g)

$1.12 \times x = 112 \times 0.48$
$x = 48$g이다.

여기서 x는 O_y의 질량으로서 $O_y = 48$g이므로 O_y가 48g이 되려면 16g×y = 48에서 $y = 3$이 된다. 따라서 y는 산소 O의 개수를 나타내는 것이므로 이 산화물의 화학식은 M_2O_3이다.

10 일정한 온도하에서 물질 A와 B가 반응을 할 때 A의 농도만 2배로 하면 반응속도가 2배가 되고 B의 농도만 2배로 하면 반응속도가 4배로 된다. 이 경우 반응속도식은? (단, 반응속도 상수는 k이다.)

① $v = k[A][B]^2$
② $v = k[A]^2[B]$
③ $v = k[A][B]^{0.5}$
④ $v = k[A][B]$

>> 반응속도(v) = $k[A]^a[B]^b$에서 [A]와 [B]는 물질의 농도이며 a와 b는 물질의 계수이다. 여기서 A와 B의 농도를 모두 1이라 가정하고 a와 b도 모두 1이라 가정하면 반응속도 $v = [1]^1[1]^1 = 1$이 된다.
이 상태에서 〈문제〉의 첫 번째 조건과 같이 A의 농도만 2배로 하고 B의 농도는 1로 두면 반응속도 $v = [1\times2]^1[1]^1 = 2$가 되어 처음의 2배가 된다. 하지만 〈문제〉의 두 번째 조건과 같이 A의 농도는 1로 두고 B의 농도만 2배로 하면 반응속도는 4배 즉, 4가 되어야 하는데 실제 반응속도 $v = [1]^1[1\times2]^1 = 2$가 되기 때문에 이 경우에는 [B]를 제곱하면 반응속도 $v = [1]^1[1\times2]^2 = 4$ 즉, 처음의 4배가 된다.
따라서 〈문제〉의 두 조건을 모두 만족하는 반응식은 $v = k[A][B]^2$이다.

11 지방이 글리세린과 지방산으로 되는 것과 관련이 깊은 반응은?

① 에스터화
② 가수분해
③ 산화
④ 아미노화

≫ 지방에 물을 가해 **가수분해**하면 글리세린과 지방산이 생성된다. 다음은 트라이글리세라이드 [$C_3H_5(COOCH_3)_3$]라는 지방을 가수분해하면 글리세린[$C_3H_5(OH)_3$]과 아세트산(CH_3COOH)이라는 지방산이 생성되는 반응식을 나타낸 것이다.

• 트라이글리세라이드의 가수분해
$C_3H_5(COOCH_3)_3 + 3H_2O$
$\rightarrow C_3H_5(OH)_3 + 3CH_3COOH$

12 다음 각 화합물 1mol이 연소할 때 3mol의 산소를 필요로 하는 것은?

① CH_3-CH_3 ② $CH_2=CH_2$

③ C_6H_6 ④ $CH\equiv CH$

≫ ① CH_3-CH_3(에테인)의 시성식은 C_2H_6이며, 다음의 연소반응식에서 알 수 있듯이 1mol이 연소할 때 3.5mol의 산소를 필요로 한다.

• 에테인 1mol의 연소반응식
$C_2H_6 + 3.5O_2 \rightarrow 2CO_2 + 3H_2O$

② $CH_2=CH_2$(에틸렌)의 시성식은 C_2H_4이며, 다음의 연소반응식에서 알 수 있듯이 1mol이 **연소할 때 3mol의 산소를 필요**로 한다.

• 에틸렌 1mol의 연소반응식
$C_2H_4 + 3O_2 \rightarrow 2CO_2 + 2H_2O$

③ C_6H_6(벤젠)은 다음의 연소반응식에서 알 수 있듯이 1mol이 연소할 때 7.5mol의 산소를 필요로 한다.

• 벤젠 1mol의 연소반응식
$C_6H_6 + 7.5O_2 \rightarrow 6CO_2 + 3H_2O$

④ $CH\equiv CH$(아세틸렌)의 시성식은 C_2H_2이며, 다음의 연소반응식에서 알 수 있듯이 1mol이 연소할 때 2.5mol의 산소를 필요로 한다.

• 아세틸렌 1mol의 연소반응식
$C_2H_2 + 2.5O_2 \rightarrow 2CO_2 + H_2O$

13 다음 중 물이 산으로 작용하는 반응은?

① $NH_4^+ + H_2O \rightarrow NH_3 + H_3O^+$

② $HCOOH + H_2O \rightarrow HCOO^- + H_3O^+$

③ $CH_3COO^- + H_2O \rightarrow CH_3COOH + OH^-$

④ $HCl + H_2O \rightarrow H_3O^+ + Cl^-$

≫ 브뢴스테드는 H^+이온을 잃는 물질은 산이고, H^+이온을 얻는 물질은 염기라고 정의하였다.
〈문제〉의 반응식에서 H와 O를 포함하지 않는 물질끼리 연결하고 그 외의 물질끼리 연결했을 때 H^+이온을 잃는 물질이 산이 된다.

$NH_4^+ \rightarrow NH_3$: NH_4^+는 H가 4개였는데 반응 후 NH_3가 되면서 H^+ 1개를 잃었으므로 산이다.

① $NH_4^+ + H_2O \rightarrow NH_3 + H_3O^+$

$H_2O \rightarrow H_3O^+$: H_2O는 H가 2개였는데 반응 후 H_3O^+가 되면서 H^+ 1개를 얻었으므로 염기이다.

$HCOOH \rightarrow HCOO^-$: HCOOH는 H가 2개였는데 반응 후 $HCOO^-$가 되면서 H^+ 1개를 잃었으므로 산이다.

② $HCOOH + H_2O \rightarrow HCOO^- + H_3O^+$

$H_2O \rightarrow H_3O^+$: H_2O는 H가 2개였는데 반응 후 H_3O^+가 되면서 H^+ 1개를 얻었으므로 염기이다.

$CH_3COO^- \rightarrow CH_3COOH$: CH_3COO^-는 H가 3개였는데 반응 후 CH_3COOH가 되면서 H^+ 1개를 얻었으므로 염기이다.

③ $CH_3COO^- + H_2O \rightarrow CH_3COOH + OH^-$

$H_2O \rightarrow OH^-$: H_2O는 H가 2개였는데 **반응 후 OH^-가 되면서 H^+ 1개를 잃었으므로 산이다.**

$HCl \rightarrow Cl^-$: HCl은 H가 1개였는데 반응 후 Cl^-가 되면서 H^+ 1개를 잃었으므로 산이다.

④ $HCl + H_2O \rightarrow H_3O^+ + Cl^-$

$H_2O \rightarrow H_3O^+$: H_2O는 H가 2개였는데 반응 후 H_3O^+가 되면서 H^+ 1개를 얻었으므로 염기이다.

14 백금 전극을 사용하여 물을 전기분해할 때 (+)극에서 5.6L의 기체가 발생하는 동안 (−)극에서 발생하는 기체의 부피는?

① 2.8L

② 5.6L

③ 11.2L

④ 22.4L

≫ 일반적으로 전지의 (+)극에서는 (−)이온인 산소기체가 발생하고 (−)극에서는 (+)이온인 수소기체가 발생한다. 1mol의 물을 전기분해하면 다음의 반응식과 같이 수소 1몰과 산소 0.5몰이 발생하므로 수소는 산소보다 2배 더 많은 양을 갖게 된다.

• 물 1mol의 분해반응식 : $H_2O \rightarrow H_2 + 0.5O_2$
〈문제〉에서는 (+)극에서 5.6L의 기체(산소)가 발생한다고 하였으므로 (−)극에서는 이보다 2배 더 많은 **5.6L×2=11.2L**의 기체(수소)가 발생한다.

정답 12. ② 13. ③ 14. ③

15 액체 0.2g을 기화시켰더니 그 증기의 부피가 97℃, 740mmHg에서 80mL였다. 이 액체의 분자량에 가장 가까운 값은?

① 40   ② 46

③ 78   ④ 121

≫ 어떤 압력과 온도에서 일정량의 기체에 대해 묻는 문제는 이상기체상태방정식을 이용한다.

$PV = \dfrac{w}{M}RT$에서 분자량(M)을 구해야 하므로 다음과 같이 식을 변형한다.

$M = \dfrac{w}{PV}RT$

여기서, P(압력) : $\dfrac{740mmHg}{760mmHg/atm} = 0.97atm$

V(부피) : 80mL = 0.08L

w(질량) : 0.2g

R(이상기체상수) : 0.082atm · L/mol · K

T(절대온도) : 273 + 97K

$M = \dfrac{0.2 \times 0.082 \times (273 + 97)}{0.97 \times 0.08} = 78.20$

∴ $M = 78$

16 다음 밑줄 친 원소 중 산화수가 +5인 것은 어느 것인가?

① Na$_2$C̲r̲$_2$O$_7$

② K$_2$S̲O$_4$

③ KN̲O$_3$

④ C̲r̲O$_3$

≫ ① Na$_2$C̲r̲$_2$O$_7$에서 Cr이 2개이므로 Cr$_2$를 $+2x$로 두고 Na의 원자가 +1에 개수 2를 곱하고 O의 원자가 −2에 개수 7을 곱한 후 그 합을 0으로 하였을 때 그 때의 x의 값이 산화수이다.

   Na$_2$ Cr$_2$ O$_7$

$+1 \times 2 + 2x \ -2 \times 7 = 0$

$+2x - 12 = 0$

$x = +6$이므로 Cr의 산화수는 +6이다.

② K$_2$SO$_4$에서 S를 $+x$로 두고 K의 원자가 +1에 개수 2를 곱하고 O의 원자가 −2에 개수 4를 곱한 후 그 합을 0으로 하였을 때 그 때의 x의 값이 산화수이다.

   K$_2$ S   O$_4$

$+1 \times 2 \ +x \ -2 \times 4 = 0$

$+x - 6 = 0$

x는 +6이므로 S의 산화수는 +6이다.

③ KN̲O$_3$에서 N을 $+x$로 두고 K의 원자가 +1을 더한 후 O의 원자가 −2에 개수 3을 곱한 값의 합을 0으로 하였을 때 그 때의 x의 값이 산화수이다.

   K   N   O$_3$

$+1 \ +x \ -2 \times 3 = 0$

$+x - 5 = 0$

x는 +5이므로 **N의 산화수는 +5이다.**

④ C̲r̲O$_3$에서 Cr을 $+x$로 두고 O의 원자가 −2에 개수 3을 곱한 후 그 합을 0으로 하였을 때 그 때의 x의 값이 산화수이다.

   Cr   O$_3$

$+x \ -2 \times 3 = 0$

$+x - 6 = 0$

$x = +6$이므로 Cr의 산화수는 +6이다.

17 [OH$^-$] = 1×10^{-5}mol/L인 용액의 pH와 액성으로 옳은 것은?

① pH = 5, 산성   ② pH = 5, 알칼리성

③ pH = 9, 산성   ④ pH = 9, 알칼리성

≫ 수소이온([H$^+$])의 농도가 주어지는 경우에는 pH = −log[H$^+$]의 공식을 이용해 수소이온지수(pH)를 구해야 하고, 수산화이온([OH$^-$])의 농도가 주어지는 경우에는 pOH = −log[OH$^-$]의 공식을 이용해 수산화이온지수(pOH)를 구해야 한다. 〈문제〉에서는 [OH$^-$]가 10^{-5}으로 주어졌으므로 pOH = −log10^{-5} = 5임을 알 수 있지만 〈문제〉는 용액의 pH와 액성을 구하는 것이므로 pH + pOH = 14를 이용하여 다음과 같이 pH를 구할 수 있다.

pH = 14 − pOH = 14 − 5 = 9

pH가 7인 용액은 중성이며, 7보다 크면 알칼리성, 7보다 작으면 산성이므로 **pH = 9인 용액의 액성은 알칼리성**이다.

18 다음에서 설명하는 법칙은 무엇인가?

> 일정한 온도에서 비휘발성이며, 비전해질인 용질이 녹은 묽은 용액의 증기압력 내림은 일정량의 용매에 녹아 있는 용질의 몰수에 비례한다.

① 헨리의 법칙

② 라울의 법칙

③ 아보가드로의 법칙

④ 보일−샤를의 법칙

>> 프랑수아 라울은 비휘발성, 비전해질인 용질이 녹아 있는 용액의 증기압력 내림현상은 용매에 녹아 있는 용질의 몰수에 비례한다는 법칙을 발견하였고 이를 라울의 법칙이라고 한다.

19 다음 화합물 중에서 가장 작은 결합각을 가지는 것은?

① BF_3　　　　　② NH_3
③ H_2　　　　　④ $BeCl_2$

>> 비공유전자쌍은 반발력이 크기 때문에 비공유전자쌍을 가지고 있는 화합물은 공유전자쌍만 가지고 있는 물질보다 결합각이 더 작다.

화합물	전자의 구조	비공유전자쌍의 개수	결합각
BF_3	F ⦙ B ⦙ F ⦙ F	0	120°
NH_3	H ⦙ N ⦙ H ⦙ H	1	107.5°
H_2	H ⦙ H	0	180°
$BeCl_2$	Cl ⦙ Be ⦙ Cl	0	180°

20 방사성 원소인 U(우라늄)이 다음과 같이 변화되었을 때의 붕괴 유형은?

$$^{238}_{92}U \rightarrow {}^{234}_{90}Th + {}^{4}_{2}He$$

① α붕괴　　　　② β붕괴
③ γ붕괴　　　　④ R붕괴

>> 핵붕괴
　1) α(알파)붕괴 : **원자번호가 2 감소**하고 **질량수가 4 감소**하는 것
　2) β(베타)붕괴 : 원자번호가 1 증가하고 질량수는 변동이 없는 것
　〈문제〉의 방사성 원소인 U(우라늄)은 원자번호가 92번이고 질량수가 238이므로 이를 α붕괴하면 **원자번호는 2 감소**하고 **질량수는 4 감소**하여 원자번호는 92번 – 2=90번, 질량수는 238 – 4= 234인 **Th(토륨)이라는 원소가 생성**된다. 이때 원자번호 2, 질량수 4인 He(헬륨)이 방출되면서 **α붕괴**를 하게 된다.

제2과목　　**화재예방과 소화방법**

21 위험물안전관리법령상 이동탱크저장소에 의한 위험물의 운송 시 위험물운송자가 위험물 안전카드를 휴대하지 않아도 되는 물질은?

① 휘발유
② 과산화수소
③ 경유
④ 벤조일퍼옥사이드

>> 위험물 운송 시 위험물안전카드를 휴대해야 하는 위험물은 다음과 같다.
　1) 제1류 위험물
　2) 제2류 위험물
　3) 제3류 위험물
　4) 제4류 위험물(특수인화물 및 제1석유류)
　5) 제5류 위험물
　6) 제6류 위험물
　※ ③ 경유는 제4류 위험물 중 제2석유류이므로 운전자가 안전카드를 휴대하지 않아도 된다.

　🎓 **똑똑한 풀이비법**
　제4류 위험물 중에서는 가장 위험한 품명인 특수인화물과 제1석유류를 운송할 때 안전카드를 휴대하여야 한다.

22 전역방출방식의 할로젠화물소화설비 중 할론 1301을 방사하는 분사헤드의 방사압력은 얼마 이상이어야 하는가?

① 0.1MPa　　　　② 0.2MPa
③ 0.5MPa　　　　④ 0.9MPa

>> 할로젠화물소화설비의 분사헤드의 방사압력
　1) **Halon 1301 : 0.9MPa 이상**
　2) Halon 1211 : 0.2MPa 이상
　3) Halon 2402 : 0.1MPa 이상

23 포소화약제의 종류에 해당되지 않는 것은?

① 단백포소화약제
② 합성계면활성제포소화약제
③ 수성막포소화약제
④ 액표면포소화약제

>> 1) 공기포소화약제
　　㉠ 수성막포소화약제
　　㉡ 단백포소화약제
　　㉢ 내알코올포소화약제
　　㉣ 합성계면활성제포소화약제
　2) 화학포소화약제

24 위험물안전관리법령상 알칼리금속의 과산화물의 화재에 적응성이 없는 소화설비는?

① 건조사
② 물통
③ 탄산수소염류 분말소화설비
④ 팽창질석

>> 제1류 위험물에 속하는 **알칼리금속의 과산화물**과 제2류 위험물에 속하는 철분·금속분·마그네슘, 제3류 위험물에 속하는 금수성 물질의 화재에는 **탄산수소염류 분말소화약제** 또는 **건조사**(마른모래), **팽창질석** 또는 팽창진주암이 적응성이 있다.

소화설비의 구분	건축물·그 밖의 공작물	전기설비	알칼리금속의 과산화물등 (제1류)	그 밖의 것 (제1류)	철분·금속분·마그네슘등 (제2류)	인화성 고체 (제2류)	그 밖의 것 (제2류)	금수성 물품 (제3류)	그 밖의 것 (제3류)	제4류 위험물	제5류 위험물	제6류 위험물
옥내소화전 또는 옥외소화전 설비	○			○		○	○		○		○	○
스프링클러설비	○			○		○	○		○	△	○	○
물분무소화설비	○	○		○		○	○		○	○	○	○
포소화설비	○			○		○	○		○	○	○	○
불활성가스소화설비		○				○				○		
할로겐화합물소화설비		○				○				○		
분말소화설비 인산염류등	○	○		○		○	○			○		○
분말소화설비 탄산수소염류등		○	○		○	○		○		○		
분말소화설비 그 밖의 것			○		○			○				
물통 또는 수조	○		×	○		○	○		○		○	○
건조사			○	○	○	○	○	○	○	○	○	○
팽창질석 또는 팽창진주암			○	○	○	○	○	○	○	○	○	○

25 위험물제조소의 환기설비의 설치기준으로 옳지 않은 것은?

① 환기구는 지붕 위 또는 지상 2m 이상의 높이에 설치할 것
② 급기구는 바닥면적 150m²마다 1개 이상으로 할 것
③ 환기는 자연배기방식으로 할 것
④ 급기구는 높은 곳에 설치하고 인화방지망을 설치할 것

>> 위험물제조소의 환기설비의 설치기준
① 환기구는 지붕 위 또는 지상 2m 이상의 높이에 설치할 것
② 급기구는 바닥면적 150m²마다 1개 이상으로 하고 그 크기는 800cm² 이상으로 할 것
③ 환기는 자연배기방식으로 할 것
④ **급기구는 낮은 곳에 설치**하고 인화방지망을 설치할 것

26 다음 중 주된 연소형태가 분해연소인 것은 어느 것인가?

① 금속분
② 황
③ 목재
④ 피크르산

>> ① 금속분 : 표면연소
② 황 : 증발연소
③ **목재 : 분해연소**
④ 피크르산(제5류 위험물) : 자기연소

27 마그네슘 분말이 이산화탄소 소화약제와 반응하여 생성될 수 있는 유독기체의 분자량은?

① 26　　　　② 28
③ 32　　　　④ 44

>> 마그네슘(Mg)은 이산화탄소(CO_2)와 반응하여 산화마그네슘(MgO)과 함께 탄소(C)를 발생하는데 이 탄소가 공기 중 산소와 반응하여 유독성 기체인 일산화탄소(CO)를 생성하며 이 유독기체 CO의 분자량은 12(C)g + 16(O)g=28g이다.
• 마그네슘과 이산화탄소의 반응식
　$2Mg + CO_2 \rightarrow 2MgO + C$

정답　24. ②　25. ④　26. ③　27. ②

28 이산화탄소소화기의 장·단점에 대한 설명으로 틀린 것은?

① 밀폐된 공간에서 사용 시 질식으로 인명피해가 발생할 수 있다.

② 전도성이어서 전류가 통하는 장소에서의 사용은 위험하다.

③ 자체의 압력으로 방출할 수가 있다.

④ 소화 후 소화약제에 의한 오손이 없다.

》 ① 질식소화는 산소공급원을 제거하는 방법이므로 밀폐된 공간에서 사용 시 질식으로 인한 인명피해도 발생할 수 있다.
② 이산화탄소소화약제는 비전도성 물질로서 전류를 통과시키지 않으므로 **전기화재에 효과가 있다.**
③ 이산화탄소소화기는 자체의 압력을 이용해 소화약제를 방출하므로 별도의 가압용 가스가 필요 없다.
④ 기체형태로 방사되므로 소화 후 소화약제로 인해 발생하는 피연소물에 대한 손상 등은 없는 편이다.

29 다음 위험물의 저장창고에서 화재가 발생하였을 때 주수에 의한 냉각소화가 적절치 않은 위험물은?

① NaClO₃
② Na₂O₂
③ NaNO₃
④ NaBrO₃

》 〈보기〉 물질의 소화방법
① NaClO₃(염소산나트륨) : 냉각소화
② **Na₂O₂(과산화나트륨) : 질식소화**
③ NaNO₃(질산나트륨) : 냉각소화
④ NaBrO₃(브로민산나트륨) : 냉각소화

Check
제1류 위험물은 물로 냉각소화 해야 하지만 알칼리금속의 과산화물에 속하는 K₂O₂(과산화칼륨), Na₂O₂(과산화나트륨), Li₂O₂(과산화리튬)은 물과 반응 시 산소를 발생하므로 화재 시에는 탄산수소염류 분말소화약제 또는 건조사, 팽창질석 또는 팽창진주암 등으로 질식소화 해야 한다.

30 위험물안전관리법령상 전역방출방식 또는 국소방출방식의 분말소화설비의 기준에서 가압식의 분말소화설비에는 얼마 이하의 압력으로 조정할 수 있는 압력조정기를 설치하여야 하는가?

① 2.0MPa
② 2.5MPa
③ 3.0MPa
④ 5MPa

》 가압식의 분말소화설비에는 **2.5MPa 이하의 압력으로** 조정할 수 있는 압력조정기를 설치하여야 한다.

31 화재의 종류가 올바르게 연결된 것은?

① A급 화재 – 유류화재
② B급 화재 – 섬유화재
③ C급 화재 – 전기화재
④ D급 화재 – 플라스틱화재

》 ① A급 화재 : 일반화재
② B급 화재 : 유류화재
③ **C급 화재 : 전기화재**
④ D급 화재 : 금속화재

32 발화점에 대한 설명으로 가장 옳은 것은?

① 외부에서 점화했을 때 발화하는 최저온도
② 외부에서 점화했을 때 발화하는 최고온도
③ 외부에서 점화하지 않더라도 발화하는 최저온도
④ 외부에서 점화하지 않더라도 발화하는 최고온도

》 **발화점**이란 **외부의 점화원 없이 스스로 발화하는 최저온도**를 말한다.

Check
인화점이란 외부의 점화원에 의해 인화하는 최저온도를 말한다.

33 분말소화약제인 탄산수소나트륨 10kg이 1기압, 270℃에서 방사되었을 때 발생하는 이산화탄소의 양은 약 몇 m^3인가?

① 2.65   ② 3.65

③ 18.22   ④ 36.44

≫ 탄산수소나트륨($NaHCO_3$)의 분자량은 23(Na)g + 1(H)g + 12(C)g + 16(O)g×3 = 84g이다. 아래의 분해반응식에서 알 수 있듯이 탄산수소나트륨($NaHCO_3$) 2몰, 즉 2×84g을 분해시키면 이산화탄소(CO_2) 1몰이 발생하는데 〈문제〉에서와 같이 탄산수소나트륨($NaHCO_3$) 10kg, 즉 10,000g을 분해시키면 이산화탄소가 몇 몰 발생하는가를 다음과 같이 비례식을 이용해 구할 수 있다.

• 탄산수소나트륨의 분해반응식

$2NaHCO_3 \rightarrow Na_2CO_3 + H_2O + CO_2$

2 × 84g   1몰
10,000g x몰

$2 \times 84 \times x = 10,000 \times 1$

$x = 59.52$몰이다.

〈문제〉의 조건은 여기서 발생한 이산화탄소 59.52몰은 1기압, 270℃에서 부피가 몇 m^3인가를 구하는 것이므로 다음과 같이 이상기체상태방정식을 이용해 구할 수 있다.

$PV = nRT$

여기서, P : 압력 = 1기압

V : 부피 = V(L)

n : 몰수 = 59.52mol

R : 이상기체상수
= 0.082기압 · L/K · mol

T : 절대온도(273 + 실제온도)(K)
= 273 + 270K

$1 \times V = 59.52 \times 0.082 \times (273 + 270)$

$V = 2,650$L $= 2.65m^3$이다.

34 이산화탄소가 불연성인 이유를 올바르게 설명한 것은?

① 산소와의 반응이 느리기 때문이다.

② 산소와 반응하지 않기 때문이다.

③ 착화되어도 곧 불이 꺼지기 때문이다.

④ 산화반응이 일어나도 열 발생이 없기 때문이다.

≫ **이산화탄소는 산소와 반응하지 않기 때문에 불연성 가스로 분류**된다.

Check

질소는 산소와 반응을 하긴 하지만 흡열반응으로 인해 열이 발생하지 않기 때문에 불연성 가스로 분류된다.

35 드라이아이스 1kg이 완전히 기화하면 약 몇 몰의 이산화탄소가 되겠는가?

① 22.7   ② 51.3

③ 230.1   ④ 515.0

≫ 드라이아이스(CO_2) 1몰은 12g(C) + 16g(O)×2 = 44g이므로 드라이아이스 1kg, 즉 1,000g은

$\dfrac{1,000g}{44g} = 22.7$몰이다. 이 경우 드라이아이스 1kg은 기화가 되든 액화가 되든 항상 22.7몰이다.

36 질산의 위험성에 대한 설명으로 옳은 것은?

① 화재에 대한 직·간접적인 위험성은 없으나 인체에 묻으면 화상을 입는다.

② 공기 중에서 스스로 자연발화하므로 공기에 노출되지 않도록 한다.

③ 인화점 이상에서 가연성 증기를 발생하여 점화원이 있으면 폭발한다.

④ 유기물질과 혼합하면 발화의 위험성이 있다.

≫ **질산**은 제6류 위험물로서 산소공급원 역할을 하기 때문에 자신은 불연성이며, **불이 잘 붙는 유기물질과 혼합하면 발화의 위험성**이 크다.

37 특수인화물이 소화설비 기준 적용상 1소요단위가 되기 위한 용량은?

① 50L

② 100L

③ 250L

④ 500L

≫ 제4류 위험물 중 특수인화물의 지정수량은 50L이며 위험물의 1소요단위는 지정수량의 10배이므로 특수인화물이 1소요단위가 되기 위한 용량은 50L×10=500L이다.

정답   33. ①   34. ②   35. ①   36. ④   37. ④

38 다음 중 수성막포소화약제에 대한 설명으로 옳은 것은?

① 물보다 가벼운 유류의 화재에는 사용할 수 없다.

② 계면활성제를 사용하지 않고 수성의 막을 이용한다.

③ 내열성이 뛰어나고 고온의 화재일수록 효과적이다.

④ 일반적으로 플루오린계 계면활성제를 사용한다.

≫ 수성막포소화약제는 **플루오린계 계면활성제를 사용한 막을 이용**하는 포소화약제로서 주로 물보다 가벼운 유류화재의 소화에 사용한다. 다만, 고온의 화재에서는 막의 생성이 곤란한 경우가 발생할 수 있어 고온의 화재일수록 효과적이지 않다.

39 분말소화기에 사용되는 분말소화약제의 주성분이 아닌 것은?

① $NH_4H_2PO_4$

② Na_2SO_4

③ $NaHCO_3$

④ $KHCO_3$

≫ ① $NH_4H_2PO_4$(인산암모늄) : 제3종 분말소화약제
② Na_2SO_4(황산나트륨) : **소화약제로는 사용하지 않는다.**
③ $NaHCO_3$(탄산수소나트륨) : 제1종 분말소화약제
④ $KHCO_3$(탄산수소칼륨) : 제2종 분말소화약제

40 위험물제조소등에 설치하는 옥외소화전설비에 있어서 옥외소화전함은 옥외소화전으로부터 보행거리 몇 m 이하의 장소에 설치하는가?

① 2m

② 3m

③ 5m

④ 10m

≫ 위험물제조소등에 설치하는 옥외소화전함은 옥외소화전으로부터 **보행거리 5m 이하의 장소에 설치**해야 한다.

제3과목 **위험물의 성질과 취급**

41 온도 및 습도가 높은 장소에서 취급할 때 자연발화의 위험이 가장 큰 물질은?

① 아닐린

② 황화인

③ 질산나트륨

④ 셀룰로이드

≫ ① 아닐린(제4류 위험물) : 인화성 액체로서 인화의 위험은 있지만 자연발화는 하지 않는다.
② 황화인(제2류 위험물) : 가연성 고체로서 산소가 공급되었을 때 연소하며 자연발화는 하지 않는다.
③ 질산나트륨(제1류 위험물) : 산화성 고체로서 자신은 불연성 물질이라 자연발화는 하지 않는다.
④ **셀룰로이드**(제5류 위험물) : 자기반응성 물질이므로 온도 및 습도가 높은 장소에서 **자연발화의 위험**이 크다.

42 과염소산칼륨과 적린을 혼합하는 것이 위험한 이유로 가장 타당한 것은?

① 마찰열이 발생하여 과염소산칼륨이 자연발화할 수 있기 때문에

② 과염소산칼륨이 연소하면서 생성된 연소열이 적린을 연소시킬 수 있기 때문에

③ 산화제인 과염소산칼륨과 가연물인 적린이 혼합하면 가열, 충격 등에 의해 연소·폭발할 수 있기 때문에

④ 혼합하면 용해되어 액상 위험물이 되기 때문에

≫ 과염소산칼륨(제1류 위험물)은 산화제로서 산소공급원 역할을 하며, 적린(제2류 위험물)은 가연물 역할을 하기 때문에 **가열, 충격 등의 점화원이 발생하면 연소·폭발**할 수 있다.

43 다음 중 물이 접촉되었을 때 위험성(반응성)이 가장 작은 것은?

① Na_2O_2 ② Na

③ MgO_2 ④ S

정답 38. ④ 39. ② 40. ③ 41. ④ 42. ③ 43. ④

≫ ① Na₂O₂(과산화나트륨) : 제1류 위험물 중 알칼리금속의 과산화물로서 물과 반응 시 산소를 발생하는 위험성이 있다.
② Na(나트륨) : 제3류 위험물로서 물과 반응 시 수소를 발생하는 위험성이 있다.
③ MgO₂(과산화마그네슘) : 제1류 위험물 중 무기과산화물로서 물과 반응 시 산소를 발생하는 위험성이 있다.
④ S(황) : 제2류 위험물로서 물과 반응하지 않는 물질이므로 **물과 반응 시 위험성은 없다.**

44 위험물안전관리법령상 위험물제조소의 위험물을 취급하는 건축물의 구성부분 중 반드시 내화구조로 하여야 하는 것은?

① 연소의 우려가 있는 기둥
② 바닥
③ 연소의 우려가 있는 외벽
④ 계단

≫ 제조소 건축물의 구성
벽 · 기둥 · 바닥 · 보 · 서까래 및 계단은 불연재료로 하고, **연소의 우려가 있는 외벽은 출입구 외의 개구부가 없는 내화구조로** 하여야 한다.

〔Check〕
옥내저장소 건축물의 구성
외벽을 포함한 벽 · 기둥 · 바닥은 내화구조로 하고, 보 · 서까래 및 계단은 불연재료로 하여야 한다.

45 저장 · 수송할 때 타격 및 마찰에 의한 폭발을 막기 위해 물이나 알코올로 습면시켜 취급하는 위험물은?

① 나이트로셀룰로오스
② 과산화벤조일
③ 글리세린
④ 에틸렌글리콜

≫ 제5류 위험물 중 질산에스터류에 속하는 고체상태의 물질인 **나이트로셀룰로오스**는 건조하면 발화 위험이 있으므로 **함수알코올(수분 또는 알코올)에 습면시켜 저장**한다.

〔Check〕
제5류 위험물 중 고체상태의 물질들은 건조하면 발화위험이 있으므로 수분에 습면시켜 폭발성을 낮춘다. 이 중 나이트로셀룰로오스는 물 뿐만 아니라 알코올에 습면시켜 폭발성을 낮출 수도 있다.

46 위험물의 취급 중 소비에 관한 기준으로 틀린 것은?

① 열처리작업은 위험물이 위험한 온도에 이르지 아니하도록 하여 실시하여야 한다.
② 담금질작업은 위험물이 위험한 온도에 이르지 아니하도록 하여 실시하여야 한다.
③ 분사도장작업은 방화상 유효한 격벽 등으로 구획한 안전한 장소에서 하여야 한다.
④ 버너를 사용하는 경우에는 버너의 역화를 유지하고 위험물이 넘치지 아니하도록 하여야 한다.

≫ 위험물의 취급 중 소비에 관한 기준
1) 분사도장작업은 방화상 유효한 격벽 등으로 구획된 안전한 장소에서 실시한다.
2) 담금질 또는 열처리작업은 위험물이 위험한 온도에 이르지 아니하도록 하여 실시한다.
3) 버너를 사용하는 경우에는 **버너의 역화를 방지**하고 위험물이 넘치지 아니하도록 한다.

47 탄화칼슘은 물과 반응하면 어떤 기체가 발생하는가?

① 과산화수소
② 일산화탄소
③ 아세틸렌
④ 에틸렌

≫ 제3류 위험물인 탄화칼슘(CaC₂)은 물과 반응 시 수산화칼슘[Ca(OH)₂]과 함께 가연성인 **아세틸렌(C₂H₂)가스를 발생**한다.
• 탄화칼슘의 물과의 반응식
$$CaC_2 + 2H_2O \rightarrow Ca(OH)_2 + C_2H_2$$

48 다음 위험물 중 인화점이 약 −37℃인 물질로서 구리, 은, 마그네슘 등의 금속과 접촉하면 폭발성 물질인 아세틸라이드를 생성하는 것은 어느 것인가?

① CH_3CHOCH_2
② $C_2H_5COC_2H_5$
③ CS_2
④ C_6H_6

〔정답〕 **44.** ③ **45.** ① **46.** ④ **47.** ③ **48.** ①

>> 제4류 위험물 중 특수인화물에 속하는 **산화프로 필렌(CH_3CHOCH_2)**은 인화점이 약 −37℃인 물질로서 수은, 은, 동, 마그네슘과 반응 시 **금속 아세틸라이드라는 폭발성 물질을 생성**하므로 이들 금속 및 이의 합금으로 된 용기를 사용하여서는 안 된다.

🔥튀는 **암기법** 수은, 은, 구리(동), 마그네슘 ⇨ 수은 구루마

화학식	물질명	품 명	인화점
$C_6H_5CH_3$	톨루엔	제1석유류	4℃
$C_6H_5CH_2CH$	스타이렌	제2석유류	32℃
CH_3OH	메틸알코올	알코올류	11℃
CH_3CHO	아세트알데하이드	특수인화물	−38℃

49 물보다 무겁고 물에 녹지 않아 저장 시 가연성 증기 발생을 억제하기 위해 수조 속의 위험물 탱크에 저장하는 물질은?

① 다이에틸에터
② 에탄올
③ 이황화탄소
④ 아세트알데하이드

>> **이황화탄소**는 제4류 위험물 중 특수인화물로서 물보다 무겁고 물에 녹지 않는다. 공기 중에 노출되면 공기 중 산소와 반응하여 이산화황(SO_2)이라는 가연성 증기를 발생하므로 이 가연성 증기의 발생을 방지해야 하는데 이를 위해 이황화탄소를 저장한 탱크는 벽 및 바닥의 두께가 0.2m 이상이고 누수가 되지 아니하는 철근콘크리트의 **수조에 넣어 보관**한다.

50 제4류 위험물을 저장하는 이동탱크저장소의 탱크 용량이 19,000L일 때 탱크의 칸막이는 최소 몇 개를 설치해야 하는가?

① 2
② 3
③ 4
④ 5

>> 이동탱크저장소에는 용량 4,000L 이하마다 3.2mm 이상의 강철판으로 만든 칸막이로 구획하여야 한다. 용량이 19,000L인 **이동저장탱크**에는 5개의 구획된 칸이 필요하며 이때 **필요한 칸막이의 개수는 4개**이다.

51 다음 위험물 중에서 인화점이 가장 낮은 것은?

① $C_6H_5CH_3$
② $C_6H_5CH_2CH$
③ CH_3OH
④ CH_3CHO

52 황린이 자연발화하기 쉬운 이유에 대한 설명으로 가장 타당한 것은?

① 끓는점이 낮고 증기압이 높기 때문에
② 인화점이 낮고 조연성 물질이기 때문에
③ 조해성이 강하고 공기 중의 수분에 의해 쉽게 분해되기 때문에
④ 산소와 친화력이 강하고 발화온도가 낮기 때문에

>> 제3류 위험물 중 자연발화성 물질인 황린(P_4)은 **산소와 결합력이 강하고 발화온도가 34℃로 낮기 때문에** 공기 중에서 자연발화 할 수 있다.

53 다음 염소산칼륨에 대한 설명 중 틀린 것은 어느 것인가?

① 촉매 없이 가열하면 약 400℃에서 분해된다.
② 열분해하여 산소를 방출한다.
③ 불연성 물질이다.
④ 물, 알코올, 에터에 잘 녹는다.

>> **염소산칼륨**은 제1류 위험물로서 불연성 물질이며, 약 400℃에서 열분해하여 염화칼륨(KCl)과 산소를 방출한다. 또한 **찬물과 알코올에는 안 녹고** 온수 및 글리세린에 잘 녹는 성질을 가지고 있다.

54 다음 중 금속나트륨의 일반적인 성질로 옳지 않은 것은?

① 은백색의 연한 금속이다.
② 알코올 속에 저장한다.
③ 물과 반응하여 수소가스를 발생한다.
④ 물보다 비중이 작다.

정답 49. ③ 50. ③ 51. ④ 52. ④ 53. ④ 54. ②

>> ① 칼로 자를 수 있을 만큼 무른 은백색의 연한 금속이다.
② **알코올과 반응 시 수소를 발생**하므로 알코올에 저장하면 안된다.
③ 물과 반응 시 수소가스를 발생하므로 위험하다.
④ 비중이 0.97로서 물보다 비중이 작다.

55 다음 중 칼륨과 트라이에틸알루미늄의 공통 성질을 모두 나타낸 것은?

ⓐ 고체이다.
ⓑ 물과 반응하여 수소를 발생한다.
ⓒ 위험물안전관리법령상 위험등급이 Ⅰ이다.

① ⓐ   ② ⓑ
③ ⓒ   ④ ⓑ, ⓒ

>>

구 분	칼륨(K)	트라이에틸알루미늄 [(C₂H₅)₃Al]
상태	고체	액체
물과 반응 시 생성기체	수소(H₂)	에테인(C₂H₆)
유별	제3류 위험물	
지정수량	10kg	
위험등급	Ⅰ	

56 위험물안전관리법령상 제4류 위험물 옥외저장탱크의 대기밸브부착 통기관은 몇 kPa 이하의 압력 차이로 작동할 수 있어야 하는가?

① 2
② 3
③ 4
④ 5

>> 제4류 위험물 옥외저장탱크의 대기밸브부착 통기관은 5kPa 이하의 압력 차이로 작동할 수 있어야 한다.

Check

대기밸브부착 통기관 또는 밸브 없는 통기관은 제4류 위험물을 저장하는 옥외저장탱크 중 압력탱크 외의 탱크에 설치해야 하며, 옥외저장탱크가 압력탱크라면 이들 통기관이 아닌 안전장치를 설치한다.

57 1기압 27℃에서 아세톤 58g을 완전히 기화시키면 부피는 약 몇 L가 되는가?

① 22.4   ② 24.6
③ 27.4   ④ 58.0

>> 아세톤(CH_3COCH_3) 1mol의 분자량은 12(C)g×3 + 1(H)g×6 + 16(O)g = 58g이며, 1기압 27℃에서 아세톤 58g을 기화시켜 기체로 만들었을 때의 부피는 다음과 같이 이상기체상태방정식으로 구할 수 있다.

$$PV = \frac{w}{M}RT$$

여기서, P(압력) : 1기압
V(부피) : V(L)
w(질량) : 58g
M(분자량) : 58g/mol
R(이상기체상수) : 0.082atm·L/K·mol
T(절대온도) : (273 + 27)(K)

$$1 \times V = \frac{58}{58} \times 0.082 \times (273 + 27)$$

V = 24.6L이다.

58 위험물안전관리법령상 제6류 위험물에 해당하는 물질로서 햇빛에 의해 갈색의 연기를 내며 분해할 위험이 있으므로 갈색병에 보관해야 하는 것은?

① 질산   ② 황산
③ 염산   ④ 과산화수소

>> 제6류 위험물인 **질산(HNO_3)은 햇빛에 의해 분해되면 적갈색 기체인 이산화질소(NO_2)를 발생**하기 때문에 이를 방지하기 위하여 갈색병에 보관해야 한다.
• 질산의 열분해반응식
$4HNO_3 \rightarrow 2H_2O + 4NO_2 + O_2$

59 다이에틸에터를 저장, 취급할 때의 주의사항에 대한 설명으로 틀린 것은?

① 장시간 공기와 접촉하고 있으면 과산화물이 생성되어 폭발의 위험이 생긴다.
② 연소범위는 가솔린보다 좁지만 인화점과 착화온도가 낮으므로 주의하여야 한다.
③ 정전기 발생에 주의하여 취급해야 한다.
④ 화재 시 CO_2 소화설비가 적응성이 있다.

정답   55. ③   56. ④   57. ②   58. ①   59. ②

◈ 다음 [표]에서 알 수 있듯이 **다이에틸에터는 연소범위가 가솔린보다 넓고**, 인화점 및 착화점 또한 가솔린보다 낮다.

구 분	다이에틸에터	가솔린
연소범위	1.9~48%	1.4~7.6%
인화점	−45℃	−43~−38℃
착화점	180℃	300℃

60 그림과 같은 위험물탱크에 대한 내용적 계산방법으로 옳은 것은?

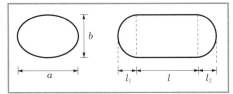

① $\dfrac{\pi ab}{3}\left(l + \dfrac{l_1 + l_2}{3}\right)$

② $\dfrac{\pi ab}{4}\left(l + \dfrac{l_1 + l_2}{3}\right)$

③ $\dfrac{\pi ab}{4}\left(l + \dfrac{l_1 + l_2}{4}\right)$

④ $\dfrac{\pi ab}{3}\left(l + \dfrac{l_1 + l_2}{4}\right)$

◈ 탱크의 내용적(V)을 구하는 공식

1. 타원형 탱크의 내용적
   (1) 양쪽이 볼록한 것

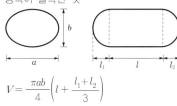

$$V = \frac{\pi ab}{4}\left(l + \frac{l_1 + l_2}{3}\right)$$

   (2) 한쪽은 볼록하고 다른 한쪽은 오목한 것

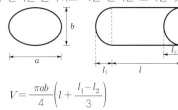

$$V = \frac{\pi ab}{4}\left(l + \frac{l_1 - l_2}{3}\right)$$

2. 원통형 탱크의 내용적
   (1) 가로로 설치한 것

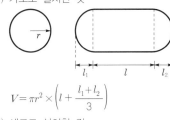

$$V = \pi r^2 \times \left(l + \frac{l_1 + l_2}{3}\right)$$

   (2) 세로로 설치한 것

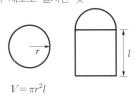

$$V = \pi r^2 l$$

CBT 기출복원문제

2020 제4회 위험물산업기사

2020년 9월 19일 시행

제1과목 일반화학

01 다음 화합물 중 2mol이 완전연소될 때 6mol의 산소가 필요한 것은?

① CH_3-CH_3

② $CH_2=CH_2$

③ $CH\equiv CH$

④ C_6H_6

》 ①의 "−"은 단일결합. ②와 ③의 "="와 "≡"은 이중결합과 삼중결합을 나타내는 표시로서 화합물의 화학식에는 이 표시들을 생략할 수 있으므로 각 〈보기〉의 화학식은 다음과 같다.
① C_2H_6 ② C_2H_4
③ C_2H_2 ④ C_6H_6

① $C_2H_6 + 3.5O_2 \rightarrow 2CO_2 + 3H_2O$
  1몰의 C_2H_6을 연소시키기 위해 3.5몰의 산소가 필요하므로 2몰의 C_2H_6을 연소시키기 위해서는 7몰의 산소가 필요하다.
② $C_2H_4 + 3O_2 \rightarrow 2CO_2 + 2H_2O$
  1몰의 C_2H_4를 연소시키기 위해 3몰의 산소가 필요하므로 **2몰의 C_2H_4를 연소시키기 위해서는 6몰의 산소가 필요**하다.
③ $C_2H_2 + 2.5O_2 \rightarrow 2CO_2 + H_2O$
  1몰의 C_2H_2를 연소시키기 위해 2.5몰의 산소가 필요하므로 2몰의 C_2H_2를 연소시키기 위해서는 5몰의 산소가 필요하다.
④ $C_6H_6 + 7.5O_2 \rightarrow 6CO_2 + 3H_2O$
  1몰의 C_6H_6을 연소시키기 위해 7.5몰의 산소가 필요하므로 2몰의 C_6H_6을 연소시키기 위해서는 15몰의 산소가 필요하다.

02 유기화합물을 질량 분석한 결과 C 84%, H 16%의 결과를 얻었다. 다음 중 이 물질에 해당하는 실험식은?

① C_5H ② C_2H_2

③ C_7H_8 ④ C_7H_{16}

》 C와 H의 비율을 합하면 84% + 16% = 100%이므로 이 유기화합물은 다른 원소는 포함하지 않고 C와 H로만 구성되어 있음을 알 수 있다. 만약 C의 질량과 H의 질량이 동일하다면 C는 84개, H는 16개가 들어있는 $C_{84}H_{16}$으로 나타내야 하지만 C 1개의 질량은 12g이므로 C의 비율 84%를 12로 나누어야 하고 H 1개의 질량은 1g이므로 H의 비율 16%를 1로 나누어 다음과 같이 표시해야 한다.

$$C : \frac{84}{12} = 7, \quad H : \frac{16}{1} = 16$$

따라서 C는 7개, H는 16개이므로 실험식은 C_7H_{16}이다.

03 다음 반응식 중 흡열반응을 나타내는 것은 어느 것인가?

① $CO + 0.5O_2 \rightarrow CO_2 + 68kcal$

② $N_2 + O_2 \rightarrow 2NO, \; \Delta H = +42kcal$

③ $C + O_2 \rightarrow CO_2, \; \Delta H = -94kcal$

④ $H_2 + 0.5O_2 - 58kcal \rightarrow H_2O$

》 발열반응과 흡열반응
1) 발열반응 : 반응 시 열을 발생하는 반응으로 반응 후 열량을 $+Q(kcal)$로 표시하거나 엔탈피(ΔH)를 $-Q(kcal)$로 표시한다.
  • $A + B \rightarrow C + Q(kcal)$
  • $A + B \rightarrow C, \; \Delta H = -Q(kcal)$
2) 흡열반응 : 반응 시 열을 흡수하는 반응으로 반응 후 열량을 $-Q(kcal)$로 표시하거나 엔탈피(ΔH)를 $+Q(kcal)$로 표시한다.
  • $A + B \rightarrow C - Q(kcal)$
  • $A + B \rightarrow C, \; \Delta H = +Q(kcal)$

각 〈보기〉는 다음과 같이 구분할 수 있다.
① $CO + 0.5O_2 \rightarrow CO_2 + 68kcal$: 발열반응
② $N_2 + O_2 \rightarrow 2NO, \; \Delta H = +42kcal$: **흡열반응**
③ $C + O_2 \rightarrow CO_2, \; \Delta H = -94kcal$: 발열반응
④ 반응 전의 열량 −58kcal를 반응 후의 열량으로 표시하면 다음과 같이 나타낼 수 있다.
  $H_2 + 0.5O_2 \rightarrow H_2O + 58kcal$: 발열반응

정답   01. ②   02. ④   03. ②

04 다음 중 전자배치가 다른 것은?

① Ar　　　　　② F^-

③ Na^+　　　　④ Ne

» 원소의 전자배치(전자수)는 원자번호와 같다.
① Ar(아르곤)은 원자번호가 18번이므로 **전자수도 18개이다.**
② F(플루오린)은 원자번호가 9번이므로 전자수도 9개이지만 F^-는 전자를 1개 얻은 상태이므로 F^-의 전자수는 10개이다.
③ Na(나트륨)은 원자번호가 11번이므로 전자수도 11지만 Na^+는 전자를 1개 잃은 상태이므로 Na^+의 전자수는 10개이다.
④ Ne(네온)은 원자번호가 10번이므로 전자수도 10개이다.

05 알칼리금속이 다른 금속 원소에 비해 반응성이 큰 이유와 밀접한 관련이 있는 것은?

① 밀도가 작기 때문이다.
② 물에 잘 녹기 때문이다.
③ 이온화에너지가 작기 때문이다.
④ 녹는점과 끓는점이 비교적 낮기 때문이다.

» 이온화에너지란 중성원자로부터 전자(−) 1개를 떼어 내어 양이온(+)으로 만드는 데 필요한 힘을 말한다. 알칼리금속과 같이 금속성이 강하고 반응성이 큰 금속은 스스로 전자(−)를 쉽게 버리고 양이온(+)이 되고자 하는 성질이 커서 전자를 떼어내는 데 많은 힘이 필요하지 않다. 이러한 성질은 **알칼리금속의 이온화에너지가 작다**는 것과 밀접한 관련이 있다.

06 지시약으로 사용되는 페놀프탈레인 용액은 산성에서 어떤 색을 띠는가?

① 적색　　　　　② 청색
③ 무색　　　　　④ 황색

» 물질의 성질에 따른 지시약의 종류와 변색

구 분	산성	중성	염기성 (알칼리성)
페놀프탈레인	**무색**	무색	적색
메틸오렌지	적색	황색	황색
리트머스종이	청색 → 적색	보라색	적색 → 청색

07 25℃의 포화용액 90g 속에 어떤 물질이 30g 녹아 있다. 이 온도에서 물질의 용해도는 얼마인가?

① 30　　　　　② 33
③ 50　　　　　④ 63

» 용해도란 특정온도에서 용매 100g에 녹는 용질의 g수를 말하는데, 여기서 용매는 녹이는 물질이고 용질은 녹는 물질이며 용액은 용매와 용질을 더한 값이다.
이 〈문제〉에서 용액은 90g이고 용질은 30g이므로 용매는 용액 90g에서 용질 30g을 뺀 값인 60g이다.
따라서 용매 60g에 용질 30g이 녹아 있는 것은 용매 100g에는 용질이 몇 g 녹아 있는지를 다음의 비례식을 이용해 구할 수 있으며 이때 x의 값이 용해도이다.

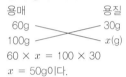

용매　　　　　　용질
　60g　　　　　30g
　100g　　　　x(g)
$60 \times x = 100 \times 30$
$x = 50$g이다.

08 1기압에서 2L의 부피를 차지하는 어떤 이상기체를 온도의 변화 없이 압력을 4기압으로 하면 부피는 얼마가 되겠는가?

① 2.0L　　　　　② 1.5L
③ 1.0L　　　　　④ 0.5L

» 온도변화 없이 기체의 압력과 부피를 활용하는 문제이므로 다음과 같이 보일의 법칙을 이용한다. 어떤 기체의 압력과 부피의 곱은 다른 상태의 압력과 부피의 곱과 같으므로
$P_1 V_1 = P_2 V_2$
1기압 × 2L = 4기압 × V_2

$V_2 = \dfrac{1 \times 2}{4} = 0.5$L이다.

09 NaOH 수용액 100mL를 중화하는 데 2.5N의 HCl 80mL가 소요되었다. NaOH 용액의 농도(N)는?

① 1　　　　　② 2
③ 3　　　　　④ 4

정답 04. ①　05. ③　06. ③　07. ③　08. ④　09. ②

⬥ 염기성($NaOH$)과 산성(HCl)을 혼합할 때 각 물질의 농도와 부피의 곱이 같으면 그 혼합물은 중성(중화)이 되는데 이를 중화적정이라고 하며, 중화적정 공식은 $N_1 V_1 = N_2 V_2$이다.

여기서, N_1 : NaOH 농도
V_1 : NaOH 부피(100mL)
N_2 : HCl 농도(2.5N)
V_2 : HCl 부피(80mL)

〈문제〉의 조건을 $N_1 \times V_1 = N_2 \times V_2$ 공식에 대입하면

$N_1 \times 100 = 2.5 \times 80$

$N_1 = \dfrac{2.5 \times 80}{100} = 2N$이다.

10 수소분자 1mol에 포함된 양성자수와 같은 것은?

① O_2 $\dfrac{1}{4}$mol 중 양성자수

② NaCl 1mol 중 ion의 총수

③ 수소원자 $\dfrac{1}{2}$mol 중의 원자수

④ CO_2 1mol 중의 원자수

⬥ 양성자수는 그 원소의 원자번호와 같다. 수소원자(H)는 원자번호가 1이므로 양성자수도 1개이다. 〈문제〉는 수소원자 2개를 결합한 수소분자(H_2) 1mol이므로 여기에는 양성자가 $1 \times 2 = 2$개 포함되어 있다.
① O는 원자번호는 8이므로 양성자수도 8개이다.

O_2 $\dfrac{1}{4}$mol은 $\dfrac{1}{2}$O와 같으므로 여기에는 양성자수가 $\dfrac{1}{2} \times 8 = 4$개 포함되어 있다.

② NaCl 1mol에는 Na^+이온 1개와 Cl^-이온 1개가 있으므로 **이온(ion)의 총수는 1+1 = 2개**이다.

③ 수소원자(H) 1mol의 원자수는 1개이므로 수소원자(H) $\dfrac{1}{2}$mol의 원자수는 $\dfrac{1}{2}$개다.

④ CO_2 1mol에는 탄소원자(C) 1개와 산소원자(O) 2개가 있으므로 총 원자수는 3개이다.
따라서, 수소분자 1mol에 포함된 양성자수는 2개로서 NaCl 1mol에 포함된 이온의 총수와 같다.

11 다음의 반응식에서 평형을 오른쪽으로 이동시키기 위한 조건은?

$$N_2(g) + O_2(g) \rightarrow 2NO(g) - 43.2kcal$$

① 압력을 높인다.
② 온도를 높인다.
③ 압력을 낮춘다.
④ 온도를 낮춘다.

⬥ 화학평형의 이동
1) 온도를 높이면 흡열반응 쪽으로 반응이 진행되고, 온도를 낮추면 발열반응 쪽으로 반응이 진행된다.
2) 압력을 높이면 기체의 몰수의 합이 적은 쪽으로 반응이 진행되고, 압력을 낮추면 기체의 몰수의 합이 많은 쪽으로 반응이 진행된다.
〈문제〉의 반응식은 반응식의 왼쪽에 있는 N_2와 O_2를 반응시켜 반응식의 오른쪽에 있는 일산화질소(NO) 2몰을 생성하면서 43.2kcal의 열을 흡수하는 흡열반응을 나타낸다. 여기서 평형을 오른쪽으로 이동시키기 위한 온도와 압력에 대한 화학평형의 이동은 다음과 같다.
1) 반응식의 왼쪽에서 오른쪽으로의 반응은 흡열반응이므로 **흡열반응 쪽으로 반응이 진행되도록 하기 위해서는 온도를 높여야 한다.**
2) 반응식의 왼쪽의 기체의 몰수의 합은 1몰(N_2) + 1몰(O_2) = 2몰이고 오른쪽의 기체의 몰수도 2몰(NO)이므로 양쪽의 기체의 몰수의 합이 같다. 이 경우에는 압력을 높이거나 낮추는 방법으로는 화학평형의 이동이 발생하지 않는다.
따라서, 이 반응에서 평형을 오른쪽으로 이동시키기 위한 조건은 온도를 높이는 것이다.

12 CO_2 44g을 만들려면 C_3H_8 분자가 약 몇 개 완전연소 해야 하는가?

① 2.01×10^{23}
② 2.01×10^{22}
③ 6.02×10^{23}
④ 6.02×10^{22}

⬥ C_3H_8(프로페인)의 연소반응식은 다음과 같다.
• C_3H_8의 연소반응식
$C_3H_8 + 5O_2 \rightarrow 3CO_2 + 4H_2O$

정답 10. ② 11. ② 12. ①

위의 연소반응식에서 알 수 있듯이 1몰의 C_3H_8을 연소시키면 3몰의 CO_2가 발생하므로 〈문제〉와 같이 CO_2 44g 즉, 1몰의 CO_2를 발생하게 하려면 $\frac{1}{3}$ 몰의 C_3H_8을 연소시켜야 한다.

따라서, 1몰의 C_3H_8은 분자수가 6.02×10^{23}개이므로 $\frac{1}{3}$ 몰의 C_3H_8의 분자수는 $\frac{1}{3} \times 6.02 \times 10^{23}$개 $= 2.01 \times 10^{23}$개가 된다.

13 질산은 용액에 담갔을 때 은(Ag)이 석출되지 않는 것은?

① 백금   ② 납

③ 구리   ④ 아연

≫ 이온화경향이 큰 금속은 반응성이 크기 때문에 이온화경향이 작은 금속을 밀어내어 석출시킬 수 있지만, 이온화경향이 작은 금속은 이온화경향이 큰 금속을 밀어낼 수 없다. 이온화경향이란 양이온 즉, 금속이온이 되려는 경향을 뜻하며, 이온화경향의 세기는 다음과 같다.

> K > Ca > Na > Mg > Al > Zn > Fe > Ni
> 칼륨 칼슘 나트륨 마그 알루 아연 철 니켈
> 네슘 미늄
> > Sn > Pb > H > Cu > Hg > Ag > Pt > Au
> 주석 납 수소 구리 수은 은 백금 금

〈보기〉의 금속들 중 납(Pb), 구리(Cu), 아연(Zn)은 은(Ag)보다 이온화경향이 크기 때문에 질산은($AgNO_3$) 용액에 담갔을 때 여기에 들어있는 은(Ag)을 석출시킬 수 있지만, **백금(Pt)은 은(Ag)보다 이온화경향이 작기 때문에 은(Ag)을 석출시킬 수 없다.**

14 다음 밑줄 친 원소 중 산화수가 +5인 것은?

① $Na_2\underline{Cr}_2O_7$

② $K_2\underline{S}O_4$

③ $K\underline{N}O_3$

④ $\underline{Cr}O_3$

PLAY ▶ 풀이

≫ ① $Na_2\underline{Cr}_2O_7$에서 Cr이 2개이므로 Cr_2를 $+2x$로 두고 Na의 원자가 +1에 개수 2를 곱하고 O의 원자가 −2에 개수 7을 곱한 후 그 합을 0으로 하였을 때 그때의 x의 값이 산화수이다.

$$\text{Na}_2 \quad \underline{\text{Cr}}_2 \quad \text{O}_7$$
$$+1 \times 2 + 2x \ -2 \times 7 = 0$$
$$+2x - 12 = 0$$

$x = +6$이므로 Cr의 산화수는 +6이다.

② $K_2\underline{S}O_4$에서 S를 $+x$로 두고 K의 원자가 +1에 개수 2를 곱하고 O의 원자가 −2에 개수 4를 곱한 후 그 합을 0으로 하였을 때 그때의 x의 값이 산화수이다.

$$\text{K}_2 \quad \underline{\text{S}} \quad \text{O}_4$$
$$+1 \times 2 \ +x \ -2 \times 4 = 0$$
$$+x - 6 = 0$$

x는 +6이므로 S의 산화수는 +6이다.

③ $K\underline{N}O_3$에서 N을 $+x$로 두고 K의 원자가 +1을 더한 후 O의 원자가 −2에 개수 3을 곱한 값의 합을 0으로 하였을 때 그때의 x의 값이 산화수이다.

$$\text{K} \quad \underline{\text{N}} \quad \text{O}_3$$
$$+1 \ +x \ -2 \times 3 = 0$$
$$+x - 5 = 0$$

x는 +5이므로 **N의 산화수는 +5이다.**

④ $\underline{Cr}O_3$에서 Cr을 $+x$로 두고 O의 원자가 −2에 개수 3을 곱한 후 그 합을 0으로 하였을 때 그때의 x의 값이 산화수이다.

$$\underline{\text{Cr}} \quad \text{O}_3$$
$$+x \ -2 \times 3 = 0$$
$$+x - 6 = 0$$

$x = +6$이므로 Cr의 산화수는 +6이다.

15 볼타전지에 관련된 내용으로 가장 거리가 먼 것은?

① 아연판과 구리판

② 화학전지

③ 진한 질산용액

④ 분극현상

≫ 볼타전지는 묽은 황산용액에 아연판과 구리판을 넣어 만든 화학전지의 기본이 되는 전지로서, 구리판에서 발생하는 수소로 인해 전압이 떨어지는 분극현상이 발생하기도 한다.

16 방사능 붕괴의 형태 중 $_{88}$Ra가 α 붕괴할 때 생기는 원소는?

① $_{86}$Rn   ② $_{90}$Th

③ $_{91}$Pa   ④ $_{92}$U

정답   13. ①   14. ③   15. ③   16. ①

≫ 핵붕괴
  1) α(알파)붕괴 : 원자번호가 2 감소하고, 질량수가 4 감소하는 것
  2) β(베타)붕괴 : 원자번호가 1 증가하고, 질량수는 변동이 없는 것
  〈문제〉의 원자번호 88번인 Ra(라듐)을 α붕괴하면 원자번호가 2만큼 감소하므로 원자번호 88번 − 2 = 86번인 $_{86}Rn$(라돈)이 생긴다.

17 폴리염화비닐의 단위체와 합성법이 올바르게 나열된 것은?

① $CH_2 = CHCl$, 첨가중합
② $CH_2 = CHCl$, 축합중합
③ $CH_2 = CHCN$, 첨가중합
④ $CH_2 = CHCN$, 축합중합

≫ 축합반응이란 여러 개의 분자들이 반응을 할 때 탈수로 인한 물분자 등이 제거되면서 새로운 물질을 만드는 반응이며, 첨가반응은 분자에 다른 분자가 결합하는 반응을 말한다.
폴리염화비닐은 다수의 염화비닐($CH_2 = CHCl$)의 합성체로서 **첨가중합**반응으로 만들어진다.

18 다음 중 $CH_3 - CHCl - CH_3$의 명명법으로 옳은 것은?

① 2 − chloropropane
② di − chloroethylene
③ di − methylmethane
④ di − methylethane

≫ $CH_3 - CHCl - CH_3(C_3H_7Cl)$은 프로페인의 화학식 C_3H_8에서 H원자 1개를 빼고 그 자리에 클로로라고 불리는 염소(Cl)를 치환시킨 클로로프로페인이다. 이 클로로프로페인은 염소가 두 번째 탄소 즉, 2번 탄소에 있던 H와 치환되었기 때문에 2 − 클로로프로페인(chloropropane)이라 불린다.

19 암모니아성 질산은 용액과 반응하여 은거울을 만드는 것은?

① CH_3CH_2OH
② CH_3OCH_3
③ CH_3COCH_3
④ CH_3CHO

≫ 아세트알데하이드(CH_3CHO) 및 폼알데하이드($HCHO$)와 같이 알데하이드(− CHO)기를 포함하고 있는 물질들은 암모니아성 질산은 용액과 반응하여 은거울을 만드는 반응을 한다.

20 벤젠이 진한 질산과 진한 황산의 혼합물을 작용시킬 때 황산이 촉매와 탈수제 역할을 하여 얻어지는 화합물은?

① 나이트로벤젠   ② 클로로벤젠
③ 알킬벤젠   ④ 벤젠술폰산

≫ 벤젠에 진한 질산(HNO_3)과 진한 황산(H_2SO_4)을 반응시킬 때 황산을 탈수제 역할을 하는 촉매로 사용하면 벤젠에 포함되어 있던 H 한 개를 꺼내고 HNO_3에 있던 H와 O를 꺼내 이들을 합하여 H_2O(물)을 만들어 탈수시킨다. 그리고 다음의 반응과 같이 HNO_3에 남아 있는 − NO_2(나이트로기)를 벤젠에 치환시켜 나이트로벤젠($C_6H_5NO_2$)을 생성한다.

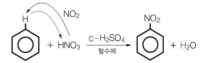

제2과목 **화재예방과 소화방법**

21 프로페인 $2m^3$가 완전연소할 때 필요한 이론 공기량은 약 몇 m^3인가? (단, 공기 중 산소농도는 21vol%이다.)

① 23.81
② 35.72
③ 47.62
④ 71.43

PLAY ▶ 풀이

≫ 프로페인(C_3H_8)을 연소할 때 필요한 공기의 부피를 구하기 위해서는 연소에 필요한 산소의 부피를 먼저 구해야 한다. 아래의 연소반응식에서 알 수 있듯이 22.4L(1몰)의 프로페인을 연소시키기 위해 필요한 산소는 5 × 22.4L인데 〈문제〉는 $2m^3$의 프로페인을 연소시키기 위해서는 몇 m^3의 산소가 필요한가를 구하는 것이므로 다음과 같이 비례식을 이용하여 구할 수 있다.

정답   17. ①   18. ①   19. ④   20. ①   21. ③

• 프로페인의 연소반응식

$$C_3H_8 + 5O_2 \rightarrow 3CO_2 + 4H_2O$$

$$\begin{array}{c} 22.4L \\ 2m^3 \end{array} \times \begin{array}{c} 5 \times 22.4L \\ x_{산소}(m^3) \end{array}$$

$22.4 \times x_{산소} = 2 \times 5 \times 22.4$

$x_{산소} = 10m^3$이다.

여기서, 프로페인 $2m^3$를 연소시키는 데 필요한 산소의 부피는 $10m^3$이지만 〈문제〉의 조건은 연소에 필요한 산소의 부피가 아니라 공기의 부피를 구하는 것이다. 공기 중 산소의 부피는 공기 부피의 21%이므로 공기의 부피를 구하는 식은 다음과 같다.

공기의 부피 = 산소의 부피 $\times \dfrac{100}{21} = 10m^3 \times$

$\dfrac{100}{21} = 47.62m^3$이다.

💡 Tip

1. 이 〈문제〉와 같이 별도의 압력과 온도가 주어지지 않은 경우에는 표준상태(0℃, 1기압)로 간주하면 됩니다.

2. 공기 100% 중 산소는 21%의 부피비를 차지하므로 공기는 산소보다 약 5배 즉, $\dfrac{100}{21}$배 더 많은 부피이므로 앞으로 공기의 부피를 구하는 문제가 출제되면 공기의 부피 = 산소의 부피 $\times \dfrac{100}{21}$ 이라는 공식을 활용하기 바랍니다.

22 가연물의 주된 연소형태에 대한 설명으로 옳지 않은 것은?

① 황의 연소형태는 증발연소이다.

② 목재의 연소형태는 분해연소이다.

③ 에터의 연소형태는 표면연소이다.

④ 숯의 연소형태는 표면연소이다.

➤➤ ③ 에터(다이에틸에터)는 제4류 위험물 중 특수인화물에 속하는 물질로서 연소형태는 증발연소이다.

  Check 액체와 고체의 연소형태

  (1) 액체의 연소형태의 종류와 물질

   ㉠ 증발연소 : 제4류 위험물 중 특수인화물, 제1석유류, 알코올류, 제2석유류 등

   ㉡ 분해연소 : 제4류 위험물 중 제3석유류, 제4석유류, 동식물유류 등

  (2) 고체의 연소형태의 종류와 물질

   ㉠ 표면연소 : 코크스(탄소), 목탄(숯), 금속분 등

   ㉡ 분해연소 : 목재, 종이, 석탄, 플라스틱, 합성수지 등

   ㉢ 자기연소 : 제5류 위험물 등

   ㉣ 증발연소 : 황(S), 나프탈렌, 양초(파라핀) 등

23 정전기를 유효하게 제거할 수 있는 설비를 설치하고자 할 때 위험물안전관리법령에서 정한 정전기 제거방법의 기준으로 옳은 것은?

① 공기 중의 상대습도를 70% 이상으로 하는 방법

② 공기 중의 상대습도를 70% 이하로 하는 방법

③ 공기 중의 절대습도를 70% 이상으로 하는 방법

④ 공기 중의 절대습도를 70% 이하로 하는 방법

➤➤ 정전기 제거방법

  1) 접지할 것

  2) **공기 중의 상대습도를 70% 이상으로 할 것**

  3) 공기를 이온화시킬 것

24 제3종 분말소화약제의 제조 시 사용되는 실리콘오일의 용도는?

① 경화제   ② 발수제

③ 탈색제   ④ 착색제

➤➤ 실리콘오일은 제3종 분말소화약제의 발수제(물이 통과되지 못하도록 처리하는 약품)로 널리 쓰인다.

25 Halon 1301에 해당하는 할로젠화합물의 분자식을 올바르게 나타낸 것은?

① CBr_3F

② CF_3Br

③ CH_3Cl

④ CCl_3H

➤➤ 할로젠화합물 소화약제의 할론번호는 C－F－Cl－Br의 순서대로 각 원소의 개수를 나타낸 것이다. Halon 1301은 C 1개, F 3개, Cl 0개, Br 1개로 구성되므로 화학식은 CF_3Br이다.

26 다음 중 물을 소화약제로 사용하는 장점이 아닌 것은?

① 구하기가 쉽다.

② 취급이 간편하다.

③ 기화잠열이 크다.

④ 피연소물질에 대한 피해가 없다.

≫ 물은 구하기 쉽고 취급도 간편하면서 기화잠열이 커서 냉각소화에 효과가 있는 소화약제이지만 소화 후 **물로 인한 피연소물질에 대한 피해는 매우 큰 편이다.**

27 이산화탄소소화기에 관한 설명으로 옳지 않은 것은?

① 소화작용은 질식효과와 냉각효과에 의한다.

② A급, B급 및 C급 화재 중 A급 화재에 가장 적응성이 있다.

③ 소화약제 자체의 유독성은 적으나, 공기 중 산소농도를 저하시켜 질식의 위험이 있다.

④ 소화약제의 동결, 부패, 변질 우려가 적다.

≫ 이산화탄소소화기는 주된 소화효과가 질식소화이며 일부 냉각효과도 갖고 있다. 유류화재인 B급 화재 및 전기화재인 C급 화재에는 질식효과가 있으나 일반화재인 A급 화재에는 소화효과가 없다.

28 위험물안전관리법령상 가솔린의 화재 시 적응성이 없는 소화기는?

① 봉상강화액소화기

② 무상강화액소화기

③ 이산화탄소소화기

④ 포소화기

≫ 제4류 위험물인 가솔린의 화재 시에는 이산화탄소소화기 또는 포소화기와 같이 질식소화가 주된 소화원리인 소화기가 널리 사용되며 **봉상강화액소화기와 같이 물로 소화하는 냉각소화가 주된 소화원리인 소화기는 사용할 수 없다.** 하지만 강화액소화기 중에서도 무상강화액소화기는 물줄기를 안개형태로 잘게 흩어 뿌리기 때문에 제4류 위험물 화재에도 사용할 수 있다.

소화설비의 구분		건축물·그 밖의 공작물	전기설비	제1류 위험물 알칼리금속의 과산화물 등	제1류 위험물 그 밖의 것	제2류 위험물 철분·금속분·마그네슘 등	제2류 위험물 인화성 고체	제2류 위험물 그 밖의 것	제3류 위험물 금수성 물품	제3류 위험물 그 밖의 것	제4류 위험물	제5류 위험물	제6류 위험물
대형·소형 수동식 소화기	봉상수(棒狀水)소화기	○			○		○	○		○		○	○
	무상수(霧狀水)소화기	○	○		○		○	○		○		○	○
	봉상강화액소화기	○			○		○	○		○	×	○	○
	무상강화액소화기	○	○		○		○	○		○	○	○	○
	포소화기	○			○		○	○		○	○	○	○
	이산화탄소소화기		○				○				○		△
	할로겐화합물소화기		○				○				○		
분말 소화기	인산염류소화기	○	○				○	○			○		○
	탄산수소염류소화기		○	○		○	○		○		○		
	그 밖의 것			○		○			○				
기타	물통 또는 수조	○			○		○	○		○		○	○
	건조사			○	○	○	○	○	○	○	○	○	○
	팽창질석 또는 팽창진주암			○	○	○	○	○	○	○	○	○	○

29 위험물안전관리법령에 의거하여 개방형 스프링클러헤드를 이용하는 스프링클러설비에 설치하는 수동식 개방밸브를 개방 조작하는 데 필요한 힘은 몇 kg 이하가 되도록 설치하여야 하는가?

① 5

② 10

③ 15

④ 20

≫ 개방형 스프링클러헤드를 이용하는 스프링클러설비에 설치하는 수동식 개방밸브를 개방 조작하는 데 필요한 힘은 몇 15kg 이하가 되도록 설치하여야 한다.

정답 26. ④ 27. ② 28. ① 29. ③

30 위험물안전관리법령상 포소화설비의 고정포 방출구를 설치한 위험물탱크에 부속하는 보조포소화전에서 3개의 노즐을 동시에 사용할 경우 각각의 노즐선단에서의 분당 방사량은 몇 L/min 이상이어야 하는가?

① 80 　　　② 130
③ 230 　　　④ 400

》》 고정식 포소화설비에 부속되는 보조포소화전은 3개(호스접속구가 3개 미만인 경우에는 그 개수)의 노즐을 동시에 사용할 경우에 각각의 노즐선단의 방사압력은 0.35MPa 이상이고, **방사량은 400L/min 이상**의 성능이 되도록 설치해야 한다.

31 위험물안전관리법령상 분말소화설비의 기준에서 가압용 또는 축압용 가스로 사용하도록 지정한 것은?

① 헬륨 　　　② 질소
③ 일산화탄소 　④ 아르곤

》》 분말소화설비에 사용하는 가압용 또는 축압용 가스는 **질소** 또는 이산화탄소로 지정되어 있다.

32 위험물제조소등에 설치하는 이산화탄소소화설비의 기준으로 틀린 것은?

① 저장용기의 충전비는 고압식에 있어서는 1.5 이상 1.9 이하, 저압식에 있어서는 1.1 이상 1.4 이하로 한다.
② 저압식 저장용기에는 2.3MPa 이상 및 1.9MPa 이하의 압력에서 작동하는 압력경보장치를 설치한다.
③ 저압식 저장용기에는 용기 내부의 온도를 −20℃ 이상 −18℃ 이하로 유지할 수 있는 자동냉동기를 설치한다.
④ 기동용 가스용기는 20MPa 이상의 압력에 견딜 수 있는 것이어야 한다.

》》 이산화탄소소화설비의 설치기준
1) 저장용기의 충전비는 고압식에 있어서는 1.5 이상 1.9 이하, 저압식에 있어서는 1.1 이상 1.4 이하로 한다.
2) 저압식 저장용기에는 2.3MPa 이상 및 1.9MPa 이하의 압력에서 작동하는 압력경보장치를 설치한다.
　※ 저압식 저장용기의 정상압력은 1.9MPa 초과 2.3MPa 미만이므로 이 압력의 범위를 벗어날 경우 압력에 이상이 생겼음을 알려주기 위한 경보장치이다.
3) 저압식 저장용기에는 용기 내부의 온도를 −20℃ 이상 −18℃ 이하로 유지할 수 있는 자동냉동기를 설치한다.
4) 기동(작동)용 가스용기는 **25MPa 이상의 압력**에 견딜 수 있는 것이어야 한다.

33 위험물제조소등에 설치하는 전역방출방식의 이산화탄소소화설비 분사헤드의 방사압력은 고압식의 경우 몇 MPa 이상이어야 하는가?

① 1.05 　　　② 1.7
③ 2.1 　　　④ 2.6

》》 전역방출방식의 이산화탄소소화설비 분사헤드의 방사압력
1) **고압식 : 2.1MPa 이상**
2) 저압식 : 1.05MPa 이상

톡톡튀는 **암기법** 고압식의 압력 2.1MPa을 2로 나누면 저압식의 압력인 1.05MPa이 됩니다.

Check 전역방출방식의 이산화탄소소화설비 분사헤드의 소화약제의 저장온도
(1) 고압식 : 소화약제가 상온으로 용기에 저장되어 있는 것
(2) 저압식 : 소화약제가 −18℃ 이하의 온도로 용기에 저장되어 있는 것

34 위험물안전관리법령상 물분무소화설비의 제어밸브는 바닥으로부터 어느 위치에 설치하여야 하는가?

① 0.5m 이상 1.5m 이하
② 0.8m 이상 1.5m 이하
③ 1m 이상 1.5m 이하
④ 1.5m 이상

》》 물분무소화설비의 제어밸브는 바닥면으로부터 0.8m 이상 1.5m 이하의 높이에 설치해야 한다.

정답　30. ④　31. ②　32. ④　33. ③　34. ②

35 다음 각각의 위험물의 화재발생 시 위험물안전관리법령상 적응가능한 소화설비를 올바르게 나타낸 것은?

① $C_6H_5NO_2$: 이산화탄소소화기
② $(C_2H_5)_3Al$: 봉상수소화기
③ $C_2H_5OC_2H_5$: 봉상수소화기
④ $C_3H_5(ONO_2)_3$: 이산화탄소소화기

» ① $C_6H_5NO_2$(나이트로벤젠) : 제4류 위험물이므로 질식소화효과가 있는 이산화탄소소화기로 소화가능하다.
② $(C_2H_5)_3Al$(트라이에틸알루미늄) : 제3류 위험물 중 금수성 물질이므로 냉각소화효과가 있는 봉상수소화기로는 소화할 수 없다.
③ $C_2H_5OC_2H_5$(다이에틸에터) : 제4류 위험물이므로 냉각소화효과가 있는 봉상수소화기로는 소화할 수 없다.
④ $C_3H_5(ONO_2)_3$(나이트로글리세린) : 제5류 위험물이므로 질식소화효과가 있는 이산화탄소소화기로는 소화할 수 없다.

대상물의 구분 / 소화설비의 구분	건축물·그 밖의 공작물	전기설비	제1류 위험물 알칼리금속의 과산화물 등	제1류 위험물 그 밖의 것	제2류 위험물 철분·금속분·마그네슘 등	제2류 위험물 인화성 고체	제2류 위험물 그 밖의 것	제3류 위험물 금수성 물품	제3류 위험물 그 밖의 것	제4류 위험물	제5류 위험물	제6류 위험물
봉상수(棒狀水)소화기	○			○		○	○		○		○	○
무상수(霧狀水)소화기	○	○		○		○	○	×	○	×	○	○
봉상강화액소화기	○			○		○	○		○		○	○
무상강화액소화기	○	○		○		○	○		○	○	○	○
포소화기	○			○		○	○		○	○	○	○
이산화탄소소화기		○				○				◎	×	△
할로젠화합물소화기		○				○				○		
분말 인산염류소화기	○	○		○		○	○			○		○
분말 탄산수소염류소화기		○	○		○	○		○		○		
분말 그 밖의 것			○		○			○				

36 경보설비는 지정수량 몇 배 이상의 위험물을 저장, 취급하는 제조소등에 설치하는가?

① 2　　② 4
③ 8　　④ 10

» 1) 자동화재탐지설비만을 설치해야 하는 제조소등
　㉠ 제조소 및 일반취급소
　　ⓐ 연면적 500m² 이상인 것
　　ⓑ 옥내에서 지정수량의 100배 이상을 취급하는 것(고인화점위험물만을 100℃ 미만의 온도에서 취급하는 것은 제외)
　㉡ 옥내저장소
　　ⓐ 지정수량의 100배 이상을 저장 또는 취급하는 것(고인화점위험물만을 저장 또는 취급하는 것은 제외)
　　ⓑ 저장창고의 연면적이 150m²를 초과하는 것
　　ⓒ 처마높이가 6m 이상인 단층건물의 것
　㉢ 옥내탱크저장소 : 단층건물 외의 건축물에 설치된 옥내탱크저장소로서 소화난이도 등급Ⅰ에 해당하는 것
　㉣ 주유취급소 : 옥내주유취급소
2) 자동화재탐지설비 및 자동화재속보설비를 설치해야 하는 경우 : 특수인화물, 제1석유류 및 알코올류를 저장 또는 취급하는 탱크의 용량이 1,000만L 이상인 옥외탱크저장소
3) 경보설비(자동화재속보설비 제외) 중 1종 이상을 설치해야 하는 제조소 등
　- 지정수량의 10배 이상을 저장 또는 취급하는 것(이동탱크저장소는 제외)

37 위험물안전관리법령상 물분무소화설비가 적응성이 있는 위험물은?

① 알칼리금속의 과산화물
② 금속분·마그네슘
③ 금수성 물질
④ 인화성 고체

» 제1류 위험물에 속하는 알칼리금속의 과산화물과 제2류 위험물에 속하는 철분·금속분·마그네슘, 제3류 위험물에 속하는 금수성 물질의 화재에는 탄산수소염류분말소화설비가 적응성이 있으며, 제2류 위험물에 속하는 **인화성 고체의 화재**에 대해서는 **물분무소화설비**뿐 아니라 대부분의 소화설비가 모두 적응성이 있다.

대상물의 구분	건축물·그밖의공작물	전기설비	제1류 위험물 알칼리금속의과산화물등	그밖의것	제2류 위험물 철분·금속분·마그네슘등	인화성고체	그밖의것	제3류 위험물 금수성물품	그밖의것	제4류 위험물	제5류 위험물	제6류 위험물
물분무소화설비	○	○							○	○	○	○
포소화설비	○	×								○		○
불활성가스소화설비		○				○				○		
할로젠화합물소화설비		○				○				○		
분말소화설비 인산염류등	○	○		○		○	○			○		○
분말소화설비 탄산수소염류등		○	○		○	○		○		○		
분말소화설비 그밖의것			○		○			○				

대상물의 구분	건축물·그밖의공작물	전기설비	제1류 위험물 알칼리금속의과산화물등	그밖의것	제2류 위험물 철분·금속분·마그네슘등	인화성고체	그밖의것	제3류 위험물 금수성물품	그밖의것	제4류 위험물	제5류 위험물	제6류 위험물
옥내소화전 또는 옥외소화전 설비	○			○		○	○		○		○	○
스프링클러설비	○			○		○	○		○		△	○
물분무소화설비	○	○		○		◎	○		○	○	○	○
포소화설비	○			○		○	○		○	○	○	○
불활성가스소화설비		○				○				○		
할로젠화합물소화설비		○				○				○		
분말소화설비 인산염류등	○	○		○		○	○			○		○
분말소화설비 탄산수소염류등		○	○		○	○		○		○		
분말소화설비 그밖의것			○		○			○				

38 위험물안전관리법령상 전기설비에 적응성이 없는 소화설비는?

① 포소화설비
② 불활성가스소화설비
③ 물분무소화설비
④ 할로젠화합물소화설비

》 전기설비의 화재는 일반적으로는 물로 소화할 수 없기 때문에 **수분을 포함한 포소화설비는 전기설비의 화재에는 사용할 수 없다.** 하지만 물분무소화설비는 물을 분무하여 흩어뿌리기 때문에 전기설비의 화재에 적응성이 있으며 불활성가스소화설비 및 할로젠화합물소화설비는 질식소화효과와 억제소화효과를 갖고 있기 때문에 전기설비의 화재에 적응성이 있다.

대상물의 구분	건축물·그밖의공작물	전기설비	제1류 위험물 알칼리금속의과산화물등	그밖의것	제2류 위험물 철분·금속분·마그네슘등	인화성고체	그밖의것	제3류 위험물 금수성물품	그밖의것	제4류 위험물	제5류 위험물	제6류 위험물
옥내소화전 또는 옥외소화전 설비	○			○		○	○		○		○	○
스프링클러설비	○			○		○	○		○		△	○

39 주유취급소에 캐노피를 설치하고자 한다. 위험물안전관리법령에 따른 캐노피의 설치기준이 아닌 것은?

① 캐노피의 면적은 주유취급소 공지면적의 1/2 이하로 할 것
② 배관이 캐노피 내부를 통과할 경우에는 1개 이상의 점검구를 설치할 것
③ 캐노피 외부의 배관이 일광열의 영향을 받을 우려가 있는 경우에는 단열재로 피복할 것
④ 캐노피 외부의 점검이 곤란한 장소에 배관을 설치하는 경우에는 용접이음으로 할 것

▶ 주유취급소의 캐노피

》 주유취급소의 캐노피(지붕) 기준
1) 배관이 캐노피 내부를 통과할 경우에는 1개 이상의 점검구를 설치할 것
2) 캐노피 외부의 배관이 일광열의 영향을 받을 우려가 있는 경우에는 단열재로 피복할 것
3) 캐노피 외부의 점검이 곤란한 장소에 배관을 설치하는 경우에는 용접이음으로 할 것

40 위험물안전관리법령상 제3류 위험물 중 금수성 물질 이외의 것에 적응성이 있는 소화설비는?

① 할로젠화합물소화설비
② 불활성가스소화설비
③ 포소화설비
④ 분말소화설비

정답 38. ① 39. ① 40. ③

➲ 제3류 위험물 중 금수성 물질 이외의 것은 자연 발화성 물질인 황린을 말하는데 황린은 물속에 저장하는 물질로서 황린의 화재에 사용 가능한 소화설비는 물을 소화약제로 사용하는 것이며, 〈보기〉의 소화설비 중 수분을 함유하고 있는 소화설비는 포소화설비뿐이다.

제3과목 — 위험물의 성질과 취급

41 염소산나트륨의 성질에 속하지 않는 것은?

① 환원력이 강하다.
② 무색 결정이다.
③ 주수소화가 가능하다.
④ 강산과 혼합하면 폭발할 수 있다.

➲ 제1류 위험물에 속하는 염소산나트륨($NaClO_3$)은 산화성이 강한 고체로서 자신은 불연성이기 때문에 직접 연소할 수 있는 성질을 의미하는 **환원력은 갖고 있지 않다.**

42 제1류 위험물의 일반적인 성질이 아닌 것은?

① 불연성 물질들이다.
② 유기화합물들이다.
③ 산화성 고체로서 강산화제이다.
④ 알칼리금속의 과산화물은 물과 작용하여 발열한다.

➲ ① 자체적으로 산소공급원을 포함하고 있는 불연성 물질이다.
② 제1류 위험물은 탄소를 포함한 가연성의 물질인 **유기화합물이 아니라** 탄소를 포함하지 않는 **무기화합물로 분류**된다.
③ 강한 산화성을 갖는 산화성 고체이다.
④ 제1류 위험물 중 알칼리금속의 과산화물은 물과 작용하여 발열과 함께 산소를 발생한다.

43 위험물안전관리법령상 지정수량이 나머지 셋과 다른 하나는?

① 적린 ② 황화인
③ 황 ④ 마그네슘

➲ 〈보기〉의 물질들은 제2류 위험물로서 마그네슘의 지정수량은 500kg이며, 그 외의 물질들의 지정수량은 모두 100kg이다.

44 다음 중 물과 접촉하였을 때 위험성이 가장 높은 것은?

① S
② CH_3COOH
③ C_2H_5OH
④ K

➲ ④ K(칼륨)은 제3류 위험물 중 금수성 물질로 물과 반응 시 수산화칼륨(KOH)과 함께 가연성인 수소가스를 발생한다.
• 칼륨의 물과의 반응식
$2K + 2H_2O \rightarrow 2KOH + H_2$

45 다음 중 황린을 밀폐용기 속에서 260℃로 가열하여 얻은 물질을 연소시킬 때 주로 생성되는 물질은?

① P_2O_5
② CO_2
③ PO_2
④ CuO

➲ 제3류 위험물인 황린(P_4)을 밀폐용기 속에서 공기를 차단하고 260℃로 가열하면 제2류 위험물인 적린(P)이 생성되며, 적린을 연소시키면 독성의 오산화인(P_2O_5)이라는 백색기체가 발생한다.
• 적린의 연소반응식
$4P + 5O_2 \rightarrow 2P_2O_5$

46 은백색의 광택이 있는 비중 약 2.7의 금속으로서 열, 전기의 전도성이 크며, 진한 질산에서는 부동태가 되고 묽은 질산에 잘 녹는 것은?

① Al ② Mg
③ Zn ④ Sb

➲ 진한 질산에서 부동태가 되어 반응을 일으키지 않는 금속은 Fe(철), Co(코발트), Ni(니켈), Cr(크로뮴), Al(알루미늄)이며, 이 중 은백색의 광택이 있는 비중 약 2.7의 금속으로서 열, 전기의 전도성이 큰 것은 Al이다.

정답 41. ① 42. ② 43. ④ 44. ④ 45. ① 46. ①

47 취급하는 장치가 구리나 마그네슘으로 되어 있을 때 반응을 일으켜서 폭발성의 아세틸라이드를 생성하는 물질은?

① 이황화탄소　　② 아이소프로필알코올
③ 산화프로필렌　　④ 아세톤

≫ 제4류 위험물 중 특수인화물에 속하는 **산화프로필렌**(CH_3CHOCH_2)과 아세트알데하이드(CH_3CHO)는 수은(Hg), 은(Ag), **구리**(Cu), **마그네슘**(Mg)과 반응하면 폭발성의 **금속 아세틸라이드를 생성**하므로 이들 금속과는 접촉을 금지해야 한다.

톡톡 튀는 **암기법** 수은, 은, 구리(동), 마그네슘 ➡ 수 은 구루마

48 다음 중 인화점이 20℃ 이상인 것은?

① CH_3COOCH_3　　② CH_3COCH_3
③ CH_3COOH　　④ CH_3CHO

≫ ① CH_3COOCH_3(초산메틸) : 제1석유류로서 인화점은 −10℃이다.
② CH_3COCH_3(아세톤) : 제1석유류로서 인화점은 −18℃이다.
③ **CH_3COOH**(초산) : 제2석유류로서 **인화점은 40℃**이다.
④ CH_3CHO(아세트알데하이드) : 특수인화물로서 인화점은 −38℃이다.

💡**Tip**
제4류 위험물 중 제2석유류에 해당하는 것은 인화점 범위가 21℃ 이상 70℃ 미만에 속하므로 각 물질의 품명만 알면 정확한 인화점을 몰라도 풀 수 있는 문제입니다.

49 다음 중 증기비중이 가장 작은 것은?

① 이황화탄소
② 아세톤
③ 아세트알데하이드
④ 다이에틸에터

≫ 증기비중 = $\dfrac{분자량}{공기의\ 분자량(29)}$ 이다.

① 이황화탄소(CS_2)의 분자량은 12(C) + 32(S)×2 = 76이므로 증기비중 = $\dfrac{76}{29}$ = 2.62이다.

② 아세톤(CH_3COCH_3)의 분자량은 12(C)×3 + 1(H)×6 + 16(O) = 58이므로 증기비중 = $\dfrac{58}{29}$ = 2이다.

③ **아세트알데하이드**(CH_3CHO)의 분자량은 12(C) ×2 + 1(H)×4 + 16(O) = 44이므로 **증기비중** = $\dfrac{44}{29}$ = 1.52이다.

④ 다이에틸에터($C_2H_5OC_2H_5$)의 분자량은 12(C) ×4 + 1(H)×10 + 16(O) = 74이므로 증기비중 = $\dfrac{74}{29}$ = 2.55이다.

💡**Tip**
물질의 분자량이 작을수록 증기비중도 작기 때문에 직접 증기비중의 값을 묻는 문제가 아니라면 분자량만 계산해도 답을 구할 수 있습니다.

50 위험물안전관리법령상 제1류 위험물 중 알칼리금속의 과산화물의 운반용기 외부에 표시하여야 하는 주의사항을 모두 올바르게 나타낸 것은?

① "화기엄금", "충격주의" 및 "가연물접촉주의"
② "화기·충격주의", "물기엄금" 및 "가연물접촉주의"
③ "화기주의" 및 "물기엄금"
④ "화기엄금" 및 "충격주의"

≫

유별	품명	운반용기에 표시하는 주의사항
제1류	알칼리금속의 과산화물	화기·충격주의, 가연물접촉주의, 물기엄금
	그 밖의 것	화기·충격주의, 가연물접촉주의
제2류	철분, 금속분, 마그네슘	화기주의, 물기엄금
	인화성 고체	화기엄금
	그 밖의 것	화기주의
제3류	금수성 물질	물기엄금
	자연발화성 물질	화기엄금, 공기접촉엄금
제4류	인화성 액체	화기엄금
제5류	자기반응성 물질	화기엄금, 충격주의
제6류	산화성 액체	가연물접촉주의

정답 | 47. ③　48. ③　49. ③　50. ②

51 위험물안전관리법령상 제6류 위험물에 해당하는 물질로서 햇빛에 의해 갈색의 연기를 내며 분해할 위험이 있으므로 갈색병에 보관해야 하는 것은?

① 질산   ② 황산

③ 염산   ④ 과산화수소

>>> 제6류 위험물인 질산(HNO_3)은 햇빛에 의해 분해하면 적갈색 기체인 이산화질소(NO_2)를 발생하기 때문에 이를 방지하기 위하여 갈색병에 보관해야 한다.

  • 질산의 열분해반응식

  $4HNO_3 \rightarrow 2H_2O + 4NO_2 + O_2$

52 주유취급소의 고정주유설비는 고정주유설비의 중심선을 기점으로 하여 도로경계선까지 몇 m 이상 떨어져 있어야 하는가?

① 2   ② 3

③ 4   ④ 5

>>> 주유취급소의 고정주유설비의 중심선을 기점으로 한 거리

  1) 도로경계선까지의 거리 : 4m 이상
  2) 부지경계선, 담 및 벽까지의 거리 : 2m 이상
  3) 개구부가 없는 벽까지의 거리 : 1m 이상

53 제4류 위험물을 저장하는 이동탱크저장소의 탱크 용량이 19,000L일 때 탱크의 칸막이는 최소 몇 개를 설치해야 하는가?

① 2   ② 3

③ 4   ④ 5

>>> 이동탱크저장소에는 용량 4,000L 이하마다 3.2mm 이상의 강철판으로 만든 칸막이로 구획하여야 한다. 용량이 19,000L인 이동저장탱크에는 5개의 구획된 칸이 필요하며 이때 필요한 칸막이의 개수는 4개이다.

54 위험물안전관리법령에 따른 위험물제조소의 안전거리 기준으로 틀린 것은?

① 주택으로부터 10m 이상

② 학교, 병원, 극장으로부터 30m 이상

③ 유형문화재와 기념물 중 지정문화재로부터는 70m 이상

④ 고압가스등을 저장·취급하는 시설로부터는 20m 이상

>>> 위험물제조소의 안전거리

  1) 주거용 건축물(제조소의 동일부지 외에 있는 것)
    : 10m 이상
  2) 학교, 병원, 극장(300명 이상), 다수인 수용시설
    : 30m 이상
  3) **유형문화재와 기념물 중 지정문화재 : 50m 이상**
  4) 고압가스, 액화석유가스 등의 저장·취급 시설
    : 20m 이상
  5) 사용전압 7,000V 초과 35,000V 이하의 특고압가공전선 : 3m 이상
  6) 사용전압이 35,000V를 초과하는 특고압가공전선 : 5m 이상

> 💡**Tip**
>
> 제6류 위험물을 취급하는 제조소등의 경우는 모든 대상에 대해 안전거리를 제외할 수 있습니다.

55 위험물안전관리법령에 의한 위험물제조소의 설치기준으로 옳지 않은 것은?

① 위험물을 취급하는 기계, 기구, 기타 설비에 새거나 넘치거나 비산하는 것을 방지할 수 있는 구조로 한다.

② 위험물을 가열하거나 냉각하는 설비 또는 위험물 취급에 따라 온도변화가 생기는 설비에는 온도측정장치를 설치하여야 한다.

③ 정전기 발생을 유효하게 제거할 수 있는 설비를 설치한다.

④ 스테인리스관을 지하에 설치할 때는 지진, 풍압, 지반침하, 온도변화에 안전한 구조의 지지물을 설치한다.

>>> ④ 제조소에서 **배관을 지상에 설치하는 경우**에는 지진·풍압·지반침하 및 온도변화에 안전한 구조의 지지물에 설치하되, 지면에 닿지 아니하도록 하고 배관의 외면에 부식방지를 위한 도장을 하여야 한다.

56 위험물안전관리법령에 따른 위험물제조소 건축물의 구조로 틀린 것은?

① 벽, 기둥, 서까래 및 계단은 난연재료로 할 것

② 지하층이 없도록 할 것

③ 출입구에는 60분+ 방화문, 60분 방화문 또는 30분 방화문을 설치할 것

④ 창에 유리를 이용하는 경우에는 망입유리로 할 것

》》 ① 벽, 기둥, 바닥, 보, 서까래 및 계단은 불연재료로 해야 한다.
② 원칙으로는 지하층이 없도록 해야 한다.
③ 출입구와 비상구에는 60분+방화문, 60분 방화문 또는 30분 방화문을 설치하되, 연소의 우려가 있는 외벽에 설치하는 출입구에는 수시로 열 수 있는 자동폐쇄식의 60분+방화문, 60분 방화문을 설치하여야 한다.
④ 창 및 출입구에 유리를 이용하는 경우에는 망입유리로 하여야 한다.

57 위험물안전관리법령상 운반 시 적재하는 위험물에 차광성이 있는 피복으로 가리지 않아도 되는 것은?

① 제2류 위험물 중 철분

② 제4류 위험물 중 특수인화물

③ 제5류 위험물

④ 제6류 위험물

》》 1) 운반 시 차광성 피복으로 가려야 하는 위험물
㉠ 제1류 위험물
㉡ 제3류 위험물 중 자연발화성 물질
㉢ 제4류 위험물 중 특수인화물
㉣ 제5류 위험물
㉤ 제6류 위험물
2) 운반 시 **방수성 피복**으로 가려야 하는 위험물
㉠ 제1류 위험물 중 알칼리금속의 과산화물
㉡ **제2류 위험물 중 철분**, 금속분, 마그네슘
㉢ 제3류 위험물 중 금수성 물질

💡 **Tip**
제1류 위험물 중 알칼리금속의 과산화물은 방수성 피복으로 가려야 하는 위험물이지만 차광성 피복으로 가려야 하는 제1류 위험물에도 속하므로 이는 차광성 피복과 방수성 피복을 모두 사용해야 하는 위험물에 속합니다.

58 위험물안전관리법령상 위험물 운반용기의 외부에 표시하도록 규정한 사항이 아닌 것은 어느 것인가?

① 위험물의 품명

② 위험물의 제조번호

③ 위험물의 주의사항

④ 위험물의 수량

》》 운반용기의 외부에 표시해야 하는 사항
1) 품명, 위험등급, 화학명 및 수용성
2) 위험물의 수량
3) 위험물에 따른 주의사항

유별	품명	운반용기에 표시하는 주의사항
제1류	알칼리금속의 과산화물	화기·충격주의, 가연물접촉주의, 물기엄금
	그 밖의 것	화기·충격주의, 가연물접촉주의
제2류	철분, 금속분, 마그네슘	화기주의, 물기엄금
	인화성 고체	화기엄금
	그 밖의 것	화기주의
제3류	금수성 물질	물기엄금
	자연발화성 물질	화기엄금, 공기접촉엄금
제4류	인화성 액체	화기엄금
제5류	자기반응성 물질	화기엄금, 충격주의
제6류	산화성 액체	가연물접촉주의

59 세워진 형태의 위험물을 저장하는 탱크의 내용적은 약 몇 m³인가?

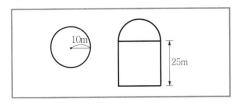

① 3,612

② 4,712

③ 5,812

④ 7,854

정답 **56.** ① **57.** ① **58.** ② **59.** ④

≫ 세로형(세워진 형태) 탱크의 내용적(V)을 구하는 공식은 다음과 같다.

$V = \pi r^2 l$

여기서, $r = 10m$
$\qquad l = 25m$
$V = \pi \times 10^2 \times 25$
$\quad = 7,854m^3$

60 다음의 두 가지 물질을 혼합하였을 때 위험성이 증가하는 경우가 아닌 것은?

① 과망가니즈산칼륨 + 황산
② 나이트로셀룰로오스 + 알코올수용액
③ 질산나트륨 + 유기물
④ 질산 + 에틸알코올

≫ ① 제1류 위험물인 과망가니즈산칼륨은 황산과 반응 시 산소를 발생하므로 가연물의 연소를 돕는 위험성이 있다.
② 제5류 위험물인 나이트로셀룰로오스는 물 또는 알코올에 습면시켜 저장하는 위험물이므로 알코올수용액과는 **위험성이 없다.**
③ 제1류 위험물인 질산나트륨은 산소공급원 역할을 하는 물질인데 여기에 가연성인 유기물을 혼합하면 위험성은 증가한다.
④ 제6류 위험물인 질산은 산소공급원의 역할을 하는 물질인데 여기에 제4류 위험물인 에틸알코올, 즉 인화성 액체를 혼합하면 위험성은 증가한다.

정답 60. ②

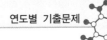
CBT 기출복원문제

2021 제1회 위험물산업기사

2021년 3월 2일 시행

제1과목 | 일반화학

01 염화칼슘의 화학식량은 얼마인가? (단, 염소의 원자량은 35.5, 칼슘의 원자량은 40이다.)

① 111
② 121
③ 131
④ 141

>> 염화칼슘의 화학식은 $CaCl_2$이므로 화학식량 즉, 분자량은 $40(Ca) + 35.5(Cl) \times 2 = 111$이다.

02 분자 운동에너지와 분자간의 인력에 의하여 물질의 상태변화가 일어난다. 다음 그림에서 (a), (b)의 변화는?

① (a)융해, (b)승화
② (a)승화, (b)융해
③ (a)응고, (b)승화
④ (a)승화, (b)응고

>> 물질의 상태변화
1) **고체가 액체로 되는 변화 : 융해(용융)**
2) 액체가 고체로 되는 변화 : 응고
3) 액체가 기체로 되는 변화 : 기화(증발)
4) 기체가 액체로 되는 변화 : 액화
5) **고체가 기체로 되는 변화 : 승화**
6) 기체가 고체로 되는 변화 : 승화

03 다음 물질 중 감광성이 가장 큰 것은?

① HgO
② CuO
③ $NaNO_3$
④ AgCl

>> 감광성이란 물질이 빛을 감지해 변화하는 성질을 말하며, 염화은(AgCl)은 빛에 의해 검은색으로 변하는 특성이 있어 감광성이 큰 물질로 분류된다.

04 다음 물질 중 sp^3 혼성궤도함수와 가장 관계가 있는 것은?

① CH_4
② $BeCl_2$
③ BF_3
④ HF

>> 혼성궤도함수(혼성오비탈)란 다음과 같이 전자 2개로 채워진 오비탈을 그 명칭과 개수로 표시한 것을 말한다.

① CH_4 : C는 원자가가 +4이므로 다음 그림과 같이 s오비탈과 p오비탈에 각각 4개의 전자를 '•' 표시로 채우고 H는 원자가가 +1인데 총 개수는 4개이므로 p오비탈에 4개의 전자를 'x' 표시로 채우면 **s오비탈 1개와 p오비탈 3개**에 2개의 전자들이 채워진다. 따라서 CH_4의 혼성궤도함수는 sp^3이다.

s	p		
••	•x	•x	xx

② $BeCl_2$: Be는 원자가가 +2이므로 다음 그림과 같이 s오비탈에 2개의 전자를 '•' 표시로 채우고 Cl은 원자가가 −1인데 총 개수는 2개이므로 p오비탈에 2개의 전자를 'x' 표시로 채우면 s오비탈 1개와 p오비탈 1개에 전자들이 채워진다. 따라서 $BeCl_2$의 혼성궤도함수는 sp이다.

s	p		
••	xx		

③ BF_3 : B는 원자가가 +3이므로 다음 그림과 같이 s오비탈과 p오비탈에 각각 3개의 전자를 '•' 표시로 채우고 F는 원자가가 −1인데 총 개수는 3개이므로 p오비탈에 3개의 전자를 'x' 표시로 채우면 s오비탈 1개와 p오비탈 2개에 전자들이 채워진다. 따라서 BF_3의 혼성궤도함수는 sp^2이다.

s	p		
••	•x	xx	

④ HF : 원자가가 +1인 H 1개와 원자가가 −1인 F 1개를 더해 총 2개의 전자로는 s오비탈 또는 p오비탈 중 어느 하나의 오비탈에만 전자를 채울 수 있기 때문에 HF의 혼성궤도함수는 일반적인 원리로는 표현하기 힘들다.

정답 01. ① 02. ① 03. ④ 04. ①

05 BF₃는 무극성 분자이고, NH₃는 극성 분자이다. 이 사실과 가장 관계가 있는 것은?

① 비공유전자쌍은 BF₃에는 있고, NH₃에는 없다.

② BF₃는 공유결합물질이고, NH₃는 수소결합물질이다.

③ BF₃는 평면정삼각형이고, NH₃는 피라미드형 구조이다.

④ BF₃는 sp^3혼성오비탈을 하고 있고, NH₃는 sp^2 혼성오비탈을 하고 있다.

≫ 1) BF₃(삼플루오린화붕소)

3가 원소인 B(붕소)의 전자를 "●"으로 표시하고 −1가 원소인 F(플루오린)의 전자를 "×"로 표시하여 전자점식으로 나타내면 다음 그림과 같다. 이 때 B와 F가 서로 전자를 공유하여 만든 공유전자쌍 3개가 **평면정삼각형**을 구성하게 되고 이렇게 만들어진 BF₃는 평면 상태의 극이 없는 **무극성 분자**로 분류된다.

2) NH₃(암모니아)

5가 원소인 N(질소)의 전자를 "●"으로 표시하고 1가 원소인 H(수소)의 전자를 "x"로 표시하여 전자점식으로 나타내면 다음 그림과 같다. 이 때 N과 H가 서로 전자를 공유하여 만든 공유전자쌍 3개가 평면정삼각형을 구성하고 N의 전자로만 쌍을 이룬 비공유전자쌍 1개는 반발력으로 N을 공중에 떠 있는 형태로 만든다. 이렇게 만들어진 NH₃는 평면 외에도 또 다른 **극을 갖는 구조**로서 삼각**피라미드** 또는 삼각뿔 형태의 극성 분자로 분류된다.

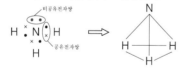

06 결합력이 큰 것부터 작은 순서로 나열한 것은?

① 공유결합 > 수소결합 > 반 데르 발스 결합

② 수소결합 > 공유결합 > 반 데르 발스 결합

③ 반 데르 발스 결합 > 수소결합 > 공유결합

④ 수소결합 > 반 데르 발스 결합 > 공유결합

≫ 결합력의 세기
원자결합 > 공유결합 > 이온결합 > 금속결합 > 수소결합 > 반 데르 발스 결합

🍋툭툭튀는 **암기법** 원숭이는 물을 싫어하니까 물을 금지하는 반에 넣어라는 의미로 "원숭이금수반"이라고 암기하세요. "원(원자) 숭(공유) 이(이온) 금(금속) 수(수소) 반 (반 데르 발스)"

07 다음 중 물이 산으로 작용하는 반응은?

① $NH_4^+ + H_2O \rightarrow NH_3 + H_3O^+$

② $HCOOH + H_2O \rightarrow HCOO^- + H_3O^+$

③ $CH_3COO^- + H_2O \rightarrow CH_3COOH + OH^-$

④ $HCl + H_2O \rightarrow H_3O^+ + Cl^-$

≫ 브뢴스테드는 H⁺이온을 잃는 물질은 산이고, H⁺이온을 얻는 물질은 염기라고  정의하였다. 〈문제〉의 반응식에서 H와 O를 포함하지 않는 물질끼리 연결하고 그 외의 물질끼리 연결했을 때 H⁺이온을 잃는 물질이 산이 된다.

$NH_4^+ \rightarrow NH_3$: NH₄⁺는 H가 4개였는데 반응 후 NH₃가 되면서 H⁺ 1개를 잃었으므로 산이다.

① $NH_4^+ + H_2O \rightarrow NH_3 + H_3O^+$

$H_2O \rightarrow H_3O^+$: H₂O는 H가 2개였는데 반응 후 H₃O⁺가 되면서 H⁺ 1개를 얻었으므로 염기이다.

$HCOOH \rightarrow HCOO^-$: HCOOH는 H가 2개였는데 반응 후 HCOO⁻가 되면서 H⁺ 1개를 잃었으므로 산이다.

② $HCOOH + H_2O \rightarrow HCOO^- + H_3O^+$

$H_2O \rightarrow H_3O^+$: H₂O는 H가 2개였는데 반응 후 H₃O⁺가 되면서 H⁺ 1개를 얻었으므로 염기이다.

$CH_3COO^- \rightarrow CH_3COOH$: CH₃COO⁻는 H가 3개였는데 반응 후 CH₃COOH가 되면서 H⁺ 1개를 얻었으므로 염기이다.

③ $CH_3COO^- + H_2O \rightarrow CH_3COOH + OH^-$

$H_2O \rightarrow OH^-$: H₂O는 H가 2개였는데 **반응 후 OH⁻가 되면서 H⁺ 1개를 잃었으므로 산이다.**

$HCl \rightarrow Cl^-$: HCl은 H가 1개였는데 반응 후 Cl⁻가 되면서 H⁺ 1개를 잃었으므로 산이다.

④ $HCl + H_2O \rightarrow H_3O^+ + Cl^-$

$H_2O \rightarrow H_3O^+$: H₂O는 H가 2개였는데 반응 후 H₃O⁺가 되면서 H⁺ 1개를 얻었으므로 염기이다.

정답 05. ③ 06. ① 07. ③

08 60℃에서 KNO_3의 포화용액 100g을 10℃로 냉각시키면 몇 g의 KNO_3가 석출하는가? (단, 용해도는 60℃에서 100g KNO_3/100g H_2O, 10℃에서 20g KNO_3/100g H_2O이다.)

① 4
② 40
③ 80
④ 120

》 용해도란 특정온도에서 용매 100g에 녹는 용질의 g수를 말하는데, 여기서 용매는 녹이는 물질이고 용질은 녹는 물질이며 용액은 용매와 용질을 더한 값이다.
〈문제〉의 괄호에서 60℃에서 물 100g에 KNO_3가 100g 녹아 있다고 하였으므로 60℃에서 KNO_3의 용해도는 100이고, 10℃에서 물 100g에 KNO_3가 20g 녹아 있다고 하였으므로 10℃에서 KNO_3의 용해도는 20이며 이를 다음의 [표]와 같이 나타낼 수 있다.

온 도	60℃	10℃
용해도	100	20
용매(물)	100g	100g
용질(KNO_3)	100g	20g
용액 (물 + KNO_3)	100g + 100g = 200g	100g + 20g = 120g

위 [표]에서 60℃의 용해도 100에서 용액(물 + KNO_3) 200g에는 용질(KNO_3)이 100g 녹아 있는 것을 알 수 있는데 〈문제〉의 조건인 용액이 100g이라면 용질이 몇 g 녹아 있는지 다음의 비례식을 통해 알 수 있다.

용액　　　용질
200g　　　100g
100g　　　x(g)
$200 \times x = 100 \times 100$
$x = 50g$

또한, 60℃의 용해도 100에서 용질이 100g 녹아 있을 때 10℃의 용해도 20에서는 용질이 20g 녹아 있는데 위에서 구한 것과 같이 60℃의 온도에서 용질이 50g 녹아 있으면 10℃의 온도에서는 용질이 몇 g 녹아 있는지 다음의 비례식을 통해 알 수 있다.

60℃의 용질　　10℃의 용질
100g　　　　20g
50g　　　　x(g)
$x = 10g$

따라서 60℃에서는 용액 100g에 용질 KNO_3가 50g 녹을 수 있는데 10℃로 온도를 낮추면 10g만 녹기 때문에 그 만큼 덜 녹아서 남게 되고 이때 남는 양이 바로 석출되는 양이며 그 양은 50g − 10g = 40g이다.

09 공기의 평균분자량은 약 29라고 한다. 이 평균분자량을 계산하는 데 관계된 원소는?

① 산소, 수소
② 탄소, 수소
③ 산소, 질소
④ 질소, 탄소

》 공기는 질소(N_2) 78%, 산소(O_2) 21%, 기타 물질 1%로 구성되어 있다. 이 중 기타 물질의 비율을 생략하고 **질소**와 **산소**만의 비율로 계산하면 다음 식과 같다.
질소(N_2) : 14(N) × 2 = 28
산소(O_2) : 16(O) × 2 = 32
여기에 질소 78%와 산소 21%를 적용시키면 공기의 분자량은 28(N_2)g × 0.78 + 32(O_2)g × 0.21 = 28.56g이 되며, 이는 약 29이다.

10 이온평형계에서 평형에 참여하는 이온과 같은 종류의 이온을 외부에서 넣어주면 그 이온의 농도를 감소시키는 방향으로 평형이 이동한다는 이론과 관계 있는 것은?

① 공통이온효과
② 가수분해효과
③ 물의 자체 이온화현상
④ 이온용액의 총괄성

》 평형계에서 용액이 포함하고 있는 이온과 같은 이온을 그 용액 속에 넣었을 때 평형이 그 이온의 농도를 감소시키는 방향으로 이동하는 현상을 공통이온효과라고 한다.

11 어떤 금속(M) 8g을 연소시키니 11.2g의 산화물이 얻어졌다. 이 금속의 원자량이 140이라면 이 산화물의 화학식은?

① M_2O_3
② MO
③ MO_2
④ M_2O_7

❯❯ 금속 M의 원자가는 알 수 없으므로 $+x$라 하고 산소 O의 원자가는 -2이므로 금속 M이 산소 O와 결합하여 만들어진 산화물의 화학식은 M_2O_x이다. 〈문제〉에서 산화물 M_2O_x는 11.2g이고 금속 M_2가 8g이라 하였으므로 산소 O_x는 산화물 M_2O_x의 질량 11.2g에서 금속 M_2의 질량 8g을 뺀 3.2g이 된다. 이는 산화물 M_2O_x가 금속 M_2 8g, 산소 O_x 3.2g으로 구성되어 있다는 것을 의미하며 이러한 비율로 구성된 산화물의 화학식을 알기 위해서는 금속 M의 원자량 140g을 대입해 금속 M_2를 140g × 2 = 280g으로 하였을 때 산소 O_x의 질량이 얼마인지를 구하면 된다.

$$\begin{matrix} M_2 & & O_x \\ 8g & & 3.2g \\ 280g & \diagup\!\!\!\!\diagdown & x(g) \end{matrix}$$

$8 \times x = 280 \times 3.2$
$x = 112g$이다.
여기서 x는 O_x의 질량으로서 $O_x = 112g$이므로 O_x가 112g이 되려면 16g × x = 112에서 x = 7이 된다. 따라서 x는 산소 O의 개수를 나타내는 것이므로 이 산화물의 화학식은 M_2O_7이다.

12 농도 단위에서 "N" 의 의미를 가장 올바르게 나타낸 것은?

① 용액 1L 속에 녹아있는 용질의 몰수
② 용액 1L 속에 녹아있는 용질의 g당량수
③ 용매 1,000g 속에 녹아있는 용질의 몰수
④ 용매 1,000g 속에 녹아있는 용질의 g당량수

❯❯ 노르말농도(N)는 용액 1L 속에 녹아있는 용질의 g당량수를 말한다.

> **Check**
> (1) 몰랄농도(m) : 용매 1kg 속에 녹아있는 용질의 몰수
> (2) 몰농도(M) : 용액 1L 속에 녹아있는 용질의 몰수

13 어떤 용기에 산소 16g과 수소 2g을 넣었을 때 산소와 수소의 압력의 비는?

① 1 : 2   ② 1 : 1
③ 2 : 1   ④ 4 : 1

❯❯ 어떤 용기에 들어있는 기체는 몰수가 클수록 그 양도 많아져 압력이 높아지므로 용기에 들어있는 기체의 압력은 용기에 들어있는 기체의 몰수와 비례한다.

산소(O_2) 1몰은 16(O)g × 2 = 32g이고 수소(H_2) 1몰은 1(H)g × 2 = 2g인데 용기에는 산소 16g, 즉 0.5몰이 들어있고 수소는 2g, 즉 1몰이 들어있으므로 산소와 수소의 몰비는 0.5 : 1, 다시 말해 1 : 2이다.
따라서 산소와 수소의 압력비도 1 : 2이다.

14 황산구리 수용액에 1.93A의 전류를 통할 때 매 초 음극에서 석출되는 Cu의 원자수를 구하면 약 몇 개가 존재하는가?

① 3.12×10^{18}
② 4.02×10^{18}
③ 5.12×10^{18}
④ 6.02×10^{18}

 PLAY ▶ 풀이

❯❯ 황산구리 수용액에 포함된 Cu(구리)를 석출하기 위해 필요한 전기량(C쿨롬) = 전류(A암페어) × 시간(sec초)이다. 〈문제〉의 1.93A의 전류를 통할 때 매 초마다 구리를 석출하기 위해 필요한 전기량(C) = 1.93A × 1sec = 1.93C이다.
또한 1F(패럿)이란 물질 1g당량을 석출하는 데 필요한 또 다른 전기량으로서 96,500C과 같은 양이다. 여기서, 1g당량 = $\dfrac{원자량}{원자가}$인데 원자가가 2인 Cu의 1g당량 = $\dfrac{원자량(=1몰)}{2}$ = $\dfrac{1몰}{2}$ = 0.5몰이므로 1F 즉, 96,500C의 전기량을 통해 석출할 수 있는 Cu의 양은 0.5몰이다.
〈문제〉는 1.93C의 전기량을 통해 석출할 수 있는 Cu의 원자수를 구하는 것이므로 비례식을 이용하면 다음과 같다.

$$\begin{matrix} 전기량 & & Cu의\ 석출량 \\ 96,500C & & 0.5몰 \\ 1.93C & \diagup\!\!\!\!\diagdown & x몰 \end{matrix}$$

$96,500 \times x = 1.93 \times 0.5$
$x = 10^{-5}$몰이다.
Cu 1몰의 원자수는 6.02×10^{23}개이므로 Cu 10^{-5}몰의 원자수는 $10^{-5} \times 6.02 \times 10^{23} = 6.02 \times 10^{18}$개이다.

15 밑줄 친 원소의 산화수가 같은 것끼리 짝지어진 것은?

① $\underline{S}O_3$와 $Ba\underline{O}_2$
② $Ba\underline{O}_2$와 $K_2\underline{Cr}_2O_7$
③ $K_2\underline{Cr}_2O_7$과 $\underline{S}O_3$
④ $H\underline{N}O_3$와 $\underline{N}H_3$

➤➤ ① SO_3에서 S를 $+x$로 두고 O의 원자가 -2에 개수 3을 곱한 후 그 합을 0으로 하였을 때 그때의 x의 값이 산화수이다.

$$\begin{array}{cc} S & O_3 \\ +x & -2 \times 3 = 0 \end{array}$$

$+x = +6$이므로 S의 산화수는 $+6$이다.

BaO_2에서 Ba는 알칼리토금속에 속한다. 다른 원소와는 달리 알칼리금속과 알칼리토금속의 산화수는 어떤 상태에서든 자신의 원자가와 같으므로 BaO_2에서 Ba의 산화수는 자신의 원자가인 $+2$이다.

② BaO_2에서 Ba의 산화수는 $+2$였다.

$K_2Cr_2O_7$에서 Cr이 2개이므로 Cr_2를 $+2x$로 두고 K의 원자가 $+1$에 개수 2를 곱하고 O의 원자가 -2에 개수 7을 곱한 후 그 합을 0으로 하였을 때 그 때의 x의 값이 산화수이다.

$$\begin{array}{ccc} K_2 & Cr_2 & O_7 \\ +1 \times 2 & +2x & -2 \times 7 = 0 \end{array}$$

$+2x - 12 = 0$

x는 $+6$이므로 Cr의 산화수는 $+6$이다.

③ $K_2Cr_2O_7$에서 **Cr의 산화수는 $+6$**이었다.
SO_3에서 **S의 산화수는 $+6$**이었다.

④ HNO_3에서 N을 $+x$로 두고 H의 원자가 $+1$을 더한 후 O의 원자가 -2에 개수 3을 곱한 값의 합을 0으로 하였을 때 그 때의 x의 값이 산화수이다.

$$\begin{array}{ccc} H & N & O_3 \\ +1 & +x & -2 \times 3 = 0 \end{array}$$

$+x - 5 = 0$

$x = +5$이므로 N의 산화수는 $+5$이다.

NH_3에서 N을 $+x$로 두고 H의 원자가 $+1$에 개수 3을 곱한 후 그 합을 0으로 하였을 때 그 때의 x의 값이 산화수이다.

$$\begin{array}{cc} N & H_3 \\ +x & +1 \times 3 = 0 \end{array}$$

$x = -3$이므로 N의 산화수 $x = -3$이다.

16 방사선 중 감마선에 대한 설명으로 옳은 것은 어느 것인가?

① 질량을 갖고, 음의 전하를 띰
② 질량을 갖고, 전하를 띠지 않음
③ 질량이 없고, 전하를 띠지 않음
④ 질량이 없고, 음의 전하를 띰

➤➤ 방사선 중 γ(감마)선은 자기장의 영향을 받지 않아 휘어지지 않으며 **질량도 없고 전하도 띠지 않기 때문에** 어디든 투과할 수 있는 성질을 갖는다.

Check **방사선의 투과력의 세기**
α(알파)선 $<$ β(베타)선 $<$ γ(감마)선

17 C_nH_{2n+2}의 일반식을 갖는 탄화수소는?

① Alkyne
② Alkene
③ Alkane
④ Cycloalkane

➤➤ 탄화수소의 일반식
1) **알케인(Alkane) : C_nH_{2n+2}**
   예 CH_4(메테인), C_2H_6(에테인) 등
2) 알킬(alkyl) : C_nH_{2n+1}
   예 CH_3(메틸), C_2H_5(에틸) 등
3) 알켄(Alkene) : C_nH_{2n}
   예 C_2H_4(에틸렌) 등
4) 알카인(Alkyne) : C_nH_{2n-2}
   예 C_2H_2(아세틸렌) 등

18 프리델 – 크래프츠 반응에서 사용하는 촉매는?

① $HNO_3 + H_2SO_4$
② SO_3
③ Fe
④ $AlCl_3$

➤➤ 프리델 – 크래프츠 반응이란 벤젠(C_6H_6)과 염화메틸(CH_3Cl)의 반응 시 **염화알루미늄($AlCl_3$)을 촉매로 사용**하여 톨루엔($C_6H_5CH_3$)과 염화수소(HCl)를 생성하는 과정을 말한다.
• 프리델 – 크래프츠 반응식
$$C_6H_6 + CH_3Cl \xrightarrow{AlCl_3} C_6H_5CH_3 + HCl$$

19 다음 중 이성질체로 짝지어진 것은?

① CH_3OH와 CH_4
② CH_4와 C_2H_6
③ CH_3OCH_3와 $CH_3CH_2OCH_2CH_3$
④ C_2H_5OH와 CH_3OCH_3

➤➤ 이성질체란 분자식은 같지만 그 성질이나 구조가 다른 물질을 말한다. 다음과 같이 〈보기〉의 물질들을 같은 원소들끼리 모아 그 개수를 표시하여 분자식으로 나타내었을 때 서로 같은 분자식이 되는 경우 그 물질들은 이성질체이다.
① CH_3OH의 분자식은 CH_4O이며, CH_4의 분자식은 CH_4이다.
② CH_4의 분자식은 CH_4이며, C_2H_6의 분자식은 C_2H_6이다.
③ CH_3OCH_3의 분자식은 C_2H_6O이며, $CH_3CH_2OCH_2CH_3$의 분자식은 $C_4H_{10}O$이다.
④ C_2H_5OH의 분자식은 C_2H_6O이고, CH_3OCH_3의 분자식도 C_2H_6O이다.

정답 16. ③ 17. ③ 18. ④ 19. ④

20 다음 물질 중 수용액에서 약한 산성을 나타내며 염화철(Ⅲ) 수용액과 정색반응을 하는 것은?

① NH₂ 　② OH

③ NO₂ 　④ Cl

≫ ② 페놀(C_6H_5OH) : 석탄산이라고도 불리며 약한 산성을 띠는 물질로서 수산기(OH)를 포함하고 있기 때문에 염화철(Ⅲ)($FeCl_3$) 수용액과 보라색 정색반응을 한다.
그 외 〈보기〉의 물질들의 명칭은 다음과 같다.
① $C_6H_5NH_2$(아닐린)
③ $C_6H_5NO_2$(나이트로벤젠)
④ C_6H_5Cl(클로로벤젠)

제2과목 │ **화재예방과 소화방법**

21 드라이아이스 1kg이 완전기화하면 약 몇 몰의 이산화탄소가 되겠는가?

① 22.7　　　② 51.3
③ 230.1　　④ 515.0

≫ 드라이아이스(CO_2) 1몰은 12g(C) + 16g(O) × 2 = 44g이므로 드라이아이스 1kg, 즉 1,000g은 $\dfrac{1,000g}{44g}$ = 22.7몰이다. 이 경우 드라이아이스 1kg은 기화가 되든 액화가 되든 항상 22.7몰이다.

22 중유의 주된 연소형태는?

① 표면연소　　② 분해연소
③ 증발연소　　④ 자기연소

≫ 중유는 제4류 위험물 중 제3석유류에 속하는 물질로 연소형태는 분해연소이다.

> Check │ 액체의 연소형태의 종류와 물질
> (1) 증발연소 : 제4류 위험물 중 특수인화물, 제1석유류, 알코올류, 제2석유류
> (2) 분해연소 : 제4류 위험물 중 제3석유류, 제4석유류, 동식물유류 등

23 BLEVE 현상에 대한 설명으로 가장 옳은 것은?

① 기름탱크에서의 수증기 폭발현상
② 비등상태의 액화가스가 기화하여 팽창하고 폭발하는 현상
③ 화재 시 기름 속의 수분이 급격히 증발하여 기름거품이 되고 팽창해서 기름탱크에서 밖으로 내뿜어져 나오는 현상
④ 원유, 중유 등 고점도의 기름 속에 수증기를 포함한 볼형태의 물방울이 형성되어 탱크 밖으로 넘치는 현상

≫ BLEVE(블레비) 현상이란 가연성 액화가스의 탱크 주위에서 화재가 발생한 경우에 탱크의 가열로 인하여 그 부분의 강도가 약해져 탱크가 파열됨으로 내부의 가열된 **액화가스가 기화하여 급속히 팽창하면서 폭발하는 현상**을 말한다.

24 가연물이 되기 쉬운 조건으로 가장 거리가 먼 것은?

① 열전도율이 클수록
② 활성화에너지가 작을수록
③ 화학적 친화력이 클수록
④ 산소와 접촉이 잘 될수록

≫ ① 열전도율은 어떤 물질에서 다른 물질로 열이 전달되는 정도를 말한다. 가연물이 되고자 하는 물질의 **열전도율이 클수록** 그 물질은 갖고 있던 열을 다른 물질에게 쉽게 내주고 자신은 열을 잃게 되어 **가연물이 되기 어렵다.**
② 활성화에너지란 어떤 물질을 활성화시키기 위해 공급해야 하는 에너지의 양으로서 물질에 에너지를 조금만 공급해도 그 물질이 활성화되기 쉽다면 그 물질의 활성화에너지는 작다고 할 수 있다. 따라서 활성화에너지가 작은 물질일수록 활성화되기 쉬워 가연물이 되기 쉽다.
③ 화학적으로 친화력이 클수록 가연물이 되기 쉽다.
④ 가연물이 잘 타기 위해서는 산소와 접촉이 잘 되어야 한다.

25 소화약제 또는 그 구성성분으로 사용되지 않는 물질은?

① CF_2ClBr　　② $CO(NH_2)_2$
③ NH_4NO_3　　④ K_2CO_3

>> ① CF₂ClBr(Halon 1211) : 할로전화합물소화약제
② CO(NH₂)₂(요소) : KHCO₃(탄산수소칼륨)와 함께 첨가하는 제4종 분말소화약제의 구성성분
③ NH₄NO₃(질산암모늄) : **제1류 위험물**
④ K₂CO₃(탄산칼륨) : 강화액소화기에 첨가하는 소화약제

26 소화약제로서 물이 갖는 특성에 대한 설명으로 옳지 않은 것은?

① 유화효과도 기대할 수 있다.
② 증발잠열이 커서 기화 시 다량의 열을 제거한다.
③ 기화팽창률이 커서 질식효과가 있다.
④ 용융잠열이 커서 주수 시 냉각효과가 뛰어나다.

>> ① 물은 안개형태로 흩어뿌려짐으로써 유류표면을 덮어 증기발생을 억제시키는 유화소화효과를 기대할 수 있다.
② 증발 시 발생하는 증발잠열이 커서 연소면의 열을 흡수하면서 온도를 낮추는 냉각효과를 갖는다.
③ 물은 기화팽창률이 커서 수증기로 기화되었을 때 부피가 상당히 커지며 이 때 수증기는 공기를 차단시켜 질식소화효과를 갖게 된다.
④ 용융잠열이 아닌 **증발잠열이 커서 냉각소화효과가 뛰어나다.**

27 분말소화기에 사용되는 분말소화약제의 주성분이 아닌 것은?

① NaHCO₃   ② KHCO₃
③ NH₄H₂PO₄   ④ NaOH

>> ① NaHCO₃(탄산수소나트륨) : 제1종 분말소화약제
② KHCO₃(탄산수소칼륨) : 제2종 분말소화약제
③ NH₄H₂PO₄(인산암모늄) : 제3종 분말소화약제
④ NaOH(수산화나트륨) : 가성소다로도 불리는 물질로서 **소화약제로는 사용하지 않는다.**

28 일반적으로 고급 알코올황산에스터염을 기포제로 사용하며 냄새가 없는 황색의 액체로서 밀폐 또는 준밀폐 구조물의 화재 시 고팽창포를 사용하여 화재를 진압할 수 있는 포소화약제는?

① 단백포 소화약제
② 합성계면활성제 소화약제
③ 알코올형포 소화약제
④ 수성막포 소화약제

>> 합성계면활성제 소화약제는 고급 알코올황산에 스터염등의 합성계면활성제를 주원료로 하는 포소화약제로서 고발포용에 적합한 소화약제이다.

29 이산화탄소소화설비의 저압식 저장용기에 설치하는 압력경보장치의 작동압력은?

① 1.9MPa 이상의 압력 및 1.5MPa 이하의 압력
② 2.3MPa 이상의 압력 및 1.9MPa 이하의 압력
③ 3.75MPa 이상의 압력 및 2.3MPa 이하의 압력
④ 4.5MPa 이상의 압력 및 3.75MPa 이하의 압력

>> 이산화탄소소화설비의 저압식 저장용기에는 2.3MPa 이상의 압력 및 1.9MPa 이하의 압력에서 작동하는 압력경보장치를 설치해야 한다.
※ 저압식 저장용기의 정상압력은 1.9MPa 초과 2.3MPa 미만이므로 이 압력의 범위를 벗어날 경우 압력에 이상이 생겼음을 알려주기 위한 경보장치이다.

Check   이산화탄소소화설비의 저압식 저장용기에 설치하는 설비의 또 다른 기준
(1) 액면계 및 압력계를 설치할 것
(2) 용기 내부의 온도를 영하 20℃ 이상 영하 18℃ 이하로 유지할 수 있는 자동냉동기를 설치할 것
(3) 파괴판을 설치할 것
(4) 방출밸브를 설치할 것

30 위험물안전관리법령상 정전기를 유효하게 제거하기 위해서는 공기 중의 상대습도는 몇 % 이상 되게 하여야 하는가?

① 40%   ② 50%
③ 60%   ④ 70%

>> 정전기 제거방법
1) 접지할 것
2) **공기 중의 상대습도를 70% 이상으로 할 것**
3) 공기를 이온화시킬 것

정답   26. ④   27. ④   28. ②   29. ②   30. ④

31 위험물제조소등에 설치하는 옥내소화전설비의 설명 중 틀린 것은?

① 개폐밸브 및 호스접속구는 바닥으로부터 1.5m 이하에 설치할 것
② 함의 표면에서 "소화전"이라고 표시할 것
③ 축전지설비는 설치된 벽으로부터 0.2m 이상 이격할 것
④ 비상전원의 용량은 45분 이상일 것

➤➤ ③ 옥내소화전설비의 비상전원을 축전지설비로 하는 경우 축전지설비는 설치된 실의 벽으로부터 0.1m 이상 이격해야 한다.

32 다음은 위험물안전관리법령에 따른 할로겐화합물소화설비에 관한 기준이다. ( )에 알맞은 수치는?

> 축압식 저장용기등은 온도 21℃에서 할론 1301을 저장하는 것은 ( )MPa 또는 ( )MPa이 되도록 질소가스로 가압할 것

① 0.1, 1.0
② 1.1, 2.5
③ 2.5, 1.0
④ 2.5, 4.2

➤➤ 할로겐화합물소화설비의 축압식 저장용기등은 온도 21℃에서 할론 1211을 저장하는 것은 1.1MPa 또는 2.5MPa, **할론 1301**을 저장하는 것은 **2.5MPa 또는 4.2MPa**이 되도록 질소가스로 축압해야 한다.

33 피리딘 20,000리터에 대한 소화설비의 소요단위는?

① 5단위   ② 10단위
③ 15단위   ④ 100단위

➤➤ 피리딘(C_5H_5N)은 제4류 위험물 중 제1석유류 수용성 물질로서 지정수량이 400L이며, 위험물의 1소요단위는 지정수량의 10배이므로 피리딘 20,000L는 $\dfrac{20,000L}{400L \times 10}$ = 5소요단위이다.

Check **1소요단위의 기준**

구 분	외벽이 내화구조	외벽이 비내화구조
제조소 및 취급소	연면적 100m²	연면적 50m²
저장소	연면적 150m²	연면적 75m²
위험물	지정수량의 10배	

34 위험물제조소등에 설치하는 포소화설비의 기준에 따르면 포헤드방식의 포헤드는 방호대상물의 표면적 1m²당의 방사량이 몇 L/min 이상의 비율로 계산한 양의 포수용액을 표준방사량으로 방사할 수 있도록 설치하여야 하는가?

① 3.5
② 4
③ 6.5
④ 9

➤➤ 포소화설비의 포헤드방식의 포헤드는 방호대상물의 표면적 9m²당 1개 이상의 헤드를, **방호대상물의 표면적 1m²당 방사량이 6.5L/min 이상**으로 방사할 수 있도록 설치하고, 방사구역은 100m² 이상(방호대상물의 표면적이 100m² 미만인 경우에는 당해 표면적)으로 한다.

35 위험물저장소 건축물의 외벽이 내화구조인 것은 연면적 얼마를 1소요단위로 하는가?

① 50m²
② 75m²
③ 100m²
④ 150m²

➤➤ 외벽이 내화구조인 위험물저장소의 건축물은 연면적 150m²를 1소요단위로 한다.

Check **1소요단위의 기준**

구 분	외벽이 내화구조	외벽이 비내화구조
제조소 및 취급소	연면적 100m²	연면적 50m²
저장소	**연면적 150m²**	연면적 75m²
위험물	지정수량의 10배	

정답 31. ③ 32. ④ 33. ① 34. ③ 35. ④

36 위험물안전관리법령에서 정한 위험물의 유별 저장·취급의 공통기준(중요기준) 중 제5류 위험물에 해당하는 것은?

① 물이나 산과의 접촉을 피하고 인화성 고체에 있어서는 함부로 증기를 발생시키지 아니하여야 한다.

② 공기와의 접촉을 피하고, 물과의 접촉을 피하여야 한다.

③ 가연물과의 접촉·혼합이나 분해를 촉진하는 물품과의 접근 또는 과열을 피하여야 한다.

④ 불티·불꽃·고온체와의 접근이나 과열·충격 또는 마찰을 피하여야 한다.

≫ ① 인화성 고체가 포함되어 있으므로 제2류 위험물의 기준이다.
② 공기와의 접촉을 피하는 것은 자연발화성 물질의 기준이고, 물과의 접촉을 피해야 하는 것은 금수성 물질의 기준이므로 이들은 모두 제3류 위험물의 기준이다.
③ 가연물과의 접촉·혼합이나 분해를 촉진하는 물품과의 접근 또는 과열을 피하여야 하는 것은 제1류 위험물과 제6류 위험물의 공통기준이지만 제1류 위험물은 알칼리금속의 과산화물의 기준이 포함되어 있어야 하므로 이 〈보기〉는 제6류 위험물의 기준이다.
④ 불티·불꽃·고온체와의 접근이나 과열·충격 또는 마찰을 피해야 하는 것은 제2류 위험물과 제5류 위험물의 공통기준이지만 제2류 위험물은 철분, 금속분, 마그네슘의 기준과 인화성 고체의 기준이 포함되어 있어야 하므로 이 〈보기〉는 제5류 위험물의 기준이다.

Check **위험물의 유별 저장·취급 공통기준**

(1) 제1류 위험물은 가연물과의 접촉·혼합이나 분해를 촉진하는 물품과의 접근 또는 과열·충격·마찰 등을 피하는 한편, 알칼리금속의 과산화물 및 이를 함유한 것에 있어서는 물과의 접촉을 피해야 한다.

(2) 제2류 위험물은 산화제와의 접촉·혼합이나 불티, 불꽃, 고온체의 접근 또는 과열을 피하는 한편, 철분, 금속분, 마그네슘 및 이를 함유한 것에 있어서는 물이나 산과의 접촉을 피하고 인화성 고체에 있어서는 함부로 증기를 발생시키지 않아야 한다.

(3) 제3류 위험물 중 자연발화성 물질에 있어서는 불티, 불꽃, 고온체와의 접근, 과열 또는 공기와의 접촉을 피하고, 금수성 물질에 있어서는 물과의 접촉을 피해야 한다.

(4) 제4류 위험물은 불티, 불꽃, 고온체와의 접근 또는 과열을 피하고, 함부로 증기를 발생시키지 않아야 한다.

(5) 제5류 위험물은 불티, 불꽃, 고온체와의 접근이나 과열, 충격 또는 마찰을 피해야 한다.

(6) 제6류 위험물은 가연물과의 접촉·혼합이나 분해를 촉진하는 물품과의 접근 또는 과열을 피해야 한다.

37 트라이에틸알루미늄의 소화약제로서 다음 중 가장 적당한 것은?

① 마른 모래, 팽창질석

② 물, 수성막포

③ 할로젠화합물, 단백포

④ 이산화탄소, 강화액

≫ 트라이에틸알루미늄은 제3류 위험물 중 금수성 물질이며 탄산수소염류분말소화약제 및 마른 모래(건조사), 팽창질석 및 팽창진주암이 적응성이 있다.

38 수소화나트륨 저장창고에 화재가 발생하였을 때 주수소화가 부적합한 이유로 옳은 것은 어느 것인가?

① 발열반응을 일으키고 수소를 발생한다.

② 수화반응을 일으키고 수소를 발생한다.

③ 중화반응을 일으키고 수소를 발생한다.

④ 중합반응을 일으키고 수소를 발생한다.

≫ **수소화나트륨**(NaH)은 제3류 위험물 중 금속의 수소화물에 속하는 금수성 물질로서 물과 반응 시 **발열반응과 함께 가연성인 수소가스를 발생**하기 때문에 화재 발생 시 주수소화하면 안 된다.
• 수소화나트륨의 물과의 반응식
$NaH + H_2O \rightarrow NaOH + H_2$

39 위험물제조소등에 "화기주의"라고 표시한 게시판을 설치하는 경우 몇 류 위험물의 제조소인가?

① 제1류 위험물　　② 제2류 위험물
③ 제4류 위험물　　④ 제5류 위험물

» 위험물제조소등에 설치하는 주의사항 게시판의 내용 및 색상

유 별	품 명	주의사항	색 상
제1류	알칼리금속의 과산화물	물기엄금	청색바탕 및 백색문자
	그 밖의 것	필요 없음	–
제2류	인화성 고체	화기엄금	적색바탕 및 백색문자
	그 밖의 것	**화기주의**	
제3류	금수성 물질	물기엄금	청색바탕 및 백색문자
	자연발화성 물질	화기엄금	적색바탕 및 백색문자
제4류	인화성 액체	화기엄금	적색바탕 및 백색문자
제5류	자기반응성 물질	화기엄금	적색바탕 및 백색문자
제6류	산화성 액체	필요 없음	–

40 다음은 위험물안전관리법령에서 정한 제조소등에서의 위험물의 저장 및 취급에 관한 기준 중 위험물의 유별 저장·취급의 공통기준에 관한 내용이다. ( ) 안에 알맞은 것은 어느 것인가?

> ( )은 가연물과의 접촉·혼합이나 분해를 촉진하는 물품과의 접근 또는 과열을 피하여야 한다.

① 제2류 위험물　　② 제4류 위험물
③ 제5류 위험물　　④ 제6류 위험물

» 위험물의 유별 저장·취급 공통기준
1) 제1류 위험물은 가연물과의 접촉·혼합이나 분해를 촉진하는 물품과의 접근 또는 과열·충격·마찰 등을 피하는 한편, 알칼리금속의 과산화물 및 이를 함유한 것에 있어서는 물과의 접촉을 피해야 한다.

2) 제2류 위험물은 산화제와의 접촉·혼합이나 불티, 불꽃, 고온체와의 접근 또는 과열을 피하는 한편, 철분, 금속분, 마그네슘 및 이를 함유한 것에 있어서는 물이나 산과의 접촉을 피하고 인화성 고체에 있어서는 함부로 증기를 발생시키지 않아야 한다.
3) 제3류 위험물 중 자연발화성 물질에 있어서는 불티, 불꽃, 고온체와의 접근, 과열 또는 공기와의 접촉을 피하고, 금수성 물질에 있어서는 물과의 접촉을 피해야 한다.
4) 제4류 위험물은 불티, 불꽃, 고온체와의 접근 또는 과열을 피하고, 함부로 증기를 발생시키지 않아야 한다.
5) 제5류 위험물은 불티, 불꽃, 고온체와의 접근이나 과열, 충격 또는 마찰을 피해야 한다.
6) **제6류 위험물**은 가연물과의 접촉·혼합이나 분해를 촉진하는 물품과의 접근 또는 과열을 피해야 한다.

제3과목　**위험물의 성질과 취급**

41 금속칼륨의 성질로서 옳은 것은?

① 중금속류에 속한다.
② 화학적으로 이온화경향이 큰 금속이다.
③ 물속에 보관한다.
④ 상온, 상압에서 액체형태인 금속이다.

» ① 물보다 가벼운 경금속에 속한다.
② **이온화경향이 가장 큰 금속**이다.
③ 물과 반응 시 가연성인 수소가스를 발생하므로 물속에 보관하면 안 된다.
④ 상온, 상압에서 고체형태인 금속이다.

42 위험물이 물과 반응하였을 때 발생하는 가연성 가스를 잘못 나타낸 것은?

① 금속칼륨 – 수소
② 금속나트륨 – 수소
③ 인화칼슘 – 포스겐
④ 탄화칼슘 – 아세틸렌

» ① 금속칼륨(K) : 물과 반응 시 수산화칼륨(KOH)과 가연성인 수소가스를 발생한다.
• 칼륨의 물과의 반응식
$2K + 2H_2O \rightarrow 2KOH + H_2$

② 금속나트륨(Na) : 물과 반응 시 수산화나트륨 (NaOH)과 가연성인 수소가스를 발생한다.
- 나트륨의 물과의 반응식
  $2Na + 2H_2O \rightarrow 2NaOH + H_2$

③ **인화칼슘**(Ca_3P_2) : 물과 반응 시 수산화칼슘 [$Ca(OH)_2$]과 함께 독성이면서 가연성인 **포스핀**(PH_3)가스를 발생한다.
- 인화칼슘의 물과의 반응식
  $Ca_3P_2 + 6H_2O \rightarrow 3Ca(OH)_2 + 2PH_3$

④ **탄화칼슘**(CaC_2) : 물과 반응 시 수산화칼슘 [$Ca(OH)_2$]과 가연성인 아세틸렌(C_2H_2)가스를 발생한다.
- 탄화칼슘의 물과의 반응식
  $CaC_2 + 2H_2O \rightarrow Ca(OH)_2 + C_2H_2$

43 다음 중 질산암모늄에 관한 설명 중 틀린 것은 어느 것인가?

① 상온에서 고체이다.
② 폭약의 제조 원료로 사용할 수 있다.
③ 흡습성과 조해성이 있다.
④ 물과 발열하고 다량의 가스를 발생한다.

≫ 질산암모늄(NH_4NO_3)은 제1류 위험물 중 질산염류에 속하는 고체로서 물에 잘 녹으며, 물에 녹을 때 열을 흡수하는 흡열반응을 하기 때문에 물과 발열하거나 다량의 가스를 발생하지는 않는다.

44 황이 연소할 때 발생하는 가스는?

① H_2S ② SO_2
③ CO_2 ④ H_2O

≫ 제2류 위험물인 황(S)은 연소 시 이산화황(SO_2)이라는 가연성 가스가 발생한다.
- 황의 연소반응식
  $S + O_2 \rightarrow SO_2$

45 금속나트륨이 물과 작용하면 위험한 이유로 옳은 것은?

① 물과 반응하여 과염소산을 생성하므로
② 물과 반응하여 염산을 생성하므로
③ 물과 반응하여 수소를 방출하므로
④ 물과 반응하여 산소를 방출하므로

≫ 제3류 위험물인 금속나트륨(Na)이 물과 반응하면 수산화나트륨(NaOH)과 **수소가스를 발생**하므로 위험성이 커진다.
- 나트륨의 물과의 반응식
  $2Na + 2H_2O \rightarrow 2NaOH + H_2$

46 황화인의 성질에 해당되지 않는 것은?

① 공통적으로 유독한 연소생성물이 발생한다.
② 종류에 따라 용해성질이 다를 수 있다.
③ P_4S_3의 녹는점은 100℃보다 높다.
④ P_2S_5는 물보다 가볍다.

≫ ① 삼황화인(P_4S_3), 오황화인(P_2S_5), 칠황화인(P_4S_7)은 공통적으로 황(S)과 인(P)을 포함하므로 연소 시 유독한 이산화황(SO_2)과 오산화인(P_2O_5) 가스가 발생한다.
② 삼황화인(P_4S_3)은 물에 녹지 않고 오황화인(P_2S_5)과 칠황화인(P_4S_7)은 조해성(공기 중의 수분을 흡수하여 자신이 녹는 성질)과 함께 용해성이 있다.
③ 삼황화인(P_4S_3)의 녹는점은 172.5℃이고, 오황화인(P_2S_5)과 칠황화인(P_4S_7)의 녹는점도 각각 290℃와 310℃이므로 모든 황화인은 녹는점이 100℃보다 높다.
④ 오황화인(P_2S_5)을 포함한 **모든 제2류 위험물은 물보다 무겁다.**

⊙ Tip

위험물 중 제3류 위험물과 제4류 위험물에는 물보다 가벼운 것도 있지만 그 외의 유별에는 모두 물보다 무거운 것만 있습니다.

47 위험물안전관리법령상 제1석유류에 속하지 않는 것은?

① CH_3COCH_3
② C_6H_6
③ $CH_3COC_2H_5$
④ CH_3COOH

≫ ① CH_3COCH_3(아세톤) : 제1석유류
② C_6H_6(벤젠) : 제1석유류
③ $CH_3COC_2H_5$(메틸에틸케톤) : 제1석유류
④ **CH_3COOH(아세트산) : 제2석유류**

정답   43. ④   44. ②   45. ③   46. ④   47. ④

48 다음 중 피리딘에 대한 설명으로 틀린 것은 어느 것인가?

① 물보다 가벼운 액체이다.

② 인화점은 30℃보다 낮다.

③ 제1석유류이다.

④ 지정수량이 200리터이다.

≫ ① 물보다 가벼운 수용성 액체이다.
  ② 인화점은 20℃이므로 30℃보다 낮다.
  ③ 제4류 위험물 중 제1석유류에 속하며, 화학식은 C_5H_5N이다.
  ④ 제1석유류 수용성 물질로서 **지정수량은 400리터**이다.

49 물보다 무겁고 비수용성인 위험물로 이루어진 것은?

① 이황화탄소, 나이트로벤젠, 크레오소트유

② 이황화탄소, 글리세린, 클로로벤젠

③ 에틸렌글리콜, 나이트로벤젠, 의산메틸

④ 초산메틸, 클로로벤젠, 크레오소트유

≫ ① • 이황화탄소 : 특수인화물로서 **물보다 무겁고 비수용성**이다.
  • 나이트로벤젠 : 제3석유류로서 **물보다 무겁고 비수용성**이다.
  • 크레오소트유 : 제3석유류로서 **물보다 무겁고 비수용성**이다.
  ② • 이황화탄소 : 특수인화물로서 물보다 무겁고 비수용성이다.
  • 글리세린 : 제3석유류로서 물보다 무겁고 수용성이다.
  • 클로로벤젠 : 제2석유류로서 물보다 무겁고 비수용성이다.
  ③ • 에틸렌글리콜 : 제3석유류로서 물보다 무겁고 수용성이다.
  • 나이트로벤젠 : 제3석유류로서 물보다 무겁고 비수용성이다.
  • 의산메틸 : 제1석유류로서 물보다 가볍고 수용성이다.
  ④ • 초산메틸 : 제1석유류로서 물보다 가볍고 비수용성이다.
  • 클로로벤젠 : 제2석유류로서 물보다 무겁고 비수용성이다.
  • 크레오소트유 : 제3석유류로서 물보다 무겁고 비수용성이다.

50 위험물안전관리법령상 1기압에서 제3석유류의 인화점 범위로 옳은 것은?

① 21℃ 이상 70℃ 미만

② 70℃ 이상 200℃ 미만

③ 200℃ 이상 300℃ 미만

④ 300℃ 이상 400℃ 미만

≫ 제4류 위험물의 인화점 범위
  1) 특수인화물 : 이황화탄소, 다이에틸에터, 그 밖에 1기압에서 발화점이 100℃ 이하인 것 또는 인화점이 영하 20℃ 이하이고 비점이 40℃ 이하인 것
  2) 제1석유류 : 아세톤, 휘발유, 그 밖에 1기압에서 인화점이 21℃ 미만인 것
  3) 알코올류 : 탄소수가 1개부터 3개까지의 포화1가 알코올인 것(인화점으로 구분하지 않음)
  4) 제2석유류 : 등유, 경유, 그 밖에 1기압에서 인화점이 21℃ 이상 70℃ 미만인 것
  5) **제3석유류** : 중유, 크레오소트유, 그 밖에 **1기압에서 인화점이 70℃ 이상 200℃ 미만**인 것
  6) 제4석유류 : 기어유, 실린더유, 그 밖에 1기압에서 인화점이 200℃ 이상 250℃ 미만의 것
  7) 동식물유류 : 동물의 지육 등 또는 식물의 종자나 과육으로부터 추출한 것으로서 1기압에서 인화점이 250℃ 미만인 것

51 피크르산에 대한 설명으로 틀린 것은?

① 화재발생 시 다량의 물로 주수소화 할 수 있다.

② 트라이나이트로페놀이라고도 한다.

③ 알코올, 아세톤에 녹는다.

④ 플라스틱과 반응하므로 철 또는 납의 금속용기에 저장해야 한다.

≫ ① 제5류 위험물이므로 화재발생 시 다량의 물로 주수하여 냉각소화 해야 한다.
  ② 또 다른 명칭으로 트라이나이트로페놀이라고도 부른다.
  ③ 물에 녹지 않지만 알코올, 아세톤에는 녹는다.
  ④ 플라스틱이 아닌 철 또는 납 등의 금속과 반응하여 피크린산 염을 생성하여 위험성이 커지므로 **금속 재질의 용기의 사용은 피해야 한다**.

52 과산화수소의 성질 및 취급방법에 관한 설명 중 틀린 것은?

① 햇빛에 의하여 분해한다.
② 인산, 요산 등의 분해방지 안정제를 넣는다.
③ 저장용기는 공기가 통하지 않게 마개로 꼭 막아둔다.
④ 에탄올에 녹는다.

≫ ① 햇빛에 분해하여 산소를 발생하기 때문에 이를 방지하기 위하여 갈색병에 보관한다.
② 인산, 요산 등의 분해방지 안정제를 첨가하여 저장한다.
③ 안정제를 첨가해야 할 만큼 불안정하기 때문에 스스로 분해하여 산소를 지속적으로 발생하고 그 산소의 압력으로 인해 용기가 파손될 수 있으므로 **용기 마개에 미세한 구멍을 뚫어 저장한다.**
④ 물, 에터, 에탄올에는 녹고, 벤젠 및 석유에는 녹지 않는다.

53 위험물안전관리법령에 따라 제4류 위험물 옥내저장탱크에 설치하는 밸브 없는 통기관의 설치기준으로 가장 거리가 먼 것은?

① 통기관의 지름은 30mm 이상으로 한다.
② 통기관의 선단은 수평면에 대하여 아래로 45도 이상 구부려 설치한다.
③ 통기관은 가스가 체류되지 않도록 그 선단을 건축물의 출입구로부터 0.5m 이상 떨어진 곳에 설치하고 끝에 팬을 설치한다.
④ 가는 눈의 구리망 등으로 인화방지장치를 한다.

≫ 옥내저장탱크의 밸브 없는 통기관
1) 선단은 건축물의 창·출입구등의 개구부로부터 **1m 이상 떨어진 옥외의 장소에 설치**한다.
2) 지면으로부터 통기관의 선단까지의 높이는 4m 이상으로 한다.
3) 지름은 30mm 이상으로 한다.
4) 선단은 수평면보다 45도 이상 구부려 빗물 등의 침투를 막는 구조로 한다.
5) 인화점이 38℃ 미만인 위험물만을 저장, 취급하는 탱크의 통기관에는 화염방지장치를 설치하고, 인화점이 38℃ 이상 70℃ 미만인 위험물을 저장, 취급하는 탱크의 통기관에는 40mesh 이상의 구리망으로 된 인화방지장치를 설치할 것

54 위험물안전관리법령상 제4석유류를 취급하는 위험물제조소의 건축물의 지붕에 대한 설명으로 옳은 것은?

① 항상 불연재료로 하여야 한다.
② 항상 내화구조로 하여야 한다.
③ 가벼운 불연재료가 원칙이지만 예외적으로 내화구조로 할 수 있는 경우가 있다.
④ 내화구조가 원칙이지만 예외적으로 가벼운 불연재료로 할 수 있는 경우가 있다.

≫ 제조소의 지붕은 폭발력이 위로 방출될 정도의 **가벼운 불연재료**로 덮어야 한다. 다만, 제조소의 건축물이 다음의 위험물을 취급하는 경우에는 지붕을 **내화구조로 할 수 있다.**
1) 제2류 위험물(분상의 것과 인화성 고체를 제외)
2) 제4류 위험물 중 **제4석유류·동식물유류**
3) 제6류 위험물

55 위험물안전관리법령에서 정한 이황화탄소의 옥외탱크저장시설에 대한 기준으로 옳은 것은 어느 것인가?

① 벽 및 바닥의 두께가 0.2m 이상이고 누수가 되지 아니하는 철근콘크리트의 수조에 넣어 보관하여야 한다.
② 벽 및 바닥의 두께가 0.2m 이상이고 누수가 되지 아니하는 철근콘크리트의 석유조에 넣어 보관하여야 한다.
③ 벽 및 바닥의 두께가 0.3m 이상이고 누수가 되지 아니하는 철근콘크리트의 수조에 넣어 보관하여야 한다.
④ 벽 및 바닥의 두께가 0.3m 이상이고 누수가 되지 아니하는 철근콘크리트의 석유조에 넣어 보관하여야 한다.

≫ 이황화탄소의 옥외저장탱크는 방유제를 설치하지 않는 대신 **벽 및 바닥의 두께가 0.2m 이상이고 누수가 되지 아니하는 철근콘크리트의 수조에 넣어 보관**하여야 한다.

정답 52. ③ 53. ③ 54. ③ 55. ①

56 위험물안전관리법령에 따른 위험물제조소와 관련한 내용으로 틀린 것은?

① 채광설비는 불연재료를 사용한다.
② 환기는 자연배기방식으로 한다.
③ 조명설비의 전선은 내화·내열전선으로 한다.
④ 조명설비의 점멸스위치는 출입구 안쪽 부분에 설치한다.

» ① 채광 및 조명설비는 불연재료를 사용한다.
② 환기는 자연배기방식으로 하고, 배출은 강제 배기방식으로 한다.
③ 조명설비의 전선은 불과 열에 견딜 수 있는 내화·내열전선으로 한다.
④ 조명설비의 점멸스위치는 **출입구 바깥쪽 부분에 설치**해야 외부에서도 점멸이 가능하다.

57 위험물안전관리법령상 간이탱크저장소의 위치·구조 및 설비의 기준에서 간이저장탱크 1개의 용량은 몇 L 이하이어야 하는가?

① 300　　　　② 600
③ 1,000　　　④ 1,200

» 간이저장탱크 1개의 용량은 600L 이하이어야 한다.

Check 간이탱크저장소의 또 다른 기준

(1) 하나의 간이탱크저장소에 설치할 수 있는 간이 저장탱크의 수는 3개 이하로 한다.
　※ 동일한 품질의 위험물의 간이저장탱크를 2개 이상 설치하지 않는다.
(2) 간이저장탱크의 두께는 3.2mm 이상의 강철판으로 제작한다.
(3) 간이저장탱크의 수압시험은 70kPa의 압력으로 10분간 실시한다.

58 위험물 운반 시 유별을 달리하는 위험물의 혼재기준에서 다음 중 혼재가 가능한 위험물은? (단, 각각 지정수량 10배의 위험물로 가정한다.)

① 제1류와 제4류　② 제2류와 제3류
③ 제3류와 제4류　④ 제1류와 제5류

» ① 제1류 위험물은 제4류 위험물과 혼재가 불가능하다.
② 제2류 위험물은 제3류 위험물과 혼재가 불가능하다.
③ **제3류 위험물은 제4류 위험물과 혼재가 가능**하다.
④ 제1류 위험물은 제5류 위험물과 혼재가 불가능하다.

Check 위험물운반에 관한 혼재기준

423, 524, 61의 숫자 조합으로 표를 만들 수 있다.

위험물의 구분	제1류	제2류	제3류	제4류	제5류	제6류
제1류		×	×	×	×	○
제2류	×		×	○	○	×
제3류	×	×		○	×	×
제4류	×	○	○		○	×
제5류	×	○	×	○		×
제6류	○	×	×	×	×	

※ 단, 지정수량의 1/10 이하의 양에 대해서는 이 기준을 적용하지 않는다.

59 위험물을 저장 또는 취급하는 탱크의 용량산정 방법에 관한 설명으로 옳은 것은?

① 탱크의 내용적에서 공간용적을 뺀 용적으로 한다.
② 탱크의 공간용적에서 내용적을 뺀 용적으로 한다.
③ 탱크의 공간용적에 내용적을 더한 용적으로 한다.
④ 탱크의 볼록하거나 오목한 부분을 뺀 내용적으로 한다.

» **탱크의 용량**은 탱크 전체의 용적을 의미하는 **탱크의 내용적에서** 법에서 정한 **공간용적을 뺀 용적**으로 정한다.

Check 탱크의 공간용적

(1) 일반탱크 : 탱크의 내용적의 100분의 5 이상 100분의 10 이하의 용적
(2) 소화약제 방출구를 탱크 안의 윗부분에 설치한 탱크 : 소화약제 방출구 아래의 0.3m 이상 1m 미만 사이의 면으로부터 윗부분의 용적
(3) 암반저장탱크 : 해당 탱크 내에 용출하는 7일간의 지하수의 양에 상당하는 용적과 그 탱크 내용적의 100분의 1의 용적 중에서 보다 큰 용적

정답　56. ④　57. ②　58. ③　59. ①

60 제5류 위험물의 제조소에 설치하는 주의사항 게시판에서 게시판의 바탕 및 문자의 색을 올바르게 나타낸 것은?

① 청색바탕에 백색문자

② 백색바탕에 청색문자

③ 백색바탕에 적색문자

④ 적색바탕에 백색문자

≫ 위험물제조소등에 설치하는 주의사항 게시판의 내용 및 색상

유 별	품 명	주의사항	색 상
제1류	알칼리금속의 과산화물	물기엄금	청색바탕, 백색문자
	그 밖의 것	필요 없음	–
제2류	철분, 금속분, 마그네슘	화기주의	적색바탕, 백색문자
	인화성 고체	화기엄금	적색바탕, 백색문자
	그 밖의 것	화기주의	
제3류	금수성 물질	물기엄금	청색바탕, 백색문자
	자연발화성 물질	화기엄금	적색바탕, 백색문자
제4류	인화성 액체	화기엄금	적색바탕, 백색문자
제5류	자기반응성 물질	**화기엄금**	**적색바탕, 백색문자**
제6류	산화성 액체	필요 없음	–

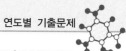
제1과목 일반화학

01 분자량의 무게가 4배이면 확산속도는 몇 배인가?

① 0.5배 　　　　② 1배

③ 2배 　　　　　④ 4배

≫ 그레이엄의 기체확산속도의 법칙은 "기체의 확산속도는 기체의 분자량의 제곱근에 반비례한다."이고, 공식은 $V = \sqrt{\dfrac{1}{M}}$ 이다.

여기서, V = 기체의 확산속도

　　　　M = 기체의 분자량

처음 기체의 분자량(M)을 1로 정할 때 기체의

확산속도는 $V = \sqrt{\dfrac{1}{1}} = 1$인데 기체의 분자량

(M)을 처음의 4배로 하면 기체의 확산속도는

$V = \sqrt{\dfrac{1}{1 \times 4}} = \sqrt{\dfrac{1}{4}} = \dfrac{1}{2} = 0.5$이다.

02 구리선의 밀도가 7.81g/mL이고, 질량이 3.72g이다. 이 구리선의 부피는 얼마인가?

① 0.48 　　　　② 2.09

③ 1.48 　　　　④ 3.09

≫ 밀도(g/mL) = $\dfrac{질량(g)}{부피(mL)}$

부피(mL) = $\dfrac{질량(g)}{밀도(g/mL)}$

　　　　 = $\dfrac{3.72g}{7.81g/mL}$

　　　　 = 0.48mL

03 수소 1.2몰과 염소 2몰이 반응할 경우 생성되는 염화수소의 몰수는?

① 1.2 　　　　　② 2

③ 2.4 　　　　　④ 4.8

≫ 다음 반응식과 같이 수소(H_2) 1몰과 염소(Cl_2) 1몰이 반응하면 염화수소(HCl) 2몰이 생성된다.

　H_2 + Cl_2 → 2HCl

　1몰　　1몰　　　2몰

〈문제〉에서는 수소(H_2)를 1.2몰 반응시킨다고 하였으므로 염소(Cl_2) 또한 1.2몰이 필요하고 **염화수소(HCl)**는 수소 및 염소의 몰수인 1.2몰의 2배인 **2.4몰**이 생성된다.

04 원자 A가 이온 A^{2+}로 되었을 때의 전자수와 원자번호 n인 원자 B가 이온 B^{3-}으로 되었을 때 갖는 전자수가 같았다면 A의 원자번호는?

① $n-1$ 　　　　② $n+2$

③ $n-3$ 　　　　④ $n+5$

≫ 이온 A^{2+}는 원자 A가 전자 2개를 잃은 상태이므로 A의 전자수는 A – 2가 되며 이온 B^{3-}는 원자 B가 전자 3개를 얻은 상태이므로 B의 전자수는 B + 3이 된다. 〈문제〉에서 A – 2와 B + 3의 전자수가 같다고 하였으므로 A – 2 = B + 3이 되고 이 식은 A = B + 5로 나타낼 수 있다.

여기서 B의 원자번호는 n이라고 했고 원자번호는 전자수와 같으므로 A = B + 5의 B 대신 n을 대입하면 A = n + 5로 나타낼 수 있다.

05 다음 중 단원자분자에 해당하는 것은?

① 산소 　　　　② 질소

③ 네온 　　　　④ 염소

≫ 원자수에 따른 분자의 구분

　1) 단원자분자 : 1개의 원자가 단독으로 분자 역할을 하는 원자를 말하며, 헬륨(He), **네온(Ne)**, 아르곤(Ar) 등이 있다.

　2) 이원자분자 : 2개의 원자가 결합되어 만들어진 분자를 말하며, 산소(O_2), 수소(H_2), 염소(Cl_2) 등이 있다.

　3) 삼원자분자 : 3개의 원자가 결합되어 만들어진 분자를 말하며, 오존(O_3), 이산화탄소(CO_2), 물(H_2O) 등이 있다.

정답 　01. ① 　02. ① 　03. ③ 　04. ④ 　05. ③

06 어떤 용액의 $[OH^-] = 2 × 10^{-5}$M이었다. 이 용액의 pH는 얼마인가?

① 11.3 ② 10.3
③ 9.3 ④ 8.3

》 수소이온($[H^+]$)의 농도가 주어지는 경우에는 pH = $-log[H^+]$의 공식을 이용해 수소이온지수(pH)를 구해야 하고 수산화이온($[OH^-]$)의 농도가 주어지는 경우에는 pOH = $-log[OH^-]$의 공식을 이용해 수산화이온지수(pOH)를 구해야 한다. 〈문제〉에서는 $[OH^-]$가 주어졌으므로 pOH = $-log(2×10^{-5})$ = 4.7임을 알 수 있지만 〈문제〉는 용액의 pOH가 아닌 pH를 구하는 것이므로 pH + pOH = 14를 이용하여 다음과 같이 pH를 구할 수 있다.

pH = 14 − pOH
= 14 − 4.7
= 9.3
∴ pH = 9.3

07 1패럿의 전기량으로 물을 전기분해하였을 때 생성되는 수소기체는 0℃, 1기압에서 얼마의 부피를 갖는가?

① 5.6L ② 11.2L
③ 22.4L ④ 44.8L

》 1F(패럿)이란 물질 1g당량을 석출하는 데 필요한 전기량이므로 1F(패럿)의 전기량으로 물(H_2O)을 전기분해하면 수소(H_2) 1g당량과 산소(O_2) 1g당량이 발생한다.

여기서, 1g당량이란 $\dfrac{원자량}{원자가}$인데 H(수소)는 원자량이 1g이고 원자가도 1이기 때문에 H의 1g당량은 $\dfrac{1g}{1}$ = 1g이다.

0℃, 1기압에서 수소기체(H_2) 1몰 즉, 2g의 부피는 22.4L이지만 1F(패럿)의 전기량으로 얻는 수소기체 1g당량 즉, 수소기체 1g은 0.5몰이므로 수소의 부피는 0.5몰 × 22.4L = 11.2L이다.

Check **산소기체의 부피**

O(산소)는 원자량이 16g이고 원자가는 2이기 때문에 O의 1g당량은 $\dfrac{16g}{2}$ = 8g이다. 0℃, 1기압에서 산소기체(O_2) 1몰 즉, 32g의 부피는 22.4L이지만 1F(패럿)의 전기량으로 얻는 산소기체 1g당량 즉, 산소기체 8g은 0.25몰이므로 산소의 부피는 0.25몰 × 22.4L = 5.6L이다.

08 휘발성 유기물 1.39g을 증발시켰더니 100℃, 760mmHg에서 420mL였다. 이 물질의 분자량은 약 몇 g/mol인가?

① 53 ② 73
③ 101 ④ 150

》 어떤 압력과 온도에서 일정량의 기체에 대해 묻는 문제는 이상기체상태방정식을 이용한다.

$PV = \dfrac{w}{M}RT$에서 분자량(M)을 구해야 하므로 다음과 같이 식을 변형한다.

$M = \dfrac{w}{PV}RT$

여기서, P(압력) : $\dfrac{760mmHg}{760mmHg/atm}$ = 1atm
V(부피) : 420mL = 0.42L
w(질량) : 1.39g
R(이상기체상수) : 0.082atm·L/mol·K
T(절대온도) : 273 + 100K

$M = \dfrac{1.39}{1×0.42} × 0.082 × (273 + 100)$

= 101.23g/mol
∴ M = 101g/mol

09 원자량이 56인 금속 M 1.12g을 산화시켜 실험식이 M_xO_y인 산화물 1.60g을 얻었다. x, y는 각각 얼마인가?

① $x = 1, y = 2$ ② $x = 2, y = 3$
③ $x = 3, y = 2$ ④ $x = 2, y = 1$

》 금속 M의 원자가는 알 수 없으므로 $+y$라 하고 산소 O의 원자가는 -2이므로 금속 M이 산소 O와 결합하여 만들어진 산화물의 화학식은 M_2O_y이다. 여기서 x의 값은 이미 2로 정해진다. 〈문제〉에서 산화물 M_2O_y는 1.60g이고 금속 M_2가 1.12g이라 하였으므로 산소 O_y는 산화물 M_2O_y의 질량 1.60g에서 금속 M_2의 질량 1.12g을 뺀 0.48g이 된다. 이는 산화물 M_2O_y가 금속 M_2 1.12g, 산소 O_y 0.48g으로 구성되어 있다는 것을 의미하며 이러한 비율로 구성된 산화물의 화학식을 알기 위해서는 금속 M의 원자량 56g을 대입해 금속 M_2를 56g × 2 = 112g으로 하였을 때 산소 O_y의 질량이 얼마인지를 구하면 된다.

M_2　　　　　O_y
1.12g ╳ 0.48g
112g　　　　　x(g)
1.12 × x = 112 × 0.48
x = 48g이다.

정답　06. ③　07. ②　08. ③　09. ②

여기서 x는 O_y의 질량으로서 O_y = 48g이므로 O_y가 48g이 되려면 16g × y = 48에서 y = 3이 된다. 따라서 y는 산소 O의 개수를 나타내는 것이므로 이 산화물의 화학식은 M_2O_3이다.

10 어떤 금속의 원자가는 2이며, 그 산화물의 조성은 금속이 80wt%이다. 이 금속의 원자량은?

① 32　　　　　　② 48
③ 64　　　　　　④ 80

　➤ 금속 M의 원자가는 +2이며 산소 O의 원자가는 −2이므로 금속 M이 산소 O와 결합하여 만들어진 산화물의 화학식은 M_2O_2이다. 이렇게 두 원소의 분자수가 같을 경우에는 그 수를 약분하여 화학식 MO로 표시해야 한다. 〈문제〉에서 산화물 MO에는 금속 M이 80% 있다고 하였으므로 산소 O는 20%만 있는 것이다. 이러한 비율로 구성된 산화물의 화학식을 알기 위해서는 산소 O의 원자량이 16g인 것을 이용해 금속 M의 원자량이 얼마인지를 구하면 된다.

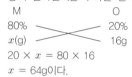

　　$\begin{array}{ll} M & O \\ 80\% & 20\% \\ x(g) & 16g \end{array}$
　　$20 \times x = 80 \times 16$
　　$x = 64g$이다.

11 요소 6g을 물에 녹여 1,000L로 만든 용액의 27℃에서의 삼투압은 약 몇 atm인가? (단, 요소의 분자량은 60이다.)

① 1.26×10^{-1}　　② 1.26×10^{-2}
③ 2.46×10^{-3}　　④ 2.56×10^{-4}

　➤ 삼투압은 이상기체상태방정식을 이용하여 구할 수 있으며 $PV = \dfrac{w}{M}RT$에서 압력 P가 삼투압이다. 삼투압 P를 구하기 위해 다음과 같이 식을 변형한다.

$$P = \frac{w}{VM}RT$$

여기서, V(물의 부피) : 1,000L
　　　　M(요소의 분자량) : 60g
　　　　w(요소의 질량) : 6g
　　　　R(이상기체상수) : 0.082atm・L / mol・K
　　　　T(절대온도) : 273 + 27K

$$P = \frac{6}{1,000 \times 60} \times 0.082 \times (273 + 27)$$
$$= 2.46 \times 10^{-3} \text{atm}$$

12 물 36g을 모두 증발시키면 수증기가 차지하는 부피는 표준상태를 기준으로 몇 L인가?

① 11.2L　　　　② 22.4L
③ 33.6L　　　　④ 44.8L

　➤ 물(H_2O)은 1(H)g × 2 + 16(O)g = 18g이 1몰이므로 물(수증기) 36g은 2몰이다. 또한 표준상태에서 모든 기체 1몰의 부피는 22.4L이므로 수증기 2몰의 부피는 2 × 22.4L = 44.8L이다.

13 $CuSO_4$ 용액에 0.5F의 전기량을 흘렸을 때 약 몇 g의 구리가 석출되겠는가? (단, 원자량은 Cu 64, S 32, O 16이다.)

① 16　　　　　　② 32
③ 64　　　　　　④ 128

　➤ 1F(패럿)이란 물질 1g당량을 석출하는 데 필요한 전기량이다.

　여기서, 1g당량이란 $\dfrac{원자량}{원자가}$ 인데 Cu(구리)는 원자량이 63.6이고 원자가는 2가인 원소이기 때문에 Cu의 1g당량 = $\dfrac{63.6g}{2}$ = 31.8g이다.

　1F(패럿)의 전기량으로는 $CuSO_4$ 용액에 녹아 있는 Cu를 31.8g 석출할 수 있는데 〈문제〉는 0.5F(패럿)의 전기량으로는 몇 g의 Cu를 석출할 수 있는지를 묻는 것이므로 비례식으로 구하면 다음과 같다.

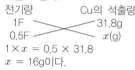

　　$\begin{array}{ll} 전기량 & \text{Cu의 석출량} \\ 1F & 31.8g \\ 0.5F & x(g) \end{array}$
　　$1 \times x = 0.5 \times 31.8$
　　$x = 16g$이다.

14 방사성 동위원소의 반감기가 20일일 때 40일이 지난 후 남은 원소의 분율은?

① $\dfrac{1}{2}$　　　　　　② $\dfrac{1}{3}$
③ $\dfrac{1}{4}$　　　　　　④ $\dfrac{1}{6}$

　➤ 반감기란 방사성 원소의 질량이 반으로 감소하는 데 걸리는 기간을 말한다. 〈문제〉의 반감기가 20일인 원소는 20일이 지나면 처음 질량보다 $\dfrac{1}{2}$ 로 감소하므로 40일이 지나면 처음 질량보다 $\dfrac{1}{4}$ 로 감소한다. 따라서 40일이 지난 후 남은 원소의 질량은 처음 질량의 $\dfrac{1}{4}$ 이다.

15 다음 중 반응이 정반응으로 진행되는 것은 어느 것인가?

① $Pb^{2+} + Zn \rightarrow Zn^{2+} + Pb$

② $I_2 + 2Cl^- \rightarrow 2I^- + Cl_2$

③ $2Fe^{3+} + 3Cu \rightarrow 3Cu^{2+} + 2Fe$

④ $Mg^{2+} + Zn \rightarrow Zn^{2+} + Mg$

❯❯ 금속이 전자(−)를 잃고 양이온(+)이 되려는 성질을 이온화경향이라고 하며, 이온화경향이 큰 금속은 자신이 가지고 있는 전자(−)를 이온화경향이 작은 금속에게 내주고 자신은 양이온(+)으로 되려는 성질이 있다.
이온화경향의 세기는 다음과 같다.

K > Ca > Na > Mg > Al > Zn > Fe > Ni
칼륨 칼슘 나트륨 마그 알루 아연 철 니켈
　　　　　　 네슘 미늄
> Sn > Pb > H > Cu > Hg > Ag > Pt > Au
　주석 납 수소 구리 수은 은 백금 금

톡톡 튀는 암기법 칼칼나마알(주기율표 왼쪽 아래에 모인 금속들) 아페니주납수(애를 때리니 주둥이가 납작해졌수) 구수은백금(구수한 은과 백금 줘라)

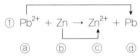

ⓐ Pb^{2+} : 전자(−) 2개가 없어 양이온(+)만 2개 있는 상태

ⓑ Zn : 전자(−) 2개와 양이온(+) 2개를 모두 가진 상태

ⓒ Zn^{2+} : 전자(−) 2개를 잃어 양이온(+)만 2개 남은 상태

ⓓ Pb : 전자(−) 2개를 받아 양이온(+)과 전자(−)를 모두 가진 상태

Pb와 Zn 중 이온화경향이 더 큰 금속은 Zn이므로 이 반응이 정반응(오른쪽)으로 진행하기 위해서는 **Zn은 Pb에게 전자(−)를 내주고 Pb은 Zn으로부터 전자를 받아야 한다.** 여기서, ⓑ의 **Zn은 ⓐ의 Pb^{2+}에게 전자(−) 2개를 내주어** ⓒ의 전자(−) 2개를 잃은 Zn^{2+}이 되고 ⓐ의 Pb^{2+}는 ⓑ의 **Zn으로부터 전자(−) 2개를 받아** ⓓ의 양이온(+)과 전자(−)를 모두 가진 상태의 Pb이 되었으므로 이 반응은 정반응으로 진행된 것이다.

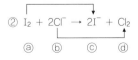

ⓐ I_2 : 전자(−)를 갖지 않은 상태

ⓑ Cl^- : 전자(−) 1개를 가진 상태

ⓒ I^- : 전자(−) 1개를 가진 상태

ⓓ Cl_2 : 전자(−)를 갖지 않은 상태

할로겐원소 F, Cl, Br, I 중 전자친화도(전자를 갖고 있으려는 성질)가 큰 순서는 F>Cl>Br>I이다. 이 반응이 정반응으로 진행되려면 전자친화도가 더 큰 Cl이 반응 후에도 ⓑ의 Cl^-과 같이 전자를 갖고 있어야 하지만 여기서는 오히려 전자를 I에게 내주고 자신은 ⓓ의 전자(−)를 갖지 않은 상태가 되었으므로 이 반응은 정반응으로 진행된 것이 아니다.

③ $2Fe^{3+} + 3Cu \rightarrow 3Cu^{2+} + 2Fe$
　　　　ⓐ　　　ⓑ　　　　ⓒ　　　ⓓ

ⓐ $2Fe^{3+}$: 전자(−) 3개×2＝6개가 없어 양이온(+)만 6개 있는 상태

ⓑ 3Cu : Cu는 2가 원소이므로 전자(−) 2개×3＝6개와 양이온(+) 6개를 모두 가진 상태

ⓒ $3Cu^{2+}$: 전자(−) 2개×3＝6개를 잃어 양이온(+)만 6개 남은 상태

ⓓ 2Fe : Fe는 3가 원소이므로 전자(−) 3개×2＝6개를 받아 양이온(+)과 전자(−)를 모두 가진 상태

Fe와 Cu 중 이온화경향이 더 큰 금속은 Fe이므로 이 반응이 정반응으로 진행하기 위해서는 Fe은 Cu에게 전자(−)를 내주고 Cu는 Fe로부터 전자(−)를 받아야 한다. 이 반응에서는 ⓑ의 3Cu는 ⓐ의 $2Fe^{3+}$에게 전자(−) 6개를 내주어 ⓒ의 전자(−) 6개를 잃은 $3Cu^{2+}$가 되고 ⓐ의 $2Fe^{3+}$는 ⓑ의 3Cu로부터 전자(−) 6개를 받아 ⓓ의 양이온(+)과 전자(−)를 모두 가진 상태의 2Fe이 되었으므로 이 반응은 정반응으로 진행된 것이 아니다.

④ $Mg^{2+} + Zn \rightarrow Zn^{2+} + Mg$
　　ⓐ　　　ⓑ　　　ⓒ　　　ⓓ

ⓐ Mg^{2+} : 전자(−) 2개가 없어 양이온(+)만 2개 있는 상태

ⓑ Zn : 전자(−) 2개와 양이온(+) 2개를 모두 가진 상태

ⓒ Zn^{2+} : 전자(−) 2개를 잃어 양이온(+)만 2개 남은 상태

ⓓ Mg : 전자(−) 2개를 받아 양이온(+)과 전자(−)를 모두 가진 상태

정답 15. ①

Mg과 Zn 중 이온화경향이 더 큰 금속은 Mg 이므로 이 반응이 정반응으로 진행하기 위해서는 Mg은 Zn에게 전자(−)를 내주고 Zn은 Mg으로부터 전자를 받아야 한다. 이 반응에서는 ⓑ의 Zn은 ⓐ의 Mg²⁺에게 전자(−) 2개를 내주어 ⓒ의 전자(−) 2개를 잃은 Zn²⁺가 되고 ⓐ의 Mg²⁺은 ⓑ의 Zn으로부터 전자(−) 2개를 받아 ⓓ의 양이온(+)과 전자(−)를 모두 가진 상태의 Mg이 되었으므로 이 반응은 정반응으로 진행된 것이 아니다.

16 NaCl의 결정계는 다음 중 무엇에 해당되는가?

① 입방정계(cubic)
② 정방정계(tetragonal)
③ 육방정계(hexagonal)
④ 단사정계(monoclinic)

≫ NaCl의 구조는 Na⁺이온 6개와 Cl⁻이온 6개가 교대로 나열된 정육면체로 이 결정계를 입방정계라고 부른다.

17 아이소프로필알코올에 해당하는 것은?

① C_6H_5OH
② CH_3CHO
③ CH_3COOH
④ $(CH_3)_2CHOH$

≫ 알코올($C_nH_{2n+1}OH$)은 알킬(C_nH_{2n+1})과 수산기(OH)를 결합시켜 만든다. 알코올의 일반식의 n에 1부터 3까지 대입하면 다음과 같은 알코올을 만들 수 있다.
1) $n = 1$: CH_3OH(메틸알코올)
2) $n = 2$: C_2H_5OH(에틸알코올)
3) $n = 3$: C_3H_7OH(프로필알코올)
이 중 시성식 C_3H_7OH을 노르말프로필알코올이라 하고 시성식을 **$(CH_3)_2CHOH$와 같이 변환한 것을 아이소프로필알코올**이라 하는데 노르말프로필알코올과 아이소프로필알코올 모두 탄소(C) 3개, 수소(H) 8개, 산소(O) 1개를 갖는 프로필알코올이다.
〈보기〉의 물질들의 명칭은 다음과 같다.
① C_6H_5OH(페놀)
② CH_3CHO(아세트알데하이드)
③ CH_3COOH(아세트산)
④ $(CH_3)_2CHOH$(아이소프로필알코올)

18 다음 중 은거울반응을 하는 화합물은?

① CH_3COCH_3
② CH_3OCH_3
③ HCHO
④ CH_3CH_2OH

≫ 아세트알데하이드(CH_3CHO) 및 **폼알데하이드(HCHO)**와 같이 알데하이드(−CHO)기를 포함하고 있는 물질들은 은거울반응을 한다.

19 C_6H_{14}의 구조 이성질체는 몇 개가 존재하는가?

① 4
② 5
③ 6
④ 7

≫ 알케인의 일반식 C_nH_{2n+2}에 $n = 6$을 대입하면 탄소수가 6개이고 수소의 수가 14개인 헥세인(C_6H_{14})이 되고, 헥세인은 다음과 같이 5개의 구조이성질체를 갖는다.

1)
2)
3)
4)
5)

20 촉매하에 H_2O의 첨가반응으로 에탄올을 만들 수 있는 물질은?

① CH_4

② C_2H_2

③ C_6H_6

④ C_2H_4

➤➤ ④ C 2개와 H 4개로 구성된 C_2H_4(에틸렌)에 H 2개와 O 1개 즉, H_2O를 첨가하면 C 2개와 H 6개, O 1개로 구성된 C_2H_5OH(에탄올)를 만들 수 있으며, 이 과정을 반응식으로 나타내면 다음과 같다.
  • 에틸렌과 물의 반응식
    $C_2H_4 + H_2O \rightarrow C_2H_5OH$

제2과목 화재예방과 소화방법

21 분말소화약제인 탄산수소나트륨 10kg이 1기압, 270℃에서 방사되었을 때 발생하는 이산화탄소의 양은 약 몇 m^3인가?

① 2.65   ② 3.65

③ 18.22   ④ 36.44

➤➤ 탄산수소나트륨($NaHCO_3$) 1mol의 분자량은 23(Na)g + 1(H)g + 12(C)g + 16(O)g × 3 = 84g이다. 아래의 분해반응식에서 알 수 있듯이 탄산수소나트륨($NaHCO_3$) 2몰, 즉 2 × 84g을 분해시키면 이산화탄소(CO_2) 1몰이 발생하는데 〈문제〉에서와 같이 탄산수소나트륨($NaHCO_3$) 10kg, 즉 10,000g을 분해시키면 이산화탄소가 몇 몰 발생하는가를 다음과 같이 비례식을 이용해 구할 수 있다.
  • 탄산수소나트륨의 분해반응식
    $2NaHCO_3 \rightarrow Na_2CO_3 + H_2O + CO_2$
    2 × 84g ⟋⟍ 1몰
    10,000g ⟋⟍ x몰
  $2 × 84 × x = 10,000 × 1$
  $x = 59.52$몰이다.
  〈문제〉의 조건은 여기서 발생한 이산화탄소 59.52몰은 1기압, 270℃에서 부피가 몇 m^3인가를 구하는 것이므로 다음과 같이 이상기체상태 방정식을 이용해 구할 수 있다.
  $PV = nRT$

여기서, P : 압력 = 1기압
  V : 부피 = V(L)
  n : 몰수 = 59.52mol
  R : 이상기체상수
    = 0.082기압·L/K·mol
  T : 절대온도(273+실제온도)K
    = 273+270K
  $1 × V = 59.52 × 0.082 × (273 + 270)$
  $V = 2,650L = 2.65m^3$이다.

22 고체연소에 대한 분류로 옳지 않은 것은?

① 혼합연소   ② 증발연소

③ 분해연소   ④ 표면연소

➤➤ 혼합연소는 기체의 연소형태의 종류에 속한다.

  Check **고체의 연소형태의 종류와 물질**
  (1) 표면연소 : 코크스(탄소), 목탄(숯), 금속분
  (2) 분해연소 : 목재, 종이, 석탄, 플라스틱, 합성수지
  (3) 자기연소 : 제5류 위험물
  (4) 증발연소 : 황(S), 나프탈렌, 양초(파라핀)

23 다음 중 인화성 액체의 화재를 나타내는 것은 어느 것인가?

① A급 화재   ② B급 화재

③ C급 화재   ④ D급 화재

➤➤ 화재분류에 따른 소화기에 표시하는 색상
  1) 일반화재(A급) : 백색
  2) **유류(인화성 액체)화재(B급) : 황색**
  3) 전기화재(C급) : 청색
  4) 금속화재(D급) : 무색

24 분말소화약제 중 열분해 시 부착성이 있는 유리상의 메타인산이 생성되는 것은?

① Na_3PO_4

② $(NH_4)_3PO_4$

③ $NaHCO_3$

④ $NH_4H_2PO_4$

➤➤ 제3종 분말소화약제인 인산암모늄($NH_4H_2PO_4$)이 완전 열분해하면 **메타인산**(HPO_3)과 암모니아(NH_3), 그리고 수증기(H_2O)가 발생한다.
  • 인산암모늄의 완전 열분해반응식
    $NH_4H_2PO_4 \rightarrow HPO_3 + NH_3 + H_2O$

정답 20.④ 21.① 22.① 23.② 24.④

Check

인산암모늄($NH_4H_2PO_4$)이 190℃의 온도에서 1차 열분해하면 오르토인산(H_3PO_4)과 암모니아(NH_3)가 발생한다.

• 인산암모늄의 1차 열분해 반응식
$$NH_4H_2PO_4 \rightarrow H_3PO_4 + NH_3$$

25 이산화탄소를 소화약제로 사용하는 이유로서 옳은 것은?

① 산소와 결합하지 않기 때문에

② 산화반응을 일으키나 발열량이 적기 때문에

③ 산소와 결합하나 흡열반응을 일으키기 때문에

④ 산화반응을 일으키나 환원반응도 일으키기 때문에

» 이산화탄소소화약제는 **산소와 결합하지도 않고** 반응하지도 않기 때문에 산소공급원을 차단 또는 제거시켜 질식소화할 수 있다.

26 화재 발생 시 물을 사용하여 소화할 수 있는 물질은?

① K_2O_2　　　　② CaC_2

③ Al_4C_3　　　　④ P_4

» ① K_2O_2(과산화칼륨) : 제1류 위험물 중 알칼리 금속의 과산화물에 속하는 물질로 물과 반응 시 수산화칼륨(KOH)과 함께 산소를 발생하므로 물로 소화하면 위험성이 커진다.
　• 과산화칼륨의 물과의 반응식
　　$2K_2O_2 + 2H_2O \rightarrow 4KOH + O_2$
② CaC_2(탄화칼슘) : 제3류 위험물 중 금수성 물질로서 물과 반응 시 수산화칼슘[$Ca(OH)_2$]과 함께 가연성 가스인 아세틸렌(C_2H_2)을 발생하므로 물로 소화하면 위험성이 커진다.
　• 탄화칼슘의 물과의 반응식
　　$CaC_2 + 2H_2O \rightarrow Ca(OH)_2 + C_2H_2$
③ Al_4C_3(탄화알루미늄) : 제3류 위험물 중 금수성 물질로서 물과 반응 시 수산화알루미늄[$Al(OH)_3$]과 함께 가연성 가스인 메테인(CH_4)을 발생하므로 물로 소화하면 위험성이 커진다.
　• 탄화알루미늄의 물과의 반응식
　　$Al_4C_3 + 12H_2O \rightarrow 4Al(OH)_3 + 3CH_4$

④ P_4(황린) : 제3류 위험물 중 자연발화성 물질로 물속에 저장하는 위험물이며 화재 시에도 **물을 이용해 소화할 수 있는 물질**이다.

27 할론 1301 소화약제의 저장용기에 저장하는 소화약제의 양을 산출할 때는 「위험물의 종류에 대한 가스계 소화약제의 계수」를 고려해야 한다. 위험물의 종류가 이황화탄소인 경우 할론 1301에 해당하는 계수값은 얼마인가?

① 1.0

② 1.6

③ 2.2

④ 4.2

» 위험물의 종류에 대한 가스계 및 분말소화약제의 계수

소화약제의 종별 / 위험물의 종류	이산화탄소	IG-100	IG-55	IG-541	할론1301	할론1211	HFC-23	HFC-125	제1종	제2종	제3종	제4종
아크릴로 나이트릴	1.2	1.2	1.2	1.2	1.4	1.2	1.4	1.4	1.2	1.2	1.2	1.2
아세트 알데하이드	1.1	1.1	1.1	1.1	1.1	1.1	1.1	1.1	–	–	–	–
아세토 나이트릴	1.0	1.0	1.0	1.0	1.0	1.0	1.0	1.0	1.0	1.0	1.0	1.0
⋮												
이황화 탄소	3.0	3.0	3.0	3.0	**4.2**	4.0	4.2	4.2	–	–	–	–
⋮												
메틸에틸 케톤	1.0	1.0	1.0	1.0	1.0	1.0	1.0	1.0	1.0	1.0	1.2	1.0
모노 클로로 벤젠	1.1	1.1	1.1	1.1	1.1	1.1	1.1	1.1	–	1.0	–	–
그 밖의 것	1.1	1.1	1.1	1.1	1.1	1.1	1.1	1.1	1.1	1.1	1.1	1.1

28 다음 중 제4종 분말소화약제의 주성분으로 옳은 것은?

① 탄산수소칼륨과 요소의 반응생성물

② 탄산수소칼륨과 인산염의 반응생성물

③ 탄산수소나트륨과 요소의 반응생성물

④ 탄산수소나트륨과 인산염의 반응생성물

≫ 분말소화약제의 구분

구 분	주성분	주성분의 화학식	색 상
제1종 분말소화약제	탄산수소 나트륨	$NaHCO_3$	백색
제2종 분말소화약제	탄산수소 칼륨	$KHCO_3$	연보라 (담회)색
제3종 분말소화약제	인산암모늄	$NH_4H_2PO_4$	담홍색
제4종 분말소화약제	탄산수소칼륨 + 요소의 반응생성물	$KHCO_3$ + $(NH_2)_2CO$	회색

29 위험물안전관리법령상 옥외소화전설비의 옥외소화전이 3개 설치되었을 경우 수원의 수량은 몇 m^3 이상이 되어야 하는가?

① 7
② 20.4
③ 40.5
④ 100

≫ 옥외소화전설비의 수원의 양은 옥외소화전의 설치개수(설치개수가 4개 이상이면 4개)에 $13.5m^3$를 곱한 값 이상의 양으로 한다. 〈문제〉에서 옥외소화전의 개수는 3개이므로 수원의 양은 3개 × $13.5m^3$ = $40.5m^3$이다.

Check

위험물제조소등에 설치된 옥내소화전설비의 수원의 양은 옥내소화전이 가장 많이 설치된 층의 옥내소화전의 설치개수(설치개수가 5개 이상이면 5개)에 $7.8m^3$를 곱한 값 이상의 양으로 정한다.

30 할로젠화합물소화설비의 할론 2402를 가압식 저장용기에 저장하는 경우 충전비로 옳은 것은?

① 0.51 이상 0.67 이하
② 0.7 이상 1.4 미만
③ 0.9 이상 1.6 이하
④ 0.67 이상 2.75 이하

≫ 할로젠화합물소화설비 저장용기의 충전비
1) **할론 2402 가압식 저장용기 : 0.51 이상 0.67 이하**
2) 할론 2402 축압식 저장용기 : 0.67 이상 2.75 이하
3) 할론 1211 저장용기 : 0.7 이상 1.4 이하
4) 할론 1301 저장용기 : 0.9 이상 1.6 이하

31 폐쇄형 스프링클러헤드는 설치장소의 평상시 최고주위온도에 따라서 결정된 표시온도의 것을 사용해야 한다. 설치장소의 최고주위온도가 28℃ 이상 39℃ 미만일 때 표시온도는?

① 58℃ 미만
② 58℃ 이상 79℃ 미만
③ 79℃ 이상 121℃ 미만
④ 121℃ 이상 162℃ 미만

≫ 폐쇄형 스프링클러헤드는 그 부착장소의 평상시 최고주위온도에 따라 다음 [표]에서 정한 표시온도를 갖는 것을 설치해야 한다.

부착장소의 최고주위온도(℃)	표시온도(℃)
28 미만	58 미만
28 이상 39 미만	**58 이상 79 미만**
39 이상 64 미만	79 이상 121 미만
64 이상 106 미만	121 이상 162 미만
106 이상	162 이상

톡톡 튀는 암기법 부착장소의 최고주위온도 × 2의 값에 1 또는 2를 더한 값이 오른쪽의 표시온도라고 암기하자.

32 위험물안전관리법령상 옥외소화전설비에서 옥외소화전함은 옥외소화전으로부터 보행거리 몇 m 이하의 장소에 설치하여야 하는가?

① 5m 이내
② 10m 이내
③ 20m 이내
④ 40m 이내

옥외소화전과 옥외소화전함과의 거리

≫ 옥외소화전함은 옥외소화전으로부터 보행거리 5m 이하의 장소에 설치하여야 한다.

정답 29. ③ 30. ① 31. ② 32. ①

33 이산화탄소소화설비 소화약제 방출방식 중 전역방출방식 소화설비에 대한 설명으로 옳은 것은?

① 발화위험 및 연소위험이 적고 광대한 실내에서 특정장치나 기계만을 방호하는 방식

② 일정 방호구역 전체에 방출하는 경우 해당 부분의 구획을 밀폐하여 불연성 가스를 방출하는 방식

③ 일반적으로 개방되어 있는 대상물에 대하여 설치하는 방식

④ 사람이 용이하게 소화활동을 할 수 있는 장소에는 호스를 연장하여 소화활동을 행하는 방식

≫ 이산화탄소소화설비의 방출방식
1) 전역방출방식 : 방사된 소화약제가 **방호구역의 전역에 균일하고 신속하게 방사**할 수 있도록 설치하는 방식
2) 국소방출방식 : 방호대상물의 모든 표면이 분사헤드의 유효사정 내에 있도록 설치하는 방식

34 펌프와 발포기의 중간에 설치된 벤투리관의 벤투리작용과 펌프 가압수의 포소화약제 저장탱크에 대한 압력에 의하여 포소화약제를 흡입·혼합하는 방식은?

① 프레셔 프로포셔너
② 펌프 프로포셔너
③ 프레셔사이드 프로포셔너
④ 라인 프로포셔너

≫ 포소화약제 혼합장치
1) 펌프 프로포셔너방식 : 펌프에서 토출된 물의 일부를 펌프의 토출관과 흡입관 사이의 배관에 설치해 놓은 흡입기에 보내고 포소화약제 탱크와 연결된 자동농도조절밸브를 통해 얻어진 포소화약제를 펌프의 흡입 측으로 다시 보내어 약제를 흡입 및 혼합하는 방식을 말한다.
2) **프레셔 프로포셔너방식 : 펌프와 발포기의 중간에 설치된 벤투리관의 벤투리작용과 펌프 가압수가 포소화약제 저장탱크에 제공하는 압력에 의하여 포소화약제를 흡입 및 혼합하는 방식을 말한다.**

3) 라인 프로포셔너방식 : 펌프와 발포기의 중간에 설치된 벤투리관의 벤투리작용에 의하여 포소화약제를 흡입 및 혼합하는 방식을 말한다.
4) 프레셔사이드 프로포셔너방식 : 펌프의 토출관에 압입기를 설치하여 포소화약제 압입용 펌프로 포소화약제를 압입시켜 혼합하는 방식을 말한다.

35 위험물제조소등에 설치하는 옥내소화전설비가 설치된 건축물에 옥내소화전이 1층에 5개, 2층에 6개가 설치되어 있다. 이 때 수원의 수량은 몇 m³ 이상으로 하여야 하는가?

① 19 ② 29
③ 39 ④ 47

≫ 위험물제조소등에 설치된 옥내소화전설비의 수원의 양은 옥내소화전이 가장 많이 설치된 층의 옥내소화전의 설치개수(설치개수가 5개 이상이면 5개)에 7.8m³을 곱한 값 이상의 양으로 정한다. 〈문제〉에서 2층의 옥내소화전 개수가 6개로 가장 많지만 개수가 5개 이상이면 5개를 7.8m³에 곱해야 하므로 수원의 양은 5개×7.8m³ = 39m³이다.

Check
옥외소화전설비의 수원의 양은 옥외소화전의 설치개수(설치개수가 4개 이상이면 4개)에 13.5m³를 곱한 값 이상의 양으로 한다.

36 벼락으로부터 재해를 예방하기 위하여 위험물안전관리법령상 피뢰설비를 설치하여야 하는 위험물제조소의 기준은? (단, 제6류 위험물을 취급하는 위험물제조소는 제외한다.)

① 모든 위험물을 취급하는 제조소
② 지정수량 5배 이상의 위험물을 취급하는 제조소
③ 지정수량 10배 이상의 위험물을 취급하는 제조소
④ 지정수량 20배 이상의 위험물을 취급하는 제조소

≫ 지정수량의 10배 이상의 위험물(제6류 위험물은 제외)을 취급하는 위험물제조소에는 피뢰침(피뢰설비)을 설치하여야 한다.

정답   33. ② 34. ① 35. ③ 36. ③

37 C_6H_6화재의 소화약제로서 적합하지 않은 것은?

① 인산염류분말   ② 이산화탄소

③ 할로젠화합물   ④ 물(봉상수)

≫ C_6H_6(벤젠)은 물보다 가볍고 비수용성인 제4류 위험물로서 화재 시 물(봉상수)을 사용하면 연소면이 확대되어 소화할 수 없고 인산염류분말소화약제 및 이산화탄소 또는 할로젠화합물소화약제를 사용해 소화할 수 있다.

38 위험물안전관리법령에서 정한 제3류 위험물에 있어서 화재예방법 및 화재 시 조치방법에 대한 설명으로 틀린 것은?

① 칼륨과 나트륨은 금수성 물질로 물과 반응하여 가연성 기체를 발생한다.

② 알킬알루미늄은 알킬기의 탄소수에 따라 주수 시 발생하는 가연성 기체의 종류가 다르다.

③ 탄화칼슘은 물과 반응하여 폭발성의 아세틸렌가스를 발생한다.

④ 황린은 물과 반응하여 유독성의 포스핀가스를 발생한다.

≫ ① 칼륨(K)과 나트륨(Na)은 금수성 물질로 물과 반응하여 가연성인 수소가스를 발생한다.
　② 알킬알루미늄 중 트라이메틸알루미늄[$(CH_3)_3Al$]은 물과 반응 시 메테인(CH_4)가스를 발생하고 트라이에틸알루미늄[$(C_2H_5)_3Al$]은 물과 반응 시 에테인(C_2H_6)가스를 발생하므로 알킬기의 탄소수에 따라 주수 시 발생하는 가연성 가스의 종류는 다르다.
　③ 탄화칼슘(CaC_2)은 물과 반응하여 폭발성인 아세틸렌(C_2H_2)가스를 발생한다.
　④ **황린**(P_4)은 자연발화의 방지를 위해 물속에 저장하여 보관하는 위험물이므로 **물과 반응하지 않는다.**

39 제4류 위험물 중 비수용성 인화성 액체의 탱크화재 시 물을 뿌려 소화하는 것은 적당하지 않다고 한다. 그 이유로서 가장 적당한 것은 어느 것인가?

① 인화점이 낮아진다.

② 가연성 가스가 발생한다.

③ 화재면(연소면)이 확대된다.

④ 발화점이 낮아진다.

≫ 제4류 위험물 중 비중이 물보다 작고 비수용성인 위험물은 주수소화 시 물이 오히려 연소면을 확대시키므로 소화효과는 없다.

40 준특정옥외탱크저장소에서 저장 또는 취급하는 액체위험물의 최대수량 범위를 올바르게 나타낸 것은?

① 50만L 미만

② 50만L 이상 100만L 미만

③ 100만L 이상 200만L 미만

④ 200만L 이상

≫ 1) 특정옥외탱크저장소 : 저장 또는 취급하는 액체위험물의 최대수량이 100만L 이상인 옥외탱크저장소
　2) **준특정옥외탱크저장소 : 저장 또는 취급하는 액체위험물의 최대수량이 50만L 이상 100만L 미만인 옥외탱크저장소**

제3과목 **위험물의 성질과 취급**

41 염소산칼륨의 성질이 아닌 것은?

① 황산과 반응하여 이산화염소를 발생한다.

② 상온에서 고체이다.

③ 알코올보다는 글리세린에 더 잘 녹는다.

④ 환원력이 강하다.

≫ ① 황산과 반응하여 독성인 이산화염소(ClO_2)가스를 발생한다.
　② 제1류 위험물이므로 상온에서 산화성이 있는 고체로 존재한다.
　③ 물, 알코올, 에터 등에 녹지 않고 온수 및 글리세린에 잘 녹는다.
　④ 산화성 물질이므로 환원력이 아닌 **산화력이 강하다.**

42 무색·무취 입방정계 주상결정으로 물, 알코올 등에 잘 녹고 산과 반응하여 폭발성을 지닌 이산화염소를 발생시키는 위험물로 살충제, 불꽃류의 원료로 사용되는 것은?

① 염소산나트륨
② 과염소산칼륨
③ 과산화나트륨
④ 과망가니즈산칼륨

≫ ① **염소산나트륨**($NaClO_3$) : 물, 알코올 등에 잘 녹고 산과 반응 시 독성가스인 이산화염소(ClO_2)를 발생시킨다.
② 과염소산칼륨($KClO_4$) : 산과 반응 시 독성가스인 이산화염소(ClO_2)를 발생시키기는 하지만 물, 알코올 등에 녹지 않는다.
③ 과산화나트륨(Na_2O_2) : 산과 반응 시 이산화염소가 아니라 제6류 위험물인 과산화수소(H_2O_2)를 발생시킨다.
④ 과망가니즈산칼륨($KMnO_4$) : 흑자색의 물질로서 물, 알코올 등에 잘 녹고 산과 반응 시 이산화염소가 아닌 산소를 발생시킨다.

💡 **Tip**

1. 염산 또는 질산 등의 산과 반응 시 이산화염소(ClO_2)를 발생시키려면 제1류 위험물에 염소(Cl)가 포함되어 있어야 하므로 염소산나트륨 또는 과염소산칼륨, 이 둘 중에 정답이 있습니다.
2. 아염소산염류, 염소산염류, 과염소산염류 중 칼륨이 포함되어 있으면 물에 안 녹고 나트륨 또는 암모늄이 포함된 것들만 물에 잘 녹습니다. 그러므로 염소산나트륨 또는 과염소산칼륨 중 물에 잘 녹는 물질에 대한 정답은 염소산나트륨이 됩니다.

43 위험물의 저장방법에 대한 설명 중 틀린 것은?

① 황린은 산화제와 혼합되지 않게 저장한다.
② 황은 정전기가 축적되지 않도록 저장한다.
③ 적린은 인화성 물질로부터 격리 저장한다.
④ 마그네슘분은 분진을 방지하기 위해 약간의 수분을 포함시켜 저장한다.

≫ ① 제3류 위험물 중 자연발화성 물질인 황린은 산소공급원인 산화제와 혼합되지 않게 저장한다.
② 제2류 위험물인 황은 전류를 통과시키지 못하는 전기불량도체이므로 정전기를 발생시킬수 있기 때문에 정전기가 축적되지 않도록 저장한다.
③ 제2류 위험물인 적린은 가연성 고체로서 인화성이 있는 물질과 격리시켜 저장한다.
④ 제2류 위험물인 **마그네슘분**은 물과 반응 시 가연성인 수소가스를 발생하기 때문에 **수분을 포함시켜 저장하면 안 된다.**

44 물과 반응하여 가연성 또는 유독성 가스를 발생하지 않는 것은?

① 탄화칼슘
② 인화칼슘
③ 과염소산칼륨
④ 금속나트륨

≫ ① 탄화칼슘(CaC_2)은 제3류 위험물 중 금수성 물질로서 물과 반응 시 수산화칼슘[$Ca(OH)_2$]과 함께 가연성인 아세틸렌(C_2H_2)가스를 발생한다.
  • 탄화칼슘의 물과의 반응식
   $CaC_2 + 2H_2O \rightarrow Ca(OH)_2 + C_2H_2$
② 인화칼슘(Ca_3P_2)은 제3류 위험물 중 금수성 물질로서 물과 반응 시 수산화칼슘[$Ca(OH)_2$]과 함께 가연성이면서 독성인 포스핀(PH_3)가스를 발생한다.
  • 인화칼슘의 물과의 반응식
   $Ca_3P_2 + 6H_2O \rightarrow 3Ca(OH)_2 + 2PH_3$
③ **과염소산칼륨**($KClO_4$)은 제1류 위험물로서 물과 반응하지 않기 때문에 **어떠한 종류의 가스도 발생하지 않는다.**
④ 금속나트륨(Na)은 제3류 위험물 중 금수성 물질로서 물과 반응 시 수산화나트륨($NaOH$)과 함께 가연성인 수소가스를 발생한다.
  • 나트륨의 물과의 반응식
   $2Na + 2H_2O \rightarrow 2NaOH + H_2$

45 다음 중 일반적으로 자연발화의 위험성이 가장 낮은 장소는?

① 온도 및 습도가 높은 장소
② 습도 및 온도가 낮은 장소
③ 습도는 높고 온도는 낮은 장소
④ 습도는 낮고 온도는 높은 장소

정답 42. ① 43. ④ 44. ③ 45. ②

➤➤ 자연발화 방지법
 1) 습도를 낮춰야 한다.
 2) 저장온도를 낮춰야 한다.
 3) 퇴적 및 수납 시 열이 쌓이지 않도록 한다.
 4) 통풍이 잘 되도록 한다.

46 황린을 물속에 저장할 때 인화수소의 발생을 방지하기 위한 물의 pH는 얼마 정도가 좋은가?

① 4　　　　　　② 5
③ 7　　　　　　④ 9

➤➤ 황린(P_4)은 공기 중에서 자연발화할 수 있어 물속에 보관한다. 이 경우 물의 성분이 강알칼리성이면 황린과 물이 반응하여 독성인 인화수소(PH_3)가스를 발생시킨다. 따라서 물에 소량의 수산화칼슘[$Ca(OH)_2$]을 넣어 물의 성분을 **pH가 9인 약알칼리성**으로 만들면 반응이 일어나지 않아 인화수소가스의 발생을 방지할 수 있다.

47 다음 물질 중 발화점이 가장 낮은 것은?

① CS_2　　　　② C_6H_6
③ CH_3COCH_3　④ CH_3COOCH_3

➤➤ ① CS_2(이황화탄소) : **특수인화물로서 발화점은 100℃이다.**
 ② C_6H_6(벤젠) : 제1석유류로서 발화점은 498℃이다.
 ③ CH_3COCH_3(아세톤) : 제1석유류로서 발화점은 538℃이다.
 ④ CH_3COOCH_3(아세트산메틸) : 제1석유류로서 발화점은 454℃이다.

💡 **Tip**

CS_2(이황화탄소)는 시험에 출제되는 제4류 위험물 중 가장 발화점이 낮은 위험물입니다.

48 위험물안전관리법령에서 정한 품명이 나머지 셋과 다른 하나는?

① $(CH_3)_2CHCH_2OH$
② $CH_2OHCHOHCH_2OH$
③ CH_2OHCH_2OH
④ $C_6H_5NO_2$

➤➤ ① $(CH_3)_2CHCH_2OH$: $(CH_3)_2CHCH_2$는 C가 4개, H가 9개인 C_4H_9(뷰틸)이며 여기에 OH를 붙인 C_4H_9OH(뷰틸알코올)을 나타낸 것으로 **제2석유류** 비수용성 물질이다.
 ② $CH_2OHCHOHCH_2OH$: C가 3개, H가 5개, OH가 3개인 $C_3H_5(OH)_3$(글리세린)을 나타낸 것으로 제3석유류 수용성 물질이다.
 ③ CH_2OHCH_2OH : C가 2개, H가 4개, OH가 2개인 $C_2H_4(OH)_2$(에틸렌글리콜)을 나타낸 것으로 제3석유류 수용성 물질이다.
 ④ $C_6H_5NO_2$: 나이트로벤젠을 나타낸 것으로 제3석유류 비수용성 물질이다.

49 다음 중 아밀알코올에 대한 설명으로 틀린 것은?

① 8가지 이성체가 있다.
② 청색이고 무취의 액체이다.
③ 분자량은 약 88.15이다.
④ 포화지방족 알코올이다.

➤➤ ① 8가지의 이성질체가 있다.
 ② **무색이고 자극적인 냄새**가 나는 액체이다.
 ③ 화학식은 $C_5H_{11}OH$이며 분자량은 12(C)×5+1(H)×11+16(O)+1(H) = 88이다.
 ④ 모든 원소가 단일결합으로 구성된 포화지방족 알코올이다.

50 가연성 물질이며 산소를 다량 함유하고 있기 때문에 자기연소가 가능한 물질은 다음 중 어느 것인가?

① $C_6H_2CH_3(NO_2)_3$
② $CH_3COC_2H_5$
③ $NaClO_4$
④ HNO_3

➤➤ 가연성 물질이며 자체적으로 산소를 함유하고 있어 자기연소가 가능한 것은 제5류 위험물이다.
 ① $C_6H_2CH_3(NO_2)_3$(트라이나이트로톨루엔) : **제5류 위험물**
 ② $CH_3COC_2H_5$(메틸에틸케톤) : 제4류 위험물
 ③ $NaClO_4$(과염소산나트륨) : 제1류 위험물
 ④ HNO_3(질산) : 제6류 위험물

정답 　46. ④ 47. ① 48. ① 49. ② 50. ①

51 가열했을 때 분해하여 적갈색의 유독한 가스를 방출하는 것은?

① 과염소산　　② 질산
③ 과산화수소　　④ 적린

》》 제6류 위험물인 질산(HNO_3)은 열분해 시 수증기와 함께 적갈색 가스인 이산화질소(NO_2), 그리고 산소를 발생한다.

・ 질산의 열분해반응식
$$4HNO_3 \rightarrow 2H_2O + 4NO_2 + O_2$$

💡 **Tip**

위험물의 분해 또는 반응으로 발생하는 대부분의 기체는 백색이지만, 질산이 열분해하여 발생하는 이산화질소는 적갈색이라 알아두세요.

52 위험물안전관리법령상 제조소에서 위험물을 취급하는 건축물의 구조 중 내화구조로 하여야 할 필요가 있는 것은?

① 연소의 우려가 있는 기둥
② 바닥
③ 연소의 우려가 있는 외벽
④ 계단

》》 제조소 건축물의 벽・기둥・바닥・보・서까래 및 계단은 불연재료로 하고, **연소의 우려가 있는 외벽은** 출입구 외의 개구부가 없는 **내화구조의 벽**으로 하여야 한다.

53 질산나트륨을 저장하고 있는 옥내저장소(내화구조의 격벽으로 완전히 구획된 실이 2 이상 있는 경우에는 동일한 실)와 함께 저장하는 것이 법적으로 허용되는 것은? (단, 위험물을 유별로 정리하여 서로 1m 이상의 간격을 두는 경우이다.)

① 적린　　　② 인화성 고체
③ 동식물유류　　④ 과염소산

》》 옥내저장소에서 서로 1m 이상의 간격을 두는 경우 제1류 위험물인 **질산나트륨과 함께 저장할 수 있는 유별**은 제5류 위험물과 **제6류 위험물**, 제3류 위험물 중 자연발화성 물질(황린)이며, 〈보기〉 위험물의 유별은 다음과 같다.

① 적린(제2류 위험물)
② 인화성 고체(제2류 위험물)
③ 동식물유류(제4류 위험물)
④ **과염소산(제6류 위험물)**

Check

옥내저장소(내화구조의 격벽으로 완전히 구획된 실이 2 이상 있는 경우에는 동일한 실)에서는 서로 다른 유별끼리 함께 저장할 수 없다. 단, 다음의 조건을 만족하면서 유별로 정리하여 서로 1m 이상의 간격을 두는 경우에는 저장할 수 있다.

(1) 제1류 위험물(알칼리금속의 과산화물을 제외)과 제5류 위험물
(2) 제1류 위험물과 제6류 위험물
(3) 제1류 위험물과 제3류 위험물 중 자연발화성 물질(황린)
(4) 제2류 위험물 중 인화성 고체와 제4류 위험물
(5) 제3류 위험물 중 알킬알루미늄등과 제4류 위험물(알킬알루미늄 또는 알킬리튬을 함유한 것)
(6) 제4류 위험물 중 유기과산화물과 제5류 위험물 중 유기과산화물

54 위험물안전관리법령상 제4류 위험물 옥외저장탱크의 대기밸브부착 통기관은 몇 kPa 이하의 압력 차이로 작동할 수 있어야 하는가?

① 2
② 3
③ 4
④ 5

▦ ◀ 대기밸브부착 통기관

》》 제4류 위험물 옥외저장탱크의 대기밸브부착 통기관은 5kPa 이하의 압력 차이로 작동할 수 있어야 한다.

Check

대기밸브부착 통기관 또는 밸브 없는 통기관은 제4류 위험물을 저장하는 옥외저장탱크 중 압력탱크 외의 탱크에 설치해야 하며, 옥외저장탱크가 압력탱크라면 이들 통기관이 아닌 안전장치를 설치한다.

55 위험물안전관리법령상 옥내저장탱크의 상호 간은 몇 m 이상의 간격을 유지하여야 하는가?

① 0.3　　　② 0.5
③ 1.0　　　④ 1.5

정답　51. ②　52. ③　53. ④　54. ④　55. ②

≫ 옥내저장탱크의 간격
1) 2 이상의 **옥내저장탱크의 상호간 : 0.5m 이상**
2) 옥내저장탱크로부터 탱크전용실의 안쪽면까지
: 0.5m 이상

Check 지하저장탱크의 간격

(1) 2 이상의 지하저장탱크의 상호간 : 1m 이상
(지하저장탱크 용량의 합이 지정수량 100배
이하인 경우 0.5m 이상)
(2) 지하저장탱크로부터 탱크전용실의 안쪽면까지
: 0.1m 이상

56 위험물안전관리법령상 옥외저장소에 저장할 수 없는 위험물은? (단, 국제해상위험물규칙에 적합한 용기에 수납된 위험물인 경우를 제외한다.)

① 질산에스터류
② 질산
③ 제2석유류
④ 동식물유류

≫ 질산에스터류는 제5류 위험물에 속하므로 옥외 저장소에 저장할 수 없다.

Check 옥외저장소에 저장할 수 있는 위험물의 종류

(1) 제2류 위험물
㉠ 유황
㉡ 인화성 고체(인화점이 0℃ 이상)
(2) 제4류 위험물
㉠ 제1석유류(인화점이 0℃ 이상)
㉡ 알코올류
㉢ 제2석유류
㉣ 제3석유류
㉤ 제4석유류
㉥ 동식물유류
(3) 제6류 위험물
(4) 시 · 도조례로 정하는 제2류 또는 제4류 위험물
(5) 국제해상위험물규칙(IMDG Code)에 적합한 용 기에 수납된 위험물

57 위험물안전관리법령에 따라 지정수량 10배의 위험물을 운반할 때 혼재가 가능한 것은?

① 제1류 위험물과 제2류 위험물
② 제2류 위험물과 제3류 위험물
③ 제3류 위험물과 제5류 위험물
④ 제4류 위험물과 제5류 위험물

PLAY ▶ 풀이

≫ ① 제1류 위험물은 제6류 위험물만 혼재 가능하다.
② 제2류 위험물은 제4류 위험물, 그리고 제5류 위험물과 혼재 가능하다.
③ 제3류 위험물은 제4류 위험물만 혼재 가능하다.
④ **제4류 위험물**은 제2류 위험물과 제3류 위험물, 그리고 **제5류 위험물과 혼재 가능**하다.

Check 위험물운반에 관한 혼재기준

423, 524, 61의 숫자 조합으로 표를 만들 수 있다.

위험물의 구분	제1류	제2류	제3류	제4류	제5류	제6류
제1류		×	×	×	×	○
제2류	×		×	○	○	×
제3류	×	×		○	×	×
제4류	×	○	○		○	×
제5류	×	○	×	○		×
제6류	○	×	×	×	×	

※ 단, 지정수량의 1/10 이하의 양에 대해서는 이 기준을 적용하지 않는다.

58 위험물의 저장법으로 옳지 않은 것은 어느 것인가?

① 금속나트륨은 석유 속에 저장한다.
② 황린은 물속에 저장한다.
③ 질화면은 물 또는 알코올에 적셔서 저장한다.
④ 알루미늄분은 분진발생 방지를 위해 물에 적셔서 저장한다.

≫ ① 금속나트륨은 석유류(등유, 경유, 유동파라핀 등) 속에 저장한다.
② 황린은 pH가 9인 약알칼리성의 물속에 저장한다.
③ 질화면이라 불리는 제5류 위험물인 나이트로셀룰로오스는 물 또는 알코올에 적셔서 저장한다.
④ **알루미늄분**은 물과 반응 시 가연성인 수소가스를 발생하므로 **물과 접촉을 방지**해야 한다.

59 위험물안전관리법령에 따른 위험물 저장기준으로 틀린 것은?

① 이동탱크저장소에는 설치허가증을 비치하여야 한다.

② 지하저장탱크의 주된 밸브는 위험물을 넣거나 빼낼 때 외에는 폐쇄하여야 한다.

③ 아세트알데하이드를 저장하는 이동저장탱크에는 탱크 안에 불활성 가스를 봉입하여야 한다.

④ 옥외저장탱크 주위에 설치된 방유제의 내부에 물이나 유류가 괴었을 경우에는 즉시 배출하여야 한다.

≫ ① 이동탱크저장소에는 당해 이동탱크저장소의 완공검사필증 및 정기점검기록을 비치하여야 한다.

60 위험물안전관리법령에 근거한 위험물 운반 및 수납 시 주의사항에 대한 설명 중 틀린 것은?

① 위험물을 수납하는 용기는 위험물이 누출되지 않게 밀봉시켜야 한다.

② 온도 변화로 가스 발생 우려가 있는 것은 가스 배출구를 설치한 운반용기에 수납할 수 있다.

③ 액체위험물은 운반용기 내용적의 98% 이하의 수납률로 수납하되 55℃의 온도에서 누설되지 아니하도록 충분한 공간용적을 유지하도록 하여야 한다.

④ 고체위험물은 운반용기 내용적의 98% 이하의 수납률로 수납하여야 한다.

≫ 운반용기의 수납률
1) **고체위험물 : 운반용기 내용적의 95% 이하**
2) 액체위험물 : 운반용기 내용적의 98% 이하 (55℃에서 누설되지 않도록 공간용적 유지)
3) 알킬알루미늄등 : 운반용기 내용적의 90% 이하(50℃에서 5% 이상의 공간용적 유지)

2021

제1과목 **일반화학**

01 다음 중 헨리의 법칙으로 설명되는 것은 어느 것인가?

① 극성이 큰 물질일수록 물에 잘 녹는다.
② 비눗물은 0℃보다 낮은 온도에서 언다.
③ 높은 산 위에서는 물이 100℃ 이하에서 끓는다.
④ 사이다의 병마개를 따면 거품이 난다.

>> 헨리의 법칙이란 액체에 녹아 있는 기체의 양은 용기(병) 내부의 압력에 비례한다는 것으로 탄산음료(콜라 또는 사이다 등)의 병마개를 따면 거품이 나오는 현상을 말한다. 병의 내부압력이 높은 상태에서는 액체에 녹아 있는 탄산가스의 양이 많지만 병의 마개를 열면 병의 내부압력이 줄어 액체에 녹아 있던 탄산가스의 양도 내부압력이 줄어든 만큼 감소한다. 따라서 사이다의 병마개를 따면 거품이 나는 이유가 헨리의 법칙으로 설명될 수 있는 이유는 병 속의 내부압력이 감소한 만큼 액체에 녹아있던 기체가 거품이 되어 병 밖으로 빠져나오는 현상 때문이다.

02 집기병 속에 물에 적신 빨간 꽃잎을 넣고 어떤 기체를 채웠더니 얼마 후 꽃잎이 탈색되었다. 이와 같이 색을 탈색(표백)시키는 성질을 가진 기체는?

① He
② CO_2
③ N_2
④ Cl_2

>> 〈보기〉 중 ① He은 불활성 기체이고, ② CO_2와 ③ N_2는 불연성 기체로서 이들 기체들은 탈색(표백)효과는 없지만, ④ Cl_2은 황록색의 기체로서 독성과 산화력이 강하며 탈색(표백)효과를 갖는다.

03 다음 중 에너지가 가장 많이 필요한 경우는 어느 것인가?

① 100℃의 물 1몰을 100℃의 수증기로 변화시킬 때
② 0℃의 얼음 1몰을 50℃의 물로 변화시킬 때
③ 0℃의 물 1몰을 100℃의 물로 변화시킬 때
④ 0℃의 얼음 10g을 100℃의 물로 변화시킬 때

>> 1) 현열
0℃부터 100℃까지의 온도변화가 존재하는 구간의 열량
$Q_{현열} = c \times m \times \Delta t$

톡톡튀는 **암기법** 시(c)멘(m)트(Δt)

여기서, $Q_{현열}$: 현열의 열량(cal)
    c : 비열(물질 1g의 온도를 1℃ 올리는 데 필요한 열량)(cal/g·℃)
        ※ 물의 비열 : 1cal/g·℃
    m : 질량(g)
        ※ 물 또는 얼음 1몰 : 18g
    Δt : 온도차(℃)

2) 잠열
온도변화 없이 물질의 상태만 변하는 고체 또는 기체 상태의 열량
$Q_{잠열} = m \times \gamma$

여기서, $Q_{잠열}$: 잠열의 열량(cal)
    m : 질량(g)
    γ : 잠열상수값(cal/g)
        ※ 융해잠열(얼음) : 80cal/g
        증발잠열(수증기) : 539cal/g

〈보기〉의 에너지(열)의 양은 다음과 같다.

① 100℃의 물 1몰($Q_{현열}$) + 100℃ 수증기 1몰($Q_{잠열}$)
$= c \times m \times \Delta t + m \times \gamma$
$= 1 \times 18 \times (100 - 100) + 18 \times 539$
$= 9,720$cal

② 0℃의 얼음 1몰($Q_{잠열}$) + 물 1몰($Q_{현열}$)
$= m \times \gamma + c \times m \times \Delta t$
$= 18 \times 80 + 1 \times 18 \times (50 - 0)$
$= 2,340$cal

정답 01. ④ 02. ④ 03. ①

③ 0℃의 물 1몰과 100℃의 물 1몰($Q_{현열}$)
= $c \times m \times \Delta t$
= $1 \times 18 \times (100 - 0)$
= 1,800cal

④ 0℃의 얼음 10g($Q_{잠열}$) + 100℃의 물 10g
($Q_{현열}$)
= $m \times \gamma + c \times m \times \Delta t$
= $10 \times 80 + 1 \times 10 \times (100 - 0)$
= 1,800cal

04 중성원자가 무엇을 잃으면 양이온으로 되는가?

① 중성자　② 핵전하
③ 양성자　④ 전자

➡ 중성원자는 양이온(+)과 전자(−)로 구성되어 있는데 이 중 중성원자가 **전자(−)를 잃으면 양이온(+)만 남게 된다.**

05 다음 중 이온화에너지에 대한 설명으로 옳은 것은?

① 바닥상태에 있는 원자로부터 전자를 제거하는 데 필요한 에너지이다.
② 들뜬상태에서 전자를 하나 받아들일 때 흡수하는 에너지이다.
③ 주기율표에서 왼쪽으로 갈수록 증가한다.
④ 같은 족에서 아래로 갈수록 증가한다.

➡ ① 이온화에너지란 안정한 상태(바닥상태)의 원자로부터 전자 1개를 떼어내어 원자를 양이온으로 만드는 데 필요한 에너지를 말한다.
② 들뜬상태가 아닌 바닥상태에서 전자 1개를 떼어낼 때 필요한 에너지이다.
③ 주기율표의 왼쪽에 있는 알칼리금속은 양이온이 되려는 경향이 크기 때문에 전자를 쉽게 내놓는다. 따라서 전자를 제거하기 위한 에너지도 많이 필요하지 않으므로 이온화에너지는 감소한다.
④ 같은 족에서 아래로 갈수록 주기가 많아져 최외각전자가 원자핵으로부터 멀리 떨어지기 때문에 최외각전자를 쉽게 제거할 수 있다. 따라서 이 경우에도 전자를 제거하기 위한 에너지가 많이 필요하지 않으므로 이온화에너지는 감소한다.

06 비활성 기체 원자 Ar과 같은 전자배치를 가지고 있는 것은?

① Na^+
② Li^+
③ Al^{3+}
④ S^{2-}

➡ 원소의 전자배치(전자수)는 원자번호와 같고 Ar(아르곤)은 원자번호가 18번이므로 전자수도 18개이다.
① Na(나트륨)은 원자번호가 11번이므로 전자수도 11개이지만 Na^+은 전자를 1개 잃은 상태이므로 Na^+의 전자수는 10개이다.
② Li(리튬)은 원자번호가 3번이므로 전자수도 3개이지만 Li^+는 전자를 1개 잃은 상태이므로 Li^+의 전자수는 2개이다.
③ Al(알루미늄)은 원자번호가 13번이므로 전자수도 13개이지만 Al^{3+}는 전자를 3개 잃은 상태이므로 Al^{3+}의 전자수는 10개이다.
④ S(황)은 원자번호가 16번이므로 전자수도 16개이지만 S^{2-}는 전자를 2개 얻은 상태이므로 **S^{2-}의 전자수는 18개**이다.

07 25℃에서 83% 해리된 0.1N HCl의 pH는 얼마인가?

① 1.08
② 1.52
③ 2.02
④ 2.25

➡ 해리란 녹아서 이온으로 분리되는 현상을 말한다. 농도가 0.1N인 HCl(염산)이 83%로 해리되었으므로 해리된 염산의 농도는 0.1N × 0.83 = 0.083N가 된다.
pH = $-\log[H^+]$이며, $[H^+]$에 해리된 염산의 농도 0.083N를 대입하면
pH = $-\log 0.083$ = 1.08
∴ pH = 1.08

08 탄소 3g이 산소 16g 중에서 완전연소 되었다면, 연소한 후 혼합기체의 부피는 표준상태에서 몇 L가 되는가?

① 5.6　② 6.8
③ 11.2　④ 22.4

◉ 다음의 반응식에서 알 수 있듯이 탄소(C)가 산소(O₂) 중에서 연소되는 반응에서 탄소(C) 12g을 연소시키기 위해 필요한 산소(O₂)는 32g이며, 연소 후 발생하는 이산화탄소(CO₂)는 44g이다.

$$C + O_2 \rightarrow CO_2$$
$$12g \quad 32g \quad 44g$$

〈문제〉에서 탄소는 12g의 $\frac{1}{4}$의 양인 3g만이 연소되었다고 하였으므로 산소도 32g의 $\frac{1}{4}$의 양인 8g만 필요하고 이산화탄소도 44g의 $\frac{1}{4}$의 양인 11g만 생성된다.

그런데 탄소 3g을 연소시키기 위해 산소를 16g이나 공급하였지만 그 중 8g만 사용되고 나머지 8g은 그대로 남아 있는 상태이다. 〈문제〉는 연소 후 혼합기체 즉, 연소 후 발생한 이산화탄소 11g과 반응하지 않고 남은 산소 8g을 합한 기체의 부피를 묻는 것이다.

이산화탄소 11g은 0.25몰이고 남아 있는 산소 8g도 0.25몰이므로 두 기체의 합은 0.25 + 0.25 = 0.5몰이다.

표준상태에서 기체 1몰의 부피는 22.4L이므로 기체 0.5몰의 부피는 22.4L × 0.5 = 11.2L이다. 따라서 연소한 후 혼합기체의 부피는 표준상태에서 11.2L가 된다.

09 다음 중 전리도가 가장 커지는 경우는?

① 농도와 온도가 일정할 때
② 농도가 진하고 온도가 높을수록
③ 농도가 묽고 온도가 높을수록
④ 농도가 진하고 온도가 낮을수록

◉ 전리도는 이온화도라고도 하며, 물질이 용액에 녹아 이온으로 분리되는 정도를 말한다. 어떤 물질이 용액에서 잘 녹거나 쉽게 분리되기 위한 조건은 용액의 **농도는 묽고** 용액에 가해지는 **온도는 높아야** 한다.

10 수소와 질소로 암모니아를 합성하는 반응의 화학반응식은 다음과 같다. 암모니아의 생성률을 높이기 위한 조건은?

$$N_2 + 3H_2 \rightarrow 2NH_3 + 22.1kcal$$

① 온도와 압력을 낮춘다.
② 온도는 낮추고, 압력은 높인다.

③ 온도를 높이고, 압력은 낮춘다.
④ 온도와 압력을 높인다.

◉ 화학평형의 이동
1) 온도를 높이면 흡열반응 쪽으로 반응이 진행되고, 온도를 낮추면 발열반응 쪽으로 반응이 진행된다.
2) 압력을 높이면 기체의 몰수의 합이 적은 쪽으로 반응이 진행되고, 압력을 낮추면 기체 몰수의 합이 많은 쪽으로 반응이 진행된다.

〈문제〉의 반응식은 반응식의 왼쪽에 있는 N₂와 H₂를 반응시켜 반응식의 오른쪽에 있는 암모니아(NH₃)를 생성하면서 22.1kcal의 열을 발생하는 발열반응을 나타낸다. 여기서 암모니아의 생성률을 높이기 위한 조건이란 반응식의 왼쪽에서 반응식의 오른쪽으로 반응이 진행되도록 할 수 있는 조건을 말하며 이를 위한 온도와 압력에 대한 화학평형의 이동은 다음과 같다.
1) 반응식의 왼쪽에서 오른쪽으로의 반응은 발열반응이므로 **발열반응 쪽으로 반응이 진행되도록 하기 위해서는 온도를 낮춰야** 한다.
2) 반응식의 왼쪽의 기체 몰수의 합은 1몰(N₂) + 3몰(H₂) = 4몰이고, 오른쪽의 기체 몰수는 2몰(NH₃)이므로 **기체 몰수의 합이 많은 왼쪽에서 기체 몰수의 합이 적은 오른쪽으로 반응이 진행되도록 하기 위해서는 압력을 높여야** 한다.

따라서 이 반응에서 암모니아의 생성률을 높이기 위해서는 온도는 낮추고 압력은 높여야 한다.

11 찬물을 컵에 담아서 더운 방에 놓아 두었을 때 유리와 물의 접촉면에 기포가 생기는 이유로 가장 옳은 것은?

① 물의 증기압력이 높아지기 때문에
② 접촉면에서 수증기가 발생하기 때문에
③ 방 안의 이산화탄소가 녹아 들어가기 때문에
④ 온도가 올라갈수록 기체의 용해도가 감소하기 때문에

◉ 방 안의 온도가 높아지면 컵에 담아 놓은 찬물의 분자들이 증발하면서 기포를 발생하게 되고 이 기포들은 물 밖으로 빠져나온다. 이 때 물속에 녹아 있던 기체(기포)의 양은 처음의 기체의 양보다 감소하게 되며 이러한 현상은 물에 기체가 녹아 있는 정도, 즉 **기체의 용해도가 감소했기 때문에** 나타나는 것이다.

12 질소 2몰과 산소 3몰의 혼합기체가 나타나는 전압력이 10기압일 때 질소의 분압은 얼마인가?

① 2기압   ② 4기압

③ 8기압   ④ 10기압

≫ 분압 = 전압(전체의 압력) $\times$ $\dfrac{\text{해당 물질의 몰수}}{\text{전체 물질의 몰수의 합}}$

이며, 각 물질의 분압의 합은 전압이 된다.

1) **질소의 분압**

= 10기압(전압) $\times$ $\dfrac{2\text{몰(질소)}}{2\text{몰(질소)} + 3\text{몰(산소)}}$

= **4기압**

2) 산소의 분압

= 10기압(전압) $\times$ $\dfrac{3\text{몰(산소)}}{2\text{몰(질소)} + 3\text{몰(산소)}}$

= 6기압

또한, 질소의 분압 4기압과 산소의 분압 6기압의 합은 전압인 10기압이 된다.

13 물 500g 중에 설탕($C_{12}H_{22}O_{11}$) 171g이 녹아 있는 설탕물의 몰랄농도는?

① 2.0   ② 1.5

③ 1.0   ④ 0.5

≫ 몰랄농도란 용매(물) 1,000g에 녹아 있는 용질(설탕)의 몰수를 말한다. 설탕($C_{12}H_{22}O_{11}$) 1mol의 분자량은 12(C)g $\times$ 12 + 1(H)g $\times$ 22 + 16(O)g $\times$ 11 = 342g이므로 설탕 171g은 0.5몰이다. 〈문제〉는 물 500g에 설탕이 0.5몰 녹아 있는 상태이므로 이는 물 1,000에 설탕이 1몰 녹아 있는 것과 같으므로 이 상태의 몰랄농도는 1이다.

14 볼타전지의 기전력은 약 1.3V인데 전류가 흐르기 시작하면 곧 0.4V로 된다. 이러한 현상을 무엇이라 하는가?

① 감극   ② 소극

③ 분극   ④ 충전

≫ **분극현상**이란 볼타전지에 전류가 흐를 때 볼타전지의 (+)극에서 발생하는 수소기체가 반응을 방해하여 **기전력을 떨어뜨리는 현상**을 말하며, 이 분극현상을 방지하는 것을 감극 또는 소극이라 한다.

15 전극에서 유리되고 화학물질의 무게가 전지를 통하여 사용된 전류의 양에 정비례하고 또한 주어진 전류량에 의하여 생성된 물질의 무게는 그 물질의 당량에 비례한다는 화학법칙은?

① 르 샤를리에의 법칙

② 아보가드로의 법칙

③ 패러데이의 법칙

④ 보일-샤를의 법칙

≫ 전류에 의하여 **생성(석출)된 물질**은 질량이 아닌 **당량에 비례**한다는 것을 발견한 마이클 패러데이는 1F(패럿)을 물질 1g당량을 석출하는 데 필요한 전기량으로 정의하였다.

16 방사성 동위원소의 반감기가 20일일 때 40일이 지난 후 남은 원소의 분율은?

① $\dfrac{1}{2}$ ② $\dfrac{1}{3}$

③ $\dfrac{1}{4}$ ④ $\dfrac{1}{6}$

≫ 반감기란 방사성 원소의 질량이 반으로 감소하는 데 걸리는 기간을 말한다. 〈문제〉의 반감기가 20일인 원소는 20일이 지나면 처음 질량보다 $\dfrac{1}{2}$로 감소하므로 40일이 지나면 처음 질량보다 $\dfrac{1}{4}$로 감소한다. 따라서 40일이 지난 후 남은 원소의 질량은 처음 질량의 $\dfrac{1}{4}$이다.

17 $CuCl_2$의 용액에 5A 전류를 1시간 동안 흐르게 하면 몇 g의 구리가 석출되는가? (단, Cu의 원자량은 63.54이며, 전자 1개의 전하량은 1.602×10^{-19}C이다.)

① 3.17   ② 4.83

③ 5.93   ④ 6.35

≫ Cu(구리)를 석출하기 위해 필요한 전기량($C_{쿨롬}$) = 전류($A_{암페어}$) $\times$ 시간($sec_{초}$)이다. 〈문제〉에서 5A의 전류를 1시간, 즉 3,600초 동안 흐르게 했으므로 이때 필요한 전기량(C) = 5A $\times$ 3,600sec = 18,000C이다.

또한 1F(패럿)이란 물질 1g당량을 석출하는 데 필요한 또 다른 전기량으로서 96,500C과 같은

정답   12. ②   13. ③   14. ③   15. ③   16. ③   17. ③

양이다. 여기서, 1g당량 = $\dfrac{원자량}{원자가}$ 인데 원자가가 2이고 원자량이 63.54g인 Cu의 1g당량 = $\dfrac{63.54g}{2}$ = 31.77g이므로 1F 즉, 96,500C의 전기량을 통해 석출할 수 있는 Cu의 양은 31.77g이다.

〈문제〉는 18,000C의 전기량을 통해 석출할 수 있는 Cu의 양을 구하는 것이므로 비례식을 이용하면 다음과 같다.

전기량   Cu의 석출량
96,500C ⤬ 31.77g
18,000C x(g)
96,500 × x = 18,000 × 31.77
∴ x = 5.93g

💡**Tip**
이 방식으로 풀이하는 경우 〈문제〉에 주어진 전하량 1.602×10^{-19}C은 사용할 필요가 없습니다.

18 아세트알데하이드에 대한 시성식은?

① CH_3COOH ② CH_3COCH_3
③ CH_3CHO ④ CH_3COOCH_3

≫ 알데하이드란 메틸(CH_3), 에틸(C_2H_5) 등의 알킬기에 −CHO가 붙어 있는 형태를 말한다.
  ① CH_3COOH : 아세트산
  ② CH_3COCH_3 : 아세톤
  ③ **CH_3CHO : 아세트알데하이드**
  ④ CH_3COOCH_3 : 아세트산메틸

19 벤젠에 수소원자 한 개는 −CH_3기로, 또 다른 수소원자 한 개는 −OH기로 치환되었다면 이성질체수는 몇 개인가?

① 1   ② 2
③ 3   ④ 4

≫ 벤젠에 CH_3 1개와 OH 1개를 붙인 것을 크레졸($C_6H_4CH_3OH$)이라 하며, 크레졸은 다음과 같이 오르토(o−)크레졸, 메타(meta−)크레졸, 파라(para−)크레졸의 **3가지 이성질체**를 갖는다.

o−크레졸	m−크레졸	p−크레졸
CH_3 ◯ OH	CH_3 ◯ OH	CH_3 ◯ OH

20 다음 중 수성가스(water gas)의 주성분은?

① CO_2, CH_4 ② CO, H_2
③ CO_2, H_2, O_2 ④ H_2, H_2O

≫ 수성가스란 석탄 또는 코크스에 수증기를 반응시켜 만든 일산화탄소(CO)와 수소(H_2)를 주성분으로 하는 기체를 말한다.

제2과목   **화재예방과 소화방법**

21 표준상태에서 적린 8mol이 완전연소하여 오산화인을 만드는 데 필요한 이론공기량은 약 몇 L 인가? (단, 공기 중 산소는 21vol%이다.)

① 1066.7
② 806.7
③ 224
④ 22.4

PLAY ▶ 풀이

≫ 적린(P)이 연소할 때 필요한 공기의 부피를 구하기 위해서는 연소에 필요한 산소의 부피를 먼저 구해야 한다. 아래의 연소반응식에서 알 수 있듯이 2몰의 적린을 연소시키기 위해 필요한 산소는 5×22.4L인데 〈문제〉에서와 같이 8몰의 적린을 연소시키기 위해서는 몇 L의 산소가 필요한가를 다음과 같이 비례식을 이용하여 구할 수 있다.
  • 적린의 연소반응식
    $4P$ + $5O_2$ → $2P_2O_5$
    4몰 ⤬ 5×22.4L
    4몰 x(L)
$4 \times x = 8 \times 5 \times 22.4$
$x = 224L$이다.
여기서, 적린 8몰을 연소시키는 데 필요한 산소의 부피는 224L이지만 〈문제〉의 조건은 연소에 필요한 산소의 부피가 아니라 공기의 부피를 구하는 것이다. 공기 중 산소의 부피는 공기 부피의 21%이므로 공기의 부피를 구하는 식은 다음과 같다.

공기의 부피 = 산소의 부피 × $\dfrac{100}{21}$ = 224L × $\dfrac{100}{21}$ = 1,066.7L이다.

💡**Tip**
공기 100% 중 산소는 21%의 부피비를 차지하므로 공기는 산소보다 약 5배 즉, $\dfrac{100}{21}$ 배 더 많은 부피이므로 앞으로 공기의 부피를 구하는 문제가 출제되면 공기의 부피 = 산소의 부피 × $\dfrac{100}{21}$ 이라는 공식을 활용하기 바랍니다.

정답   18. ③   19. ③   20. ②   21. ①

22 C급 화재에 가장 적응성이 있는 소화설비는?

① 봉상강화액소화기

② 포소화기

③ 이산화탄소소화기

④ 스프링클러설비

≫ 전기설비화재인 C급 화재에는 수분을 포함하는 소화약제를 사용하는 소화기는 사용할 수 없으며, 질식소화효과를 이용하는 소화기가 적응성이 있다. 〈보기〉 중에서는 이산화탄소소화기가 질식소화효과를 이용하는 소화기이며 그 외의 것은 모두 냉각소화효과를 이용하는 소화기 또는 소화설비이다.

대상물의 구분 / 소화설비의 구분	건축물·그 밖의 공작물	전기설비	제1류 위험물		제2류 위험물			제3류 위험물		제4류 위험물	제5류 위험물	제6류 위험물
			알칼리금속의 과산화물등	그 밖의 것	철분·금속분·마그네슘등	인화성 고체	그 밖의 것	금수성 물품	그 밖의 것			
옥내소화전 또는 옥외소화전 설비	○			○		○	○		○		○	○
스프링클러설비	○	×		○		○	○		○	△	○	○
물분무등소화설비	물분무소화설비	○	○		○		○	○		○	○	○	○
	포소화설비	○			○		○	○		○	○	○	○
	불활성가스소화설비		○				○				○		
	할로젠화합물소화설비		○				○				○		
	분말소화설비	인산염류등	○	○		○		○	○			○		○
		탄산수소염류등		○	○		○	○		○		○		
		그 밖의 것			○		○			○				
대형·소형수동식소화기	봉상수(棒狀水)소화기	○	×		○		○	○		○		○	○
	무상수(霧狀水)소화기	○	○		○		○	○		○		○	○
	봉상강화액소화기	○			○		○	○		○		○	○
	무상강화액소화기	○	○		○		○	○		○	○	○	○
	포소화기	○	×		○		○	○		○	○	○	○
	이산화탄소소화기		◎				○				○		△
	할로젠화합물소화기		○				○				○		
	분말소화기	인산염류소화기	○	○		○		○	○			○		○
		탄산수소염류소화기		○	○		○	○		○		○		
		그 밖의 것			○		○			○				

23 다음 중 화재분류에 따른 소화기에 표시하는 색상이 옳은 것은?

① 유류화재 – 황색

② 유류화재 – 백색

③ 전기화재 – 황색

④ 전기화재 – 백색

≫ 화재분류에 따른 소화기에 표시하는 색상
1) 일반화재(A급) : 백색
2) **유류화재(B급) : 황색**
3) 전기화재(C급) : 청색
4) 금속화재(D급) : 무색

24 다음 중 가연물이 될 수 있는 것은?

① CS_2　　　　② H_2O_2

③ CO_2　　　　④ He

≫ ① CS_2(이황화탄소) : 제4류 위험물 중 특수인화물에 속하는 **가연물**이다.

② H_2O_2(과산화수소) : 제6류 위험물이므로 자신은 불연성 물질이다.

③ CO_2(이산화탄소) : 소화약제로도 사용되는 불연성 물질이다.

④ He(헬륨) : 주기율표의 0족에 속하는 가스로서 어떤 물질과도 반응을 일으키지 않는 불활성 물질이다.

25 다음 〈보기〉 중 상온에서의 상태(기체, 액체, 고체)가 동일한 것을 모두 나열한 것은?

〈보기〉
Halon 1301, Halon 1211, Halon 2402

① Halon 1301, Halon 2402

② Halon 1211, Halon 2402

③ Halon 1301, Halon 1211

④ Halon 1301, Halon 1211, Halon 2402

정답 22. ③ 23. ① 24. ① 25. ③

◈ 상온에서의 Halon 소화약제의 상태
  1) Halon 1301(CF_3Br) : 기체
  2) Halon 1211(CF_2ClBr) : 기체
  3) Halon 2402($C_2F_4Br_2$) : 액체

26 다음 물질의 화재 시 내알코올포를 쓰지 못하는 것은?

① 아세트알데하이드
② 알킬리튬
③ 아세톤
④ 에탄올

◈ 제4류 위험물 중 수용성 물질의 화재에는 일반 포소화약제로 소화할 경우 포가 소멸되어 소화효과가 없기 때문에 포가 소멸되지 않는 내알코올포소화약제를 사용해야 한다. 〈보기〉의 아세트알데하이드와 아세톤, 그리고 에탄올은 모두 수용성의 제4류 위험물이라 내알코올포를 사용해야 하지만 알킬리튬은 제3류 위험물 중 금수성 물질이기 때문에 내알코올포를 포함한 모든 포소화약제를 사용할 수 없고 마른 모래 등으로 질식소화해야 한다.

27 할로젠화합물인 Halon 1301의 분자식은?

① CH_3Br ② CCl_4
③ CF_2Br_2 ④ CF_3Br

◈ 할로젠화합물 소화약제의 할론번호는 C-F-Cl-Br의 순서대로 각 원소의 개수를 나타낸 것이다. Halon 1301은 C 1개, F 3개, Cl 0개, Br 1개로 구성되므로 화학식 또는 분자식은 CF_3Br이다.

28 분말소화기의 각 종별 소화약제 주성분이 올바르게 연결된 것은?

① 제1종 소화분말 : $KHCO_3$
② 제2종 소화분말 : $NaHCO_3$
③ 제3종 소화분말 : $NH_4H_2PO_4$
④ 제4종 소화분말 : $NaHCO_3 + (NH_2)_2CO$

◈ 분말소화약제의 구분

구 분	주성분	주성분의 화학식	색 상
제1종 분말소화약제	탄산수소 나트륨	$NaHCO_3$	백색
제2종 분말소화약제	탄산수소 칼륨	$KHCO_3$	연보라 (담회)색
제3종 분말소화약제	인산암모늄	$NH_4H_2PO_4$	담홍색
제4종 분말소화약제	탄산수소칼륨 + 요소의 반응생성물	$KHCO_3$ + $(NH_2)_2CO$	회색

29 위험물안전관리법령상 옥외소화전설비는 모든 옥외소화전을 동시에 사용할 경우 각 노즐선단의 방수압력을 얼마 이상이어야 하는가?

① 100kPa   ② 170kPa
③ 350kPa   ④ 520kPa

◈ 옥외소화전설비는 모든 옥외소화전(설치개수가 4개 이상인 경우는 4개의 옥외소화전)을 동시에 사용할 경우에 각 노즐선단의 방수압력이 350kPa 이상이 되도록 해야 한다.

    `Check`
옥내소화전설비는 각층을 기준으로 하여 당해 층의 모든 옥내소화전(설치개수가 5개 이상인 경우는 5개의 옥내소화전)을 동시에 사용할 경우에 각 노즐선단의 방수압력은 350kPa 이상이 되도록 해야 한다.

30 제조소 또는 취급소의 건축물로 외벽이 내화구조인 것은 연면적 몇 m^2를 1소요단위로 규정하나?

① $100m^2$ ② $200m^2$
③ $300m^2$ ④ $400m^2$

◈ 외벽이 내화구조인 제조소 또는 취급소의 건축물은 연면적 $100m^2$를 1소요단위로 한다.

    `Check` **1소요단위의 기준**

구 분	외벽이 내화구조	외벽이 비내화구조
제조소 및 취급소	**연면적 $100m^2$**	연면적 $50m^2$
저장소	연면적 $150m^2$	연면적 $75m^2$
위험물	지정수량의 10배	

31 처마의 높이가 6m 이상인 단층건물에 설치된 옥내저장소의 소화설비로 고려될 수 없는 것은?

① 고정식 포소화설비
② 옥내소화전설비
③ 고정식 불활성가스소화설비
④ 고정식 분말소화설비

≫ 소화난이도 등급 Ⅰ에 해당하는 옥내저장소에 설치해야 하는 소화설비
1) 처마높이가 6m 이상인 단층건물 또는 다른 용도의 부분이 있는 건축물에 설치한 옥내저장소
  – 스프링클러설비 또는 **이동식 외의 물분무등 소화설비**
    ※ 여기서, **물분무등소화설비란** 물분무소화설비, **포소화설비, 불활성가스소화설비**, 할로겐화합물소화설비, 분말소화설비를 말한다.
2) 그 밖의 것
  ㉠ 옥외소화전설비
  ㉡ 스프링클러설비
  ㉢ 이동식 외의 물분무등소화설비 또는 이동식 포소화설비(포소화전을 옥외에 설치하는 것에 한한다)

32 위험물안전관리법령상 옥내소화전설비의 비상전원은 자가발전설비 또는 축전지설비로 옥내소화전설비를 유효하게 몇 분 이상 작동할 수 있어야 하나?

① 10분　　　　② 20분
③ 45분　　　　④ 60분

≫ 옥내소화전설비의 비상전원은 옥내소화전설비를 유효하게 45분 이상 작동시킬 수 있어야 한다.

> Check
> 옥외소화전설비의 비상전원도 옥외소화전설비를 유효하게 45분 이상 작동시킬 수 있어야 한다.

33 위험물안전관리법령상 옥외소화전이 5개 설치된 제조소등에서 옥외소화전의 수원의 수량은 얼마 이상이어야 하는가?

① 14m^3
② 35m^3
③ 54m^3
④ 78m^3

≫ 옥외소화전설비의 수원의 양은 옥외소화전의 설치개수(설치개수가 4개 이상이면 4개)에 13.5m^3를 곱한 값 이상의 양으로 한다. 〈문제〉에서 옥외소화전의 개수는 모두 5개지만 개수가 4개 이상이면 4개를 13.5m^3에 곱해야 하므로 수원의 양은 4개$\times13.5\text{m}^3 = 54\text{m}^3$이다.

> Check
> 위험물제조소등에 설치된 옥내소화전설비의 수원의 양은 옥내소화전이 가장 많이 설치된 층의 옥내소화전의 설치개수(설치개수가 5개 이상이면 5개)에 7.8m^3를 곱한 값 이상의 양으로 정한다.

34 클로로벤젠 300,000L의 소요단위는 얼마인가?

① 20　　　　② 30
③ 200　　　　④ 300

≫ 클로로벤젠(C_6H_5Cl)은 제4류 위험물 중 제2석유류 비수용성 물질로서 지정수량이 1,000L이며, 위험물의 1소요단위는 지정수량의 10배이므로
클로로벤젠 300,000L는 $\dfrac{300,000\text{L}}{1,000\text{L}\times10} = 30$소요단위이다.

35 스프링클러설비의 장점이 아닌 것은?

① 소화약제가 물이므로 소화약제의 비용이 절감된다.
② 초기 시공비가 적게 든다.
③ 화재 시 사람의 조작 없이 작동이 가능하다.
④ 초기화재의 진화에 효과적이다.

≫ ② 스프링클러설비는 타 소화설비보다 시공이 어렵고 설치비용도 많이 든다.

36 보관 시 인산등의 분해방지 안정제를 첨가하는 제6류 위험물에 해당하는 것은 다음 중 어느 것인가?

① 황산
② 과산화수소
③ 질산
④ 염산

≫ 제6류 위험물인 과산화수소는 스스로 분해하여 산소를 발생하는 성질이 있어 용기에 작은 구멍이 뚫린 마개를 하여 산소를 빼는 구조로 함과 동시에 분해를 방지하기 위해 안정제인 인산 또는 요산 등을 함께 첨가해 보관한다.

정답 32. ③　33. ③　34. ②　35. ②　36. ②

37 다음 중 위험물안전관리법령상 위험물 저장·취급 시 화재 또는 재난을 방지하기 위하여 자체소방대를 두어야 하는 경우가 아닌 것은?

① 지정수량의 3천배 이상의 제4류 위험물을 저장·취급하는 제조소

② 지정수량의 3천배 이상의 제4류 위험물을 저장·취급하는 일반취급소

③ 지정수량의 2천배의 제4류 위험물을 취급하는 일반취급소와 지정수량의 1천배의 제4류 위험물을 취급하는 제조소가 동일한 사업소에 있는 경우

④ 지정수량의 3천배 이상의 제4류 위험물을 저장·취급하는 옥외탱크저장소

≫ 자체소방대를 두어야 하는 제조소등의 기준
1) 저장·취급하는 위험물의 유별 : 제4류 위험물
2) 저장·취급하는 위험물의 양과 제조소등의 종류
  ㉠ 지정수량의 3천배 이상 취급하는 제조소 또는 일반취급소
  ㉡ 지정수량의 50만배 이상 저장하는 옥외탱크저장소

38 다음 중 이황화탄소의 액면 위에 물을 채워두는 이유로 가장 적합한 것은?

① 자연분해를 방지하기 위해

② 화재발생 시 물로 소화를 하기 위해

③ 불순물을 물에 용해시키기 위해

④ 가연성 증기의 발생을 방지하기 위해

≫ 이황화탄소(CS_2)는 물에 녹지 않고 물보다 무거운 제4류 위험물로서 공기 중에 노출 시 공기에 포함된 산소와 반응하여 이산화황(SO_2)이라는 가연성 증기를 발생하므로 이 **가연성 증기의 발생을 방지하기 위해 물속에 저장**한다.
• 이황화탄소의 연소반응식
  $CS_2 + 3O_2 \rightarrow CO_2 + 2SO_2$

39 위험물안전관리법령상 질산나트륨에 대한 소화설비의 적응성으로 옳은 것은 다음 중 어느 것인가?

① 건조사만 적응성이 있다.

② 이산화탄소소화기는 적응성이 있다.

③ 포소화기는 적응성이 없다.

④ 할로젠화합물소화기는 적응성이 없다.

≫ ① 질산나트륨은 산소공급원을 포함하는 제1류 위험물로서 건조사뿐 아니라 봉상수, 무상수, 봉상 및 무상 강화액, 포소화기 등 소화약제가 물인 소화기들도 모두 적응성이 있으므로 건조사만 적응성이 있는 것은 아니다.
② 제1류 위험물의 화재에는 질식소화효과를 나타내는 이산화탄소소화기는 적응성이 없다.
③ 포소화기는 냉각소화효과를 나타내므로 제1류 위험물의 화재에 적응성이 있다.
④ **제1류 위험물의 화재에는 억제소화효과를 나타내는 할로젠화합물소화기는 적응성이 없다.**

대상물의 구분	건축물·그 밖의 공작물	전기설비	제1류 위험물 알칼리금속의 과산화물 등	제1류 위험물 그 밖의 것	제2류 위험물 철분·금속분·마그네슘 등	제2류 위험물 인화성 고체	제2류 위험물 그 밖의 것	제3류 위험물 금수성 물품	제3류 위험물 그 밖의 것	제4류 위험물	제5류 위험물	제6류 위험물
대형·소형수동식소화기 봉상수(棒狀水)소화기	○			○		○	○		○		○	○
무상수(霧狀水)소화기	○	○		○		○	○		○		○	○
봉상강화액소화기	○			○		○	○		○		○	○
무상강화액소화기	○	○		○		○	○		○	○	○	○
포소화기	○			○		○	○		○	○	○	○
이산화탄소소화기		○				○				○		△
할로젠화합물소화기		○	×			○				○		
분말소화기 인산염류소화기	○	○		○		○	○			○		○
탄산수소염류소화기	○	○	○		○	○		○		○		
그 밖의 것			○		○			○				
기타 물통 또는 수조	○			○		○	○		○		○	○
건조사			○	○	○	○	○	○	○	○	○	○
팽창질석 또는 팽창진주암			○	○	○	○	○	○	○	○	○	○

40 위험물안전관리법령상 제1석유류를 저장하는 옥외탱크저장소 중 소화난이도 등급 I에 해당하는 것은? (단, 지중탱크 또는 해상탱크가 아닌 경우이다.)

① 액표면적이 10m²인 것

② 액표면적이 20m²인 것

③ 지반면으로부터 탱크 옆판 상단까지가 4m인 것

④ 지반면으로부터 탱크 옆판 상단까지가 6m인 것

» 옥외탱크저장소의 소화난이도 등급 I
1) 액표면적이 40m² 이상인 것(제6류 위험물을 저장하는 것 및 고인화점위험물만을 100℃ 미만의 온도에서 저장하는 것은 제외)
2) **지반면으로부터 탱크 옆판의 상단까지 높이가 6m 이상인 것**(제6류 위험물을 저장하는 것 및 고인화점위험물만을 100℃ 미만의 온도에서 저장하는 것은 제외)
3) 지중탱크 또는 해상탱크로서 지정수량의 100배 이상인 것(제6류 위험물을 저장하는 것 및 고인화점위험물만을 100℃ 미만의 온도에서 저장하는 것은 제외)
4) 고체 위험물을 저장하는 것으로서 지정수량의 100배 이상인 것

제3과목 | **위험물의 성질과 취급**

41 아염소산나트륨의 성상에 관한 설명 중 틀린 것은?

① 자신은 불연성이다.

② 열분해하면 산소를 방출한다.

③ 수용액 상태에서도 강력한 환원력을 가지고 있다.

④ 조해성이 있다.

» ① 제1류 위험물이므로 자신은 불연성이다.
② 열분해하면 염화나트륨과 산소를 방출한다.
• 아염소산나트륨의 열분해반응식
$NaClO_2 \rightarrow NaCl + O_2$

③ 산화성 고체로서 수용액 상태에서는 강력한 **산화력**을 가지고 있다.

④ 공기 중의 수분을 흡수하는 조해성이 있다.

42 다음 중 $KClO_4$에 관한 설명으로 옳지 못한 것은?

① 순수한 것은 황색의 사방정계 결정이다.

② 비중은 약 2.52이다.

③ 녹는점은 약 610℃이다.

④ 열분해하면 산소와 염화칼륨으로 분해된다.

» 제1류 위험물인 $KClO_4$(과염소산칼륨)은 순수한 것은 **무색 결정**이며 비중은 약 2.52이고 약 610℃에서 열분해하여 염화칼륨(KCl)과 산소를 발생시킨다.
• 과염소산칼륨의 열분해반응식
$KClO_4 \rightarrow KCl + 2O_2$

43 위험물안전관리법령에서 정한 제1류 위험물이 아닌 것은?

① 질산메틸

② 질산나트륨

③ 질산칼륨

④ 질산암모늄

» ① 질산메틸은 제5류 위험물 중 질산에스터류에 속하는 물질이며 그 외의 〈보기〉는 모두 제1류 위험물 중 질산염류에 속하는 물질들이다.

44 황화인에 대한 설명으로 틀린 것은?

① 고체이다.

② 가연성 물질이다.

③ P_4S_3, P_2S_5 등의 물질이 있다.

④ 물질에 따른 지정수량은 50kg, 100kg, 300kg이다.

» 황화인은 제2류 위험물에 속하는 가연성 고체로서 P_4S_3(삼황화인), P_2S_5(오황화인), P_4S_7(칠황화인)의 3가지 종류가 있으며 **지정수량은 3개 모두 100kg**이다.

정답 40. ④ 41. ③ 42. ① 43. ① 44. ④

45 다음은 위험물의 성질을 설명한 것이다. 위험물과 그 위험물의 성질을 모두 올바르게 연결한 것은?

> A. 건조 질소와 상온에서 반응한다.
> B. 물과 작용하면 가연성 가스를 발생한다.
> C. 물과 작용하면 수산화칼슘을 발생한다.
> D. 비중이 1 이상이다.

① K – A, B, C
② Ca_3P_2 – B, C, D
③ Na – A, C, D
④ CaC_2 – A, B, D

≫ A. 위험물 중 불연성 가스인 건조 질소와 상온에서 반응하는 물질은 없다.
　B. 제3류 위험물 중 금수성 물질은 물과 작용하여 가연성 가스를 발생한다.
　C. 칼슘(Ca)을 포함하고 있는 물질은 물과 작용하여 수산화칼슘[$Ca(OH)_2$]을 발생한다.
　D. 비중이 1보다 작은 제3류 위험물에는 칼륨, 나트륨, 알킬리튬, 알킬알루미늄 및 금속의 수소화물이 있다.
　〈보기〉의 위험물은 다음과 같은 성질을 갖고 있다.
　① K – 물과 반응 시 수소가스를 발생하고 물보다 가벼운 제3류 위험물로서 B의 성질에만 해당한다.
　② Ca_3P_2 – 물과 반응 시 수산화칼슘[$Ca(OH)_2$]과 함께 독성이면서 가연성인 포스핀(PH_3) 가스를 발생하고, 비중이 2.51로서 물보다 무거운 제3류 위험물로서 **B, C, D의 성질에 해당**한다.
　③ Na – 물과 반응 시 수소가스를 발생하고 물보다 가벼운 제3류 위험물로서 B의 성질에만 해당한다.
　④ CaC_2 – 물과 반응 시 수산화칼슘[$Ca(OH)_2$]과 함께 가연성인 아세틸렌(C_2H_2)가스를 발생하고, 비중이 2.22로서 물보다 무거운 제3류 위험물로서 B, C, D의 성질에 해당한다.

46 다음 중 물과 반응할 때 위험성이 가장 큰 것은?

① 과산화나트륨
② 과산화바륨
③ 과산화수소
④ 과염소산나트륨

≫ 과산화나트륨(Na_2O_2)과 같이 제1류 위험물 중 알칼리금속의 과산화물은 물과 반응 시 발열과 함께 산소를 발생하므로 위험성이 크다.
• 과산화나트륨과 물과의 반응식
　$2Na_2O_2 + 2H_2O \rightarrow 4NaOH + O_2$

47 C_5H_5N에 대한 설명으로 틀린 것은?

① 순수한 것은 무색이고, 악취가 나는 액체이다.
② 상온에서 인화의 위험이 있다.
③ 물에 녹는다.
④ 강한 산성을 나타낸다.

≫ 피리딘(C_5H_5N)
　① 제4류 위험물로서 순수한 것은 무색이고 자극적인 냄새가 난다.
　② 인화점 20℃로 상온에서 인화의 위험이 있다.
　③ 제1석유류 수용성 물질로서 물에 잘 녹는다.
　④ **약한 알칼리성**을 나타낸다.

48 위험물안전관리법령상 산화프로필렌을 취급하는 위험물제조설비의 재질로 사용이 금지된 금속이 아닌 것은?

① 금　　　　　　② 은
③ 동　　　　　　④ 마그네슘

≫ 제4류 위험물 중 특수인화물인 아세트알데하이드 및 산화프로필렌은 은, 수은, 동, 마그네슘과 반응 시 금속아세틸라이트라는 폭발성 물질을 생성하므로 이들 금속 및 이의 합금으로 된 용기를 사용하여서는 안 된다.

톡톡 튀는 **암기법** 수은, 은, 구리(동), 마그네슘 ⇨ 수은 구리만

49 독성이 있고 제2석유류에 속하는 것은?

① CH_3CHO
② C_6H_6
③ $C_6H_5CH = CH_2$
④ $C_6H_5NH_2$

≫ 〈보기〉 물질은 모두 제4류 위험물로서 품명은 다음과 같다.
　① CH_3CHO(아세트알데하이드) : 특수인화물
　② C_6H_6(벤젠) : 제1석유류
　③ **$C_6H_5CH = CH_2$(스타이렌) : 제2석유류**
　④ $C_6H_5NH_2$(아닐린) : 제3석유류

50 다음 아세톤에 관한 설명 중 틀린 것은 어느 것인가?

① 무색의 액체로서 특이한 냄새를 가지고 있다.

② 가연성이며, 비중은 물보다 작다.

③ 화재 발생 시 이산화탄소나 포에 의한 소화가 가능하다.

④ 알코올, 에터에 녹지 않는다.

» 제4류 위험물 중 제1석유류인 아세톤(CH_3COCH_3)은 수용성 물질로서 물에 잘 녹고 알코올, 에터에도 잘 녹는다.

51 과산화벤조일에 대한 설명으로 틀린 것은?

① 벤조일퍼옥사이드라고도 한다.

② 상온에서 고체이다.

③ 산소를 포함하지 않는 환원성 물질이다.

④ 희석제를 첨가하여 폭발성을 낮출 수 있다.

» ① 과산화벤조일[$(C_6H_5CO)_2O_2$]은 제5류 위험물 중 유기과산화물에 속하는 물질로서 벤조일퍼옥사이드라고도 한다.
② 상온에서 무색의 고체이다.
③ 환원성(직접 타는 성질)이기도 하지만, **산소를 포함하고 있는 산화성 물질**이다.
④ 희석제 또는 수분을 첨가하여 폭발성을 낮출 수 있다.

52 질산에 대한 설명으로 틀린 것은?

① 무색 또는 담황색의 액체이다.

② 유독성이 강한 산화성 물질이다.

③ 위험물안전관리법령상 비중이 1.49 이상인 것만 위험물로 규정한다.

④ 햇빛이 잘 드는 곳에서 투명한 유리병에 보관하여야 한다.

» 비중이 1.49 이상인 것만 제6류 위험물로 규정하는 질산(HNO_3)은 무색 또는 담황색의 액체이며, 햇빛에 의해 분해하면 적갈색 독성 기체인 이산화질소(NO_2)가 발생하기 때문에 이를 방지하기 위하여 **빛이 없는 장소에서 착색병에 보관**해야 한다.
• 질산의 열분해반응식
$4HNO_3 \rightarrow 2H_2O + 4NO_2 + O_2$

53 위험물 지하탱크저장소의 탱크전용실의 설치기준으로 틀린 것은?

① 철근콘크리트 구조의 벽은 두께 0.3m 이상으로 한다.

② 지하저장탱크와 탱크전용실의 안쪽과의 사이는 50cm 이상의 간격을 유지한다.

③ 철근콘크리트 구조의 바닥은 두께 0.3m 이상으로 한다.

④ 벽, 바닥 등에 적정한 방수조치를 강구한다.

» 지하탱크저장소의 탱크전용실의 설치기준
1) 전용실의 내부 : 입자지름 5mm 이하의 마른 자갈분 또는 마른 모래를 채운다.
2) 탱크전용실로부터 안쪽과 바깥쪽으로의 거리
  ㉠ 지하의 벽, 가스관, 대지경계선으로부터 탱크전용실 바깥쪽과의 사이 : 0.1m 이상
  ㉡ **지하저장탱크와 탱크전용실 안쪽과의 사이 : 0.1m 이상**
3) 탱크전용실의 기준 : 벽, 바닥 및 뚜껑의 두께는 0.3m 이상의 철근콘크리트로 한다.
4) 벽, 바닥 등에 적정한 방수조치를 강구한다.

54 다음 그림은 제5류 위험물 중 유기과산화물을 저장하는 옥내저장소의 저장창고를 개략적으로 보여주고 있다. 창과 바닥으로부터 높이 (a)와 하나의 창의 면적(b)은 각각 얼마로 하여야 하는가? (단, 이 저장창고의 바닥면적은 150m² 이내이다.)

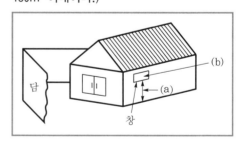

① (a) 2m 이상, (b) 0.6m² 이내

② (a) 3m 이상, (b) 0.4m² 이내

③ (a) 2m 이상, (b) 0.4m² 이내

④ (a) 3m 이상, (b) 0.6m² 이내

➤➤ 제5류 위험물 중 유기과산화물로서 지정수량이 10kg인 물질을 지정과산화물이라 하며, 지정과산화물을 저장하는 옥내저장소의 창에 대한 기준은 다음과 같다.
1) **창의 높이 : 바닥으로부터 2m 이상**
2) **창 한 개의 면적 : 0.4m² 이내**
3) 벽면에 부착된 모든 창의 면적 : 창이 부착되어 있는 벽면 면적의 80분의 1 이내

55 위험물안전관리법령에 따라 특정옥외저장탱크를 원통형으로 설치하고자 한다. 지반면으로부터의 높이가 16m일 때 이 탱크가 받는 풍하중은 1m²당 얼마 이상으로 계산하여야 하는가? (단, 강풍을 받을 우려가 있는 장소에 설치하는 경우는 제외한다.)

① 0.7640kN ② 1.2348kN

③ 1.6464kN ④ 2.348kN

➤➤ 특정옥외저장탱크가 받는 풍하중을 구하는 공식은 다음과 같다.
$Q = 0.588k\sqrt{h}$
여기서, Q : 풍하중(kN/m²)
　　　　k : 풍력계수(원통형 탱크의 경우는 0.7, 그 외의 탱크는 1.0)
　　　　h : 지반면으로부터의 탱크의 높이(m)
〈문제〉는 원통형 탱크이므로 $k = 0.7$이고 $h = 16$m이므로
$Q = 0.588 \times 0.7 \times \sqrt{16}$
　 $= 1.6464$kN

56 제조소에서 취급하는 위험물의 최대수량이 지정수량의 20배인 경우 보유공지의 너비는 얼마인가?

① 3m 이상 ② 5m 이상

③ 10m 이상 ④ 20m 이상

➤➤ 제조소의 보유공지
1) 지정수량의 10배 이하 : 3m 이상
2) **지정수량의 10배 초과 : 5m 이상**

57 다음 중 위험물안전관리법령에 근거한 위험물 운반 및 수납 시 주의사항에 대한 설명 중 틀린 것은?

① 위험물을 수납하는 용기는 위험물이 누출되지 않게 밀봉시켜야 한다.

② 온도 변화로 가스 발생 우려가 있는 것은 가스 배출구를 설치한 운반용기에 수납할 수 있다.

③ 액체위험물은 운반용기 내용적의 98% 이하의 수납률로 수납하되 55℃의 온도에서 누설되지 아니하도록 충분한 공간용적을 유지하도록 하여야 한다.

④ 고체위험물은 운반용기 내용적의 98% 이하의 수납률로 수납하여야 한다.

➤➤ 운반용기의 수납률
1) **고체위험물 : 운반용기 내용적의 95% 이하**
2) 액체위험물 : 운반용기 내용적의 98% 이하 (55℃에서 누설되지 않도록 공간용적 유지)
3) 알킬알루미늄등 : 운반용기 내용적의 90% 이하(50℃에서 5% 이상의 공간용적 유지)

58 위험물안전관리법령상 제1류 위험물 중 알칼리금속의 과산화물의 운반용기 외부에 표시하여야 하는 주의사항을 모두 올바르게 나타낸 것은?

① "화기엄금", "충격주의" 및 "가연물접촉주의"

② "화기·충격주의", "물기엄금" 및 "가연물접촉주의"

③ "화기주의" 및 "물기엄금"

④ "화기엄금" 및 "충격주의"

➤➤

유 별	품 명	운반용기에 표시하는 주의사항
제1류	알칼리금속의 과산화물	화기·충격주의, 가연물접촉주의, 물기엄금
	그 밖의 것	화기·충격주의, 가연물접촉주의
제2류	철분, 금속분, 마그네슘	화기주의, 물기엄금
	인화성 고체	화기엄금
	그 밖의 것	화기주의
제3류	금수성 물질	물기엄금
	자연발화성 물질	화기엄금, 공기접촉엄금
제4류	인화성 액체	화기엄금
제5류	자기반응성 물질	화기엄금, 충격주의
제6류	산화성 액체	가연물접촉주의

정 답 55. ③ 56. ② 57. ④ 58. ②

59 다음 중 위험물안전관리법령에 따라 지정수량 10배의 위험물을 운반할 때 혼재가 가능한 것은?

① 제1류 위험물과 제2류 위험물

② 제2류 위험물과 제3류 위험물

③ 제3류 위험물과 제4류 위험물

④ 제5류 위험물과 제6류 위험물

>> ③ 위험물의 운반 시 제3류 위험물은 제4류 위험물만 혼재할 수 있다.

Check **위험물운반에 관한 혼재기준**

423, 524, 61의 숫자 조합으로 표를 만들 수 있다.

위험물의 구분	제1류	제2류	제3류	제4류	제5류	제6류
제1류		×	×	×	×	○
제2류	×		×	○	○	×
제3류	×	×		○	×	×
제4류	×	○	○		○	×
제5류	×	○	×	○		×
제6류	○	×	×	×	×	

※ 단, 지정수량의 1/10 이하의 양에 대해서는 이 기준을 적용하지 않는다.

60 A업체에서 제조한 위험물을 B업체로 운반할 때 규정에 의한 운반용기에 수납하지 않아도 되는 위험물은? (단, 지정수량의 2배 이상인 경우이다.)

① 덩어리상태의 황

② 금속분

③ 삼산화크로뮴

④ 염소산나트륨

>> 용기에 수납하지 않고 운반할 수 있는 위험물은 덩어리상태의 황과 화약류 위험물이다.

💡 **Tip**

덩어리상태의 황은 크기가 너무 커서 용기에 수납이 불가능합니다.

CBT 기출복원문제
2022 제1회 위험물산업기사

2022년 3월 2일 시행

제1과목 　 일반화학

01 어떤 물질이 산소 50wt%, 황 50wt%로 구성되어 있다. 이 물질의 실험식을 올바르게 나타낸 것은?

① SO
② SO_2
③ SO_3
④ SO_4

》 산소(O)의 질량은 16이고 황(S)의 질량은 32이다. 어떤 물질이 산소 50wt(중량)%와 황 50wt(중량)%로 구성되어 있다는 의미는 그 물질에 산소와 황이 공평하게 반반씩 들어있다는 것이다. 따라서 황의 질량 32와 동일한 산소의 질량은 16 × 2 = 32이므로 이 물질에는 S(황) 1개와 O(산소) 2개가 존재해야 하며 실험식은 SO_2이다.

02 다음은 에탄올의 연소반응이다. 반응식의 계수 x, y, z를 순서대로 올바르게 표시한 것은?

$$C_2H_5OH + xO_2 \rightarrow yH_2O + zCO_2$$

① 4, 4, 3
② 4, 3, 2
③ 5, 4, 3
④ 3, 3, 2

》 에탄올의 연소반응식을 완성하는 단계는 다음과 같다.
1) 1단계 : 화살표 왼쪽의 C의 개수가 2개이므로 화살표 오른쪽의 CO_2 앞에 2를 곱해 C의 개수를 2개로 만든다. 그 결과 z의 값은 2가 된다.
$C_2H_5OH + xO_2 \rightarrow yH_2O + \underline{2}CO_2$
2) 2단계 : 화살표 왼쪽의 H의 개수의 합이 6개이므로 화살표 오른쪽의 H_2O 앞에 3를 곱해 H의 개수를 6개로 만든다. 그 결과 y의 값은 3이 된다.
$C_2H_5OH + xO_2 \rightarrow \underline{3}H_2O + 2CO_2$

3) 3단계 : 화살표 오른쪽의 $3H_2O$에는 O 3개가 포함되어 있고 $2CO_2$에는 O 4개가 포함되어 있으므로 화살표 오른쪽의 O 개수의 합은 7개이다. 화살표 왼쪽에 C_2H_5OH에는 O가 1개 포함되어 있으므로 O_2 앞에 3을 곱해 O의 수를 6개로 만들면 총 O의 개수는 7개를 만족한다. 그 결과 x의 값은 3이 된다.
$C_2H_5OH + \underline{3}O_2 \rightarrow \underline{3}H_2O + 2CO_2$
∴ $x = 3$, $y = 3$, $z = 2$

03 다음 중 헨리의 법칙이 가장 잘 적용되는 기체는?

① 암모니아
② 염화수소
③ 이산화탄소
④ 플루오린화수소

》 헨리의 법칙이란 액체에 녹아 있는 기체의 양은 내부의 압력에 비례한다는 것으로 탄산음료(콜라 또는 사이다 등)의 병마개를 따면 거품이 나오는 현상을 말한다. 이 현상은 〈보기〉의 암모니아, 염화수소, 플루오린화수소와 같이 액체에 잘 녹는 기체에는 적용할 수 없고 이산화탄소와 같이 액체에 녹는 정도가 적은 기체에 적용할 수 있다.

04 비극성 분자에 해당하는 것은?

① CO
② CO_2
③ NH_3
④ H_2O

》 대칭관계에 있는 분자들을 양쪽에서 같은 힘으로 서로 잡아당기면 어느 쪽으로도 치우치지 않는데 이러한 분자를 비극성 분자라고 부른다. 만약 양쪽의 힘의 크기가 다르면 힘이 큰 쪽의 분자의 성질만 나타나기 때문에 이러한 경우 극이 발생하게 되고 이런 분자를 극성 분자라고 한다.
① CO : 서로 힘이 다른 C와 O가 잡아 당기고 있어 한쪽으로 힘이 치우치므로 극성 분자이다.

정답 　 01. ② 02. ④ 03. ③ 04. ②

② CO_2 : C 2개가 O 1개를 양쪽에서 같은 힘으로 당기고 있어 평형을 유지하는 대칭구조이므로 비극성 분자이다.

$$O-C-O$$

③ NH_3 : N 1개를 H 3개가 서로 다른 3개의 방향에서 잡아 당기고 있어 대칭구조가 아니므로 극성 분자이다.

④ H_2O : H 2개가 O 1개를 양쪽에서 같은 힘으로 당기고 있는 대칭구조처럼 보이지만 O가 갖고 있는 비공유전자쌍이 반발력을 가짐으로써 양쪽의 H를 밀어내 각도가 형성된 극이 만들어지므로 만든 극성 분자이다.

05 알루미늄이온(Al^{3+}) 한 개에 대한 설명으로 틀린 것은?

① 질량수는 27이다.

② 양성자수는 13이다.

③ 중성자수는 13이다.

④ 전자수는 10이다.

» 원자번호는 전자수와 같고 양성자수와도 같으며 질량수(원자량)는 양성자수와 중성자수를 더한 값과 같다. 〈문제〉의 Al^{3+}는 알루미늄이온이라 불리며 알루미늄이 전자를 3개 잃은 상태를 나타내며 이온상태의 Al^{3+}는 전자수만 달라질뿐 원자번호 및 양성자수 또는 중성자수 등은 모두 Al과 같다.

① 원자번호가 홀수인 원소의 질량수는 원자번호에 2를 곱한 후 그 값에 1을 더하는 방식으로 구하므로 원자번호가 13인 Al의 질량수 = 13 × 2 + 1 = 27이다.

② 양성자수는 원자번호와 같으므로 원자번호가 13인 Al의 양성자수는 13이다.

③ 질량수는 양성자수와 중성자수를 더한 값이므로 질량수가 27이고 양성자수는 13인 Al의 **중성자수** = 질량수 − 양성자수 = 27 − 13 = **14이다.**

④ Al은 원자번호가 13이므로 전자수도 13이지만 Al^{3+}는 전자를 3개 잃은 상태이므로 Al^{3+}의 전자수는 10이다.

06 수용액에서 산성의 세기가 가장 큰 것은?

① HF ② HCl

③ HBr ④ HI

» 할로겐원소의 원자번호가 증가할수록 산성의 크기도 증가하기 때문에 할로겐원소와 H와의 결합물질의 산성의 세기도 HF < HCl < HBr < HI의 순서로 정해진다.

Check

할로겐원소와 H와의 결합물질의 비점(끓는점)은 산성의 세기와 그 순서가 반대이다. 그 이유는 할로겐원소 중 가장 가볍고 화학적 활성이 큰 F는 H와의 결합력이 매우 커서 잘 끓지 않기 때문에 비점의 세기는 HF > HCl > HBr > HI의 순서로 정해진다.

07 KNO_3의 물에 대한 용해도는 70℃에서 130이며 30℃에서 40이다. 70℃의 포화용액 260g을 30℃로 냉각시킬 때 석출되는 KNO_3의 양은 약 얼마인가?

① 92g

② 101g

③ 130g

④ 153g

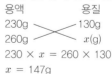

PLAY ▶ 풀이

» 용해도란 특정온도에서 용매 100g에 녹는 용질의 g수를 말하는데, 여기서 용매는 녹이는 물질이고 용질은 녹는 물질이며 용액은 용매와 용질을 더한 값이다.
70℃에서 KNO_3의 용해도 130은 물 100g에 KNO_3가 130g 녹아 있는 것이고, 30℃에서 KNO_3의 용해도 40은 물 100g에 KNO_3가 40g 녹아 있는 것으로 다음의 [표]와 같이 나타낼 수 있다.

온 도	70℃	30℃
용해도	130	40
용매(물)	100g	100g
용질(KNO_3)	130g	40g
용액 (물 + KNO_3)	100g + 130g = 230g	100g + 40g = 140g

위 [표]에서 70℃의 용해도 130에서 용액(물 + KNO_3) 230g에는 용질(KNO_3)이 130g 녹아 있는 것을 알 수 있는데 〈문제〉의 조건인 용액이 260g이라면 용질이 몇 g 녹아 있는지 다음의 비례식을 통해 알 수 있다.

용액　　　　　용질
230g ╲╱ 130g
260g ╱╲ x(g)
230 × x = 260 × 130
x = 147g

또한, 70℃의 용해도 130에서 용질이 130g 녹아 있을 때 30℃의 용해도 40에서는 용질이 40g 녹아 있는데 위에서 구한 것과 같이 70℃의 온도에서 용질이 147g 녹아 있으면 30℃의 온도에서는 용질이 몇 g 녹아 있는지 다음의 비례식을 통해 알 수 있다.

70℃의 용질   30℃의 용질

130g ╲╱ 40g
147g ╱╲ x(g)

$130 \times x = 147 \times 40$

$x = 45.23g$

따라서 70℃에서는 용액 260g에 용질 KNO_3가 147g 녹을 수 있는데 30℃로 온도를 낮추면 45.23g만 녹기 때문에 그 만큼 덜 녹아서 남게 되고 이 때 남는 양이 바로 석출되는 양이며 그 양은 147g − 45.23g = 101.77g이다.

∴ 석출되는 KNO_3의 양 = 101g

08 수소 5g과 산소 24g의 연소반응결과 생성된 수증기는 0℃, 1기압에서 몇 L인가?

① 11.2
② 16.8
③ 33.6
④ 44.8

» 다음의 수소(H_2) 1mol의 연소반응식에서 알 수 있듯이 수소(H_2) 2g을 연소시키기 위해 필요한 산소(O_2)는 0.5 × 32g = 16g이며 이 때 발생하는 수증기(H_2O)는 1몰로서 부피는 표준상태에서 22.4L이다.

$H_2 + 0.5O_2 \rightarrow H_2O$
2g   16g   22.4L

〈문제〉에서 수소는 처음 질량 2g의 2.5배인 5g을 연소시킨다고 하였으므로 이 경우 산소도 처음 질량 16g의 2.5배인 40g이 필요하며 수증기도 처음 부피 22.4L의 2.5배인 56L가 생성되어야 한다. 그런데 여기서 공급된 산소는 처음 질량 16g의 1.5배인 24g밖에 되지 않으므로 수소도 처음 질량 2g의 1.5배인 3g만이 연소될 수 있으며 **수증기도 처음 부피 22.4L의 1.5배인 33.6L 발생**하게 된다.

09 1기압의 수소 2L와 3기압의 산소 2L를 동일 온도에서 5L의 용기에 넣으면 전체 압력은 몇 기압이 되는가?

① 4/5
② 8/5
③ 12/5
④ 16/5

» 동일온도에서 기체의 압력과 부피를 활용하는 문제이므로 다음과 같이 보일의 법칙을 이용한다. 수소기체와 산소기체의 압력과 부피의 곱의 합은 혼합기체의 압력과 부피의 곱과 같으므로

$P_{수소} V_{수소} + P_{산소} V_{산소} = P_{전체} V_{전체}$

1기압 × 2L + 3기압 × 2L = $P_{전체}$ × 5L

$P_{전체}$ × 5L = 1기압 × 2L + 3기압 × 2L

$P_{전체} = \dfrac{2+6}{5} = \dfrac{8}{5}$ 기압이다.

10 96wt% H_2SO_4(A) 와 60wt% H_2SO_4(B)를 혼합하여 80wt% H_2SO_4 100kg을 만들려고 한다. 각각 몇 kg씩 혼합하여야 하는가?

① A : 30, B : 70
② A : 44.4, B : 55.6
③ A : 55.6, B : 44.4
④ A : 70, B : 30

» 96wt% H_2SO_4(A)의 의미는 농도가 96wt%인 H_2SO_4의 질량이 A(kg)이라는 것이고 60wt% H_2SO_4(B)는 농도가 60wt%인 H_2SO_4의 질량이 B(kg)이라는 의미이다. 이 두 황산을 혼합하여 농도가 80wt%인 H_2SO_4의 질량이 100kg이 되는 것은 다음과 같은 공식으로 나타낼 수 있다.

$0.96 \times A(kg) + 0.6 \times B(kg) = 0.8 \times 100kg$

그런데 농도를 고려하지 않고 질량만 고려할 때 A(kg) + B(kg) = 100kg이므로 B = 100 − A가 된다. B를 위의 식에 대입하면

$0.96 \times A + 0.6 \times (100 - A) = 0.8 \times 100$

$0.96A + 60 - 0.6A = 80$

$0.36A = 20$

$A = 55.6kg$

A를 B = 100 − A에 대입하면

$B = 100 - 55.6 = 44.4kg$

∴ A = 55.6kg, B = 44.4kg

💡**Tip**

노가다 기법을 활용하면 다음과 같습니다.
$0.96 \times A(kg) + 0.6 \times B(kg) = 0.8 \times 100kg$의 식에 〈보기〉 ①부터 ④까지의 A와 B를 차례대로 대입해 보았을 때 80kg이라는 답이 나오는 〈보기〉가 답입니다.
③ $0.96 \times 55.6kg + 0.6 \times 44.4kg = 80kg$

정답 08. ③ 09. ② 10. ③

11 8g의 메테인을 완전연소시키는 데 필요한 산소분자의 수는?

① 6.02×10^{23}

② 1.204×10^{23}

③ 6.02×10^{24}

④ 1.204×10^{24}

≫ 메테인(CH_4)의 분자량은 12(C)g + 1(H)g × 4 = 16g이고 메테인의 연소반응식은 다음과 같다.
$CH_4 + 2O_2 \rightarrow CO_2 + 2H_2O$
위의 연소반응식에서 알 수 있듯이 메테인 16g을 연소시키는 데 필요한 산소는 2몰이므로, 메테인 8g을 연소시키는 데 필요한 산소는 1몰이며, 산소 1몰의 분자수는 6.02×10^{23}개이다.

12 같은 질량의 산소기체와 메테인기체가 있다. 두 물질이 가지고 있는 원자수의 비는?

① 5 : 1   ② 2 : 1

③ 1 : 1   ④ 1 : 5

≫ 산소기체(O_2) 1mol의 분자량은 16(O)g × 2 = 32g이고 메테인기체(CH_4) 1mol의 분자량은 12(C)g + 1(H)g × 4 = 16g이므로 산소의 질량이 메테인의 질량보다 2배 더 무겁다. 두 물질이 같은 질량이 되려면 메테인의 질량을 2배로 하여 산소와 메테인의 비를 O_2 : $2CH_4$으로 만든다.
이 중 O_2에는 산소원자(O)가 2개 있고 CH_4에는 탄소원자(C) 1개와 수소원자(H) 4개로 총 5개의 원자가 있지만 이를 2배로 하였으므로 총 원자의 수가 2 × 5 = 10개 있다. 따라서 두 물질이 가지고 있는 원자수의 비는 2 : 10이며 이를 약분하면 1 : 5이다.

13 $H_2S + I_2 \rightarrow 2HI + S$에서 I_2의 역할은?

① 산화제이다.

② 환원제이다.

③ 산화제이면서 환원제이다.

④ 촉매역할을 한다.

≫ 환원제(가연물)는 산화제(산소공급원)로부터 산소를 공급받거나 자신이 갖고 있는 수소를 내 주는 역할을 하는데 이러한 현상을 산화라고 한다. 반면, **산화제**는 환원제를 태울 때 환원제에게 자신이 갖고 있는 산소를 내주거나 환원제로부터 **수소를**

받는 **역할**을 하는데 이러한 현상을 환원이라고 한다. 결과적으로 환원제는 산화하고 산화제는 오히려 환원한다. 다음의 반응식에서 알 수 있듯이 H_2S는 반응 전에 갖고 있던 수소(H)를 I_2에게 내주고 반응 후 S로 되었기 때문에 환원제 역할을 한 것이고 I_2는 **H_2S로부터 수소(H)를 받아** 반응 후 HI가 되었기 때문에 **산화제 역할**을 한 것이다.
$H_2S + I_2 \rightarrow 2HI + S$

I_2는 H_2S로부터 수소를 받아 HI가 되었다.

14 다이크로뮴산칼륨에서 크로뮴의 산화수는?

① 2   ② 4

③ 6   ④ 8

≫ 다이크로뮴산칼륨의 화학식은 $K_2Cr_2O_7$이며, 이 중 크로뮴(Cr)의 산화수를 구하는 방법은 다음과 같다.
① 1단계 : 필요한 원소들의 원자가를 확인한다.
   – 칼륨(K) : +1가 원소
   – 산소(O) : −2가 원소
② 2단계 : 크로뮴(Cr)을 $+x$로 두고 나머지 원소들의 원자가와 그 개수를 적는다.
      K_2 Cr_2 O_7
  $(+1 \times 2)$ $(+2x)$ (-2×7)
③ 3단계 : 다음과 같이 원자가와 그 개수의 합을 0이 되도록 한다.
  $+2 + 2x - 14 = 0$
  $+2x = +12$
  $x = 6$
  이때 x값이 Cr의 산화수이다.
  ∴ $x = +6$

15 다음 핵화학반응식에서 산소(O)의 원자번호는 얼마인가?

$$N + He(\alpha) \rightarrow O + H$$

① 6   ② 7

③ 8   ④ 9

≫ $N + He \rightarrow O + H$에서 반응 전의 N의 원자번호(전자수)는 7, He의 원자번호는 2로서 그 합은 9이므로 반응 후의 H와 O의 원자번호의 합도 9가 되어야 한다. 이 중 H의 원자번호가 1이므로 O의 원자번호는 8이다.

💡 **Tip**

산소(O)의 원자번호는 8입니다.

16 아세틸렌계열 탄화수소에 해당되는 것은?

① C_5H_8 ② C_6H_{12}

③ C_6H_8 ④ C_3H_2

≫ 알카인(C_nH_{2n-2})에 $n = 2$를 적용하면 $C_{2}H_{2 \times 2-2}$ = C_2H_2(아세틸렌)를 만들 수 있다. 각 〈보기〉마다 주어진 n의 값을 C_nH_{2n-2}에 적용해 보면 다음과 같은 탄화수소를 만들 수 있다.
① $n = 5$를 적용하면 $C_5H_{2 \times 5-2}$ = C_5H_8
②, ③ $n = 6$을 적용하면 $C_6H_{2 \times 6-2}$ = C_6H_{10}
④ $n = 3$을 적용하면 $C_3H_{2 \times 3-2}$ = C_3H_4

17 포화탄화수소에 해당하는 것은?

① 톨루엔 ② 에틸렌

③ 프로페인 ④ 아세틸렌

≫ 포화탄화수소는 탄소와 수소로 구성된 물질 중 단일결합(하나의 선으로 연결된 것)만 포함하고 있는 것을 말하며, 이중결합(두 개의 선으로 연결 된 것) 또는 삼중결합(세 개의 선으로 연결된 것)을 가진 물질은 불포화탄화수소라 한다.
① 톨루엔($C_6H_5CH_3$) : 이중결합을 3개 가진 벤젠을 포함하는 물질이므로 불포화탄화수소이다.

② 에틸렌(C_2H_4) : 이중결합을 1개 가진 불포화탄화수소이다.

```
  H   H
   \ /
    C=C
   / \
  H   H
```

③ 프로페인(C_3H_8) : 단일결합만 가진 **포화탄화수소**이다.

```
    H   H   H
    |   |   |
H — C — C — C — H
    |   |   |
    H   H   H
```

④ 아세틸렌 : 3중결합을 1개 가진 불포화탄화수소이다.

$$H-C\equiv C-H$$

18 벤젠을 약 300℃, 높은 압력에서 Ni 촉매로 수소와 반응시켰을 때 얻어지는 물질은?

① Cyclopentane ② Cyclopropane

③ Cyclohexane ④ Cyclooctane

≫ 고온 · 고압에서 벤젠(C_6H_6)에 Ni 촉매로 수소를 첨가시키면 화학식이 C_6H_{12}인 사이클로헥세인(Cyclohexane)이 생성된다.

「사이클로헥세인의 구조식」

19 다음 작용기 중에서 메틸기에 해당하는 것은?

① $-C_2H_5$ ② $-COCH_3$

③ $-NH_2$ ④ $-CH_3$

≫ ① $-C_2H_5$: 에틸기
② $-COCH_3$: 아세틸기
③ $-NH_2$: 아민기(아미노기)
④ $-CH_3$: **메틸기**

20 탄소수가 5개인 포화탄화수소 펜테인의 구조 이성질체 수는 몇 개인가?

① 2개 ② 3개

③ 4개 ④ 5개

≫ 알케인의 일반식 C_nH_{2n+2}에 $n = 5$를 대입하면 탄소수가 5개이고 수소의 수가 12개인 펜테인(C_5H_{12})이 되고, 펜테인은 다음과 같이 3가지의 구조이성질체가 존재한다.

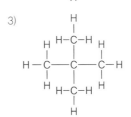

제2과목 화재예방과 소화방법

21 탄소 1mol이 완전연소하는 데 필요한 최소 이론공기량은 약 몇 L인가? (단, 0℃, 1기압 기준이며, 공기 중 산소의 농도는 21vol% 이다.)

① 10.7   ② 22.4
③ 107   ④ 224

➤➤ 탄소(C) 1mol 을 연소할 때 필요한 공기의 부피를 구하기 위해서는 연소에 필요한 산소의 부피를 먼저 구해야 한다. 아래의 연소반응식에서 알 수 있듯이 탄소 1몰을 연소시키기 위해 필요한 산소 역시 1몰이므로 이 때 필요한 산소의 부피는 22.4L이다.

• 탄소의 연소반응식 : $C + O_2 \rightarrow CO_2$
                1몰   22.4L

여기서, 탄소 1몰을 연소시키는 데 필요한 산소의 부피는 22.4L이지만 〈문제〉의 조건은 연소에 필요한 산소의 부피가 아니라 공기의 부피를 구하는 것이다. 공기 중 산소의 부피는 공기 부피의 21%이므로 공기의 부피를 구하는 식은 다음과 같다.

공기의 부피 = 산소의 부피 × $\frac{100}{21}$ = 22.4L × $\frac{100}{21}$ = 107L이다.

💡**Tip**

공기 100% 중 산소는 21%의 부피비를 차지하므로 공기는 산소보다 약 5배 즉, $\frac{100}{21}$ 배 더 많은 부피이므로 앞으로 공기의 부피를 구하는 문제가 출제되면, 공기의 부피 = 산소의 부피 × $\frac{100}{21}$ 이라는 공식을 활용하기 바랍니다.

22 다음 중 가연성 물질이 아닌 것은?

① $C_2H_5OC_2H_5$ ② $KClO_4$
③ $C_2H_4(OH)_2$ ④ P_4

➤➤ ① $C_2H_5OC_2H_5$(다이에틸에터) : 제4류 위험물로서 인화성 액체이며 가연성 물질이다.
② $KClO_4$(과염소산칼륨) : 제1류 위험물로서 산화성 고체이며 **불연성 물질**이다.
③ $C_2H_4(OH)_2$(에틸렌글리콜) : 제4류 위험물로서 인화성 액체이며 가연성 물질이다.
④ P_4(황린) : 제3류 위험물로서 자연발화성 물질이며 가연성 물질이다.

23 가연물의 구비조건으로 옳지 않은 것은?

① 열전도율이 클 것

② 연소열량이 클 것
③ 화학적 활성이 강할 것
④ 활성화에너지가 작을 것

➤➤ ① 열전도율은 어떤 물질에서 다른 물질로 열이 전달되는 정도를 말한다. 가연물이 되고자 하는 물질의 **열전도율이 클수록** 그 물질은 갖고 있던 열을 다른 물질에게 쉽게 내주고 자신은 열을 잃게 되어 **가연물이 되기 어렵다**.
② 연소열량은 연소할 때 발생하는 열의 양을 말하는데 발생하는 열의 양이 많을수록 가연물이 되기 쉽다.
③ 화학적으로 활성이 강할수록 가연물이 되기 쉽다.
④ 활성화에너지란 어떤 물질을 활성화시키기 위해 공급해야 하는 에너지의 양으로서 물질에 에너지를 조금만 공급해도 그 물질이 활성화되기 쉽다면 그 물질의 활성화에너지는 작다고 할 수 있다. 따라서 활성화에너지가 작은 물질일수록 활성화되기 쉬워 가연물이 되기 쉽다.

24 경유의 대규모 화재발생 시 주수소화가 부적당한 이유에 대한 설명으로 가장 옳은 것은?

① 경유가 연소할 때 물과 반응하여 수소가스를 발생하여 연소를 돕기 때문에
② 주수소화하면 경유의 연소열때문에 분해하여 산소를 발생하고 연소를 돕기 때문에
③ 경유는 물과 반응하여 유독가스를 발생하므로
④ 경유는 물보다 가볍고 또 물에 녹지 않기 때문에 화재가 널리 확대되므로

➤➤ 경유와 같이 물보다 가볍고 물에 녹지 않는 제4류 위험물은 주수소화 시 물이 오히려 화재면을 확대시키므로 소화효과는 없다.

25 다음 중 분말소화약제의 주된 소화작용에 가장 가까운 것은?

① 질식   ② 냉각
③ 유화   ④ 제거

➤➤ 1) **질식소화**가 주된 소화작용인 소화약제
    ㉠ **분말소화약제**
    ㉡ 이산화탄소소화약제
    ㉢ 포소화약제
    ㉣ 마른 모래
    ㉤ 팽창질석 및 팽창진주암
2) 억제(부촉매)소화가 주된 소화작용인 소화약제
    : 할로젠화합물소화약제

정답   21. ③   22. ②   23. ①   24. ④   25. ①

26 다음 중 전기의 불량도체로 정전기가 발생되기 쉽고 폭발범위가 가장 넓은 위험물은?

① 아세톤
② 톨루엔
③ 에틸알코올
④ 에틸에터

>> 〈보기〉의 물질들은 모두 정전기가 쉽게 발생되는 제4류 위험물이며, 폭발(연소)범위는 다음과 같다.
  ① 아세톤 : 2.6~12.8%
  ② 톨루엔 : 1.4~6.7%
  ③ 에틸알코올 : 4~19%
  ④ **에틸에터(다이에틸에터) : 1.9~48%**

> 🅣 **Tip**
> 〈보기〉의 각 위험물의 폭발범위를 정확히 몰라도 에틸에터는 특수인화물이고 아세톤과 톨루엔은 제1석유류, 에틸알코올은 알코올류에 속하므로 이 중 가장 폭발범위가 넓은 물질은 특수인화물에 속하는 에틸에터임을 알 수 있습니다.

27 알코올화재 시 수성막포 소화약제는 효과가 없다. 그 이유로 가장 적당한 것은?

① 알코올이 수용성이어서 포를 소멸시키므로
② 알코올이 반응하여 가연성 가스를 발생하므로
③ 알코올화재 시 불꽃의 온도가 매우 높으므로
④ 알코올이 포소화약제와 발열반응을 하므로

>> 알코올은 수용성 물질이므로 화재 시 수성막포와 같은 일반 포소화약제로 소화할 경우 **포가 소멸되기 때문에** 소화효과가 없다. 따라서 수용성 물질의 화재 시에도 소멸되지 않는 포소화약제인 내알코올포 또는 알코올포 소화약제를 사용해야 한다.

28 제3종 분말소화약제를 화재면에 방출 시 부착성이 좋은 막을 형성하여 연소에 필요한 산소의 유입을 차단하기 때문에 연소를 중단시킬 수 있다. 그러한 막을 구성하는 물질은 다음 중 어느 것인가?

① H_3PO_4
② PO_4
③ HPO_3
④ P_2O_5

>> 제3종 분말소화약제인 인산암모늄($NH_4H_2PO_4$)은 열분해 시 메타인산(HPO_3)과 암모니아(NH_3), 그리고 수증기(H_2O)를 발생시키는데, 이 중 **메타인산(HPO_3)은 부착성이 좋은 막**을 형성하여 산소의 유입을 차단하는 역할을 한다.
  • 제3종 분말소화약제의 열분해반응식
  $$NH_4H_2PO_4 \rightarrow HPO_3 + NH_3 + H_2O$$

29 위험물안전관리법령상 물분무소화설비가 적응성이 있는 대상물은?

① 알칼리금속의 과산화물
② 전기설비
③ 마그네슘
④ 금속분

>> ② 전기설비의 화재는 일반적으로는 물로 소화할 수 없지만 물분무소화설비는 물을 분무하여 흩어뿌리기 때문에 전기설비의 화재에 적응성이 있다. 그 외 〈보기〉의 물질들은 모두 탄산수소염류 분말소화설비가 적응성이 있다.

대상물의 구분 / 소화설비의 구분	건축물·그 밖의 공작물	전기설비	제1류 위험물 알칼리금속의 과산화물 등	제1류 위험물 그 밖의 것	제2류 위험물 철분·금속분·마그네슘 등	제2류 위험물 인화성 고체	제2류 위험물 그 밖의 것	제3류 위험물 금수성 물품	제3류 위험물 그 밖의 것	제4류 위험물	제5류 위험물	제6류 위험물
옥내소화전 또는 옥외소화전 설비	○			○		○	○		○		○	○
스프링클러설비	○			○		○	○		○	△	○	○
물분무소화설비	○	◎		○		○	○		○	○	○	○
포소화설비	○			○		○	○		○	○	○	○
불활성가스 소화설비		○				○				○		
할로젠화합물 소화설비		○				○				○		
분말소화설비 인산염류등	○	○		○		○	○			○		○
분말소화설비 탄산수소염류등		○	○		○	○		○		○		
분말소화설비 그 밖의 것			○		○			○				

30 위험물안전관리법령상 제6류 위험물에 적응성이 있는 소화설비는?

① 옥내소화전설비
② 불활성가스소화설비
③ 할로젠화합물소화설비
④ 탄산수소염류 분말소화설비

≫ 제6류 위험물은 산화성 액체로서 자체적으로 산소공급원을 함유하는 물질이라 질식소화는 효과가 없고 냉각소화가 효과적이다. 〈보기〉 중 물을 소화약제로 사용하는 냉각소화효과를 갖는 소화설비는 옥내소화전설비이다.

| 대상물의 구분 소화설비의 구분 | 건축물·그 밖의 공작물 | 전기설비 | 제1류 위험물 | | 제2류 위험물 | | | 제3류 위험물 | | 제4류 위험물 | 제5류 위험물 | 제6류 위험물 |
			알칼리금속의 과산화물등	그 밖의 것	철분·금속분·마그네슘등	인화성 고체	그 밖의 것	금수성 물품	그 밖의 것			
옥내소화전 또는 옥외소화전 설비	○			○		○	○		○		○	◎
스프링클러설비	○			○		○	○		○	△	○	○
물분무 소화설비	○	○		○		○	○		○	○	○	○
포소화설비	○			○		○	○		○	○	○	○
불활성가스 소화설비		○				○				○		
할로젠 화합물 소화설비		○				○				○		
분말 소화 설비 인산 염류등	○	○				○	○			○		○
탄산 수소 염류등		○	○		○	○			○			
그 밖의 것			○		○				○			

31 위험물안전관리법령상 마른 모래(삽 1개 포함) 50L의 능력단위는?

① 0.3   ② 0.5
③ 1.0   ④ 1.5

≫ 기타소화설비의 능력단위

소화설비	용 량	능력단위
소화전용 물통	8L	0.3
수조 (소화전용 물통 3개 포함)	80L	1.5

수조 (소화전용 물통 6개 포함)	190L	2.5
마른 모래 (삽 1개 포함)	**50L**	**0.5**
팽창질석 또는 팽창진주암 (삽 1개 포함)	160L	1.0

32 위험물안전관리법령에서 정한 포소화설비의 기준에 따른 기동장치에 대한 설명으로 옳은 것은?

① 자동식의 기동장치만 설치하여야 한다.
② 수동식의 기동장치만 설치하여야 한다.
③ 자동식의 기동장치와 수동식의 기동장치를 모두 설치하여야 한다.
④ 자동식의 기동장치 또는 수동식의 기동장치를 설치하여야 한다.

≫ 위험물안전관리에 관한 세부기준 중 포소화설비의 기준에 따르면 포소화설비의 기동장치는 **자동식의 기동장치 또는 수동식의 기동장치를 설치하여야** 한다.
※ 기동장치란 시동 또는 작동을 위한 장치를 말한다.

33 소화설비 설치 시 동식물유류 400,000L에 대한 소요단위는 몇 단위인가?

① 2   ② 4
③ 20   ④ 40

≫ 제4류 위험물 중 동식물유류는 지정수량이 10,000L이며 위험물의 1소요단위는 지정수량의 10배이므로 동식물유류 400,000L는 $\dfrac{400,000L}{10,000L \times 10} =$ 4소요단위이다.

Check 1소요단위의 기준

구 분	외벽이 내화구조	외벽이 비내화구조
제조소 및 취급소	연면적 100m^2	연면적 50m^2
저장소	연면적 150m^2	연면적 75m^2
위험물	지정수량의 10배	

정답   30. ①   31. ②   32. ④   33. ②

34 위험물안전관리법령에 따른 이동식 할로겐 화물소화설비 기준에 의하면 20℃에서 노즐이 할론 2402를 방사할 경우 1분당 몇 kg의 소화약제를 방사할 수 있어야 하는가?

① 35   ② 40
③ 45   ④ 50

》 이동식 할로겐화합물소화설비의 하나의 노즐마다 온도 20℃에서의 1분당 방사량

1) 할론 2402 : 45kg 이상
2) 할론 1211 : 40kg 이상
3) 할론 1301 : 35kg 이상

Check 이동식 할로겐화합물소화설비의 용기 또는 탱크에 저장하는 소화약제의 양

(1) 할론 2402 : 50kg 이상
(2) 할론 1211 : 45kg 이상
(3) 할론 1301 : 45kg 이상

35 위험물제조소에 옥내소화전을 각 층에 8개씩 설치하도록 할 때 수원의 최소수량은 얼마인가?

① $13m^3$ ② $20.8m^3$
③ $39m^3$ ④ $62.4m^3$

》 위험물제조소등에 설치된 옥내소화전설비의 수원의 양은 옥내소화전이 가장 많이 설치된 층의 옥내소화전의 설치개수(설치개수가 5개 이상이면 5개)에 $7.8m^3$를 곱한 값 이상의 양으로 정한다. 〈문제〉에서 각 층의 옥내소화전의 설치 개수는 8개이지만 개수가 5개 이상이면 5개를 $7.8m^3$에 곱해야 하므로 수원의 양은 5개 × $7.8m^3 = 39m^3$이다.

36 위험물제조소에서 취급하는 제4류 위험물의 최대수량의 합이 지정수량의 15만배인 사업소에 두어야 할 자체소방대의 화학소방자동차와 자체소방대원의 수는 각각 얼마로 규정되어 있는가? (단, 상호응원협정을 체결한 경우는 제외한다.)

① 1대, 5인   ② 2대, 10인
③ 3대, 15인   ④ 4대, 20인

》 자체소방대의 설치기준

1) 제4류 위험물을 지정수량의 3천배 이상 취급하는 제조소 및 일반취급소와 50만배 이상 저장하는 옥외탱크저장소에 설치한다.
2) 자체소방대에 두는 화학소방자동차 및 자체소방대원의 수의 기준

사업소의 구분	화학소방자동차의 수	자체소방대원의 수
지정수량의 3천배 이상 12만배 미만으로 취급하는 제조소 또는 일반취급소	1대	5인
지정수량의 12만배 이상 24만배 미만으로 취급하는 제조소 또는 일반취급소	2대	10인
지정수량의 24만배 이상 48만배 미만으로 취급하는 제조소 또는 일반취급소	3대	15인
지정수량의 48만배 이상으로 취급하는 제조소 또는 일반취급소	4대	20인
지정수량의 50만배 이상으로 저장하는 옥외탱크저장소	2대	10인

37 트라이나이트로톨루엔에 대한 설명으로 틀린 것은?

① 햇빛을 받으면 다갈색으로 변한다.
② 벤젠, 아세톤 등에 잘 녹는다.
③ 건조사 또는 팽창질석만 소화설비로 사용할 수 있다.
④ 폭약의 원료로 사용될 수 있다.

》 ① TNT라고도 불리며, 햇빛을 받으면 갈색으로 변한다.
② 물에는 안 녹지만, 벤젠, 아세톤 등에 잘 녹는다.
③ 건조사 또는 팽창질석 외에도 다량의 물, 포소화약제 등으로도 소화할 수 있다.
④ 폭약의 기준으로 알려져 있는 물질이므로 폭약의 원료로 사용될 수 있다.

38 위험물 이동탱크저장소 관계인은 해당 제조소등에 대하여 연간 몇 회 이상 정기점검을 실시하여야 하는가? (단, 구조안전점검 외의 정기점검인 경우이다.)

① 1회 　　　② 2회
③ 4회 　　　④ 6회

》 정기점검이란 정기점검의 대상이 되는 제조소등이 행정안전부령이 정하는 기술기준에 적합한지의 여부를 정기적으로 점검하고 점검결과를 기록하여 보존하는 것을 말하며, **연 1회 이상 실시**하여야 한다.

Check 정기점검의 대상
(1) 예방규정을 정하여야 하는 제조소등
(2) 지하탱크저장소
(3) **이동탱크저장소**
(4) 위험물을 취급하는 탱크로서 지하에 매설된 탱크가 있는 제조소 · 주유취급소 또는 일반취급소

39 제4류 위험물의 저장 및 취급 시 화재예방 및 주의사항에 대한 일반적인 설명으로 틀린 것은?

① 증기의 누출에 유의할 것
② 증기는 낮게 체류하기 쉬우므로 조심할 것
③ 전도성이 좋은 석유류는 정전기 발생에 유의할 것
④ 서늘하고 통풍이 양호한 곳에 저장할 것

》 ③ 제4류 위험물인 석유류 물질들은 전기를 통과시키지 못하므로 전도성이 없으며, 전도성이 없으므로 정전기는 발생하기 쉽다.

40 다음 중 제5류 위험물의 화재 시에 가장 적당한 소화방법은?

① 질소가스를 사용한다.
② 할로젠화합물을 사용한다.
③ 탄산가스를 사용한다.
④ 다량의 물을 사용한다.

》 제5류 위험물은 자체적으로 가연물과 함께 산소 공급원을 동시에 포함하고 있어 산소공급원을 제거하여 소화하는 질식소화는 효과가 없으며 다량의 물로 냉각소화해야 한다.

제3과목　**위험물의 성질과 취급**

41 다음 중 물과 반응하여 산소를 발생하는 것은 어느 것인가?

① $KClO_3$
② Na_2O_2
③ $KClO_4$
④ CaC_2

》 ① $KClO_3$(염소산칼륨) : 제1류 위험물 중 염소산염류에 속하는 물질로서 물과 반응하지 않아 기체도 발생시키지 않는다.
② Na_2O_2(과산화나트륨) : 제1류 위험물 중 알칼리금속의 과산화물에 속하는 물질로서 **물과 반응**하여 수산화나트륨($NaOH$)과 함께 **산소를 발생**시킨다.
　• 과산화나트륨의 물과의 반응식
　$2Na_2O_2 + 2H_2O \rightarrow 4NaOH + O_2$
③ $KClO_4$(과염소산칼륨) : 제1류 위험물 중 과염소산염류에 속하는 물질로서 물과 반응하지 않아 기체도 발생시키지 않는다.
④ CaC_2(탄화칼슘) : 제3류 위험물 중 칼슘의 탄화물로서 물과 반응하여 수산화칼슘[$Ca(OH)_2$]과 아세틸렌(C_2H_2) 가스를 발생시킨다.
　• 탄화칼슘의 물과의 반응식
　$CaC_2 + 2H_2O \rightarrow Ca(OH)_2 + C_2H_2$

42 다음 중 염소산칼륨에 관한 설명으로 옳지 않은 것은?

① 강산화제로 가열에 의해 분해하여 산소를 방출한다.
② 무색의 결정 또는 분말이다.
③ 온수 및 글리세린에 녹지 않는다.
④ 인체에 유독하다.

》 ① 제1류 위험물로서 강산화제이며, 열분해하여 염화칼륨(KCl)과 산소를 방출한다.
　• 염소산칼륨($KClO_3$)의 열분해반응식
　$2KClO_3 \rightarrow 2KCl + 3O_2$
② 무색의 결정 또는 무색 또는 백색 분말이다.
③ 찬물에 녹지 않으며, **온수 및 글리세린에 잘 녹는다**.
④ 구토 및 호흡기 장애를 일으키는 독성이 있다.

정답 　38. ① 　39. ③ 　40. ④ 　41. ② 　42. ③

43 마그네슘의 위험성에 관한 설명으로 틀린 것은?

① 연소 시 양이 많은 경우 순간적으로 맹렬히 폭발할 수 있다.

② 가열하면 가연성 가스를 발생한다.

③ 산화제와의 혼합물은 위험성이 높다.

④ 공기 중의 습기와 반응하여 열이 축적되면 자연발화의 위험이 있다.

➤➤ ② 제2류 위험물인 마그네슘(Mg)은 가연성 고체로서 물과 반응 시 가연성 가스인 수소를 발생한다. 하지만 가열하면 산화마그네슘(MgO)이라는 고체가 생성되며 가연성 가스는 발생하지 않는다.

44 물과 접촉하였을 때 에테인이 발생되는 물질은?

① CaC_2 ② $(C_2H_5)_3Al$

③ $C_6H_3(NO_2)_3$ ④ $C_2H_5ONO_2$

➤➤ ① CaC_2(탄화칼슘) : 물과 반응 시 수산화칼슘$[Ca(OH)_2]$과 아세틸렌(C_2H_2)가스를 발생한다.
- 탄화칼슘과 물의 반응식
$CaC_2 + 2H_2O \rightarrow Ca(OH)_2 + C_2H_2$

② $(C_2H_5)_3Al$(트라이에틸알루미늄) : 물과 반응 시 수산화알루미늄$[Al(OH)_3]$과 **에테인(C_2H_6)가스**를 발생한다.
- 트라이에틸알루미늄과 물의 반응식
$(C_2H_5)_3Al + 3H_2O \rightarrow Al(OH)_3 + 3C_2H_6$

③ $C_6H_3(NO_2)_3$(트라이나이트로벤젠) : 제5류 위험물로서 물과는 반응하지 않는다.

④ $C_2H_5ONO_2$(질산에틸) : 제5류 위험물로서 물과는 반응하지 않는다.

45 탄화칼슘과 물이 반응하였을 때 생성가스는?

① C_2H_2 ② C_2H_4

③ C_2H_6 ④ CH_4

➤➤ 제3류 위험물인 탄화칼슘(CaC_2)은 물과 반응 시 수산화칼슘$[Ca(OH)_2]$과 함께 가연성인 아세틸렌(C_2H_2)가스를 발생한다.
- 탄화칼슘의 물과의 반응식
$CaC_2 + 2H_2O \rightarrow Ca(OH)_2 + C_2H_2$

46 다음 중 나트륨의 보호액으로 가장 적합한 것은?

① 메탄올   ② 수은

③ 물   ④ 유동파라핀

➤➤ 제3류 위험물 중 칼륨 또는 나트륨등의 물보다 가벼운 금속은 석유류(등유, 경유, **유동파라핀** 등)의 보호액에 저장하여야 한다.

47 벤젠의 일반적 성질에 관한 사항 중 틀린 것은?

① 알코올, 에터에 녹는다.

② 물에는 녹지 않는다.

③ 냄새는 없고 색상은 갈색인 휘발성 액체이다.

④ 증기비중은 약 2.8이다.

➤➤ ① 물에는 녹지 않지만 알코올 및 에터 등의 유기용제에는 잘 녹는다.

② 제4류 위험물 중 대표적인 비수용성 물질이다.

③ **자극성의 냄새를 갖는 무색 투명한 휘발성 액체**이다.

④ 벤젠(C_6H_6)의 분자량은 $12(C) \times 6 + 1(H) \times 6 = 78$이며, 증기비중$= \dfrac{78}{29} = 2.69$로서 약 2.8이다.

48 다음 중 메탄올의 연소범위에 가장 가까운 것은?

① 약 $1.4 \sim 5.6\%$ ② 약 $7.3 \sim 36\%$

③ 약 $20.3 \sim 66\%$ ④ 약 $42.0 \sim 77\%$

➤➤ 메탄올은 제4류 위험물 중 알코올류에 속하는 물질로서 연소범위는 $7.3 \sim 36\%$이다.

49 제4류 위험물 중 제1석유류에 속하는 것으로만 나열한 것은?

① 아세톤, 휘발유, 톨루엔, 사이안화수소

② 이황화탄소, 다이에틸에터, 아세트알데하이드

③ 메탄올, 에탄올, 뷰탄올, 벤젠

④ 중유, 크레오소트유, 실린더유, 의산에틸

>> ① 아세톤(제1석유류), 휘발유(제1석유류), 톨루엔(제1석유류), 사이안화수소(제1석유류)
② 이황화탄소(특수인화물), 다이에틸에터(특수인화물), 아세트알데하이드(특수인화물)
③ 메탄올(알코올류), 에탄올(알코올류), 뷰탄올(제2석유류), 벤젠(제1석유류)
④ 중유(제3석유류), 크레오소트유(제3석유류), 실린더유(제4석유류), 의산에틸(제1석유류)

50 위험물안전관리법령상 제6류 위험물에 해당하는 물질로서 햇빛에 의해 갈색의 연기를 내며 분해할 위험이 있으므로 갈색병에 보관해야 하는 것은?

① 질산
② 황산
③ 염산
④ 과산화수소

>> 제6류 위험물인 질산(HNO_3)은 햇빛에 의해 분해하면 적갈색 기체인 이산화질소(NO_2)를 발생하기 때문에 이를 방지하기 위하여 갈색병에 보관해야 한다.
• 질산의 열분해반응식
$$4HNO_3 \rightarrow 2H_2O + 4NO_2 + O_2$$

51 위험물안전관리법령에 따른 질산에 대한 설명으로 틀린 것은?

① 지정수량은 300kg이다.
② 위험등급은 Ⅰ이다.
③ 농도가 36중량퍼센트 이상인 것에 한하여 위험물로 간주된다.
④ 운반 시 제1류 위험물과 혼재할 수 있다.

>> 지정수량이 300kg이고 위험등급 Ⅰ인 제6류 위험물 중 질산(HNO_3)은 **비중이 1.49 이상인 것**에 한하여 위험물로 간주한다.

Check
제6류 위험물 중 과산화수소(H_2O_2)는 농도가 36중량% 이상인 것에 한하여 위험물로 간주한다.

52 옥내저장소에서 안전거리 기준이 적용되는 경우는?

① 지정수량 20배 미만의 제4석유류를 저장하는 것
② 제2류 위험물 중 덩어리상태의 황을 저장하는 것
③ 지정수량 20배 미만의 동식물유류를 저장하는 것
④ 제6류 위험물을 저장하는 것

>> 옥내저장소의 안전거리를 제외할 수 있는 조건
1) 지정수량 20배 미만의 제4석유류 또는 동식물유를 저장하는 경우
2) 제6류 위험물을 저장하는 경우
3) 지정수량의 20배 이하로서 다음의 기준을 동시에 만족하는 경우
㉠ 저장창고의 벽, 기둥, 바닥, 보 및 지붕을 내화구조로 할 것
㉡ 저장창고의 출입구에 수시로 열 수 있는 자동폐쇄의 60분+방화문, 60분 방화문을 설치할 것
㉢ 저장창고에 창을 설치하지 아니할 것

53 위험물제조소의 표지의 크기 규격으로 옳은 것은?

① 0.2m × 0.4m
② 0.3m × 0.3m
③ 0.3m × 0.6m
④ 0.6m × 0.2m

>> 위험물제조소 표지의 기준
1) 위치 : 제조소 주변의 보기 쉬운 곳에 설치하는 것 외에 특별한 규정은 없다.
2) 크기 : **한 변 0.3m 이상, 다른 한 변 0.6m 이상**
3) 내용 : 위험물제조소
4) 색상 : 백색바탕, 흑색문자

🔧Tip
제조소 및 저장소, 취급소의 표지 및 각종 게시판의 규격은 한 변 0.3m 이상, 다른 한 변 0.6m 이상으로 모두 같습니다.

54 제3류 위험물을 취급하는 제조소와 3백명 이상의 인원을 수용하는 영화상영관과의 안전거리는 몇 m 이상이어야 하는가?

① 10   ② 20
③ 30   ④ 50

» 위험물제조소의 안전거리
  1) 주거용 건축물(제조소의 동일부지 외에 있는 것) : 10m 이상
  2) 학교, 병원, **극장(300명 이상)**, 다수인 수용시설 : **30m 이상**
  3) 유형문화재와 기념물 중 지정문화재 : 50m 이상
  4) 고압가스, 액화석유가스 등의 저장·취급 시설 : 20m 이상
  5) 사용전압 7,000V 초과 35,000V 이하의 특고압가공전선 : 3m 이상
  6) 사용전압이 35,000V를 초과하는 특고압가공전선 : 5m 이상

💡 **Tip**

제6류 위험물을 취급하는 제조소등의 경우는 모든 대상에 대해 안전거리를 제외할 수 있습니다.

55 옥외저장탱크를 강철판으로 제작할 경우 두께 기준은 몇 mm 이상인가? (단, 특정옥외저장탱크 및 준특정옥외저장탱크는 제외한다.)

① 1.2   ② 2.2
③ 3.2   ④ 4.2

» 특정옥외저장탱크 및 준특정옥외저장탱크를 제외한 옥외저장탱크의 두께는 3.2mm 이상의 강철판으로 제작하고, 특정옥외저장탱크 및 준특정옥외저장탱크의 두께는 소방청장이 정하여 고시하는 바에 따라 정한다.

56 위험물안전관리법령상 취급소에 해당되지 않는 것은?

① 주유취급소   ② 옥내취급소
③ 이송취급소   ④ 판매취급소

» 위험물취급소의 종류
  1) 이송취급소 : 배관 및 이에 부속된 설비에 의하여 위험물을 이송하는 장소

  2) 주유취급소 : 자동차, 항공기 또는 선박 등에 직접 연료를 주유하기 위하여 위험물을 취급하는 장소
  3) 일반취급소 : 주유취급소, 판매취급소, 이송취급소 외의 위험물을 취급하는 장소
  4) 판매취급소 : 위험물을 용기에 담아 판매하기 위하여 취급하는 장소(페인트점 또는 화공약품점)

57 위험물안전관리법령에 따른 제1류 위험물 중 알칼리금속의 과산화물 운반용기에 반드시 표시하여야 할 주의사항을 모두 올바르게 나열한 것은?

① 화기·충격주의, 물기엄금, 가연물접촉주의
② 화기·충격주의, 화기엄금
③ 화기엄금, 물기엄금
④ 화기·충격엄금, 가연물접촉주의

»

유 별	품 명	운반용기에 표시하는 주의사항
제1류	알칼리금속의 과산화물	화기·충격주의, 가연물접촉주의, 물기엄금
	그 밖의 것	화기·충격주의, 가연물접촉주의
제2류	철분, 금속분, 마그네슘	화기주의, 물기엄금
	인화성 고체	화기엄금
	그 밖의 것	화기주의
제3류	금수성 물질	물기엄금
	자연발화성 물질	화기엄금, 공기접촉엄금
제4류	인화성 액체	화기엄금
제5류	자기반응성 물질	화기엄금, 충격주의
제6류	산화성 액체	가연물접촉주의

58 다음 중 위험물을 저장 또는 취급하는 탱크의 용량은?

① 탱크의 내용적에서 공간용적을 뺀 용적으로 한다.
② 탱크의 내용적으로 한다.
③ 탱크의 공간용적으로 한다.
④ 탱크의 내용적에 공간용적을 더한 용적으로 한다.

⫸ 탱크의 용량은 탱크 전체의 용적을 의미하는 탱크의 내용적에서 법에서 정한 공간용적을 뺀 용적으로 정한다.

Check 탱크의 공간용적

(1) 일반탱크 : 탱크의 내용적의 100분의 5 이상 100분의 10 이하의 용적
(2) 소화약제 방출구를 탱크 안의 윗부분에 설치한 탱크 : 소화약제 방출구 아래의 0.3m 이상 1m 미만 사이의 면으로부터 윗 부분의 용적
(3) 암반저장탱크 : 해당 탱크 내에 용출하는 7일간의 지하수의 양에 상당하는 용적과 그 탱크 내용적의 100분의 1의 용적 중에서 보다 큰 용적

59 이송취급소 배관 등의 용접부는 비파괴시험을 실시하여 합격하여야 한다. 이 경우 이송기지 내의 지상에 설치되는 배관 등은 전체 용접부의 몇 % 이상 발췌하여 시험할 수 있는가?

① 10   ② 15
③ 20   ④ 25

⫸ 이송취급소 배관 등의 용접부는 비파괴시험을 실시하여 합격하여야 한다. 이 경우 이송기지 내의 지상에 설치된 배관 등은 **전체 용접부의 20% 이상을 발췌**하여 시험할 수 있다.

60 1기압 27℃에서 아세톤 58g을 완전히 기화시키면 부피는 약 몇 L가 되는가?

① 22.4   ② 24.6
③ 27.4   ④ 58.0

⫸ 아세톤(CH_3COCH_3) 1mol의 분자량은 12(C)g × 3 + 1(H)g × 6 + 16(O)g = 58g이며 1기압 27℃에서 아세톤 58g을 기화시켜 기체로 만들었을 때의 부피는 다음과 같이 이상기체상태방정식으로 구할 수 있다.

$$PV = \frac{w}{M}RT$$

여기서, P(압력) : 1기압
         V(부피) : V(L)
         w(질량) : 58g
         M(분자량) : 58g/mol
         R(이상기체상수) : 0.082atm · L/K · mol
         T(절대온도) : (273 + 27)(K)

$$1 \times V = \frac{58}{58} \times 0.082 \times (273 + 27)$$

V = 24.6L이다.

Industrial Engineer Hazardous material

연도별 기출문제

CBT 기출복원문제

2022

제2회 위험물산업기사

2022년 4월 17일 시행

제1과목 　 일반화학

01 다음 중 활성화에너지에 대한 설명으로 옳은 것은?

① 물질이 반응 전에 가지고 있는 에너지이다.

② 물질이 반응 후에 가지고 있는 에너지이다.

③ 물질이 반응 전과 후에 가지고 있는 에너지의 차이이다.

④ 물질이 반응을 일으키는 데 필요한 최소한의 에너지이다.

>> 활성화에너지란 **어떤 물질이 반응을 일으키는 데 필요한 최소의 에너지**를 말하는 것으로 활성화에너지가 큰 물질은 반응을 일으키는 데 있어서 에너지를 많이 공급해야 하므로 활성화되기 힘든 물질이 되고 반대로 활성화에너지가 작은 물질은 반응을 일으키는 데 있어서 에너지를 조금만 공급해도 되기 때문에 활성화되기 쉬운 물질이 된다.

02 Mg^{2+}의 전자수는 몇 개인가?

① 2 　　　　　　 ② 10

③ 12 　　　　　　 ④ 6×10^{23}

>> 원소의 전자수는 그 원소의 원자번호와 같다. Mg(마그네슘)은 원자번호가 12번이므로 전자수도 12개이지만 〈문제〉는 Mg(마그네슘)이 전자 2개를 잃은 상태인 Mg^{2+}의 전자수를 묻는 것이므로 Mg^{2+}의 전자수는 12개 − 2개 = 10개이다.

03 다음 중 H_2O가 H_2S보다 비등점이 높은 이유는 무엇인가?

① 이온결합을 하고 있기 때문에

② 수소결합을 하고 있기 때문에

③ 공유결합을 하고 있기 때문에

④ 분자량이 적기 때문에

>> F(플루오린), O(산소), N(질소)가 수소(H)와 결합하고 있는 물질을 수소결합물질이라 하며, 수소결합을 하는 물질들은 분자들간의 인력이 크고 응집력이 강해 녹는점(융점) 및 끓는점(비등점)이 높다. 〈문제〉의 물(H_2O)은 산소(O)가 수소(H)와 결합하고 있는 수소결합물질이고, 황화수소(H_2S)는 F(플루오린), O(산소), N(질소)가 아닌 황(S)이 수소(H)와 결합하고 있으므로 수소결합물질이 아니다. 따라서 물(H_2O)이 황화수소(H_2S)보다 비등점이 높은 이유는 **물(H_2O)이 수소결합을 하고 있기 때문**이다.

🍄 톡톡 튀는 **암기법** 수소결합물질은 수소(H)가 전화기(phone)을 소리나는 대로 읽어 "F", "O", "N"와 결합한 것이다.

04 sp^3 혼성오비탈을 가지고 있는 것은?

① BF_3 　　　　　 ② $BeCl_2$

③ C_2H_4 　　　　 ④ CH_4

>> 혼성궤도함수(혼성오비탈)란 다음과 같이 전자 2개로 채워진 오비탈을 그 명칭과 개수로 표시한 것을 말한다.

① BF_3 : B는 원자가가 +3이므로 다음 그림과 같이 s오비탈과 p오비탈에 각각 3개의 전자를 '•' 표시로 채우고 F는 원자가가 −1인데 총 개수는 3개이므로 p오비탈에 3개의 전자를 'x' 표시로 채우면 s오비탈 1개와 p오비탈 2개에 전자들이 채워진다. 따라서 BF_3의 혼성궤도함수는 sp^2이다.

s	p		
••	•x	xx	

② $BeCl_2$: Be는 원자가가 +2이므로 다음 그림과 같이 s오비탈에 2개의 전자를 '•' 표시로 채우고 Cl은 원자가가 −1인데 총 개수는 2개이므로 p오비탈에 2개의 전자를 'x' 표시로 채우면 s오비탈 1개와 p오비탈 1개에 전자들이 채워진다. 따라서 $BeCl_2$의 혼성궤도함수는 sp이다.

s	p		
••	xx		

③ C_2H_4 : C가 2개 이상 존재하는 물질의 경우에는 전자 2개로 채워진 오비탈의 명칭을 읽어주는 방법으로는 문제를 해결하기 힘들기 때문에 C_2H_4의 혼성궤도함수는 sp^2로 암기한다.

④ CH_4 : C는 원자가가 +4이므로 다음 그림과 같이 s오비탈과 p오비탈에 각각 4개의 전자를 '•' 표시로 채우고 H는 원자가가 +1인데 총 개수는 4개이므로 p오비탈에 4개의 전자를 'x' 표시로 채우면 **s오비탈 1개와 p오비탈 3개**에 2개의 전자들이 채워진다. 따라서 CH_4의 혼성궤도함수는 sp^3이다.

s	p		
••	•x	•x	xx

05 같은 주기에서 원자번호가 증가할수록 감소하는 것은?

① 이온화에너지　② 원자반지름

③ 비금속성　　　④ 전기음성도

≫ 원소주기율표의 같은 주기에서 원자번호가 증가할수록 감소하는 것은 주기율표의 왼쪽에서 오른쪽으로 갈수록 감소하는 것을 말한다.

① 이온화에너지란 중성원자로부터 전자(−) 1개를 떼어 내어 양이온(+)으로 만드는 데 필요한 힘을 말하는데, 주기율표의 오른쪽에 있는 (−) 원자가를 갖는 원소들은 전자(−) 를 쉽게 빼앗기지 않으려는 성질이 강해 전자를 떼어내려는 힘이 많이 필요하게 되어 이온화에너지가 증가하고 반대로 주기율표의 왼쪽에 있는 원소들은 전자(−)를 잃고 양이온(+)이 되려는 성질이 커서 전자를 떼어 내는 데 많은 힘이 필요하지 않아 이온화에너지가 감소한다.

② 주기율표의 오른쪽으로 갈수록 그 주기에는 전자수가 증가하게 되고 전자가 많아질수록 양성자가 전자를 당기는 힘이 강해져 전자가 내부로 당겨지면서 **원자의 반지름은 감소**한다.

③ 주기율표의 왼쪽에는 금속성 원소들이 존재하고 주기율표의 오른쪽에는 비금속성 원소들이 존재하므로 주기율표의 오른쪽으로 갈수록 비금속성은 증가한다.

④ 주기율표의 왼쪽으로 갈수록 이온화경향이 증가하고 주기율표의 오른쪽으로 갈수록 전기음성도가 증가한다.

06 다음 중 1차 이온화에너지가 가장 작은 것은?

① Li　　　　　② O

③ Cs　　　　　④ Cl

≫ 이온화에너지란 중성원자로부터 전자(−) 1개를 떼어 내어 양이온(+)으로 만드는 데 필요한 힘을 말한다. 주기율표의 왼쪽에 있는 금속성 원소들은 스스로 전자(−)를 버리고 양이온이 되려는 성질이 강해 많은 힘을 가하지 않아도 쉽게 전자를 떼어 낼 수 있어서 이온화에너지가 작다. 상대적으로 주기율표의 오른쪽에 있는 (−)원자가를 갖춘 원소들은 전자(−)를 쉽게 빼앗기지 않으려는 성질이 강해 전자를 떼어 내는 데 힘이 많이 필요하기 때문에 이온화에너지가 크다.

〈보기〉 중 ① Li(리튬)과 ③ Cs(세슘)은 주기율표의 가장 왼쪽에 있는 알칼리금속들이므로 ② O(산소)나 ④ Cl(염소)보다 이온화에너지가 작다. 또한 같은 족에 속한 원소의 경우 아래로 갈수록 전자를 갖고 있는 주기가 원자핵으로부터 멀리 떨어져 있기 때문에 전자를 제거하는 데 필요한 힘이 많이 필요하지 않다. 따라서 같은 족에서는 아래로 갈수록 이온화에너지는 작기 때문에 Li(리튬)보다 아래에 있는 원소인 Cs(세슘)이 이온화에너지가 더 작고 〈보기〉의 원소 중에서도 이온화에너지가 가장 작은 원소이다.

07 다음 중 수용액의 pH가 가장 작은 것은 어느 것인가?

① 0.01N HCl

② 0.1N HCl

③ 0.01N CH_3COOH

④ 0.1N NaOH

≫ 물질이 H를 가지고 있는 경우에는 $pH = -\log[H^+]$의 공식을 이용해 수소이온지수(pH)를 구할 수 있고, 물질이 OH를 가지고 있는 경우에는 $pOH = -\log[OH^-]$의 공식을 이용해 수산화이온지수(pOH)를 구할 수 있다.

① H를 가진 HCl의 농도 $[H^+]$ = 0.01N이므로 $pH = -\log0.01 = -\log10^{-2} = 2$이다.

② H를 가진 HCl의 농도 $[H^+]$ = 0.1N이므로 **$pH = -\log0.1 = -\log10^{-1} = 1$**이다.

③ H를 가진 CH_3COOH의 농도 $[H^+]$ = 0.01N이므로 $pH = -\log0.01 = -\log10^{-2} = 2$이다.

④ OH를 가진 NaOH의 농도는 $[OH^-]$ = 0.1N이므로 $pOH = -\log0.1 = -\log10^{-1} = 1$인데, 〈문제〉는 pOH가 아닌 pH를 구하는 것이므로 pH + pOH = 14의 공식을 이용하여 다음과 같이 pH를 구할 수 있다.
$pH = 14 - pOH = 14 - 1 = 13$

정답　05. ② 06. ③ 07. ②

08 같은 온도에서 크기가 같은 4개의 용기에 다음과 같은 양의 기체를 채웠을 때 용기의 압력이 가장 큰 것은?

① 메테인분자 1.5×10^{23}

② 산소 1그램당량

③ 표준상태에서 CO_2 16.8L

④ 수소기체 1g

≫ 용기에 채우는 기체의 몰수 또는 부피가 많을수록 용기는 기체로 가득 차기 때문에 용기의 압력은 커진다.

① 메테인은 분자수 6.02×10^{23}개가 1몰이므로 1.5×10^{23}개는 몇 몰인지 구하면 다음과 같다.

분자수   몰수
6.02×10^{23}개 —— 1몰
1.5×10^{23}개 —— x몰
$6.02 \times 10^{23} \times x = 1.5 \times 10^{23} \times 1$

$x = \dfrac{1.5}{6.02} = 0.25$몰이다.

② 산소의 원자가는 2, 원자량은 16이므로 산소의 g당량 $= \dfrac{원자량}{원자가} = \dfrac{16}{2} = 8$g이다. 산소 기체($O_2$)는 32g이 1몰이므로 산소의 1g당량인 8g은 0.25몰이다.

③ 표준상태에서 CO_2 22.4L는 1몰이므로 CO_2 16.8L는 몇 몰인지 구하면 다음과 같다.

부피   몰수
22.4L —— 1몰
16.8L —— x몰
$22.4 \times x = 16.8 \times 1$

$x = \dfrac{16.8}{22.4} = $ **0.75몰**이다.

④ 수소기체(H_2)는 분자량 2g이 1몰이므로 수소기체 1g은 0.5몰이다.

09 11g의 프로페인이 연소하면 몇 g의 물이 생기는가?

① 4   ② 4.5
③ 9   ④ 18

≫ 프로페인(C_3H_8) 1mol의 분자량은 12(C)g $\times$ 3 + 1(H)g $\times$ 8 = 44g이다. 다음의 프로페인의 연소반응식에서 알 수 있듯이 프로페인 44g을 연소시키면 4몰 $\times$ 18g의 물(H_2O)이 발생하는데, 만약 프로페인 11g을 연소시키면 몇 g의 물이 발생하는지를 비례식으로 구하면 다음과 같다.

• 프로페인의 연소반응식
$C_3H_8 + 5O_2 \rightarrow 3CO_2 + 4H_2O$
44g ——— 4×18g
11g ——— x(g)
$44 \times x = 11 \times 4 \times 18$
$x = 18$g
따라서 이 경우 물은 18g이 생긴다.

10 다음 중 나타내는 수의 크기가 다른 하나는?

① 질소 7g 중의 원자수

② 수소 1g 중의 원자수

③ 염소 71g 중의 분자수

④ 물 18g 중의 분자수

≫ 질소(N), 산소(O), 염소(Cl)와 같이 원소 하나로 존재하는 것은 원자이고, 질소(N_2), 산소(O_2), 염소(Cl_2), 물(H_2O)과 같이 원소가 2개 이상 결합되어 있는 것은 분자이다.

① 질소(N)는 14g이 원자수 1개의 질량이므로 질소 7g은 원자수 0.5개의 질량이다.

② 수소(H)는 1g이 원자수 1개의 질량이다.

③ 염소(Cl_2)는 35.5g$\times$2 = 71g이 분자수 1개의 질량이다.

④ 물(H_2O)은 1(H)g $\times$ 2 + 16(O)g = 18g이 분자수 1개의 질량이다.

따라서 ②, ③, ④가 나타내는 수의 크기는 모두 1이지만 ①은 0.5이다.

11 어떤 물질 1g을 증발시켰더니 그 부피가 0℃, 4atm에서 329.2mL였다. 이 물질의 분자량은? (단, 증발한 기체는 이상기체라 가정한다.)

① 17   ② 23
③ 30   ④ 60

≫ 이상기체상태방정식 $PV = \dfrac{w}{M}RT$에서 분자량

$M = \dfrac{w}{PV}RT$와 같다.

여기서, P(압력) : 4atm(기압)
V(부피) : 329.2mL = 0.3292L
w(질량) : 1g
R(이상기체상수) : 0.082atm · L / mol · K
T(절대온도) : 273 + 0K

$M = \dfrac{1}{4 \times 0.3292} \times 0.082 \times (273 + 0) = 17$

∴ $M = 17$

12 물 450g에 NaOH 80g이 녹아있는 용액에서 NaOH의 몰분율은? (단, Na의 원자량은 23 이다.)

① 0.074   ② 0.178

③ 0.200   ④ 0.450

≫ 몰분율이란 각 물질을 몰수로 나타내었을 때 전체 물질 중 해당 물질이 차지하는 몰수의 비율을 말한다.

H_2O(물) 1몰은 $1(H)g \times 2 + 16(O)g = 18g$이므로 물 450g은 $\frac{450}{18} = 25$몰이고 NaOH(수산화나트륨) 1몰은 $23(Na)g + 16(O)g + 1(H)g = 40g$이므로 NaOH 80g은 $\frac{80}{40} = 2$몰이다.

따라서 물 25몰과 NaOH 2몰을 합한 몰수에 대해 NaOH가 차지하는 몰분율은 $\frac{2}{25+2} = 0.074$이다.

13 다음의 화합물 중 화합물 내 질소분율이 가장 높은 것은?

① $Ca(CN)_2$ ② $NaCN$

③ $(NH_2)_2CO$ ④ NH_4NO_3

≫ 화합물 내 질소분율이란 화합물의 분자량 중 질소가 차지하는 비율을 말한다.

① $Ca(CN)_2$

$$\frac{14(N) \times 2}{40(Ca) + [12(C) + 14(N)] \times 2} \times 100$$
$$= 30.43\%$$

② $NaCN$

$$\frac{14(N)}{23(Na) + 12(C) + 14(N)} \times 100$$
$$= 28.57\%$$

③ $(NH_2)_2CO$

$$\frac{14(N) \times 2}{[14(N) + 1(H) \times 2] \times 2 + 12(C) + 16(O)} \times 100$$
$$= 46.67\%$$

④ NH_4NO_3

$$\frac{14(N) \times 2}{14(N) + 1(H) \times 4 + 14(N) + 16(O) \times 3} \times 100$$
$$= 35\%$$

14 $KMnO_4$에서 Mn의 산화수는 얼마인가?

① +3   ② +5

③ +7   ④ +9

≫ 과망가니즈산칼륨의 화학식은 $KMnO_4$이며, 이 중 망가니즈(Mn)의 산화수를 구하는 방법은 다음과 같다.

① 1단계 : 필요한 원소들의 원자가를 확인한다.
- 칼륨(K) : +1가 원소
- 산소(O) : -2가 원소

② 2단계 : 망가니즈(Mn)를 $+x$로 두고 나머지 원소들의 원자가와 그 개수를 적는다.

K   Mn O_4
$(+1)(+x)(-2 \times 4)$

③ 3단계 : 다음과 같이 원자가와 그 개수의 합이 0이 되도록 한다.

$+1 + x - 8 = 0$

이 때 x값이 Mn의 산화수이다.

∴ $x = +7$

15 다음 산화수에 대한 설명 중 틀린 것은 어느 것인가?

① 화학결합이나 반응에서 산화, 환원을 나타내는 척도이다.

② 자유원소상태의 원자의 산화수는 0이다.

③ 이온결합 화합물에서 각 원자의 산화수는 이온전하의 크기와 관계 없다.

④ 화합물에서 각 원자의 산화수는 총합이 0이다.

≫ ① 화학반응에서 원소의 산화수가 증가하는 것은 그 원소가 산화하는 것이고, 산화수가 감소하는 것은 그 원소가 환원하는 것으로 산화수는 산화 또는 환원을 나타내는 척도로 이용된다.

② 자유원소상태인 하나의 원소로만 구성된 물질의 산화수는 0이다.

③ (-)이온전하인 전자를 잃는 것은 산화현상으로서 산화수의 변동이 발생하므로 **각 원자의 산화수는 양이온 또는 음이온(전자)의 전하의 크기와 밀접한 연관성이 있다.**

④ 화합물을 구성하는 각 원소의 산화수의 합은 0이다.

16 염(salt)을 만드는 화학반응식이 아닌 것은?

① $HCl + NaOH \rightarrow NaCl + H_2O$

② $2NH_4OH + H_2SO_4 \rightarrow (NH_4)_2SO_4 + 2H_2O$

③ $CuO + H_2 \rightarrow Cu + H_2O$

④ $H_2SO_4 + Ca(OH)_2 \rightarrow CaSO_4 + 2H_2O$

정답   12. ①   13. ③   14. ③   15. ③   16. ③

≫ 염류(K, Na, NH₄ 등)가 H를 밀어내고 H와 결합되어 있던 음이온과 다시 결합하여 만든 물질을 염(salt)이라 한다.
① $HCl + NaOH → NaCl + H_2O$에서 NaOH에 있던 염류 Na이 HCl의 H를 밀어내고 H와 결합되어 있던 음이온인 Cl과 결합하여 반응 후 NaCl이라는 염을 만들었다.
② $2NH_4OH + H_2SO_4 → (NH_4)_2SO_4 + 2H_2O$에서 NH₄OH에 있던 염류 NH₄가 H₂SO₄의 H를 밀어내고 H와 결합되어 있던 음이온인 SO₄와 결합하여 반응 후 $(NH_4)_2SO_4$라는 염을 만들었다.
③ $CuO + H_2 → Cu + H_2O$에서는 H₂가 단독으로 존재하고 있어 H와 결합되어 있는 음이온이 존재하지 않으므로 **이 반응에서는 염을 만들 수 없다.**
④ $H_2SO_4 + Ca(OH)_2 → CaSO_4 + 2H_2O$에서 Ca(OH)₂에 있던 염류 Ca이 H₂SO₄의 H를 밀어내고 H와 결합되어 있던 음이온인 SO₄와 결합하여 반응 후 CaSO₄라는 염을 만들었다.

17 다음 중 3차 알코올에 해당되는 것은?

①

②

③

④

≫ 1차, 2차, 3차 알코올은 알코올에 포함된 CH₃(메틸), C₂H₅(에틸) 등의 알킬의 수에 따라 분류된다.
1) CH₃(메틸) 또는 C₂H₅(에틸)의 수 1개 : 1차 알코올
2) CH₃(메틸) 또는 C₂H₅(에틸)의 수 2개 : 2차 알코올
3) CH₃(메틸) 또는 C₂H₅(에틸)의 수 3개 : 3차 알코올
④ CH₃(메틸)의 수가 3개 포함되어 있으므로 3차 알코올로 분류된다.

Check **OH 수에 따른 알코올 분류**

1가, 2가, 3가 알코올은 알코올에 포함된 OH(수산기)의 수에 따라 분류된다.
(1) OH 1개 : 1가 알코올
(2) OH 2개 : 2가 알코올
(3) OH 3개 : 3가 알코올

18 커플링반응 시 생성되는 작용기는?

① $-NH_2$
② $-CH_3$
③ $-COOH$
④ $-N = N-$

≫ **커플링반응**이란 주로 방향족화합물과의 반응을 통해 아조기(–N = N–)를 포함하고 있는 아조화합물을 생성하는 반응을 말한다.

톡톡튀는 **암기법** 〈문제〉에서 말하는 커플링과는 전혀 연관성이 없음에도 불구하고 남녀 둘이서 이중결합(=)처럼 똑 같은 반지 두 개를 함께 끼는 것도 커플링이라고 부르므로 커플링은 이중결합을 가지고 있는 것이라고 암기하자.

19 0.01N NaOH 용액 100mL에 0.02N HCl 55mL를 넣고 증류수를 넣어 전체 용액을 1,000mL로 한 용액의 pH는?

① 3
② 4
③ 10
④ 11

≫ 염기성(NaOH)과 산성(HCl) 물질을 혼합할 때 각 농도와 부피의 곱이 같으면 그 혼합물은 중성(중화)이 되는데 이를 중화적정이라고 하며 공식은 $N_1 V_1 = N_2 V_2$이다.
• NaOH 용액 : 농도(N_1) = 0.01N, 부피(V_1) = 100mL이므로 $N_1 × V_1 = 0.01 × 100 = 1$
• HCl : 농도(N_2) = 0.02N, 부피(V_2) = 55mL이므로 $N_2 × V_2 = 0.02 × 55 = 1.1$
위와 같은 방법으로는 $N_1 V_1$과 $N_2 V_2$의 값이 1과 1.1로 서로 같지 않아 중화되지 않으므로 HCl의 부피 55mL 중 5mL는 빼고 50mL만 NaOH 용액과 반응시키면 다음과 같이 중화시킬 수 있다.
$N_1 × V_1 = N_2 × V_2$
$0.01 × 100 = 0.02 × 50$
그러나 산성인 HCl 5mL는 중화적정에 참여하지 않고 남았으므로 현재 중화시킨 후의 용액은 산성이다. 여기에 증류수를 넣어 전체 용액의 부피(V_3)를 1,000mL로 만든 후 HCl과 전체 용액을

정답 17. ④ 18. ④ 19. ②

다시 중화시키면 다음과 같이 전체 용액의 농도(N_3)를 구할 수 있다.

$N_1 \times V_1 = N_3 \times V_3$

$0.02 \times 5 = N_3 \times 1,000$

$N_3 = 0.0001N$

따라서 전체 용액의 pH를 구하기 위해 농도(N_3) 0.0001을 수소이온농도인 [H^+]에 대입하면

pH $= -\log[H^+] = -\log 0.0001$
$= -\log 10^{-4}$
$= 4$가 된다.

20 에틸렌(C_2H_4)을 원료로 하지 않는 것은?

① 아세트산 ② 염화비닐
③ 에탄올 ④ 메탄올

➡ 〈보기〉의 물질들이 갖고 있는 탄소(C)수는 다음과 같다.
① 아세트산(CH_3COOH) : 2개
② 염화비닐(CH_2CHCl) : 2개
③ 에탄올(C_2H_5OH) : 2개
④ 메탄올(CH_3OH) : 1개
일반적으로 어떤 물질이 반응할 때 그 원래의 물질에 포함된 탄소(C)의 수가 달라지는 경우는 매우 드물다. 따라서 에틸렌(C_2H_4)은 탄소(C)가 2개 포함된 물질이므로 탄소수가 1개인 ④ 메탄올(CH_3OH)은 에틸렌을 원료로 하지 않는다.

제2과목 **화재예방과 소화방법**

21 표준상태(0℃, 1atm)에서 2kg의 이산화탄소가 모두 기체상태의 소화약제로 방사될 경우 부피는 몇 m³인가?

① 1.018 ② 10.18
③ 101.8 ④ 1,018

➡ 기체상태의 이산화탄소(CO_2)의 부피를 구하는 방법은 다음과 같이 이상기체상태방정식 $PV = \dfrac{w}{M}RT$를 이용한다.

여기서, P(압력) : 1atm(기압)
V(부피) : V(L)
M(분자량) : $12(C)g + 16(O)g \times 2 = 44g/mol$
w(질량) : 2,000g
R(이상기체상수) : 0.082 atm · L / mol · K
T(절대온도) : 273 + 0K

$1 \times V = \dfrac{2,000}{44} \times 0.082 \times (273 + 0)$

$= 1,018L$

$\therefore V = 1.018m^3$

22 위험물안전관리법령에 따른 이동식 할로젠화물소화설비 기준에 의하면 20℃에서 노즐이 할론 2402를 방사할 경우 1분당 몇 kg의 소화약제를 방사할 수 있어야 하는가?

① 35 ② 40
③ 45 ④ 50

➡ 이동식 할로젠화합물소화설비의 하나의 노즐마다 온도 20℃에서의 1분당 방사량
1) 할론 2402 : 45kg 이상
2) 할론 1211 : 40kg 이상
3) 할론 1301 : 35kg 이상

Check 이동식 할로젠화합물소화설비의 용기 또는 탱크에 저장하는 소화약제의 양
(1) 할론 2402 : 50kg 이상
(2) 할론 1211 : 45kg 이상
(3) 할론 1301 : 45kg 이상

23 다음 중 화학적 에너지원이 아닌 것은 어느 것인가?

① 연소열
② 분해열
③ 마찰열
④ 융해열

➡ 열 에너지원
1) 물리적(기계적) 에너지원 : 압축열, 마찰열 등
2) 화학적 에너지원 : 연소열, 분해열, 융해열 등

Check 그 밖의 열에너지원으로 전기적 에너지원(저항열, 유도열, 정전기열 등)도 있다.

24 위험물안전관리법령상 정전기를 유효하게 제거하기 위해서는 공기 중의 상대습도는 몇 %이상 되게 하여야 하는가?

① 40% ② 50%
③ 60% ④ 70%

>> 정전기 제거방법
  1) 접지할 것
  2) **공기 중의 상대습도를 70% 이상으로 할 것**
  3) 공기를 이온화시킬 것

25 불연성 기체로서 비교적 액화가 용이하고 안전하게 저장할 수 있으며 전기절연성이 좋아 C급 화재에 사용되기도 하는 기체는?

① N_2
② CO_2
③ Ar
④ He

>> 〈보기〉는 모두 불연성 기체이지만, 이 중 C급(전기) 화재에 적응성이 있는 소화약제로 사용되는 기체는 이산화탄소(CO_2)이다.

26 주성분이 탄산수소나트륨인 소화약제는 제 몇 종 분말소화약제인가?

① 제1종
② 제2종
③ 제3종
④ 제4종

>> 분말소화약제의 구분

구 분	주성분	주성분의 화학식	색 상
제1종 분말소화약제	**탄산수소 나트륨**	$NaHCO_3$	백색
제2종 분말소화약제	탄산수소 칼륨	$KHCO_3$	연보라 (담회)색
제3종 분말소화약제	인산암모늄	$NH_4H_2PO_4$	담홍색
제4종 분말소화약제	탄산수소칼륨 + 요소의 반응생성물	$KHCO_3$ + $(NH_2)_2CO$	회색

27 소화기가 유류화재에 적응력이 있음을 표시하는 색은?

① 백색
② 황색
③ 청색
④ 흑색

>> 화재 분류에 따른 소화기에 표시하는 색상
  1) 일반화재(A급) : 백색
  2) **유류화재(B급) : 황색**
  3) 전기화재(C급) : 청색
  4) 금속화재(D급) : 무색

28 분말소화약제에 해당하는 착색으로 옳은 것은?

① 탄산수소칼륨 – 청색
② 제1인산암모늄 – 담홍색
③ 탄산수소칼륨 – 담홍색
④ 제1인산암모늄 – 청색

>> 분말소화약제의 구분

구 분	주성분	주성분의 화학식	색 상
제1종 분말소화약제	탄산수소 나트륨	$NaHCO_3$	백색
제2종 분말소화약제	탄산수소 칼륨	$KHCO_3$	연보라 (담회)색
제3종 분말소화약제	**인산암모늄**	$NH_4H_2PO_4$	**담홍색**
제4종 분말소화약제	탄산수소칼륨 + 요소의 반응생성물	$KHCO_3$ + $(NH_2)_2CO$	회색

29 위험물안전관리법령에 따르면 옥외소화전의 개폐밸브 및 호스접속구는 지반면으로부터 몇 m 이하의 높이에 설치해야 하는가?

① 1.5
② 2.5
③ 3.5
④ 4.5

>> 옥내소화전과 옥외소화전 모두 개폐밸브 및 호스접속구는 바닥면으로부터 1.5m 이하의 높이에 설치해야 한다.

30 소화설비의 설치기준에 있어서 위험물저장소의 건축물로서 외벽이 내화구조로 된 것은 연면적 몇 m^2를 1소요단위로 하는가?

① 50
② 75
③ 100
④ 150

정답 25. ② 26. ① 27. ② 28. ② 29. ① 30. ④

>> 외벽이 내화구조인 위험물저장소의 건축물은 연면적 150m²를 1소요단위로 한다.

Check 1소요단위의 기준

구 분	외벽이 내화구조	외벽이 비내화구조
제조소 및 취급소	연면적 100m²	연면적 50m²
저장소	연면적 150m²	연면적 75m²
위험물	지정수량의 10배	

31 위험물안전관리법령상 분말소화설비의 기준에서 가압용 또는 축압용 가스로 사용이 가능한 가스로만 이루어진 것은?

① 산소, 질소
② 이산화탄소, 산소
③ 산소, 아르곤
④ 질소, 이산화탄소

>> 분말소화설비에 사용하는 가압용 또는 축압용 가스는 **질소** 또는 **이산화탄소**이다.

32 위험물안전관리법령상 위험물별 적응성이 있는 소화설비가 올바르게 연결되지 않은 것은?

① 제4류 및 제5류 위험물 – 할로젠화합물 소화기
② 제4류 및 제6류 위험물 – 인산염류분말 소화기
③ 제1류 알칼리금속의 과산화물 – 탄산수소염류분말소화기
④ 제2류 및 제3류 위험물 – 팽창질석

>> ① 제4류 위험물에는 **할로젠화합물소화기**가 적응성이 있지만 **제5류 위험물에는 적응성이 없다.**
② 제4류 위험물 및 제6류 위험물 모두에 대해 인산염류분말소화기는 적응성이 있다.
③ 제1류 위험물 중 알칼리금속의 과산화물에는 탄산수소염류분말소화기가 적응성이 있다.
④ 제2류 위험물 및 제3류 위험물 뿐만 아니라 모든 유별의 위험물에 대해 팽창질석은 적응성이 있다.

대상물의 구분 / 소화설비의 구분		건축물·그 밖의 공작물	전기설비	제1류 위험물		제2류 위험물			제3류 위험물		제4류 위험물	제5류 위험물	제6류 위험물
				알칼리금속의 과산화물등	그 밖의 것	철분·금속분·마그네슘등	인화성 고체	그 밖의 것	금수성 물품	그 밖의 것			
대형·소형수동식소화기	봉상수(棒狀水)소화기	○			○		○	○		○		○	○
	무상수(霧狀水)소화기	○	○		○		○	○		○		○	○
	봉상강화액소화기	○			○		○	○		○		○	○
	무상강화액소화기	○	○		○		○	○		○	○	○	○
	포소화기	○			○		○	○		○	○	○	○
	이산화탄소소화기		○				○				○		△
	할로젠화합물소화기		○				○				○	×	
분말소화기	인산염류소화기	○	○		○		○	○			○		○
	탄산수소염류소화기		○	○		○	○		○		○		
	그 밖의 것			○		○			○				
기타	물통 또는 수조	○			○		○	○		○		○	○
	건조사			○	○	○	○	○	○	○	○	○	○
	팽창질석 또는 팽창진주암			○	○	○	○	○	○	○	○	○	○

33 위험물제조소등에 설치하는 옥외소화전설비에 있어서 옥외소화전함은 옥외소화전으로부터 보행거리 몇 m 이하의 장소에 설치하는가?

① 2m ② 3m
③ 5m ④ 10m

>> 위험물제조소등에 설치하는 옥외소화전함은 옥외소화전으로부터 보행거리 5m 이하의 장소에 설치해야 한다.

정답 31. ④ 32. ① 33. ③

34 위험물제조소등에 설치하는 이산화탄소소화설비에 있어 저압식 저장용기에 설치하는 압력경보장치의 작동압력 기준은?

① 0.9MPa 이하, 1.3MPa 이상
② 1.9MPa 이하, 2.3MPa 이상
③ 0.9MPa 이하, 2.3MPa 이상
④ 1.9MPa 이하, 1.3MPa 이상

≫ 이산화탄소소화약제의 저압식 저장용기에는 2.3MPa 이상의 압력 및 1.9MPa 이하의 압력에서 작동하는 압력경보장치를 설치해야 한다.
※ 저압식 저장용기의 정상압력은 1.9MPa 초과 2.3MPa 미만이므로 이 압력의 범위를 벗어날 경우 압력에 이상이 생겼음을 알려주기 위한 경보장치이다.

Check **이산화탄소소화약제의 저압식 저장용기에 설치하는 설비의 또 다른 기준**
(1) 액면계 및 압력계를 설치할 것
(2) 용기 내부의 온도를 영하 20℃ 이상 영하 18℃ 이하로 유지할 수 있는 자동냉동기를 설치할 것
(3) 파괴판을 설치할 것
(4) 방출밸브를 설치할 것

35 위험물제조소등에 옥내소화전이 1층에 6개, 2층에 5개, 3층에 4개가 설치되었다. 이 때 수원의 수량은 몇 m³ 이상이 되도록 설치하여야 하는가?

① 23.4
② 31.8
③ 39.0
④ 46.8

≫ 위험물제조소등에 설치된 옥내소화전설비의 수원의 양은 옥내소화전이 가장 많이 설치된 층의 옥내소화전의 설치개수(설치개수가 5개 이상이면 5개)에 7.8m³를 곱한 값 이상의 양으로 한다. 〈문제〉에서 1층의 옥내소화전 개수가 6개로 가장 많지만 개수가 5개 이상이면 5개를 7.8m³에 곱해야 하므로 수원의 양은 5개 × 7.8m³ = 39m³이다.

Check 옥외소화전설비의 수원의 양은 옥외소화전의 설치개수(설치개수가 4개 이상이면 4개)에 13.5m³를 곱한 값 이상의 양으로 한다.

36 위험물안전관리법령상 위험물제조소와의 안전거리 기준이 50m 이상이어야 하는 것은 어느 것인가?

① 고압가스 취급시설
② 학교, 병원
③ 유형문화재
④ 극장

≫ 위험물제조소등의 안전거리
1) 주거용 건축물(제조소의 동일부지 외에 있는 것) : 10m 이상
2) 학교, 병원, 극장(300명 이상), 다수인 수용시설 : 30m 이상
3) **유형문화재와 기념물 중 지정문화재 : 50m 이상**
4) 고압가스, 액화석유가스 등의 저장·취급시설 : 20m 이상
5) 사용전압 7,000V 초과 35,000V 이하의 특고압가공전선 : 3m 이상
6) 사용전압이 35,000V를 초과하는 특고압가공전선 : 5m 이상

Tip
제6류 위험물을 취급하는 제조소등의 경우는 모든 대상에 대해 안전거리를 제외할 수 있습니다.

37 다음은 위험물안전관리법령에서 정한 제조소등에서의 위험물의 저장 및 취급에 관한 기준 중 위험물의 유별 저장·취급 공통기준의 일부이다. ( ) 안에 알맞은 위험물 유별은?

( ) 위험물은 가연물과의 접촉·혼합이나 분해를 촉진하는 물품과의 접근 또는 과열을 피하여야 한다.

① 제2류　② 제3류
③ 제5류　④ 제6류

정답 34.② 35.③ 36.③ 37.④

≫ 위험물의 유별 저장·취급 공통기준

1) 제1류 위험물은 가연물과의 접촉·혼합이나 분해를 촉진하는 물품과의 접근 또는 과열·충격·마찰 등을 피하는 한편, 알칼리금속의 과산화물 및 이를 함유한 것에 있어서는 물과의 접촉을 피해야 한다.

2) 제2류 위험물은 산화제와의 접촉·혼합이나 불티, 불꽃, 고온체와의 접근 또는 과열을 피하는 한편, 철분, 금속분, 마그네슘 및 이를 함유한 것에 있어서는 물이나 산과의 접촉을 피하고 인화성 고체에 있어서는 함부로 증기를 발생시키지 않아야 한다.

3) 제3류 위험물 중 자연발화성 물질에 있어서는 불티, 불꽃, 고온체와의 접근, 과열 또는 공기와의 접촉을 피하고, 금수성 물질에 있어서는 물과의 접촉을 피해야 한다.

4) 제4류 위험물은 불티, 불꽃, 고온체와의 접근 또는 과열을 피하고, 함부로 증기를 발생시키지 않아야 한다.

5) 제5류 위험물은 불티, 불꽃, 고온체와의 접근이나 과열, 충격 또는 마찰을 피해야 한다.

6) **제6류 위험물은 가연물과의 접촉·혼합이나 분해를 촉진하는 물품과의 접근 또는 과열을 피해야 한다.**

38 위험물제조소에서 화기엄금 및 화기주의를 표시하는 게시판의 바탕색과 문자색을 올바르게 연결한 것은?

① 백색바탕 – 청색문자

② 청색바탕 – 백색문자

③ 적색바탕

     – 백색문자

④ 백색바탕

     – 적색문자

 ◀ 주의사항 게시판 색상

≫ 위험물제조소등에 설치하는 주의사항 게시판의 내용 및 색상

유별	품 명	주의사항	색 상
제1류	알칼리금속의 과산화물	물기엄금	청색바탕 및 백색문자
	그 밖의 것	필요 없음	–
제2류	인화성 고체	**화기엄금**	**적색바탕 및 백색문자**
	그 밖의 것	**화기주의**	

제3류	금수성 물질	물기엄금	청색바탕 및 백색문자
	자연발화성 물질	**화기엄금**	**적색바탕 및 백색문자**
제4류	인화성 액체	**화기엄금**	**적색바탕 및 백색문자**
제5류	자기반응성 물질	**화기엄금**	**적색바탕 및 백색문자**
제6류	산화성 액체	필요 없음	–

💡 **Tip**

주의사항 게시판의 색상은 주의사항 내용에 '물기'가 포함되어 있으면 청색바탕에 백색문자로 하고, '화기'가 포함되어 있으면 적색바탕에 백색문자로 합니다.

39 제5류 위험물인 자기반응성 물질에 포함되지 않는 것은?

① CH_3NO_2 ② $[C_6H_7O_2(ONO_2)_3]_n$

③ $C_6H_2CH_3(NO_2)_3$ ④ $C_6H_5NO_2$

≫ ① CH_3NO_2(나이트로메테인) : 제5류 위험물 중 나이트로화합물에 속한다.

② $[C_6H_7O_2(ONO_2)_3]_n$(나이트로셀룰로오스) : 제5류 위험물 중 질산에스터류에 속한다.

③ $C_6H_2CH_3(NO_2)_3$(트라이나이트로톨루엔) : 제5류 위험물 중 나이트로화합물에 속한다.

④ **$C_6H_5NO_2$(나이트로벤젠) : 제4류 위험물 중 제3석유류에 속한다.**

40 특정옥외탱크저장소라 함은 저장 또는 취급하는 액체위험물의 최대수량이 얼마 이상의 것을 말하는가?

① 50만 리터 이상

② 100만 리터 이상

③ 150만 리터 이상

④ 200만 리터 이상

≫ 1) **특정옥외탱크저장소 : 저장 또는 취급하는 액체위험물의 최대수량이 100만L 이상의 것**

2) 준특정 옥외저장탱크 : 저장 또는 취급하는 액체위험물의 최대수량이 50만L 이상 100만L 미만의 것

정답 38. ③ 39. ④ 40. ②

제3과목 **위험물의 성질과 취급**

41 제1류 위험물 중 무기과산화물 150kg, 질산염류 300kg, 다이크로뮴산염류 3,000kg을 저장하려 한다. 각각 지정수량의 배수의 총합은 얼마인가?

① 5 ② 6
③ 7 ④ 8

≫ 무기과산화물의 지정수량은 50kg이며, 질산염류의 지정수량은 300kg, 다이크로뮴산염류의 지정수량은 1,000kg이므로 이들의 지정수량 배수의

합은 $\frac{150kg}{50kg} + \frac{300kg}{300kg} + \frac{3,000kg}{1,000kg} = 7$배이다.

42 염소산나트륨의 위험성에 대한 설명 중 틀린 것은?

① 조해성이 강하므로 저장용기는 밀전한다.
② 산과 반응하여 이산화염소를 발생한다.
③ 황, 목탄, 유기물 등과 혼합한 것은 위험하다.
④ 유리용기를 부식시키므로 철제용기에 저장한다.

≫ ① 제1류 위험물로서 공기 중의 습기를 흡수하여 자신이 녹는 성질인 조해성이 강하므로 저장용기는 공기와 접촉하지 않도록 밀전한다.
② 황산, 염산 등과 반응하여 독성인 이산화염소(ClO_2)가스를 발생한다.
③ 산소공급원 역할을 하는 물질로서 황, 목탄, 유기물 등의 가연물과 혼합하는 것은 위험하다.
④ 철제용기는 산소로 인해 부식되기 쉬우므로 부식되지 않는 **유리용기에 저장**한다.

43 염소산칼륨이 고온에서 열분해할 때 생성되는 물질을 올바르게 나타낸 것은?

① 물, 산소
② 염화칼륨, 산소
③ 이염화칼륨, 수소
④ 칼륨, 물

≫ 제1류 위험물인 염소산칼륨($KClO_3$)은 열분해 시 염화칼륨(KCl)과 산소를 발생한다.
• 염소산칼륨의 열분해 반응식
$2KClO_3 \rightarrow 2KCl + 3O_2$

44 다음 중 인화석회가 물과 반응하여 생성하는 기체는?

① 포스핀
② 아세틸렌
③ 이산화탄소
④ 수산화칼슘

≫ 인화석회는 인화칼슘(Ca_3P_2)이라고도 불리는 제3류 위험물로서 물과 반응 시 수산화칼슘[$Ca(OH)_2$]과 함께 독성이면서 가연성인 **포스핀**(PH_3)가스를 발생한다.
• 인화칼슘의 물과의 반응식
$Ca_3P_2 + 6H_2O \rightarrow 3Ca(OH)_2 + 2PH_3$

45 다음 반응식 중에서 옳지 않은 것은?

① $CaO_2 + 2HCl \rightarrow CaCl_2 + H_2O_2$
② $CaH_2 + 2H_2O \rightarrow Ca(OH)_2 + 2H_2$
③ $Ca_3P_2 + 4H_2O \rightarrow Ca_3(OH)_2 + 2PH_3$
④ $CaC_2 + 2H_2O \rightarrow Ca(OH)_2 + C_2H_2$

≫ ③ 제3류 위험물에 속하는 인화칼슘(Ca_3P_2)의 물과의 반응식은 다음과 같다.
$Ca_3P_2 + 6H_2O \rightarrow 3Ca(OH)_2 + 2PH_3$

46 다음 중 적린과 황린의 공통점이 아닌 것은 어느 것인가?

① 화재발생 시 물을 이용한 소화가 가능하다.
② 이황화탄소에 잘 녹는다.
③ 연소 시 P_2O_5의 흰 연기가 생긴다.
④ 구성원소는 P이다.

≫ 제2류 위험물인 **적린**(P)은 물과 **이황화탄소**(CS_2)에는 녹지 않고 브로민화인(PBr_3)에 녹으며, 제3류 위험물인 황린(P_4)은 물속에 보관하는 물질로 물에는 녹지 않고 이황화탄소에는 녹는다. 또한 두 물질 모두 구성원소는 인(P)으로서 연소 시 오산화인(P_2O_5)이라는 흰 연기를 발생하며 화재발생 시 물로 냉각소화가 가능하다.

47 산화프로필렌 300L, 메탄올 400L, 벤젠 200L를 저장하고 있는 경우 각각 지정수량 배수의 총 합은 얼마인가?

① 4 　　② 6

③ 8 　　④ 10

≫ 특수인화물인 산화프로필렌의 지정수량은 50L이며, 알코올류인 메탄올의 지정수량은 400L, 제1석유류 비수용성인 벤젠의 지정수량은 200L이므로 이들의 지정수량 배수의 합은 $\frac{300L}{50L}$ + $\frac{400L}{400L}$ + $\frac{200L}{200L}$ = 8배이다.

48 다음 물질 중 인화점이 가장 낮은 것은?

① 다이에틸에터　　② 이황화탄소

③ 아세톤　　④ 벤젠

≫ 〈보기〉의 물질의 인화점은 다음과 같다.
　① **다이에틸에터(특수인화물) : −45℃**
　② 이황화탄소(특수인화물) : −30℃
　③ 아세톤(제1석유류) : −18℃
　④ 벤젠(제1석유류) : −11℃

🔑 톡톡 튀는 암기법

1) 아세톤의 인화점
　아세톤은 옷에 묻은 페인트 등을 지우는 용도로 사용되며 옷에 페인트가 묻으면 아세톤으로 지워야 하니까 화가 나면서 욕이 나올 수 있다. 그래서 아세톤의 인화점은 욕(−열여덟, −18℃)이다.

2) 벤젠의 인화점
　'ㅂ ㅔ ㄴ', 'ㅈ ㅔ ㄴ'에서 'ㅔ'를 떼어쓰면 −11처럼 보인다.

49 위험물안전관리법령에서 정의한 특수인화물의 조건으로 옳은 것은?

① 1기압에서 발화점이 100℃ 이상인 것 또는 인화점이 영하 10℃ 이하이고 비점이 40℃ 이하인 것

② 1기압에서 발화점이 100℃ 이하인 것 또는 인화점이 영하 20℃ 이하이고 비점이 40℃ 이하인 것

③ 1기압에서 발화점이 200℃ 이하인 것 또는 인화점이 영하 10℃ 이하이고 비점이 40℃ 이하인 것

④ 1기압에서 발화점이 200℃ 이상인 것 또는 인화점이 영하 20℃ 이하이고 비점이 40℃ 이하인 것

≫ 제4류 위험물 중 특수인화물이란 이황화탄소, 다이에틸에터, 그 밖에 1기압에서 발화점이 100℃ 이하인 것 또는 인화점이 영하 20℃ 이하이고 비점이 40℃ 이하인 것을 말한다.

Check　그 외 제4류 위험물의 인화점 범위

(1) 제1석유류 : 아세톤, 휘발유, 그 밖에 1기압에서 인화점이 21℃ 미만인 것

(2) 알코올류 : 탄소수가 1개부터 3개까지의 포화 1가 알코올인 것(인화점으로 구분하지 않음)

(3) 제2석유류 : 등유, 경유, 그 밖에 1기압에서 인화점이 21℃ 이상 70℃ 미만인 것

(4) 제3석유류 : 중유, 크레오소트유, 그 밖에 1기압에서 인화점이 70℃ 이상 200℃ 미만인 것

(5) 제4석유류 : 기어유, 실린더유, 그 밖에 1기압에서 인화점이 200℃ 이상 250℃ 미만의 것

(6) 동식물유류 : 동물의 지육 등 또는 식물의 종자나 과육으로부터 추출한 것으로서 1기압에서 인화점이 250℃ 미만인 것

50 다음 중 3개의 이성질체가 존재하는 물질은?

① 아세톤

② 톨루엔

③ 벤젠

④ 자일렌

≫ 제4류 위험물 중 제2석유류 비수용성 물질인 크실렌[$C_6H_4(CH_3)_2$]은 **자일렌**이라고도 불리며, 다음과 같은 **3개의 이성질체**를 갖는다.

오르토크실렌 (o-크실렌)	메타크실렌 (m-크실렌)	파라크실렌 (p-크실렌)

※ 이성질체 : 동일한 분자식을 가지고 있지만 구조나 성질이 다른 물질을 말한다.

51 다음 중 물과 반응하여 산소를 발생하는 것은?

① $KClO_3$ ② Na_2O_2

③ $KClO_4$ ④ CaC_2

》① $KClO_3$(염소산칼륨) : 제1류 위험물 중 염소산염류에 속하는 물질로서 물과 반응하지 않아 기체도 발생시키지 않는다.
② Na_2O_2(과산화나트륨) : 제1류 위험물 중 알칼리금속의 과산화물에 속하는 물질로서 **물과 반응**하여 수산화나트륨($NaOH$)과 함께 **산소를 발생**시킨다.
　• 과산화나트륨의 물과의 반응식
　　$2Na_2O_2 + 2H_2O \longrightarrow 4NaOH + O_2$
③ $KClO_4$(과염소산칼륨) : 제1류 위험물 중 과염소산염류에 속하는 물질로서 물과 반응하지 않아 기체도 발생시키지 않는다.
④ CaC_2(탄화칼슘) : 제3류 위험물 중 칼슘의 탄화물로서 물과 반응하여 수산화칼슘[$Ca(OH)_2$]과 아세틸렌(C_2H_2) 가스를 발생시킨다.
　• 탄화칼슘의 물과의 반응식
　　$CaC_2 + 2H_2O \longrightarrow Ca(OH)_2 + C_2H_2$

52 과산화수소의 성질에 관한 설명으로 옳지 않은 것은?

① 농도에 따라 위험물에 해당하는 않는 것도 있다.
② 분해방지를 위해 보관 시 안정제를 가할 수 있다.
③ 에터에 녹지 않으며, 벤젠에 잘 녹는다.
④ 산화제이지만 환원제로서 작용하는 경우도 있다.

》① 농도가 36중량% 이상인 것만 제6류 위험물에 해당하고 그 미만의 농도는 위험물에 해당하지 않는다.
② 분해 방지를 위해 보관 시 인산 및 요산 등의 분해방지안정제를 가한다.
③ 물, **에터**, 알코올에는 **잘 녹고**, **벤젠** 및 석유에는 **녹지 않는다**.
④ 제6류 위험물로서 산화제이지만 60중량% 이상의 농도에서는 폭발할 수 있는 성질이 있어서 환원제로 작용하는 경우도 있다.

53 위험물안전관리법령상 간이탱크저장소의 위치 · 구조 및 설비의 기준에서 간이저장탱크 1개의 용량은 몇 L 이하여야 하는가?

① 300

② 600

③ 1,000

④ 1,200

》 간이저장탱크 1개의 용량은 600L 이하여야 한다.

Check **간이탱크저장소의 또 다른 기준**
(1) 하나의 간이탱크저장소에 설치할 수 있는 간이저장탱크의 수는 3개 이하로 한다.
　※ 동일한 품질의 위험물의 간이저장탱크를 2개 이상 설치하지 않는다.
(2) 간이저장탱크의 두께는 3.2mm 이상의 강철판으로 제작한다.
(3) 간이저장탱크의 수압시험은 70kPa의 압력으로 10분간 실시한다.

54 다음 중 저장하는 위험물의 종류 및 수량을 기준으로 옥내저장소에서 안전거리를 두지 않을 수 있는 경우는?

① 지정수량 20배 이상의 동식물유류
② 지정수량 20배 미만의 특수인화물
③ 지정수량 20배 미만의 제4석유류
④ 지정수량 20배 이상의 제5류 위험물

》 옥내저장소의 안전거리를 제외할 수 있는 조건
1) **지정수량 20배 미만의 제4석유류** 또는 동식물유를 저장하는 경우
2) 제6류 위험물을 저장하는 경우
3) 지정수량의 20배 이하로서 다음의 기준을 동시에 만족하는 경우
　㉠ 저장창고의 벽, 기둥, 바닥, 보 및 지붕을 내화구조로 할 것
　㉡ 저장창고의 출입구에 수시로 열 수 있는 자동폐쇄식의 60분+방화문, 60분 방화문을 설치할 것
　㉢ 저장창고에 창을 설치하지 아니할 것

정답 51. ② 52. ③ 53. ② 54. ③

55 위험물 옥내저장소의 피뢰설비는 지정수량의 최소 몇 배 이상인 저장창고에 설치하도록 하고 있는가? (단, 제6류 위험물의 저장창고를 제외한다.)

① 10
② 15
③ 20
④ 30

 ◀ 피뢰설비

>> 지정수량의 10배 이상의 위험물(제6류 위험물은 제외)을 저장하는 옥내저장소에는 피뢰침(피뢰설비)을 설치하여야 한다.

56 주거용 건축물과 위험물제조소와의 안전거리를 단축할 수 있는 경우는?

① 제조소가 위험물의 화재진압을 하는 소방서와 근거리에 있는 경우
② 취급하는 위험물의 최대수량(지정수량의 배수)이 10배 미만이고 기준에 의한 방화상 유효한 벽을 설치한 경우
③ 위험물을 취급하는 시설이 철근콘크리트 벽일 경우
④ 취급하는 위험물이 단일 품목일 경우

>> 제조소등과 주거용 건축물, 학교 및 유치원 등, 문화재 사이에 **방화상 유효한 담을 설치**하면 안전거리를 다음 [표]와 같이 단축할 수 있다. 예를 들어, 제조소로부터 주거용 건축물까지의 안전거리는 원래 10m 이상인데 지정수량의 10배 미만인 위험물 제조소와 주거용 건축물 사이에 방화상 유효한 담을 설치하면 안전거리를 단축시켜 6.5m 이상으로 할 수 있게 된다.

구 분	취급하는 위험물의 최대수량 (지정수량의 배수)	안전거리(m, 이상)		
		주거용 건축물	학교, 유치원 등	문화재
제조소 · 일반취급소	10배 미만	6.5	20	35
	10배 이상	7.0	22	38
옥내저장소	5배 미만	4.0	12.0	23.0
	5배 이상 10배 미만	4.5	12.0	23.0
옥내저장소	10배 이상 20배 미만	5.0	14.0	26.0
	20배 이상 50배 미만	6.0	18.0	32.0
	50배 이상 200배 미만	7.0	22.0	38.0
옥외탱크 저장소	500배 미만	6.0	18.0	32.0
	500배 이상 1,000배 미만	7.0	22.0	38.0
옥외저장소	10배 미만	6.0	18.0	32.0
	10배 이상 20배 미만	8.5	25.0	44.0

57 위험물 운반용기 외부에 수납하는 위험물의 종류에 따라 표시하는 주의사항을 올바르게 연결한 것은?

① 염소산칼륨 – 물기주의
② 철분 – 물기주의
③ 아세톤 – 화기엄금
④ 질산 – 화기엄금

>> ① 염소산칼륨(제1류 위험물) – 화기·충격주의, 가연물접촉주의
② 철분(제2류 위험물) – 화기주의, 물기엄금
③ **아세톤(제4류 위험물) – 화기엄금**
④ 질산(제6류 위험물) – 가연물접촉주의

Check 운반용기 외부에 표시하여야 하는 주의사항

유 별	품 명	운반용기에 표시하는 주의사항
제1류	알칼리금속의 과산화물	화기·충격주의, 가연물접촉주의, 물기엄금
	그 밖의 것	화기·충격주의, 가연물접촉주의
제2류	철분, 금속분, 마그네슘	화기주의, 물기엄금
	인화성 고체	화기엄금
	그 밖의 것	화기주의
제3류	금수성 물질	물기엄금
	자연발화성 물질	화기엄금, 공기접촉엄금
제4류	**인화성 액체**	**화기엄금**
제5류	자기반응성 물질	화기엄금, 충격주의
제6류	산화성 액체	가연물접촉주의

58 위험물안전관리법령상 위험물제조소에 설치하는 "물기엄금" 게시판의 색으로 옳은 것은?

① 청색바탕 백색글씨

② 백색바탕 청색글씨

③ 황색바탕 청색글씨

④ 청색바탕 황색글씨

≫ 위험물제조소등에 설치하는 주의사항 게시판의 내용 및 색상

유 별	품 명	주의사항	색 상
제1류	알칼리금속의 과산화물	물기엄금	청색바탕 및 백색문자
	그 밖의 것	필요 없음	–
제2류	인화성 고체	화기엄금	적색바탕 및 백색문자
	그 밖의 것	화기주의	
제3류	금수성 물질	물기엄금	청색바탕 및 백색문자
	자연발화성 물질	화기엄금	적색바탕 및 백색문자
제4류	인화성 액체	화기엄금	적색바탕 및 백색문자
제5류	자기반응성 물질	화기엄금	적색바탕 및 백색문자
제6류	산화성 액체	필요 없음	–

💡Tip

주의사항 게시판의 색상은 주의사항 내용에 '물기'가 포함되어 있으면 청색바탕에 백색문자로 하고, '화기'가 포함되어 있으면 적색바탕에 백색문자로 합니다.

59 다음과 같은 타원형 탱크의 내용적은 약 몇 m³인가?

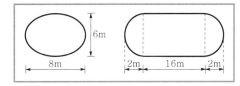

① 453

② 553

③ 653

④ 753

PLAY ▶ 풀이

≫ 양쪽이 볼록한 타원형 탱크의 내용적(V)을 구하는 공식은 다음과 같다.

$$V = \frac{\pi ab}{4}\left(l + \frac{l_1 + l_2}{3}\right)$$

여기서, $a = 8m$
$b = 6m$
$l = 16m$
$l_1 = 2m$
$l_2 = 2m$

$$V = \frac{\pi \times 8 \times 6}{4}\left(16 + \frac{2+2}{3}\right) = 653m^3$$

60 위험물안전관리법령상 지정수량의 각각 10배를 운반할 때 혼재할 수 있는 위험물은 어느 것인가?

① 과산화나트륨과 과염소산

② 과망가니즈산칼륨과 적린

③ 질산과 알코올

④ 과산화수소와 아세톤

≫ ① **과산화나트륨**(제1류 위험물)과 **과염소산**(제6류 위험물)은 **혼재 가능**하다.

② 과망가니즈산칼륨(제1류 위험물)과 적린(제2류 위험물)은 혼재 불가능하다.

③ 질산(제6류 위험물)과 알코올(제4류 위험물)은 혼재 불가능하다.

④ 과산화수소(제6류 위험물)와 아세톤(제4류 위험물)은 혼재 불가능하다.

Check 위험물 운반에 따른 혼재기준

423, 524, 61의 숫자 조합으로 표를 만들 수 있다.

위험물의 구분	제1류	제2류	제3류	제4류	제5류	제6류
제1류		×	×	×	×	○
제2류	×		×	○	○	×
제3류	×	×		○	×	×
제4류	×	○	○		○	×
제5류	×	○	×	○		×
제6류	○	×	×	×	×	

※ 단, 지정수량의 1/10 이하의 양에 대해서는 이 기준을 적용하지 않는다.

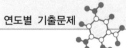
2022 제4회 위험물산업기사

2022년 9월 14일 시행

제1과목 일반화학

01 유기화합물을 질량 분석한 결과 C 84%, H 16%의 결과를 얻었다. 다음 중 이 물질에 해당하는 실험식은?

① C_5H 　　② C_2H_2
③ C_7H_8 　　④ C_7H_{16}

≫ C와 H의 비율을 합하면 84% + 16% = 100%이므로 이 유기화합물은 다른 원소는 포함하지 않고 C와 H로만 구성되어 있음을 알 수 있다. 만약 C의 질량과 H의 질량이 동일하다면 C는 84개, H는 16개가 들어있는 $C_{84}H_{16}$으로 나타내야 하지만 C 1개의 질량은 12g이므로 C의 비율 84%를 12로 나누어야 하고 H 1개의 질량은 1g이므로 H의 비율 16%를 1로 나누어 다음과 같이 표시해야 한다.

C : $\frac{84}{12}$ = 7,　H : $\frac{16}{1}$ = 16

따라서 C는 7개, H는 16개이므로 실험식은 C_7H_{16}이다.

02 분자량의 무게가 4배이면 확산속도는 몇 배인가?

① 0.5배 　　② 1배
③ 2배 　　④ 4배

≫ 그레이엄의 기체확산속도의 법칙은 "기체의 확산속도는 기체의 분자량의 제곱근에 반비례한다."이고, 공식은 $V = \sqrt{\dfrac{1}{M}}$ 이다.

여기서, V = 기체의 확산속도
　　　　M = 기체의 분자량

처음 기체의 분자량(M)을 1로 정할 때 기체의 확산속도는 $V = \sqrt{\dfrac{1}{1}} = 1$인데 기체의 분자량($M$)을 처음의 4배로 하면 기체의 확산속도는 $V = \sqrt{\dfrac{1}{1 \times 4}} = \sqrt{\dfrac{1}{4}} = \dfrac{1}{2} = 0.5$이다.

03 수소 1.2몰과 염소 2몰이 반응할 경우 생성되는 염화수소의 몰수는?

① 1.2
② 2
③ 2.4
④ 4.8

≫ 다음 반응식과 같이 수소(H_2) 1몰과 염소(Cl_2) 1몰이 반응하면 염화수소(HCl) 2몰이 생성된다.

H_2 + Cl_2 → 2HCl
1몰　　1몰　　　2몰

〈문제〉에서는 수소(H_2)를 1.2몰 반응시킨다고 하였으므로 염소(Cl_2) 또한 1.2몰이 필요하고 **염화수소**(HCl)는 수소 및 염소의 몰수인 1.2몰의 2배인 **2.4몰**이 생성된다.

04 다음 중 결합력이 큰 것부터 작은 순서로 나열한 것은?

① 공유결합 > 수소결합 > 반 데르 발스 결합
② 수소결합 > 공유결합 > 반 데르 발스 결합
③ 반 데르 발스 결합 > 수소결합 > 공유결합
④ 수소결합 > 반 데르 발스 결합 > 공유결합

≫ 결합력의 세기
원자결합 > 공유결합 > 이온결합 > 금속결합 > 수소결합 > 반 데르 발스 결합

톡톡 튀는 암기법 원숭이는 물을 싫어하니까 물을 금지하는 반에 넣어라는 의미로 "원숭이금수반"이라고 암기하세요. "원(원자) 숭(공유) 이(이온) 금(금속) 수(수소) 반(반 데르 발스)"

05 다음 중 전자배치가 다른 것은?

① Ar 　　② F^-
③ Na^+ 　　④ Ne

≫ 원소의 전자배치(전자수)는 원자번호와 같다.
① Ar(아르곤)은 원자번호가 18번이므로 **전자수도 18개**이다.
② F(플루오린)은 원자번호가 9번이므로 전자수도 9개이지만 F^-는 전자를 1개 얻은 상태이므로 F^-의 전자수는 10개이다.
③ Na(나트륨)은 원자번호가 11번이므로 전자수도 11개이지만 Na^+는 전자를 1개 잃은 상태이므로 Na^+의 전자수는 10개이다.
④ Ne(네온)은 원자번호가 10번이므로 전자수도 10개이다.

06 다음 중 물이 산으로 작용하는 반응은?

① $NH_4^+ + H_2O \rightarrow NH_3 + H_3O^+$
② $HCOOH + H_2O \rightarrow HCOO^- + H_3O^+$
③ $CH_3COO^- + H_2O \rightarrow CH_3COOH + OH^-$
④ $HCl + H_2O \rightarrow H_3O^+ + Cl^-$

≫ 브뢴스테드는 H^+이온을 잃는 물질은 산이고, H^+이온을 얻 는 물질은 염기라고 정의하였다. 〈문제〉의 반응식에서 H와 O를 포함하지 않는 물질끼리 연결하고 그 외의 물질끼리 연결했을 때 H^+이온을 잃는 물질이 산이 된다.

$NH_4^+ \rightarrow NH_3$: NH_4^+는 H가 4개였는데 반응 후 NH_3가 되면서 H^+ 1개를 잃었으므로 산이다.
① $NH_4^+ + H_2O \rightarrow NH_3 + H_3O^+$
$H_2O \rightarrow H_3O^+$: H_2O는 H가 2개였는데 반응 후 H_3O^+가 되면서 H^+ 1개를 얻었으므로 염기이다.

$HCOOH \rightarrow HCOO^-$: HCOOH는 H가 2개였는데 반응 후 $HCOO^-$가 되면서 H^+ 1개를 잃었으므로 산이다.
② $HCOOH + H_2O \rightarrow HCOO^- + H_3O^+$
$H_2O \rightarrow H_3O^+$: H_2O는 H가 2개였는데 반응 후 H_3O^+가 되면서 H^+ 1개를 얻었으므로 염기이다.

$CH_3COO^- \rightarrow CH_3COOH$: CH_3COO^-는 H가 3개였는데 반응 후 CH_3COOH가 되면서 H^+ 1개를 얻었으므로 염기이다.
③ $CH_3COO^- + H_2O \rightarrow CH_3COOH + OH^-$
$H_2O \rightarrow OH^-$: H_2O는 H가 2개였는데 반응 후 OH^-가 되면서 H^+ 1개를 잃었으므로 산이다.

$HCl \rightarrow Cl^-$: HCl은 H가 1개였는데 반응 후 Cl^-가 되면서 H^+ 1개를 잃었으므로 산이다.
④ $HCl + H_2O \rightarrow H_3O^+ + Cl^-$
$H_2O \rightarrow H_3O^+$: H_2O는 H가 2개였는데 반응 후 H_3O^+가 되면서 H^+ 1개를 얻었으므로 염기이다.

07 산의 일반적 성질을 올바르게 나타낸 것은?

① 쓴 맛이 있는 미끈거리는 액체로 리트머스시험지를 푸르게 한다.
② 수용액에서 OH^-이온을 내 놓는다.
③ 수소보다 이온화경향이 큰 금속과 반응하여 수소를 발생한다.
④ 금속의 수산화물로서 비전해질이다.

≫ ① 염기는 쓴맛이 있고 산은 신맛을 갖는다. 산과 염기를 구분하는 리트머스종이는 청색과 적색의 2가지 종류가 있는데 산성 물질에 청색 리트머스종이를 담그면 청색 리트머스종이는 적색으로 변하고 염기성 물질에 적색 리트머스종이를 담그면 적색 리트머스종이는 청색으로 변한다.

🔔 톡톡튀는 **암기법** 리트머스 시험지를 사용하면 산(산성)에 불(적색)난다.

② 산성 물질은 수용액에서 H^+이온을 내 놓는다.
③ 산성 물질인 염산(HCl)의 경우 수소보다 **이온화 경향이 큰 K(칼륨)과 반응**하면 KOH(수산화칼륨)과 H_2(**수소**)를 발생한다.
④ 금속의 수산화물(OH)은 염기성 물질이 갖는 원자단이다.

08 물 36g을 모두 증발시키면 수증기가 차지하는 부피는 표준상태를 기준으로 몇 L 인가?

① 11.2L
② 22.4L
③ 33.6L
④ 44.8L

≫ 물(H_2O)은 1(H)g×2+16(O)g = 18g이 1몰이므로 물(수증기) 36g은 2몰이다. 또한 표준상태에서 모든 기체 1몰의 부피는 22.4L이므로 수증기 2몰의 부피는 2×22.4L = 44.8L이다.

정답 06. ③ 07. ③ 08. ④

09 다음 반응식 중 흡열반응을 나타내는 것은 어느 것인가?

① $CO + 0.5O_2 \rightarrow CO_2 + 68kcal$

② $N_2 + O_2 \rightarrow 2NO, \; \Delta H = +42kcal$

③ $C + O_2 \rightarrow CO_2, \; \Delta H = -94kcal$

④ $H_2 + 0.5O_2 - 58kcal \rightarrow H_2O$

» 발열반응과 흡열반응
1) 발열반응 : 반응 시 열을 발생하는 반응으로 반응 후 열량을 $+Q(kcal)$로 표시하거나 엔탈피(ΔH)로 $-Q(kcal)$로 표시한다.
  • $A + B \rightarrow C + Q(kcal)$
  • $A + B \rightarrow C, \; \Delta H = -Q(kcal)$
2) 흡열반응 : 반응 시 열을 흡수하는 반응으로 반응 후 열량을 $-Q(kcal)$로 표시하거나 엔탈피(ΔH)를 $+Q(kcal)$로 표시한다.
  • $A + B \rightarrow C - Q(kcal)$
  • $A + B \rightarrow C, \; \Delta H = +Q(kcal)$

각 〈보기〉는 다음과 같이 구분할 수 있다.
① $CO + 0.5O_2 \rightarrow CO_2 + 68kcal$: 발열반응
② **$N_2 + O_2 \rightarrow 2NO, \; \Delta H = +42kcal$: 흡열반응**
③ $C + O_2 \rightarrow CO_2, \; \Delta H = -94kcal$: 발열반응
④ 반응 전의 열량 $-58kcal$를 반응 후의 열량으로 표시하면 다음과 같이 나타낼 수 있다.
$H_2 + 0.5O_2 \rightarrow H_2O + 58kcal$: 발열반응

10 질소 2몰과 산소 3몰의 혼합기체가 나타나는 전압력이 10기압 일 때 질소의 분압은 얼마인가?

① 2기압 　　② 4기압

③ 8기압 　　④ 10기압

» 분압 = 전압(전체의 압력) $\times \dfrac{\text{해당 물질의 몰수}}{\text{전체 물질의 몰수의 합}}$

이며, 각 물질의 분압의 합은 전압이 된다.
1) **질소의 분압**

  $= 10기압(전압) \times \dfrac{2몰(질소)}{2몰(질소) + 3몰(산소)}$

  $= 4기압$
2) 산소의 분압

  $= 10기압(전압) \times \dfrac{3몰(산소)}{2몰(질소) + 3몰(산소)}$

  $= 6기압$
또한, 질소의 분압 4기압과 산소의 분압 6기압의 합은 전압인 10기압이 된다.

11 같은 질량의 산소기체와 메테인기체가 있다. 두 물질이 가지고 있는 원자수의 비는?

① 5 : 1 　　② 2 : 1

③ 1 : 1 　　④ 1 : 5

» 산소기체(O_2) 1mol의 분자량은 16(O)g × 2 = 32g이고 메테인기체(CH_4) 1mol의 분자량은 12(C)g + 1(H)g × 4 = 16g이므로 산소의 질량이 메테인의 질량보다 2배 더 무겁다. 두 물질이 같은 질량이 되려면 메테인의 질량을 2배로 하여 산소와 메테인의 비를 $O_2 : 2CH_4$로 만든다. 이 중 O_2에는 산소원자(O)가 2개 있고 CH_4에는 탄소원자(C) 1개와 수소원자(H) 4개로 총 5개의 원자가 있지만 이를 2배로 하였으므로 총 원자의 수가 2 × 5 = 10개 있다. 따라서 두 물질이 가지고 있는 원자수의 비는 2 : 10이며 이를 약분하면 1 : 5이다.

12 수소 5g과 산소 24g의 연소반응결과 생성된 수증기는 0℃, 1기압에서 몇 L인가?

① 11.2 　　② 16.8

③ 33.6 　　④ 44.8

» 다음의 수소(H_2)와 산소(O_2)의 연소반응식에서 알 수 있듯이 수소(H_2) 2g을 연소시키기 위해 필요한 산소(O_2)는 0.5 × 32g = 16g이며 이때 발생하는 수증기(H_2O)는 1몰로서 부피는 표준상태에서 22.4L이다.
$H_2 + 0.5O_2 \rightarrow H_2O$
2g 　 16g 　 22.4L
〈문제〉에서 수소는 처음 질량 2g의 2.5배인 5g을 연소시킨다고 하였으므로 이 경우 산소도 처음 질량 16g의 2.5배인 40g이 필요하며 수증기도 처음 부피 22.4L의 2.5배인 56L가 생성되어야 한다. 그런데 여기서 공급된 산소는 처음 질량 16g의 1.5배인 24g밖에 되지 않으므로 수소도 처음 질량 2g의 1.5배인 3g만이 연소될 수 있으며 **수증기도 처음 부피 22.4L의 1.5배인 33.6L 발생**하게 된다.

13 다음 밑줄 친 원소 중 산화수가 +5인 것은?

① $Na_2\underline{Cr}_2O_7$

② $K_2\underline{S}O_4$

③ $K\underline{N}O_3$

④ $\underline{Cr}O_3$

PLAY ▶ 풀이

▶▶ ① $Na_2Cr_2O_7$에서 Cr이 2개이므로 Cr_2를 $+2x$로 두고 Na의 원자가 +1에 개수 2를 곱하고 O의 원자가 −2에 개수 7을 곱한 후 그 합을 0으로 하였을 때 그 때의 x의 값이 산화수이다.

$$Na_2 \quad Cr_2 \quad O_7$$
$$+1×2 \quad +2x \quad −2×7 = 0$$
$$+2x−12 = 0$$
$x = +6$이므로 Cr의 산화수는 +6이다.

② K_2SO_4에서 S를 $+x$로 두고 K의 원자가 +1에 개수 2를 곱하고 O의 원자가 −2에 개수 4를 곱한 후 그 합을 0으로 하였을 때 그 때의 x의 값이 산화수이다.

$$K_2 \quad S \quad O_4$$
$$+1×2 \quad +x \quad −2×4 = 0$$
$$+x − 6 = 0$$
x는 $+6$이므로 S의 산화수는 +6이다.

③ KNO_3에서 N을 $+x$로 두고 K의 원자가 +1을 더한 후 O의 원자가 −2에 개수 3을 곱한 값의 합을 0으로 하였을 때 그 때의 x의 값이 산화수이다.

$$K \quad N \quad O_3$$
$$+1 \quad +x \quad −2×3 = 0$$
$$+x − 5 = 0$$
x는 $+5$이므로 **N의 산화수는 +5이다.**

④ CrO_3에서 Cr을 $+x$로 두고 O의 원자가 −2에 개수 3을 곱한 후 그 합을 0으로 하였을 때 그 때의 x의 값이 산화수이다.

$$Cr \quad O_3$$
$$+x \quad −2×3 = 0$$
$$+x − 6 = 0$$
$x = +6$이므로 Cr의 산화수는 +6이다.

14 $CuSO_4$ 용액에 0.5F의 전기량을 흘렸을 때 약 몇 g의 구리가 석출되겠는가? (단, 원자량은 Cu 64, S 32, O 16이다.)

① 16
② 32
③ 64
④ 128

▶▶ 1F(패럿)이란 물질 1g당량을 석출하는데 필요한 전기량이다.

여기서, 1g당량이란 $\dfrac{원자량}{원자가}$ 인데 Cu(구리)는 원자량이 63.6g이고 원자가는 2가인 원소이기 때문에 Cu의 1g당량 = $\dfrac{63.6g}{2}$ = 31.8g이다.

1F(패럿)의 전기량으로는 $CuSO_4$ 용액에 녹아 있는 Cu를 31.8g 석출할 수 있는데 〈문제〉는 0.5F(패럿)의 전기량으로는 몇 g의 Cu를 석출할 수 있는지를 묻는 것이므로 비례식으로 구하면 다음과 같다.

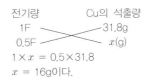

$$1×x = 0.5×31.8$$
$$x = 16g이다.$$

15 방사능 붕괴의 형태 중 $_{88}Ra$가 α 붕괴할 때 생기는 원소는?

① $_{86}Rn$
② $_{90}Th$
③ $_{91}Pa$
④ $_{92}U$

▶▶ 핵붕괴
1) α(알파)붕괴 : 원자번호가 2 감소하고 질량수가 4 감소하는 것
2) β(베타)붕괴 : 원자번호가 1 증가하고 질량수는 변동이 없는 것
〈문제〉의 원자번호 88번인 Ra(라듐)을 α붕괴하면 원자번호가 2만큼 감소하므로 원자번호 88번 − 2 = 86번인 $_{86}Rn$(라돈)이 생긴다.

16 암모니아성 질산은 용액과 반응하여 은거울을 만드는 것은?

① CH_3CH_2OH
② CH_3OCH_3
③ CH_3COCH_3
④ CH_3CHO

▶▶ 아세트알데하이드(CH_3CHO) 및 폼알데하이드($HCHO$)와 같이 알데하이드($-CHO$)기를 포함하고 있는 물질들은 암모니아성 질산은 용액과 반응하여 은거울을 만드는 반응을 한다.

17 질산은 용액에 담갔을 때 은(Ag)이 석출되지 않는 것은?

① 백금
② 납
③ 구리
④ 아연

▶▶ 이온화경향이 큰 금속은 반응성이 크기 때문에 이온화경향이 작은 금속을 밀어내어 석출시킬 수 있지만, 이온화경향이 작은 금속은 이온화경향이 큰 금속을 밀어낼 수 없다. 이온화경향이란 양이온 즉, 금속이온이 되려는 경향을 뜻하며, 이온화경향의 세기는 다음과 같다.

K > Ca > Na > Mg > Al > Zn > Fe > Ni
칼륨 칼슘 나트륨 마그 알루 아연 철 니켈
네슘 미늄
> Sn > Pb > H > Cu > Hg > Ag > Pt > Au
주석 납 수소 구리 수은 은 백금 금

〈보기〉의 금속들 중 납(Pb), 구리(Cu), 아연(Zn)은 은(Ag)보다 이온화경향이 크기 때문에 질산은(AgNO₃) 용액에 담갔을 때 여기에 들어있는 은(Ag)을 석출시킬 수 있지만 **백금(Pt)은 은(Ag)보다 이온화경향이 작기 때문에 은(Ag)을 석출시킬 수 없다.**

18 C_6H_{14}의 구조이성질체는 몇 개가 존재하는가?

① 4
② 5
③ 6
④ 7

⨠ 알케인의 일반식 C_nH_{2n+2}에 $n = 6$을 대입하면 탄소수가 6개이고 수소의 수가 14개인 헥세인(C_6H_{14})이 되고, 헥세인은 다음과 같이 5개의 구조이성질체를 갖는다.

1)
```
    H  H  H  H  H  H
    |  |  |  |  |  |
H — C— C— C— C— C— C— H
    |  |  |  |  |  |
    H  H  H  H  H  H
```

2)
```
    H  H  H  H  H
    |  |  |  |  |
H — C— C— C— C— C— H
    |  |  |  |  |
    H  H— C— H  H
           |
           H
```

3)
```
    H  H  H  H  H
    |  |  |  |  |
H — C— C— C— C— C— H
    |  |  |  |  |
    H  H  H— C— H  H
              |
              H
```

4)
```
            H
            |
        H— C— H
    H   |   H
    |   |   |
H — C— C— C— H
    |   |   |
    H  H— C— H
         |
         H
```

5)
```
        H
        |
    H— C— H
    H   H
    |   |
H — C— C— C— H
    |   |
    H  H— C— H
         |
         H
```

19 아세트알데하이드에 대한 시성식은?

① CH_3COOH
② CH_3COCH_3
③ CH_3CHO
④ CH_3COOCH_3

⨠ 알데하이드란 메틸(CH_3), 에틸(C_2H_5) 등의 알킬기에 $-CHO$가 붙어 있는 형태를 말한다.
 ① CH_3COOH : 아세트산
 ② CH_3COCH_3 : 아세톤
 ③ **CH_3CHO : 아세트알데하이드**
 ④ CH_3COOCH_3 : 아세트산메틸

20 pH = 12인 용액의 [OH⁻]는 pH = 9인 용액의 몇 배인가?

① 1/1,000
② 1/100
③ 100
④ 1,000

PLAY ▶ 풀이

⨠ 수소이온($[H^+]$)의 농도가 주어지는 경우에는 pH $= -\log[H^+]$의 공식을 이용해 수소이온지수(pH)를 구해야 하고 수산화이온($[OH^-]$)의 농도가 주어지는 경우에는 pOH $= -\log[OH^-]$의 공식을 이용해 수산화이온지수(pOH)를 구해야 한다.
〈문제〉는 pH = 12인 용액과 pH = 9인 용액의 $[H^+]$가 아니라 $[OH^-]$를 구해 그 값을 비교해야 하므로 다음과 같이 pH = 12와 pH = 9를 각각 pOH로 변환해야 한다.
우선 pH + pOH = 14의 식에 pH = 12를 대입하면 pOH = 14 − 12 = 2가 되고 pOH = 2는 $-\log[OH^-]$ = 2이므로 $[OH^-]$ = 10^{-2}이다.
또한 pH + pOH = 14의 식에 pH = 9를 대입하면 pOH = 14 − 9 = 5가 되고 pOH = 5는 $-\log[OH^-]$ = 5이므로 $[OH^-]$ = 10^{-5}이다.
따라서 pH = 12인 용액의 농도 10^{-2}는 pH = 9인 용액의 농도 10^{-5}의 1,000배가 된다.

⊙ Tip

log의 활용
$-\log 10^{-2}$은 제일 마지막 오른쪽 위첨자에 표시된 숫자 2가 답이라고 암기하세요.
예를 들면, $-\log 10^{-2}$의 답은 2이고 $-\log 10^{-5}$의 답은 5입니다. 따라서 〈문제〉의 $-\log[OH^-]$ = 2일 때 $[OH^-]$의 값은 10^{-2}가 되고 $-\log[OH^-]$ = 5일 때 $[OH^-]$의 값은 10^{-5}가 됩니다.

정답 18. ② 19. ③ 20. ④

제2과목 화재예방과 소화방법

21 다음 중 가연물이 될 수 있는 것은?

① CS_2　　② H_2O_2
③ CO_2　　④ He

➤➤ ① CS_2(이황화탄소) : 제4류 위험물 중 특수인화물에 속하는 **가연물**이다.
② H_2O_2(과산화수소) : 제6류 위험물이므로 자신은 불연성 물질이다.
③ CO_2(이산화탄소) : 소화약제로도 사용되는 불연성 물질이다.
④ He(헬륨) : 주기율표의 0족에 속하는 가스로서 어떤 물질과도 반응을 일으키지 않는 불활성 물질이다.

22 다음 중 비열이 가장 큰 물질은?

① 물
② 구리
③ 나무
④ 철

➤➤ 비열은 물질 1g의 온도를 1℃ 올리는 데 필요한 열량을 말한다. 〈보기〉의 물질들의 비열은 다음과 같다.
① **물(액체) : 1cal/g · ℃**
② 구리 : 0.09cal/g · ℃
③ 나무 : 0.41cal/g · ℃
④ 철 : 0.11cal/g · ℃

23 가연물의 주된 연소형태에 대한 설명으로 옳지 않은 것은?

① 황의 연소형태는 증발연소이다.
② 목재의 연소형태는 분해연소이다.
③ 에터의 연소형태는 표면연소이다.
④ 숯의 연소형태는 표면연소이다.

➤➤ ③ 에터(다이에틸에터)는 제4류 위험물 중 특수인화물에 속하는 물질로서 연소형태는 증발연소이다.

Check 액체와 고체의 연소형태
(1) 액체의 연소형태의 종류와 물질
　㉠ 증발연소 : 제4류 위험물 중 특수인화물, 제1석유류, 알코올류, 제2석유류 등
　㉡ 분해연소 : 제4류 위험물 중 제3석유류, 제4석유류, 동식물유류 등

(2) 고체의 연소형태의 종류와 물질
　㉠ 표면연소 : 코크스(탄소), 목탄(숯), 금속분 등
　㉡ 분해연소 : 목재, 종이, 석탄, 플라스틱, 합성수지 등
　㉢ 자기연소 : 제5류 위험물 등
　㉣ 증발연소 : 황(S), 나프탈렌, 양초(파라핀) 등

24 Halon 1301에 해당하는 할로젠화합물의 분자식을 올바르게 나타낸 것은?

① CBr_3F
② CF_3Br
③ CH_3Cl
④ CCl_3H

➤➤ 할로젠화합물 소화약제의 할론번호는 C − F − Cl − Br의 순서대로 각 원소의 개수를 나타낸 것이다. Halon 1301은 C 1개, F 3개, Cl 0개, Br 1개로 구성되므로 화학식은 CF_3Br이다.

25 이산화탄소소화기에 관한 설명으로 옳지 않은 것은?

① 소화작용은 질식효과와 냉각효과에 의한다.
② A급, B급 및 C급 화재 중 A급 화재에 가장 적응성이 있다.
③ 소화약제 자체의 유독성은 적으나, 공기 중 산소농도를 저하시켜 질식의 위험이 있다.
④ 소화약제의 동결, 부패, 변질 우려가 적다.

➤➤ 이산화탄소소화기는 주된 소화효과가 질식소화이며 일부 냉각효과도 갖고 있다. 유류화재인 B급 화재 및 전기화재인 C급 화재에는 질식효과가 있으나 일반화재인 A급 화재에는 소화효과가 없다.

26 위험물안전관리법령상 가솔린의 화재 시 적응성이 없는 소화기는?

① 봉상강화액소화기
② 무상강화액소화기
③ 이산화탄소소화기
④ 포소화기

≫ 제4류 위험물인 가솔린의 화재 시에는 이산화탄소소화기 또는 포소화기와 같이 질식소화가 주된 소화원리인 소화기가 널리 사용되며 **봉상강화액소화기와 같이 물로 소화하는 냉각소화가 주된 소화원리인 소화기는 사용할 수 없다.** 하지만 강화액소화기 중에서도 무상강화액소화기는 물줄기를 안개형태로 잘게 흩어 뿌리기 때문에 제4류 위험물 화재에도 사용할 수 있다.

대상물의 구분 소화설비의 구분	건축물·그 밖의 공작물	전기설비	제1류 위험물		제2류 위험물			제3류 위험물		제4류 위험물	제5류 위험물	제6류 위험물
			알칼리금속의 과산화물 등	그 밖의 것	철분·금속분·마그네슘 등	인화성 고체	그 밖의 것	금수성 물품	그 밖의 것			
봉상수(棒狀水)소화기	○			○		○	○		○		○	○
무상수(霧狀水)소화기	○	○		○		○	○		○		○	○
봉상강화액소화기	○			○		○	○		○	×	○	○
무상강화액소화기	○	○		○		○	○		○	○	○	○
포소화기	○			○		○	○		○	○	○	○
이산화탄소소화기		○				○				○		△
할로젠화합물소화기		○				○				○		
분말소화기 / 인산염류소화기	○	○		○		○	○			○		○
분말소화기 / 탄산수소염류소화기		○	○		○	○		○		○		
분말소화기 / 그 밖의 것			○		○			○				
물통 또는 수조	○			○		○	○		○		○	○
건조사			○	○	○	○	○	○	○	○	○	○
팽창질석 또는 팽창진주암			○	○	○	○	○	○	○	○	○	○

27 소화약제 또는 그 구성성분으로 사용되지 않는 물질은?

① CF₂ClBr ② CO(NH₂)₂
③ NH₄NO₃ ④ K₂CO₃

≫ ① CF_2ClBr(Halon 1211) : 할로젠화합물소화약제
② $CO(NH_2)_2$(요소) : $KHCO_3$(탄산수소칼륨)와 함께 첨가하는 제4종 분말소화약제의 구성성분

③ NH_4NO_3(질산암모늄) : **제1류 위험물**
④ K_2CO_3(탄산칼륨) : 강화액소화기에 첨가하는 소화약제

28 화재 발생 시 물을 사용하여 소화할 수 있는 물질은?

① K₂O₂ ② CaC₂
③ Al₄C₃ ④ P₄

≫ ① K_2O_2(과산화칼륨) : 제1류 위험물 중 알칼리금속의 과산화물에 속하는 물질로 물과 반응 시 수산화칼륨(KOH)과 함께 산소를 발생하므로 물로 소화하면 위험성이 커진다.
 • 과산화칼륨의 물과의 반응식
  $2K_2O_2 + 2H_2O \longrightarrow 4KOH + O_2$
② CaC_2(탄화칼슘) : 제3류 위험물 중 금수성 물질로서 물과 반응 시 수산화칼슘[Ca(OH)₂]과 함께 가연성 가스인 아세틸렌(C₂H₂)을 발생하므로 물로 소화하면 위험성이 커진다.
 • 탄화칼슘의 물과의 반응식
  $CaC_2 + 2H_2O \longrightarrow Ca(OH)_2 + C_2H_2$
③ Al_4C_3(탄화알루미늄) : 제3류 위험물 중 금수성 물질로서 물과 반응 시 수산화알루미늄[Al(OH)₃]과 함께 가연성 가스인 메테인(CH₄)을 발생하므로 물로 소화하면 위험성이 커진다.
 • 탄화알루미늄의 물과의 반응식
  $Al_4C_3 + 12H_2O \longrightarrow 4Al(OH)_3 + 3CH_4$
④ P_4(황린) : 제3류 위험물 중 자연발화성 물질로 물속에 저장하는 위험물이며 화재 시에도 **물을 이용해 소화할 수 있는 물질**이다.

29 소화설비의 설치기준에 있어서 위험물저장소의 건축물로서 외벽이 내화구조로 된 것은 연면적 몇 m²를 1소요단위로 하는가?

① 50 ② 75
③ 100 ④ 150

≫ 외벽이 내화구조인 위험물저장소의 건축물은 연면적 150m²를 1소요단위로 한다.

Check 1소요단위의 기준

구 분	외벽이 내화구조	외벽이 비내화구조
제조소 및 취급소	연면적 100m²	연면적 50m²
저장소	**연면적 150m²**	연면적 75m²
위험물	지정수량의 10배	

30 위험물안전관리법령상 제6류 위험물에 적응성이 있는 소화설비는?

① 옥내소화전설비
② 불활성가스소화설비
③ 할로젠화합물소화설비
④ 탄산수소염류 분말소화설비

》》 제6류 위험물은 산화성 액체로서 자체적으로 산소공급원을 함유하는 물질이라 질식소화는 효과가 없고 냉각소화가 효과적이다. 〈보기〉 중 물을 소화약제로 사용하는 냉각소화효과를 갖는 소화설비는 옥내소화전설비이다.

대상물의 구분 / 소화설비의 구분	건축물·그 밖의 공작물	전기설비	제1류 위험물 알칼리금속의 과산화물등	제1류 위험물 그 밖의 것	제2류 위험물 철분·금속분·마그네슘등	제2류 위험물 인화성고체	제2류 위험물 그 밖의 것	제3류 위험물 금수성물품	제3류 위험물 그 밖의 것	제4류 위험물	제5류 위험물	제6류 위험물
옥내소화전 또는 옥외소화전 설비	○			○		○	○		○		○	◎
스프링클러설비	○			○		○	○		○	△	○	○
물분무소화설비	○	○		○		○	○		○	○	○	○
포소화설비	○			○		○	○		○	○	○	○
불활성가스소화설비		○				○				○		
할로젠화합물소화설비		○				○				○		
분말소화설비 인산염류등	○	○		○		○				○		○
분말소화설비 탄산수소염류등		○	○		○	○		○		○		
분말소화설비 그 밖의 것			○		○			○				

31 위험물안전관리법령상 위험물 저장·취급 시 화재 또는 재난을 방지하기 위하여 자체소방대를 두어야 하는 경우가 아닌 것은?

① 지정수량의 3천배 이상의 제4류 위험물을 저장·취급하는 제조소
② 지정수량의 3천배 이상의 제4류 위험물을 저장·취급하는 일반취급소
③ 지정수량의 2천배의 제4류 위험물을 취급하는 일반취급소와 지정수량의 1천배의 제4류 위험물을 취급하는 제조소가 동일한 사업소에 있는 경우
④ 지정수량의 3천배 이상의 제4류 위험물을 저장·취급하는 옥외탱크저장소

》》 자체소방대를 두어야 하는 제조소등의 기준
1) 저장·취급하는 위험물의 유별 : 제4류 위험물
2) 저장·취급하는 위험물의 양과 제조소등의 종류
   ㉠ 지정수량의 3천배 이상 취급하는 제조소 또는 일반취급소
   ㉡ 지정수량의 50만배 이상 저장하는 옥외탱크저장소

32 위험물안전관리법령상 옥내소화전설비의 비상전원은 자가발전설비 또는 축전지설비로 옥내소화전설비를 유효하게 몇 분 이상 작동할 수 있어야 하나?

① 10분
② 20분
③ 45분
④ 60분

》》 옥내소화전설비의 비상전원은 옥내소화전설비를 유효하게 45분 이상 작동시킬 수 있어야 한다.

Check

옥외소화전설비의 비상전원도 옥외소화전설비를 유효하게 45분 이상 작동시킬 수 있어야 한다.

33 위험물안전관리법령상 옥외소화전이 5개 설치된 제조소등에서 옥외소화전의 수원의 수량은 얼마 이상이어야 하는가?

① $14m^3$
② $35m^3$
③ $54m^3$
④ $78m^3$

》》 옥외소화전설비의 수원의 양은 옥외소화전의 설치개수(설치개수가 4개 이상이면 4개)에 $13.5m^3$를 곱한 값 이상의 양으로 한다. 〈문제〉에서 옥외소화전의 개수는 모두 5개이지만 개수가 4개 이상이면 4개를 $13.5m^3$에 곱해야 하므로 수원의 양은 $4개 \times 13.5m^3 = 54m^3$이다.

Check

위험물제조소등에 설치된 옥내소화전설비의 수원의 양은 옥내소화전이 가장 많이 설치된 층의 옥내소화전의 설치개수(설치개수가 5개 이상이면 5개)에 $7.8m^3$를 곱한 값 이상의 양으로 정한다.

정답 30. ① 31. ④ 32. ③ 33. ③

34 스프링클러설비의 장점이 아닌 것은?

① 소화약제가 물이므로 소화약제의 비용이 절감된다.
② 초기 시공비가 적게 든다.
③ 화재 시 사람의 조작 없이 작동이 가능하다.
④ 초기화재의 진화에 효과적이다.

➤➤ ② 스프링클러설비는 타 소화설비보다 시공이 어렵고 설치비용도 많이 든다.

35 위험물안전관리법령상 물분무소화설비가 적응성이 있는 대상물은?

① 알칼리금속의 과산화물
② 전기설비
③ 마그네슘
④ 금속분

➤➤ ② 전기설비의 화재는 일반적으로는 물로 소화할 수 없지만 물분무소화설비는 물을 분무하여 흩어뿌리기 때문에 전기설비의 화재에 적응성이 있다. 그 외 〈보기〉의 물질들은 모두 탄산수소염류 분말소화설비가 적응성이 있다.

대상물의 구분	건축물·그 밖의 공작물	전기설비	제1류 위험물		제2류 위험물			제3류 위험물		제4류 위험물	제5류 위험물	제6류 위험물
소화설비의 구분			알칼리금속의 과산화물 등	그 밖의 것	철분·금속분·마그네슘 등	인화성 고체	그 밖의 것	금수성 물품	그 밖의 것			
옥내소화전 또는 옥외소화전 설비	○			○		○	○		○		○	○
스프링클러설비	○			○		○	○		○	○	△	○
물분무등 소화설비 / 물분무소화설비	○	◎		○		○	○		○	○	○	○
포소화설비	○			○		○	○		○	○	○	○
불활성가스 소화설비		○				○				○		
할로젠화합물 소화설비		○				○				○		
분말 소화설비 / 인산염류등	○	○		○		○	○			○		○
분말 소화설비 / 탄산수소염류등		○	○		○	○		○		○		
분말 소화설비 / 그 밖의 것			○		○			○				

36 분말소화약제 중 열분해 시 부착성이 있는 유리상의 메타인산이 생성되는 것은?

① Na_3PO_4 ② $(NH_4)_3PO_4$
③ $NaHCO_3$ ④ $NH_4H_2PO_4$

➤➤ 제3종 분말소화약제인 인산암모늄($NH_4H_2PO_4$)이 완전 열분해하면 **메타인산**(HPO_3)과 암모니아(NH_3), 그리고 수증기(H_2O)가 발생한다.
• 인산암모늄의 완전 열분해반응식
  $NH_4H_2PO_4 \rightarrow HPO_3 + NH_3 + H_2O$

Check
인산암모늄($NH_4H_2PO_4$)이 190℃의 온도에서 1차 열분해하면 오르토인산(H_3PO_4)과 암모니아(NH_3)가 발생한다.
• 인산암모늄의 1차 열분해 반응식
  $NH_4H_2PO_4 \rightarrow H_3PO_4 + NH_3$

37 위험물안전관리법령상 물분무소화설비의 제어밸브는 바닥으로부터 어느 위치에 설치하여야 하는가?

① 0.5m 이상 1.5m 이하
② 0.8m 이상 1.5m 이하
③ 1m 이상 1.5m 이하
④ 1.5m 이상

➤➤ 물분무소화설비의 제어밸브는 바닥면으로부터 0.8m 이상 1.5m 이하의 높이에 설치해야 한다.

38 다음 각각의 위험물의 화재발생 시 위험물안전관리법령상 적응가능한 소화설비를 올바르게 나타낸 것은?

① $C_6H_5NO_2$: 이산화탄소소화기
② $(C_2H_5)_3Al$: 봉상수소화기
③ $C_2H_5OC_2H_5$: 봉상수소화기
④ $C_3H_5(ONO_2)_3$: 이산화탄소소화기

➤➤ ① $C_6H_5NO_2$(나이트로벤젠) : 제4류 위험물이므로 질식소화효과가 있는 이산화탄소소화기로 소화가능하다.
② $(C_2H_5)_3Al$(트라이에틸알루미늄) : 제3류 위험물 중 금수성 물질이므로 냉각소화효과가 있는 봉상수소화기로는 소화할 수 없다.
③ $C_2H_5OC_2H_5$(다이에틸에터) : 제4류 위험물이므로 냉각소화효과가 있는 봉상수소화기로는 소화할 수 없다.

정답 34. ② 35. ② 36. ④ 37. ② 38. ①

④ $C_3H_5(ONO_2)_3$(나이트로글리세린) : 제5류 위험물이므로 질식소화효과가 있는 이산화탄소소화기로는 소화할 수 없다.

대상물의 구분 / 소화설비의 구분		건축물·그 밖의 공작물	전기설비	제1류 위험물		제2류 위험물			제3류 위험물		제4류 위험물	제5류 위험물	제6류 위험물
				알칼리금속의 과산화물등	그 밖의 것	철분·금속분·마그네슘등	인화성 고체	그 밖의 것	금수성 물품	그 밖의 것			
	봉상수(棒狀水)소화기	○			○		○	○		○		○	○
	무상수(霧狀水)소화기	○	○		○		○	○	×	○	×	○	○
대형·소형수동식소화기	봉상강화액소화기	○			○		○	○		○		○	○
	무상강화액소화기	○	○		○		○	○	○	○	○	○	○
	포소화기	○			○		○	○		○	○	○	○
	이산화탄소소화기		○					○			◎	×	△
	할로젠화합물소화기		○					○			○		
	분말소화기 / 인산염류소화기	○	○		○		○	○			○		○
	분말소화기 / 탄산수소염류소화기		○	○		○	○	○		○	○		
	분말소화기 / 그 밖의 것			○		○				○			

39 피리딘 20,000리터에 대한 소화설비의 소요단위는?

① 5단위   ② 10단위
③ 15단위   ④ 100단위

≫ 피리딘(C_5H_5N)은 제4류 위험물 중 제1석유류 수용성 물질로서 지정수량이 400L이며, 위험물의 1소요단위는 지정수량의 10배이므로 피리딘 20,000L는 $\dfrac{20,000L}{400L \times 10}$ = 5소요단위이다.

Check **1소요단위의 기준**

구 분	외벽이 내화구조	외벽이 비내화구조
제조소 및 취급소	연면적 100m^2	연면적 50m^2
저장소	연면적 150m^2	연면적 75m^2
위험물	지정수량의 10배	

40 벼락으로부터 재해를 예방하기 위하여 위험물안전관리법령상 피뢰설비를 설치하여야 하는 위험물제조소의 기준은? (단, 제6류 위험물을 취급하는 위험물제조소는 제외한다.)

① 모든 위험물을 취급하는 제조소
② 지정수량 5배 이상의 위험물을 취급하는 제조소
③ 지정수량 10배 이상의 위험물을 취급하는 제조소
④ 지정수량 20배 이상의 위험물을 취급하는 제조소

≫ 지정수량의 10배 이상의 위험물(제6류 위험물은 제외)을 취급하는 위험물제조소에는 피뢰침(피뢰설비)을 설치하여야 한다.

제3과목 **위험물의 성질과 취급**

41 다음 중 물과 반응하여 산소를 발생하는 것은?

① $KClO_3$
② Na_2O_2
③ $KClO_4$
④ CaC_2

≫ ① $KClO_3$(염소산칼륨) : 제1류 위험물 중 염소산염류에 속하는 물질로서 물과 반응하지 않아 기체도 발생시키지 않는다.
② Na_2O_2(과산화나트륨) : 제1류 위험물 중 알칼리금속의 과산화물에 속하는 물질로서 **물과 반응**하여 수산화나트륨($NaOH$)과 함께 **산소를 발생**시킨다.
• 과산화나트륨의 물과의 반응식
$2Na_2O_2 + 2H_2O \rightarrow 4NaOH + O_2$
③ $KClO_4$(과염소산칼륨) : 제1류 위험물 중 과염소산염류에 속하는 물질로서 물과 반응하지 않아 기체도 발생시키지 않는다.
④ CaC_2(탄화칼슘) : 제3류 위험물 중 칼슘의 탄화물로서 물과 반응하여 수산화칼슘[$Ca(OH)_2$]과 아세틸렌(C_2H_2) 가스를 발생시킨다.
• 탄화칼슘의 물과의 반응식
$CaC_2 + 2H_2O \rightarrow Ca(OH)_2 + C_2H_2$

정답 39. ① 40. ③ 41. ②

42 제1류 위험물 중 무기과산화물 150kg, 질산염류 300kg, 다이크로뮴산염류 3,000kg을 저장하려 한다. 각각 지정수량의 배수의 총합은 얼마인가?

① 5   ② 6
③ 7   ④ 8

》 무기과산화물의 지정수량은 50kg이며, 질산염류의 지정수량은 300kg, 다이크로뮴산염류의 지정수량은 1,000kg이므로 이들의 지정수량 배수의

합은 $\dfrac{150kg}{50kg} + \dfrac{300kg}{300kg} + \dfrac{3,000kg}{1,000kg} = 7$배이다.

43 위험물의 저장방법에 대한 설명 중 틀린 것은?

① 황린은 산화제와 혼합되지 않게 저장한다.
② 황은 정전기가 축적되지 않도록 저장한다.
③ 적린은 인화성 물질로부터 격리 저장한다.
④ 마그네슘분은 분진을 방지하기 위해 약간의 수분을 포함시켜 저장한다.

》 ① 제3류 위험물 중 자연발화성 물질인 황린은 산소공급원인 산화제와 혼합되지 않게 저장한다.
② 제2류 위험물인 황은 전류를 통과시키지 못하는 전기불량도체이므로 정전기를 발생시킬 수 있기 때문에 정전기가 축적되지 않도록 저장한다.
③ 제2류 위험물인 적린은 가연성 고체로서 인화성이 있는 물질과 격리시켜 저장한다.
④ 제2류 위험물인 **마그네슘분**은 물과 반응 시 가연성인 수소가스를 발생하기 때문에 **수분을 포함시켜 저장하면 안 된다.**

44 물과 반응하여 가연성 또는 유독성 가스를 발생하지 않는 것은?

① 탄화칼슘   ② 인화칼슘
③ 과염소산칼륨   ④ 금속나트륨

》 ① 탄화칼슘(CaC_2)은 제3류 위험물 중 금수성 물질로서 물과 반응 시 수산화칼슘[$Ca(OH)_2$]과 함께 가연성인 아세틸렌(C_2H_2)가스를 발생한다.
   • 탄화칼슘의 물과의 반응식
   $CaC_2 + 2H_2O \rightarrow Ca(OH)_2 + C_2H_2$
② 인화칼슘(Ca_3P_2)은 제3류 위험물 중 금수성 물질로서 물과 반응 시 수산화칼슘[$Ca(OH)_2$]과 함께 가연성이면서 독성인 포스핀(PH_3)가스를 발생한다.
   • 인화칼슘의 물과의 반응식
   $Ca_3P_2 + 6H_2O \rightarrow 3Ca(OH)_2 + 2PH_3$
③ **과염소산칼륨**($KClO_4$)은 제1류 위험물로서 물과 반응하지 않기 때문에 **어떠한 종류의 가스도 발생하지 않는다.**
④ 금속나트륨(Na)은 제3류 위험물 중 금수성 물질로서 물과 반응 시 수산화나트륨($NaOH$)과 함께 가연성인 수소가스를 발생한다.
   • 나트륨의 물과의 반응식
   $2Na + 2H_2O \rightarrow 2NaOH + H_2$

45 수소화나트륨 저장창고에 화재가 발생하였을 때 주수소화가 부적합한 이유로 옳은 것은?

① 발열반응을 일으키고 수소를 발생한다.
② 수화반응을 일으키고 수소를 발생한다.
③ 중화반응을 일으키고 수소를 발생한다.
④ 중합반응을 일으키고 수소를 발생한다.

》 **수소화나트륨**(NaH)은 제3류 위험물 중 금속의 수소화물에 속하는 금수성 물질로서 물과 반응 시 **발열반응과 함께 가연성인 수소가스를 발생**하기 때문에 화재 발생 시 주수소화하면 안 된다.
   • 수소화나트륨의 물과의 반응식
   $NaH + H_2O \rightarrow NaOH + H_2$

46 다음 중 물과 접촉하였을 때 에테인이 발생되는 물질은?

① CaC_2
② $(C_2H_5)_3Al$
③ $C_6H_3(NO_2)_3$
④ $C_2H_5ONO_2$

》 ① CaC_2(탄화칼슘) : 물과 반응 시 수산화칼슘[$Ca(OH)_2$]과 아세틸렌(C_2H_2)가스를 발생한다.
   • 탄화칼슘과 물의 반응식
   $CaC_2 + 2H_2O \rightarrow Ca(OH)_2 + C_2H_2$

정답   42. ③   43. ④   44. ③   45. ①   46. ②

② (C₂H₅)₃Al(트라이에틸알루미늄) : 물과 반응 시 수산화알루미늄[Al(OH)₃]과 **에테인(C₂H₆) 가스**를 발생한다.
- 트라이에틸알루미늄과 물의 반응식
$(C_2H_5)_3Al + 3H_2O \rightarrow Al(OH)_3 + 3C_2H_6$

③ C₆H₃(NO₂)₃(트라이나이트로벤젠) : 제5류 위험물로서 물과는 반응하지 않는다.

④ C₂H₅ONO₂(질산에틸) : 제5류 위험물로서 물과는 반응하지 않는다.

47 취급하는 장치가 구리나 마그네슘으로 되어 있을 때 반응을 일으켜서 폭발성의 아세틸라이드를 생성하는 물질은?

① 이황화탄소   ② 아이소프로필알코올
③ 산화프로필렌   ④ 아세톤

≫ 제4류 위험물 중 특수인화물에 속하는 **산화프로필렌**(CH₃CHOCH₂)과 아세트알데하이드(CH₃CHO)는 수은(Hg), 은(Ag), **구리(Cu)**, **마그네슘(Mg)**과 반응하면 폭발성의 **금속 아세틸라이드를 생성**하므로 이들 금속과는 접촉을 금지해야 한다.

🎯 **톡톡튀는 암기법** 수은, 은, 구리(동), 마그네슘 ⇨ **수은 구루마**

48 다음 물질 중 증기비중이 가장 작은 것은 어느 것인가?

① 이황화탄소
② 아세톤
③ 아세트알데하이드
④ 다이에틸에터

≫ 증기비중 = $\dfrac{분자량}{공기의\ 분자량(29)}$ 이다.

① 이황화탄소(CS₂)의 분자량은 $12(C)+32(S)\times2$ $=76$이므로 증기비중 $\dfrac{76}{29}=2.62$이다.

② 아세톤(CH₃COCH₃)의 분자량은 $12(C)\times3+1(H)\times6+16(O)=58$이므로 증기비중 $=\dfrac{58}{29}=2$이다.

③ **아세트알데하이드**(CH₃CHO)의 분자량은 $12(C)\times2+1(H)\times4+16(O)=44$이므로 **증기비중** $=\dfrac{44}{29}=$ **1.52**이다.

④ 다이에틸에터(C₂H₅OC₂H₅)의 분자량은 $12(C)\times4+1(H)\times10+16(O)=74$이므로 증기비중 $=\dfrac{74}{29}=2.55$이다.

Tip
물질의 분자량이 작을수록 증기비중도 작기 때문에 직접 증기비중의 값을 묻는 문제가 아니라면 분자량만 계산해도 답을 구할 수 있습니다.

49 위험물안전관리법령상 제1석유류에 속하지 않는 것은?

① CH₃COCH₃   ② C₆H₆
③ CH₃COC₂H₅   ④ CH₃COOH

≫ ① CH₃COCH₃(아세톤) : 제1석유류
② C₆H₆(벤젠) : 제1석유류
③ CH₃COC₂H₅(메틸에틸케톤) : 제1석유류
④ **CH₃COOH(아세트산) : 제2석유류**

50 다음 물질 중 발화점이 가장 낮은 것은?

① CS₂   ② C₆H₆
③ CH₃COCH₃   ④ CH₃COOCH₃

≫ ① CS₂(이황화탄소) : 특수인화물로서 발화점은 100℃이다.
② C₆H₆(벤젠) : 제1석유류로서 발화점은 498℃이다.
③ CH₃COCH₃(아세톤) : 제1석유류로서 발화점은 538℃이다.
④ CH₃COOCH₃(아세트산메틸) : 제1석유류로서 발화점은 454℃이다.

Tip
CS₂(이황화탄소)는 시험에 출제되는 제4류 위험물 중 가장 발화점이 낮은 위험물입니다.

51 위험물안전관리법령상 제6류 위험물에 해당하는 물질로서 햇빛에 의해 갈색의 연기를 내며 분해할 위험이 있으므로 갈색병에 보관해야 하는 것은?

① 질산   ② 황산
③ 염산   ④ 과산화수소

≫ 제6류 위험물인 질산(HNO₃)은 햇빛에 의해 분해하면 적갈색 기체인 이산화질소(NO₂)를 발생하기 때문에 이를 방지하기 위하여 갈색병에 보관해야 한다.
- 질산의 열분해반응식
$4HNO_3 \rightarrow 2H_2O + 4NO_2 + O_2$

정답 47. ③ 48. ③ 49. ④ 50. ① 51. ①

52 위험물안전관리법령에 따른 위험물제조소의 안전거리 기준으로 틀린 것은?

① 주택으로부터 10m 이상

② 학교, 병원, 극장으로부터 30m 이상

③ 유형문화재와 기념물 중 지정문화재로부터는 70m 이상

④ 고압가스등을 저장·취급하는 시설로부터는 20m 이상

» 위험물제조소의 안전거리
1) 주거용 건축물(제조소의 동일부지 외에 있는 것) : 10m 이상
2) 학교, 병원, 극장(300명 이상), 다수인 수용시설 : 30m 이상
3) **유형문화재와 기념물 중 지정문화재 : 50m 이상**
4) 고압가스, 액화석유가스 등의 저장·취급 시설 : 20m 이상
5) 사용전압 7,000V 초과 35,000V 이하의 특고압가공전선 : 3m 이상
6) 사용전압이 35,000V를 초과하는 특고압가공전선 : 5m 이상

@Tip
제6류 위험물을 취급하는 제조소등의 경우는 모든 대상에 대해 안전거리를 제외할 수 있습니다.

53 제4류 위험물을 저장하는 이동탱크저장소의 탱크 용량이 19,000L일 때 탱크의 칸막이는 최소 몇 개를 설치해야 하는가?

① 2 　② 3
③ 4 　④ 5

» 이동탱크저장소에는 용량 4,000L 이하마다 3.2mm 이상의 강철판으로 만든 칸막이로 구획하여야 한다. 용량이 19,000L인 이동저장탱크에는 5개의 구획된 칸이 필요하며 이 때 필요한 칸막이의 개수는 4개이다.

54 위험물안전관리법령상 제4석유류를 취급하는 위험물제조소의 건축물의 지붕에 대한 설명으로 옳은 것은?

① 항상 불연재료로 하여야 한다.

② 항상 내화구조로 하여야 한다.

③ 가벼운 불연재료가 원칙이지만 예외적으로 내화구조로 할 수 있는 경우가 있다.

④ 내화구조가 원칙이지만 예외적으로 가벼운 불연재료로 할 수 있는 경우가 있다.

» 제조소의 지붕은 폭발력이 위로 방출될 정도의 **가벼운 불연재료**로 덮어야 한다. 다만, 제조소의 건축물이 다음의 위험물을 취급하는 경우에는 지붕을 **내화구조로 할 수 있다.**
1) 제2류 위험물(분상의 것과 인화성 고체를 제외)
2) 제4류 위험물 중 **제4석유류**·동식물유류
3) 제6류 위험물

55 질산나트륨을 저장하고 있는 옥내저장소(내화구조의 격벽으로 완전히 구획된 실이 2 이상 있는 경우에는 동일한 실)와 함께 저장하는 것이 법적으로 허용되는 것은? (단, 위험물을 유별로 정리하여 서로 1m 이상의 간격을 두는 경우이다.)

① 적린

② 인화성 고체

③ 동식물유류

④ 과염소산

» 옥내저장소에서 서로 1m 이상의 간격을 두는 경우 제1류 위험물인 **질산나트륨과 함께 저장할 수 있는 유별**은 제5류 위험물과 **제6류 위험물**, 제3류 위험물 중 자연발화성 물질(황린)이며, 〈보기〉 위험물의 유별은 다음과 같다.
① 적린(제2류 위험물)
② 인화성 고체(제2류 위험물)
③ 동식물유류(제4류 위험물)
④ **과염소산(제6류 위험물)**

Check
옥내저장소(내화구조의 격벽으로 완전히 구획된 실이 2 이상 있는 경우에는 동일한 실)에서는 서로 다른 유별끼리 함께 저장할 수 없다. 단, 다음의 조건을 만족하면서 유별로 정리하여 서로 1m 이상의 간격을 두는 경우에는 저장할 수 있다.
(1) 제1류 위험물(알칼리금속의 과산화물을 제외)과 제5류 위험물
(2) 제1류 위험물과 제6류 위험물
(3) 제1류 위험물과 제3류 위험물 중 자연발화성 물질(황린)
(4) 제2류 위험물 중 인화성 고체와 제4류 위험물

⑤ 제3류 위험물 중 알킬알루미늄등과 제4류 위험
물(알킬알루미늄 또는 알킬리튬을 함유한 것)
⑥ 제4류 위험물 중 유기과산화물과 제5류 위험물
중 유기과산화물

56 위험물안전관리법령상 위험물제조소에 설치하는 "물기엄금" 게시판의 색으로 옳은 것은?

① 청색바탕 백색글씨
② 백색바탕 청색글씨
③ 황색바탕 청색글씨
④ 청색바탕 황색글씨

≫ 위험물제조소등에 설치하는 주의사항 게시판의 내용 및 색상

유 별	품 명	주의사항	색 상
제1류	알칼리금속의 과산화물	**물기엄금**	**청색바탕 및 백색문자**
	그 밖의 것	필요 없음	–
제2류	인화성 고체	화기엄금	적색바탕 및 백색문자
	그 밖의 것	화기주의	
제3류	금수성 물질	**물기엄금**	**청색바탕 및 백색문자**
	자연발화성 물질	화기엄금	적색바탕 및 백색문자
제4류	인화성 액체	화기엄금	적색바탕 및 백색문자
제5류	자기반응성 물질	화기엄금	적색바탕 및 백색문자
제6류	산화성 액체	필요 없음	–

💡 Tip

주의사항 게시판의 색상은 주의사항 내용에 '물기'가 포함되어 있으면 청색바탕에 백색문자로 하고, '화기'가 포함되어 있으면 적색바탕에 백색문자로 합니다.

57 위험물 운반용기 외부에 수납하는 위험물의 종류에 따라 표시하는 주의사항을 올바르게 연결한 것은?

① 염소산칼륨 – 물기주의
② 철분 – 물기주의
③ 아세톤 – 화기엄금
④ 질산 – 화기엄금

≫ ① 염소산칼륨(제1류 위험물) – 화기・충격주의, 가연물접촉주의
② 철분(제2류 위험물) – 화기주의, 물기엄금
③ **아세톤(제4류 위험물) – 화기엄금**
④ 질산(제6류 위험물) – 가연물접촉주의

Check 운반용기 외부에 표시하여야 하는 주의사항

유 별	품 명	운반용기에 표시하는 주의사항
제1류	알칼리금속의 과산화물	화기・충격주의, 가연물접촉주의, 물기엄금
	그 밖의 것	화기・충격주의, 가연물접촉주의
제2류	철분, 금속분, 마그네슘	화기주의, 물기엄금
	인화성 고체	화기엄금
	그 밖의 것	화기주의
제3류	금수성 물질	물기엄금
	자연발화성 물질	화기엄금, 공기접촉엄금
제4류	인화성 액체	화기엄금
제5류	자기반응성 물질	화기엄금, 충격주의
제6류	산화성 액체	가연물접촉주의

58 위험물안전관리법령에 따른 위험물 저장기준으로 틀린 것은?

① 이동탱크저장소에는 설치허가증을 비치하여야 한다.
② 지하저장탱크의 주된 밸브는 위험물을 넣거나 빼낼 때 외에는 폐쇄하여야 한다.
③ 아세트알데하이드를 저장하는 이동저장탱크에는 탱크 안에 불활성 가스를 봉입하여야 한다.
④ 옥외저장탱크 주위에 설치된 방유제의 내부에 물이나 유류가 괴었을 경우에는 즉시 배출하여야 한다.

≫ ① 이동탱크저장소에는 당해 이동탱크저장소의 완공검사필증 및 정기점검기록을 비치하여야 한다.

정답 56. ① 57. ③ 58. ①

59 위험물안전관리법령에 따르면 보냉장치가 없는 이동저장탱크에 저장하는 아세트알데하이드의 온도는 몇 ℃ 이하로 유지해야 하는가?

① 30   ② 40

③ 50   ④ 60

≫ 이동저장탱크에 **아세트알데하이드등** 또는 다이에틸에터등을 저장하는 온도
1) 보냉장치가 있는 이동저장탱크 : 비점 이하
2) **보냉장치가 없는 이동저장탱크 : 40℃ 이하**

Check **옥외저장탱크 · 옥내저장탱크 또는 지하저장탱크에 위험물을 저장하는 온도**
(1) 압력탱크 외의 탱크에 저장하는 경우
    ㉠ 아세트알데하이드등 : 15℃ 이하
    ㉡ 산화프로필렌등과 다이에틸에터등 : 30℃ 이하
(2) 압력탱크에 저장하는 경우
    – 아세트알데하이드등 또는 다이에틸에터등 : 40℃ 이하

60 위험물의 저장법으로 옳지 않은 것은?

① 금속나트륨은 석유 속에 저장한다.

② 황린은 물속에 저장한다.

③ 질화면은 물 또는 알코올에 적셔서 저장한다.

④ 알루미늄분은 분진발생 방지를 위해 물에 적셔서 저장한다.

≫ ① 금속나트륨은 석유류(등유, 경유, 유동파라핀 등) 속에 저장한다.
② 황린은 pH가 9인 약알칼리성의 물속에 저장한다.
③ 질화면이라 불리는 제5류 위험물인 나이트로셀룰로오스는 물 또는 알코올에 적셔서 저장한다.
④ **알루미늄분**은 물과 반응 시 가연성인 수소가스를 발생하므로 **물과 접촉을 방지**해야 한다.

제1과목 일반화학

01 벤젠에 수소원자 한 개는 $-CH_3$기로, 또 다른 수소원자 한 개는 $-OH$기로 치환되었다면 이성질체수는 몇 개인가?

① 1 ② 2
③ 3 ④ 4

» 벤젠에 CH_3 1개와 OH 1개를 붙인 것을 크레졸($C_6H_4CH_3OH$)이라 하며, 크레졸은 다음과 같이 오르토(o−)크레졸, 메타(meta−)크레졸, 파라(para−)크레졸의 **3가지 이성질체**를 갖는다.

o−크레졸	m−크레졸	p−크레졸
![o-cresol]	![m-cresol]	![p-cresol]

02 유기화합물을 질량 분석한 결과 C 84%, H 16%의 결과를 얻었다. 다음 중 이 물질에 해당하는 실험식은?

① C_5H ② C_2H_2
③ C_7H_8 ④ C_7H_{16}

» C와 H의 비율을 합하면 84%+16% = 100%이므로 이 유기화합물은 다른 원소는 포함하지 않고 C와 H로만 구성되어 있음을 알 수 있다. 만약 C의 질량과 H의 질량이 동일하다면 C는 84개, H는 16개가 들어 있는 $C_{84}H_{16}$으로 나타내야 하지만 C 1개의 질량은 12g이므로 C의 비율 84%를 12로 나누어야 하고 H 1개의 질량은 1g이므로 H의 비율 16%를 1로 나누어 다음과 같이 표시해야 한다.

$$C : \frac{84}{12} = 7, \quad H : \frac{16}{1} = 16$$

따라서 C는 7개, H는 16개이므로 실험식은 C_7H_{16}이다.

03 포화탄화수소에 해당하는 것은?

① 톨루엔
② 에틸렌
③ 프로페인
④ 아세틸렌

» 포화탄화수소는 탄소와 수소로 구성된 물질 중 단일결합(하나의 선으로 연결된 것)만 포함하고 있는 것을 말하며, 이중결합(두 개의 선으로 연결 된 것) 또는 삼중결합(세 개의 선으로 연결된 것)을 가진 물질은 불포화탄화수소라 한다.
　① 톨루엔($C_6H_5CH_3$) : 이중결합을 3개 가진 벤젠을 포함하는 물질이므로 불포화탄화수소이다.

　② 에틸렌(C_2H_4) : 이중결합을 1개 가진 불포화탄화수소이다.

$$\begin{array}{c} H \quad\ H \\ \ \backslash \quad / \\ C = C \\ / \quad\ \backslash \\ H \quad\ H \end{array}$$

　③ **프로페인**(C_3H_8) : 단일결합만 가진 **포화탄화수소**이다.

$$\begin{array}{c} H \ \ H \ \ H \\ | \ \ | \ \ | \\ H-C-C-C-H \\ | \ \ | \ \ | \\ H \ \ H \ \ H \end{array}$$

　④ 아세틸렌 : 3중결합을 1개 가진 불포화탄화수소이다.

$$H-C\equiv C-H$$

04 분자량의 무게가 4배이면 확산속도는 몇 배인가?

① 0.5배 ② 1배
③ 2배 ④ 4배

정답　01. ③　02. ④　03. ③　04. ①

➤➤ 그레이엄의 기체확산속도의 법칙은 "기체의 확산속도는 기체의 분자량의 제곱근에 반비례한다."이고, 공식은 $V = \sqrt{\dfrac{1}{M}}$ 이다.

여기서, V : 기체의 확산속도
M : 기체의 분자량

처음 기체의 분자량(M)을 1로 정할 때 기체의 확산속도는 $V = \sqrt{\dfrac{1}{1}} = 1$인데 기체의 분자량($M$)을 처음의 4배로 하면 기체의 확산속도는 $V = \sqrt{\dfrac{1}{1 \times 4}} = \sqrt{\dfrac{1}{4}} = \dfrac{1}{2} = 0.50$이다.

05 다이크로뮴산칼륨에서 크로뮴의 산화수는?

① 2　　　　　② 4
③ 6　　　　　④ 8

➤➤ 다이크로뮴산칼륨의 화학식은 $K_2Cr_2O_7$이며, 이 중 크로뮴(Cr)의 산화수를 구하는 방법은 다음과 같다.
① 1단계 : 필요한 원소들의 원자가를 확인한다.
　– 칼륨(K) : +1가 원소
　– 산소(O) : –2가 원소
② 2단계 : 크로뮴(Cr)을 $+x$로 두고 나머지 원소들의 원자가와 그 개수를 적는다.
　　K_2　　Cr_2　　O_7
　$(+1 \times 2)$ $(+2x)$ (-2×7)
③ 3단계 : 다음과 같이 원자가와 그 개수의 합을 0이 되도록 한다.
　$+2 + 2x - 14 = 0$
　$+2x = +12$
　$x = 6$
이때 x값이 Cr의 산화수이다.
∴ $x = +6$

06 비활성 기체 원자 Ar과 같은 전자배치를 가지고 있는 것은?

① Na^+　　　　② Li^+
③ Al^{3+}　　　　④ S^{2-}

➤➤ 원소의 전자배치(전자수)는 원자번호와 같다. Ar(아르곤)은 원자번호가 18번이므로 전자수도 18개이다.
① Na(나트륨)은 원자번호가 11번이므로 전자수도 11개이지만, Na^+은 전자를 1개 잃은 상태이므로 Na^+의 전자수는 10개이다.
② Li(리튬)은 원자번호가 3번이므로 전자수도 3개이지만, Li^+은 전자를 1개 잃은 상태이므로 Li^+의 전자수는 2개이다.

③ Al(알루미늄)은 원자번호가 13번이므로 전자수도 13개이지만, Al^{3+}은 전자를 3개 잃은 상태이므로 Al^{3+}의 전자수는 10개이다.
④ S(황)은 원자번호가 16번이므로 전자수도 16개이지만, S^{2-}은 전자를 2개 얻은 상태이므로 **S^{2-}의 전자수는 18개**이다.

07 알루미늄이온(Al^{3+}) 한 개에 대한 설명으로 틀린 것은?

① 질량수는 27이다.
② 양성자수는 13이다.
③ 중성자수는 13이다.
④ 전자수는 10이다.

➤➤ 원자번호는 전자수와 같고 양성자수와도 같으며, 질량수(원자량)는 양성자수와 중성자수를 더한 값과 같다. 〈문제〉의 Al^{3+}은 알루미늄이온이라 불리며, 알루미늄이 전자를 3개 잃은 상태를 나타내며 이온상태의 Al^{3+}은 전자수만 달라질뿐 원자번호 및 양성자수 또는 중성자수 등은 모두 Al과 같다.
① 원자번호가 홀수인 원소의 질량수는 원자번호에 2를 곱한 후 그 값에 1을 더하는 방식으로 구하므로, 원자번호가 13인 Al의 질량수 = 13 × 2 + 1 = 27이다.
② 양성자수는 원자번호와 같으므로 원자번호가 13인 Al의 양성자수는 13이다.
③ 질량수는 양성자수와 중성자수를 더한 값이므로, 질량수가 27이고 양성자수는 13인 Al의 **중성자수** = 질량수 – 양성자수 = 27 – 13 = **14**이다.
④ Al은 원자번호가 13이므로 전자수도 13이지만, Al^{3+}은 전자를 3개 잃은 상태이므로 Al^{3+}의 전자수는 10이다.

08 같은 주기에서 원자번호가 증가할수록 감소하는 것은?

① 이온화에너지
② 원자반지름
③ 비금속성
④ 전기음성도

➤➤ 원소주기율표의 같은 주기에서 원자번호가 증가할수록 감소하는 것은 주기율표의 왼쪽에서 오른쪽으로 갈수록 감소하는 것을 말한다.

정답　05. ③　06. ④　07. ③　08. ②

① 이온화에너지란 중성원자로부터 전자(−) 1개를 떼어 내어 양이온(+)으로 만드는 데 필요한 힘을 말하는데, 주기율표의 오른쪽에 있는 (−)원자가를 갖는 원소들은 전자(−)를 쉽게 빼앗기지 않으려는 성질이 강해 전자를 떼어 내려는 힘이 많이 필요하게 되어 이온화에너지가 증가하고, 반대로 주기율표의 왼쪽에 있는 원소들은 전자(−)를 잃고 양이온(+)이 되려는 성질이 커서 전자를 떼어 내는 데 많은 힘이 필요하지 않아 이온화에너지가 감소한다.

② 주기율표의 오른쪽으로 갈수록 그 주기에는 전자수가 증가하게 되고 전자가 많아질수록 양성자가 전자를 당기는 힘이 강해져 전자가 내부로 당겨지면서 **원자의 반지름은 감소**한다.

③ 주기율표의 왼쪽에는 금속성 원소들이 존재하고 주기율표의 오른쪽에는 비금속성 원소들이 존재하므로, 주기율표의 오른쪽으로 갈수록 비금속성은 증가한다.

④ 주기율표의 왼쪽으로 갈수록 이온화경향이 증가하고, 주기율표의 오른쪽으로 갈수록 전기음성도가 증가한다.

09 물 200g에 A물질 2.9g을 녹인 용액의 빙점은? (단, 물의 어는점 내림상수는 1.86℃ · kg/mol이고, A물질의 분자량은 58이다.)

① −0.465℃   ② −0.932℃
③ −1.871℃   ④ −2.453℃

≫ 빙점이란 어떤 용액이 얼기 시작하는 온도를 말하며, 강하란 내림 혹은 떨어진다라는 의미를 갖고 있다. 물에 어떤 물질을 녹인 용액의 빙점은 다음과 같이 빙점강하(ΔT) 공식을 이용하여 구할 수 있다.

$$\Delta T = \frac{1,000 \times w \times K_f}{M \times a}$$

여기서, w(용질 A의 질량) : 2.9g
    K_f(물의 어는점 내림상수)
      : 1.86℃ · kg/mol
    M(용질 A의 분자량) : 58g
    a(용매 물의 질량) : 200g

$$\Delta T = \frac{1,000 \times 2.9 \times 1.86}{58 \times 200} = 0.465℃$$

따라서 용액의 빙점은 물의 빙점 0℃보다 0.465℃만큼 더 내린 온도이므로 0℃ − 0.465℃ = −0.465℃이다.

10 다음 중 비공유전자쌍을 가장 많이 가지고 있는 것은?

① CH_4
② NH_3
③ H_2O
④ CO_2

PLAY ▶ 풀이

≫
① CH_4 :
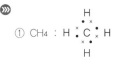

최외각전자수(원자가)가 4개인 C의 전자는 "●"으로 표시하고 최외각전자수가 1개인 H의 전자는 "x"로 표시하여 전자점식으로 나타내면, 공유전자쌍은 4개이고 비공유전자쌍은 없다.

여기서, "●x"는 서로 다른 원소의 전자를 공유한 상태이므로 공유전자쌍이라 하고, "●●" 또는 "xx"은 같은 원소의 전자를 공유한 상태이므로 공유하지 않은 즉, 비공유전자쌍이라 한다.

② NH_3 :   H $\overset{\cdot\cdot}{\underset{H}{N}}$ H

최외각전자수(원자가)가 5개인 N의 전자는 "●"으로 표시하고 최외각전자수(원자가)가 1개인 H의 전자는 "x"로 표시하여 전자점식으로 나타내면, 공유전자쌍은 3개, 비공유전자쌍은 1개이다.

③ H_2O :   H $\overset{\cdot\cdot}{\underset{\cdot\cdot}{O}}$ H

최외각전자수(원자가)가 6개인 O의 전자는 "●"으로 표시하고 최외각전자수(원자가)가 1개인 H의 전자는 "x"로 표시하여 전자점식으로 나타내면, 공유전자쌍은 2개, 비공유전자쌍도 2개이다.

④ CO_2 :   O $\overset{\cdot\cdot}{\underset{\cdot\cdot}{C}}$ O

최외각전자수(원자가)가 4개인 C의 전자는 "●"으로 표시하고 최외각전자수(원자가)가 6개인 O의 전자는 "x"로 표시하여 전자점식으로 나타내면, 공유전자쌍은 4개, **비공유전자쌍도 4개**이다.

11 다음 화학반응에서 밑줄 친 원소가 산화된 것은?

① $H_2 + \underline{Cl_2} \rightarrow 2HCl$

② $2\underline{Zn} + O_2 \rightarrow 2ZnO$

③ $2KBr + \underline{Cl_2} \rightarrow 2KCl + Br_2$

④ $2\underline{Ag}^+ + Cu \rightarrow 2Ag + Cu^{2+}$

≫ 밑줄 친 원소의 반응 전과 반응 후의 산화수를 비교했을 때 그 원소의 산화수가 반응 전보다 반응 후에 증가되었다면 그 원소는 산화된 것이다.
① Cl의 산화수는 반응 전에 0, 반응 후에 −1로 산화수는 감소하였다.
   ㉠ 반응 전의 Cl : 단체(하나의 원소로 이루어진 것)의 산화수는 0이다.
   ㉡ 반응 후의 Cl : HCl에서 Cl을 +x로 두고 여기에 H의 원자가 +1을 더한 합이 0이 될 때 x의 값이 산화수이다.
   H Cl
   +1 +x = 0. Cl의 산화수는 −1이다.
② Zn의 산화수는 반응 전에 0, 반응 후에 +2로 **산화수는 증가**하였다.
   ㉠ 반응 전의 Zn : 단체(하나의 원소로 이루어진 것)의 산화수는 0이다.
   ㉡ 반응 후의 Zn : ZnO에서 Zn을 +x로 두고 여기에 O의 원자가 −2를 더한 합이 0이 될 때 x의 값이 산화수이다.
   Zn O
   +x −2 = 0. Zn의 산화수는 +2이다.
③ Cl의 산화수는 반응 전에 0, 반응 후에 −1로 산화수는 감소하였다.
   ㉠ 반응 전의 Cl : 단체(하나의 원소로 이루어진 것)의 산화수는 0이다.
   ㉡ 반응 후의 Cl : KCl에서 Cl을 +x로 두고 여기에 K의 원자가 +1을 더한 합이 0이 될 때 x의 값이 산화수이다.
   K Cl
   +1 +x = 0. Cl의 산화수는 −1이다.
④ Ag^+의 산화수는 반응 전에 +1, 반응 후에 0으로 산화수는 감소하였다.
   ㉠ 반응 전의 Ag^+ : Ag는 단체이지만 Ag^+은 전자를 잃은 상태의 이온이므로 Ag을 +x로 두었을 때 이 값이 0이 아니라 +1이 될 때 x의 값이 산화수이다.
   Ag^+
   +x = +1. Ag의 산화수는 +1이다.
   ㉡ 반응 후의 Ag : 단체(하나의 원소로 이루어진 것)의 산화수는 0이다.

12 표준상태를 기준으로 수소 2.24L가 염소와 완전히 반응했다면 생성된 염화수소의 부피는 몇 L인가?

① 2.24 ② 4.48
③ 22.4 ④ 44.8

≫ 수소(H_2) 1몰과 염소(Cl_2) 1몰이 반응하면 염화수소(HCl) 2몰이 발생하는데 그 반응식은 다음과 같다.
  H_2 + Cl_2 → $2HCl$
  1몰 1몰   2몰
〈문제〉에서는 수소(H_2) 2.24L를 반응시킨다고 하였으므로 염소(Cl_2) 또한 같은 비율로 반응하여 2.24L가 필요하고, **염화수소**(HCl)는 수소 및 염소의 부피인 2.24L의 2배인 **4.48L가 생성**된다.

13 다음 중 완충용액에 해당하는 것은?

① CH_3COONa와 CH_3COOH
② NH_4Cl와 HCl
③ CH_3COONa와 $NaOH$
④ $HCOONa$와 Na_2SO_4

≫ 완충용액이란 외부로부터 산성이나 염기성 물질을 가했을 때 외부 물질에 영향을 받지 않고 수소이온농도를 일정하게 유지할 수 있는 용액으로서 CH_3COONa와 CH_3COOH이 대표적인 완충용액 물질이다.

14 산성 산화물에 해당하는 것은?

① CaO ② Na_2O
③ CO_2 ④ MgO

≫ 산소(O)를 포함하고 있는 물질을 산화물이라 하며, 산화물에는 다음의 3종류가 있다.
1) 산성 산화물 : 비금속 + 산소
2) 염기성 산화물 : 금속 + 산소
3) 양쪽성 산화물 : Al(알루미늄), Zn(아연), Sn(주석), Pb(납) + 산소
① CaO : 알칼리토금속에 속하는 Ca(칼슘) + 산소 → 염기성 산화물
② Na_2O : 알칼리금속에 속하는 Na(나트륨) + 산소 → 염기성 산화물
③ CO_2 : 비금속에 속하는 C(탄소) + 산소 → **산성 산화물**
④ MgO : 알칼리토금속에 속하는 Mg(마그네슘) + 산소 → 염기성 산화물

15 어떤 주어진 양의 기체의 부피가 21℃, 1.4atm에서 250mL이다. 온도가 49℃로 상승되었을 때의 부피가 300mL라고 하면 이 때의 압력은 약 얼마인가?

① 1.35atm

② 1.28atm

③ 1.21atm

④ 1.16atm

≫ 어떤 기체의 온도와 부피를 변화시켰을 때의 압력은 어떻게 달라지는가를 구하는 문제이므로 다음과 같이 보일–샤를의 법칙 $\dfrac{P_1 V_1}{T_1} = \dfrac{P_2 V_2}{T_2}$ 을 이용한다.

압력(P_1)에 1.4atm, 부피(V_1)에 250mL, 온도(T_1)에 (273 + 21)K을 대입하고 온도(T_2)에 (273 + 49)K, 부피(V_2)에 300mL를 대입하여 압력(P_2)을 구하면 다음과 같다.

$$\frac{1.4 \times 250}{273 + 21} = \frac{P_2 \times 300}{273 + 49}$$

$(273+21) \times P_2 \times 300 = 1.4 \times 250 \times (273+49)$

$P_2 = 1.277$

∴ $P_2 = 1.28atm$

16 다음 중 배수비례의 법칙이 성립되는 화합물을 나열한 것은?

① CH_4, CCl_4

② SO_2, SO_3

③ H_2O, H_2S

④ NH_3, BH_3

≫ 배수비례의 법칙이란 원소 2종류를 화합하여 두 가지 이상의 물질을 만들 때 각 물질에 속한 원소 한 개의 질량과 결합하는 다른 원소의 질량은 각 물질에서 항상 일정한 정수비를 나타내는 것을 말한다. 〈보기〉 ②에서 SO_2는 S와 결합하는 O_2의 질량이 16g×2 = 32g이고 SO_3는 S와 결합하는 O_3의 질량이 16g×3 = 48g이므로 SO_2와 SO_3에 포함된 O는 32 : 48, 즉 2 : 3의 정수비를 나타내므로 이 두 물질 사이에는 배수비례의 법칙이 성립하는 것을 알 수 있다.

17 Rn은 α선 및 β선을 2번씩 방출하고 다음과 같이 변했다. 마지막 Po의 원자번호는 얼마인가? (단, Rn의 원자번호는 86, 원자량은 222이다.)

| Rn | $\xrightarrow{\alpha}$ | Po | $\xrightarrow{\alpha}$ | Pb | $\xrightarrow{\beta}$ | Bi | $\xrightarrow{\beta}$ | Po |

① 78

② 81

③ 84

④ 87

≫ 1) α선 방출(붕괴) : 원자번호 2 감소, 원자량 4 감소

2) β선 방출(붕괴) : 원자번호 1 증가, 원자량 불변

〈문제〉는 다음과 같은 단계로 α선 붕괴와 β선 붕괴를 진행하고 있다.

㉠ 1단계 : 원자번호 86번인 Rn이 α선 붕괴했으므로 원자번호가 2 감소하여 원자번호 84번인 Po가 생성되었다.

㉡ 2단계 : 원자번호 84번인 Po가 α선 붕괴했으므로 원자번호가 2 감소하여 원자번호 82번인 Pb가 생성되었다.

㉢ 3단계 : 원자번호 82번인 Pb가 β선 붕괴했으므로 원자번호가 1 증가하여 원자번호 83번인 Bi가 생성되었다.

㉣ 4단계 : 원자번호 83번인 Bi가 β선 붕괴했으므로 원자번호가 1 증가하여 원자번호 84번인 Po가 생성되었다.

따라서 마지막 원소인 Po의 원자번호는 84번이다.

18 다음 중 가수분해가 되지 않는 염은 어느 것인가?

① NaCl

② NH_4Cl

③ CH_3COONa

④ CH_3COONH_4

≫ 강염기(강한 금속성)와 강산(강한 비금속성)의 결합물은 가수분해가 되지 않는다.

① NaCl : **강염기(Na^+)와 강산(Cl^-)**

② NH_4Cl : 약염기(NH_4^+)와 강산(Cl^-)

③ CH_3COONa : 약산(CH_3COO^-)과 강염기(Na^+)

④ CH_3COONH_4 : 약산(CH_3COO^-)과 약염기(NH_4^+)

19 물 450g에 NaOH 80g이 녹아 있는 용액에서 NaOH의 몰분율은?

① 0.074

② 0.178

③ 0.200

④ 0.450

》 몰분율이란 각 물질을 몰수로 나타내었을 때 전체 물질 중 해당 물질이 차지하는 몰수의 비율을 말한다.

H_2O(물) 1몰은 1(H)g × 2+16(O)g = 18g이므로

물 450g은 $\frac{450}{18}$ = 25몰이고 NaOH(수산화나트륨) 1몰은 23(Na)g+16(O)g+1(H)g = 40g이므로

NaOH 80g은 $\frac{80}{40}$ = 2몰이다.

따라서 물 25몰과 NaOH 2몰을 합한 몰수에 대해

NaOH가 차지하는 몰분율은 $\frac{2}{25+2}$ = 0.074

이다.

20 황이 산소와 결합하여 SO_2를 만들 때에 대한 설명으로 옳은 것은?

① 황은 환원된다.

② 황은 산화된다.

③ 불가능한 반응이다.

④ 산소는 산화되었다.

》 산화란 어떤 물질이 산소(O_2)를 받아들이는 것을 말한다. 〈문제〉에서 황(S)은 산소와 결합하여 SO_2(이산화황)를 만들었으므로 이 상태는 **황이 산소를 받아들여 산화된 것**이다.

－ 황과 산소와의 반응식 : $S+O_2 \rightarrow SO_2$

제2과목 **화재예방과 소화방법**

21 위험물저장소 건축물의 외벽이 내화구조인 것은 연면적 얼마를 1소요단위로 하는가?

① 50m² ② 75m²

③ 100m² ④ 150m²

》 외벽이 내화구조인 위험물저장소의 건축물은 연면적 150m²를 1소요단위로 한다.

Check **1소요단위의 기준**

구 분	외벽이 내화구조	외벽이 비내화구조
제조소 및 취급소	연면적 100m²	연면적 50m²
저장소	연면적 150m²	연면적 75m²
위험물	지정수량의 10배	

22 다음 중 이황화탄소의 액면 위에 물을 채워두는 이유로 가장 적합한 것은?

① 자연분해를 방지하기 위해

② 화재발생 시 물로 소화를 하기 위해

③ 불순물을 물에 용해시키기 위해

④ 가연성 증기의 발생을 방지하기 위해

》 이황화탄소(CS_2)는 물에 녹지 않고 물보다 무거운 제4류 위험물로서 공기 중에 노출 시 공기에 포함된 산소와 반응하여 이산화황(SO_2)이라는 가연성 증기를 발생하므로 이 **가연성 증기의 발생을 방지하기 위해 물속에 저장**한다.

• 이황화탄소의 연소반응식

  $CS_2 + 3O_2 \rightarrow CO_2 + 2SO_2$

23 위험물안전관리법령상 제1석유류를 저장하는 옥외탱크저장소 중 소화난이도 등급 I에 해당하는 것은? (단, 지중탱크 또는 해상탱크가 아닌 경우이다.)

① 액표면적이 10m²인 것

② 액표면적이 20m²인 것

③ 지반면으로부터 탱크 옆판 상단까지가 4m인 것

④ 지반면으로부터 탱크 옆판 상단까지가 6m인 것

》 옥외탱크저장소의 소화난이도 등급 Ⅰ

  1) 액표면적이 40m² 이상인 것(제6류 위험물을 저장하는 것 및 고인화점위험물만을 100℃ 미만의 온도에서 저장하는 것은 제외)

정답 **19.** ① **20.** ② **21.** ④ **22.** ④ **23.** ④

2) **지반면으로부터 탱크 옆판의 상단까지 높이가 6m 이상인 것**(제6류 위험물을 저장하는 것 및 고인화점위험물만을 100℃ 미만의 온도에서 저장하는 것은 제외)

3) 지중탱크 또는 해상탱크로서 지정수량의 100배 이상인 것(제6류 위험물을 저장하는 것 및 고인화점위험물만을 100℃ 미만의 온도에서 저장하는 것은 제외)

4) 고체 위험물을 저장하는 것으로서 지정수량의 100배 이상인 것

24 위험물안전관리법령상 제6류 위험물에 적응성이 있는 소화설비는?

① 옥내소화전설비
② 불활성가스소화설비
③ 할로젠화합물소화설비
④ 탄산수소염류 분말소화설비

≫ 제6류 위험물은 산화성 액체로서 자체적으로 산소공급원을 함유하는 물질이라 질식소화는 효과가 없고 냉각소화가 효과적이다. 〈보기〉 중 물을 소화약제로 사용하는 냉각소화효과를 갖는 소화설비는 옥내소화전설비이다.

대상물의 구분 / 소화설비의 구분	건축물·그 밖의 공작물	전기설비	제1류 위험물 알칼리금속의 과산화물등	제1류 위험물 그 밖의 것	제2류 위험물 철분·금속분·마그네슘등	제2류 위험물 인화성 고체	제2류 위험물 그 밖의 것	제3류 위험물 금수성 물품	제3류 위험물 그 밖의 것	제4류 위험물	제5류 위험물	제6류 위험물
옥내소화전 또는 옥외소화전 설비	○			○		○	○		○		○	◎
스프링클러 설비	○			○		○	○		○	△	○	○
물분무소화설비	○	○		○		○	○		○	○	○	○
포소화설비	○			○		○	○		○	○	○	○
불활성가스 소화설비		○				○				○		
할로젠 화합물 소화설비		○				○				○		
분말 소화설비 / 인산염류등	○	○		○		○	○			○		○
분말 소화설비 / 탄산수소염류등		○	○		○	○		○		○		
분말 소화설비 / 그 밖의 것			○		○			○				

25 다음 중 수소화나트륨 저장창고에 화재가 발생하였을 때 주수소화가 부적합한 이유로 옳은 것은?

① 발열반응을 일으키고 수소를 발생한다.
② 수화반응을 일으키고 수소를 발생한다.
③ 중화반응을 일으키고 수소를 발생한다.
④ 중합반응을 일으키고 수소를 발생한다.

≫ **수소화나트륨**(NaH)은 제3류 위험물 중 금속의 수소화물에 속하는 금속성 물질로서 물과 반응 시 **발열반응과 함께 가연성인 수소가스를 발생**하기 때문에 화재 발생 시 주수소화하면 안 된다.
• 수소화나트륨의 물과의 반응식
$NaH + H_2O \rightarrow NaOH + H_2$

26 일반적으로 고급 알코올 황산에스터염을 기포제로 사용하며 냄새가 없는 황색의 액체로서 밀폐 또는 준밀폐 구조물의 화재 시 고팽창포를 사용하여 화재를 진압할 수 있는 포소화약제는?

① 단백포 소화약제
② 합성계면활성제 소화약제
③ 알코올형포 소화약제
④ 수성막포 소화약제

≫ 합성계면활성제 소화약제는 고급 알코올 황산에스터염등의 합성계면활성제를 주원료로 하는 포소화약제로서 고발포용에 적합한 소화약제이다.

27 위험물안전관리법령상 분말소화설비의 기준에서 가압용 또는 축압용 가스로 사용이 가능한 가스로만 이루어진 것은?

① 산소, 질소
② 이산화탄소, 산소
③ 산소, 아르곤
④ 질소, 이산화탄소

≫ 분말소화설비에 사용하는 가압용 또는 축압용 가스는 **질소** 또는 **이산화탄소**이다.

정답 24. ① 25. ① 26. ② 27. ④

28 분말소화약제 중 열분해 시 부착성이 있는 유리상의 메타인산이 생성되는 것은?

① Na_3PO_4

② $(NH_4)_3PO_4$

③ $NaHCO_3$

④ $NH_4H_2PO_4$

≫ 제3종 분말소화약제인 인산암모늄($NH_4H_2PO_4$)이 완전 열분해하면 **메타인산**(HPO_3)과 암모니아(NH_3), 그리고 수증기(H_2O)가 발생한다.
  • 인산암모늄의 완전 열분해반응식
    $NH_4H_2PO_4 \rightarrow HPO_3 + NH_3 + H_2O$

Check

인산암모늄($NH_4H_2PO_4$)이 190℃의 온도에서 1차 열분해하면 오르토인산(H_3PO_4)과 암모니아(NH_3)가 발생한다.
  • 인산암모늄의 1차 열분해 반응식
    $NH_4H_2PO_4 \rightarrow H_3PO_4 + NH_3$

29 할로젠화합물의 화학식의 Halon 번호가 올바르게 연결된 것은?

① CH_2ClBr – Halon 1211

② CF_2ClBr – Halon 104

③ $C_2F_4Br_2$ – Halon 2402

④ CF_3Br – Halon 1011

≫ 할로젠화합물 소화약제의 Halon 번호는 C – F – Cl – Br의 순서대로 각 원소의 개수를 나타낸 것이다.
  ① CH_2ClBr : C 1개, F 0개, Cl 1개, Br 1개로 구성되므로 Halon 번호는 1011이며, H의 개수는 Halon 번호에는 포함되지 않는다. Halon 1011의 화학식에서 C 1개에는 원소가 4개 붙어야 하는데 Cl 1개와 Br 1개밖에 붙지 않아서 2개의 빈칸이 발생하여 그 빈칸을 H로 채웠기 때문에 Halon 1011의 화학식에는 H가 2개 포함되어 CH_2ClBr이 된다.
  ② CF_2ClBr : C 1개, F 2개, Cl 1개, Br 1개로 구성되므로 Halon 번호는 1211이다.
  ③ $C_2F_4Br_2$: C 2개, F 4개, Cl 0개, Br 2개로 구성되므로 **Halon 번호는 2402**이다.
  ④ CF_3Br : C 1개, F 3개, Cl 0개, Br 1개로 구성되므로 Halon 번호는 1301이다.

30 다음 제1류 위험물 중 물과의 접촉이 가장 위험한 것은?

① 아염소산나트륨

② 과산화나트륨

③ 과염소산나트륨

④ 다이크로뮴산암모늄

≫ 제1류 위험물 중 알칼리금속의 과산화물에 속하는 물질은 물과 반응 시 발열과 함께 산소를 발생하므로 물과의 접촉은 위험하다.
  ※ 알칼리금속의 과산화물의 종류
    1) 과산화칼륨(K_2O_2)
    2) **과산화나트륨(Na_2O_2)**
    3) 과산화리튬(Li_2O_2)

31 위험물안전관리법령에서 정한 다음의 소화설비 중 능력단위가 가장 큰 것은?

① 팽창진주암 160L(삽 1개 포함)

② 수조 80L(소화전용 물통 3개 포함)

③ 마른 모래 50L(삽 1개 포함)

④ 팽창질석 160L(삽 1개 포함)

≫ 기타 소화설비의 능력단위

소화설비	용 량	능력단위
소화전용 물통	8L	0.3
수조 **(소화전용 물통 3개 포함)**	80L	1.5
수조 (소화전용 물통 6개 포함)	190L	2.5
마른 모래 (삽 1개 포함)	50L	0.5
팽창질석 또는 팽창진주암 (삽 1개 포함)	160L	1.0

32 위험물안전관리법령상 이산화탄소소화기가 적응성이 있는 위험물은?

① 트라이나이트로톨루엔

② 과산화나트륨

③ 철분

④ 인화성 고체

》 이산화탄소소화기는 〈보기〉의 물질 중 ④ 인화성 고체에는 적응성이 있으나 그 외의 물질에는 적응성이 없다.
① 트라이나이트로톨루엔 : 제5류 위험물
② 과산화나트륨 : 제1류 위험물 중 알칼리금속의 과산화물
③ 철분 : 제2류 위험물

대상물의 구분 (소화설비의 구분)	건축물·그 밖의 공작물	전기설비	제1류 위험물 알칼리금속의 과산화물등	제1류 위험물 그 밖의 것	제2류 위험물 철분·금속분·마그네슘 등	제2류 위험물 인화성 고체	제2류 위험물 그 밖의 것	제3류 위험물 금수성물품	제3류 위험물 그 밖의 것	제4류 위험물	제5류 위험물	제6류 위험물
봉상수(棒狀水)소화기	○			○		○	○		○		○	○
무상수(霧狀水)소화기	○	○		○		○	○		○		○	○
봉상강화액소화기	○			○		○	○		○		○	○
무상강화액소화기	○	○		○		○	○		○	○	○	○
포소화기	○			○		○	○		○	○	○	○
이산화탄소소화기		○	×		×	◎				○	×	△
할로젠화합물소화기		○				○				○		
인산염류소화기	○	○		○		○	○			○		○
탄산수소염류소화기		○	○		○	○		○		○		
그 밖의 것			○		○			○				

좌측 구분: 대형·소형 수동식 소화기 / 분말소화기

33 양초(파라핀)의 연소형태는?

① 표면연소
② 분해연소
③ 자기연소
④ 증발연소

》 양초의 연소형태는 증발연소이다.

Check **고체의 연소형태**
(1) 표면연소 : 목탄(숯), 코크스, 금속분
(2) 분해연소 : 목재, 종이, 석탄, 플라스틱
(3) 자기연소 : 제5류 위험물
(4) 증발연소 : 황, 나프탈렌, **양초**(파라핀)

34 다음은 분말소화약제의 분해반응식이다. ( ) 안에 알맞은 것은?

$$2NaHCO_3 \rightarrow (\quad) + CO_2 + H_2O$$

① $2NaCO$
② $2NaCO_2$
③ Na_2CO_3
④ Na_2CO_4

》 제1종 분말소화약제가 열분해할 때에는 2몰의 $NaHCO_3$(탄산수소나트륨)이 분해하여 Na_2CO_3(탄산나트륨)과 이산화탄소(CO_2), 그리고 H_2O(수증기)를 모두 1몰씩 발생시킨다.

35 제5류 위험물의 화재 시 일반적인 조치사항으로 알맞은 것은?

① 분말소화약제를 이용한 질식소화가 효과적이다.
② 할로젠화합물소화약제를 이용한 냉각소화가 효과적이다.
③ 이산화탄소를 이용한 질식소화가 효과적이다.
④ 다량의 주수에 의한 냉각소화가 효과적이다.

》 제5류 위험물은 자기반응성 물질로서 자체적으로 가연물과 함께 산소공급원을 포함하고 있으므로 산소를 제거하는 방법인 질식소화는 효과가 없고 **다량의 주수에 의한 냉각소화가 효과적**이다.

36 인화알루미늄의 화재 시 주수소화를 하면 발생하는 가연성 기체는?

① 아세틸렌
② 메테인
③ 포스겐
④ 포스핀

》 제3류 위험물인 인화알루미늄(AlP)은 물과 반응 시 수산화알루미늄[Al(OH)₃]과 함께 독성이면서 가연성인 포스핀(PH₃)가스를 발생한다.
• 인화알루미늄의 물과의 반응식
  $AlP + 3H_2O \rightarrow Al(OH)_3 + PH_3$

정답 33. ④ 34. ③ 35. ④ 36. ④

〈보기〉③의 포스겐($COCl_2$)은 할로젠화합물소화약제의 종류인 사염화탄소(CCl_4)가 물과 반응하거나 연소할 때 발생하는 독성가스이다.

• 사염화탄소와 물과의 반응식
$CCl_4 + H_2O \rightarrow COCl_2 + 2HCl$

• 사염화탄소의 연소반응식
$2CCl_4 + O_2 \rightarrow 2COCl_2 + 2Cl_2$

37 제6류 위험물인 질산에 대한 설명으로 틀린 것은?

① 강산이다.
② 물과 접촉 시 발열한다.
③ 불연성 물질이다.
④ 열분해 시 수소를 발생한다.

» 제6류 위험물인 질산(HNO_3)은 열분해 시 물(H_2O), 적갈색 기체인 이산화질소(NO_2), 그리고 산소(O_2)를 발생하며 **수소(H_2)는 발생하지 않는다.**

> ⚙ **Tip**
>
> 제1류 위험물 또는 제6류 위험물과 같은 산화성 물질은 열분해 시 공통적으로 산소를 발생하며 어떠한 경우라도 폭발성 가스인 수소는 발생하지 않습니다.

38 위험물제조소등에 설치하는 포소화설비에 있어서 포헤드방식의 포헤드는 방호대상물의 표면적(m^2) 얼마당 1개 이상의 헤드를 설치하여야 하는가?

① 3
② 6
③ 9
④ 12

» 포소화설비의 포헤드방식의 포헤드는 **방호대상물의 표면적 $9m^2$당 1개 이상의 헤드**를, 방호대상물의 표면적 $1m^2$당 방사량이 6.5L/min 이상으로 방사할 수 있도록 설치하고, 방사구역은 $100m^2$ 이상(방호대상물의 표면적이 $100m^2$ 미만인 경우에는 당해 표면적)으로 한다.

39 위험물제조소의 환기설비의 설치기준으로 옳지 않은 것은?

① 환기구는 지붕 위 또는 지상 2m 이상의 높이에 설치할 것
② 급기구는 바닥면적 $150m^2$마다 1개 이상으로 할 것
③ 환기는 자연배기방식으로 할 것
④ 급기구는 높은 곳에 설치하고 인화방지망을 설치할 것

» 위험물제조소의 환기설비의 설치기준
① 환기구는 지붕 위 또는 지상 2m 이상의 높이에 설치할 것
② 급기구는 바닥면적 $150m^2$마다 1개 이상으로 하고 그 크기는 $800cm^2$ 이상으로 할 것
③ 환기는 자연배기방식으로 할 것
④ **급기구는 낮은 곳에 설치**하고 인화방지망을 설치할 것

40 분말소화약제인 탄산수소나트륨 10kg이 1기압, 270℃에서 방사되었을 때 발생하는 이산화탄소의 양은 약 몇 m^3인가?

① 2.65
② 3.65
③ 18.22
④ 36.44

» 탄산수소나트륨($NaHCO_3$)의 분자량은 23(Na)g + 1(H)g + 12(C)g + 16(O)g × 3 = 84g이다. 아래의 분해반응식에서 알 수 있듯이 탄산수소나트륨($NaHCO_3$) 2몰, 즉 2×84g을 분해시키면 이산화탄소(CO_2) 1몰이 발생하는데 〈문제〉에서와 같이 탄산수소나트륨($NaHCO_3$) 10kg, 즉 10,000g을 분해시키면 이산화탄소가 몇 몰 발생하는가를 다음과 같이 비례식을 이용해 구할 수 있다.

• 탄산수소나트륨의 분해반응식
$2NaHCO_3 \rightarrow Na_2CO_3 + H_2O + CO_2$

2 × 84g ─────── 1몰
10,000g ─────── x몰

$2 \times 84 \times x = 10,000 \times 1$
$x = 59.52$몰이다.

〈문제〉의 조건은 여기서 발생한 이산화탄소 59.52몰은 1기압, 270℃에서 부피가 몇 m^3인가를 구하는 것이므로 다음과 같이 이상기체상태방정식을 이용해 구할 수 있다.

$PV = nRT$

여기서, P : 압력 = 1기압

V : 부피 = V(L)

n : 몰수 = 59.52mol

R : 이상기체상수

= 0.082기압 · L/K · mol

T : 절대온도(273 + 실제온도)(K)

= 273 + 270K

$1 \times V = 59.52 \times 0.082 \times (273 + 270)$

$V = 2,650$L = 2.65m^3이다.

제3과목　위험물의 성질과 취급

41 위험물안전관리법령에 따른 위험물제조소의 안전거리 기준으로 틀린 것은?

① 주택으로부터 10m 이상

② 학교, 병원, 극장으로부터 30m 이상

③ 유형문화재와 기념물 중 지정문화재로부터는 70m 이상

④ 고압가스등을 저장·취급하는 시설로부터는 20m 이상

》 위험물제조소의 안전거리

1) 주거용 건축물(제조소의 동일부지 외에 있는 것) : 10m 이상

2) 학교, 병원, 극장(300명 이상), 다수인 수용시설 : 30m 이상

3) **유형문화재와 기념물 중 지정문화재 : 50m 이상**

4) 고압가스, 액화석유가스 등의 저장·취급 시설 : 20m 이상

5) 사용전압 7,000V 초과 35,000V 이하의 특고압가공전선 : 3m 이상

6) 사용전압 35,000V를 초과하는 특고압가공전선 : 5m 이상

🔧 **Tip**

제6류 위험물을 취급하는 제조소등의 경우는 모든 대상에 대해 안전거리를 제외할 수 있습니다.

42 다음 중 탄화칼슘과 물이 반응하였을 때 생성가스는 어느 것인가?

① C_2H_2

② C_2H_4

③ C_2H_6

④ CH_4

》 제3류 위험물인 탄화칼슘(CaC_2)은 물과 반응 시 수산화칼슘[$Ca(OH)_2$]과 함께 가연성인 아세틸렌(C_2H_2)가스를 발생한다.

• 탄화칼슘의 물과의 반응식

$CaC_2 + 2H_2O \rightarrow Ca(OH)_2 + C_2H_2$

43 과산화수소의 성질 및 취급방법에 관한 설명 중 틀린 것은?

① 햇빛에 의하여 분해한다.

② 인산, 요산 등의 분해방지 안정제를 넣는다.

③ 저장용기는 공기가 통하지 않게 마개로 꼭 막아둔다.

④ 에탄올에 녹는다.

》 ① 햇빛에 분해하여 산소를 발생하기 때문에 이를 방지하기 위하여 갈색병에 보관한다.

② 인산, 요산 등의 분해방지 안정제를 첨가하여 저장한다.

③ 안정제를 첨가해야 할 만큼 불안정하기 때문에 스스로 분해하여 산소를 지속적으로 발생하고 그 산소의 압력으로 인해 용기가 파손될 수 있으므로 **용기 마개에 미세한 구멍을 뚫어 저장한다.**

④ 물, 에터, 에탄올에는 녹고, 벤젠 및 석유에는 녹지 않는다.

44 트라이나이트로페놀의 성질에 대한 설명 중 틀린 것은?

① 폭발에 대비하여 철, 구리로 만든 용기에 저장한다.

② 휘황색을 띤 침상결정이다.

③ 비중이 약 1.8로 물보다 무겁다.

④ 단독으로는 충격, 마찰에 둔감한 편이다.

≫ ① **철** 또는 **구리** 등의 금속과 반응 시 피크린산
  염을 생성하여 **위험성이 커지므로** 금속 재질
  인 용기의 사용은 피해야 한다.
② 결정이 뾰족한 형상인 휘황색의 침상결정
  이다.
③ 물보다 1.82배 더 무겁다.
④ 단독으로 존재할 경우 충격, 마찰에 둔감하다.

45 위험물 운반용기 외부에 수납하는 위험물의
종류에 따라 표시하는 주의사항을 올바르게
연결한 것은?

① 염소산칼륨 – 물기주의
② 철분 – 물기주의
③ 아세톤 – 화기엄금
④ 질산 – 화기엄금

≫ ① 염소산칼륨(제1류 위험물) – 화기·충격주의,
  가연물접촉주의
② 철분(제2류 위험물) – 화기주의, 물기엄금
③ **아세톤(제4류 위험물) – 화기엄금**
④ 질산(제6류 위험물) – 가연물접촉주의

Check 운반용기 외부에 표시해야 하는 주의사항

유별	품명	운반용기에 표시하는 주의사항
제1류	알칼리금속의 과산화물	화기·충격주의, 가연물접촉주의, 물기엄금
	그 밖의 것	화기·충격주의, 가연물접촉주의
제2류	철분, 금속분, 마그네슘	화기주의, 물기엄금
	인화성 고체	화기엄금
	그 밖의 것	화기주의
제3류	금수성 물질	물기엄금
	자연발화성 물질	화기엄금, 공기접촉엄금
제4류	**인화성 액체**	**화기엄금**
제5류	자기반응성 물질	화기엄금, 충격주의
제6류	산화성 액체	가연물접촉주의

46 다음과 같은 타원형 탱크의 내용적은 약 몇
m³인가?

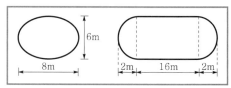

① 453
② 553
③ 653
④ 753

≫ 양쪽이 볼록한 타원형 탱크의 내용적(V)을 구하
는 공식은 다음과 같다.

$$V = \frac{\pi ab}{4}\left(l + \frac{l_1 + l_2}{3}\right)$$

여기서, $a = 8m$
$b = 6m$
$l = 16m$
$l_1 = 2m$
$l_2 = 2m$

$$V = \frac{\pi \times 8 \times 6}{4}\left(16 + \frac{2+2}{3}\right) = 653m^3$$

47 위험물안전관리법령상 제4류 위험물 옥외저
장탱크의 대기밸브부착 통기관은 몇 kPa 이
하의 압력 차이로 작동할 수 있어야 하는가?

① 2
② 3
③ 4
④ 5

≫ 제4류 위험물 옥외저장탱크의 대기밸브부착 통
기관은 5kPa 이하의 압력 차이로 작동할 수 있
어야 한다.

Check

대기밸브부착 통기관 또는 밸브 없는 통기관은 제4류
위험물을 저장하는 옥외저장탱크 중 압력탱크 외의
탱크에 설치해야 하며, 옥외저장탱크가 압력탱크라면
이들 통기관이 아닌 안전장치를 설치한다.

48 위험물안전관리법령상 운반 시 적재하는 위험물에 차광성이 있는 피복으로 가리지 않아도 되는 것은?

① 제2류 위험물 중 철분
② 제4류 위험물 중 특수인화물
③ 제5류 위험물
④ 제6류 위험물

≫ 1) 운반 시 차광성 피복으로 가려야 하는 위험물
　　㉠ 제1류 위험물
　　㉡ 제3류 위험물 중 자연발화성 물질
　　㉢ 제4류 위험물 중 특수인화물
　　㉣ 제5류 위험물
　　㉤ 제6류 위험물
　2) 운반 시 **방수성 피복**으로 가려야 하는 위험물
　　㉠ 제1류 위험물 중 알칼리금속의 과산화물
　　㉡ **제2류 위험물 중 철분**, 금속분, 마그네슘
　　㉢ 제3류 위험물 중 금수성 물질

🔹 **Tip**

제1류 위험물 중 알칼리금속의 과산화물은 방수성 피복으로 가려야 하는 위험물이지만 차광성 피복으로 가려야 하는 제1류 위험물에도 속하므로 이는 차광성 피복과 방수성 피복을 모두 사용해야 하는 위험물에 속합니다.

49 위험물안전관리법령상 제1석유류에 속하지 않는 것은?

① CH_3COCH_3
② C_6H_6
③ $CH_3COC_2H_5$
④ CH_3COOH

≫ ① CH_3COCH_3(아세톤) : 제1석유류
② C_6H_6(벤젠) : 제1석유류
③ $CH_3COC_2H_5$(메틸에틸케톤) : 제1석유류
④ **CH_3COOH(아세트산) : 제2석유류**

50 위험물안전관리법령상 위험물 운반 시에 혼재가 금지된 위험물로 이루어진 것은? (단, 지정수량의 1/10 초과이다.)

① 과산화나트륨과 황
② 황과 과산화벤조일
③ 황린과 휘발유
④ 과염소산과 과산화나트륨

≫ ① **과산화나트륨(제1류 위험물)과 황(제2류 위험물) : 혼재 불가능**
② 황(제2류 위험물)과 과산화벤조일(제5류 위험물) : 혼재 가능
③ 황린(제3류 위험물)과 휘발유(제4류 위험물) : 혼재 가능
④ 과염소산(제6류 위험물)과 과산화나트륨(제1류 위험물) : 혼재 가능

Check **위험물 운반에 관한 혼재기준**

423, 524, 61의 숫자 조합으로 표를 만들 수 있다.

위험물의 구분	제1류	제2류	제3류	제4류	제5류	제6류
제1류		×	×	×	×	○
제2류	×		×	○	○	×
제3류	×	×		○	×	×
제4류	×	○	○		○	×
제5류	×	○	×	○		×
제6류	○	×	×	×	×	

※ 단, 지정수량의 1/10 이하의 양에 대해서는 이 기준을 적용하지 않는다.

51 다음 중 오황화인에 관한 설명으로 옳은 것은 어느 것인가?

① 물과 반응하면 불연성 기체가 발생된다.
② 담황색 결정으로서 흡습성과 조해성이 있다.
③ P_5S_2로 표현되며 물에 녹지 않는다.
④ 공기 중에서 자연발화 한다.

≫ ① 물과 반응하면 황화수소(H_2S)라는 가연성이면서 독성인 기체가 발생된다.
② 황화인의 종류 중 하나로 **담황색 결정이며, 흡습성과 조해성**이 있다.
③ 황(S)이 5개 있기 때문에 오황화인이라 불리고, 화학식은 P_2S_5이며 물에 잘 녹는 물질이다.
④ 발화점이 142℃이므로 공기 중에서 자연발화하지 않는다.

52 가솔린 저장량이 2,000L일 때 소화설비 설치를 위한 소요단위는?

① 1
② 2
③ 3
④ 4

➤➤ 가솔린은 제4류 위험물 중 제1석유류 비수용성
으로 지정수량은 200L이며, 위험물의 1소요단
위는 지정수량의 10배이므로 가솔린 2,000L는
1소요단위이다.

53 다음 중 동식물유류에 대한 설명으로 틀린 것
은 어느 것인가?

① 아이오딘화 값이 작을수록 자연발화의
위험성이 높아진다.

② 아이오딘화 값이 130 이상인 것은 건성유
이다.

③ 건성유에는 아마인유, 들기름 등이 있다.

④ 인화점이 물의 비점보다 낮은 것도 있다.

➤➤ ① 건성유는 아이오딘화 값이 130 이상으로 동
식물유류 중 가장 크고, **아이오딘화 값이 클
수록 자연발화의 위험성도 높아진다.**
② 아이오딘화 값이 130 이상인 것은 건성유,
100에서 130인 것은 반건성유, 100 이하인
것은 불건성유이다.
③ 건성유에는 동유, 해바라기유, 아마인유, 들
기름 등이 있다.
④ 동식물유류의 인화점은 250℃ 미만이므로
물의 비점인 100℃보다 낮은 것도 있다.

54 다음 ⓐ~ⓒ 물질 중 위험물안전관리법령상
제6류 위험물에 해당하는 것은 모두 몇 개
인가?

| ⓐ 비중 1.49인 질산 |
| ⓑ 비중 1.7인 과염소산 |
| ⓒ 물 60g＋과산화수소 40g 혼합수용액 |

① 1개   ② 2개
③ 3개   ④ 없음

➤➤ 제6류 위험물의 조건
ⓐ 비중 1.49인 질산은 제6류 위험물에 속한다.
ⓑ 과염소산은 비중에 상관없이 모두 제6류 위
험물에 속한다.
ⓒ 과산화수소가 제6류 위험물이 되는 조건은
농도가 36중량% 이상인 것이다. 〈문제〉의
조건과 같은 물 60g과 과산화수소 40g의 혼
합수용액은 물과 과산화수소의 혼합액 100g
중 과산화수소가 40g 혼합된 상태를 말한다.
따라서 이 수용액은 농도가 40중량%인 과산
화수소이므로 제6류 위험물에 속한다.

55 휘발유를 저장하던 이동저장탱크에 탱크의
상부로부터 등유나 경유를 주입할 때 액표면
이 주입관의 선단을 넘는 높이가 될 때까지
그 주입관 내의 유속을 몇 m/s 이하로 해야
하는가?

① 1   ② 2
③ 3   ④ 5

➤➤ 휘발유를 저장하던 이동저장탱크에 탱크의 상부
로부터 등유나 경유를 주입할 때 액표면이 주입
관의 선단을 넘는 높이가 될 때까지 그 주입관
내의 **유속은 1m/s 이하**로 해야 한다.

56 다음 위험물 중 물에 가장 잘 녹는 것은?

① 적린   ② 황
③ 벤젠   ④ 아세톤

➤➤ 아세톤(CH_3COCH_3)은 제4류 위험물 중 제1석유
류에 속하는 대표적인 수용성 물질이다.

57 위험물안전관리법령에 근거한 위험물 운반
및 수납 시 주의사항 설명 중 틀린 것은?

① 위험물을 수납하는 용기는 위험물이 누
설되지 않게 밀봉시켜야 한다.

② 온도 변화로 가스가 발생해 운반용기 안
의 압력이 상승할 우려가 있는 경우(발
생한 가스가 위험성이 있는 경우 제외)
에는 가스 배출구가 설치된 운반용기에
수납할 수 있다.

③ 액체위험물은 운반용기 내용적의 98%
이하의 수납률로 수납하되 55℃의 온도
에서 누설되지 아니하도록 충분한 공간
용적을 유지하도록 해야 한다.

④ 고체위험물은 운반용기 내용적의 98%
이하의 수납률로 수납하여야 한다.

➤➤ 운반용기의 수납률
1) **고체위험물 : 운반용기 내용적의 95% 이하**
2) 액체위험물 : 운반용기 내용적의 98% 이하
(55℃에서 누설되지 않도록 공간용적 유지)
3) 알킬알루미늄등 : 운반용기 내용적의 90%
이하(50℃에서 5% 이상의 공간용적 유지)

정답 53. ① 54. ③ 55. ① 56. ④ 57. ④

58 황린을 공기를 차단하고 몇 ℃ 정도로 가열하면 적린이 되는가?

① 150　　　　② 260

③ 300　　　　④ 360

>> 황린(P_4)을 공기를 차단하고 약 250~260℃로 가열하면 적린(P)이 된다.

59 다음 중 제2석유류에 해당하는 위험물은?

① 염화아세틸　　② 콜로디온

③ 아크릴산　　　④ 염화벤조일

>> ① 염화아세틸 : 제1석유류
　　　　　　　　(지정수량 200L, 비수용성)
② 콜로디온 : 제1석유류
　　　　　　　(지정수량 200L, 비수용성)
③ 아크릴산 : 제2석유류
　　　　　　　(지정수량 2,000L, 수용성)
④ 염화벤조일 : 제3석유류
　　　　　　　　(지정수량 2,000L, 비수용성)

60 다음 중 인화점이 가장 낮은 위험물은 어느 것인가?

① 다이에틸에터

② 아세트알데하이드

③ 산화프로필렌

④ 아이소펜테인

>> 인화점
① 다이에틸에터 : -45℃
② 아세트알데하이드 : -38℃
③ 산화프로필렌 : -37℃
④ 아이소펜테인 : -51℃

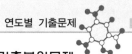

CBT 기출복원문제

2023 제2회 위험물산업기사

2023년 5월 13일 시행

---

01 다음 중 전자배치가 다른 것은?

① Ar
② F⁻
③ Na⁺
④ Ne

≫ 원소의 전자배치(전자수)는 원자번호와 같다.
① Ar(아르곤)은 원자번호가 18번이므로 **전자수도 18개이다.**
② F(플루오린)은 원자번호가 9번이므로 전자수도 9개이지만, F⁻는 전자를 1개 얻은 상태이므로 F⁻의 전자수는 10개이다.
③ Na(나트륨)은 원자번호가 11번이므로 전자수도 11개이지만, Na⁺은 전자를 1개 잃은 상태이므로 Na⁺의 전자수는 10개이다.
④ Ne(네온)은 원자번호가 10번이므로 전자수도 10개이다.

02 물 36g을 모두 증발시키면 수증기가 차지하는 부피는 표준상태를 기준으로 몇 L인가?

① 11.2L
② 22.4L
③ 33.6L
④ 44.8L

≫ 물(H_2O)은 1(H)g×2 + 16(O)g = 18g이 1몰이므로 물(수증기) 36g은 2몰이다. 또한 표준상태에서 모든 기체 1몰의 부피는 22.4L이므로 수증기 2몰의 부피는 2×22.4L = 44.8L이다.

03 물 500g 중에 설탕($C_{12}H_{22}O_{11}$) 171g이 녹아 있는 설탕물의 몰랄농도는?

① 2.0
② 1.5
③ 1.0
④ 0.5

≫ 몰랄농도란 용매(물) 1,000g에 녹아 있는 용질(설탕)의 몰수를 말한다. 설탕($C_{12}H_{22}O_{11}$) 1mol의 분자량은 12(C)g×12+1(H)g×22+16(O)g×11 = 342g이므로 설탕 171g은 0.5몰이다. 〈문제〉는 물 500g에 설탕이 0.5몰 녹아 있는 상태이므로 이는 물 1,000g에 설탕이 1몰 녹아 있는 것과 같으므로 이 상태의 몰랄농도는 1이다.

04 다음 밑줄 친 원소 중 산화수가 +5인 것은 어느 것인가?

① Na₂<u>Cr</u>₂O₇
② K₂<u>S</u>O₄
③ K<u>N</u>O₃
④ <u>Cr</u>O₃

PLAY ▶ 풀이

≫ ① Na₂<u>Cr</u>₂O₇에서 Cr이 2개이므로 Cr₂를 +2x로 두고 Na의 원자가 +1에 개수 2를 곱하고 O의 원자가 −2에 개수 7을 곱한 후 그 합을 0으로 하였을 때 그 때의 x의 값이 산화수이다.

Na₂　Cr₂　O₇
$+1 \times 2 + 2x - 2 \times 7 = 0$
$+2x - 12 = 0$
$x = +6$이므로 Cr의 산화수는 +6이다.

② K₂<u>S</u>O₄에서 S를 +x로 두고 K의 원자가 +1에 개수 2를 곱하고 O의 원자가 −2에 개수 4를 곱한 후 그 합을 0으로 하였을 때 그 때의 x의 값이 산화수이다.

K₂　S　O₄
$+1 \times 2 + x - 2 \times 4 = 0$
$+x - 6 = 0$
x는 +6이므로 S의 산화수는 +6이다.

③ K<u>N</u>O₃에서 N을 +x로 두고 K의 원자가 +1을 더한 후 O의 원자가 −2에 개수 3을 곱한 값의 합을 0으로 하였을 때 그 때의 x의 값이 산화수이다.

K　N　O₃
$+1 + x - 2 \times 3 = 0$
$+x - 5 = 0$
x는 +5이므로 **N의 산화수는 +5이다.**

④ <u>Cr</u>O₃에서 Cr을 +x로 두고 O의 원자가 −2에 개수 3을 곱한 후 그 합을 0으로 하였을 때 그 때의 x의 값이 산화수이다.

Cr　O₃
$+x - 2 \times 3 = 0$
$+x - 6 = 0$
$x = +6$이므로 Cr의 산화수는 +6이다.

정답 01. ① 02. ④ 03. ③ 04. ③

05 sp^3 혼성오비탈을 가지고 있는 것은?

① BF_3　　　　② $BeCl_2$

③ C_2H_4　　　　④ CH_4

≫ 혼성궤도함수(혼성오비탈)란 다음과 같이 전자 2개로 채워진 오비탈을 그 명칭과 개수로 표시한 것을 말한다.

① BF_3 : B는 원자가가 +3이므로 다음 그림과 같이 s오비탈과 p오비탈에 각각 3개의 전자를 '•' 표시로 채우고 F는 원자가가 −1인데 총 개수는 3개이므로 p오비탈에 3개의 전자를 'x' 표시로 채우면 s오비탈 1개와 p오비탈 2개에 전자들이 채워진다. 따라서 BF_3의 혼성궤도함수는 sp^2이다.

s	p		
••	•x	xx	

② $BeCl_2$: Be는 원자가가 +2이므로 다음 그림과 같이 s오비탈에 2개의 전자를 '•' 표시로 채우고 Cl은 원자가가 −1인데 총 개수는 2개이므로 p오비탈에 2개의 전자를 'x' 표시로 채우면 s오비탈 1개와 p오비탈 1개에 전자들이 채워진다. 따라서 $BeCl_2$의 혼성궤도함수는 sp이다.

s	p		
••	xx		

③ C_2H_4 : C가 2개 이상 존재하는 물질의 경우에는 전자 2개로 채워진 오비탈의 명칭을 읽어주는 방법으로는 문제를 해결하기 힘들기 때문에 C_2H_4의 혼성궤도함수는 sp^2로 암기한다.

④ CH_4 : C는 원자가가 +4이므로 다음 그림과 같이 s오비탈과 p오비탈에 각각 4개의 전자를 '•' 표시로 채우고 H는 원자가가 +1인데 총 개수는 4개이므로 p오비탈에 4개의 전자를 'x' 표시로 채우면 **s오비탈 1개와 p오비탈 3개**에 2개의 전자들이 채워진다. 따라서 CH_4의 혼성궤도함수는 sp^3이다.

s	p		
••	•x	•x	xx

06 다음 중 수용액의 pH가 가장 작은 것은?

① 0.01N HCl

② 0.1N HCl

③ 0.01N CH_3COOH

④ 0.1N NaOH

≫ 물질이 H를 가지고 있는 경우에는 pH = $-\log[H^+]$의 공식을 이용해 수소이온지수(pH)를 구할 수 있고, 물질이 OH를 가지고 있는 경우에는 pOH = $-\log[OH^-]$의 공식을 이용해 수산화이온지수(pOH)를 구할 수 있다.

① H를 가진 HCl의 농도 $[H^+]$ = 0.01N이므로 pH = $-\log 0.01$ = $-\log 10^{-2}$ = 2이다.

② H를 가진 HCl의 농도 $[H^+]$ = 0.1N이므로 **pH** = $-\log 0.1$ = $-\log 10^{-1}$ = **1**이다.

③ H를 가진 CH_3COOH의 농도 $[H^+]$ = 0.01N이므로 pH = $-\log 0.01$ = $-\log 10^{-2}$ = 2이다.

④ OH를 가진 NaOH의 농도는 $[OH^-]$ = 0.1N이므로 pOH = $-\log 0.1$ = $-\log 10^{-1}$ = 1인데, 〈문제〉는 pOH가 아닌 pH를 구하는 것이므로 pH + pOH = 14의 공식을 이용하여 다음과 같이 pH를 구할 수 있다.

pH = 14 − pOH = 14 − 1 = 13

07 최외각전자가 2개 또는 8개로서 불활성인 것은?

① Na과 Br　　　② N와 Cl

③ C와 B　　　　④ He와 Ne

≫ 최외각전자수가 2개 또는 8개라면 0족이라 불리는 불활성 기체족을 말한다. 이 중 헬륨(He)의 최외각전자수는 2개이며, 네온(Ne), 아르곤(Ar) 등의 최외각전자수는 8개이다.

08 다음의 반응에서 환원제로 쓰인 것은?

$$MnO_2 + 4HCl \rightarrow MnCl_2 + 2H_2O + Cl_2$$

① Cl_2　　　　② $MnCl_2$

③ HCl　　　　④ MnO_2

≫ 환원제란 산화제로부터 산소를 받아들여 자신이 직접 탈 수 있는 가연물을 의미하며, 산화제란 자신이 포함하고 있는 산소를 환원제(가연물)에게 공급해 주는 물질을 의미한다. 반응식에서 환원제 또는 산화제의 역할을 하는 물질은 반응 전의 물질들 중에서 결정되며 반응 후의 물질들은 단지 생성물의 의미만 갖는다.

따라서 반응 전의 물질인 MnO_2과 HCl 중에 산소를 포함하고 있는 MnO_2가 산화제가 되고, 이 산화제와 반응하고 있는 **HCl은 환원제가 되며**, $MnCl_2$와 H_2O와 Cl_2은 산화제도 아니고 환원제도 아닌 이 반응의 생성물들이다.

09 CH_4 16g 중에는 C가 몇 mol 포함되었는가?

① 1　　　　　② 4

③ 16　　　　④ 22.4

≫ CH_4(메테인) 1mol의 분자량은 12(C)g + 1(H)g × 4 = 16g이며, 이 중에는 **C원자**가 1개 즉, **1몰** 포함되어 있고 H원자는 4개 즉, 4몰 포함되어 있다.

10 포화탄화수소에 해당하는 것은?

① 톨루엔　　　② 에틸렌

③ 프로페인　　④ 아세틸렌

≫ 포화탄화수소란 탄소의 고리에 수소가 가득 차 있는 포화상태의 단일결합물질을 말하고, 불포화탄화수소는 탄소의 고리에 수소를 다 채우지 못한 불포화상태의 이중결합(＝) 또는 삼중결합(≡) 물질을 말한다.
① 톨루엔($C_6H_5CH_3$) : 벤젠에 메틸(CH_3)기를 치환시킨 것으로 이중결합(＝)을 갖는 불포화탄화수소이다.

② 에틸렌(C_2H_4) : C와 C가 서로 2중결합(＝)으로 연결되어 있는 불포화탄화수소이다.

H H
| |
C＝C
| |
H H

③ 프로페인(C_3H_8) : 탄소와 수소가 모두 **단일결합으로 연결되어 있는 포화탄화수소**이다.

④ 아세틸렌(C_2H_4) : C와 C가 서로 3중결합(≡)으로 연결되어 있는 불포화탄화수소이다.

H－C≡C－H

11 다음 화합물의 0.1mol 수용액 중에서 가장 약한 산성을 나타내는 것은?

① H_2SO_4

② HCl

③ CH_3COOH

④ HNO_3

≫ 질산(HNO_3), 황산(H_2SO_4), 염산(HCl)은 강한 산성 물질로서 3대 강산으로 분류되며, 아세트산(CH_3COOH)은 약한 산성 물질이다.

12 $[OH^-]$ = 1×10^{-5}mol/L인 용액의 pH와 액성으로 옳은 것은?

① pH = 5, 산성

② pH = 5, 알칼리성

③ pH = 9, 산성

④ pH = 9, 알칼리성

≫ 수소이온($[H^+]$)의 농도가 주어지는 경우에는 pH = $-\log[H^+]$의 공식을 이용해 수소이온지수(pH)를 구해야 하고, 수산화이온($[OH^-]$)의 농도가 주어지는 경우에는 pOH = $-\log[OH^-]$의 공식을 이용해 수산화이온지수(pOH)를 구해야 한다. 〈문제〉에서는 $[OH^-]$가 10^{-5}으로 주어졌으므로 pOH = $-\log10^{-5}$ = 5임을 알 수 있지만 〈문제〉는 용액의 pH와 액성을 구하는 것이므로 pH+pOH = 14를 이용하여 다음과 같이 pH를 구할 수 있다.
pH = 14 − pOH
　　= 14 − 5
　　= 9
pH가 7인 용액은 중성이며, 7보다 크면 알칼리성, 7보다 작으면 산성이므로 **pH = 9인 용액의 액성은 알칼리성**이다.

13 다음과 같은 순서로 커지는 성질이 아닌 것은?

$$F_2 < Cl_2 < Br_2 < I_2$$

① 구성원자의 전기음성도

② 녹는점

③ 끓는점

④ 구성원자의 반지름

≫ F_2, Cl_2, Br_2, I_2는 주기율표에서 오른쪽에 위치한 할로젠원소들이다. 할로젠원소들은 원자번호가 작을수록 원소들의 전기음성도가 커져 화학적으로 활발하기 때문에 $F_2 < Cl_2 < Br_2 < I_2$의 순서에 따라 **전기음성도는 작아진다**. 그리고 플루오린(F_2)에서 아이오딘(I_2)쪽으로 갈수록 원자번호와 원자량이 증가하기 때문에 잘 녹지 않고 잘 끓지 않아 녹는점과 끓는점이 높아지고 원자의 반지름도 커진다.

14 30wt%인 진한 HCl의 비중은 1.1이다. 진한 HCl의 몰농도는 얼마인가? (단, HCl의 화학식량은 36.5이다.)

① 7.21

② 9.04

③ 11.36

④ 13.08

≫ %농도를 몰(M)농도로 나타내는 공식은 다음과 같다.

$$몰농도(M) = \frac{10 \cdot d \cdot s}{M}$$

여기서, d(비중) : 1.1
s(농도) : 30wt%
M(분자량) : 36.5g

따라서, HCL의 몰농도$(M) = \dfrac{10 \times 1.1 \times 30}{36.5}$

= 9.04이다.

15 다음 물질 중 동소체의 관계가 아닌 것은 어느 것인가?

① 흑연과 다이아몬드

② 산소와 오존

③ 수소와 중수소

④ 황린과 적린

≫ 동소체란 하나의 원소로만 구성된 것으로서 원자배열이 달라 그 성질은 다르지만 최종 생성물이 동일한 물질을 말한다.
① 흑연(C)과 다이아몬드(C) : 두 물질 모두 탄소(C) 하나로만 구성되어 있고 그 성질은 다르지만 연소시키면 둘 다 이산화탄소(CO_2)라는 동일한 물질을 발생한다.
② 산소(O_2)와 오존(O_3) : 두 물질 모두 산소(O) 하나로만 구성되어 있고 그 성질은 다르지만 연소시키면 둘 다 산소(O_2)라는 동일한 물질을 발생한다.
③ **수소(^{1}H)와 중수소(^{2}H) : 원자번호는 같지만 질량수가 다른 동위원소의 관계이다.**
④ 황린(P_4)과 적린(P) : 두 물질 모두 인(P) 하나로만 구성되어 있고 그 성질은 다르지만 연소시키면 둘 다 오산화인(P_2O_5)이라는 동일한 물질을 발생한다.

16 이상기체상수 R 값이 0.082라면 그 단위로 옳은 것은?

① $\dfrac{atm \cdot mol}{L \cdot K}$

② $\dfrac{mmHg \cdot mol}{L \cdot K}$

③ $\dfrac{atm \cdot L}{mol \cdot K}$

④ $\dfrac{mmHg \cdot L}{mol \cdot K}$

≫ $PV = nRT$의 식을 변형하면 이상기체상수 $R =$ $\dfrac{PV}{nT}$로 나타낼 수 있다.

여기서, 각 요소의 단위는 다음과 같다.
P(압력) : atm, V(부피) : L, n(몰수) : mol
T(절대온도 또는 캘빈온도) : K

따라서 R의 단위는 $\dfrac{atm \cdot L}{mol \cdot K}$이다.

17 산(acid)의 성질을 설명한 것 중 틀린 것은 어느 것인가?

① 수용액 속에서 H^+를 내는 화합물이다.

② pH 값이 작을수록 강산이다.

③ 금속과 반응하여 수소를 발생하는 것이 많다.

④ 붉은색 리트머스 종이를 푸르게 변화시킨다.

≫ ① 염산, 황산 등 산은 수용액 속에서 H^+를 낸다.
② pH 값은 7이 중성이며, 7보다 클수록 강한 염기성이고, 7보다 작을수록 강한 산이다.
③ 칼륨 또는 나트륨과 염산 등의 물질이 반응하면 수소를 발생한다.
④ 산과 염기를 구분하는 리트머스 종이는 청색과 적색의 2가지 종류가 있는데 **산성 물질**에 청색 리트머스 종이를 담그면 **청색 리트머스 종이는 적색으로 변하고**, 염기성 물질에 적색 리트머스 종이를 담그면 적색 리트머스 종이는 청색으로 변한다.

🔺톡톡튀는 암기법 리트머스 시험지를 사용하면 산(산성)에 불(적색)난다.

18 황산구리(Ⅱ) 수용액을 전기분해할 때 63.5g의 구리를 석출시키는 데 필요한 전기량은 몇 F인가? (단, Cu의 원자량은 63.5이다.)

① 0.635F   ② 1F

③ 2F   ④ 63.5F

≫ 1F(패럿)이란 물질 1g당량을 석출하는 데 필요한 전기량이다. 여기서, 1g당량이란 $\dfrac{원자량}{원자가}$ 인데 구리(Cu)는 원자량이 63.5g이고 원자가는 2가인 원소이기 때문에 구리의 1g당량은 $\dfrac{63.5}{2}$ = 31.75g이다. 즉, 구리 31.75g을 석출하는 데 필요한 전기량은 1F인데 〈문제〉는 2배의 구리의 양인 63.5g을 석출하는 데 필요한 전기량을 구하는 것이므로 2배의 전기량인 2F이 필요하다.

19 다음 중 파장이 가장 짧으면서 투과력이 가장 강한 것은?

① α – 선

② β – 선

③ γ – 선

④ X – 선

≫ **방사선의 투과력 세기**는 α < β < γ이므로, 파장이 가장 짧으면서 투과력이 가장 강한 것은 γ – 선이다.

20 다음 물질 1g을 1kg의 물에 녹였을 때 빙점강하가 가장 큰 것은? (단, 빙점강하 상수값(어는점 내림상수)은 동일하다고 가정한다.)

① CH_3OH

② C_2H_5OH

③ $C_3H_5(OH)_3$

④ $C_6H_{12}O_6$

≫ 빙점이란 어떤 용액이 얼기 시작하는 온도를 말하며, 강하란 내림 혹은 떨어진다라는 의미를 갖고 있다. 물에 어떤 물질을 녹인 용액의 빙점은 다음과 같이 빙점강하(ΔT) 공식을 이용하여 구할 수 있다.

$$\Delta T = \frac{1,000 \times w \times K_f}{M \times a}$$

여기서, w : 용질의 질량

K_f : 물의 어는점 내림상수

M : 용질의 분자량

a : 용매 물의 질량

이 식에서 빙점강하(Δt)는 M(분자량)과 반비례 관계이므로 분자량(M)이 적을수록 빙점강하는 크며, 〈보기〉의 물질들의 1mol의 분자량은 다음과 같다.

① CH_3OH : 12(C)g + 1(H)g × 3 + 16(O)g + 1(H)g = 32g

② C_2H_5OH : 12(C)g × 2 + 1(H)g × 5 + 16(O)g + 1(H)g = 46g

③ $C_3H_5(OH)_3$: 12(C)g × 3 + 1(H)g × 5 + (16(O)g + 1(H)g) × 3 = 92g

④ $C_6H_{12}O_6$: 12(C)g × 6 + 1(H)g × 12 + 16(O)g × 6 = 180g

이 중 ① CH_3OH은 분자량이 32g/mol로 가장 작으므로 빙점강하는 가장 크다.

제2과목 화재예방과 소화방법

21 가연물의 주된 연소형태에 대한 설명으로 옳지 않은 것은?

① 황의 연소형태는 증발연소이다.

② 목재의 연소형태는 분해연소이다.

③ 에터의 연소형태는 표면연소이다.

④ 숯의 연소형태는 표면연소이다.

≫ ③ 에터(다이에틸에터)는 제4류 위험물 중 특수인화물에 속하는 물질로서 연소형태는 증발연소이다.

Check 액체와 고체의 연소형태

(1) 액체의 연소형태의 종류와 물질

  ㉠ 증발연소 : 제4류 위험물 중 특수인화물, 제1석유류, 알코올류, 제2석유류 등

  ㉡ 분해연소 : 제4류 위험물 중 제3석유류, 제4석유류, 동식물유류 등

(2) 고체의 연소형태의 종류와 물질

  ㉠ 표면연소 : 코크스(탄소), 목탄(숯), 금속분 등

  ㉡ 분해연소 : 목재, 종이, 석탄, 플라스틱, 합성수지 등

  ㉢ 자기연소 : 제5류 위험물 등

  ㉣ 증발연소 : 황(S), 나프탈렌, 양초(파라핀) 등

22 할로젠화합물인 Halon 1301의 분자식은?

① CH_3Br

② CCl_4

③ CF_2Br_2

④ CF_3Br

>> 할로젠화합물 소화약제의 할론번호는 C-F-Cl-Br의 순서대로 각 원소의 개수를 나타낸 것이다. Halon 1301은 C 1개, F 3개, Cl 0개, Br 1개로 구성되므로 화학식 또는 분자식은 CF_3Br이다.

23 위험물제조소등에 설치하는 옥내소화전설비의 설명 중 틀린 것은?

① 개폐밸브 및 호스접속구는 바닥으로부터 1.5m 이하에 설치할 것

② 함의 표면에 "소화전"이라고 표시할 것

③ 축전지설비는 설치된 벽으로부터 0.2m 이상 이격할 것

④ 비상전원의 용량은 45분 이상일 것

>> ③ 옥내소화전설비의 비상전원을 축전지설비로 하는 경우 축전지설비는 설치된 실의 벽으로부터 0.1m 이상 이격해야 한다.

24 위험물제조소등에 설치하는 옥내소화전설비가 설치된 건축물에 옥내소화전이 1층에 5개, 2층에 6개가 설치되어 있다. 이 때 수원의 수량은 몇 m^3 이상으로 하여야 하는가?

① 19

② 29

③ 39

④ 47

>> 위험물제조소등에 설치된 옥내소화전설비의 수원의 양은 옥내소화전이 가장 많이 설치된 층의 옥내소화전의 설치개수(설치개수가 5개 이상이면 5개)에 7.8m^3를 곱한 값 이상의 양으로 정한다. 〈문제〉에서 2층의 옥내소화전 개수가 6개로 가장 많지만 개수가 5개 이상이면 5개를 7.8m^3에 곱해야 하므로 수원의 양은 5개×7.8m^3 = 39m^3이다.

Check
옥외소화전설비의 수원의 양은 옥외소화전의 설치개수(설치개수가 4개 이상이면 4개)에 13.5m^3를 곱한 값 이상의 양으로 한다.

25 C급 화재에 가장 적응성이 있는 소화설비는?

① 봉상강화액소화기

② 포소화기

③ 이산화탄소소화기

④ 스프링클러설비

>> 전기설비화재인 C급 화재에는 수분을 포함하는 소화약제를 사용하는 소화기는 사용할 수 없으며, 질식소화효과를 이용하는 소화기가 적응성이 있다. 〈보기〉 중에서는 이산화탄소소화기가 질식소화효과를 이용하는 소화기이며, 그 외의 것은 모두 냉각소화효과를 이용하는 소화기 또는 소화설비이다.

소화설비의 구분		건축물·그 밖의 공작물	전기설비	제1류 위험물 알칼리금속의 과산화물등	제1류 위험물 그 밖의 것	제2류 위험물 철분·금속분·마그네슘등	제2류 위험물 인화성고체	제2류 위험물 그 밖의 것	제3류 위험물 금수성물품	제3류 위험물 그 밖의 것	제4류 위험물	제5류 위험물	제6류 위험물
옥내소화전 또는 옥외소화전 설비		○			○		○	○		○		○	○
스프링클러설비		○	×		○		○	○		○	△	○	○
물분무등 소화설비	물분무 소화설비	○	○		○		○	○		○	○	○	○
	포소화설비	○			○		○	○		○	○	○	○
	불활성가스 소화설비		○				○				○		
	할로젠화합물 소화설비		○				○				○		
	분말소화설비 인산염류등	○	○		○		○	○			○		○
	분말소화설비 탄산수소염류등		○	○		○	○		○		○		
	분말소화설비 그 밖의 것			○		○			○				
대형·소형 수동식 소화기	봉상수(棒狀水)소화기	○	×		○		○	○		○		○	○
	무상수(霧狀水)소화기	○	○		○		○	○		○		○	○
	봉상강화액소화기	○			○		○	○		○		○	○
	무상강화액소화기	○	○		○		○	○		○	○	○	○
	포소화기	○	×		○		○	○		○	○	○	○
	이산화탄소소화기		◎				○				○		△
	할로젠화합물 소화기		○				○				○		
	분말소화기 인산염류소화기	○	○		○		○	○			○		○
	분말소화기 탄산수소염류소화기		○	○		○	○		○		○		
	분말소화기 그 밖의 것			○		○			○				

⚡Tip

무상수소화기와 무상강화액소화기는 소화약제가 물이라 하더라도 물을 안개형태로 흩어 뿌리기 때문에 질식소화효과가 있어 전기화재에 적응성이 있습니다.

26 다음 중 가연물이 될 수 있는 것은 어느 것 인가?

① CS_2

② H_2O_2

③ CO_2

④ He

≫ ① CS_2(이황화탄소) : 제4류 위험물 중 특수인화물에 속하는 **가연물**이다.
② H_2O_2(과산화수소) : 제6류 위험물이므로 자신은 불연성 물질이다.
③ CO_2(이산화탄소) : 소화약제로도 사용되는 불연성 물질이다.
④ He(헬륨) : 주기율표의 0족에 속하는 가스로서 어떤 물질과도 반응을 일으키지 않는 불활성 물질이다.

27 다음 중 물을 소화약제로 사용하는 장점이 아닌 것은?

① 구하기 쉽다.

② 취급이 간편하다.

③ 기화잠열이 크다.

④ 피연소물질에 대한 피해가 없다.

≫ 물은 구하기 쉽고 취급도 간편하면서 기화잠열이 커서 냉각소화에 효과가 있는 소화약제이지만, **소화 후 물로 인한 피연소물질에 대한 피해는 매우 큰 편이다.**

28 위험물안전관리법령상 마른 모래(삽 1개 포함) 50L의 능력단위는?

① 0.3

② 0.5

③ 1.0

④ 1.5

≫ 기타 소화설비의 능력단위

소화설비	용량	능력단위
소화전용 물통	8L	0.3
수조 (소화전용 물통 3개 포함)	80L	1.5
수조 (소화전용 물통 6개 포함)	190L	2.5
마른 모래 **(삽 1개 포함)**	**50L**	**0.5**
팽창질석 또는 팽창진주암 (삽 1개 포함)	160L	1.0

29 화재 발생 시 물을 사용하여 소화할 수 있는 물질은?

① K_2O_2

② CaC_2

③ Al_4C_3

④ P_4

≫ ① K_2O_2(과산화칼륨) : 제1류 위험물 중 알칼리금속의 과산화물에 속하는 물질로 물과 반응 시 수산화칼륨(KOH)과 함께 산소를 발생하므로 물로 소화하면 위험성이 커진다.
 • 과산화칼륨의 물과의 반응식
  $2K_2O_2 + 2H_2O \rightarrow 4KOH + O_2$
② CaC_2(탄화칼슘) : 제3류 위험물 중 금수성 물질로서 물과 반응 시 수산화칼슘[$Ca(OH)_2$]과 함께 가연성 가스인 아세틸렌(C_2H_2)을 발생하므로 물로 소화하면 위험성이 커진다.
 • 탄화칼슘의 물과의 반응식
  $CaC_2 + 2H_2O \rightarrow Ca(OH)_2 + C_2H_2$
③ Al_4C_3(탄화알루미늄) : 제3류 위험물 중 금수성 물질로서 물과 반응 시 수산화알루미늄[$Al(OH)_3$]과 함께 가연성 가스인 메테인(CH_4)을 발생하므로 물로 소화하면 위험성이 커진다.
 • 탄화알루미늄의 물과의 반응식
  $Al_4C_3 + 12H_2O \rightarrow 4Al(OH)_3 + 3CH_4$
④ P_4(황린) : 제3류 위험물 중 자연발화성 물질로 물속에 저장하는 위험물이며 화재 시에도 **물을 이용해 소화할 수 있는 물질**이다.

30 위험물제조소등에 설치하는 옥외소화전설비에 있어서 옥외소화전함은 옥외소화전으로부터 보행거리 몇 m 이하의 장소에 설치하는가?

① 2m

② 3m

③ 5m

④ 10m

》》 위험물제조소등에 설치하는 옥외소화전함은 옥외소화전으로부터 보행거리 5m 이하의 장소에 설치해야 한다.

31 화재발생 시 소화방법으로 공기를 차단하는 것이 효과가 있으며, 연소물질을 제거하거나 액체를 인화점 이하로 냉각시켜 소화할 수도 없는 위험물은?

① 제1류 위험물

② 제4류 위험물

③ 제5류 위험물

④ 제6류 위험물

》》 ① 제1류 위험물(알칼리금속의 과산화물 제외) : 냉각소화
② **제4류 위험물 : 질식소화**
③ 제5류 위험물 : 냉각소화
④ 제6류 위험물 : 냉각소화

32 위험물안전관리법령상 전기설비에 적응성이 없는 소화설비는?

① 포소화설비

② 불활성가스소화설비

③ 물분무소화설비

④ 할로젠화합물소화설비

》》 전기설비의 화재는 일반적으로는 물로 소화할 수 없기 때문에 **수분을 포함한 포소화설비는 전기설비의 화재에는 사용할 수 없다.** 하지만 물분무소화설비는 물을 분무하여 흩어뿌리기 때문에 전기설비의 화재에 적응성이 있으며 불활성가스소화설비 및 할로젠화합물소화설비는 질식소화 효과와 억제소화효과를 갖고 있기 때문에 전기설비의 화재에 적응성이 있다.

대상물의 구분 / 소화설비의 구분	건축물·그 밖의 공작물	전기설비	제1류 위험물		제2류 위험물			제3류 위험물		제4류 위험물	제5류 위험물	제6류 위험물
			알칼리금속의 과산화물등	그 밖의 것	철분·금속분·마그네슘등	인화성 고체	그 밖의 것	금수성 물품	그 밖의 것			
옥내소화전 또는 옥외소화전 설비	○			○		○	○		○		○	○
스프링클러설비	○			○		○	○		○	△	○	○
물분무등소화설비 · 물분무소화설비	○	○		○		○	○		○	○	○	○
물분무등소화설비 · 포소화설비	○	×		○		○	○		○	○	○	○
물분무등소화설비 · 불활성가스소화설비		○				○				○		
물분무등소화설비 · 할로젠화합물소화설비		○				○				○		
물분무등소화설비 · 분말소화설비 · 인산염류등	○	○		○		○				○		○
물분무등소화설비 · 분말소화설비 · 탄산수소염류등		○	○		○	○		○		○		
물분무등소화설비 · 분말소화설비 · 그 밖의 것			○		○			○				

33 강화액소화기에 대한 설명으로 옳은 것은?

① 물의 유동성을 크게 하기 위한 유화제를 첨가한 소화기이다.

② 물의 표면장력을 강화한 소화기이다.

③ 산·알칼리 액을 주성분으로 한다.

④ 물의 소화효과를 높이기 위해 염류를 첨가한 소화기이다.

》》 ① 물의 소화능력을 보강하기 위해 탄산칼륨(K_2CO_3)이라는 금속염류를 첨가한 소화기이다.
② 표면장력이 낮아 화재에 빠르게 침투할 수 있는 소화기이다.
③ 용액의 주성분은 강알칼리성이다.
④ **물의 소화효과를 높이기 위해 탄산칼륨(K_2CO_3)이라는 금속염류를 첨가**한 강알칼리성의 용액을 주성분으로 하는 소화기이다.

34 위험물안전관리법령에서 정한 물분무소화설비의 설치기준에서 물분무소화설비의 방사구역은 몇 m^2 이상으로 하여야 하는가? (단, 방호대상물의 표면적이 150m^2 이상인 경우이다.)

① 75

② 100

③ 150

④ 350

정답 30. ③ 31. ② 32. ① 33. ④ 34. ③

➡ 물분무소화설비의 방사구역은 150m² 이상으로 하여야 한다. 다만, 방호대상물의 표면적이 150m² 미만인 경우에는 당해 표면적으로 한다.

35 제3종 분말소화약제에 대한 설명으로 틀린 것은?

① A급을 제외한 모든 화재에 적응성이 있다.

② 주성분은 $NH_4H_2PO_4$의 분자식으로 표현된다.

③ 제1인산암모늄이 주성분이다.

④ 담홍색(또는 황색)으로 착색되어 있다.

➡ 제3종 분말소화약제는 인산암모늄($NH_4H_2PO_4$)을 주성분으로 하는 담홍색 분말로서 **A급(일반화재)을 포함**하여 B급(유류화재) 및 C급(전기화재)에 적응성을 갖는다.

36 위험물제조소등의 스프링클러설비의 기준에 있어 개방형 스프링클러헤드는 스프링클러헤드의 반사판으로부터 하방 및 수평방향으로 각각 몇 m의 공간을 보유하여야 하는가?

① 하방 0.3m, 수평방향 0.45m

② 하방 0.3m, 수평방향 0.3m

③ 하방 0.45m, 수평방향 0.45m

④ 하방 0.45m, 수평방향 0.3m

➡ 개방형 스프링클러헤드는 스프링클러헤드의 반사판으로부터 하방(아래쪽 방향)으로는 0.45m, 수평방향으로는 0.3m 이상의 공간을 보유하여 설치하여야 한다.

37 제1종 분말소화약제가 1차 열분해되어 표준상태를 기준으로 2m³의 탄산가스가 생성되었다. 몇 kg의 탄산수소나트륨이 사용되었는가? (단, 나트륨의 원자량은 23이다.)

① 15

② 18.75

③ 56.25

④ 75

➡ 탄산수소나트륨 1mol의 분자량은 23(Na)g + 1(H)g + 12(C)g + 16(O)g × 3 = 84g이다. 아래의 분해반응식에서 알 수 있듯이 탄산수소나트륨($NaHCO_3$) 2몰, 즉 2 × 84g을 표준상태(0℃, 1기압)에서 분해시키면 이산화탄소(CO_2)가 1몰, 즉 22.4L가 발생하는데 〈문제〉는 탄산수소나트륨($NaHCO_3$)을 몇 kg 분해시키면 이산화탄소(탄산가스) 2m³가 발생하는가를 구하는 것이므로 다음과 같이 비례식을 이용하면 된다.

• 탄산수소나트륨의 1차 분해반응식

$2NaHCO_3 \rightarrow Na_2CO_3 + H_2O + CO_2$

$2 \times 84g$ ╳ 22.4L

x(kg) 2m³

$22.4L \times x = 2 \times 84 \times 2$

$x = 15$kg이다.

38 적린과 오황화인의 공통 연소생성물은?

① SO_2

② H_2S

③ P_2O_5

④ H_3PO_4

➡ 적린(P)과 오황화인(P_2S_5)은 모두 제2류 위험물로서 각 물질의 연소반응식은 다음과 같고, 두 물질의 **공통 연소생성물은 오산화인(P_2O_5)**이다.

• 적린의 연소반응식

$4P + 5O_2 \rightarrow 2P_2O_5$

• 오황화인의 연소반응식

$2P_2S_5 + 15O_2 \rightarrow 2P_2O_5 + 10SO_2$

39 위험물안전관리법령상 소화설비의 설치기준에서 제조소등에 전기설비(전기배선, 조명기구 등은 제외)가 설치된 경우에는 해당 장소의 면적 몇 m²마다 소형 수동식 소화기를 1개 이상 설치하여야 하는가?

① 50

② 75

③ 100

④ 150

➡ 제조소등에 전기설비(전기배선, 조명기구 등은 제외)가 설치된 경우에는 해당 장소의 면적 **100m²마다** 소형 수동식 소화기를 1개 이상 설치하여야 한다.

정답 35. ① 36. ④ 37. ① 38. ③ 39. ③

40 다음 〈보기〉에서 열거한 위험물의 지정수량을 모두 합산한 값은?

> 〈보기〉
> 과아이오딘산, 과아이오딘산염류, 과염소산, 과염소산염류

① 450kg ② 500kg
③ 950kg ④ 1,200kg

≫ 〈보기〉에 있는 위험물들의 지정수량은 다음과 같다.
1) 과아이오딘산(행정안전부령이 정하는 제1류 위험물) : 300kg
2) 과아이오딘산염류(행정안전부령이 정하는 제1류 위험물) : 300kg
3) 과염소산(대통령령이 정하는 제6류 위험물) : 300kg
4) 과염소산염류(대통령령이 정하는 제1류 위험물) : 50kg
위에 있는 위험물의 지정수량을 모두 합산한 값은 300kg + 300kg + 300kg + 50kg = 950kg이다.

제3과목 **위험물의 성질과 취급**

41 위험물의 저장법으로 옳지 않은 것은 어느 것인가?

① 금속나트륨은 석유 속에 저장한다.
② 황린은 물속에 저장한다.
③ 질화면은 물 또는 알코올에 적셔서 저장한다.
④ 알루미늄분은 분진발생 방지를 위해 물에 적셔서 저장한다.

≫ ① 금속나트륨은 석유류(등유, 경유, 유동파라핀 등) 속에 저장한다.
② 황린은 pH가 9인 약알칼리성의 물속에 저장한다.
③ 질화면이라 불리는 제5류 위험물인 나이트로셀룰로오스는 물 또는 알코올에 적셔서 저장한다.
④ **알루미늄분**은 물과 반응 시 가연성인 수소가스를 발생하므로 **물과의 접촉을 방지**해야 한다.

42 위험물안전관리법령에 따르면 보냉장치가 없는 이동저장탱크에 저장하는 아세트알데하이드의 온도는 몇 ℃ 이하로 유지하여야 하는가?

① 30
② 40
③ 50
④ 60

≫ 이동저장탱크에 **아세트알데하이드등** 또는 다이에틸에터등을 저장하는 온도
1) 보냉장치가 있는 이동저장탱크 : 비점 이하
2) **보냉장치가 없는 이동저장탱크 : 40℃ 이하**

Check 옥외저장탱크 · 옥내저장탱크 또는 지하저장탱크에 위험물을 저장하는 온도
(1) 압력탱크 외의 탱크에 저장하는 경우
　㉠ 아세트알데하이드등 : 15℃ 이하
　㉡ 산화프로필렌등과 다이에틸에터등 : 30℃ 이하
(2) 압력탱크에 저장하는 경우
　– 아세트알데하이드등 또는 다이에틸에터등 : 40℃ 이하

43 소화난이도 등급 Ⅱ의 옥외탱크저장소에 설치하여야 하는 대형수동식 소화기는 몇 개 이상인가?

① 1 ② 2
③ 3 ④ 4

≫ 소화난이도 등급 Ⅱ의 제조소등에 설치하여야 하는 소화설비

제조소등의 구분	소화설비
제조소, 옥내저장소, 옥외저장소, 주유취급소, 판매취급소, 일반취급소	방사능력범위 내에 해당 건축물, 그 밖의 공작물 및 위험물이 포함되도록 대형수동식 소화기를 설치하고, 해당 위험물의 소요단위의 1/5 이상에 해당되는 능력단위의 소형수동식 소화기 등을 설치할 것
옥외탱크저장소, 옥내탱크저장소	대형수동식 소화기 및 소형수동식 소화기 등을 각각 1개 이상 설치할 것

44 제4류 위험물 중 제1석유류에 속하는 것으로만 나열한 것은?

① 아세톤, 휘발유, 톨루엔, 사이안화수소
② 이황화탄소, 다이에틸에터, 아세트알데하이드
③ 메탄올, 에탄올, 뷰탄올, 벤젠
④ 중유, 크레오소트유, 실린더유, 의산에틸

≫ ① 아세톤(제1석유류), 휘발유(제1석유류), 톨루엔(제1석유류), 사이안화수소(제1석유류)
② 이황화탄소(특수인화물), 다이에틸에터(특수인화물), 아세트알데하이드(특수인화물)
③ 메탄올(알코올류), 에탄올(알코올류), 뷰탄올(제2석유류), 벤젠(제1석유류)
④ 중유(제3석유류), 크레오소트유(제3석유류), 실린더유(제4석유류), 의산에틸(제1석유류)

45 다음 중 황린을 밀폐용기 속에서 260℃로 가열하여 얻은 물질을 연소시킬 때 주로 생성되는 물질은?

① P_2O_5 ② CO_2
③ PO_2 ④ CuO

≫ 제3류 위험물인 황린(P_4)을 밀폐용기 속에서 공기를 차단하고 260℃로 가열하면 제2류 위험물인 적린(P)이 생성되며, 적린을 연소시키면 독성의 오산화인(P_2O_5)이라는 백색기체가 발생한다.
• 적린의 연소반응식
  $4P + 5O_2 \rightarrow 2P_2O_5$

46 염소산칼륨의 성질이 아닌 것은?

① 황산과 반응하여 이산화염소를 발생한다.
② 상온에서 고체이다.
③ 알코올보다는 글리세린에 더 잘 녹는다.
④ 환원력이 강하다.

≫ ① 황산과 반응하여 독성인 이산화염소(ClO_2)가스를 발생한다.
② 제1류 위험물이므로 상온에서 산화성이 있는 고체로 존재한다.
③ 물, 알코올, 에터 등에 녹지 않고, 온수 및 글리세린에 잘 녹는다.
④ 산화성 물질이므로 환원력이 아닌 **산화력이 강하다.**

47 금속나트륨이 물과 작용하면 위험한 이유로 옳은 것은?

① 물과 반응하여 과염소산을 생성하므로
② 물과 반응하여 염산을 생성하므로
③ 물과 반응하여 수소를 방출하므로
④ 물과 반응하여 산소를 방출하므로

≫ 제3류 위험물인 금속나트륨(Na)이 물과 반응하면 수산화나트륨(NaOH)과 **수소가스를 발생**하므로 위험성이 커진다.
• 나트륨의 물과의 반응식
  $2Na + 2H_2O \rightarrow 2NaOH + H_2$

48 어떤 공장에서 아세톤과 메탄올을 18L 용기에 각각 10개, 등유를 200L 드럼으로 3드럼을 저장하고 있다면 각각의 지정수량 배수의 총합은 얼마인가?

① 1.3   ② 1.5
③ 2.3   ④ 2.5

≫ 아세톤(제1석유류 수용성)의 지정수량은 400L이며, 메탄올(알코올류)의 지정수량도 400L, 등유(제2석유류 비수용성)의 지정수량은 1,000L이므로, 이들의 지정수량 배수의 합은 $\dfrac{18L \times 10개}{400L}$ $+ \dfrac{18L \times 10개}{400L} + \dfrac{200L \times 3드럼}{1,000L} = 1.5$배이다.

49 삼황화인과 오황화인의 공통 연소생성물을 모두 나타낸 것은?

① H_2S, SO_2
② P_2O_5, H_2S
③ SO_2, P_2O_5
④ H_2S, SO_2, P_2O_5

≫ 삼황화인(P_4S_3)과 오황화인(P_2S_5)은 둘 다 인(P)과 황(S)을 포함하고 있으므로 산소(O_2)로 연소시키면 **이산화황(SO_2)과 오산화인(P_2O_5)이 공통으로 생성**된다.
1) 삼황화인의 연소반응식
  $P_4S_3 + 8O_2 \rightarrow 3SO_2 + 2P_2O_5$
2) 오황화인의 연소반응식
  $2P_2S_5 + 15O_2 \rightarrow 10SO_2 + 2P_2O_5$

50 위험물안전관리법령상 위험등급 Ⅰ의 위험물
이 아닌 것은?

① 염소산염류　　② 황화인

③ 알킬리튬　　　④ 과산화수소

≫ ① 염소산염류(제1류 위험물) : 위험등급 Ⅰ
　② **황화인(제2류 위험물) : 위험등급 Ⅱ**
　③ 알킬리튬(제3류 위험물) : 위험등급 Ⅰ
　④ 과산화수소(제6류 위험물) : 위험등급 Ⅰ

51 다음 물질 중 지정수량이 400L인 것은?

① 폼산메틸　　　② 벤젠

③ 톨루엔　　　　④ 벤즈알데하이드

≫ ① **폼산메틸(제1석유류 수용성) : 400L**
　② 벤젠(제1석유류 비수용성) : 200L
　③ 톨루엔(제1석유류 비수용성) : 200L
　④ 벤즈알데하이드(제2석유류 비수용성) : 1,000L

52 다음과 같은 물질이 서로 혼합되었을 때 발화
또는 폭발의 위험성이 가장 높은 것은 어느 것
인가?

① 벤조일퍼옥사이드와 질산

② 이황화탄소와 증류수

③ 금속나트륨과 석유

④ 금속칼륨과 유동성 파라핀

≫ ① 벤조일퍼옥사이드는 제5류 위험물(자기반응
　성 물질)이고 질산은 제6류 위험물(산화성
　액체)이므로, 이 두 위험물의 혼합은 발화 또
　는 폭발의 위험성이 매우 높다.
　그 외 〈보기〉는 위험물과 그 위험물의 보호액
　을 나타낸 것이다.

53 염소산나트륨이 열분해하였을 때 발생하는
기체는?

① 나트륨　　　　② 염화수소

③ 염소　　　　　④ 산소

≫ 제1류 위험물인 염소산나트륨($NaClO_3$)은 열분해
하면 염화나트륨($NaCl$)과 산소(O_2)를 발생한다.
• 염소산나트륨의 열분해반응식
　$2NaClO_3 \rightarrow 2NaCl + 3O_2$

💡 **Tip**

염소산나트륨과 같은 제1류 위험물들은 모두 열분
해하면 산소를 발생합니다.

---

54 자기반응성 물질의 일반적인 성질로 옳지 않
은 것은?

① 강산류와의 접촉은 위험하다.

② 연소속도가 대단히 빨라서 폭발성이 있다.

③ 물질자체가 산소를 함유하고 있어 내부
연소를 일으키기 쉽다.

④ 물과 격렬하게 반응하여 폭발성 가스를
발생한다.

≫ 자기반응성 물질은 제5류 위험물이고 제5류 위
험물 중에는 물과 반응하여 폭발성 가스를 발생
시키는 종류는 없으며 오히려 제5류 위험물 중
고체상태의 물질들은 **수분과 접촉함으로써 안정
해지는 성질**을 갖고 있다.

55 벤젠에 대한 설명으로 틀린 것은?

① 물보다 비중값이 작지만 증기비중값은
공기보다 크다.

② 공명구조를 가지고 있는 포화탄화수소이다.

③ 연소 시 검은 연기가 심하게 발생한다.

④ 겨울철에 응고된 고체상태에서도 인화
의 위험이 있다.

≫ ① 벤젠(C_6H_6)은 비중이 0.95이며, 분자량은 12(C)
　　×6 + 1(H)×6 = 78이다. 따라서 물보다 비중
　　값은 작지만 증기비중은 $\dfrac{분자량}{29} = \dfrac{78}{29} = 2.69$
　　이므로 증기비중값은 공기보다 크다.
　② 탄소와 탄소가 이중결합으로 연결된 구조이므
　　로 포화탄화수소가 아닌 **불포화탄수소**이다.
　③ 물질에 탄소가 많이 포함되어 있기 때문에
　　연소할 때 검은 연기가 발생한다.
　④ 융점이 5.5℃이므로 5.5℃ 이상의 온도에서
　　는 녹아서 액체상태로 존재하고 5.5℃ 미만
　　에서는 고체로 존재하며, 인화점이 −11℃이
　　므로 −11℃ 이상의 온도에서 불이 붙을 수
　　있는 위험물이다. 따라서 벤젠은 영하의 온
　　도인 겨울철에 응고되어 고체상태가 되더라
　　도 −11℃ 이상의 온도를 가진 점화원이 있
　　으면 인화할 수 있는 위험이 있다.

정답　50. ②　51. ①　52. ①　53. ④　54. ④　55. ②

56 제5류 위험물 중 상온(25℃)에서 동일한 물리적 상태(고체, 액체, 기체)로 존재하는 것으로만 나열된 것은?

① 나이트로글리세린, 나이트로셀룰로오스
② 질산메틸, 나이트로글리세린
③ 트라이나이트로톨루엔, 질산메틸
④ 나이트로글리콜, 트라이나이트로톨루엔

≫ ① 나이트로글리세린은 액체이며, 나이트로셀룰로오스는 고체이다.
　② **질산메틸은 액체**이며, **나이트로글리세린도 액체**이다.
　③ 트라이나이트로톨루엔은 고체이며, 질산메틸은 액체이다.
　④ 나이트로글리콜은 액체이며, 트라이나이트로톨루엔은 고체이다.

57 자연발화의 위험성이 제일 높은 것은?

① 야자유　　　② 올리브유
③ 아마인유　　④ 피마자유

≫ 제4류 위험물 중 동식물유류는 아이오딘값에 따라 다음과 같이 건성유, 반건성유, 불건성유로 분류한다.
　1) 건성유
　　아이오딘값이 130 이상인 것으로서 **자연발화의 위험성이 가장 높다.**
　　㉠ 동물유 : 정어리유, 기타 생선유
　　㉡ 식물유 : 동유, 해바라기유, **아마인유**, 들기름
　2) 반건성유
　　아이오딘값이 100~130인 것을 말한다.
　　㉠ 동물유 : 청어유
　　㉡ 식물유 : 쌀겨기름, 면실유, 채종유, 옥수수기름, 참기름
　3) 불건성유
　　아이오딘값이 100 이하인 것을 말한다.
　　㉠ 동물유 : 소기름, 돼지기름, 고래기름
　　㉡ 식물유 : 올리브유, 동백유, 피마자유, 야자유

58 위험물제조소는 문화재보호법에 의한 유형문화재로부터 몇 m 이상의 안전거리를 두어야 하는가?

① 20m　　　② 30m
③ 40m　　　④ 50m

≫ 제조소의 안전거리기준
　1) 주거용 건축물(제조소의 동일부지 외에 있는 것)
　　: 10m 이상
　2) 학교, 병원, 극장(300명 이상), 다수인 수용시설
　　: 30m 이상
　3) **유형문화재**, 지정문화재 : **50m 이상**
　4) 고압가스, 액화석유가스 등의 저장·취급 시설
　　: 20m 이상
　5) 사용전압이 7,000V 초과 35,000V 이하인 특고압가공전선 : 3m 이상
　6) 사용전압이 35,000V를 초과하는 특고압가공전선 : 5m 이상

59 다음 중 제3류 위험물에 해당하는 것은?

① 염소화규소화합물
② 염소화아이소사이아누르산
③ 금속의 아지화합물
④ 질산구아니딘

≫ ① 염소화규소화합물 : 제3류 위험물
　② 염소화아이소사이아누르산 : 제1류 위험물
　③ 금속의 아지화합물 : 제5류 위험물
　④ 질산구아니딘 : 제5류 위험물

60 다음 중 제1류 위험물의 일반적인 성질이 아닌 것은?

① 불연성 물질들이다.
② 유기화합물들이다.
③ 산화성 고체로서 강산화제이다.
④ 알칼리금속의 과산화물은 물과 작용하여 발열한다.

≫ ① 자체적으로 산소공급원을 포함하고 있는 불연성 물질이다.
　② 제1류 위험물은 탄소를 포함한 가연성의 물질인 **유기화합물이 아니라** 탄소를 포함하지 않는 **무기화합물로 분류**된다.
　③ 강한 산화성을 갖는 산화성 고체이다.
　④ 제1류 위험물 중 알칼리금속의 과산화물은 물과 작용하여 발열과 함께 산소를 발생한다.

정답　56. ②　57. ③　58. ④　59. ①　60. ②

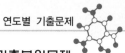
2023 제4회 위험물산업기사

2023년 9월 2일 시행

제1과목 / 일반화학

01 이산화황이 산화제로 작용하는 화학반응은?

① $SO_2 + H_2O \rightarrow H_2SO_4$

② $SO_2 + NaOH \rightarrow NaHSO_3$

③ $SO_2 + 2H_2S \rightarrow 3S + 2H_2O$

④ $SO_2 + Cl_2 + 2H_2O \rightarrow H_2SO_4 + 2HCl$

≫ 산화제란 산소 또는 산소공급원을 갖고 있는 물질이므로 반응 시 산소 또는 산소공급원을 내주어 다른 가연물을 연소시키는 역할을 한다. 〈보기〉 ③의 SO_2가 반응 후에 S로 된 이유는 다음과 같이 SO_2가 산소(O_2)를 내놓았기 때문이고 산소(O_2)를 내놓은 SO_2는 산화제로 작용한다.

• $SO_2 + 2H_2S \rightarrow 3S + 2H_2O$

  SO_2가 반응 후 O_2를 내놓았으므로 S만 남았다.

02 다음 중 C_nH_{2n+2}의 일반식을 갖는 탄화수소는 어느 것인가?

① Alkyne

② Alkene

③ Alkane

④ Cycloalkane

≫ 탄화수소의 일반식
  1) **알케인(Alkane)** : C_nH_{2n+2}
     ⒠ CH_4(메테인), C_2H_6(에테인) 등
  2) 알킬(alkyl) : C_nH_{2n+1}
     ⒠ CH_3(메틸), C_2H_5(에틸) 등
  3) 알켄(Alkene) : C_nH_{2n}
     ⒠ C_2H_4(에틸렌) 등
  4) 알카인(Alkyne) : C_nH_{2n-2}
     ⒠ C_2H_2(아세틸렌) 등

03 수용액에서 산성의 세기가 가장 큰 것은?

① HF   ② HCl

③ HBr   ④ HI

≫ 할로젠원소의 원자번호가 증가할수록 산성의 크기도 증가하기 때문에 할로젠원소와 H와의 결합물질의 산성의 세기도 HF < HCl < HBr < HI의 순서로 정해진다.

Check

할로젠원소와 H와의 결합물질의 비점(끓는점)은 산성의 세기와 그 순서가 반대이다. 그 이유는 할로젠원소 중 가장 가볍고 화학적 활성이 큰 F는 H와의 결합력이 매우 커서 잘 끓지 않기 때문에 비점의 세기는 HF > HCl > HBr > HI의 순서로 정해진다.

04 수소분자 1mol에 포함된 양성자수와 같은 것은?

① O_2 $\frac{1}{4}$mol 중의 양성자수

② NaCl 1mol 중의 ion 총수

③ 수소원자 $\frac{1}{2}$mol 중의 원자수

④ CO_2 1mol 중의 원자수

≫ 양성자수는 그 원소의 원자번호와 같다. 수소원자(H)는 원자번호가 1이므로 양성자수도 1개이다. 〈문제〉는 수소원자 2개를 결합한 수소분자(H_2) 1mol이므로 여기에는 양성자수가 1×2 = 2개 포함되어 있다.

① O는 원자번호는 8이므로 양성자수도 8개이다.

O_2 $\frac{1}{4}$mol은 $\frac{1}{2}$ O와 같으므로 여기에는 양성자수가 $\frac{1}{2}$×8 = 4개 포함되어 있다.

② NaCl 1mol에는 Na^+이온 1개와 Cl^-이온 1개가 있으므로 **이온(ion)의 총수는 1+1 = 2개**이다.

③ 수소원자(H) 1mol의 원자수는 1개이므로 수소원자(H) $\frac{1}{2}$mol의 원자수는 $\frac{1}{2}$개다.

④ CO_2 1mol에는 탄소원자(C) 1개와 산소원자(O) 2개가 있으므로 총 원자수는 3개이다.

따라서, 수소분자 1mol에 포함된 양성자수는 2개로서 NaCl 1mol에 포함된 이온의 총수와 같다.

정답 01. ③ 02. ③ 03. ④ 04. ②

05 sp^3 혼성오비탈을 가지고 있는 것은?

① BF$_3$　　　　　② BeCl$_2$

③ C$_2$H$_4$　　　　　④ CH$_4$

≫ 혼성궤도함수(혼성오비탈)란 다음과 같이 전자 2개로 채워진 오비탈을 그 명칭과 개수로 표시한 것을 말한다.

① BF$_3$: B는 원자가가 +3이므로 다음 그림과 같이 s오비탈과 p오비탈에 각각 3개의 전자를 '•' 표시로 채우고 F는 원자가가 −1인데 총 개수는 3개이므로 p오비탈에 3개의 전자를 'x' 표시로 채우면 s오비탈 1개와 p오비탈 2개에 전자들이 채워진다. 따라서 BF$_3$의 혼성궤도함수는 sp^{2}이다.

s		p	
••	•x	xx	

② BeCl$_2$: Be는 원자가가 +2이므로 다음 그림과 같이 s오비탈에 2개의 전자를 '•' 표시로 채우고 Cl은 원자가가 −1인데 총 개수는 2개이므로 p오비탈에 2개의 전자를 'x' 표시로 채우면 s오비탈 1개와 p오비탈 1개에 전자들이 채워진다. 따라서 BeCl$_2$의 혼성궤도함수는 sp이다.

s		p	
••	xx		

③ C$_2$H$_4$: C가 2개 이상 존재하는 물질의 경우에는 전자 2개로 채워진 오비탈의 명칭을 읽어주는 방법으로는 문제를 해결하기 힘들기 때문에 C$_2$H$_4$의 혼성궤도함수는 sp^{2}로 암기한다.

④ CH$_4$: C는 원자가가 +4이므로 다음 그림과 같이 s오비탈과 p오비탈에 각각 4개의 전자를 '•' 표시로 채우고 H는 원자가가 +1인데 총 개수는 4개이므로 p오비탈에 4개의 전자를 'x' 표시로 채우면 **s오비탈 1개**와 **p오비탈 3개**에 2개의 전자들이 채워진다. 따라서 CH$_4$의 혼성궤도함수는 **sp^3**이다.

s		p	
••	•x	•x	xx

06 휘발성 유기물 1.39g을 증발시켰더니 100℃, 760mmHg에서 420mL였다. 이 물질의 분자량은 약 몇 g/mol인가?

① 53　　　　　② 73

③ 101　　　　　④ 150

≫ 어떤 압력과 온도에서 일정량의 기체에 대해 묻는 문제는 이상기체상태방정식을 이용한다.

$PV = \dfrac{w}{M}RT$에서 분자량(M)을 구해야 하므로 다음과 같이 식을 변형한다.

$M = \dfrac{w}{PV}RT$

여기서, P(압력) : $\dfrac{760\text{mmHg}}{760\text{mmHg/atm}}$ = 1atm

V(부피) : 420mL = 0.42L

w(질량) : 1.39g

R(이상기체상수) : 0.082atm·L/mol·K

T(절대온도) : 273 + 100K

$M = \dfrac{1.39}{1 \times 0.42} \times 0.082 \times (273 + 100)$

  = 101.23g/mol

∴ M = 101g/mol

07 27℃에서 500mL에 6g의 비전해질을 녹인 용액의 삼투압은 7.4기압이었다. 이 물질의 분자량은 약 얼마인가?

① 20.78　　　　　② 39.89

③ 58.16　　　　　④ 77.65

≫ 삼투압은 이상기체상태방정식을 이용하여 구할 수 있으며, $PV = \dfrac{w}{M}RT$에서 압력 P가 삼투압이다. 분자량 M을 구하기 위해 다음과 같이 식을 변형한다.

$M = \dfrac{w}{PV}RT$

여기서, P(용액의 삼투압) : 7.4atm

V(용액의 부피) : 500mL = 0.5L

w(비전해질의 질량) : 6g

R(이상기체상수) : 0.082atm·L/mol·K

T(절대온도) : 273 + 27K

$M = \dfrac{6}{7.4 \times 0.5} \times 0.082 \times (273 + 27)$

  = 39.89g/mol

08 에틸렌(C$_2$H$_4$)을 원료로 하지 않는 것은?

① 아세트산　　　　　② 염화비닐

③ 에탄올　　　　　④ 메탄올

≫ 〈보기〉의 물질들이 갖고 있는 탄소(C)수는 다음과 같다.

① 아세트산(CH$_3$COOH) : 2개

② 염화비닐(CH$_2$CHCl) : 2개

③ 에탄올(C$_2$H$_5$OH) : 2개

④ 메탄올(CH$_3$OH) : 1개

일반적으로 어떤 물질이 반응할 때 그 원래의 물질에 포함된 탄소(C)의 수가 달라지는 경우는 매우 드물다. 따라서 에틸렌(C_2H_4)은 탄소(C)가 2개 포함된 물질이므로 탄소수가 1개인 ④ 메탄올(CH_3OH)은 에틸렌을 원료로 하지 않는다.

09 다이클로로벤젠의 구조이성질체수는 몇 개인가?

① 5　　　　　　② 4

③ 3　　　　　　④ 2

≫ 다이클로로벤젠($C_6H_4Cl_2$)은 다음과 같이 3가지의 이성질체를 갖는다.

o-다이클로로벤젠	m-다이클로로벤젠	p-다이클로로벤젠

10 다음 화합물 수용액 농도가 모두 0.5m일 때 끓는점이 가장 높은 것은?

① $C_6H_{12}O_6$(포도당)

② $C_{12}H_{22}O_{11}$(설탕)

③ $CaCl_2$(염화칼슘)

④ $NaCl$(염화나트륨)

≫ 끓는점이 높다는 것은 잘 끓지 않는다는 의미로서 끓는점이 높은 물질의 대표적인 종류에는 H(수소)가 F(플루오린), O(산소), N(질소)와 결합한 수소결합물질과 금속과 비금속이 결합한 이온결합물질이 있다.
〈보기〉 중 ①과 ②는 비금속끼리 결합한 공유결합물질이라 끓는점이 낮은 편이며, ③과 ④는 이온결합물질인데 ③ 염화칼슘의 분해식 $CaCl_2$ → Ca^{+2} + Cl^-에서는 Ca이라는 양(+)이온 2개와 Cl이라는 음(-)이온 1개, 총 3개의 이온이 존재하며 ④ 염화나트륨의 분해식 $NaCl$ → Na^+ + Cl^-에서는 Na이라는 양(+)이온 1개와 Cl라는 음(-)이온 1개, 총 2개의 이온이 존재한다. 이온결합물질의 끓는점이 높은 이유는 이온들 사이에서 발생하는 전기의 반발력 때문이다. 그러므로 동일한 0.5m의 수용액에서 이온수가 더 많이 포함된 물질은 상대적으로 끓는점이 더 높으므로 〈보기〉 중 끓는점이 가장 높은 물질은 이온수가 가장 많은 ③ $CaCl_2$(염화칼슘)이다.

11 $KMnO_4$에서 Mn의 산화수는 얼마인가?

① +3　　　　　　② +5

③ +7　　　　　　④ +9

≫ 과망가니즈산칼륨의 화학식은 $KMnO_4$이며, 이 중 망가니즈(Mn)의 산화수를 구하는 방법은 다음과 같다.
① 1단계 : 필요한 원소들의 원자가를 확인한다.
　- 칼륨(K) : +1가 원소
　- 산소(O) : -2가 원소
② 2단계 : 망가니즈(Mn)를 +x로 두고 나머지 원소들의 원자가와 그 개수를 적는다.
　K　Mn　O_4
　(+1)(+x)(-2×4)
③ 3단계 : 다음과 같이 원자가와 그 개수의 합이 0이 되도록 한다.
　$+1 + x - 8 = 0$
　이때 x값이 Mn의 산화수이다.
　∴　$x = +7$

12 산성 산화물에 해당하는 것은?

① CaO　　　　　② Na_2O

③ CO_2　　　　　④ MgO

≫ 산소(O)를 포함하고 있는 물질을 산화물이라 하며, 산화물에는 다음의 3종류가 있다.
1) 산성 산화물 : 비금속 + 산소
2) 염기성 산화물 : 금속 + 산소
3) 양쪽성 산화물 : Al(알루미늄), Zn(아연), Sn(주석), Pb(납) + 산소
① CaO : 알칼리토속에 속하는 Ca(칼슘) + 산소 → 염기성 산화물
② Na_2O : 알칼리금속에 속하는 Na(나트륨) + 산소 → 염기성 산화물
③ CO_2 : 비금속에 속하는 C(탄소) + 산소 → **산성 산화물**
④ MgO : 알칼리토속에 속하는 Mg(마그네슘) + 산소 → 염기성 산화물

13 어떤 기체의 확산속도가 $SO_2(g)$의 2배이다. 이 기체의 분자량은 얼마인가? (단, 원자량은 S = 32, O = 16이다.)

① 8

② 16

③ 32

④ 64

❱❱ 그레이엄의 기체확산속도의 법칙은 "기체의 확산속도는 기체의 분자량의 제곱근에 반비례한다."이고, 이 공식을 두 가지의 기체에 대해 적용하면 $\dfrac{V_x}{V_{SO_2}} = \sqrt{\dfrac{M_{SO_2}}{M_x}}$ 이다.

여기서, V_x : 구하고자 하는 기체의 확산속도

V_{SO_2} : SO_2기체의 확산속도

M_{SO_2} : SO_2기체의 분자량

M_x : 구하고자 하는 기체의 분자량

〈문제〉에서 구하고자 하는 기체의 확산속도 V_x는 V_{SO_2}의 2배라고 하였으므로 $V_x = 2V_{SO_2}$이고 기체의 확산속도 공식에 V_x 대신 $2V_{SO_2}$를 대입하면 $\dfrac{2V_{SO_2}}{V_{SO_2}} = \sqrt{\dfrac{M_{SO_2}}{M_x}}$ 가 되며, 여기서 V_{SO_2}를 약분하면 공식은 $2 = \sqrt{\dfrac{M_{SO_2}}{M_x}}$ 가 된다.

양 변을 제곱하여 $\sqrt{}$를 없애면 $4 = \dfrac{M_{SO_2}}{M_x}$ 가 되는데 SO_2의 분자량 M_{SO_2}는 64이므로 M_{SO_2}에 64를 대입하면 공식은 $4 = \dfrac{64}{M_x}$ 로 나타낼 수 있다.

따라서 구하고자 하는 기체의 분자량 $M_x = \dfrac{64}{4} = 16$이 된다.

14 95중량% 황산의 비중은 1.84이다. 이 황산의 몰농도는 약 얼마인가?

① 8.9 ② 9.4

③ 17.8 ④ 18.8

❱❱ %농도를 몰(M)농도로 나타내는 공식은 다음과 같다.

몰농도$(M) = \dfrac{10 \cdot d \cdot s}{M}$

여기서, d(비중) : 1.84

s(농도) : 95wt%

M(분자량) : 98g/mol

황산의 몰농도$(M) = \dfrac{10 \times 1.84 \times 95}{98} = 17.80$이다.

15 다음 중 수용액의 pH가 가장 작은 것은 어느 것인가?

① 0.01N HCl

② 0.1N HCl

③ 0.01N CH_3COOH

④ 0.1N NaOH

❱❱ 물질이 H를 가지고 있는 경우에는 pH = $-\log[H^+]$의 공식을 이용해 수소이온지수(pH)를 구할 수 있고, 물질이 OH를 가지고 있는 경우에는 pOH = $-\log[OH^-]$의 공식을 이용해 수산화이온지수(pOH)를 구할 수 있다.

① H를 가진 HCl의 농도 $[H^+] = 0.01N$이므로 pH = $-\log0.01 = -\log10^{-2} = 2$이다.

② H를 가진 HCl의 농도 $[H^+] = 0.1N$이므로 **pH** = $-\log0.1 = -\log10^{-1} = $ **1**이다.

③ H를 가진 CH_3COOH의 농도 $[H^+] = 0.01N$이므로 pH = $-\log0.01 = -\log10^{-2} = 2$이다.

④ OH를 가진 NaOH의 농도는 $[OH^-] = 0.1N$이므로 pOH = $-\log0.1 = -\log10^{-1} = 1$인데, 〈문제〉는 pOH가 아닌 pH를 구하는 것이므로 pH + pOH = 14의 공식을 이용하여 다음과 같이 pH를 구할 수 있다.

pH = 14 - pOH = 14 - 1 = 13

16 다음과 같은 경향성을 나타내지 않는 것은 어느 것인가?

> Li < Na < K

① 원자번호

② 원자반지름

③ 제1차 이온화에너지

④ 전자수

❱❱ ① 원자번호는 Li은 3번, Na은 11번, K은 19번이므로, K 원자로 갈수록 원자번호는 커지는 경향성을 나타낸다.

② Li은 2주기에 존재하고 Na은 3주기, K은 4주기에 존재하므로, K 원자로 갈수록 원자반지름은 커지는 경향성을 나타낸다.

③ 이온화에너지란 중성원자로부터 전자(−) 1개를 떼어 내어 양이온(+)으로 만드는 데 필요한 힘을 말하는데, Li 원자에서 K 원자로 갈수록 최외각전자가 핵으로부터 멀리 떨어져 있는 상태이기 때문에 K 원자의 전자를 더 쉽게 떼어 낼 수 있다. 따라서 전자를 떼어 내는 데 필요한 힘인 **이온화에너지는 K 원자로 갈수록 감소하는 경향성**을 나타낸다.

④ 원자번호와 전자수는 같으므로 Li의 전자수는 3개, Na은 11개, K은 19개이므로 K 원자로 갈수록 전자수는 많아지는 경향성을 나타낸다.

17 1패럿(Farad)의 전기량으로 물을 전기분해 하였을 때 생성되는 수소기체는 0℃, 1기압 에서 얼마의 부피를 갖는가?

① 5.6L
② 11.2L
③ 22.4L
④ 44.8L

》 1F(패럿)이란 물질 1g당량을 석출하는 데 필요한 전기량이므로 1F(패럿)의 전기량으로 물(H_2O)을 전기분해하면 수소(H_2) 1g당량과 산소(O_2) 1g당량 이 발생한다.

여기서, 1g당량이란 $\dfrac{원자량}{원자가}$ 인데 H(수소)는 원 자량이 1g이고 원자가도 1이기 때문에 H의 1g 당량은 $\dfrac{1g}{1}$ = 1g이다.

0℃, 1기압에서 수소기체(H_2) 1몰 즉, 2g의 부피는 22.4L이지만 1F(패럿)의 전기량으로 얻는 수소 기체 1g당량 즉, 수소기체 1g은 0.5몰이므로 수 소의 부피는 0.5몰×22.4L = 11.2L이다.

Check 산소기체의 부피

O(산소)는 원자량이 16g이고 원자가는 2이기 때문에 O의 1g당량은 $\dfrac{16g}{2}$ = 8g이다. 0℃, 1기압 에서 산소기체(O_2) 1몰 즉, 32g의 부피는 22.4L 이지만 1F(패럿)의 전기량으로 얻는 산소기체 1g 당량 즉, 산소기체 8g은 0.25몰이므로 산소의 부 피는 0.25몰×22.4L = 5.6L이다.

18 질량수 52인 크로뮴의 중성자수와 전자수는 각 각 몇 개인가? (단, 크로뮴의 원자번호는 24이다.)

① 중성자수 24, 전자수 24
② 중성자수 24, 전자수 52
③ 중성자수 28, 전자수 24
④ 중성자수 52, 전자수 24

》 질량수(원자량)는 양성자수와 중성자수를 합한 값과 같으며, 여기서 양성자수는 원자번호와 같고 전자수 와도 같다. 〈문제〉에서 크로뮴(Cr)의 원자번호가 24 라고 했으므로 크로뮴의 전자수도 역시 24개가 되 고 이 상태에서 질량수 52가 되려면 **전자수** 또는 양성자수 **24개**에 **중성자수 28개**를 더하면 된다.

19 방사능 붕괴의 형태 중 $_{86}$Rn이 β붕괴할 때 생 기는 원소는?

① $_{84}$Po
② $_{86}$Rn
③ $_{87}$Fr
④ $_{88}$Ra

》 핵분해
1) α붕괴 : 원자번호가 2 감소하고, 질량수가 4 감소하는 것
2) β붕괴 : 원자번호가 1 증가하고, 질량수는 변동이 없는 것
〈문제〉의 원자번호 86번인 Rn(라돈)이 붕괴하면 원자번호가 1만큼 증가하므로 87번 Fr(프랑슘) 이 생긴다.

20 질소의 최외각전자는 몇 개인가?

① 4
② 5
③ 6
④ 7

》 원자번호 7번 질소(N)의 바닥상태 전자배치는 $1s^2 2s^2 2p^3$이므로 최외각전자는 5개이다.

제2과목 **화재예방과 소화방법**

21 제3종 분말소화약제를 화재면에 방출 시 부착 성이 좋은 막을 형성하여 연소에 필요한 산소 의 유입을 차단하기 때문에 연소를 중단시킬 수 있다. 그러한 막을 구성하는 물질은?

① H_3PO_4
② PO_4
③ HPO_3
④ P_2O_5

》 제3종 분말소화약제인 인산암모늄($NH_4H_2PO_4$)은 열분해 시 메타인산(HPO_3)과 암모니아(NH_3), 그 리고 수증기(H_2O)를 발생시키는데, 이 중 **메타인 산(HPO_3)은 부착성이 좋은 막을 형성**하여 산소의 유입을 차단하는 역할을 한다.
• 제3종 분말소화약제의 열분해반응식
$NH_4H_2PO_4 \rightarrow HPO_3 + NH_3 + H_2O$

22 고체연소에 대한 분류로 옳지 않은 것은?

① 혼합연소
② 증발연소
③ 분해연소
④ 표면연소

》 혼합연소는 기체의 연소형태의 종류에 속한다.

Check 고체의 연소형태의 종류와 물질

(1) 표면연소 : 코크스(탄소), 목탄(숯), 금속분
(2) 분해연소 : 목재, 종이, 석탄, 플라스틱, 합성수지
(3) 자기연소 : 제5류 위험물
(4) 증발연소 : 황(S), 나프탈렌, 양초(파라핀)

정답 17. ② 18. ③ 19. ③ 20. ② 21. ③ 22. ①

23 분말소화기에 사용되는 분말소화약제의 주 성분이 아닌 것은?

① NaHCO₃   ② KHCO₃

③ NH₄H₂PO₄   ④ NaOH

≫ ① NaHCO₃(탄산수소나트륨) : 제1종 분말소화 약제
② KHCO₃(탄산수소칼륨) : 제2종 분말소화약제
③ NH₄H₂PO₄(인산암모늄) : 제3종 분말소화약제
④ NaOH(수산화나트륨) : 가성소다로도 불리는 물질로서 **소화약제로는 사용하지 않는다.**

24 위험물안전관리법령에 따른 옥내소화전설비 의 기준에서 펌프를 이용한 가압송수장치의 경우 펌프의 전양정 H는 소정의 산식에 의한 수치 이상이어야 한다. 전양정(H)을 구하는 식으로 옳은 것은? (단, h_1은 소방용 호스의 마찰손실수두, h_2는 배관의 마찰손실수두, h_3는 낙차이며, h_1, h_2, h_3의 단위는 모두 m 이다.)

① $H = h_1 + h_2 + h_3$

② $H = h_1 + h_2 + h_3 + 0.35m$

③ $H = h_1 + h_2 + h_3 + 35m$

④ $H = h_1 + h_2 + 0.35m$

≫ 옥내소화전설비의 펌프를 이용한 가압송수장치 에서 펌프의 전양정은 다음 식에 의하여 구한 수치 이상으로 한다.
$H = h_1 + h_2 + h_3 + 35m$
여기서, H : 펌프의 전양정(m)
     h_1 : 소방용 호스의 마찰손실수두(m)
     h_2 : 배관의 마찰손실수두(m)
     h_3 : 낙차(m)

Check 옥내소화전설비의 또 다른 가압송수장치

(1) 고가수조를 이용한 가압송수장치
낙차(수조의 하단으로부터 호스접속구까지의 수직거리)는 다음 식에 의하여 구한 수치 이상 으로 한다.
$H = h_1 + h_2 + 35m$
여기서, H : 필요낙차(m)
     h_1 : 소방용 호스의 마찰손실수두(m)
     h_2 : 배관의 마찰손실수두(m)

(2) 압력수조를 이용한 가압송수장치
압력수조의 압력은 다음 식에 의하여 구한 수 치 이상으로 한다.
$P = p_1 + p_2 + p_3 + 0.35MPa$
여기서, P : 필요한 압력(MPa)
     p_1 : 소방용 호스의 마찰손실수두압(MPa)
     p_2 : 배관의 마찰손실수두압(MPa)
     p_3 : 낙차의 환산수두압(MPa)

25 다음 위험물을 보관하는 창고에 화재가 발생 하였을 때 물을 사용하여 소화하면 위험성이 증가하는 것은?

① 질산암모늄   ② 탄화칼슘

③ 과염소산나트륨   ④ 셀룰로이드

≫ 제3류 위험물인 탄화칼슘(CaC₂)은 금수성 물질 로서 물과 반응 시 아세틸렌(C₂H₂)이라는 가연 성 가스를 발생하므로 화재 시 물을 사용하여 소화하면 위험하고 제1류 위험물인 질산암모늄 과 과염소산나트륨, 그리고 제5류 위험물인 셀 룰로이드는 화재 시 물로 소화할 수 있다.

26 탄산수소칼륨 소화약제가 열분해반응 시 생 성되는 물질이 아닌 것은?

① K₂CO₃   ② CO₂

③ H₂O   ④ KNO₃

≫ 제2종 분말소화약제인 탄산수소칼륨(KHCO₃)은 열분해하여 탄산칼륨(K₂CO₃)과 이산화탄소(CO₂), 수증기(H₂O)를 발생한다.
• 탄산수소칼륨의 열분해반응식
$2KHCO_3 \rightarrow K_2CO_3 + CO_2 + H_2O$

27 과염소산 1몰을 모두 기체로 변환하였을 때 질량은 1기압, 50℃를 기준으로 몇 g인가? (단, Cl의 원자량은 35.50이다.)

① 5.4   ② 22.4

③ 100.5   ④ 224

≫ 압력이나 온도가 달라지면 기체의 부피는 변하 지만 기체의 질량은 변하지 않는다.
따라서 1기압, 50℃이든 1기압, 0℃이든 과염소산 (HClO₄) 1몰의 질량 1(H)g + 35.5(Cl)g + 16(O)g × 4 = 100.5g은 언제나 동일하다.

Check

기체의 부피는 기체의 질량과는 달리 압력 또는 온도가 변함에 따라 함께 변한다.

다음과 같이 압력과 온도를 달리한 기체 1몰의 부피를 $PV = nRT$ 공식으로 풀면 서로 다르다는 것을 알 수 있다.

(1) 1기압, 50℃ 기준

$$V = \frac{n}{P}RT = \frac{1}{1} \times 0.082 \times (273+50)$$

$$= 26.5L$$

(2) 1기압, 0℃ 기준

$$V = \frac{n}{P}RT = \frac{1}{1} \times 0.082 \times (273+0)$$

$$= 22.4L$$

28 불활성가스소화약제 중 IG-541의 구성성분이 아닌 것은?

① N_2 ② Ar

③ He   ④ CO_2

≫ 불활성가스의 종류별 구성 성분
   1) IG-100 : 질소(N_2) 100%
   2) IG-55 : 질소(N_2) 50%와 아르곤(Ar) 50%
   3) **IG-541 : 질소(N_2) 52%와 아르곤(Ar) 40%와 이산화탄소(CO_2) 8%**

29 위험물안전관리법령상 전역방출방식 또는 국소방출방식의 분말소화설비의 기준에서 가압식의 분말소화설비에는 얼마 이하의 압력으로 조정할 수 있는 압력조정기를 설치하여야 하는가?

① 2.0MPa   ② 2.5MPa

③ 3.0MPa   ④ 5MPa

≫ 가압식의 분말소화설비에는 2.5MPa 이하의 압력으로 조정할 수 있는 압력조정기를 설치하여야 한다.

30 이산화탄소소화약제의 소화작용을 올바르게 나열한 것은?

① 질식소화, 부촉매소화

② 부촉매소화, 제거소화

③ 부촉매소화, 냉각소화

④ 질식소화, 냉각소화

≫ 이산화탄소소화약제의 주된 소화작용은 질식소화이며 일부 냉각소화 효과도 있다.

31 과산화나트륨 저장장소에서 화재가 발생하였다. 과산화나트륨을 고려하였을 때 다음 중 가장 적합한 소화약제는?

① 포소화약제   ② 할로젠화합물

③ 건조사   ④ 물

≫ 과산화나트륨은 제1류 위험물 중 알칼리금속의 과산화물로서 화재 시 탄산수소염류 분말소화약제와 **마른 모래(건조사)**, 팽창질석 및 팽창진주암이 적응성 있는 소화약제이다.

32 위험물제조소등에 설치하는 포소화설비의 기준에 따르면 포헤드방식의 포헤드는 방호대상물의 표면적 1m²당 방사량이 몇 L/min 이상의 비율로 계산한 양의 포수용액을 표준방사량으로 방사할 수 있도록 설치하여야 하는가?

① 3.5   ② 4

③ 6.5   ④ 9

≫ 포소화설비의 포헤드방식의 포헤드는 방호대상물의 표면적 9m²당 1개 이상의 헤드를 **방호대상물의 표면적 1m²당 방사량이 6.5L/min 이상**으로 방사할 수 있도록 설치하고, 방사구역은 100m² 이상(방호대상물의 표면적이 100m² 미만인 경우에는 당해 표면적)으로 한다.

33 제1류 위험물 중 알칼리금속의 과산화물의 화재에 적응성이 있는 소화약제는?

① 인산염류분말

② 이산화탄소

③ 탄산수소염류분말

④ 할로젠화합물

≫ 제1류 위험물에 속하는 **알칼리금속의 과산화물**과 제2류 위험물에 속하는 철분·금속분·마그네슘, 제3류 위험물에 속하는 금수성 물질의 화재에는 **탄산수소염류 분말소화약제** 또는 마른 모래, 팽창질석 또는 팽창진주암이 적응성이 있다.

정답 28. ③ 29. ② 30. ④ 31. ③ 32. ③ 33. ③

소화설비의 구분		건축물·그 밖의 공작물	전기설비	제1류 위험물		제2류 위험물			제3류 위험물		제4류 위험물	제5류 위험물	제6류 위험물
				알칼리금속의 과산화물 등	그 밖의 것	철분·금속분·마그네슘 등	인화성 고체	그 밖의 것	금수성 물품	그 밖의 것			
대형·소형 수동식 소화기	봉상수(棒狀水) 소화기	○			○		○	○		○		○	○
	무상수(霧狀水) 소화기	○	○		○		○	○		○		○	○
	봉상강화액 소화기	○			○		○	○		○	×	○	○
	무상강화액 소화기	○	○		○		○	○		○	○	○	○
	포소화기	○			○		○	○		○	○	○	○
	이산화탄소 소화기		○				○				○		△
	할로겐화합물 소화기		○				○				○		
	분말 소화기 인산염류 소화기	○	○		○		○	○			○		○
	분말 소화기 탄산수소염류 소화기		○	○		○	○		○		○		
	분말 소화기 그 밖의 것			○		○			○				
기타	물통 또는 수조	○			○		○	○		○		○	○
	건조사			○	○	○	○	○	○	○	○	○	○
	팽창질석 또는 팽창진주암			○	○	○	○	○	○	○	○	○	○

34 할로겐화합물 소화약제가 전기화재에 사용될 수 있는 이유에 대한 다음 설명 중 가장 적합한 것은?

① 전기적으로 부도체이다.

② 액체의 유동성이 좋다.

③ 탄산가스와 반응하여 포스겐가스를 만든다.

④ 증기의 비중이 공기보다 작다.

≫ 〈문제〉는 할로젠화합물 소화약제의 성질을 묻는 것이 아니라 할로젠화합물 소화약제가 전기화재에 사용될 수 있는 이유를 묻는 것이며 그 이유는 **할로젠화합물 소화약제가 전기적으로 부도체이기 때문**이다.

35 다음 중 강화액 소화약제에 소화력을 향상시키기 위하여 첨가하는 물질로 옳은 것은 어느 것인가?

① 탄산칼륨

② 질소

③ 사염화탄소

④ 아세틸렌

≫ 강화액 소화약제에는 물의 소화능력을 향상시키기 위해 **탄산칼륨(K_2CO_3)을 첨가**하며 이 소화약제의 성분은 pH=12인 강알칼리성이다.

36 연소의 주된 형태가 표면연소에 해당하는 것은 어느 것인가?

① 석탄 ② 목탄

③ 목재 ④ 황

≫ 고체의 연소형태
1) **표면연소** : **목탄**(숯), 코크스, 금속분
2) 분해연소 : 목재, 종이, 석탄, 플라스틱
3) 자기연소 : 제5류 위험물
4) 증발연소 : 황, 나프탈렌, 양초(파라핀)

37 드라이아이스 1kg이 완전히 기화하면 약 몇 몰의 이산화탄소가 되겠는가?

① 22.7

② 51.3

③ 230.1

④ 515.0

≫ 드라이아이스(CO_2) 1몰은 12g(C)+16g(O)×2 = 44g이므로 드라이아이스 1kg, 즉 1,000g은 $\frac{1,000g}{44g}$ = 22.7몰이다. 이 경우 드라이아이스 1kg은 기화가 되든 액화가 되든 항상 22.7몰이다.

정답 34. ① 35. ① 36. ② 37. ①

38 인화점이 38℃ 이상인 제4류 위험물 취급을 주된 작업내용으로 하는 장소에 스프링클러설비를 설치하는 경우 확보해야 하는 1분당 방사밀도는 몇 L/m^2 이상이어야 하는가? (단, 살수기준면적은 $150m^2$이다.)

① 8.1
② 12.2
③ 15.5
④ 16.3

》 스프링클러설비 : 제4류 위험물 화재에는 사용할 수 없지만 취급장소의 살수기준면적에 따라 스프링클러설비의 살수밀도가 다음 [표]의 기준 이상이면 제4류 위험물 화재에 사용할 수 있다.

살수기준면적 (m^2)	방사밀도(L/m^2·분)	
	인화점 38℃ 미만	인화점 38℃ 이상
279 미만	16.3 이상	12.2 이상
279 이상 372 미만	15.5 이상	11.8 이상
372 이상 465 미만	13.9 이상	9.8 이상
465 이상	12.2 이상	8.1 이상

39 산소와 화합하지 않는 원소는?

① 헬륨
② 질소
③ 황
④ 인

》 헬륨은 18족 불활성 기체로 산소와 반응하지 않는다.

40 다음 중 제조소 및 일반취급소에 설치하는 자동화재탐지설비의 설치기준으로 틀린 것은 어느 것인가?

① 하나의 경계구역은 $600m^2$ 이하로 하고, 한 변의 길이는 50m 이하로 한다.
② 주요한 출입구에서 내부 전체를 볼 수 있는 경우 경계구역은 $1,000m^2$ 이하로 할 수 있다.
③ 하나의 경계구역이 $300m^2$ 이하이면 2개 층을 하나의 경계구역으로 할 수 있다.
④ 비상전원을 설치하여야 한다.

》 제조소·일반취급소에 설치하는 자동화재탐지설비의 설치기준
  1) 자동화재탐지설비의 경계구역은 **건축물의 2 이상의 층에 걸치지 아니하도록 한다**(다만, 하나의 경계구역의 면적이 $500m^2$ 이하이면 그러하지 아니하다).
  2) 하나의 경계구역의 면적은 $600m^2$ 이하로 하고, 건축물의 주요한 출입구에서 그 내부 전체를 볼 수 있는 경우는 면적을 $1,000m^2$ 이하로 한다.
  3) 하나의 경계구역에서 한 변의 길이는 50m(광전식 분리형 감지기의 경우에는 100m) 이하로 한다.
  4) 자동화재탐지설비의 감지기는 지붕 또는 벽의 옥내에 면한 부분에 화재발생을 감지할 수 있도록 설치한다.
  5) 자동화재탐지설비에는 비상전원을 설치한다.

제3과목 위험물의 성질과 취급

41 다음 중 적린과 황린의 공통점이 아닌 것은 어느 것인가?

① 화재발생 시 물을 이용한 소화가 가능하다.
② 이황화탄소에 잘 녹는다.
③ 연소 시 P_2O_5의 흰 연기가 생긴다.
④ 구성원소는 P이다.

》 제2류 위험물인 **적린(P)**은 물과 **이황화탄소(CS_2)에는 녹지 않고** 브로민화인(PBr_3)에 녹으며, 제3류 위험물인 황린(P_4)은 물속에 보관하는 물질로 물에는 녹지 않고 이황화탄소에는 녹는다. 또한 두 물질 모두 구성원소는 인(P)으로서 연소 시 오산화인(P_2O_5)이라는 흰 연기를 발생하며 화재발생 시 물로 냉각소화가 가능하다.

42 질산나트륨을 저장하고 있는 옥내저장소(내화구조의 격벽으로 완전히 구획된 실이 2 이상 있는 경우에는 동일한 실)와 함께 저장하는 것이 법적으로 허용되는 것은? (단, 위험물을 유별로 정리하여 서로 1m 이상의 간격을 두는 경우이다.)

① 적린
② 인화성 고체
③ 동식물유류
④ 과염소산

정답   38. ②   39. ①   40. ③   41. ②   42. ④

》 옥내저장소에서 서로 1m 이상의 간격을 두는 경우 제1류 위험물인 **질산나트륨과 함께 저장할 수 있는 유별**은 제5류 위험물과 **제6류 위험물**, 제3류 위험물 중 자연발화성 물질(황린)이며, 〈보기〉 위험물의 유별은 다음과 같다.
① 적린(제2류 위험물)
② 인화성 고체(제2류 위험물)
③ 동식물유류(제4류 위험물)
④ **과염소산(제6류 위험물)**

Check

옥내저장소(내화구조의 격벽으로 완전히 구획된 실이 2 이상 있는 경우에는 동일한 실)에서는 서로 다른 유별끼리 함께 저장할 수 없다. 단, 다음의 조건을 만족하면서 유별로 정리하여 서로 1m 이상의 간격을 두는 경우에는 저장할 수 있다.
(1) 제1류 위험물(알칼리금속의 과산화물을 제외)과 제5류 위험물
(2) 제1류 위험물과 제6류 위험물
(3) 제1류 위험물과 제3류 위험물 중 자연발화성 물질(황린)
(4) 제2류 위험물 중 인화성 고체와 제4류 위험물
(5) 제3류 위험물 중 알킬알루미늄등과 제4류 위험물(알킬알루미늄 또는 알킬리튬을 함유한 것)
(6) 제4류 위험물 중 유기과산화물과 제5류 위험물 중 유기과산화물

43 다음 물질 중 인화점이 가장 낮은 것은?
① 다이에틸에터　② 이황화탄소
③ 아세톤　④ 벤젠

》 〈보기〉의 물질의 인화점은 다음과 같다.
① **다이에틸에터(특수인화물)：−45℃**
② 이황화탄소(특수인화물)：−30℃
③ 아세톤(제1석유류)：−18℃
④ 벤젠(제1석유류)：−11℃

톡톡 튀는 암기법

1) 아세톤의 인화점
   아세톤은 옷에 묻은 페인트 등을 지우는 용도로 사용되며 옷에 페인트가 묻으면 아세톤으로 지워야 하니까 화가 나면서 욕이 나올 수 있다. 그래서 아세톤의 인화점은 욕(-열여덟, -18℃)이다.
2) 벤젠의 인화점
   'ㅂㅔㄴ','ㅈㅔㄴ'에서 'ㅔ'를 떼어쓰면 -11처럼 보인다.

44 다음 중 3개의 이성질체가 존재하는 물질은 어느 것인가?
① 아세톤
② 톨루엔
③ 벤젠
④ 자일렌

》 제4류 위험물 중 제2석유류 비수용성 물질인 크실렌[$C_6H_4(CH_3)_2$]은 **자일렌**이라고도 불리며, 다음과 같은 **3개의 이성질체**를 갖는다.

오르토크실렌 (o-크실렌)	메타크실렌 (m-크실렌)	파라크실렌 (p-크실렌)

※ 이성질체 : 동일한 분자식을 가지고 있지만 구조나 성질이 다른 물질을 말한다.

45 위험물안전관리법령상 옥내저장탱크의 상호간은 몇 m 이상의 간격을 유지하여야 하는가?
① 0.3　② 0.5
③ 1.0　④ 1.5

》 옥내저장탱크의 간격
1) 2 이상의 **옥내저장탱크의 상호간 : 0.5m 이상**
2) 옥내저장탱크로부터 탱크전용실의 안쪽면까지 : 0.5m 이상

Check **지하저장탱크의 간격**
(1) 2 이상의 지하저장탱크의 상호간 : 1m 이상 (지하저장탱크 용량의 합이 지정수량 100배 이하인 경우 0.5m 이상)
(2) 지하저장탱크로부터 탱크전용실의 안쪽면까지 : 0.1m 이상

46 위험물안전관리법령상 지정수량의 각각 10배를 운반할 때 혼재할 수 있는 위험물은 어느 것인가?
① 과산화나트륨과 과염소산
② 과망가니즈산칼륨과 적린
③ 질산과 알코올
④ 과산화수소와 아세톤

》 ① **과산화나트륨**(제1류 위험물)과 **과염소산**(제6류 위험물)은 **혼재 가능**하다.
② 과망가니즈산칼륨(제1류 위험물)과 적린(제2류 위험물)은 혼재 불가능하다.
③ 질산(제6류 위험물)과 알코올(제4류 위험물)은 혼재 불가능하다.
④ 과산화수소(제6류 위험물)와 아세톤(제4류 위험물)은 혼재 불가능하다.

Check **위험물 운반에 따른 혼재기준**
423, 524, 61의 숫자 조합으로 표를 만들 수 있다.

위험물의 구분	제1류	제2류	제3류	제4류	제5류	제6류
제1류		×	×	×	×	○
제2류	×		×	○	○	×
제3류	×	×		○	×	×
제4류	×	○	○		○	×
제5류	×	○	×	○		×
제6류	○	×	×	×	×	

※ 단, 지정수량의 1/10 이하의 양에 대해서는 이 기준을 적용하지 않는다.

47 제조소에서 취급하는 위험물의 최대수량이 지정수량의 20배인 경우 보유공지의 너비는 얼마인가?

① 3m 이상
② 5m 이상
③ 10m 이상
④ 20m 이상

》 제조소의 보유공지
1) 지정수량의 10배 이하 : 3m 이상
2) **지정수량의 10배 초과 : 5m 이상**

48 1기압 27℃에서 아세톤 58g을 완전히 기화시키면 부피는 약 몇 L가 되는가?

① 22.4 　　② 24.6
③ 27.4 　　④ 58.0

》 아세톤(CH_3COCH_3) 1mol의 분자량은 12(C)g× 3+1(H)g×6+16(O)g = 58g이며 1기압 27℃에서 아세톤 58g을 기화시켜 기체로 만들었을 때의 부피는 다음과 같이 이상기체상태방정식으로 구할 수 있다.

$$PV = \frac{w}{M}RT$$

여기서, P(압력) : 1기압
V(부피) : V(L)
w(질량) : 58g
M(분자량) : 58g/mol
R(이상기체상수) : 0.082atm · L/K · mol
T(절대온도) : (273+27)(K)

$$1 \times V = \frac{58}{58} \times 0.082 \times (273+27)$$

V = 24.6L이다.

49 다음 중 TNT의 폭발, 분해 시 생성물이 아닌 것은?

① CO
② N_2
③ SO_2
④ H_2

》 제5류 위험물인 트라이나이트로톨루엔(TNT)은 분해 시 CO(일산화탄소), C(탄소), N_2(질소), H_2(수소)를 발생한다.
• TNT의 분해반응식
$2C_6H_2CH_3(NO_2)_3 \rightarrow 12CO + 2C + 3N_2 + 5H_2$

🔎 Tip
TNT[$C_6H_2CH_3(NO_2)_3$]에는 원래 S(황)이 없으므로 분해 시에도 원래 없던 성분인 S은 발생할 수 없습니다. 따라서 분해 시 SO_2(이산화황)은 생성될 수 없습니다.

50 위험물안전관리법령상 다음 사항을 참고하여 제조소의 소화설비의 소요단위의 합을 올바르게 산출한 것은?

> 가. 제조소 건축물의 연면적은 3,000m²이다.
> 나. 제조소 건축물의 외벽은 내화구조이다.
> 다. 제조소의 허가 지정수량은 3,000배이다.
> 라. 제조소 옥외 공작물의 최대수평투영 면적은 500m²이다.

① 335 　　② 395
③ 400 　　④ 440

1) 외벽이 내화구조인 제조소 건축물은 연면적 100m²가 1소요단위이므로 연면적 3,000m²는 **30소요단위**이다.
2) 위험물은 지정수량의 10배가 1소요단위이므로 지정수량의 3,000배는 **300소요단위**이다.
3) 제조소의 옥외에 설치된 공작물은 외벽이 내화구조인 것으로 간주하고 공작물의 최대수평투영면적을 연면적으로 간주한다. 따라서 제조소의 옥외에 설치된 공작물은 최대수평투영면적 100m²가 1소요단위이므로 최대수평투영면적 500m²는 **5소요단위**이다.
∴ 소요단위의 합 = 30+300+5 = 335

51 인화칼슘의 성질이 아닌 것은?

① 적갈색의 고체이다.
② 물과 반응하여 포스핀가스를 발생한다.
③ 물과 반응하여 유독한 불연성 가스를 발생한다.
④ 산과 반응하여 포스핀가스를 발생한다.

➤ 인화칼슘(Ca_3P_2)은 제3류 위험물 중 금속의 인화물에 속하는 적갈색 고체물질로서 **물 또는 산과 반응 시** 포스핀(PH_3) 또는 인화수소라 불리는 **독성이면서 동시에 가연성인 가스를 발생**한다.

52 위험물안전관리법령상 시·도의 조례가 정하는 바에 따라 관할소방서장의 승인을 받아 지정수량 이상의 위험물을 임시로 제조소등이 아닌 장소에서 취급할 때 며칠 이내의 기간 동안 취급할 수 있는가?

① 7   ② 30
③ 90   ④ 180

➤ 다음의 어느 하나에 해당하는 경우에는 제조소 등이 아닌 장소에서 지정수량 이상의 위험물을 취급할 수 있다.
1) 시·도의 조례가 정하는 바에 따라 관할소방서장의 승인을 받아 지정수량 이상의 위험물을 **90일 이내**의 기간 동안 임시로 저장 또는 취급하는 경우
2) 군부대가 지정수량 이상의 위험물을 군사목적으로 임시로 저장 또는 취급하는 경우

53 다음 중 조해성이 있는 황화인만 모두 선택하여 나열한 것은?

P_4S_3, P_2S_5, P_4S_7

① P_4S_3, P_2S_5
② P_4S_3, P_4S_7
③ P_2S_5, P_4S_7
④ P_4S_3, P_2S_5, P_4S_7

➤ 제2류 위험물인 황화인은 P_4S_3(삼황화인), P_2S_5(오황화인), P_4S_7(칠황화인)의 3가지 종류가 있으며, 이들 중 P_4S_3은 조해성이 없고 나머지 P_2S_5과 P_4S_7은 **조해성이 있다.**
※ 조해성 : 공기 중의 수분을 흡수하여 자신이 녹는 현상을 말한다.

54 산화프로필렌 300L, 메탄올 400L, 벤젠 200L를 저장하고 있는 경우 각각 지정수량 배수의 총합은 얼마인가?

① 4   ② 6
③ 8   ④ 10

➤ 산화프로필렌은 특수인화물로서 지정수량은 50L이고, 메탄올은 알코올류로서 지정수량은 400L, 벤젠은 제1석유류 비수용성 물질로서 지정수량은 200L이므로 지정수량 배수의 총합은
$\frac{300L}{50L} + \frac{400L}{400L} + \frac{200L}{200L} = 8$배이다.

55 위험물안전관리법령상 제5류 위험물 중 질산에스터류에 해당하는 것은?

① 나이트로벤젠
② 나이트로셀룰로오스
③ 트라이나이트로페놀
④ 트라이나이트로톨루엔

➤ ① 나이트로벤젠 : 제4류 위험물 중 제3석유류
② **나이트로셀룰로오스 : 제5류 위험물 중 질산에스터류**
③ 트라이나이트로페놀 : 제5류 위험물 중 나이트로화합물
④ 트라이나이트로톨루엔 : 제5류 위험물 중 나이트로화합물

정답 51. ③ 52. ③ 53. ③ 54. ③ 55. ②

56 옥내저장소에서 위험물 용기를 겹쳐 쌓는 경우 제4류 위험물 중 제3석유류만을 수납하는 용기를 겹쳐 쌓을 수 있는 최대 높이(m)는?

① 3m

② 4m

③ 5m

④ 6m

 옥내저장소에서 ◀ 용기를 겹쳐 쌓는 높이

>>> 옥내저장소에서 위험물 용기를 겹쳐 쌓는 높이
   1) 기계에 의하여 하역하는 구조로 된 용기 : 6m 이하
   2) 제4류 위험물 중 **제3석유류**, 제4석유류, 동식물류를 수납한 용기 : **4m 이하**
   3) 그 외의 위험물을 수납한 용기 : 3m 이하
   4) 위험물을 수납한 용기를 선반에 저장하는 경우 : 높이의 제한이 없음

57 제2류 위험물과 제5류 위험물의 공통적인 성질은?

① 가연성 물질

② 강한 산화제

③ 액체 물질

④ 산소 함유

>>> ① **제2류 위험물**은 가연성 고체이고 **제5류 위험물**은 가연성 물질과 산소공급원을 함께 포함하는 자기반응성 물질이므로, 두 위험물 모두 **공통적으로 가연성 물질에 해당**한다.
   ② 제2류 위험물은 자신이 직접 연소하는 환원제이며, 제5류 위험물은 산소공급원을 포함하고 있는 산화제이다.
   ③ 제2류 위험물에는 고체만 존재하고 제5류 위험물에는 고체와 액체가 모두 존재한다.
   ④ 제2류 위험물은 산소를 함유하지 않으며, 제5류 위험물만 산소를 함유한다.

58 과산화나트륨이 물과 반응할 때의 변화를 가장 올바르게 설명한 것은?

① 산화나트륨과 수소를 발생한다.

② 물을 흡수하여 탄산나트륨이 된다.

③ 산소를 방출하며 수산화나트륨이 된다.

④ 서서히 물에 녹아 과산화나트륨의 안정한 수용액이 된다.

>>> 제1류 위험물 중 알칼리금속의 과산화물에 속하는 과산화나트륨(Na_2O)은 **물과 반응 시 수산화나트륨(NaOH)과 함께 산소(O_2)를 발생**하므로 위험성이 증가한다.
   • 과산화나트륨과 물과의 반응식
     $2Na_2O_2 + 2H_2O \rightarrow 4NaOH + O_2$

   `Check` **과산화나트륨의 또 다른 반응식**
   (1) 열분해 시 산화나트륨(Na_2O)과 산소가 발생한다.
     • 열분해반응식
       $2Na_2O_2 \rightarrow 2Na_2O + O_2$
   (2) 이산화탄소와 반응하여 탄산나트륨(Na_2CO_3)과 산소가 발생한다.
     • 이산화탄소와의 반응식
       $2Na_2O_2 + 2CO_2 \rightarrow 2Na_2CO_3 + O_2$
   (3) 초산과 반응 시 초산나트륨(CH_3COONa)과 과산화수소(H_2O_2)가 발생한다.
     • 초산과의 반응식
       $Na_2O_2 + 2CH_3COOH \rightarrow 2CH_3COONa + H_2O_2$

59 위험물제조소의 배출설비 기준 중 국소방식의 경우 배출능력은 1시간당 배출장소 용적의 몇 배 이상으로 해야 하는가?

① 10배

② 20배

③ 30배

④ 40배

>>> 위험물제조소의 배출설비 기준 중 국소방식의 경우 배출능력은 1시간당 **배출장소 용적의 20배 이상**으로 하고 전역방식의 경우 바닥면적 $1m^2$당 $18m^3$ 이상의 양을 배출할 수 있도록 설치하여야 한다.

60 주유취급소에서 고정주유설비는 도로경계선과 몇 m 이상 거리를 유지하여야 하는가? (단, 고정주유설비의 중심선을 기점으로 한다.)

① 2

② 4

③ 6

④ 8

>>> 주유취급소에서 고정주유설비의 중심선을 기점으로 한 거리
   1) **도로경계선까지의 거리 : 4m 이상**
   2) 부지경계선, 담 및 벽까지의 거리 : 2m 이상
   3) 개구부가 없는 벽까지의 거리 : 1m 이상

정답 56. ② 57. ① 58. ③ 59. ② 60. ②

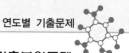

2024 제1회 위험물산업기사

CBT 기출복원문제

2024년 2월 15일 시행

제1과목 일반화학

01 질량수가 39인 K의 중성자수와 전자수는 각각 몇 개인가? (단, K의 원자번호는 19이다.)

① 중성자수 20, 전자수 19
② 중성자수 39, 전자수 20
③ 중성자수 19, 전자수 19
④ 중성자수 19, 전자수 39

≫ 질량수 = 양성자수 + 중성자수, 원자번호 = 양성자수 = 중성상태의 전자수임을 이용한다. 따라서 원자번호 19인 K의 양성자수는 19, **중성자수는** 39 − 19 = **20**, **전자수는 19**이다.

02 100mL 부피플라스크로 10ppm 용액 100mL를 만들려고 한다. 1,000ppm 용액 몇 mL를 취해야 하는가?

① 0.1mL
② 1mL
③ 10mL
④ 100mL

≫ 묽힘공식($M_{진한 용액} \times V_{진한 용액} = M_{묽은 용액} \times V_{묽은 용액}$)을 이용하여 취해야 하는 진한 용액의 부피를 구하면 다음과 같다.
1,000ppm × $V_{진한 용액}$(mL) = 10ppm × 100mL, 취해야 하는 진한 용액의 부피($V_{진한 용액}$)는 1mL이다. 따라서 1,000ppm 진한 용액 1mL를 취하여 최종 부피가 100mL가 되도록 증류수로 채워 잘 흔들어 준다.

03 어떤 기체의 확산속도가 $SO_2(g)$의 2배이다. 이 기체의 분자량은 얼마인가? (단, S의 원자량은 32, O의 원자량은 16이다.)

① 8
② 16
③ 32
④ 64

≫ 그레이엄의 기체 확산속도 법칙 : 기체의 확산속도는 기체의 분자량의 제곱근에 반비례한다.

$$\frac{V_1}{V_2} = \sqrt{\frac{M_2}{M_1}}$$

여기서, V_1, V_2 : 각 성분 기체의 확산속도
M_1, M_2 : 각 성분 기체의 분자량
SO_2의 확산속도를 V로 두면 해당 기체의 확산속도는 $2V$이다. SO_2의 분자량은 32(S) + 16(O) × 2 = 64이고 해당 기체의 분자량을 M으로 두면, $\frac{V}{2V} = \sqrt{\frac{M}{64}}$, $M = 16$이다.

04 1패럿의 전기량으로 물을 전기분해 하였을 때 생성되는 산소기체의 부피는 0℃, 1기압에서 몇 L인가?

① 5.6L
② 11.2L
③ 22.4L
④ 44.8L

≫ 1F(패럿)이란 물질 1g당량을 석출하는 데 필요한 전기량이므로 1F(패럿)의 전기량으로 물(H_2O)을 전기분해하면 수소(H_2) 1g당량과 산소(O_2) 1g당량이 발생한다.
여기서, 1g당량이란 $\frac{원자량}{원자가}$인데, O(산소)는 원자가 2이고 원자량이 16g이기 때문에 O의 1g당량은 $\frac{16g}{2}$ = 8g이다.
0℃, 1기압에서 산소기체(O_2) 1몰 즉, 32g의 부피는 22.4L이지만 1F(패럿)의 전기량으로 얻는 산소기체 1g당량 즉, 산소기체 8g은 $\frac{1}{4}$몰이므로 산소의 부피는 $\frac{1}{4}$몰 × 22.4L = 5.6L이다.

Check 수소기체의 부피

H(수소)는 원자가 1이고 원자량도 1이기 때문에 H의 1g당량은 $\frac{1g}{1}$ = 1g이다.
0℃, 1기압에서 수소기체(H_2) 1몰 즉, 2g의 부피는 22.4L이지만 1F(패럿)의 전기량으로 얻는 수소기체 1g당량, 즉 수소기체 1g은 0.5몰이므로 수소의 부피는 0.5몰 × 22.4L = 11.2L이다.

정답 01. ① 02. ② 03. ② 04. ①

05 어떤 원소의 바닥상태의 전자배치는 2p 궤도함수에 4개의 전자가 채워져 있다. 이 원소의 최외각전자와 짝짓지 않은 전자수는?

① 2개, 4개   ② 4개, 2개
③ 6개, 4개   ④ 6개, 2개

>> 〈문제〉의 바닥상태 전자배치는 $1s^2 2s^2 2p^4$이며, 해당 원소는 8개의 전자를 가지고 있는 산소이다. 산소의 바닥상태의 전자배치를 오비탈 도표로 나타내면 ↑↓ | ↑↓ | ↑↓ ↑ ↑ 이며, 산소의
1s   2s   2p
최외각전자는 $2s^2 2p^4$로 6개이고 이 중 짝짓지 않은 전자는 2개이다.

06 사방황과 고무상황을 구분하는 방법으로 옳은 것은?

① 색으로 구분한다.
② CS_2에 녹여서 구분한다.
③ 연소 시 나타나는 불꽃색으로 구분한다.
④ 연소 시 생성되는 물질로 구분한다.

>> 제2류 위험물인 황은 순도가 60중량% 이상인 것을 위험물로 정한다. 황색 결정이며 물에 녹지 않고, 연소 시 청색 불꽃을 내며 이산화황(SO_2)이 발생한다. 비금속성 물질이므로 전기불량도체로 정전기가 발생할 수 있는 위험이 있고, 미분상태에서는 분진폭발의 위험이 있다. 사방황, 단사황, 고무상황의 3가지 동소체가 존재하며, **고무상황을 제외한 나머지 황은 이황화탄소(CS_2)에 녹는다.**

07 에틸렌(C_2H_4)을 원료로 하지 않는 것은?

① 아세트산   ② 염화비닐
③ 에탄올   ④ 메탄올

>> 〈보기〉의 물질들이 갖고 있는 탄소(C) 수는 다음과 같다.
① 아세트산(CH_3COOH) : 2개
② 염화비닐(CH_2CHCl) : 2개
③ 에탄올(C_2H_5OH) : 2개
④ 메탄올(CH_3OH) : 1개
일반적으로 어떤 물질이 반응할 때 그 원래의 물질에 포함된 탄소(C)의 수가 달라지는 경우는 매우 드물다. 따라서 에틸렌(C_2H_4)은 탄소(C)가 2개 포함된 물질이므로 탄소 수가 1개인 ④ 메탄올(CH_3OH)은 에틸렌을 원료로 하지 않는다.

08 다이클로로벤젠의 구조이성질체수는 몇 개인가?

① 5개   ② 4개
③ 3개   ④ 2개

>> 다이클로로벤젠($C_6H_4Cl_2$)은 다음과 같이 3가지의 이성질체를 갖는다.

o-다이클로로벤젠	m-다이클로로벤젠	p-다이클로로벤젠

09 같은 주기에서 원자번호가 증가할수록 감소하는 것은?

① 이온화에너지   ② 비금속성
③ 원자반지름   ④ 전기음성도

>> 주기율 경향

왼쪽 아래로 갈수록
원자 반지름 증가
이온화에너지 감소
전자친화도 감소
전기음성도 감소
양이온이 되기 쉬움
금속성 증가

금속   준금속   비금속

오른쪽 위로 갈수록
원자 반지름 감소
이온화에너지 증가
전자친화도 증가
전기음성도 증가
음이온이 되기 쉬움
비금속성 증가

10 1기압에서 2L의 부피를 차지하는 어떤 기체를 온도 변화없이 압력을 4기압으로 높였을 때 기체의 부피는?

① 0.5L   ② 2.0L
③ 4.0L   ④ 8.0L

>> 보일법칙 : 온도(T)가 일정할 때, 기체의 부피(V)는 압력(P)에 반비례한다.
$P \times V$ = 일정. $P_1 \times V_1 = P_2 \times V_2$를 이용하면, 4기압으로 압력을 높였을 때의 기체의 부피는 다음과 같다.
$1atm \times 2L = 4atm \times V(L)$, 즉 V = **0.5L**이다.

11 $KMnO_4$에서 Mn의 산화수는 얼마인가?

① +3   ② +5
③ +7   ④ +9

>> 산화수 정하는 규칙에 의해 알칼리금속인 K의 산화수는 +1, O의 산화수는 −2, 분자화합물에서 각 성분의 산화수의 합은 0이어야 한다. Mn의 산화수를 x로 두면, $(+1) + x + (-2 \times 7) = 0$, $x = +7$이다. 따라서 $KMnO_4$에서 Mn의 산화수는 +7이다.

12 수소분자 1mol에 포함된 양성자수와 같은 것은?

① O_2 $\frac{1}{4}$ mol 중의 양성자수

② NaCl 1mol 중의 이온 총수

③ 수소원자 $\frac{1}{2}$ mol 중의 원자수

④ CO_2 1mol 중의 원자수

>> 1mol의 입자는 아보가드로수(6.02×10^{23})의 입자를 포함하며, 원자의 양성자수는 원자번호와 같다. 〈문제〉 수소원자(H)는 원자번호 1번이므로 1개의 수소원자(H)에는 양성자는 1개가 있고, 수소원자(H) 2개가 결합한 수소분자(H_2) 1개에는 2개의 양성자가 있다. 1mol의 수소분자(H_2)에는

$$1\text{mol } H_2 \times \frac{6.02 \times 10^{23}\text{개 } H_2}{1\text{mol } H_2} \times \frac{2\text{개 양성자}}{1\text{개 } H_2}$$

$= 1.204 \times 10^{24}$개의 양성자가 포함되어 있다.

① 산소원자(O)는 원자번호 8번이므로 1개의 산소원자(O)에는 양성자는 8개가 있고, 산소원자(O_2) 2개가 결합한 산소분자(O_2) 1개에는 16개의 양성자가 있다. $\frac{1}{4}$ mol의 산소분자(O_2)에는

$$\frac{1}{4}\text{mol } O_2 \times \frac{6.02 \times 10^{23}\text{개 } O_2}{1\text{mol } O_2} \times \frac{16\text{개 양성자}}{1\text{개 } O_2}$$

$= 2.408 \times 10^{24}$개의 양성자가 포함되어 있다.

② $NaCl \rightarrow Na^+ + Cl^-$로 해리되므로 1mol의 NaCl은 1mol의 Na^+과 1mol의 Cl^-, 전체 2mol의 이온을 포함한다. 따라서 1mol의 NaCl 중의 이온의 총수는 2mol 이온 ×

$$\frac{6.02 \times 10^{23}\text{개 이온}}{1\text{mol 이온}} = 1.204 \times 10^{24}\text{개이다.}$$

③ $\frac{1}{2}$ mol의 수소원자(H)에는 $\frac{1}{2}$ mol H ×

$$\frac{6.02 \times 10^{23}\text{개 } H}{1\text{mol } H} = 3.01 \times 10^{23}\text{개의 원자가 포함되어 있다.}$$

④ 이산화탄소(CO_2) 1개는 탄소원자(C) 1개와 산소원자(O) 2개로, 총 3개의 원자를 포함한다. 따라서 1mol의 이산화탄소(CO_2)에는

$$\frac{1}{2}\text{mol } CO_2 \times \frac{6.02 \times 10^{23}\text{개 } CO_2}{1\text{mol } CO_2} \times \frac{3\text{개 양성자}}{1\text{개 } CO_2}$$

$= 1.806 \times 10^{24}$개의 원자가 포함되어 있다.

13 다음 화합물 수용액 농도가 모두 0.5m일 때 끓는점이 가장 높은 것은?

① $C_6H_{12}O_6$(포도당)

② $C_{12}H_{22}O_{11}$(설탕)

③ NaCl(염화나트륨)

④ $CaCl_2$(염화칼슘)

>> 용액의 끓는점은 용해되어 있는 입자의 농도에 의존하며, 같은 농도의 용액이라도 용해되는 입자가 많아지면 끓는점이 높아진다. 포도당과 설탕과 같은 비전해질은 용해되어도 입자수는 변하지 않지만, 염화나트륨과 염화칼슘과 같은 전해질은 용해되면 입자수가 변하게 된다.
1mol의 염화나트륨이 용해되면 $NaCl \rightarrow Na^+ + Cl^-$로 입자수는 2배가 되며, 염화칼슘 1mol이 용해되면 $CaCl_2 \rightarrow Ca^{2+} + 2Cl^-$로 입자수는 3배가 된다. 따라서 입자수가 가장 많은 **염화칼슘의 끓는점이 가장 높게** 나타난다.

14 28중량% 황산용액의 비중은 1.84이다. 이 황산용액의 몰농도(M)는 얼마인가?

① 2.86M

② 5.26M

③ 10.51M

④ 51.52M

>> 중량% $= \frac{\text{용질의 } g}{100g \text{ 용액}}$ 이므로 황산용액 100g에는 H_2SO_4 28g이 들어있고, H_2SO_4의 몰질량은 $1(H) \times 2 + 32(S) + 16(O) \times 4 = 98g/mol$이다.
황산용액의 비중은 물의 밀도가 1/mL에 대한 황산용액의 밀도이므로 황산용액 밀도 1.84g/mL는 황산용액 1mL가 1.84g이다. 몰농도(M) $= \frac{\text{용질의 mol수}}{\text{용액의 부피(L)}}$ 를 구하면 다음과 같다.

$$\frac{28g\ H_2SO_4}{100g \text{ 황산용액}} \times \frac{1.84g \text{ 황산용액}}{1mL \text{ 황산용액}} \times \frac{1,000mL}{1L}$$

$$\times \frac{1\text{mol } H_2SO_4}{98g\ H_2SO_4} = 5.26M$$

15 $_{93}Np$ 방사성 원소가 β선을 1회 방출한 경우 생성되는 원소는?

① $_{90}Th$ ② $_{91}Pa$

③ $_{92}U$ ④ $_{94}Pu$

》》 방사선 붕괴
1) α붕괴 : 원자번호 2 감소, 질량수 4 감소
2) β붕괴 : 원자번호 1 증가, 질량수 변화없음
3) γ붕괴 : 원자번호 변화없음, 질량수 변화없음
〈문제〉의 $_{93}Np$(넵투늄)이 β붕괴하면 원자번호가 1 증가하여 $_{94}Pu$(플루토늄)이 된다.

💡**Tip**
$_{90}Th$(토륨), $_{91}Pa$(프로트악티늄), $_{92}U$(우라늄), $_{93}Np$(넵투늄), $_{94}Pu$(플루토늄)

16 다음 중 이온반지름이 가장 작은 것은?

① S^{2-} ② Cl^-

③ K^+ ④ Ca^{2+}

》》 $_{16}S$은 전자 16에서 전자 2개를 얻어 S^{2-}이 되고, $_{17}Cl$는 전자 17에서 전자 1개를 얻어 Cl^-이 되며, $_{19}K$은 전자 19에서 전자 1개를 잃어 K^+이 되고, $_{20}Ca$은 전자 20에서 전자 2개를 잃어 Ca^{2+}이 된다.
〈문제〉에서 제시된 이온은 모두 18개의 전자를 가지고 있는 등전자 이온이다.
등전자 이온은 원자번호가 증가할수록 유효핵전하가 증가하여 최외각전자와 핵 사이의 인력이 증가하여 이온반지름(크기)은 작아진다.
따라서 이온반지름(크기)은 S^{2-} > Cl^- > K^+ > Ca^{2+} 순서가 된다.

17 표준상태에서 수소(H_2) 22.4L를 질소(N_2)와 완전히 반응시킬 때 생성되는 암모니아(NH_3)는 몇 g인가?

① 5.7g   ② 11.3g

③ 17.0g   ④ 34.0g

》》 반응식 : $3H_2 + N_2 \rightarrow 2NH_3$
표준상태에서 1mol의 기체의 부피는 22.4L이고, NH_3의 몰질량은 $14(N) + 1(H) \times 3 = 17g/mol$임을 이용하면 생성되는 NH_3의 양은 다음과 같다.

$22.4L\ H_2 \times \dfrac{1mol\ H_2}{22.4L\ H_2} \times \dfrac{2mol\ NH_3}{3mol\ H_2} \times \dfrac{17g\ NH_3}{1mol\ NH_3}$

$= 11.3g\ NH_3$

18 산·염기 지시약인 페놀프탈레인의 pH 변색 범위는?

① 2.0~4.0   ② 4.0~6.0

③ 6.0~8.0   ④ 8.0~10.0

》》 지시약의 종류와 pH 변색범위

지시약 종류	pH 변색범위	산성색	염기성색
메틸오렌지	3.1~4.4	붉은색	노란색
브로모티몰블루	6.0~7.6	노란색	푸른색
페놀프탈레인	8.0~9.6	무색	붉은색

19 이산화황이 산화제로 작용하는 화학반응은?

① $SO_2 + H_2O \rightarrow H_2SO_4$

② $SO_2 + NaOH \rightarrow NaHSO_3$

③ $SO_2 + 2H_2S \rightarrow 3S + 2H_2O$

④ $SO_2 + Cl_2 + 2H_2O \rightarrow H_2SO_4 + 2HCl$

》》 산화·환원반응에서 산화제로 작용하려면 자신은 환원되어야 한다.
환원반응은 어떤 물질이 산소를 잃거나, 수소를 얻거나, 전자를 얻는 반응으로 산화수가 감소한다.
산화수 정하는 규칙에 의해 알칼리금속의 산화수는 +1, O의 산화수는 −2, H의 산화수는 +1, 분자화합물에서 각 성분의 산화수의 합은 0이어야 한다. S의 산화수를 x로 두면, $x + (-2 \times 2) = 0$, $x = +4$이다. 따라서 SO_2에서 S의 산화수는 +4이다.
① ④ H_2SO_4에서 $(+1) + x + (-2 \times 4) = 0$, $x = +7$이다. 따라서 H_2SO_4에서 S의 산화수는 +7이다. 이 반응에서 S의 산화수는 +4에서 +7로 증가하므로 S은 산화되고, S을 포함하고 있는 SO_2는 환원제로 작용한다.
② $NaHSO_3$에서 $(+1) + (+1) + x + (-2 \times 3) = 0$, $x = +4$이다. 따라서 $NaHSO_3$에서 S의 산화수는 +4이다. 이 반응에서 S의 산화수는 +4에서 +4로 산화수의 변화는 없으므로, S은 산화되지도 환원되지도 않는다.
③ 원자 상태의 S의 산화수는 0이다. 이 반응에서 S의 산화수는 +4에서 0으로 감소하므로 S은 환원되고, **S을 포함하고 있는 SO_2는 산화제로 작용한다.**

20 산성 산화물에 해당하는 것은?

① CaO   ② Na_2O

③ CO_2 ④ MgO

정답   15. ④   16. ④   17. ②   18. ④   19. ③   20. ③

>> 산화물의 종류
1) 산성 산화물 : 비금속과 산소가 결합된 물질
   예 CO_2(이산화탄소), SO_2(이산화황) 등
2) 염기성 산화물 : 금속과 산소가 결합된 물질
   예 Na_2O(산화나트륨), MgO(산화마그네슘), CaO(산화칼슘) 등
3) 양쪽성 산화물 : Al(알루미늄), Zn(아연), Sn(주석), Pb(납)과 산소가 결합된 물질
   예 Al_2O_3(산화알루미늄), ZnO(산화아연), SnO(산화주석), PbO(산화납) 등

제2과목   화재예방과 소화방법

21 제3종 분말소화약제를 화재면에 방출 시 부착성이 좋은 막을 형성하여 연소에 필요한 산소의 유입을 차단하기 때문에 연소를 중단시킬 수 있다. 그러한 막을 구성하는 물질은?

① H_3PO_4 ② PO_4
③ HPO_3 ④ P_2O_5

>> 제3종 분말소화약제인 인산암모늄($NH_4H_2PO_4$)은 열분해 시 메타인산(HPO_3)과 암모니아(NH_3), 그리고 수증기(H_2O)를 발생시키는데, 이 중 **메타인산(HPO_3)은 부착성이 좋은 막을 형성**하여 산소의 유입을 차단하는 역할을 한다.
• 제3종 분말소화약제의 열분해반응식
$$NH_4H_2PO_4 \rightarrow HPO_3 + NH_3 + H_2O$$

22 다음 중 소화약제가 아닌 것은?

① CF_3Br ② $NaHCO_3$
③ C_4F_{10} ④ N_2H_4

>> ① CF_3Br(Halon 1301) : 할로젠화합물소화약제
② $NaHCO_3$(탄산수소나트륨) : 제1종 분말소화약제
③ C_4F_{10}(FC-3-1-10) : 할로젠화합물 청정소화약제
④ **N_2H_4(하이드라진) : 제4류 위험물(제2석유류)**

23 제1류 위험물 중 알칼리금속의 과산화물 화재에 적응성이 있는 소화약제는?

① 인산염류분말 소화약제
② 이산화탄소 소화약제
③ 탄산수소염류 분말소화약제
④ 할로젠화합물 소화약제

>> 제1류 위험물에 속하는 **알칼리금속의 과산화물**과 제2류 위험물에 속하는 철분·금속분·마그네슘, 제3류 위험물에 속하는 금수성 물질의 화재에는 **탄산수소염류 분말소화약제** 또는 마른 모래, 팽창질석 또는 팽창진주암이 적응성이 있다.

24 드라이아이스 1kg이 완전히 기화하면 약 몇 몰의 이산화탄소가 되겠는가?

① 22.7mol   ② 51.3mol
③ 230mol   ④ 515mol

>> 드라이아이스(CO_2) 1몰은 12g(C)+16g(O)×2 = 44g이므로 드라이아이스 1kg, 즉 1,000g은
$$1,000g\ CO_2 \times \frac{1mol\ CO_2}{44g\ CO_2} = 22.7mol$$이다. 이 경우 드라이아이스 1kg은 기화가 되든 액화가 되든 항상 **22.7mol**이다.

25 인화점이 38℃ 이상인 제4류 위험물 취급을 주된 작업내용으로 하는 장소에 스프링클러 설비를 설치하는 경우 확보해야 하는 1분당 방사밀도는 몇 L/m^2 이상이어야 하는가? (단, 살수기준면적은 $250m^2$이다.)

① $8.1L/m^2$ ② $12.2L/m^2$
③ $15.5L/m^2$ ④ $16.3L/m^2$

>> 스프링클러설비 : 제4류 위험물 화재에는 사용할 수 없지만 취급장소의 살수기준면적에 따라 스프링클러설비의 살수밀도가 다음 [표]의 기준 이상이면 제4류 위험물 화재에 사용할 수 있다.

살수기준 면적(m^2)	방사밀도($L/m^2 \cdot$ 분)	
	인화점 38℃ 미만	인화점 38℃ 이상
279 미만	16.3 이상	**12.2 이상**
279 이상 372 미만	15.5 이상	11.8 이상
372 이상 465 미만	13.9 이상	9.8 이상
465 이상	12.2 이상	8.1 이상

26 위험물안전관리법령상 전기설비에 적응성이 없는 소화설비는?

① 포소화설비
② 불활성가스소화설비
③ 물분무소화설비
④ 할로젠화합물소화설비

◈ 전기설비의 화재는 일반적으로는 물로 소화할 수 없기 때문에 **수분을 포함한 포소화설비는 전기설비의 화재에는 사용할 수 없다.** 하지만 물분무소화설비는 물을 분무하여 흩어뿌리기 때문에 전기설비의 화재에 적응성이 있으며, 불활성가스소화설비 및 할로젠화합물소화설비는 질식소화효과와 억제소화효과를 갖고 있기 때문에 전기설비의 화재에 적응성이 있다.

대상물의 구분 / 소화설비의 구분	건축물·그 밖의 공작물	전기설비	제1류 위험물 알칼리금속의 과산화물등	제1류 그 밖의 것	제2류 철분·금속분·마그네슘등	제2류 인화성 고체	제2류 그 밖의 것	제3류 금수성 물품	제3류 그 밖의 것	제4류 위험물	제5류 위험물	제6류 위험물
옥내소화전 또는 옥외소화전 설비	○			○		○	○		○		○	○
스프링클러설비	○			○		○	○		○	△	○	○
물분무소화설비	○	○		○		○	○		○	○	○	○
포소화설비	○	×		○		○	○		○	○	○	○
불활성가스소화설비		○				○				○		
할로젠화합물소화설비		○				○				○		
분말소화설비 인산염류등	○	○		○		○	○			○		○
분말소화설비 탄산수소염류등		○	○		○	○		○		○		
분말소화설비 그 밖의 것			○		○			○				

27 위험물안전관리법령에서 정한 물분무소화설비의 설치기준에서 물분무소화설비의 방사구역은 몇 m^2 이상으로 하여야 하는가? (단, 방호대상물의 표면적이 150m^2 이상인 경우이다.)

① 75m^2 ② 100m^2
③ 150m^2 ④ 350m^2

◈ 물분무소화설비의 방사구역은 150m^2 이상으로 하여야 한다. 다만, 방호대상물의 표면적이 150m^2 미만인 경우에는 해당 표면적으로 한다.

28 위험물안전관리법령상 소화설비의 설치기준에서 제조소등에 전기설비(전기배선, 조명기구 등은 제외)가 설치된 경우에는 해당 장소의 면적 몇 m^2마다 소형 수동식 소화기를 1개 이상 설치하여야 하는가?

① 50m^2 ② 75m^2
③ 100m^2 ④ 150m^2

◈ 제조소등에 전기설비(전기배선, 조명기구 등은 제외)가 설치된 경우에는 해당 장소의 면적 100m^2마다 소형 수동식 소화기를 1개 이상 설치하여야 한다.

29 분말소화약제의 착색 색상으로 옳은 것은?

① $NH_4H_2PO_4$: 담홍색
② $NH_4H_2PO_4$: 백색
③ $KHCO_3$: 담홍색
④ $KHCO_3$: 백색

◈ 제3종 분말소화약제인 $NH_4H_2PO_4$(인산암모늄)은 담홍색이며, 제2종 분말소화약제인 $KHCO_3$(탄산수소칼륨)은 보라(담회)색이다.

구 분	주성분	주성분의 화학식	색 상
제1종 분말소화약제	탄산수소 나트륨	$NaHCO_3$	백색
제2종 분말소화약제	탄산수소 칼륨	$KHCO_3$	연보라 (담회)색
제3종 분말소화약제	**인산암모늄**	$NH_4H_2PO_4$	**분홍 (담홍)색**
제4종 분말소화약제	탄산수소칼륨 + 요소의 반응생성물	$KHCO_3$ + $(NH_2)_2CO$	회색

30 다음 중 메틸에틸케톤(에틸메틸케톤)의 화재를 나타내는 것은 어느 것인가?

① A급 화재
② B급 화재
③ C급 화재
④ D급 화재

◈ 화재의 종류 및 소화기의 표시색상

적응화재	화재의 종류	소화기의 표시색상
A급(일반화재)	목재, 종이 등의 화재	백색
B급(유류화재)	기름, 유류 등의 화재	황색
C급(전기화재)	전기 등의 화재	청색
D급(금속화재)	금속분말 등의 화재	무색

제4류 위험물인 메틸에틸케톤(에틸메틸케톤)은 인화성 액체로서 유류화재인 **B급 화재**에 해당된다.

31 다량의 비수용성 제4류 위험물의 화재 시 물로 소화하는 것이 적합하지 않은 이유는?

① 가연성 가스를 발생한다.
② 연소면을 확대한다.
③ 인화점이 내려간다.
④ 물이 열분해된다.

≫ 물보다 가볍고 물에 녹지 않는 제4류 위험물의 화재 시 물을 이용하면 위험물이 물보다 상층에 존재하면서 지속적으로 **연소면을 확대**할 위험이 있으므로 주수소화를 할 수 없다.

> ⓒheck
>
> 물보다 무겁고 물에 녹지 않는 제4류 위험물의 화재 시에는 물이 위험물보다 상층에 존재하여 산소공급원을 차단시키는 역할을 하므로 질식소화가 가능하다.

32 마그네슘 분말이 이산화탄소 소화약제와 반응하여 생성될 수 있는 유독성 기체의 분자량은?

① 26   ② 28
③ 32   ④ 44

≫ 마그네슘은 이산화탄소와 반응 시 산화마그네슘과 가연성 물질인 탄소 또는 유독성 기체인 일산화탄소가 발생한다.
이산화탄소와의 반응식은 $2Mg + CO_2 \rightarrow 2MgO + C$ 또는 $Mg + CO_2 \rightarrow MgO + CO$이며, 유독성 기체인 일산화탄소(CO)의 분자량은 $12(C) + 16(O) = 28$이다.

33 가연성 가스의 폭발범위에 대한 일반적인 설명으로 틀린 것은?

① 가스의 온도가 높아지면 폭발범위는 넓어진다.
② 폭발한계농도 이하에서 폭발성 혼합가스를 생성한다.
③ 공기 중에서보다 산소 중에서 폭발범위가 넓어진다.
④ 가스압이 높아지면 하한값은 크게 변하지 않으나 상한값은 높아진다.

≫ ① 가스의 온도가 높아지면 폭발력이 커지면서 폭발범위도 넓어진다.

② 폭발은 폭발범위 내에서 발생하므로 **폭발한계농도 이하에서는 폭발이 발생할 수 없다.**
③ 순수한 산소는 산소 농도가 21%밖에 존재하지 않는 공기보다 더 높은 산소의 농도를 갖고 있으므로 더 넓은 폭발범위를 갖는다.
④ 가스의 압력이 높아지면 하한값은 변하지 않고 상한값이 높아져 폭발범위도 함께 넓어진다.

34 위험물안전관리법령상 제3류 위험물 중 금수성 물질에 적응성이 있는 소화기는?

① 할로젠화합물소화기
② 인산염류분말소화기
③ 이산화탄소소화기
④ 탄산수소염류 분말소화기

≫ 〈보기〉의 소화기들 중 제1류 위험물 중 알칼리금속의 과산화물, 제2류 위험물 중 철분, 마그네슘, 금속분, **제3류 위험물 중 금수성 물질에 공통적으로 적응성이 있는 것은 탄산수소염류분말소화기**뿐이며, 그 외의 소화기는 사용할 수 없다.

대상물의 구분 소화설비의 구분		건축물·그 밖의 공작물	전기설비	제1류 위험물		제2류 위험물			제3류 위험물		제4류 위험물	제5류 위험물	제6류 위험물
				알칼리금속의 과산화물 등	그 밖의 것	철분·금속분·마그네슘 등	인화성 고체	그 밖의 것	금수성 물품	그 밖의 것			
대형·소형수동식소화기	봉상수(棒狀水)소화기	○			○		○	○		○	○	○	○
	무상수(霧狀水)소화기	○	○		○		○	○		○	○	○	○
	봉상강화액소화기	○			○		○	○		○	○	○	○
	무상강화액소화기	○	○		○		○	○		○	○	○	○
	포소화기	○			○		○	○		○	○	○	○
	이산화탄소소화기		○				○				○		△
	할로젠화합물소화기		○				○				○		
분말소화기	인산염류소화기	○	○		○		○	○			○		○
	탄산수소염류소화기		○	○		○	○			◎	○		
	그 밖의 것			○		○	○			○			

35 고체의 일반적인 연소형태에 속하지 않는 것은?

① 표면연소   ② 확산연소
③ 자기연소   ④ 증발연소

» 고체의 연소형태의 종류와 예
1) 표면연소 : 코크스(탄소), 목탄(숯), 금속분 등
2) 분해연소 : 목재, 석탄, 종이, 플라스틱, 합성 수지 등
3) 자기연소 : 제5류 위험물 등
4) 증발연소 : 황, 나프탈렌, 양초(파라핀) 등
확산연소는 공기 중에 가연성 가스를 확산시키면 연소가 가능하도록 산소와 혼합된 가스만을 연소시키는 현상으로, 기체의 일반적인 연소형태이다.

36 외벽이 내화구조인 위험물저장소 건축물의 연면적이 1,500m^2인 경우 소요단위는?

① 6   ② 10
③ 13   ④ 14

» 외벽이 내화구조인 위험물저장소 건축물은 연면적 150m^2가 1소요단위이므로 연면적 1,500m^2는
$\dfrac{1,500m^2}{150m^2}$ = 10소요단위이다.

Check **1소요단위의 기준**

구 분	외벽이 내화구조	외벽이 비내화구조
제조소 및 취급소	연면적 100m^2	연면적 50m^2
저장소	연면적 150m^2	연면적 75m^2
위험물	지정수량의 10배	

37 과산화칼륨이 다음 〈보기〉의 물질과 반응할 때 발생하는 기체가 같은 것끼리 짝지은 것은?

〈보기〉 물, 이산화탄소, 아세트산, 염산

① 물, 이산화탄소
② 물, 아세트산
③ 이산화탄소, 염산
④ 물, 염산

» 제1류 위험물인 과산화칼륨(K_2O_2)은 물로 냉각 소화하면 산소와 열의 발생으로 위험하므로 마른 모래, 팽창질석, 팽창진주암, 탄산수소염류 분말 소화약제로 질식소화를 해야 한다.
1) 물과 반응하여 수산화칼륨과 **산소**를 발생한다.
• 물과의 반응식
$2K_2O_2 + 2H_2O \rightarrow 4KOH + O_2$
2) 이산화탄소와 반응하여 탄산칼륨과 **산소**를 발생한다.
• 이산화탄소와의 반응식
$2K_2O_2 + 2CO_2 \rightarrow 2K_2CO_3 + O_2$
3) 아세트산과 반응하여 아세트산칼륨과 과산화수소를 발생한다.
• 아세트산과의 반응식
$K_2O_2 + 2CH_3COOH \rightarrow 2CH_3COOK + H_2O_2$
4) 염산과 반응하여 염화칼륨과 과산화수소를 발생한다.
• 염산과의 반응식
$K_2O_2 + 2HCl \rightarrow 2KCl + H_2O_2$

38 올바른 소화기 사용법으로 가장 거리가 먼 것은?

① 적응화재에 사용할 것
② 방출거리보다 먼 거리에서 사용할 것
③ 바람을 등지고 사용할 것
④ 양옆으로 비로 쓸듯이 골고루 사용할 것

» 소화기의 일반적인 사용방법
① 적응화재에만 사용해야 한다.
② **성능에 따라 불 가까이에 접근하여 사용해야 한다(방출거리 내에서 사용해야 한다).**
③ 바람을 등지고 바람이 부는 위쪽에서 아래쪽을 향해 소화작업을 해야 한다.
④ 소화는 양옆으로 비로 쓸듯이 골고루 이루어져야 한다.

39 옥내소화전설비의 기준에서 '시동표시등'을 옥내소화전함 내부에 설치할 때 그 색상은 무엇으로 하는가?

① 적색   ② 황색
③ 백색   ④ 녹색

» 일반적으로 소방시설에 부착되어 있는 등의 색상은 **적색**이다.

정답   35. ②   36. ②   37. ①   38. ②   39. ①

40 다음은 제4류 위험물의 소화방법을 설명한 것이다. 소화효과가 가장 떨어지는 것은?

① 산화프로필렌 : 알코올형 포로 질식소화한다.

② 아세톤 : 수성막포를 이용해 질식소화한다.

③ 이황화탄소 : 탱크 또는 용기 내부에서 연소하고 있는 경우에는 물을 사용하여 질식소화 한다.

④ 다이에틸에터 : 이산화탄소소화설비를 이용하여 질식소화 한다.

》》 제4류 위험물 중 수용성 물질은 일반 포를 이용할 경우 포가 파괴되어 소화효과가 없으므로 알코올형 포를 이용해 소화해야 한다.
① 산화프로필렌 : 특수인화물로서 수용성이므로 알코올형 포로 질식소화 할 수 있다.
② 아세톤 : 제1석유류로서 수용성이므로 일반 포에 속하는 **수성막포를 이용하면 포가 파괴되어 소화효과가 없으므로** 알코올형 포를 이용해 질식소화 할 수 있다.
③ 이황화탄소 : 특수인화물로서 비수용성이면서 물보다 무겁기 때문에 물을 사용하여 공기를 차단시켜 질식소화 할 수 있다.
④ 다이에틸에터 : 특수인화물로서 비수용성이므로 일반 포소화설비뿐만 아니라 이산화탄소소화설비를 이용해 질식소화 할 수 있다.

제3과목 **위험물의 성질과 취급**

41 어떤 공장에서 아세톤과 메탄올을 18L 용기에 각각 10개, 등유를 200L 드럼으로 3드럼을 저장하고 있다면 각각의 지정수량 배수의 총합은?

① 1.3 ② 1.5
③ 2.3 ④ 2.5

》》 아세톤(제1석유류 수용성)의 지정수량은 400L이며, 메탄올(알코올류)의 지정수량도 400L, 등유(제2석유류 비수용성)의 지정수량은 1,000L이므로, 이들의 지정수량 배수의 합 $\frac{18L \times 10개}{400L}$

$+ \frac{18L \times 10개}{400L} + \frac{200L \times 3드럼}{1,000L} = $ **1.5배**이다.

42 다음 중 제5류 위험물에 해당하지 않는 것은 어느 것인가?

① 나이트로셀룰로오스

② 나이트로글리세린

③ 나이트로벤젠

④ 질산메틸

》》 ① 나이트로셀룰로오스 : 제5류 위험물로서 품명은 질산에스터류이다.
② 나이트로글리세린 : 제5류 위험물로서 품명은 질산에스터류이다.
③ **나이트로벤젠** : **제4류 위험물**로서 품명은 제3석유류이다.
④ 질산메틸 : 제5류 위험물로서 품명은 질산에스터류이다.

43 다음 물질 중 증기비중이 가장 작은 것은 어느 것인가?

① 이황화탄소

② 아세톤

③ 아세트알데하이드

④ 다이에틸에터

》》 증기비중 $= \frac{분자량}{공기의 \ 분자량(29)}$ 이다.

① 이황화탄소(CS_2)의 분자량은 $12(C) + 32(S) \times 2 = 76$이므로, 증기비중 $= \frac{76}{29} = 2.62$이다.

② 아세톤(CH_3COCH_3)의 분자량은 $12(C) \times 3 + 1(H) \times 6 + 16(O) = 58$이므로, 증기비중 $= \frac{58}{29} = 2$이다.

③ **아세트알데하이드**(CH_3CHO)의 분자량은 $12(C) \times 2 + 1(H) \times 4 + 16(O) = 44$이므로, **증기비중** $= \frac{44}{29} = 1.52$이다.

④ 다이에틸에터($C_2H_5OC_2H_5$)의 분자량은 $12(C) \times 4 + 1(H) \times 10 + 16(O) = 74$이므로, 증기비중 $= \frac{74}{29} = 2.55$이다.

🔎 Tip
물질의 분자량이 작을수록 증기비중도 작기 때문에, 직접 증기비중의 값을 묻는 문제가 아니라면 분자량만 계산해도 답을 구할 수 있습니다.

---

44 위험물안전관리법령상 취급소에 해당되지 않는 것은?

① 주유취급소

② 특수취급소

③ 일반취급소

④ 이송취급소

» 위험물취급소의 종류
   1) 이송취급소 : 배관 및 이에 부속된 설비에 의하여 위험물을 이송하는 장소
   2) 주유취급소 : 자동차, 항공기 또는 선박 등에 직접 연료를 주유하기 위하여 위험물을 취급하는 장소
   3) 일반취급소 : 주유취급소, 판매취급소, 이송취급소 외의 위험물을 취급하는 장소
   4) 판매취급소 : 위험물을 용기에 담아 판매하기 위하여 취급하는 장소(페인트점 또는 화공약품점)

45 아세톤에 관한 설명 중 틀린 것은?

① 무색의 액체로서 특이한 냄새를 가지고 있다.

② 가연성이며, 비중은 1.5보다 작다.

③ 화재 발생 시 이산화탄소나 할로젠화합물에 의한 소화가 가능하다.

④ 물에 녹지 않는다.

» 제4류 위험물인 아세톤은 인화점 −18℃, 연소범위 2.6~12.8%, 비중 0.79, 물보다 가벼운 무색 액체로 **물에 잘 녹으며** 자극적인 냄새를 가지고 있다. 소화방법으로는 이산화탄소, 할로젠화합물, 분말소화약제를 사용하며, 포를 이용할 경우, 일반포는 불가능하며 알코올포 소화약제만 사용할 수 있다.

46 위험물안전관리법령상 제조소에서 위험물을 취급하는 건축물의 구조 중 내화구조로 해야 할 필요가 있는 것은?

① 연소의 우려가 있는 기둥

② 바닥

③ 연소의 우려가 있는 외벽

④ 계단

» 제조소 건축물의 벽·기둥·바닥·보·서까래 및 계단은 불연재료로 하고, **연소의 우려가 있는 외벽은 출입구 외의 개구부가 없는 내화구조의 벽**으로 해야 한다.

47 위험물제조소등에 "화기주의"라고 표시한 게시판을 설치하는 경우 제 몇 류 위험물의 제조소인가?

① 제1류 위험물   ② 제2류 위험물

③ 제4류 위험물   ④ 제5류 위험물

» 위험물제조소등에 설치하는 주의사항 게시판의 내용 및 색상

유 별	품 명	주의사항	색 상
제1류	알칼리금속의 과산화물	물기엄금	청색바탕 및 백색문자
	그 밖의 것	필요 없음	–
제2류	인화성 고체	화기엄금	적색바탕 및 백색문자
	그 밖의 것	**화기주의**	
제3류	금수성 물질	물기엄금	청색바탕 및 백색문자
	자연발화성 물질	화기엄금	적색바탕 및 백색문자
제4류	인화성 액체	화기엄금	적색바탕 및 백색문자
제5류	자기반응성 물질	화기엄금	적색바탕 및 백색문자
제6류	산화성 액체	필요 없음	–

48 위험물의 취급 중 소비에 관한 기준으로 틀린 것은?

① 열처리작업은 위험물이 위험한 온도에 이르지 않도록 하여 실시해야 한다.

② 담금질작업은 위험물이 위험한 온도에 이르지 않도록 하여 실시해야 한다.

③ 분사도장작업은 방화상 유효한 격벽 등으로 구획한 안전한 장소에서 해야 한다.

④ 버너를 사용하는 경우에는 버너의 역화를 유지하고 위험물이 넘치지 않도록 해야 한다.

➠ 위험물의 취급 중 소비에 관한 기준
1) 분사도장작업은 방화상 유효한 격벽 등으로 구획한 안전한 장소에서 실시한다.
2) 담금질 또는 열처리작업은 위험물이 위험한 온도에 이르지 않도록 하여 실시한다.
3) 버너를 사용하는 경우에는 **버너의 역화를 방지**하고 위험물이 넘치지 않도록 한다.

49 물과 접촉하면 위험한 물질로만 나열된 것은?

① CH_3CHO, CaC_2, $NaClO_4$
② K_2O_2, $K_2Cr_2O_7$, CH_3CHO
③ K_2O_2, Na, CaC_2
④ Na, $K_2Cr_2O_7$, $NaClO_4$

➠ ① • CH_3CHO : 제4류 위험물 중 특수인화물로서 물과 반응하지 않는다.
   • CaC_2 : 제3류 위험물로서 물과 반응 시 아세틸렌가스가 발생하기 때문에 위험하다.
   • $NaClO_4$: 제1류 위험물로서 물과 반응하지 않는다.
   ② • K_2O_2 : 제1류 위험물로서 물과 반응 시 산소가 발생하기 때문에 위험하다.
   • $K_2Cr_2O_7$: 제1류 위험물로서 물과 반응하지 않는다.
   • CH_3CHO : 제4류 위험물 중 특수인화물로서 물과 반응하지 않는다.
   ③ • K_2O_2 : 제1류 위험물로서 물과 반응 시 산소가 발생하기 때문에 **위험하다.**
   • **Na** : 제3류 위험물로서 물과 반응 시 수소가 발생하기 때문에 **위험하다.**
   • CaC_2 : 제3류 위험물로서 물과 반응 시 아세틸렌가스가 발생하기 때문에 **위험하다.**
   ④ • Na : 제3류 위험물로서 물과 반응 시 수소가 발생하기 때문에 위험하다.
   • $K_2Cr_2O_7$: 제1류 위험물로서 물과 반응하지 않는다.
   • $NaClO_4$: 제1류 위험물로서 물과 반응하지 않는다.

50 다음은 위험물안전관리법령에서 정한 아세트알데하이드등을 취급하는 제조소의 특례에 관한 내용이다. (   ) 안에 해당하지 않는 물질은?

> 아세트알데하이드등을 취급하는 설비는 (   )·(   )·(   )·Mg 또는 이들을 성분으로 하는 합금으로 만들지 아니할 것

① Ag   ② Hg
③ Cu   ④ Fe

➠ 제4류 위험물 중 특수인화물인 **아세트알데하이드** (CH_3CHO) 및 산화프로필렌(CH_3CHOCH_2)은 **은 (Ag)**, **수은(Hg)**, **동(Cu)**, 마그네슘(Mg)과 반응 시 금속아세틸라이드라는 폭발성 물질을 생성하므로 이들 및 이들을 성분으로 하는 합금으로 만들지 아니하여야 한다.

51 위험물안전관리법령에서 정한 위험물의 지정수량으로 틀린 것은?

① 적린 : 100kg
② 황화인 : 100kg
③ 다이크로뮴산칼륨 : 500kg
④ 금속분 : 500kg

➠ 〈보기〉의 위험물의 지정수량은 다음과 같다.
   ① 적린 : 100kg
   ② 황화인 : 100kg
   ③ 다이크로뮴산칼륨 : 1,000kg
   ④ 금속분 : 500kg

52 다음 위험물 중 물에 잘 녹는 것은 어느 것인가?

① 적린   ② 황
③ 벤젠   ④ 글리세린

➠ 글리세린[$C_3H_5(OH)_3$]은 제4류 위험물 중 제3석유류에 속하는 대표적인 수용성 물질이다.

53 메틸에틸케톤(에틸메틸케톤)의 저장 또는 취급 시 유의할 점으로 가장 거리가 먼 것은?

① 통풍을 잘 시킬 것
② 인화점보다 높은 온도에 보관할 것
③ 직사일광을 피할 것
④ 용기를 밀전·밀봉할 것

➠ 메틸에틸케톤(에틸메틸케톤, $CH_3COC_2H_5$)은 휘발성이 강한 제4류 위험물이므로 용기는 밀봉해야 하고, **인화점($-1℃$)보다 낮은 온도에서 보관**하며, 직사광선에 의해 분해되므로 직사광선을 피해야 한다.

54 옥외탱크저장소에서 취급하는 위험물의 최대수량에 따른 보유공지너비가 틀린 것은? (단, 원칙적인 경우에 한한다.)

① 지정수량 500배 이하 : 3m 이상
② 지정수량 500배 초과 1,000배 이하 : 5m 이상
③ 지정수량 1,000배 초과 2,000배 이하 : 9m 이상
④ 지정수량 2,000배 초과 3,000배 이하 : 15m 이상

》》 옥외탱크저장소의 보유공지

저장하는 위험물의 지정수량의 배수	공지의 너비
500배 이하	3m 이상
500배 초과 1,000배 이하	5m 이상
1,000배 초과 2,000배 이하	9m 이상
2,000배 초과 3,000배 이하	**12m 이상**
3,000배 초과 4,000배 이하	15m 이상
4,000배 초과	탱크의 지름과 높이 중 큰 것 이상으로 하되, 최소 15m 이상 최대 30m 이하로 한다.

※ 제6류 위험물을 저장하는 옥외저장탱크의 보유공지는 위 [표]의 옥외탱크저장소 보유공지 너비의 1/3 이상(최소 1.5m 이상)으로 한다.

55 질산칼륨의 성질에 대한 설명 중 틀린 것은?

① 물에 잘 녹는다.
② 화재 시 주수소화가 가능하다.
③ 열분해하면 산소를 발생한다.
④ 비중은 1보다 작다.

》》 제1류 위험물인 질산칼륨(KNO_3)의 성질
1) **비중은 2.1**이며, 물, 글리세린에 잘 녹고 알코올에 녹지 않는다.
2) 화재 시 물로 냉각소화 한다.
3) 열분해 시 아질산칼륨과 산소가 발생한다.
 • 열분해반응식
 $2KNO_3 \rightarrow 2KNO_2 + O_2$
4) 숯 + 황 + 질산칼륨의 혼합물은 흑색화약이 된다.

56 다음 중 물과 접촉 시 유독성의 가스는 발생하지 않지만 가연성이 증가하는 것은?

① 나트륨
② 적린
③ 황린
④ 인화칼슘

》》 물과의 반응식
① 나트륨이 물과 반응하면 수산화나트륨과 함께 연소범위 4~75%의 **가연성 기체인 수소기체**를 발생한다.
 • 물과의 반응식
 $2Na + 2H_2O \rightarrow 2NaOH + H_2$
② 적린은 물과 반응하지 않는다.
③ 황린은 물과 반응하지 않는다.
④ 인화칼슘이 물과 반응하면 수산화칼슘과 함께 가연성이며 맹독성인 포스핀 가스를 발생한다.
 • 물과의 반응식
 $Ca_3P_2 + 6H_2O \rightarrow 3Ca(OH)_2 + 2PH_3$

57 과염소산과 과산화수소의 공통된 성질이 아닌 것은?

① 비중이 1보다 크다.
② 물에 녹지 않는다.
③ 산화제이다.
④ 산소를 포함한다.

》》 제6류 위험물인 과염소산과 과산화수소는 모두 비중이 1보다 크고, **물에 잘 녹는** 액체상태의 물질이다. 또한 자신은 불연성이며 산소를 함유하고 있어 가연물의 연소를 도와주는 산화제이다.

58 위험물 지하저장탱크의 탱크전용실의 설치 기준으로 틀린 것은?

① 철근콘크리트 구조의 벽은 두께 0.3m 이상으로 한다.
② 지하저장탱크와 탱크전용실의 안쪽과의 사이는 50cm 이상의 간격을 유지한다.
③ 철근콘크리트 구조의 바닥은 두께 0.3m 이상으로 한다.
④ 벽, 바닥 등에 적정한 방수조치를 강구한다.

정답 54. ④ 55. ④ 56. ① 57. ② 58. ②

⫸ 지하저장탱크의 탱크전용실의 설치기준
　　1) 전용실의 내부 : 입자지름 5mm 이하의 마른
　　　　자갈분 또는 마른 모래를 채운다.
　　2) 탱크전용실로부터 안쪽과 바깥쪽으로의 거리
　　　　㉠ 지하의 벽, 가스관, 대지경계선으로부터
　　　　　　탱크전용실 바깥쪽과의 사이 : 0.1m 이상
　　　　㉡ 지하저장탱크와 탱크전용실 안쪽과의 사이
　　　　　　: **0.1m 이상**
　　3) 탱크전용실의 기준 : 벽, 바닥 및 뚜껑의 두
　　　　께는 0.3m 이상의 철근콘크리트로 한다.
　　4) 벽, 바닥 등에 적정한 방수조치를 강구한다.

59 위험물안전관리법령에서 정의한 철분의 정의로 옳은 것은?

① "철분"이라 함은 철의 분말로서 53마이크로미터의 표준체를 통과하는 것이 50중량퍼센트 미만인 것을 제외한다.
② "철분"이라 함은 철의 분말로서 53마이크로미터의 표준체를 통과하는 것이 53중량퍼센트 미만인 것을 제외한다.
③ "철분"이라 함은 철의 분말로서 53마이크로미터의 표준체를 통과하는 것이 50부피퍼센트 미만인 것을 제외한다.
④ "철분"이라 함은 철의 분말로서 53마이크로미터의 표준체를 통과하는 것이 53부피퍼센트 미만인 것을 제외한다.

⫸ 철분이라 함은 철의 분말로서 **53마이크로미터**의 표준체를 통과하는 것이 **50중량퍼센트 미만**인 것은 제외한다.

Check

(1) 금속분이라 함은 알칼리금속·알칼리토금속·철 및 마그네슘 외의 금속분말을 말하며, 구리분·니켈분 및 150마이크로미터의 체를 통과하는 것이 50중량% 미만인 것은 제외한다.
　　※ 구리(Cu)분과 니켈(Ni)분은 입자크기에 관계 없이 무조건 위험물에 포함되지 않는다.
(2) 마그네슘은 다음 중 하나에 해당하는 것은 제외한다.
　　㉠ 2밀리미터의 체를 통과하지 않는 덩어리 상태의 것
　　㉡ 직경 2밀리미터 이상의 막대모양의 것

60 벤젠에 진한 질산과 진한 황산의 혼산을 반응시켜 얻어지는 화합물은?

① 피크린산
② 아닐린
③ 트라이나이트로톨루엔
④ 나이트로벤젠

⫸ 벤젠에 진한 질산과 진한 황산을 반응시키면 나이트로벤젠과 물이 만들어진다.

💡 **Tip**

어떤 물질에 진한 질산과 진한 황산을 반응시키면 그 물질은 나이트로화됩니다.

예 글리세린에 진한 질산과 진한 황산을 반응시키면 나이트로글리세린이 만들어지고 셀룰로오스에 진한 질산과 진한 황산을 반응시키면 나이트로셀룰로오스가 만들어진다.

제1과목 일반화학

01 화합물 수용액 농도가 모두 0.5m일 때 다음 중 끓는점이 가장 높은 것은?

① $C_6H_{12}O_6$(포도당)

② $C_{12}H_{22}O_{11}$(설탕)

③ NaCl(염화나트륨)

④ $CaCl_2$(염화칼슘)

≫ 용액의 끓는점은 용해되어 있는 입자의 농도에 의존하며, 같은 농도의 용액이라도 용해되는 입자가 많아지면 끓는점이 높아진다.
포도당과 설탕과 같은 비전해질은 용해되어도 입자수는 변하지 않지만, 염화나트륨과 염화칼슘과 같은 전해질은 용해되면 입자수가 변하게 된다. 1mol의 염화나트륨이 용해되면 $NaCl \rightarrow Na^+ + Cl^-$로 입자수는 2배가 되며, 염화칼슘 1mol이 용해되면, $CaCl_2 \rightarrow Ca^{2+} + 2Cl^-$로 입자수는 3배가 된다.
따라서 **입자수가 가장 많은 염화칼슘의 끓는점이 가장 높게** 나타난다.

02 축합중합반응에 의하여 나일론 6,6을 제조할 때 사용되는 물질은?

① 헥사메틸렌다이아민 + 아디프산

② 아이소프렌 + 아세트산

③ 멜라민 + 클로로벤젠

④ 염화비닐 + 폴리에틸렌

≫ 축합중합반응은 단위체가 중합반응할 때 물분자와 같이 작은 분자가 빠져나가면서 중합체를 형성하는 반응이다. 대표적인 예로 나일론 6,6은 단위체인 **헥사메틸렌다이아민과 아디프산**이 중합반응할 때 헥사메틸렌다이아민의 H^+와 아디프산의 OH^-이 반응하여 H_2O로 빠져나가고 두 단위체가 결합을 형성하여 나일론 6,6이 생성된다.

03 미지농도의 황산 용액 20mL를 중화하는 데 0.1M NaOH 용액 20mL가 소모되었다. 이 황산의 농도는 몇 M인가?

① 0.025M

② 0.05M

③ 0.1M

④ 0.5M

≫ 반응식 : $H_2SO_4 + 2NaOH \rightarrow Na_2SO_4 + 2H_2O$
황산 용액의 몰농도(M)

$$= \frac{(0.1 \times 20)\text{mmol NaOH} \times \dfrac{1\text{mmol } H_2SO_4}{2\text{mmol NaOH}}}{20\text{mL } H_2SO_4 \text{ 용액}}$$

$$= 0.05M$$

04 다음과 같은 순서로 커지는 성질이 아닌 것은?

$$F_2 < Cl_2 < Br_2 < I_2$$

① 구성원자의 전기음성도

② 녹는점

③ 끓는점

④ 구성원자의 반지름

≫ F_2, Cl_2, Br_2, I_2는 주기율표에서 오른쪽에 위치한 할로젠원소들이다. 할로젠원소들은 원자번호가 작을수록 원소들의 전기음성도가 커져 화학적으로 활발하기 때문에 $F_2 < Cl_2 < Br_2 < I_2$의 순서에 따라 **전기음성도는 작아진다.**
그리고 플루오린(F_2)에서 아이오딘(I_2)쪽으로 갈수록 원자번호와 원자량이 증가하기 때문에 잘 녹지 않고 잘 끓지 않아 녹는점과 끓는점이 높아지고 원자의 반지름도 커진다.

05 산소의 산화수가 가장 큰 것은?

① O_2

② $KClO_4$

③ H_2SO_4

④ H_2O_2

정답 01. ④ 02. ① 03. ② 04. ① 05. ①

➤➤ 산화수를 정하는 규칙에 의해 알칼리금속의 산화수는 +1, O의 산화수는 −2, H의 산화수는 +1, 분자화합물에서 각 성분의 산화수의 합은 0이어야 한다.
① O_2에서 산소의 **산화수는 0이다.**
② $KClO_4$에서 칼륨의 산화수가 +1이고 산소의 산화수는 −2이므로, 염소의 산화수는 +7이 된다.
③ H_2SO_4에서 수소의 산화수가 +1이고 산소의 산화수는 −2이므로, 황의 산화수는 +6이 된다.
④ H_2O_2에서 수소의 산화수가 +1이므로, 산소의 산화수는 −1이 된다.

06 황이 산소와 결합하여 SO_2를 만들 때에 대한 설명으로 옳은 것은?

① 황은 환원된다.
② 황은 산화된다.
③ 불가능한 반응이다.
④ 산소는 산화되었다.

➤➤ 반응식 : $S + O_2 \rightarrow SO_2$
• 산화반응은 어떤 물질이 산소를 얻거나, 수소를 잃거나, 전자를 잃는 반응으로 산화수가 증가한다.
• 환원반응은 어떤 물질이 산소를 잃거나, 수소를 얻거나, 전자를 얻는 반응으로 산화수가 감소한다.
• 황의 산화수는 0에서 +4로 산화수가 증가하였으므로 **황은 산화**되었고, **산소**는 0에서 −2로 산화수가 감소하였으므로 **환원**되었다.

07 다음 물질 중 이온결합을 하고 있는 것은?

① 얼음　　　　② 흑연
③ 다이아몬드　　④ 염화나트륨

➤➤ 화학결합에는 이온결합과 공유결합, 금속결합이 있다. 이온결합은 금속과 비금속의 결합으로 금속은 전자를 잃어 양이온이 되고 비금속은 전자를 얻어 음이온이 되어 이들 양이온과 음이온 사이의 결합이고, 공유결합은 비금속과 비금속의 결합으로 공유전자에 의해 형성되는 결합이며, 금속결합은 금속원자의 자유로운 전자에 의해서 형성되는 결합이다.
① 얼음(H_2O)은 수소와 산소 사이의 공유결합
② 흑연(C)은 탄소의 공유결합
③ 다이아몬드(C)는 탄소의 공유결합
④ **염화나트륨(NaCl)은 나트륨과 염소 사이의 이온결합**

08 H_2O가 H_2S보다 끓는점이 높은 이유는?

① 이온결합을 하고 있기 때문에
② 수소결합을 하고 있기 때문에
③ 공유결합을 하고 있기 때문에
④ 분자량이 적기 때문에

➤➤ F(플루오린), O(산소), N(질소)가 수소(H)와 결합하고 있는 물질을 수소결합물질이라 하며, 수소결합을 하는 물질들은 분자들간의 인력이 크고 응집력이 강해 녹는점(융점) 및 끓는점(비등점)이 높다. 〈문제〉의 물(H_2O)은 산소(O)가 수소(H)와 결합하고 있는 수소결합물질이고, 황화수소(H_2S)는 F(플루오린), O(산소), N(질소)가 아닌 황(S)이 수소(H)와 결합하고 있으므로 수소결합물질이 아니다.
따라서 물(H_2O)이 황화수소(H_2S)보다 비등점이 높은 이유는 물(H_2O)이 수소결합을 하고 있기 때문이다.

🔔 톡톡 튀는 **암기법** 수소결합물질은 수소(H)가 전화기(phone을 소리나는 대로 읽어 "F", "O", "N")와 결합한 것이다.

09 Alkyne 탄화수소의 일반식은?

① C_nH_{2n+2}　　　　② C_nH_{2n}
③ C_nH_{2n-2}　　　　④ C_nH_{2n+1}

➤➤ 탄화수소의 일반식
① C_nH_{2n+2} : Alkane(알케인)
　예 CH_4(메테인), C_2H_6(에테인) 등
② C_nH_{2n} : Alkene(알켄)
　예 C_2H_4(에틸렌) 등
③ C_nH_{2n-2} : Alkyne(알카인)
　예 C_2H_2(아세틸렌) 등
④ C_nH_{2n+1} : Alkyl(알킬)
　예 CH_3(메틸), C_2H_5(에틸) 등

10 나이트로벤젠에 촉매를 사용하고 수소와 혼합하여 환원시켰을 때 얻어지는 물질은?

≫ 나이트로벤젠과 아닐린의 산화 · 환원 과정

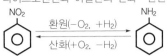

나이트로벤젠을 환원시키면 아닐린이 되고, 아닐린을 산화시키면 나이트로벤젠이 된다.

① 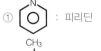 : 피리딘

②  : 나이트로톨루엔

③ 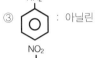 : 아닐린

④ : 나이트로벤젠

11 커플링 반응 시 생성되는 작용기는?

① − NH₂
② − CH₃
③ − COOH
④ − N = N−

≫ 커플링 반응이란 주로 방향족화합물과의 반응을 통해 아조기(−N = N−)를 포함하고 있는 아조화합물을 생성하는 반응을 말한다.
　① −NH₂ : 아민기
　② −CH₃ : 메틸기
　③ −COOH : 카복실기
　④ −N = N− : 아조기

12 표준상태를 기준으로 수소 2.24L가 염소와 완전히 반응했다면 생성된 염화수소의 부피는 몇 L인가?

① 2.24L　　　　② 4.48L
③ 22.4L　　　　④ 44.8L

≫ 반응식 : $H_2(g) + Cl_2(g) \rightarrow 2HCl(g)$
균형반응식의 계수비 = 분자수의 비 = 몰(수)비 = (기체의) 부피비이므로, 수소기체와 염화수소 기체의 부피비는 1 : 2가 된다.
따라서 2.24L의 수소기체가 반응하여 생성되는 염화수소의 부피는 2.24L×2 = **4.48L**이다.

13 다음에서 설명하는 법칙은 무엇인가?

> 화학반응에서 엔탈피의 변화는 초기상태와 최종상태 사이만으로 결정되며 반응하는 과정 동안의 경로와 무관하다.

① 아보가드로의 법칙
② 라울의 법칙
③ 헤스의 법칙
④ 돌턴의 부분압력 법칙

≫ 〈문제〉에서 설명하는 법칙은 헤스의 법칙이다.
　① 아보가드로의 법칙 : 같은 온도와 같은 압력에서 기체의 부피는 물질의 몰수에 비례한다.
　② 라울의 법칙 : 일정한 온도에서 비휘발성, 비전해질인 용질이 녹아있는 묽은 용액의 증기압력 내림은 용매에 녹아있는 용질의 몰수에 비례한다.
　④ 돌턴의 부분압력 법칙 : 혼합기체의 전체압력은 각 기체의 부분압력의 합과 같다.

14 염기성 산화물에 해당하는 것은?

① MgO
② PbO
③ SnO
④ ZnO

≫ 산화물의 종류
　1) 산성 산화물 : 비금속과 산소가 결합된 물질
　　예 CO_2(이산화탄소), SO_2(이산화황) 등
　2) 염기성 산화물 : 금속과 산소가 결합된 물질
　　예 Na_2O(산화나트륨), **MgO**(산화마그네슘), CaO (산화칼슘) 등
　3) 양쪽성 산화물 : Al(알루미늄), Zn(아연), Sn (주석), Pb(납)과 산소가 결합된 물질
　　예 Al_2O_3(산화알루미늄), ZnO(산화아연), SnO (산화주석), PbO(산화납) 등

15 27℃에서 500mL에 9g의 비전해질을 녹인 용액의 삼투압은 6.9기압이었다. 이 물질의 분자량은 약 얼마인가?

① 6g/mol　　　　② 64g/mol
③ 220g/mol　　　④ 640g/mol

정 답　　11. ④　12. ②　13. ③　14. ①　15. ②

≫ 삼투압(π)은 이상기체상태방정식을 이용하여 구할 수 있으며, $PV = nRT = \dfrac{w}{M}RT$ 에서 압력 P가 삼투압(π)이다.

분자량을 구하기 위해 다음과 같이 식을 변형한다.

$$M = \dfrac{w}{\pi V}RT$$

여기서, π(용액의 삼투압) : 6.9atm
V(용액의 부피) : 500mL = 0.5L
w(비전해질의 질량) : 9g
R(기체상수) : 0.082atm · L/mol · K
T(절대온도) : 273 + 27 = 300K

$$\therefore \ M = \dfrac{9}{6.9 \times 0.5} \times 0.082 \times 300 = \textbf{64g/mol}$$

16 탄소와 수소와 산소로 구성된 화합물 15g을 연소하였더니 22g의 CO_2와 9g의 H_2O가 생성되었다. 화합물에 포함된 산소는 몇 g인가?

① 4.5g   ② 8g
③ 8.5g   ④ 11g

≫ 생성된 22g의 CO_2와 9g의 H_2O로부터 화합물에 포함된 탄소의 질량과 수소의 질량을 각각 구하면 다음과 같다.
• 탄소의 질량(g)

$$22g\ CO_2 \times \dfrac{1mol\ CO_2}{44g\ CO_2} \times \dfrac{1mol\ C}{1mol\ CO_2} \times \dfrac{12g\ C}{1mol\ C}$$
$$= 6g\ C$$

• 수소의 질량(g)

$$9g\ H_2O \times \dfrac{1mol\ H_2O}{18g\ H_2O} \times \dfrac{2mol\ H}{1mol\ H_2O} \times \dfrac{1g\ H}{1mol\ H}$$
$$= 1g\ H$$

화합물은 탄소와 수소와 산소로 구성되었으므로 화합물 15g 중에 포함되어 있는 산소의 양은 탄소 6g과 수소 1g을 뺀, 15 − (6 + 1) = **8g**이다.

17 수소원자의 선 스펙트럼의 원인으로 옳은 것은?

① 들뜬상태에서 바닥상태로의 전자전이에 의한 에너지 흡수
② 들뜬상태에서 바닥상태로의 전자전이에 의한 에너지 방출
③ 바닥상태에서 들뜬상태로의 전자전이에 의한 에너지 흡수
④ 바닥상태에서 들뜬상태로의 전자전이에 의한 에너지 방출

≫ 수소원자의 선 스펙트럼은 **들뜬상태에서 바닥상태로** 전자가 전이할 때 **방출된 에너지**에 의한 것이다.

18 산화 · 환원에 대한 설명으로 옳지 않은 것은?

① 전자를 잃게 되면 산화가 된다.
② 전자를 얻게 되면 환원이 된다.
③ 산화제는 자기자신이 산화된다.
④ 산화제는 자기자신이 환원된다.

≫ 1) 산화반응은 전자를 잃어 산화수가 증가하는 반응으로, 산화하는 물질은 다른 물질을 환원시키는 물질이 된다. 이를 환원제라고 하며, 환원제는 자기자신이 산화되어 다른 물질을 환원시킨다.
2) 환원반응은 전자를 얻어 산화수가 감소하는 반응으로, 환원하는 물질은 다른 물질을 산화시키는 물질이 된다. 이를 산화제라고 하며, **산화제는 자기자신이 환원**되어 다른 물질을 산화시킨다.

19 pH가 4인 용액을 1,000배 묽힌 용액의 pH는 얼마인가?

① 3   ② 4
③ 5   ④ 6 < pH < 7

≫ pH = −log[H^+] = 4인 용액의 [H^+] = 1.0×10^{-4}M 이고, 이 용액을 1,000배 묽힌 용액의 [H^+] = $\dfrac{10^{-4}}{1,000} = 1.0 \times 10^{-7}$M이다.

따라서 묽은 용액의 pH = −log(1.0×10^{-7}) = 7이 된다.

20 $CO(g) + 2H_2(g) \rightarrow CH_3OH(g)$의 반응에서 평형상수($K$)를 구하는 식은?

① $K = \dfrac{[CH_3OH]}{[CO][2H_2]}$

② $K = \dfrac{[CH_3OH]}{[CO][H_2]^2}$

③ $K = \dfrac{[CO][2H_2]}{[CH_3OH]}$

④ $K = \dfrac{[CO][H_2]^2}{[CH_3OH]}$

>> 평형상수(K)

반응식 aA + bB ⇌ cC + dD에서 평형상수(K)

= $\dfrac{[C]^c \times [D]^d}{[A]^a \times [B]^b}$ 이다.

여기서, [ ]는 몰농도(M)이고, 고체와 액체는 평형상수식에 나타내지 않는다.

〈문제〉의 CO(g) + 2H₂(g) → CH₃OH(g) 반응의

평형상수(K)는 $\dfrac{[CH_3OH]}{[CO][H_2]^2}$ 이다.

제2과목 **화재예방과 소화방법**

21 4류 위험물을 취급하는 제조소에서 지정수량의 몇 배 이상을 취급할 경우 자체소방대를 설치하여야 하는가?

① 1,000배

② 2,000배

③ 3,000배

④ 4,000배

>> 자체소방대는 제4류 위험물을 **지정수량의 3,000배 이상 취급하는 제조소** 및 일반취급소와 50만배 이상 저장하는 옥외탱크저장소에 설치한다.

Check 자체소방대에 두는 화학소방자동차 및 자체소방대원의 수의 기준

사업소의 구분	화학소방 자동차의 수	자체소방 대원의 수
지정수량의 3천배 이상 12만배 미만으로 취급하는 제조소 또는 일반취급소	1대	5명
지정수량의 12만배 이상 24만배 미만으로 취급하는 제조소 또는 일반취급소	2대	10명
지정수량의 24만배 이상 48만배 미만으로 취급하는 제조소 또는 일반취급소	3대	15명
지정수량의 48만배 이상 으로 취급하는 제조소 또는 일반취급소	4대	20명
지정수량의 50만배 이상 으로 저장하는 옥외탱크저장소	2대	10명

22 특정옥외탱크저장소라 함은 옥외탱크저장소 중 저장 또는 취급하는 액체위험물의 최대수량이 얼마 이상의 것을 말하는가?

① 50만 L 이상 ② 100만 L 이상

③ 150만 L 이상 ④ 200만 L 이상

>> 1) **특정옥외탱크저장소 : 저장 또는 취급하는 액체위험물의 최대수량이 100만 L 이상의 것**

2) 준특정옥외저장탱크 : 저장 또는 취급하는 액체위험물의 최대수량이 50만 L 이상 100만 L 미만의 것

23 위험물안전관리법령상 제2류 위험물인 철분에 적응성이 있는 소화설비는?

① 포소화설비

② 탄산수소염류 분말소화설비

③ 할로젠화합물소화설비

④ 스프링클러설비

>> 제2류 위험물인 철분의 화재 시 적응성이 있는 소화설비로는 **탄산수소염류 분말소화설비**, 건조사(마른 모래) 또는 팽창질석 및 팽창진주암밖에 없다.

24 공기포 발포배율을 측정하기 위해 중량 340g, 용량 1,800mL의 포수집용기에 가득히 포를 채취하여 측정한 용기의 무게가 540g이었다면 발포배율은? (단, 포 수용액의 비중은 1로 가정한다.)

① 3배 ② 5배

③ 7배 ④ 9배

>> 포수집용기 자체의 중량은 340g이고, 용기에 들어갈 수 있는 포의 용량(부피)은 1,800mL이다. 포수집용기에 가득히 포를 채취하여 측정한 용기의 무게가 540g이므로 여기서 포수집용기의 중량 340g을 빼면, 포의 질량은 200g이고 포의 부피는 여전히 1,800mL이다.

발포배율이란 용기에 가득찬 상태의 포가 반대로 발포되는 의미로서, 다음과 같이 포의 밀도를 역수로 표현한 값으로 나타낼 수 있다.

밀도 = $\dfrac{질량(g)}{부피(mL)}$ = $\dfrac{200(g)}{1,800(mL)}$ 이므로 발포배율은

밀도의 역수인 $\dfrac{1,800}{200}$ = **9배**이다.

25 위험물안전관리법령상 제3류 위험물 중 금수성 물질에 적응성이 있는 소화기는 다음 중 어느 것인가?

① 할로젠화합물소화설비
② 인산염류분말소화설비
③ 이산화탄소소화기
④ 탄산수소염류 분말소화기

➤➤ 〈보기〉의 소화기들 중에서 제1류 위험물 중 알칼리금속의 과산화물, 제2류 위험물 중 철분. 마그네슘. 금속분. **제3류 위험물 중 금수성 물질**에 공통적으로 적응성이 있는 것은 **탄산수소염류분말소화기**뿐이며, 그 외의 소화기는 사용할 수 없다.

대상물의 구분 / 소화설비의 구분	건축물·그 밖의 공작물	전기설비	제1류 위험물		제2류 위험물			제3류 위험물		제4류 위험물	제5류 위험물	제6류 위험물
			알칼리금속의 과산화물 등	그 밖의 것	철분·금속분·마그네슘 등	인화성고체	그 밖의 것	금수성물품	그 밖의 것			
봉상수(棒狀水)소화기	○			○		○	○		○		○	○
무상수(霧狀水)소화기	○	○		○		○	○		○		○	○
봉상강화액소화기	○			○		○	○		○		○	○
무상강화액소화기	○	○		○		○	○		○	○	○	○
포소화기	○			○		○	○		○	○	○	○
이산화탄소소화기		○				○				○		△
할로젠화합물소화기		○				○				○		
분말소화기 — 인산염류소화기	○	○		○		○	○			○		○
분말소화기 — 탄산수소염류소화기		○	○		○	○		◎		○		
분말소화기 — 그 밖의 것		○	○		○			○				

26 위험물제조소등에 설치하는 포소화설비의 기준에 따르면 포헤드방식의 포헤드는 방호대상물의 표면적 $1m^2$당 방사량이 몇 L/min 이상의 비율로 계산한 양의 포수용액을 표준방사량으로 방사할 수 있도록 설치하여야 하는가?

① 3.5
② 4
③ 6.5
④ 9

➤➤ 포소화설비의 포헤드방식의 포헤드는 방호대상물의 표면적 $9m^2$당 1개 이상의 헤드를 **방호대상물의 표면적 $1m^2$당 방사량이 6.5L/min 이상**으로 방사할 수 있도록 설치하고, 방사구역은 $100m^2$ 이상(방호대상물의 표면적이 $100m^2$ 미만인 경우에는 당해 표면적)으로 한다.

27 다음 〈보기〉의 위험물 중 제1류 위험물의 지정수량을 모두 합한 값은?

〈보기〉
퍼옥소이황산염류, 과아이오딘산,
과염소산, 아염소산염류

① 350kg
② 650kg
③ 950kg
④ 1,200kg

➤➤ 〈보기〉의 위험물의 유별과 지정수량은 다음과 같다.
• 퍼옥소이황산염류 : 행정안전부령이 정하는 제1류 위험물. 300kg
• 과아이오딘산 : 행정안전부령이 정하는 제1류 위험물. 300kg
• 과염소산 : 제6류 위험물. 300kg
• 아염소산염류 : 제1류 위험물. 50kg
위의 위험물 중 제1류 위험물의 지정수량을 모두 합하면 300kg + 300kg + 50kg = **650kg**이다.

28 위험물제조소는 문화재보호법에 의한 유형문화재로부터 몇 m 이상의 안전거리를 두어야 하는가?

① 20m
② 30m
③ 40m
④ 50m

정답 25. ④ 26. ③ 27. ② 28. ④

≫ 제조소의 안전거리기준
1) 주거용 건축물(제조소의 동일부지 외에 있는 것)
: 10m 이상
2) 학교, 병원, 극장(300명 이상), 다수인 수용시설
: 30m 이상
3) **유형문화재**, 지정문화재 : **50m 이상**
4) 고압가스, 액화석유가스 등의 저장·취급 시설
: 20m 이상
5) 사용전압이 7,000V 초과 35,000V 이하인 특
고압가공전선 : 3m 이상
6) 사용전압이 35,000V를 초과하는 특고압가공
전선 : 5m 이상

29 발화점에 대한 설명으로 가장 옳은 것은?

① 외부에서 점화했을 때 발화하는 최저
온도

② 외부에서 점화했을 때 발화하는 최고
온도

③ 외부에서 점화하지 않더라도 발화하는
최저온도

④ 외부에서 점화하지 않더라도 발화하는
최고온도

≫ **발화점**이란 **외부의 점화원 없이 스스로 발화하
는 최저온도**를 말한다.

> Check
>
> 인화점이란 외부의 점화원에 의해 인화하는 최저
> 온도를 말한다.

30 가연물의 주된 연소형태에 대한 설명으로 옳
지 않은 것은?

① 황의 주된 연소형태는 증발연소이다.

② 목재의 연소형태는 분해연소이다.

③ 양초의 주된 연소형태는 자기연소이다.

④ 목탄의 주된 연소형태는 표면연소이다.

≫ 고체의 연소형태의 종류와 예
1) 표면연소 : 코크스(탄소), 목탄(숯), 금속분 등
2) 분해연소 : 목재, 석탄, 종이, 플라스틱, 합성
수지 등
3) 자기연소 : 제5류 위험물 등
4) **증발연소** : 황, 나프탈렌, **양초**(파라핀) 등

31 위험물안전관리법령상 분말소화설비의 기준
에서 가압용 또는 축압용 가스로 사용하도록
지정한 것은?

① 일산화탄소   ② 이산화탄소

③ 헬륨   ④ 아르곤

≫ 분말소화설비에 사용하는 가압용 또는 축압용
가스는 질소 또는 **이산화탄소**로 지정되어 있다.

32 위험물안전관리법령상 물분무소화설비의 제
어밸브는 바닥으로부터 어느 위치에 설치하
여야 하는가?

① 0.5m 이상 1.5m 이하

② 0.8m 이상 1.5m 이하

③ 1m 이상 1.5m 이하

④ 1.5m 이상

≫ 물분무소화설비의 제어밸브는 바닥면으로부터
0.8m 이상 1.5m 이하의 높이에 설치해야 한다.

33 폐쇄형 스프링클러헤드는 설치장소의 평상
시 최고주위온도에 따라서 결정된 표시온도
의 것을 사용해야 한다. 설치장소의 최고주
위온도가 28℃ 이상 39℃ 미만일 때 표시온
도는?

① 58℃ 미만

② 58℃ 이상 79℃ 미만

③ 79℃ 이상 121℃ 미만

④ 121℃ 이상 162℃ 미만

≫ 폐쇄형 스프링클러헤드는 그 부착장소의 평상시
최고주위온도에 따라 다음 [표]에서 정한 표시온
도를 갖는 것을 설치해야 한다.

부착장소의 최고주위온도	표시온도
28℃ 미만	58℃ 미만
28℃ 이상 39℃ 미만	**58℃ 이상 79℃ 미만**
39℃ 이상 64℃ 미만	79℃ 이상 121℃ 미만
64℃ 이상 106℃ 미만	121℃ 이상 162℃ 미만
106℃ 이상	162℃ 이상

정답   29. ③   30. ③   31. ②   32. ②   33. ②

🔥툭툭튀는 **암기법** 부착장소의 최고주위온도 × 2의 값에 l
또는 2를 더한 값이 오른쪽의 표시온도라고 암기하자.

34 위험물제조소등에 설치하는 옥내소화전설비
가 설치된 건축물에 옥내소화전이 1층에 5개,
2층에 6개가 설치되어 있다. 이때 수원의 수량
은 몇 m^3 이상으로 하여야 하는가?

① $19m^3$

② $29m^3$

③ $39m^3$

④ $47m^3$

>> 위험물제조소등에 설치된 옥내소화전설비의 수
원의 양은 옥내소화전이 가장 많이 설치된 층의
옥내소화전의 설치개수(설치개수가 5개 이상이면
5개)에 7.8m^3를 곱한 값 이상의 양으로 정한다.
〈문제〉에서 2층의 옥내소화전 개수가 6개로 가장
많지만 개수가 5개 이상이면 5개를 7.8m^3에 곱해
야 하므로 수원의 양은 5개 × 7.8m^3 = **39m^3**이다.

`Check`

옥외소화전설비의 수원의 양은 옥외소화전의 설
치개수(설치개수가 4개 이상이면 4개)에 13.5m^3
를 곱한 값 이상의 양으로 한다.

35 위험물안전관리법령에 따른 이동식 할로젠
화물소화설비 기준에 의하면 20℃에서 노즐
이 할론 2402를 방사할 경우 1분당 몇 kg의 소
화약제를 방사할 수 있어야 하는가?

① 35   ② 40

③ 45   ④ 50

>> 이동식 할로젠화합물소화설비의 하나의 노즐마
다 온도 20℃에서의 1분당 방사량

1) **할론 2402 : 45kg 이상**

2) 할론 1211 : 40kg 이상

3) 할론 1301 : 35kg 이상

`Check` **이동식 할로젠화합물소화설비의 용기**
또는 탱크에 저장하는 소화약제의 양

(1) 할론 2402 : 50kg 이상

(2) 할론 1211 : 45kg 이상

(3) 할론 1301 : 45kg 이상

36 할로젠화합물의 화학식의 Halon 번호가 올
바르게 연결된 것은?

① CH_2ClBr – Halon 1211

② CF_2ClBr – Halon 104

③ $C_2F_4Br_2$ – Halon 2402

④ CF_3Br – Halon 1011

>> 할로젠화합물 소화약제의 Halon 번호는 C – F –
Cl – Br의 순서대로 각 원소의 개수를 나타낸 것이
다.
① CH_2ClBr : C 1개, F 0개, Cl 1개, Br 1개로
구성되므로 Halon 번호는 1011이며, H의
개수는 Halon 번호에는 포함되지 않는다.
Halon 1011의 화학식에서 C 1개에는 원소
가 4개 붙어야 하는데 Cl 1개와 Br 1개밖에
붙지 않아서 2개의 빈칸이 발생하여 그 빈칸
을 H로 채웠기 때문에 Halon 1011의 화학식
에는 H가 2개 포함되어 CH_2ClBr이 된다.
② CF_2ClBr : C 1개, F 2개, Cl 1개, Br 1개로
구성되므로 Halon 번호는 12110이다.
③ $C_2F_4Br_2$: C 2개, F 4개, Cl 0개, Br 2개로
구성되므로 **Halon 번호는 2402**이다.
④ CF_3Br : C 1개, F 3개, Cl 0개, Br 1개로 구
성되므로 Halon 번호는 13010이다.

37 제1종 분말소화약제의 주성분은?

① $NaHCO_3$

② $KHCO_3$

③ $NH_4H_2PO_4$

④ $KHCO_3$, $(NH_2)_2CO$

>> 분말소화약제

분말의 구분	주성분	화학식	적응 화재	착색
제1종 분말	탄산수소 나트륨	$NaHCO_3$	B·C급	백색
제2종 분말	탄산수소 칼륨	$KHCO_3$	B·C급	보라색
제3종 분말	인산암모늄	$NH_4H_2PO_4$	A·B ·C급	담홍색
제4종 분말	탄산수소 칼륨과 요소의 반응생성물	$KHCO_3$ + $(NH_2)_2CO$	B·C급	회색

38 할로젠화합물소화기의 구성 성분이 아닌 것은?

① F
② He
③ Cl
④ Br

» 할로젠화합물소화기는 **탄소, 수소와 할로젠분자**(F_2, Cl_2, Br_2, I_2)로 구성된 증발성 액체 소화약제로서, 기화가 잘되고 공기보다 무거운 가스를 발생시켜 질식효과, 냉각효과, 억제효과를 가진다.

39 위험물의 운반용기 재질 중 액체 위험물의 외장용기로 적절하지 않은 것은?

① 유리
② 플라스틱상자
③ 나무상자
④ 파이버판상자

» 액체 위험물의 운반용기

내장용기		외장용기	
용기의 종류	최대용적 (중량)	용기의 종류	최대용적 (중량)
유리용기	5L	나무 또는 플라스틱상자 (불활성의 완충재를 채울 것)	75kg
	10L		125kg
			225kg
	5L	파이버판상자	40kg
	10L		55kg
플라스틱 용기	10L	나무 또는 플라스틱상자	75kg
			125kg
			225kg
		파이버판상자	40kg
			55kg
금속제 용기	30L	나무 또는 플라스틱상자	125kg
			225kg
		파이버판상자	40kg
			55kg

금속제용기 (금속제드럼 제외)		60L
플라스틱용기 (플라스틱드럼 제외)		10L
		20L
		30L
금속제드럼 (뚜껑고정식)		250L
금속제드럼 (뚜껑탈착식)		250L
플라스틱 또는 파이버드럼 (플라스틱 내용기 부착의 것)		250L

내장용기의 용기 종류란이 빈칸인 것은 외장용기에 위험물을 직접 수납하거나 유리용기, 플라스틱용기 또는 금속제용기를 내장용기로 할 수 있음을 표시한다.

40 위험물안전관리법령상 제조소 건축물의 지붕이 가벼운 불연재료로 구성되어야 하는 위험물은?

① 황화인
② 피리딘
③ 실린더유
④ 과염소산

» 제조소 건축물의 지붕은 폭발력이 위로 방출될 정도의 가벼운 불연재료로 구성되어야 하나, 제2류 위험물(분상의 것과 인화성 고체를 제외), 제4류 위험물 중 제4석유류, 동식물유류, 제6류 위험물을 취급하는 경우에는 지붕을 내화구조로 할 수 있다.
① 황화인 : 제2류 위험물
② **피리딘 : 제4류 위험물 중 제1석유류**
③ 실린더유 : 제4류 위험물 중 제4석유류
④ 과염소산 : 제6류 위험물

41 다음 중 물과 접촉했을 때 위험성이 가장 높은 것은?

① S

② CH_3COOH

③ C_2H_5OH

④ K

>> ④ K(칼륨)은 제3류 위험물 중 금수성 물질로, 물과 반응 시 수산화칼륨(KOH)과 함께 가연성인 수소가스를 발생한다.
> • 물과의 반응식
> $2K + 2H_2O \rightarrow 2KOH + H_2$

42 산화프로필렌에 대한 설명으로 틀린 것은?

① 무색의 휘발성 액체이고, 물에 녹는다.

② 인화점이 상온 이하이므로 가연성 증기 발생을 억제하여 보관해야 한다.

③ 은, 마그네슘 등의 금속과 반응하여 폭발성 혼합물을 생성한다.

④ 증기압이 낮고 연소범위가 좁아서 위험성이 높다.

>> ① 무색의 휘발성 액체이고, 물에 녹는 수용성의 물질이다.
> ② 인화점은 −37℃로서 상온(20℃) 이하이고, 휘발성이 강해 가연성 증기를 발생하므로 증기발생을 억제해야 한다.
> ③ 수은, 은, 구리, 마그네슘 등의 금속과 반응하여 금속아세틸라이드라는 폭발성 혼합물을 생성한다.

톡톡 튀는 암기법 수은, 은, 구리, 마그네슘 → 수은구루마

> ④ 제4류 위험물 중 특수인화물에 속하는 물질로서 **증기압도 높고 연소범위도 넓어서 위험성이 매우 높다.**

43 위험물을 지정수량이 큰 것부터 작은 순서로 올바르게 나열한 것은?

① 브로민산염류 > 황화인 > 아염소산염류

② 브로민산염류 > 아염소산염류 > 황화인

③ 황화인 > 아염소산염류 > 브로민산염류

④ 브로민산염류 > 아염소산염류 > 황화인

>> 〈보기〉의 위험물의 유별과 지정수량은 다음과 같다.
> • 브로민산염류 : 제1류 위험물, 300kg
> • 황화인 : 제2류 위험물, 100kg
> • 아염소산염류 : 제1류 위험물, 50kg
> 따라서 지정수량이 큰 것부터 작은 순서로 나열하면 **브로민산염류 > 황화인 > 아염소산염류**의 순서가 된다.

44 동식물유류에 대한 설명 중 틀린 것은?

① 아이오딘가가 클수록 자연발화의 위험이 크다.

② 아마인유는 불건성유이므로 자연발화의 위험이 낮다.

③ 동식물유류는 제4류 위험물에 속한다.

④ 아이오딘가가 130 이상인 것은 건성유이므로 저장할 때 주의한다.

>> ① 아이오딘가(아이오딘값)는 유지 100g에 흡수되는 아이오딘의 g수를 의미하며, 이 값이 클수록 자연발화의 위험은 크다.
> ② **아마인유는** 동유, 해바라기유, 들기름과 함께 **건성유에 속하는 물질**로서, **자연발화의 위험이 크다.**
> ③ 동식물유류는 제4류 위험물에 속하는 품명으로서, 지정수량은 10,000L이다.
> ④ 아이오딘가(아이오딘값)가 130 이상인 것은 건성유로 분류되며, 자연발화의 위험성이 커서 저장할 때 주의해야 한다.

45 금속칼륨의 일반적인 성질에 대한 설명으로 틀린 것은?

① 칼로 자를 수 있는 무른 경금속이다.

② 에탄올과 반응하여 산소를 발생한다.

③ 물과 반응하여 가연성 기체를 발생한다.

④ 물보다 가벼운 은백색의 금속이다.

>> 제3류 위험물인 칼륨(K)은 비중이 0.86으로 물보다 가벼우며 칼로 자를 수 있을 만큼 무른 경금속으로, 물과 반응하면 수산화칼륨(KOH)과 수소를 발생하며 **에탄올(C_2H_5OH)과 반응하면 칼륨에틸레이트(C_2H_5OK)와 수소를 발생**한다.
> • 물과의 반응식
> $2K + 2H_2O \rightarrow 2KOH + H_2$
> • 에탄올과의 반응식
> $2K + 2C_2H_5OH \rightarrow 2C_2H_5OK + H_2$

정답 41. ④ 42. ④ 43. ① 44. ② 45. ②

46 다음 위험물 중 물과 접촉했을 때 연소범위 하한이 2.5vol%인 가연성 가스가 발생하는 것은?

① 인화칼슘　　　② 과산화칼륨
③ 나트륨　　　　④ 탄화칼슘

》》 ① 인화칼슘은 물과의 반응 시 수산화칼슘과 함께 연소범위 1.6~95%인 포스핀이 발생한다.
　　• 물과의 반응식
　　　$Ca_3P_2 + 6H_2O \rightarrow Ca(OH)_2 + 2PH_3$
② 과산화칼륨은 물과의 반응 시 수산화칼륨과 불연성 가스인 산소, 그리고 열을 발생한다.
　　• 물과의 반응식
　　　$2K_2O_2 + 2H_2O \rightarrow 4KOH + O_2$
③ 나트륨은 물과의 반응 시 수산화나트륨과 함께 연소범위 4~75%인 수소가 발생한다.
　　• 물과의 반응식
　　　$Na + 2H_2O \rightarrow 2NaOH + H_2$
④ 탄화칼슘은 **물과의 반응 시** 수산화칼슘과 함께 **연소범위 2.5~81%인 아세틸렌이 발생**한다.
　　• 물과의 반응식
　　　$CaC_2 + 2H_2O \rightarrow Ca(OH)_2 + C_2H_2$

47 다음과 같은 성질을 갖는 위험물로 예상할 수 있는 것은?

• 지정수량 : 400L	• 증기비중 : 2.07
• 인화점 : 12℃	• 녹는점 : -89.5℃

① 메탄올
② 벤젠
③ 아이소프로필알코올
④ 휘발유

》》 〈보기〉의 위험물 중 벤젠과 휘발유는 제4류 위험물 중 제1석유류 비수용성 물질이므로 지정수량이 200L이고, 메탄올과 아이소프로필알코올은 알코올류로서 지정수량이 400L이므로 정답은 메탄올 또는 아이소프로필알코올 중에 있다. 또한 〈조건〉에 증기비중이 2.07로 주어졌으므로 증기비중의 공식을 이용해 다음과 같이 이 위험물의 분자량을 구할 수 있다.

증기비중 $= \dfrac{분자량}{29}$

분자량 = 증기비중×29 = 2.07×29 = 60g이다.
〈보기〉 중 아이소프로필알코올은 화학식이 $(CH_3)_2CHOH$이며, 분자량은 12(C)g×3+1(H)g×8+16(O)g = 60g이다.

48 어떤 공장에서 아세톤과 메탄올을 18L 용기에 각각 10개, 등유를 200L 드럼으로 3드럼을 저장하고 있다면 각각의 지정수량 배수의 총합은 얼마인가?

① 1.3
② 1.5
③ 2.3
④ 2.5

》》 아세톤(제1석유류 수용성)의 지정수량은 400L이며, 메탄올(알코올류)의 지정수량도 400L, 등유(제2석유류 비수용성)의 지정수량은 1,000L이므로 이들의 지정수량 배수의 합은

$$\dfrac{18L \times 10개}{400L} + \dfrac{18L \times 10개}{400L} + \dfrac{200L \times 3드럼}{1,000L}$$

=**1.5배**이다.

49 저장·수송할 때 타격 및 마찰에 의한 폭발을 막기 위해 물이나 알코올로 습면시켜 취급하는 위험물은?

① 나이트로셀룰로오스
② 과산화메틸에틸케톤
③ 글리세린
④ 에틸렌글리콜

》》 제5류 위험물 중 질산에스터류에 속하는 고체상태의 물질인 **나이트로셀룰로오스**는 건조하면 발화 위험이 있으므로 **함수알코올(수분 또는 알코올)에 습면시켜 저장**한다.

> Check
> 제5류 위험물 중 고체상태의 물질들은 건조하면 발화위험이 있으므로 수분에 습면시켜 폭발성을 낮춘다. 이 중 나이트로셀룰로오스는 물뿐만 아니라 알코올에 습면시켜 폭발성을 낮출 수도 있다.

50 다음 중 K_2O_2와 CaO_2의 공통적인 성질인 것은?

① 주황색의 결정이다.
② 알코올에 잘 녹는다.
③ 가열하면 산소를 방출하며 분해한다.
④ 초산과 반응하여 수소를 발생한다.

정답　　46. ④　47. ③　48. ②　49. ①　50. ③

≫ 제1류 위험물 중 무기과산화물인 K_2O_2와 CaO_2의 성질

1) 과산화칼륨(K_2O_2)

무색 또는 주황색의 결정이고, 알코올에 잘 녹는다.

열분해 시 산화칼륨과 **산소가 발생한다.**

• 열분해반응식

$2K_2O_2 \rightarrow 2K_2O + O_2$

초산과 반응 시 초산칼륨과 과산화수소가 발생한다.

• 초산과의 반응식

$K_2O_2 + 2CH_3COOH \rightarrow 2CH_3COOK + H_2O_2$

2) 과산화칼슘(CaO_2)

백색분말이고, 물에 약간 녹고, 알코올과 에터에 녹지 않는다.

열분해 시 산화칼슘과 **산소가 발생한다.**

• 열분해반응식

$2CaO_2 \rightarrow 2CaO + O_2$

초산과 반응 시 초산칼슘과 과산화수소가 발생한다.

• 초산과의 반응식

$CaO_2 + 2CH_3COOH \rightarrow (CH_3COO)_2Ca + H_2O_2$

51 과염소산의 운반용기 외부에 표시해야 하는 주의사항은?

① 물기엄금   ② 화기엄금

③ 충격주의   ④ 가연물접촉주의

≫

유별	품명	운반용기에 표시하는 주의사항
제1류	알칼리금속의 과산화물	화기 · 충격주의, 가연물접촉주의, 물기엄금
	그 밖의 것	화기 · 충격주의, 가연물접촉주의
제2류	철분, 금속분, 마그네슘	화기주의, 물기엄금
	인화성 고체	화기엄금
	그 밖의 것	화기주의
제3류	금수성 물질	물기엄금
	자연발화성 물질	화기엄금, 공기접촉엄금
제4류	인화성 액체	화기엄금
제5류	자기반응성 물질	화기엄금, 충격주의
제6류	산화성 액체	**가연물접촉주의**

52 트라이에틸알루미늄의 소화약제로서 다음 중 가장 적당한 것은?

① 마른 모래, 팽창질석

② 물, 수성막포

③ 할로젠화합물, 단백포

④ 이산화탄소, 강화액

≫ 트라이에틸알루미늄은 제3류 위험물 중 금수성 물질이며, 탄산수소염류분말소화약제 및 **마른 모래(건조사), 팽창질석 및 팽창진주암**이 적응성이 있다.

53 위험물안전관리법령상 제1류 위험물 중 알칼리금속의 과산화물의 운반용기 외부에 표시하여야 하는 주의사항을 모두 올바르게 나타낸 것은?

① "화기엄금", "충격주의" 및 "가연물접촉주의"

② "화기 · 충격주의", "물기엄금" 및 "가연물접촉주의"

③ "화기주의" 및 "물기엄금"

④ "화기엄금" 및 "충격주의"

≫

유별	품명	운반용기에 표시하는 주의사항
제1류	알칼리금속의 과산화물	**화기 · 충격주의, 가연물접촉주의, 물기엄금**
	그 밖의 것	화기 · 충격주의, 가연물접촉주의
제2류	철분, 금속분, 마그네슘	화기주의, 물기엄금
	인화성 고체	화기엄금
	그 밖의 것	화기주의
제3류	금수성 물질	물기엄금
	자연발화성 물질	화기엄금, 공기접촉엄금
제4류	인화성 액체	화기엄금
제5류	자기반응성 물질	화기엄금, 충격주의
제6류	산화성 액체	가연물접촉주의

54 제4류 위험물 중 비수용성 인화성 액체 탱크 화재 시 물을 뿌려 소화하는 것은 적당하지 않다고 한다. 그 이유로서 가장 적당한 것은?

① 인화점이 낮아진다.
② 가연성 가스가 발생한다.
③ 화재면(연소면)이 확대된다.
④ 발화점이 낮아진다.

≫ 물보다 가볍고 물에 녹지 않는 제4류 위험물의 화재 시 물을 이용하면 위험물이 물보다 상층에 존재하면서 지속적으로 **연소면을 확대**할 위험이 있으므로 주수소화를 할 수 없다.

Check

물보다 무겁고 물에 녹지 않는 제4류 위험물의 화재 시에는 물이 위험물보다 상층에 존재하여 산소공급원을 차단시키는 역할을 하므로 질식소화가 가능하다.

55 다음 위험물 중 산화성 고체가 아닌 것은?

① 무기과산화물
② 과아이오딘산
③ 퍼옥소이황산염류
④ 금속의 수소화물

≫ 산화성 고체(제1류 위험물)
1) 위험등급 Ⅰ : 아염소산염류, 염소산염류, 과염소산염류, **무기과산화물**
2) 위험등급 Ⅱ : 브로민산염류, 질산염류, 아이오딘산염류
3) 위험등급 Ⅲ : 과망가니즈산염류, 다이크로뮴산염류
4) 그 밖에 행정안전부령이 정하는 것 : 과아이오딘산염류, **과아이오딘산**, 크로뮴, 납 또는 아이오딘의 산화물, 아질산염류, 차아염소산염류, 염소화아이소사이아누르산, **퍼옥소이황산염류**, 퍼옥소붕산염류

56 질산에틸에 대한 설명으로 틀린 것은?

① 향기를 갖는 무색의 액체이다.
② 물에는 녹지 않으나, 에터에 녹는다.
③ 휘발성 물질로, 증기 비중은 공기보다 작다.
④ 비점 이상으로 가열하면 폭발의 위험이 있다.

≫ 제5류 위험물 중 질산에스터류인 질산에틸($C_2H_5ONO_2$)은 비점 88℃, 비중 1.10이고, 인화하기 쉽고 제4류 위험물과 성질이 비슷하다.

💡 Tip

제5류 위험물은 모두 비중이 1보다 크고, 물에 녹지 않는다.

57 다음 중 인화점이 가장 낮은 위험물은 어느 것인가?

① 다이에틸에터
② 아세트알데하이드
③ 산화프로필렌
④ 벤젠

≫ 위험물의 인화점
① **다이에틸에터 : −45℃**
② 아세트알데하이드 : −38℃
③ 산화프로필렌 : −37℃
④ 벤젠 : −11℃

58 적린에 대한 설명으로 옳은 것은?

① 발화방지를 위해 염소산칼륨과 함께 보관한다.
② 물과 격렬하게 반응하여 열을 발생한다.
③ 공기 중에 방치하면 자연발화한다.
④ 산화제와 혼합한 경우 마찰·충격에 의해서 발화한다.

≫ ① 제2류 위험물로서 가연성 고체인 적린(P)은 제1류 위험물로서 산소공급원 역할을 하는 염소산칼륨($KClO_3$)과 함께 보관하면 위험하다.
② 적린은 물과 반응하지 않는다.
③ 적린의 발화온도는 260℃이므로 공기 중에서 자연발화하지 않는다.
④ **적린**은 가연물이므로 산소공급원인 **산화제와 혼합할 경우 마찰·충격에 의해서 발화**할 수 있다.

59 위험물안전관리법령상 물분무소화설비가 적응성이 있는 위험물은?

① 알칼리금속의 과산화물
② 금속분, 마그네슘
③ 금수성 물질
④ 인화성 고체

>> 제1류 위험물에 속하는 알칼리금속의 과산화물과 제2류 위험물에 속하는 철분·금속분·마그네슘, 제3류 위험물에 속하는 금수성 물질의 화재에는 탄산수소염류 분말소화설비가 적응성이 있으며, 제2류 위험물에 속하는 **인화성 고체의 화재**에 대해서는 **물분무소화설비**뿐 아니라 대부분의 소화설비가 모두 적응성이 있다.

대상물의 구분 / 소화설비의 구분	건축물·그 밖의 공작물	전기설비	제1류 위험물 알칼리금속의 과산화물등	제1류 위험물 그 밖의 것	제2류 위험물 철분·금속분·마그네슘 등	제2류 위험물 인화성 고체	제2류 위험물 그 밖의 것	제3류 위험물 금수성 물품	제3류 위험물 그 밖의 것	제4류 위험물	제5류 위험물	제6류 위험물
옥내소화전 또는 옥외소화전 설비	○			○		○	○		○		○	○
스프링클러설비	○			○		○	○		○	△	○	○
물분무등소화설비 — 물분무소화설비	○	○		○		◎	○		○	○	○	○
물분무등소화설비 — 포소화설비	○			○		○	○		○	○	○	○
물분무등소화설비 — 불활성가스 소화설비		○				○				○		
물분무등소화설비 — 할로젠화합물 소화설비		○				○				○		
물분무등소화설비 — 분말소화설비 — 인산염류등	○	○		○		○	○			○		○
물분무등소화설비 — 분말소화설비 — 탄산수소염류등		○	○		○	○		○		○		
물분무등소화설비 — 분말소화설비 — 그 밖의 것			○		○	○		○				

60 피크린산에 대한 설명으로 틀린 것은?

① 폭발에 대비하여 철, 구리로 만든 용기에 저장한다.

② 알코올, 벤젠에 녹는다.

③ 화재발생 시 다량의 물로 주수소화 할 수 있다.

④ 단독으로는 충격·마찰에 둔감한 편이다.

>> 피크린산(트라이나이트로페놀)은 제5류 위험물 중 품명은 나이트로화합물로서 찬물에는 녹지 않고 온수, 알코올, 벤젠 등에 녹는다. 단독으로는 충격·마찰 등에 둔감하지만 **구리, 아연 등 금속염류와의 혼합물은 피크린산염을 생성하여 마찰·충격 등에 위험해진다.** 또한 고체 물질로, 건조하면 위험하고 약한 습기에 저장하면 안정하다.

2024 제3회 위험물산업기사

제1과목 | 일반화학

01 헥세인(C_6H_{14})의 구조이성질체의 수는 몇 개인가?

① 3개
② 4개
③ 5개
④ 9개

>> 알케인의 일반식 C_nH_{2n+2}에 $n=6$을 대입하면, 탄소 수가 6개이고 수소 수가 14개인 헥세인(C_6H_{14})이 되며, 헥세인은 다음과 같이 **5개의 구조이성질체**가 존재한다.

1)

```
    H  H  H  H  H  H
    |  |  |  |  |  |
H—C—C—C—C—C—C—H
    |  |  |  |  |  |
    H  H  H  H  H  H
```

2)

```
    H  H  H  H  H
    |  |  |  |  |
H—C—C—C—C—C—H
    |  |  |  |  |
    H  |  H  H  H
       H—C—H
          |
          H
```

3)

```
    H  H  H  H  H
    |  |  |  |  |
H—C—C—C—C—C—H
    |  |  |  |  |
    H  |  H  H  H
       H—C—H
          |
          H
```

4)

```
          H
          |
       H—C—H
    H  H |  H
    |  | |  |
H—C—C—C—C—H
    |  | |  |
    H  H |  H
       H—C—H
          |
          H
```

5)

```
       H—C—H
    H  |     H
    |  H  H  |
H—C—C—C—C—H
    |  |  |  |
    H  H  |  H
       H—C—H
          |
          H
```

02 sp^3 혼성오비탈을 가지고 있는 것은?

① BF_3
② $BeCl_2$
③ C_2H_4
④ CH_4

>> 혼성궤도함수(혼성오비탈)란 다음과 같이 전자 2개로 채워진 오비탈을 그 명칭과 개수로 표시한 것을 말한다.

① BF_3 : B는 원자가가 +3이므로 다음 그림과 같이 s오비탈과 p오비탈에 각각 3개의 전자를 '•' 표시로 채우고 F는 원자가가 −1인데 총 개수는 3개이므로 p오비탈에 3개의 전자를 'x' 표시로 채우면 s오비탈 1개와 p오비탈 2개에 전자들이 채워진다. 따라서 BF_3의 혼성궤도함수는 sp^2이다.

s		p	
••	•x	xx	

② $BeCl_2$: Be는 원자가가 +2이므로 다음 그림과 같이 s오비탈에 2개의 전자를 '•' 표시로 채우고 Cl은 원자가가 −1인데 총 개수는 2개이므로 p오비탈에 2개의 전자를 'x' 표시로 채우면 s오비탈 1개와 p오비탈 1개에 전자들이 채워진다. 따라서 $BeCl_2$의 혼성궤도함수는 sp이다.

s		p	
••	xx		

③ C_2H_4 : C가 2개 이상 존재하는 물질의 경우에는 전자 2개로 채워진 오비탈의 명칭을 읽어주는 방법으로는 문제를 해결하기 힘들기 때문에 C_2H_4의 혼성궤도함수는 sp^2로 암기한다.

④ CH_4 : C는 원자가가 +4이므로 다음 그림과 같이 s오비탈과 p오비탈에 각각 4개의 전자를 '•' 표시로 채우고 H는 원자가가 +1인데 총 개수는 4개이므로 p오비탈에 4개의 전자를 'x' 표시로 채우면 **s오비탈 1개와 p오비탈 3개**에 2개의 전자들이 채워진다. 따라서 CH_4의 혼성궤도함수는 **sp^3**이다.

s		p	
••	•x	•x	xx

정답 01. ③ 02. ④

03 다음 중 수용액의 pH가 가장 작은 것은?

① 0.01N HCl

② 0.1N HCl

③ 0.01N CH$_3$COOH

④ 0.1N NaOH

≫ 물질이 H를 가지고 있는 경우에는 pH = $-\log[H^+]$의 공식을 이용해 수소이온지수(pH)를 구할 수 있고, 물질이 OH를 가지고 있는 경우에는 pOH = $-\log[OH^-]$의 공식을 이용해 수산화이온지수(pOH)를 구할 수 있다.

① H를 가진 HCl의 농도 $[H^+]$ = 0.01N이므로 pH = $-\log 0.01$ = $-\log 10^{-2}$ = 2이다.

② H를 가진 HCl의 농도 $[H^+]$ = 0.1N이므로 **pH = $-\log 0.1$ = $-\log 10^{-1}$ = 1이다.**

③ H를 가진 CH$_3$COOH의 농도 $[H^+]$ = 0.01N이므로 pH = $-\log 0.01$ = $-\log 10^{-2}$ = 2이다.

④ OH를 가진 NaOH의 농도는 $[OH^-]$ = 0.1N이므로 pOH = $-\log 0.1$ = $-\log 10^{-1}$ = 1인데, 〈문제〉는 pOH가 아닌 pH를 구하는 것이므로 pH + pOH = 14의 공식을 이용하여 다음과 같이 pH를 구할 수 있다.
pH = 14 $-$ pOH = 14 $-$ 1 = 13

04 수용액에서 산성의 세기가 가장 큰 것은?

① HF

② HCl

③ HBr

④ HI

≫ 할로젠화 수소산의 세기는 결합에너지의 영향을 받는다. 결합에너지는 HI(298kJ/mol)＜HBr(366kJ/mol)＜HCl(432kJ/mol)＜HF(570kJ/mol)으로 결합에너지가 약할수록 강한 산이므로 산의 세기는 HI＞HBr＞HCl＞HF이다.

05 95중량% 황산의 비중은 1.84이다. 이 황산의 몰농도(M)는 약 얼마인가?

① 8.9

② 9.4

③ 17.8

④ 18.8

≫ 중량% = $\dfrac{\text{용질의 g}}{100\text{g 용액}}$ 이므로 황산용액 100g에는 H$_2$SO$_4$ 95g이 들어있고, H$_2$SO$_4$의 몰질량은 1(H)×2 + 32(S) + 16(O)×4 = 98g/mol이다. 황산용액의 비중은 물의 밀도가 1/mL에 대한 황산용액의 밀도이므로 황산용액 밀도 1.84g/mL

는 황산용액 1mL가 1.84g이다. 몰농도(M) = $\dfrac{\text{용질의 mol수}}{\text{용액의 부피(L)}}$ 를 구하면 다음과 같다.

$\dfrac{95\text{g H}_2\text{SO}_4}{100\text{g 황산용액}} \times \dfrac{1.84\text{g 황산용액}}{1\text{mL 황산용액}} \times \dfrac{1{,}000\text{mL}}{1\text{L}}$

$\times \dfrac{1\text{mol H}_2\text{SO}_4}{98\text{g H}_2\text{SO}_4}$ = **17.8M**

06 다음 중 H$_2$O가 H$_2$S보다 비등점이 높은 이유는 무엇인가?

① 이온결합을 하고 있기 때문에

② 수소결합을 하고 있기 때문에

③ 공유결합을 하고 있기 때문에

④ 분자량이 적기 때문에

≫ F(플루오린), O(산소), N(질소)가 수소(H)와 결합하고 있는 물질을 수소결합물질이라 하며, 수소결합을 하는 물질들은 분자들간의 인력이 크고 응집력이 강해 녹는점(융점) 및 끓는점(비등점)이 높다. 〈문제〉의 물(H$_2$O)은 산소(O)가 수소(H)와 결합하고 있는 수소결합물질이고, 황화수소(H$_2$S)는 F(플루오린), O(산소), N(질소)가 아닌 황(S)이 수소(H)와 결합하고 있으므로 수소결합물질이 아니다. 따라서 물(H$_2$O)이 황화수소(H$_2$S)보다 비등점이 높은 이유는 **물(H$_2$O)이 수소결합을 하고 있기 때문**이다.

✏️ **톡톡튀는 암기법** 수소결합물질은 수소(H)가 전화기(phone)을 소리나는 대로 읽어 "F", "O", "N")와 결합한 것이다.

07 질소 2몰과 산소 3몰의 혼합기체가 나타나는 전압력이 10기압 일 때 질소의 분압은 얼마인가?

① 2기압

② 4기압

③ 8기압

④ 10기압

≫ 분압 = 전압(전체의 압력) × $\dfrac{\text{해당 물질의 몰수}}{\text{전체 물질의 몰수의 합}}$ 이며, 각 물질의 분압의 합은 전압이 된다.

1) **질소의 분압**

= 10기압(전압) × $\dfrac{2몰(질소)}{2몰(질소)+3몰(산소)}$

= **4기압**

2) 산소의 분압

$$= 10기압(전압) \times \frac{3몰(산소)}{2몰(질소) + 3몰(산소)}$$

$$= 6기압$$

또한, 질소의 분압 4기압과 산소의 분압 6기압의 합은 전압인 10기압이 된다.

08 $CuCl_2$의 용액에 5A 전류를 1시간 동안 흐르게 하면 몇 g의 구리가 석출되는가? (단, Cu의 원자량은 63.54이며, 전자 1개의 전하량은 1.602×10^{-19}C이다.)

① 3.17
② 4.83
③ 5.93
④ 6.35

≫ Cu(구리)를 석출하기 위해 필요한 전기량($C_{쿨롬}$) = 전류($A_{암페어}$) × 시간($sec_초$)이다. 〈문제〉에서 5A의 전류를 1시간, 즉 3,600초 동안 흐르게 했으므로 이때 필요한 전기량(C) = 5A × 3,600sec = 18,000C 이다.
반응식 $Cu^{2+} + 2e^- \rightarrow Cu$에서 1mol의 Cu가 석출되려면 2mol의 전자가 반응하므로 석출되는 구리의 양은 다음과 같이 구할 수 있다.

$$(5 \times 3,600)C \times \frac{1개\ e^-}{1.602 \times 10^{-19}C} \times \frac{1mol\ e^-}{6.02 \times 10^{23}개\ e^-}$$

$$\times \frac{1mol\ Cu}{2mol\ e^-} \times \frac{63.54g\ Cu}{1mol\ Cu} = \textbf{5.93g Cu}$$

09 2차 알코올을 산화시켜서 얻어지며, 환원성이 없는 물질은?

① CH_3COCH_3
② $C_2H_5OC_2H_5$
③ CH_3OH
④ CH_3OCH_3

≫ 2차 알코올이란 알킬이 2개 존재하는 알코올을 말하며, 2차 알코올을 산화시키면 수소(H_2)를 잃어 케톤($R - CO - R'$)이 만들어진다. $(CH_3)_2CHOH$ (아이소프로필알코올)은 CH_3(메틸)이 2개 존재하므로 **2차 알코올**이며, 여기서 **수소 2개를 빼서 산화시키면** 아세톤이라 불리는 **CH_3COCH_3**(다이메틸케톤)이 만들어진다.

10 수성가스(water gas)의 주성분을 올바르게 나타낸 것은?

① CO_2, CH_4
② CO, H_2
③ CO_2, H_2, O_2
④ H_2, H_2O

≫ 수성가스란 석탄 또는 코크스에 수증기를 반응시켜 만든 **일산화탄소(CO)와 수소(H_2)를** 주성분으로 하는 기체를 말한다.

11 다음 중 양쪽성 산화물에 해당하는 것은 어느 것인가?

① NO_2
② Al_2O_3
③ MgO
④ Na_2O

≫ 산소(O)를 포함하고 있는 물질을 산화물이라 하며, 산화물에는 다음의 3종류가 있다.
1) 산성 산화물 : 비금속 + 산소
2) 염기성 산화물 : 금속 + 산소
3) 양쪽성 산화물 : Al(알루미늄), Zn(아연), Sn (주석), Pb(납) + 산소
① NO_2 : 비금속에 속하는 N(질소) + 산소 → 산성 산화물
② Al_2O_3 : 양쪽성에 속하는 Al(알루미늄) + 산소 → **양쪽성 산화물**
③ MgO : 알칼리토금속에 속하는 Mg(마그네슘) + 산소 → 염기성 산화물
④ Na_2O : 알칼리금속에 속하는 Na(나트륨) + 산소 → 염기성 산화물

12 1개의 $Fe(CN)_6^{4-}$와 4개의 K^+이 반응하여 $K_4Fe(CN)_6$이 만들어졌다. $K_4Fe(CN)_6$은 어떤 화합물인가?

① 분자화합물
② 공유결합화합물
③ 할로젠화합물
④ 착화합물

정답   08. ③   09. ①   10. ②   11. ②   12. ④

》》 착물이 포함되어 있는 화합물을 **착화합물**이라고 한다. 착화합물의 결합은 중심이온과 리간드 사이의 배위결합과 착이온과 다른 이온 사이의 이온결합으로 구별할 수 있다.

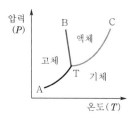

13 평형상태에서 액체의 증기압이 외부의 압력과 같을 때 관련있는 것은?

① 임계점
② 용융점과 녹는점
③ 어는점과 끓는점
④ 삼중점

》》

압력(P)

[물의 상평형도]

• 곡선 BT : 고체 – 액체 평형곡선, 용융곡선
• 곡선 CT : 액체 – 기체 평형곡선, 증기압력곡선
• 곡선 AT : 고체 – 기체 평형곡선, 승화곡선
• 점 T : 고체 – 액체 – 기체 평형점. 삼중점
• 점 C : 임계점

액체의 증기압력과 외부압력과 만나는 온도를 각각 **어는점**(액체 ⇌ 고체)과 **끓는점**(액체 ⇌ 기체)이라고 한다.

14 페놀에 대한 설명 중 틀린 것은?

① $FeCl_3$와 반응하여 보라색을 나타낸다.
② 산성 물질이다.
③ Na과 반응하여 수소를 발생한다.
④ 카복실산과 반응하여 에스터를 만든다.

》》 페놀(C_6H_5OH)은 **약한 산성**을 띠는 물질이며, 염화철(Ⅲ)용액과 반응하여 **보라색**을 나타내는 정색반응을 하고, 페놀의 −OH는 카복실산의 −COOH와 반응하여 에스터기(−COO−)를 생성하는 **에스터화반응**을 한다.

15 다음 중 질소를 포함하는 물질은?

① 프로필렌
② 에틸렌
③ 나일론
④ 염화바이닐

》》 보기의 화학식은 다음과 같다.
① 프로필렌 : C_3H_6
② 에틸렌 : C_2H_4
③ **나일론** : −(−NH−R−NHCO−R′−CO−)−$_n$
④ 염화바이닐 : C_2H_3Cl

16 저마늄(Ge)이 화학반응을 하면 어떤 원소의 최외각전자와 같아지게 되는가?

① Sn   ② O
③ Kr   ④ Mg

》》 저마늄(Ge)은 4주기 원소로, 옥텟규칙을 만족하도록 화학결합을 하면 18(8A)족 원소인 **크립톤(Kr)**과 같은 $4s^2 4p^6$의 최외각전자를 갖게 된다. $_{36}Kr$의 바닥상태 전자배치는 $[Ar]4s^2 3d^{10} 4p^6$이다.

17 유기고체물질을 합성하여 여러 번 세척한 후 얻은 물질이 순수한지 확인하는 방법은?

① 녹는점을 측정한다.
② 전기전도도를 측정한다.
③ 눈으로 확인한다.
④ 광학현미경으로 관찰한다.

》》 화합물의 용해도, 밀도, **녹는점**, 끓는점 등의 물리적 성질은 물질의 고유한 성질로, 순도를 결정하거나 화합물의 종류를 확인하는 데 매우 유용하다.

18 나이트로벤젠에 촉매를 사용하고 수소와 혼합하여 환원시켰을 때 얻어지는 물질은?

①

②

③

④

>> 나이트로벤젠과 아닐린의 산화 · 환원 과정

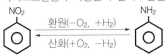

나이트로벤젠을 환원시키면 아닐린이 되고, 아닐린을 산화시키면 나이트로벤젠이 된다.

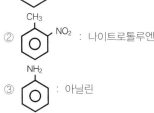

① : 피리딘

② : 나이트로톨루엔

③ : 아닐린

④ : 나이트로벤젠

19 금속산화물의 질량이 3.04g이고 환원된 물질의 질량은 2.08g, 금속의 원자량은 52일 때, 금속산화물의 화학식은?

① MO
② M_2O_3
③ M_2O
④ M_2O_7

>> 금속산화물에 포함되어 있는 산소(O)의 질량은 금속산화물의 질량 3.04g에서 환원된 물질의 질량 2.08g의 차이로 구할 수 있다. 3.04g − 2.08g = 0.96g O. 금속(M)의 원자량 52와 산소(O)의 원자량 16을 이용하여 금속산화물의 실험식을 구하면 다음과 같다.

$$2.08g\ M \times \frac{1mol\ M}{52g\ M} = 0.04mol\ M$$

$$0.96g\ O \times \frac{1mol\ O}{16g\ O} = 0.06mol\ O$$

금속(M)과 산소(O)의 mol비를 가장 간단히 나타내면, 0.04 : 0.06 = 2 : 3이므로 금속산화물의 실험식은 M_2O_3가 된다.

20 ns^2np^3의 전자구조를 가지는 것은?

① Li, Na, K
② Be, Mg, Ca
③ N, P, As
④ C, Si, Ge

>> 〈보기〉의 원소들의 족과 바닥상태의 원자가전자는 다음과 같다. 여기서 n의 주기를 나타낸다.
① Li, Na, K : 1A족 원소, ns^1
② Be, Mg, Ca : 2A족 원소, ns^2
③ **N, P, As : 5A족 원소, ns^2np^3**
④ C, Si, Ge : 4A족 원소, ns^2np^2

제2과목 | **화재예방과 소화방법**

21 다음 물질의 화재 시 내알코올포를 쓰지 못하는 것은?

① 아세트알데하이드
② 알킬리튬
③ 아세톤
④ 에탄올

>> 제4류 위험물 중 수용성 물질의 화재에는 일반 포소화약제로 소화할 경우 포가 소멸되어 소화효과가 없기 때문에 포가 소멸되지 않는 내알코올포소화약제를 사용해야 한다. 〈보기〉의 아세트알데하이드와 아세톤, 그리고 에탄올은 모두 수용성의 제4류 위험물이라 내알코올포를 사용해야 하지만 알킬리튬은 제3류 위험물 중 **금수성 물질**이기 때문에 내알코올포를 포함한 모든 포소화약제를 사용할 수 없고 **마른 모래 등으로 질식소화**해야 한다.

22 제3종 분말소화약제를 화재면에 방출 시 부착성이 좋은 막을 형성하여 연소에 필요한 산소의 유입을 차단하기 때문에 연소를 중단시킬 수 있다. 그러한 막을 구성하는 물질은?

① HPO_3
② PH_3
③ H_3PO_4
④ P_2O_5

>> 제3종 분말소화약제인 인산암모늄($NH_4H_2PO_4$)은 열분해 시 메타인산(HPO_3)과 암모니아(NH_3), 그리고 수증기(H_2O)를 발생시키는데, 이 중 **메타인산(HPO_3)은 부착성이 좋은 막을 형성**하여 산소의 유입을 차단하는 역할을 한다.
• 제3종 분말소화약제의 열분해반응식
  $NH_4H_2PO_4 \rightarrow HPO_3 + NH_3 + H_2O$

23 가연물의 주된 연소형태에 대한 설명으로 옳지 않은 것은?

① 황의 연소형태는 증발연소이다.
② 목재의 연소형태는 분해연소이다.
③ 에터의 연소형태는 표면연소이다.
④ 숯의 연소형태는 표면연소이다.

» ③ 에터(다이에틸에터)는 제4류 위험물 중 특수인화물에 속하는 물질로서 연소형태는 증발연소이다.

> Check **액체와 고체의 연소형태**
> (1) 액체의 연소형태의 종류와 물질
> ㉠ 증발연소 : 제4류 위험물 중 특수인화물, 제1석유류, 알코올류, 제2석유류 등
> ㉡ 분해연소 : 제4류 위험물 중 제3석유류, 제4석유류, 동식물유류 등
> (2) 고체의 연소형태의 종류와 물질
> ㉠ 표면연소 : 코크스(탄소), 목탄(숯), 금속분 등
> ㉡ 분해연소 : 목재, 종이, 석탄, 플라스틱, 합성수지 등
> ㉢ 자기연소 : 제5류 위험물 등
> ㉣ 증발연소 : 황(S), 나프탈렌, 양초(파라핀) 등

24 제1석유류를 저장 또는 취급하는 장소에 있어서 집유설비에 유분리장치도 함께 설치하여야 한다. 이때 제1석유류는 20℃의 물 100g에 용해되는 양이 몇 g 미만인가?

① 5
② 0.5
③ 1
④ 10

» 제1석유류 또는 알코올류를 저장 또는 취급하는 장소의 주위에는 배수구 및 집유설비를 설치하여야 한다. 이 경우 제1석유류(20℃의 물 100g에 용해되는 양이 **1g 미만**인 것에 한한다)를 저장 또는 취급하는 장소에 있어서는 집유설비에 유분리장치도 함께 설치하여야 한다.

25 불활성가스소화약제 중 IG-541의 구성성분이 아닌 것은?

① N_2 ② Ar
③ He   ④ CO_2

» **불활성가스의 종류별 구성 성분**
1) IG-100 : 질소(N_2) 100%
2) IG-55 : 질소(N_2) 50%와 아르곤(Ar) 50%
3) IG-541 : **질소(N_2) 52%와 아르곤(Ar) 40%와 이산화탄소(CO_2) 8%**

26 가연성 고체위험물의 화재에 대한 설명으로 틀린 것은?

① 적린과 황은 물에 의한 냉각소화를 한다.
② 금속분, 철분, 마그네슘이 연소하고 있을 때에는 주수해서는 안 된다.
③ 금속분, 철분, 마그네슘, 황화인은 마른 모래, 팽창질석 등으로 소화를 한다.
④ 금속분, 철분, 마그네슘의 연소 시에는 수소와 유독가스가 발생하므로 충분한 안전거리를 확보해야 한다.

» ① 제2류 위험물 중 황화인과 적린 및 황의 화재 시에는 물로 냉각소화 한다.
② 금속분, 철분, 마그네슘의 화재 시에는 주수소화해서는 안 되고 질식소화 한다.
③ 마른 모래 또는 팽창질석 등은 금속분, 철분, 마그네슘, 황화인뿐만 아니라 그 외의 모든 위험물의 화재에 사용할 수 있는 소화약제이다.
④ 금속분, 철분, 마그네슘의 연소 시에는 각 물질들의 산화물이 생성되며, **수소와 유독가스는 발생하지 않는다.**

27 위험물안전관리법령상 옥외소화전설비는 모든 옥외소화전을 동시에 사용할 경우 각 노즐선단의 방수압력을 얼마 이상이어야 하는가?

① 100kPa   ② 170kPa
③ 350kPa   ④ 520kPa

» 옥외소화전설비는 모든 옥외소화전(설치개수가 4개 이상인 경우는 4개의 옥외소화전)을 동시에 사용할 경우에 각 노즐선단의 방수압력이 **350kPa 이상**이 되도록 해야 한다.

> Check
> 옥내소화전설비는 각층을 기준으로 하여 당해 층의 모든 옥내소화전(설치개수가 5개 이상인 경우는 5개의 옥내소화전)을 동시에 사용할 경우에 각 노즐선단의 방수압력은 350kPa 이상이 되도록 해야 한다.

정답 23. ③ 24. ③ 25. ③ 26. ④ 27. ③

28 위험물안전관리법령에 따르면 옥외소화전의 개폐밸브 및 호스접속구는 지반면으로부터 몇 m 이하의 높이에 설치해야 하는가?

① 1.5   ② 2.5
③ 3.5   ④ 4.5

≫ 옥내소화전과 옥외소화전 모두 개폐밸브 및 호스접속구는 바닥면으로부터 **1.5m 이하**의 높이에 설치해야 한다.

29 위험물안전관리법령상 옥외소화전이 5개 설치된 제조소등에서 옥외소화전의 수원의 수량은 얼마 이상이어야 하는가?

① $14m^3$ ② $35m^3$
③ $54m^3$ ④ $78m^3$

≫ 옥외소화전설비의 수원의 양은 옥외소화전의 설치개수(설치개수가 4개 이상이면 4개)에 $13.5m^3$를 곱한 값 이상의 양으로 한다. 〈문제〉에서 옥외소화전의 개수는 모두 5개이지만 개수가 4개 이상이면 4개를 $13.5m^3$에 곱해야 하므로 수원의 양은 **4개×$13.5m^3$ = $54m^3$**이다.

> *Check*
> 위험물제조소등에 설치된 옥내소화전설비의 수원의 양은 옥내소화전이 가장 많이 설치된 층의 옥내소화전의 설치개수(설치개수가 5개 이상이면 5개)에 $7.8m^3$를 곱한 값 이상의 양으로 정한다.

30 벼락으로부터 재해를 예방하기 위하여 위험물안전관리법령상 피뢰설비를 설치하여야 하는 위험물제조소의 기준은? (단, 제6류 위험물을 취급하는 위험물제조소는 제외한다.)

① 모든 위험물을 취급하는 제조소
② 지정수량 5배 이상의 위험물을 취급하는 제조소
③ 지정수량 10배 이상의 위험물을 취급하는 제조소
④ 지정수량 20배 이상의 위험물을 취급하는 제조소

≫ 지정수량의 **10배 이상**의 위험물(제6류 위험물은 제외)을 취급하는 위험물제조소에는 피뢰침(피뢰설비)을 설치하여야 한다.

31 위험물제조소등의 스프링클러설비의 기준에 있어 개방형 스프링클러헤드는 스프링클러헤드의 반사판으로부터 하방 및 수평방향으로 각각 몇 m의 공간을 보유하여야 하는가?

① 하방 0.3m, 수평방향 0.45m
② 하방 0.3m, 수평방향 0.3m
③ 하방 0.45m, 수평방향 0.45m
④ 하방 0.45m, 수평방향 0.3m

≫ 개방형 스프링클러헤드는 스프링클러헤드의 반사판으로부터 **하방(아래쪽 방향)으로는 0.45m, 수평방향으로는 0.3m 이상**의 공간을 보유하여 설치하여야 한다.

32 위험물안전관리법령상 제1석유류를 저장하는 옥외탱크저장소 중 소화난이도 등급 I에 해당하는 것은? (단, 지중탱크 또는 해상탱크가 아닌 경우이다.)

① 액표면적이 $10m^2$인 것
② 액표면적이 $20m^2$인 것
③ 지반면으로부터 탱크 옆판 상단까지가 4m인 것
④ 지반면으로부터 탱크 옆판 상단까지가 6m인 것

≫ 옥외탱크저장소의 소화난이도 등급 I
  1) 액표면적이 $40m^2$ 이상인 것(제6류 위험물을 저장하는 것 및 고인화점위험물만을 100℃ 미만의 온도에서 저장하는 것은 제외)
  2) **지반면으로부터 탱크 옆판의 상단까지 높이가 6m 이상인 것**(제6류 위험물을 저장하는 것 및 고인화점위험물만을 100℃ 미만의 온도에서 저장하는 것은 제외)
  3) 지중탱크 또는 해상탱크로서 지정수량의 100배 이상인 것(제6류 위험물을 저장하는 것 및 고인화점위험물만을 100℃ 미만의 온도에서 저장하는 것은 제외)
  4) 고체위험물을 저장하는 것으로서 지정수량의 100배 이상인 것

33 위험물제조소등에 옥내소화전설비를 압력수조를 이용한 가압송수장치로 설치하는 경우 압력수조의 최소압력은 몇 MPa인가? (단, 소방용 호스의 마찰손실수두압은 3.2MPa, 배관의 마찰손실수두압은 2.2MPa, 낙차의 환산수두압은 1.79MPa이다.)

① 5.4

② 3.99

③ 7.19

④ 7.54

➤➤ 옥내소화전설비의 압력수조를 이용한 가압송수장치에서 압력수조의 압력은 다음 식에 의하여 구한 수치 이상으로 한다.

$P = p_1 + p_2 + p_3 + 0.35\text{MPa}$

여기서, P : 필요한 압력(MPa)

p_1 : 소방용 호스의 마찰손실수두압 (MPa) = 3.2MPa

p_2 : 배관의 마찰손실수두압(MPa) = 2.2MPa

p_3 : 낙차의 환산수두압(MPa) = 1.79MPa

P = 3.2MPa + 2.2MPa + 1.79MPa + 0.35MPa = 7.54MPa

Check 옥내소화전설비의 또 다른 가압송수장치

(1) 고가수조를 이용한 가압송수장치

낙차(수조의 하단으로부터 호스접속구까지의 수직거리)는 다음 식에 의하여 구한 수치 이상으로 한다.

$H = h_1 + h_2 + 35\text{m}$

여기서, H : 필요낙차(m)

h_1 : 소방용 호스의 마찰손실수두(m)

h_2 : 배관의 마찰손실수두(m)

(2) 펌프를 이용한 가압송수장치에서 펌프의 전양정은 다음 식에 의하여 구한 수치 이상으로 한다.

$H = h_1 + h_2 + h_3 + 35\text{m}$

여기서, H : 펌프의 전양정(m)

h_1 : 소방용 호스의 마찰손실수두(m)

h_2 : 배관의 마찰손실수두(m)

h_3 : 낙차(m)

34 표준관입시험 및 평판재하시험을 실시하여야 하는 특정옥외저장탱크의 지반의 범위는 기초의 외측이 지표면과 접하는 선의 범위 내에 있는 지반으로서 지표면으로부터 깊이 몇 m까지로 하는가?

① 10

② 15

③ 20

④ 25

➤➤ 특정옥외탱크저장소(액체위험물을 100만L 이상으로 저장하는 옥외탱크저장소)의 지반의 범위는 기초(탱크의 바로 아래에 받침대 형태로 설치하는 설비)의 외측이 접해 있는 **지표면으로부터 15m까지**의 깊이로 정하고 있다.

35 다음 중 알칼리금속염으로 구성된 소화약제는?

① 단백포 소화약제

② 알코올형포 소화약제

③ 계면활성제 소화약제

④ 강화액 소화약제

➤➤ 강화액 소화기의 특징

1) **탄산칼륨(K_2CO_3)의 알칼리금속염류**가 포함된 고농도의 수용액으로, pH 12인 강알칼리성이다.

2) A급 화재에 적응성이 있으며, 무상주수의 경우 A · B · C급 화재에도 적응성이 있다.

3) 어는점이 낮아서 겨울철과 한랭지에서도 사용이 가능하다.

36 연소의 3요소를 모두 포함하는 것은?

① 과염소산, 산소, 불꽃

② 마그네슘분말, 연소열, 수소

③ 아세톤, 수소, 산소

④ 불꽃, 아세톤, 질산암모늄

➤➤ ① 과염소산(제6류 위험물인 산소공급원), 산소(산소공급원), 불꽃(점화원)

② 마그네슘분말(제2류 위험물인 가연물), 연소열(점화원), 수소(가연물)

③ 아세톤(제4류 위험물인 가연물), 수소(가연물), 산소(산소공급원)

④ **불꽃(점화원), 아세톤(제4류 위험물인 가연물), 질산암모늄(제1류 위험물인 산소공급원)**

정답 33. ④ 34. ② 35. ④ 36. ④

Check 연소의 3요소

(1) 가연물
(2) 산소공급원
(3) 점화원

37 위험물제조소의 환기설비의 설치기준으로 옳지 않은 것은?

① 환기구는 지붕 위 또는 지상 2m 이상의 높이에 설치할 것
② 급기구는 바닥면적 150m^{2}마다 1개 이상으로 할 것
③ 환기는 강제배기방식으로 할 것
④ 급기구는 낮은 곳에 설치하고 인화방지망을 설치할 것

≫ 위험물제조소의 환기설비의 설치기준
① 환기구는 지붕 위 또는 지상 2m 이상의 높이에 설치할 것
② 급기구는 바닥면적 150m^{2}마다 1개 이상으로 하고 그 크기는 800cm^2 이상으로 할 것
③ 환기는 **자연배기방식**으로 할 것
④ 급기구는 낮은 곳에 설치하고 인화방지망을 설치할 것

38 다음 중 제조소 및 일반취급소에 설치하는 자동화재탐지설비의 설치기준으로 틀린 것은? (단, 예외는 없음)

① 하나의 경계구역은 600m^2 이하로 하고, 한 변의 길이는 50m 이하로 한다.
② 주요한 출입구에서 내부 전체를 볼 수 있는 경우 경계구역은 1,000m^2 이하로 할 수 있다.
③ 2개 층을 하나의 경계구역으로 할 수 있다.
④ 비상전원을 설치하여야 한다.

≫ 제조소·일반취급소에 설치하는 자동화재탐지설비의 설치기준
1) **자동화재탐지설비의 경계구역은 건축물의 2 이상의 층에 걸치지 아니하도록 한다**(다만, 하나의 경계구역의 면적이 500m^2 이하이면 그러하지 아니하다).

2) 하나의 경계구역의 면적은 600m^2 이하로 하고, 건축물의 주요한 출입구에서 그 내부 전체를 볼 수 있는 경우는 면적을 1,000m^2 이하로 한다.
3) 하나의 경계구역에서 한 변의 길이는 50m(광전식 분리형 감지기의 경우에는 100m) 이하로 한다.
4) 자동화재탐지설비의 감지기는 지붕 또는 벽의 옥내에 면한 부분에 화재발생을 감지할 수 있도록 설치한다.
5) 자동화재탐지설비에는 비상전원을 설치한다.

39 분말소화약제 중 칼륨과 탄산수소이온이 결합한 소화약제의 색상으로 옳은 것은?

① 백색
② 담회색
③ 담홍색
④ 회색

≫ 분말소화약제의 구분

구 분	주성분	주성분의 화학식	색 상
제1종 분말소화약제	탄산수소 나트륨	$NaHCO_3$	백색
제2종 분말소화약제	**탄산수소 칼륨**	$KHCO_3$	**담회색 (보라)**
제3종 분말소화약제	인산암모늄	$NH_4H_2PO_4$	담홍색
제4종 분말소화약제	탄산수소칼륨 + 요소의 반응생성물	$NaHCO_3$ + $(NH_2)_2CO$	회색

칼륨이온(K^+)과 탄산수소이온(HCO_3^-)이 결합한 화합물은 탄산수소칼륨이고, 소화약제의 색상은 **담회색(보라)**이다.

40 질식 효과가 주된 소화작용이 아닌 소화약제는?

① 할론소화약제
② 포소화약제
③ 이산화탄소소화약제
④ IG 100

≫ 1) 질식소화가 주된 소화작용인 소화약제
㉠ 분말소화약제
㉡ 이산화탄소소화약제
㉢ 포소화약제
㉣ 마른 모래
㉤ 팽창질석 및 팽창진주암
2) **억제(부촉매)소화**가 주된 소화작용인 소화약제
: **할로젠화합물소화약제(할론소화약제)**

정답 37. ③ 38. ③ 39. ② 40. ①

제3과목 **위험물의 성질과 취급**

41 다음 물질을 적셔서 얻은 헝겊을 대량으로 쌓아두었을 경우 자연발화의 위험성이 가장 큰 것은?

① 아마인유　　② 땅콩기름
③ 야자유　　　④ 올리브유

≫ 제4류 위험물 중 동식물유류는 건성유, 반건성유, 불건성유로 구분하며, 이 중 건성유는 아이오딘값이 130 이상으로 자연발화의 위험성이 크다.
① **아마인유 : 건성유**
② 땅콩기름 : 불건성유
③ 야자유 : 불건성유
④ 올리브유 : 불건성유

42 제2류 위험물과 제5류 위험물의 공통적인 성질은?

① 가연성 물질
② 강한 산화제
③ 액체 물질
④ 산소 함유

≫ ① **제2류 위험물**은 가연성 고체이고 **제5류 위험물**은 가연성 물질과 산소공급원을 함께 포함하는 자기반응성 물질이므로, 두 위험물 모두 **공통적으로 가연성 물질에 해당**한다.
② 제2류 위험물은 자신이 직접 연소하는 환원제이며, 제5류 위험물은 산소공급원을 포함하고 있는 산화제이다.
③ 제2류 위험물에는 고체만 존재하고 제5류 위험물에는 고체와 액체가 모두 존재한다.
④ 제2류 위험물은 산소를 함유하지 않으며, 제5류 위험물만 산소를 함유한다.

43 다음 중 $KClO_4$에 관한 설명으로 옳지 못한 것은?

① 순수한 것은 황색의 사방정계 결정이다.
② 비중은 약 2.52이다.
③ 녹는점은 약 610℃이다.
④ 열분해하면 산소와 염화칼륨으로 분해된다.

≫ 제1류 위험물인 $KClO_4$(과염소산칼륨)은 순수한 것은 **무색 결정**이며, 비중은 약 2.52이고, 약 610℃에서 열분해하여 염화칼륨(KCl)과 산소를 발생시킨다.
• 과염소산칼륨의 열분해반응식
$$KClO_4 \rightarrow KCl + 2O_2$$

44 위험물안전관리법상 다음 내용의 (　) 안에 알맞은 수치는?

> 이동저장탱크로부터 위험물을 저장 또는 취급하는 탱크에 인화점이 (　)℃ 미만인 위험물을 주입할 때에는 이동탱크저장소의 원동기를 정지시킬 것

① 40　　　　② 50
③ 60　　　　④ 70

≫ 이동저장탱크로부터 위험물을 저장 또는 취급하는 탱크에 **인화점이 40℃ 미만인 위험물**을 주입할 때에는 이동탱크저장소의 원동기를 정지시켜야 한다.

💡**Tip**
위험물안전관리법에서 정하는 위험물을 주입하거나 주유할 때 원동기를 정지시켜야 하는 경우의 위험물의 인화점은 모두 40℃ 미만입니다.

45 제5류 위험물 중 나이트로화합물에서 나이트로기(nitro group)를 올바르게 나타낸 것은?

① $-NO$
② $-NO_2$
③ $-NO_3$
④ $-NON_3$

≫ 유기물에 **나이트로기($-NO_2$)**를 2개 이상 결합하고 있는 물질은 제5류 위험물 중 나이트로화합물에 속한다.

46 최대 아세톤 150톤을 옥외탱크저장소에 저장할 경우 보유공지의 너비는 몇 m 이상으로 하여야 하는가? (단, 아세톤의 비중은 0.79이다.)

① 3　　　　② 5
③ 9　　　　④ 12

정답　41. ①　42. ①　43. ①　44. ①　45. ②　46. ①

≫ 옥외탱크저장소의 보유공지는 지정수량의 배수에 의해 결정된다. 아세톤은 제4류 위험물 중 제1석유류 수용성 물질로 지정수량이 400L이므로 지정수량의 배수를 구하기 위해서는 〈문제〉의 아세톤 150톤, 즉 150,000kg을 부피(L) 단위로 환산해야 한다.

$$부피 = \frac{질량}{비중} 이므로$$

$$부피 = \frac{150,000kg}{0.79kg/L} = 약 \ 190,000L이다.$$

이와 같이 비중 0.79인 아세톤 150,000kg은 부피가 190,000L이며, 지정수량의 배수는 $\frac{190,000L}{400L} =$ 475배가 된다.

따라서 **지정수량의 475배는 지정수량의 500배 이하**에 해당하므로 다음 [표]에서도 알 수 있듯이 〈문제〉의 옥외탱크저장소의 **보유공지는 3m 이상**으로 해야 한다.

지정수량의 배수	옥외탱크저장소의 보유공지
500배 이하	**3m 이상**
500배 초과 1,000배 이하	5m 이상
1,000배 초과 2,000배 이하	9m 이상
2,000배 초과 3,000배 이하	12m 이상
3,000배 초과 4,000배 이하	15m 이상
4,000배 초과	옥외저장탱크의 지름과 높이 중 큰 값(최소 15m 이상 최대 30m 이하)

47 자연발화를 방지하는 방법으로 가장 거리가 먼 것은?

① 통풍이 잘되게 할 것
② 열의 축적을 용이하지 않게 할 것
③ 저장실의 온도를 낮게 할 것
④ 습도를 높게 할 것

≫ 자연발화의 방지법
1) **습도를 낮춰야 한다.**
2) 저장온도를 낮춰야 한다.
3) 퇴적 및 수납 시 열이 쌓이지 않도록 해야 한다.
4) 통풍이 잘되도록 해야 한다.

48 제5류 위험물의 제조소에 설치하는 주의사항 게시판에서 게시판의 바탕 및 문자의 색을 올바르게 나타낸 것은?

① 청색바탕에 백색문자
② 백색바탕에 청색문자
③ 백색바탕에 적색문자
④ 적색바탕에 백색문자

≫ 위험물제조소등에 설치하는 주의사항 게시판의 내용 및 색상

유 별	품 명	주의사항	색 상
제1류	알칼리금속의 과산화물	물기엄금	청색바탕, 백색문자
	그 밖의 것	필요 없음	–
제2류	철분, 금속분, 마그네슘	화기주의	적색바탕, 백색문자
	인화성 고체	화기엄금	적색바탕, 백색문자
	그 밖의 것	화기주의	
제3류	금수성 물질	물기엄금	청색바탕, 백색문자
	자연발화성 물질	화기엄금	적색바탕, 백색문자
제4류	인화성 액체	화기엄금	적색바탕, 백색문자
제5류	자기반응성 물질	**화기엄금**	**적색바탕, 백색문자**
제6류	산화성 액체	필요 없음	–

49 다음 중 적린과 황린의 공통점이 아닌 것은 어느 것인가?

① 화재발생 시 물을 이용한 소화가 가능하다.
② 이황화탄소에 잘 녹는다.
③ 연소 시 P_2O_5의 흰 연기가 생긴다.
④ 구성원소는 P이다.

≫ 제2류 위험물인 **적린**(P)은 물과 **이황화탄소**(CS_2)**에는 녹지 않고** 브로민화인(PBr_3)에 녹으며, 제3류 위험물인 황린(P_4)은 물속에 보관하는 물질로 물에는 녹지 않고 이황화탄소에는 녹는다. 또한 두 물질 모두 구성원소는 인(P)으로서 연소 시 오산화인(P_2O_5)이라는 흰 연기를 발생하며, 화재 발생 시 물로 냉각소화가 가능하다.

50 C_5H_5N에 대한 설명으로 틀린 것은?

① 순수한 것은 무색이고, 악취가 나는 액체이다.

② 상온에서 인화의 위험이 있다.

③ 물에 녹는다.

④ 강한 산성을 나타낸다.

>> 피리딘(C_5H_5N)
① 제4류 위험물로서 순수한 것은 무색이고, 자극적인 냄새가 난다.
② 인화점 20℃로 상온에서 인화의 위험이 있다.
③ 제1석유류 수용성 물질로서 물에 잘 녹는다.
④ **약한 알칼리성**을 나타낸다.

51 다음 중 이황화탄소의 액면 위에 물을 채워두는 이유로 가장 적합한 것은?

① 자연분해를 방지하기 위해

② 화재발생 시 물로 소화를 하기 위해

③ 불순물을 물에 용해시키기 위해

④ 가연성 증기의 발생을 방지하기 위해

>> 이황화탄소(CS_2)는 물에 녹지 않고 물보다 무거운 제4류 위험물로서, 공기 중에 노출 시 공기에 포함된 산소와 반응하여 이산화황(SO_2)이라는 가연성 증기를 발생하므로 이 **가연성 증기의 발생을 방지하기 위해 물속에 저장**한다.
• 이황화탄소의 연소반응식
$CS_2 + 3O_2 \rightarrow CO_2 + 2SO_2$

52 다음은 제4류 위험물에 해당하는 물품의 소화방법을 설명한 것이다. 소화효과가 가장 떨어지는 것은?

① 산화프로필렌 : 알코올형 포로 질식소화한다.

② 아세톤 : 수성막포를 이용해 질식소화한다.

③ 이황화탄소 : 탱크 또는 용기 내부에서 연소하고 있는 경우에는 물을 사용하여 질식소화한다.

④ 다이에틸에터 : 이산화탄소소화설비를 이용하여 질식소화한다.

>> 제4류 위험물 중 수용성 물질은 일반 포를 이용할 경우 포가 파괴되어 소화효과가 없으므로 알코올형 포를 이용해 소화해야 한다.
① 산화프로필렌 : 특수인화물로서 수용성이므로 알코올형 포로 질식소화 할 수 있다.
② **아세톤** : 제1석유류로서 수용성이므로 일반포에 속하는 **수성막포를 이용하면 포가 파괴되어 소화효과가 없으므로** 알코올형 포를 이용해 질식소화 할 수 있다.
③ 이황화탄소 : 특수인화물로서 비수용성이면서 물보다 무겁기 때문에 물을 사용하여 공기를 차단시켜 질식소화 할 수 있다.
④ 다이에틸에터 : 특수인화물로서 비수용성이므로 일반 포소화설비뿐만 아니라 이산화탄소소화설비를 이용해 질식소화 할 수 있다.

53 다음 중 인화점이 가장 낮은 위험물은 어느 것인가?

① 글리세린

② 아세톤

③ 피리딘

④ 아닐린

>> 〈보기〉의 위험물은 모두 제4류 위험물이고, 품명과 인화점은 다음과 같다.
① 글리세린[$C_3H_5(OH)_3$] : 제3석유류, 160℃
② **아세톤(CH_3COCH_3) : 제1석유류, −18℃**
③ 피리딘(C_5H_5N) : 제1석유류, 20℃
④ 아닐린($C_6H_5NH_2$) : 제3석유류, 75℃

54 제1류 위험물과 제6류 위험물의 공통적인 성질은?

① 환원성 물질로 환원시킨다.

② 환원성 물질로 산화시킨다.

③ 산화성 물질로 산화시킨다.

④ 산화성 물질로 환원시킨다.

>> 제1류 위험물 산화성 고체와 제6류 위험물 산화성 액체의 공통적 성질은 산화성이다. **산화성 물질은 다른 물질을 산화시키고** 자신은 환원되는 물질이다. 또한 제1류 위험물과 제6류 위험물은 자신은 불연성 물질이면서 다른 물질이 산화되는 것을 도와주는 조연성 물질이다.

정답 50. ④ 51. ④ 52. ② 53. ② 54. ③

55 위험물안전관리법령에서 정한 제1류 위험물이 아닌 것은?

① 수소화칼륨   ② 질산나트륨

③ 질산칼륨   ④ 질산암모늄

≫ **수소화칼륨**(KH)은 제3류 위험물 중 금속의 수소화물에 속하는 물질이며, 그 외의 〈보기〉는 모두 제1류 위험물 중 질산염류에 속하는 물질들이다.

56 위험물의 지정수량이 큰 것부터 작은 순서로 올바르게 나열된 것은?

① 브로민산염류 > 황화인 > 염소산칼륨

② 브로민산염류 > 염소산칼륨 > 황화인

③ 황화인 > 염소산칼륨 > 브로민산염류

④ 황화인 > 브로민산염류 > 염소산칼륨

≫ 〈보기〉의 위험물의 지정수량은 다음과 같다.
- 브로민산염류(제1류 위험물) : 300kg
- 황화인(제2류 위험물) : 100kg
- 염소산칼륨(제1류 위험물) : 50kg

따라서 지정수량이 큰 것부터 작은 순서로 나열하면 **브로민산염류 > 황화인 > 염소산칼륨**의 순서가 된다.

57 제6류 위험물인 질산에 대한 설명으로 틀린 것은?

① 강산이다.

② 물과 접촉 시 발열한다.

③ 가연성 물질이다.

④ 분해 시 산소를 발생한다.

≫ 제6류 위험물인 질산(HNO_3)은 자신은 **불연성**이고 산소를 함유하고 있어 가연물의 연소를 도와주는 조연성이다. 물과 **발열**반응하고, 강산화제이며, 저장용기는 산에 견딜 수 있는 내산성 용기를 사용해야 한다. 또한 분해 시 물(H_2O), 적갈색 기체인 이산화질소(NO_2), 그리고 **산소(O_2)를 발생**한다.
- 분해반응식 : $4HNO_3 \rightarrow 2H_2O + 4NO_2 + O_2$

58 다음 물질 중 발화점이 가장 낮은 것은?

① 황   ② 적린

③ 황린   ④ 삼황화인

≫ 〈보기〉의 위험물의 발화점은 다음과 같다.
① 황(S) : 232℃
② 적린(P) : 260℃
③ **황린(P_4) : 34℃**
④ 삼황화인(P_4S_3) : 100℃

59 다음 보기 중 비중이 가장 큰 액체는?

① 경유   ② 이황화탄소

③ 벤젠   ④ 중유

≫ 제4류 위험물은 비중이 대부분 물보다 작으며 물에 녹기 어렵다. 또한 대부분의 제4류 위험물에서 발생된 증기는 공기보다 무겁다. 〈보기〉의 위험물의 품명과 비중은 다음과 같다.
① 경유(제2석유류) : 0.82~0.87
② **이황화탄소(특수인화물) : 1.26**
③ 벤젠(제1석유류) : 0.95
④ 중유(제3석유류) : 0.9

60 나이트로셀룰로오스에 대한 설명으로 틀린 것은?

① 물에 안 녹고 알코올, 에터에 녹는 액체 상태의 물질이다.

② 셀룰로오스에 질산과 황산을 반응시켜 제조한다.

③ 건조하면 발화 위험이 있으므로 함수알코올을 습면시켜 저장한다.

④ 직사일광에서 자연발화 할 수 있다.

≫ ① 나이트로셀룰로오스는 제5류 위험물로 품명은 질산에스터류이며, 물에 안 녹고 알코올, 에터에 녹는 **고체상태**의 물질이다.

정답   55. ①   56. ①   57. ③   58. ③   59. ②   60. ①

인생의 희망은
늘 괴로운 언덕길 너머에서 기다린다.
-폴 베를렌(Paul Verlaine)-
☆
어쩌면 지금이 언덕길의 마지막 고비일지도 모릅니다.
다시 힘을 내서 힘차게 넘어보아요.
희망이란 녀석이 우릴 기다리고 있을 테니까요.^^

제4편

위험물산업기사 **신경향 예상문제**

저자가 엄선한 신경향 족집게 문제
(앞으로 출제될 가능성이 높은 예상문제 60선)

Industrial Engineer Hazardous material

이 파트에서는 가장 최근의 출제경향을 분석한 결과 이제까지는 출제된 적이 없거나 한 두 번밖에 출제되지 않았으나 앞으로 출제될 가능성이 높은 필기 예상문제를 엄선하여 수록하였습니다.

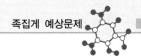

CBT 신경향 예상문제

출제 가능성이 높은 예상문제 60선

◦ 주양자수와 오비탈의 관계를 이해해야 하는 문제로서 향후 자주 출제될 가능성이 높은 문제형태이다.

01 주양자수가 4일 때 이 속에 포함된 오비탈 수는?

① 4 ② 9
③ 16 ④ 32

》 오비탈이란 전자를 수용할 수 있는 공간으로서 그 종류로는 s오비탈, p오비탈, d오비탈, f오비탈이 있다. 아래의 〈그림〉에서 알 수 있듯이 **주양자수가 4일 때**에는 s오비탈 1개, p오비탈 3개, d오비탈 5개, f오비탈 7개가 존재하므로 이 속에 포함된 **총 오비탈의 수는 1개＋3개＋5개＋7개＝16개**이다.

전자 껍질	주양 자수	오비탈의 종류			
		s	p	d	f
K	1	••			
L	2	••	•• •• ••		
M	3	••	•• •• ••	•• •• •• •• ••	
N	4	••	•• •• ••	•• •• •• •• ••	•• •• •• •• •• •• ••

정답 ③

02 아세토페논의 화학식에 해당하는 것은?

① C_6H_5OH ② $C_6H_5NO_2$
③ $C_6H_5CH_3$ ④ $C_6H_5COCH_3$

》

화학식	물질명	분류	구조식
C_6H_5OH	페놀	특수가연물(비위험물)	OH
$C_6H_5NO_2$	나이트로벤젠	제3석유류 비수용성	NO₂
$C_6H_5CH_3$	톨루엔	제1석유류 비수용성	CH₃
$C_6H_5COCH_3$	**아세토페논**	제3석유류 비수용성	—CO—CH₃

정답 ④

03 할로젠원소의 설명 중 옳지 않은 것은?

① 아이오딘의 최외각 전자는 7개이다.

② 할로젠원소 중 원자 반지름이 가장 작은 원소는 F이다.

③ 염화이온은 염화은의 흰색침전 생성에 관여한다.

④ 브로민은 상온에서 적갈색 기체로 존재한다.

》》 ① 플루오린(F), 염소(Cl), 브로민(Br), 아이오딘(I)은 7족의 할로젠원소로서 최외각전자
  수는 7개이다.

  ② 같은 족에서는 원자번호가 작을수록 원자 반지름도 작으므로 할로젠원소 중 원자
  반지름이 가장 작은 원소는 F이다.

  ③ 염화이온(Cl⁻)과 은(Ag⁺)이온이 화합하면 염화은(AgCl)이라는 흰색침전물을 만든다.

  ④ **브로민은 상온에서 적갈색 액체**로 존재하는 물질이다.

정답 ④

> 위험물의 성질에 관한 문제이지만 일반화학 과목에도 출제되는 문제이다.

04 귀금속인 금이나 백금 등을 녹이는 왕수의 제조 비율로 옳은 것은?

① 질산 3의 부피＋염산 1의 부피

② 질산 3의 부피＋염산 2의 부피

③ 질산 1의 부피＋염산 3의 부피

④ 질산 2의 부피＋염산 3의 부피

》》 제6류 위험물인 질산(HNO_3)은 대부분의 금속을 녹일 수 있지만 금과 백금은 녹일 수
  없다. 그러나 **질산과 염산(HCl)을 1 : 3의 비율로 혼합하여 제조한 왕수**는 금과 백금도
  녹일 수 있다.

정답 ③

05 $CO + 2H_2 \rightarrow CH_3OH$의 반응에 있어서 평형상수 K를 나타내는 식은 어느
것인가?

① $K = \dfrac{[CH_3OH]}{[CO][H_2]}$

② $K = \dfrac{[CH_3OH]}{[CO][H_2]^2}$

③ $K = \dfrac{[CO][H_2]}{[CH_3OH]}$

④ $K = \dfrac{[CO][H_2]^2}{[CH_3OH]}$

》》 $aA + bB \rightarrow cC$의 반응식에서

  평형상수 $K = \dfrac{[C]^c}{[A]^a[B]^b}$ 이다.

  여기서 [A], [B]는 반응 전 물질의 몰농도이고 [C]는 반응 후 물질의 몰농도이며 a,
  b, c는 물질의 계수를 나타낸다.

  〈문제〉의 반응식 $CO + 2H_2 \rightarrow CH_3OH$에서 CO는 몰농도가 [A], 계수 $a = 1$이며, H_2는
  몰농도가 [B], 계수 $b = 2$이다. 그리고 CH_3OH는 몰농도가 [C], 계수 $c = 1$이다.

  따라서, **평형상수 $K = \dfrac{[CH_3OH]}{[CO][H_2]^2}$** 이다.

정답 ②

06 분자구조에 대한 설명으로 옳은 것은?

① BF₃는 삼각 피라미드형이고, NH₃는 선형이다.
② BF₃는 평면 정삼각형이고, NH₃는 삼각 피라미드형이다.
③ BF₃는 굽은형(V형)이고, NH₃는 삼각 피라미드형이다.
④ BF₃는 평면 정삼각형이고, NH₃는 선형이다.

≫ 1) BF₃(삼플루오린화붕소)
   3가 원소인 B(붕소)의 전자는 "●"으로 표시하고 − 1가 원소인 F(플루오린)의 전자
   는 "x"로 표시하여 전자점식으로 나타내면 다음 그림과 같다. 이때 B와 F가 서로
   전자를 공유하여 만든 공유전자쌍 3개는 **평면 정삼각형의 형태**가 된다.

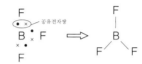

2) NH₃(암모니아)
   5가 원소인 N(질소)의 전자는 "●"으로 표시하고 1가 원소인 H(수소)의 전자는 "x"
   로 표시하여 전자점식으로 나타내면 다음 그림과 같다. 이때 N과 H가 서로 전자
   를 공유하여 만든 공유전자쌍 3개는 평면 정삼각형을 구성하고 N의 전자로만 쌍
   을 이룬 비공유전자쌍 1개는 반발력으로 N을 공중에 떠 있는 형태로 만든다. 이렇
   게 만들어진 암모니아 분자의 구조는 평면 외에도 또 다른 극을 갖는 구조로서 **삼
   각피라미드 형태**가 된다.

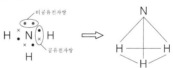

정답 ②

◊ H의 원자량이 1이기
때문에 H가 원소 질량
의 표준이 되는 것처럼
생각되지만 원소 질량
의 표준은 C이다.

07 원소 질량의 표준이 되는 것은?

① H   ② C
③ O   ④ U

≫ 각 원소의 질량은 원자량이 12인 탄소(C)의 질량에 대한 상대적인 양으로 정해진다.
   따라서 **원소의 질량을 결정하는 표준 원소는 탄소(C)**이다.

정답 ②

08 다음 중 카보닐기를 갖는 화합물은?

① C₆H₅CH₃   ② C₆H₅NH₂
③ CH₃OCH₃   ④ CH₃COCH₃

≫ 카보닐기란 화합물의 중간에 −CO−를 포함하고 있는 형태로서 "케톤"기라고도 부른다.
   〈보기〉 중 **CH₃COCH₃**(아세톤)은 메틸(CH₃)과 메틸(CH₃) 사이에 'CO'를 포함하기 때문에
   카보닐기를 갖는 화합물이 된다.

정답 ④

09 공기 중에 포함되어 있는 질소와 산소의 부피비는 0.79 : 0.21이므로 질소와 산소의 분자수의 비도 0.79 : 0.21이다. 이와 관계있는 법칙은?

① 아보가드로의 법칙　　　　② 일정성분비의 법칙
③ 배수비례의 법칙　　　　　④ 질량보존의 법칙

》》 아보가드로의 법칙은 표준상태(0℃, 1atm)에서 기체 22.4L의 부피 안에는 6.02×10^{23}개의 분자가 들어있다는 것이다. 이는 질소 22.4L의 부피에는 6.02×10^{23}개의 질소분자가 들어있고 산소 22.4L의 부피에도 6.02×10^{23}개의 산소분자가 들어있다는 의미이기 때문에 질소와 산소의 부피비는 질소와 산소의 분자수의 비와 같다는 것을 알 수 있다. 따라서 **질소와 산소의 부피비가 0.79 : 0.21일 때 질소와 산소의 분자수의 비도 0.79 : 0.21이 되는 것은 아보가드로의 법칙**과 관계있다.

정답 ①

10 같은 분자식을 가지면서 각각을 서로 겹치게 할 수 없는 거울상의 구조를 갖는 분자를 무엇이라 하는가?

① 구조이성질체　　　　　　② 기하이성질체
③ 광학이성질체　　　　　　④ 분자이성질체

》》 ① 구조이성질체란 분자식은 같아도 구조가 달라 성질도 다른 화합물을 말한다.
　　② 기하이성질체란 이중결합 화합물이 대칭을 이루지만 공간상 배치가 다른 화합물을 말한다.
　　③ **광학이성질체**란 실물이 거울상에서는 서로 겹쳐질 수 없는 것과 같이 동일한 분자식을 가진 화합물이지만 **각각을 서로 겹치게 할 수 없는 거울상의 구조**를 갖는 화합물을 말한다.
　　④ 분자이성질체는 일반적으로 분류되는 이성질체의 종류에 해당하지 않는다.

정답 ③

11 염소 원자의 최외각전자수는 몇 개인가?

① 1　　　　　　　　　　　② 2
③ 7　　　　　　　　　　　④ 8

》》 염소(Cl)는 원자번호가 17번이고, 원자번호는 전자수와 같으므로 염소의 전자수는 17개이다. 다음 그림에서 알 수 있듯이 전자 17개를 가진 염소의 **최외각주기에 존재하는 전자수는 총 7개**이다.

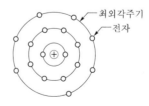

정답 ③

12 염소는 2가지 동위원소로 구성되어 있는데 원자량이 35인 염소는 75% 존재하고 37인 염소는 25% 존재한다고 가정할 때, 이 염소의 평균 원자량은 얼마인가?

① 34.5   ② 35.5

③ 36.5   ④ 37.5

≫ 원자번호는 같지만 중성자수가 달라 질량수가 달라지는 원소를 동위원소라 한다. 〈문제〉의 **원자량이 35인 염소와 원자량이 37인 원소는 서로 동위원소**이며 이 원소들이 **각각 75%와 25% 존재하는 염소의 평균 원자량**은 다음과 같다.

∴ $35(Cl) \times 0.75 + 37(Cl) \times 0.25 = $ **35.5**

정답 ②

> 동위원소의 평균분자량을 구하는 공식을 암기하면 쉽게 풀 수 있는 문제이다.

13 다음 중 CH_3COOH와 C_2H_5OH의 혼합물에 소량의 진한 황산을 가하여 가열하였을 때 주로 생성되는 물질은?

① 아세트산에틸

② 메탄산에틸

③ 글리세롤

④ 다이에틸에터

≫ **아세트산(CH_3COOH)과 에틸알코올(C_2H_5OH)에 황산을 촉매로 가하면 탈수반응을 일**으켜 다음과 같이 **아세트산에틸($CH_3COOC_2H_5$)과 물(H_2O)이 생성**된다.

$$CH_3COOH + C_2H_5OH \xrightarrow{H_2SO_4} CH_3COOC_2H_5 + H_2O$$

정답 ①

14 한 분자 내에 배위결합과 이온결합을 동시에 가지고 있는 것은?

① NH_4Cl ② C_6H_6

③ CH_3OH ④ $NaCl$

≫ 배위결합이란 비공유전자쌍을 갖고 있는 분자나 이온이 비공유전자쌍을 다른 이온에게 제공함으로써 다른 이온이 이 전자쌍을 공유하는 결합을 말한다.

① NH_4에 포함된 NH_3는 최외각전자수(원자가)가 5개인 N의 전자를 "•"으로 표시하고 최외각전자수(원자가)가 1개인 H의 전자를 "×"로 표시하여 다음 그림과 같이 전자점식으로 나타낼 수 있으며 N이 갖고 있는 비공유전자쌍 1개를 H^+이온에게 제공함으로써 H^+이온이 이 비공유전자쌍을 공유해 배위결합을 이룬다.

따라서 〈보기〉 중 ① NH_4Cl은 NH_3의 비공유전자쌍을 H^+이온과 공유하는 **배위결합**과 NH_4^+(양이온)와 Cl^-(음이온)이 결합하는 **이온결합을 동시에 갖고 있는 물질**이다.

정답 ①

산소의 수에 따라 명칭이 결정되는 문제이므로 어렵지 않게 암기할 수 있다.

15 분자식 $HClO_2$의 명칭으로 옳은 것은?

① 차아염소산　　　　　　② 아염소산

③ 염소산　　　　　　　　④ 과염소산

>>> 〈보기〉 물질들의 화학식
　① 차아염소산 : $HClO$
　② **아염소산 : $HClO_2$**
　③ 염소산 : $HClO_3$
　④ 과염소산 : $HClO_4$

정답 ②

16 아세틸렌계열 탄화수소에 해당되는 것은?

① C_5H_8

② C_6H_{12}

③ C_6H_8

④ C_3H_2

>>> 알카인(C_nH_{2n-2})에 $n=2$를 적용하면 $C_2H_{2\times2-2}=C_2H_2$(아세틸렌)을 만들 수 있다. 각 〈보기〉마다 주어진 n의 값을 C_nH_{2n-2}에 적용해 보면 다음과 같은 탄화수소를 만들 수 있다.
　① $n=5$를 **적용하면 $C_5H_{2\times5-2}=C_5H_8$**
　②, ③ $n=6$을 적용하면 $C_6H_{2\times6-2}=C_6H_{10}$
　④ $n=3$을 적용하면 $C_3H_{2\times3-2}=C_3H_4$

정답 ①

저마늄과 크립톤과 같은 생소한 원소들을 활용한 문제로서 난이도가 높다.

17 옥텟 규칙(Octer Rule)에 따르면 저마늄이 반응할 때 다음 중 어떤 원소의 최외각전자수와 같아지려고 하는가?

① Kr　　　　　　　　② Si

③ Sn　　　　　　　　④ As

>>> 원소들은 전자를 주고받을 때 가장 안정한 상태인 0족 기체, 즉 최외각전자가 8개가 되려는 경향을 띠는데 이를 옥텟 규칙이라 한다.

오른쪽 그림의 원소주기율표에서 알 수 있듯이 4주기의 **탄소족(4B)**에 속한 저마늄(Ge)은 반응할 때 옥텟 규칙에 따라 같은 4주기의 0족 기체인 Kr(크립톤)의 최외각전자수와 같아지려는 경향을 가진다.

4 B	5 B	6 B	7 B	0	족 / 주기
탄소족원소	질소족원소	산소족원소	할로겐족원소	비활성기체	
				4.0026　0 He 2 헬 륨	1
12.01115　2 C　±4 6　질 소	14.0067　±3 N　±5 7　질 소	15.9994　-2 O　2 8　산 소	18.9984　-1 F　9　플루오린	20.179　0 Ne 10 네 온	2
28.086　4 Si 14 규 소	30.9738　±3 P　±5 15　인	32.064　-2 S　6 16　황	35.453　-1 Cl　1 17　염 소	39.948　0 Ar 18 아르곤	3
72.59　4 Ge 32 저마늄	74.9216　±3 As　±5 33　비 소	78.96　-2 Se　6 34　셀레늄	79.904　-1 Br　6 35　브 롬	83.80　0 Kr 36 크립톤	4

정답 ①

18 공유결정(원자결정)으로 되어 있어 녹는점이 매우 높은 것은?

① 얼음　　　　　　　　　　　② 수정
③ 소금　　　　　　　　　　　④ 나프탈렌

≫ 〈보기〉 중 녹는점이 가장 높은 것 즉, 가장 잘 녹지 않는 물질은 수정이다.
　① 얼음(H_2O) : 분자결정
　② **수정**(SiO_2) : **공유결정(원자결정)**
　③ 소금($NaCl$) : 이온결정
　④ 나프탈렌($C_{10}H_8$) : 분자결정

정답 ②

○ 반감기의 의미를 잘 이해하고 있는지 판단하기 위한 응용문제로서 중요도가 높다.

19 반감기가 5일인 미지 시료가 2g 있을 때 10일이 경과하면 남은 양은 몇 g 인가?

① 2　　　　　　　　　　　　② 1
③ 0.5　　　　　　　　　　　④ 0.25

≫ 반감기란 원소의 질량이 반으로 감소하는 데 걸리는 기간을 말한다. 〈문제〉의 **반감기 가 5일**인 시료는 5일이 지나면 처음 질량 2g의 반으로 줄어 1g만 남게 되고 10일이 지나면 1g에 대해 또 반으로 줄어 0.5g만 남게 된다.

정답 ③

○ 용어
1) 캐노피·처마·차양·부연·발코니 및 루버 : 주유취급소의 지붕 또는 천장을 일컫는 말
2) 수평투영면적 : 하늘에서 내려다 본 모양의 면적

20 옥내주유취급소란 캐노피의 수평투영면적이 주유취급소 공지면적의 얼마를 초과하는 것인가?

① 2분의 1　　　　　　　　　② 3분의 1
③ 4분의 1　　　　　　　　　④ 5분의 1

≫ **옥내주유취급소**
1) 건축물 안에 설치하는 주유취급소
2) 캐노피·처마·차양·부연·발코니 및 루버의 수평투영면적이 주유취급소의 공지면적의 **3분의 1을 초과**하는 주유취급소

정답 ②

21 무색의 액체로 융점이 −112℃이고 물과 접촉하면 심하게 발열하는 제6류 위험물은?

① 과산화수소　　　　　　　　② 과염소산
③ 질산　　　　　　　　　　　④ 오플루오린화아이오딘

≫ **과염소산**(제6류 위험물)의 성질
1) **융점 −112℃**, 비중 1.7인 무색 액체이다.
2) 대부분 제6류 위험물은 **물과 반응 시 발열반응**을 일으킨다.
3) 산화력이 강하며, 염소산 중에서 가장 강한 산이다.

정답 ②

22 아르곤(Ar)과 같은 전자수를 갖는 양이온과 음이온으로 이루어진 화합물은?

① NaCl

② MgO

③ KF

④ CaS

≫ 원소의 원자번호와 전자수는 같다. 따라서 아르곤(Ar)의 원자번호는 18번이므로 전자수도 18개이다.

① NaCl : Na^+과 Cl^- 이온으로 이루어져 있으며 여기서, Na^+은 Na이 전자 1개를 잃은 상태이므로 Na^+의 전자수는 Na의 전자수 11에서 전자 1개를 뺀 $11-1=10$개이며, Cl^-는 Cl가 전자 1개를 얻은 상태이므로 Cl^-의 전자수는 Cl의 전자수 17에서 전자 1개를 얻은 $17+1=18$개이다.

② MgO : Mg^{2+}과 O^{2-} 이온으로 이루어져 있으며 여기서, Mg^{2+}는 Mg이 전자 2개를 잃은 상태이므로 Mg^{2+}의 전자수는 Mg의 전자수 12에서 전자 2개를 뺀 $12-2=$ 10개이며, O^{2-}는 O가 전자 2개를 얻은 상태이므로 O^{2-}의 전자수는 O의 전자수 8에서 전자 2개를 얻은 $8+2=10$개이다.

③ KF : K^+과 F^- 이온으로 이루어져 있으며 여기서, K^+는 K이 전자 1개를 잃은 상태이므로 K^+의 전자수는 K의 전자수 19에서 전자 1개를 뺀 $19-1=18$개이며, F^-는 F가 전자 1개를 얻은 상태이므로 F^-의 전자수는 F의 전자수 9에서 전자 1개를 얻은 $9+1=10$개이다.

④ CaS : Ca^{2+}과 S^{2-} 이온으로 이루어져 있으며 여기서, Ca^{2+}는 Ca이 전자 2개를 잃은 상태이므로 Ca^{2+}의 전자수는 Ca의 전자수 20에서 전자 2개를 뺀 $20-2=18$개이며, S^{2-}는 S이 전자 2개를 얻은 상태이므로 S^{2-}의 전자수는 S의 전자수 16에서 전자 2개를 얻은 $16+2=18$개이다.

보기 중 ④ CaS(황화칼슘)에는 양이온인 Ca^{2+}의 전자수도 18개가 존재하고 음이온인 S^{2-}의 전자수도 18개가 존재하므로 전자수가 18개인 아르곤과 같은 전자수를 갖는 양이온과 음이온으로 이루어진 화합물은 CaS이다.

정답 ④

23 제6류 위험물 위험성에 대한 설명으로 틀린 것은?

① 질산을 가열할 때 발생하는 적갈색 증기는 무해하지만 가연성이며 폭발성이 강하다.

② 고농도의 과산화수소는 충격, 마찰에 의해서 단독으로도 분해 폭발할 수 있다.

③ 과염소산은 유기물과 접촉 시 발화 또는 폭발할 위험이 있다.

④ 과산화수소는 햇빛에 의해서 분해되며, 촉매(MnO_2)하에서 분해가 촉진된다.

≫ ① 질산을 가열할 때 발생하는 적갈색 증기는 인체에 유해하다.

② 60중량% 이상의 고농도 과산화수소는 충격, 마찰에 의해서 단독으로도 분해 폭발할 수 있다.

③ 제6류 위험물인 과염소산은 산소공급원이라서 가연성의 유기물과 접촉 시 발화 또는 폭발 위험이 있다.

④ 과산화수소는 햇빛에 의해서 분해되어 산소를 발생하며, 촉매로서 이산화망가니즈(MnO_2)를 사용하면 분해가 더 촉진된다.

정답 ①

24 판매취급소의 배합실에서 배합하거나 옮겨 담는 작업을 하면 안 되는 위험물은?

① 도료류　　　　　　　　　　② 염소산염류
③ 윤활유　　　　　　　　　　④ 황화인

≫ 판매취급소의 배합실에서 배합하거나 옮겨 담는 작업을 할 수 있는 위험물
1) 도료류
2) 염소산염류
3) 황
4) 인화점이 38℃ 이상인 제4류 위험물
※ ③ 윤활유는 제4석유류로서 인화점이 200℃ 이상 250℃ 미만의 범위에 속하므로 인화점이 38℃ 이상인 제4류 위험물에 해당한다.

정답 ④

○ 특히 화재 시 연기가 충만할 우려가 있는 장소에 설치해야 하는 소화설비의 종류를 구분하기 위한 문제이며, 실기시험에서 출제된 바 있다.

25 소화난이도등급 I 의 제조소 또는 일반취급소에서 화재발생 시 연기가 충만할 우려가 있는 장소에 설치해야 하는 소화설비는 무엇인가?

① 스프링클러설비　　　　　　② 옥외소화전설비
③ 옥내소화전설비　　　　　　④ 소형수동식 소화기

≫ 소화난이도등급 I 의 제조소 또는 일반취급소에는 옥내소화전설비, 옥외소화전설비, 스프링클러설비, 물분무등소화설비를 설치해야 하며, 이 중 **화재발생 시 연기가 충만할 우려가 있는 장소**에는 **스프링클러설비** 또는 이동식 외의 물분무등소화설비를 설치해야 한다.

정답 ①

○ 제조소에 설치하는 배출설비의 배출능력은 국소방식과 전역방식 모두 중요하므로, 꼭 두 가지 모두 암기해야 한다.

26 제조소에 설치하는 배출설비 중 전역방식의 배출능력은 바닥면적 $1m^2$당 몇 m^3 이상으로 배출할 수 있어야 하는가?

① $15m^3$　　　　　　　　　　② $16m^3$
③ $17m^3$　　　　　　　　　　④ $18m^3$

≫ 제조소에 설치하는 배출설비 중 국소방식의 배출능력은 1시간당 배출장소 용적의 20배 이상인 것으로 하여야 한다. 다만, **전역방식**의 경우에는 **바닥면적 $1m^2$당 $18m^3$ 이상**으로 할 수 있다.

정답 ④

○ 주유취급소에 설치된 셀프용 고정주유설비의 기준은 필기시험뿐만 아니라 실기시험에서도 출제빈도가 높은 내용이다.

27 휘발유를 주유하는 셀프용 고정주유설비의 1회 연속주유량의 상한은 얼마인가?

① 50리터　　　　　　　　　　② 100리터
③ 150리터　　　　　　　　　　④ 150리터

≫ 셀프용 고정주유설비의 1회 연속주유량의 상한은 **휘발유는 100리터**, 경유는 200리터로 하며, 주유시간의 상한은 모두 4분 이하로 한다.

정답 ②

● 옥외저장탱크에 설치하는 물분무설비의 수원의 양을 구하는 문제가 출제된 적은 있지만, '물분무설비를 설치함으로써 보유공지를 1/2 이상의 너비(최소 3m 이상)로 할 수 있는 설비'에 대해 출제된 적은 없으나 앞으로 출제될 가능성이 높다.

28 옥외저장탱크의 보유공지를 1/2 이상으로 단축시킬 수 있는 설비는 무엇인가?

① 물분무설비
② 고정식 포소화설비
③ 접지설비
④ 스프링클러설비

》 옥외저장탱크에 **물분무설비**를 설치하면 옥외저장탱크 **보유공지**를 **1/2 이상의 너비**(최소 3m 이상)로 할 수 있다.

정답 ①

● 위험물의 운송기준에 관한 문제는 꾸준히 출제되고 있으며, '장거리에 해당하는 기준'과 '한 명의 운전자로 할 수 있는 위험물의 종류'는 출제될 가능성이 높은 내용이다.

29 다음 중 한 명의 운전자로도 장거리에 걸치는 운송을 할 수 있는 위험물은 무엇인가?

① 제2류 위험물 중 황
② 제4류 위험물 중 특수인화물
③ 제5류 위험물 중 유기과산화물
④ 제6류 위험물 중 질산

》 위험물운송자는 장거리(고속국도에 있어서는 340km 이상, 그 밖의 도로에 있어서는 200km 이상을 말한다)에 걸치는 운송을 하는 때에는 2명 이상의 운전자로 할 것. 다만, 다음의 하나에 해당하는 경우에는 그러하지 아니하다.
1) 운송책임자를 동승시킨 경우
2) 운송하는 위험물이 **제2류 위험물** · 제3류 위험물(칼슘 또는 알루미늄의 탄화물과 이것만을 함유한 것에 한한다) 또는 제4류 위험물(특수인화물을 제외한다)인 경우
3) 운송 도중에 2시간 이내마다 20분 이상씩 휴식하는 경우

정답 ①

● 제조소의 지붕을 내화구조로 할 수 있는 경우와 옥내저장소의 지붕을 내화구조로 할 수 있는 경우의 다른 점을 구분하여 기억하자.
※ 옥내저장소의 지붕을 내화구조로 할 수 있는 위험물
1) 제2류 위험물(분상의 것과 인화성 고체 제외)
2) 제6류 위험물

30 제조소의 지붕은 폭발력이 위로 방출될 정도의 가벼운 불연재료로 해야 하지만 취급하는 위험물의 종류에 따라 지붕을 내화구조로 할 수 있다. 다음 중 제조소의 지붕을 내화구조로 할 수 있는 위험물의 종류가 아닌 것은?

① 제4석유류   ② 철분
③ 동식물유류   ④ 질산

》 **제조소의 지붕을 내화구조로 할 수 있는 위험물**
1) 제2류 위험물(분상의 것과 인화성 고체를 제외한다)
2) 제4류 위험물 중 **제4석유류 · 동식물유류**
3) 제6류 위험물 중 **질산**
※ 다음의 기준에 적합한 밀폐형 구조의 건축물인 경우에도 제조소의 지붕을 내화구조로 할 수 있다.
1) 내부의 과압 또는 부압에 견딜 수 있는 철근콘크리트조
2) 외부화재에 90분 이상 견딜 수 있는 구조

정답 ②

31 나이트로셀룰로오스에 관한 설명으로 옳은 것은?

① 용제에는 전혀 녹지 않는다.
② 질화도가 클수록 위험성이 증가한다.
③ 물과 작용하여 수소를 발생한다.
④ 화재발생 시 질식소화가 가장 적합하다.

》 질산의 함량에 따라 질화도를 구분하며, 질화도가 클수록 폭발성도 커진다.
　① 나이트로셀룰로오스(제5류 위험물)는 물에 녹지 않고 **용제에는 잘 녹는다.**
　③ 물 또는 알코올에 습면시켜 보관하는 물질이므로 **물과 작용해 수소를 발생하지 않는다.**
　④ 제5류 위험물은 자체적으로 가연물과 산소공급원을 포함하고 있으므로 **냉각소화가 적합**하다.

정답 ②

32 옥외의 이동탱크저장소의 상치장소는 1층인 인근 건축물로부터 얼마 이상의 거리를 확보해야 하는가?

① 1m　　　　　　　　② 3m
③ 5m　　　　　　　　④ 7m

》 옥외의 이동탱크저장소의 상치장소(주차장)는 화기를 취급하는 장소 또는 인근의 건축물로부터 5m 이상(인근의 **건축물이 1층인 경우에는 3m 이상**)의 거리를 확보하여야 한다.

정답 ②

33 다음 중 이동저장탱크에 저장할 때 접지도선을 설치해야 하는 위험물의 품명이 아닌 것은?

① 특수인화물　　　　　② 제1석유류
③ 알코올류　　　　　　④ 제2석유류

》 제4류 위험물 중 **특수인화물, 제1석유류 또는 제2석유류**의 이동탱크저장소에는 **접지도선을 설치**하여야 한다.

정답 ③

> 일반취급소에 대한 문제는 출제빈도가 높지는 않지만, 그 중에서 충전하는 일반취급소의 기준은 암기할 필요가 있다.

34 제조소의 안전거리와 보유공지의 기준이 예외 없이 적용되는 일반취급소는?

① 세정작업의 일반취급소
② 분무도장작업 등의 일반취급소
③ 열처리작업 등의 일반취급소
④ 충전하는 일반취급소

》 대부분의 일반취급소는 일정한 건축물의 기준 등을 갖추면 제조소에 적용하는 안전거리와 보유공지를 제외할 수 있으나, **"충전하는 일반취급소"는 어떠한 경우라도 안전거리와 보유공지를 확보**해야 한다.

정답 ④

◦ 다층 건물에 설치된 옥내저장소에 위험물을 저장하는 것은 단층 건물보다 위험성이 크므로 저장할 수 있는 위험물의 종류를 제한한다.

35 다층 건물 옥내저장소에 저장할 수 있는 물질이 아닌 것은?

① 황화인

② 황

③ 윤활유

④ 인화성 고체

》》 다층 건물의 옥내저장소에 **저장 가능한 위험물**은 제2류(**인화성 고체 제외**) 또는 제4류(인화점이 70℃ 미만 제외)이다.

정답 ④

36 다음 중 소화난이도등급 I 에 해당하는 주유취급소는 어느 것인가?

① 주유취급소의 직원 외의 자가 출입하는 부분의 면적의 합이 1,000m^{2}를 초과하는 것

② 주유취급소의 직원 외의 자가 출입하는 부분의 면적의 합이 500m^{2}를 초과하는 것

③ 주유취급소의 직원이 사용하는 부분의 면적의 합이 1,000m^{2}를 초과하는 것

④ 주유취급소의 직원이 사용하는 부분의 면적의 합이 500m^{2}를 초과하는 것

》》 **소화난이도등급 I** 에 해당하는 주유취급소는 **주유취급소의 직원 외의 자가 출입하는 부분의 면적의 합이 500m^{2}를 초과**하는 것이다.

정답 ②

37 다음 중 이동탱크 측면틀의 최외측과 탱크의 최외측을 연결하는 직선의 수평면에 대한 내각은 얼마 이상이어야 하는가?

① 60도 이상

② 65도 이상

③ 70도 이상

④ 75도 이상

》》 탱크 뒷부분의 입면도에 있어서 **측면틀의 최외측과 탱크의 최외측을 연결하는 직선의 수평면에 대한 내각이 75도 이상**이 되도록 하고 최대수량의 위험물을 저장한 상태에서 해당 탱크 중량의 중심점과 측면틀의 최외측을 연결하는 직선과 그 중심점을 지나는 직선 중 최외측선과 직각을 이루는 직선과의 내각이 35도 이상이 되도록 해야 한다.

정답 ④

◦ 제4류 위험물이 '알코올류'를 제외한 6개의 품명으로 구성된 것으로 알고 있는 경우가 많다. 제4류 위험물은 '알코올류'를 포함하여 총 7개의 품명으로 구성되어 있다는 것을 기억하자.

38 제4류 위험물은 총 몇 개의 품명으로 구성되어 있는가?

① 5개

② 6개

③ 7개

④ 8개

》》 제4류 위험물은 다음과 같이 **총 7개의 품명으로 구성**되어 있다.

1) 특수인화물　　　　　2) 제1석유류

3) 알코올류　　　　　　4) 제2석유류

5) 제3석유류　　　　　 6) 제4석유류

7) 동식물유류

정답 ③

39 염소화아이소사이아누르산은 몇 류 위험물인가?

① 제1류 위험물 　　　　　　② 제2류 위험물

③ 제3류 위험물 　　　　　　④ 제4류 위험물

》》 염소화아이소사이아누르산은 행정안전부령으로 정하는 **제1류 위험물**이다.

정답 ①

○ 지정과산화물 옥내저장소의 '격벽 두께'를 묻는 문제는 출제된 적 있지만, 지정과산화물 옥내저장소의 '외벽 두께'를 묻는 문제는 출제된 적이 없었으므로 꼭 암기해두자.

40 지정과산화물 옥내저장소의 저장창고 외벽을 철근콘크리트조로 할 경우 두께는 얼마 이상으로 해야 하는가?

① 20cm 이상 　　　　　　② 30cm 이상

③ 40cm 이상 　　　　　　④ 50cm 이상

》》 지정과산화물 옥내저장소의 저장창고의 기준
1) 격벽 : 두께 30cm 이상의 철근콘크리트조 또는 철골철근콘크리트조로 하거나 두께 40cm 이상의 보강콘크리트블록조로 하고, 해당 저장창고의 양측 외벽으로부터 1m 이상, 상부 지붕으로부터 50cm 이상 돌출되게 하여야 한다.
2) **외벽** : **두께 20cm 이상의 철근콘크리트조**나 철골철근콘크리트조 또는 두께 30cm 이상의 보강콘크리트블록조로 하여야 한다.

정답 ①

---

41 이동탱크저장소의 위험물 운송에 있어서 운송책임자의 감독·지원을 받아 운송하여야 하는 위험물의 종류에 해당하는 것은?

① 칼륨 　　　　　　② 알킬알루미늄

③ 질산에스터류 　　　　　　④ 아염소산염류

》》 이동탱크저장소의 위험물 운송에 있어서 **운송책임자의 감독·지원을 받아 운송하여야 하는 위험물은 알킬알루미늄과 알킬리튬**이다.

정답 ②

○ 동일 품명을 저장하더라도 저장량을 구분하여 상호간의 간격을 필요로 하는 경우도 있다는 것을 알아두자.

42 위험물안전관리법령상 다음 ( ) 안에 알맞은 수치는?

> 옥내저장소에서 동일 품명의 위험물이라도 자연발화할 우려가 있거나 재해가 현저하게 증대할 우려가 있는 위험물을 다량 저장하는 경우에는 지정수량의 ( )배 이하마다 구분하여 상호간 ( )m 이상의 간격을 두어 저장하여야 한다.

① 5, 0.3 　　　　　　② 10, 0.3

③ 5, 0.5 　　　　　　④ 10, 0.5

》》 옥내저장소에서 동일 품명의 위험물이라도 자연발화할 우려가 있거나 재해가 현저하게 증대할 우려가 있는 위험물을 다량 저장하는 경우에는 **지정수량의 10배 이하**마다 구분하여 **상호간 0.3m 이상**의 간격을 두어 저장하여야 한다.

정답 ②

최근 탱크전용실을 단층 건물 외의 건축물에 설치하는 옥내탱크저장소에 저장할 수 있는 위험물의 종류 및 저장할 수 있는 양에 관한 문제가 자주 출제되고 있다.

43 옥내탱크저장소 중 탱크전용실을 단층 건물 외의 건축물에 설치하는 경우 탱크전용실을 건축물의 1층 또는 지하층에만 설치하여야 하는 위험물이 아닌 것은?

① 제2류 위험물 중 덩어리 황
② 제3류 위험물 중 황린
③ 제4류 위험물 중 인화점이 38℃ 이상인 위험물
④ 제6류 위험물 중 질산

≫ ③ **제4류 위험물 중 인화점이 38℃ 이상인 위험물**의 탱크전용실은 단층 건물 외의 **건축물의 모든 층수에 관계없이 설치**할 수 있다.
　※ 옥내저장탱크의 전용실을 단층 건물이 아닌 건축물의 1층 또는 지하층에만 저장할 수 있는 위험물 : 황화인, 적린, 덩어리상태의 황, 황린, 질산
　　　　　　　　　　　　　　　　　　　　　　　정답 ③

소화난이도등급 I 에 해당하는 옥외저장탱크의 옆판 상단까지 높이를 정할 때 그 기준이 탱크의 기초받침대를 포함한 지면으로부터인지 탱크의 기초받침대를 제외한 탱크의 밑바닥부터인지를 묻는 섬세한 문제이다.

44 옥외탱크저장소의 소화설비를 검토 및 적용할 때 소화난이도등급 I에 해당되는지를 검토하는 탱크 높이의 측정기준으로 적합한 것은?

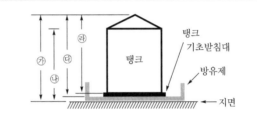

㉮ 지면으로부터 탱크의 지붕 위까지의 높이
㉯ 지면으로부터 지붕을 제외한 탱크까지의 높이
㉰ 방유제의 바닥으로부터 탱크의 지붕 위까지의 높이
㉱ 탱크 기초받침대를 제외한 탱크의 바닥으로부터 탱크의 지붕 위까지의 높이

① ㉮　　　　② ㉯　　　　③ ㉰　　　　④ ㉱

≫ 소화난이도등급 I에 해당하는 옥외탱크저장소의 조건은 **지면으로부터 지붕을 제외한 탱크 옆판의 상단까지 높이**가 6m 이상인 것(제6류 위험물을 저장하는 것 및 고인화점 위험물만을 100℃ 미만의 온도에서 저장하는 것은 제외)이다.
　　　　　　　　　　　　　　　　　　　　　　　정답 ②

45 방향족 탄화수소인 B.T.X를 구성하는 물질이 아닌 것은?

① 벤젠　　　　　　　　　　② 톨루엔
③ 크레졸　　　　　　　　　④ 크실렌

≫ B.T.X는 3가지의 물질로 구성되는데 이 중 B는 **벤젠**(C_6H_6), T는 **톨루엔**($C_6H_5CH_3$), X는 **크실렌**[$C_6H_4(CH_3)_2$]을 의미한다.
　　　　　　　　　　　　　　　　　　　　　　　정답 ③

46 과산화바륨에 대한 설명 중 틀린 것은?

① 약 840℃의 고온에서 산소를 발생한다.

② 알칼리금속의 과산화물에 해당된다.

③ 비중은 1보다 크다.

④ 유기물과의 접촉을 피한다.

》 **과산화바륨은**(BaO_2)은 바륨(Ba)이라는 알칼리토금속에 속하는 원소를 포함한 과산화물이므로 **알칼리토금속의 과산화물**에 해당한다.

① 제1류 위험물로서 약 840℃로 가열하면 분해하여 산소를 발생한다.

③ 제1류 위험물은 모두 비중이 1보다 크다.

④ 유기물(탄소를 포함하는 물질)은 가연성을 가지므로 산소공급원인 제1류 위험물과의 접촉을 피해야 한다.

정답 ②

47 알코올에 관한 설명으로 옳지 않은 것은?

◦1가 알코올과 1차 알코올은 알코올이 무엇을 포함하고 있는 가에 따라 결정된다.

① 1가 알코올은 OH기의 수가 1개인 알코올을 말한다.

② 2차 알코올은 1차 알코올이 산화된 것이다.

③ 2차 알코올이 수소를 잃으면 케톤이 된다.

④ 알데하이드가 환원되면 1차 알코올이 된다.

》 ① 1가 알코올은 OH의 수가 1개인 것이고, 2가 알코올은 OH의 수가 2개인 것이다.

② 2차 알코올은 알킬의 수가 2개인 것이고, 1차 알코올은 알킬의 수가 1개인 것이다. 1차 알코올이 산화(수소를 잃거나 산소를 얻는 것)하더라도 알킬의 수는 변하지 않으므로 **1차 알코올의 산화와 2차 알코올과는 아무런 연관성이 없다.**

③ 2차 알코올인 (CH_3)$_2$CHOH(아이소프로필알코올)이 수소를 잃으면 CH_3COCH_3(다이메틸케톤＝아세톤)이 된다.

④ CH_3CHO(아세트알데하이드)가 환원(수소를 얻는다)되면 1차 알코올인 C_2H_5OH(에틸알코올)이 된다.

정답 ②

48 위험물안전관리법령에서 정한 탱크 안전성능 검사의 구분에 해당하지 않는 것은?

① 기초 · 지반 검사   ② 충수 · 수압 검사

③ 용접부 검사   ④ 배관 검사

》 **탱크 안전성능 검사의 종류**

1) **기초 · 지반 검사**

2) **충수 · 수압 검사**

3) **용접부 검사**

4) 암반탱크 검사

정답 ④

49 다층 건물의 옥내저장소의 모든 층의 바닥면적의 합은 몇 m² 이하인가?

① 1,000m²

② 1,500m²

③ 2,000m²

④ 2,500m²

> 다층 건물의 옥내저장
소는 단층 건물의 옥내저
장소와 달리 2,000m²
이하의 바닥면적은 존재
하지 않는다는 점이 중요
하다.

》 단층 건물의 옥내저장소와는 달리 **다층 건물**의 옥내저장소는 제2류 위험물(인화성 고체 제외) 또는 제4류 위험물(인화점 70℃ 미만 제외)만 저장할 수 있으며, 옥내저장소의 **모든 층의 바닥면적의 합**을 **1,000m² 이하**로 해야 한다.

정답 ①

50 제4류 위험물 중 지정수량을 수용성과 비수용성으로 구분하는 품명이 아닌 것은?

① 제1석유류

② 제2석유류

③ 제3석유류

④ 제4석유류

> 제4류 위험물에는 비수용성과 수용성의 구분 없이 지정수량이 동일한 품명도 있지만, 비수용성과 수용성에 따라 지정수량이 달라지는 품명도 있다는 것을 기억하자.

》 제4류 위험물의 지정수량

품 명	지정수량	
	비수용성	수용성
특수인화물	50L	
제1석유류	200L	400L
알코올류	400L	
제2석유류	1,000L	2,000L
제3석유류	2,000L	4,000L
제4석유류	**6,000L**	
동식물유류	10,000L	

정답 ④

51 옥외저장소에서 덩어리상태의 황만을 지반면에 설치한 경계표시의 안쪽에서 저장할 때 2 이상의 경계표시를 설치하는 경우 각각의 경계표시 내부 면적의 합은 몇 m² 이하로 하여야 하는가?

① 100m²

② 500m²

③ 1,000m²

④ 1,500m²

> 덩어리상태의 황만을 지반면에 설치한 경계표시의 안쪽에서 저장할 때 하나의 경계표시의 내부 면적에 대한 문제는 출제가 되고 있지만, 각각의 경계표시 내부 면적의 합은 지금까지 출제된 적이 없다.

》 옥외저장소에서 덩어리상태의 황만을 지반면에 설치한 경계표시의 안쪽에서 저장할 때 하나의 경계표시의 내부 면적은 100m² 이하로 해야 하고, **2 이상의 경계표시를 설치하는 경우** 각각의 경계표시 내부 면적의 합은 **1,000m² 이하**로 해야 한다.

정답 ③

52 액체 위험물의 운반용기 중 금속제 내장용기의 최대용적은 몇 L인가?

① 5L ② 10L
③ 20L ④ 30L

운반용기				수납위험물의 종류									
내장용기		외장용기		제3류			제4류			제5류		제6류	
용기의 종류	최대용적 또는 중량	용기의 종류	최대용적 또는 중량	I	II	III	I	II	III	I	II	I	
금속제 용기	30L	나무 또는 플라스틱상자	125kg	○	○	○	○	○	○	○	○	○	
			225kg						○				
		파이버판상자	40kg	○	○	○	○	○	○	○	○	○	
			55kg		○	○		○	○		○		

정답 ④

53 지정수량의 배수에 따라 공지를 정하는 제조소등의 종류가 아닌 것은?

① 제조소
② 옥내저장소
③ 주유취급소
④ 옥외탱크저장소

》 **주유취급소**는 주유를 받으려는 자동차등이 출입할 수 있도록 **너비 15m 이상, 길이 6m 이상의 크기로 공지를 결정**하지만, 제조소, 옥내저장소, 옥외탱크저장소, 옥외저장소 등은 지정수량의 배수에 따라 공지의 너비를 결정한다.

정답 ③

꙳ 하이드라진(제4류 위험물)과 하이드라진 유도체(제5류 위험물)를 혼동하지 말자.

54 하이드라진의 지정수량은 얼마인가?

① 200kg ② 200L
③ 2,000kg ④ 2,000L

》 하이드라진(N_2H_4) : 제4류 위험물의 제2석유류(수용성)로 지정수량은 **2,000L**이다.

정답 ④

55 위험물제조소의 연면적이 몇 m^2 이상일 경우 경보설비 중 자동화재탐지설비를 설치하여야 하는가?

① 400m^2 ② 500m^2
③ 600m^2 ④ 800m^2

》 제조소 및 일반취급소는 **연면적 500m^2 이상**이거나 지정수량의 100배 이상이면 **자동화재탐지설비를 설치**해야 한다.

정답 ②

56 위험물안전관리자의 선임 등에 대한 설명으로 옳은 것은?

① 안전관리자는 국가기술자격 취득자 중에서만 선임하여야 한다.

② 안전관리자를 해임한 때에는 14일 이내에 다시 선임하여야 한다.

③ 제조소등의 관계인은 안전관리자가 일시적으로 직무를 수행할 수 없는 경우에는 14일 이내의 범위에서 안전관리자의 대리자를 지정하여 직무를 대행하게 하여야 한다.

④ 안전관리자를 선임한 때는 14일 이내에 신고하여야 한다.

≫ 안전관리자를 선임한 때에는 **14일 이내에 소방본부장 또는 소방서장에게 신고**하여야 한다.

① 안전관리자는 국가기술자격 취득자 또는 위험물안전관리자 교육이수자 또는 소방공무원 경력 3년 이상인 자 중에서 선임하여야 한다.

② 안전관리자가 해임되거나 퇴직한 때에는 해임되거나 퇴직한 날부터 30일 이내에 다시 안전관리자를 선임하여야 한다.

③ 안전관리자가 일시적으로 직무를 수행할 수 없거나 안전관리자의 해임 또는 퇴직과 동시에 다른 안전관리자를 선임하지 못하는 경우에는 대리자를 지정하여 **30일 이내**로만 대행하게 하여야 한다.

정답 ④

57 옥외탱크저장소의 방유제의 높이, 두께 및 지하매설깊이가 올바르게 짝지어진 것은?

① 높이 0.3m 이상 2m 이하, 두께 0.1m 이상, 지하매설깊이 1.5m 이상

② 높이 0.3m 이상 2m 이하, 두께 0.2m 이상, 지하매설깊이 1m 이상

③ 높이 0.5m 이상 3m 이하, 두께 0.1m 이상, 지하매설깊이 1.5m 이상

④ 높이 0.5m 이상 3m 이하, 두께 0.2m 이상, 지하매설깊이 1m 이상

> 옥외탱크저장소의 방유제의 용량 및 높이를 묻는 문제는 출제되고 있지만, 방유제의 두께 또는 지하매설깊이를 묻는 문제는 지금까지 출제된 적이 없다. 하지만 앞으로는 출제될 확률이 높다.

≫ 옥외탱크저장소의 방유제는 **높이 0.5m 이상 3m 이하, 두께 0.2m 이상, 지하매설깊이 1m 이상**으로 한다.

정답 ④

58 옥내저장소에 채광·조명 및 환기의 설비 대신 가연성의 증기를 지붕 위로 배출하는 설비를 갖춰야 하는 조건에 해당하는 것은?

① 인화점이 50℃ 미만인 물질을 저장하는 경우

② 인화점이 70℃ 미만인 물질을 저장하는 경우

③ 인화점이 100℃ 미만인 물질을 저장하는 경우

④ 인화점이 150℃ 미만인 물질을 저장하는 경우

≫ 옥내저장소에는 제조소의 규정에 준하여 채광·조명 및 환기의 설비를 갖추어야 하며 **인화점이 70℃ 미만인 위험물**의 저장창고에 있어서는 내부에 체류한 가연성의 증기를 지붕 위로 배출하는 설비를 갖추어야 한다.

정답 ②

59 위험물제조소등에 설치해야 하는 각 소화설비의 설치기준에 있어서 각 노즐 또는 헤드 선단의 방사압력기준이 나머지 셋과 다른 설비는?

① 옥내소화전설비
② 옥외소화전설비
③ 스프링클러설비
④ 물분무소화설비

》 ① 옥내소화전설비 : 350kPa
② 옥외소화전설비 : 350kPa
③ **스프링클러설비 : 100kPa**
④ 물분무소화설비 : 350kPa

정답 ③

60 불활성가스 소화설비의 소화약제 저장용기 설치장소로 적합하지 않은 것은?

① 방호구역 외의 장소
② 온도가 40℃ 이하이고 온도변화가 적은 장소
③ 빗물이 침투할 우려가 적은 장소
④ 직사일광이 잘 들어오는 장소

》 불활성가스 소화약제 용기의 설치기준
1) 방호구역 외부에 설치할 것
2) 온도가 40℃ 이하이고 온도변화가 적은 장소에 설치할 것
3) **직사일광 및 빗물이 침투할 우려가 적은 장소에 설치할 것**
4) 저장용기의 외면에 소화약제의 종류와 양, 제조년도 및 제조자를 표시할 것

정답 ④

성공한 사람의 달력에는
"오늘(Today)"이라는 단어가
실패한 사람의 달력에는
"내일(Tomorrow)"이라는 단어가 적혀 있고,

성공한 사람의 시계에는
"지금(Now)"이라는 로고가
실패한 사람의 시계에는
"다음(Next)"이라는 로고가 찍혀 있다고 합니다.

☆

내일(Tomorrow)보다는 오늘(Today)을,
다음(Next)보다는 지금(Now)의 시간을 소중히 여기는
당신의 멋진 미래를 기대합니다. ^^

위험물산업기사 필기 + 실기

직통 합격상담실 (박수경 저자)
메일 antidanger@kakao.com
카페 cafe.naver.com/antidanger

더 쉽게 더 빠르게 산업기사 되기

한번에
합격하기

이 책의 구성

제1편. 핵심이론(필기/실기 공통) | 제1장_ 일반화학 / 제2장_ 화재예방과 소화방법 /
제3장_ 위험물의 성상 및 취급

제2편. 위험물안전관리법(필기/실기 공통) | 위험물안전관리법의 총칙 외

제3편. 필기 기출문제 | 최근(2020~2024) 기출문제 수록

제4편. 신경향 예상문제 | 저자가 엄선한 신경향 족집게 문제

BM Book Multimedia Group

성안당은 선진화된 출판 및 영상교육 시스템을 구축하고
항상 연구하는 자세로 독자 앞에 다가갑니다.

정가 : 42,000원(필기+실기 합본)

13570
9 788931 584271
ISBN 978-89-315-8427-1
http://www.cyber.co.kr

더 쉽게 더 빠르게 산업기사되기

2025
한번에
합격하기

여승훈·박수경 위험물 ❺

단기
합격

QR
무료강의

한번에
합격하는
위험물산업기사

실기

여승훈, 박수경 지음

무료 동영상
기초화학부터 위험물안전관리법까지
필수 핵심강의 QR코드 제공

별책부록＋학습플래너
필기／실기 시험 대비 핵심 써머리
＋단기합격 플래너 수록

저자직강
동영상
강의교재

성안당 이러닝 Q
bm.cyber.co.kr

BM (주)도서출판 **성안당**

짜임새 있는 이론(필기/실기 공통) 구성!

- 전달력 있는 문장으로 이해하기 쉽게 설명하고, 예제를 통해 공부한 내용을 즉시 적용할 수 있도록 하였습니다.

- Tip과 암기법으로 학습효과를 향상시켰습니다.

> **Tip**
> 여기, 3가지의 원자단만 암기하도록 한다.

※ 구리(Cu)분과 니켈(Ni)분은

톡톡 튀는 **암기법** Cu는 위험물이

최근 실기 기출문제 완벽 해설!

- 반복되는 유형의 문제에서 정답을 쉽게 찾을 수 있도록 **친절한 해설**과 함께 풀이비법을 제시합니다.

- 각 문제의 세세한 출제 의도에 따라 이론을 요약 정리함으로써 반복 학습의 효율을 높일 수 있도록 구성하였습니다.

>> 제1류 위험물 중 알칼리금속과산화물, 적응성이 있는 소화약제는 건조사 및
>
> **똑똑한 풀이비법**
> 건조사는 모든 위험물에 적응성이 있으 <보기>에 건조사가 있으면 무조건 답이

실기 신유형 문제 분석 수록!!

- 시험방식이 달라지면서 출제된 **신유형** 문제들을 선별해서 **꼼꼼히 분석** 후 **자세한 설명**을 덧붙여 수록함으로써 시험 출제경향을 쉽게 파악하여 시험에 철저히 대비할 수 있도록 하였습니다.

> **1** 두 개의 금속이 포함된 금속수소화물의 물과의
>
> 다음 물질의 물과의 반응식을 쓰시오.
> - (1) 수소화알루미늄리튬
> - (2) 수소화칼륨
> - (3) 수소화칼슘
>
> >>>풀이 다음 물질은 제3류 위험물로서 품명은 금속수소화물이며, 물과의 반응식은
> (1) 수소화알루미늄리튬(LiAlH₄)은 물과 반응 시 수산화리튬(LiOH)과 수산화 생한다.
> – 수소화알루미늄리튬의 물과의 반응식 : LiAlH₄ + 4H₂O → LiOH + A

2020년부터 작업형(동영상) 시험 폐지!

- 2020년 1회 시험부터 기존에 필답형(55점 배점)+작업형(45점 배점)으로 치러지던 실기시험이, 작업형 시험이 폐지되고 **필답형(100점 만점)으로 시행**되고 있습니다.

"핵심 써머리"를 별책부록으로 제공!

- 암기필수 이론(시험에 자주 나오는 내용)을 명료하게 요약한 핵심 써머리를 별책부록으로 수록하였습니다. 시험의 시작과 마무리, 그리고 시험장에서의 최종 마무리용으로 활용하시기 바랍니다.

최신 개정 법령 정확히 반영!

- 법이 개정되는 시점에는 꼭 개정 내용에 대해 출제되는 경향이 있습니다. 수험생 여러분이 믿고 공부할 수 있도록 **최근 개정된 세세한 내용까지도 정확하게 반영**하였습니다.

> 이 도서의 「위험물안전관리법」은
> 2024년 7월 31일에 변경 고시된 내용까지 반영되어 있습니다. '위험물산업기사' 시험과 관련하여 이후 개정되는 법의 내용은 저자 카페를 통해 즉시 공지합니다.

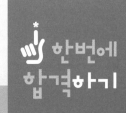
한번에
합격하기

한번에
합격하는
위험물산업기사

실기 여승훈, 박수경 지음

BM (주)도서출판 성안당

■ 도서 A/S 안내

저자 문의 e-mail : antidanger@kakao.com(박수경)
본서 기획자 e-mail : coh@cyber.co.kr(최옥현)
홈페이지 : http://www.cyber.co.kr   전화 : 031) 950-6300

제5편

위험물산업기사 실기 예제문제

Industrial Engineer Hazardous material

제1장 기초화학

예제 1 나트륨과 산소의 반응으로 만들어지는 화합물을 쓰시오.

풀이 Na(나트륨)은 +1가 원소, O(산소)는 −2가 원소이므로 Na(나트륨)은 1을 O(산소)의 분자수 자리에 주고 O(산소)의 원자가 2를 자신의 분자수 자리로 받는다. 이때, +와 −인 부호는 서로 없어지면서 $Na^{+1} \times O^{-2} \rightarrow Na_2O$(산화나트륨)이 된다.

주기\족	1							18
1	1 H	2	13	14	15	16	17	2 He
2	3 Li	4 Be	5 B	6 C	7 N	8 O	9 F	10 Ne
3	11 Na	12 Mg	13 Al	14 Si	15 P	16 S	17 Cl	18 Ar
4	19 K	20 Ca				35 Br		
						53 I		

$$Na^{+1} + O^{-2} \rightarrow Na_2O$$

위 [그림]처럼 반응 후에 Na(나트륨)은 O(산소)로부터 2를 받아 Na_2가 되고 O(산소)는 Na(나트륨)으로부터 1을 받았기 때문에 O로 표시되어 Na_2O가 되었다. Na_2O의 명칭은 뒤에 있는 산소의 "소"를 떼고 "화"를 붙여 "산화"가 되고 앞에 있는 나트륨을 그대로 읽어 주어 "산화나트륨"이 된다.

정답 Na_2O(산화나트륨)

예제 2 알루미늄과 산소의 반응으로 만들어지는 화합물을 쓰시오.

풀이 Al(알루미늄)은 +3가 원소, O(산소)는 −2가 원소이므로 Al(알루미늄)은 3을 O(산소)의 분자수 자리에 주고 O(산소)의 원자가 2를 자신의 분자수 자리로 받으면 Al_2O_3(산화알루미늄)이 된다.

정답 Al_2O_3(산화알루미늄)

예제 3 인과 산소의 반응으로 만들어지는 화합물을 쓰시오.

풀이 P(인)은 −3가 원소이지만 반응하는 상대원소인 O(산소)가 −2가 원소로 주기율표상에서 더 오른쪽에 위치하고 있기 때문에 P(인)은 +원자가가 되어야 한다. P(인)은 +5가 원소, O(산소)는 −2가 원소이므로 P(인)은 5를 O(산소)의 분자수 자리에 주고 O(산소)의 원자가 2를 자신의 분자수 자리로 받으면 P_2O_5(오산화인)이 된다.

정답 P_2O_5(오산화인)

예제 4 F(플루오린)의 원자번호와 원자량을 구하시오.

풀이 F의 원자번호는 9번으로 홀수이므로 원자량은 $9 \times 2 + 1 = 19$이다.

정답 원자번호 : 9, 원자량 : 19

예제 5 CO_2(이산화탄소)의 분자량을 구하시오.

풀이 C의 원자번호는 6번으로 짝수이므로 원자량은 $6 \times 2 = 12$이다.
O의 원자번호는 8번으로 짝수이므로 원자량은 $8 \times 2 = 16$이다.
O_2의 분자량은 $16 \times 2 = 32$이다.
따라서, CO_2의 분자량은 $12 + 32 = 44$이다.

정답 44

예제 6 Al과 OH의 반응식을 쓰시오.

풀이 Al(알루미늄)은 +3가 원소이고 OH(수산기)는 −1가 원자단이므로 Al(알루미늄)은 OH(수산기)로부터 숫자 1을 받지만 표시하지 않으며, OH(수산기)는 Al(알루미늄)으로부터 숫자 3을 받아 $Al(OH)_3$(수산화알루미늄)을 생성하게 된다.

정답 $Al + OH \rightarrow Al(OH)_3$

예제 7 C_6H_6(벤젠)에서 발생한 증기 2몰의 질량과 부피는 표준상태에서 각각 얼마인지 구하시오.

풀이 C_6H_6(벤젠) 1몰의 분자량은 $12(C) \times 6 + 1(H) \times 6 = 78$이고, 표준상태에서 부피는 22.4L이다.
C_6H_6(벤젠) 2몰의 표시방법은 $2C_6H_6$이며,
질량은 $2 \times 78 = 156$, 부피는 $2 \times 22.4L = 44.8L$이다.

정답 질량 : 156, 부피 : 44.8L

예제 8 20℃, 1기압에서 이산화탄소 1몰이 기화되었을 경우 기화된 이산화탄소의 부피는 몇 L인지 구하시오.

풀이 이상기체상태방정식에 대입하면 다음과 같다.
$PV = nRT$
$1 \times V = 1 \times 0.082 \times (273 + 20)$
$\therefore V = 24.026L \fallingdotseq 24.03L$
※ 계산문제에서 답에 소수점이 발생하는 경우에는 소수점 셋째 자리를 반올림하여 소수점 두 자리로 표시해야 한다.

정답 24.03L

예제 9 비중이 0.8인 휘발유 4,000mL의 질량은 몇 g인지 구하시오.

풀이 비중$= \dfrac{질량}{부피}$ 이므로, 질량=비중×부피가 된다.
$\therefore$ 질량$= 0.8 \times 4,000 = 3,200g$

정답 3,200g

예제 10 다음 물질의 증기비중을 구하시오.

(1) 이황화탄소(CS_2)　　　　　　　　(2) 아세트산(CH_3COOH)

풀이 (1) 이황화탄소(CS_2)의 분자량 = 12(C) + 32(S) × 2 = 76

이황화탄소(CS_2)의 증기비중 = $\dfrac{76}{29}$ = 2.62

(2) 아세트산(CH_3COOH)의 분자량 = 12(C) × 2 + 1(H) × 4 + 16(O) × 2 = 60

아세트산(CH_3COOH)의 증기비중 = $\dfrac{60}{29}$ = 2.07

정답 (1) 2.62　(2) 2.07

예제 11 30℃, 1기압에서 벤젠(C_6H_6)의 증기밀도는 몇 g/L인지 구하시오.

풀이 벤젠(C_6H_6)의 분자량은 12(C) × 6 + 1(H) × 6 = 78이다.

$$\therefore \ 증기밀도 = \frac{PM}{RT} = \frac{1 \times 78}{0.082 \times (273 + 30)} = 3.14 g/L$$

정답 3.14g/L

예제 12 1몰의 $KClO_4$(과염소산칼륨)을 가열하여 분해시키는 반응식을 쓰시오.

풀이 1) 1단계(생성물질의 확인) : $KClO_4$(과염소산칼륨)은 가열하여 분해시키면 KCl(염화칼륨)과 O_2(산소)가 발생된다.

$KClO_4 \rightarrow KCl + O_2$

2) 2단계(원소의 개수 확인) : 화살표 왼쪽과 오른쪽에 있는 KCl의 개수는 동일하지만 화살표 왼쪽의 O의 개수는 4개인데 화살표 오른쪽에 있는 O의 개수는 2개이므로 화살표 오른쪽의 O_2에 2를 곱해 주면 반응식을 완성시킬 수 있다.

$KClO_4 \rightarrow KCl + 2O_2$

정답 $KClO_4 \rightarrow KCl + 2O_2$

예제 13 표준상태(0℃, 1기압)에서 29g의 아세톤을 연소시킬 때 발생하는 이산화탄소의 부피는 몇 L인지 구하시오.

풀이 1) 아세톤(CH_3COCH_3)의 분자량(1몰의 질량) = 12(C) × 3 + 1(H) × 6 + 16(O) × 1 = 58g

이산화탄소 1몰의 부피 = 22.4L

2) 아세톤의 연소반응식에 문제의 조건을 대입한다.

$CH_3COCH_3 + 4O_2 \rightarrow 3CO_2 + 3H_2O$

58g　　　　　　　3 × 22.4L 〈반응식의 기준〉

29g　　　　　　　x(L)　　　〈문제의 조건〉

3) 발생하는 이산화탄소의 부피는 다음과 같이 두 가지 방법으로 구할 수 있다.

〈개념 1〉 아세톤 58g을 연소시키면 이산화탄소 3 × 22.4 = 67.2L가 발생하는데 만약 아세톤을 반으로 줄여 29g만 연소시킨다면 이산화탄소도 67.2L의 반인 33.6L만 발생할 것이다.

〈개념 2〉 $CH_3COCH_3 + 4O_2 \rightarrow 3CO_2 + 3H_2O$

58g　　　　　　　3 × 22.4L

29g　　　　　　　x(L)

58 × x = 29 × 3 × 22.4　　$\therefore \ x$ = 33.6L

정답 33.6L

예제 14 프로페인의 화학식을 쓰시오.

   풀이 프로페인은 탄소수가 3개인 알케인에 속하는 물질로서 알케인의 일반식 C_nH_{2n+2}의 n에 3을 대입하면 C는 3개, H는 $2 \times 3 + 2 = 8$개이므로 프로페인의 화학식은 C_3H_8이다.

   정답 C_3H_8

예제 15 탄소의 수가 4개인 알킬(C_nH_{2n+1})의 화학식을 쓰시오.

   풀이 알킬의 일반식 C_nH_{2n+1}의 n에 4를 대입하면 C는 4개, H는 $2 \times 4 + 1 = 9$개이므로 화학식은 C_4H_9, 명칭은 뷰틸이다.

   정답 C_4H_9

제2장 / 화재예방과 소화방법

Section 01 연소이론

예제 1 다음 물질의 연소형태를 쓰시오.

(1) 금속분
(2) 목재
(3) 피크린산
(4) 양초(파라핀)

풀이 고체의 연소형태의 종류와 물질은 다음과 같다.
① 표면연소 : 숯(목탄), 코크스(C), 금속분
② 분해연소 : 석탄, 목재, 플라스틱 등
③ 자기연소 : 피크린산, TNT 등의 제5류 위험물
④ 증발연소 : 황, 나프탈렌, 양초(파라핀)

정답 (1) 표면연소 (2) 분해연소 (3) 자기연소 (4) 증발연소

예제 2 휘발유의 연소범위는 1.4~7.6%이다. 휘발유의 위험도를 구하시오.

풀이 휘발유의 연소범위 중 낮은 농도인 1.4%를 연소하한(L)이라 하고, 높은 농도인 7.6%를 연소상한(U)이라 한다.

$$위험도(H) = \frac{연소상한(U) - 연소하한(L)}{연소하한(L)} = \frac{7.6 - 1.4}{1.4} = 4.43$$

정답 4.43

예제 3 아세트알데하이드(CH_3CHO)의 연소범위는 4.1~57%이며, 이황화탄소(CS_2)의 연소범위는 1~50%이다. 이 중 위험도가 더 높은 것은 어느 것인지 쓰시오.

풀이 아세트알데하이드(CH_3CHO)의 연소범위는 이황화탄소(CS_2)의 연소범위보다 더 넓어 위험하고 이황화탄소(CS_2)는 연소하한이 아세트알데하이드(CH_3CHO)보다 더 낮아 위험하기 때문에 두 경우를 위험도의 공식에 대입해 보도록 한다.

① 아세트알데하이드(CH_3CHO)의 위험도 $= \dfrac{57 - 4.1}{4.1} = 12.90$

② 이황화탄소(CS_2)의 위험도 $= \dfrac{50 - 1}{1} = 49$

따라서, 이황화탄소(CS_2)의 위험도가 더 크다는 것을 알 수 있다.

정답 이황화탄소(CS_2)

예제 4 온도가 20℃이고 질량이 100kg인 물을 100℃까지 가열하여 모두 수증기상태가 되었다고 가정할 때 이 과정에서 소모된 열량은 몇 kcal인지 구하시오.

풀이 액체상태의 물이 수증기가 되었으므로 현열과 잠열의 합을 구한다.
① $Q_{현열} = c \times m \times \Delta t$
여기서, 물의 비열(c)=1kcal/kg · ℃
물의 질량(m)=100kg
물의 온도차(Δt)=100－20=80℃
$Q_{현열}$=1×100×80=8,000kcal
② $Q_{잠열} = m \times \gamma$
여기서, 잠열상수(γ)=539kcal/kg
$Q_{잠열}$=100×539=53,900kcal
∴ $Q_{현열} + Q_{잠열}$=8,000＋53,900=61,900kcal

정답 61,900kcal

Section 02 소화이론

예제 1 다음 등급에 맞는 화재의 종류를 쓰시오.

(1) A급
(2) B급
(3) C급

풀이 화재의 종류 및 소화기의 표시색상은 다음과 같이 구분한다.

화재의 등급 및 종류	화재의 구분	소화기의 표시색상
A급(일반화재)	목재, 종이 등의 화재	백색
B급(유류화재)	기름, 유류 등의 화재	황색
C급(전기화재)	전기 등의 화재	청색
D급(금속화재)	금속분말 등의 화재	무색

정답 (1) 일반화재 (2) 유류화재 (3) 전기화재

예제 2 겨울철이나 한랭지에 적합한 소화기의 명칭과 이 소화기에 물과 함께 첨가하는 염류를 쓰시오.

(1) 소화기의 명칭
(2) 첨가 염류

풀이 강화액소화기는 물에 탄산칼륨(K_2CO_3)을 보강한 소화약제로 겨울철이나 한랭지에서도 잘 얼지 않는 성질을 가지고 있다.

Tip
탄산칼륨은 화학식을 묻는 형태로도 출제되므로 'k_2CO_3'라는 화학식도 함께 암기하세요.

정답 (1) 강화액소화기
(2) 탄산칼륨(K_2CO_3)

예제 3 이산화탄소소화기 사용 시 줄-톰슨 효과에 의해서 생성되는 물질은 무엇인지 쓰시오.

풀이 이산화탄소소화약제를 방출할 때 액체 이산화탄소가 가는 관을 통과하게 되는데 이때 압력과 온도의 급감으로 인해 드라이아이스가 관 내에 생성됨으로써 노즐이 막히는 현상을 줄-톰슨 효과라고 한다.

정답 드라이아이스

예제 4 화학포소화약제에 대해 다음 물음에 답하시오.
(1) 다음 화학포소화기의 반응식을 완성하시오.
$$6NaHCO_3 + (\quad) \cdot 18H_2O \rightarrow 3(\quad) + 2Al(OH)_3 + 6(\quad) + 18H_2O$$
(2) 6몰의 탄산수소나트륨이 황산알루미늄과 반응하여 발생하는 이산화탄소의 부피는 0℃, 1기압에서 몇 L인가?

풀이 (1) 반응식의 완성단계는 다음과 같다.
① 1단계 : 6몰의 탄산수소나트륨($NaHCO_3$)과 1몰의 황산알루미늄[$Al_2(SO_4)_3$]이 반응하는데 황산알루미늄에 18몰의 결정수(물)가 '·'형태로 붙어 있다.
$$6NaHCO_3 + Al_2(SO_4)_3 \cdot 18H_2O$$
② 2단계 : 나트륨은 알루미늄보다 반응성이 좋으므로 나트륨과 결합하고 있던 황산기(SO_4)를 차지하여 황산나트륨(Na_2SO_4)을 만들고 알루미늄은 탄산수소나트륨에 포함된 수산기(OH)와 결합하게 된다.
$$6NaHCO_3 + Al_2(SO_4)_3 \cdot 18H_2O \rightarrow Na_2SO_4 + Al(OH)_3$$
③ 3단계 : 반응하지 않고 남아 있는 원소들은 탄소(C)와 수소(H) 및 산소(O)이다. 소화약제의 대부분은 이 3가지의 원소들이 반응하여 질식을 위한 이산화탄소(CO_2)와 냉각을 위한 수증기(H_2O)를 발생시킨다.
$$6NaHCO_3 + Al_2(SO_4)_3 \cdot 18H_2O \rightarrow Na_2SO_4 + Al(OH)_3 + CO_2 + H_2O$$
④ 4단계 : 화살표 왼쪽과 화살표 오른쪽에 있는 모든 원소의 개수를 같게 한다. 이때 결정수 상태인 물은 그대로 분리되어 18몰의 수증기를 만든다.
$$6NaHCO_3 + Al_2(SO_4)_3 \cdot 18H_2O \rightarrow 3Na_2SO_4 + 2Al(OH)_3 + 6CO_2 + 18H_2O$$
　　탄산수소나트륨　황산알루미늄　물　　　황산나트륨　수산화알루미늄 이산화탄소　수증기
(2) 다음의 화학식에서 6몰의 탄산수소나트륨이 반응하면 6몰의 이산화탄소가 발생한다. 0℃, 1기압에서 모든 기체 1몰은 22.4L이므로 6몰은 6×22.4L＝134.4L가 된다.
$$6NaHCO_3 + Al_2(SO_4)_3 \cdot 18H_2O \rightarrow 3Na_2SO_4 + 2Al(OH)_3 + 6CO_2 + 18H_2O$$

정답 (1) $Al_2(SO_4)_3$, Na_2SO_4, CO_2
(2) 134.4L

예제 5 식용유화재에 지방을 가수분해하는 비누화현상을 이용한 분말소화약제는 무엇인지 쓰시오.

풀이 제1종 분말소화약제의 소화원리 : 식용유화재에 지방을 가수분해하는 비누화현상으로 거품을 생성하여 질식소화하는 원리이다.

톡톡 튀는 암기법 제1종 분말소화약제($NaHCO_3$)와 같이 비누($C_nH_{2n+1}COONa$)도 나트륨(Na)을 포함하고 있어 연관성을 갖는다고 암기하자!

정답 탄산수소나트륨($NaHCO_3$)

예제6 할론 1301의 화학식을 쓰시오.

✅ **풀이** 할로겐화합물소화약제는 할론명명법에 의해 할론번호를 부여한다. C – F – Cl – Br의 순서대로 각 원소들의 개수를 순서대로만 표시하면 된다.

C – F – Cl – Br

- 할론번호 : 1   3   0   1
- 화학식 : C F_3 Br

✔ **정답** CF_3Br

Section 03 소방시설의 종류 및 설치기준

예제1 전기설비가 설치된 제조소등에는 면적 몇 m^2마다 소형 소화기를 1개 이상 설치해야 하는지 쓰시오.

✅ **풀이** 전기설비가 설치된 제조소등에는 $100m^2$마다 소형 소화기를 1개 이상 설치해야 한다.

✔ **정답** $100m^2$

예제2 방호대상물의 각 부분으로부터 하나의 대형수동식 소화기까지의 보행거리는 몇 m 이하로 설치하여야 하는지 쓰시오.

✅ **풀이** ① 대형수동식 소화기 : 30m 이하
② 소형수동식 소화기 : 20m 이하

✔ **정답** 30m

예제3 소화전용 물통 3개를 포함한 수조 80L의 능력단위는 얼마인지 쓰시오.

✅ **풀이** 소화설비의 능력단위는 다음과 같이 구분한다.

소화설비	용 량	능력단위
소화전용 물통	8L	0.3
수조(소화전용 물통 3개 포함)	80L	1.5
수조(소화전용 물통 6개 포함)	190L	2.5
마른모래(삽 1개 포함)	50L	0.5
팽창질석 또는 팽창진주암(삽 1개 포함)	160L	1.0

✔ **정답** 1.5단위

x

예제 4 옥내저장소의 연면적이 $450m^2$이고 외벽이 내화구조인 저장소의 소요단위는 몇 단위인지 쓰시오.

풀이 소요단위는 다음과 같이 구분한다.

구 분	외벽이 내화구조	외벽이 비내화구조
위험물 제조소 및 취급소	연면적 $100m^2$	연면적 $50m^2$
위험물저장소	연면적 $150m^2$	연면적 $75m^2$
위험물	지정수량의 10배	

외벽이 내화구조인 옥내저장소는 연면적 $150m^2$를 1소요단위로 하므로 연면적 $450m^2$는 3소요단위가 된다.

정답 3단위

예제 5 위험물제조소등에 옥외소화전을 6개 설치할 경우 수원의 수량은 몇 m^3 이상이어야 하는지 구하시오.

풀이 옥외소화전의 수원의 양은 $13.5m^3$에 설치한 옥외소화전의 수를 곱해 주는데 〈문제〉의 조건과 같이 옥외소화전의 수가 4개 이상일 경우 최대 4개의 옥외소화전 수만 곱해 주면 된다.
$13.5m^3 \times 4 = 54m^3$

정답 $54m^3$

예제 6 이산화탄소소화설비의 고압식 분사헤드의 방사압력과 저장온도는 각각 얼마인지 쓰시오.

(1) 방사압력 : ( )MPa 이상
(2) 저장온도 : ( )℃ 이하

풀이 이산화탄소소화설비 분사헤드의 방사압력과 저장온도의 기준은 다음과 같다.
① 고압식(상온(20℃)으로 저장되어 있는 것) : 2.1MPa 이상
② 저압식(−18℃ 이하로 저장되어 있는 것) : 1.05MPa 이상

정답 (1) 2.1
(2) 20

예제 7 다음 불활성가스의 구성성분을 쓰시오.

(1) IG-55
(2) IG-541

풀이 불활성가스의 종류별 구성성분
① IG-100 : 질소 100%
② IG-55 : 질소 50%, 아르곤 50%
③ IG-541 : 질소 52%, 아르곤 40%, 이산화탄소 8%

정답 (1) 질소 50%, 아르곤 50%
(2) 질소 52%, 아르곤 40%, 이산화탄소 8%

예제 8 다음 할로젠화합물소화설비의 분사헤드의 방사압력을 쓰시오.

(1) 할론 2402
(2) 할론 1211

풀이 할로젠화합물소화설비의 분사헤드의 방사압력
① 할론 2402 : 0.1MPa 이상
② 할론 1211 : 0.2MPa 이상
③ 할론 1301 : 0.9MPa 이상

정답 (1) 0.1MPa 이상 (2) 0.2MPa 이상

예제 9 자동화재탐지설비를 설치해야 하는 제조소는 지정수량의 몇 배 이상을 취급하는 경우인지 쓰시오.

풀이 지정수량의 100배 이상을 저장 또는 취급하는 위험물제조소, 일반취급소, 그리고 옥내저장소에는 자동화재탐지설비만을 설치해야 한다.

정답 100배

예제 10 자동화재탐지설비에서 하나의 경계구역 면적과 한 변의 길이는 각각 얼마 이하로 해야 하는지 쓰시오. (단, 원칙적인 경우에 한한다.)

(1) 경계구역의 면적
(2) 한 변의 길이

풀이 자동화재탐지설비에서 하나의 경계구역 면적은 600m^2 이하로 하고 그 한 변의 길이는 50m(광전식 분리형 감지기는 100m) 이하로 해야 한다. 단, 해당 건축물 등의 주요한 출입구에서 그 내부 전체를 볼 수 있는 경우에는 그 면적을 1,000m^2 이하로 할 수 있다.

정답 (1) 600m^2 (2) 50m

제3장 위험물의 성상 및 취급

Section 01 위험물의 총칙

예제 1 제2류 위험물 중 황은 위험물의 조건으로 순도가 몇 중량% 이상이어야 하는지 쓰시오.

> **풀이** 제2류 위험물에 속하는 황은 순도가 60중량퍼센트 이상인 것을 말한다. 이 경우 순도를 측정할 때 불순물은 활석 등 불연성 물질과 수분에 한한다.
>
> **정답** 60

예제 2 제2류 위험물 중 철분의 정의에 대해 ( ) 안에 알맞은 단어를 쓰시오.
철의 분말로서 ( )마이크로미터의 표준체를 통과하는 것이 ( )중량퍼센트 미만인 것은 제외한다.

> **풀이** 제2류 위험물에 속하는 철분의 정의는 철의 분말로서 53마이크로미터의 표준체를 통과하는 것이 50중량퍼센트 미만인 것은 제외한다.
>
> **정답** 53, 50

예제 3 다음 ( ) 안에 알맞은 내용을 쓰시오.
특수인화물이라 함은 이황화탄소, 다이에틸에터, 그 밖에 1기압에서 발화점이 섭씨 ( )도 이하인 것 또는 인화점이 섭씨 영하 ( )도 이하이고 비점이 섭씨 ( )도 이하인 것을 말한다.

> **풀이** 특수인화물이라 함은 이황화탄소, 다이에틸에터, 그 밖에 1기압에서 발화점이 섭씨 100도 이하인 것 또는 인화점이 섭씨 영하 20도 이하이고 비점이 섭씨 40도 이하인 것을 말한다.
>
> **정답** 100, 20, 40

예제 4 과산화수소는 농도가 얼마 이상인 것이 위험물에 속하는지 쓰시오.

> **풀이** 과산화수소가 제6류 위험물이 되기 위한 조건은 농도가 36중량퍼센트 이상이어야 한다.
>
> **정답** 36중량퍼센트

예제 5 질산은 비중이 얼마 이상인 것이 위험물에 속하는지 쓰시오.

> **풀이** 질산이 제6류 위험물이 되기 위한 조건은 비중이 1.49 이상이어야 한다.
>
> **정답** 1.49

예제 6 다음은 제4류 위험물의 알코올류에서 제외하는 조건 2가지이다. ( ) 안에 들어갈 알맞은 말을 쓰시오.

(1) 탄소원자의 수가 1개부터 3개까지인 포화1가알코올의 함유량이 ( )중량% 미만인 수용액

(2) 가연성 액체량이 ( )중량% 미만이고 인화점 및 연소점이 에틸알코올 60중량% 수용액의 ( ) 및 연소점을 초과하는 것

풀이 제4류 위험물의 알코올류란 탄소원자의 수가 1개부터 3개까지인 포화1가 알코올(변성 알코올 포함)을 말한다. 다만, 다음 중 하나에 해당하는 것은 제외한다.
① 알코올의 함유량이 60중량% 미만인 수용액
② 가연성 액체량이 60중량% 미만이고 인화점 및 연소점이 에틸알코올 60중량% 수용액의 인화점 및 연소점을 초과하는 것

정답 (1) 60
(2) 60, 인화점

Section 02 위험물의 종류 및 성질

〈1. 제1류 위험물 – 산화성 고체 〉

예제 1 과산화나트륨이 물과 반응 시 위험한 이유는 무엇인지 쓰시오.

풀이 과산화나트륨(Na_2O_2)은 제1류 위험물의 알칼리금속의 과산화물로 물과 반응하여 다량의 산소와 많은 열을 발생하므로 위험하다.

정답 발열 또는 산소를 발생하기 때문에

예제 2 염소산칼륨과 염소산나트륨이 열에 의해 분해되었을 때 공통적으로 발생하는 가스는 무엇인지 쓰시오.

풀이 염소산칼륨 또는 염소산나트륨과 같은 제1류 위험물은 열에 의해 분해되어 산소를 발생한다.

정답 산소

예제 3 숯과 황을 혼합하여 흑색화약의 원료를 만들 수 있는 제1류 위험물에 대하여 다음 물음에 답하시오.

(1) 위험물의 종류

(2) 분해반응식

풀이 제1류 위험물인 질산칼륨은 숯과 황을 혼합하여 흑색화약의 원료를 만들 수 있으며 열분해하여 아질산칼륨(KNO_2)과 산소를 발생한다.

정답 (1) 질산칼륨(KNO_3)
(2) $2KNO_3 \rightarrow 2KNO_2 + O_2$

예제 4 과망가니즈산칼륨의 240℃에서의 분해반응식을 쓰시오.

풀이 과망가니즈산칼륨($KMnO_4$)은 제1류 위험물의 흑자색 결정으로 240℃에서 열분해하여 망가니즈산칼륨(K_2MnO_4)과 이산화망가니즈(MnO_2), 그리고 산소를 발생한다.

정답 $2KMnO_4 \rightarrow K_2MnO_4 + MnO_2 + O_2$

예제 5 제1류 위험물 중 염소산나트륨이 염산과 반응하면 발생하는 독성 가스를 쓰시오.

풀이 염소산나트륨은 염산, 황산 등의 산과 반응 시 독성인 이산화염소(ClO_2)를 발생한다.

정답 이산화염소(ClO_2)

예제 6 위험등급 I인 제1류 위험물의 품명 4가지를 쓰시오.

풀이 제1류 위험물 중 지정수량이 50kg인 품명은 모두 위험등급 I이다.

정답 아염소산염류, 염소산염류, 과염소산염류, 무기과산화물, 차아염소산 염류 중 4가지

예제 7 염소산염류 중 비중이 2.5이고 분해온도가 300℃인 조해성이 큰 위험물로서 철제용기에 저장하면 안 되는 물질의 화학식을 쓰시오.

풀이 염소산나트륨($NaClO_3$)의 성질은 다음과 같다.
① 분해온도 300℃, 비중 2.5이다.
② 조해성과 흡습성이 있다.
③ 철제용기를 부식시키므로 철제용기 사용을 금지해야 한다.

정답 $NaClO_3$

예제 8 다이크로뮴산칼륨에 대해 다음 물음에 답하시오.
(1) 유별
(2) 색상
(3) 위험등급

풀이 다이크로뮴산칼륨($K_2Cr_2O_7$)은 제1류 위험물로 등적색을 띠며 지정수량 1,000kg의 위험등급 Ⅲ인 물질이다.

정답 (1) 제1류 위험물 (2) 등적색 (3) Ⅲ

예제 9 과산화칼슘이 염산과 반응할 때 생성되는 과산화물의 화학식을 쓰시오.

풀이 무기과산화물에 해당하는 과산화칼슘(CaO_2)은 염산과 반응 시 염화칼슘($CaCl_2$)과 제6류 위험물인 과산화수소(H_2O_2)를 발생한다.
– 염산과의 반응식 : $CaO_2 + 2HCl \rightarrow CaCl_2 + H_2O_2$

정답 H_2O_2

예제 10 질산암모늄 1몰을 분해시키면 총 몇 몰의 기체가 발생하는지 구하시오.

풀이 질산암모늄 1몰을 분해시키면 질소 1몰과 산소 0.5몰, 그리고 수증기 2몰이 발생하므로 총 3.5몰의 기체가 발생한다.
- 분해반응식 : $2NH_4NO_3 \rightarrow 2N_2 + O_2 + 4H_2O$

정답 3.5몰

〈 2. 제2류 위험물 − 가연성 고체 〉

예제 1 마그네슘의 화재에 주수소화를 하면 발생하는 가스를 쓰시오.

풀이 철분, 금속분, 마그네슘은 물과 반응 시 폭발성의 수소를 발생한다.

정답 수소

예제 2 황의 연소반응식을 쓰시오.

풀이 황이 연소하면 자극성 냄새와 독성을 가진 이산화황(SO_2)이 발생한다.

정답 $S + O_2 \rightarrow SO_2$

예제 3 적린이 연소하면 발생하는 백색 기체의 화학식을 쓰시오.

풀이 적린이 연소하면 오산화인(P_2O_5)이라는 백색 기체가 발생한다.
- 연소반응식 : $4P + 5O_2 \rightarrow 2P_2O_5$

정답 P_2O_5

예제 4 제2류 위험물 중 지정수량이 100kg인 품명 3가지를 쓰시오.

풀이 제2류 위험물의 지정수량은 다음과 같이 구분한다.
① 지정수량 100kg : 황화인, 적린, 황
② 지정수량 500kg : 철분, 금속분, 마그네슘
③ 지정수량 1,000kg : 인화성 고체

정답 황화인, 적린, 황

예제 5 오황화인의 물과의 반응식을 쓰시오.

풀이 오황화인은 물과 반응 시 황화수소(H_2S)와 인산(H_3PO_4)이 발생한다.

정답 $P_2S_5 + 8H_2O \rightarrow 5H_2S + 2H_3PO_4$

예제 6 고무상황을 제외한 그 외의 황을 녹일 수 있는 제4류 위험물을 쓰시오.

풀이 고무상황을 제외한 사방황, 단사황은 이황화탄소(CS_2)에 녹는다.

정답 이황화탄소

예제 7 인화성 고체의 정의를 쓰시오.

풀이 제2류 위험물 중 인화성 고체란 고형 알코올, 그 밖에 1기압에서 인화점이 40℃ 미만인 고체를 말한다.

정답 고형 알코올, 그 밖에 1기압에서 인화점이 40℃ 미만인 고체

예제 8 다음 <보기> 중 제2류 위험물에 대한 설명으로 맞는 항목을 고르시오.

> A. 황화인, 적린, 황은 위험등급 Ⅱ에 속한다.
> B. 가연성 고체 중 고형 알코올의 지정수량은 1,000kg이다.
> C. 모두 수용성이다.
> D. 모두 산화제이다.
> E. 모두 비중이 1보다 작다.

풀이 A. 황화인, 적린, 황의 지정수량은 각각 100kg이며 모두 위험등급 Ⅱ에 속한다.
B. 가연성 고체 중 고형 알코올은 인화성 고체에 해당하는 물질로 지정수량은 1,000kg이다.
C. 거의 대부분 비수용성이다.
D. 모두 가연성이므로 환원제(직접 연소할 수 있는 물질)이다.
E. 모두 물보다 무거워 비중이 1보다 크다.

정답 A, B

⟨ 3. 제3류 위험물 - 자연발화성 물질 및 금수성 물질 ⟩

예제 1 제3류 위험물 중 비중이 1보다 작은 칼륨의 보호액을 쓰시오.

풀이 칼륨, 나트륨 등 물보다 가벼운 물질은 공기와의 접촉을 방지하기 위해 석유(등유, 경유, 유동파라핀)에 저장하여 보관한다.

정답 등유 또는 경유

예제 2 트라이에틸알루미늄이 물과 반응 시 발생하는 기체를 쓰시오.

풀이 트라이에틸알루미늄[$(C_2H_5)_3Al$]은 물과의 반응으로 수산화알루미늄[$Al(OH)_3$]과 에테인(C_2H_6)을 발생한다.
– 물과의 반응식 : $(C_2H_5)_3Al + 3H_2O → Al(OH)_3 + 3C_2H_6$
※ 알루미늄은 물이 가지고 있던 수산기(OH)를 자신이 가지면서 수산화알루미늄[$Al(OH)_3$]을 만들고 수소를 에틸(C_2H_5)과 결합시켜 에테인(C_2H_6)을 발생시킨다.

정답 에테인(C_2H_6)

예제 3 다음 문장을 완성하시오.

황린의 화학식은 ( )이며 연소할 때 ( )이라는 흰 연기가 발생한다. 또한 자연발화를 막기 위해 통상적으로 pH가 ( )인 약알칼리성의 ( )속에 저장한다.

풀이 황린의 화학식은 P_4이며 연소할 때 오산화인(P_2O_5)이라는 흰 연기가 발생한다. 또한 자연발화를 막기 위해 통상적으로 pH가 9인 약알칼리성의 물속에 저장한다.

정답 P_4, 오산화인, 9, 물

예제 4 자연발화성 물질인 황린의 연소반응식을 쓰시오.

풀이 황린을 연소하면 오산화인(P_2O_5)이라는 흰 연기가 발생한다.
- 연소반응식 : $P_4 + 5O_2 \rightarrow 2P_2O_5$

정답 $P_4 + 5O_2 \rightarrow 2P_2O_5$

예제 5 인화칼슘(Ca_3P_2)의 물과의 반응식을 쓰시오.

풀이 인화칼슘(Ca_3P_2)은 물과 반응 시 수산화칼슘[$Ca(OH)_2$]과 함께 가연성이며 맹독성인 포스핀(PH_3)가스를 발생한다.
- 물과의 반응식 : $Ca_3P_2 + 6H_2O \rightarrow 3Ca(OH)_2 + 2PH_3$

정답 $Ca_3P_2 + 6H_2O \rightarrow 3Ca(OH)_2 + 2PH_3$

예제 6 탄화칼슘(CaC_2)의 물과의 반응식을 쓰시오.

풀이 탄화칼슘(CaC_2)은 물과 반응 시 수산화칼슘[$Ca(OH)_2$]과 함께 연소범위가 2.5~81%인 아세틸렌(C_2H_2)가스를 발생한다.
- 물과의 반응식 : $CaC_2 + 2H_2O \rightarrow Ca(OH)_2 + C_2H_2$

정답 $CaC_2 + 2H_2O \rightarrow Ca(OH)_2 + C_2H_2$

예제 7 수소화칼륨(KH), 수소화나트륨(NaH), 수소화알루미늄리튬($LiAlH_4$)의 금속의 수소화물들이 물과 반응 시 공통적으로 발생하는 기체를 쓰시오.

풀이 금속의 수소화물은 물과 반응 시 모두 수소가스를 발생한다.

정답 수소(H_2)

예제 8 다음 물질들의 지정수량은 각각 얼마인지 쓰시오.
(1) 탄화알루미늄
(2) 트라이에틸알루미늄
(3) 리튬

풀이 (1) 탄화알루미늄(Al_4C_3) : 품명은 칼슘 또는 알루미늄의 탄화물로, 지정수량은 300kg이다.
(2) 트라이에틸알루미늄[$(C_2H_5)_3Al$] : 품명은 알킬알루미늄으로, 지정수량은 10kg이다.
(3) 리튬(Li) : 품명은 알칼리금속으로, 지정수량은 50kg이다.

정답 (1) 300kg (2) 10kg (3) 50kg

예제 9 다음 제3류 위험물의 지정수량은 각각 얼마인지 쓰시오.

(1) K
(2) 알킬리튬
(3) 황린
(4) 알칼리토금속
(5) 유기금속화합물(알킬리튬 및 알킬알루미늄 제외)
(6) 금속의 인화물

풀이 제3류 위험물의 지정수량은 다음과 같이 구분할 수 있다.
  (1) 지정수량 10kg : K, Na, 알킬알루미늄, 알킬리튬
  (2) 지정수량 20kg : 황린
  (3) 지정수량 50kg : 알칼리금속(K, Na 제외) 및 알칼리토금속, 유기금속화합물(알킬알루미늄, 알킬리튬 제외)
  (4) 지정수량 300kg : 금속의 수소화물, 금속의 인화물, 칼슘 또는 알루미늄의 탄화물

정답 (1) 10kg
  (2) 10kg
  (3) 20kg
  (4) 50kg
  (5) 50kg
  (6) 300kg

예제 10 제3류 위험물인 나트륨에 대해 다음 물음에 답하시오.

(1) 연소반응식
(2) 연소 시 불꽃반응 색상

풀이 나트륨을 연소시키면 황색 불꽃과 함께 산화나트륨(Na_2O)이 생성된다.

정답 (1) $4Na + O_2 \rightarrow 2Na_2O$
  (2) 황색

〈 4. 제4류 위험물－인화성 액체 〉

예제 1 물보다 가볍고 비수용성인 제4류 위험물의 화재 시 물로 소화하면 위험한 이유를 쓰시오.

풀이 물보다 가볍고 비수용성이기 때문에 물로 소화하면 연소면이 확대되어 더 위험해진다.

정답 연소면의 확대

예제 2 에틸알코올에 황산을 촉매로 반응시켜 만들 수 있는 제4류 위험물을 쓰시오.

풀이 에틸알코올 2몰을 황산을 촉매로 사용하여 가열하면 탈수반응을 일으켜 물이 빠져나오면서 제4류 위험물의 특수인화물인 다이에틸에터가 생성된다.

－ 140℃ 가열 : $2C_2H_5OH \xrightarrow[\text{촉매로서 탈수를 일으킨다.}]{H_2SO_4} C_2H_5OC_2H_5 + H_2O$

정답 다이에틸에터($C_2H_5OC_2H_5$)

예제 3 이황화탄소(CS_2)에 대해 다음 물음에 답하시오.

(1) 저장방법 (2) 연소반응식

풀이 이황화탄소(CS_2)는 공기 중 산소와 반응하여 이산화탄소(CO_2)와 가연성 가스인 이산화황(SO_2)이 발생하기 때문에 이 가연성 가스의 발생을 방지하기 위해 물속에 저장한다.
– 연소반응식 : $CS_2 + 3O_2 \rightarrow CO_2 + 2SO_2$

정답 (1) 물속에 저장 (2) $CS_2 + 3O_2 \rightarrow CO_2 + 2SO_2$

예제 4 제4석유류의 정의를 완성하시오.

기어유, 실린더유, 그 밖에 1 기압에서 인화점이 (　)℃ 이상 (　)℃ 미만으로서 도료류의 경우 가연성 액체량이 (　)중량% 이하는 제외한다.

풀이 제4석유류라 함은 기어유, 실린더유, 그 밖에 1기압에서 인화점이 200℃ 이상 250℃ 미만의 것을 말한다. 다만 도료류, 그 밖의 물품은 가연성 액체량이 40중량퍼센트 이하인 것은 제외한다.

정답 200, 250, 40

예제 5 질산과 황산을 반응시켜 나이트로화시키면 나이트로벤젠을 만들 수 있는 제4류 위험물을 쓰시오.

풀이 제4류 위험물 중 제1석유류의 비수용성 물질인 벤젠(C_6H_6)에 질산(HNO_3)과 함께 황산(H_2SO_4)을 촉매로 반응시켜 나이트로화시키면 제4류 위험물 중 제3석유류인 나이트로벤젠($C_6H_5NO_2$)을 만들 수 있다.

정답 벤젠

예제 6 제4류 위험물 중 무색투명하고 휘발성이 있는 액체로 분자량 92, 인화점 약 4℃인 물질에 대해 다음 물음에 답하시오.

(1) 명칭 (2) 지정수량

풀이 톨루엔($C_6H_5CH_3$)의 성질은 다음과 같다.
① 인화점 4℃, 발화점 552℃, 연소범위 1.4~6.7%, 비점 111℃이다.
② 제1석유류의 비수용성으로 지정수량은 200L이다.
③ 분자량은 12(C)×7+1(H)×8=92이다.
④ 무색투명한 액체로서 독성은 벤젠의 1/10 정도이며 TNT의 원료이다.

정답 (1) 톨루엔 (2) 200L

예제 7 다음 <보기>에서 명칭과 화학식의 연결 중 잘못된 것을 찾아 기호를 쓰고 화학식을 바르게 고쳐 쓰시오.

A. 다이에틸에터 – CH_3OCH_3	B. 톨루엔 – $C_6H_5CH_3$
C. 에틸알코올 – C_2H_5OH	D. 아닐린 – $C_6H_5NH_3$

풀이 A. 다이에틸에터는 특수인화물로서 화학식은 $C_2H_5OC_2H_5$이다.
D. 아닐린은 제3석유류로서 화학식은 $C_6H_5NH_2$이다.

정답 A. $C_2H_5OC_2H_5$ D. $C_6H_5NH_2$

예제 8 무색이고 단맛이 있는 3가 알코올로 분자량이 92이며 비중이 1.26인 제3석유류에 대해 다음 물음에 답하시오.

(1) 명칭   (2) 구조식

풀이 글리세린[$C_3H_5(OH)_3$]의 성질은 다음과 같다.
① 인화점 160℃, 발화점 393℃, 비점 290℃, 비중 1.26으로 물보다 무거운 물질이다.
② 제3석유류의 수용성으로 지정수량은 4,000L이다.
③ 분자량은 12(C)×3+1(H)×8+16(O)×3=92이다.
④ 무색투명하고 단맛이 있는 액체로서 물에 잘 녹는 3가(OH의 수가 3개) 알코올이다.
⑤ 독성이 없으므로 화장품이나 의료기기의 원료로 사용된다.

정답 (1) 글리세린
(2)
```
     OH OH OH
      |  |  |
  H - C - C - C - H
      |  |  |
      H  H  H
```

예제 9 다음 화학식의 명칭을 쓰시오.

A. $CH_3COC_2H_5$ B. $CH_3COOC_2H_5$ C. C_6H_5Cl

풀이 A. CH_3는 메틸, C_2H_5는 에틸, 메틸과 에틸 사이에 CO가 있으면 케톤이므로 $CH_3COC_2H_5$를 메틸에틸케톤(MEK)이라 부른다.
B. CH_3COO는 초산기, C_2H_5는 에틸이므로 $CH_3COOC_2H_5$를 초산에틸 또는 아세트산에틸이라 부른다.
C. 벤젠(C_6H_6)의 H원소 1개를 클로로(염소의 다른 명칭)와 치환시켜 만든 C_6H_5Cl을 클로로벤젠이라 부른다.

정답 A : 메틸에틸케톤, B : 초산에틸, C : 클로로벤젠

예제 10 BTX가 무엇인지 쓰시오.

풀이 B : 벤젠(C_6H_6), T : 톨루엔($C_6H_5CH_3$), X : 크실렌[$C_6H_4(CH_3)_2$]

정답 벤젠(C_6H_6), 톨루엔($C_6H_5CH_3$), 크실렌[$C_6H_4(CH_3)_2$]

예제 11 피리딘에 대해 다음 물음에 답하시오.

(1) 구조식
(2) 분자량
(3) 지정수량

풀이 피리딘(C_5H_5N)의 성질은 다음과 같다.
① 인화점 20℃, 발화점 482℃, 연소범위 1.8~12.4%, 비점 115℃이다.
② 벤젠의 C원소 하나가 N원소로 치환된 물질이다.
③ 분자량은 12(C)×5+1(H)×5+14(N)=79이다.
④ 제1석유류의 수용성으로 지정수량은 400L이다.

정답 (1)   (2) 79   (3) 400L

예제 12 이황화탄소를 저장하고 있는 용기에서 화재가 발생했을 때 용기 내부에 물을 뿌리면 소화가 가능하다. 그 이유를 쓰시오.

풀이 제4류 위험물 중 물보다 가볍고 물에 안 녹는 물질의 경우 물을 뿌리면 연소면이 확대되어 위험하지만 이황화탄소는 물보다 무겁고 비수용성이라 물이 상층에서 이황화탄소를 덮어 산소공급원을 차단시키는 질식소화 작용을 한다.

정답 물보다 무겁고 비수용성이기 때문에 물이 질식소화 작용을 한다.

예제 13 다음 물질들의 시성식을 각각 쓰시오.
(1) 아세톤
(2) 초산메틸
(3) 아세트알데하이드
(4) 나이트로벤젠

풀이 (1) 아세톤(제1석유류 수용성) : CH_3COCH_3
(2) 초산메틸(제1석유류 비수용성) : CH_3COOCH_3
(3) 아세트알데하이드(특수인화물 수용성) : CH_3CHO
(4) 나이트로벤젠(제3석유류 비수용성) : $C_6H_5NO_2$

정답 (1) CH_3COCH_3
(2) CH_3COOCH_3
(3) CH_3CHO
(4) $C_6H_5NO_2$

예제 14 크실렌의 3가지 이성질체의 명칭과 각 물질의 구조식을 쓰시오.

풀이 크실렌[$C_6H_4(CH_3)_2$]은 오르토크실렌(o-크실렌), 메타크실렌(m-크실렌), 파라크실렌(p-크실렌)의 3가지 이성질체를 가지고 있다.

정답

o-크실렌 m-크실렌 p-크실렌

예제 15 다음 동식물유류의 아이오딘값의 범위를 각각 쓰시오.
(1) 건성유
(2) 반건성유
(3) 불건성유

풀이 아이오딘값이란 유지 100g에 흡수되는 아이오딘의 g수를 말한다.
(1) 건성유 : 유지 100g에 130g 이상의 아이오딘이 흡수되는 것
(2) 반건성유 : 유지 100g에 100~130g의 아이오딘이 흡수되는 것
(3) 불건성유 : 유지 100g에 100g 이하의 아이오딘이 흡수되는 것

정답 (1) 130 이상
(2) 100~130
(3) 100 이하

〈 5. 제5류 위험물 - 자기반응성 물질 〉

예제 1 질산에틸($C_2H_5ONO_2$)의 증기비중을 쓰시오.

✔️**풀이** 질산에틸($C_2H_5ONO_2$)의 분자량은 $12(C) \times 2 + 1(H) \times 5 + 16(O) \times 3 + 14(N) = 91$이다. 증기비중
은 분자량을 29로 나누어 준 값이므로 $91/29 = 3.14$이다.

✏️**정답** 3.14

예제 2 건조하면 발화위험이 있으므로 함수알코올(수분 또는 알코올)에 습면시켜 저장하는 제5류
위험물의 종류를 쓰시오.

✔️**풀이** 나이트로셀룰로오스는 건조하면 직사일광에 의해 자연발화의 위험이 있으므로 함수알코올에
습면시켜 저장한다.

✏️**정답** 나이트로셀룰로오스

예제 3 다음 <보기> 중 품명이 나이트로화합물인 것을 모두 쓰시오.

나이트로글리콜, 셀룰로이드, 질산메틸, 트라이나이트로페놀

✔️**풀이** 제5류 위험물 중 나이트로글리콜, 셀룰로이드, 질산메틸은 품명이 질산에스터류이고, 트라이나이
트로페놀은 품명이 나이트로화합물이다.

✏️**정답** 트라이나이트로페놀

예제 4 피크린산에 대해 다음 물음에 답하시오.
(1) 화학식   (2) 품명
(3) 지정수량   (4) 구조식

✔️**풀이** 피크린산[$C_6H_2OH(NO_2)_3$]은 품명이 나이트로화합물로서 지정수량은 제1종 : 10kg, 제2종 :
100kg인 고체이다. 또 다른 명칭으로 트라이나이트로페놀이라 불리며 페놀(C_6H_5OH)에 나이트로
기($-NO_2$) 3개를 치환시켜 만든 물질이다.

✏️**정답** (1) $C_6H_2OH(NO_2)_3$ (2) 나이트로화합물
(3) 제1종 : 10kg, 제2종 : 100kg   (4)

예제 5 다음 제5류 위험물들을 구분하시오.
(1) 유기과산화물   (2) 나이트로화합물
(3) 나이트로소화합물

✔️**풀이** 유기과산화물은 유기물이 빛이나 산소에 의해 과산화되어 만들어지는 물질이고, 나이트로화합물은
나이트로기($-NO_2$)가 결합된 유기화합물이며, 나이트로소화합물은 나이트로소기($-NO$)가 결합된
유기화합물이다.

✏️**정답** (1) 유기물이 빛이나 산소에 의해 과산화되어 만들어진 물질
(2) 나이트로기($-NO_2$)가 결합된 유기화합물
(3) 나이트로소기($-NO$)가 결합된 유기화합물

예제 6 과산화벤조일에 대해 다음 물음에 답하시오.

(1) 화학식　　　　　　　　　　　　　(2) 품명
(3) 지정수량　　　　　　　　　　　　(4) 구조식

풀이 과산화벤조일[$(C_6H_5CO)_2O_2$]은 품명이 유기과산화물로서 지정수량 제1종 : 10kg, 제2종 : 100kg
인 고체이며 그 구조는 벤조일(C_6H_5CO) 2개를 산소 2개로 연결시킨 것이다.

정답 (1) $(C_6H_5CO)_2O_2$
(2) 유기과산화물
(3) 제1종 : 10kg, 제2종 : 100kg
(4) O=C-O-O-C=O

〈 6. 제6류 위험물-산화성 액체 〉

예제 1 과염소산이 열분해해서 발생하는 독성 가스를 쓰시오.

풀이 과염소산은 분해하여 산소와 염화수소(HCl)를 발생하며 염화수소는 기관지를 손상시키는 독성
가스이다.
– 분해반응식 : $HClO_4 \rightarrow HCl + 2O_2$

정답 염화수소(HCl)

예제 2 질산이 분해할 때 발생하는 적갈색 기체를 쓰시오.

풀이 질산(HNO_3)은 분해하여 물(H_2O), 이산화질소(NO_2), 산소(O_2)를 발생한다.
– 분해반응식 : $4HNO_3 \rightarrow 2H_2O + 4NO_2 + O_2$
※ 이때 발생하는 이산화질소(NO_2)가스의 색상은 적갈색이다.

정답 이산화질소(NO_2)

예제 3 질산은 금과 백금을 못 녹이지만 왕수는 금과 백금을 녹일 수 있다. 왕수를 만드는 방법을
쓰시오.

풀이 염산(HCl)과 질산(HNO_3)을 3 : 1의 부피비로 혼합한 용액을 왕수라 하며, 왕수는 금과 백금도
녹일 수 있다.

정답 염산과 질산을 3 : 1의 부피비로 혼합한다.

예제 4 질산과 부동태하는 물질이 아닌 것을 <보기>에서 고르시오.

| A. 철　　　B. 코발트　　　C. 니켈　　　D. 구리 |

풀이 철(Fe), 코발트(Co), 니켈(Ni), 크로뮴(Cr), 알루미늄(Al)은 질산과 부동태한다. 부동태란 물질
표면에 얇은 금속산화물의 막을 형성시켜 산화반응의 진행을 막아주는 현상을 의미한다.

정답 D

예제 5 질산은 단백질과 접촉하여 노란색으로 변하는 반응을 일으키는데 이를 무엇이라 하는지 쓰시오.

풀이 질산은 단백질과 접촉하여 노란색으로 변하는 크산토프로테인반응을 한다.

정답 크산토프로테인반응

예제 6 과산화수소가 이산화망가니즈와 반응하여 분해하였다. 다음 물음에 답하시오.
(1) 발생가스의 명칭
(2) MnO_2의 역할

풀이 과산화수소(H_2O_2)는 분해하여 물과 산소를 발생하며, 분해를 촉진시키기 위해 주로 이산화망가니즈(MnO_2)를 촉매로 사용한다.

- 분해반응식 : $2H_2O_2 \xrightarrow{MnO_2} 2H_2O + O_2$

정답 (1) 산소
(2) 촉매 또는 정촉매 중 1개

제4장 위험물안전관리법

Section 01 위험물안전관리법의 총칙

예제 1 다음 ( ) 안에 알맞은 단어를 쓰시오.

( )은 인화성 또는 발화성 등의 성질을 가지는 것으로서 대통령령이 정하는 물품이다.

풀이 위험물은 인화성 또는 발화성 등의 성질을 가지는 것으로서 대통령령이 정하는 물품을 말한다.

정답 위험물

예제 2 지정수량의 24만배 이상 48만배 미만의 사업장에서 필요로 하는 화학소방자동차의 수와 자체소방대원의 수는 최소 얼마인지 쓰시오.

(1) 화학소방자동차의 수   (2) 자체소방대원의 수

풀이 자체소방대에 두는 화학소방자동차 및 자체소방대원 수의 기준은 다음과 같다.

사업소의 구분	화학소방자동차의 수	자체소방대원의 수
지정수량의 3천배 이상 12만배 미만으로 취급하는 제조소 또는 일반취급소	1대	5인
지정수량의 12만배 이상 24만배 미만으로 취급하는 제조소 또는 일반취급소	2대	10인
지정수량의 24만배 이상 48만배 미만으로 취급하는 제조소 또는 일반취급소	3대	15인
지정수량의 48만배 이상으로 취급하는 제조소 또는 일반취급소	4대	20인
저장하는 제4류 위험물의 최대수량이 지정수량의 50만배 이상인 옥외탱크저장소	2대	10인

정답 (1) 3대   (2) 15명

예제 3 위험물취급소의 종류 4가지를 쓰시오.

풀이 위험물취급소는 다음과 같이 구분한다.

취급소의 구분	위험물을 제조 외의 목적으로 취급하기 위한 장소
이송취급소	배관 및 이에 부속된 설비에 의하여 위험물을 이송하는 장소
주유취급소	고정주유설비에 의하여 자동차, 항공기 또는 선박 등에 직접 연료를 주유하기 위하여 위험물을 취급하는 장소
일반취급소	주유취급소, 판매취급소, 이송취급소 외의 위험물을 취급하는 장소
판매취급소	점포에서 위험물을 용기에 담아 판매하기 위하여 지정수량의 40배 이하의 위험물을 취급하는 장소(페인트점 또는 화공약품점)

정답 이송취급소, 주유취급소, 일반취급소, 판매취급소

예제 4 예방규정을 정해야 하는 옥내저장소는 지정수량의 몇 배 이상이 되어야 하는지 쓰시오.

　　풀이　예방규정을 정해야 하는 제조소등은 다음과 같이 구분된다.
　　　① 지정수량의 10배 이상의 위험물을 취급하는 제조소
　　　② 지정수량의 100배 이상의 위험물을 저장하는 옥외저장소
　　　③ 지정수량의 150배 이상의 위험물을 저장하는 옥내저장소
　　　④ 지정수량의 200배 이상의 위험물을 저장하는 옥외탱크저장소
　　　⑤ 암반탱크저장소
　　　⑥ 이송취급소
　　　⑦ 지정수량의 10배 이상의 위험물을 취급하는 일반취급소

　　정답　150배

예제 5 아래 탱크의 내용적을 구하시오. (여기서, $r=1\text{m}$, $l=4\text{m}$, $l_1=0.6\text{m}$, $l_2=0.6\text{m}$이다.)

 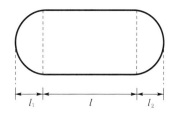

　　풀이
$$\text{내용적} = \pi r^2\left(l + \frac{l_1+l_2}{3}\right)$$
$$= \pi \times 1^2 \times \left(4 + \frac{0.6+0.6}{3}\right)$$
$$= 13.82\text{m}^3$$

　　정답　13.82m^3

예제 6 탱크의 공간용적에 대한 다음 설명 중 (　) 안에 들어갈 내용을 알맞게 채우시오.
(1) 탱크의 공간용적은 탱크 내용적의 100분의 (　) 이상 100분의 (　) 이하로 한다.
(2) 소화약제 방출구를 탱크 안의 윗부분에 설치한 탱크의 공간용적은 해당 소화설비의 소화약제 방출구 아래의 (　)m 이상 (　)m 미만 사이의 면으로부터 윗부분의 용적을 공간용적으로 한다.
(3) 암반탱크의 공간용적은 해당 탱크 내에 용출하는 (　)일간의 지하수의 양에 상당하는 용적과 그 탱크 내용적의 (　)분의 1의 용적 중에서 보다 큰 용적을 공간용적으로 한다.

　　풀이　(1) 탱크의 공간용적은 탱크 내용적의 100분의 5 이상 100분의 10 이하로 한다.
　　　(2) 소화약제 방출구를 탱크 안의 윗부분에 설치한 탱크의 공간용적은 해당 소화설비의 소화약제 방출구 아래의 0.3m 이상 1m 미만 사이의 면으로부터 윗부분의 용적을 공간용적으로 한다.
　　　(3) 암반탱크의 공간용적은 해당 탱크 내에 용출하는 7일간의 지하수의 양에 상당하는 용적과 그 탱크 내용적의 100분의 1의 용적 중에서 보다 큰 용적을 공간용적으로 한다.

　　정답　(1) 5, 10
　　　(2) 0.3, 1
　　　(3) 7, 100

예제 7 다음 <보기>에서 위험물안전카드를 휴대해야 하는 위험물을 모두 고르시오.

> A. 특수인화물   B. 알코올류   C. 황화인
>
> D. 과산화수소   E. 제3석유류

풀이 위험물안전카드를 휴대해야 하는 위험물의 종류는 다음과 같다.
① 제4류 위험물 중 특수인화물 및 제1석유류
② 제1류·제2류·제3류·제5류·제6류 위험물의 전부

정답 A, C, D

예제 8 제조소의 자체소방대에 설치된 포수용액 방사차에 대해 다음 괄호 안에 들어갈 알맞은 내용을 쓰시오.

(1) 포수용액 방사차는 포수용액의 방사능력이 매분 (   ) 이상이어야 한다.

(2) 포수용액 방사차에는 소화약액탱크 및 (   )를 비치해야 한다.

(3) 포수용액 방사차에는 (   ) 이상의 포수용액을 방사할 수 있는 양의 소화약제를 비치해야 한다.

풀이 (1) 포수용액 방사차는 포수용액의 방사능력이 매분 2,000L 이상이어야 한다.
(2) 포수용액 방사차에는 소화약액탱크 및 소화약액혼합장치를 비치해야 한다.
(3) 포수용액 방사차에는 10만L 이상의 포수용액을 방사할 수 있는 양의 소화약제를 비치해야 한다.

정답 (1) 2,000L
(2) 소화약액혼합장치
(3) 10만L

예제 9 탱크시험자가 갖추어야 하는 기술능력 중 필수인력의 자격요건에 해당하는 것을 다음 <보기>에서 모두 고르시오.

> • 위험물기능장
> • 누설비파괴검사 기사·산업기사
> • 초음파비파괴검사 기능사
> • 측량 및 지형공간정보기술사·기사·산업기사 또는 측량기능사
> • 위험물산업기사

풀이 탱크시험자가 갖추어야 하는 기술능력 중 필수인력
① 위험물기능장, 위험물산업기사, 위험물기능사 중 1명 이상
② 비파괴검사기술사 1명 이상 또는 방사선비파괴검사, 초음파비파괴검사, 자기비파괴검사 및 침투비파괴검사별로 기사 또는 산업기사 각 1명 이상

정답 위험물기능장, 위험물산업기사

예제 10 탱크 안전성능검사의 종류 4가지를 쓰시오.

풀이 탱크 안전성능검사의 종류
① 기초 · 지반 검사
② 충수 · 수압 검사
③ 용접부 검사
④ 암반탱크 검사

정답 기초 · 지반 검사, 충수 · 수압 검사, 용접부 검사, 암반탱크 검사

예제 11 다음은 제조소등의 설치허가에 있어서 한국소방산업기술원의 기술검토를 받아야 하는 사항이다. 괄호 안에 들어갈 알맞은 말을 쓰시오.
(1) 지정수량의 (   )배 이상의 위험물을 취급하는 제조소 또는 일반취급소의 구조 · 설비에 관한 사항
(2) (   )L 이상인 옥외탱크저장소 또는 암반탱크저장소의 위험물탱크의 기초 · 지반, 탱크 본체 및 소화설비에 관한 사항

풀이 제조소등의 설치허가 또는 제조소등의 위치 · 구조 및 설비의 변경허가에 있어서 한국소방산업기술원의 기술검토를 받아야 하는 사항은 다음과 같다.
(1) 지정수량의 1천배 이상의 위험물을 취급하는 제조소 또는 일반취급소의 구조 · 설비에 관한 사항
(2) 50만L 이상인 옥외탱크저장소 또는 암반탱크저장소의 위험물탱크의 기초 · 지반, 탱크 본체 및 소화설비에 관한 사항

정답 (1) 1천
(2) 50만

예제 12 안전관리자에 대해 다음 물음에 답하시오.
(1) 안전관리자를 해임할 경우 며칠 이내에 다시 안전관리자를 선임해야 하는지 쓰시오.
(2) 안전관리자를 선임한 경우에는 선임한 날부터 며칠 이내에 신고해야 하는지 쓰시오.
(3) 안전관리자가 여행 · 질병, 그 밖의 사유로 인하여 일시적으로 직무를 수행할 수 없는 경우 대리자가 안전관리자의 직무를 대행할 수 있는 기간은 며칠을 초과할 수 없는지 쓰시오.

풀이 위험물안전관리자의 자격
(1) 제조소등의 관계인은 그 안전관리자를 해임하거나 안전관리자가 퇴직한 때에는 해임하거나 퇴직한 날부터 30일 이내에 다시 안전관리자를 선임하여야 한다.
(2) 제조소등의 관계인은 안전관리자를 선임한 경우에는 선임한 날부터 14일 이내에 소방본부장 또는 소방서장에게 신고하여야 한다.
(3) 제조소등의 관계인은 안전관리자가 여행 · 질병, 그 밖의 사유로 인하여 일시적으로 직무를 수행할 수 없거나 안전관리자의 해임 또는 퇴직과 동시에 다른 안전관리자를 선임하지 못하는 경우에는 위험물의 취급에 관한 자격취득자 또는 안전관리자의 대리자를 지정하여 그 직무를 대행하게 하여야 한다. 이 경우 대리자가 안전관리자의 직무를 대행하는 기간은 30일을 초과할 수 없다.

정답 (1) 30일
(2) 14일
(3) 30일

예제 13 자체소방대를 두지 아니한 관계인으로서 허가를 받은 자에 대한 벌칙의 종류를 쓰시오.

풀이 자체소방대를 두지 아니한 관계인으로서 허가를 받은 자는 1년 이하의 징역 또는 1천만원 이하의 벌금에 해당하는 벌칙을 받아야 한다.

정답 1년 이하의 징역 또는 1천만원 이하의 벌금 중 1개

예제 14 다음 제조소등의 완공검사 신청시기를 쓰시오.
(1) 지하탱크가 있는 제조소등
(2) 이동탱크저장소

풀이 제조소등의 완공검사의 신청시기
① 지하탱크가 있는 제조소등의 경우 : 지하탱크를 매설하기 전
② 이동탱크저장소의 경우 : 이동저장탱크를 완공하고 상치장소를 확보한 후
③ 이송취급소의 경우 : 이송배관공사의 전체 또는 일부를 완료한 후
④ 전체 공사가 완료된 후에는 완공검사를 실시하기 곤란한 경우
　㉠ 위험물설비 또는 배관의 설치가 완료되어 기밀시험 또는 내압시험을 실시하는 시기
　㉡ 배관을 지하에 설치하는 경우에는 시·도지사, 소방서장 또는 기술원이 지정하는 부분을 매몰하기 직전
　㉢ 기술원이 지정하는 부분의 비파괴시험을 실시하는 시기
⑤ 그 밖의 제조소등의 경우 : 제조소등의 공사를 완료한 후

정답 (1) 지하탱크를 매설하기 전
(2) 이동저장탱크를 완공하고 상치장소를 확보한 후

Section 02 제조소, 저장소의 위치·구조 및 설비의 기준

〈 1. 제조소 〉

예제 1 제조소로부터 다음 건축물까지의 안전거리는 몇 m 이상으로 해야 하는지 쓰시오.
(1) 학교
(2) 지정문화재

풀이 제조소등으로부터의 안전거리기준은 다음과 같다.
① 주거용 건축물(제조소의 동일부지 외에 있는 것) : 10m 이상
② 학교·병원·극장(300명 이상), 다수인 수용시설 : 30m 이상
③ 유형문화재, 지정문화재 : 50m 이상
④ 고압가스, 액화석유가스 등의 저장·취급 시설 : 20m 이상
⑤ 사용전압 7,000V 초과 35,000V 이하의 특고압가공전선 : 3m 이상
⑥ 사용전압 35,000V를 초과하는 특고압가공전선 : 5m 이상

정답 (1) 30m
(2) 50m

예제 2 지정수량의 15배를 취급하는 위험물제조소의 보유공지는 얼마 이상으로 해야 하는지 쓰시오.

풀이 제조소의 보유공지 너비의 기준은 다음과 같다.
① 지정수량의 10배 이하 : 3m 이상
② 지정수량의 10배 초과 : 5m 이상

정답 5m

예제 3 제4류 위험물을 취급하는 위험물제조소에 필요한 주의사항 게시판에 대한 다음 물음에 답하시오.

(1) 게시판의 내용   (2) 게시판의 크기
(3) 게시판의 바탕색   (4) 게시판의 문자색

풀이 위험물제조소의 주의사항 게시판의 기준
① 주의사항 게시판의 내용
　㉠ 제2류 위험물 중 인화성 고체, 제3류 위험물 중 자연발화성 물질, 제4류 위험물, 제5류 위험물 : 화기엄금
　㉡ 제2류 위험물(인화성 고체 제외) : 화기주의
　㉢ 제1류 위험물 중 알칼리금속의 과산화물, 제3류 위험물 중 금수성 물질 : 물기엄금
　㉣ 제1류 위험물(알칼리금속의 과산화물 제외), 제6류 위험물 : 필요 없음
② 크기 : 한 변의 길이 0.3m 이상, 다른 한 변의 길이 0.6m 이상
③ 색상
　– 화기엄금 : 적색바탕, 백색문자
　– 화기주의 : 적색바탕, 백색문자
　– 물기엄금 : 청색바탕, 백색문자

정답 (1) 화기엄금   (2) 한 변의 길이 0.3m 이상, 다른 한 변의 길이 0.6m 이상
(3) 적색   (4) 백색

예제 4 작업장과 제4류 위험물을 취급하는 제조소 사이에 방화상 유효한 격벽을 설치한 때에는 제조소에 공지를 두지 아니할 수 있다. 이 격벽의 기준에 대해 다음 물음에 답하시오.

(1) 방화상 유효한 격벽은 어떤 구조로 해야 하는가?
(2) 방화상 유효한 격벽의 양단 및 상단이 외벽과 지붕으로부터 각각 얼마 이상 돌출되어야 하는가?

풀이 제조소의 방화상 유효한 격벽의 기준은 다음과 같다.
① 방화상 유효한 격벽은 내화구조로 한다(단, 제6류 위험물을 취급하는 제조소는 불연재료로 할 수 있다).
② 방화상 유효한 격벽에 설치하는 출입구 및 창에는 자동폐쇄식 60분＋방화문 또는 60분 방화문을 설치한다.
③ 방화상 유효한 격벽의 양단 및 상단을 외벽 또는 지붕으로부터 50cm 이상 돌출시킨다.

정답 (1) 내화구조   (2) 양단 : 50cm, 상단 : 50cm

예제 5 제4류 위험물을 취급하는 제조소에서 반드시 내화구조로 해야 하는 것은 무엇인지 쓰시오.

풀이 제조소의 벽, 기둥, 바닥, 보, 서까래, 계단은 불연재료로 하고, 연소의 우려가 있는 외벽은 반드시 내화구조로 해야 한다.

정답 연소의 우려가 있는 외벽

예제 6 제조소에서 연소의 우려가 있는 외벽에 있는 출입구에 설치하는 방화문의 종류는 무엇인지 쓰시오.

풀이 제조소의 출입구에는 60분＋방화문·60분 방화문 또는 30분 방화문을 설치하지만 연소의 우려가 있는 외벽에 있는 출입구에는 수시로 열 수 있는 자동폐쇄식 60분＋방화문 또는 60분 방화문을 설치해야 한다.

정답 자동폐쇄식 60분＋방화문 또는 60분 방화문

예제 7 제조소에서 취급하는 위험물의 종류 중 제조소의 지붕을 내화구조로 할 수 있는 제4류 위험물의 품명 2가지를 쓰시오.

풀이 제조소의 지붕은 폭발력이 위로 방출될 정도의 가벼운 불연재료로 해야 한다. 다만, 지붕을 내화구조로 할 수 있는 경우는 다음과 같다.
① 제2류 위험물(분상의 것과 인화성 고체를 제외)을 취급하는 경우
② 제4류 위험물 중 제4석유류, 동식물유류를 취급하는 경우
③ 제6류 위험물을 취급하는 경우
④ 내부의 과압 또는 부압에 견딜 수 있는 철근콘크리트의 밀폐형 구조의 건축물인 경우
⑤ 외부화재에 90분 이상 견딜 수 있는 밀폐형 구조의 건축물인 경우

정답 제4석유류, 동식물유류

예제 8 제조소의 바닥면적이 $300m^2$라면 필요한 급기구의 개수와 하나의 급기구 크기는 각각 얼마 이상으로 해야 하는지 쓰시오.
(1) 급기구의 개수
(2) 하나의 급기구 크기

풀이 제조소는 바닥면적 $150m^2$마다 급기구 1개 이상으로 하고 그 급기구의 크기는 $800cm^2$ 이상으로 한다. 따라서 바닥면적이 $300m^2$인 경우 급기구의 개수는 2개가 필요하며 하나의 급기구 크기는 $800cm^2$ 이상으로 한다.

정답 (1) 2개
(2) $800cm^2$

예제 9 제조소에 설치하는 국소방식의 배출설비는 배출장소 용적의 몇 배 이상을 한 시간 내에 배출할 수 있어야 하는지 쓰시오.

풀이 배출설비의 배출능력
① 국소방식 : 1시간당 배출장소 용적의 20배 이상의 양
② 전역방식 : 바닥면적 $1m^2$마다 $18m^3$ 이상의 양

정답 20배

예제 10 다음 물음에 답하시오.
(1) 제조소의 환기설비는 어떤 방식인가?
(2) 환기구의 높이는 지면으로부터 몇 m 이상으로 해야 하는가?
(3) 급기구에 설치하는 설비의 명칭은 무엇인가?

풀이 (1) 환기방식은 자연배기방식으로 한다.
　　(2) 환기구의 기준 : 지상 2m 이상의 높이에 설치한다.
　　(3) 급기구 기준
　　　① 급기구는 낮은 곳에 설치한다.
　　　② 급기구(외부의 공기를 건물 내부로 유입시키는 통로)는 바닥면적 150m² 마다
　　　　1개 이상으로 하고 급기구의 크기는 800cm² 이상으로 한다.
　　　③ 바닥면적이 150m² 미만인 경우에는 급기구를 아래의 크기로 한다.

바닥면적	급기구의 크기
60m² 미만	150cm² 이상
60m² 이상 90m² 미만	300cm² 이상
90m² 이상 120m² 미만	450cm² 이상
120m² 이상 150m² 미만	600cm² 이상

　　　④ 급기구에는 가는 눈의 구리망 등으로 인화방지망을 설치한다.

정답 (1) 자연배기방식
　　(2) 2m
　　(3) 인화방지망

예제 11 제조소의 옥외에 모두 3기의 휘발유 취급탱크를 설치하려고 한다. 방유제 안에 설치하는 각 취급탱크의 용량이 60,000L, 20,000L, 10,000L일 때 방유제의 용량은 몇 L 이상으로 해야 하는지 구하시오.

풀이 하나의 방유제 안에 위험물취급탱크가 2개 이상 포함되어 있으면 용량이 가장 큰 취급탱크 용량의 50%에 나머지 취0급탱크들의 용량을 합한 양의 10%를 가산한 양 이상으로 정한다. 여기서 용량이 가장 큰 취급탱크 용량의 50%는 60,000L×1/2=30,000L이며 나머지 취급탱크들의 용량을 합한 양의 10%는 (20,000L+10,000L)×0.1 =3,000L이므로 이를 합하면 30,000L+3,000L =33,000L이다.

정답 33,000L

〈 2. 옥내저장소 〉

예제 1 다음 (　　) 안에 옥내저장소의 안전거리 제외조건을 완성하시오.

지정수량의 20배 이하로서 다음의 기준을 동시에 만족하는 경우
- 저장창고의 벽, (　　　), 바닥, (　　　) 및 지붕을 내화구조로 할 것
- 저장창고의 출입구에 수시로 열 수 있는 자동폐쇄식의 60분+방화문 또는 60분 방화문을 설치할 것
- 저장창고에 (　　　)을 설치하지 아니할 것

풀이 옥내저장소의 안전거리 제외조건은 다음과 같다.
　　① 지정수량의 20배 미만의 제4석유류 또는 동식물유류를 저장하는 경우
　　② 제6류 위험물을 저장하는 경우
　　③ 지정수량의 20배 이하로서 다음의 기준을 동시에 만족하는 경우
　　　- 저장창고의 벽, 기둥, 바닥, 보 및 지붕을 내화구조로 할 것
　　　- 저장창고의 출입구에 수시로 열 수 있는 자동폐쇄식의 60분+방화문 또는 60분 방화문을 설치할 것
　　　- 저장창고에 창을 설치하지 아니할 것

정답 기둥, 보, 창

예제 2 벽, 기둥, 바닥이 내화구조로 된 옥내저장소에 일일 최대량으로 휘발유 4,000L를 저장한다면 이 옥내저장소의 보유공지는 최소 몇 m 이상으로 해야 하는지 쓰시오.

> **풀이** 휘발유는 제4류 위험물의 제1석유류 비수용성 물질로 지정수량이 200L이다. 따라서 지정수량의 배수는 4,000L/200L＝20배로서 지정수량의 10배 초과 20배 이하에 해당하며 이때 확보해야 하는 보유공지는 2m 이상이다.

> **정답** 2m

예제 3 옥내저장소에서 인화점이 몇 ℃ 미만의 위험물을 저장하는 경우 배출설비를 설치해야 하는지 쓰시오.

> **풀이** 옥내저장소에는 기본적으로 환기설비를 해야 하지만 인화점이 70℃ 미만인 위험물의 저장창고에 있어서는 배출설비를 설치해야 한다.

> **정답** 70℃

예제 4 벤젠을 저장하는 옥내저장소의 바닥면적은 몇 m^2 이하로 하는지 쓰시오.

> **풀이** 옥내저장소의 바닥면적에 따른 저장기준
> ① 바닥면적 1,000m^2 이하에 저장할 수 있는 물질
> – 제1류 위험물 중 아염소산염류, 염소산염류, 과염소산염류, 무기과산화물, 그 밖에 지정수량이 50kg인 위험물(위험등급 I)
> – 제3류 위험물 중 칼륨, 나트륨, 알킬알루미늄, 알킬리튬, 그 밖에 지정수량이 10kg인 위험물 및 황린(위험등급 I)
> – 제4류 위험물 중 특수인화물, 제1석유류 및 알코올류(위험등급 I 및 위험등급 II)
> – 제5류 위험물 중 유기과산화물, 질산에스터류, 그 밖에 지정수량이 10kg인 위험물(위험등급 I)
> – 제6류 위험물(위험등급 I)
> ② 바닥면적 2,000m^2 이하에 저장할 수 있는 물질
> – 바닥면적 1,000m^2 이하에 저장할 수 있는 물질 이외의 것

> **정답** 1,000m^2

예제 5 옥내저장소에 어떤 위험물을 저장하는 경우 지붕을 내화구조로 할 수 있는지 쓰시오.

> **풀이** 옥내저장소의 지붕은 폭발력이 위로 방출될 정도의 가벼운 불연재료로 해야 한다. 단, 제2류 위험물(분상의 것과 인화성 고체를 제외한 것) 또는 제6류 위험물만의 저장창고에 있어서는 지붕을 내화구조로 할 수 있다.

> **정답** 제2류 위험물(분상의 것과 인화성 고체를 제외한 것) 또는 제6류 위험물

예제 6 제1류 위험물 중 알칼리금속의 과산화물을 저장하는 옥내저장소의 바닥구조에 대해 쓰시오.

> **풀이** 옥내저장소에서 물이 스며나오거나 스며들지 아니하는 바닥구조로 해야 하는 위험물
> ① 제1류 위험물 중 알칼리금속의 과산화물
> ② 제2류 위험물 중 철분, 금속분, 마그네슘
> ③ 제3류 위험물 중 금수성 물질
> ④ 제4류 위험물

> **정답** 물이 스며나오거나 스며들지 아니하는 바닥구조

예제7 액상의 위험물을 저장하는 옥내저장소의 바닥에 적당한 경사를 두고 그 최저부에 설치해야 하는 설비는 무엇인지 쓰시오.

풀이 액상의 위험물의 저장창고 바닥은 위험물이 스며들지 아니하는 구조로 하고, 적당히 경사지게 하여 그 최저부에 집유설비를 해야 한다.

정답 집유설비

예제8 적린을 저장하는 다층 건물 옥내저장소의 바닥면적의 합은 얼마 이하인지 쓰시오.

풀이 다층 건물의 옥내저장소
① 저장 가능한 위험물 : 제2류(인화성 고체 제외) 또는 제4류(인화점 70℃ 미만 제외)
② 층고 : 6m 미만
③ 하나의 저장창고의 모든 층의 바닥면적 합계 : 1,000m² 이하

정답 1,000m²

예제9 지정과산화물 옥내저장소에서 바닥으로부터 창의 높이와 하나의 창의 면적은 얼마 이내로 해야 하는지 쓰시오.
(1) 바닥으로부터 창의 높이
(2) 하나의 창의 면적

풀이 지정과산화물 옥내저장소의 창의 기준
① 바닥으로부터 2m 이상 높이에 있어야 한다.
② 하나의 창의 면적은 0.4m² 이내로 해야 한다.
③ 벽면에 부착된 모든 창의 면적의 합은 창이 부착되어 있는 벽면 면적의 80분의 1 이내로 해야 한다.

정답 (1) 2m
(2) 0.4m²

예제10 지정과산화물 옥내저장소에 대해 다음 물음에 답하시오.
(1) 격벽으로 구획해야 하는 저장소의 바닥면적은 몇 m² 이내인가?
(2) 저장창고의 격벽은 외벽으로부터 몇 m 이상 돌출되어야 하는가?
(3) 저장창고의 격벽은 지붕으로부터 몇 cm 이상 돌출되어야 하는가?

풀이 지정과산화물 옥내저장소의 격벽 기준
① 바닥면적 150m² 이내마다 격벽으로 구획한다.
② 격벽의 돌출길이
 - 창고 양측의 외벽으로부터 1m 이상 돌출되어야 한다.
 - 창고 상부의 지붕으로부터 50cm 이상 돌출되어야 한다.

정답 (1) 150m²
(2) 1m
(3) 50cm

예제 11 담 또는 토제를 설치한 지정과산화물 옥내저장소에 대해 다음 물음에 답하시오.
   (1) 저장창고의 외벽으로부터 담 또는 토제까지의 거리는 몇 m 이상으로 해야 하는가?
   (2) 담 또는 토제와 저장창고 외벽과의 간격은 지정과산화물 옥내저장소의 보유공지 너비의 몇 분의 몇을 초과할 수 없는가?
   (3) 토제의 경사면은 몇 ° 미만으로 해야 하는가?

   🖋 **풀이** 지정과산화물 옥내저장소의 담 또는 토제(흙담)의 기준
   ① 담 또는 토제와 저장창고의 외벽까지의 거리 : 2m 이상
   ② 담 또는 토제와 저장창고와의 간격은 지정과산화물 옥내저장소의 보유공지 너비의 5분의 1을 초과할 수 없다.
   ③ 토제의 경사도 : 60° 미만

   ✏ **정답** (1) 2m   (2) 5분의 1   (3) 60°

〈 3. 옥외탱크저장소 〉

예제 1 옥외저장탱크에 휘발유 400,000L를 저장할 때 필요한 보유공지는 최소 얼마 이상으로 확보해야 하는지 쓰시오.

   🖋 **풀이** 휘발유는 제4류 위험물의 제1석유류 비수용성 물질이므로 지정수량은 200L이며 지정수량의 배수는 400,000L/200L=2,000배로 지정수량의 1,000배 초과 2,000배 이하에 해당한다. 이때 옥외저장탱크의 보유공지는 9m 이상을 확보해야 한다.

   ✏ **정답** 9m

예제 2 제4류 위험물을 지정수량의 3,500배로 저장하는 옥외저장탱크 2개가 하나의 방유제 내에 들어 있을 때 이 2개 탱크 사이의 거리는 얼마 이상으로 해야 하는지 쓰시오.

   🖋 **풀이** 동일한 방유제 안에 제4류 위험물을 저장한 옥외저장탱크 2개의 상호간 거리는 보유공지 너비의 1/3 이상(최소 3m 이상)으로 할 수 있다. 문제의 조건이 지정수량의 3,500배이기 때문에 보유공지는 15m 이상을 필요로 하지만 두 탱크 사이의 거리는 15m×1/3이므로 5m의 상호간 거리가 필요하다.

   ✏ **정답** 5m

예제 3 제6류 위험물을 지정수량의 3,500배로 저장하는 옥외저장탱크 2개가 하나의 방유제 내에 들어 있을 때 다음 물음에 답하시오.
   (1) 옥외저장탱크의 보유공지는 얼마 이상으로 해야 하는가?
   (2) 2개의 탱크 사이의 거리는 얼마 이상으로 해야 하는가?

   🖋 **풀이** (1) 제6류 위험물의 옥외저장탱크의 보유공지는 제6류 위험물 외의 위험물이 저장된 옥외저장탱크의 보유공지의 1/3 이상(최소 1.5m 이상)으로 한다. 따라서 지정수량의 3,500배로 저장하는 제6류 위험물의 옥외저장탱크의 보유공지는 15m×1/3 =5m이다.
   (2) 동일한 방유제 안에 들어 있는 제6류 위험물의 옥외저장탱크 2개의 상호간 거리는 제6류 위험물의 옥외저장탱크의 보유공지 너비의 1/3 이상(최소 1.5m 이상)으로 한다. 따라서 제6류 위험물의 옥외저장탱크 2개의 상호간 거리는 5m×1/3=1.67m 이상이다.

   ✏ **정답** (1) 5m   (2) 1.67m

예제 4 옥외저장탱크의 통기관에 대해 다음 물음에 답하시오.

(1) 밸브 없는 통기관의 직경은 얼마 이상으로 해야 하는가?
(2) 밸브 없는 통기관의 선단은 수평면보다 몇 ° 이상 구부려 빗물 등의 침투를 막는 구조로 해야 하는가?
(3) 대기밸브부착 통기관은 몇 kPa 이하의 압력 차이로 작동할 수 있어야 하는가?

> **풀이** ① 밸브 없는 통기관 : 직경은 30mm 이상으로 하고 밸브 없는 통기관의 선단은 수평면보다 45° 이상 구부려 빗물 등의 침투를 막는 구조로 한다.
> ② 대기밸브부착 통기관 : 5kPa 이하의 압력 차이로 작동할 수 있어야 한다.

> **정답** (1) 30mm (2) 45° (3) 5kPa

예제 5 옥외저장탱크의 방유제에 대한 다음 물음에 답하시오.

(1) 하나의 방유제 안에 휘발유 8만L를 저장하는 옥외저장탱크는 몇 개까지 설치할 수 있는가?
(2) 방유제의 높이의 범위는 얼마인가?
(3) 계단을 설치해야 하는 방유제의 높이는 최소 얼마 이상인가?

> **풀이** (1) 방유제 내의 설치하는 옥외저장탱크의 수
> ① 10개 이하 : 인화점 70℃ 미만의 위험물을 저장하는 옥외저장탱크
> ② 20개 이하 : 모든 옥외저장탱크 용량의 합이 20만L 이하이고 인화점이 70℃ 이상 200℃ 미만인 경우
> ③ 개수 무제한 : 인화점이 200℃ 이상인 위험물을 저장하는 경우
> (2) 방유제의 높이는 0.5m 이상 3m 이하로 할 것
> (3) 높이가 1m를 넘는 방유제의 안팎에는 약 50m마다 계단 또는 경사로를 설치할 것

> **정답** (1) 10개
> (2) 0.5m 이상 3m 이하
> (3) 1m

예제 6 인화성 액체(이황화탄소 제외)를 저장한 옥외저장탱크 1개가 설치되어 있는 방유제의 용량은 설치된 탱크 용량의 몇 % 이상으로 해야 하는지 쓰시오.

> **풀이** 인화성이 있는 위험물의 옥외저장탱크의 방유제 용량
> ① 하나의 옥외저장탱크가 설치된 방유제 용량 : 탱크 용량의 110% 이상
> ② 2개 이상의 옥외저장탱크가 설치된 방유제 용량 : 탱크 중 용량이 최대인 것의 110% 이상

> **정답** 110%

예제 7 질산을 저장하는 옥외저장탱크에 대해 다음 물음에 답하시오.

(1) 하나의 옥외저장탱크를 설치한 방유제의 용량은 탱크 용량의 몇 % 이상으로 하는가?
(2) 2개 이상의 옥외저장탱크를 설치한 방유제의 용량은 둘 중 더 큰 탱크 용량의 몇 % 이상으로 하는가?

> **풀이** 질산(제6류 위험물)과 같이 인화성이 없는 액체위험물을 저장하는 옥외저장탱크의 방유제 용량
> ① 하나의 옥외저장탱크가 설치된 방유제 용량 : 탱크 용량의 100% 이상
> ② 2개 이상의 옥외저장탱크가 설치된 방유제 용량 : 탱크 중 용량이 최대인 것의 100% 이상

> **정답** (1) 100% (2) 100%

예제 8 옥외저장탱크의 지름이 15m이고 높이가 20m일 때 탱크의 옆판으로부터 방유제까지의 거리는 몇 m 이상으로 해야 하는지 쓰시오.

풀이 옥외저장탱크의 지름 15m는 15m 이상에 해당하는 경우이므로, 탱크 옆판으로부터 방유제까지의 거리는 탱크의 높이 20m×1/2＝10m 이상이 되어야 한다.
　※ 방유제로부터 옥외저장탱크 옆판까지의 거리
　　① 탱크 지름이 15m 미만 : 탱크 높이의 3분의 1 이상
　　② 탱크 지름이 15m 이상 : 탱크 높이의 2분의 1 이상

정답 10m

예제 9 압력탱크 외의 옥외저장탱크에 밸브 없는 통기관을 설치해야 하는 경우는 몇 류 위험물을 저장하는 경우인지 쓰시오.

풀이 압력탱크 외의 옥외저장탱크에 제4류 위험물을 저장하는 경우 밸브 없는 통기관 또는 대기밸브부착 통기관을 설치해야 한다.

정답 제4류 위험물

〈 4. 옥내탱크저장소 〉

예제 1 옥내저장탱크 전용실의 안쪽 면과 탱크 사이의 거리 및 탱크 상호간의 거리는 몇 m 이상으로 하는지 쓰시오.

풀이 옥내저장탱크의 간격은 다음과 같다.
　　① 옥내저장탱크와 탱크전용실의 벽과의 사이 간격 : 0.5m 이상
　　② 옥내저장탱크의 상호간의 간격 : 0.5m 이상

정답 0.5m

예제 2 옥내탱크저장소의 전용실을 단층건물 외의 건축물 중 지하 또는 1층에 보관해야 하는 제2류 위험물의 종류 2가지를 쓰시오.

풀이 옥내탱크저장소의 전용실을 단층건물 외의 건축물에 설치하는 경우
　　① 건축물의 1층 또는 지하층에 탱크전용실을 설치할 수 있는 위험물
　　　－ 제2류 위험물 중 황화인, 적린 및 덩어리상태의 황
　　　－ 제3류 위험물 중 황린
　　　－ 제6류 위험물 중 질산
　　② 건축물 층수의 제한 없이 탱크전용실을 설치할 수 있는 위험물
　　　－ 제4류 위험물 중 인화점이 38℃ 이상인 위험물

정답 황화인, 적린, 덩어리상태의 황 중 2가지

예제 3 단층 건물에 설치된 탱크전용실에 있는 옥내저장탱크에 제4석유류를 저장한다면 지정수량의 몇 배 이하로 저장할 수 있는지 쓰시오.

풀이 옥내저장탱크의 용량

    1) 단층 건물 또는 단층 건물 외의 건축물 중 1층 이하의 층에 탱크전용실을 설치하는 경우
      지정수량의 40배(단, 제4석유류 및 동식물유류 외의 제4류 위험물은 20,000L 초과 시
      20,000L 이하)

    2) 단층 건물 외의 건축물 중 2층 이상의 층에 탱크전용실을 설치하는 경우
      지정수량의 10배 이하(단, 제4석유류 및 동식물유류 외의 제4류 위험물은 5,000L 초과 시
      5,000L 이하)

정답 40배

예제 4 옥내저장탱크의 밸브 없는 통기관에 대해 다음 물음에 답하시오.

  (1) 통기관의 선단은 건축물의 창 및 출입구로부터 몇 m 이상 옥외의 장소로 떨어져 있어야 하는가?

  (2) 통기관의 선단은 지면으로부터 몇 m 이상의 높이에 있어야 하는가?

  (3) 인화점 40℃ 미만인 위험물을 저장하는 옥내저장탱크의 통기관과 부지경계선까지의 거리는 몇 m 이상으로 해야 하는가?

풀이 옥내저장탱크의 밸브 없는 통기관의 기준

    ① 통기관의 선단(끝단)과 건축물의 창, 출입구와의 거리는 옥외의 장소로 1m 이상 떨어져 있어야 한다.

    ② 통기관의 선단은 지면으로부터 4m 이상의 높이에 있어야 한다.

    ③ 인화점 40℃ 미만인 위험물을 저장하는 탱크의 통기관과 부지경계선까지의 거리는 1.5m 이상이어야 한다.

정답 (1) 1m
      (2) 4m
      (3) 1.5m

〈 5. 지하탱크저장소 〉

예제 1 지하저장탱크 중 압력탱크 외의 탱크의 수압시험은 얼마의 압력으로 하는지 쓰시오.

풀이 지하저장탱크의 시험압력 기준

    ① 압력탱크 외의 탱크 : 70kPa의 압력으로 10분간 수압시험에서 새거나 변형되지 아니하여야 한다.

    ② 압력탱크 : 최대상용압력의 1.5배 압력으로 10분간 실시하는 수압시험에서 새거나 변형되지 아니하여야 한다.

정답 70kPa

예제 2 지하저장탱크에 대해 다음 물음에 답하시오.

  (1) 지면으로부터 탱크 상부까지의 깊이는 몇 m 이상으로 해야 하는가?

  (2) 지하저장탱크 2개의 용량의 합이 지정수량의 150배일 때 탱크의 상호거리는 몇 m 이상으로 하는가?

  (3) 지하저장탱크와 전용실 안쪽과의 거리는 몇 m 이상으로 하는가?

  (4) 탱크전용실의 벽 및 바닥의 두께는 몇 m 이상의 철근콘크리트로 만드는가?

풀이 지하탱크저장소의 설치기준
① 전용실의 내부에는 입자지름 5mm 이하의 마른자갈분 또는 마른모래를 채운다.
② 지면으로부터 지하탱크의 윗부분까지의 깊이 : 0.6m 이상
③ 지하탱크를 2개 이상 인접해 설치할 때 상호거리 : 1m 이상(탱크 용량의 합계가 지정수량의 100배 이하일 경우 : 0.5m 이상)
④ 탱크전용실과의 간격
　－ 지하의 벽, 가스관, 대지경계선으로부터 탱크전용실 바깥쪽과의 사이 : 0.1m 이상
　－ 지하저장탱크와 탱크전용실 안쪽과의 사이 : 0.1m 이상
⑤ 탱크전용실의 벽, 바닥 및 뚜껑의 두께는 0.3m 이상의 철근콘크리트로 할 것

정답 (1) 0.6m
(2) 1m
(3) 0.1m
(4) 0.3m

예제 3 지하저장탱크를 설치할 때 통기관의 선단은 지면으로부터 얼마 이상의 높이로 해야 하는지 쓰시오.

풀이 지하저장탱크의 밸브 없는 통기관의 선단은 지면으로부터 4m 이상의 높이로 해야 한다.

정답 4m

예제 4 지하저장탱크의 주위에 넣는 자갈분의 입자의 지름은 몇 mm 이하인지 쓰시오.

풀이 탱크전용실 내부에 설치한 지하저장탱크의 주위에는 마른모래 또는 습기 등에 의하여 응고되지 아니하는 입자지름 5mm 이하의 마른자갈분을 채운다.

정답 5mm

예제 5 지하저장탱크를 설치할 때 지하로 연결된 관의 명칭과 지하저장탱크 한 개에 필요한 관의 수는 몇 개 이상인지 쓰시오.
(1) 관의 명칭
(2) 필요한 관의 수

풀이 누설검사관의 기준은 다음과 같다.
① 누설검사관의 개수 : 하나의 탱크에 대해 4개소 이상 설치
② 관은 금속재료로 이중관으로 하며, 관의 밑부분으로부터 탱크의 중심높이까지에는 소공이 뚫려 있을 것

정답 (1) 누설검사관(누유검사관)
(2) 4개

예제 6 지하저장탱크에 위험물을 주입할 때 과충전방지장치를 설치하는데 이 장치의 작동 방법을 한 가지만 쓰시오.

풀이 ① 자동으로 주입구를 폐쇄하거나 위험물의 공급을 차단하는 방법
② 탱크 용량의 90%가 찰 때 경보음을 울리는 방법

정답 탱크 용량의 90%가 차면 경보음을 울린다.

〈 6. 간이탱크저장소 〉

예제 1 하나의 간이저장탱크의 용량은 몇 L 이하로 해야 하는지 쓰시오.

　풀이 하나의 간이저장탱크의 용량은 600L 이하이다.

　정답 600L

예제 2 간이저장탱크의 수압시험을 실시할 때 압력은 얼마인지 쓰시오.

　풀이 간이저장탱크는 70kPa의 압력으로 10분간 수압시험을 실시해서 새거나 변형되지 않아야 한다.

　정답 70kPa

예제 3 하나의 간이탱크저장소에는 간이저장탱크를 최대 몇 개까지 설치할 수 있는지 쓰시오.

　풀이 하나의 간이탱크저장소에 설치할 수 있는 간이저장탱크의 수는 3개 이하이다.

　정답 3개

예제 4 간이저장탱크의 밸브 없는 통기관에 대한 다음 물음에 답하시오.
(1) 밸브 없는 통기관의 지름은 몇 mm 이상으로 해야 하는가?
(2) 밸브 없는 통기관의 선단의 높이는 지상 몇 m 이상으로 해야 하는가?

　풀이 간이저장탱크의 밸브 없는 통기관 기준
① 통기관의 지름 : 25mm 이상으로 한다.
② 통기관은 옥외에 설치하되 그 선단의 높이는 지상 1.5m 이상으로 한다.

　정답 (1) 25mm　(2) 1.5m

〈 7. 이동탱크저장소 〉

예제 1 이동저장탱크에 대해 다음 물음에 답하시오.
(1) 이동저장탱크에 16,000L의 위험물을 저장할 때 칸막이의 수는 몇 개 이상으로 해야 하는가?
(2) 방파판은 하나의 구획당 최소 몇 개 이상으로 설치해야 하는가?

　풀이 (1) 칸막이의 구조
① 하나로 구획된 칸막이 용량 : 4,000L 이하
② 칸막이 두께 : 3.2mm 이상의 강철판
(2) 방파판의 구조
① 두께 : 1.6mm 이상의 강철판
② 하나의 구획부분에 2개 이상의 방파판을 설치
하나로 구획된 칸막이 용량은 4,000L 이하이므로 16,000L를 저장하려면 4개의 칸이 필요하다. 하지만 4개의 칸을 만들려면 칸막이는 3개 필요하다.

　정답 (1) 3개
(2) 2개

예제 2 이동탱크저장소의 뒷부분 입면도에 있어서 측면틀의 최외측과 탱크 최외측의 연결선과 수평면이 이루는 내각은 몇 ° 이상인지 쓰시오.

풀이 ① 측면틀의 최외측과 탱크 최외측의 연결선과 수평면이 이루는 내각 : 75° 이상
② 탱크 중량의 중심점과 측면틀의 최외측을 연결하는 선과 중심점을 지나는 직선 중 최외측선과 직각을 이루는 선과의 내각 : 35° 이상

정답 75도

예제 3 이동저장탱크에 설치한 방파판의 두께와 방호틀의 두께, 그리고 부속장치 상단으로부터 방호틀의 정상부분까지의 높이는 각각 얼마 이상으로 해야 하는지 쓰시오.

(1) 방파판의 두께
(2) 방호틀의 두께
(3) 부속장치 상단으로부터 방호틀의 정상부분까지의 높이

풀이 (1) 방파판은 두께 1.6mm 이상의 강철판으로 하나의 구획부분에 2개 이상으로 설치한다.
(2) 방호틀은 두께 2.3mm 이상의 강철판으로 한다.
(3) 방호틀의 정상부분은 부속장치의 상단보다 50mm 이상 높게 설치해야 한다.

정답 (1) 1.6mm (2) 2.3mm (3) 50mm

예제 4 이동저장탱크 표지의 바탕색과 문자색을 쓰시오.

(1) 바탕색
(2) 문자색

풀이 이동저장탱크 표지의 기준은 다음과 같다.
① 위치 : 이동탱크저장소의 전면 상단 및 후면 상단
② 규격 : 60cm 이상×30cm 이상의 가로형 사각형
③ 색상 : 흑색바탕에 황색문자
④ 내용 : 위험물

정답 (1) 흑색 (2) 황색

예제 5 이동저장탱크에 표기하는 UN번호에 대해 다음 (   ) 안에 알맞은 단어를 채우시오.

(1) 그림문자 외부에 표기하는 경우 부착위치는 이동탱크저장소의 (   ) 및 (   )이다.
(2) 크기 및 형상은 (   )cm 이상 × (   )cm 이상의 가로형 사각형으로 한다.
(3) 색상 및 문자는 굵기 1cm인 (   )색 테두리선과 (   )색의 바탕에 글자높이 6.5cm 이상의 UN번호를 (   )색으로 표기해야 한다.

풀이 이동저장탱크에 표기하는 UN번호의 기준(그림문자의 외부에 표기하는 경우)
① 부착위치 : 이동탱크저장소의 후면 및 양측면(그림문자와 인접한 위치)
② 크기 및 형상 : 30cm 이상×12cm 이상의 가로형 사각형
③ 색상 및 문자 : 흑색 테두리 선(굵기 1cm)과 오렌지색으로 이루어진 바탕에 UN번호(글자의 높이 6.5cm 이상)를 흑색으로 표기할 것

정답 (1) 후면, 양측면
(2) 30, 12
(3) 흑, 오렌지, 흑

예제 6 알킬알루미늄등을 저장하는 이동저장탱크에 대해 다음 물음에 답하시오.
(1) 이동저장탱크의 두께는 몇 mm 이상인가?
(2) 이동저장탱크의 시험압력은 얼마 이상으로 하는가?
(3) 이동저장탱크의 용량은 얼마 미만으로 하는가?

✅**풀이** (1) 알킬알루미늄등을 저장하는 이동저장탱크의 두께는 10mm 이상의 강철판으로 한다.
(2) 1MPa 이상의 압력으로 10분간 수압시험을 실시하여 새거나 변형되지 않아야 한다.
(3) 이동저장탱크의 용량은 1,900L 미만으로 한다.

✏**정답** (1) 10mm
(2) 1MPa
(3) 1,900L

예제 7 이동저장탱크에 접지도선을 설치해야 하는 위험물의 품명을 모두 쓰시오.

✅**풀이** 제4류 위험물 중 특수인화물, 제1석유류 또는 제2석유류를 저장하는 이동저장탱크에는 접지
도선을 설치해야 한다.

✏**정답** 특수인화물, 제1석유류, 제2석유류

예제 8 이동저장탱크에 설치하는 주입설비에 대해 다음 물음에 답하시오.
(1) 주입설비의 길이는 몇 m 이하로 해야 하는가?
(2) 분당 토출량은 몇 L 이하로 해야 하는가?

✅**풀이** 이동탱크저장소에 주입설비를 설치하는 기준
① 위험물이 샐 우려가 없고 화재예방상 안전한 구조로 할 것
② 주입설비의 길이는 50m 이내로 하고, 그 선단에 축적되는 정전기를 유효하게 제거할 수
있는 장치를 할 것
③ 분당 토출량은 200L 이하로 할 것

✏**정답** (1) 50m
(2) 200L

예제 9 컨테이너식 이동저장탱크에 대해 다음 물음에 답하시오.
(1) 탱크의 직경이 1.8m라면 맨홀의 두께는 몇 mm 이상으로 하는가?
(2) 탱크의 재질은 강판 또는 어떤 재료로 제작하여야 하는가?

✅**풀이** 컨테이너식 이동저장탱크 및 맨홀, 주입구는 다음과 같이 강철판 또는 동등 이상의 기계적 성
질이 있는 재료로 한다.
① 직경이나 장경이 1.8m를 초과하는 경우 : 6mm 이상
② 직경이나 장경이 1.8m 이하인 경우 : 5mm 이상

✏**정답** (1) 5mm
(2) 강판 또는 이와 동등 이상의 기계적 성질이 있는 재료

예제 10 옥외에 설치한 이동탱크저장소의 상치장소는 다음의 각 건축물로부터 몇 m 이상 거리를 두어야 하는지 쓰시오.
(1) 단층건물
(2) 복층건물

✅ **풀이** 이동탱크저장소의 상치장소
옥외에 있는 상치장소는 화기를 취급하는 장소 또는 인근의 건축물로부터 5m 이상(인근의 건축물이 1층인 경우에는 3m 이상)의 거리를 확보하여야 한다.

📝 **정답** (1) 3m
(2) 5m

〈 8. 옥외저장소 〉

예제 1 덩어리상태의 황만을 옥외저장소의 경계표시의 안쪽에 저장하는 경우 하나의 경계표시의 내부의 면적은 몇 m² 이하로 해야 하는지 쓰시오.

✅ **풀이** 덩어리상태의 황만을 옥외저장소의 경계표시의 안쪽에 저장하는 경우 하나의 경계표시의 내부의 면적은 100m² 이하로 해야 한다.

📝 **정답** 100m²

예제 2 등유 80,000L를 저장하는 옥외저장소의 보유공지는 몇 m 이상으로 해야 하는지 쓰시오.

✅ **풀이** 등유는 제4류 위험물의 제2석유류 비수용성이므로 지정수량이 1,000L이다. 지정수량의 배수는 80,000L/1,000L=80배이므로 지정수량의 50배 초과 200배 이하의 범위에 해당한다. 따라서 이 경우 보유공지는 12m 이상이다.

📝 **정답** 12m

예제 3 윤활유 900,000L를 저장하는 옥외저장소의 보유공지는 몇 m 이상으로 해야 하는지 쓰시오.

✅ **풀이** 윤활유는 제4류 위험물의 제4석유류이므로 지정수량이 6,000L이다. 지정수량의 배수는 900,000L/6,000L=150배이므로 지정수량의 50배 초과 200배 이하의 범위에 해당한다. 따라서 보유공지는 12m 이상이지만 윤활유와 같은 제4석유류 또는 제6류 위험물의 저장 시에는 보유공지를 1/3로 단축할 수 있기 때문에 이 경우 보유공지는 4m 이상으로 해야 한다.

📝 **정답** 4m

예제 4 덩어리상태의 황만을 옥외저장소의 경계표시의 안쪽에 저장하는 경우에 대해 다음 물음에 답하시오.
(1) 2개 이상의 경계표시의 내부면적의 합은 몇 m² 이하로 해야 하는가?
(2) 경계표시와 경계표시와의 간격은 보유공지 너비의 몇 분의 몇 이상으로 해야 하는가?
(3) 경계표시의 높이는 몇 m 이하로 해야 하는가?

풀이 (1) 덩어리상태의 황만을 옥외저장소의 경계표시의 안쪽에 저장하는 경우 2개 이상의 경계표시의 내부면적의 합은 1,000m² 이하로 해야 한다.
(2) 경계표시와 경계표시와의 간격은 보유공지 너비의 1/2 이상으로 하되 저장하는 위험물의 최대수량이 지정수량의 200배 이상인 경우 10m 이상으로 한다.
(3) 경계표시는 불연재료로 해야 하며, 경계표시의 높이는 1.5m 이하로 해야 한다.

정답 (1) 1,000m²
(2) 1/2
(3) 1.5m

예제 5 제외되는 품명없이 모두 옥외저장소에 저장할 수 있는 위험물의 유별을 쓰시오.

풀이 옥외저장소에 저장 가능한 위험물은 다음과 같다.
① 제2류 위험물 : 황 또는 인화성 고체(인화점이 섭씨 0도 이상인 것에 한한다)
② 제4류 위험물
  – 제1석유류(인화점이 섭씨 0도 이상인 것에 한한다)
  – 알코올류
  – 제2석유류
  – 제3석유류
  – 제4석유류
  – 동식물유류
③ 제6류 위험물
④ 시·도조례로 정하는 제2류 또는 제4류 위험물
⑤ 국제해상위험물규칙(IMDG code)에 적합한 용기에 수납된 위험물

정답 제6류 위험물

Section 03 | 취급소의 위치·구조 및 설비의 기준

예제 1 주유취급소의 주유공지의 너비와 길이는 각각 몇 m 이상인지 쓰시오.
(1) 너비
(2) 길이

풀이 주유취급소의 고정주유설비 주위에는 주유를 받으려는 자동차등이 출입할 수 있도록 너비 15m 이상, 길이 6m 이상의 콘크리트로 포장한 공지를 보유하여야 한다.

정답 (1) 15m   (2) 6m

예제 2 주유취급소의 기준 중 바닥에 필요한 설비 3가지를 쓰시오.

풀이 주유공지 바닥의 기준은 다음과 같다.
① 주유공지의 바닥은 주위 지면보다 높게 한다.
② 표면을 적당하게 경사지게 한다.
③ 배수구, 집유설비, 유분리장치를 설치한다.

정답 배수구, 집유설비, 유분리장치

예제 3 주유취급소의 주유중엔진정지 게시판의 색상을 쓰시오.

(1) 바탕색
(2) 문자색

🖊 **풀이** 주유취급소의 주유중엔진정지 게시판은 황색바탕에 흑색문자로 한다.

✏ **정답** (1) 황색
(2) 흑색

예제 4 주유취급소에 설치하는 고정주유설비에 직접 접속하는 탱크용량은 얼마 이하인지 쓰시오.

🖊 **풀이** 주유취급소의 탱크용량 기준은 다음과 같다.
① 고정주유설비 및 고정급유설비에 직접 접속하는 전용탱크 : 각각 50,000L 이하
② 보일러 등에 직접 접속하는 전용탱크 : 10,000L 이하
③ 폐유, 윤활유 등의 위험물을 저장하는 탱크 : 2,000L 이하
④ 고정주유설비 또는 고정급유설비에 직접 접속하는 전용간이탱크 : 600L 이하의 탱크 3기 이하
⑤ 고속국도의 주유취급소 탱크 : 60,000L 이하

✏ **정답** 50,000L

예제 5 휘발유를 주유하는 고정주유설비의 주유관 선단에서의 분당 최대토출량은 얼마 이하로 해야 하는지 쓰시오.

🖊 **풀이** 고정주유설비 및 고정급유설비의 주유관 선단에서의 최대토출량은 다음과 같다.
① 제1석유류 : 분당 50L 이하
② 경유 : 분당 180L 이하
③ 등유 : 분당 80L 이하

✏ **정답** 50L

예제 6 고정주유설비의 설치기준에 대해 다음 물음에 답하시오.

(1) 고정주유설비의 중심선으로부터 도로경계선까지의 거리는 몇 m 이상으로 해야 하는가?
(2) 고정주유설비의 중심선으로부터 부지경계선, 담 및 벽까지의 거리는 몇 m 이상으로 해야 하는가?
(3) 고정주유설비의 중심선으로부터 개구부가 없는 벽까지는 몇 m 이상으로 해야 하는가?

🖊 **풀이** 고정주유설비의 설치기준은 다음과 같다.
① 고정주유설비의 중심선으로부터 도로경계선까지의 거리는 4m 이상으로 한다.
② 고정주유설비의 중심선으로부터 부지경계선, 담 및 벽까지의 거리는 2m 이상으로 한다.
③ 고정주유설비의 중심선으로부터 개구부가 없는 벽까지의 거리는 1m 이상으로 한다.

✏ **정답** (1) 4m
(2) 2m
(3) 1m

예제 7 고정주유설비에 대해 다음 물음에 답하시오.

(1) 고정주유설비의 주유관의 길이는 선단을 포함하여 몇 m 이내로 하는가?
(2) 현수식 주유관은 지면 위 0.5m의 수평면에 수직으로 내려 만나는 점을 중심으로 반경 몇 m 이하로 하는가?

풀이 (1) 고정주유설비의 주유관의 길이는 선단을 포함하여 5m 이내로 한다.
(2) 현수식 주유관은 지면 위 0.5m의 수평면에 수직으로 내려 만나는 점을 중심으로 반경 3m 이하로 한다.

정답 (1) 5m
(2) 3m

예제 8 셀프용 고정주유설비의 1회 연속주유량 및 주유시간에 대해 다음 물음에 답하시오.

(1) 휘발유의 1회 연속주유량은 (　　)L 이하이다.
(2) 경유의 1회 연속주유량은 (　　)L 이하이다.
(3) 주유시간의 상한은 모두 (　　)분이다.

풀이 ① 셀프용 고정주유설비의 기준
  – 1회의 연속주유량의 상한 : 휘발유는 100L 이하, 경유는 200L 이하
  – 1회의 연속주유시간의 상한 : 4분 이하
② 셀프용 고정급유설비의 기준
  – 1회의 연속급유량의 상한 : 100L 이하
  – 1회의 연속주유시간의 상한 : 6분 이하

정답 (1) 100
(2) 200
(3) 4

예제 9 주유취급소의 담 또는 벽에 유리를 부착할 때 유리의 부착범위는 전체의 담 또는 벽의 길이의 얼마를 초과하면 안 되는지 쓰시오.

풀이 주유취급소의 담 또는 벽에 유리를 부착할 때 유리의 부착범위는 전체의 담 또는 벽의 길이의 10분의 2를 초과하지 아니하여야 한다.

정답 2/10

예제 10 다음 (　　) 안에 알맞은 단어를 쓰시오.

판매취급소의 위험물을 배합하는 실의 바닥면적은 (　　)m^2 이상 (　　)m^2 이하로 해야 하며, 배합실의 문턱 높이는 (　　)m 이상으로 한다.

풀이 위험물배합실의 기준은 다음과 같다.
① 바닥 : 6m^2 이상 15m^2 이하의 면적으로 적당한 경사를 두고 집유설비를 할 것
② 벽 : 내화구조 또는 불연재료로 된 벽으로 구획
③ 출입구의 방화문 : 자동폐쇄식 60분+방화문 또는 60분 방화문
④ 출입구 문턱의 높이 : 바닥면으로부터 0.1m 이상
⑤ 가연성의 증기 또는 미분을 지붕 위로 방출하는 설비를 할 것

정답 6, 15, 0.1

예제 11 제1종 판매취급소라 함은 저장 또는 취급하는 위험물의 수량이 지정수량의 몇 배 이하인 판매취급소를 말하는지 쓰시오.

풀이 ① 제1종 판매취급소 : 지정수량의 20배 이하 취급
② 제2종 판매취급소 : 지정수량의 40배 이하 취급

정답 20배

예제 12 이송취급소의 배관계에는 배관 내의 압력이 최대상용압력을 초과하거나 유격작용등에 의하여 생긴 압력이 최대상용압력의 몇 배를 초과하지 아니하도록 제어하는 장치를 설치해야 하는지 쓰시오.

풀이 이송취급소의 배관계에는 배관 내의 압력이 최대상용압력을 초과하거나 유격작용등에 의하여 생긴 압력이 최대상용압력의 1.1배를 초과하지 아니하도록 제어하는 장치(압력안전장치)를 설치한다.

정답 1.1

예제 13 충전하는 일반취급소에서 취급할 수 없는 위험물의 종류 2가지를 쓰시오.

풀이 충전하는 일반취급소에서는 알킬알루미늄등(알킬알루미늄과 알킬리튬), 아세트알데하이드등(아세트알데하이드와 산화프로필렌) 및 하이드록실아민등(하이드록실아민과 하이드록실아민염류)을 제외한 그 외의 위험물을 모두 취급할 수 있으며 취급할 수 있는 양은 제한이 없다.

정답 알킬알루미늄과 알킬리튬, 아세트알데하이드와 산화프로필렌, 하이드록실아민과 하이드록실아민염류 중 2가지

예제 14 분무도장작업등의 일반취급소에서 취급하는 위험물의 종류를 쓰시오.

풀이 분무도장작업등의 일반취급소는 도장, 인쇄 또는 도포를 위하여 제2류 위험물 또는 제4류 위험물(특수인화물을 제외한다)을 지정수량의 30배 미만으로 취급하는 일반취급소를 말한다.

정답 제2류 위험물, 제4류 위험물(특수인화물 제외)

Section 04 소화난이도등급 및 소화설비의 적응성

예제 1 소화난이도등급 Ⅰ에 해당하는 위험물제조소에 대해 다음 물음에 답하시오.

(1) 연면적이 몇 m^2 이상인 것가?
(2) 취급하는 위험물의 최대수량은 지정수량의 몇 배 이상인가?
(3) 아세톤을 취급하는 설비의 위치가 지반면으로부터 몇 m 이상 높이에 있는 것인가?

풀이 소화난이도등급 Ⅰ에 해당하는 위험물제조소
① 연면적이 1,000m^2 이상인 것
② 지정수량의 100배 이상인 것
③ 지반면으로부터 6m 이상의 높이에 위험물 취급설비가 있는 것

정답 (1) 1,000   (2) 100   (3) 6

예제 2 소화난이도등급 Ⅰ에 해당하는 주유취급소는 주유취급소의 직원 외의 자가 출입하는 부분의 면적의 합이 얼마를 초과해야 하는지 쓰시오.

풀이 소화난이도등급 Ⅰ에 해당하는 주유취급소는 직원 외의 자가 출입하는 부분의 면적 합이 500m²를 초과하는 것을 말한다.

정답 500m²

예제 3 소화난이도등급 Ⅰ에 해당하는 옥내저장소에 대해 다음 물음에 답하시오.
(1) 저장하는 위험물의 최대수량은 지정수량의 몇 배 이상인가?
(2) 연면적은 몇 m²를 초과하는 것인가?
(3) 처마높이가 몇 m 이상인 단층 건물의 것을 말하는가?

풀이 소화난이도등급 Ⅰ에 해당하는 옥내저장소의 기준은 다음과 같다.
① 지정수량의 150배 이상인 것
② 연면적 150m²를 초과하는 것
③ 처마높이가 6m 이상인 단층 건물의 것

정답 (1) 150 (2) 150 (3) 6

예제 4 소화난이도등급 Ⅰ에 해당하는 옥외탱크저장소에 대해 다음 물음에 답하시오.
(1) 액표면적이 몇 m² 이상인 것을 말하는가?
(2) 지반면으로부터 탱크 옆판의 상단까지 높이가 몇 m 이상인 것을 말하는가?

풀이 소화난이도등급 Ⅰ에 해당하는 옥외탱크저장소의 기준은 다음과 같다.
① 액표면적이 40m² 이상인 것
② 지반면으로부터 탱크 옆판의 상단까지 높이가 6m 이상인 것

정답 (1) 40
(2) 6

예제 5 소화난이도등급 Ⅰ에 해당하는 옥외탱크저장소에 인화점 70℃ 이상의 제4류 위험물을 저장하는 경우 이 옥외저장탱크에 설치하여야 하는 소화설비를 쓰시오.

풀이 인화점 70℃ 이상의 제4류 위험물을 저장하는 옥외탱크저장소에는 물분무소화설비 또는 고정식 포소화설비를 설치하며 그 밖의 위험물을 저장하는 옥외탱크저장소에는 고정식 포소화설비를 설치한다.

정답 물분무소화설비 또는 고정식 포소화설비

예제 6 다음 <보기>의 위험물들이 공통적으로 적응성을 갖는 소화설비를 쓰시오. (단, 소화기의 종류는 제외한다.)

• 제1류 위험물 중 알칼리금속의 과산화물
• 제2류 위험물 중 철분, 마그네슘, 금속분
• 제3류 위험물 중 금수성 물질

풀이 탄산수소염류 분말소화설비에 적응성을 갖는 설비 및 위험물에는 전기설비, 제1류 위험물 중 알칼리금속의 과산화물, 제2류 위험물 중 철분·금속분·마그네슘과 인화성 고체, 제3류 위험물 중 금수성 물품, 제4류 위험물이 있다.

정답 탄산수소염류 분말소화설비

예제 7 이산화탄소소화기가 제6류 위험물의 화재에 적응성이 있는 경우란 어떤 장소를 말하는지 쓰시오.

풀이 폭발의 위험이 없는 장소에 한하여 이산화탄소소화기는 제6류 위험물의 화재에 적응성을 가진다.

정답 폭발의 위험이 없는 장소

예제 8 다음 <보기>에서 물분무등소화설비의 종류에 해당하는 것을 모두 골라 쓰시오.

A. 물분무소화설비	B. 스프링클러설비
C. 옥내소화전설비	D. 할로젠화합물소화설비
E. 분말소화설비	

풀이 물분무등소화설비의 종류는 다음과 같다.
① 물분무소화설비
② 포소화설비
③ 불활성가스소화설비
④ 할로젠화합물소화설비
⑤ 분말소화설비

정답 A, D, E

Section 05 위험물의 저장 · 취급 및 운반에 관한 기준

〈1. 위험물의 저장 및 취급에 관한 기준〉

예제 1 다음은 위험물의 저장 및 취급에 관한 기준이다. (   ) 안에 들어갈 알맞은 내용을 쓰시오.
위험물을 저장·취급하는 건축물 또는 설비는 위험물의 성질에 따라 (   ) 또는 (   )를 실시하여야 하며, 위험물은 (   ), (   ), 압력계 등의 계기를 감시하여 위험물의 성질에 맞는 적정한 온도, 습도 또는 압력을 유지하도록 해야 한다.

풀이 위험물을 저장·취급하는 건축물 또는 설비는 위험물의 성질에 따라 차광 또는 환기를 실시하여야 하며, 위험물은 온도계, 습도0계, 압력계 등의 계기를 감시하여 위험물의 성질에 맞는 적정한 온도, 습도 또는 압력을 유지하도록 해야 한다.

정답 차광, 환기, 온도계, 습도계

예제 2 동일한 옥내저장소에 제5류 위험물과 함께 저장할 수 없는 제1류 위험물의 품명은 무엇인지 쓰시오.

풀이 옥내저장소 또는 옥외저장소에서는 서로 다른 유별끼리 함께 저장할 수 없다. 다만, 다음의 조건을 만족하면서 유별로 정리하여 서로 1m 이상의 간격을 두는 경우에는 저장할 수 있다.
① 제1류 위험물(알칼리금속의 과산화물 제외)과 제5류 위험물
② 제1류 위험물과 제6류 위험물
③ 제1류 위험물과 제3류 위험물 중 자연발화성 물질(황린)
④ 제2류 위험물 중 인화성 고체와 제4류 위험물
⑤ 제3류 위험물 중 알킬알루미늄등과 제4류 위험물(알킬알루미늄 또는 알킬리튬을 함유한 것)
⑥ 제4류 위험물 중 유기과산화물과 제5류 위험물 중 유기과산화물

정답 알칼리금속의 과산화물

예제 3 옥내저장소에 질산과 염소산염류를 함께 저장하는 경우에 대해 다음 물음에 답하시오.
(1) 두 가지 위험물의 이격거리는 몇 m 이상으로 하는가?
(2) 이 물질들을 동시에 저장하는 옥내저장소의 바닥면적은 몇 m^2 이하인가?

풀이 (1) 제1류 위험물과 제6류 위험물은 서로 다른 유별이라 하더라도 1m 이상의 간격을 두는 경우에는 동일한 옥내 또는 옥외 저장소에 저장할 수 있다.
(2) 제6류 위험물 중 질산과 제1류 위험물 중 염소산염류를 저장하는 옥내저장소의 바닥면적은 모두 1,000m^2 이하로 한다.

정답 (1) 1m
(2) 1,000m^2

예제 4 옥내저장소에 제4류 위험물 중 제3석유류를 저장할 때 저장용기를 겹쳐 쌓을 수 있는 높이는 얼마를 초과할 수 없는지 쓰시오.

풀이 옥내저장소 또는 옥외저장소의 저장용기를 쌓는 높이의 기준은 다음과 같다.
① 기계에 의하여 하역하는 구조로 된 용기 : 6m 이하
② 제4류 위험물 중 제3석유류, 제4석유류 및 동식물유류의 저장용기 : 4m 이하
③ 그 밖의 경우 : 3m 이하
④ 용기를 선반에 저장하는 경우
  ㉠ 옥내저장소에 설치한 선반 : 높이의 제한 없음
  ㉡ 옥외저장소에 설치한 선반 : 6m 이하

정답 4m

예제 5 지하저장탱크 중 압력탱크 외의 탱크에 다음의 물질을 저장할 때의 저장온도는 몇 ℃ 이하로 해야 하는지 쓰시오.
(1) 아세트알데하이드
(2) 다이에틸에터
(3) 산화프로필렌

✔️**풀이** 옥외저장탱크, 옥내저장탱크, 지하저장탱크에 위험물을 저장하는 온도는 다음과 같이 구분한다.
1) 압력탱크 외의 탱크에 저장하는 경우
   ① 아세트알데하이드등 : 15℃ 이하
   ② 산화프로필렌등과 다이에틸에터등 : 30℃ 이하
2) 압력탱크에 저장하는 경우
   ① 아세트알데하이드등 : 40℃ 이하
   ② 다이에틸에터등 : 40℃ 이하

✏️**정답** (1) 15℃
        (2) 30℃
        (3) 30℃

예제 6 보냉장치가 없는 이동저장탱크에 아세트알데하이드를 저장하는 경우 저장온도는 몇 ℃ 이하로 해야 하는지 쓰시오.

✔️**풀이** 1) 보냉장치가 있는 이동저장탱크에 저장하는 경우
   ① 아세트알데하이드등 : 비점 이하
   ② 다이에틸에터등 : 비점 이하
2) 보냉장치가 없는 이동저장탱크에 저장하는 경우
   ① 아세트알데하이드등 : 40℃ 이하
   ② 다이에틸에터등 : 40℃ 이하

✏️**정답** 40℃

예제 7 판매취급소에서 배합하거나 옮겨 담는 작업을 할 수 있는 제1류 위험물의 종류를 쓰시오.

✔️**풀이** 판매취급소에서 배합하거나 옮겨 담을 수 있는 위험물의 종류
   ① 도료류
   ② 제1류 위험물 중 염소산염류
   ③ 황
   ④ 인화점 38℃ 이상인 제4류 위험물

✏️**정답** 염소산염류

〈 2. 위험물의 운반에 관한 기준 〉

예제 1 다음 (   ) 안에 알맞은 숫자를 쓰시오.
자연발화성 물질 중 알킬알루미늄등은 운반용기의 내용적의 (   )% 이하의 수납률로 수납하되 50℃의 온도에서 (   )% 이상의 공간용적을 유지하도록 해야 한다.

✔️**풀이** 알킬알루미늄을 저장하는 운반용기는 내용적의 90% 이하(50℃에서 5% 이상의 공간용적을 유지)로 한다.

✏️**정답** 90, 5

예제 2 다음의 물질을 저장하는 운반용기의 수납률은 얼마 이하로 해야 하는지 쓰시오.

(1) 고체 위험물
(2) 액체 위험물

> **풀이** 운반용기의 수납률은 다음과 같이 구분한다.
> (1) 고체 위험물 : 운반용기 내용적의 95% 이하
> (2) 액체 위험물 : 운반용기 내용적의 98% 이하(55℃에서 누설되지 않게 공간용적을 유지)

> **정답** (1) 95%
> (2) 98%

예제 3 다음은 위험물의 운반용기 외부에 표시해야 하는 사항이다. ( ) 안에 알맞은 내용을 채우시오.

운반용기의 외부에 표시해야 하는 사항은 ( ), 위험등급, ( ) 및 수용성, 그리고 위험물의 ( ), 각 유별에 따른 ( )이 필요하다.

> **풀이** 운반용기의 외부에 표시해야 하는 사항은 다음과 같다.
> ① 품명, 위험등급, 화학명 및 수용성
> ② 위험물의 수량
> ③ 위험물에 따른 주의사항

> **정답** 품명, 화학명, 수량, 주의사항

예제 4 제5류 위험물의 운반용기에 표시해야 하는 주의사항을 쓰시오.

> **풀이** 제5류 위험물의 운반용기에는 "화기엄금" 및 "충격주의" 주의사항을 표시해야 한다.

> **정답** 화기엄금, 충격주의

예제 5 제1류 위험물 중 알칼리금속의 과산화물의 운반용기 외부에 표시하는 주의사항을 모두 쓰시오.

> **풀이** 제1류 위험물의 운반용기 외부에 표시하는 주의사항은 "화기·충격주의", "가연물접촉주의"이지만, 알칼리금속의 과산화물은 여기에 "물기엄금"을 추가한다.

> **정답** 화기·충격주의, 가연물접촉주의, 물기엄금

예제 6 제1류 위험물 중 운반 시 차광성 및 방수성 덮개를 모두 해야 하는 품명을 쓰시오.

> **풀이** 제1류 위험물은 모두 차광성 덮개를 해야 하고 제1류 위험물 중 알칼리금속의 과산화물은 방수성 덮개를 해야 한다. 여기서 알칼리금속의 과산화물은 제1류 위험물에 해당하므로 차광성 덮개와 방수성 덮개를 모두 해야 한다.

> **정답** 알칼리금속의 과산화물

예제 7 다이에틸에터를 운반용기에 저장할 때 다음 각 용기의 최대수량은 얼마 이상으로 해야 하는지 쓰시오.

(1) 유리용기
(2) 플라스틱용기
(3) 금속제용기

풀이 다이에틸에터는 제4류 위험물 중 특수인화물이므로 위험등급 I 에 해당한다. 위험등급 I 에 해당하는 물질은 5L 이하의 유리용기에만 저장할 수 있고 10L 이하의 유리용기에는 저장할 수 없다. 그 밖에 플라스틱용기와 금속제용기는 각각 10L와 30L의 용기에 저장할 수 있다.

정답 (1) 5L (2) 10L (3) 30L

예제 8 제4류 위험물 중 운반 시 차광성 덮개로 덮어야 하는 위험물의 품명을 쓰시오.

풀이 차광성 덮개로 덮어야 하는 위험물은 제1류 위험물, 제3류 위험물 중 자연발화성 물질, 제4류 위험물 중 특수인화물, 제5류 위험물, 제6류 위험물이다.

정답 특수인화물

예제 9 운반의 기준에서 제4류 위험물과 혼재할 수 있는 유별을 쓰시오. (단, 지정수량의 1/10을 초과하는 경우이다.)

풀이 유별을 달리하는 위험물의 운반에 관한 혼재기준은 다음 [표]와 같다.

위험물의 구분	제1류	제2류	제3류	제4류	제5류	제6류
제1류		×	×	×	×	○
제2류	×		×	○	○	×
제3류	×	×		○	×	×
제4류	×	○	○		○	×
제5류	×	○	×	○		×
제6류	○	×	×	×	×	

정답 제2류 위험물, 제3류 위험물, 제5류 위험물

제6편

위험물산업기사 실기 기출문제

최근의 과년도 출제문제 수록

그것이 알고싶다

그런데 말입니다.
실기공부를 하다보면 이런 것들이 궁금해집니다.
어떻게 해야 할까요?

반응식을 쓸 때 어느 것을 먼저 써야 맞는 걸까?
계산문제는 어느 범위까지 인정해줄까?
이런 사소할 수도 있는 것들을 너무 알고 싶은데 어디에 물어봐야 할지,
또 공부할 시간도 빠듯한데 이런 것까지 신경을 써야 하나?
위험물산업기사 실기를 공부하다 보면 이런 점들이 궁금해지게 됩니다.

그래서 준비했습니다.

이 내용들은 저희 독자님들께서 위험물산업기사 실기를 준비하시면서 가장 많이 하셨던 질문들을 Q&A로 정리한 것입니다.

Q ···· 반응식을 쓸 때 어느 것을 앞에 써야 하고 어느 것을 뒤에 써야 하는지 궁금한데 이런 것에 대해 순서가 정해지거나 우선순위가 있습니까?

A ···· 반응식을 쓸 때 어느 것을 앞에 쓰는지 아니면 뒤에 쓰는지에 대해서는 따로 우선순위가 없기 때문에 어떻게 쓰더라도 아무 상관없습니다.
예를 들어, 제1종 분말소화약제 반응식에서 Na_2CO_3와 H_2O, 그리고 CO_2의 순서나 제3종 분말소화약제 반응식에서 NH_3와 H_2O, 그리고 HPO_3의 순서를 모두 바꿔 적어도 됩니다.
예 1. 제1종 분말소화약제 반응식
  • $2NaHCO_3 \rightarrow Na_2CO_3 + H_2O + CO_2$ (O)
  • $2NaHCO_3 \rightarrow Na_2CO_3 + CO_2 + H_2O$ (O)
  2. 제3종 분말소화약제 반응식
  • $NH_4H_2PO_4 \rightarrow NH_3 + H_2O + HPO_3$ (O)
  • $NH_4H_2PO_4 \rightarrow NH_3 + HPO_3 + H_2O$ (O)

Q ····· 반응식에서 몰수를 표시할 때 꼭 정수로 해야 한다는 말도 있던데 이게 실화입니까?

A ····· 몰수는 반응 전과 반응 후의 원소들의 개수를 서로 같게 만들어 주는 절차이기 때문에 정수나 소수 또는 분수 어느 것으로 표시해도 아무 상관없습니다.

예를 들어, 칼륨(K)과 물(H_2O)의 반응에서 수소(H_2)가 0.5몰이 나오는데 이 0.5를 정수로 표시하기 위해 모든 항에 2를 곱할 필요는 없습니다. 그냥 소수로 표시해도 아무 문제 없고요, 물론 2를 곱해서 정수로 표시해도 됩니다.

예 칼륨(K)의 물(H_2O)과의 반응식

- 수소(H_2)의 몰수를 소수로 표시한 경우 : $K + H_2O \rightarrow KOH + 0.5H_2$ (O)
- 수소(H_2)의 몰수를 정수로 표시한 경우 : $2K + 2H_2O \rightarrow 2KOH + H_2$ (O)

Q ····· 탱크 내용적을 계산하는 문제에서 π를 대입한 답과 3.14를 대입한 답이 다른데 어느 것이 맞나요?

A ····· 탱크 내용적을 구할 때 π(3.14159265······)를 대입하여 계산한 값과 그냥 3.14를 대입하여 계산한 값은 다를 수밖에 없겠지만 채점 시에는 이 두 경우 모두를 정답으로 인정해 줍니다.

현재 위험물산업기사 실기시험은 신경향 문제들이 새롭게 추가되어 출제되고 있는 추세에 있고 이러한 추세는 앞으로도 지속될 것으로 예상됩니다. 그래서 앞으로 위험물산업기사 실기를 효율적으로 공부하기 위해서는 기출문제는 물론 그와 관련된 내용들도 함께 보셔야 합니다.

이러한 점들을 고려하여 본 위험물산업기사 교재의 실기시험 기출문제 풀이 부분에 각 기출문제마다 check란을 만들어 기출문제와 연관성 있는 내용들과 함께 앞으로 출제될 수 있는 내용들을 담아두었으니 꼭 챙겨보시기 바랍니다!!

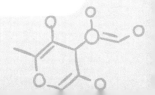

〈실기시험 시 수험자 유의사항〉

일반사항

1. 시험문제를 받는 즉시 응시하고자 하는 종목의 문제지가 맞는지를 확인하여야 합니다.
2. 시험문제지 총 면수·문제번호 순서·인쇄상태 등을 확인하고(**확인 이후 시험문제지 교체 불가**), 수험번호 및 성명을 답안지에 기재하여야 합니다.
3. 부정 또는 불공정한 방법(시험문제 내용과 관련된 메모지 사용 등)으로 시험을 치른 자는 부정행위자로 처리되어 당해 시험을 중지 또는 무효로 하고, 3년간 국가기술자격검정의 응시자격이 정지됩니다.
4. 저장용량이 큰 전자계산기 및 유사 전자제품 사용 시에는 반드시 저장된 메모리를 초기화한 후 사용하여야 하며, 시험위원이 초기화 여부를 확인할 시 협조하여야 합니다. 초기화되지 않은 전자계산기 및 유사 전자제품을 사용하여 적발 시에는 부정행위로 간주합니다.
5. 시험 중에는 통신기기 및 전자기기(휴대용 전화기 및 **스마트워치** 등)를 지참하거나 사용할 수 없습니다.
6. **문제 및 답안(지), 채점기준은 공개하지 않습니다.**

채점사항

1. 수험자 인적사항 및 계산식을 포함한 답안 작성은 흑색 필기구만 사용하며, 그 외 연필류, 빨간색, 청색 등 필기구를 사용해 작성한 답항은 0점 처리되오니 불이익을 당하지 않도록 유의해 주시기 바랍니다.
2. 답란에는 문제와 관련 없는 불필요한 낙서나 특이한 기록사항 등을 기재하여서는 안 되며, 답안지의 인적사항 기재란 외의 부분에 답안과 관련 없는 **특수한 표시를 하거나 특정인임을 암시하는 경우 답안지 전체를 0점 처리합니다.**
3. 계산문제는 반드시 「계산과정」과 「답」란에 기재하여야 하며, **계산과정이 틀리거나 없는 경우 0점 처리됩니다.**
4. 계산문제는 최종 결괏값(답)에서 소수 셋째자리에서 반올림하여 둘째자리까지 구해야하나 개별문제에서 소수 처리에 대한 요구사항이 있을 경우 그 요구사항에 따라야 합니다.
5. 답에 단위가 없으면 오답으로 처리됩니다. (단, 문제의 요구사항에 단위가 주어졌을 경우는 생략되어도 무방합니다.)
6. 문제에서 요구한 가짓수(항수) 이상을 답란에 표기한 경우에는 답란 기재 순으로 요구한 가짓수(항수)만 채점하고 한 항에 여러 가지를 기재하더라도 한 가지로 보며 그 중 정답과 오답이 함께 기재되어 있을 경우 오답으로 처리됩니다.
7. 답안 정정 시에는 정정하고자 하는 단어에 두 줄(═)을 긋거나 수정테이프(단, 수정액 사용 불가)를 사용하여 다시 작성하시기 바랍니다.

※ 수험자 유의사항 미준수로 인한 채점상의 불이익은 수험자 본인에게 책임이 있습니다.

2020 제1회 위험물산업기사 실기

2020년 5월 24일 시행

※ 필답형＋작업형으로 치러지던 기존 시험에서는 각 문항별 배점이 상이하였으나,
　 필답형(20문제) 시험만 보는 2020년 1회부터는 각 문항 배점이 모두 5점입니다!

필/답/형 시험

필답형 01 [5점]

다음 각 물질의 보호액을 한 가지씩만 쓰시오.

(1) 황린　(2) 나트륨　(3) 이황화탄소

≫≫풀이　(1) 황린(P_4)은 제3류 위험물로서 공기 중에서 자연발화할 수 있으므로 자연발화를 방지하기 위해 **물속에 보관**한다.

(2) 나트륨(Na)은 제3류 위험물로서 **등유, 경유, 유동파라핀 등의 석유류에 보관**한다.

(3) 이황화탄소(CS_2)는 공기 중에서 연소하여 이산화탄소(CO_2)와 이산화황(SO_2)을 발생하므로 가연성 가스인 이산화황의 발생을 방지하기 위해 **물속에 보관**한다.

≫≫정답　(1) 물　(2) 등유, 경유, 유동파라핀 중 1개　(3) 물

필답형 02 [5점]

다음 물질의 물과의 반응식을 쓰시오.

(1) 수소화알루미늄리튬　(2) 수소화칼륨　(3) 수소화칼슘

≫≫풀이　다음 물질은 제3류 위험물로서 품명은 금속의 수소화물이며, 물과의 반응식은 다음과 같다.

(1) 수소화알루미늄리튬($LiAlH_4$)은 물과 반응 시 수산화리튬($LiOH$)과 수산화알루미늄[$Al(OH)_3$], 그리고 수소(H_2)를 발생한다.

　– 수소화알루미늄리튬의 물과의 반응식 : $LiAlH_4 + 4H_2O \rightarrow LiOH + Al(OH)_3 + 4H_2$

(2) 수소화칼륨(KH)은 물과 반응 시 수산화칼륨(KOH)과 수소를 발생한다.

　– 수소화칼륨의 물과의 반응식 : $KH + H_2O \rightarrow KOH + H_2$

(3) 수소화칼슘(CaH_2)은 물과 반응 시 수산화칼슘[$Ca(OH)_2$]과 수소를 발생한다.

　– 수소화칼슘의 물과의 반응식 : $CaH_2 + 2H_2O \rightarrow Ca(OH)_2 + 2H_2$

> **Check ≫≫**　
>
> 또 다른 금속의 수소화물의 물과의 반응식
>
> 1. 수소화마그네슘(MgH_2)은 물과 반응 시 수산화마그네슘[$Mg(OH)_2$]과 수소를 발생한다.
>   – 수소화마그네슘의 물과의 반응식 : $MgH_2 + 2H_2O \rightarrow Mg(OH)_2 + 2H_2$
> 2. 수소화알루미늄(AlH_3)은 물과 반응 시 수산화알루미늄[$Al(OH)_3$]과 수소를 발생한다.
>   – 수소화알루미늄의 물과의 반응식 : $AlH_3 + 3H_2O \rightarrow Al(OH)_3 + 3H_2$

≫≫정답　(1) $LiAlH_4 + 4H_2O \rightarrow LiOH + Al(OH)_3 + 4H_2$

(2) $KH + H_2O \rightarrow KOH + H_2$

(3) $CaH_2 + 2H_2O \rightarrow Ca(OH)_2 + 2H_2$

필답형 03

[5점]

인화성 액체의 인화점 측정 시험방법 3가지를 쓰시오.

▶▶▶풀이 인화성 액체의 인화점 측정 시험방법은 다음과 같다.

(1) **태그밀폐식 인화점측정기**
  ① 측정결과가 0℃ 미만인 경우 : 그 측정결과를 인화점으로 한다.
  ② 측정결과가 0℃ 이상 80℃ 이하인 경우 : 동점도 측정을 하여 동점도가 $10mm^2/s$ 미만인 경우에는 그 측정결과를 인화점으로 하고, 동점도가 $10mm^2/s$ 이상인 경우에는 신속평형법 인화점측정기로 다시 측정한다.

(2) **신속평형법 인화점측정기**
  ① 측정결과가 0℃ 이상 80℃ 이하인 경우 : 동점도 측정을 하여 동점도가 $10mm^2/s$ 이상인 경우에는 그 측정결과를 인화점으로 한다.
  ② 측정결과가 80℃를 초과하는 경우 : 클리브랜드개방컵 인화점측정기로 다시 측정한다.

(3) **클리브랜드개방컵 인화점측정기**
  – 측정결과가 80℃를 초과하는 경우 : 그 측정결과를 인화점으로 한다.

▶▶▶정답 ① 태그밀폐식 인화점측정기에 의한 인화점 측정방법
  ② 신속평형법 인화점측정기에 의한 인화점 측정방법
  ③ 클리브랜드개방컵 인화점측정기에 의한 인화점 측정방법

필답형 04

[5점]

오황화인에 대해 다음 물음에 답하시오.

(1) 물과의 반응식
(2) 물과 반응 시 발생하는 기체의 연소반응식

▶▶▶풀이 (1) 제2류 위험물에 속하는 황화인은 삼황화인(P_4S_3), 오황화인(P_2S_5), 칠황화인(P_4S_7)의 3가지 종류가 있으며, 이 중 오황화인은 물과 반응 시 황화수소(H_2S)라는 기체와 인산(H_3PO_4)을 발생한다.
  – 물과의 반응식 : $P_2S_5 + 8H_2O \rightarrow 5H_2S + 2H_3PO_4$

(2) 물과 반응 시 발생하는 기체인 황화수소는 연소 시 물과 이산화황(SO_2)을 발생한다.
  – 황화수소의 연소반응식 : $2H_2S + 3O_2 \rightarrow 2H_2O + 2SO_2$

> **Check ▶▶▶**
>
> **오황화인의 연소반응**
> 오황화인은 연소 시 오산화인(P_2O_5)과 이산화황을 발생한다.
> – 연소반응식 : $2P_2S_5 + 15O_2 \rightarrow 2P_2O_5 + 10SO_2$

▶▶▶정답 (1) $P_2S_5 + 8H_2O \rightarrow 5H_2S + 2H_3PO_4$
  (2) $2H_2S + 3O_2 \rightarrow 2H_2O + 2SO_2$

05

[5점]

과산화나트륨에 대해 다음 물음에 답하시오.

(1) 과산화나트륨의 분해반응식을 쓰시오.
(2) 과산화나트륨 1kg이 분해할 때 발생하는 산소의 부피는 표준상태에서 몇 L인지 구하시오.

≫≫풀이 과산화나트륨(Na_2O_2)은 제1류 위험물 중 알칼리금속의 과산화물에 속하는 물질로서 과산화나트륨 1mol의 분자량은 23(Na)g×2+16(O)g×2=78g이다.
아래의 분해반응식에서 알 수 있듯이 표준상태에서 78g의 과산화나트륨을 분해시키면 산화나트륨(Na_2O)과 함께 0.5몰×22.4L=11.2L의 산소가 발생하는데 〈문제〉의 조건은 1,000g의 과산화나트륨을 분해시키면 표준상태에서 몇 L의 산소가 발생하는가를 묻는 것이므로 다음의 비례식을 이용하여 발생하는 산소의 부피를 구할 수 있다.

- 분해반응식 : $2Na_2O_2 \rightarrow 2Na_2O + O_2$

  78g   11.2L

  1,000g x(L)

$78 \times x = 1,000 \times 11.2$

$x = $ **143.59L**

≫≫정답
(1) $2Na_2O_2 \rightarrow 2Na_2O + O_2$
(2) 143.59L

 06

[5점]

나트륨에 대해 다음 물음에 답하시오.

(1) 물과의 반응식
(2) 연소반응식
(3) 연소 시 불꽃색

≫≫풀이 나트륨(Na)은 제3류 위험물로서 지정수량은 10kg이며, 공기 또는 공기 중의 수분과 접촉을 방지하기 위해 석유류(등유, 경유, 유동파라핀 등) 속에 담가 저장한다.
① 물과 반응 시 수산화나트륨(NaOH)과 수소(H_2)를 발생한다.
    - 물과의 반응식 : $2Na + 2H_2O \rightarrow 2NaOH + H_2$
② **연소 시 황색 불꽃**을 나타냄과 동시에 산화나트륨(Na_2O)을 발생한다.
    - 연소반응식 : $4Na + O_2 \rightarrow 2Na_2O$

> **Check ≫≫**
>
> **나트륨과 에틸알코올과의 반응**
> 에틸알코올(C_2H_5OH)과 반응 시 나트륨에틸레이트(C_2H_5ONa)와 수소(H_2)를 발생한다.
> - 에틸알코올과의 반응식 : $2Na + 2C_2H_5OH \rightarrow 2C_2H_5ONa + H_2$

≫≫정답
(1) $2Na + 2H_2O \rightarrow 2NaOH + H_2$
(2) $4Na + O_2 \rightarrow 2Na_2O$
(3) 황색

필답형 07 [5점]

제4류 위험물 중 동식물유류에 대해 다음 물음에 답하시오.

(1) 아이오딘값의 정의를 쓰시오.
(2) 동식물유류를 3가지로 구분하고 각각의 아이오딘값의 범위를 쓰시오.

》》풀이 (1) 아이오딘값이란 **유지 100g에 흡수되는 아이오딘의 g수**를 의미하며, 불포화도와 이중결합수에 비례한다.
(2) 동식물유류는 제4류 위험물로서 지정수량은 10,000L이며, 아이오딘값의 범위에 따라 다음과 같이 건성유, 반건성유, 그리고 불건성유로 구분한다.

① **건성유 : 아이오딘값 130 이상**
　㉠ 동물유 : 정어리유, 기타 생선유
　㉡ 식물유 : 동유(오동나무기름), 해바라기유, 아마인유(아마씨기름), 들기름

> **⊙ Tip**
> 반건성유의 아이오딘값을 100~130 이라 쓰는 대신 100 초과 130 미만이라 써도 됩니다.

② **반건성유 : 아이오딘값 100~130**
　㉠ 동물유 : 청어유
　㉡ 식물유 : 쌀겨기름, 목화씨기름(면실유), 채종유(유채씨기름), 옥수수기름, 참기름
③ **불건성유 : 아이오딘값 100 이하**
　㉠ 동물유 : 소기름, 돼지기름, 고래기름
　㉡ 식물유 : 땅콩기름, 올리브유, 동백유, 아주까리기름(피마자유), 야자유(팜유)

》》정답 (1) 유지 100g에 흡수되는 아이오딘의 g수
(2) 건성유 : 아이오딘값 130 이상, 반건성유 : 아이오딘값 100~130, 불건성유 : 아이오딘값 100 이하

필답형 08 [5점]

인화점 −37℃, 분자량 약 58인 제4류 위험물에 대해 다음 물음에 답하시오.

(1) 화학식
(2) 지정수량
(3) 옥외저장탱크에 저장 시 연소성 혼합기체의 생성에 의한 폭발을 방지하기 위해 취하는 저장방법을 한 가지 쓰시오.

》》풀이 ① 산화프로필렌(CH_3CHOCH_2)은 인화점 −37℃, 분자량 58인 제4류 위험물로서 품명은 특수인화물이며 **지정수량은 50L**이다.
② 산화프로필렌을 저장하는 옥외저장탱크에는 다음과 같은 조치를 해야 한다.
　㉠ 옥외저장탱크의 설비는 수은·은·구리·마그네슘을 성분으로 하는 합금으로 만들지 아니할 것
　㉡ 옥외저장탱크에는 냉각장치 또는 보냉장치, 그리고 연소성 혼합기체의 생성에 의한 폭발을 방지하기 위한 **불활성 기체를 봉입**하는 장치를 설치할 것

》》정답 (1) CH_3CHOCH_2
(2) 50L
(3) 불활성 기체 봉입

필답형 09 [5점]

하이드라진과 반응 시 로켓의 추진 연료로 사용되는 제6류 위험물에 대하여 다음 물음에 답하시오.

(1) 위험물이 될 수 있는 조건을 쓰시오.

(2) (1)의 위험물과 하이드라진과의 반응식을 쓰시오.

≫≫풀이 제4류 위험물로서 제2석유류 수용성 물질인 하이드라진(N_2H_4)과 반응하여 로켓의 추진 연료로 사용되는 제6류 위험물은 과산화수소(H_2O_2)이다.

(1) 과산화수소가 위험물이 될 수 있는 조건은 **농도가 36중량% 이상**이어야 한다.

(2) 하이드라진과 과산화수소를 반응시키면 질소와 물이 발생하며, 반응식은 다음과 같다.

　　　－ 하이드라진과 과산화수소의 반응식 : $N_2H_4 + 2H_2O_2 \rightarrow N_2 + 4H_2O$

≫≫정답 (1) 농도가 36중량% 이상

(2) $N_2H_4 + 2H_2O_2 \rightarrow N_2 + 4H_2O$

필답형 10 [5점]

다음은 제4류 위험물의 품명을 나타낸 것이다. 괄호 안에 들어갈 알맞은 내용을 쓰시오.

(1) 특수인화물 : 발화점이 (①)℃ 이하인 것 또는 인화점이 영하 20℃ 이하이고 비점이 40℃ 이하인 것

(2) 제1석유류 : 인화점이 (②)℃ 미만인 것

(3) 제2석유류 : 인화점이 (②)℃ 이상 (③)℃ 미만인 것

(4) 제3석유류 : 인화점이 (③)℃ 이상 (④)℃ 미만인 것

(5) 제4석유류 : 인화점이 (④)℃ 이상 (⑤)℃ 미만인 것

≫≫풀이 제4류 위험물의 품명의 정의

① **특수인화물** : 이황화탄소, 다이에틸에터, 그 밖에 1기압에서 **발화점이 100℃ 이하**인 것 또는 인화점이 영하 20℃ 이하이고 비점이 40℃ 이하인 것

② **제1석유류** : 아세톤, 휘발유, 그 밖에 1기압에서 **인화점이 21℃ 미만**인 것

③ **알코올류** : 탄소수가 1개에서 3개까지의 포화1가 알코올(인화점 범위로 품명을 정하지 않음)

④ **제2석유류** : 등유, 경유, 그 밖에 1기압에서 **인화점이 21℃ 이상 70℃ 미만**인 것. 단, 도료류, 그 밖의 물품에 있어서 가연성 액체량이 40중량% 이하이면서 인화점이 40℃ 이상인 동시에 연소점이 60℃ 이상인 것은 제외한다.

⑤ **제3석유류** : 중유, 크레오소트유, 그 밖에 1기압에서 **인화점이 70℃ 이상 200℃ 미만**인 것. 단, 도료류, 그 밖의 물품은 가연성 액체량이 40중량% 이하인 것은 제외한다.

⑥ **제4석유류** : 기어유, 실린더유, 그 밖에 1기압에서 **인화점이 200℃ 이상 250℃ 미만**의 것. 단, 도료류, 그 밖의 물품은 가연성 액체량이 40중량% 이하인 것은 제외한다.

⑦ **동식물유류** : 동물의 지육 등 또는 식물의 종자나 과육으로부터 추출한 것으로서 1기압에서 인화점이 250℃ 미만인 것

≫≫정답 ① 100, ② 21, ③ 70, ④ 200, ⑤ 250

필답형 11 [5점]

이황화탄소 100kg을 연소할 때 800mmHg, 30℃에서 발생하는 이산화황의 부피는 몇 m³인지 구하시오.

>>> 풀이 이황화탄소(CS_2) 1mol의 분자량은 12(C)g + 32(S)g × 2 = 76g이며, 연소반응식은 다음과 같다.
– 연소반응식 : $CS_2 + 3O_2 \rightarrow CO_2 + 2SO_2$

위의 연소반응식에서 알 수 있듯이 이황화탄소(CS_2) 76g을 연소시키면 이산화탄소(CO_2) 1몰과 이산화황(SO_2) 2몰이 발생한다. 이때 발생하는 이산화황 2몰의 부피는 800mmHg, 30℃에서 몇 L가 되는지 이상기체상태방정식을 이용해 먼저 구하면 다음과 같다.

$PV = nRT$

여기서, P : 압력 = $\dfrac{800\text{mmHg}}{760\text{mmHg/기압}}$ = 1.05기압

V : 부피 = V(L)

n : 몰수 = 2mol

R : 이상기체상수 = 0.082기압 · L/K · mol

T : 절대온도(273 + 실제온도) = 273 + 30K

$1.05 \times V = 2 \times 0.082 \times (273 + 30)$

∴ $V = 47.33$L

> **Tip**
> 760mmHg는 1기압이므로 800mmHg를 기압 단위로 환산하면 $\dfrac{800\text{mmHg}}{760\text{mmHg/기압}}$ = 1.05기압입니다.

위의 방정식을 통해 이황화탄소(CS_2) 76g을 연소시키면 800mmHg, 30℃에서 이산화황은 47.33L 발생하는 것을 알았다. 〈문제〉는 같은 압력, 같은 온도에서 이황화탄소 100kg을 연소시키면 이산화황은 몇 m³가 발생하는가를 묻는 것이므로 다음의 비례식을 이용하여 구한다.

$CS_2 + 3O_2 \rightarrow CO_2 + 2SO_2$

76g ⤬ 47.33L
100kg ⤬ x(m³)

$76 \times x = 100 \times 47.33$

$x = \mathbf{62.28m^3}$

>>> 정답 62.28m³

필답형 12 [5점]

표준상태에서 염소산칼륨 1kg이 완전 분해 시 발생하는 산소의 부피는 몇 m³인지 구하시오. (단, 염소산칼륨의 분자량은 123g이다.)

>>> 풀이 제1류 위험물인 염소산칼륨($KClO_3$)은 분해 시 염화칼륨(KCl)과 산소(O_2)를 발생한다. 아래의 분해반응식에서 알 수 있듯이 표준상태에서 1mol의 분자량이 123g인 염소산칼륨을 분해시키면 산소는 1.5몰 × 22.4L = 33.6L가 발생하는데 〈문제〉의 조건인 염소산칼륨 1kg을 분해시키면 산소는 몇 m³가 발생하는지 다음의 비례식을 이용해 구할 수 있다.

– 염소산칼륨의 분해반응식 : $2KClO_3 \rightarrow 2KCl + 3O_2$

123g ⤬ 33.6L
1kg ⤬ x(m³)

$123 \times x = 1 \times 33.6$

$x = \mathbf{0.27m^3}$

> **Tip**
> 염소산칼륨 1mol의 분자량은 39(K) + 35.5(Cl) + 16(O) × 3 = 122.5g이지만 〈문제〉에서 123g으로 정하는 경우 염소산칼륨의 분자량은 123g으로 대입해야 합니다.

>>> 정답 0.27m³

필답형 13 [5점]

알루미늄분에 대해 다음 물음에 답하시오.

(1) 물과의 반응식
(2) 연소반응식
(3) 염산과의 반응식

≫≫풀이 알루미늄분은 제2류 위험물 중 품명은 금속분이며, 지정수량은 500kg이다.
(1) 물과 반응 시 수산화알루미늄[$Al(OH)_3$]과 폭발성인 수소(H_2)가스를 발생한다.
     – 알루미늄의 물과의 반응식 : $2Al + 6H_2O \longrightarrow 2Al(OH)_3 + 3H_2$
(2) 연소 시 산화알루미늄(Al_2O_3)을 생성한다.
     – 연소반응식 : $4Al + 3O_2 \longrightarrow 2Al_2O_3$
(3) 염산과 반응 시 염화알루미늄($AlCl_3$)과 폭발성인 수소가스를 발생한다.
     – 염산과의 반응식 : $2Al + 6HCl \longrightarrow 2AlCl_3 + 3H_2$

≫≫정답 (1) $2Al + 6H_2O \longrightarrow 2Al(OH)_3 + 3H_2$
(2) $4Al + 3O_2 \longrightarrow 2Al_2O_3$
(3) $2Al + 6HCl \longrightarrow 2AlCl_3 + 3H_2$

필답형 14 [5점]

다음 물음에 답하시오.

과산화벤조일, TNT, TNP, 나이트로글리세린, 다이나이트로벤젠

(1) 〈보기〉 중 품명이 질산에스터류에 속하는 것을 모두 고르시오.
(2) 〈보기〉 중 상온에서는 액체이고 영하의 온도에서는 고체인 위험물의 분해반응식을 쓰시오.

≫≫풀이 (1) 〈보기〉는 모두 제5류 위험물이며, 화학식과 품명은 다음과 같다.

물질명	화학식	품 명
과산화벤조일	$(C_6H_5CO)_2O_2$	유기과산화물
TNT(트라이나이트로톨루엔)	$C_6H_2CH_3(NO_2)_3$	나이트로화합물
TNP(트라이나이트로페놀)	$C_6H_2OH(NO_2)_3$	나이트로화합물
나이트로글리세린	$C_3H_5(ONO_2)_3$	**질산에스터류**
다이나이트로벤젠	$C_6H_4(NO_2)_2$	나이트로화합물

(2) 나이트로글리세린은 융점(물질이 녹기 시작하는 온도)이 2.8℃이므로 2.8℃부터는 녹아서 상온인 20℃에서 액체로 존재할 수 있으며, 2.8℃ 미만에서는 녹지 않아 영하의 온도에서는 고체로 존재하는 물질이다. 나이트로글리세린은 4몰을 분해시키면 이산화탄소, 수증기, 질소, 산소의 4가지 기체가 총 29몰 발생한다.
     – 분해반응식 : $4C_3H_5(ONO_2)_3 \longrightarrow 12CO_2 + 10H_2O + 6N_2 + O_2$

```
        H
        |
  H - C - O - NO2
        |
  H - C - O - NO2
        |
  H - C - O - NO2
        |
        H
```
┃ 나이트로글리세린의 구조식 ┃

≫≫정답 (1) 나이트로글리세린
(2) $4C_3H_5(ONO_2)_3 \longrightarrow 12CO_2 + 10H_2O + 6N_2 + O_2$

필답형 15　　　　　　　　　　　　　　　　　　　　　　　　　　　　[5점]

크실렌의 이성질체 3가지의 명칭과 구조식을 쓰시오.

≫≫풀이 자일렌이라고도 불리는 크실렌[$C_6H_4(CH_3)_2$]은 제2석유류 비수용성으로 지정수량은 1,000L이며, o **-크실렌**, m **-크실렌**, p **-크실렌**의 3가지 이성질체를 가진다.

① o -크실렌　　　　　　　② m -크실렌　　　　　　　③ p-크실렌

‖ o-크실렌의 구조식 ‖　　　　‖ m-크실렌의 구조식 ‖　　　　‖ p-크실렌의 구조식 ‖

> **Check ≫≫**
>
> 이성질체란 분자식은 같지만 성질 및 구조가 다른 물질을 말한다.

≫≫정답 o -크실렌,　　　　m-크실렌,　　　　p-크실렌

필답형 16　　　　　　　　　　　　　　　　　　　　　　　　　　　　[5점]

다음 위험물의 운반용기 외부에 표시하는 주의사항을 쓰시오.

(1) 제1류 위험물 중 알칼리금속의 과산화물
(2) 제3류 위험물 중 자연발화성 물질
(3) 제5류 위험물

≫≫풀이

유 별	품 명	운반용기의 주의사항	위험물제조소등의 주의사항
제1류	알칼리금속의 과산화물	**화기 · 충격주의, 가연물접촉주의, 물기엄금**	물기엄금(청색바탕, 백색문자)
	그 밖의 것	화기 · 충격주의, 가연물접촉주의	필요 없음
제2류	철분, 금속분, 마그네슘	화기주의, 물기엄금	화기주의(적색바탕, 백색문자)
	인화성 고체	화기엄금	화기엄금(적색바탕, 백색문자)
	그 밖의 것	화기주의	화기주의(적색바탕, 백색문자)
제3류	자연발화성 물질	**화기엄금, 공기접촉엄금**	화기엄금(적색바탕, 백색문자)
	금수성 물질	물기엄금	물기엄금(청색바탕, 백색문자)
제4류	모든 대상	화기엄금	화기엄금(적색바탕, 백색문자)
제5류	모든 대상	**화기엄금, 충격주의**	화기엄금(적색바탕, 백색문자)
제6류	모든 대상	가연물접촉주의	필요 없음

≫≫정답 (1) 화기 · 충격주의, 가연물접촉주의, 물기엄금
　　　　　(2) 화기엄금, 공기접촉엄금
　　　　　(3) 화기엄금, 충격주의

필답형 17 [5점]

다음 물음에 답하시오.

(1) 대통령령이 정하는 위험물 탱크가 있는 제조소등이 탱크의 변경공사를 하는 때에는 완공검사를 받기 전에 무엇을 받아야 하는지 쓰시오.
(2) 이동탱크저장소의 완공검사 신청시기를 쓰시오.
(3) 지하탱크가 있는 제조소등의 완공검사 신청시기를 쓰시오.
(4) 제조소등의 완공검사를 실시한 결과 기술기준에 적합하다고 인정되는 경우 시·도지사는 무엇을 교부해야 하는지 쓰시오.

▶▶▶풀이 (1) 탱크안전성능검사의 실시
대통령령이 정하는 위험물 탱크가 있는 제조소등의 허가를 받은 자가 위험물 탱크의 설치 또는 변경 공사를 하는 때에는 **완공검사를 받기 전에 시·도지사가 실시하는 탱크안전성능검사**를 받아야 한다.
(2) 이동탱크저장소는 **이동저장탱크를 완공하고 상치장소를 확보한 후**에 완공검사를 신청해야 한다.
(3) 지하탱크가 있는 제조소등은 당해 **지하탱크를 매설하기 전**에 완공검사를 신청해야 한다.
(4) 시·도지사는 제조소등에 대하여 완공검사를 실시하고, 완공검사를 실시한 결과 당해 제조소등이 기술기준에 적합하다고 인정하는 때에는 **완공검사합격확인증**을 교부하여야 한다.

> **Check ▶▶▶**
>
> 제조소등의 완공검사 신청시기
> 1. 지하탱크가 있는 제조소등의 경우 : 당해 지하탱크를 매설하기 전
> 2. 이동탱크저장소의 경우 : 이동저장탱크를 완공하고 상치장소를 확보한 후
> 3. 이송취급소의 경우 : 이송배관 공사의 전체 또는 일부를 완료한 후. 다만, 지하·하천 등에 매설하는 이송배관의 공사의 경우에는 이송배관을 매설하기 전
> 4. 전체 공사가 완료된 후에는 완공검사를 실시하기 곤란한 경우 : 다음에서 정하는 시기
>   ① 위험물설비 또는 배관의 설치가 완료되어 기밀시험 또는 내압시험을 실시하는 시기
>   ② 배관을 지하에 설치하는 경우에는 시·도지사, 소방서장 또는 기술원이 지정하는 부분을 매몰하기 직전
>   ③ 기술원이 지정하는 부분의 비파괴시험을 실시하는 시기

▶▶▶정답 (1) 탱크안전성능검사
(2) 이동저장탱크를 완공하고 상치장소를 확보한 후
(3) 지하탱크를 매설하기 전
(4) 완공검사합격확인증

필답형 18 [5점]

위험물 저장·취급의 공통기준에 대해 괄호 안에 알맞은 말을 쓰시오.

(1) 위험물을 저장 또는 취급하는 건축물, 그 밖의 공작물 또는 설비는 당해 위험물의 성질에 따라 차광 또는 (①)를 실시하여야 한다.
(2) 위험물은 온도계, 습도계, (②)계, 그 밖의 계기를 감시하여 당해 위험물의 성질에 맞는 적정한 온도, 습도 또는 (②)을 유지하도록 저장 또는 취급하여야 한다.
(3) 위험물을 용기에 수납하여 저장 또는 취급할 때에는 그 용기는 당해 위험물의 성질에 적응하고 파손·(③)·균열 등이 없는 것으로 하여야 한다.
(4) (④)의 액체·증기 또는 가스가 새거나 체류할 우려가 있는 장소 또는 (④)의 미분이 현저하게 부유할 우려가 있는 장소에서는 전선과 전기기구를 완전히 접속하고 불꽃을 발하는 기계·기구·공구·신발 등을 사용하지 아니하여야 한다.
(5) 위험물을 (⑤) 중에 보존하는 경우에는 당해 위험물이 (⑤)으로부터 노출되지 아니하도록 하여야 한다.

》》》풀이 위험물 저장·취급의 공통기준
① 위험물을 저장 또는 취급하는 건축물, 그 밖의 공작물 또는 설비는 당해 위험물의 성질에 따라 차광 또는 **환기**를 실시하여야 한다.
② 위험물은 온도계, 습도계, **압력**계, 그 밖의 계기를 감시하여 당해 위험물의 성질에 맞는 적정한 온도, 습도 또는 **압력**을 유지하도록 저장 또는 취급하여야 한다.
③ 위험물을 저장 또는 취급하는 경우에는 위험물의 변질, 이물의 혼입 등에 의하여 당해 위험물의 위험성이 증대되지 아니하도록 필요한 조치를 강구하여야 한다.
④ 위험물이 남아 있거나 남아 있을 우려가 있는 설비, 기계·기구, 용기 등을 수리하는 경우에는 안전한 장소에서 위험물을 완전하게 제거한 후에 실시하여야 한다.
⑤ 위험물을 용기에 수납하여 저장 또는 취급할 때에는 그 용기는 당해 위험물의 성질에 적응하고 파손·**부식**·균열 등이 없는 것으로 하여야 한다.
⑥ **가연성**의 액체·증기 또는 가스가 새거나 체류할 우려가 있는 장소 또는 **가연성**의 미분이 현저하게 부유할 우려가 있는 장소에서는 전선과 전기기구를 완전히 접속하고 불꽃을 발하는 기계·기구·공구·신발 등을 사용하지 아니하여야 한다.
⑦ 위험물을 **보호액** 중에 보존하는 경우에는 당해 위험물이 **보호액**으로부터 노출되지 아니하도록 하여야 한다.

》》》정답 ① 환기
② 압력
③ 부식
④ 가연성
⑤ 보호액

필답형 19 [5점]

제조소의 건축물에 다음과 같이 설치된 옥내소화전의 수원의 수량은 몇 m^3인지 다음의 각 물음에 답하시오.

(1) 1층에 1개, 2층에 3개로 총 4개의 옥내소화전이 설치된 경우
(2) 1층에 2개, 2층에 5개로 총 7개의 옥내소화전이 설치된 경우

>>> 풀이

옥내소화전의 수원의 양은 옥내소화전이 가장 많이 설치된 층의 소화전의 수(옥내소화전의 수가 5개 이상이면 5개)에 $7.8m^3$를 곱한 양 이상으로 한다.

(1) 옥내소화전이 가장 많이 설치된 층은 2층이므로 2층의 옥내소화전 3개에 $7.8m^3$를 곱해야 하며 이 경우 수원의 양은 $3 \times 7.8m^3 = \mathbf{23.4m^3}$ **이상**이다.

(2) 옥내소화전이 가장 많이 설치된 층은 2층이므로 2층의 옥내소화전 5개에 $7.8m^3$를 곱해야 하며 이 경우 수원의 양은 $5 \times 7.8m^3 = \mathbf{39m^3}$ **이상**이다.

 Tip

옥내소화전의 수원의 양은 옥내소화전이 가장 많이 설치된 층의 소화전 수를 기준으로 하므로 1층에 설치된 옥내소화전의 수는 포함시키지 않아야 합니다.

> **Check >>>**
>
> 옥내소화전설비와 옥외소화전설비의 비교
>
> | 구 분 | 옥내소화전 | 옥외소화전 |
> |---|---|---|
> | 물(수원)의 양 | 소화전의 수(소화전의 수가 5개 이상이면 5개)에 $7.8m^3$를 곱한 양 이상 | 소화전의 수(소화전의 수가 4개 이상이면 4개)에 $13.5m^3$를 곱한 양 이상 |
> | 방수량 | 260L/min | 450L/min |
> | 방수압력 | 350kPa 이상 | 350kPa 이상 |
> | 호스접속구까지의 수평거리 | 제조소등의 각 층의 각 부분에서 25m 이하 | 제조소등의 건축물의 각 부분에서 40m 이하 |
> | 개폐밸브 및 호스접속구의 설치높이 | 바닥으로부터 1.5m 이하 | 바닥으로부터 1.5m 이하 |
> | 비상전원 | 45분 이상 작동 | 45분 이상 작동 |

>>> 정답

(1) $23.4m^3$ 이상
(2) $39m^3$ 이상

필답형 20 [5점]

안전관리자에 대해 다음 물음에 답하시오.

(1) 제조소등마다 안전관리자를 선임하여야 하는 주체는 어느 것인지 다음 〈보기〉에서 고르시오.

제조소등의 관계인, 제조소등의 설치자, 소방서장, 소방청장, 시·도지사

(2) 안전관리자를 해임한 경우 며칠 이내에 다시 안전관리자를 선임해야 하는지 쓰시오.

(3) 안전관리자가 퇴직한 경우 며칠 이내에 다시 안전관리자를 선임해야 하는지 쓰시오.

(4) 안전관리자를 선임한 경우에는 선임한 날부터 며칠 이내에 신고해야 하는지 쓰시오.

(5) 안전관리자가 여행·질병, 그 밖의 사유로 인하여 일시적으로 직무를 수행할 수 없는 경우 대리자가 안전관리자의 직무를 대행할 수 있는 기간은 며칠을 초과할 수 없는지 쓰시오.

>>> 풀이 위험물안전관리자의 자격

① **제조소등의 관계인**은 제조소등마다 대통령령이 정하는 위험물의 취급에 관한 자격이 있는 자를 **위험물안전관리자로 선임**하여야 한다.

② 제조소등의 관계인은 그 안전관리자를 해임하거나 안전관리자가 퇴직한 때에는 **해임하거나 퇴직한 날부터 30일 이내**에 다시 안전관리자를 선임하여야 한다.

③ 제조소등의 관계인은 **안전관리자를 선임한 경우에는 선임한 날부터 14일 이내**에 소방본부장 또는 소방서장에게 신고하여야 한다.

④ 제조소등의 관계인이 안전관리자를 해임하거나 안전관리자가 퇴직한 경우 그 관계인 또는 안전관리자는 소방본부장이나 소방서장에게 그 사실을 알려 해임되거나 퇴직한 사실을 확인받을 수 있다.

⑤ 제조소등의 관계인은 안전관리자가 여행·질병, 그 밖의 사유로 인하여 일시적으로 직무를 수행할 수 없거나 안전관리자의 해임 또는 퇴직과 동시에 다른 안전관리자를 선임하지 못하는 경우에는 위험물의 취급에 관한 자격취득자 또는 안전관리자의 대리자를 지정하여 그 직무를 대행하게 하여야 한다. 이 경우 대리자가 안전관리자의 **직무를 대행하는 기간은 30일을 초과할 수 없다.**

Check >>>

안전관리자 대리자의 자격
1. 위험물 안전관리자 교육을 받은 자
2. 위험물 안전관리업무에 있어서 안전관리자를 지휘·감독하는 직위에 있는 자

>>> 정답 (1) 제조소등의 관계인
(2) 30일
(3) 30일
(4) 14일
(5) 30일

2020 제1·2회 위험물산업기사 실기

2020년 7월 25일 시행

※ 필답형＋작업형으로 치러지던 기존 시험에서는 각 문항별 배점이 상이하였으나,
필답형(20문제) 시험만 보는 2020년 1회부터는 각 문항 배점이 모두 5점입니다!

필/답/형 시험

 필답형 01 [5점]

다음은 인화점측정기의 종류와 시험방법에 대한 설명이다. 괄호 안에 알맞은 내용을 쓰시오.

(1) (　　　) 인화점측정기
　① 시험장소는 1기압, 무풍의 장소로 할 것
　② 인화점측정기의 시료컵에 시험물품 50cm³를 넣고 시험물품 표면의 기포를 제거한 후 뚜껑을 덮을 것
　③ 시험불꽃을 점화하고 화염의 크기를 직경이 4mm가 되도록 조정할 것
(2) (　　　) 인화점측정기
　① 시험장소는 1기압, 무풍의 장소로 할 것
　② 인화점측정기의 시료컵을 설정온도까지 가열 또는 냉각하여 시험물품(설정온도가 상온보다 낮은 온도인 경우에는 설정온도까지 냉각한 것) 2mL를 시료컵에 넣고 즉시 뚜껑 및 개폐기를 닫을 것
　③ 시험불꽃을 점화하고 화염의 크기를 직경 4mm가 되도록 조정할 것
(3) (　　　) 인화점측정기
　① 시험장소는 1기압, 무풍의 장소로 할 것
　② 인화점측정기의 시료컵의 표선(標線)까지 시험물품을 채우고 시험물품 표면의 기포를 제거할 것
　③ 시험불꽃을 점화하고 화염의 크기를 직경 4mm가 되도록 조정할 것

≫≫풀이 인화점측정기의 종류와 측정 시험방법
　(1) **태그밀폐식** 인화점측정기에 의한 인화점 측정 시험방법
　　① 시험장소는 1기압, 무풍의 장소로 할 것
　　② 인화점측정기의 시료컵에 시험물품 50cm³를 넣고 시험물품 표면의 기포를 제거한 후 뚜껑을 덮을 것
　　③ 시험불꽃을 점화하고 화염의 크기를 직경이 4mm가 되도록 조정할 것
　(2) **신속평형법** 인화점측정기에 의한 인화점 측정 시험방법
　　① 시험장소는 1기압, 무풍의 장소로 할 것
　　② 인화점측정기의 시료컵을 설정온도까지 가열 또는 냉각하여 시험물품(설정온도가 상온보다 낮은 온도인 경우에는 설정온도까지 냉각한 것) 2mL를 시료컵에 넣고 즉시 뚜껑 및 개폐기를 닫을 것
　　③ 시험불꽃을 점화하고 화염의 크기를 직경 4mm가 되도록 조정할 것
　(3) **클리브랜드개방컵** 인화점측정기에 의한 인화점 측정 시험방법
　　① 시험장소는 1기압, 무풍의 장소로 할 것
　　② 인화점측정기의 시료컵의 표선(標線)까지 시험물품을 채우고 시험물품 표면의 기포를 제거할 것
　　③ 시험불꽃을 점화하고 화염의 크기를 직경 4mm가 되도록 조정할 것

≫≫정답 (1) 태그밀폐식　　(2) 신속평형법　　(3) 클리브랜드개방컵

필답형 02 [5점]

다음 물음에 답하시오.

(1) 〈보기〉 중 자체소방대를 설치하여야 하는 제조소등에 해당하는 것의 기호를 모두 쓰시오.

> A. 염소산칼륨 250ton을 취급하고 있는 제조소
> B. 염소산칼륨 250ton을 취급하고 있는 일반취급소
> C. 특수인화물 250kL를 취급하고 있는 제조소
> D. 특수인화물 250kL를 취급하고 있는 충전하는 일반취급소

(2) 자체소방대를 설치하는 경우 화학소방자동차 1대당 필요한 소방대원의 수는 몇 명 이상으로 해야 하는지 쓰시오.

(3) 〈보기〉의 내용 중 틀린 것을 모두 찾아 그 기호를 쓰시오. (단, 없으면 "없음"이라 쓰시오.)

> A. 2개 이상의 사업소가 상호응원에 관한 협정을 체결하고 있는 경우에는 당해 모든 사업소를 하나의 사업소로 본다.
> B. 포수용액 방사차의 대수는 화학소방자동차 전체 대수의 3분의 2 이상으로 한다.
> C. 포수용액 방사차의 방사능력은 매분 3,000L 이상으로 한다.
> D. 포수용액 방사차에는 10만L 이상의 포수용액을 방사할 수 있는 양의 소화약제를 비치해야 한다.

(4) 자체소방대를 두지 아니한 관계인으로서 허가를 받은 자에 대한 벌칙의 종류를 쓰시오.

》》》풀이

(1) 자체소방대는 제4류 위험물을 지정수량의 3천배 이상으로 저장·취급하는 제조소 또는 일반취급소에 설치해야 한다.

〈보기〉 A, B의 염소산칼륨은 제1류 위험물로서 지정수량이 50kg이므로 취급하는 양 250ton 즉, 250,000kg

은 지정수량의 배수가 $\dfrac{250,000kg}{50kg/배} = 5,000$배이다. 이 양은 지정수량의 3,000배 이상에 속하지만 염소산

칼륨은 제1류 위험물이므로 이를 저장·취급하는 제조소 또는 일반취급소에는 자체소방대를 설치하지 않아도 된다.

〈보기〉 C, D의 특수인화물은 제4류 위험물로서 지정수량이 50L이므로 취급하는 양 250kL 즉, 250,000L

는 지정수량의 배수가 $\dfrac{250,000kg}{50L/배} = 5,000$배이다. 이 양은 **지정수량의 3,000배 이상**에 속하며 특수

인화물은 **제4류 위험물**이므로 이를 저장·취급하는 **제조소 또는 일반취급소**에는 자체소방대를 설치하여야 한다. 하지만 D의 **충전하는 일반취급소는 자체소방대의 설치 제외대상에 속하는 일반취급소**이므로 자체소방대를 설치하지 않아도 된다.

> **Check 》》》**
>
> **자체소방대의 설치 제외대상에 속하는 일반취급소**
> 1. 보일러, 버너, 그 밖에 이와 유사한 장치로 위험물을 소비하는 일반취급소(보일러등으로 위험물을 소비하는 일반취급소)
> 2. 이동저장탱크, 그 밖에 이와 유사한 것에 위험물을 주입하는 일반취급소(충전하는 일반취급소)
> 3. 용기에 위험물을 옮겨 담는 일반취급소(옮겨 담는 일반취급소)
> 4. 유압장치, 윤활유순환장치, 그 밖에 이와 유사한 장치로 위험물을 취급하는 일반취급소(유압장치등을 설치하는 일반취급소)
> 5. 광산안전법의 적용을 받는 일반취급소

(2) 자체소방대를 설치하는 경우 화학소방자동차 **1대당 필요한 소방대원의 수는 5명 이상**으로 해야 한다.

자체소방대에 두는 화학소방자동차 및 자체소방대원의 수는 다음과 같다.

사업소의 구분	화학소방 자동차의 수	자체소방 대원의 수
3천배 이상 12만배 미만으로 취급하는 제조소 또는 일반취급소	1대 이상	5인 이상
12만배 이상 24만배 미만으로 취급하는 제조소 또는 일반취급소	2대 이상	10인 이상
24만배 이상 48만배 미만으로 취급하는 제조소 또는 일반취급소	3대 이상	15인 이상
48만배 이상으로 취급하는 제조소 또는 일반취급소	4대 이상	20인 이상
지정수량의 50만배 이상으로 저장하는 옥외탱크저장소	2대 이상	10인 이상

(3) 자체소방대 편성의 특례와 화학소방자동차의 기준
  ① 자체소방대 편성의 특례
    ㉠ **2개 이상의 사업소가 상호응원에 관한 협정을 체결하고 있는 경우에는 당해 모든 사업소를 하나의 사업소로 본다.**
    ㉡ 상호응원에 관한 협정을 체결하고 있는 제조소 또는 일반취급소에서 취급하는 위험물을 합산한 양을 하나의 사업소에서 취급하는 위험물의 최대수량으로 간주한다.
    ㉢ 상호응원에 관한 협정을 체결하고 있는 각 사업소의 자체소방대에는 화학소방차의 대수를 2분의 1 이상으로 할 수 있으며 1대의 화학소방자동차마다 5인 이상의 자체소방대원을 두어야 한다.
  ② 화학소방자동차의 기준
    ㉠ 화학소방자동차의 소화능력 및 설비의 기준

화학소방자동차의 구분	소화능력 및 설비의 기준
포수용액 방사차	**포수용액의 방사능력이 매분 2,000L 이상일 것**
	소화약액탱크 및 소화약액혼합장치를 비치할 것
	10만L 이상의 포수용액을 방사할 수 있는 양의 소화약제를 비치할 것
분말 방사차	분말의 방사능력이 매초 35kg 이상일 것
	분말탱크 및 가압용 가스설비를 비치할 것
	1,400kg 이상의 분말을 비치할 것
할로겐화합물 방사차	할로겐화합물의 방사능력이 매초 40kg 이상일 것
	할로겐화합물탱크 및 가압용 가스설비를 비치할 것
	1,000kg 이상의 할로겐화합물을 비치할 것
이산화탄소 방사차	이산화탄소의 방사능력이 매초 40kg 이상일 것
	이산화탄소 저장용기를 비치할 것
	3,000kg 이상의 이산화탄소를 비치할 것
제독차	가성소다 및 규조토를 각각 50kg 이상 비치할 것

    ㉡ **포수용액을 방사하는 화학소방자동차의 대수는 화학소방자동차의 대수의 3분의 2 이상으로 하여야 한다.**
(4) 자체소방대를 두지 아니한 관계인으로서 허가를 받은 자는 **1년 이하의 징역 또는 1천만원 이하의 벌금**에 처한다.

1년 이하의 징역 또는 1천만원 이하의 벌금에 해당하는 벌칙

1. 탱크시험자로 등록하지 아니하고 탱크시험자의 업무를 한 자
2. 정기점검을 하지 아니하거나 정기검사를 받지 아니한 자
3. 자체소방대를 두지 아니한 자
4. 운반용기의 검사를 받지 아니하고 사용 또는 유통시킨 자
5. 출입·검사 등의 명령을 위반한 위험물을 저장 또는 취급하는 장소의 관계인
6. 제조소등에 대한 긴급 사용정지·제한명령을 위반한 자

>>> 정답   (1) C   (2) 5명   (3) C   (4) 1년 이하의 징역 또는 1천만원 이하의 벌금

필답형 03   [5점]

다음 제1류 위험물의 품명과 지정수량을 각각 쓰시오.

(1) KIO_3
　　① 품명   ② 지정수량
(2) $AgNO_3$
　　① 품명   ② 지정수량
(3) $KMnO_4$
　　① 품명   ② 지정수량

>>> 풀이

화학식	물질명	품 명	지정수량	위험등급
KIO_3	아이오딘산칼륨	**아이오딘산염류**	300kg	II
$AgNO_3$	질산은	**질산염류**	300kg	II
$KMnO_4$	과망가니즈산칼륨	**과망가니즈산염류**	1,000kg	III

>>> 정답   (1) 아이오딘산염류, 300kg   (2) 질산염류, 300kg   (3) 과망가니즈산염류, 1,000kg

---

필답형 04   [5점]

다음 위험물의 열분해반응식을 각각 쓰시오.

(1) 과염소산나트륨   (2) 염소산나트륨   (3) 아염소산나트륨

>>> 풀이   〈문제〉의 제1류 위험물들은 모두 열분해하여 염화나트륨($NaCl$)과 산소(O_2)를 발생하며, 각 물질의 열분해반응식은 다음과 같다.

(1) 과염소산나트륨($NaClO_4$) : $NaClO_4 \rightarrow NaCl + 2O_2$
(2) 염소산나트륨($NaClO_3$) : $2NaClO_3 \rightarrow 2NaCl + 3O_2$
(3) 아염소산나트륨($NaClO_2$) : $NaClO_2 \rightarrow NaCl + O_2$

>>> 정답   (1) $NaClO_4 \rightarrow NaCl + 2O_2$ (2) $2NaClO_3 \rightarrow 2NaCl + 3O_2$ (3) $NaClO_2 \rightarrow NaCl + O_2$

필답형 05 [5점]

다음 〈보기〉의 물질 중 비수용성인 것을 모두 고르시오.

이황화탄소, 아세트알데하이드, 클로로벤젠, 스타이렌, 아세톤

》》》풀이

물질명	화학식	품 명	수용성 여부	지정수량
이황화탄소	CS_2	특수인화물	**비수용성**	50L
아세트알데하이드	CH_3CHO	특수인화물	수용성	50L
클로로벤젠	C_6H_5Cl	제2석유류	**비수용성**	1,000L
스타이렌	$C_6H_5CH_2CH$	제2석유류	**비수용성**	1,000L
아세톤	CH_3COCH_3	제1석유류	수용성	400L

》》》정답 이황화탄소, 클로로벤젠, 스타이렌

필답형 06 [5점]

다음 물음에 답하시오.

(1) 외벽이 내화구조이고 연면적이 150m²인 옥내저장소의 소요단위는 몇 단위인지 쓰시오.
(2) 에틸알코올 1,000L, 클로로벤젠 1,500L, 동식물유류 20,000L, 특수인화물 500L를 함께 저장하는 경우 소요단위는 몇 단위인지 쓰시오.

》》》풀이
(1) 외벽이 내화구조인 옥내저장소는 **연면적 150m²를 1소요단위**로 정한다.
(2) 〈문제〉의 각 위험물의 지정수량은 다음과 같다.
  ① 에틸알코올(알코올류) : 400L
  ② 클로로벤젠(제2석유류 비수용성) : 1,000L
  ③ 동식물유류 : 10,000L
  ④ 특수인화물 : 50L

이들 위험물의 지정수량의 배수의 합은 $\dfrac{1,000L}{400L} + \dfrac{1,500L}{1,000L} + \dfrac{20,000L}{10,000L} + \dfrac{500L}{50L} = 16$배이고, 위험물의

1소요단위는 지정수량의 10배이므로 지정수량의 16배의 소요단위는 $\dfrac{16배}{10배/소요단위} = $ **1.6단위**이다.

> **Check 》》》**
> 소요단위는 소화설비의 설치대상이 되는 건축물 또는 그 밖의 공작물의 규모나 위험물 양의 기준단위로서 다음 [표]와 같이 구분한다.
>
> | 구 분 | 내화구조의 외벽 | 비내화구조의 외벽 |
> |---|---|---|
> | 위험물 제조소 및 취급소 | 연면적 100m² | 연면적 50m² |
> | 위험물저장소 | **연면적 150m²** | 연면적 75m² |
> | 위험물 | 지정수량의 10배 | |

》》》정답
(1) 1
(2) 1.6

필답형 07 [5점]

다음 [표]는 위험물안전관리법령상 소화설비의 적응성을 나타낸 것이다. 위험물에 대해 소화설비가 적응성이 있는 경우 빈칸에 "O"로 표시하시오.

소화설비의 구분	대상물 구분									
	제1류 위험물		제2류 위험물			제3류 위험물		제4류 위험물	제5류 위험물	제6류 위험물
	알칼리금속의 과산화물	그 밖의 것	철분·금속분·마그네슘	인화성 고체	그 밖의 것	금수성 물품	그 밖의 것			
옥내소화전·옥외소화전설비										
물분무소화설비										
포소화설비										
불활성가스소화설비										
할로젠화합물소화설비										

>>> 풀이 위험물의 종류에 따른 소화설비의 적응성

① 제1류 위험물
  ㉠ 알칼리금속의 과산화물 : 탄산수소염류 분말소화설비로 질식소화한다.
  ㉡ 그 밖의 것 : **옥내소화전·옥외소화전설비**, 스프링클러설비, **물분무소화설비**, **포소화설비**로 냉각소화한다.
② 제2류 위험물
  ㉠ 철분·금속분·마그네슘 : 탄산수소염류 분말소화설비로 질식소화한다.
  ㉡ 인화성 고체 : **옥내소화전·옥외소화전설비**, 스프링클러설비, **물분무소화설비**, **포소화설비**, **불활성가스소화설비**, **할로젠화합물소화설비**, 분말소화설비로 냉각소화 또는 질식소화한다.
  ※ 인화성 고체에는 모든 소화설비가 적응성이 있다.
  ㉢ 그 밖의 것 : **옥내소화전·옥외소화전설비**, 스프링클러설비, **물분무소화설비**, **포소화설비**로 냉각소화한다.
③ 제3류 위험물
  ㉠ 금수성 물질 : 탄산수소염류 분말소화설비로 질식소화한다.
  ㉡ 그 밖의 것(황린) : **옥내소화전·옥외소화전설비**, 스프링클러설비, **물분무소화설비**, **포소화설비**로 냉각소화한다.
④ 제4류 위험물 : **물분무소화설비**, **포소화설비**, **불활성가스소화설비**, **할로젠화합물소화설비**, 분말소화설비로 질식소화한다.
⑤ 제5류 위험물 : **옥내소화전·옥외소화전설비**, 스프링클러설비, **물분무소화설비**, **포소화설비**로 냉각소화한다.
⑥ 제6류 위험물 : **옥내소화전·옥외소화전설비**, 스프링클러설비, **물분무소화설비**, **포소화설비**로 냉각소화한다.

>>> 정답

소화설비의 구분	대상물 구분									
	제1류 위험물		제2류 위험물			제3류 위험물		제4류 위험물	제5류 위험물	제6류 위험물
	알칼리금속의 과산화물	그 밖의 것	철분·금속분·마그네슘	인화성 고체	그 밖의 것	금수성 물품	그 밖의 것			
옥내소화전·옥외소화전설비		○		○	○		○		○	○
물분무소화설비		○		○	○		○	○	○	○
포소화설비		○		○	○		○	○	○	○
불활성가스소화설비				○				○		
할로젠화합물소화설비				○				○		

필답형 08 [5점]

내용적이 5천만L인 옥외저장탱크에는 3천만L의 휘발유가 저장되어 있고 내용적이 1억2천만L
인 옥외저장탱크에는 8천만L의 경유가 저장되어 있으며, 두 개의 옥외저장탱크를 하나의 방유
제 안에 설치하였다. 다음 물음에 답하시오.

(1) 두 탱크 중 내용적이 더 적은 탱크의 최대용량은 몇 L 이상인지 쓰시오.
(2) 두 개의 옥외저장탱크를 둘러싸고 있는 방유제의 용량은 몇 L 이상인지 쓰시오. (단, 두 개의 옥
외저장탱크의 공간용적은 모두 10%이다.)
(3) 두 옥외저장탱크 사이를 구획하는 설비의 명칭을 쓰시오.

>>> 풀이 (1) 탱크의 용량이란 탱크의 내용적에서 공간용적을 뺀 값을 말하며, 탱크의 공간용적은 내용적의 100분의 5
이상 100분의 10 이하의 양이다. 여기서 탱크의 최대용량은 탱크의 공간용적을 최소로 했을 때의 양이므로
공간용적이 5%인 경우이며 이때 탱크의 최대용량은 내용적의 95%가 된다.

① 내용적이 5천만L인 탱크의 최대용량
: 50,000,000L×0.95=47,500,000L
② 내용적이 1억2천만L인 탱크의 최대용량
: 120,000,000L×0.95=114,000,000L
따라서 두 탱크 중 내용적이 더 적은 탱크는 5천만L인
탱크이며 이 탱크의 **최대용량은 47,500,000L**이다.

 Tip
〈문제〉에서 제시된 3천만L의 휘발유와 8천
만L의 경유는 실제로 탱크에 저장된 양이므
로 내용적의 95%를 적용하여 계산하는 탱
크의 최대용량과는 상관없는 양입니다.

(2) 인화성이 있는 위험물의 옥외저장탱크의 방유제의 용량은 다음과 같다.
① 하나의 옥외저장탱크의 방유제 용량 : 탱크 용량의 110% 이상
② **2개 이상의 옥외저장탱크의 방유제 용량 : 탱크 중 용량이 최대인 탱크 용량의 110% 이상**
〈문제〉에서는 두 탱크 모두 공간용적이 10%라고 하였으므로 내용적이 5천만L인 탱크의 용량은 50,000,000L×
0.9=45,000,000L이고, 내용적이 1억2천만L인 탱크의 용량은 120,000,000L×0.9=108,000,000L이다.
따라서 두 탱크 중 용량이 최대인 탱크의 용량은 108,000,000L이므로 두 개의 옥외저장탱크를 둘러싸고
있는 방유제의 용량은 108,000,000L의 110%, 즉 108,000,000L×1.1=**118,800,000L** 이상이 된다.

> **Check >>>**
> 인화성이 없는 위험물의 옥외저장탱크의 방유제 용량
> 1. 하나의 옥외저장탱크의 방유제 용량 : 탱크 용량의 100% 이상
> 2. 2개 이상의 옥외저장탱크의 방유제 용량 : 탱크 중 용량이 최대인 탱크 용량의 100% 이상

(3) 방유제 안에 설치된 탱크 중 용량이 1,000만L 이상인 탱크에는 간막이 둑을 따로 설치해야 한다. 〈문제〉의
두 탱크는 모두 용량이 1,000만L 이상이므로 다음의 기준에 의해 **간막이 둑을 설치**한다.
① 간막이 둑의 높이 : 0.3m(방유제 내에 설치되는 옥외저장탱크의 용량의 합계가 2억L를 넘는 방유제에
있어서는 1m) 이상
② 간막이 둑의 재질 : 흙 또는 철근콘크리트
③ 간막이 둑의 용량 : 간막이 둑 안에 설치된 탱크 용량의 10% 이상

>>> 정답 (1) 47,500,000L
(2) 118,800,000L
(3) 간막이 둑

필답형 09

[5점]

위험물안전관리법령상 농도가 36중량% 이상인 것이 제6류 위험물이 되는 물질에 대해 다음 물음에 답하시오.

(1) 분해반응식
(2) 운반용기의 외부에 표시하는 주의사항
(3) 위험등급

풀이 (1) 농도가 36중량% 이상인 것이 제6류 위험물이 되는 물질인 과산화수소(H_2O_2)는 햇빛에 의해 분해 시 물과 산소를 발생하며, 분해반응식은 다음과 같다.
   - 분해반응식 : $2H_2O_2 \rightarrow 2H_2O + O_2$
(2) 과산화수소를 수납하는 운반용기의 외부에 표시하는 주의사항은 "**가연물접촉주의**"이다.
(3) 과산화수소는 지정수량이 300kg이고, **위험등급** I인 물질이다.

> **Check ≫≫**
> 그 밖의 과산화수소의 성질 및 저장방법
> 1. 농도가 60중량% 이상인 것은 충격에 의하여 폭발적으로 분해한다.
> 2. 물, 에터, 알코올에 녹지만, 석유 및 벤젠에는 녹지 않는다.
> 3. 과산화수소를 취급하는 제조소등에는 주의사항을 표시할 필요없다.

정답 (1) $2H_2O_2 \rightarrow 2H_2O + O_2$
(2) 가연물접촉주의
(3) I

필답형 10

[5점]

인화점 −17℃, 비점 26℃, 분자량 27인 제4류 위험물에 대해 다음 물음에 답하시오.

(1) 화학식
(2) 증기비중

풀이 (1) 인화점 −17℃, 비점 26℃, 분자량 1(H) + 12(C) + 14(N) = 27인 것은 제4류 위험물 중 제1석유류의 수용성 물질인 사이안화수소(**HCN**)이다.
(2) 증기비중 = $\dfrac{분자량}{29}$이며, 대부분의 제4류 위험물은 분자량이 공기의 분자량인 29보다 크므로 증기비중이 1보다 크지만 사이안화수소는 **증기비중** = $\dfrac{27}{29}$ = **0.93**이므로 증기비중이 1보다 작은 것이 특징이다.

정답 (1) HCN
(2) 0.93

필답형 11   [5점]

다음 물질의 물과의 반응식을 쓰시오.

(1) $(CH_3)_3Al$

(2) $(C_2H_5)_3Al$

>>> 풀이   두 물질 모두 제3류 위험물로서 품명은 알킬알루미늄이고 지정수량은 10kg이며, 각 물질의 물과의 반응식은
          다음과 같다.
          (1) 트라이메틸알루미늄[$(CH_3)_3Al$]은 물과 반응 시 수산화알루미늄[$Al(OH)_3$]과 메테인(CH_4)을 발생한다.
             – 물과의 반응식 : **$(CH_3)_3Al + 3H_2O \rightarrow Al(OH)_3 + 3CH_4$**
          (2) 트라이에틸알루미늄[$(C_2H_5)_3Al$]은 물과 반응 시 수산화알루미늄[$Al(OH)_3$]과 에테인(C_2H_6)을 발생한다.
             – 물과의 반응식 : **$(C_2H_5)_3Al + 3H_2O \rightarrow Al(OH)_3 + 3C_2H_6$**

>>> 정답   (1) $(CH_3)_3Al + 3H_2O \rightarrow Al(OH)_3 + 3CH_4$
          (2) $(C_2H_5)_3Al + 3H_2O \rightarrow Al(OH)_3 + 3C_2H_6$

필답형 12   [5점]

제4류 위험물에 속하는 아세트알데하이드에 대해 다음 물음에 답하시오.

(1) 옥외저장탱크 중 압력탱크 외의 탱크에 저장하는 경우 저장온도는 몇 ℃ 이하로 해야 하는지 쓰시오.
(2) 위험도를 구하시오. (단, 연소범위는 4.1~57%이다.)
(3) 산화반응으로 생성되는 물질의 명칭을 쓰시오.

>>> 풀이   (1) **옥외저장탱크**, 옥내저장탱크 또는 지하저장탱크에 저장하는 위험물의 저장온도
          ① **압력탱크 외의 탱크**에 저장하는 경우
             ㉠ **아세트알데하이드 : 15℃ 이하**
             ㉡ 산화프로필렌, 다이에틸에터 : 30℃ 이하
          ② 압력탱크에 저장하는 경우
             – 아세트알데하이드, 산화프로필렌, 다이에틸에터 : 40℃ 이하
          (2) 아세트알데하이드의 연소범위는 4.1~57%이고, 여기서 4.1%를 연소하한, 57%를 연소상한이라 하며, 위
              험도를 구하는 공식은 다음과 같다.

          위험도(Hazard) $= \dfrac{연소상한(Upper) - 연소하한(Lower)}{연소하한(Lower)} = \dfrac{57 - 4.1}{4.1} =$ **12.9**

          (3) 아세트알데하이드(CH_3CHO)가 0.5몰의 산소(O_2), 즉 $0.5O_2$를 얻어 산화하면 제2석유류인 **아세트산**(CH_3COOH)
              이 된다.
             – 아세트알데하이드의 산화반응식 : $CH_3CHO \xrightarrow{+0.5O_2} CH_3COOH$

>>> 정답   (1) 15℃
          (2) 12.9
          (3) 아세트산

필답형 13 [5점]

염소산칼륨과 적린이 혼촉발화하였다. 다음 물음에 답하시오.

(1) 두 물질의 반응식을 쓰시오.

(2) 두 물질의 반응으로 생성된 기체와 물이 반응하면 어떤 물질이 생성되는지 그 물질의 명칭을 쓰시오.

>>>**풀이** (1) 제1류 위험물인 염소산칼륨($KClO_3$)과 제2류 위험물인 적린(P)이 혼촉발화하면 오산화인(P_2O_5)과 염화칼륨 (KCl)이 발생한다.
   - 염소산칼륨과 적린의 반응식 : $5KClO_3 + 6P \longrightarrow 3P_2O_5 + 5KCl$
  (2) 두 물질의 반응으로 생성된 기체는 오산화인이며, 오산화인과 물이 반응하면 **인산**(H_3PO_4)이 생성된다.
   - 오산화인과 물의 반응식 : $P_2O_5 + 3H_2O \longrightarrow 2H_3PO_4$

>>>**정답** (1) $5KClO_3 + 6P \longrightarrow 3P_2O_5 + 5KCl$
  (2) 인산

필답형 14 [5점]

다음은 위험물의 유별 저장 및 취급에 관한 기준이다. 괄호 안에 들어갈 알맞은 내용을 쓰시오.

(1) (   ) 위험물은 불티 · 불꽃, 고온체와의 접근이나 과열 · 충격 또는 마찰을 피해야 한다.

(2) (   ) 위험물은 가연물과의 접촉 · 혼합이나 분해를 촉진하는 물품과의 접근 또는 과열을 피해야 한다.

(3) (   ) 위험물은 불티 · 불꽃, 고온체와의 접근 또는 과열을 피하고, 함부로 증기를 발생시키지 않아야 한다.

>>>**풀이** 위험물의 유별 저장 · 취급 공통기준
  ① 제1류 위험물은 가연물과의 접촉 · 혼합이나 분해를 촉진하는 물품과의 접근 또는 과열, 충격, 마찰 등을 피하는 한편, 알칼리금속의 과산화물 및 이를 함유한 것에 있어서는 물과의 접촉을 피해야 한다.
  ② 제2류 위험물은 산화제와의 접촉 · 혼합이나 불티 · 불꽃 · 고온체와의 접근 또는 과열을 피하는 한편, 철분 · 금속분 · 마그네슘 및 이를 함유한 것에 있어서는 물이나 산과의 접촉을 피하고 인화성 고체에 있어서는 함부로 증기를 발생시키지 아니하여야 한다.
  ③ 제3류 위험물 중 자연발화성 물질에 있어서는 불티 · 불꽃 · 고온체와의 접근, 과열 또는 공기와의 접촉을 피하고, 금수성 물질에 있어서는 물과의 접촉을 피해야 한다.
  ④ **제4류** 위험물은 불티 · 불꽃, 고온체와의 접근 또는 과열을 피하고, 함부로 증기를 발생시키지 아니하여야 한다.
  ⑤ **제5류** 위험물은 불티 · 불꽃 · 고온체와의 접근이나 과열 · 충격 또는 마찰을 피해야 한다.
  ⑥ **제6류** 위험물은 가연물과의 접촉 · 혼합이나 분해를 촉진하는 물품과의 접근 또는 과열을 피해야 한다.

>>>**정답** (1) 제5류
  (2) 제6류
  (3) 제4류

필답형 15 [5점]

벤젠 16g을 증발시켜 만든 기체의 부피는 1기압, 90℃에서 몇 L인지 쓰시오.

(1) 계산과정 (2) 답

▶▶▶풀이 벤젠(C_6H_6) 1mol의 분자량은 12(C)g×6＋1(H)g×6＝78g이다. 〈문제〉는 벤젠 16g을 1기압, 90℃에서 모두 기체로 만들면 그 기체의 부피는 몇 L인지 구하는 것이므로 다음과 같이 이상기체상태방정식을 이용한다.

$$PV = \frac{w}{M}RT$$

여기서, P : 압력＝1기압
V : 부피＝V(L)
w : 질량＝16g
M : 분자량＝78g/mol
R : 이상기체상수＝0.082기압 · L/K · mol
T : 절대온도(273＋실제온도)＝273＋90K

$$1 \times V = \frac{16}{78} \times 0.082 \times (273 + 90)$$

$$\therefore V = 6.11L$$

▶▶▶정답 (1) $1 \times V = \frac{16}{78} \times 0.082 \times (273 + 90)$ (2) 6.11L

필답형 16 [5점]

제5류 위험물인 트라이나이트로페놀에 대해 다음 물음에 답하시오.

(1) 구조식 (2) 지정수량 (3) 품명

▶▶▶풀이 피크린산으로도 불리는 트라이나이트로페놀[$C_6H_2OH(NO_2)_3$]은 페놀(C_6H_5OH)에 질산(HNO_3)과 황산(H_2SO_4)을 반응시켜 페놀의 수소(H) 3개를 나이트로기(−NO_2)로 치환시킨 물질로서 제5류 위험물에 속하며, **품명은 나이트로화합물**이고, **지정수량은 제1종 : 10kg, 제2종 : 100kg**이며, 구조식은 우측과 같다.

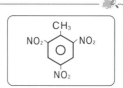

┃ 피크린산의 구조식 ┃

> **Check ▶▶▶**
>
> TNT로도 불리는 트라이나이트로톨루엔[$C_6H_2CH_3(NO_2)_3$]은 톨루엔($C_6H_5CH_3$)에 질산과 황산을 반응시켜 톨루엔의 수소(H) 3개를 나이트로기(−NO_2)로 치환시킨 물질로서 제5류 위험물에 속하며, 품명은 나이트로화합물이고, 지정수량은 제1종 : 10kg, 제2종 : 100kg이며, 구조식은 우측과 같다.
>
> ┃ TNT의 구조식 ┃

▶▶▶정답 (1) (2) 제1종 : 10kg, 제2종 : 100kg (3) 나이트로화합물

필답형 17　　　　　　　　　　　　　　　　　　　　　　　　　　　　[5점]

탄화칼슘 32g이 물과 반응 시 발생하는 기체를 완전연소시키기 위해 필요한 산소의 부피는 표준상태에서 몇 L인지 구하시오.

(1) 계산과정

(2) 답

≫≫풀이　　탄화칼슘(CaC_2)은 제3류 위험물로서 물과 반응 시 수산화칼슘[$Ca(OH)_2$]과 아세틸렌(C_2H_2) 기체를 발생한다. 아래의 물과의 반응식에서 알 수 있듯이 탄화칼슘 1mol의 분자량이 40(Ca)g + 12(C)g×2 = 64g인 탄화칼슘을 물과 반응시키면 아세틸렌은 1몰 발생하는데 〈문제〉의 조건인 탄화칼슘 32g을 반응시키면 아세틸렌은 0.5몰 발생한다.

－ 물과의 반응식 : $CaC_2 + 2H_2O \longrightarrow Ca(OH)_2 + C_2H_2$

$64 \times x = 32 \times 1$

$x = 0.5$몰

〈문제〉는 탄화칼슘 32g이 물과 반응하여 발생하는 기체, 즉 0.5몰의 아세틸렌을 연소시키기 위해 필요한 산소의 부피를 구하는 것이다. 아세틸렌은 연소 시 이산화탄소(CO_2)와 물(H_2O)을 발생하며, 다음의 아세틸렌의 연소반응식에서 알 수 있듯이 아세틸렌 1몰을 연소시키기 위해 필요한 산소의 부피는 표준상태에서 2.5몰× 22.4L = 56L인데 〈문제〉의 조건인 아세틸렌 0.5몰을 연소시키기 위해서는 몇 L의 산소가 필요한가를 다음의 비례식을 이용하여 구하면 다음과 같다.

－ 아세틸렌의 연소반응식 : $2C_2H_2 + 5O_2 \longrightarrow 4CO_2 + 2H_2O$

$$1몰 \diagdown 56L$$
$$0.5몰 \diagup x(L)$$

$1 \times x = 0.5 \times 56$

$\therefore x = 28L$

≫≫정답　　(1) $1 \times x = 0.5 \times 56L$

(2) 28L

필답형 18　　　　　　　　　　　　　　　　　　　　　　　　　　　　[5점]

위험물의 운반에 관한 기준에 따라 다음 [표]에 혼재할 수 있는 위험물끼리는 "〇", 혼재할 수 없는 위험물끼리는 "×"로 표시하시오.

위험물의 구분	제1류	제2류	제3류	제4류	제5류	제6류
제1류						
제2류						
제3류						
제4류						
제5류						
제6류						

▶▶ 풀이 다음의 [표]에서 알 수 있듯이 위험물의 운반에 관한 혼재기준에 따라 위험물끼리 혼재할 수 있는 유별은 다음과 같다.
① 제1류 : 제6류 위험물
② 제2류 : 제4류, 제5류 위험물
③ 제3류 : 제4류 위험물
④ 제4류 : 제2류, 제3류, 제5류 위험물
⑤ 제5류 : 제2류, 제4류 위험물
⑥ 제6류 : 제1류 위험물

위험물의 구분	제1류	제2류	제3류	제4류	제5류	제6류
제1류		×	×	×	×	○
제2류	×		×	○	○	×
제3류	×	×		○	×	×
제4류	×	○	○		○	×
제5류	×	○	×	○		×
제6류	○	×	×	×	×	

※ 이 표는 지정수량의 1/10 이하의 위험물에 대하여는 적용하지 아니한다.

🔧 Tip
위험물의 운반에 관한 혼재기준 [표]를 그리는 방법은 423, 524, 61의 숫자 조합으로 다음과 같이 만듭니다.
1) 가로줄의 제4류를 기준으로 아래로 제2류와 제3류에 "○"를 표시합니다.
2) 가로줄의 제5류를 기준으로 아래로 제2류와 제4류에 "○"를 표시합니다.
3) 가로줄의 제6류를 기준으로 아래로 제1류에 "○"를 표시합니다.
4) 세로줄의 제4류를 기준으로 오른쪽으로 제2류와 제3류에 "○"를 표시합니다.
5) 세로줄의 제5류를 기준으로 오른쪽으로 제2류와 제4류에 "○"를 표시합니다.
6) 세로줄의 제6류를 기준으로 오른쪽으로 제1류에 "○"를 표시합니다.

Check ▶▶▶

위험물의 저장에 관한 혼재기준
옥내저장소 또는 옥외저장소에서 서로 다른 유별끼리는 함께 저장할 수 없지만, 다음의 위험물을 유별로 정리하여 서로 1m 이상의 간격을 두는 경우에는 함께 저장할 수 있다.
1. 제1류 위험물(알칼리금속의 과산화물 제외)과 제5류 위험물
2. 제1류 위험물과 제6류 위험물
3. 제1류 위험물과 제3류 위험물 중 자연발화성 물질(황린)
4. 제2류 위험물 중 인화성 고체와 제4류 위험물
5. 제3류 위험물 중 알킬알루미늄등과 제4류 위험물(알킬알루미늄 또는 알킬리튬을 함유한 것)
6. 제4류 위험물 중 유기과산화물과 제5류 위험물 중 유기과산화물

▶▶ 정답

위험물의 구분	제1류	제2류	제3류	제4류	제5류	제6류
제1류		×	×	×	×	○
제2류	×		×	○	○	×
제3류	×	×		○	×	×
제4류	×	○	○		○	×
제5류	×	○	×	○		×
제6류	○	×	×	×	×	

필답형 19 [5점]

판매취급소에 설치하는 위험물 배합실의 조건에 대해 다음 괄호 안에 들어갈 알맞은 내용을 쓰시오.

(1) 바닥면적은 (　)m^2 이상 (　)m^2 이하로 할 것
(2) 벽은 (　) 또는 (　)로 구획할 것
(3) 출입구에는 자동폐쇄식의 (　)을 설치할 것
(4) 출입구 문턱의 높이는 바닥면으로부터 (　)m 이상으로 할 것
(5) 바닥에는 적당한 경사를 두고 (　)를 설치할 것

>>>풀이 판매취급소에 설치하는 위험물 배합실의 기준
① 바닥은 **6m^2 이상 15m^2 이하**의 면적으로 적당한 경사를 두고 **집유설비**를 할 것
② 벽은 **내화구조** 또는 **불연재료**로 구획할 것
③ 출입구에는 자동폐쇄식의 **60분+방화문 또는 60분 방화문**을 설치할 것
④ 출입구 문턱의 높이는 바닥면으로부터 **0.1m** 이상으로 할 것
⑤ 가연성의 증기 또는 미분을 지붕 위로 방출하는 설비를 할 것

>>>정답 (1) 6, 15 　 (2) 내화구조, 불연재료 　 (3) 60분+방화문 또는 60분 방화문 　 (4) 0.1 　 (5) 집유설비

필답형 20 [5점]

다음 위험등급에 해당하는 제2류 위험물을 〈보기〉에서 골라 쓰시오. (단, 위험등급이 없는 경우 "없음"이라 쓰시오.)

황화인, 적린, 황, 철분, 마그네슘, 인화성 고체

(1) 위험등급 I
(2) 위험등급 II
(3) 위험등급 III

>>>풀이

품 명	지정수량	위험등급
황화인	100kg	II
적린	100kg	II
황	100kg	II
금속분	500kg	III
철분	500kg	III
마그네슘	500kg	III
인화성 고체	1,000kg	III

>>>정답 (1) 없음
(2) 황화인, 적린, 황
(3) 철분, 마그네슘, 인화성 고체

2020 제3회 위험물산업기사 실기

2020년 10월 18일 시행

※ 필답형+작업형으로 치러지던 기존 시험에서는 각 문항별 배점이 상이하였으나,
필답형(20문제) 시험만 보는 2020년 1회부터는 각 문항 배점이 모두 5점입니다!

필답형 01 [5점]

다음 위험물이 제6류 위험물이 되기 위한 조건을 쓰시오. (단, 조건이 없는 경우 "없음"이라 쓰시오.)

(1) 과염소산   (2) 과산화수소   (3) 질산

>>>풀이 (1) 과염소산($HClO_4$)은 제6류 위험물이 되기 위한 **조건은 없다.**
(2) 과산화수소(H_2O_2)의 제6류 위험물이 되기 위한 조건은 **농도가 36중량% 이상**이어야 한다.
(3) 질산(HNO_3)의 제6류 위험물이 되기 위한 조건은 **비중이 1.49 이상**이어야 한다.

> 행정안전부령으로 정하는 제6류 위험물인 할로겐간화합물 또한 제6류 위험물이 되기 위한 조건은 없다.

>>>정답 (1) 없음   (2) 농도가 36중량% 이상   (3) 비중이 1.49 이상

필답형 02 [5점]

다음 〈보기〉 중 수용성 물질을 고르시오.

휘발유, 벤젠, 톨루엔, 아세톤, 메틸알코올, 클로로벤젠, 아세트알데하이드

>>>풀이

물질명	화학식	품 명	수용성 여부
휘발유(옥테인)	C_8H_{18}	제1석유류	비수용성
벤젠	C_6H_6	제1석유류	비수용성
톨루엔	$C_6H_5CH_3$	제1석유류	비수용성
아세톤	CH_3COCH_3	제1석유류	**수용성**
메틸알코올	CH_3OH	알코올류	**수용성**
클로로벤젠	C_6H_5Cl	제2석유류	비수용성
아세트알데하이드	CH_3CHO	특수인화물	**수용성**

>>>정답 아세톤, 메틸알코올, 아세트알데하이드

필답형 03 [5점]

과산화나트륨 1kg이 열분해 시 발생하는 산소의 부피는 350℃, 1기압에서 몇 L인지 쓰시오.

》》풀이 과산화나트륨(Na_2O_2)은 제1류 위험물 중 알칼리금속의 과산화물에 속하는 물질로서 과산화나트륨 1mol의 분자량은 23(Na)g×2＋16(O)g×2＝78g이다.

아래의 열분해 반응식에서 알 수 있듯이 78g의 과산화나트륨이 열분해하면 산화나트륨(Na_2O)과 함께 0.5몰의 산소가 발생하는데 〈문제〉의 조건은 1,000g의 과산화나트륨이 열분해하면 몇 몰의 산소가 발생하는가를 묻는 것이므로 이는 다음의 비례식을 이용하여 구할 수 있다.

－ 열분해 반응식 : $2Na_2O_2 \rightarrow 2Na_2O + O_2$

$$78g \diagdown\diagup 0.5몰$$
$$1,000g \diagup\diagdown x(몰)$$

$78 \times x = 1,000 \times 0.5$

$x = 6.41몰$

〈문제〉는 최종적으로 350℃, 1기압에서 발생한 산소 6.41몰은 부피가 몇 L인지 구하는 것이므로 다음과 같이 이상기체상태방정식을 이용할 수 있다.

$PV = nRT$

여기서, P : 압력＝1기압

V : 부피＝ V(L)

n : 몰수＝6.41몰

R : 이상기체상수＝0.082기압 · L/K · mol

T : 절대온도(273＋실제온도)＝273＋350K

$1 \times V = 6.41 \times 0.082 \times (273 + 350)$

∴ $V = 327.46L$

》》정답 327.46L

필답형 04 [5점]

다음 각 물질의 물과의 반응식을 쓰시오.

(1) K_2O_2　(2) Mg　(3) Na

》》풀이 (1) K_2O_2(과산화칼륨)은 제1류 위험물로서 품명은 알칼리금속의 과산화물이고 지정수량은 50kg이며 물과 반응 시 수산화칼륨(KOH)과 산소(O_2)가 발생한다.

－ 물과의 반응식 : $2K_2O_2 + 2H_2O \rightarrow 4KOH + O_2$

(2) Mg(마그네슘)은 제2류 위험물로서 품명 또한 마그네슘이고 지정수량은 500kg이며 물과 반응 시 수산화마그네슘[$Mg(OH)_2$]과 수소(H_2)가 발생한다.

－ 물과의 반응식 : $Mg + 2H_2O \rightarrow Mg(OH)_2 + H_2$

(3) Na(나트륨)은 제3류 위험물로서 품명 또한 나트륨이고 지정수량은 10kg이며 물과 반응 시 수산화나트륨(NaOH)과 수소가 발생한다.

－ 물과의 반응식 : $2Na + 2H_2O \rightarrow 2NaOH + H_2$

》》정답 (1) $2K_2O_2 + 2H_2O \rightarrow 4KOH + O_2$

(2) $Mg + 2H_2O \rightarrow Mg(OH)_2 + H_2$

(3) $2Na + 2H_2O \rightarrow 2NaOH + H_2$

필답형 05 [5점]

다음 물음에 답하시오.

(1) 트라이메틸알루미늄의 연소반응식
(2) 트라이에틸알루미늄의 연소반응식
(3) 트라이메틸알루미늄의 물과의 반응식
(4) 트라이에틸알루미늄의 물과의 반응식

≫≫풀이 트라이메틸알루미늄과 트라이에틸알루미늄은 제3류 위험물로서 품명은 알킬알루미늄이고 지정수량은 10kg이며 이들의 연소반응식과 물과의 반응식은 다음과 같다.

(1) 트라이메틸알루미늄[$(CH_3)_3Al$]은 공기 중 산소와의 반응 즉, 연소반응시키면 산화알루미늄(Al_2O_3)과 이산화탄소(CO_2), 그리고 물(H_2O)이 발생한다.
　– 연소반응식 : $2(CH_3)_3Al + 12O_2 \rightarrow Al_2O_3 + 6CO_2 + 9H_2O$

(2) 트라이에틸알루미늄[$(C_2H_5)_3Al$]은 연소반응시키면 산화알루미늄과 이산화탄소, 그리고 물이 발생한다.
　– 연소반응식 : $2(C_2H_5)_3Al + 21O_2 \rightarrow Al_2O_3 + 12CO_2 + 15H_2O$

(3) 트라이메틸알루미늄[$(CH_3)_3Al$]은 물과 반응 시 수산화알루미늄[$Al(OH)_3$]과 메테인(CH_4)이 발생한다.
　– 물과의 반응식 : $(CH_3)_3Al + 3H_2O \rightarrow Al(OH)_3 + 3CH_4$

(4) 트라이에틸알루미늄[$(C_2H_5)_3Al$]은 물과 반응 시 수산화알루미늄과 에테인(C_2H_6)이 발생한다.
　– 물과의 반응식 : $(C_2H_5)_3Al + 3H_2O \rightarrow Al(OH)_3 + 3C_2H_6$

> **Check ≫≫**
>
> **트라이메틸알루미늄과 트라이에틸알루미늄의 또 다른 반응**
>
> 1. 메틸알코올과의 반응
>   ① 트라이메틸알루미늄은 메틸알코올(CH_3OH)과 반응 시 알루미늄메틸레이트[$(CH_3O)_3Al$]와 메테인이 발생한다.
>   – 메틸알코올과의 반응식 : $(CH_3)_3Al + 3CH_3OH \rightarrow (CH_3O)_3Al + 3CH_4$
>   ② 트라이에틸알루미늄은 메틸알코올과 반응 시 알루미늄메틸레이트와 에테인이 발생한다.
>   – 메틸알코올과의 반응식 : $(C_2H_5)_3Al + 3CH_3OH \rightarrow (CH_3O)_3Al + 3C_2H_6$
> 2. 에틸알코올과의 반응
>   ① 트라이메틸알루미늄은 에틸알코올(C_2H_5OH)과 반응 시 알루미늄에틸레이트[$(C_2H_5O)_3Al$]와 메테인이 발생한다.
>   – 에틸알코올과의 반응식 : $(CH_3)_3Al + 3C_2H_5OH \rightarrow (C_2H_5O)_3Al + 3CH_4$
>   ② 트라이에틸알루미늄은 에틸알코올과 반응 시 알루미늄에틸레이트와 에테인이 발생한다.
>   – 에틸알코올과의 반응식 : $(C_2H_5)_3Al + 3C_2H_5OH \rightarrow (C_2H_5O)_3Al + 3C_2H_6$

≫≫정답
(1) $2(CH_3)_3Al + 12O_2 \rightarrow Al_2O_3 + 6CO_2 + 9H_2O$
(2) $2(C_2H_5)_3Al + 21O_2 \rightarrow Al_2O_3 + 12CO_2 + 15H_2O$
(3) $(CH_3)_3Al + 3H_2O \rightarrow Al(OH)_3 + 3CH_4$
(4) $(C_2H_5)_3Al + 3H_2O \rightarrow Al(OH)_3 + 3C_2H_6$

필답형 06 [5점]

탄화알루미늄이 물과 반응 시 발생하는 가스에 대해 다음 물음에 답하시오.

(1) 화학식   (2) 연소반응식   (3) 연소범위   (4) 위험도

>>>풀이 탄화알루미늄(Al_4C_3)은 제3류 위험물로서 품명은 칼슘 또는 알루미늄의 탄화물이며 지정수량은 300kg으로 물과 반응 시 수산화알루미늄[$Al(OH)_3$]과 메테인(CH_4)가스가 발생한다.
  － 물과의 반응식 : $Al_4C_3 + 12H_2O \rightarrow 4Al(OH)_3 + 3CH_4$
  (1) 메테인가스의 **화학식은 CH_4**이다.
  (2) 메테인은 연소 시 이산화탄소(CO_2)와 물(H_2O)이 발생한다.
    － 메테인의 **연소반응식** : $CH_4 + 2O_2 \rightarrow CO_2 + 2H_2O$
  (3) 메테인은 **연소범위가 5~15%**이며 여기서 5%를 연소하한, 15%를 연소상한이라 한다.
  (4) 위험도(Hazard) $= \dfrac{\text{연소상한(Upper)} - \text{연소하한(Lower)}}{\text{연소하한(Lower)}} = \dfrac{15-5}{5} = \mathbf{2}$이다.

> **Check >>>**
>
> **동일한 품명에 속하는 탄화칼슘의 물과의 반응**
> 탄화칼슘(CaC_2)은 물과 반응 시 수산화칼슘[$Ca(OH)_2$]과 연소범위가 2.5~81%인 아세틸렌(C_2H_2) 가스가 발생한다.
> － 물과의 반응식 : $CaC_2 + 2H_2O \rightarrow Ca(OH)_2 + C_2H_2$

>>>정답 (1) CH_4 (2) $CH_4 + 2O_2 \rightarrow CO_2 + 2H_2O$ (3) 5~15%   (4) 2

필답형 07 [5점]

다음 〈보기〉의 물질들을 건성유, 반건성유, 불건성유로 구분하여 쓰시오.

아마인유, 야자유, 들기름, 쌀겨기름, 목화씨기름, 땅콩기름

(1) 건성유   (2) 반건성유   (3) 불건성유

>>>풀이 제4류 위험물로서 지정수량이 10,000L인 동식물유류는 아이오딘값의 범위에 따라 다음과 같이 건성유, 반건성유, 그리고 불건성유로 구분하며, 여기서 아이오딘값이란 유지 100g에 흡수되는 아이오딘의 g수를 말한다.

> **Tip**
>
> 반건성유의 아이오딘값을 쓰는 문제가 출제되는 경우 100~130이라 쓰는 대신 100 초과 130 미만이라 써도 됩니다.

  (1) **건성유** : 아이오딘값 130 이상
    ① 동물유 : 정어리유, 기타 생선유
    ② 식물유 : 동유(오동나무기름), 해바라기유, **아마인유**(아마씨기름), **들기름**
  (2) **반건성유** : 아이오딘값 100~130
    ① 동물유 : 청어유
    ② 식물유 : **쌀겨기름**, **목화씨기름**(면실유), 채종유(유채씨기름), 옥수수기름, 참기름
  (3) **불건성유** : 아이오딘값 100 이하
    ① 동물유 : 소기름, 돼지기름, 고래기름
    ② 식물유 : **땅콩기름**, 올리브유, 동백유, 아주까리기름(피마자유), **야자유**(팜유)

>>>정답 (1) 아마인유, 들기름   (2) 쌀겨기름, 목화씨기름   (3) 야자유, 땅콩기름

필답형 08 [5점]

질산칼륨에 대해 다음 물음에 답하시오.

(1) 품명
(2) 지정수량
(3) 위험등급
(4) 제조소에 설치하는 주의사항 게시판에 들어갈 내용(단, 없으면 "없음"이라 쓰시오.)
(5) 분해반응식

》》풀이 질산칼륨(KNO_3)
① 제1류 위험물로서 **품명은 질산염류**이고 **지정수량은 300kg**이며, **위험등급 Ⅱ**인 물질이다.
② 주의사항의 표시
　㉠ **제조소에 설치하는 게시판의 주의사항 내용 : 없음**
　㉡ 운반용기 외부에 표시하는 주의사항 내용 : 화기 · 충격주의, 가연물접촉주의
③ 분해 시 아질산칼륨(KNO_2)과 산소(O_2)를 발생한다.
　– **분해반응식 : $2KNO_3 \rightarrow 2KNO_2 + O_2$**

> Check 》》
> 질산칼륨(KNO_3)에 황(S)과 숯을 혼합하면 흑색화약을 만들 수 있다.

》》정답 (1) 질산염류　(2) 300kg　(3) Ⅱ　(4) 없음　(5) $2KNO_3 \rightarrow 2KNO_2 + O_2$

필답형 09 [5점]

다음 제4류 위험물의 품명의 인화점 범위를 쓰시오.

(1) 제1석유류　(2) 제2석유류　(3) 제3석유류　(4) 제4석유류

》》풀이 제4류 위험물의 품명의 정의
① 특수인화물 : 이황화탄소, 다이에틸에터, 그 밖에 1기압에서 발화점이 100℃ 이하인 것 또는 인화점이 영하 20℃ 이하이고 비점이 40℃ 이하인 것
② **제1석유류** : 아세톤, 휘발유, 그 밖에 1기압에서 **인화점이 21℃ 미만**인 것
③ 알코올류 : 탄소수가 1개에서 3개까지의 포화1가 알코올(인화점 범위로 품명을 정하지 않음)
④ **제2석유류** : 등유, 경유, 그 밖에 1기압에서 **인화점이 21℃ 이상 70℃ 미만**인 것. 단, 도료류, 그 밖의 물품에 있어서 가연성 액체량이 40중량% 이하이면서 인화점이 40℃ 이상인 동시에 연소점이 60℃ 이상인 것은 제외한다.
⑤ **제3석유류** : 중유, 크레오소트유, 그 밖에 1기압에서 **인화점이 70℃ 이상 200℃ 미만**인 것. 단, 도료류, 그 밖의 물품은 가연성 액체량이 40중량% 이하인 것은 제외한다.
⑥ **제4석유류** : 기어유, 실린더유, 그 밖에 1기압에서 **인화점이 200℃ 이상 250℃ 미만**의 것. 단, 도료류, 그 밖의 물품은 가연성 액체량이 40중량% 이하인 것은 제외한다.
⑦ 동식물유류 : 동물의 지육 등 또는 식물의 종자나 과육으로부터 추출한 것으로서 1기압에서 인화점이 250℃ 미만인 것

》》정답 (1) 21℃ 미만　(2) 21℃ 이상 70℃ 미만　(3) 70℃ 이상 200℃ 미만　(4) 200℃ 이상 250℃ 미만

필답형 10 [5점]

다음 온도에서 제1종 분말소화약제의 열분해반응식을 각각 쓰시오.

(1) 270℃

(2) 850℃

>>>풀이 제1종 분말소화약제의 분해반응식

제1종 분말소화약제인 탄산수소나트륨($NaHCO_3$)은 270℃에서 열분해하면 탄산나트륨(Na_2CO_3)과 이산화탄소(CO_2), 그리고 물(H_2O)이 발생하며, 850℃에서 열분해하면 산화나트륨(Na_2O)과 이산화탄소, 그리고 물이 발생한다.

(1) 1차 분해반응식(270℃) : $2NaHCO_3 \longrightarrow Na_2CO_3 + CO_2 + H_2O$

(2) 2차 분해반응식(850℃) : $2NaHCO_3 \longrightarrow Na_2O + 2CO_2 + H_2O$

>
> 제2종 분말소화약제와 제3종 분말소화약제의 분해반응식
>
> 1. 제2종 분말소화약제인 탄산수소칼륨($KHCO_3$)은 190℃에서 열분해하면 탄산칼륨(K_2CO_3)과 이산화탄소, 그리고 물이 발생하며 890℃에서 열분해하면 산화칼륨(K_2O)과 이산화탄소, 그리고 물이 발생한다.
>   ① 1차 분해반응식(190℃) : $2KHCO_3 \longrightarrow K_2CO_3 + CO_2 + H_2O$
>   ② 2차 분해반응식(890℃) : $2KHCO_3 \longrightarrow K_2O + 2CO_2 + H_2O$
> 2. 제3종 분말소화약제인 인산암모늄($NH_4H_2PO_4$)은 190℃에서 열분해하면 오르토인산(H_3PO_4)과 암모니아(NH_3)가 발생하고 여기서 생긴 오르토인산은 215℃에서 다시 열분해하여 피로인산($H_4P_2O_7$)과 물이 발생하며 피로인산 또한 300℃에서 열분해하여 메타인산(HPO_3)과 물이 발생한다. 그리고 이들 분해반응식을 정리하여 나타내면 완전 분해반응식이 된다.
>   ① 1차 분해반응식(190℃) : $NH_4H_2PO_4 \longrightarrow H_3PO_4 + NH_3$
>   ② 2차 분해반응식(215℃) : $2H_3PO_4 \longrightarrow H_4P_2O_7 + H_2O$
>   ③ 3차 분해반응식(300℃) : $H_4P_2O_7 \longrightarrow 2HPO_3 + H_2O$
>   ④ 완전 분해반응식 : $NH_4H_2PO_4 \longrightarrow HPO_3 + NH_3 + H_2O$

>>>정답 (1) $2NaHCO_3 \longrightarrow Na_2CO_3 + CO_2 + H_2O$

(2) $2NaHCO_3 \longrightarrow Na_2O + 2CO_2 + H_2O$

필답형 11 [5점]

다음 물질의 화학식과 지정수량을 쓰시오.

(1) 과산화벤조일   (2) 과망가니즈산암모늄   (3) 인화아연

>>>풀이

물질명	화학식	유 별	품 명	지정수량
과산화벤조일	$(C_6H_5CO)_2O_2$	제5류	유기과산화물	제1종 : 10kg, 제2종 : 100kg
과망가니즈산암모늄	NH_4MnO_4	제1류	과망가니즈산염류	1,000kg
인화아연	Zn_3P_2	제3류	금속의 인화물	300kg

>>>정답 (1) $(C_6H_5CO)_2O_2$, 제1종 : 10kg, 제2종 100kg   (2) NH_4MnO_4, 1,000kg   (3) Zn_3P_2, 300kg

필답형 12 [5점]

옥내저장소에 위험물을 수납한 용기를 저장하는 방법에 대해 물음에 답하시오.

(1) 기계에 의하여 하역하는 구조로 된 용기를 겹쳐 쌓는 높이는 몇 m 이하인지 쓰시오.
(2) 제4류 위험물 중 제3석유류, 제4석유류 및 동식물유류를 수납한 용기를 겹쳐 쌓는 높이는 몇 m 이하인지 쓰시오.
(3) 그 밖의 경우 용기를 겹쳐 쌓는 높이는 몇 m 이하인지 쓰시오.
(4) 옥내저장소에서는 용기에 수납하여 저장하는 위험물의 온도가 몇 ℃를 넘지 않도록 필요한 조치를 강구하여야 하는지 쓰시오.
(5) 동일 품명의 위험물이라도 자연발화 할 우려가 있거나 재해가 현저하게 증대할 우려가 있는 위험물을 다량 저장하는 경우에는 지정수량의 10배 이하마다 구분하여 상호간 몇 m 이상의 간격을 두어 저장하여야 하는지 쓰시오.

》》풀이 ① 옥내저장소에서 위험물을 수납한 용기를 겹쳐 쌓는 높이는 다음과 같다.
　　　⊙ **기계에 의하여 하역하는 구조로 된 용기 : 6m 이하**
　　　⊙ 제4류 위험물 중 **제3석유류, 제4석유류 및 동식물유류를 저장한 용기 : 4m 이하**
　　　⊙ **그 밖의 위험물을 저장한 용기**의 경우 : **3m 이하**
　　　⊙ 용기를 선반에 저장하는 경우 : 제한 없음
　　② 옥내저장소에서는 용기에 수납하여 저장하는 **위험물의 온도가 55℃를 넘지 아니하도록** 필요한 조치를 강구하여야 한다.
　　③ 동일 품명의 위험물이라도 자연발화 할 우려가 있거나 재해가 현저하게 증대할 우려가 있는 위험물을 다량 저장하는 경우에는 지정수량의 10배 이하마다 구분하여 **상호간 0.3m 이상의 간격**을 두어 저장하여야 한다.

》》정답 (1) 6m　　(2) 4m　　(3) 3m　　(4) 55℃　　(5) 0.3m

필답형 13 [5점]

다음의 조건을 갖는 가로로 설치한 원통형 탱크에 대해 다음 물음에 답하시오. (단, 여기서 $r =$ 3m, $l =$ 8m, $l_1 =$ 2m, $l_2 =$ 2m이며 탱크의 공간용적은 내용적의 10%이다.)

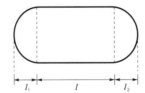

(1) 탱크의 내용적은 몇 m^3인지 구하시오.
(2) 탱크의 용량은 몇 m^3인지 구하시오.

》》풀이 (1) 가로로 설치한 양쪽이 볼록한 원통형 탱크의 내용적(V)은 다음과 같이 구할 수 있다.

$$V = \pi r^2 \times \left(l + \frac{l_1 + l_2}{3}\right) = \pi \times 3^2 \times \left(8 + \frac{2+2}{3}\right) = \textbf{263.89m}^3$$

(2) 탱크의 공간용적이 10%이므로 탱크의 용량은 내용적의 90%이며 다음과 같이 구할 수 있다.

$$\text{탱크의 용량} = \pi \times r^2 \times \left(l + \frac{l_1 + l_2}{3}\right) \times 0.9 = \pi \times 3^2 \times \left(8 + \frac{2+2}{3}\right) \times 0.9 = \textbf{237.50m}^3$$

탱크 내용적(V) 구하는 공식

1. 타원형 탱크의 내용적

　① 양쪽이 볼록한 것

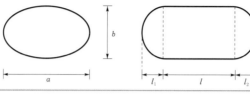

$$내용적 = \frac{\pi ab}{4}\left(l + \frac{l_1 + l_2}{3}\right)$$

　② 한쪽은 볼록하고 다른 한쪽은 오목한 것

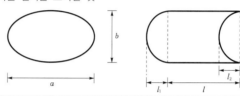

$$내용적 = \frac{\pi ab}{4}\left(l + \frac{l_1 - l_2}{3}\right)$$

2. 원통형 탱크의 내용적

　① 가로로 설치한 것

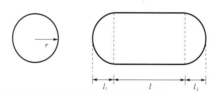

$$내용적 = \pi r^2\left(l + \frac{l_1 + l_2}{3}\right)$$

　② 세로로 설치한 것

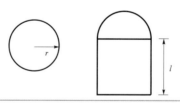

$$내용적 = \pi r^2 l$$

>>> 정답　(1) 263.89m³

　　　　(2) 237.50m³

필답형 14   [5점]

다음의 소화설비가 적응성이 있는 위험물을 〈보기〉에서 골라 쓰시오.

- 제1류 위험물 중 무기과산화물(알칼리금속의 과산화물 제외)
- 제2류 위험물 중 인화성 고체
- 제3류 위험물(금수성 물질 제외)
- 제4류 위험물
- 제5류 위험물
- 제6류 위험물

(1) 포소화설비   (2) 불활성가스소화설비   (3) 옥외소화전설비

▶▶▶풀이 (1) 포소화설비
주된 소화효과는 질식소화이며 수분을 함유하고 있어 냉각소화도 가능하므로 다음의 위험물에 대해 적응성이 있다.
① 제1류 위험물 중 무기과산화물(알칼리금속의 과산화물 제외)
② 제2류 위험물 중 인화성 고체
③ 제3류 위험물(금수성 물질 제외)
④ 제4류 위험물
⑤ 제5류 위험물
⑥ 제6류 위험물

(2) 불활성가스소화설비
주된 소화효과는 질식소화이므로 다음의 위험물에 대해 적응성이 있다.
① 제2류 위험물 중 인화성 고체
② 제4류 위험물

(3) 옥외소화전설비
주된 소화효과는 냉각소화이므로 다음의 위험물에 대해 적응성이 있다.
① 제1류 위험물 중 무기과산화물(알칼리금속의 과산화물 제외)
② 제2류 위험물 중 인화성 고체
③ 제3류 위험물(금수성 물질 제외)
④ 제5류 위험물
⑤ 제6류 위험물

▶▶▶정답 (1) 제1류 위험물 중 무기과산화물(알칼리금속의 과산화물 제외)
제2류 위험물 중 인화성 고체
제3류 위험물(금수성 물질 제외)
제4류 위험물
제5류 위험물
제6류 위험물
(2) 제2류 위험물 중 인화성 고체
제4류 위험물
(3) 제1류 위험물 중 무기과산화물(알칼리금속의 과산화물 제외)
제2류 위험물 중 인화성 고체
제3류 위험물(금수성 물질 제외)
제5류 위험물
제6류 위험물

필답형 15

[5점]

아세트알데하이드에 대해 다음 물음에 답하시오.

(1) 시성식을 쓰시오.
(2) 증기비중을 쓰시오.
(3) 산화 시 생성물질의 물질명과 화학식을 쓰시오.

≫풀이 (1) 아세트알데하이드(CH_3CHO)는 제4류 위험물로서 품명은 특수인화물이며 지정수량은 50L이다.

(2) 증기비중을 구하는 공식은 $\dfrac{물질의 \ 분자량}{공기의 \ 분자량}$ 이며, 아세트알데하이드의 분자량은 $12(C) \times 2 + 1(H) \times 4 +$

16(O)=44이고, 공기의 분자량은 29이므로 아세트알데하이드의 증기비중은 $\dfrac{44}{29}$=**1.52**이다.

(3) 아세트알데하이드가 0.5몰의 산소(O_2), 즉 $0.5O_2$를 얻어 산화하면 제2석유류인 **아세트산(CH_3COOH)**이 된다.

– 아세트알데하이드의 산화반응식 : $CH_3CHO \xrightarrow{\ +0.5O_2\ } CH_3COOH$

> **Check ≫**
>
> **아세트알데하이드의 환원**
> 아세트알데하이드가 환원하면 수소(H) 2개, 즉 H_2를 얻어 품명이 알코올류인 에틸알코올(C_2H_5OH)이 된다.
> – 아세트알데하이드의 환원반응식 : $CH_3CHO \xrightarrow{\ +H_2\ } C_2H_5OH$

≫정답 (1) CH_3CHO (2) 1.52   (3) 아세트산, CH_3COOH

필답형 16

[5점]

불활성가스소화설비에 대해 다음 물음에 답하시오.

(1) 다음의 이산화탄소소화설비의 분사헤드의 방사압력은 몇 MPa 이상으로 해야 하는지 쓰시오.
  ① 고압식 분사헤드
  ② 저압식 분사헤드
(2) 저압식 저장용기에는 내부 온도를 영하 몇 ℃ 이상, 영하 몇 ℃ 이하로 유지할 수 있는 자동냉동기를 설치해야 하는지 쓰시오.
(3) 저압식 저장용기에는 몇 MPa 이상의 압력 및 몇 MPa 이하의 압력에서 작동하는 압력경보장치를 설치해야 하는지 쓰시오.

≫풀이 (1) 이산화탄소(불활성가스)소화설비의 분사헤드의 방사압력
  ① **고압식**(상온(20℃)으로 저장되어 있는 것) : **2.1MPa 이상**
  ② **저압식**($-18℃$ 이하로 저장되어 있는 것) : **1.05MPa 이상**
(2) 저압식 저장용기에는 용기 내부의 온도를 **영하 20℃ 이상, 영하 18℃ 이하**로 유지할 수 있는 자동냉동기를 설치해야 한다.
(3) 저압식 저장용기에는 **2.3MPa 이상의 압력 및 1.9MPa 이하의 압력**에서 작동하는 압력경보장치를 설치해야 한다.

≫정답 (1) ① 2.1MPa, ② 1.05MPa   (2) 20℃, 18℃   (3) 2.3MPa, 1.9MPa

필답형 17　　　　　　　　　　　　　　　　　　　　　　　　　　　[5점]

다음 위험물의 운반용기의 외부에 표시해야 하는 주의사항을 쓰시오.

(1) 제2류 인화성 고체
(2) 제3류 금수성 물질
(3) 제4류 위험물
(4) 제5류 위험물
(5) 제6류 위험물

≫≫풀이

유 별	구 분	제조소등에 설치하는 주의사항	운반용기 외부에 표시하는 주의사항
제1류 위험물	알칼리금속의 과산화물	물기엄금 (청색바탕, 백색문자)	화기·충격주의, 가연물접촉주의, 물기엄금
	그 밖의 것	필요 없음	화기·충격주의, 가연물접촉주의
제2류 위험물	철분, 금속분, 마그네슘	화기주의 (적색바탕, 백색문자)	화기주의, 물기엄금
	인화성 고체	화기엄금 (적색바탕, 백색문자)	**화기엄금**
	그 밖의 것	화기주의 (적색바탕, 백색문자)	화기주의
제3류 위험물	**금수성 물질**	물기엄금 (청색바탕, 백색문자)	**물기엄금**
	자연발화성 물질	화기엄금 (적색바탕, 백색문자)	화기엄금, 공기접촉엄금
제4류 위험물	인화성 액체	화기엄금 (적색바탕, 백색문자)	**화기엄금**
제5류 위험물	자기반응성 물질	화기엄금 (적색바탕, 백색문자)	**화기엄금, 충격주의**
제6류 위험물	산화성 액체	필요 없음	**가연물접촉주의**

≫≫정답

(1) 화기엄금
(2) 물기엄금
(3) 화기엄금
(4) 화기엄금, 충격주의
(5) 가연물접촉주의

필답형 18　　　　　　　　　　　　　　　　　　　　　　　　　　　　[5점]

다음 물음에 답하시오.

(1) 제3류 위험물 중 물과는 반응하지 않으며 공기 중에서 연소하여 백색연기를 발생하는 물질의 명칭을 쓰시오.

(2) (1)의 물질이 저장된 물에 강알칼리성 염류를 첨가하면 발생하는 독성기체의 화학식을 쓰시오.

(3) (1)의 물질을 저장하는 옥내저장소의 바닥면적은 몇 m² 이하로 해야 하는지 쓰시오.

》》》풀이　(1) **황린**(P_4)은 착화온도가 34℃로 매우 낮아 공기 중에서는 자연발화할 수 있기 때문에 이를 방지하기 위해 물속에 저장한다. 또한 황린은 공기 중에서 산소와 반응하여 **오산화인(P_2O_5)이라는** 독성의 **백색기체**를 발생한다.
－ 연소반응식 : $P_4 + 5O_2 \rightarrow 2P_2O_5$

(2) 황린을 저장하는 물에 수산화칼륨(KOH) 등의 강알칼리성 염류가 첨가되면 이 염류는 약한 산성인 황린과 반응하여 **맹독성인 포스핀(PH_3)가스를 발생**한다. 이 경우 물에 소량의 수산화칼슘[$Ca(OH)_2$]을 넣어 pH＝9인 약알칼리성의 물로 만들어 황린을 보관하면 독성가스의 발생을 방지할 수 있다.

(3) 황린은 제3류 위험물 중 지정수량이 20kg인 물질로서 다음과 같이 **옥내저장소의 바닥면적은 1,000m² 이하**로 해야 한다.

① **바닥면적 1,000m² 이하**에 저장해야 하는 위험물

㉠ 제1류 위험물 중 아염소산염류, 염소산염류, 과염소산염류, 무기과산화물, 그 밖에 지정수량이 50kg 인 위험물(위험등급 I)

㉡ 제3류 위험물 중 칼륨, 나트륨, 알킬알루미늄, 알킬리튬, 그 밖에 지정수량이 10kg인 위험물 및 **황린** (위험등급 I)

㉢ 제4류 위험물 중 특수인화물, 제1석유류 및 알코올류(위험등급 I 및 위험등급 II)

㉣ 제5류 위험물 중 유기과산화물, 질산에스터류, 그 밖에 지정수량이 10kg인 위험물(위험등급 I)

㉤ 제6류 위험물 중 과염소산, 과산화수소, 질산(위험등급 I)

② 바닥면적 2,000m² 이하에 저장할 수 있는 위험물 : 바닥면적 1,000m² 이하에 저장해야 하는 물질 이 외의 것

③ 바닥면적 1,000m² 이하에 저장해야 하는 위험물과 바닥면적 2,000m² 이하에 저장할 수 있는 위험물을 내화구조의 격벽으로 완전히 구획된 실에 각각 저장하는 창고의 전체 면적은 1,500m² 이하로 할 수 있다(단, 바닥면적 1,000m² 이하에 저장해야 하는 위험물을 저장하는 실의 바닥면적은 500m²를 초과할 수 없다).

》》》정답　(1) 황린

(2) PH_3

(3) 1,000m²

필답형 19 [5점]

황화인에 대해 다음 물음에 답하시오.

(1) 다음의 황화인을 조해성이 있는 것과 없는 것으로 구분하시오.
　① 삼황화인
　② 오황화인
　③ 칠황화인

(2) 발화점이 가장 낮은 것에 대해 다음 물음에 답하시오.
　① 화학식
　② 연소반응식

〉〉〉 풀이　황화인은 제2류 위험물로서 지정수량은 100kg이며, 위험등급 Ⅱ인 물질이다.

구 분	화학식	조해성	발화점
삼황화인	P_4S_3	없음	100℃
오황화인	P_2S_5	있음	142℃
칠황화인	P_4S_7	있음	250℃

※ 조해성이란 수분을 흡수하여 녹는 성질을 말한다.

(1) 위 [표]에서 알 수 있듯이 황화인 중 **삼황화인은 조해성이 없고 오황화인과 칠황화인은 조해성이 있다.**

(2) 황화인 중 삼황화인(P_4S_3)은 발화점이 100℃로 가장 낮으며, 삼황화인은 연소 시 오산화인(P_2O_5)과 이산화황(SO_2)이 발생한다.
　– 삼황화인의 연소반응식 : $P_4S_3 + 8O_2 \rightarrow 2P_2O_5 + 3SO_2$

> **Check 〉〉〉**
>
> **오황화인과 칠황화인의 연소반응**
>
> 오황화인과 칠황화인 역시 연소 시 오산화인과 이산화황이 발생한다.
> 1. 오황화인의 연소반응식 : $2P_2S_5 + 15O_2 \rightarrow 2P_2O_5 + 10SO_2$
> 2. 칠황화인의 연소반응식 : $P_4S_7 + 12O_2 \rightarrow 2P_2O_5 + 7SO_2$

〉〉〉 정답　(1) ① 없음
　　② 있음
　　③ 있음
　(2) ① P_4S_3
　　② $P_4S_3 + 8O_2 \rightarrow 3SO_2 + 2P_2O_5$

필답형 20　　　　　　　　　　　　　　　　　　　　　　　　　　　　[5점]

탱크전용실에 설치한 지하탱크저장소에 대해 다음 물음에 답하시오.

(1) 하나의 지하탱크저장소에는 누유검사관을 몇 군데 이상 설치해야 하는지 쓰시오.

(2) 지하저장탱크의 윗부분은 지면으로부터 몇 m 이상 아래에 있어야 하는지 쓰시오.

(3) 밸브 없는 통기관의 선단은 지면으로 몇 m 이상의 높이에 설치해야 하는지 쓰시오.

(4) 탱크전용실의 벽 및 바닥의 두께는 몇 m 이상으로 해야 하는지 쓰시오.

(5) 지하저장탱크 주위에 채우는 재료의 종류를 쓰시오.

≫풀이　① 누유(누설)검사관의 설치기준

　　ㄱ 하나의 지하탱크저장소에 **4군데 이상 설치**할 것

　　ㄴ 이중관으로 할 것. 다만 소공(작은 구멍)이 없는 상부는 단관으로 할 것

　　ㄷ 재료는 금속관 또는 경질합성수지관으로 할 것

　　ㄹ 관의 밑부분으로부터 탱크의 중심높이까지에는 소공이 뚫려 있을 것. 다만, 지하수위가 높은 장소에 있어서는 지하수위 높이까지의 부분에 소공이 뚫려 있을 것

　　ㅁ 상부는 물이 침투하지 아니하는 구조로 하고 뚜껑은 검사 시에 쉽게 열 수 있도록 할 것

　② 지하저장탱크를 설치하는 기준

　　ㄱ **지면으로부터 지하저장탱크의 윗부분까지의 깊이는 0.6m 이상**으로 할 것

　　ㄴ **밸브 없는 통기관의 선단은 지면으로 4m 이상의 높이**에 설치할 것

　　ㄷ 탱크전용실의 **벽, 바닥** 및 뚜껑의 **두께는 0.3m 이상**의 철근콘크리트로 할 것

　　ㄹ 탱크전용실의 내부에는 **마른 모래** 또는 **입자지름 5mm 이하의 마른 자갈분**을 채울 것

　　ㅁ 지하저장탱크를 2개 이상 인접하여 설치할 때 상호거리는 1m 이상으로 한다. 다만, 지하저장탱크 용량의 합이 지정수량의 100배 이하일 경우에는 0.5m 이상으로 할 것

　　ㅂ 탱크전용실로부터 안쪽과 바깥쪽으로의 거리는 다음과 같이 할 것

　　　ⓐ 지하의 벽, 가스관, 대지경계선으로부터 탱크전용실 바깥쪽과의 사이 : 0.1m 이상

　　　ⓑ 지하저장탱크와 탱크전용실 안쪽과의 사이 : 0.1m 이상

≫정답　(1) 4군데

　　　(2) 0.6m

　　　(3) 4m

　　　(4) 0.3m

　　　(5) 마른 모래 또는 입자지름 5mm 이하의 마른 자갈분 중 1개

2020 제4회 위험물산업기사 실기

2020년 11월 15일 시행

※ 필답형＋작업형으로 치러지던 기존 시험에서는 각 문항별 배점이 상이하였으나,
필답형(20문제) 시험만 보는 2020년 1회부터는 각 문항 배점이 모두 5점입니다!

 필/답/형 시험

필답형 01   [5점]

다음 괄호 안에 제3류 위험물의 품명과 지정수량을 알맞게 채우시오.

품 명	지정수량
칼륨	(①)kg
나트륨	(①)kg
(②)	10kg
(③)	10kg
(④)	20kg
알칼리금속(칼륨 및 나트륨 제외) 및 알칼리토금속	(⑤)kg
유기금속화합물(알킬알루미늄 및 알킬리튬 제외)	(⑤)kg

>>> 풀이 제3류 위험물의 품명, 지정수량 및 위험등급

품 명	지정수량	위험등급
칼륨	10kg	I
나트륨	10kg	I
알킬알루미늄	10kg	I
알킬리튬	10kg	I
황린	20kg	I
알칼리금속(칼륨 및 나트륨 제외) 및 알칼리토금속	50kg	II
유기금속화합물(알킬알루미늄 및 알킬리튬 제외)	50kg	II
금속의 수소화물	300kg	III
금속의 인화물	300kg	III
칼슘 또는 알루미늄의 탄화물	300kg	III

>>> 정답
① 10
② 알킬알루미늄
③ 알킬리튬
④ 황린
⑤ 50

필답형 02   **[5점]**

휘발유를 저장하는 옥외저장탱크의 방유제에 대해 다음 물음에 답하시오.

(1) 방유제 높이의 범위를 쓰시오.

(2) 방유제 면적은 몇 m^2 이하로 하는지 쓰시오.

(3) 방유제 안에 설치할 수 있는 탱크의 수를 쓰시오.

≫풀이 액체 위험물의 옥외저장탱크의 주위에는 위험물이 새었을 경우에 그 유출을 방지하기 위한 방유제를 설치하여야 한다.

(1) 옥외저장탱크의 **방유제의 높이는 0.5m 이상 3m 이하**로 한다.

(2) **방유제의 면적은 8만m^2 이하**로 한다.

(3) 방유제 내에 설치하는 옥외저장탱크의 수는 다음과 같다.

  ① **인화점 70℃ 미만인 위험물을 저장하는 옥외저장탱크 : 10개 이하**

   ※ 휘발유의 인화점은 $-43 \sim -38$℃이다.

  ② 모든 옥외저장탱크 용량의 합이 20만L 이하이고, 인화점 70℃ 이상 200℃ 미만(제3석유류)인 위험물을 저장하는 옥외저장탱크 : 20개 이하

  ③ 인화점이 200℃ 이상인 위험물을 저장하는 옥외저장탱크 : 개수 무제한

> **Check ≫≫**
>
> **옥외저장탱크 주위에 설치하는 방유제의 또 다른 기준**
>
> 1. 방유제의 용량
>   ① 인화성이 있는 액체 위험물의 옥외저장탱크의 방유제 용량
>   ㉠ 방유제 안에 하나의 옥외저장탱크가 설치되어 있는 경우 : 탱크 용량의 110% 이상
>   ㉡ 방유제 안에 두 개 이상의 옥외저장탱크가 설치되어 있는 경우 : 탱크 중 용량이 최대인 것의 110% 이상
>   ② 인화성이 없는 액체 위험물의 옥외저장탱크의 방유제 용량
>   ㉠ 방유제 안에 하나의 옥외저장탱크가 설치되어 있는 경우 : 탱크 용량의 100% 이상
>   ㉡ 방유제 안에 두 개 이상의 옥외저장탱크가 설치되어 있는 경우 : 탱크 중 용량이 최대인 것의 100% 이상
> 2. 방유제의 두께 : 0.2m 이상
> 3. 방유제의 지하매설깊이 : 1m 이상
> 4. 소방차 및 자동차의 통행을 위한 도로의 설치기준 : 방유제 외면의 2분의 1 이상은 3m 이상의 폭을 확보한 도로 설치
> 5. 방유제의 재질 : 철근콘크리트
> 6. 옥외저장탱크의 옆판으로부터 방유제까지의 거리
>   ① 탱크의 지름이 15m 미만 : 탱크 높이의 3분의 1 이상
>   ② 탱크의 지름이 15m 이상 : 탱크 높이의 2분의 1 이상
> 7. 계단 또는 경사로의 기준 : 높이가 1m를 넘는 방유제의 안팎에 약 50m마다 계단 또는 경사로 설치
> 8. 간막이 둑의 기준
>   ① 간막이 둑의 설치기준 : 용량이 1,000만L 이상인 옥외저장탱크에 설치
>   ② 간막이 둑의 높이 : 0.3m(방유제 내에 설치되는 옥외저장탱크의 용량의 합계가 2억L를 넘는 방유제에 있어서는 1m) 이상
>   ③ 간막이 둑의 재질 : 흙 또는 철근콘크리트
>   ④ 간막이 둑의 용량 : 간막이 둑 안에 설치된 탱크 용량의 10% 이상

≫정답 (1) 0.5m 이상 3m 이하   (2) 8만m^2 이하   (3) 10개 이하

필답형 03 [5점]

다음의 위험물을 인화점이 낮은 것부터 높은 것의 순서대로 쓰시오.

다이에틸에터, 이황화탄소, 산화프로필렌, 아세톤

>>>풀이

물질명	품 명	인화점	발화점	연소범위
다이에틸에터($C_2H_5OC_2H_5$)	특수인화물	$-45℃$	180℃	1.9~48%
이황화탄소(CS_2)	특수인화물	$-30℃$	100℃	1~50%
산화프로필렌(CH_3CHOCH_2)	특수인화물	$-37℃$	465℃	2.5~38.5%
아세톤(CH_3COCH_3)	제1석유류	$-18℃$	538℃	2.6~12.8%

위 [표]에서 알 수 있듯이 인화점이 가장 낮은 것은 다이에틸에터이고 산화프로필렌, 이황화탄소, 그리고 아세톤의 순으로 높다.

>>>정답   다이에틸에터 – 산화프로필렌 – 이황화탄소 – 아세톤

필답형 04 [5점]

에틸알코올에 대해 다음 물음에 답하시오.

(1) 연소반응식을 쓰시오.
(2) 칼륨과 반응 시 발생하는 기체의 화학식을 쓰시오.
(3) 에틸알코올과 이성질체인 다이메틸에터의 시성식을 쓰시오.

>>>풀이   에탄올이라고도 불리는 에틸알코올(C_2H_5OH)은 제4류 위험물로서 품명은 알코올류이며, 지정수량은 400L이다.
   (1) 에탄올(C_2H_5OH)을 연소시키면 이산화탄소(CO_2)와 물(H_2O)을 발생한다.
      – 연소반응식 : $C_2H_5OH + 3O_2 \rightarrow 2CO_2 + 3H_2O$
   (2) 칼륨(K)과 에틸알코올을 반응시키면 칼륨에틸레이트(C_2H_5OK)와 수소(H_2)를 **발생**한다.
      – 칼륨과의 반응식 : $2K + 2C_2H_5OH \rightarrow 2C_2H_5OK + H_2$
   (3) 이성질체란 분자식은 같지만 성질 및 구조가 다른 물질을 말한다.
      에틸알코올의 시성식 C_2H_5OH를 같은 원소끼리 묶어 분자식으로 나타내면 C_2H_6O가 되며 다이메틸에터의 시성식 CH_3OCH_3를 분자식으로 나타내어도 C_2H_6O가 되기 때문에 에틸알코올과 다이메틸에터는 서로 이성질체의 관계이다.

   💡 **Tip**
   에터의 표시
   메틸(CH_3) 또는 에틸(C_2H_5)과 같은 알킬과 알킬을 "O"로 결합시키면 "에터"가 됩니다. 다이메틸에터는 2개의 메틸을 "O"로 결합한 것이므로 화학식은 CH_3OCH_3가 되고, 다이에틸에터는 2개의 에틸을 "O"로 결합한 것이므로 화학식은 $C_2H_5OC_2H_5$가 됩니다.

>>>정답   (1) $C_2H_5OH + 3O_2 \rightarrow 2CO_2 + 3H_2O$
      (2) H_2
      (3) CH_3OCH_3

필답형 05 [5점]

주유취급소에 설치하는 고정주유설비 및 고정급유설비의 설치기준에 대해 다음 물음에 답하시오.

(1) 고정주유설비의 중심선을 기점으로 하여 도로경계선까지의 거리
(2) 고정급유설비의 중심선을 기점으로 하여 도로경계선까지의 거리
(3) 고정주유설비의 중심선을 기점으로 하여 부지경계선까지의 거리
(4) 고정급유설비의 중심선을 기점으로 하여 부지경계선까지의 거리
(5) 고정급유설비의 중심선을 기점으로 하여 개구부가 없는 벽까지의 거리

≫≫풀이 주유취급소에 설치하는 고정주유설비 및 고정급유설비의 설치기준
① 고정주유설비의 설치기준
　⊙ **고정주유설비의 중심선을 기점으로 하여 도로경계선**까지의 거리 : **4m 이상**
　ⓒ **고정주유설비의 중심선을 기점으로 하여 부지경계선**, 담 및 벽까지의 거리 : **2m 이상**
　ⓒ 고정주유설비의 중심선을 기점으로 하여 개구부가 없는 벽까지의 거리 : 1m 이상
② 고정급유설비의 설치기준
　⊙ **고정급유설비의 중심선을 기점으로 하여 도로경계선**까지의 거리 : **4m 이상**
　ⓒ **고정급유설비의 중심선을 기점으로 하여 부지경계선** 및 담까지의 거리 : **1m 이상**
　ⓒ 고정급유설비의 중심선을 기점으로 하여 건축물의 벽까지의 거리 : 2m 이상
　ⓔ **고정급유설비의 중심선을 기점으로 하여 개구부가 없는 벽**까지의 거리 : **1m 이상**
③ 고정주유설비와 고정급유설비 사이의 거리 : 4m 이상

≫≫정답 (1) 4m 이상　(2) 4m 이상　(3) 2m 이상　(4) 1m 이상　(5) 1m 이상

필답형 06 [5점]

인화칼슘에 대해 다음 물음에 답하시오.

(1) 유별을 쓰시오.
(2) 지정수량을 쓰시오.
(3) 물과의 반응식을 쓰시오.
(4) 물과 반응 시 발생하는 기체를 쓰시오.

≫≫풀이 인화칼슘(Ca_3P_2)은 **제3류 위험물**로서 품명은 금속의 인화물이며, **지정수량은 300kg**이다. 물과 반응 시 수
산화칼슘[$Ca(OH)_2$]과 함께 가연성이면서 맹독성인 **포스핀(PH_3) 가스를 발생**한다.
－ 물과의 반응식 : $Ca_3P_2 + 6H_2O \rightarrow 3Ca(OH)_2 + 2PH_3$

> Check ≫≫
>
> 인화알루미늄(AIP)
> 인화칼슘과 동일한 품명에 속하는 물질로서 물과 반응하여 수산화알루미늄[$Al(OH)_3$]과 함께 가연성이며
> 맹독성인 포스핀 가스를 발생한다.
> － 물과의 반응식 : $AIP + 3H_2O \rightarrow Al(OH)_3 + PH_3$

≫≫정답 (1) 제3류　(2) 300kg　(3) $Ca_3P_2 + 6H_2O \rightarrow 3Ca(OH)_2 + 2PH_3$　(4) 포스핀

필답형 07 [5점]

다음 〈보기〉 중 제2류 위험물에 해당하는 항목을 골라 그 기호를 쓰시오.

A. 황화인, 적린, 황은 위험등급 Ⅱ에 속한다.
B. 산화성 물질이다.
C. 대부분 물에 잘 녹는다.
D. 대부분 비중이 1보다 작다.
E. 고형알코올은 제2류 위험물에 속하며, 품명은 알코올류이다.
F. 지정수량은 100kg, 500kg, 1,000kg이 존재한다.
G. 위험물제조소에 설치하는 주의사항은 위험물의 종류에 따라 화기엄금 또는 화기주의를 표시한다.

≫풀이 A. 제2류 위험물에는 위험등급 Ⅰ은 존재하지 않고, **황화인, 적린, 황은 위험등급 Ⅱ**에 속하며, 철분, 마그네슘, 금속분과 인화성 고체는 위험등급 Ⅲ에 속한다.
B. 제2류 위험물은 가연성 물질이다.
C. 제2류 위험물은 대부분 물에 녹지 않는다.
D. 제2류 위험물은 모두 비중이 1보다 크다.
E. 고형알코올은 제2류 위험물에 속하며, 품명은 인화성 고체이다.
F. 황화인, 적린, 황의 **지정수량은 100kg**이며, 철분, 마그네슘, 금속분은 **500kg**, 인화성 고체는 **1,000kg**이다.
G. 위험물제조소에 설치하는 주의사항으로 **인화성고체는 화기엄금, 그 외의 것은 화기주의**를 표시한다.

≫정답 A, F, G

필답형 08 [5점]

제1류 위험물로서 품명은 질산염류이고 분자량은 80g이며 ANFO 폭약을 만들 때 사용하는 물질에 대해 다음 물음에 답하시오.

(1) 화학식을 쓰시오.
(2) 질소, 산소, 물(수증기)을 발생하는 반응식을 쓰시오.

≫풀이 제1류 위험물 중 품명이 질산염류이고 1mol의 분자량이 $14(N)g \times 2 + 1(H)g \times 4 + 16(O)g \times 3 = 80g$인 물질은 질산암모늄($NH_4NO_3$)이다. 질산암모늄 94%와 경유 6%를 혼합하면 ANFO(Ammonium Nitrate Fuel Oil) 폭약을 만들 수 있으며, 질산암모늄은 열분해 시 질소(N_2)와 산소, 그리고 물(수증기)을 발생한다.
- 열분해반응식 : $2NH_4NO_3 \rightarrow 2N_2 + O_2 + 4H_2O$

> **Check ≫**
> **질산염류에 해당하는 또 다른 위험물의 열분해 반응**
> 1. 질산칼륨(KNO_3)은 열분해 시 아질산칼륨(KNO_2)과 산소를 발생한다.
>   - 열분해반응식 : $2KNO_3 \rightarrow 2KNO_2 + O_2$
> 2. 질산나트륨($NaNO_3$)은 열분해 시 아질산나트륨($NaNO_2$)과 산소를 발생한다.
>   - 열분해반응식 : $2NaNO_3 \rightarrow 2NaNO_2 + O_2$

≫정답 (1) NH_4NO_3 (2) $2NH_4NO_3 \rightarrow 2N_2 + O_2 + 4H_2O$

필답형 09 [5점]

옥내저장소의 동일한 실에 다음 물질과 함께 저장할 수 있는 것을 〈보기〉에서 골라 쓰시오. (단, 유별끼리 저장하여 1m 이상의 거리를 둔 경우이다.)

과염소산칼륨, 염소산칼륨, 과산화나트륨, 아세톤, 과염소산, 질산, 아세트산

(1) CH_3ONO_2
(2) 인화성 고체
(3) P_4

▶▶▶풀이
(1) CH_3ONO_2(질산메틸)은 제5류 위험물로서 제1류 위험물(알칼리금속의 과산화물 제외)과 함께 저장할 수 있으며, 〈보기〉 중 제1류 위험물(알칼리금속의 과산화물 제외)은 **과염소산칼륨**($KClO_4$)과 **염소산칼륨**($KClO_3$)이다.
(2) 인화성 고체는 제2류 위험물로서 제4류 위험물과 함께 저장할 수 있으며, 〈보기〉 중 제4류 위험물은 **아세톤**(CH_3COCH_3)과 **아세트산**(CH_3COOH)이다.
(3) P_4(황린)은 제3류 위험물 중 자연발화성 물질로서 제1류 위험물과 함께 저장할 수 있으며, 〈보기〉 중 제1류 위험물은 **과염소산칼륨**, **염소산칼륨**, 그리고 **과산화나트륨**(Na_2O_2)이다.

> **Check ▶▶▶**
> 옥내저장소의 동일한 실에는 서로 다른 유별끼리 함께 저장할 수 없다. 단, 다음의 조건을 만족하면서 유별로 정리하여 서로 1m 이상의 간격을 두는 경우에는 저장할 수 있다.
> 1. **제1류 위험물(알칼리금속의 과산화물 제외)과 제5류 위험물**
> 2. 제1류 위험물과 제6류 위험물
> 3. **제1류 위험물과 제3류 위험물 중 자연발화성 물질(황린)**
> 4. **제2류 위험물 중 인화성 고체와 제4류 위험물**
> 5. 제3류 위험물 중 알킬알루미늄등과 제4류 위험물(알킬알루미늄 또는 알킬리튬을 함유한 것)
> 6. 제4류 위험물 중 유기과산화물과 제5류 위험물 중 유기과산화물

▶▶▶정답 (1) 과염소산칼륨, 염소산칼륨 (2) 아세톤, 아세트산 (3) 과염소산칼륨, 염소산칼륨, 과산화나트륨

필답형 10 [5점]

특수인화물 200L, 제1석유류 400L, 제2석유류 4,000L, 제3석유류 12,000L, 제4석유류 24,000L의 지정수량 배수의 합을 구하시오. (단, 제1석유류, 제2석유류, 제3석유류는 수용성이다.)

▶▶▶풀이 〈문제〉에서 제시된 위험물은 모두 제4류 위험물로서 각 품명의 지정수량은 다음과 같다.
① 특수인화물 : 50L
② 제1석유류(수용성) : 400L
③ 제2석유류(수용성) : 2,000L
④ 제3석유류(수용성) : 4,000L
⑤ 제4석유류 : 6,000L
따라서, 이 위험물들의 지정수량 배수의 합은 $\dfrac{200L}{50L} + \dfrac{400L}{400L} + \dfrac{4,000L}{2,000L} + \dfrac{12,000L}{4,000L} + \dfrac{24,000L}{6,000L} =$ **14배**이다.

▶▶▶정답 14배

필답형 11 [5점]

이황화탄소에 대해 다음 물음에 답하시오.

(1) 품명을 쓰시오.
(2) 연소반응식을 쓰시오.
(3) 다음 괄호 안에 들어갈 알맞은 내용을 쓰시오.
　이황화탄소의 저장탱크는 벽 및 바닥의 두께가 (　　)m 이상이고 누수가 되지 않는 철근콘크리트의 수조에 넣어 보관해야 한다. 이 경우 보유공지, 통기관 및 자동계량장치는 생략할 수 있다.

>>>풀이 이황화탄소(CS_2)
① 제4류 위험물 중 **품명은 특수인화물**이며, 지정수량은 50L이다.
② 인화점 $-30℃$, 발화점 $100℃$, 연소범위 $1\sim50\%$이다.
③ 비중은 1.26으로 물보다 무겁고 물에 녹지 않아 물과 혼합하면 층 분리가 발생하여 물보다 무거운 이황화탄소(CS_2)는 하층, 물은 상층에 존재한다.
④ 연소 시 이산화탄소(CO_2)와 이산화황(SO_2)을 발생하므로 가연성 가스인 이산화황의 발생을 방지하기 위해 물속에 보관한다.
　－ 연소반응식 : $CS_2 + 3O_2 \rightarrow CO_2 + 2SO_2$
⑤ 황(S)을 포함하고 있으므로 연소 시 청색 불꽃을 낸다.
⑥ 이황화탄소의 저장탱크는 **벽 및 바닥의 두께가 0.2m 이상**이고 누수가 되지 않는 철근콘크리트의 수조에 넣어 보관하므로 보유공지, 통기관 및 자동계량장치는 필요 없다.

>>>정답 (1) 특수인화물　　(2) $CS_2 + 3O_2 \rightarrow CO_2 + 2SO_2$　　(3) 0.2

필답형 12 [5점]

다음 위험물의 품명과 지정수량을 쓰시오.

(1) CH_3COOH
(2) N_2H_4
(3) $C_2H_4(OH)_2$
(4) $C_3H_5(OH)_3$
(5) HCN

>>>풀이

화학식	물질명	품 명	지정수량
CH_3COOH	아세트산	**제2석유류**(수용성)	2,000L
N_2H_4	하이드라진	**제2석유류**(수용성)	2,000L
$C_2H_4(OH)_2$	에틸렌글리콜	**제3석유류**(수용성)	4,000L
$C_3H_5(OH)_3$	글리세린	**제3석유류**(수용성)	4,000L
HCN	사이안화수소	**제1석유류**(수용성)	400L

>>>정답 (1) 제2석유류, 2,000L　　(2) 제2석유류, 2,000L　　(3) 제3석유류, 4,000L
　　　　 (4) 제3석유류, 4,000L　　(5) 제1석유류, 400L

필답형 13 [5점]

다음 〈보기〉 중 나트륨에 적응성이 있는 소화설비를 모두 고르시오.

팽창질석, 인산염류분말소화설비, 건조사, 불활성가스소화설비, 포소화설비

≫≫풀이 제3류 위험물 중 금수성 물질인 나트륨(Na)에 적응성이 있는 소화설비는 탄산수소염류분말소화설비, **건조사**(마른 모래), **팽창질석** 또는 팽창진주암이다.

소화설비의 구분		건축물·그 밖의 공작물	전기설비	제1류 위험물 알칼리금속의 과산화물등	제1류 그 밖의 것	제2류 철분·금속분·마그네슘등	제2류 인화성 고체	제2류 그 밖의 것	제3류 금수성 물품	제3류 그 밖의 것	제4류 위험물	제5류 위험물	제6류 위험물
옥내소화전 또는 옥외소화전 설비		○			○		○	○		○		○	○
스프링클러설비		○			○		○	○		○	△	○	○
물분무등소화설비	물분무소화설비	○	○		○		○	○		○	○	○	○
	포소화설비	○			○		○	○		○	○	○	○
	불활성가스소화설비		○				○				○		
	할로젠화합물소화설비		○				○				○		
	분말소화설비 인산염류등	○	○		○		○	○			○		○
	분말소화설비 탄산수소염류등		○	○		○	○		○		○		
	분말소화설비 그 밖의 것			○		○			○				
대형·소형수동식소화기	봉상수(棒狀水)소화기	○			○		○	○		○		○	○
	무상수(霧狀水)소화기	○	○		○		○	○		○		○	○
	봉상강화액소화기	○			○		○	○		○		○	○
	무상강화액소화기	○	○		○		○	○		○	○	○	○
	포소화기	○			○		○	○		○	○	○	○
	이산화탄소소화기		○				○				○		△
	할로젠화합물소화기		○				○				○		
	분말소화기 인산염류소화기	○	○		○		○	○			○		○
	분말소화기 탄산수소염류소화기		○	○		○	○		○		○		
	분말소화기 그 밖의 것			○		○			○				
기타	물통 또는 수조	○			○		○	○		○		○	○
	건조사			○	○	○	○	○	**○**	○	○	○	○
	팽창질석 또는 **팽창진주암**			○	○	○	○	○	**○**	○	○	○	○

≫≫정답 팽창질석, 건조사

필답형 14 [5점]

다음은 제2류 위험물 품명에 대한 정의이다. 괄호 안에 알맞은 내용을 쓰시오.

(1) 황은 순도 (①)중량% 이상이 위험물이다.
(2) 철분은 철의 분말로서 (②)마이크로미터의 표준체를 통과하는 것이 (③)중량% 미만을 제외한다.
(3) 금속분은 알칼리금속·알칼리토금속·철 및 마그네슘 외의 금속분말을 말하고, 구리분·니켈분 및 (④)마이크로미터의 체를 통과하는 것이 (⑤)중량% 미만인 것을 제외한다.

▶▶▶풀이　(1) 황은 **순도가 60중량% 이상**인 것을 말한다. 다만, 순도 측정에 있어서 불순물은 활석 등 불연성 물질과 수분에 한한다.
　(2) 철분은 철의 분말로서 **53마이크로미터의 표준체**를 통과하는 것이 **50중량% 미만인 것을 제외**한다.
　(3) 금속분은 알칼리금속·알칼리토금속·철 및 마그네슘 외의 금속분말을 말하고, 구리분·니켈분 및 **150마이크로미터의 체**를 통과하는 것이 **50중량% 미만인 것을 제외**한다.

> **Check ▶▶▶**
> 그 밖의 제2류 위험물 품명의 정의
> 1. 마그네슘은 다음 중 하나에 해당하는 것은 제외한다.
>   ① 2밀리미터의 체를 통과하지 않는 덩어리상태의 것
>   ② 직경 2밀리미터 이상의 막대모양의 것
> 2. 인화성 고체는 고형 알코올, 그 밖에 1기압에서 인화점이 40℃ 미만인 고체를 말한다.

▶▶▶정답　① 60　② 53　③ 50　④ 150　⑤ 50

필답형 15 [5점]

다음 각 위험물의 운반용기의 수납률은 몇 % 이하로 해야 하는지 쓰시오.

(1) 과염소산　(2) 질산칼륨　(3) 질산　(4) 알킬알루미늄　(5) 알킬리튬

▶▶▶풀이　(1) 과염소산($HClO_4$)은 제6류 위험물로서 액체이므로 운반용기 내용적의 **98% 이하로 수납**한다.
　(2) 질산칼륨(KNO_3)은 제1류 위험물로서 고체이므로 운반용기 내용적의 **95% 이하로 수납**한다.
　(3) 질산(HNO_3)은 제6류 위험물로서 액체이므로 운반용기 내용적의 **98% 이하로 수납**한다.
　(4) 알킬알루미늄은 제3류 위험물로서 액체이지만 품명이 알킬알루미늄이므로 운반용기 내용적의 **90% 이하로 수납**한다.
　(5) 알킬리튬은 제3류 위험물로서 액체이지만 품명이 알킬리튬이므로 운반용기 내용적의 **90% 이하로 수납**한다.

> **Check ▶▶▶**
> 위험물 운반용기의 수납률
> 1. 고체 위험물 : 운반용기 내용적의 95% 이하
> 2. 액체 위험물 : 운반용기 내용적의 98% 이하(55℃에서 누설되지 않도록 충분한 공간용적을 유지)
> 3. 알킬알루미늄등 : 운반용기 내용적의 90% 이하(50℃에서 5% 이상의 공간용적을 유지)

▶▶▶정답　(1) 98%　(2) 95%　(3) 98%　(4) 90%　(5) 90%

필답형 16 [5점]

다음 각 유별에 대해 위험등급 Ⅱ에 해당하는 품명을 2개 쓰시오. (단, 행정안전부령으로 정하는 품명은 제외한다.)

(1) 제1류   (2) 제2류   (3) 제4류

▶▶▶ 풀이 (1) 제1류 위험물

품 명	지정수량	위험등급
아염소산염류	50kg	Ⅰ
염소산염류	50kg	Ⅰ
과염소산염류	50kg	Ⅰ
무기과산화물	50kg	Ⅰ
브로민산염류	300kg	**Ⅱ**
질산염류	300kg	**Ⅱ**
아이오딘산염류	300kg	**Ⅱ**
과망가니즈산염류	1,000kg	Ⅲ
다이크로뮴산염류	1,000kg	Ⅲ

(2) 제2류 위험물

품 명	지정수량	위험등급
황화인	100kg	**Ⅱ**
적린	100kg	**Ⅱ**
황	100kg	**Ⅱ**
금속분	500kg	Ⅲ
철분	500kg	Ⅲ
마그네슘	500kg	Ⅲ
인화성 고체	1,000kg	Ⅲ

(3) 제4류 위험물

품 명		지정수량	위험등급
특수인화물		50L	Ⅰ
제1석유류	비수용성	200L	**Ⅱ**
	수용성	400L	
알코올류		400L	**Ⅱ**
제2석유류	비수용성	1,000L	Ⅲ
	수용성	2,000L	
제3석유류	비수용성	2,000L	Ⅲ
	수용성	4,000L	
제4석유류		6,000L	Ⅲ
동식물유류		10,000L	Ⅲ

▶▶▶ 정답 (1) 브로민산염류, 질산염류, 아이오딘산염류 중 2개
(2) 황화인, 적린, 황 중 2개
(3) 제1석유류, 알코올류

필답형 17   [5점]

다음 위험물의 운반용기의 외부에 표시하는 주의사항을 쓰시오.

(1) 황린

(2) 아닐린

(3) 질산

(4) 염소산칼륨

(5) 철분

>>> 풀이
(1) 황린(P_4)은 제3류 위험물로서 자연발화성 물질이며, 운반용기의 외부에 표시하는 주의사항은 **화기엄금, 공기접촉엄금**이다.

(2) 아닐린($C_6H_5NH_2$)은 제4류 위험물이며, 운반용기의 외부에 표시하는 주의사항은 **화기엄금**이다.

(3) 질산(HNO_3)은 제6류 위험물이며, 운반용기의 외부에 표시하는 주의사항은 **가연물접촉주의**이다.

(4) 염소산칼륨($KClO_3$)은 제1류 위험물이며, 운반용기의 외부에 표시하는 주의사항은 **화기 · 충격주의, 가연물접촉주의**이다.

(5) 철분(Fe)은 제2류 위험물이며, 운반용기의 외부에 표시하는 주의사항은 **화기주의, 물기엄금**이다.

Check >>>

유별에 따른 주의사항의 비교

유 별	품 명	운반용기의 주의사항	위험물제조소등의 주의사항
제1류	알칼리금속의 과산화물	화기 · 충격주의, 가연물접촉주의, 물기엄금	물기엄금 (청색바탕, 백색문자)
	그 밖의 것	**화기 · 충격주의, 가연물접촉주의**	필요 없음
제2류	**철분**, 금속분, 마그네슘	**화기주의, 물기엄금**	화기주의 (적색바탕, 백색문자)
	인화성 고체	화기엄금	화기엄금 (적색바탕, 백색문자)
	그 밖의 것	화기주의	화기주의 (적색바탕, 백색문자)
제3류	금수성 물질	물기엄금	물기엄금 (청색바탕, 백색문자)
	자연발화성 물질	**화기엄금, 공기접촉엄금**	화기엄금 (적색바탕, 백색문자)
제4류	인화성 액체	**화기엄금**	화기엄금 (적색바탕, 백색문자)
제5류	자기반응성 물질	화기엄금, 충격주의	화기엄금 (적색바탕, 백색문자)
제6류	산화성 액체	**가연물접촉주의**	필요 없음

>>> 정답
(1) 화기엄금, 공기접촉엄금

(2) 화기엄금

(3) 가연물접촉주의

(4) 화기 · 충격주의, 가연물접촉주의

(5) 화기주의, 물기엄금

필답형 18 [5점]

다음은 옥내소화전설비의 가압송수장치 중 압력수조를 이용한 가압송수장치에 필요한 압력을 구하는 공식이다. 괄호 안에 들어갈 알맞은 내용을 다음의 〈보기〉에서 골라 그 기호를 쓰시오.

$$P = (\ ①\ ) + (\ ②\ ) + (\ ③\ ) + (\ ④\ )$$

A. 소방용 호스의 마찰손실수두압(MPa)   B. 배관의 마찰손실수두압(MPa)
C. 낙차의 환산수두압(MPa)   D. 낙차(m)
E. 배관의 마찰손실수두(m)   F. 소방용 호스의 마찰손실수두(m)
G. 0.35MPa   H. 35MPa

》》 풀이

옥내소화전설비의 가압송수장치 중 압력수조를 이용한 가압송수장치에 필요한 압력은 다음 식에 의한 수치 이상으로 한다.

$$P = P_1 + P_2 + P_3 + \textbf{0.35MPa}$$

여기서, P : 필요한 압력(MPa)

P_1 : **소방용 호스의 마찰손실수두압**(MPa)

P_2 : **배관의 마찰손실수두압**(MPa)

P_3 : **낙차의 환산수두압**(MPa)

Check 》》

옥내소화전설비의 또 다른 가압송수장치

1. 고가수조를 이용한 가압송수장치 : 낙차는 다음 식에 의한 수치 이상으로 한다(여기서, 낙차란 수조의 하단으로부터 호스접속구까지의 수직거리를 말한다).

$$H = h_1 + h_2 + 35m$$

여기서, H : 필요낙차(m)

h_1 : 소방용 호스의 마찰손실수두(m)

h_2 : 배관의 마찰손실수두(m)

2. 펌프를 이용한 가압송수장치 : 펌프의 전양정은 다음 식에 의하여 구한 수치 이상으로 한다(여기서, 전양정이란 펌프가 유체를 흡입한 거리와 토출한 거리의 합을 말한다).

$$H = h_1 + h_2 + h_3 + 35m$$

여기서, H : 펌프의 전양정(m)

h_1 : 소방용 호스의 마찰손실수두(m)

h_2 : 배관의 마찰손실수두(m)

h_3 : 낙차(m)

》》 정답

① A
② B
③ C
④ G

필답형 19 [5점]

다음 그림은 에틸알코올의 옥내저장탱크 2기를 탱크전용실에 설치한 상태이다. 다음 물음에 답하시오.

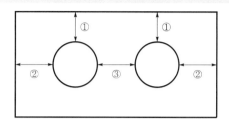

(1) ①의 거리는 몇 m 이상으로 하는지 쓰시오.
(2) ②의 거리는 몇 m 이상으로 하는지 쓰시오.
(3) ③의 거리는 몇 m 이상으로 하는지 쓰시오.
(4) 탱크전용실 내에 설치하는 옥내저장탱크의 용량은 몇 L 이하로 하는지 쓰시오.

≫≫풀이 (1) 옥내저장탱크의 간격
  ① **옥내저장탱크와 탱크전용실 벽과의 사이 간격 : 0.5m 이상**
  ② **옥내저장탱크의 상호간의 간격 : 0.5m 이상**
(2) 단층건물에 탱크전용실을 설치한 옥내저장탱크에 저장 가능한 위험물과 탱크의 용량
  ① 저장할 수 있는 위험물 : 모든 유별
  ② 탱크의 용량 : **지정수량의 40배 이하.** 다만, 특수인화물, 제1석유류, 알코올류, 제2석유류, 제3석유류의 양이 20,000L를 초과하는 경우에는 20,000L 이하로 한다. 〈문제〉는 품명이 알코올류이고 지정수량이 400L인 에탄올을 저장하는 옥내저장탱크이므로 이 옥내저장탱크의 용량은 **400L×40배=16,000L**가 된다.

> Check ≫≫
>
> 탱크전용실을 단층 건물 외의 건축물에 설치한 옥내저장탱크의 기준
> 1. 저장할 수 있는 위험물의 종류
>   ① 건축물의 1층 또는 지하층
>   ㉠ 제2류 위험물 중 황화인, 적린 및 덩어리황
>   ㉡ 제3류 위험물 중 황린
>   ㉢ 제6류 위험물 중 질산
>   ② 건축물의 모든 층
>   - 제4류 위험물 중 인화점이 38℃ 이상인 위험물
> 2. 저장할 수 있는 위험물의 양
>   ① 건축물의 1층 또는 지하층 : 지정수량의 40배 이하(단, 제4석유류 및 동식물유류 외의 제4류 위험 물은 20,000L 초과 시 20,000L 이하)
>   ② 2층 이상의 층 : 지정수량의 10배 이하(단, 제4석유류 및 동식물유류 외의 제4류 위험물은 5,000L 초과 시 5,000L 이하)

🎓 **똑똑한 풀이비법**

옥내저장탱크의 탱크전용실의 용량은 단층건물에 설치하는 경우와 단층건물 외의 건축물에 설치하는 경우가 다릅니다. 〈문제〉에서 탱크전용실을 단층건축물에 설치하는 경우인지 아니면 단층건물 외의 건축물에 설치하는 경우인지를 나타내지는 않았지만 알코올류의 탱크전용실은 단층건축물에만 설치할 수 있으므로 단층건축물에 설치하는 기준을 적용해야 합니다.

≫≫정답 (1) 0.5m (2) 0.5m (3) 0.5m (4) 16,000L

필답형 20　　　　　　　　　　　　　　　　　　　　　　　　　　　[5점]

다음 물질이 물과 반응 시 1기압, 30℃에서 발생하는 기체의 몰수를 구하시오.

(1) 과산화나트륨 78g
　　① 계산과정
　　② 답
(2) 수소화칼슘 42g
　　① 계산과정
　　② 답

≫≫풀이 (1) 과산화나트륨(Na_2O_2)은 제1류 위험물로서 물과 반응 시 수산화나트륨(NaOH)과 산소(O_2)를 발생한다. 아래의 물과의 반응식에서 알 수 있듯이 과산화나트륨 1mol 즉, 23(Na)g×2+16(O)g×2 = 78g의 과산화나트륨을 물과 반응시키면 **산소 기체 0.5몰이 발생**한다.

　– 과산화나트륨과 물과의 반응식 : $\underline{2Na_2O_2} + 2H_2O \longrightarrow 4NaOH + \underline{O_2}$

$$78g\ Na_2O_2 \times \frac{1mol\ Na_2O_2}{78g\ Na_2O_2} \times \frac{1mol\ O_2}{2mol\ Na_2O_2} = 0.5mol\ O_2$$

(2) 수소화칼슘(CaH_2)은 제3류 위험물로서 물과 반응 시 수산화칼슘[$Ca(OH)_2$]과 수소(H_2)를 발생한다. 아래의 물과의 반응식에서 알 수 있듯이 수소화칼슘 1mol 즉, 40(Ca)g+1(H)g×2 = 42g의 수소화칼슘을 물과 반응시키면 **수소 기체 2몰이 발생**한다.

　– 수소화칼슘과 물과의 반응식 : $\underline{CaH_2} + 2H_2O \longrightarrow Ca(OH)_2 + \underline{2H_2}$

$$42g\ CaH_2 \times \frac{1mol\ CaH_2}{42g\ CaH_2} \times \frac{2mol\ H_2}{1mol\ CaH_2} = 2mol\ H_2$$

⚙ Tip

기체의 부피는 압력 및 온도가 변함에 따라 달라지지만 기체의 몰수는 압력 및 온도가 변해도 달라지지 않습니다. 만약 〈문제〉의 조건이 1기압, 100℃라 하더라도 기체의 몰수는 그대로입니다.

≫≫정답 (1) ① $78g\ Na_2O_2 \times \dfrac{1mol\ Na_2O_2}{78g\ Na_2O_2} \times \dfrac{1mol\ O_2}{2mol\ Na_2O_2}$

　　② 0.5mol

(2) ① $42g\ CaH_2 \times \dfrac{1mol\ CaH_2}{42g\ CaH_2} \times \dfrac{2mol\ H_2}{1mol\ CaH_2}$

　　② 2mol

2020 제5회 위험물산업기사 실기

2020년 11월 29일 시행

※ 필답형＋작업형으로 치러지던 기존 시험에서는 각 문항별 배점이 상이하였으나, 필답형(20문제) 시험만 보는 2020년 1회부터는 각 문항 배점이 모두 5점입니다!

 필/답/형 시험

01 [5점]

다음 소화약제의 화학식 또는 구성 성분을 쓰시오.

(1) 할론 1301
(2) IG – 100
(3) 제2종 분말소화약제

>>>풀이 (1) 할론 1301은 할로젠화합물소화약제로서 화학식은 **CF_3Br**이다.
　　　 (2) IG – 100은 불활성가스소화약제의 한 종류로서 N_2 100%로 구성되어 있다.
　　　 (3) 제2종 분말소화약제의 주성분은 탄산수소칼륨이며, 화학식은 **$KHCO_3$**이다.

> **Check >>>**
>
> 1. 그 밖에 할로젠화합물소화약제의 종류에는 할론 1211(CF_2ClBr)과 할론 2402($C_2F_4Br_2$) 등이 있다.
> 2. 또 다른 불활성가스소화약제의 종류에는 IG – 55(N_2 50%, Ar 50%)와 IG – 541(N_2 52%, Ar 40%, CO_2 8%)이 있다.
> 3. 그 밖에 분말소화약제의 종류에는 제1종 분말소화약제인 탄산수소나트륨($NaHCO_3$), 제3종 분말소화약제인 인산암모늄($NH_4H_2PO_4$), 제4종 분말소화약제인 제2종 분말소화약제와 요소와의 반응생성물 [$KHCO_3 + (NH_2)_2CO$] 등이 있다.

>>>정답 (1) CF_3Br　　(2) N_2　　(3) $KHCO_3$

02 [5점]

아세톤 20L 용기 100개와 경유 200L 드럼 5개를 함께 저장하는 경우 지정수량의 배수의 합은 얼마인지 쓰시오.

>>>풀이 아세톤(CH_3COCH_3)은 제1석유류 수용성 물질로서 지정수량은 400L이고, 경유는 제2석유류 비수용성 물질로서 지정수량은 1,000L이므로, 〈문제〉의 조건에 따른 이들 물질의 **지정수량의 배수의 합**은

$$\frac{20L \times 100}{400L} + \frac{200L \times 5}{1,000L} = 6$$이다.

>>>정답 6

필답형 03 [5점]

알루미늄분에 대해 다음 물음에 답하시오.

(1) 연소반응식을 쓰시오.
(2) 염산과 반응 시 발생하는 가스의 명칭을 쓰시오.
(3) 위험등급을 쓰시오.

》》》풀이 (1) 알루미늄(Al)은 연소 시 산화알루미늄(Al_2O_3)을 생성한다.
　　　　　 – 연소반응식 : $4Al + 3O_2 \rightarrow 2Al_2O_3$
　　　　(2) 알루미늄은 염산(HCl)과 반응 시 염화알루미늄($AlCl_3$)과 **수소**(H_2)를 발생한다.
　　　　　 – 염산과의 반응식 : $2Al + 6HCl \rightarrow 2AlCl_3 + 3H_2$
　　　　(3) 알루미늄은 제2류 위험물로서 품명은 금속분이며, 지정수량 500kg, **위험등급 Ⅲ**인 물질이다.

》》》정답 (1) $4Al + 3O_2 \rightarrow 2Al_2O_3$　　(2) 수소　　(3) Ⅲ

필답형 04 [5점]

위험물제조소 옥외에 있는 하나의 방유제 안에 용량이 200m³인 위험물취급탱크 1기와 용량이 100m³인 위험물취급탱크 1기를 설치한다면 이 방유제의 용량은 몇 m³ 이상으로 해야 하는지 쓰시오.

(1) 계산과정
(2) 답

》》》풀이 위험물제조소의 옥외에 설치하는 위험물취급탱크의 방유제 용량
　　　① 하나의 위험물취급탱크의 방유제 용량 : 탱크 용량의 50% 이상
　　　② 2개 이상의 위험물취급탱크의 방유제 용량 : 탱크 중 용량이 최대인 것의 50%에 나머지 탱크 용량 합계의 10%를 가산한 양 이상
　　　〈문제〉는 위험물제조소의 옥외에 총 2개의 위험물취급탱크를 하나의 방유제 안에 설치하는 경우이므로 방유제의 용량은 다음과 같이 **탱크 중 용량이 최대인 200m³의 50%에 나머지 탱크 용량인 100m³의 10%를 가산한 양 이상**으로 한다.
　　　∴ $200m^3 \times 0.5 + 100m^3 \times 0.1 = 110m^3$

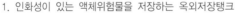

> Check 》》》
>
> **위험물옥외저장탱크의 방유제 용량**
> 1. 인화성이 있는 액체위험물을 저장하는 옥외저장탱크
> 　① 방유제 안에 하나의 옥외저장탱크가 설치되어 있는 경우 : 탱크 용량의 110% 이상
> 　② 방유제 안에 두 개 이상의 옥외저장탱크가 설치되어 있는 경우 : 탱크 중 용량이 최대인 것의 110% 이상
> 2. 인화성이 없는 액체위험물을 저장하는 옥외저장탱크
> 　① 방유제 안에 하나의 옥외저장탱크가 설치되어 있는 경우 : 탱크 용량의 100% 이상
> 　② 방유제 안에 두 개 이상의 옥외저장탱크가 설치되어 있는 경우 : 탱크 중 용량이 최대인 것의 100% 이상

》》》정답 (1) $200m^3 \times 0.5 + 100m^3 \times 0.1$　　(2) $110m^3$

필답형 05 [5점]

규조토에 흡수시켜 다이너마이트를 만드는 물질에 대해 다음 물음에 답하시오.

(1) 구조식을 쓰시오.
(2) 품명과 지정수량을 쓰시오.
(3) 이산화탄소, 수증기, 질소, 산소가 발생하는 분해반응식을 쓰시오.

>>>풀이 나이트로글리세린[$C_3H_5(ONO_2)_3$]은 제5류 위험물 중 **품명은 질산에스터류**로서 **지정수량은 제1종 : 10kg, 제2종 : 100kg**이다. 상온에서 액체상태로 존재하고 충격에 매우 민감한 성질을 갖고 있으며 규조토에 흡수시킨 것을 다이너마이트라고 한다. 나이트로글리세린 4몰을 분해시키면 이산화탄소, 수증기, 질소, 산소의 4가지 기체가 총 29몰 발생한다.

　－ 분해반응식 : $4C_3H_5(ONO_2)_3 \rightarrow 12CO_2 + 10H_2O + 6N_2 + O_2$

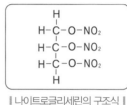

‖ 나이트로글리세린의 구조식 ‖

>>>정답 (1)

```
        H
        |
    H-C-O-NO₂
        |
    H-C-O-NO₂
        |
    H-C-O-NO₂
        |
        H
```

(2) 질산에스터류, 제1종 : 10kg, 제2종 : 100kg
(3) $4C_3H_5(ONO_2)_3 \rightarrow 12CO_2 + 10H_2O + 6N_2 + O_2$

필답형 06 [5점]

다음 물음에 대해 답하시오.

(1) 탄화칼슘과 물의 반응식을 쓰시오.
(2) 탄화칼슘과 물의 반응으로 발생하는 기체의 명칭을 쓰시오.
(3) 탄화칼슘과 물의 반응으로 발생하는 기체의 연소반응식을 쓰시오.

>>>풀이 탄화칼슘(CaC_2)은 제3류 위험물로서 품명은 칼슘 또는 알루미늄의 탄화물이며, 지정수량은 300kg이다.
　① 탄화칼슘은 물과 반응 시 수산화칼슘[$Ca(OH)_2$]과 연소범위가 2.5~81%인 **아세틸렌**(C_2H_2) **가스를 발생**한다.
　　－ 물과의 반응식 : $CaC_2 + 2H_2O \rightarrow Ca(OH)_2 + C_2H_2$
　② 아세틸렌(C_2H_2)은 연소 시 이산화탄소(CO_2)와 물(H_2O)을 발생한다.
　　－ 아세틸렌의 연소반응식 : $2C_2H_2 + 5O_2 \rightarrow 4CO_2 + 2H_2O$

> **Check >>>**
> **동일한 품명에 속하는 탄화알루미늄의 물과의 반응**
> 탄화알루미늄(Al_4C_3)은 물과 반응 시 수산화알루미늄[$Al(OH)_3$]과 메테인(CH_4) 가스를 발생한다.
> 　－ 물과의 반응식 : $Al_4C_3 + 12H_2O \rightarrow 4Al(OH)_3 + 3CH_4$

>>>정답 (1) $CaC_2 + 2H_2O \rightarrow Ca(OH)_2 + C_2H_2$
(2) 아세틸렌
(3) $2C_2H_2 + 5O_2 \rightarrow 4CO_2 + 2H_2O$

필답형 07 [5점]

다음 물음에 답하시오.

(1) 과산화나트륨과 아세트산의 반응식을 쓰시오.
(2) 아세트산의 연소반응식을 쓰시오.

≫≫풀이 (1) 과산화나트륨(Na_2O_2)은 제1류 위험물 중 알칼리금속의 과산화물이며, 아세트산(CH_3COOH)은 제4류 위험물 중 제2석유류 수용성 물질이다. 과산화나트륨은 아세트산과 반응하여 아세트산나트륨(CH_3COONa)과 과산화수소(H_2O_2)를 발생한다.

– 과산화나트륨과 아세트산의 반응식 : $Na_2O_2 + 2CH_3COOH \rightarrow 2CH_3COONa + H_2O_2$

(2) 아세트산은 연소 시 이산화탄소(CO_2)와 물(H_2O)을 발생한다.

– 아세트산의 연소반응식 : $CH_3COOH + 2O_2 \rightarrow 2CO_2 + 2H_2O$

> **Check ≫≫**
>
> 과산화나트륨의 또 다른 반응
> 1. 분해반응 : 과산화나트륨은 분해 시 산화나트륨(Na_2O)과 산소(O_2)를 발생한다.
>   – 분해반응식 : $2Na_2O_2 \rightarrow 2Na_2O + O_2$
> 2. 물과의 반응 : 과산화나트륨은 물과 반응 시 수산화나트륨($NaOH$)과 산소(O_2)를 발생한다.
>   – 물과의 반응식 : $2Na_2O_2 + 2H_2O \rightarrow 4NaOH + O_2$
> 3. 이산화탄소와의 반응 : 과산화나트륨은 이산화탄소와 반응 시 탄산나트륨(Na_2CO_3)과 산소(O_2)를 발생한다.
>   – 이산화탄소와의 반응식 : $2Na_2O_2 + 2CO_2 \rightarrow 2Na_2CO_3 + O_2$

≫≫정답 (1) $Na_2O_2 + 2CH_3COOH \rightarrow 2CH_3COONa + H_2O_2$ (2) $CH_3COOH + 2O_2 \rightarrow 2CO_2 + 2H_2O$

필답형 08 [5점]

제3류 위험물 중 지정수량이 10kg인 품명 4가지를 쓰시오.

≫≫풀이 제3류 위험물의 품명과 지정수량

유 별	성 질	위험등급	품 명	지정수량
제3류 위험물	자연발화성 물질 및 금수성 물질	I	1. **칼륨**	10kg
			2. **나트륨**	10kg
			3. **알킬알루미늄**	10kg
			4. **알킬리튬**	10kg
			5. 황린	20kg
		II	6. 알칼리금속(칼륨 및 나트륨 제외) 및 알칼리토금속	50kg
			7. 유기금속화합물(알킬알루미늄 및 알킬리튬 제외)	50kg
		III	8. 금속의 수소화물	300kg
			9. 금속의 인화물	300kg
			10. 칼슘 또는 알루미늄의 탄화물	300kg

≫≫정답 칼륨, 나트륨, 알킬알루미늄, 알킬리튬

필답형 09 [5점]

다음 그림은 제조소의 안전거리를 나타낸 것이다. 제조소등으로부터 (1)~(5)의 각 인근 건축물까지의 안전거리를 쓰시오.

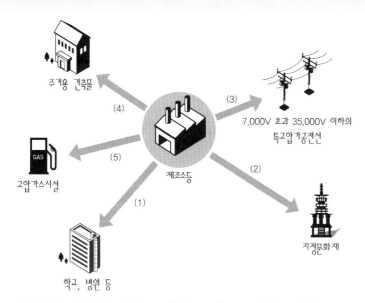

》》 풀이 제조소의 안전거리(단, 제6류 위험물을 저장 또는 취급하는 제조소는 제외한다.)

(1) 학교·병원·극장(300명 이상), 다수인 수용시설 : 30m 이상

(2) 유형문화재와 기념물 중 지정문화재 : 50m 이상

(3) 사용전압이 7,000V 초과 35,000V 이하의 특고압가공전선 : 3m 이상

  ※ 사용전압이 35,000V를 초과하는 특고압가공전선 : 5m 이상

(4) 주거용 건축물(제조소등의 동일부지 외에 있는 것) : 10m 이상

(5) 고압가스, 액화석유가스 등의 저장·취급 시설 : 20m 이상

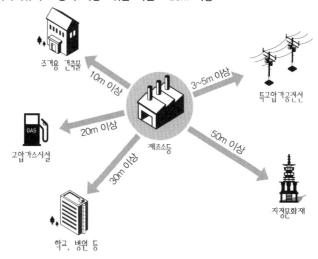

》》 정답 (1) 30m 이상 (2) 50m 이상 (3) 3m 이상 (4) 10m 이상 (5) 20m 이상

필답형 10

[5점]

다음의 위험물을 인화점이 낮은 것부터 높은 것의 순서대로 쓰시오.

아세톤, 이황화탄소, 메틸알코올, 아닐린

>>> 풀이

물질명	인화점	품 명	지정수량
아세톤(CH_3COCH_3)	−18℃	제1석유류(수용성)	400L
이황화탄소(CS_2)	−30℃	특수인화물	50L
메틸알코올(CH_3OH)	11℃	알코올류	400L
아닐린($C_6H_5NH_2$)	75℃	제3석유류(비수용성)	2,000L

위 [표]에서 알 수 있듯이 인화점이 가장 낮은 것은 이황화탄소이고, 아세톤, 메틸알코올, 그리고 아닐린의 순으로 높다.

🎓 **똑똑한 풀이비법**

제4류 위험물 중 인화점이 가장 낮은 품명은 특수인화물이며, 그 다음으로 제1석유류 및 알코올류, 제2석유류, 제3석유류, 제4석유류, 동시물유류의 순으로 높기 때문에 〈문제〉의 각 물질의 인화점을 몰라도 특수인화물이 가장 인화점이 낮고 그 다음 제1석유류, 알코올류, 제3석유류의 순서로 높다는 것을 알 수 있다.

>>> 정답   이황화탄소, 아세톤, 메틸알코올, 아닐린

필답형 11

[5점]

흑색화약을 만드는 원료 중 위험물에 해당하는 물질 2가지에 대해 화학식과 품명, 지정수량을 각각 쓰시오.

(1) ① 화학식
    ② 품명
    ③ 지정수량
(2) ① 화학식
    ② 품명
    ③ 지정수량

>>> 풀이   흑색화약의 원료 3가지는 **질산칼륨(KNO_3)**과 **황(S)**, 그리고 숯이다. 여기서 **질산칼륨**은 제1류 위험물(산화성고체)로서 **품명이 질산염류**이고 **지정수량은 300kg**이며 산소공급원의 역할을 하고, **황**은 제2류 위험물(가연성고체)로서 **품명도 황**이고 **지정수량은 100kg**이며 가연물의 역할을 한다.

> **Check >>>**
>
> 질산칼륨의 분해반응
> 질산칼륨은 분해 시 아질산칼륨(KNO_2)과 산소(O_2)를 발생한다.
> − 분해반응식 : $2KNO_3 \rightarrow 2KNO_2 + O_2$

>>> 정답   (1) ① KNO_3, ② 질산염류, ③ 300kg
(2) ① S, ② 황, ③ 100kg

필답형 12 [5점]

인화알루미늄 580g이 물과 반응 시 발생하는 독성 가스의 부피는 표준상태에서 몇 L인지 구하시오.

≫≫풀이 인화알루미늄(AlP)은 제3류 위험물로서 품명은 금속의 인화물이며, 지정수량은 300kg이다. 물과 반응 시 수산화알루미늄[Al(OH)₃]과 함께 가연성이면서 맹독성인 포스핀(PH₃) 가스를 발생한다.

– 물과의 반응식 : $AlP + 3H_2O \rightarrow Al(OH)_3 + PH_3$

여기서, 인화알루미늄의 분자량은 27(Al)+31(P)=58g이며, 위의 반응식에서 알 수 있듯이 인화알루미늄 58g을 물과 반응시키면 표준상태에서 독성인 포스핀 가스는 1몰 즉, 22.4L 발생하는데 〈문제〉의 조건과 같이 **인화알루미늄 58g의 10배의 양인 580g을 물과 반응시키면 포스핀 가스 또한 22.4L의 10배인 224L가 발생**한다.

≫≫정답 224L

필답형 13 [5점]

다음 물음에 답하시오.

(1) 간이저장탱크를 옥외에 설치하는 경우 탱크 주위에 너비 몇 m 이상의 공지를 두어야 하는지 쓰시오.

(2) 간이저장탱크를 옥내의 전용실 안에 설치하는 경우 탱크와 전용실의 벽과의 사이에 몇 m 이상의 간격을 유지하여야 하는지 쓰시오.

(3) 간이저장탱크의 두께는 몇 mm 이상의 강철판으로 제작하여야 하는지 쓰시오.

(4) 간이저장탱크의 용량은 몇 L 이하로 하는지 쓰시오.

(5) 간이저장탱크의 수압시험은 몇 kPa의 압력으로 10분간 실시하여 새거나 변형되지 아니하여야 하는지 쓰시오.

≫≫풀이 간이저장탱크의 설치기준

(1) 탱크를 옥외에 설치하는 경우 : **탱크 주위에 1m 이상의 공지를 둘** 것

(2) 탱크를 옥내의 전용실 안에 설치하는 경우 : **탱크와 전용실의 벽과의 사이에 0.5m 이상의 간격을 유지할** 것

(3) 탱크의 두께 : **3.2mm 이상의 강철판**으로 제작할 것

(4) 탱크의 용량 : **600L 이하**로 할 것

(5) 탱크의 수압시험 : **70kPa의 압력**으로 10분간 실시하여 새거나 변형되지 아니할 것

> **Check ≫≫**
>
> 간이저장탱크의 또 다른 기준
> 1. 하나의 간이탱크저장소에 설치할 수 있는 간이저장탱크의 수는 3개 이하이며, 이 경우 동일한 품질의 위험물의 간이저장탱크를 2개 이상 설치하지 않는다.
> 2. 밸브 없는 통기관의 기준
>   ① 통기관의 지름 : 25mm 이상
>   ② 통기관의 선단
>   ㉠ 지상 1.5m 이상의 높이에 설치할 것
>   ㉡ 수평면보다 45° 이상 구부릴 것(빗물 등의 침투 방지)
>   ㉢ 인화점이 38℃ 미만인 위험물만을 저장, 취급하는 탱크의 통기관에는 화염방지장치를 설치하고, 인화점이 38℃ 이상 70℃ 미만인 위험물을 저장, 취급하는 탱크의 통기관에는 40mesh 이상인 구리망으로 된 인화방지장치를 설치할 것

≫≫정답 (1) 1m   (2) 0.5m   (3) 3.2mm   (4) 600L   (5) 70kPa

필답형 14 [5점]

다음 〈보기〉 중 물과 반응 시 가연성 가스를 발생시키는 물질을 2가지만 골라 그 물질과 물과의 반응식을 쓰시오.

과산화나트륨, 칼슘, 나트륨, 황린, 염소산칼륨, 인화칼슘

≫≫풀이 ① 과산화나트륨(Na_2O_2) : 제1류 위험물로서 품명은 무기과산화물(알칼리금속의 과산화물)이며, 물과 반응 시 수산화나트륨(NaOH)과 산소(O_2)를 발생한다.
– 물과의 반응식 : $2Na_2O_2 + 2H_2O \rightarrow 4NaOH + O_2$
② **칼슘**(Ca) : 제3류 위험물로서 품명은 알칼리토금속이며, 물과 반응 시 수산화칼슘[$Ca(OH)_2$]과 **가연성 가스인 수소(H_2)를 발생**한다.
– 물과의 반응식 : $Ca + 2H_2O \rightarrow Ca(OH)_2 + H_2$
③ **나트륨**(Na) : 제3류 위험물로서 품명 또한 나트륨이며, 물과 반응 시 수산화나트륨(NaOH)과 **가연성 가스인 수소(H_2)를 발생**한다.
– 물과의 반응식 : $2Na + 2H_2O \rightarrow 2NaOH + H_2$
④ 황린(P_4) : 제3류 위험물로서 품명 또한 황린이며, 물에 보관하는 물질이므로 물과 반응하지 않는다.
⑤ 염소산칼륨($KClO_3$) : 제1류 위험물로서 품명은 염소산염류이며, 물과 반응하지 않는다.
⑥ **인화칼슘**(Ca_3P_2) : 제3류 위험물로서 품명은 금속의 인화물이며, 물과 반응 시 수산화칼슘[$Ca(OH)_2$]과 **가연성이면서 맹독성 가스인 포스핀**(PH_3)**을 발생**한다.
– 물과의 반응식 : $Ca_3P_2 + 6H_2O \rightarrow 3Ca(OH)_2 + 2PH_3$

≫≫정답 $Ca + 2H_2O \rightarrow Ca(OH)_2 + H_2$, $2Na + 2H_2O \rightarrow 2NaOH + H_2$, $Ca_3P_2 + 6H_2O \rightarrow 3Ca(OH)_2 + 2PH_3$ 중 2개

필답형 15 [5점]

다음 괄호 안에 들어갈 알맞은 말을 쓰시오.

제조소와 다른 작업장 사이에 보유공지를 두지 아니할 수 있게 하기 위해 방화상 유효한 격벽을 설치하는 기준은 다음과 같다.
(1) 방화벽은 (　　　)로 할 것(다만, 취급하는 위험물이 제6류 위험물인 경우에는 불연재료로 할 수 있다.)
(2) 방화벽에 설치하는 출입구 및 창 등의 개구부는 가능한 한 최소로 하고, 출입구 및 창에는 자동폐쇄식의 (　　　)을 설치할 것
(3) 방화벽의 양단 및 상단이 외벽 또는 지붕으로부터 (　　　) 이상 돌출하도록 할 것

≫≫풀이 제조소에 보유공지를 두지 않을 수 있는 경우
제조소는 최소 3m 이상의 보유공지를 확보해야 하는데 만일 제조소와 그 인접한 장소에 다른 작업장이 있고 그 작업장과 제조소 사이에 보유공지를 두게 되면 작업에 지장을 초래하는 경우가 발생할 수 있다.
이때 아래의 조건을 만족하는 방화상 유효한 격벽(방화벽)을 설치한 경우에는 제조소에 보유공지를 두지 않을 수 있다.
(1) 방화벽은 **내화구조**로 할 것(단, 제6류 위험물제조소라면 불연재료도 가능)
(2) 방화벽에 설치하는 출입구 및 창에는 자동폐쇄식의 **60분+방화문 또는 60분 방화문**을 설치할 것
(3) 방화벽의 양단 및 상단이 외벽 또는 지붕으로부터 **50cm** 이상 돌출할 것

≫≫정답 (1) 내화구조　　(2) 60분+방화문 또는 60분 방화문　　(3) 50cm

필답형 16 [5점]

다음 중 수용성 물질을 모두 고르시오.

사이안화수소, 피리딘, 클로로벤젠, 글리세린, 하이드라진

≫≫풀이

물질명	품 명	수용성 여부	지정수량
사이안화수소(HCN)	제1석유류	**수용성**	400L
피리딘(C_5H_5N)	제1석유류	**수용성**	400L
클로로벤젠(C_6H_5Cl)	제2석유류	비수용성	1,000L
글리세린[$C_3H_5(OH)_3$]	제3석유류	**수용성**	4,000L
하이드라진(N_2H_4)	제2석유류	**수용성**	2,000L

≫≫정답 사이안화수소, 피리딘, 글리세린, 하이드라진

필답형 17 [5점]

다음의 양을 취급하는 제조소에 설치하는 자체소방대의 화학소방자동차 대수와 소방대원 수는 각각 얼마 이상으로 해야 하는지 쓰시오.

(1) 지정수량의 12만배 미만
　① 화학소방자동차 대수
　② 소방대원 수
(2) 지정수량의 48만배 이상
　① 화학소방자동차 대수
　② 소방대원 수

≫≫풀이 자체소방대는 ㉠ 제4류 위험물을 지정수량의 3천배 이상으로 저장ㆍ취급하는 제조소 또는 일반취급소, ㉡ 제4류 위험물을 지정수량의 50배 이상 저장하는 옥외탱크저장소에 설치하며, 자체소방대에 두는 화학소방자동차 및 자체소방대원의 수는 다음과 같다.

사업소의 구분	화학소방 자동차의 수	자체소방 대원의 수
지정수량의 3천배 이상 12만배 미만으로 취급하는 제조소 또는 일반취급소	1대 이상	5명 이상
지정수량의 12만배 이상 24만배 미만으로 취급하는 제조소 또는 일반취급소	2대 이상	10명 이상
지정수량의 24만배 이상 48만배 미만으로 취급하는 제조소 또는 일반취급소	3대 이상	15명 이상
지정수량의 48만배 이상으로 취급하는 제조소 또는 일반취급소	4대 이상	20명 이상
지정수량의 50만배 이상으로 저장하는 옥외탱크저장소	2대 이상	10명 이상

≫≫정답 (1) ① 1대 이상, ② 5명 이상
(2) ① 4대 이상, ② 20명 이상

필답형 18 [5점]

위험물의 운반에 관한 기준에서 다음 위험물과 혼재할 수 있는 유별을 모두 쓰시오. (단, 지정수량의 1/10을 초과하는 위험물을 운반하는 경우이다.)

(1) 제2류
(2) 제3류
(3) 제4류

〉〉〉풀이 다음의 [표]에서 알 수 있듯이 위험물의 운반에 관한 혼재기준에 따라 위험물끼리 혼재할 수 있는 유별은 다음과 같다.

① 제1류 : 제6류 위험물
② **제2류 : 제4류, 제5류** 위험물
③ **제3류 : 제4류** 위험물
④ **제4류 : 제2류, 제3류, 제5류** 위험물
⑤ 제5류 : 제2류, 제4류 위험물
⑥ 제6류 : 제1류 위험물

위험물의 구분	제1류	제2류	제3류	제4류	제5류	제6류
제1류		×	×	×	×	○
제2류	×		×	○	○	×
제3류	×	×		○	×	×
제4류	×	○	○		○	×
제5류	×	○	×	○		×
제6류	○	×	×	×	×	

※ 이 표는 지정수량의 1/10 이하의 위험물에 대하여는 적용하지 아니한다.

💡 Tip

위험물의 운반에 관한 혼재기준 [표]를 그리는 방법은 423, 524, 61의 숫자 조합으로 다음과 같이 만듭니다.
1) 가로줄의 제4류를 기준으로 아래로 제2류와 제3류에 "○"를 표시합니다.
2) 가로줄의 제5류를 기준으로 아래로 제2류와 제4류에 "○"를 표시합니다.
3) 가로줄의 제6류를 기준으로 아래로 제1류에 "○"를 표시합니다.
4) 세로줄의 제4류를 기준으로 오른쪽으로 제2류와 제3류에 "○"를 표시합니다.
5) 세로줄의 제5류를 기준으로 오른쪽으로 제2류와 제4류에 "○"를 표시합니다.
6) 세로줄의 제6류를 기준으로 오른쪽으로 제1류에 "○"를 표시합니다.

Check 〉〉〉

위험물의 저장에 관한 혼재기준
옥내저장소 또는 옥외저장소에서 서로 다른 유별끼리는 함께 저장할 수 없지만, 다음의 위험물을 유별로 정리하여 서로 1m 이상의 간격을 두는 경우에는 함께 저장할 수 있다.
1. 제1류 위험물(알칼리금속의 과산화물 제외)과 제5류 위험물
2. 제1류 위험물과 제6류 위험물
3. 제1류 위험물과 제3류 위험물 중 자연발화성 물질(황린)
4. 제2류 위험물 중 인화성 고체와 제4류 위험물
5. 제3류 위험물 중 알킬알루미늄등과 제4류 위험물(알킬알루미늄 또는 알킬리튬을 함유한 것)
6. 제4류 위험물 중 유기과산화물과 제5류 위험물 중 유기과산화물

〉〉〉정답 (1) 제4류 위험물, 제5류 위험물
(2) 제4류 위험물
(3) 제2류 위험물, 제3류 위험물, 제5류 위험물

필답형 19 [5점]

다음 빈칸에 들어갈 소화설비의 종류를 쓰시오.

소화설비의 구분		대상물의 구분											
		건축물·그밖의공작물	전기설비	제1류 위험물		제2류 위험물			제3류 위험물		제4류위험물	제5류위험물	제6류위험물
				알칼리금속의과산화물등	그밖의것	철분·금속분·마그네슘등	인화성고체	그밖의것	금수성물품	그밖의것			
(①) 또는 (②)		○			○		○	○		○		○	○
스프링클러설비		○			○		○	○		○	△	○	○
물분무등소화설비	(③)	○	○		○		○	○		○	○	○	○
	(④)	○			○		○	○		○	○	○	○
	불활성가스소화설비		○				○				○		
	할로젠화합물소화설비		○				○				○		
	(⑤) 인산염류등	○	○		○		○	○			○		○
	탄산수소염류등		○	○		○	○		○		○		
	그 밖의 것				○			○		○			

▶▶▶ 풀이

① 옥내소화전설비 : 소화약제가 물이기 때문에 전기설비와 제4류 위험물에는 적응성이 없다.

② 옥외소화전설비 : 옥내소화전설비와 같은 적응을 갖는다.

③ 물분무소화설비 : 소화약제가 물이지만 분무하여 흩어뿌리기 때문에 전기설비와 제4류 위험물에 적응성이 있다.

④ 포소화설비 : 소화약제에 수분이 함유되어 있으므로 전기설비에는 적응성이 없지만 포소화약제 자체가 질식소화를 하므로 제4류 위험물에는 적응성이 있다.

⑤ 분말소화설비 : 소화약제에 수분이 함유되어 있지 않으므로 전기설비 및 제4류 위험물 뿐 아니라 탄산수소염류등의 경우에는 제1류(알칼리금속의 과산화물), 제2류(철분·금속분·마그네슘), 제3류(금수성 물질)에도 적응성이 있다.

💡 Tip

제1류(알칼리금속의 과산화물), 제2류(철분·금속분·마그네슘), 제3류(금수성 물질) 위험물은 분말소화설비 중 탄산수소염류등에만 적응성이 있다.

소화설비의 구분		대상물의 구분											
		건축물·그밖의공작물	전기설비	제1류 위험물		제2류 위험물			제3류 위험물		제4류위험물	제5류위험물	제6류위험물
				알칼리금속의과산화물등	그밖의것	철분·금속분·마그네슘등	인화성고체	그밖의것	금수성물품	그밖의것			
옥내소화전설비 또는 **옥외소화전설비**		○			○		○	○		○		○	○
스프링클러설비		○			○		○	○		○	△	○	○
물분무등소화설비	**물분무소화설비**	○	○		○		○	○		○	○	○	○
	포소화설비	○			○		○	○		○	○	○	○
	불활성가스소화설비		○				○				○		
	할로젠화합물소화설비		○				○				○		
	분말소화설비 인산염류등	○	○		○		○	○			○		○
	탄산수소염류등		○	○		○	○		○		○		
	그 밖의 것				○			○		○			

▶▶▶ 정답 ① 옥내소화전설비, ② 옥외소화전설비, ③ 물분무소화설비, ④ 포소화설비, ⑤ 분말소화설비

필답형 20 [5점]

아세트알데하이드에 대해 다음 물음에 답하시오.

(1) 시성식을 쓰시오.
(2) 에틸렌의 직접 산화반응식을 쓰시오.
(3) 다음의 옥외저장탱크에 저장하는 온도는 몇 ℃ 이하인지 쓰시오.
   ① 압력탱크 외의 탱크
   ② 압력탱크

≫ 풀이

(1) 아세트알데하이드는 시성식이 **CH₃CHO**이며, 제4류 위험물로서 품명은 특수인화물이고 지정수량은 50L이다.

(2) 아세트알데하이드는 에틸렌(C_2H_4)에 0.5몰의 산소(O_2), 즉 $0.5O_2$를 공급해 산화시켜 제조할 수 있으며, 에틸렌의 산화반응식은 다음과 같다.

   – 에틸렌의 산화반응식 : $C_2H_4 \xrightarrow{+0.5O_2} CH_3CHO$

(3) **옥외저장탱크**, 옥내저장탱크 또는 지하저장탱크에 저장하는 위험물의 저장온도
   ① **압력탱크 외의 탱크**에 저장하는 경우
      ㉠ **아세트알데하이드 : 15℃ 이하**
      ㉡ 산화프로필렌, 다이에틸에터 : 30℃ 이하
   ② **압력탱크**에 저장하는 경우
      – **아세트알데하이드**, 산화프로필렌, 다이에틸에터 : **40℃ 이하**

> ╭─ Check ≫ ─────────────────────────────╮
>
> 이동저장탱크에 저장하는 위험물의 저장온도
> 1. 보냉장치가 있는 탱크에 저장하는 경우
>   – 아세트알데하이드, 산화프로필렌, 다이에틸에터 : 비점 이하
> 2. 보냉장치가 없는 탱크에 저장하는 경우
>   – 아세트알데하이드, 산화프로필렌, 다이에틸에터 : 40℃ 이하

≫ 정답

(1) CH_3CHO

(2) $C_2H_4 \xrightarrow{+0.5O_2} CH_3CHO$

(3) ① 15℃, ② 40℃

2021 제1회 위험물산업기사 실기

2021년 4월 24일 시행

※ 필답형＋작업형으로 치러지던 기존 시험에서는 각 문항별 배점이 상이하였으나,
필답형(20문제) 시험만 보는 2020년 1회부터는 각 문항 배점이 모두 5점입니다!

 필/답/형 시험

필답형 01 [5점]

질산암모늄의 질소와 수소의 wt%를 구하시오.

(1) 질소
　① 계산과정　② 답
(2) 수소
　① 계산과정　② 답

 풀이 제1류 위험물인 질산암모늄(NH_4NO_3)의 분자량은 $14(N)+1(H)\times4+14(N)+16(O)\times3=80g$이고, 이 중 질소와 수소, 그리고 산소의 함유량(wt%)은 다음과 같으며, 3개의 성분의 합은 100wt%이다.

　(1) **질소**(N)는 2개 포함되어 있으므로 **함유량(wt%)** $=\dfrac{14\times2}{80}\times100=$**35wt%**

　(2) **수소**(H)는 4개 포함되어 있으므로 **함유량(wt%)** $=\dfrac{1\times4}{80}\times100=$**5wt%**

　(3) 산소(O)는 3개 포함되어 있으므로 함유량(wt%) $=\dfrac{16\times3}{80}\times100=$60wt%

정답 (1) ① $\dfrac{14\times2}{80}\times100$, ② 35wt%　(2) ① $\dfrac{1\times4}{80}\times100$, ② 5wt%

필답형 02 [5점]

과산화수소가 이산화망가니즈 촉매하에서 햇빛에 의해 분해되는 반응에 대해 다음 물음에 답하시오.

(1) 과산화수소의 분해반응식을 쓰시오.
(2) 분해 시 발생하는 기체의 명칭을 쓰시오.

풀이 과산화수소(H_2O_2)는 농도가 36중량% 이상인 것이 제6류 위험물이며, 이산화망가니즈(MnO_2)라는 정촉매하에서 햇빛에 의해 분해되어 물(H_2O)과 **산소**(O_2)**를 발생**한다.

　－ 분해반응식 : $2H_2O_2 \xrightarrow{MnO_2} 2H_2O + O_2$

💡Tip
정촉매의 표시를 다음과 같이 나타내어도 됩니다.
과산화수소의 분해반응식
－ $2H_2O_2 + MnO_2 \rightarrow 2H_2O + O_2 + MnO_2$

정답 (1) $2H_2O_2 \xrightarrow{MnO_2} 2H_2O + O_2$　(2) 산소

필답형 03 [5점]

다음은 제4류 위험물의 지정수량을 나타낸 것이다. 옳은 것을 〈보기〉에서 골라 그 번호를 쓰시오. (단, 없으면 "없음"이라고 쓰시오.)

① 테레핀유 - 2,000L   ② 실린더유 - 6,000L   ③ 아닐린 - 2,000L
④ 피리딘 - 400L   ⑤ 산화프로필렌 - 200L

≫≫ 풀이

물질명	품 명	수용성의 여부	지정수량
테레핀유	제2석유류	비수용성	1,000L
실린더유	제4석유류	비수용성	**6,000L**
아닐린	제3석유류	비수용성	**2,000L**
피리딘	제1석유류	수용성	**400L**
산화프로필렌	특수인화물	수용성	50L

≫≫ 정답 ②, ③, ④

필답형 04 [5점]

아래의 도표에 대해 다음 물음에 답하시오.

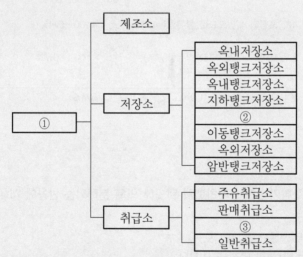

(1) 제조소, 저장소, 취급소를 포괄하는 ①의 위험물안전관리법령상 명칭을 쓰시오.
(2) ②의 명칭을 쓰시오.
(3) ③의 명칭을 쓰시오.
(4) 안전관리자를 선임할 필요 없는 저장소의 종류를 모두 쓰시오. (단, 없으면 "없음"이라 쓰시오.)
(5) 이동저장탱크에 액체위험물을 주입하는 일반취급소로서 액체위험물을 용기에 옮겨 담는 취급소를 포함하는 일반취급소의 명칭을 쓰시오.

풀이 (1) 위험물안전관리법에서는 제조소, 저장소, 취급소를 묶어 **제조소등**이라 한다.

(2) 저장소의 종류

옥내저장소	옥내에 위험물을 저장하는 장소
옥외탱크저장소	옥외에 있는 탱크에 위험물을 저장하는 장소
옥내탱크저장소	옥내에 있는 탱크에 위험물을 저장하는 장소
지하탱크저장소	지하에 매설한 탱크에 위험물을 저장하는 장소
간이탱크저장소	간이탱크에 위험물을 저장하는 장소
이동탱크저장소	차량에 고정된 탱크에 위험물을 저장하는 장소
옥외저장소	옥외에 위험물을 저장하는 장소
암반탱크저장소	암반 내의 공간을 이용한 탱크에 액체위험물을 저장하는 장소

(3) 취급소의 종류

주유취급소	고정주유설비에 의하여 자동차, 항공기 또는 선박 등에 직접 연료를 주유하기 위하여 위험물을 취급하는 장소
판매취급소	점포에서 위험물을 용기에 담아 판매하기 위하여 지정수량의 40배 이하의 위험물을 취급하는 장소(페인트점 또는 화공약품점)
이송취급소	배관 및 이에 부속된 설비에 의하여 위험물을 이송하는 장소
일반취급소	주유취급소, 판매취급소, 이송취급소 외의 위험물을 취급하는 장소

톡톡 튀는 암기법 이주일판매(이번 주 일요일에 판매합니다.)

(4) 제조소등의 관계인은 위험물의 안전관리에 관한 직무를 수행하게 하기 위하여 제조소등마다 위험물의 취급에 관한 자격이 있는 자를 위험물안전관리자로 선임하여야 하지만 **이동탱크저장소의 경우는 제외**한다.

(5) **충전하는 일반취급소**는 이동저장탱크에 액체위험물(알킬알루미늄등, 아세트알데하이드등 및 하이드록실아민등을 제외)을 주입하는 일반취급소로서 액체위험물을 용기에 옮겨 담는 취급소를 포함한다.

정답 (1) 제조소등   (2) 간이탱크저장소   (3) 이송취급소   (4) 이동탱크저장소   (5) 충전하는 일반취급소

필답형 05 [5점]

다음 괄호 안에 알맞은 내용을 채우시오.

위험물안전관리법령상 알코올류는 탄소의 수가 1개부터 (①)개까지인 포화1가 알코올(변성알코올 포함)을 말한다. 다만, 다음의 하나에 해당하는 것은 제외한다.
(1) 1분자를 구성하는 탄소원자의 수가 1개 내지 3개의 포화1가 알코올의 함유량이 (②)중량% 미만인 수용액
(2) 가연성 액체량이 (③)중량% 미만이고 인화점 및 연소점이 에틸알코올 60중량%인 수용액의 인화점 및 연소점을 초과하는 것

풀이 위험물안전관리법상 알코올류는 탄소의 수가 1개부터 **3개**까지인 포화1가 알코올(변성알코올 포함)을 말한다. 다만, 다음의 하나에 해당하는 것은 제외한다.
(1) 1분자를 구성하는 탄소원자의 수가 1개 내지 3개의 포화1가 알코올의 함유량이 **60중량%** 미만인 수용액
(2) 가연성 액체량이 **60중량%** 미만이고 인화점 및 연소점이 에틸알코올 60중량%인 수용액의 인화점 및 연소점을 초과하는 것

정답 ① 3, ② 60, ③ 60

필답형 06 [5점]

다음 제2류 위험물의 정의를 쓰시오.

(1) 인화성 고체
(2) 철분

>>>풀이 (1) **인화성 고체**란 **고형알코올, 그 밖의 1기압에서 인화점이 40℃ 미만인 고체**를 말한다.
(2) **철분**이란 **철의 분말로서 53마이크로미터의 표준체를 통과하는 것이 50중량% 미만인 것은 제외**한다.

>
> 그 밖의 제2류 위험물
> 1. 황 : 순도가 60중량% 이상인 것을 말한다. 이 경우, 순도 측정에 있어서 불순물은 활석 등 불연성
>   물질과 수분에 한한다.
> 2. 마그네슘 : 다음 중 하나에 해당하는 것은 제외한다.
>   – 2밀리미터의 체를 통과하지 않는 덩어리상태의 것
>   – 직경 2밀리미터 이상의 막대모양의 것
> 3. 금속분 : 알칼리금속 · 알칼리토금속 · 철 및 마그네슘 외의 금속분말을 말하고, 구리분 · 니켈분 및
>   150마이크로미터의 체를 통과하는 것이 50중량% 미만인 것은 제외한다.

>>>정답 (1) 고형알코올, 그 밖의 1기압에서 인화점이 40℃ 미만인 고체
(2) 철의 분말로서 53마이크로미터의 표준체를 통과하는 것이 50중량% 미만인 것은 제외

필답형 07 [5점]

마그네슘에 대해 다음 물음에 답하시오.

(1) 이산화탄소와의 반응식을 쓰시오.
(2) 마그네슘의 화재는 이산화탄소소화기로 소화할 수 없는데 그 이유를 쓰시오.

>>>풀이 마그네슘(Mg)은 이산화탄소와 반응 시 산화마그네슘(MgO)과 **탄소(C) 또는 일산화탄소(CO)를 발생**하며, **이때 발생하는 탄소는 공기 중에서 폭발**할 위험이 있으므로 마그네슘의 화재는 이산화탄소소화기로 소화할 수 없다.
– 마그네슘과 이산화탄소와의 반응식 : $2Mg + CO_2 \rightarrow 2MgO + C$, $Mg + CO_2 \rightarrow MgO + CO$

>
> 마그네슘의 그 밖의 반응
> 1. 물과 반응 시 수산화마그네슘[$Mg(OH)_2$]과 수소를 발생한다.
>   – 물과의 반응식 : $Mg + 2H_2O \rightarrow Mg(OH)_2 + H_2$
> 2. 연소 시 산화마그네슘(MgO)을 발생한다.
>   – 연소반응식 : $2Mg + O_2 \rightarrow 2MgO$
> 3. 황산(H_2SO_4)과 반응 시 황산마그네슘($MgSO_4$)과 수소를 발생한다.
>   – 황산과의 반응식 : $Mg + H_2SO_4 \rightarrow MgSO_4 + H_2$

>>>정답 (1) $2Mg + CO_2 \rightarrow 2MgO + C$, $Mg + CO_2 \rightarrow MgO + CO$
(2) 탄소가 발생하여 폭발할 위험이 있으므로

필답형 08 [5점]

다음 분말소화약제의 1차 열분해반응식을 쓰시오.

(1) 제1종 분말소화약제
(2) 제2종 분말소화약제

≫≫풀이 (1) **제1종 분말소화약제**의 주성분은 탄산수소나트륨($NaHCO_3$)이며, 각 온도에 따른 분해반응식은 다음과 같다.
  ① **1차 분해반응식**(270℃) : $2NaHCO_3 \longrightarrow Na_2CO_3 + CO_2 + H_2O$
  ② 2차 분해반응식(850℃) : $2NaHCO_3 \longrightarrow Na_2O + 2CO_2 + H_2O$

(2) **제2종 분말소화약제**의 주성분은 탄산수소칼륨($KHCO_3$)이며, 각 온도에 따른 분해반응식은 다음과 같다.
  ① **1차 분해반응식**(190℃) : $2KHCO_3 \longrightarrow K_2CO_3 + CO_2 + H_2O$
  ② 2차 분해반응식(890℃) : $2KHCO_3 \longrightarrow K_2O + 2CO_2 + H_2O$

> **Check ≫≫**
>
> **제3종 분말소화약제의 분해반응식**
>
> 제3종 분말소화약제인 인산암모늄($NH_4H_2PO_4$)은 190℃에서 열분해하면 오르토인산(H_3PO_4)과 암모니아(NH_3)를 발생하고 여기서 생긴 오르토인산은 215℃에서 다시 열분해하여 피로인산($H_4P_2O_7$)과 물을 발생하며 피로인산 또한 300℃에서 열분해하여 메타인산(HPO_3)과 물을 발생한다. 그리고 이들 분해반응식을 정리하여 나타내면 완전 분해반응식이 된다.
>
> 1. 1차 분해반응식(190℃) : $NH_4H_2PO_4 \longrightarrow H_3PO_4 + NH_3$
> 2. 2차 분해반응식(215℃) : $2H_3PO_4 \longrightarrow H_4P_2O_7 + H_2O$
> 3. 3차 분해반응식(300℃) : $H_4P_2O_7 \longrightarrow 2HPO_3 + H_2O$
> 4. 완전 분해반응식 : $NH_4H_2PO_4 \longrightarrow HPO_3 + NH_3 + H_2O$

≫≫정답 (1) $2NaHCO_3 \longrightarrow Na_2CO_3 + CO_2 + H_2O$
(2) $2KHCO_3 \longrightarrow K_2CO_3 + CO_2 + H_2O$

필답형 09 [5점]

제3류 위험물 중 지정수량이 300kg인 위험물의 품명 3가지를 쓰시오.

≫≫풀이 제3류 위험물의 품명, 지정수량 및 위험등급

품 명	지정수량	위험등급
칼륨	10kg	I
나트륨	10kg	I
알킬알루미늄	10kg	I
알킬리튬	10kg	I
황린	20kg	I
알칼리금속(칼륨 및 나트륨 제외) 및 알칼리토금속	50kg	II
유기금속화합물(알킬알루미늄 및 알킬리튬 제외)	50kg	II
금속의 수소화물	300kg	III
금속의 인화물	300kg	III
칼슘 또는 알루미늄의 탄화물	300kg	III
염소화규소화합물	300kg	III

≫≫정답 금속의 수소화물, 금속의 인화물, 칼슘 또는 알루미늄의 탄화물, 염소화규소화합물 중 3개

필답형 10 [5점]

탄화칼슘에 대해 다음 물음에 답하시오.

(1) 물과의 반응식을 쓰시오.
(2) 물과의 반응으로 발생하는 기체의 연소반응식을 쓰시오.

>>> **풀이** 탄화칼슘(CaC_2)은 제3류 위험물로서 품명은 칼슘 또는 알루미늄의 탄화물이며, 지정수량은 300kg이다.

(1) 탄화칼슘은 물과 반응 시 수산화칼슘[$Ca(OH)_2$]과 연소범위가 2.5~81%인 아세틸렌(C_2H_2)가스를 발생한다.
　　– 물과의 반응식 : $CaC_2 + 2H_2O \longrightarrow Ca(OH)_2 + C_2H_2$

(2) 아세틸렌가스를 연소시키면 이산화탄소(CO_2)와 물(H_2O)이 발생한다.
　　– 아세틸렌의 연소반응식 : $2C_2H_2 + 5O_2 \longrightarrow 4CO_2 + 2H_2O$

>
> 동일한 품명에 속하는 탄화알루미늄의 물과의 반응
> 탄화알루미늄(Al_4C_3)은 물과 반응 시 수산화알루미늄[$Al(OH)_3$]과 메테인(CH_4)가스를 발생한다.
> – 물과의 반응식 : $Al_4C_3 + 12H_2O \longrightarrow 4Al(OH)_3 + 3CH_4$

>>> **정답** (1) $CaC_2 + 2H_2O \longrightarrow Ca(OH)_2 + C_2H_2$
　　　(2) $2C_2H_2 + 5O_2 \longrightarrow 4CO_2 + 2H_2O$

필답형 11 [5점]

다음 원통형 세로형 탱크의 내용적을 구하시오.

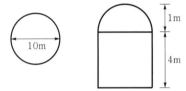

(1) 계산과정
(2) 답

>>> **풀이** 원통형 세로형 탱크의 내용적(V)을 구하는 공식은 다음과 같다.

$V = \pi r^2 l$

〈문제〉의 탱크는 지름이 10m이므로 반지름(r)은 5m이고, 높이(l)는 탱크의 지붕을 제외한 높이로서 4m이므로 이 세로형 탱크의 내용적은 다음과 같이 구할 수 있다.

$V = \pi \times 5^2 \times 4$
$= 314.1592654 m^3$
$= 314.16 m^3$

> **Tip**
>
> 〈문제〉에서 내용적의 단위를 별도로 제시하지 않았으므로 m^3 또는 L 중 어느 것으로 해도 상관없습니다.
> ∴ $1m^3 = 1,000L$이므로 314.16m^3 대신 314,159.27L로 써도 정답으로 인정됩니다.

>>> **정답** (1) $\pi \times 5^2 \times 4$
　　　(2) 314.16m^3 또는 314,159.27L 중 1개

필답형 12 [5점]

다음 위험물의 운반용기 외부에 표시해야 하는 주의사항을 쓰시오.

(1) 황린
(2) 인화성 고체
(3) 과산화나트륨

▶▶▶풀이
(1) **황린**(P_4)은 제3류 위험물 중 자연발화성 물질로서 운반용기 외부에 표시하는 주의사항은 **화기엄금, 공기접촉엄금**이다.
(2) **인화성 고체**는 제2류 위험물로서 운반용기 외부에 표시하는 주의사항은 **화기엄금**이다.
(3) **과산화나트륨**(Na_2O_2)은 제1류 위험물 중 알칼리금속의 과산화물로서 운반용기 외부에 표시하는 주의사항은 **화기ㆍ충격주의, 가연물접촉주의, 물기엄금**이다.

Check ▶▶▶

유 별	품 명	제조소등에 설치하는 주의사항	운반용기 외부에 표시하는 주의사항
제1류 위험물	**알칼리금속의 과산화물**	물기엄금 (청색바탕, 백색문자)	**화기ㆍ충격주의, 가연물접촉주의, 물기엄금**
	그 밖의 것	필요 없음	화기ㆍ충격주의, 가연물접촉주의
제2류 위험물	철분, 금속분, 마그네슘	화기주의 (적색바탕, 백색문자)	화기주의, 물기엄금
	인화성 고체	화기엄금 (적색바탕, 백색문자)	**화기엄금**
	그 밖의 것	화기주의 (적색바탕, 백색문자)	화기주의
제3류 위험물	금수성 물질	물기엄금 (청색바탕, 백색문자)	물기엄금
	자연발화성 물질	화기엄금 (적색바탕, 백색문자)	**화기엄금, 공기접촉엄금**
제4류 위험물	인화성 액체	화기엄금 (적색바탕, 백색문자)	화기엄금
제5류 위험물	자기반응성 물질	화기엄금 (적색바탕, 백색문자)	화기엄금, 충격주의
제6류 위험물	산화성 액체	필요 없음	가연물접촉주의

▶▶▶정답
(1) 화기엄금, 공기접촉엄금
(2) 화기엄금
(3) 화기ㆍ충격주의, 가연물접촉주의, 물기엄금

필답형 13   [5점]

다음은 제조소에 설치하는 배출설비에 관한 내용이다. 괄호 안에 들어갈 알맞은 말을 쓰시오.

(1) 국소방식은 1시간당 배출장소 용적의 (①)배 이상인 것으로 하여야 한다. 다만, 전역방식의 경우 바닥면적 $1m^2$당 (②)m^3 이상으로 할 수 있다.

(2) 배출구는 지상 (①)m 이상으로서 연소의 우려가 없는 장소에 설치하고, (②)가 관통하는 벽부분의 바로 가까이에 화재 시 자동으로 폐쇄되는 (③)를 설치해야 한다.

≫≫풀이 (1) 배출설비의 배출능력

국소방식은 1시간당 배출장소 용적의 **20배** 이상인 것으로 하여야 한다. 다만, 전역방식의 경우에는 바닥면적 $1m^2$당 **18m^3** 이상으로 할 수 있다.

> Check ≫≫
>
> 배출설비는 국소방식으로 하여야 한다. 다만, 다음에 해당하는 경우에는 전역방식으로 할 수 있다.
> 1. 위험물취급설비가 배관이음 등으로만 된 경우
> 2. 건축물의 구조·작업장소의 분포 등의 조건에 의하여 전역방식이 유효한 경우

(2) 배출구의 기준

배출구는 지상 **2m** 이상으로서 연소의 우려가 없는 장소에 설치하고, **배출덕트**가 관통하는 벽부분의 바로 가까이에 화재 시 자동으로 폐쇄되는 **방화댐퍼**를 설치할 것

≫≫정답 (1) ① 20, ② 18
(2) ① 2, ② 배출덕트, ③ 방화댐퍼

필답형 14   [5점]

다음 괄호 안에 알맞은 말을 쓰시오.

지정과산화물 옥내저장소는 바닥면적 (①)m^2 이내마다 격벽으로 구획해야 하며, 격벽의 두께는 철근콘크리트조 또는 철골철근콘크리트조의 경우 (②)cm 이상, 보강콘크리트블록조의 경우 (③)cm 이상으로 하고, 창고 양측의 외벽으로부터 (④)m 이상, 창고 상부의 지붕으로부터 (⑤)cm 이상 돌출시켜야 한다.

≫≫풀이 제5류 위험물 중 품명이 유기과산화물이며 지정수량이 10kg인 것을 지정과산화물이라 하며, 지정과산화물을 저장하는 옥내저장소를 지정과산화물 옥내저장소라 한다.

지정과산화물 옥내저장소에 격벽을 설치하는 기준은 다음과 같다.
(1) 바닥면적 **150m^2 이내마다 격벽으로 구획**할 것
(2) 격벽의 두께
   ① 철근콘크리트조 또는 철골철근콘크리트조 : **30cm 이상**
   ② 보강콘크리트블록조 : **40cm 이상**
(3) 격벽의 돌출길이
   ① 저장창고 양측의 외벽으로부터 : **1m 이상**
   ② 저장창고 상부의 지붕으로부터 : **50cm 이상**

지정과산화물 옥내저장소의 또 다른 기준

1. 저장창고의 외벽 두께
   ① 철근콘크리트조 또는 철골철근콘크리트조 : 20cm 이상
   ② 보강콘크리트블록조 : 30cm 이상
2. 저장창고의 출입구에는 60분＋방화문 또는 60분 방화문을 설치할 것
3. 저장창고의 창
   ① 바닥으로부터 2m 이상 높이에 설치할 것
   ② 창 한 개의 면적은 0.4m² 이내로 할 것
   ③ 하나의 벽면에 부착된 모든 창의 면적의 합은 그 벽면 면적의 80분의 1 이내로 할 것
4. 저장창고의 지붕
   ① 중도리 또는 서까래의 간격은 30cm 이하로 할 것
   ② 지붕의 아래쪽 면에는 한 변의 길이가 45cm 이하의 환강·경량형강 등으로 된 강제의 격자를 설치할 것
   ③ 두께 5cm 이상, 너비 30cm 이상의 목재로 만든 받침대를 설치할 것
5. 저장창고의 담 또는 토제
   ① 담 또는 토제와 저장창고 외벽까지의 거리는 2m 이상으로 하되 지정과산화물 옥내저장소의 보유공지 너비의 5분의 1을 초과하지 않을 것
   ② 토제의 경사도는 60° 미만으로 할 것

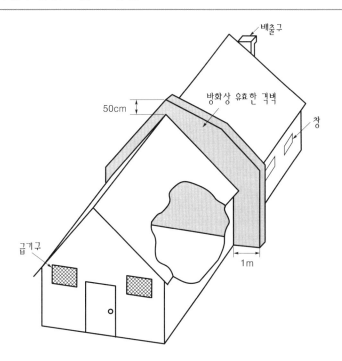

>>> 정답
① 150
② 30
③ 40
④ 1
⑤ 50

필답형 15 [5점]

다음 물음에 답하시오.

(1) 메탄올의 연소반응식을 쓰시오.
(2) 메탄올 1몰의 연소 시 발생하는 물질의 몰수를 쓰시오.

≫≫풀이 제4류 위험물 중 품명이 알코올류이고 지정수량이 400L인 메탄올(CH_3OH) 1몰을 연소시키면 이산화탄소 1몰과 물 2몰, **총 3몰의 물질이 발생**한다.

– 메탄올의 연소반응식 : $2CH_3OH + 3O_2 \rightarrow 2CO_2 + 4H_2O$

> **Check ≫≫**
>
> 메탄올(메틸알코올)의 또 다른 성질
>
> 1. 인화점 11℃, 발화점 464℃, 연소범위 7.3~36%, 비점 65℃로 물보다 가볍다.
> 2. 시신경 장애를 일으킬 수 있는 독성이 있으며 심하면 실명까지 가능하다.
> 3. 알코올류 중 탄소수가 가장 적으므로 수용성이 가장 크다.

≫≫정답 (1) $2CH_3OH + 3O_2 \rightarrow 2CO_2 + 4H_2O$
(2) 3몰

필답형 16 [5점]

다음 물음에 답하시오.

- 제4류 위험물 중 제1석유류에 속한다.
- 아이소프로필알코올을 산화시켜 제조한다.
- 아이오도폼반응을 한다.

(1) 〈보기〉에 해당하는 위험물의 명칭을 쓰시오.
(2) 아이오도폼의 화학식을 쓰시오.
(3) 아이오도폼의 색상을 쓰시오.

≫≫풀이 제4류 위험물 중 제1석유류에 속하는 **아세톤**(CH_3COCH_3)은 다음 반응식에서 알 수 있듯이 아이소프로필알코올[$(CH_3)_2CHOH$]이 수소(H_2)를 잃는 산화반응을 통해 생성된다. 또한 아세톤은 수산화나트륨(NaOH)과 아이오딘(I_2)을 반응시키면 **아이오도폼**(CHI_3)이라는 **황색 물질**을 생성하는 아이오도폼반응을 한다.

– 아이소프로필알코올의 산화반응식 : $(CH_3)_2CHOH \xrightarrow{-H_2} CH_3COCH_3$

> **Check ≫≫**
>
> 제4류 위험물 중 알코올류에 속하는 에틸알코올(C_2H_5OH)도 수산화나트륨과 아이오딘을 반응시키면 아이오도폼이라는 황색 물질을 생성하는 아이오도폼반응을 한다.

≫≫정답 (1) 아세톤
(2) CHI_3
(3) 황색

필답형 17 [5점]

이황화탄소 5kg이 모두 증기로 변했을 때 1기압, 50℃에서 이 증기의 부피는 얼마인지 구하시오.

(1) 계산과정   (2) 답

>>>풀이 이황화탄소(CS_2) 1mol의 분자량은 12(C)g + 32(S)g×2＝76g인데 〈문제〉는 이황화탄소 5kg, 즉 5,000g이 1기압, 50℃에서 모두 증기로 변하면 그 증기의 부피는 몇 L인지 구하는 것이므로 다음과 같이 이상기체상태방정식을 이용한다.

$$PV = \frac{w}{M}RT$$

여기서, P : 압력＝1기압
　　　　V : 부피＝V(L)
　　　　w : 질량＝5,000g
　　　　M : 분자량＝76g/mol
　　　　R : 이상기체상수＝0.082기압 · L/K · mol
　　　　T : 절대온도(273 + 실제온도)＝273 + 50K

Tip
〈문제〉에서 부피의 단위를 별도로 제시하지 않았으므로 부피의 단위를 L 또는 m^3 중 어느 것으로 해도 상관없습니다.
∴ 1,000L＝$1m^3$이므로 1,742.5L는 $1.74m^3$로 써도 정답으로 인정됩니다.

$$1 \times V = \frac{5,000}{76} \times 0.082 \times (273 + 50)$$

$$V = 1,742.5L$$

>>>정답 (1) $1 \times V = \frac{5,000}{76} \times 0.082 \times (273 + 50)$ (2) 1,742.5L 또는 $1.74m^3$ 중 하나

필답형 18 [5점]

다음 [표]는 자체소방대에 설치하는 화학소방자동차의 수와 자체소방대원의 수를 나타낸 것이다. 괄호 안에 들어갈 알맞은 수를 쓰시오.

지정수량의 배수	화학소방자동차의 수	자체소방대원의 수
12만배 미만	(①)대 이상	(②)명 이상
12만배 이상 24만배 미만	(③)대 이상	(④)명 이상
24만배 이상 48만배 미만	(⑤)대 이상	(⑥)명 이상
48만배 이상	(⑦)대 이상	(⑧)명 이상

>>>풀이 자체소방대는 ㉠ 제4류 위험물을 지정수량의 3천배 이상으로 저장 · 취급하는 제조소 또는 일반취급소, ㉡ 제4류 위험물을 지정수량의 50만배 이상 저장하는 옥외탱크저장소에 설치하며, 자체소방대에 두는 화학소방자동차 및 자체소방대원의 수는 다음과 같다.

사업소의 구분	화학소방자동차의 수	자체소방대원의 수
지정수량의 3천배 이상 12만배 미만으로 취급하는 제조소 또는 일반취급소	1대 이상	5명 이상
지정수량의 12만배 이상 24만배 미만으로 취급하는 제조소 또는 일반취급소	2대 이상	10명 이상
지정수량의 24만배 이상 48만배 미만으로 취급하는 제조소 또는 일반취급소	3대 이상	15명 이상
지정수량의 48만배 이상으로 취급하는 제조소 또는 일반취급소	4대 이상	20명 이상
지정수량의 50만배 이상으로 저장하는 옥외탱크저장소	2대 이상	10명 이상

>>>정답 ① 1, ② 5, ③ 2, ④ 10, ⑤ 3, ⑥ 15, ⑦ 4, ⑧ 20

필답형 **19**

[5점]

다음 〈보기〉 중 위험물안전관리법령상 소화난이도등급Ⅰ에 해당하는 옥외탱크저장소의 기준에 속하는 것의 번호를 쓰시오.

① 질산 60,000kg을 저장하는 옥외탱크저장소
② 과산화수소를 저장하는 액표면적이 40m² 이상인 옥외탱크저장소
③ 이황화탄소 500L를 저장하는 옥외탱크저장소
④ 휘발유 100,000L를 저장하는 해상탱크
⑤ 황 14,000kg을 저장하는 지중탱크

>>> 풀이 아래 check의 "소화난이도등급Ⅰ에 해당하는 옥외탱크저장소의 기준"의 내용에 위의 〈보기〉의 조건을 적용하면 다음과 같다.

① 저장하는 양에 상관없이 제6류 위험물인 질산을 저장하는 옥외탱크저장소는 소화난이도등급Ⅰ에 해당하지 않는다.
② 액표면적이 40m² 이상이지만 제6류 위험물인 과산화수소를 저장하는 옥외탱크저장소이므로 소화난이도등급Ⅰ에 해당하지 않는다.
③ 옥외탱크저장소의 소화난이도등급Ⅰ은 탱크 옆판의 상단까지 높이 또는 액표면적에 따라 구분되며, 제4류 위험물인 이황화탄소의 저장량만 가지고 판단할 수 있는 기준은 없다. 여기서 이황화탄소 500L를 저장하는 옥외탱크저장소는 이황화탄소의 저장량이 매우 적어 탱크 옆판의 상단까지 높이 또는 액표면적이 소화난이도등급Ⅰ의 기준에 미치지 못하므로 소화난이도등급Ⅰ에 해당하지 않는다는 취지로 해석할 수 있다.
④ 휘발유의 지정수량은 200L이므로 저장량 100,000L는 지정수량의 500배이고 이는 해상탱크로서 지정수량의 100배 이상의 위험물을 저장하는 옥외탱크저장소이므로 **소화난이도등급Ⅰ에 해당**한다.
⑤ 지중탱크는 해상탱크와 함께 특수액체위험물탱크로 분류되어 제2류 위험물인 황과 같은 고체위험물은 저장할 수 없다. 다만, 황을 녹여 액체상태로 저장하는 경우라고 가정하면 황의 지정수량은 100kg이므로 저장량 14,000kg은 지정수량의 140배이고 이는 지중탱크로서 지정수량의 100배 이상의 위험물을 저장하는 옥외탱크저장소이므로 **소화난이도등급Ⅰ에 해당**한다.

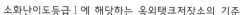

>
> **소화난이도등급Ⅰ에 해당하는 옥외탱크저장소의 기준**
>
> 1. 액표면적이 40m² 이상인 것(제6류 위험물을 저장하는 것 및 고인화점 위험물만을 100℃ 미만의 온도에서 저장하는 것은 제외)
> 2. 지반면으로부터 탱크 옆판의 상단까지의 높이가 6m 이상인 것(제6류 위험물을 저장하는 것 및 고인화점 위험물만을 100℃ 미만의 온도에서 저장하는 것은 제외)
> 3. 지중탱크 또는 해상탱크로서 지정수량의 100배 이상인 것(제6류 위험물을 저장하는 것 및 고인화점 위험물만을 100℃ 미만의 온도에서 저장하는 것은 제외)
> 4. 고체위험물을 저장하는 것으로서 지정수량의 100배 이상인 것

>>> 정답 ④, ⑤

필답형 20 [5점]

다음 괄호 안에 들어갈 알맞은 말을 쓰시오.

(1) (A)등을 취급하는 제조소의 설비의 기준
  ① 누설범위를 국한하기 위한 설비와 누설된 (A)등을 안전한 장소에 설치된 저장실에 유입시킬 수 있는 설비를 갖추어야 한다.
  ② 불활성기체 봉입장치를 갖추어야 한다.

(2) (B)등을 취급하는 제조소의 설비의 기준
  ① 은, 수은, 구리(동), 마그네슘을 성분으로 하는 합금으로 만들지 아니한다.
  ② 연소성 혼합기체의 폭발을 방지하기 위한 불활성 기체 또는 수증기 봉입장치를 갖추어야 한다.

(3) (C)등을 취급하는 제조소의 설비의 기준
  ① (C)등을 취급하는 설비에는 온도 및 농도의 상승에 따른 위험한 반응을 방지하기 위한 조치를 강구한다.
  ② 철이온 등의 혼입에 따른 위험한 반응을 방지하기 위한 조치를 강구한다.

≫≫풀이 **위험물의 성질에 따른 각종 제조소의 특례**
  (1) **알킬알루미늄등**(알킬알루미늄, 알킬리튬)을 취급하는 제조소의 설비의 기준
    ① 불활성 기체 봉입장치를 갖추어야 한다.
    ② 누설범위를 국한하기 위한 설비를 갖추어야 한다.
    ③ 누설된 **알킬알루미늄**등을 안전한 장소에 설치된 저장실에 유입시킬 수 있는 설비를 갖추어야 한다.
  (2) **아세트알데하이드등**(아세트알데하이드, 산화프로필렌)을 취급하는 제조소의 설비의 기준
    ① 은, 수은, 구리(동), 마그네슘을 성분으로 하는 합금으로 만들지 아니한다.
    ② 연소성 혼합기체의 폭발을 방지하기 위한 불활성 기체 또는 수증기 봉입장치를 갖추어야 한다.
    ③ 아세트알데하이드등을 저장하는 탱크에는 냉각장치 또는 보냉장치 및 불활성 기체 봉입장치를 갖추어야 한다.
  (3) **하이드록실아민등**(하이드록실아민, 하이드록실아민염류)을 취급하는 제조소의 설비의 기준
    ① **하이드록실아민등**을 취급하는 설비에는 온도 및 농도의 상승에 따른 위험한 반응을 방지하기 위한 조치를 강구한다.
    ② 철이온 등의 혼입에 따른 위험한 반응을 방지하기 위한 조치를 강구한다.

≫≫정답 A. 알킬알루미늄
  B. 아세트알데하이드
  C. 하이드록실아민

2021 제2회 위험물산업기사 실기

2021년 7월 10일 시행

※ 필답형＋작업형으로 치러지던 기존 시험에서는 각 문항별 배점이 상이하였으나,
필답형(20문제) 시험만 보는 2020년 1회부터는 각 문항 배점이 모두 5점입니다!

 필/답/형 시험

필답형 01
[5점]

다음 〈표〉는 제4류 위험물의 옥외탱크저장소의 보유공지를 나타낸 것이다. 괄호 안에 알맞은 말을 쓰시오.

지정수량의 배수	보유공지
지정수량의 500배 이하	(①)m 이상
지정수량의 500배 초과 1,000배 이하	(②)m 이상
지정수량의 1,000배 초과 2,000배 이하	(③)m 이상
지정수량의 2,000배 초과 3,000배 이하	(④)m 이상
지정수량의 3,000배 초과 4,000배 이하	(⑤)m 이상

≫≫풀이 옥외탱크저장소의 보유공지

(1) 제6류 위험물 외의 위험물을 저장하는 경우

지정수량의 배수	보유공지
지정수량의 500배 이하	3m 이상
지정수량의 500배 초과 1,000배 이하	5m 이상
지정수량의 1,000배 초과 2,000배 이하	9m 이상
지정수량의 2,000배 초과 3,000배 이하	12m 이상
지정수량의 3,000배 초과 4,000배 이하	15m 이상
지정수량의 4,000배 초과	탱크의 지름과 높이 중 큰 것 이상으로 하되 최소 15m 이상 최대 30m 이하로 한다.

(2) 제6류 위험물을 저장하는 경우 : 위 [표]의 옥외저장탱크의 보유공지 너비의 1/3 이상(최소 1.5m 이상)

Check ≫≫

동일한 방유제 안에 있는 2개 이상의 탱크 상호간 거리

1. 제6류 위험물 외의 위험물을 저장하는 경우 : 옥외탱크저장소의 보유공지 너비의 1/3 이상(최소 3m 이상)
2. 제6류 위험물을 저장하는 경우 : 제6류 위험물 옥외탱크저장소의 보유공지 너비의 1/3 이상(최소 1.5m 이상)

≫≫정답 ① 3m ② 5m ③ 9m ④ 12m ⑤ 15m

필답형 02 [5점]

다음 물질의 완전연소반응식을 쓰시오.

(1) P_2S_5 (2) Al분 (3) Mg

>>>풀이

(1) 오황화인(P_2S_5)은 제2류 위험물로서 품명은 황화인이고, 지정수량은 100kg이며, 연소 시 오산화인(P_2O_5)과 이산화황(SO_2)을 발생한다.
- 연소반응식 : $2P_2S_5 + 15O_2 \rightarrow 2P_2O_5 + 10SO_2$

(2) 알루미늄(Al)분은 제2류 위험물로서 품명은 금속분이고, 지정수량은 500kg이며, 연소 시 산화알루미늄(Al_2O_3)을 발생한다.
- 연소반응식 : $4Al + 3O_2 \rightarrow 2Al_2O_3$

(3) 마그네슘(Mg)은 제2류 위험물로서 품명도 마그네슘이고, 지정수량은 500kg이며, 연소 시 산화마그네슘(MgO)을 발생한다.
- 연소반응식 : $2Mg + O_2 \rightarrow 2MgO$

> **Check >>>**
>
> 오황화인, 알루미늄분, 마그네슘의 물과의 반응
> 1. 오황화인은 물과 반응 시 황화수소(H_2S)와 인산(H_3PO_4)을 발생한다.
>   - 오황화인의 물과의 반응식 : $P_2S_5 + 8H_2O \rightarrow 5H_2S + 2H_3PO_4$
> 2. 알루미늄분은 물과 반응 시 수산화알루미늄[Al(OH)$_3$]과 수소(H_2)를 발생한다.
>   - 알루미늄분의 물과의 반응식 : $2Al + 6H_2O \rightarrow 2Al(OH)_3 + 3H_2$
> 3. 마그네슘은 물과 반응 시 수산화마그네슘[Mg(OH)$_2$]과 수소(H_2)를 발생한다.
>   - 마그네슘의 물과의 반응식 : $Mg + 2H_2O \rightarrow Mg(OH)_2 + H_2$

>>>정답 (1) $2P_2S_5 + 15O_2 \rightarrow 2P_2O_5 + 10SO_2$ (2) $4Al + 3O_2 \rightarrow 2Al_2O_3$ (3) $2Mg + O_2 \rightarrow 2MgO$

필답형 03 [5점]

메탄올 320g을 산화시키면 폼알데하이드와 물이 발생한다. 이 반응에서 발생하는 폼알데하이드의 g수를 구하시오.

(1) 풀이과정 (2) 답

>>>풀이

메탄올(CH_3OH)을 0.5몰의 산소(O_2)로 산화시키면 다음과 같이 폼알데하이드(HCHO)와 물(H_2O)이 발생한다.
- 메탄올의 산화반응식 : $CH_3OH \xrightarrow{+0.5O_2} HCHO + H_2O$

메탄올의 분자량은 12(C)+1(H)×4+16(O)=32g이고, 폼알데하이드의 분자량은 1(H)×2+12(C)+16(O)=30g이다. 아래의 반응식에서 알 수 있듯이 메탄올 32g을 산화시키면 폼알데하이드는 30g이 발생하는데 〈문제〉의 조건은 메탄올 320g을 산화시키면 폼알데하이드는 몇 g 발생하는지를 묻는 것이므로 다음의 비례식을 이용해 풀 수 있다.

$CH_3OH \rightarrow HCHO + H_2O$

32g ⟍ 30g
320g ⟋ x(g)

$32 \times x = 320 \times 30$, $x = 300g$

>>>정답 (1) $32 \times x = 320 \times 30$ (2) 300g

필답형 04 [5점]

제조소에 설치하는 옥내소화전에 대해 다음 물음에 답하시오.

(1) 수원의 양은 옥내소화전(옥내소화전이 가장 많이 설치된 층의 소화전 개수가 5개 이상이면 5개)의 개수에 몇 m³를 곱한 양 이상으로 해야 하는지 쓰시오.

(2) 당해 층의 모든 옥내소화전(옥내소화전이 가장 많이 설치된 층의 소화전 개수가 5개 이상이면 5개)을 동시에 사용할 경우 각 노즐선단의 방수압력은 몇 kPa 이상으로 해야 하는지 쓰시오.

(3) 당해 층의 모든 옥내소화전(옥내소화전이 가장 많이 설치된 층의 소화전 개수가 5개 이상이면 5개)을 동시에 사용할 경우 각 노즐선단의 방수량은 몇 L/min 이상으로 해야 하는지 쓰시오.

(4) 당해 층의 각 부분에서 하나의 호스접속구까지의 수평거리는 몇 m 이하로 해야 하는지 쓰시오.

▶▶▶풀이 **옥내소화전의 설치기준**

(1) 수원의 양은 옥내소화전(옥내소화전이 가장 많이 설치된 층의 소화전 개수가 5개 이상이면 5개)의 개수에 **7.8m³**를 곱한 양 이상으로 해야 한다.

(2) 당해 층의 모든 옥내소화전(옥내소화전이 가장 많이 설치된 층의 소화전 개수가 5개 이상이면 5개)을 동시에 사용할 경우 각 노즐선단의 방수압력은 **350kPa** 이상으로 해야 한다.

(3) 당해 층의 모든 옥내소화전(옥내소화전이 가장 많이 설치된 층의 소화전 개수가 5개 이상이면 5개)을 동시에 사용할 경우 각 노즐선단의 방수량은 **260L/min** 이상으로 해야 한다.

(4) 당해 층의 각 부분에서 하나의 호스접속구까지의 수평거리는 **25m** 이하로 해야 한다.

Check ▶▶▶

옥내소화전과 옥외소화전의 비교

구 분	옥내소화전	옥외소화전
물(수원)의 양	소화전의 수(소화전의 수가 5개 이상이면 5개)에 7.8m³를 곱한 양 이상	소화전의 수(소화전의 수가 4개 이상이면 4개)에 13.5m³를 곱한 양 이상
방수량	260L/min	450L/min
방수압	350kPa 이상	350kPa 이상
호스접속구까지의 수평거리	제조소등의 각 층의 각 부분에서 25m 이하	제조소등의 건축물의 각 부분에서 40m 이하
개폐밸브 및 호스접속구의 설치높이	바닥으로부터 1.5m 이하	바닥으로부터 1.5m 이하
비상전원	45분 이상 작동	45분 이상 작동

▶▶▶정답 (1) 7.8m³ (2) 350kPa (3) 260L/min (4) 25m

필답형 05 [5점]

질산암모늄 800g이 열분해 시 발생하는 기체의 총 부피는 1기압, 600℃에서 몇 L인지 구하시오.

(1) 계산과정

(2) 정답

>>> 풀이 질산암모늄(NH_4NO_3)의 분자량은 14(N)×2＋1(H)×4＋16(O)×3＝80g이고, 다음 반응식에서 알 수 있듯이 질산암모늄 80g을 열분해시키면 질소(N_2) 1몰, 산소(O_2) 0.5몰, 그리고 수증기(H_2O) 2몰로서 총 3.5몰의 기체가 발생하지만 〈문제〉의 조건인 질산암모늄 800g을 분해시키면 총 35몰의 기체가 발생한다.

– 질산암모늄의 열분해반응식 : $2NH_4NO_3 \rightarrow 2N_2 + O_2 + 4H_2O$

$$80g \diagdown 3.5몰$$
$$800g \diagup x몰$$

$80 \times x = 800 \times 3.5$

$x = 35$몰

〈문제〉는 1기압, 600℃에서 35몰의 기체의 부피는 몇 L인지를 구하는 것이므로 다음과 같이 이상기체상태방정식을 이용하여 풀 수 있다.

$PV = nRT$

여기서, P : 압력＝1기압

V : 부피＝V(L)

n : 몰수＝35mol

R : 이상기체상수＝0.082기압 · L/K · mol

T : 절대온도(273＋실제온도)＝273＋600K

$1 \times V = 35 \times 0.082 \times (273 + 600)$

$V = 2,505.51L$

>>> 정답 (1) $1 \times V = 35 \times 0.082 \times (273 + 600)$ (2) 2,505.51L

 [5점]

다음 물음에 답하시오.

(1) 다음 괄호에 들어갈 위험물의 명칭과 지정수량을 쓰시오.

(㉠) · (㉡), 그 밖에 정전기에 의한 재해발생의 우려가 있는 액체의 위험물을 이동저장탱크의 상부로 주입하는 때에는 주입관을 사용하되 당해 주입관의 선단을 이동저장탱크의 밑바닥에 밀착할 것

① ㉠의 명칭과 지정수량

② ㉡의 명칭과 지정수량

(2) (1)의 물질 중 겨울철에 응고할 수 있고 인화점이 낮아 고체상태에서도 인화할 수 있는 방향족 탄화수소에 해당하는 위험물의 구조식을 쓰시오.

>>> 풀이 (1) **휘발유 · 벤젠**, 그 밖에 정전기에 의한 재해발생의 우려가 있는 액체의 위험물을 이동저장탱크의 상부로 주입하는 때에는 주입관을 사용하되 당해 주입관의 선단을 이동저장탱크의 밑바닥에 밀착해야 한다. 여기서 휘발유와 벤젠은 모두 제4류 위험물로서 품명은 제1석유류 비수용성이고, **지정수량은 200L**이며, 위험등급 Ⅱ인 물질이다.

(2) **벤젠**(C_6H_6)은 융점(녹는점)이 5.5℃이므로 5.5℃ 이상의 온도에서 녹기 시작하며 5.5℃보다 낮은 기온인 겨울철에는 녹지 않아 고체상태로 존재한다. 하지만 벤젠은 인화점이 －11℃이므로 고체상태인 －11℃의 온도에서도 점화원에 의해 인화할 수 있다.

‖ 벤젠의 구조식 ‖

>>> 정답 (1) ① 휘발유, 200L, ② 벤젠, 200L

(2)

필답형 07 [5점]

다음 위험물을 지정수량 이상으로 운반 시 혼재할 수 없는 유별을 쓰시오.

(1) 제1류 위험물 (2) 제2류 위험물 (3) 제3류 위험물 (4) 제4류 위험물 (5) 제5류 위험물

>>> 풀이 다음의 [표]에서 알 수 있듯이 위험물의 운반에 관한 혼재기준에 따라 위험물끼리 혼재할 수 없는 유별은 다음과 같다.

(1) 제1류 : **제2류, 제3류, 제4류, 제5류 위험물**
(2) 제2류 : **제1류, 제3류, 제6류 위험물**
(3) 제3류 : **제1류, 제2류, 제5류, 제6류 위험물**
(4) 제4류 : **제1류, 제6류 위험물**
(5) 제5류 : **제1류, 제3류, 제6류 위험물**

위험물의 구분	제1류	제2류	제3류	제4류	제5류	제6류
제1류		×	×	×	×	○
제2류	×		×	○	○	×
제3류	×	×		○	×	×
제4류	×	○	○		○	×
제5류	×	○	×	○		×
제6류	○	×	×	×	×	

※ 이 표는 지정수량의 1/10 이하의 위험물에 대하여는 적용하지 아니한다.

Tip

위험물의 운반에 관한 혼재기준 [표]를 그리는 방법은 423, 524, 61의 숫자 조합으로 다음과 같이 만듭니다.
1) 가로줄의 제4류를 기준으로 아래로 제2류와 제3류에 "○"를 표시합니다.
2) 가로줄의 제5류를 기준으로 아래로 제2류와 제4류에 "○"를 표시합니다.
3) 가로줄의 제6류를 기준으로 아래로 제1류에 "○"를 표시합니다.
4) 세로줄의 제4류를 기준으로 오른쪽으로 제2류와 제3류에 "○"를 표시합니다.
5) 세로줄의 제5류를 기준으로 오른쪽으로 제2류와 제4류에 "○"를 표시합니다.
6) 세로줄의 제6류를 기준으로 오른쪽으로 제1류에 "○"를 표시합니다.

Check >>>

위험물의 저장에 관한 혼재기준

옥내저장소 또는 옥외저장소에서 서로 다른 유별끼리는 함께 저장할 수 없지만 다음의 위험물을 유별로 정리하여 서로 1m 이상의 간격을 두는 경우에는 함께 저장할 수 있다.
1. 제1류 위험물(알칼리금속의 과산화물 제외)과 제5류 위험물
2. 제1류 위험물과 제6류 위험물
3. 제1류 위험물과 제3류 위험물 중 자연발화성 물질(황린)
4. 제2류 위험물 중 인화성 고체와 제4류 위험물
5. 제3류 위험물 중 알킬알루미늄등과 제4류 위험물(알킬알루미늄 또는 알킬리튬을 함유한 것)
6. 제4류 위험물 중 유기과산화물과 제5류 위험물 중 유기과산화물

>>> 정답 (1) 제2류, 제3류, 제4류, 제5류 위험물
(2) 제1류, 제3류, 제6류 위험물
(3) 제1류, 제2류, 제5류, 제6류 위험물
(4) 제1류, 제6류 위험물
(5) 제1류, 제3류, 제6류 위험물

08 [5점]

다음은 위험물안전관리법에서 정하는 위험물의 저장 및 취급 기준이다. 괄호 안에 알맞은 말을 쓰시오.

(1) 제3류 위험물 중 자연발화성 물질에 있어서는 불티, 불꽃, 고온체와의 접근, 과열 또는 (   )와 의 접촉을 피하고, 금수성 물질에 있어서는 물과의 접촉을 피해야 한다.

(2) 제(   )류 위험물은 불티, 불꽃, 고온체와의 접근이나 과열, 충격 또는 마찰을 피해야 한다.

(3) 제2류 위험물은 산화제와의 접촉 · 혼합이나 불티, 불꽃, 고온체와의 접근 또는 과열을 피하는 한편, (   ), (   ), (   ) 및 이를 함유한 것에 있어서는 물이나 산과의 접촉을 피하고 인화성 고 체에 있어서는 함부로 증기를 발생시키지 아니하여야 한다.

>>> 풀이 위험물의 유별 저장 · 취급 공통기준
  ① 제1류 위험물은 가연물과의 접촉 · 혼합이나 분해를 촉진하는 물품과의 접근 또는 과열, 충격, 마찰 등을 피하는 한편, 알칼리금속의 과산화물 및 이를 함유한 것에 있어서는 물과의 접촉을 피해야 한다.
  ② 제2류 위험물은 산화제와의 접촉 · 혼합이나 불티, 불꽃, 고온체와의 접근 또는 과열을 피하는 한편, **철분, 금속분, 마그네슘** 및 이를 함유한 것에 있어서는 물이나 산과의 접촉을 피하고 인화성 고체에 있어서는 함부로 증기를 발생시키지 아니하여야 한다.
  ③ 제3류 위험물 중 자연발화성 물질에 있어서는 불티, 불꽃, 고온체와의 접근, 과열 또는 **공기**와의 접촉을 피하고, 금수성 물질에 있어서는 물과의 접촉을 피해야 한다.
  ④ 제4류 위험물은 불티, 불꽃, 고온체와의 접근 또는 과열을 피하고, 함부로 증기를 발생시키지 아니하여야 한다.
  ⑤ **제5류** 위험물은 불티, 불꽃, 고온체와의 접근이나 과열, 충격 또는 마찰을 피해야 한다.
  ⑥ 제6류 위험물은 가연물과의 접촉 · 혼합이나 분해를 촉진하는 물품과의 접근 또는 과열을 피해야 한다.

>>> 정답 (1) 공기   (2) 5   (3) 철분, 금속분, 마그네슘

 09 [5점]

비중이 1.51인 98wt%의 질산 100mL를 68wt%의 질산으로 만들려면 물을 몇 g 더 첨가해야 하는지 구하시오.

>>> 풀이 비중 1.51을 밀도로 바꾸면 1.51g/mL이고, 98wt% 질산용액 100mL를 질량으로 바꾸면

100mL 질산용액 $\times \dfrac{1.51\text{g}}{1\text{mL}}$ =151g 질산용액이다.

151g 질산용액의 농도가 98wt%이므로 질산의 양은 다음과 같다.

151g 질산용액 $\times \dfrac{98\text{g 질산}}{100\text{g 질산용액}}$ =147.98g 질산

68wt% 질산용액을 만들기 위해 넣어야 할 물의 양을 x(g)으로 두고 식으로 나타내면 다음과 같다.

$$\frac{147.98\text{g}}{151\text{g}+x\text{(g)}}=\frac{68\text{g}}{100\text{g}}$$

$\therefore\ x=$**66.62g**

>>> 정답 66.62g

필답형 10 [5점]

다음 물음에 답하시오.

(1) 소화방법의 종류 4가지를 쓰시오.
(2) 증발잠열을 이용하여 소화하는 소화방법을 쓰시오.
(3) 가스의 밸브를 폐쇄하여 소화하는 소화방법을 쓰시오.
(4) 불활성 가스를 방사하여 소화하는 소화방법을 쓰시오.

▶▶풀이 소화방법에는 다음과 같은 종류들이 있다.

① **제거소화**
　가연물을 제거하여 연소를 중단시키는 것을 말하며, 그 방법으로는 다음과 같은 것들이 있다.
　㉠ 입으로 불어서 촛불을 끄는 방법
　㉡ 산불화재 시 벌목으로 불을 끄는 방법
　㉢ **가스화재 시 밸브를 잠가 소화하는 방법**
　㉣ 유전화재 시 폭발로 인해 가연성 가스를 날리는 방법

② **질식소화**
　공기 중의 산소 또는 산소공급원의 공급을 막아 연소를 중단시키는 소화방법을 말하며, 소화약제의 종류에는 **불활성 가스**, 분말소화약제 등이 있다.

③ **냉각소화**
　연소면에 물을 뿌려 발생하는 **증발잠열을 이용**해 연소물로부터 열을 빼앗아 발화점 이하로 온도를 낮추어 소화하는 방법을 말한다.

④ **억제소화(부촉매소화)**
　연쇄반응의 속도를 빠르게 하는 정촉매의 역할을 억제시키는 소화방법을 말하며, 대표적인 소화약제의 종류는 할로젠화합물소화약제이다.

⑤ **희석소화**
　가연물의 농도를 낮추어 소화하는 방법을 말한다.

⑥ **유화소화**
　물 또는 포를 안개형태로 흩어뿌림으로써 유류 표면을 덮어 증기발생을 억제시키는 소화방법을 말한다.

▶▶정답 (1) 제거소화, 질식소화, 냉각소화, 억제소화, 희석소화, 유화소화 중 4개
(2) 냉각소화
(3) 제거소화
(4) 질식소화

필답형 11 [5점]

옥외저장탱크 또는 지하저장탱크에 다음과 같이 위험물을 저장하는 경우 저장온도는 몇 ℃ 이하로 해야 하는지 쓰시오.

(1) 압력탱크에 저장하는 다이에틸에터
(2) 압력탱크에 저장하는 아세트알데하이드
(3) 압력탱크 외의 탱크에 저장하는 아세트알데하이드
(4) 압력탱크 외의 탱크에 저장하는 다이에틸에터
(5) 압력탱크 외의 탱크에 저장하는 산화프로필렌

≫≫풀이 **옥외저장탱크**, 옥내저장탱크 또는 **지하저장탱크**에 저장하는 위험물의 저장온도
① **압력탱크**에 저장하는 경우
  – **아세트알데하이드**, 산화프로필렌, 다이에틸에터 : **40℃ 이하**
② **압력탱크 외의 탱크**에 저장하는 경우
  ㉠ **아세트알데하이드** : **15℃ 이하**
  ㉡ **산화프로필렌, 다이에틸에터** : **30℃ 이하**

> Check ≫≫
>
> 이동저장탱크에 저장하는 위험물의 저장온도
> 1. 보냉장치가 있는 이동저장탱크에 저장하는 경우
>   – 아세트알데하이드, 산화프로필렌, 다이에틸에터 : 비점 이하
> 2. 보냉장치가 없는 이동저장탱크에 저장하는 경우
>   – 아세트알데하이드, 산화프로필렌, 다이에틸에터 : 40℃ 이하

≫≫정답 (1) 40℃   (2) 40℃   (3) 15℃   (4) 30℃   (5) 30℃

필답형 12   [5점]

제2류 위험물과 동소체의 관계에 있는 자연발화성 물질인 제3류 위험물에 대해 다음 물음에 답하시오.

(1) 연소반응식
(2) 위험등급
(3) 이 위험물을 저장하는 옥내저장소의 바닥면적은 몇 m^2 이하인지 쓰시오.

≫≫풀이 (1) **황린**(P_4)은 제3류 위험물 중 자연발화성 물질로서 제2류 위험물인 적린(P)과 비교했을 때 모양과 성질은 다르지만 연소 시 오산화인(P_2O_5)이라는 동일한 물질을 발생시키므로 **적린과 서로 동소체의 관계**에 있다.
  – 황린의 연소반응식 : $P_4 + 5O_2 \rightarrow 2P_2O_5$
(2) 황린은 지정수량이 20kg이며 **위험등급 Ⅰ**인 백색 또는 담황색의 고체로서 자연발화를 방지하기 위해 pH= 9인 약알칼리성의 물속에 보관한다.
(3) 옥내저장소의 바닥면적에 따른 위험물의 저장기준
  ① **바닥면적 1,000m² 이하**에 저장해야 하는 물질
    ㉠ 제1류 위험물 중 아염소산염류, 염소산염류, 과염소산염류, 무기과산화물, 그 밖에 지정수량이 50kg 인 위험물(위험등급 Ⅰ)
    ㉡ 제3류 위험물 중 칼륨, 나트륨, 알킬알루미늄, 알킬리튬, 그 밖에 지정수량이 10kg인 위험물 및 **황린** (위험등급 Ⅰ)
    ㉢ 제4류 위험물 중 특수인화물, 제1석유류 및 알코올류(위험등급 Ⅰ 및 위험등급 Ⅱ)
    ㉣ 제5류 위험물 중 유기과산화물, 질산에스터류, 그 밖에 지정수량이 10kg인 위험물(위험등급 Ⅰ)
    ㉤ 제6류 위험물(위험등급 Ⅰ)
  ② 바닥면적 2,000m² 이하에 저장할 수 있는 물질
    – 바닥면적 1,000m² 이하에 저장할 수 있는 물질 이외의 것

≫≫정답 (1) $P_4 + 5O_2 \rightarrow 2P_2O_5$
(2) Ⅰ
(3) 1,000m²

필답형 13 [5점]

제4류 위험물의 특수인화물에 속하는 물질 중 물속에 저장하는 위험물에 대해 다음 물음에 답하시오.

(1) 연소 시 발생하는 독성가스의 화학식
(2) 증기비중
(3) 이 위험물의 옥외저장탱크를 보관하는 철근콘크리트의 수조의 벽 및 바닥의 두께는 몇 m 이상
  으로 해야 하는지 쓰시오.

>>> **풀이** (1) 이황화탄소(CS_2)는 제4류 위험물 중 품명은 특수인화물이며, 지정수량은 50L로서 공기 중에 노출되면 산소와
      반응 즉, 연소하여 이산화탄소(CO_2)와 함께 가연성이고 **독성 가스인 이산화황(SO_2)을 발생**하므로 물속에
      저장한다.
      – 이황화탄소의 연소반응식 : $CS_2 + 3O_2 \rightarrow CO_2 + 2SO_2$

      > **Check** >>>
      >
      > 이황화탄소는 물에 저장한 상태에서 150℃ 이상의 열로 가열하면 황화수소(H_2S)라는 독성 가스와 이산
      > 화탄소를 발생하므로 냉수에 보관해야 한다.
      > – 물과의 반응식 : $CS_2 + 2H_2O \rightarrow 2H_2S + CO_2$

    (2) 이황화탄소의 분자량은 12(C)+32(S)×2=76g이고, **증기비중은** $\dfrac{76}{29}$=**2.62**로 이황화탄소의 증기는 공기
      보다 무겁다.
    (3) 이황화탄소의 옥외저장탱크는 **벽 및 바닥의 두께가 0.2m 이상**이고 누수가 되지 아니하는 **철근콘크리트의**
      수조에 넣어 보관하여야 한다. 이 경우 보유공지·통기관 및 자동계량장치는 생략할 수 있다.

>>> **정답** (1) SO_2 (2) 2.62   (3) 0.2m

필답형 14 [5점]

**다음 〈보기〉의 내용은 위험물의 저장 및 취급에 관한 중요기준을 나타낸 것이다. 옳은 것을 모두
고르시오.**

① 옥내저장소에서는 용기에 수납하여 저장하는 위험물의 온도가 45℃가 넘지 아니하도록 필요한
  조치를 강구하여야 한다.
② 제3류 위험물 중 황린, 그 밖에 물속에 저장하는 물품과 금수성 물질은 동일한 저장소에 저장할
  수 있다.
③ 컨테이너식 이동탱크저장소 외의 이동탱크저장소에 있어서는 위험물을 저장한 상태로 이동저장
  탱크를 옮겨 싣지 아니하여야 한다.
④ 위험물 이동취급소에 위험물을 이송하기 위한 배관·펌프 및 이에 부속한 설비의 안전을 확인하
  기 위한 순찰을 행하고, 위험물을 이송하는 중에는 이송하는 위험물의 압력 및 유량을 항상 감시
  하여야 한다.
⑤ 제조소등에서 허가 및 신고와 관련되는 품명 외의 위험물 또는 이러한 허가 및 신고와 관련되는
  수량 또는 지정수량의 배수를 초과하는 위험물을 저장 또는 취급하지 아니하여야 한다.

>>>풀이 〈문제〉의 위험물의 저장 및 취급에 관한 중요기준 중 ①, ②, ④의 항목은 다음과 같이 수정하여야 한다.

① 옥내저장소에서는 용기에 수납하여 저장하는 **위험물의 온도가 55℃가 넘지 아니하도록** 필요한 조치를 강구하여야 한다.

② 제3류 위험물 중 황린, 그 밖에 물속에 저장하는 물품과 금수성 물질은 **동일한 저장소에서 저장하지 아니하여야 한다.**

④ 위험물 **이송취급소**에 위험물을 이송하기 위한 배관·펌프 및 이에 부속한 설비의 안전을 확인하기 위한 순찰을 행하고, 위험물을 이송하는 중에는 이송하는 위험물의 압력 및 유량을 항상 감시하여야 한다.

>>>정답 ③, ⑤

필답형 **15** [5점]

다음 물음에 답하시오.

메탄올, 아세톤, 클로로벤젠, 아닐린, 메틸에틸케톤

(1) 〈보기〉 중 인화점이 가장 낮은 것을 고르시오.
(2) (1)의 구조식을 쓰시오.
(3) 〈보기〉 중 제1석유류에 해당하는 것을 모두 고르시오.

>>>풀이

물질명	화학식	품 명	지정수량	인화점	구조식
메탄올	CH_3OH	알코올류 (수용성)	400L	11℃	H–C–OH (H, H)
아세톤	CH_3COCH_3	**제1석유류** (수용성)	400L	**-18℃**	H–C–C–C–H (O)
클로로벤젠	C_6H_5Cl	제2석유류 (비수용성)	1,000L	32℃	Cl-벤젠고리
아닐린	$C_6H_5NH_2$	제3석유류 (비수용성)	2,000L	75℃	NH₂-벤젠고리
메틸에틸케톤	$CH_3COC_2H_5$	**제1석유류** (비수용성)	200L	-1℃	H–C–C–C–C–H (O)

>>>정답 (1) 아세톤

(2)
```
   H O H
   | ‖ |
H–C–C–C–H
   |   |
   H   H
```

(3) 아세톤, 메틸에틸케톤

필답형 16 [5점]

면적 300m²인 옥외저장소에 덩어리상태의 황을 30,000kg 저장하는 경우에 대해 다음 물음에 답하시오.

(1) 이 옥외저장소에는 덩어리상태의 황을 저장하기 위한 경계구역을 몇 개까지 설치할 수 있는지 쓰시오.
(2) 경계구역과 경계구역 사이의 간격은 몇 m 이상으로 해야 하는지 쓰시오.
(3) 이 옥외저장소에 인화점 10℃인 제4류 위험물을 함께 저장할 수 있는지의 유무를 쓰시오.

▶▶▶ 풀이

(1) 옥외저장소에서 덩어리상태의 황만을 저장하는 경계구역의 내부면적은 100m² 이하로 해야 하며, 2 이상의 경계구역의 내부면적 전체의 합은 1,000m² 이하로 해야 한다. 〈문제〉의 옥외저장소의 면적은 300m² 이고 경계구역과 경계구역 간에도 간격이 필요하므로 여기에 설치할 수 있는 **경계구역의 개수는 2개이다.**

(2) 덩어리상태의 황만을 저장하는 경계구역과 경계구역 간의 간격은 옥외저장소 보유공지의 너비의 1/2 이상으로 한다. 다만, 저장하는 위험물의 최대수량이 지정수량 200배 이상인 경우 경계구역 간의 간격은 10m 이상으로 한다. 황의 지정수량은 100kg이고 〈문제〉의 황의 저장량은 30,000kg이므로 지정수량의 배수는 300배이다. 따라서 이 양은 지정수량의 200배 이상이므로 **경계구역 간의 간격은 10m 이상으로** 해야 한다.

(3) 옥외저장소에서 서로 다른 유별을 함께 저장할 수 있는 경우에서도 알 수 있듯이 **제2류 위험물인 덩어리상태의 황과 제4류 위험물은** 동일한 옥외저장소에서 함께 **저장할 수 없다.**

※ 옥외저장소에서 1m 이상의 간격을 두는 경우 서로 다른 유별을 함께 저장할 수 있는 경우는 다음과 같다.
① 제1류 위험물(알칼리금속의 과산화물 제외)과 제5류 위험물
② 제1류 위험물과 제6류 위험물
③ 제1류 위험물과 제3류 위험물 중 자연발화성 물질(황린)
④ 제2류 위험물 중 인화성 고체와 제4류 위험물
⑤ 제3류 위험물 중 알킬알루미늄등과 제4류 위험물(알킬알루미늄 또는 알킬리튬을 함유한 것)
⑥ 제4류 위험물 중 유기과산화물과 제5류 위험물 중 유기과산화물

▶▶▶ 정답

(1) 2개
(2) 10m
(3) 함께 저장할 수 없음

필답형 17 [5점]

지정과산화물 옥내저장소에 대해 다음 물음에 답하시오.

(1) 지정과산화물의 위험등급을 쓰시오.
(2) 옥내저장소의 바닥면적은 몇 m² 이하로 해야 하는지 쓰시오.
(3) 철근콘크리트조로 된 옥내저장소 외벽의 두께는 몇 cm 이상으로 해야 하는지 쓰시오.

▶▶▶ 풀이

(1) 지정과산화물이란 제5류 위험물 중 유기과산화물로서 지정수량은 10kg이고 **위험등급은 I 이다.**

(2) 옥내저장소의 바닥면적에 따른 위험물의 저장기준
① **바닥면적 1,000m² 이하**에 저장해야 하는 물질
㉠ 제1류 위험물 중 아염소산염류, 염소산염류, 과염소산염류, 무기과산화물, 그 밖에 지정수량이 50kg 인 위험물(위험등급Ⅰ)

   ⓒ 제3류 위험물 중 칼륨, 나트륨, 알킬알루미늄, 알킬리튬, 그 밖에 지정수량이 10kg인 위험물 및 황린
    (위험등급Ⅰ)
   ⓒ 제4류 위험물 중 특수인화물, 제1석유류 및 알코올류(위험등급Ⅰ 및 위험등급Ⅱ)
   ⓔ 제5류 위험물 중 **유기과산화물**, 질산에스터류, 그 밖에 지정수량이 10kg인 위험물(위험등급Ⅰ)
   ⓜ 제6류 위험물(위험등급Ⅰ)
  ② 바닥면적 2,000m² 이하에 저장할 수 있는 물질
   – 바닥면적 1,000m² 이하에 저장할 수 있는 물질 이외의 것
 (3) 지정과산화물 옥내저장소의 기준
  ① 옥내저장소의 격벽 기준
   ㉠ 바닥면적 150m² 이내마다 격벽으로 구획할 것
   ⓛ 격벽의 두께
    – 철근콘크리트조 또는 철골철근콘크리트조 : 30cm 이상
    – 보강콘크리트블록조 : 40cm 이상
   ⓒ 격벽의 돌출길이
    – 창고 양측의 외벽으로부터 1m 이상
    – 창고 상부의 지붕으로부터 50cm 이상
  ② **옥내저장소의 외벽 두께**
   ㉠ **철근콘크리트조** 또는 철골철근콘크리트조 : **20cm 이상**
   ⓛ 보강콘크리트블록조 : 30cm 이상
  ③ 저장창고의 출입구에는 60분+방화문 또는 60분 방화문을 설치할 것
  ④ 저장창고의 창은 바닥으로부터 2m 이상 높이로 할 것
  ⑤ 창 한 개의 면적 : 0.4m² 이내로 할 것
  ⑥ 하나의 벽면에 부착된 모든 창의 면적의 합 : 그 벽면 면적의 80분의 1 이내로 할 것

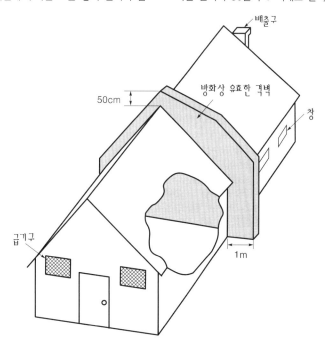

>>> 정답 (1) Ⅰ
     (2) 1,000m²
     (3) 20cm

필답형 18　　　　　　　　　　　　　　　　　　　　　　　　　　　　　　[5점]

다음 〈보기〉 중 염산과 반응시켰을 때 제6류 위험물이 발생하는 물질의 명칭을 쓰고, 그 물질과 물과의 반응식을 쓰시오.

과산화나트륨, 과망가니즈산칼륨, 마그네슘

(1) 물질의 명칭　　(2) 물과의 반응식

>>> 풀이　(1) **과산화나트륨**(Na_2O_2)은 제1류 위험물 중 알칼리금속의 과산화물로서 염산(HCl)과 반응시키면 염화나트륨 (NaCl)과 제6류 위험물인 과산화수소(H_2O_2)가 발생한다.
　　　－ 과산화나트륨과 염산의 반응식 : $Na_2O_2 + 2HCl \longrightarrow 2NaCl + H_2O_2$
　　(2) 과산화나트륨은 물과 반응 시 수산화나트륨(NaOH)과 산소(O_2)가 발생한다.
　　　－ 과산화나트륨과 물의 반응식 : $2Na_2O_2 + 2H_2O \longrightarrow 4NaOH + O_2$

> **Check >>>**
>
> **과산화나트륨의 또 다른 반응식**
> 1. 열분해 시 산화나트륨(Na_2O)과 산소가 발생한다.
> 　－ 열분해반응식 : $2Na_2O_2 \longrightarrow 2Na_2O + O_2$
> 2. 이산화탄소와 반응 시 탄산나트륨(Na_2CO_3)과 산소가 발생한다.
> 　－ 이산화탄소와의 반응식 : $2Na_2O_2 + 2CO_2 \longrightarrow 2Na_2CO_3 + O_2$

>>> 정답　(1) 과산화나트륨　　(2) $2Na_2O_2 + 2H_2O \longrightarrow 4NaOH + O_2$

필답형 19　　　　　　　　　　　　　　　　　　　　　　　　　　　　　　[5점]

칼륨에 대해 다음 물음에 답하시오.

(1) 물과의 반응식　　(2) 이산화탄소와의 반응식　　(3) 에틸알코올과의 반응식

>>> 풀이　칼륨(K)은 제3류 위험물 중 금수성 물질로서 지정수량은 10kg이며, 물(H_2O)과 이산화탄소(CO_2), 그리고 에틸 알코올(C_2H_5OH)과의 반응식은 다음과 같다.
　　(1) 칼륨은 물과 반응 시 수산화칼륨(KOH)과 수소(H_2)를 발생한다.
　　　－ 물과의 반응식 : $2K + 2H_2O \longrightarrow 2KOH + H_2$
　　(2) 칼륨은 이산화탄소와 반응 시 탄산칼륨(K_2CO_3)과 탄소(C)를 발생한다.
　　　－ 이산화탄소와의 반응식 : $4K + 3CO_2 \longrightarrow 2K_2CO_3 + C$
　　(3) 칼륨은 에틸알코올과 반응 시 칼륨에틸레이트(C_2H_5OK)와 수소(H_2)를 발생한다.
　　　－ 에틸알코올과의 반응식 : $2K + 2C_2H_5OH \longrightarrow 2C_2H_5OK + H_2$

> **Check >>>**
>
> **칼륨의 연소반응**
> 칼륨은 연소 시 산화칼륨(K_2O)을 발생한다.
> 　－ 연소반응식 : $4K + O_2 \longrightarrow 2K_2O$

>>> 정답　(1) $2K + 2H_2O \longrightarrow 2KOH + H_2$
　　　　(2) $4K + 3CO_2 \longrightarrow 2K_2CO_3 + C$
　　　　(3) $2K + 2C_2H_5OH \longrightarrow 2C_2H_5OK + H_2$

필답형 20 [5점]

아세톤의 연소반응식을 쓰고, 아세톤 200g을 연소시키는 데 필요한 공기의 부피는 몇 L이며, 이때 발생하는 이산화탄소의 부피는 몇 L인지 구하시오. (단, 표준상태이며, 공기 중 산소의 부피는 21vol%이다.)

(1) 연소반응식
(2) 필요한 공기의 부피
(3) 발생하는 이산화탄소의 부피

≫≫풀이
(1) 제4류 위험물 중 제1석유류에 속하는 아세톤(CH_3COCH_3)을 연소시키면 이산화탄소(CO_2)와 물(H_2O)이 발생한다.
  – 아세톤의 연소반응식 : $CH_3COCH_3 + 4O_2 \rightarrow 3CO_2 + 3H_2O$

(2) 아세톤을 연소시키는 데 필요한 공기의 부피를 구하기 위해서는 아세톤을 연소시키는 데 필요한 산소의 부피를 먼저 구해야 한다. 아래의 연소반응식에서 알 수 있듯이 분자량이 12(C)×3+1(H)×6+16(O)=58g인 아세톤을 연소시키는 데 필요한 산소의 부피는 표준상태에서 4몰×22.4L=89.6L인데, 〈문제〉의 조건과 같이 아세톤을 200g 연소시키는 데 필요한 산소의 부피는 몇 L인지 다음과 같이 비례식으로 풀 수 있다.
  – 아세톤의 연소반응식 : $CH_3COCH_3 + 4O_2 \rightarrow 3CO_2 + 3H_2O$

  58g ╳ 89.6L
  200g $x_{산소}$(L)

$58 \times x_{산소} = 200 \times 89.6$

$x_{산소} = 308.966L$

〈문제〉는 아세톤 200g을 연소시키기 위해 필요한 산소의 부피가 아니라 공기의 부피를 구하는 것이다. 공기 100% 중에 산소는 21% 포함되어 있으므로 공기의 부피는 산소의 부피에 $\dfrac{100}{21}$ 을 곱한 값과 같고, 공기의 부피를 구하는 공식은 다음과 같다.

∴ 공기의 부피=산소의 부피×$\dfrac{100}{21}$

따라서 아세톤 200g을 연소시키는 데 필요한 공기의 부피는 308.966L×$\dfrac{100}{21}$=**1,471.26L**이다.

(3) 아래의 연소반응식에서 알 수 있듯이 분자량이 58g인 아세톤을 연소시키면 발생하는 이산화탄소의 부피는 표준상태에서 3몰×22.4L=67.2L인데, 〈문제〉의 조건과 같이 아세톤 200g을 연소시키면 발생하는 이산화탄소의 부피는 몇 L인지 다음과 같이 비례식으로 풀 수 있다.
  – 아세톤의 연소반응식 : $CH_3COCH_3 + 4O_2 \rightarrow 3CO_2 + 3H_2O$

  58g ╳ 67.2L
  200g x(L)

$58 \times x = 200 \times 67.2$

$x = $**231.72L**

≫≫정답
(1) $CH_3COCH_3 + 4O_2 \rightarrow 3CO_2 + 3H_2O$
(2) 1,471.26L
(3) 231.72L

2021 제4회 위험물산업기사 실기

2021년 11월 13일 시행

※ 필답형＋작업형으로 치러지던 기존 시험에서는 각 문항별 배점이 상이하였으나,
 필답형(20문제) 시험만 보는 2020년 1회부터는 각 문항 배점이 모두 5점입니다!

필/답/형 시험

필답형 01 [5점]

위험물제조소에 옥외소화전을 다음과 같이 설치할 때 필요한 수원의 양은 몇 m³ 이상인지 쓰시오.

(1) 3개
(2) 6개

≫≫풀이 옥외소화전설비의 수원의 양은 옥외소화전의 수(옥외소화전의 수가 4개 이상이면 4개)에 13.5m³를 곱한 양 이상으로 한다.

(1) 옥외소화전의 개수 3개에 13.5m³를 곱해야 하며, 이 경우 수원의 양은 3×13.5m³=**40.5m³ 이상**이다.

(2) 옥외소화전의 개수가 6개는 4개 이상이므로 옥외소화전의 개수 4개에 13.5m³를 곱해야 하며, 이 경우 수원의 양은 4×13.5m³=**54m³ 이상**이다.

> **Check ≫≫**
>
> 옥내소화전설비와 옥외소화전설비의 비교
>
> | 구 분 | 옥내소화전 | 옥외소화전 |
> |---|---|---|
> | 물(수원)의 양 | 소화전의 수(소화전의 수가 5개 이상이면 5개)에 7.8m³를 곱한 양 이상 | **소화전의 수(소화전의 수가 4개 이상이면 4개)에 13.5m³를 곱한 양 이상** |
> | 방수량 | 260L/min | 450L/min |
> | 방수압 | 350kPa 이상 | 350kPa 이상 |
> | 호스접속구까지의 수평거리 | 제조소등의 각 층의 각 부분에서 25m 이하 | 제조소등의 건축물의 각 부분에서 40m 이하 |
> | 개폐밸브 및 호스접속구의 설치높이 | 바닥으로부터 1.5m 이하 | 바닥으로부터 1.5m 이하 |
> | 비상전원 | 45분 이상 작동 | 45분 이상 작동 |

≫≫정답 (1) 40.5m³ 이상
 (2) 54m³ 이상

02 [5점]

다음 분말소화약제의 화학식을 쓰시오.

(1) 제1종 분말소화약제
(2) 제2종 분말소화약제
(3) 제3종 분말소화약제

풀이

분말소화약제의 구분	주성분	화학식	적응화재	착색
제1종 분말	탄산수소나트륨	$NaHCO_3$	B급, C급	백색
제2종 분말	탄산수소칼륨	$KHCO_3$	B급, C급	보라색 (담회색)
제3종 분말	인산암모늄	$NH_4H_2PO_4$	A급, B급, C급	담홍색
제4종 분말	탄산수소칼륨과 요소의 반응생성물	$KHCO_3 + (NH_2)_2CO$	B급, C급	회색

정답
(1) $NaHCO_3$
(2) $KHCO_3$
(3) $NH_4H_2PO_4$

03 [5점]

금속나트륨에 대해 다음 물음에 답하시오.

(1) 지정수량을 쓰시오.
(2) 보호액 1개를 쓰시오.
(3) 물과의 반응식을 쓰시오.

풀이 나트륨(Na)은 제3류 위험물로 **지정수량은 10kg**이고, 공기 또는 공기 중의 수분과 접촉을 방지하기 위해 **석유류 (등유, 경유, 유동파라핀 등)** 속에 담가 저장하며, 물과 반응 시 수산화나트륨(NaOH)과 수소(H_2)를 발생한다.
– 물과의 반응식 : $2Na + 2H_2O \rightarrow 2NaOH + H_2$

> **Check ⟫⟫**
>
> 나트륨의 또 다른 반응식
> 1. 에틸알코올(C_2H_5OH)과 반응 시 나트륨에틸레이트(C_2H_5ONa)와 수소(H_2)를 발생한다.
>   – 에틸알코올과의 반응식 : $2Na + 2C_2H_5OH \rightarrow 2C_2H_5ONa + H_2$
> 2. 연소 시 산화나트륨(Na_2O)을 발생한다.
>   – 연소반응식 : $4Na + O_2 \rightarrow 2Na_2O$

정답
(1) 10kg
(2) 등유, 경유, 유동파라핀 중 1개
(3) $2Na + 2H_2O \rightarrow 2NaOH + H_2$

필답형 04   [5점]

다음 〈보기〉에서 제1류 위험물에 해당하는 성질을 모두 고르시오.

A. 인화점 0℃ 이상	B. 인화점 0℃ 이하	C. 산화성
D. 고체	E. 유기물	F. 무기물

▶▶▶풀이 제1류 위험물의 성질
① 제1류 위험물은 염류(금속)를 포함하는 **무기물**로 구성되어 있다.
② 자체적으로 산소를 포함하고 있는 **산화성 고체**이며, 부식성이 강하다.
③ 비중은 모두 1보다 크다.
④ 불연성이지만 조연성이다.
⑤ 산화제로서 산화력이 있다.
⑥ 모든 제1류 위험물은 고온의 가열, 충격, 마찰 등에 의해 분해하여 가지고 있던 산소를 발생하여 가연물을 태우게 된다.

▶▶▶정답 C, D, F

필답형 05   [5점]

다음 〈보기〉의 위험물 중 공기 중에서 연소하는 경우 생성되는 물질이 서로 같은 위험물의 연소 반응식을 쓰시오.

삼황화인, 오황화인, 적린, 황, 철분, 마그네슘

▶▶▶풀이 ① 삼황화인(P_4S_3)은 제2류 위험물로 품명은 황화인이고, 위험등급 Ⅱ, 지정수량은 100kg이다. 연소 시 **이산화황(SO_2)**과 **오산화인(P_2O_5)**이 발생한다.
   – 연소반응식 : $P_4S_3 + 8O_2 \rightarrow 3SO_2 + 2P_2O_5$
② 오황화인(P_2S_5)은 제2류 위험물로 품명은 황화인이고, 위험등급 Ⅱ, 지정수량은 100kg이다. 연소 시 **이산화황(SO_2)**과 **오산화인(P_2O_5)**이 발생한다.
   – 연소반응식 : $2P_2S_5 + 15O_2 \rightarrow 10SO_2 + 2P_2O_5$
③ 적린(P)은 제2류 위험물로 위험등급 Ⅱ, 지정수량은 100kg이다. 연소 시 오산화인(P_2O_5)이 발생한다.
   – 연소반응식 : $4P + 5O_2 \rightarrow 2P_2O_5$
④ 황(S)은 제2류 위험물로 위험등급 Ⅱ, 지정수량은 100kg이다. 유황이라고도 하며, 순도가 60중량% 이상인 것을 위험물로 정한다. 연소 시 청색 불꽃을 내며 이산화황(SO_2)이 발생한다.
   – 연소반응식 : $S + O_2 \rightarrow SO_2$
⑤ 철분(Fe)은 제2류 위험물로 위험등급 Ⅲ, 지정수량은 500kg이다. '철분'이라 함은 철의 분말을 말하며, 53μm 의 표준체를 통과하는 것이 50중량% 미만인 것은 제외한다. 공기 중에서 서서히 산화하여 산화철(Fe_2O_3)로 변한다.
   – 철의 산화 : $4Fe + 3O_2 \rightarrow 2Fe_2O_3$
⑥ 마그네슘(Mg)은 제2류 위험물로 위험등급 Ⅲ, 지정수량은 500kg이다. 2mm의 체를 통과하지 아니하는 덩어리상태의 것 또는 직경 2mm 이상의 막대모양의 것에 해당하는 마그네슘은 제2류 위험물에서 제외한다. 연소 시 산화마그네슘(MgO)이 발생한다.
   – 연소반응식 : $2Mg + O_2 \rightarrow 2MgO$

▶▶▶정답 삼황화인 연소반응식 : $P_4S_3 + 8O_2 \rightarrow 3SO_2 + 2P_2O_5$
오황화인 연소반응식 : $2P_2S_5 + 15O_2 \rightarrow 10SO_2 + 2P_2O_5$

06 [5점]

다음 물질의 물과의 반응식을 쓰시오.

(1) 탄화칼슘
(2) 탄화알루미늄

>>> **풀이** 탄화칼슘(CaC_2)과 탄화알루미늄(Al_4C_3)은 제3류 위험물로 품명은 칼슘 또는 알루미늄의 탄화물이며, 위험등급 Ⅲ, 지정수량은 300kg이다.
(1) 탄화칼슘(CaC_2)은 물과 반응 시 수산화칼슘[$Ca(OH)_2$]과 연소범위가 2.5~81%인 아세틸렌(C_2H_2)가스를 발생한다.
   – 물과의 반응식 : $CaC_2 + 2H_2O \rightarrow Ca(OH)_2 + C_2H_2$
(2) 탄화알루미늄(Al_4C_3)은 물과 반응 시 수산화알루미늄[$Al(OH)_3$]과 연소범위가 5~15%인 메테인(CH_4)가스를 발생한다.
   – 물과의 반응식 : $Al_4C_3 + 12H_2O \rightarrow 4Al(OH)_3 + 3CH_4$

>>> **정답** (1) $CaC_2 + 2H_2O \rightarrow Ca(OH)_2 + C_2H_2$
     (2) $Al_4C_3 + 12H_2O \rightarrow 4Al(OH)_3 + 3CH_4$

 07 [5점]

트라이에틸알루미늄에 대해 다음 물음에 답하시오.

(1) 물과의 반응식을 쓰시오.
(2) 이때 발생하는 가스의 명칭을 쓰시오.

>>> **풀이** 트라이에틸알루미늄[$(C_2H_5)_3Al$]은 제3류 위험물로 품명은 알킬알루미늄이고, 지정수량은 10kg이며, 위험등급 Ⅰ인 물질이다. 물(H_2O)과 반응 시 수산화알루미늄[$Al(OH)_3$]과 **에테인**(C_2H_6)가스가 발생한다.
   – 물과의 반응식 : $(C_2H_5)_3Al + 3H_2O \rightarrow Al(OH)_3 + 3C_2H_6$

> **Check** >>>
>
> **트라이에틸알루미늄의 또 다른 반응**
> 1. 메틸알코올과의 반응
>   메틸알코올(CH_3OH)과 반응 시 알루미늄메틸레이트[$(CH_3O)_3Al$]와 에테인(C_2H_6)가스가 발생한다.
>   – 메틸알코올과의 반응식 : $(C_2H_5)_3Al + 3CH_3OH \rightarrow (CH_3O)_3Al + 3C_2H_6$
> 2. 에틸알코올과의 반응
>   에틸알코올(C_2H_5OH)과 반응 시 알루미늄에틸레이트[$(C_2H_5O)_3Al$]와 에테인(C_2H_6)가스가 발생한다.
>   – 에틸알코올과의 반응식 : $(C_2H_5)_3Al + 3C_2H_5OH \rightarrow (C_2H_5O)_3Al + 3C_2H_6$
> 3. 연소반응
>   공기 중의 산소와의 반응 즉, 연소 반응시키면 산화알루미늄(Al_2O_3)과 이산화탄소(CO_2), 그리고 물(H_2O)을 발생한다.
>   – 연소반응식 : $2(C_2H_5)_3Al + 21O_2 \rightarrow Al_2O_3 + 12CO_2 + 15H_2O$

>>> **정답** (1) $(C_2H_5)_3Al + 3H_2O \rightarrow Al(OH)_3 + 3C_2H_6$
     (2) 에테인

필답형 08

[5점]

다음 물음에 답하시오.

- 제3류 위험물, 지정수량이 300kg이다.
- 분자량 64, 비중 2.2이다.
- 질소와 고온에서 반응하여 석회질소가 생성된다.

(1) 〈보기〉에 해당하는 위험물의 화학식을 쓰시오.
(2) 물과의 반응식을 쓰시오.
(3) 물과의 반응으로 발생하는 기체의 연소반응식을 쓰시오.

〉〉〉풀이 (1) 탄화칼슘(CaC_2)은 제3류 위험물로 품명은 칼슘 또는 알루미늄의 탄화물이며, 위험등급 Ⅲ, 지정수량은 300kg이다. 비중 2.22이며, 고온에서 질소와 반응 시 석회질소($CaCN_2$)와 탄소(C)가 발생한다.
(2) 탄화칼슘은 물과의 반응 시 수산화칼슘[$Ca(OH)_2$]과 연소범위가 2.5~81%인 아세틸렌(C_2H_2)가스를 발생한다.
 - 물과의 반응식 : $CaC_2 + 2H_2O \longrightarrow Ca(OH)_2 + C_2H_2$
(3) 생성된 아세틸렌(C_2H_2)은 연소 시 이산화탄소(CO_2)와 수증기(H_2O)를 발생한다.
 - 아세틸렌의 연소반응식 : $2C_2H_2 + 5O_2 \longrightarrow 4CO_2 + 2H_2O$

〉〉〉정답 (1) CaC_2
(2) $CaC_2 + 2H_2O \longrightarrow Ca(OH)_2 + C_2H_2$
(3) $2C_2H_2 + 5O_2 \longrightarrow 4CO_2 + 2H_2O$

필답형 09

[5점]

다음 물음에 답하시오.

<table>
<tr><td>다이에틸에터, 아세톤, 메틸에틸케톤, 톨루엔, 메틸알코올</td></tr>
</table>

(1) 〈보기〉 중 연소범위가 가장 큰 물질의 명칭을 쓰시오.
(2) 〈보기〉 중 연소범위가 가장 큰 물질의 위험도를 구하시오.

〉〉〉풀이

물질명	품 명	인화점	발화점	연소범위
다이에틸에터($C_2H_5OC_2H_5$)	특수인화물	-45℃	180℃	**1.9~48%**
아세톤(CH_3COCH_3)	제1석유류	-18℃	538℃	2.6~12.8%
메틸에틸케톤($CH_3COC_2H_5$)	제1석유류	-1℃	516℃	1.8~11%
톨루엔($C_6H_5CH_3$)	제1석유류	4℃	552℃	1.4~6.7%
메틸알코올(CH_3OH)	알코올류	11℃	464℃	7.3~36%

(1) 다이에틸에터의 연소범위가 1.9~48%로 가장 크며, 여기서 1.9%를 연소하한, 48%를 연소상한이라 한다.
(2) 위험도(Hazard) $= \dfrac{\text{연소상한(Upper)} - \text{연소하한(Lower)}}{\text{연소하한(Lower)}} = \dfrac{48 - 1.9}{1.9} = $ **24.26**이다.

〉〉〉정답 (1) 다이에틸에터 (2) 24.26

필답형 10 [5점]

다음 〈보기〉의 위험물 중 위험등급 Ⅱ에 해당하는 물질의 지정수량의 배수의 합을 구하시오.

질산염류 600kg, 황 100kg, 철분 50kg, 나트륨 100kg, 등유 6,000L

≫≫ 풀이

품 명	유 별	성 질	위험등급	지정수량
질산염류	제1류 위험물	산화성 고체	Ⅱ	300kg
황	제2류 위험물	가연성 고체	Ⅱ	100kg
철분	제2류 위험물	가연성 고체	Ⅲ	500kg
나트륨	제3류 위험물	금수성 물질	Ⅰ	10kg
등유 – 제2석유류	제4류 위험물	인화성 액체	Ⅲ	1,000L

따라서, 위험등급 Ⅱ에 해당하는 물질인 질산염류와 황의 지정수량의 배수의 합은 다음과 같다.

$$\frac{A위험물의 저장수량}{A위험물의 지정수량} + \frac{B위험물의 저장수량}{B위험물의 지정수량} + \cdots = \frac{600kg}{300kg} + \frac{100kg}{100kg} = 3배$$

≫≫ 정답 3배

필답형 11 [5점]

트라이나이트로톨루엔의 생성과정을 화학반응식으로 쓰시오.

≫≫ 풀이 TNT로도 불리는 트라이나이트로톨루엔[$C_6H_2CH_3(NO_2)_3$]은 톨루엔의 수소 3개를 나이트로기($-NO_2$)로 치환한 물질로 제5류 위험물에 속하며, 품명은 나이트로화합물이고, 지정수량은 제1종 : 10kg, 제2종 : 100kg인 물질이다. 톨루엔($C_6H_5CH_3$)에 질산(HNO_3)과 함께 황산(H_2SO_4)을 촉매로 반응시키면 촉매에 의한 탈수와 함께 나이트로화반응을 3번 일으키면서 트라이나이트로톨루엔이 생성된다.

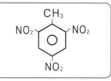

‖ TNT의 구조식 ‖

– 톨루엔의 나이트로화 반응식

$$C_6H_5CH_3 + 3HNO_3 \xrightarrow[\text{촉매로서 탈수를 일으킨다.}]{c - H_2SO_4} C_6H_2CH_3(NO_2)_3 + 3H_2O$$

> Check ≫≫
>
> 어떤 물질에 질산과 황산을 가하면 그 물질은 나이트로화 된다.
> 1. 벤젠(C_6H_6)을 나이트로화시켜 나이트로벤젠($C_6H_5NO_2$)을 생성한다.
>
> – 반응식 : $C_6H_6 + HNO_3 \xrightarrow[\text{촉매로서 탈수를 일으킨다.}]{c - H_2SO_4} C_6H_5NO_2 + H_2O$
>
> 2. 글리세린[$C_3H_5(OH)_3$]을 나이트로화시켜 나이트로글리세린[$C_3H_5(ONO_2)_3$]을 생성한다.
>
> – 반응식 : $C_3H_5(OH)_3 + 3HNO_3 \xrightarrow[\text{촉매로서 탈수를 일으킨다.}]{c - H_2SO_4} C_3H_5(ONO_2)_3 + 3H_2O$

≫≫ 정답 $C_6H_5CH_3 + 3HNO_3 \xrightarrow[\text{촉매로서 탈수를 일으킨다.}]{c - H_2SO_4} C_6H_2CH_3(NO_2)_3 + 3H_2O$

필답형 12　　　　　　　　　　　　　　　　　　　　　　　　　　　　　[5점]

다음은 알코올의 산화 과정이다. 다음 물음에 답하시오.

• 메틸알코올은 공기 속에서 산화되면 폼알데하이드가 되며 최종적으로 (①)이 된다.
• 에틸알코올은 산화되면 (②)가 되며 최종적으로 초산이 된다.

(1) ①과 ②의 물질명과 화학식을 쓰시오.
(2) 위 ①, ② 중 지정수량이 작은 물질의 연소반응식을 쓰시오.

≫ 풀이　(1) ① 메틸알코올(CH_3OH)은 제4류 위험물로 품명은 알코올류이고, 지정수량은 400L이며, 위험등급 Ⅱ인 물질이다. 산화되면 폼알데하이드(HCHO)를 거쳐 **폼산(HCOOH)**이 된다.

　　　　　－ 메틸알코올의 산화 : $CH_3OH \xrightarrow[+H_2(환원)]{-H_2(산화)} HCHO \xrightarrow[-0.5O_2(환원)]{+0.5O_2(산화)} HCOOH$

　　　　② 에틸알코올(C_2H_5OH)은 제4류 위험물로 품명은 알코올류이고, 지정수량은 400L이며, 위험등급 Ⅱ인 물질이다. 산화되면 **아세트알데하이드(CH_3CHO)**를 거쳐 아세트산(초산, CH_3COOH)이 된다.

　　　　　－ 에틸알코올의 산화 : $C_2H_5OH \xrightarrow[+H_2(환원)]{-H_2(산화)} CH_3CHO \xrightarrow[-0.5O_2(환원)]{+0.5O_2(산화)} CH_3COOH$

　　　(2) 폼산은 제4류 위험물로 품명은 제2석유류(수용성)이고, 지정수량은 2,000L이며, 위험등급 Ⅲ인 물질이다. 연소 시 이산화탄소(CO_2)와 물(H_2O)을 발생시킨다.
　　　　－ 연소반응식 : $2HCOOH + O_2 \rightarrow 2CO_2 + 2H_2O$
　　　아세트알데하이드는 제4류 위험물로 품명은 특수인화물이고, 위험등급 Ⅰ, **지정수량은 50L**이다. 수은, 은, 구리, 마그네슘은 아세트알데하이드와 중합반응을 하면서 폭발성의 금속아세틸라이드를 생성하여 위험해지기 때문에 저장용기 재질로서는 사용하면 안된다. 연소 시 이산화탄소(CO_2)와 수증기(H_2O)를 발생시킨다.
　　　　－ 연소반응식 : $2CH_3CHO + 5O_2 \rightarrow 4CO_2 + 4H_2O$

≫ 정답　(1) ① 폼산, HCOOH
　　　　　　② 아세트알데하이드, CH_3CHO
　　　(2) $2CH_3CHO + 5O_2 \rightarrow 4CO_2 + 4H_2O$

필답형 13　　　　　　　　　　　　　　　　　　　　　　　　　　　　　[5점]

옥외저장소에 저장할 수 있는 위험물의 품명 5가지를 쓰시오.

≫ 풀이　옥외저장소에 저장할 수 있는 위험물의 유별과 품명은 다음과 같다.
　　　① 제2류 위험물 : **황, 인화성 고체(인화점이 0℃ 이상)**
　　　② 제4류 위험물 : **제1석유류(인화점이 0℃ 이상), 알코올류, 제2석유류, 제3석유류, 제4석유류, 동식물유류**
　　　③ 제6류 위험물 : **과염소산, 과산화수소, 질산**
　　　④ 시·도 조례로 정하는 제2류 또는 제4류 위험물
　　　⑤ 국제해상위험물규칙(IMDG code)에 적합한 용기에 수납된 모든 위험물

> **Tip**
> 옥외저장소에는 유별의 숫자가 홀수인 제1류, 제3류, 제5류 위험물은 저장할 수 없습니다.

≫ 정답　황, 인화성 고체(인화점이 0℃ 이상), 제1석유류(인화점이 0℃ 이상), 알코올류, 제2석유류, 제3석유류, 제4석유류, 동식물유류, 과염소산, 과산화수소, 질산 중 5개

필답형 14 [5점]

〈보기〉에 해당하는 위험물에 대해 다음 물음에 답하시오.

- 제6류 위험물이다.
- 저장용기는 갈색병에 넣어서 보관한다.
- 단백질과 크산토프로테인 반응을 하여 황색으로 변한다.

(1) 지정수량
(2) 위험등급
(3) 위험물이 되기 위한 조건(단, 없으면 "없음"이라고 쓰시오.)
(4) 분해반응식

≫풀이 질산(HNO_3)
① 제6류 위험물로 **지정수량**은 **300kg, 위험등급 I** 인 물질이다.
② 위험물안전관리법상 질산은 **비중이 1.49 이상**인 것으로 진한 질산만을 의미한다.
③ 햇빛에 의해 분해하면 적갈색 기체인 이산화질소(NO_2)가 발생하기 때문에 이를 방지하기 위하여 착색병을 사용한다.
　　– 분해반응식 : $4HNO_3 \rightarrow 2H_2O + 4NO_2 + O_2$
④ 염산과 질산을 3:1의 부피비로 혼합한 용액을 왕수라 하며 왕수는 금과 백금도 녹일 수 있다.
⑤ 철(Fe), 코발트(Co), 니켈(Ni), 크로뮴(Cr), 알루미늄(Al) 등의 금속들은 진한 질산에서 부동태 한다.
⑥ 단백질과의 접촉으로 노란색으로 변하는 크산토프로테인 반응을 일으킨다.

≫정답
(1) 300kg
(2) 위험등급 I
(3) 비중이 1.49 이상
(4) $4HNO_3 \rightarrow 2H_2O + 4NO_2 + O_2$

필답형 15 [5점]

다음은 이동탱크저장소에 설치하는 주입설비에 대한 내용이다. 괄호 안에 알맞은 말을 쓰시오.

(1) 주입설비의 길이는 (　　)m 이내로 하고, 그 선단에 축적되는 (　　)를 유효하게 제거할 수 있는 장치를 한다.
(2) 분당 토출량은 (　　)L 이하로 한다.

≫풀이 이동탱크저장소에 주입설비(주입호스의 선단에 개폐밸브를 설치한 것을 말한다)를 설치하는 기준
① 위험물이 샐 우려가 없고 화재예방상 안전한 구조로 할 것
② 주입설비의 길이는 **50m** 이내로 하고, 그 선단에 축적되는 **정전기**를 유효하게 제거할 수 있는 장치를 할 것
③ 분당 토출량은 **200L** 이하로 할 것

≫정답
(1) 50, 정전기
(2) 200

필답형 16 [5점]

〈보기〉에서 설명하는 위험물에 대하여 물음에 답하시오.

위험물의 저장 및 취급에 관한 기준 : 불티, 불꽃, 고온체와의 접근이나 과열, 충격 또는 마찰을 피해야 한다.

(1) 〈보기〉의 위험물과 운반 시 혼재가 가능한 위험물의 유별을 쓰시오.
(2) 운반용기 외부에 표기해야 하는 주의사항을 쓰시오.
(3) 행정안전부령으로 정하는 품명 2가지를 쓰시오.

>>>풀이 자체적으로 가연물과 산소공급원을 동시에 포함하고 있는 **제5류 위험물**(자기반응성 물질)의 저장 또는 취급은 불티, 불꽃, 고온체와의 접근이나 과열, 충격 또는 마찰을 피해야 한다.

(1) 유별을 달리하는 위험물의 혼재기준(운반기준)

위험물의 구분	제1류	제2류	제3류	제4류	제5류	제6류
제1류		×	×	×	×	○
제2류	×		×	○	○	×
제3류	×	×		○	×	×
제4류	×	○	○		○	×
제5류	×	○	×	○		×
제6류	○	×	×	×	×	

(2) 운반용기 외부에 표시해야 하는 사항
① 품명, 위험등급, 화학명 및 수용성
② 위험물의 수량
③ 위험물에 따른 주의사항

유 별	품 명	운반용기의 주의사항
제1류 위험물	알칼리금속의 과산화물	화기·충격주의, 가연물접촉주의, 물기엄금
	그 밖의 것	화기·충격주의, 가연물접촉주의
제2류 위험물	철분, 금속분, 마그네슘	화기주의, 물기엄금
	인화성 고체	화기엄금
	그 밖의 것	화기주의
제3류 위험물	금수성 물질	물기엄금
	자연발화성 물질	화기엄금, 공기접촉엄금
제4류 위험물	인화성 액체	화기엄금
제5류 위험물	자기반응성 물질	**화기엄금, 충격주의**
제6류 위험물	산화성 액체	가연물접촉주의

(3) 제5류 위험물(자기반응성 물질)의 지정수량

유 별	위험등급	품 명	법령구분	지정수량
제5류 위험물	I, II	**유기과산화물**	대통령령	제1종 : 10kg, 제2종 : 100kg
		질산에스터류		
		나이트로화합물		
		나이트로소화합물		
		아조화합물		
		다이아조화합물		
		하이드라진유도체		
		하이드록실아민		
		하이드록실아민염류		
		금속의 아지화합물	행정안전부령	
		질산구아니딘		

>>> 정답

(1) 제2류 위험물, 제4류 위험물
(2) 화기엄금, 충격주의
(3) 금속의 아지화합물, 질산구아니딘

필답형 17 [5점]

다음의 조건을 갖는 가로로 설치한 원통형 탱크의 용량은 몇 L인지 구하시오. (단, 여기서 $r =$ 2m, $l = 5$m, $l_1 = 1.5$m, $l_2 = 1.5$m이며, 탱크의 공간용적은 내용적의 5%이다.)

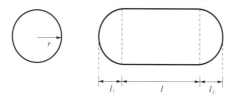

>>> 풀이

가로로 설치한 양쪽이 볼록한 원통형 탱크의 내용적(V)을 구하는 공식은 다음과 같다.

$$V = \pi r^2 \times \left(l + \frac{l_1 + l_2}{3} \right)$$

〈문제〉에서 탱크의 공간용적이 내용적의 5%이므로 탱크의 용량은 내용적의 95%이며 다음과 같이 구할 수 있다.

탱크의 용량 $= \pi \times r^2 \times \left(l + \dfrac{l_1 + l_2}{3} \right) \times 0.95$

$\qquad\qquad\quad = \pi \times 2^2 \times \left(5 + \dfrac{1.5 + 1.5}{3} \right) \times 0.95 = 71.62831 \text{m}^3$

$71.62831\text{m}^3 \times \dfrac{1,000\text{L}}{1\text{m}^3} = $ **71,628.31L**

🔅 Tip

일반적으로 탱크의 내용적 또는 용량을 구하는 문제의 단위는 m^3인 경우가 대부분이지만 이 문제의 경우 단위가 L이기 때문에 m^3의 값에 1,000을 곱해야 한다는 점 주의하세요.

>>> 정답

71,628.31L

필답형 18 [5점]

다음 지정수량의 배수에 따른 제조소의 보유공지는 몇 m 이상으로 해야 하는지 쓰시오.

(1) 1배
(2) 5배
(3) 10배
(4) 20배
(5) 200배

>>> 풀이 제조소의 보유공지

지정수량의 배수	보유공지의 너비
10배 이하	3m 이상
10배 초과	5m 이상

Check >>>

제조소에 보유공지를 두지 않을 수 있는 경우

제조소의 작업공정이 다른 작업장의 작업공정과 연속되어 있는 제조소의 건축물, 그 밖의 공작물의 주위에 보유공지를 두게 되면 그 제조소의 작업에 현저한 지장이 생길 우려가 있는 경우 제조소와 다른 작업장 사이에 아래의 기준에 따라 방화상 유효한 격벽(방화벽)을 설치한 때에는 제조소와 다른 작업장 사이에 보유공지를 두지 않을 수 있다.

1. 방화벽은 내화구조로 할 것. 다만, 취급하는 위험물이 제6류 위험물인 경우에는 불연재료로 할 수 있다.
2. 방화벽에 설치하는 출입구 및 창에는 자동폐쇄식의 60분＋방화문 또는 60분 방화문을 설치할 것
3. 방화벽의 양단 및 상단이 외벽 또는 지붕으로부터 50cm 이상 돌출할 것

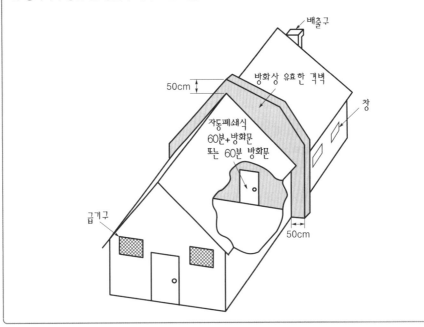

>>> 정답 (1) 3m 이상 (2) 3m 이상 (3) 3m 이상 (4) 5m 이상 (5) 5m 이상

필답형 19　　　　　　　　　　　　　　　　　　　　　　　　[5점]

다음은 옥내탱크저장소의 탱크전용실 구조에 관한 내용이다. 괄호 안에 들어갈 알맞은 말을 쓰시오.

(1) 탱크전용실의 창 또는 출입구에 유리를 이용하는 경우에는 (　　)로 할 것
(2) 액상인 위험물의 옥내저장탱크를 설치하는 탱크전용실의 바닥은 적당한 경사를 두는 한편, (　　)를 설치할 것
(3) 탱크전용실 외의 장소에 옥내저장탱크의 펌프설비를 설치하는 경우
  • 상층이 없는 경우에는 지붕을 (　　)로 하며, 천장을 설치하지 아니할 것
  • 펌프실에는 창을 설치하지 아니할 것. 다만, 제6류 위험물의 탱크전용실에 있어서는 (　　) 또는 (　　)이 있는 창을 설치할 수 있다.
(4) 탱크전용실에 펌프설비를 설치하는 경우에는 견고한 기초 위에 고정한 다음 그 주위에는 불연재료로 된 턱을 (　　)m 이상의 높이로 설치하는 등 누설된 위험물이 유출되거나 유입되지 아니하도록 하는 조치를 할 것

≫≫풀이　옥내탱크저장소의 탱크전용실의 구조
　① 창 및 출입구 : 60분＋방화문·60분 방화문 또는 30분 방화문
　　• 연소의 우려가 있는 외벽에 두는 출입구는 수시로 열 수 있는 자동폐쇄식의 60분＋방화문 또는 60분 방화문
　　• 창 또는 출입구에 유리를 이용하는 경우에는 **망입유리**로 할 것
　② 액상인 위험물의 탱크전용실 바닥
　　• 위험물이 침투하지 아니하는 구조로 하고, 적당히 경사지게 하여 그 최저부에 **집유설비**를 할 것
　③ 탱크전용실 외의 장소에 옥내저장탱크의 펌프설비를 설치하는 경우
　　• 펌프실은 상층이 있는 경우에는 상층의 바닥을 내화구조로, 상층이 없는 경우는 지붕을 **불연재료**로 하며, 천장을 설치하지 아니할 것
　　• 창 : 설치하지 아니할 것. 다만, 제6류 위험물의 탱크전용실에 있어서는 **60분＋방화문·60분 방화문 또는 30분 방화문**이 있는 창을 설치할 수 있다.
　④ 탱크전용실에 펌프설비를 설치하는 경우
　　• 견고한 기초 위에 고정한 다음 그 주위에는 불연재료로 된 턱을 0.2m 이상의 높이로 설치하는 등 누설된 위험물이 유출되거나 유입되지 않도록 할 것

≫≫정답　(1) 망입유리
　　　　　　(2) 집유설비
　　　　　　(3) 불연재료, 60분＋방화문 또는 60분 방화문, 30분 방화문
　　　　　　(4) 0.2

필답형 20　　　　　　　　　　　　　　　　　　　　　　　　　**[5점]**

다음은 지하탱크저장소의 설치기준에 관한 내용이다. 괄호 안에 알맞은 말을 쓰시오.

(1) 지하저장탱크의 윗부분은 지면으로부터 (　　)m 이상 아래에 있어야 하며, 지하저장탱크를
　　 2 이상 인접해 설치하는 경우 상호간에 (　　)m(탱크 용량의 합계가 지정수량의 100배 이하인
　　 경우에는 (　　)m) 이상의 간격을 유지하여야 한다. 다만, 그 사이에 탱크전용실의 벽이나 두께
　　 (　　)cm 이상의 콘크리트 구조물이 있는 경우에는 그러하지 아니하다.
(2) 탱크전용실은 지하의 벽, 가스관 등의 시설물 및 대지경계선으로부터 (　　)m 이상 떨어진 곳에
　　 설치한다.

≫≫ 풀이　지하저장탱크를 설치하는 기준

① 탱크전용실의 내부에는 입자지름 5mm 이하의 마른자갈분 또는 마른모래를 채운다.
② 지면으로부터 지하저장탱크의 윗부분까지의 거리 : **0.6m 이상**으로 한다.
③ 지하저장탱크를 2개 이상 인접하여 설치할 때 상호거리는 **1m 이상**으로 한다. 단, 지하저장탱크 용량의 합
　 이 지정수량의 100배 이하인 경우에는 **0.5m 이상**으로 한다. 다만, 그 사이에 탱크전용실의 벽이나 두께
　 20cm 이상의 콘크리트 구조물이 있는 경우에는 그러하지 아니하다.
④ 탱크전용실로부터 안쪽과 바깥쪽으로의 거리
　 • 지하의 벽, 가스관, 대지경계선으로부터 탱크전용실 바깥쪽과의 사이 : **0.1m 이상**
　 • 지하저장탱크와 탱크전용실 안쪽과의 사이 : 0.1m 이상
⑤ 탱크전용실의 벽, 바닥 및 뚜껑의 두께는 0.3m 이상의 철근콘크리트로 한다.
⑥ 밸브 없는 통기관의 선단은 지면으로부터 4m 이상의 높이에 설치한다.

≫≫ 정답　(1) 0.6, 1, 0.5, 20
　　　　　(2) 0.1

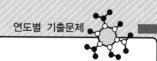

2022 제1회 위험물산업기사 실기

2022년 5월 7일 시행

※ 필답형＋작업형으로 치러지던 기존 시험에서는 각 문항별 배점이 상이하였으나,
필답형(20문제) 시험만 보는 2020년 1회부터는 각 문항 배점이 모두 5점입니다!

 필/답/형 시험

필답형 01 [5점]

제3류 위험물 중 보라색 불꽃반응을 하는 위험물이 과산화반응을 통해 생성된 물질에 대해 다음
물음에 답하시오.

(1) 물과의 반응식
(2) 이산화탄소와의 반응식
(3) 옥내저장소에 저장할 경우 바닥면적은 몇 m² 이하로 하여야 하는가?

 제3류 위험물 중 보라색 불꽃반응을 하는 위험물은 칼륨(K)이고, 칼륨이 과산화반응을 통해 생성된 물질은 과
산화칼륨(K_2O_2)이다.

과산화칼륨(K_2O_2)

① 제1류 위험물로서 품명은 무기과산화물이며, 지정수량은 50kg, 위험등급 I이다.

② 물과의 반응으로 수산화칼륨(KOH)과 다량의 산소(O_2), 그리고 열을 발생하므로 물기엄금 해야 한다.
　－ 물과의 반응식 : $2K_2O_2 + 2H_2O \rightarrow 4KOH + O_2$

③ 이산화탄소(탄산가스)와 반응하여 탄산칼륨(K_2CO_3)과 산소(O_2)가 발생한다.
　－ 이산화탄소와의 반응식 : $2K_2O_2 + 2CO_2 \rightarrow 2K_2CO_3 + O_2$

④ 제1류 위험물 중 아염소산염류, 염소산염류, 과염소산염류, 무기과산화물, 그 밖에 지정수량이 50kg인 위험
물(위험등급 I)은 옥내저장소의 바닥면적을 **1,000m² 이하**로 한다.

⑤ 소화방법 : 물로 냉각소화하면 산소와 열의 발생으로 위험하므로 마른모래, 팽창질석, 팽창진주암, 탄산수소
염류 분말소화약제로 질식소화를 해야 한다.

> **Check 》》**
>
> 1. 분해온도 490℃, 비중 2.9이다.
> 2. 열분해 시 산화칼륨(K_2O)과 산소(O_2)가 발생한다.
>   － 분해반응식 : $2K_2O_2 \rightarrow 2K_2O + O_2$
> 3. 초산과 반응 시 초산칼륨(CH_3COOK)과 제6류 위험물인 과산화수소(H_2O_2)가 발생한다.
>   － 분해반응식 : $K_2O_2 + 2CH_3COOH \rightarrow 2CH_3COOK + H_2O_2$

》》정답 (1) $2K_2O_2 + 2H_2O \rightarrow 4KOH + O_2$
(2) $2K_2O_2 + 2CO_2 \rightarrow 2K_2CO_3 + O_2$
(3) 1,000m² 이하

필답형 02 [5점]

다음 반응에서 생성되는 유독가스의 명칭을 쓰시오. (단, 없으면 "없음"이라고 쓰시오.)

(1) 황린의 연소반응
(2) 황린과 수산화칼륨의 수용액 반응
(3) 아세트산의 연소반응
(4) 인화칼슘과 물의 반응
(5) 과산화바륨과 물의 반응

≫≫풀이
(1) 황린(P_4)은 공기 중에서 연소 시 **오산화인**(P_2O_5)이라는 유독성의 흰 연기가 발생한다.
- $P_4 + 5O_2 \rightarrow 2P_2O_5$
(2) 황린은 수산화칼륨(KOH) 용액 등의 강알칼리성의 물에서는 가연성이면서 맹독성인 **포스핀**(PH_3) 가스를 발생한다.
- $P_4 + 3KOH + 3H_2O \rightarrow PH_3 + 3KH_2PO_2$
(3) 아세트산(CH_3COOH)은 연소 시 이산화탄소(CO_2)와 수증기(H_2O)가 발생한다.
- $CH_3COOH + 2O_2 \rightarrow 2CO_2 + 2H_2O$
(4) 인화칼슘(Ca_3P_2)은 물과 반응 시 수산화칼슘[$Ca(OH)_2$]과 함께 가연성이면서 맹독성인 **포스핀**(PH_3) 가스가 발생한다.
- $Ca_3P_2 + 6H_2O \rightarrow 3Ca(OH)_2 + 2PH_3$
(5) 과산화바륨(BaO_2)은 물과 반응 시 수산화바륨[$Ba(OH)_2$]과 산소가(O_2) 발생한다.
- $2BaO_2 + 2H_2O \rightarrow 2Ba(OH)_2 + O_2$

≫≫정답 (1) 오산화인 (2) 포스핀 (3) 없음 (4) 포스핀 (5) 없음

필답형 03 [5점]

제3류 위험물 중 위험등급 Ⅰ에 해당하는 품명 5가지를 쓰시오.

≫≫풀이

유 별	성 질	위험등급	품 명	지정수량
제3류	자연발화성 물질 및 금수성 물질	Ⅰ	1. **칼륨**	10kg
			2. **나트륨**	10kg
			3. **알킬알루미늄**	10kg
			4. **알킬리튬**	10kg
			5. **황린**	20kg
		Ⅱ	6. 알칼리금속(칼륨 및 나트륨 제외) 및 알칼리토금속	50kg
			7. 유기금속화합물(알킬알루미늄 및 알킬리튬 제외)	50kg
		Ⅲ	8. 금속의 수소화물	300kg
			9. 금속의 인화물	300kg
			10. 칼슘 또는 알루미늄의 탄화물	300kg
			11. 그 밖에 행정안전부령으로 정하는 것 염소화규소화합물	300kg

≫≫정답 칼륨, 나트륨, 알킬알루미늄, 알킬리튬, 황린

필답형 04 [5점]

다음 중 자연발화성 및 금수성 물질인 것을 모두 쓰시오. (단, 없으면 "해당 없음"이라고 쓰시오.)

칼륨, 황린, 트라이나이트로페놀, 나이트로벤젠, 글리세린, 수소화나트륨

≫≫풀이 제3류 위험물 - 자연발화성 물질 및 금수성 물질

유 별	성 질	위험등급	품 명	지정수량
제3류	자연발화성 물질 및 금수성 물질	I	1. **칼륨**	10kg
			2. 나트륨	10kg
			3. 알킬알루미늄	10kg
			4. 알킬리튬	10kg
			5. **황린**	20kg
		II	6. 알칼리금속(칼륨 및 나트륨 제외) 및 알칼리토금속	50kg
			7. 유기금속화합물(알킬알루미늄 및 알킬리튬 제외)	50kg
		III	8. 금속의 수소화물	300kg
			9. 금속의 인화물	300kg
			10. 칼슘 또는 알루미늄의 탄화물	300kg
			11. 그 밖에 행정안전부령으로 정하는 것 염소화규소화합물	300kg

① 트라이나이트로페놀은 제5류 위험물로서 품명은 나이트로화합물이며, 지정수량은 제1종 : 10kg, 제2종 : 100kg인 자기반응성 물질이다.

② 나이트로벤젠은 제4류 위험물로서 품명은 제3석유류이며, 비수용성이고, 지정수량은 2,000L인 인화성 액체이다.

③ 글리세린은 제4류 위험물로서 품명은 제3석유류이며, 수용성이고, 지정수량은 4,000L인 인화성 액체이다.

④ **수소화나트륨(NaH)은 제3류 위험물로서 품명은 금속의 수소화물**이며, 지정수량은 300kg인 자연발화성 및 금수성 물질이다.

≫≫정답 칼륨, 황린, 수소화나트륨

필답형 05 [5점]

다음 위험물의 연소반응식을 쓰시오.

(1) 메틸알코올   (2) 에틸알코올

≫≫풀이 알코올의 연소

① 메틸알코올의 연소반응식 : $2CH_3OH + 3O_2 \rightarrow 2CO_2 + 4H_2O$

② 에틸알코올의 연소반응식 : $C_2H_5OH + 3O_2 \rightarrow 2CO_2 + 3H_2O$

> **Check ≫≫**
>
> 알코올의 산화
>
> 1. 메틸알코올의 산화 : $CH_3OH \underset{-H_2}{\overset{}{\rightleftharpoons}} HCHO \underset{}{\overset{+0.5O_2}{\rightleftharpoons}} HCOOC$
>   메틸알코올   폼알데하이드   폼산
>
> 2. 에틸알코올의 산화 : $C_2H_5OH \underset{-H_2}{\overset{}{\rightleftharpoons}} CH_3CHO \underset{}{\overset{+0.5O_2}{\rightleftharpoons}} CH_3COOC$
>   에틸알코올   아세트알데하이드   아세트산

≫≫정답 (1) $2CH_3OH + 3O_2 \rightarrow 2CO_2 + 4H_2O$ (2) $C_2H_5OH + 3O_2 \rightarrow 2CO_2 + 3H_2O$

필답형 06 [5점]

마그네슘에 대해 다음 물음에 답하시오.

(1) 물과의 반응식을 쓰시오.
(2) 염산과의 반응식을 쓰시오.
(3) 다음의 내용에서 빈칸에 공통으로 들어갈 내용을 쓰시오.
   다음 중 어느 하나에 해당하는 마그네슘은 제2류 위험물에서 제외한다.
   – (   )mm의 체를 통과하지 아니하는 덩어리상태의 것
   – 직경 (   )mm 이상의 막대모양의 것
(4) 위험등급을 쓰시오.

≫≫ 풀이 마그네슘(Mg)
① 제2류 위험물로서 지정수량은 500kg, **위험등급 Ⅲ**이다.
② 비중 1.74, 융점 650℃, 발화점 473℃이며, 은백색 광택을 가지고 있다.
③ 물과 반응 시 수산화마그네슘[$Mg(OH)_2$]과 수소(H_2)가 발생한다.
   – 물과의 반응식 : $Mg + 2H_2O \rightarrow Mg(OH)_2 + H_2$
④ 염산과의 반응 시 염화마그네슘($MgCl_2$)과 수소(H_2)가 발생한다.
   – 염산과의 반응식 : $Mg + 2HCl \rightarrow MgCl_2 + H_2$
⑤ 다음 중 어느 하나에 해당하는 마그네슘은 제2류 위험물에서 제외한다.
   – **2mm**의 체를 통과하지 아니하는 덩어리상태의 것
   – 직경 **2mm** 이상의 막대모양의 것
⑥ 소화방법: 냉각소화 시 수소가 발생하므로 마른모래, 탄산수소염류 등으로 질식소화를 해야 한다.

> **Check ≫≫**
> 1. 연소 시 산화마그네슘(MgO)이 발생한다.
>   – 연소반응식 : $2Mg + O_2 \rightarrow 2MgO$
> 2. 황산과 반응 시 황산마그네슘($MgSO_4$)과 수소(H_2)가 발생한다.
>   – 황산과의 반응식 : $Mg + H_2SO_4 \rightarrow MgSO_4 + H_2$
> 3. 이산화탄소와 반응 시 산화마그네슘(MgO)과 가연성 물질인 탄소(C) 또는 유독성 기체인 일산화탄소(CO)가 발생한다.
>   – 이산화탄소와의 반응식 : $2Mg + CO_2 \rightarrow 2MgO + C$ 또는 $Mg + CO_2 \rightarrow MgO + CO$

≫≫ 정답
(1) $Mg + 2H_2O \rightarrow Mg(OH)_2 + H_2$
(2) $Mg + 2HCl \rightarrow MgCl_2 + H_2$
(3) 2
(4) 위험등급 Ⅲ

필답형 07 [5점]

다음 각각의 위험물을 저장하는 지하저장탱크를 인접해 설치할 때 두 지하저장탱크 사이의 간격은 몇 m 이상으로 해야 하는지 쓰시오.

(1) 경유 20,000L와 휘발유 8,000L
(2) 경유 8,000L와 휘발유 20,000L
(3) 경유 20,000L와 휘발유 20,000L

▶▶▶풀이 지하저장탱크를 2개 이상 인접해 설치할 때 상호거리는 1m 이상으로 한다. 단, 지하저장탱크 용량의 합이 지정수량의 100배 이하일 경우에는 0.5m 이상으로 한다. 다만, 그 사이에 탱크전용실의 벽이나 두께 20cm 이상의 콘크리트 구조물이 있는 경우에는 그러하지 아니하다.

경유는 제4류 위험물로서 품명은 제2석유류, 비수용성이며, 지정수량은 1,000L이고, 휘발유는 제4류 위험물로서 품명은 제1석유류, 비수용성이며, 지정수량은 200L이다.

(1) 지정수량 배수의 합은 $\dfrac{20{,}000L}{1{,}000L} + \dfrac{8{,}000L}{200L} = 60$배이다. 지정수량의 합이 지정수량의 100배 이하에 해당하는 양이므로 두 지하저장탱크 사이의 간격은 **0.5m 이상**으로 한다.

(2) 지정수량 배수의 합은 $\dfrac{8{,}000L}{1{,}000L} + \dfrac{20{,}000L}{200L} = 108$배이다. 지정수량의 합이 지정수량의 100배를 초과하므로 두 지하저장탱크 사이의 간격은 **1m 이상**으로 한다.

(3) 지정수량 배수의 합은 $\dfrac{20{,}000L}{1{,}000L} + \dfrac{20{,}000L}{200L} = 120$배이다. 지정수량의 합이 지정수량의 100배를 초과하므로 두 지하저장탱크 사이의 간격은 **1m 이상**으로 한다.

Check ▶▶▶

지하탱크저장소의 설치기준

1. 전용실의 내부 : 입자지름 5mm 이하의 마른자갈분 또는 마른모래를 채운다.
2. 지면으로부터 지하탱크의 윗부분까지의 거리 : 0.6m 이상
3. 탱크전용실로부터 안쪽과 바깥쪽으로의 거리
   - 지하의 벽, 가스관, 대지경계선으로부터 탱크전용실 바깥쪽과의 사이 : 0.1m 이상
   - 지하저장탱크와 탱크전용실 안쪽과의 사이 : 0.1m 이상
4. 탱크전용실의 기준 : 벽, 바닥 및 뚜껑의 두께는 0.3m 이상의 철근콘크리트로 한다.
5. 지면으로부터 통기관의 선단까지의 높이 : 4m 이상

▶▶▶정답
(1) 0.5m 이상
(2) 1m 이상
(3) 1m 이상

필답형 08 [5점]

다음 각 위험물의 증기비중을 구하시오.

(1) 이황화탄소
(2) 아세트알데하이드
(3) 벤젠

>>> 풀이

증기비중을 구하는 식은 $\dfrac{\text{기체의 분자량(g/mol)}}{\text{공기의 분자량(g/mol)}} = \dfrac{\text{분자량}}{29}$ 이다.

(1) 이황화탄소(CS_2)의 1mol의 분자량은 12g(C)+32g(S)×2=76g/mol이고, 증기비중 = $\dfrac{76}{29}$ =**2.62**이다.

(2) 아세트알데하이드(CH_3CHO)의 1mol의 분자량은 12g(C)×2+1g(H)×4+16g(O)=44g/mol이고, 증기비중 = $\dfrac{44}{29}$ =**1.52**이다.

(3) 벤젠(C_6H_6)의 1mol의 분자량은 12g(C)×6+1g(H)×6=78g/mol이고, 증기비중 = $\dfrac{78}{29}$ =**2.69**이다.

>>> 정답

(1) 2.62
(2) 1.52
(3) 2.69

필답형 09 [5점]

다음 품명에 맞는 유별 및 지정수량을 빈칸에 알맞게 적으시오.

품 명	유 별	지정수량
황린	제3류 위험물	20kg
질산염류	①	⑥
칼륨	②	⑦
아조화합물	③	⑧
나이트로화합물	④	⑨
질산	⑤	⑩

>>> 풀이

품 명	유 별	지정수량	위험등급
황린	제3류 위험물	20kg	I
질산염류	**제1류 위험물**	300kg	II
칼륨	**제3류 위험물**	10kg	I
아조화합물	**제5류 위험물**	제1종 : 10kg, 제2종 : 100kg	I , II
나이트로화합물	**제5류 위험물**	제1종 : 10kg, 제2종 : 100kg	I , II
질산	**제6류 위험물**	300kg	I

>>> 정답

① 제1류 위험물, ② 제3류 위험물, ③ 제5류 위험물, ④ 제5류 위험물, ⑤ 제6류 위험물
⑥ 300kg, ⑦ 10kg, ⑧ 제1종 : 10kg, 제2종 : 100kg, ⑨ 제1종 : 10kg, 제2종 : 100kg, ⑩ 300kg

필답형 10 [5점]

에틸렌과 산소를 $CuCl_2$ 촉매 하에서 반응시키면 생성되는 물질로, 분자량 44인 특수인화물에 대해 다음 물음에 답하시오.

(1) 시성식을 쓰시오.
(2) 증기비중을 구하시오.
(3) 보냉장치가 없는 이동저장탱크에 저장하는 경우 온도는 몇 ℃ 이하로 유지하여야 하는가?

>>>풀이 아세트알데하이드(CH_3CHO)

① 제4류 위험물로서 품명은 특수인화물이며, 지정수량은 50L, 위험등급 Ⅰ이다.
② 인화점 −38℃, 발화점 185℃, 비점 21℃, 연소범위는 4.1∼57%이다.
③ 아세트알데하이드(CH_3CHO) 1mol의 분자량은 12g(C)×2＋1g(H)×4＋16g(O)＝44g/mol이고, 증기비중
　＝$\dfrac{44}{29}$＝**1.52**이다.
④ 보냉장치가 있는 이동탱크에 저장하는 경우 저장온도는 비점 이하로 유지시켜야 하며, 보냉장치가 없는 이동탱크에 저장하는 경우 저장온도는 **40℃ 이하**로 유지시켜야 한다.
⑤ 소화방법 : 이산화탄소(CO_2), 할로젠화합물, 분말소화약제를 사용하고, 포를 이용해 소화할 경우에는 일반 포는 소포성때문에 효과가 없으므로 알코올포 소화약제를 사용해야 한다.

> Check >>>
>
> 1. 에틸렌(C_2H_4)과 산소와의 반응 : $2C_2H_4 + O_2 \xrightarrow{CuCl_2} 2CH_3CHO$
> 2. 수은, 은, 구리, 마그네슘은 아세트알데하이드와 중합반응을 하면서 폭발성의 금속 아세틸라이드를 생성하여 위험해지기 때문에 저장용기 재질로 사용하면 안된다.
> 3. 저장 시 용기 상부에는 질소(N_2)와 같은 불연성 가스 또는 아르곤(Ar)과 같은 불활성 기체를 봉입한다.

>>>정답 (1) CH_3CHO　(2) 1.52　(3) 40℃ 이하

필답형 11 [5점]

다음 〈보기〉의 위험물 중 제2석유류이며 수용성인 위험물을 고르시오.

메틸알코올, 폼산, 아세트산, 글리세린, 나이트로벤젠

>>>풀이

물질명	화학식	품 명	지정수량	위험등급	수용성 여부
메틸알코올	CH_3OH	알코올류	400L	Ⅱ	수용성
폼산	$HCOOH$	**제2석유류**	2,000L	Ⅲ	**수용성**
아세트산	CH_3COOH	**제2석유류**	2,000L	Ⅲ	**수용성**
글리세린	$C_3H_5(OH)_3$	제3석유류	4,000L	Ⅲ	수용성
나이트로벤젠	$C_6H_5NO_2$	제3석유류	2,000L	Ⅲ	비수용성

>>>정답 폼산, 아세트산

필답형 12 [5점]

다음 〈보기〉를 보고 물음에 답하시오.

- 제4류 위험물 중 제1석유류, 비수용성
- 무색투명한 방향성을 갖는 휘발성이 강한 액체
- 분자량 78, 인화점 −11℃

(1) 〈보기〉에 해당하는 위험물의 명칭을 쓰시오.

(2) 〈보기〉에 해당하는 위험물의 구조식을 쓰시오.

(3) 위험물을 취급하는 설비에 있어서 〈보기〉에 해당하는 위험물이 직접 배수구에 흘러가지 아니하도록 집유설비에 무엇을 설치하여야 하는가? (단, 해당 없으면 "해당 없음"이라고 쓰시오.)

▶▶▶풀이 **벤젠**(C_6H_6)

▮ 벤젠의 구조식 ▮

① 제4류 위험물로서 품명은 제1석유류이며, 비수용성으로 지정수량은 200L, 위험등급 Ⅱ이다.

② 인화점 −11℃, 발화점 498℃, 연소범위 1.4~7.1%, 융점 5.5℃, 비점 80℃이다.

③ 연소 시 이산화탄소(CO_2)와 물(H_2O)을 발생시킨다.

　－ 연소반응식 : $2C_6H_6 + 15O_2 \rightarrow 12CO_2 + 6H_2O$

④ 저장 또는 취급하는 장소의 주위에는 배수구 및 집유설비를 설치하여야 한다. 이 경우 직접 배수구에 흘러가지 않도록 집유설비에 **유분리장치**도 함께 설치하여야 한다.

> **Check ▶▶▶**
>
> **인화성 고체(인화점 21℃ 미만인 것), 제1석유류, 알코올류의 옥외저장소의 특례**
>
> 1. 인화성 고체(인화점 21℃ 미만인 것), 제1석유류, 알코올류를 저장 또는 취급하는 장소에는 위험물을 적당한 온도로 유지하기 위한 살수설비 등을 설치해야 한다.
> 2. 제1석유류 또는 알코올류를 저장 또는 취급하는 장소의 주위에는 배수구 및 집유설비를 설치하여야 한다. 이 경우 제1석유류(20℃의 물 100g에 용해되는 양이 1g 미만인 것에 한한다)를 저장 또는 취급하는 장소에 있어서는 집유설비에 유분리장치도 함께 설치하여야 한다.

▶▶▶정답 (1) 벤젠　(2) 　(3) 유분리장치

필답형 13 [5점]

다음은 주유취급소에 설치하는 탱크의 용량 기준에 대한 것이다. 빈칸에 들어갈 알맞은 답을 쓰시오.

(1) 고정주유설비에 직접 접속하는 전용탱크는 (　　　) 이하이다.

(2) 고정급유설비에 직접 접속하는 전용탱크는 (　　　) 이하이다.

(3) 보일러 등에 직접 접속하는 전용탱크는 (　　　) 이하이다.

(4) 폐유·윤활유 등의 위험물을 저장하는 탱크는 (　　　) 이하이다.

>>> 풀이 주유취급소의 탱크 용량
① 고정주유설비(자동차에 위험물을 주입하는 설비)에 직접 접속하는 전용탱크 : **50,000L** 이하
② 고정급유설비(이동탱크 또는 용기에 위험물을 주입하는 설비)에 직접 접속하는 전용탱크 : **50,000L** 이하
③ 보일러 등에 직접 접속하는 전용탱크 : **10,000L** 이하
④ 폐유, 윤활유 등의 위험물을 저장하는 탱크 : **2,000L** 이하
⑤ 고정주유설비 또는 고정급유설비에 직접 접속하는 전용간이탱크 : **600L** 이하의 탱크 3기 이하
⑥ 고속국도(고속도로)의 주유취급소에 있는 고정주유설비 및 고정급유설비에 직접 접속하는 전용탱크 : 각각 **60,000L** 이하

>>> 정답 (1) 50,000L
(2) 50,000L
(3) 10,000L
(4) 2,000L

필답형 14 [5점]

위험물의 운반에 관한 기준에서 다음 위험물과 혼재할 수 있는 유별 위험물을 모두 쓰시오. (단, 지정수량의 1/10을 초과하는 위험물을 운반하는 경우이다.)

(1) 제2류 위험물
(2) 제4류 위험물
(3) 제6류 위험물

>>> 풀이 유별을 달리하는 위험물의 혼재기준

위험물의 구분	제1류	제2류	제3류	제4류	제5류	제6류
제1류		×	×	×	×	○
제2류	×		×	○	○	×
제3류	×	×		○	×	×
제4류	×	○	○		○	×
제5류	×	○	×	○		×
제6류	○	×	×	×	×	

위 표에서 알 수 있듯이 위험물의 운반에 관한 혼재기준에 따라 위험물끼리 혼재할 수 있는 유별은 다음과 같다.
① 제1류 위험물 : 제6류 위험물
② 제2류 위험물 : **제4류 위험물, 제5류 위험물**
③ 제3류 위험물 : 제4류 위험물
④ 제4류 위험물 : **제2류 위험물, 제3류 위험물, 제5류 위험물**
⑤ 제5류 위험물 : 제2류 위험물, 제4류 위험물
⑥ 제6류 위험물 : **제1류 위험물**

>>> 정답 (1) 제4류 위험물, 제5류 위험물
(2) 제2류 위험물, 제3류 위험물, 제5류 위험물
(3) 제1류 위험물

필답형 15 [5점]

다음 분말소화약제의 화학식을 쓰시오.

(1) 제1종 분말소화약제
(2) 제2종 분말소화약제
(3) 제3종 분말소화약제

>>> 풀이 분말소화약제의 분류

분말소화약제의 구분	주성분	화학식	적응화재	착색
제1종 분말	탄산수소나트륨	$NaHCO_3$	B급, C급	백색
제2종 분말	탄산수소칼륨	$KHCO_3$	B급, C급	보라색(담회색)
제3종 분말	인산암모늄	$NH_4H_2PO_4$	A급, B급, C급	담홍색
제4종 분말	탄산수소칼륨과 요소의 반응생성물	$KHCO_3 + (NH_2)_2CO$	B급, C급	회색

>>> 정답
(1) $NaHCO_3$
(2) $KHCO_3$
(3) $NH_4H_2PO_4$

필답형 16 [5점]

옥외저장소 보유공지에 대해 다음 빈칸을 알맞게 채우시오.

저장 또는 취급하는 위험물의 최대수량	저장 또는 취급하는 위험물	공지의 너비
지정수량의 10배 이하	제1석유류	(①)m 이상
	제2석유류	(②)m 이상
지정수량의 20배 초과 50배 이하	제2석유류	(③)m 이상
	제3석유류	(④)m 이상
	제4석유류	(⑤)m 이상

>>> 풀이 옥외저장소 보유공지 기준은 다음과 같다.

저장 또는 취급하는 위험물의 최대수량	공지의 너비
지정수량의 10배 이하	3m 이상
지정수량의 10배 초과 20배 이하	5m 이상
지정수량의 20배 초과 50배 이하	9m 이상
지정수량의 50배 초과 200배 이하	12m 이상
지정수량의 200배 초과	15m 이상

단, 제4류 위험물 중 **제4석유류**와 제6류 위험물을 저장 또는 취급하는 보유공지는 **공지 너비의 1/3 이상**으로 **단축**할 수 있다.

>>> 정답 ① 3, ② 3, ③ 9, ④ 9, ⑤ 3

필답형 17 [5점]

제4류 위험물 중 동식물유류에 대해 다음 물음에 답하시오.

(1) 아이오딘값의 정의를 쓰시오.
(2) 동식물유류를 아이오딘값에 따라 분류하시오.

▶▶풀이 (1) 아이오딘값이란 **유지 100g에 흡수되는 아이오딘의 g수**를 의미하며, 불포화도와 이중결합수에 비례한다.
(2) 동식물유류는 제4류 위험물로서 지정수량은 10,000L이며, 아이오딘값의 범위에 따라 건성유, 반건성유, 불건성유로 구분한다.
　① **건성유 : 아이오딘값이 130 이상인 것**
　　– 동물유 : 정어리유, 기타 생선유
　　– 식물유 : 동유(오동나무기름), 해바라기유, 아마인유, 들기름
　② **반건성유 : 아이오딘값이 100~130인 것**
　　– 동물유 : 청어유
　　– 식물유 : 쌀겨기름, 목화씨기름(면실유), 채종유(유채씨기름), 옥수수기름, 참기름
　③ **불건성유 : 아이오딘값이 100 이하인 것**
　　– 동물유 : 소기름, 돼지기름, 고래기름
　　– 식물유 : 올리브유, 동백유, 아주까리기름(피마자유), 야자유(팜유)

▶▶정답 (1) 유지 100g에 흡수되는 아이오딘의 g수
(2) 건성유 : 아이오딘값이 130 이상인 것, 반건성유 : 아이오딘값이 100~130인 것, 불건성유 : 아이오딘값이 100 이하인 것

필답형 18 [5점]

휘발유를 저장하는 옥외저장탱크의 방유제에 대해 다음 물음에 답하시오.

(1) 방유제의 면적은 몇 m² 이하로 하는지 쓰시오.
(2) 저장탱크의 개수에 제한을 두지 않는 경우에 대해 쓰시오.
(3) 제1석유류를 15만L 저장하는 경우, 방유제 안에 설치할 수 있는 탱크의 수를 쓰시오.

▶▶풀이 액체 위험물의 옥외저장탱크의 주위에는 위험물이 새었을 경우에 그 유출을 방지하기 위한 방유제를 설치하여야 한다.
(1) 방유제의 면적은 **80,000m²** 이하로 한다.
(2) 방유제 안에 설치할 수 있는 옥외저장탱크의 수
　① 10개 이하 : 인화점 70℃ 미만의 위험물을 저장하는 옥외저장탱크
　② 20개 이하 : 모든 옥외저장탱크의 용량의 합이 200,000L 이하이고 인화점이 70℃ 이상 200℃ 미만(제3석유류)인 경우
　③ **개수 무제한 : 인화점이 200℃ 이상인 위험물을 저장하는 경우**
(3) 제1석유류는 아세톤, 휘발유, 그 밖의 1기압에서 인화점이 21℃ 미만인 것을 말한다. 제1석유류는 인화점이 70℃ 미만이므로 방유제 안에 설치할 수 있는 옥외저장탱크의 수는 **10개 이하**이다.

▶▶정답 (1) 80,000m² 이하
(2) 인화점이 200℃ 이상인 위험물을 저장하는 경우
(3) 10개 이하

필답형 19　　　　　　　　　　　　　　　　　　　　　[5점]

다음 물음에 답하시오.

(1) 운송책임자의 운전자 감독 · 지원하는 방법으로 옳은 것을 모두 고르시오.
　　① 이동탱크저장소에 동승
　　② 사무실에 대기하면서 감독 · 지원
　　③ 부득이한 경우 GPS로 감독 · 지원
　　④ 다른 차량을 이용하여 따라다니면서 감독 · 지원

(2) 위험물 운송 시 운전자가 장시간 운전할 경우 2명 이상의 운전자로 하여야 하는데, 그러하지 않아도 되는 경우를 모두 고르시오.
　　① 운송책임자가 동승하는 경우
　　② 제2류 위험물을 운반하는 경우
　　③ 제4류 위험물 중 제1석유류를 운반하는 경우
　　④ 2시간 이내마다 20분 이상씩 휴식하는 경우

(3) 위험물 운송 시 이동탱크저장소에 비치하여야 하는 것을 모두 고르시오.
　　① 완공검사합격확인증
　　② 정기검사확인증
　　③ 설치허가확인증
　　④ 위험물안전관리카드

≫≫≫ 풀이
　(1) 운송책임자의 감독 또는 지원 방법
　　① 운송책임자가 **이동탱크저장소에 동승**하여 **감독 · 지원**
　　② 운송의 감독 또는 지원을 위하여 마련한 별도의 **사무실에 운송책임자가 대기**하면서 **감독 · 지원**
　(2) 위험물 운송자의 기준
　　① 운전자를 2명 이상으로 하는 경우
　　　㉠ 고속국도에서 340km 이상에 걸치는 운송을 하는 경우
　　　㉡ 일반도로에서 200km 이상에 걸치는 운송을 하는 경우
　　② **운전자를 1명으로 할 수 있는 경우**
　　　㉠ **운송책임자를 동승**시킨 경우
　　　㉡ **제2류 위험물, 제3류 위험물(칼슘 또는 알루미늄의 탄화물에 한한다) 또는 제4류 위험물(특수인화물 제외)을** 운송하는 경우
　　　㉢ **운송 도중에 2시간 이내마다 20분 이상씩 휴식**하는 경우
　(3) ① **완공검사합격확인증** : 규정에 따라 허가를 받은 자가 제조소등의 설치를 마쳤거나 그 위치 · 구조 또는 설비의 변을 마친 때에는 당해 제조소등마다 시 · 도지사가 행하는 완공검사를 받아 규정에 따른 기술기준에 적합하다고 인정받은 후가 아니면 이를 사용하여서는 안된다.
　　② **위험물안전관리카드**를 휴대해야 하는 위험물 : 제4류 위험물 중 특수인화물 및 제1석유류와 제1류, 제2류, 제3류, 제5류, 제6류 위험물 전부

≫≫≫ 정답
　(1) ①, ②
　(2) ①, ②, ③, ④
　(3) ①, ④

필답형 20　　　　　　　　　　　　　　　　　　　　　　　　　　　　　　[5점]

탱크 바닥의 반지름이 3m, 높이가 20m인 원통형 옥외탱크저장소에 대해 다음 물음에 답하시오.

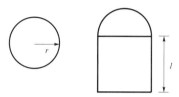

(1) 세로로 세워진 원통형 탱크의 내용적(L)을 구하시오.
(2) 기술검토를 받아야 하면 ○, 받지 않아도 되면 ✕를 쓰시오.
(3) 완공검사를 받아야 하면 ○, 받지 않아도 되면 ✕를 쓰시오.
(4) 정기검사를 받아야 하면 ○, 받지 않아도 되면 ✕를 쓰시오.

≫≫풀이　(1) 세로로 세워진 원통형 탱크의 내용적＝$\pi r^2 l$, $1m^3 = 1{,}000L$이므로,
　　　　탱크의 내용적＝$(\pi \times 3^2 \times 20)m^3 \times \dfrac{1{,}000L}{1m^3}$＝**565,486.68L**

　　(2) **기술검토의 대상**인 제조소등
　　　　– 지정수량의 1천배 이상의 위험물을 취급하는 제조소 또는 일반취급소
　　　　– **옥외탱크저장소(저장용량이 50만L 이상인 것만 해당한다)** 또는 암반탱크저장소

　　(3) 규정에 따라 허가를 받은 자가 제조소등의 설치를 마쳤거나 그 위치·구조 또는 설비의 변경을 마친 때에는
　　　　당해 제조소등마다 시·도지사가 행하는 **완공검사를 받아** 규정에 따른 기술기준에 적합하다고 인정받은
　　　　후가 아니면 이를 사용하여서는 안된다.

　　(4) **정기검사의 대상**인 제조소등
　　　　– 특정·준특정 옥외탱크저장소(액체 위험물을 저장 또는 취급하는 **50만L 이상의 옥외탱크저장소**)

≫≫정답　(1) 565486.68L
　　(2) ○
　　(3) ○
　　(4) ○

2022 제2회 위험물산업기사 실기

2022년 7월 24일 시행

※ 필답형＋작업형으로 치러지던 기존 시험에서는 각 문항별 배점이 상이하였으나, 필답형(20문제) 시험만 보는 2020년 1회부터는 각 문항 배점이 모두 5점입니다!

 필/답/형 시험

필답형 01 [5점]

다음 불활성 가스에 대한 구성 성분을 쓰시오. (단, 각 구성 성분에 대한 성분비를 함께 쓰시오.)

(1) IG－55
(2) IG－541

▶▶▶풀이 불활성 가스의 종류별 구성 성분
① IG－100 : 질소(N_2) 100%
② IG－55 : **질소(N_2) 50%, 아르곤(Ar) 50%**
③ IG－541 : **질소(N_2) 52%, 아르곤(Ar) 40%, 이산화탄소(CO_2) 8%**

▶▶▶정답 (1) 질소(N_2) 50%, 아르곤(Ar) 50%
(2) 질소(N_2) 52%, 아르곤(Ar) 40%, 이산화탄소(CO_2) 8%

필답형 02 [5점]

삼황화인과 오황화인이 연소 시 공통으로 발생하는 물질의 화학식을 모두 쓰시오. (단, 공통으로 발생하는 물질이 없으면 "없음"이라 쓰시오.)

▶▶▶풀이 제2류 위험물인 황화인은 삼황화인(P_4S_3)과 오황화인(P_2S_5), 칠황화인(P_4S_7)의 3가지 종류가 있으며, 이들 황화인은 모두 인(P)과 황(S)을 포함하고 있으므로 연소 시 공통으로 오산화인(P_2O_5)과 이산화황(SO_2)을 발생한다.
① 삼황화인의 연소반응식 : $P_4S_3 + 8O_2 \longrightarrow 2P_2O_5 + 3SO_2$
② 오황화인의 연소반응식 : $2P_2S_5 + 15O_2 \longrightarrow 2P_2O_5 + 10SO_2$

> **Check ▶▶▶**
>
> 삼황화인과 오황화인의 물과의 반응
> 1. 삼황화인은 물과 반응하지 않는다.
> 2. 오황화인은 물과 반응 시 황화수소(H_2S)와 인산(H_3PO_4)을 발생시킨다.
>   - 물과의 반응식 : $P_2S_5 + 8H_2O \longrightarrow 5H_2S + 2H_3PO_4$

▶▶▶정답 P_2O_5, SO_2

03 [5점]

다음은 소화설비의 능력단위에 대한 내용이다. 괄호 안에 들어갈 알맞은 내용을 쓰시오.

소화설비	용량	능력단위
소화전용 물통	(①)L	0.3
수조(소화전용 물통 3개 포함)	80L	(④)
수조(소화전용 물통 6개 포함)	190L	(⑤)
마른모래	(②)L	0.5
팽창질석, 팽창진주암(삽 1개 포함)	(③)L	1.0

>>> 풀이

소화설비	용량	능력단위
소화전용 물통	8L	0.3
수조(소화전용 물통 3개 포함)	80L	1.5
수조(소화전용 물통 6개 포함)	190L	2.5
마른모래	50L	0.5
팽창질석, 팽창진주암(삽 1개 포함)	160L	1.0

>>> 정답 ① 8, ② 50, ③ 160, ④ 1.5, ⑤ 2.5

 04 [5점]

염소산칼륨에 대해 다음 물음에 답하시오.

(1) 열분해반응식
(2) 표준상태에서 염소산칼륨 24.5kg이 완전분해 시 발생하는 산소의 부피(m^3)를 구하시오. (단, 칼륨의 분자량 39, 염소의 분자량 35.5이다.)

>>> 풀이 염소산칼륨($KClO_3$)
　① 제1류 위험물로서 품명은 염소산염류이며, 지정수량은 50kg이다.
　② 분해온도는 400℃, 비중은 2.32이며, 무색 결정 또는 백색 분말이다.
　③ 열분해 시 염화칼륨(KCl)과 산소(O_2)가 발생한다.
　　 – 열분해반응식 : $2KClO_3 \rightarrow 2KCl + 3O_2$
　④ 찬물과 알코올에는 녹지 않고, 온수 및 글리세린에 잘 녹는다.
　⑤ 표준상태(0℃, 1기압)에서 1mol의 기체의 부피는 22.4L이고, 2mol의 염소산칼륨이 분해하면 3mol의 산소가 발생한다. 염소산칼륨 1mol의 분자량은 39g(K) + 35.5g(Cl) + 16g(O) × 3 = 122.5g/mol, $1m^3$ = 1,000L 이므로 24.5kg의 염소산칼륨이 분해 시 생성되는 산소의 부피는

$$24.5 \times 10^3 g\ KClO_3 \times \frac{1mol\ KClO_3}{122.5g\ KClO_3} \times \frac{3mol\ O_2}{2mol\ KClO_3} \times \frac{22.4L\ O_2}{1mol\ O_2} \times \frac{1m^3}{1,000L} = \mathbf{6.72m^3}$$이다.

>>> 정답 (1) $2KClO_3 \rightarrow 2KCl + 3O_2$
　　　　(2) $6.72m^3$

필답형 05　　　　　　　　　　　　　　　　　　　　　　　　　　　　　[5점]

다음의 제조소등에 대한 알맞은 소요단위를 쓰시오.

(1) 내화구조 외벽을 갖춘 제조소로서 연면적 300m^2
(2) 내화구조 외벽이 아닌 제조소로서 연면적 300m^2
(3) 내화구조 외벽을 갖춘 저장소로서 연면적 300m^2

>>>풀이　소화설비의 설치대상이 되는 건축물 또는 그 밖에 공작물의 규모나 위험물량의 기준을 1소요단위라고 정하며, 다음의 [표]와 같이 구분한다.

구 분	외벽이 내화구조	외벽이 비내화구조
위험물 제조소 및 취급소	연면적 100m^2	연면적 50m^2
위험물저장소	연면적 150m^2	연면적 75m^2
위험물	지정수량의 10배	

(1) 내화구조 외벽을 갖춘 제조소로서 연면적 300m^{2}인 제조소의 소요단위는 $\dfrac{300m^2}{100m^2}$ = **3소요단위**

(2) 내화구조 외벽이 아닌 제조소로서 연면적 300m^{2}인 제조소의 소요단위는 $\dfrac{300m^2}{50m^2}$ = **6소요단위**

(3) 내화구조 외벽을 갖춘 저장소로서 연면적 300m^{2}인 저장소의 소요단위는 $\dfrac{300m^2}{150m^2}$ = **2소요단위**

>>>정답
(1) 3소요단위
(2) 6소요단위
(3) 2소요단위

필답형 06　　　　　　　　　　　　　　　　　　　　　　　　　　　　　[5점]

다음 용어의 정의를 쓰시오.

(1) 인화성 고체
(2) 철분
(3) 제2석유류

>>>풀이
(1) 인화성 고체라 함은 **고형알코올, 그 밖의 1기압에서 인화점이 섭씨 40도 미만인 고체**를 말한다.
(2) 철분이라 함은 **철의 분말로서 53마이크로미터의 표준체를 통과하는 것이 50중량퍼센트 미만인 것은 제외**한다.
(3) 제2석유류라 함은 **등유, 경유, 그 밖에 1기압에서 인화점이 섭씨 21도 이상 70도 미만인 것**을 말한다. 다만, 도료류, 그 밖의 물품에 있어서 가연성 액체량이 40중량퍼센트 이하이면서 인화점이 섭씨 40도 이상 인 동시에 연소점이 섭씨 60도 이상인 것은 제외한다.

>>>정답
(1) 고형알코올, 그 밖의 1기압에서 인화점이 섭씨 40도 미만인 고체
(2) 철의 분말로서 53마이크로미터의 표준체를 통과하는 것이 50중량퍼센트 미만인 것은 제외
(3) 등유, 경유, 그 밖에 1기압에서 인화점이 섭씨 21도 이상 70도 미만인 것

필답형 07 [5점]

제1류 위험물 중 위험등급 Ⅰ에 해당하는 품명을 3가지 쓰시오.

≫≫풀이

유 별	품 명	지정수량	위험등급
제1류	1. **아염소산염류**	50kg	Ⅰ
	2. **염소산염류**		
	3. **과염소산염류**		
	4. **무기과산화물**		
	5. 브로민산염류	300kg	Ⅱ
	6. 질산염류		
	7. 아이오딘산염류		
	8. 과망가니즈산염류	1,000kg	Ⅲ
	9. 다이크로뮴산염류		
	10. 그 밖에 행정안전부령으로 정하는 것		Ⅰ, Ⅱ, Ⅲ
	① 과아이오딘산염류	300kg	
	② 과아이오딘산	300kg	
	③ 크로뮴, 납 또는 아이오딘의 산화물	300kg	
	④ 아질산염류	300kg	
	⑤ **차아염소산염류**	50kg	
	⑥ 염소화아이소사이아누르산	300kg	
	⑦ 퍼옥소이황산염류	300kg	
	⑧ 퍼옥소붕산염류	300kg	
	11. 1~10호의 하나 이상을 함유한 것	50kg, 300kg 또는 1,000kg	

≫≫정답 아염소산염류, 염소산염류, 과염소산염류, 무기과산화물, 차아염소산염류 중 3가지

필답형 08 [5점]

트라이에틸알루미늄과 메틸알코올의 반응식과 이때 생성되는 기체의 연소반응식을 쓰시오.

(1) 메틸알코올과의 반응식
(2) 생성되는 기체의 연소반응식

≫≫풀이 트라이에틸알루미늄[$(C_2H_5)_3Al$]은 제3류 위험물로서 품명은 알킬알루미늄이며, 지정수량은 10kg이다.
(1) 트라이에틸알루미늄은 메틸알코올(CH_3OH)과 반응 시 알루미늄메틸레이트[$(CH_3O)_3Al$]와 에테인(C_2H_6)이 발생한다.
  – 메틸알코올과의 반응식 : $(C_2H_5)_3Al + 3CH_3OH \rightarrow (CH_3O)_3Al + 3C_2H_6$
(2) 에틸알코올을 연소시키면 이산화탄소(CO_2)와 물(H_2O)이 발생한다.
  – 에틸알코올의 연소반응식 : $2C_2H_6 + 7O_2 \rightarrow 4CO_2 + 6H_2O$

≫≫정답 (1) $(C_2H_5)_3Al + 3CH_3OH \rightarrow (CH_3O)_3Al + 3C_2H_6$
  (2) $2C_2H_6 + 7O_2 \rightarrow 4CO_2 + 6H_2O$

필답형 09 [5점]

다음 각 물질의 물과의 반응 시 발생하는 기체의 명칭을 쓰시오. (단, 발생하는 기체가 없으면 "없음"이라고 쓰시오.)

(1) 인화칼슘
(2) 질산암모늄
(3) 과산화칼륨
(4) 금속리튬
(5) 염소산칼륨

≫≫풀이
(1) 인화칼슘(Ca_3P_2)은 제3류 위험물로서 품명은 금속의 인화물이며, 물과의 반응 시 수산화칼슘[$Ca(OH)_2$]과 함께 가연성이면서 맹독성인 **포스핀(=인화수소, PH_3)** 기체가 발생한다.
  – 물과의 반응식 : $Ca_3P_2 + 6H_2O \rightarrow 3Ca(OH)_2 + 2PH_3$
(2) 질산암모늄(NH_4NO_3)은 제1류 위험물로서 품명은 질산염류이며, 물, 알코올에 잘 녹으며 물에 녹을 때 열을 흡수한다. 질산암모늄은 물과 반응하지 않아 **발생하는 기체가 없다.**
(3) 과산화칼륨(K_2O_2)은 제1류 위험물로서 품명은 무기과산화물이며, 물과의 반응 시 수산화칼륨(KOH)과 다량의 **산소(O_2)**, 그리고 열을 발생하므로 물기엄금 해야 한다.
  – 물과의 반응식 : $2K_2O_2 + 2H_2O \rightarrow 4KOH + O_2$
(4) 금속리튬(Li)은 제3류 위험물로서 품명은 알칼리금속(칼륨, 나트륨 제외) 및 알칼리토금속이며, 물과의 반응 시 수산화리튬($LiOH$)과 **수소(H_2)**가 발생한다.
  – 물과의 반응식 : $2Li + 2H_2O \rightarrow 2LiOH + H_2$
(5) 염소산칼륨($KClO_3$)은 제1류 위험물로서 품명은 염소산염류이며, 찬물, 알코올에는 안 녹고 온수 및 글리세린에 잘 녹는다. 염소산칼륨은 물과 반응하지 않아 **발생하는 기체가 없다.**

≫≫정답
(1) 포스핀(인화수소)
(2) 없음
(3) 산소
(4) 수소
(5) 없음

필답형 10 [5점]

칼륨에 대해 다음 물음에 답하시오.

(1) 이산화탄소와의 반응식
(2) 에틸알코올과의 반응식

≫≫풀이 칼륨(K)은 제3류 위험물로서 품명은 칼륨이며, 지정수량은 10kg, 위험등급 Ⅰ이다.
(1) 이산화탄소(CO_2)와 반응 시 탄산칼륨(K_2CO_3)과 탄소(C)가 발생한다.
  – 이산화탄소와의 반응식 : $4K + 3CO_2 \rightarrow 2K_2CO_3 + C$
(2) 에틸알코올(C_2H_5OH)과 반응 시 칼륨에틸레이트(C_2H_5OK)와 수소(H_2)가 발생한다.
  – 에틸알코올과의 반응식 : $2K + 2C_2H_5OH \rightarrow 2C_2H_5OK + H_2$

≫≫정답
(1) $4K + 3CO_2 \rightarrow 2K_2CO_3 + C$
(2) $2K + 2C_2H_5OH \rightarrow 2C_2H_5OK + H_2$

필답형 11 [5점]

다음 괄호 안에 알맞은 말을 쓰시오.

위험물			지정수량
유 별	성 질	품 명	
제1류	산화성 고체	질산염류	300kg
		아이오딘산염류	(④)kg
		과망가니즈산염류	1,000kg
		(②)	1,000kg
제2류	(①)	철분	500kg
		금속분	500kg
		마그네슘	500kg
		(③)	1,000kg
제4류	인화성 액체	제2석유류 비수용성 액체	(⑤)L
		제2석유류 수용성 액체	2,000L
		제3석유류 비수용성 액체	2,000L
		제3석유류 수용성 액체	(⑥)L

≫ 풀이

위험물			지정수량
유 별	성 질	품 명	
제1류	산화성 고체	질산염류	300kg
		아이오딘산염류	**300kg**
		과망가니즈산염류	1,000kg
		다이크로뮴산염류	1,000kg
제2류	**가연성 고체**	철분	500kg
		금속분	500kg
		마그네슘	500kg
		인화성 고체	1,000kg
제4류	인화성 액체	제2석유류 비수용성 액체	**1,000L**
		제2석유류 수용성 액체	2,000L
		제3석유류 비수용성 액체	2,000L
		제3석유류 수용성 액체	**4,000L**

≫ 정답
① 가연성 고체
② 다이크로뮴산염류
③ 인화성 고체
④ 300
⑤ 1,000
⑥ 4,000

필답형 12 [5점]

탄화알루미늄에 대해 다음 물음에 답하시오.

(1) 물과의 반응식
(2) 염산과의 반응식

>>>풀이 탄화알루미늄(Al_4C_3)은 제3류 위험물로서 품명은 칼슘 또는 알루미늄의 탄화물이며, 지정수량은 300kg이다. 비중은 2.36이고, 융점은 1,400℃이며, 황색 결정으로 나타난다.
(1) 탄화알루미늄은 물과 반응 시 수산화알루미늄[$Al(OH)_3$]과 메테인(CH_4)이 발생한다.
  – 물과의 반응식 : $Al_4C_3 + 12H_2O \longrightarrow 4Al(OH)_3 + 3CH_4$
(2) 염산(HCl)과 반응 시 염화알루미늄($AlCl_3$)과 메테인(CH_4)이 발생한다.
  – 염산과의 반응식 : $Al_4C_3 + 12HCl \longrightarrow 4AlCl_3 + 3CH_4$

>>>정답 (1) $Al_4C_3 + 12H_2O \longrightarrow 4Al(OH)_3 + 3CH_4$
(2) $Al_4C_3 + 12HCl \longrightarrow 4AlCl_3 + 3CH_4$

필답형 13 [5점]

다음은 옥내저장소 기준에 관한 내용이다. 괄호 안에 들어갈 알맞은 말을 쓰시오.

(1) 옥내저장소에서 동일 품명의 위험물이더라도 자연발화할 우려가 있거나 재해가 현저하게 증대할 우려가 있는 위험물을 다량 저장하는 경우에는 지정수량의 (①) 이하마다 구분하여 상호간 (②) 이상의 간격을 두어 저장하여야 한다.
(2) 옥내저장소의 저장용기에 쌓는 높이의 기준
  • 기계에 의하여 하역하는 구조로 된 용기만을 겹쳐 쌓는 경우에 있어서는 (①)m 이하
  • 제4류 위험물 중 제3석유류, 제4석유류 및 동식물유류를 수납하는 용기만을 겹쳐 쌓는 경우에 있어서는 (②)m 이하
  • 그 밖의 경우에 있어서는 (③)m 이하

>>>풀이 (1) 유별이 같은 위험물을 동일한 장소에 저장하는 경우
  ① 제3류 위험물 중 황린과 같이 물속에 저장하는 물품과 금수성 물질은 동일한 저장소에서 저장하지 아니하여야 한다.
  ② 동일 품명의 위험물이더라도 자연발화할 우려가 있거나 재해가 현저하게 증대할 우려가 있는 위험물을 다량 저장하는 경우에는 지정수량의 **10배 이하**마다 구분하여 상호간 **0.3m 이상**의 간격을 두어 저장하여야 한다.
(2) 옥내저장소 또는 옥외저장소의 저장용기에 쌓는 높이의 기준
  ① 기계에 의하여 하역하는 구조로 된 용기 : **6m** 이하
  ② 제4류 위험물 중 제3석유류, 제4석유류 및 동식물유류를 수납하는 용기 : **4m** 이하
  ③ 그 밖의 경우 : **3m** 이하
  ④ 용기를 선반에 저장하는 경우
   ㉠ 옥내저장소에 설치한 선반 : 높이의 제한 없음
   ㉡ 옥외저장소에 설치한 선반 : 6m 이하

>>>정답 (1) ① 10배, ② 0.3m
(2) ① 6, ② 4, ③ 3

필답형 14 [5점]

산화프로필렌에 대해 다음 물음에 답하시오.

(1) 증기비중
(2) 위험등급
(3) 보냉장치가 없는 이동탱크저장소에 저장할 경우의 저장온도

≫≫풀이 산화프로필렌(CH_3CHOCH_2)＝프로필렌옥사이드
① 제4류 위험물로서 품명은 특수인화물이며, 수용성으로 지정수량은 50L, **위험등급 I**이다.
② 인화점 −37℃, 발화점 465℃, 비점 34℃, 연소범위 2.5~38.5%이다.
③ 산화프로필렌 1mol의 분자량은 12g(C)×3＋1g(H)×6＋16g(O)＝58g/mol이므로 증기비중은 $\dfrac{58}{29}$＝**2**이다.
④ 구리(Cu), 마그네슘(Mg), 수은(Hg), 은(Ag)은 산화프로필렌과 중합반응을 하면서 폭발성의 금속 아세틸라이드를 생성하여 위험해지기 때문에 저장용기 재질로서는 사용하면 안된다.
⑤ 이동저장탱크에 저장할 경우 저장온도 기준
　　㉠ 보냉장치가 있는 이동저장탱크에 저장하는 경우 : 비점 이하
　　㉡ 보냉장치가 없는 이동저장탱크에 저장하는 경우 : **40℃ 이하**

≫≫정답 (1) 2
(2) 위험등급 I
(3) 40℃ 이하

필답형 15 [5점]

나이트로셀룰로오스에 대해 다음 물음에 답하시오.

(1) 제조방법
(2) 품명
(3) 지정수량
(4) 운반 시 운반용기 외부에 표시해야 하는 주의사항

≫≫풀이 나이트로셀룰로오스($[C_6H_7O_2(ONO_2)_3]_n$)＝질화면
① 제5류 위험물로서 품명은 **질산에스터류**이며, 지정수량은 **제1종 : 10kg, 제2종 : 100kg**이다.
② 분해온도 130℃, 발화온도 180℃, 비점 83℃, 비중 1.23이다.
③ 물에는 안 녹고 알코올, 에터에 녹는 고체상태의 물질이다.
④ **셀룰로오스에 질산과 황산을 반응시켜 제조**한다.
⑤ 건조하면 발화 위험이 있으므로 함수알코올(수분 또는 알코올)을 습면시켜 저장한다.
⑥ 자기반응성 물질로 운반 시 운반용기 외부에 표시해야 하는 주의사항은 **화기엄금, 충격주의**이다.

≫≫정답 (1) 셀룰로오스에 질산과 황산을 반응시켜 제조
(2) 질산에스터류
(3) 제1종 : 10kg, 제2종 : 100kg
(4) 화기엄금, 충격주의

필답형 16 [5점]

다음 괄호 안에 알맞은 말을 쓰시오.

지정과산화물의 옥내저장소 저장창고의 지붕은 중도리 또는 서까래의 간격은 (①)cm 이하로 하고, 지붕의 아래쪽 면에는 한 변의 길이가 (②)cm 이하의 막대기 등으로 된 강철제의 격자를 설치하여야 한다. 또한 지붕의 아래쪽 면에 (③)을 쳐서 불연재료의 도리 · 보 또는 서까래에 단단히 결합하여야 하고, 두께 (④)cm 이상, 너비 (⑤)cm 이상의 목재로 만든 받침대를 설치하여야 한다.

>>> 풀이   제5류 위험물 중 유기과산화물 또는 이를 함유한 것으로 지정수량이 10kg인 것을 지정과산화물이라 하며, 지정과산화물을 저장하는 옥내저장소를 지정과산화물 옥내저장소라 한다.
옥내저장소 저장창고 지붕의 기준은 다음과 같다.
① 중도리 또는 서까래의 간격은 **30cm** 이하로 할 것
② 지붕의 아래쪽 면에는 한 변의 길이가 **45cm** 이하인 막대기 등으로 된 강철제의 격자를 설치할 것
③ 지붕의 아래쪽 면에 **철망**을 쳐서 불연재료의 도리 · 보 또는 서까래에 단단히 결합할 것
④ 두께 **5cm** 이상, 너비 **30cm** 이상의 목재로 만든 받침대를 설치할 것

> **Check >>>**
>
> 지정과산화물 옥내저장소 격벽의 기준
> 1. 바닥면적 150m^2 이내마다 격벽으로 구획할 것
> 2. 격벽의 두께
>   ① 철근콘크리트조 또는 철골철근콘크리트조 : 30cm 이상
>   ② 보강콘크리트조블록조 : 40cm 이상
> 3. 격벽의 돌출길이
>   ① 창고 양측의 외벽으로부터 : 1m 이상
>   ② 창고 상부의 지붕으로부터 : 50cm 이상

>>> 정답   ① 30, ② 45, ③ 철망, ④ 5, ⑤ 30

필답형 17 [5점]

다음 〈보기〉에 해당하는 위험물에 대해 다음 물음에 답하시오. (단, 해당 없으면 "해당 없음"이라고 쓰시오.)

- 무색무취의 유동하기 쉬운 액체이다.
- 흡습성이 강하고, 매우 불안정한 강산이다.
- 분자량은 100.5g/mol, 비중은 1.76으로 염소산 중 가장 강한 산이다.

(1) 화학식
(2) 위험물의 유별
(3) 이 물질을 취급하는 제조소와 병원과의 안전거리
(4) 이 물질 5,000kg을 취급하는 제조소의 보유공지 너비

≫≫ 풀이 (1) 과염소산($HClO_4$)

① **제6류** 위험물이며, 지정수량은 300kg이다.

② 융점 $-112℃$, 비점 $39℃$, 비중 1.7이다.

③ 무색투명한 액체상태이다.

④ 산화력이 강하며, 염소산 중에서 가장 강한 산이다.

(2) **제조소의 안전거리를 제외**할 수 있는 조건

① 제6류 위험물을 취급하는 제조소, 취급소 또는 저장소

② 주유취급소

③ 판매취급소

④ 지하탱크저장소

⑤ 옥내탱크저장소

⑥ 이동탱크저장소

⑦ 간이탱크저장소

⑧ 암반탱크저장소

(3) 과염소산 5,000kg를 취급하는 제조소는 지정수량의 $\dfrac{5,000kg}{300kg} = 16.67$배로 10배 초과이므로 제조소 보유

공지의 기준에 따라 제조소의 보유공지 너비는 **5m 이상**이다.

지정수량의 배수	공지의 너비
지정수량의 10배 이하	3m 이상
지정수량의 10배 초과	5m 이상

Check ≫≫

제조소의 안전거리 기준

제조소로부터 다음 건축물 또는 공작물의 외벽(외측) 사이에는 다음과 같이 안전거리를 두어야 한다.

1. 주거용 건축물(제조소의 동일부지 외에 있는 것) : 10m 이상
2. 학교, 병원, 극장(300명 이상), 다수인 수용시설 : 30m 이상
3. 유형문화재, 지정문화재 : 50m 이상
4. 고압가스, 액화석유가스 등의 저장 · 취급 시설 : 20m 이상
5. 사용전압이 7,000V 초과 35,000V 이하의 특고압가공전선 : 3m 이상
6. 사용전압이 35,000V 초과하는 특고압가공전선 : 5m 이상

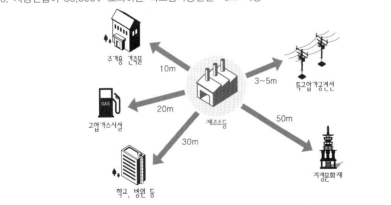

≫≫ 정답 (1) $HClO_4$

(2) 제6류

(3) 해당 없음

(4) 5m 이상

필답형 18 [5점]

위험물제조소 옥외에 있는 하나의 방유제 안에 용량이 50만리터인 위험물취급탱크 1기를 설치하고, 또 다른 방유제 안에 100만리터인 위험물취급탱크 1기, 50만리터인 위험물취급탱크 1기, 10만리터인 위험물취급탱크 3기를 설치한다면 방유제 전체의 용량은 몇 리터 이상으로 해야 하는지 쓰시오.

≫≫풀이 위험물제조소의 옥외에 설치하는 위험물취급탱크의 방유제 용량
① 하나의 위험물취급탱크의 방유제 용량 : 탱크 용량의 50% 이상
② 2개 이상의 위험물취급탱크의 방유제 용량 : 탱크 중 용량이 최대인 것의 50%에 나머지 탱크 용량 합계의 10%를 가산한 양 이상

〈문제〉는 방유제 전체의 용량은 두 방유제의 용량을 합하여 구한다. 위험물제조소의 옥외에 1개의 위험물취급탱크를 하나의 방유제 안에 설치하는 경우에는 방유제의 용량은 탱크 용량의 50% 이상으로 하고, 위험물제조소의 옥외에 총 5개의 위험물취급탱크를 또 다른 방유제 안에 설치하는 경우에는 방유제의 용량은 탱크 중 용량이 최대인 100만리터의 50%에 나머지 탱크 용량인 50만리터의 10%, 10만리터 3기의 10% 가산한 양 이상으로 한다.

50만리터×0.5=25만리터 이상
(100만리터×0.5)+(50만리터×0.1)+(10만리터×0.1×3)=58만리터 이상
∴ 25만리터+58만리터=**83만리터 이상**

≫≫정답 83만리터 이상

필답형 19 [5점]

다음의 조건을 갖는 가로로 설치한 타원형 탱크에 위험물을 저장하는 경우 ① 최대용량과 ② 최소용량을 구하시오. (단, 여기서 $a=2\text{m}$, $b=1.5\text{m}$, $l=3\text{m}$, $l_1=0.3\text{m}$, $l_2=0.3\text{m}$이다.)

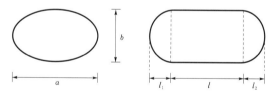

≫≫풀이 가로로 설치한 양쪽이 볼록한 타원형 탱크의 내용적(V)은 다음과 같이 구할 수 있다.

$$V=\frac{\pi ab}{4}\times\left(l+\frac{l_1+l_2}{3}\right)=\frac{\pi\times2\times1.5}{4}\times\left(3+\frac{0.3+0.3}{3}\right)=7.54\text{m}^3$$

탱크의 공간용적 : 탱크 내용적의 100분의 5 이상 100분의 10 이하의 용적으로 한다.
7.54의 5%는 0.377m³, 7.54의 10%는 0.754m³
탱크의 용량=탱크 내용적－탱크의 공간용적이므로 공간용적이 0.377m³일 때 탱크의 용량은 최대용량인 **7.16m³**이고, 공간용적이 0.754m³일 때 탱크의 용량은 최소용량인 **6.79m³**이다.

≫≫정답 ① 7.16m³
② 6.79m³

필답형 20   [5점]

아세트알데하이드가 산화되면 생성되는 제4류 위험물에 대해 다음 물음에 답하시오.

(1) 화학식
(2) 연소반응식
(3) 옥내저장소에 저장할 경우 저장소의 바닥면적

>>> **풀이**   아세트산(CH_3COOH)=초산
① 제4류 위험물로서 품명은 제2석유류이며, 수용성으로 지정수량은 2,000L, 위험등급 Ⅲ이다.
② 인화점 40℃, 발화점 427℃, 융점 16.6℃, 비중 1.05이다.
③ 에틸알코올이 산화되면 아세트알데하이드가 되고, 아세트알데하이드가 산화되면 아세트산이 된다.
④ 연소 시 이산화탄소(CO_2)와 물(H_2O)이 발생한다.
  – 연소반응식 : $CH_3COOH + 2O_2 \rightarrow 2CO_2 + 2H_2O$
⑤ 아세트산은 옥내저장소의 바닥면적 $1,000m^2$ 이하에 저장할 수 있는 물질 이외의 것에 해당되므로 옥내저장소에 저장할 경우 바닥면적은 **$2,000m^2$ 이하**에 저장할 수 있다.

옥내저장소의 바닥면적과 저장기준
1. 바닥면적 $1,000m^2$ 이하에 저장할 수 있는 물질
   ① 제1류 위험물 중 아염소산염류, 염소산염류, 과염소산염류, 무기과산화물, 그 밖에 지정수량이 50kg인 위험물(위험등급 Ⅰ)
   ② 제3류 위험물 중 칼륨, 나트륨, 알킬알루미늄, 알킬리튬, 그 밖에 지정수량이 10kg인 위험물 및 황린(위험등급 Ⅰ)
   ③ 제4류 위험물 중 특수인화물, 제1석유류 및 알코올류(위험등급 Ⅰ 및 위험등급 Ⅱ)
   ④ 제5류 위험물 중 유기과산화물, 질산에스터류, 그 밖에 지정수량이 10kg인 위험물(위험등급 Ⅰ)
   ⑤ 제6류 위험물 중 과염소산, 과산화수소, 질산(위험등급 Ⅰ)
2. 바닥면적 $2,000m^2$ 이하에 저장할 수 있는 물질 : 바닥면적 $1,000m^2$ 이하에 저장할 수 있는 물질 이외의 것
3. 바닥면적 $1,000m^2$ 이하에 저장하는 물질과 바닥면적 $2,000m^2$ 이하에 저장하는 물질을 같은 저장창고에 저장하는 때에는 바닥면적을 $1,000m^2$ 이하로 한다.

>>> **정답**   (1) CH_3COOH
(2) $CH_3COOH + 2O_2 \rightarrow 2CO_2 + 2H_2O$
(3) $2,000m^2$ 이하

2022 제4회 위험물산업기사 실기

2022년 11월 19일 시행

※ 필답형+작업형으로 치러지던 기존 시험에서는 각 문항별 배점이 상이하였으나,
필답형(20문제) 시험만 보는 2020년 1회부터는 각 문항 배점이 모두 5점입니다!

필/답/형 시험

필답형 01   [5점]

다음은 안전교육의 교육과정과 교육대상자, 교육시간에 대한 내용이다. 빈칸을 알맞게 채우시오.

교육과정	교육대상자	교육시간
강습교육	(①)가 되려는 사람	24시간
	(②)가 되려는 사람	8시간
	(③)가 되려는 사람	16시간
실무교육	(①)	8시간 이내
	(②)	4시간
	(③)	8시간 이내
	(④)의 기술인력	8시간 이내

〉〉〉풀이   안전교육의 과정, 대상자 및 시간

교육과정	교육대상자	교육시간	교육시기	교육기관
강습교육	**안전관리자가** 되려는 사람	24시간	최초 선임되기 전	한국소방안전원
	위험물운반자가 되려는 사람	8시간	최초 종사하기 전	
	위험물운송자가 되려는 사람	16시간	최초 종사하기 전	
실무교육	**안전관리자**	8시간 이내	1. 제조소등의 안전관리자로 선임된 날부터 6개월 이내 2. 신규교육을 받은 후 2년마다 1회	
	위험물운반자	4시간	1. 위험물운반자로 종사한 날부터 6개월 이내 2. 신규교육을 받은 후 3년마다 1회	
	위험물운송자	8시간 이내	1. 위험물운송자로 종사한 날부터 6개월 이내 2. 신규교육을 받은 후 3년마다 1회	
	탱크시험자의 기술인력	8시간 이내	1. 탱크시험자의 기술인력으로 등록한 날부터 6개월 이내 2. 신규교육을 받은 후 2년마다 1회	한국소방산업기술원

〉〉〉정답   ① 안전관리자, ② 위험물운반자, ③ 위험물운송자, ④ 탱크시험자

필답형 02　　　　　　　　　　　　　　　　　　　　　　　　　　　　　　　　[5점]

다음의 제조소등에 대한 알맞은 소요단위를 쓰시오.

(1) 다이에틸에터 2,000L
(2) 내화구조 외벽이 아닌 연면적 1,500m^{2}인 저장소
(3) 내화구조 외벽을 갖춘 연면적 1,500m^{2}인 제조소

>>> 풀이　소화설비의 설치대상이 되는 건축물 또는 그 밖에 공작물의 규모나 위험물량의 기준을 1소요단위라고 정하며, 다음의 [표]와 같이 구분한다.

구 분	외벽이 내화구조	외벽이 비내화구조
위험물 제조소 및 취급소	연면적 100m^2	연면적 50m^2
위험물저장소	연면적 150m^2	연면적 75m^2
위험물	지정수량의 10배	

(1) 다이에틸에터는 제4류 위험물 중 특수인화물로서 지정수량이 50L이므로

다이에틸에터 2,000L의 소요단위는 $\dfrac{2,000L}{500L}$ = **4소요단위**

(2) 내화구조 외벽이 아닌 저장소로서 연면적 1,500m^{2}인 저장소의 소요단위는 $\dfrac{1,500m^2}{75m^2}$ = **20소요단위**

(3) 내화구조 외벽을 갖춘 제조소로서 연면적 1,500m^{2}인 제조소의 소요단위는 $\dfrac{1,500m^2}{100m^2}$ = **15소요단위**

>>> 정답
(1) 4소요단위
(2) 20소요단위
(3) 15소요단위

필답형 03　　　　　　　　　　　　　　　　　　　　　　　　　　　　　　　　[5점]

분자량이 227g이며, 폭약의 원료이고, 담황색의 주상 결정이며, 물에 녹지 않고 아세톤과 벤젠에는 녹는 물질에 대해 다음 물음에 답하시오.

(1) 품명
(2) 시성식
(3) 제조방법을 사용원료를 중심으로 설명하시오.

>>> 풀이　TNT로도 불리는 트라이나이트로톨루엔[$C_6H_2CH_3(NO_2)_3$]은 1mol의 분자량이 12(C)g×7+1(H)g×5+(14(N)g +16(O)g×2)×3=227g이며, 폭약의 원료로 사용되고, **톨루엔($C_6H_5CH_3$)에 질산(HNO_3)을 황산(H_2SO_4) 촉매 하에 반응시켜** 톨루엔의 수소(H) 3개를 나이트로기(−NO$_2$)로 치환한 물질로서 제5류 위험물에 속하며, 품명은 **나이트로화합물**이고, 지정수량은 제1종 : 10kg, 제2종 : 100kg이다.

– 톨루엔의 나이트로화 반응식 : $C_6H_5CH_3 + 3HNO_3 \xrightarrow{\text{c–}H_2SO_4(\text{탈수반응})} C_6H_2CH_3(NO_2)_3 + 3H_2O$

>>> 정답
(1) 나이트로화합물
(2) $C_6H_2CH_3(NO_2)_3$
(3) 톨루엔에 질산을 황산 촉매하에 반응시켜 생성

필답형 04 [5점]

열분해하면 N_2와 H_2O, 그리고 O_2가 발생하는 질산암모늄의 열분해반응식을 쓰고, 1몰의 질산암모늄이 0.9기압, 300℃에서 분해할 때 발생하는 H_2O의 부피는 몇 L인지 구하시오.

(1) 열분해반응식
(2) 발생하는 H_2O의 부피(L)

>>> 풀이   질산암모늄(NH_4NO_3)은 제1류 위험물로서 열분해 시 질소(N_2), 산소(O_2), 그리고 수증기(H_2O)의 기체가 발생한다. 여기서, 질산암모늄 1mol의 분자량은 14(N)g×2 + 1(H)g×4+16(O)g×3=80g이고, 아래의 열분해반응식에서 알 수 있듯이 질산암모늄 80g, 즉 1몰이 분해하면 2몰의 H_2O가 발생하는 것을 알 수 있다.

– 열분해반응식 : $2NH_4NO_3 \longrightarrow 2N_2+O_2+4H_2O$

〈문제〉는 0.9기압, 300℃에서 발생한 2몰의 H_2O의 부피가 몇 L인지를 묻는 것이므로 다음의 이상기체상태방정식을 이용하여 구할 수 있다.

$PV=nRT$

여기서, P : 압력=0.9atm
   V : 부피= V(L)
   n : 몰수=2mol
   R : 이상기체상수=0.082기압 · L/K · mol
   T : 절대온도(K)=섭씨온도(℃) + 273=573K

$0.9 \times V = 2 \times 0.082 \times 573$

$\therefore V=104.41L$

>>> 정답   (1) $2NH_4NO_3 \longrightarrow 2N_2+O_2+4H_2O$
(2) 104.41L

필답형 05 [5점]

금속칼륨에 대해 다음 물음에 답하시오. (단, 해당사항 없으면 "해당 없음"이라고 쓰시오.)

(1) 물과의 반응식을 쓰시오.
(2) 경유와의 반응식을 쓰시오.
(3) 이산화탄소와의 반응식을 쓰시오.

>>> 풀이   칼륨(K)은 제3류 위험물로서 품명은 칼륨이며, 지정수량은 10kg이다.
(1) 물과 반응 시 수산화칼륨(KOH)과 수소(H_2)가 발생한다.
   – 물과의 반응식 : $2K+2H_2O \longrightarrow 2KOH+H_2$
(2) 물보다 가볍고 물에 녹지 않으며, 공기 중에 노출되면 화재의 위험성이 있으므로 보호액인 석유(등유, 경유 등)에 완전히 담가 저장한다. 즉, 경유는 칼륨과 반응하지 않고 보호액으로 사용되므로 **"해당 없음"**
(3) 이산화탄소(CO_2)와 반응 시 탄산칼륨(K_2CO_3)과 가연성 물질인 탄소(C)가 발생하여 폭발할 위험이 있다.
   – 이산화탄소와의 반응식 : $4K+3CO_2 \longrightarrow 2K_2CO_3+C$

>>> 정답   (1) $2K+2H_2O \longrightarrow 2KOH+H_2$
(2) 해당 없음
(3) $4K+3CO_2 \longrightarrow 2K_2CO_3+C$

06 [5점]

트라이에틸알루미늄과 물과의 반응식을 쓰고, 트라이에틸알루미늄 228g이 표준상태에서 물과 반응 시 발생하는 가연성 기체의 부피는 몇 L인지 구하시오.

(1) 물과의 반응식
(2) 발생하는 가연성 기체의 부피

>>>풀이 트라이에틸알루미늄[$(C_2H_5)_3Al$]은 제3류 위험물로서 품명은 알킬알루미늄이고, 지정수량은 10kg이다. 물과 반응 시 수산화알루미늄[$Al(OH)_3$]과 가연성 기체인 에테인(C_2H_6)이 발생한다. 트라이에틸알루미늄 1mol의 분자량은 12(C)g×6+1(H)g×15+27(Al)g=114g이고, 트라이에틸알루미늄 228g 즉, 2mol이 물과 반응하면 6몰의 에테인이 발생하는 것을 알 수 있다.
– 물과의 반응식 : $(C_2H_5)_3Al + 3H_2O \longrightarrow Al(OH)_3 + 3C_2H_6$
〈문제〉는 표준상태에서 발생한 6몰의 C_2H_6의 부피가 몇 L인지를 묻는 것이므로 표준상태에서 기체 1mol의 부피가 22.4L임을 이용하여 구할 수 있다.

$6mol \times \dfrac{22.4L}{1mol} = 134.4L$

$\therefore V = 134.4L$

>>>정답 (1) $(C_2H_5)_3Al + 3H_2O \longrightarrow Al(OH)_3 + 3C_2H_6$
(2) 134.4L

필답형 07 [5점]

크실렌의 이성질체 3가지의 명칭과 구조식을 쓰시오.

>>>풀이 자일렌이라고도 불리는 크실렌[$C_6H_4(CH_3)_2$]은 제2석유류 비수용성으로 지정수량은 1,000L이며, o-크실렌, m-크실렌, p-크실렌의 3가지 이성질체를 가진다.

① o-**크실렌**   ② m-**크실렌**   ③ p-**크실렌**

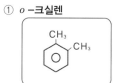   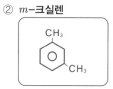   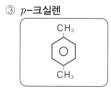

‖ o-크실렌의 구조식 ‖   ‖ m-크실렌의 구조식 ‖   ‖ p-크실렌의 구조식 ‖

Check >>>

이성질체란 분자식은 같지만 성질 및 구조가 다른 물질을 말한다.

>>>정답 o-크실렌, m-크실렌, p-크실렌

필답형 08　　　　　　　　　　　　　　　　　　　　　　　　　　　　　　[5점]

다음 각 물질의 완전연소반응식을 쓰시오. (단, 해당사항 없으면 "해당 없음"이라고 쓰시오.)

(1) 질산나트륨
(2) 염소산암모늄
(3) 알루미늄분
(4) 메틸에틸케톤
(5) 과산화수소

>>> 풀이　(1) 질산나트륨($NaNO_3$)은 제1류 위험물로서 품명은 질산염류이고, 지정수량은 300kg이다. 불연성 물질이므로 연소반응하지 않는다. 따라서 **"해당 없음"**

　　　　　(2) 염소산암모늄(NH_4ClO_3)은 제1류 위험물로서 품명은 염소산염류이고, 지정수량은 50kg이다. 불연성 물질이므로 연소반응하지 않는다. 따라서 **"해당 없음"**

　　　　　(3) 알루미늄분(Al)은 제2류 위험물로서 품명은 금속분이고, 지정수량은 500kg이다. 연소 시 산화알루미늄(Al_2O_3)이 발생한다.
　　　　　　　－ 연소반응식 : $4Al + 3O_2 \rightarrow 2Al_2O_3$

　　　　　(4) 메틸에틸케톤($CH_3COC_2H_5$)은 제4류 위험물로서 품명은 제1석유류로 비수용이고, 지정수량은 200L이다. 연소 시 이산화탄소(CO_2)와 물(H_2O)이 발생한다.
　　　　　　　－ 연소반응식 : $2CH_3COC_2H_5 + 11O_2 \rightarrow 8CO_2 + 8H_2O$

　　　　　(5) 과산화수소(H_2O_2)는 제6류 위험물로서 품명은 과산화수소이고, 지정수량은 300kg이다. 불연성 물질이므로 연소반응하지 않는다. 따라서 **"해당 없음"**

>>> 정답　(1) 해당 없음
　　　　　(2) 해당 없음
　　　　　(3) $4Al + 3O_2 \rightarrow 2Al_2O_3$
　　　　　(4) $2CH_3COC_2H_5 + 11O_2 \rightarrow 8CO_2 + 8H_2O$
　　　　　(5) 해당 없음

필답형 09　　　　　　　　　　　　　　　　　　　　　　　　　　　　　　[5점]

금속나트륨과 에탄올과의 반응식을 쓰고, 이때 생성되는 가연성 기체의 위험도를 구하시오.

(1) 에탄올과의 반응식
(2) 생성되는 가연성 기체의 위험도

>>> 풀이　(1) 나트륨(Na)은 제3류 위험물로서 품명은 나트륨이며, 지정수량은 10kg이다. 은백색 광택의 무른 경금속으로 에탄올(C_2H_5OH)과 반응 시 나트륨에틸레이트(C_2H_5ONa)와 가연성 기체인 수소(H_2)가 발생한다.
　　　　　　　－ 에탄올과의 반응식 : $2Na + 2C_2H_5OH \rightarrow 2C_2H_5ONa + H_2$

　　　　　(2) 수소의 연소범위는 4~75%이며, 위험도(H)$= \dfrac{연소상한(U) - 연소하한(L)}{연소하한(L)}$으로 구할 수 있다.

　　　　　　　수소의 위험도 $= \dfrac{75 - 4}{4} = $ **17.75**이다.

>>> 정답　(1) $2Na + 2C_2H_5OH \rightarrow 2C_2H_5ONa + H_2$
　　　　　(2) 17.75

필답형 10 [5점]

다음의 위험물을 인화점이 낮은 것부터 높은 것의 순서대로 쓰시오.

초산에틸, 이황화탄소, 클로로벤젠, 글리세린

>>> 풀이

물질명	인화점	품 명	지정수량
초산에틸($CH_3COOC_2H_5$)	$-4℃$	제1석유류(비수용성)	200L
이황화탄소(CS_2)	$-30℃$	특수인화물(비수용성)	50L
클로로벤젠(C_6H_5Cl)	$32℃$	제2석유류(비수용성)	1,000L
글리세린[$C_3H_5(OH)_3$]	$160℃$	제3석유류(수용성)	4,000L

위 [표]에서 알 수 있듯이 인화점이 가장 낮은 것은 이황화탄소이고, 초산에틸, 클로로벤젠, 그리고 글리세린의 순으로 높다.

🎓 **똑똑한 풀이비법**

제4류 위험물 중 인화점이 가장 낮은 품명은 특수인화물이며 그 다음으로 제1석유류 및 알코올류, 제2석유류, 제3석유류, 제4석유류, 동식물유류의 순으로 높기 때문에 <문제>의 각 물질의 인화점을 몰라도 특수인화물이 가장 인화점이 낮고 그 다음 제1석유류, 제2석유류, 제3석유류의 순서로 높다는 것을 알 수 있다.

>>> 정답 이황화탄소, 초산에틸, 클로로벤젠, 글리세린

필답형 11 [5점]

다음 물질의 시성식을 쓰시오.

(1) 아세톤
(2) 초산에틸
(3) 폼산
(4) 아닐린
(5) 트라이나이트로페놀

>>> 풀이

물질명	시성식	유 별	품 명	지정수량
아세톤	CH_3COCH_3	제4류	제1석유류(수용성)	400L
초산에틸	$CH_3COOC_2H_5$	제4류	제1석유류(비수용성)	200L
폼산	$HCOOH$	제4류	제2석유류(수용성)	2,000L
아닐린	$C_6H_5NH_2$	제4류	제3석유류(비수용성)	2,000L
트라이나이트로페놀	$C_6H_2OH(NO_2)_3$	제5류	나이트로화합물	제1종 : 10kg, 제2종 : 100kg

>>> 정답
(1) CH_3COCH_3
(2) $CH_3COOC_2H_5$
(3) $HCOOH$
(4) $C_6H_5NH_2$
(5) $C_6H_2OH(NO_2)_3$

필답형 12　　　　　　　　　　　　　　　　　　　　　　　　　　　　[5점]

다음은 위험물안전관리법에서 정하는 위험물의 유별 저장·취급 공통기준이다. 괄호 안에 들어갈 알맞은 내용을 쓰시오.

(1) 제(　)류 위험물은 불티·불꽃·고온체와의 접근 또는 과열을 피하고, 함부로 증기를 발생시키지 않아야 한다.

(2) 제(　)류 위험물은 불티·불꽃·고온체와의 접근이나 과열·충격 또는 마찰을 피해야 한다.

(3) 제(　)류 위험물은 가연물과의 접촉·혼합이나 분해를 촉진하는 물품과의 접근 또는 과열을 피해야 한다.

(4) 유별을 달리하는 위험물은 동일한 저장소에 저장하지 아니하여야 한다. 다만, 옥내저장소 또는 옥외저장소에 있어서 다음의 규정에 의한 위험물을 저장하는 경우로서 위험물을 유별로 정리하여 저장하는 한편, 서로 1m 이상의 간격을 두는 경우에는 그러하지 아니하다.

① 제1류 위험물과 제(　)류 위험물을 저장하는 경우

② 제2류 위험물 중 인화성 고체와 제(　)류 위험물을 저장하는 경우

>>> 풀이
(1) 위험물의 유별 저장·취급 공통기준

① 제1류 위험물은 가연물과의 접촉·혼합이나 분해를 촉진하는 물품과의 접근 또는 과열, 충격, 마찰 등을 피하는 한편, 알칼리금속의 과산화물 및 이를 함유한 것에 있어서는 물과의 접촉을 피해야 한다.

② 제2류 위험물은 산화제와의 접촉·혼합이나 불티·불꽃·고온체와의 접근 또는 과열을 피하는 한편, 철분, 금속분, 마그네슘 및 이를 함유한 것에 있어서는 물이나 산과의 접촉을 피하고 인화성 고체에 있어서는 함부로 증기를 발생시키지 않아야 한다.

③ 제3류 위험물 중 자연발화성 물질에 있어서는 불티·불꽃·고온체와의 접근·과열 또는 공기와의 접촉을 피하고, 금수성 물질에 있어서는 물과의 접촉을 피해야 한다.

④ **제4류 위험물**은 불티·불꽃·고온체와의 접근 또는 과열을 피하고, 함부로 증기를 발생시키지 않아야 한다.

⑤ **제5류 위험물**은 불티·불꽃·고온체와의 접근이나 과열·충격 또는 마찰을 피해야 한다.

⑥ **제6류 위험물**은 가연물과의 접촉·혼합이나 분해를 촉진하는 물품과의 접근 또는 과열을 피해야 한다.

(2) 유별이 서로 다른 위험물을 동일한 저장소에 저장하는 경우

옥내저장소 또는 옥외저장소에서는 서로 다른 유별끼리 함께 저장할 수 없다. 단, 다음의 조건을 만족하면서 유별로 정리하여 서로 1m 이상의 간격을 두는 경우에는 저장할 수 있다.

① 제1류 위험물(알칼리금속의 과산화물 제외)과 제5류 위험물

② 제1류 위험물과 **제6류 위험물**

③ 제1류 위험물과 제3류 위험물 중 자연발화성 물질(황린)

④ 제2류 위험물 중 인화성 고체와 **제4류 위험물**

⑤ 제3류 위험물 중 알킬알루미늄등과 제4류 위험물(알킬알루미늄 또는 알킬리튬을 함유한 것)

⑥ 제4류 위험물 중 유기과산화물과 제5류 위험물 중 유기과산화물

>>> 정답
(1) 4

(2) 5

(3) 6

(4) ① 6, ② 4

필답형 13   [5점]

다음 물음에 답하시오.

- 분자량 78, 인화점 −11℃
- 무색투명한 방향성을 갖는 휘발성이 강한 액체
- 수소첨가반응으로 사이클로헥세인을 생성하는 제4류 위험물

(1) 〈보기〉에 해당하는 위험물의 화학식을 쓰시오.

(2) 〈보기〉에 해당하는 위험물의 위험등급을 쓰시오.

(3) 〈보기〉에 해당하는 위험물을 운송 시 위험물안전카드 휴대여부를 쓰시오. (단, 해당사항 없으면 "해당 없음"이라고 쓰시오.)

(4) 위험물운송자는 장거리에 걸치는 운송을 하는 때에는 2명 이상의 운전자로 해야 한다. 〈보기〉에 해당하는 위험물이 이에 해당하는지의 여부를 쓰시오. (단, 해당사항 없으면 "해당 없음"이라고 쓰시오.)

>>>풀이   1. 벤젠(C_6H_6)
    ① 제4류 위험물로서 품명은 제1석유류이며, 비수용성으로 지정수량은 200L, **위험등급 Ⅱ**이다.
    ② 인화점 −11℃, 발화점 498℃, 연소범위 1.4∼7.1%, 융점 5.5℃, 비점 80℃이다.
  2. 위험물 운송의 기준
    ① 이동탱크저장소에 의하여 위험물을 운송하는 자 : 위험물을 취급할 수 있는 국가기술자격자 또는 안전 교육을 받은 자
    ② 위험물안전카드를 휴대해야 하는 위험물
        ㉠ 제4류 위험물 중 특수인화물 및 제1석유류
        ㉡ 제1류·제2류·제3류·제5류·제6류 위험물의 전부
  3. 위험물운송자의 기준
    ① 운전자를 2명 이상으로 하는 경우
        ㉠ 고속국도에서 340km 이상에 걸치는 운송을 하는 경우
        ㉡ 일반도로에서 200km 이상에 걸치는 운송을 하는 경우
    ② 운전자를 1명으로 할 수 있는 경우
        ㉠ 운송책임자를 동승시킨 경우
        ㉡ 제2류 위험물, 제3류 위험물(칼슘 또는 알루미늄의 탄화물에 한한다) 또는 제4류 위험물(특수인화물 제외)을 운송하는 경우
        ㉢ 운송 도중에 2시간 이내마다 20분 이상씩 휴식하는 경우
  ∴ 벤젠(C_6H_6)은 위험등급 Ⅱ이고, 제4류 위험물 중 제1석유류이므로 **위험물안전카드를 휴대해야 하며**, 운전 자를 1명으로 할 수 있는 경우에 해당된다. 즉, 운전자를 **2명 이상으로 하는 경우에는 해당사항 없다.**

>>>정답   (1) C_6H_6
  (2) 위험등급 Ⅱ
  (3) 위험물안전카드를 휴대해야 한다.
  (4) 해당 없음

필답형 14　　　　　　　　　　　　　　　　　　　　　　　　　　　　[5점]

분자량이 34이고, 표백작용과 살균작용을 하며, 운반용기 외부에 표시하여야 하는 주의사항은 "가연물접촉주의"로 농도가 36중량% 이상인 것이 위험물이 되는 이 물질에 대해 다음 물음에 답하시오.

(1) 명칭
(2) 시성식
(3) 분해반응식
(4) 제조소의 표지판에 설치해야 하는 주의사항(단, 해당사항 없으면 "해당 없음"이라고 쓰시오.)

≫≫풀이　1. 농도가 36중량% 이상인 것이 제6류 위험물이 되는 물질인 **과산화수소(H_2O_2)**는 지정수량이 300kg이고, 위험등급 Ⅰ인 물질이다. 햇빛에 의해 분해 시 물과 산소를 발생하며, 분해반응식은 다음과 같다.
　　　　－ 분해반응식 : $2H_2O_2 \rightarrow 2H_2O + O_2$
　　　2. 제6류 위험물과 제1류 위험물(알칼리금속의 과산화물 제외)은 **제조소의 주의사항 게시판을 설치할 필요 없다.**

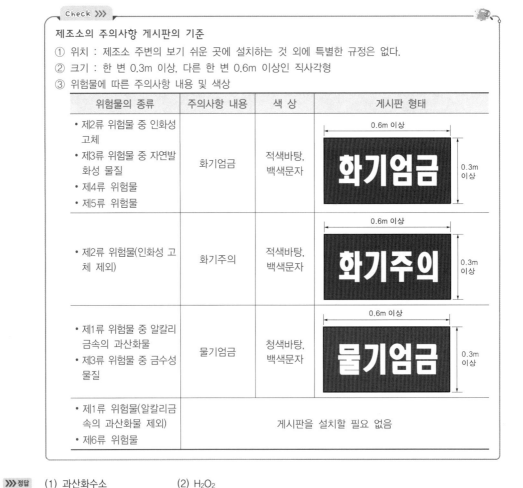

Check ≫≫

제조소의 주의사항 게시판의 기준
① 위치 : 제조소 주변의 보기 쉬운 곳에 설치하는 것 외에 특별한 규정은 없다.
② 크기 : 한 변 0.3m 이상, 다른 한 변 0.6m 이상인 직사각형
③ 위험물에 따른 주의사항 내용 및 색상

위험물의 종류	주의사항 내용	색상	게시판 형태
• 제2류 위험물 중 인화성 고체 • 제3류 위험물 중 자연발화성 물질 • 제4류 위험물 • 제5류 위험물	화기엄금	적색바탕, 백색문자	0.6m 이상 / **화기엄금** / 0.3m 이상
• 제2류 위험물(인화성 고체 제외)	화기주의	적색바탕, 백색문자	0.6m 이상 / **화기주의** / 0.3m 이상
• 제1류 위험물 중 알칼리금속의 과산화물 • 제3류 위험물 중 금수성 물질	물기엄금	청색바탕, 백색문자	0.6m 이상 / **물기엄금** / 0.3m 이상
• 제1류 위험물(알칼리금속의 과산화물 제외) • 제6류 위험물	게시판을 설치할 필요 없음		

≫≫정답　(1) 과산화수소　　　　　　(2) H_2O_2
　　　　(3) $2H_2O_2 \rightarrow 2H_2O + O_2$　　(4) 해당 없음

필답형 15 [5점]

다음의 조건을 갖는 가로로 설치한 원통형 탱크의 용량(m^3)을 구하시오. (단, 여기서 $r=2m$, $l=5m$, $l_1=1.5m$, $l_2=1.5m$이며, 탱크의 공간용적은 내용적의 5%이다.)

 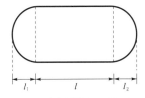

풀이 가로로 설치한 양쪽이 볼록한 원형 탱크의 내용적(V)은 다음과 같이 구할 수 있다.

$$탱크의\ 내용적(V)=\pi r^2 \times \left(l+\frac{l_1+l_2}{3}\right)=\pi \times 2^2 \times \left(5+\frac{1.5+1.5}{3}\right)=75.398m^3$$

탱크의 공간용적이 5%이므로 탱크의 용량은 내용적의 95%이며, 다음과 같이 구할 수 있다.
탱크의 용량$=75.398 \times 0.95=$**71.63m^3**

정답 71.63m^3

필답형 16 [5점]

다음 〈보기〉 중 제2석유류의 조건에 해당하는 것을 모두 골라 그 기호를 쓰시오.

A. 등유와 경유가 속하는 품명이다.
B. 1기압에서 인화점이 70℃ 이상 200℃ 미만이다.
C. 1기압에서 인화점이 200℃ 이상 250℃ 미만이다.
D. 중유, 크레오소트유가 속하는 품명이다.
E. 도료류, 그 밖의 물품의 경우 가연성 액체량이 40중량% 이하이면서 인화점이 40℃ 이상인 동시에 연소점이 60℃ 이상인 것은 제외한다.

풀이 제2석유류는 등유, 경유, 그 밖에 1기압에서 인화점이 21℃ 이상 70℃ 미만인 것을 말한다. 단, 도료류, 그 밖의 물품에 있어서 가연성 액체량이 40중량% 이하이면서 인화점이 40℃ 이상 동시에 연소점이 60℃ 이상인 것은 제외한다.
위의 〈보기〉의 조건에 해당하는 품명은 다음과 같다.
A. **등유, 경유가 속하는 품명 : 제2석유류**
B. 인화점이 70℃ 이상 200℃ 미만인 것 : 제3석유류
C. 인화점이 200℃ 이상 250℃ 미만인 것 : 제4석유류
D. 중유, 크레오소트유가 속하는 품명 : 제3석유류
E. **도료류, 그 밖의 물품의 경우 가연성 액체량이 40중량% 이하이면서 인화점이 40℃ 이상인 동시에 연소점이 60℃ 이상인 것을 제외하는 것 : 제2석유류**

정답 A, E

필답형 17 [5점]

다음 [표]는 위험물안전관리법령상 소화설비의 적응성을 나타낸 것이다. 위험물에 대해 소화설비가 적응성이 있는 경우 빈칸에 "○"로 표시하시오.

소화설비의 구분		건축물·그 밖의 공작물	전기설비	제1류 위험물 알칼리금속의 과산화물등	제1류 위험물 그 밖의 것	제2류 위험물 철분·금속분·마그네슘 등	제2류 위험물 인화성 고체	제2류 위험물 그 밖의 것	제3류 위험물 금수성 물품	제3류 위험물 그 밖의 것	제4류 위험물	제5류 위험물	제6류 위험물
옥내소화전설비													
옥외소화전설비													
물분무등 소화설비	물분무소화설비												
	불활성가스소화설비												
	할로젠화합물소화설비												

▶▶▶ 풀이 위험물의 종류에 따른 소화설비의 적응성

소화설비의 구분			건축물·그 밖의 공작물	전기설비	제1류 위험물 알칼리금속의 과산화물등	제1류 위험물 그 밖의 것	제2류 위험물 철분·금속분·마그네슘 등	제2류 위험물 인화성 고체	제2류 위험물 그 밖의 것	제3류 위험물 금수성 물품	제3류 위험물 그 밖의 것	제4류 위험물	제5류 위험물	제6류 위험물
옥내소화전 또는 옥외소화전 설비			○			○		○	○		○		○	○
스프링클러설비			○			○		○	○		○	△	○	○
물분무등소화설비		물분무소화설비	○	○		○		○	○		○	○	○	○
		포소화설비	○			○		○	○		○	○	○	○
		불활성가스소화설비		○				○				○		
		할로젠화합물소화설비		○				○				○		
	분말소화설비	인산염류등	○	○		○		○	○			○		○
		탄산수소염류등		○	○		○	○		○		○		
		그 밖의 것			○		○			○				

구분		세부	건축물·그 밖의 공작물	전기설비	알칼리금속의 과산화물등	그 밖의 것	철분·금속분·마그네슘등	인화성 고체	그 밖의 것	금수성 물품	그 밖의 것	제4류 위험물	제5류 위험물	제6류 위험물
대형·소형수동식소화기		봉상수(棒狀水)소화기	○			○		○	○		○		○	○
		무상수(霧狀水)소화기	○	○		○		○	○		○		○	○
		봉상강화액소화기	○			○		○	○		○		○	○
		무상강화액소화기	○	○		○		○	○		○	○	○	○
		포소화기	○			○		○	○		○	○	○	○
		이산화탄소소화기		○				○				○		△
		할로젠화합물소화기		○				○				○		
	분말소화기	인산염류소화기	○	○		○		○	○			○		○
		탄산수소염류소화기		○	○		○	○		○		○		
		그 밖의 것			○		○			○				
기타		물통 또는 수조	○			○		○	○		○		○	○
		건조사			○	○	○	○	○	○	○	○	○	○
		팽창질석 또는 팽창진주암			○	○	○	○	○	○	○	○	○	○

>>> 정답

소화설비의 구분		대상물의 구분											
		건축물·그 밖의 공작물	전기설비	제1류 위험물		제2류 위험물			제3류 위험물		제4류 위험물	제5류 위험물	제6류 위험물
				알칼리금속의 과산화물등	그 밖의 것	철분·금속분·마그네슘등	인화성 고체	그 밖의 것	금수성 물품	그 밖의 것			
옥내소화전설비		○			○		○	○		○		○	○
옥외소화전설비		○			○		○	○		○		○	○
물분무등 소화설비	물분무소화설비	○	○		○		○	○		○	○	○	○
	불활성가스소화설비		○				○				○		
	할로젠화합물소화설비		○				○				○		

18　　　　　　　　　　　　　　　　　　　　　　　　　　　　　　[5점]

운반 시 방수성 덮개와 차광성 덮개를 모두 해야 하는 위험물의 품명을 다음 〈보기〉에서 골라 모두 쓰시오.

> 알칼리금속의 과산화물, 금속분, 인화성 고체, 특수인화물, 제5류 위험물, 제6류 위험물

>>> 풀이　위험물의 성질에 따른 운반 시 피복 기준
① 차광성 덮개로 가려야 하는 위험물
　　㉠ **제1류 위험물**
　　㉡ 제3류 위험물 중 자연발화성 물질
　　㉢ 제4류 위험물 중 특수인화물

ⓔ 제5류 위험물

ⓜ 제6류 위험물

② 방수성 덮개로 가려야 하는 위험물

　　㉠ **제1류 위험물 중 알칼리금속의 과산화물**

　　ⓛ 제2류 위험물 중 철분, 금속분, 마그네슘

　　ⓒ 제3류 위험물 중 금수성 물질

위 기준에 의하면 제1류 위험물은 운반 시 모두 차광성 덮개를 해야 하고, 제1류 위험물 중 알칼리금속의 과산
화물은 방수성 덮개를 해야 한다. 따라서 〈보기〉 중 알칼리금속의 과산화물은 차광성 덮개와 방수성 덮개를
모두 해야 하는 품명이다.

>
> 제3류 위험물 중 칼륨, 나트륨, 알킬알루미늄, 알킬리튬, 금속의 수소화물도 자연발화성이면서 동시에 금
> 수성이므로 차광성 덮개와 방수성 덮개를 모두 해야 하는 위험물에 속한다.

>>>정답　알칼리금속의 과산화물

필답형 19　　　　　　　　　　　　　　　　　　　　　　　　　　　　　　　　　　[5점]

다음 주어진 조건을 보고 위험물제조소의 방화상 유효한 담의 높이(h)는 몇 m 이상으로 해야 하
는지 구하시오.

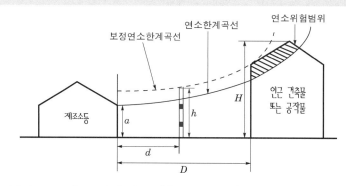

여기서, D : 제조소등과 인근 건축물 또는 공작물과의 거리(10m)

　　　　H : 인근 건축물 또는 공작물의 높이(40m)

　　　　a : 제조소등의 외벽의 높이(30m)

　　　　d : 제조소등과 방화상 유효한 담과의 거리(5m)

　　　　h : 방화상 유효한 담의 높이(m)

　　　　p : 상수 0.15

>>>풀이　방화상 유효한 담의 높이(h)

・ $H \leq pD^2 + a$인 경우 : $h = 2$

・ $H > pD^2 + a$인 경우 : $h = H - p(D^2 - d^2)$

$40 \leq 0.15 \times 10^2 + 30$이므로 방화상 유효한 담의 높이($h$)=**2m 이상**이다.

>>>정답　2m 이상

필답형 20 [5점]

다음 그림은 제조소의 안전거리를 나타낸 것이다. 제조소등으로부터 (1)~(5)의 각 인근 건축물까지의 안전거리를 쓰시오.

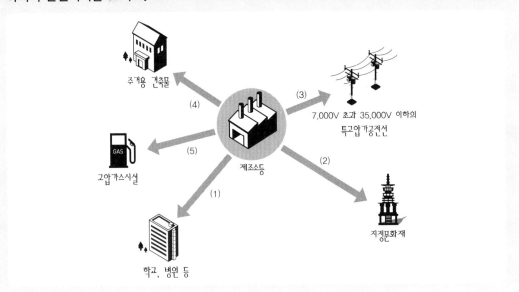

>>> 풀이 제조소의 안전거리(단, 제6류 위험물을 저장 또는 취급하는 제조소는 제외한다.)
(1) 학교 · 병원 · 극장(300명 이상), 다수인 수용시설 : **30m 이상**
(2) 유형문화재와 기념물 중 지정문화재 : **50m 이상**
(3) 사용전압이 7,000V 초과 35,000V 이하의 특고압가공전선 : **3m 이상**
   ※ 사용전압이 35,000V를 초과하는 특고압가공전선 : 5m 이상
(4) 주거용 건축물(제조소등의 동일부지 외에 있는 것) : **10m 이상**
(5) 고압가스, 액화석유가스 등의 저장 · 취급 시설 : **20m 이상**

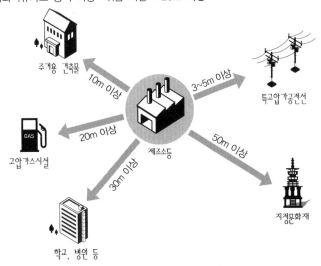

>>> 정답 (1) 30m 이상   (2) 50m 이상   (3) 3m 이상   (4) 10m 이상   (5) 20m 이상

2023 제1회 위험물산업기사 실기

2023년 4월 22일 시행

※ 필답형+작업형으로 치러지던 기존 시험에서는 각 문항별 배점이 상이하였으나,
  필답형(20문제) 시험만 보는 2020년 1회부터는 각 문항 배점이 모두 5점입니다!

 필/답/형 시험

필답형 01
[5점]

다음 괄호 안에 들어갈 알맞은 말을 쓰시오.

(1) (A)등을 취급하는 제조소의 설비의 기준
   ① 누설범위를 국한하기 위한 설비와 누설된 (A)등을 안전한 장소에 설치된 저장실에 유입시킬 수 있는 설비를 갖추어야 한다.
   ② 불활성 기체 봉입장치를 갖추어야 한다.

(2) (B)등을 취급하는 제조소의 설비의 기준
   ① 은, 수은, 구리(동), 마그네슘을 성분으로 하는 합금으로 만들지 아니한다.
   ② 연소성 혼합기체의 폭발을 방지하기 위한 불활성 기체 또는 수증기 봉입장치를 갖추어야 한다.

(3) (C)등을 취급하는 제조소의 안전거리의 기준
   (C)등을 취급하는 제조소의 안전거리는 특고압가공전선을 제외하고는 다음의 공식에 의해서 결정된다.
   $$D = 51.1 \times \sqrt[3]{N}$$
   여기서, D : 안전거리(m)
   　　　　 N : 취급하는 (C)등의 지정수량의 배수

> **>>> 풀이**
> **위험물의 성질에 따른 각종 제조소의 특례**
> (1) **알킬알루미늄**등(알킬알루미늄, 알킬리튬)을 취급하는 제조소의 설비의 기준
>   ① 불활성 기체 봉입장치를 갖추어야 한다.
>   ② 누설범위를 국한하기 위한 설비를 갖추어야 한다.
>   ③ 누설된 **알킬알루미늄**등을 안전한 장소에 설치된 저장실에 유입시킬 수 있는 설비를 갖추어야 한다.
> (2) **아세트알데하이드**등(아세트알데하이드, 산화프로필렌)을 취급하는 제조소의 설비의 기준
>   ① 은, 수은, 구리(동), 마그네슘을 성분으로 하는 합금으로 만들지 아니한다.
>   ② 연소성 혼합기체의 폭발을 방지하기 위한 불활성 기체 또는 수증기 봉입장치를 갖추어야 한다.
>   ③ 아세트알데하이드등을 저장하는 탱크에는 냉각장치 또는 보냉장치 및 불활성 기체 봉입장치를 갖추어야 한다.
> (3) **하이드록실아민**등(하이드록실아민, 하이드록실아민염류)을 취급하는 제조소의 안전거리의 기준
>   **하이드록실아민**등을 취급하는 제조소의 안전거리는 특고압가공전선을 제외하고는 다음의 공식에 의해서 결정된다.
> $$D = 51.1 \times \sqrt[3]{N}$$
>   여기서, D : 안전거리(m), N : 취급하는 하이드록실아민등의 지정수량의 배수

> **>>> 정답** A. 알킬알루미늄, B. 아세트알데하이드, C. 하이드록실아민

필답형 02 [5점]

다음 물음에 답하시오.

(1) 다음 분말소화약제의 주성분을 화학식으로 쓰시오.
　① 제2종 분말소화약제
　② 제3종 분말소화약제
(2) 다음 불활성 가스에 대한 구성 성분과 성분비를 쓰시오.
　① IG-100　　　② IG-55　　　③ IG-541

>>> 풀이　(1) 분말소화약제

구 분	주성분	화학식	적응화재	착 색
제1종 분말소화약제	탄산수소나트륨	$NaHCO_3$	B급, C급	백색
제2종 분말소화약제	**탄산수소칼륨**	**$KHCO_3$**	B급, C급	보라색
제3종 분말소화약제	**인산암모늄**	**$NH_4H_2PO_4$**	A급, B급, C급	담홍색
제4종 분말소화약제	탄산수소칼륨과 요소의 반응생성물	$KHCO_3 + (NH_2)_2CO$	B급, C급	회색

(2) 불활성 가스의 종류별 구성 성분과 성분비
　① **IG-100 : 질소(N_2) 100%**
　② **IG-55 : 질소(N_2) 50%와 아르곤(Ar) 50%**
　③ **IG-541 : 질소(N_2) 52%와 아르곤(Ar) 40%와 이산화탄소(CO_2) 8%**

>>> 정답　(1) ① $KHCO_3$, ② $NH_4H_2PO_4$
(2) ① 질소(N_2) 100%
　② 질소(N_2) 50%와 아르곤(Ar) 50%
　③ 질소(N_2) 52%와 아르곤(Ar) 40%와 이산화탄소(CO_2) 8%

필답형 03 [5점]

옥외저장소에 위험물이 저장된 용기들을 겹쳐 쌓을 경우 다음 물음에 답하시오.

(1) 옥외저장소에서 위험물을 수납한 용기를 선반에 저장하는 경우 저장높이(m)
(2) 기계에 의하여 하역하는 구조로 된 용기만을 겹쳐 쌓는 경우 저장높이(m)
(3) 중유만을 저장할 경우 저장높이(m)

>>> 풀이　옥내저장소 또는 옥외저장소의 저장용기를 쌓는 높이의 기준
① **기계에 의하여 하역하는 구조로 된 용기 : 6m 이하**
② **제4류 위험물 중 제3석유류**, 제4석유류 및 동식물유류의 용기 : **4m 이하**
　※ **중유**는 제4류 위험물로서 품명은 제3석유류이다.
③ 그 밖의 경우 : 3m 이하
④ 용기를 선반에 저장하는 경우
　㉠ 옥내저장소에 설치한 선반 : 높이의 제한 없음
　㉡ **옥외저장소에 설치한 선반 : 6m 이하**

>>> 정답　(1) 6m 이하　(2) 6m 이하　(3) 4m 이하

필답형 04 [5점]

다음 물음에 답하시오.

(1) 트라이나이트로톨루엔의 구조식을 쓰시오.
(2) 트라이나이트로톨루엔의 생성과정을 사용원료를 중심으로 설명하시오.

>>> 풀이 TNT로도 불리는 **트라이나이트로톨루엔[$C_6H_2CH_3(NO_2)_3$]은 톨루엔($C_6H_5CH_3$)에 질산(HNO_3)과 황산(H_2SO_4)을 반응**시켜 톨루엔의 수소(H) 3개를 나이트로기(−NO_2)로 치환한 물질로서 제5류 위험물에 속하며, 품명은 나이트로화합물이고 지정수량은 제1종 : 10kg, 제2종 : 100kg이다.

– 톨루엔의 나이트로화 반응식

$$C_6H_5CH_3 + 3HNO_3 \xrightarrow{H_2SO_4(탈수반응)} C_6H_2CH_3(NO_2)_3 + 3H_2O$$

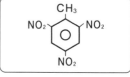

▌트라이나이트로톨루엔의
구조식 ▌

> **Check >>>**
>
> 어떤 물질에 질산과 황산을 가하면 그 물질은 나이트로화된다.
>
> 1. 벤젠(C_6H_6)을 나이트로화시켜 나이트로벤젠($C_6H_5NO_2$)을 생성한다.
>
> – 반응식 : $C_6H_6 + HNO_3 \xrightarrow{H_2SO_4} C_6H_5NO_2 + H_2O$
>
> 2. 글리세린[$C_3H_5(OH)_3$]을 나이트로화시켜 나이트로글리세린[$C_3H_5(ONO_2)_3$]을 생성한다.
>
> – 반응식 : $C_3H_5(OH)_3 + 3HNO_3 \xrightarrow{H_2SO_4} C_3H_5(ONO_2)_3 + 3H_2O$

>>> 정답 (1)   (2) 톨루엔에 질산과 황산을 반응시켜 생성

필답형 05 [5점]

표준상태에서 인화알루미늄 580g의 물과의 반응식을 쓰고, 반응 시 발생하는 독성가스의 부피는 몇 L인지 구하시오.

(1) 물과의 반응식
(2) 발생하는 독성가스의 부피

>>> 풀이 **인화알루미늄(AlP)**은 제3류 위험물로서 품명은 금속의 인화물이며, 지정수량은 300kg이다. 물과 반응 시 수산화알루미늄[$Al(OH)_3$]과 함께 가연성이면서 맹독성인 포스핀(PH_3) 가스를 발생한다.

– **물과의 반응식** : $AlP + 3H_2O \rightarrow Al(OH)_3 + PH_3$

여기서, 인화알루미늄의 분자량은 27(Al)+31(P)=58g이며, 위의 반응식에서 알 수 있듯이 인화알루미늄 58g을 물과 반응시키면 표준상태에서 독성인 포스핀 가스는 1몰 즉, 22.4L가 발생하는데 〈문제〉의 조건과 같이 **인화알루미늄 58g의 10배의 양인 580g을 물과 반응시키면 포스핀 가스 또한 22.4L의 10배인 224L가 발생**한다.

>>> 정답 (1) $AlP + 3H_2O \rightarrow Al(OH)_3 + PH_3$
(2) 224L

필답형 06 [5점]

다음 〈보기〉는 주유취급소에 관한 특례기준이다. 다음 물음에 대한 답을 〈보기〉에서 모두 골라 기호를 쓰시오. (단, 해당사항이 없으면 "해당 없음"이라고 쓰시오.)

① 주유공지를 확보하지 않아도 된다.
② 지하저장탱크에서 직접 주유하는 경우 탱크 용량에 제한을 두지 않아도 된다.
③ 고정주유설비 또는 고정급유설비의 주유관의 길이에 제한을 두지 않아도 된다.
④ 담 또는 벽을 설치하지 않아도 된다.
⑤ 캐노피를 설치하지 않아도 된다.

(1) 항공기 주유취급소 특례에 해당하는 것을 쓰시오.
(2) 자가용 주유취급소 특례에 해당하는 것을 쓰시오.
(3) 선박 주유취급소 특례에 해당하는 것을 쓰시오.

▶▶▶풀이 (1) 항공기 주유취급소 특례
① 주유공지와 급유공지에 대한 규정을 적용하지 않는다.
② 표지 및 게시판에 대한 규정을 적용하지 않는다.
③ 위험물을 저장 또는 취급하는 탱크 설치에 대한 규정을 적용하지 않는다.
④ 고정주유설비 또는 고정급유설비의 주유관의 길이에 대한 규정을 적용하지 않는다.
⑤ 담 또는 벽에 대한 규정을 적용하지 않는다.
⑥ 캐노피에 대한 규정을 적용하지 않는다.
(2) 자가용 주유취급소 특례
– 주유공지와 급유공지에 대한 규정을 적용하지 않는다.
(3) 선박 주유취급소 특례
① 주유공지와 급유공지에 대한 규정을 적용하지 않는다.
② 위험물을 저장 또는 취급하는 탱크 설치에 대한 규정을 적용하지 않는다.
③ 고정주유설비 또는 고정급유설비의 주유관의 길이에 대한 규정을 적용하지 않는다.
④ 담 또는 벽에 대한 규정을 적용하지 않는다.

▶▶▶정답 (1) ①, ②, ③, ④, ⑤
(2) ①
(3) ①, ②, ③, ④

필답형 07 [5점]

다음 물음에 답하시오.

에틸알코올, 칼륨, 질산메틸, 톨루엔, 과산화나트륨

(1) 〈보기〉 중 제조소등의 게시판에 표시하여야 할 주의사항이 "화기엄금" 및 "물기엄금"에 해당하는 물질을 쓰시오.
(2) 〈보기〉 중 제4류 위험물로 지정수량이 400L인 물질을 쓰시오.
(3) (1)의 물질과 (2)의 물질과의 반응식을 쓰시오.

>>> 풀이

물질명	유 별	품 명	지정수량	위험등급
에틸알코올(C_2H_5OH)	**제4류 위험물**	알코올류	**400L**	II
칼륨(K)	제3류 위험물	칼륨	10kg	I
질산메틸(CH_3ONO_2)	제5류 위험물	질산에스터류	제1종 : 10kg, 제2종 : 100kg	I, II
톨루엔($C_6H_5CH_3$)	제4류 위험물	제1석유류	200L	II
과산화나트륨(Na_2O_2)	제1류 위험물	무기과산화물	50kg	I

(1) 제3류 위험물 중 자연발화성 물질의 게시판 주의사항은 "화기엄금"이고, 제3류 위험물 중 금수성 물질의 게시판 주의사항은 "물기엄금"이므로 **제3류 위험물 중 자연발화성 및 금수성 물질인 칼륨의 게시판 주의사항은 "화기엄금"과 "물기엄금"**이다.

(2) 〈보기〉에 제시된 위험물 중 제4류 위험물인 에틸알코올, 톨루엔 중에서 지정수량이 400L인 위험물은 에틸알코올이다.

(3) **칼륨은 에틸알코올과 반응** 시 칼륨에틸레이트(C_2H_5OK)와 수소(H_2)가 발생한다.
　－ 반응식 : $2K + 2C_2H_5OH \rightarrow 2C_2H_5OK + H_2$

위험물에 따른 주의사항 내용 및 색상

위험물의 종류	주의사항 내용	색 상	게시판 형태
• 제2류 위험물 중 인화성 고체 • 제3류 위험물 중 자연발화성 물질 • 제4류 위험물 • 제5류 위험물	화기엄금	적색바탕, 백색문자	0.6m 이상 **화기엄금** 0.3m 이상
• 제2류 위험물 (인화성 고체 제외)	화기주의	적색바탕, 백색문자	0.6m 이상 **화기주의** 0.3m 이상
• 제1류 위험물 중 알칼리금속의 과산화물 • 제3류 위험물 중 금수성 물질	물기엄금	청색바탕, 백색문자	0.6m 이상 **물기엄금** 0.3m 이상
• 제1류 위험물 (알칼리금속의 과산화물 제외) • 제6류 위험물			게시판을 설치할 필요 없음

>>> 정답
(1) 칼륨
(2) 에틸알코올
(3) $2K + 2C_2H_5OH \rightarrow 2C_2H_5OK + H_2$

[5점]

제1류 위험물인 KMnO₄에 대해 다음 각 물음에 답을 쓰시오.

(1) 지정수량
(2) 위험등급
(3) 열분해 시와 묽은 황산과 반응 시에 공통으로 발생하는 물질

≫풀이 **과망가니즈산칼륨(KMnO₄)**
① 제1류 위험물로서 품명은 과망가니즈산염류이며, **지정수량 1,000kg, 위험등급 Ⅲ**이다.
② **열분해 시** 망가니즈산칼륨(K_2MnO_4), 이산화망가니즈(MnO_2), 그리고 **산소(O_2)가 발생**한다.
　– 열분해반응식(240℃) : $2KMnO_4 \rightarrow K_2MnO_4 + MnO_2 + O_2$
③ **묽은 황산(H_2SO_4)과 반응 시** 황산칼륨(K_2SO_4), 황산망가니즈($MnSO_4$), 물(H_2O), 그리고 **산소(O_2)가 발생**한다.
　– 묽은 황산과의 반응식 : $4KMnO_4 + 6H_2SO_4 \rightarrow 2K_2SO_4 + 4MnSO_4 + 6H_2O + 5O_2$

≫정답 (1) 1,000kg　(2) 위험등급 Ⅲ　(3) 산소(O_2)

 [5점]

다음 물음에 답하시오.

(1) 외벽이 내화구조이고 연면적이 150m²인 옥내저장소의 소요단위는 몇 단위인지 쓰시오.
(2) 에틸알코올 1,000L, 등유 1,500L, 동식물유류 20,000L, 특수인화물 500L를 함께 저장하는 경우 소요단위는 몇 단위인지 쓰시오.

≫풀이 (1) **외벽이 내화구조인 옥내저장소는 연면적 150m²를 1소요단위**로 정한다.
(2) 〈문제〉의 각 위험물의 지정수량은 다음과 같다.
　① 에틸알코올(알코올류) : 400L
　② 등유(제2석유류 비수용성) : 1,000L
　③ 동식물유류 : 10,000L
　④ 특수인화물 : 50L

이들 위험물의 지정수량의 배수의 합은 $\dfrac{1,000L}{400L} + \dfrac{1,500L}{1,000L} + \dfrac{20,000L}{10,000L} + \dfrac{500L}{50L} = 16$배이고, 위험물의

1소요단위는 지정수량의 10배이므로 지정수량의 16배의 소요단위는 $\dfrac{16배}{10배/소요단위} = 1.6$단위이다.

> **Check ≫**
>
> 소요단위는 소화설비의 설치대상이 되는 건축물 또는 그 밖의 공작물의 규모나 위험물 양의 기준단위로서 다음 [표]와 같이 구분한다.
>
> | 구 분 | 내화구조의 외벽 | 비내화구조의 외벽 |
> |---|---|---|
> | 위험물 제조소 및 취급소 | 연면적 100m² | 연면적 50m² |
> | 위험물저장소 | **연면적 150m²** | 연면적 75m² |
> | 위험물 | 지정수량의 10배 | |

≫정답 (1) 1　(2) 1.6

필답형 10
[5점]

리튬과 물과의 반응식을 쓰고, 리튬 2몰이 1기압, 25℃에서 물과 반응 시 발생하는 가연성 기체의 부피는 몇 L인지 구하시오.

(1) 물과의 반응식
(2) 발생하는 가연성 기체의 부피

≫≫풀이 **리튬(Li)**은 제3류 위험물로서 품명은 알칼리금속 및 알칼리토금속이며, 지정수량은 50kg이다.

(1) 물과 반응 시 수산화리튬(LiOH)과 수소(H_2)가 발생한다.
- **물과의 반응식 : 2Li + 2H₂O → 2LiOH + H₂**

(2) 1기압, 25℃에서 2mol의 리튬이 반응하여 발생한 1mol의 수소 부피를 묻는 것이므로 다음의 이상기체상 태방정식을 이용하여 구할 수 있다.

$PV = nRT$

여기서, P : 압력=1atm
V : 부피= V(L)
n : 몰수=1mol
R : 이상기체상수=0.082atm · L/K · mol
T : 절대온도(273 + ℃온도)=273 + 25=298K

$1 \times V = 1 \times 0.082 \times 298$

∴ V = **24.44L**

≫≫정답
(1) 2Li + 2H₂O → 2LiOH + H₂
(2) 24.44L

필답형 11
[5점]

탄화칼슘에 대해 다음 물음에 답하시오.

(1) 물과의 반응식
(2) (1)의 반응에서 생성된 물질과 구리와의 반응식
(3) (1)의 반응에서 생성된 물질이 구리와 반응하면 위험한 이유

≫≫풀이 **탄화칼슘(CaC₂)**은 제3류 위험물로서 품명은 칼슘 또는 알루미늄의 탄화물이며, 지정수량 300kg, 위험등급 Ⅲ이다.

(1) 물과 반응 시 수산화칼슘(Ca(OH)₂)과 아세틸렌(C₂H₂) 기체가 발생한다.
- **물과의 반응식 : CaC₂ + 2H₂O → Ca(OH)₂ + C₂H₂**

(2) 아세틸렌과 구리(Cu)와의 반응 시 수소(H_2) 기체와 구리아세틸라이드(Cu₂C₂)가 발생한다.
- **아세틸렌과 구리의 반응식 : C₂H₂ + 2Cu → H₂ + Cu₂C₂**

(3) **아세틸렌, 산화프로필렌 등은 수은, 은, 구리, 마그네슘 등의 금속과 반응하여 가연성 기체인 수소와 폭발성인 금속아세틸라이드를 만들기 때문에** 이들 금속과 접촉시키지 않아야 한다.

≫≫정답
(1) CaC₂ + 2H₂O → Ca(OH)₂ + C₂H₂
(2) C₂H₂ + 2Cu → H₂ + Cu₂C₂
(3) 아세틸렌과 구리가 반응하여 가연성 기체인 수소와 폭발성인 구리아세틸라이드를 만들기 때문에 아세틸렌은 구리와 접촉시키지 않아야 한다.

필답형 12 [5점]

제4류 위험물 중 동식물유류에 대한 다음 물음에 답하시오.

(1) 아이오딘값의 정의를 쓰시오.
(2) 동식물유를 아이오딘값에 따라 3가지로 분류하고, 각각의 아이오딘값의 범위를 쓰시오.

≫≫풀이 (1) 아이오딘값이란 **유지 100g에 흡수되는 아이오딘의 g수**를 의미하며, 불포화도와 이중결합수에 비례한다.
(2) 동식물유류는 제4류 위험물로서 지정수량은 10,000L이며, 아이오딘값의 범위에 따라 건성유, 반건성유, 불건성유로 구분한다.
　① **건성유 : 아이오딘값이 130 이상인 것**
　　－ 동물유 : 정어리유, 기타 생선유
　　－ 식물유 : 동유(오동나무기름), 해바라기유, 아마인유, 들기름
　② **반건성유 : 아이오딘값이 100~130인 것**
　　－ 동물유 : 청어유
　　－ 식물유 : 쌀겨기름, 목화씨기름(면실유), 채종유(유채씨기름), 옥수수기름, 참기름
　③ **불건성유 : 아이오딘값이 100 이하인 것**
　　－ 동물유 : 소기름. 돼지기름, 고래기름
　　－ 식물유 : 올리브유, 동백유, 아주까리기름(피마자유), 야자유(팜유)

≫≫정답 (1) 유지 100g에 흡수되는 아이오딘의 g수
(2) ① 건성유 : 아이오딘값이 130 이상인 것
　　② 반건성유 : 아이오딘값이 100~130인 것
　　③ 불건성유 : 아이오딘값이 100 이하인 것

필답형 13 [5점]

다음 위험물의 연소반응식을 쓰시오.

(1) 아세트산
(2) 메틸알코올
(3) 메틸에틸케톤

≫≫풀이 (1) **아세트산**(CH_3COOH)은 제4류 위험물로서 품명은 제2석유류이며, 지정수량 2,000L, 위험등급 Ⅲ이다. 연소 시 이산화탄소(CO_2)와 물(수증기, H_2O)을 생성한다.
　－ **연소반응식** : $CH_3COOH + 2O_2 \rightarrow 2CO_2 + 2H_2O$
(2) **메틸알코올**(CH_3OH)은 제4류 위험물로서 품명은 알코올류이며, 지정수량 400L, 위험등급 Ⅱ이다. 연소 시 이산화탄소(CO_2)와 물(수증기, H_2O)을 생성한다.
　－ **연소반응식** : $2CH_3OH + 3O_2 \rightarrow 2CO_2 + 4H_2O$
(3) **메틸에틸케톤**($CH_3COC_2H_5$)은 제4류 위험물로서 품명은 제1석유류이며, 지정수량 200L, 위험등급 Ⅱ이다. 연소 시 이산화탄소(CO_2)와 물(수증기, H_2O)을 생성한다.
　－ **연소반응식** : $2CH_3COC_2H_5 + 11O_2 \rightarrow 8CO_2 + 8H_2O$

≫≫정답 (1) $CH_3COOH + 2O_2 \rightarrow 2CO_2 + 2H_2O$
(2) $2CH_3OH + 3O_2 \rightarrow 2CO_2 + 4H_2O$
(3) $2CH_3COC_2H_5 + 11O_2 \rightarrow 8CO_2 + 8H_2O$

필답형 14 [5점]

저장탱크의 벽 및 바닥의 두께가 0.2m 이상이고 누수가 되지 않는 철근콘크리트의 수조에 넣어 보관해야 하는 위험물에 대하여 다음 물음에 답하시오.

(1) ① 품명을 쓰시오.
　② 연소반응식을 쓰시오.
(2) 이 위험물과 혼재가 가능한 위험물을 다음 〈보기〉에서 모두 고르시오. (단, 없으면 "없음"이라 적으시오.)

　　　　과염소산, 과산화나트륨, 과망가니즈산칼륨, 삼플루오린화브로민

≫≫ 풀이　(1) **이황화탄소(CS₂)**
　　　① 제4류 위험물로서 품명은 **특수인화물**이며, 지정수량 50L, 위험등급 Ⅰ이다.
　　　② 인화점 −30℃, 발화점 100℃, 연소범위 1~50%이다.
　　　③ 비중은 1.26으로 물보다 무겁고 물에 녹지 않아 물과 혼합하면 층 분리가 발생하여 물보다 무거운 이황화탄소는 하층, 물은 상층에 존재한다.
　　　④ 독성을 가지고 있으며, 연소 시 이산화탄소(CO_2)와 가연성 가스인 이산화황(SO_2)을 발생시킨다.
　　　　－ **연소반응식 : $CS_2 + 3O_2 \rightarrow CO_2 + 2SO_2$**
　　　⑤ 공기 중의 산소와의 반응으로 가연성 가스가 발생할 수 있기 때문에 가연성 가스의 발생 방지를 위해 물속에 넣어 보관한다. 물에 저장한 상태에서 150℃ 이상의 열로 가열하면 황화수소(H_2S)가 발생하므로 냉수에 보관해야 한다.
　　　　－ 물과의 반응식 : $CS_2 + 2H_2O \rightarrow 2H_2S + CO_2$
　　　⑥ 이황화탄소의 저장탱크는 벽 및 바닥의 두께가 0.2m 이상이고, 누수가 되지 않는 철근콘크리트의 수소에 넣어 보관하므로 보유공지, 통기관 및 자동계량장치는 필요 없다.
　　(2) 유별을 달리하는 위험물의 혼재기준

위험물의 구분	제1류	제2류	제3류	제4류	제5류	제6류
제1류		×	×	×	×	○
제2류	×		×	○	○	×
제3류	×	×		○	×	×
제4류	×	○	○		○	×
제5류	×	○	×	○		×
제6류	○	×	×	×	×	

　　　※ 이 표는 지정수량의 1/10 이하의 위험물에 대하여는 적용하지 아니한다.
　　　① **과염소산($HClO_4$)**은 **제6류** 위험물로서 품명은 과염소산이며, 지정수량 300kg, 위험등급 Ⅰ이다.
　　　② **과산화나트륨(Na_2O_2)**은 **제1류** 위험물로서 품명은 무기과산화물이며, 지정수량 50kg, 위험등급 Ⅰ이다.
　　　③ **과망가니즈산칼륨($KMnO_4$)**은 **제1류** 위험물로서 품명은 과망가니즈산염류이며, 지정수량 1,000kg, 위험등급 Ⅲ이다.
　　　④ **삼플루오린화브로민(BrF_3)**은 **제6류** 위험물로서 품명은 할로젠간화합물이며, 지정수량 300kg, 위험등급 Ⅰ이다. 할로젠간화합물은 행정안전부령으로 정하는 제6류 위험물로서 할로젠원소끼리의 화합물을 의미하며, 무색 액체로서 부식성이 있다.
　　　따라서, **제4류 위험물인 이황화탄소는 제1류 위험물과 제6류 위험물과 혼재 불가능**하다.

≫≫ 정답　(1) ① 특수인화물
　　　　② $CS_2 + 3O_2 \rightarrow CO_2 + 2SO_2$
　　(2) 없음

필답형 15 [5점]

다음은 탱크에 저장할 경우 위험물의 저장온도 기준에 대한 내용이다. 괄호 안에 알맞은 내용을 쓰시오.

저장탱크의 종류		위험물	저장온도 기준
옥외저장탱크, 옥내저장탱크, 지하저장탱크	압력탱크 외의 탱크	아세트알데하이드등	(①)℃ 이하
		산화프로필렌등, 다이에틸에터등	(②)℃ 이하
	압력탱크	아세트알데하이드등, 다이에틸에터등	(③)℃ 이하
이동저장탱크	보냉장치가 있는 이동저장탱크	아세트알데하이드등, 다이에틸에터등	(④)℃ 이하
	보냉장치가 없는 이동저장탱크	아세트알데하이드등, 다이에틸에터등	(⑤)℃ 이하

》》풀이 (1) 옥외저장탱크, 옥내저장탱크 또는 지하저장탱크
　① 이들 탱크 중 **압력탱크 외의 탱크**에 저장하는 경우
　　㉠ **아세트알데하이드등 : 15℃ 이하**　㉡ **산화프로필렌등과 다이에틸에터등 : 30℃ 이하**
　② 이들 탱크 중 **압력탱크**에 저장하는 경우
　　㉠ **아세트알데하이드등 : 40℃ 이하**　㉡ **다이에틸에터등 : 40℃ 이하**
　(2) 이동저장탱크
　① **보냉장치가 있는 이동저장탱크**에 저장하는 경우
　　㉠ **아세트알데하이드등 : 비점 이하**　㉡ **다이에틸에터등 : 비점 이하**
　② **보냉장치가 없는 이동저장탱크**에 저장하는 경우
　　㉠ **아세트알데하이드등 : 40℃ 이하**　㉡ **다이에틸에터등 : 40℃ 이하**

》》정답 ① 15, ② 30, ③ 40, ④ 비점, ⑤ 40

필답형 16 [5점]

적린에 대해 다음 물음에 답하시오.

(1) 연소 시 발생하는 기체의 화학식
(2) 연소 시 발생하는 기체의 색상

》》풀이 **적린(P)**
　① 제2류 위험물로서 품명은 적린이며, 지정수량 100kg, 위험등급 Ⅱ이다.
　② 발화점 260℃, 비중 2.2, 승화온도 400℃이다.
　③ 암적색 분말로 공기 중에서 안정하며, 독성이 없다.
　④ 황린(P_4)과 동소체이다.
　⑤ **연소 시 흰색 기체인 오산화인(P_2O_5)이 발생**한다.
　　– 연소반응식 : $4P + 5O_2 \rightarrow 2P_2O_5$

》》정답 (1) P_2O_5
　(2) 흰색

필답형 17 [5점]

다음 〈보기〉는 위험물안전관리법상 알코올류에 대한 설명이다. 설명 중 틀린 내용을 모두 찾아 기호를 쓰고, 틀린 내용은 바르게 고쳐 쓰시오. (단, 틀린 내용이 없다면 "없음"이라고 쓰시오.)

① "알코올류"라 함은 1분자를 구성하는 탄소원자의 수가 1개부터 3개까지인 포화 1가 알코올(변성 알코올을 포함)을 말한다.

② 1분자를 구성하는 탄소원자의 수가 1개 내지 3개의 포화 1가 알코올의 함유량이 60vol% 미만인 수용액은 제외한다.

③ 알코올류의 지정수량은 400L이다.

④ 위험등급은 Ⅰ등급에 해당한다.

⑤ 옥내저장소에서 저장창고의 바닥면적은 1,000m² 이하이다.

▶▶▶풀이

유 별	성 질	위험등급	품 명		지정수량
제4류	인화성 액체	Ⅰ	1. 특수인화물		50L
		Ⅱ	2. 제1석유류	비수용성 액체	200L
				수용성 액체	400L
			3. 알코올류		400L
		Ⅲ	4. 제2석유류	비수용성 액체	1,000L
				수용성 액체	2,000L
			5. 제3석유류	비수용성 액체	2,000L
				수용성 액체	4,000L
			6. 제4석유류		6,000L
			7. 동식물유류		10,000L

(1) 알코올류의 정의

위험물안전관리법상 알코올류는 탄소의 수가 1~3개까지의 포화(단일결합만 존재) 1가 알코올(변성알코올 포함)을 의미한다. 단, 다음의 경우는 제외한다.

① 알코올의 농도(함량)가 **60중량%** 미만인 수용액

② 가연성 액체량이 60중량% 미만이고 인화점 및 연소점이 에틸알코올 60중량%인 수용액의 인화점 및 연소점을 초과하는 것

(2) 옥내저장소에서 저장창고의 바닥면적과 저장기준

① 바닥면적 1,000m² 이하에 저장할 수 있는 물질

㉠ 제1류 위험물 중 아염소산염류, 염소산염류, 과염소산염류, 무기과산화물, 그 밖에 지정수량이 50kg 인 위험물(위험등급 Ⅰ)

㉡ 제3류 위험물 중 칼륨, 나트륨, 알킬알루미늄, 알킬리튬, 그 밖에 지정수량이 10kg인 위험물 및 황린 (위험등급 Ⅰ)

㉢ 제4류 위험물 중 특수인화물(위험등급 Ⅰ), 제1석유류 및 알코올류(위험등급 Ⅱ)

㉣ 제5류 위험물 중 유기과산화물, 질산에스터류, 그 밖에 지정수량이 10kg인 위험물(위험등급 Ⅰ)

㉤ 제6류 위험물 중 과염소산, 과산화수소, 질산(위험등급 Ⅰ)

② 바닥면적 2,000m² 이하에 저장할 수 있는 물질 : 바닥면적 1,000m² 이하에 저장할 수 있는 물질 이외 의 것

▶▶▶정답
② 60vol% → 60wt% 또는 60중량%
④ Ⅰ등급 → Ⅱ등급

필답형 18 [5점]

위험물제조소등에 설치하는 배출설비에 대해 다음 물음에 답하시오.

(1) 배출장소의 용적이 300m³인 경우 국소방출방식의 배출설비 1시간당 배출능력을 구하시오.
(2) 바닥면적이 100m²인 경우 전역방출방식의 배출설비 1m²당 배출능력을 구하시오.

≫≫풀이 제조소의 배출설비

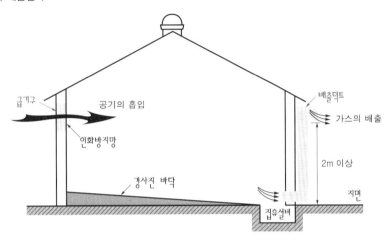

① 설치장소 : 가연성의 증기(미분)가 체류할 우려가 있는 건축물
② 배출방식 : 강제배기방식(배풍기, 배출덕트, 후드 등을 이용하여 강제적으로 배출하는 방식)
③ 급기구의 기준
　　㉠ 급기구의 설치위치 : 높은 곳에 설치
　　㉡ 급기구의 개수 및 면적 : 환기설비와 동일
　　㉢ 급기구의 설치장치 : 환기설비와 동일
④ 배출구의 기준
　　－ 배출구의 설치위치 : 지상 2m 이상의 높이에 설치
⑤ 배출설비의 능력
　　기본적으로 국소방식으로 하지만 위험물취급설비가 배관이음 등으로만 된 경우에는 전역방식으로 할 수 있다.
　　㉠ 국소방식의 배출능력 : 1시간당 배출장소용적의 20배 이상
　　㉡ 전역방식의 배출능력 : 1시간당 바닥면적 1m²마다 18m³ 이상
(1) 국소방식 배출설비의 배출능력은 300m³×20배=**6,000m³ 이상**
(2) 전역방식 배출설비의 배출능력은 100m²×18m³/m²=**1,800m³ 이상**

≫≫정답 (1) 6,000m³ 이상
　　　　 (2) 1,800m³ 이상

필답형 19 [5점]

삼황화인, 오황화인, 칠황화인에 대해 다음 물음에 답하시오.

(1) 삼화황인, 오황화인, 칠황화인의 화학식
(2) 연소 시 공통으로 생성되는 기체의 화학식
(3) 황화인 1몰당 산소 7.5몰을 필요로 하는 황화인의 1몰당 연소반응식
(4) 황화인을 수납하는 경우 운반용기 외부에 표시하여야 하는 주의사항

▶▶▶ 풀이 황화인은 제2류 위험물로서 품명은 황화인이며, 지정수량 100kg, 위험등급 Ⅱ이다.

(1) 황화인은 **삼황화인(P_4S_3), 오황화인(P_2S_5), 칠황화인(P_4S_7)**의 3가지 종류가 있다.
(2) 황화인은 연소 시 이산화황(SO_2)과 오산화인(P_2O_5)이 발생한다.
 - 삼황화인의 연소반응식 : $P_4S_3 + 8O_2 \rightarrow 3SO_2 + 2P_2O_5$
 - 오황화인의 연소반응식 : $2P_2S_5 + 15O_2 \rightarrow 10SO_2 + 2P_2O_5$
 - 칠황화인의 연소반응식 : $P_4S_7 + 12O_2 \rightarrow 7SO_2 + 2P_2O_5$
(3) **오황화인**은 **1몰당 7.5몰의 산소를 필요**로 한다.
 - 오황화인 1몰당 연소반응식 : $P_2S_5 + 7.5O_2 \rightarrow 5SO_2 + P_2O_5$
(4) 운반용기 외부에 표시해야 하는 주의사항

유 별	품 명	주의사항
제1류 위험물	알칼리금속의 과산화물	화기 · 충격주의, 가연물접촉주의, 물기엄금
	그 밖의 것	화기 · 충격주의, 가연물접촉주의
제2류 위험물	철분, 금속분, 마그네슘	화기주의, 물기엄금
	인화성 고체	화기엄금
	그 밖의 것	**화기주의**
제3류 위험물	금수성 물질	물기엄금
	자연발화성 물질	화기엄금, 공기접촉엄금
제4류 위험물	인화성 액체	화기엄금
제5류 위험물	자기반응성 물질	화기엄금, 충격주의
제6류 위험물	산화성 액체	가연물접촉주의

▶▶▶ 정답 (1) P_4S_3, P_2S_5, P_4S_7
(2) SO_2, P_2O_5
(3) $P_2S_5 + 7.5O_2 \rightarrow 5SO_2 + P_2O_5$
(4) 화기주의

필답형 20 [5점]

분자량이 34이고, 표백작용과 살균작용을 하며, 운반용기 외부에 표시하여야 하는 주의사항은 "가연물접촉주의"로 농도가 36중량% 이상인 것이 위험물이 되는 이 물질에 대해 다음 물음에 답하시오.

(1) 분해반응식
(2) 저장 및 취급 시 분해를 방지하기 위한 안정제 2가지
(3) 옥외저장소에 저장이 가능한지 쓰시오. (단, 가능하면 "가능"으로 쓰고, 가능하지 않으면 "가능하지 않음"으로 쓰시오.)

⟫⟫풀이 **과산화수소(H_2O_2)**는 **제6류 위험물**로서 지정수량 300kg, 위험등급 I 이며, 위험물안전관리법상 농도가 36중량% 이상인 것을 말한다.

(1) 열, 햇빛에 의하여 분해하므로 착색된 내산성 용기에 담아 냉암소에 보관한다. 분해 시 물과 산소를 발생한다.
　　– **분해반응식 : $2H_2O_2 \rightarrow 2H_2O + O_2$**

(2) 수용액에는 **분해방지안정제**로 **인산(H_3PO_4), 요산($C_5H_4N_4O_3$), 아세트아닐리드(C_8H_9NO)**를 첨가한다.

(3) **옥외저장소에 저장 가능한 위험물**
　① 제2류 위험물 : 황 또는 인화성 고체(인화점이 섭씨 0도 이상인 것에 한한다)
　② 제4류 위험물
　　㉠ 제1석유류(인화점이 섭씨 0도 이상인 것에 한한다)
　　㉡ 알코올류
　　㉢ 제2석유류
　　㉣ 제3석유류
　　㉤ 제4석유류
　　㉥ 동식물유류
　③ **제6류 위험물**
　④ 시·도 조례로 정하는 제2류 또는 제4류 위험물
　⑤ 국제해상위험물규칙(IMDG Code)에 적합한 용기에 수납된 위험물

⟫⟫정답 (1) $2H_2O_2 \rightarrow 2H_2O + O_2$
(2) 인산(H_3PO_4), 요산($C_5H_4N_4O_3$), 아세트아닐리드(C_8H_9NO) 중 2개
(3) 가능

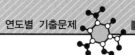

연도별 기출문제

2023 제2회 위험물산업기사 실기

2023년 7월 22일 시행

※ 필답형＋작업형으로 치러지던 기존 시험에서는 각 문항별 배점이 상이하였으나, 필답형(20문제) 시험만 보는 2020년 1회부터는 각 문항 배점이 모두 5점입니다!

필/답/형 시험

필답형 01 [5점]

10℃의 물 2kg을 100℃의 수증기로 만드는 데 필요한 열량(kcal)을 구하시오.

≫≫풀이

(1) 현열(Q_1) : 10℃부터 100℃까지의 온도변화가 존재하는 구간의 열량

$$Q_1 = cm\Delta t$$

여기서, c : 비열(물질 1kg의 온도를 1℃ 올리는 데 필요한 열량)

　　　　 ※ 물의 비열 : 1kcal/kg · ℃

　　　 m : 질량(g)＝2kg

　　　 Δt : 온도차＝100℃ － 10℃＝90℃

　　 $Q_1 = 1 \times 2 \times 90 = 180$kcal

(2) 증발잠열(Q_2) : 온도변화가 없는 수증기 상태의 열량

$$Q_2 = m\gamma$$

여기서, m : 질량(g)＝2kg

　　　　 γ : 잠열상수값＝539kcal/kg

　　 $Q_2 = 2 \times 539 = 1,078$kacl

∴ $Q = Q_1 + Q_2 = 180$kcal + 1,078kcal = 1,258kcal

≫≫정답

1,258kcal

필답형 02 [5점]

흑색화약을 만드는 원료 중에 위험물에 해당하는 2가지를 쓰고, 각각의 화학식과 품명, 지정수량을 쓰시오.

≫≫풀이

흑색화약의 원료 3가지는 질산칼륨(KNO_3)과 황(S), 그리고 숯이다. 여기서 질산칼륨은 제1류 위험물(산화성 고체)로서 품명은 **질산염류**이고 지정수량은 **300kg**이며 산소공급원의 역할을 하고, 황은 제2류 위험물(가연성 고체)로서 품명은 **황**이고 지정수량은 **100kg**이며 가연물의 역할을 한다.

≫≫정답

① 질산칼륨 : KNO_3, 질산염류, 300kg

② 황 : S, 황, 100kg

필답형 03 [5점]

다음 소화약제의 화학식 또는 구성 성분을 쓰시오.

(1) 할론 1301
(2) IG-100
(3) 제2종 분말소화약제

>>> 풀이 (1) 할론 1301은 할로젠화합물소화약제로서 화학식은 **CF_3Br**이다.
(2) IG-100은 불활성가스소화약제의 한 종류로서 **N_2** 100%로 구성되어 있다.
(3) 제2종 분말소화약제의 주성분은 탄산수소칼륨이며, 화학식은 **$KHCO_3$**이다.

1. 그 밖에 할로젠화합물소화약제의 종류에는 할론 1211(CF_2ClBr)과 할론 2402($C_2F_4Br_2$) 등이 있다.
2. 또 다른 불활성가스소화약제의 종류에는 IG-55(N_2 50%, Ar 50%)와 IG-541(N_2 52%, Ar 40%, CO_2 8%)이 있다.
3. 그 밖에 분말소화약제의 종류에는 제1종 분말소화약제인 탄산수소나트륨($NaHCO_3$), 제3종 분말소화약제인 인산암모늄($NH_4H_2PO_4$), 제4종 분말소화약제인 제2종 분말소화약제와 요소와의 반응생성물 [$KHCO_3 + (NH_2)_2CO$] 등이 있다.

>>> 정답 (1) CF_3Br
(2) N_2
(3) $KHCO_3$

필답형 04 [5점]

염소산칼륨에 대해 다음 물음에 답하시오.

(1) 열분해반응식을 쓰시오.
(2) 표준상태에서 염소산칼륨 1,000g이 완전분해 할 때 발생하는 산소의 부피(m^3)를 구하시오.

>>> 풀이 염소산칼륨($KClO_3$)
① 제1류 위험물로서 품명은 염소산염류이며, 지정수량은 50kg이다.
② 분해온도는 400℃, 비중은 2.32이며, 무색 결정 또는 백색 분말이다.
③ 열분해 시 염화칼륨(KCl)과 산소(O_2)가 발생한다.
  - 열분해반응식 : $2KClO_3 \rightarrow 2KCl + 3O_2$
④ 찬물과 알코올에는 녹지 않고, 온수 및 글리세린에 잘 녹는다.
⑤ 표준상태(0℃, 1기압)에서 1mol의 기체의 부피는 22.4L이고, 2mol의 염소산칼륨이 분해하면 3mol의 산소가 발생한다. 염소산칼륨 1mol의 분자량은 39g(K) + 35.5g(Cl) + 16g(O) × 3 = 122.5g/mol, $1m^3$ = 1,000L이므로 1,000g의 염소산 칼륨이 분해 시 발생하는 산소의 부피는

$$1,000g\ KClO_3 \times \frac{1mol\ KClO_3}{122.5g\ KClO_3} \times \frac{3mol\ O_2}{2mol\ KClO_3} \times \frac{22.4L\ O_2}{1mol\ O_2} \times \frac{1m^3}{1,000L} = \mathbf{0.27m^3}$$이다.

>>> 정답 (1) $2KClO_3 \rightarrow 2KCl + 3O_2$
(2) $0.27m^3$

필답형 05 [5점]

다음 위험물의 운반용기 외부에 표시해야 하는 주의사항을 쓰시오.

(1) 과산화나트륨   (2) 인화성 고체   (3) 마그네슘
(4) 기어유   (5) 과산화벤조일

>>>풀이

(1) 과산화나트륨(Na_2O_2)은 제1류 위험물 중 알칼리금속의 과산화물로서 운반용기 외부에 표시하는 주의사항은 **화기·충격주의, 가연물접촉주의, 물기엄금**이다.
(2) 인화성 고체는 제2류 위험물로서 운반용기 외부에 표시하는 주의사항은 **화기엄금**이다.
(3) 마그네슘(Mg)은 제2류 위험물로서 운반용기 외부에 표시하는 주의사항은 **화기주의, 물기엄금**이다.
(4) 기어유는 제4류 위험물로서 운반용기 외부에 표시하는 주의사항은 **화기엄금**이다.
(5) 과산화벤조일[$(C_6H_5CO)_2O_2$]은 제5류 위험물로서 운반용기 외부에 표시하는 주의사항은 **화기엄금, 충격주의**이다.

유 별	품 명	제조소등에 설치하는 주의사항	운반용기 외부에 표시하는 주의사항
제1류 위험물	**알칼리금속의 과산화물**	물기엄금 (청색바탕, 백색문자)	**화기·충격주의, 가연물접촉주의, 물기엄금**
	그 밖의 것	필요 없음	화기·충격주의, 가연물접촉주의
제2류 위험물	철분, 금속분, **마그네슘**	화기주의 (적색바탕, 백색문자)	**화기주의, 물기엄금**
	인화성 고체	화기엄금 (적색바탕, 백색문자)	**화기엄금**
	그 밖의 것	화기주의 (적색바탕, 백색문자)	화기주의
제3류 위험물	금수성 물질	물기엄금 (청색바탕, 백색문자)	물기엄금
	자연발화성 물질	화기엄금 (적색바탕, 백색문자)	화기엄금, 공기접촉엄금
제4류 위험물	**인화성 액체**	화기엄금 (적색바탕, 백색문자)	**화기엄금**
제5류 위험물	**자기반응성 물질**	화기엄금 (적색바탕, 백색문자)	**화기엄금, 충격주의**
제6류 위험물	산화성 액체	필요 없음	가연물접촉주의

>>>정답

(1) 화기·충격주의, 가연물접촉주의, 물기엄금
(2) 화기엄금
(3) 화기주의, 물기엄금
(4) 화기엄금
(5) 화기엄금, 충격주의

06 [5점]

탄산수소나트륨 분말소화약제에 대해 다음 물음에 답하시오.

(1) 270℃에서 열분해반응식을 쓰시오.

(2) (1)식을 참고하여, 탄산수소나트륨 10kg이 열분해할 때 생성되는 이산화탄소의 부피는 표준상태에서 몇 m^3인지 구하시오.

▶▶▶풀이 (1) 제1종 분말소화약제의 분해반응식

제1종 분말소화약제인 탄산수소나트륨($NaHCO_3$)은 270℃에서 열분해하면 탄산나트륨(Na_2CO_3)과 이산화탄소(CO_2), 그리고 물(H_2O)을 발생하며, 850℃에서 열분해하면 산화나트륨(Na_2O)과 이산화탄소, 그리고 물을 발생한다.

– 1차 분해반응식(270℃) : $2NaHCO_3 \longrightarrow Na_2CO_3 + CO_2 + H_2O$

– 2차 분해반응식(850℃) : $2NaHCO_3 \longrightarrow Na_2O + 2CO_2 + H_2O$

(2) 표준상태에서 1mol의 기체의 부피는 22.4L이고, 2mol의 탄산수소나트륨이 분해하면 1mol의 이산화탄소가 발생한다. 탄산수소나트륨의 몰질량은 23g(Na)＋1g(H)＋12g(C)＋[16g(O)×3]＝84g/mol, $1m^3$＝1,000L이므로 10kg의 탄산수소나트륨이 열분해할 때 생성되는 이산화탄소의 부피는

$$10 \times 10^3 \text{g NaHCO}_3 \times \frac{1\text{mol NaHCO}_3}{84\text{g NaHCO}_3} \times \frac{1\text{mol CO}_2}{2\text{mol NaHCO}_3} \times \frac{22.4\text{L CO}_2}{1\text{mol CO}_2} \times \frac{1m^3}{1,000\text{L}} = \mathbf{1.33m^3}$$이다.

> **Check ▶▶▶**
>
> **제2종 분말소화약제와 제3종 분말소화약제의 분해반응식**
>
> 1. 제2종 분말소화약제인 탄산수소칼륨($KHCO_3$)은 190℃에서 열분해하면 탄산칼륨(K_2CO_3)과 이산화탄소, 그리고 물을 발생하며, 890℃에서 열분해하면 산화칼륨(K_2O)과 이산화탄소, 그리고 물을 발생한다.
>   ① 1차 분해반응식(190℃) : $2KHCO_3 \longrightarrow K_2CO_3 + CO_2 + H_2O$
>   ② 2차 분해반응식(890℃) : $2KHCO_3 \longrightarrow K_2O + 2CO_2 + H_2O$
> 2. 제3종 분말소화약제인 인산암모늄($NH_4H_2PO_4$)은 190℃에서 열분해하면 오르토인산(H_3PO_4)과 암모니아(NH_3)를 발생하고, 여기서 생긴 오르토인산은 215℃에서 다시 열분해하여 피로인산($H_4P_2O_7$)과 물을 발생하며, 피로인산 또한 300℃에서 열분해하여 메타인산(HPO_3)과 물을 발생한다. 그리고 이들 분해반응식을 정리하여 나타내면 완전분해반응식이 된다.
>   ① 1차 분해반응식(190℃) : $NH_4H_2PO_4 \longrightarrow H_3PO_4 + NH_3$
>   ② 2차 분해반응식(215℃) : $2H_3PO_4 \longrightarrow H_4P_2O_7 + H_2O$
>   ③ 3차 분해반응식(300℃) : $H_4P_2O_7 \longrightarrow 2HPO_3 + H_2O$
>   ④ 완전분해반응식 : $NH_4H_2PO_4 \longrightarrow HPO_3 + NH_3 + H_2O$

▶▶▶정답 (1) $2NaHCO_3 \longrightarrow Na_2CO_3 + CO_2 + H_2O$

(2) $1.33m^3$

07 [5점]

트라이에틸알루미늄에 대해 다음 물음에 답하시오.

(1) 물과의 반응식을 쓰시오.

(2) 표준상태에서 1몰의 트라이에틸알루미늄이 물과 반응 시 발생하는 가연성 기체의 부피(L)를 구하시오.

(3) 트라이에틸알루미늄을 저장하는 옥내저장소의 바닥면적은 몇 m^2 이하로 해야 하는지 쓰시오.

≫풀이 (1) 트라이에틸알루미늄[(C₂H₅)₃Al]은 물과 반응 시 수산화알루미늄[Al(OH)₃]과 가연성 기체인 에테인(C₂H₆)이 발생한다.
   – 물과의 반응식 : $(C_2H_5)_3Al + 3H_2O \rightarrow Al(OH)_3 + 3C_2H_6$
(2) 〈문제〉는 표준상태에서 발생하는 3mol의 에테인의 부피가 몇 L인지를 묻는 것으로 표준상태에서 기체 1mol의 부피가 22.4L임을 이용하여 구할 수 있다.

$$3mol \times \frac{22.4L}{1mol} = 67.20L$$

∴ $V = 67.20L$

(3) 트라이에틸알루미늄[(C₂H₅)₃Al]은 제3류 위험물로서 품명은 알킬알루미늄이고, 지정수량은 10kg, 위험등급 Ⅰ 이므로 다음과 같이 **옥내저장소의 바닥면적은 1,000m² 이하**로 해야 한다.
  ① 바닥면적 1,000m² 이하에 저장할 수 있는 물질
     ㉠ 제1류 위험물 중 아염소산염류, 염소산염류, 과염소산염류, 무기과산화물, 그 밖에 지정수량이 50kg 인 위험물(위험등급Ⅰ)
     ㉡ 제3류 위험물 중 칼륨, 나트륨, 알킬알루미늄, 알킬리튬, 그 밖에 지정수량이 10kg인 위험물 및 황린 (위험등급Ⅰ)
     ㉢ 제4류 위험물 중 특수인화물, 제1석유류 및 알코올류(위험등급Ⅰ 및 위험등급Ⅱ)
     ㉣ 제5류 위험물 중 유기과산화물, 질산에스터류, 그 밖에 지정수량이 10kg인 위험물(위험등급Ⅰ)
     ㉤ 제6류 위험물 중 과염소산, 과산화수소, 질산(위험등급Ⅰ)
  ② 바닥면적 2,000m² 이하에 저장할 수 있는 물질 : 바닥면적 1,000m² 이하에 저장할 수 있는 물질 이외 의 것
  ③ 바닥면적 1,000m² 이하에 저장하는 물질과 바닥면적 2,000m² 이하에 저장하는 물질을 같은 저장창고 에 저장하는 때에는 바닥면적을 1,000m² 이하로 한다.
  ④ 바닥면적 1,000m² 이하에 저장할 수 있는 위험물과 바닥면적 2,000m² 이하에 저장할 수 있는 위험물 을 내화구조의 격벽으로 완전히 구획된 실에 각각 저장하는 창고의 전체 면적은 1,500m² 이하로 할 수 있다(단, 바닥면적 1,000m² 이하에 저장할 수 있는 위험물을 저장하는 실의 면적은 500m²를 초과할 수 없다).

≫정답 (1) $(C_2H_5)_3Al + 3H_2O \rightarrow Al(OH)_3 + 3C_2H_6$
(2) 67.20L
(3) 1,000m²

필답형 08   [5점]

탄화칼슘에 대해 다음 물음에 답하시오.

(1) 물과의 반응식을 쓰시오.
(2) 질소와 고온에서 반응하는 경우 생성하는 물질의 명칭을 쓰시오.

≫풀이 탄화칼슘(CaC₂)은 제3류 위험물로서 품명은 칼슘 또는 알루미늄의 탄화물이며, 지정수량은 300kg이다. 탄화칼슘 은 물과 반응 시 수산화칼슘[Ca(OH)₂]과 아세틸렌(C₂H₂) 가스를 생성하고, 연소 시 산화칼슘(CaO)과 이산화탄소 (CO₂)를 생성하며, 고온에서 질소(N₂)와 반응 시 **석회질소(칼슘사이안아마이드, CaCN₂)와 탄소(C)**를 생성한다.
   – 물과의 반응식 : $CaC_2 + 2H_2O \rightarrow Ca(OH)_2 + C_2H_2$
   – 연소반응식 : $2CaC_2 + 5O_2 \rightarrow 2CaO + 4CO_2$
   – 질소와의 반응식 : $CaC_2 + N_2 \rightarrow CaCN_2 + C$

≫정답 (1) $CaC_2 + 2H_2O \rightarrow Ca(OH)_2 + C_2H_2$
(2) 석회질소(칼슘사이안아마이드), 탄소

필답형 09 [5점]

환원력이 강하고 은거울반응과 펠링반응을 하며, 물, 에터, 알코올에 잘 녹고 산화하여 아세트산이 되는 위험물에 대해 다음 물음에 답하시오.

(1) 명칭
(2) 화학식
(3) 지정수량
(4) 위험등급

▶▶▶풀이 아세트알데하이드(CH_3CHO)

① 제4류 위험물로서 품명은 특수인화물이며, **위험등급 Ⅰ**, 수용성이고, 지정수량은 **50L**이다.
② 인화점 −38℃, 발화점 185℃, 비점 21℃, 연소범위 4.0~57%이다.
③ 비중은 0.78로 물보다 가벼운 무색 액체로 물에 잘 녹으며, 자극적인 냄새가 난다.
④ 연소 시 이산화탄소와 물이 발생한다.
    – 연소반응식 : $2CH_3CHO + 5O_2 \rightarrow 4CO_2 + 4H_2O$
⑤ 산화되면 아세트산(CH_3COOH)이 되며, 환원되면 에틸알코올(C_2H_5OH)이 된다.
⑥ 환원력이 강하여 은거울반응과 펠링반응을 한다.
⑦ 수은, 은, 구리, 마그네슘은 아세트알데하이드와 중합반응을 하면서 폭발성의 물질을 생성하기 때문에 저장 용기 재질로 사용하면 안 된다.

▶▶▶정답 (1) 아세트알데하이드
    (2) CH_3CHO
    (3) 50L
    (4) Ⅰ

필답형 10 [5점]

과산화칼륨과 초산의 반응을 통해 생성되는 위험물에 대해 다음 물음에 답하시오.

(1) 분해반응식을 쓰시오.
(2) 운반용기 외부에 표시해야 할 주의사항을 쓰시오.
(3) 이 물질을 저장하는 장소와 학교와의 안전거리를 쓰시오. (단, 해당 없으면 "해당 없음"이라고 쓰시오.)

▶▶▶풀이 과산화칼륨(K_2O_2)은 제1류 위험물로서 품명은 무기과산화물이며, 지정수량은 50kg이다. 초산(CH_3COOH)과 반응 시 초산칼륨(CH_3COOK)과 제6류 위험물인 과산화수소(H_2O_2)가 발생한다.
    – 초산과의 반응식 : $K_2O_2 + 2CH_3COOH \rightarrow 2CH_3COOK + H_2O_2$
(1) 과산화수소(H_2O_2)는 제6류 위험물로서 위험물안전관리법상 농도가 36중량% 이상인 것을 의미하며, 지정수량은 300kg이다. 열, 햇빛에 의해 분해되므로 착색된 내산성 용기에 담아 냉암소에 보관하며, 분해 시 발생하는 산소의 압력으로 용기를 파손시킬 수 있어 이를 방지하기 위해 용기는 구멍이 뚫린 마개로 막는다.
    – 분해반응식 : $2H_2O_2 \rightarrow 2H_2O + O_2$
(2) 운반용기 외부에 표시해야 하는 사항
    ① 품명, 위험등급, 화학명 및 수용성
    ② 위험물의 수량
    ③ 위험물에 따른 주의사항

유 별	품 명	운반용기의 주의사항
제1류	알칼리금속의 과산화물	화기·충격주의, 가연물접촉주의, 물기엄금
	그 밖의 것	화기·충격주의, 가연물접촉주의
제2류	철분, 금속분, 마그네슘	화기주의, 물기엄금
	인화성 고체	화기엄금
	그 밖의 것	화기주의
제3류	금수성 물질	물기엄금
	자연발화성 물질	화기엄금, 공기접촉엄금
제4류	인화성 액체	화기엄금
제5류	자기반응성 물질	화기엄금, 충격주의
제6류	산화성 액체	**가연물접촉주의**

(3) 제조소의 안전거리 기준

제조소로부터 다음 건축물 또는 공작물의 외벽(외측) 사이에는 다음과 같이 안전거리를 두어야 한다.

① 주거용 건축물(제조소등의 동일부지 외에 있는 것) : 10m 이상

② 학교·병원·극장(300명 이상), 다수인 수용시설 : 30m 이상

③ 유형문화재와 기념물 중 지정문화재 : 50m 이상

④ 고압가스, 액화석유가스 등의 저장·취급 시설 : 20m 이상

⑤ 사용전압 7,000V 초과 35,000V 이하의 특고압가공전선 : 3m 이상

⑥ 사용전압 35,000V를 초과하는 특고압가공전선 : 5m 이상

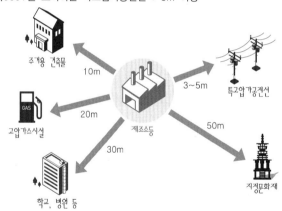

┃ 제조소등의 안전거리 ┃

제조소등의 안전거리를 제외할 수 있는 조건

① **제6류 위험물을 취급하는** 제조소, 취급소 또는 **저장소**

② 주유취급소

③ 판매취급소

④ 지하탱크저장소

⑤ 옥내탱크저장소

⑥ 이동탱크저장소

⑦ 간이탱크저장소

⑧ 암반탱크저장소

≫≫정답 (1) $2H_2O_2 \rightarrow 2H_2O + O_2$

(2) 가연물접촉주의

(3) 해당 없음

필답형 11　　　　　　　　　　　　　　　　　　　　　　　　　　　　　　　[5점]

규조토에 흡수시켜 다이너마이트를 만드는 물질에 대해 다음 물음에 답하시오.

(1) 구조식을 쓰시오.
(2) 품명과 지정수량을 쓰시오.
(3) 분해반응식을 쓰시오.

》》》풀이　나이트로글리세린[$C_3H_5(ONO_2)_3$]은 제5류 위험물로서 품명은 **질산에스터류**이며, 지정수량은 **제1종 : 10kg, 제2종 : 100kg**이다. 상온에서 액체상태로 존재하고, 충격에 매우 민감한 성질을 가지고 있으며, 규조토에 흡수시킨 것을 다이너마이트라고 한다. 나이트로글리세린 4mol을 분해시키면 이산화탄소(CO_2), 수증기(H_2O), 질소(N_2), 산소(O_2)의 4가지 기체가 총 29mol 발생한다.

－ 분해반응식 ： $4C_3H_5(ONO_2)_3 \rightarrow 12CO_2 + 10H_2O + 6N_2 + O_2$

```
        H
        |
  H-C-O-NO₂
        |
  H-C-O-NO₂
        |
  H-C-O-NO₂
        |
        H
```
‖ 나이트로글리세린의 구조식 ‖

》》》정답　(1)
```
        H
        |
  H-C-O-NO₂
        |
  H-C-O-NO₂
        |
  H-C-O-NO₂
        |
        H
```

(2) 질산에스터류, 제1종 : 10kg, 제2종 : 100kg

(3) $4C_3H_5(ONO_2)_3 \rightarrow 12CO_2 + 10H_2O + 6N_2 + O_2$

필답형 12　　　　　　　　　　　　　　　　　　　　　　　　　　　　　　　[5점]

다음 〈보기〉의 내용은 위험물의 소화 방법에 대한 설명이다. 옳은 것을 모두 고르시오.

① 제1류 위험물은 주수소화가 가능한 물질과 그렇지 않은 물질이 있다.
② 마그네슘 화재 시 물분무소화가 적응성이 없어 이산화탄소소화기로 소화가 가능하다.
③ 에탄올은 물보다 비중이 높아 물로 소화 시 화재면이 확대되어 주수소화가 불가능하다.
④ 제6류 위험물을 저장 또는 취급하는 장소로서 폭발의 위험이 없는 장소에 한하여 이산화탄소소화기는 적응성이 있다.
⑤ 건조사는 모든 유별 위험물에 소화적응성이 있다.

》》》풀이　① 제1류 위험물 중 알칼리금속의 과산화물등은 금수성 물질로서 주수소화를 금지하고, 마른모래나 탄산수소염류 분말소화약제로 질식소화를 해야 한다.
② **마그네슘**은 이산화탄소와 반응 시 가연성 물질 또는 유독성 기체를 발생하고 냉각소화 시 수소가 발생하므로, **마른모래나 탄산수소염류 분말소화약제로 질식소화**를 해야 한다.
③ 제4류 위험물의 대부분은 비중이 물보다 작고, 제4류 위험물 중 비수용성 물질은 화재 시 물을 이용하게 되면 연소면을 확대할 위험이 있으므로 사용할 수 없으며, 이산화탄소, 할로젠화합물, 분말 포소화약제를 이용한 질식소화가 효과적이다. 또한 제4류 위험물 중 수용성 물질의 화재 시에는 일반 포소화약제는 소포성 때문에 효과가 없으므로 알코올포 소화약제를 사용해야 한다. **에탄올의 비중은 0.789로 물보다 가볍고, 수용성**이다.

④ 제6류 위험물은 다량의 물로 냉각소화하며, 이산화탄소소화기는 폭발의 위험이 없는 장소에 한하여 제6류 위험물에 적응성이 있다.

⑤ 건조사, 팽창질석, 팽창진주암은 모든 유별 위험물에 소화적응성이 있다.

소화설비의 적응성

소화설비의 구분			건축물·그 밖의 공작물	전기설비	제1류 위험물		제2류 위험물			제3류 위험물		제4류 위험물	제5류 위험물	제6류 위험물
					알칼리금속의 과산화물등	그 밖의 것	철분·금속분·마그네슘등	인화성 고체	그 밖의 것	금수성 물품	그 밖의 것			
옥내소화전 또는 옥외소화전 설비			○			○		○	○		○		○	○
스프링클러설비			○			○		○	○		○	△	○	○
물분무등소화설비		물분무소화설비	○	○		○		○	○		○	○	○	○
		포소화설비	○			○		○	○		○	○	○	○
		불활성가스소화설비		○				○			○			
		할로젠화합물소화설비		○				○			○			
	분말소화설비	인산염류등	○	○		○		○			○			○
		탄산수소염류등		○	○		○	○		○		○		
		그 밖의 것			○		○			○				
대형·소형수동식소화기		봉상수(棒狀水)소화기	○			○		○	○		○		○	○
		무상수(霧狀水)소화기	○	○		○		○	○		○		○	○
		봉상강화액소화기	○			○		○	○		○		○	○
		무상강화액소화기	○	○		○		○	○		○	○	○	○
		포소화기	○			○		○	○		○	○	○	○
		이산화탄소소화기		○				○			○			△
		할로젠화합물소화기		○				○			○			
	분말소화기	인산염류소화기	○	○		○		○			○			○
		탄산수소염류소화기		○	○		○	○		○		○		
		그 밖의 것			○		○			○				
기타		물통 또는 수조	○			○		○	○		○		○	○
		건조사			○	○	○	○	○	○	○	○	○	○
		팽창질석 또는 팽창진주암			○	○	○	○	○	○	○	○	○	○

※ "○"는 소화설비의 적응성이 있다는 의미이다.

>>> 정답 ①, ④, ⑤

필답형 13 [5점]

옥외탱크저장소의 방유제 안에 30만L 3기와 20만L 9기에 인화점이 50℃인 인화성 액체가 저장되어 있다. 다음 물음에 답하시오.

(1) 설치해야 하는 방유제의 최소 개수를 쓰시오.

(2) 하나의 방유제가 옥외저장탱크 30만L 2기와 20만L 2기를 포함하는 경우 방유제의 용량을 쓰시오.

(3) 인화성 액체 대신 제6류 위험물인 질산을 저장하는 경우 설치해야 하는 방유제의 최소 개수를 쓰시오.

≫≫풀이 옥외저장탱크의 방유제 기준

① 방유제 용량

㉠ 인화성이 있는 위험물 옥외저장탱크의 방유제

ⓐ 옥외저장탱크를 1개만 포함하는 경우 : 탱크 용량의 110% 이상

ⓑ 옥외저장탱크를 2개 이상 포함하는 경우 : 탱크 중 용량이 최대인 것의 110% 이상

 옥외탱크저장소 주위에 설치하는 방유제

㉡ 인화성이 없는 위험물 옥외저장탱크의 방유제

ⓐ 옥외저장탱크를 1개만 포함하는 경우 : 탱크 용량의 100% 이상

ⓑ 옥외저장탱크를 2개 이상 포함하는 경우 : 탱크 중 용량이 최대인 것의 100% 이상

② 방유제의 높이 : 0.5m 이상 3m 이하

③ 방유제의 두께 : 0.2m 이상

④ 방유제의 지하매설깊이 : 1m 이상

⑤ 하나의 방유제의 면적 : 8만m² 이하

⑥ 방유제의 재질 : 철근콘크리트

⑦ 하나의 방유제 안에 설치할 수 있는 옥외저장탱크의 수

㉠ 10개 이하 : 인화성이 없는 위험물, 인화점 70℃ 미만의 위험물을 저장하는 옥외저장탱크

㉡ 20개 이하 : 모든 옥외저장탱크의 용량의 합이 20만L 이하이고 인화점이 70℃ 이상 200℃ 미만(제3석유류)인 경우

㉢ 개수 무제한 : 인화점이 200℃ 이상인 위험물을 저장하는 경우

(1) 인화점이 50℃인 위험물을 저장하는 옥외저장탱크 총 12기이므로 하나의 방유제에 최대 10개를 설치할 수 있으므로 방유제는 **최소 2개**가 필요하다.

(2) 방유제의 용량은 탱크 용량 중 최대 용량인 30만L의 110%인 **33만L**이다.

(3) 인화성 물질이 아닌 질산을 저장하는 경우는 하나의 방유제 안에 최대 10개의 옥외저장탱크를 설치할 수 있으므로 방유제는 **최소 2개**가 필요하다.

≫≫정답

(1) 2개

(2) 33만L

(3) 2개

필답형 14 [5점]

클로로벤젠에 대해 다음 물음에 답하시오.

(1) 품명

(2) 지정수량

(3) 구조식

>>> 풀이　클로로벤젠(C₆H₅Cl)은 제4류 위험물로서 품명은 **제2석유류**이며, 비수용성, 지정수량은 **1,000L**이다. 인화점은 32℃, 발화점 593℃, 비점 132℃이고 비중은 1.11로 물보다 무겁다.

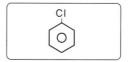

‖ 클로로벤젠의 구조식 ‖

>>> 정답
(1) 제2석유류
(2) 1,000L
(3)

필답형 15
[5점]

다음 물음에 답하시오.

(1) 대통령령이 정하는 위험물 탱크가 있는 제조소등이 탱크의 변경공사를 하는 때에는 완공검사를 받기 전에 무엇을 받아야 하는지 쓰시오.

(2) 이동탱크저장소의 완공검사 신청시기를 쓰시오.

(3) 지하탱크가 있는 제조소등의 완공검사 신청시기를 쓰시오.

(4) 제조소등의 완공검사를 실시한 결과 기술기준에 적합하다고 인정되는 경우 시·도지사는 무엇을 교부해야 하는지 쓰시오.

>>> 풀이
(1) 탱크안전성능검사의 실시
대통령령이 정하는 위험물 탱크가 있는 제조소등의 허가를 받은 자가 위험물 탱크의 설치 또는 변경 공사를 하는 때에는 완공검사를 받기 전에 시·도지사가 실시하는 **탱크안전성능검사**를 받아야 한다.

(2) 이동탱크저장소는 **이동저장탱크를 완공하고 상치장소를 확보한 후**에 완공검사를 신청해야 한다.

(3) 지하탱크가 있는 제조소등은 **당해 지하탱크를 매설하기 전**에 완공검사를 신청해야 한다.

(4) 시·도지사는 제조소등에 대하여 완공검사를 실시하고, 완공검사를 실시한 결과 당해 제조소등이 기술기준에 적합하다고 인정하는 때에는 **완공검사합격확인증**을 교부하여야 한다.

> **Check >>>**
>
> **제조소등의 완공검사 신청시기**
> 1. 지하탱크가 있는 제조소등의 경우 : 당해 지하탱크를 매설하기 전
> 2. 이동탱크저장소의 경우 : 이동저장탱크를 완공하고 상치장소를 확보한 후
> 3. 이송취급소의 경우 : 이송배관 공사의 전체 또는 일부를 완료한 후. 다만, 지하·하천 등에 매설하는 이송배관의 공사의 경우에는 이송배관을 매설하기 전
> 4. 전체 공사가 완료된 후에는 완공검사를 실시하기 곤란한 경우 : 다음에서 정하는 시기
>   ① 위험물설비 또는 배관의 설치가 완료되어 기밀시험 또는 내압시험을 실시하는 시기
>   ② 배관을 지하에 설치하는 경우에는 시·도지사, 소방서장 또는 기술원이 지정하는 부분을 매몰하기 직전
>   ③ 기술원이 지정하는 부분의 비파괴시험을 실시하는 시기

>>> 정답
(1) 탱크안전성능검사
(2) 이동저장탱크를 완공하고 상치장소를 확보한 후
(3) 당해 지하탱크를 매설하기 전
(4) 완공검사합격확인증

필답형 16 [5점]

톨루엔 1,000L, 스타이렌 2,000L, 아닐린 4,000L, 실린더유 6,000L, 올리브유 20,000L의 지정수량 배수의 합을 구하시오.

>>> **풀이** 〈문제〉에서 제시된 위험물은 모두 제4류 위험물로서 각 위험물의 품명과 지정수량은 다음과 같다.
① 톨루엔 : 제1석유류, 비수용성, 200L
② 스타이렌 : 제2석유류, 비수용성, 1,000L
③ 아닐린 : 제3석유류, 비수용성, 2,000L
④ 실린더유 : 제4석유류, 6,000L
⑤ 올리브유 : 동식물유류, 10,000L
따라서, 이 위험물들의 지정수량 배수의 합은

$$\frac{1,000L}{200L} + \frac{2,000L}{1,000L} + \frac{4,000L}{2,000L} + \frac{6,000L}{6,000L} + \frac{20,000L}{10,000L} = 12배 이다.$$

>>> **정답** 12배

필답형 17 [5점]

다음은 지하탱크저장소에 대한 기준이다. 괄호 안에 알맞은 내용을 쓰시오.

(1) 지하저장탱크의 윗부분은 지면으로부터 (①)m 이상 아래에 있어야 한다.
(2) 지하저장탱크를 2개 이상 인접하여 설치하는 경우에는 그 상호간에 (②)m 이상의 간격을 유지해야 한다.
(3) 지하저장탱크는 용량에 따라 기준에 적합하게 강철판 또는 동등 이상의 성능이 있는 금속재질로 (③) 또는 (④)으로 틈이 없도록 만드는 동시에, 압력탱크 외의 탱크에 있어서는 70kPa의 압력으로, 압력탱크에 있어서는 최대상용압력의 (⑤)의 압력으로 각각 (⑥)간 수압시험을 실시하여 새거나 변형되지 아니하여야 한다.

>>> **풀이** 지하저장탱크 설치기준
① 지면으로부터 지하저장탱크의 윗부분까지의 깊이는 **0.6m** 이상으로 할 것
② 밸브 없는 통기관의 선단은 지면으로부터 4m 이상의 높이에 설치할 것
③ 탱크전용실의 벽, 바닥 및 뚜껑의 두께는 0.3m 이상의 철근콘크리트로 할 것
④ 탱크전용실의 내부에는 마른 모래 또는 입자지름 5mm 이하의 마른 자갈분을 채울 것
⑤ 지하저장탱크를 2개 이상 인접하여 설치할 때 상호거리는 **1m** 이상으로 한다. 다만, 지하저장탱크 용량의 합이 지정수량의 100배 이하일 경우에는 0.5m 이상으로 할 것
⑥ 탱크전용실로부터 안쪽과 바깥쪽으로의 거리는 다음과 같이 할 것
   ㉠ 지하의 벽, 가스관, 대지경계선으로부터 탱크전용실 바깥쪽과의 사이 : 0.1m 이상
   ㉡ 지하저장탱크와 탱크전용실 안쪽과의 사이 : 0.1m 이상
⑦ 지하저장탱크는 용량에 따라 기준에 적합하게 강철판 또는 동등 이상의 성능이 있는 금속재질로 **완전용입용접** 또는 **양면겹침이음용접**으로 틈이 없도록 만드는 동시에, 압력탱크 외의 탱크에 있어서는 70kPa의 압력으로, 압력탱크에 있어서는 최대상용압력의 **1.5배**의 압력으로 각각 **10분**간 수압시험을 실시하여 새거나 변형되지 않아야 할 것

>>> **정답** ① 0.6, ② 1, ③ 완전용입용접, ④ 양면겹침이음용접, ⑤ 1.5배, ⑥ 10분

필답형 18 [5점]

위험물 운반에 관한 기준에서 다음 위험물과 혼재할 수 없는 유별을 모두 쓰시오. (단, 지정수량의 1/10을 초과하는 위험물을 운반하는 경우이다.)

(1) 제1류
(2) 제2류
(3) 제3류
(4) 제4류
(5) 제5류

>>>풀이 다음의 [표]에서 알 수 있듯이 위험물의 운반에 관한 혼재기준에 따라 위험물끼리 혼재할 수 없는 유별은 다음과 같다.

① 제1류 : 제2류, 제3류, 제4류, 제5류
② 제2류 : 제1류, 제3류, 제6류
③ 제3류 : 제1류, 제2류, 제5류, 제6류
④ 제4류 : 제1류, 제6류
⑤ 제5류 : 제1류, 제3류, 제6류
⑥ 제6류 : 제2류, 제3류, 제4류, 제5류

위험물의 구분	제1류	제2류	제3류	제4류	제5류	제6류
제1류		×	×	×	×	○
제2류	×		×	○	○	×
제3류	×	×		○	×	×
제4류	×	○	○		○	×
제5류	×	○	×	○		×
제6류	○	×	×	×	×	

※ 이 표는 지정수량의 1/10 이하의 위험물에 대하여는 적용하지 아니한다.

💡 Tip

위험물의 운반에 관한 혼재기준 [표]를 그리는 방법은 423, 524, 61의 숫자 조합으로 다음과 같이 만듭니다.
1) 가로줄의 제4류를 기준으로 아래로 제2류와 제3류에 "○"를 표시합니다.
2) 가로줄의 제5류를 기준으로 아래로 제2류와 제4류에 "○"를 표시합니다.
3) 가로줄의 제6류를 기준으로 아래로 제1류에 "○"를 표시합니다.
4) 세로줄의 제4류를 기준으로 오른쪽으로 제2류와 제3류에 "○"를 표시합니다.
5) 세로줄의 제5류를 기준으로 오른쪽으로 제2류와 제4류에 "○"를 표시합니다.
6) 세로줄의 제6류를 기준으로 오른쪽으로 제1류에 "○"를 표시합니다.

>>>정답 (1) 제2류, 제3류, 제4류, 제5류
(2) 제1류, 제3류, 제6류
(3) 제1류, 제2류, 제5류, 제6류
(4) 제1류, 제6류
(5) 제1류, 제3류, 제6류

필답형 19 [5점]

리튬에 대해 다음 물음에 답하시오.

(1) 물과의 반응식을 쓰시오.
(2) 위험등급을 쓰시오.
(3) 리튬 1,000kg을 제조소에서 취급하는 경우 보유공지는 몇 m 이상으로 해야 하는지 쓰시오.

≫≫풀이 리튬(Li)은 제3류 위험물로서 품명은 알칼리금속 및 알칼리토금속이며, **위험등급 Ⅱ**, 지정수량은 50kg이다. 물과 반응 시 수산화리튬(LiOH)과 수소(H_2)가 발생한다.

– 물과의 반응식 : $2Li + 2H_2O \rightarrow 2LiOH + H_2$

제조소 보유공지의 기준

지정수량의 배수	공지의 너비
지정수량의 10배 이하	3m 이상
지정수량의 10배 초과	**5m 이상**

〈문제〉의 **리튬 1,000kg**은 **지정수량(50kg)의 20배**이므로 보유공지의 너비는 5m 이상으로 해야 한다.

≫≫정답
(1) $2Li + 2H_2O \rightarrow 2LiOH + H_2$
(2) Ⅱ
(3) 5m

필답형 20 [5점]

인화성 액체의 인화점 측정 시험방법 3가지를 쓰시오.

≫≫풀이 인화성 액체의 인화점 측정 시험방법은 다음과 같다.
(1) **태그밀폐식 인화점측정기**
① 측정결과가 0℃ 미만인 경우 : 그 측정결과를 인화점으로 한다.
② 측정결과가 0℃ 이상 80℃ 이하인 경우 : 동점도 측정을 하여 동점도가 $10mm^2/s$ 미만인 경우에는 그 측정결과를 인화점으로 하고, 동점도가 $10mm^2/s$ 이상인 경우에는 신속평형법 인화점측정기로 다시 측정한다.
(2) **신속평형법 인화점측정기**
① 측정결과가 0℃ 이상 80℃ 이하인 경우 : 동점도 측정을 하여 동점도가 $10mm^2/s$ 이상인 경우에는 그 측정결과를 인화점으로 한다.
② 측정결과가 80℃를 초과하는 경우 : 클리브랜드개방컵 인화점측정기로 다시 측정한다.
(3) **클리브랜드개방컵 인화점측정기**
– 측정결과가 80℃를 초과하는 경우 : 그 측정결과를 인화점으로 한다.

≫≫정답
① 태그밀폐식 인화점측정기에 의한 인화점 측정 시험
② 신속평형법 인화점측정기에 의한 인화점 측정 시험
③ 클리브랜드개방컵 인화점측정기에 의한 인화점 측정 시험

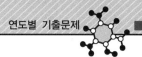

2023 제4회 위험물산업기사 실기

2023년 11월 4일 시행

※ 필답형＋작업형으로 치러지던 기존 시험에서는 각 문항별 배점이 상이하였으나,
필답형(20문제) 시험만 보는 2020년 1회부터는 각 문항 배점이 모두 5점입니다!

필/답/형 시험

 01　　　　　　　　　　　　　　　　　　　　　　　　　　　[5점]

각 물질의 연소형태를 쓰시오.

(1) 나트륨, 금속분
(2) 에탄올, 다이에틸에터
(3) TNT, 피크린산

≫≫ 풀이　(1) 나트륨과 금속분은 고체로서 연소형태는 **표면연소**이다.
　　　　(2) 에탄올은 제4류 위험물 중 알코올류에 속하고, 다이에틸에터는 특수인화물에 속하며, 이들은 둘 다 액체로
　　　　서 연소형태는 **증발연소**이다.
　　　　(3) TNT와 피크린산은 고체로서 제5류 위험물에 속하고, 연소형태는 **자기연소**이다.

> **Check ≫≫**
>
> 1. 액체의 연소형태
>   ① **증발연소** : 액체의 가장 일반적인 연소형태로 액체의 직접적인 연소라기보다는 액체에서 발생하는
>   가연성 가스가 공기와 혼합된 상태에서 연소하는 형태를 의미한다.
>   **예** 제4류 위험물 중 **특수인화물**, 제1석유류, **알코올류**, 제2석유류
>   ② 분해연소 : 비휘발성이고 점성이 큰 액체상태의 물질이 연소하는 형태로 열분해로 인해 생성된 가
>   연성 가스와 공기가 혼합상태에서 연소하는 것을 의미한다.
>   **예** 제4류 위험물 중 제3석유류, 제4석유류, 동식물유류
> 2. 고체의 연소형태
>   ① **표면연소** : 가스의 발생 없이 연소물의 표면에서 산소와 접촉하여 연소하는 반응이다.
>   **예** 코크스(탄소), 목탄(숯), **금속분** 등
>   ② 분해연소 : 고체 가연물에서 열분해반응이 일어날 때 발생된 가연성 증기가 공기와 혼합되면서 발
>   생된 혼합기체가 연소하는 형태를 의미한다.
>   **예** 목재, 종이, 석탄, 플라스틱, 합성수지 등
>   ③ **자기연소** : 자체적으로 산소공급원을 가지고 있는 고체 가연물이 외부로부터 공기 또는 산소공급
>   원의 유입 없이도 연소할 수 있는 형태로서 연소속도가 폭발적인 연소형태이다.
>   **예** 제5류 위험물 등
>   ④ 증발연소 : 고체 가연물이 액체형태로 상태변화를 일으키면서 가연성 증기를 증발시키고 이 가연성
>   증기가 공기와 혼합하여 연소하는 형태를 의미한다.
>   **예** 황(S), 나프탈렌($C_{10}H_8$), 양초(파라핀) 등

≫≫ 정답　(1) 표면연소　(2) 증발연소　(3) 자기연소

필답형 02 [5점]

다음 소화약제의 화학식 또는 구성 성분을 쓰시오.

(1) 할론 1211
(2) IG – 541
(3) HFC – 23

▶▶풀이 (1) 할론 1211은 할로젠화합물소화약제로 화학식은 **CF₂ClBr**이다.
(2) IG – 541은 불활성가스소화약제의 한 종류로서 **N₂ 52%, Ar 40%, CO₂ 8%**로 구성되어 있다.
(3) HCF – 23은 할로젠화합물소화약제로서 화학식은 **CHF₃**이다.

> **Check ▶▶**
>
> 1. 그 밖에 할로젠화합물소화약제의 종류에는 할론 1301(CF₃Br)과 할론 2402(C₂F₄Br₂) 등이 있다.
> 2. 또 다른 불활성가스소화약제의 종류에는 IG–100(N₂ 100%)와 IG–55(N₂ 50%, Ar 50%)가 있다.
> 3. HCF–23의 화학식을 구하는 방법은 다음과 같다.
>   23 + 90 = 1 1 3
>   C H F의 수를 나타냄

▶▶정답 (1) CF₂ClBr
(2) N₂ 52%, Ar 40%, CO₂ 8%
(3) CHF₃

필답형 03 [5점]

다음 위험물의 열분해반응식을 각각 쓰시오.

(1) 과염소산나트륨
(2) 염소산나트륨
(3) 아염소산나트륨

▶▶풀이 〈문제〉의 제1류 위험물들은 모두 열분해하여 염화나트륨(NaCl)과 산소(O₂)를 발생하며, 각 물질의 열분해반응식은 다음과 같다.
(1) 과염소산나트륨(NaClO₄)의 열분해반응식 : $NaClO_4 \rightarrow NaCl + 2O_2$
(2) 염소산나트륨(NaClO₃)의 열분해반응식 : $2NaClO_3 \rightarrow 2NaCl + 3O_2$
(3) 아염소산나트륨(NaClO₂)의 열분해반응식 : $NaClO_2 \rightarrow NaCl + O_2$

▶▶정답 (1) $NaClO_4 \rightarrow NaCl + 2O_2$
(2) $2NaClO_3 \rightarrow 2NaCl + 3O_2$
(3) $NaClO_2 \rightarrow NaCl + O_2$

 필답형 04 [5점]

금속나트륨으로 인한 화재 시 소화방법을 쓰시오.

》》》풀이 나트륨(Na)

① 제3류 위험물로서 품명은 나트륨이며, 지정수량은 10kg이다.

② 물과 반응하여 가연성 가스를 발생할 뿐 아니라 공기 중에서 발화할 수 있는 자연발화성도 가지고 있다.

③ 공기 중에 노출되면 화재의 위험성이 있으므로 보호액인 석유(경유, 등유 등)에 완전히 담가 저장하여야 한다.

④ 제3류 위험물 중 금수성 물질의 화재 시 소화방법은 물뿐만 아니라 이산화탄소(CO_2)를 사용하면 가연성 물질인 탄소(C)가 발생하여 폭발할 수 있으므로 절대 사용할 수 없고 **건조사, 팽창질석 또는 팽창진주암, 탄산수소염류 분말소화약제를 사용해야 한다.**

Check 》》》

소화설비의 적응성

대상물의 구분 / 소화설비의 구분	건축물·그 밖의 공작물	전기설비	제1류 위험물 알칼리금속의 과산화물등	제1류 위험물 그 밖의 것	제2류 위험물 철분·금속분·마그네슘 등	제2류 위험물 인화성 고체	제2류 위험물 그 밖의 것	제3류 위험물 금수성 물품	제3류 위험물 그 밖의 것	제4류 위험물	제5류 위험물	제6류 위험물
옥내소화전 또는 옥외소화전 설비	○			○		○	○		○		○	○
스프링클러설비	○			○		○	○		○	△	○	○
물분무등소화설비 – 물분무소화설비	○	○		○		○	○		○	○	○	○
물분무등소화설비 – 포소화설비	○			○		○	○		○	○	○	○
물분무등소화설비 – 불활성가스소화설비		○				○				○		
물분무등소화설비 – 할로겐화합물소화설비		○				○				○		
물분무등소화설비 – 분말소화설비 – 인산염류등	○	○		○		○	○			○		○
물분무등소화설비 – 분말소화설비 – **탄산수소염류등**		○	○		○	○		○		○		
물분무등소화설비 – 분말소화설비 – 그 밖의 것			○		○			○				
대형·소형수동식소화기 – 봉상수(棒狀水)소화기	○			○		○	○		○		○	○
대형·소형수동식소화기 – 무상수(霧狀水)소화기	○	○		○		○	○		○		○	○
대형·소형수동식소화기 – 봉상강화액소화기	○			○		○	○		○		○	○
대형·소형수동식소화기 – 무상강화액소화기	○	○		○		○	○		○	○	○	○
대형·소형수동식소화기 – 포소화기	○			○		○	○		○	○	○	○
대형·소형수동식소화기 – 이산화탄소소화기		○				○				○		△
대형·소형수동식소화기 – 할로겐화합물소화기		○				○				○		
대형·소형수동식소화기 – 분말소화기 – 인산염류소화기	○	○		○		○	○			○		○
대형·소형수동식소화기 – 분말소화기 – **탄산수소염류소화기**		○	○		○	○		○		○		
대형·소형수동식소화기 – 분말소화기 – **그 밖의 것**			○		○			○				
기타 – 물통 또는 수조	○			○		○	○		○		○	○
기타 – **건조사**			○	○	○	○	○	○	○	○	○	○
기타 – **팽창질석 또는 팽창진주암**			○	○	○	○	○	○	○	○	○	○

》》》정답 건조사, 팽창질석 또는 팽창진주암, 탄산수소염류 분말소화약제를 사용하여 소화한다.

필답형 05 [5점]

탄화칼슘 32g이 물과 반응 시 발생하는 기체를 완전연소시키기 위해 필요한 산소의 부피는 표준상태에서 몇 L인지 구하시오.

(1) 계산과정
(2) 답

풀이 탄화칼슘(CaC_2)은 제3류 위험물로서 물과 반응 시 수산화칼슘[$Ca(OH)_2$]과 아세틸렌(C_2H_2) 기체를 발생한다. 아래의 물과의 반응식에서 알 수 있듯이 분자량이 $40(Ca)+12(C)\times2=64$인 탄화칼슘을 물과 반응시키면 아세틸렌은 1몰이 발생하므로 〈문제〉의 조건과 같이 탄화칼슘을 32g 반응시키면 아세틸렌은 0.5몰 발생한다.

– 물과의 반응식 : $CaC_2+2H_2O \rightarrow Ca(OH)_2+C_2H_2$

$$32g\ CaC_2 \times \frac{1mol\ CaC_2}{64g\ CaC_2} \times \frac{1mol\ C_2H_2}{1mol\ CaC_2} = 0.5mol\ C_2H_2$$

〈문제〉는 탄화칼슘 32g이 물과 반응하여 발생하는 기체, 즉 0.5mol의 아세틸렌을 연소시키기 위해 필요한 산소의 부피를 구하는 것이다. 아세틸렌은 연소 시 이산화탄소(CO_2)와 물(H_2O)을 발생한다.

– 아세틸렌의 연소반응식 : $2C_2H_2+5O_2 \rightarrow 4CO_2+2H_2O$

아세틸렌의 연소반응식에서 알 수 있듯이 아세틸렌 2mol을 연소시키기 위해 필요한 산소는 5mol이고 표준상태에서 기체 1mol의 부피는 22.4L이므로, 〈문제〉의 조건인 아세틸렌 0.5mol을 연소시키기 위해서 필요한 산소의 부피는 다음과 같다.

$$0.5mol\ C_2H_2 \times \frac{5mol\ O_2}{2mol\ C_2H_2} \times \frac{22.4L}{1mol\ O_2} = 28L$$

정답

(1) $32g\ CaC_2 \times \dfrac{1mol\ CaC_2}{64g\ CaC_2} \times \dfrac{1mol\ C_2H_2}{1mol\ CaC_2} \times \dfrac{5mol\ O_2}{2mol\ C_2H_2} \times \dfrac{22.4L}{1mol\ O_2}$

(2) 28L

필답형 06 [5점]

아세톤에 대해 다음 물음에 답하시오.

(1) 시성식
(2) 품명
(3) 지정수량
(4) 증기비중

풀이 아세톤(CH_3COCH_3)은 제4류 위험물로서 품명은 **제1석유류**이고, 수용성이며, 지정수량은 **400L**이다. 증기비중을 구하는 공식은 $\dfrac{물질의\ 분자량}{공기의\ 분자량}$이며, 아세톤의 분자량은 $12(C)\times3+1(H)\times6+16(O)=58$이고 공기의 분자량은 29이므로 아세톤의 증기비중은 $\dfrac{58}{29}=$**2**이다.

정답

(1) CH_3COCH_3
(2) 제1석유류
(3) 400L
(4) 2

필답형 07 [5점]

다음 〈보기〉의 물질들을 건성유, 반건성유, 불건성유로 구분하여 쓰시오.

동유, 면실유, 아마인유, 야자유, 올리브유, 피마자유

(1) 건성유
(2) 반건성유
(3) 불건성유

>>>풀이 제4류 위험물로서 지정수량이 10,000L인 동식물유는 아이오딘값의 범위에 따라 다음과 같이 건성유, 반건성유, 그리고 불건성유로 구분하며, 여기서 아이오딘값이란 유지 100g에 흡수되는 아이오딘의 g수를 말한다.

    (1) **건성유** : 아이오딘값 130 이상
      ① 동물유 : 정어리유, 기타 생선유
      ② 식물유 : **동유**(오동나무기름), 해바라기유, **아마인유**(아마씨기름), 들기름
    (2) **반건성유** : 아이오딘값 100~130
      ① 동물유 : 청어유
      ② 식물유 : 쌀겨기름, 목화씨기름(**면실유**), 채종유(유채씨기름), 옥수수기름, 참기름
    (3) **불건성유** : 아이오딘값 100 이하
      ① 동물유 : 소기름, 돼지기름, 고래기름
      ② 식물유 : 땅콩기름, **올리브유**, 동백유, 아주까리기름(**피마자유**), **야자유**(팜유)

✿Tip
반건성유의 아이오딘값을 쓰는 문제가 출제되는 경우 100~130이라 쓰는 대신 100 초과 130 미만이라 써도 됩니다.

>>>정답 (1) 동유, 아마인유
    (2) 면실유
    (3) 야자유, 올리브유, 피마자유

필답형 08 [5점]

제4류 위험물 중 분자량이 32이고 로켓의 원료로 사용되는 물질과 과산화수소가 반응하면 격렬히 반응하고 폭발한다. 이 물질에 대해 다음 물음에 답하시오.

(1) 품명을 쓰시오.
(2) 화학식을 쓰시오.
(3) 이 물질과 과산화수소와의 반응식을 쓰시오.

>>>풀이 하이드라진(N_2H_4)은 제4류 위험물로서 품명은 **제2석유류**이고, 수용성이며, 지정수량은 2,000L이다. 제6류 위험물인 과산화수소(H_2O_2)와 반응하면 질소(N_2)와 물(H_2O)이 발생한다.
    – 과산화수소와의 반응식 : $N_2H_4 + 2H_2O_2 \rightarrow N_2 + 4H_2O$

>>>정답 (1) 제2석유류
    (2) N_2H_4
    (3) $N_2H_4 + 2H_2O_2 \rightarrow N_2 + 4H_2O$

09 [5점]

다음의 위험물을 인화점이 낮은 것부터 높은 것의 순서대로 쓰시오.

나이트로벤젠, 메틸알코올, 에틸렌글리콜, 초산에틸

≫풀이

물질명	인화점	품 명	지정수량
나이트로벤젠($C_6H_5NO_2$)	88℃	제3석유류(비수용성)	2,000L
메틸알코올(CH_3OH)	11℃	알코올류(수용성)	400L
에틸렌글리콜[$C_2H_4(OH)_2$]	111℃	제3석유류(수용성)	4,000L
초산에틸($CH_3COOC_2H_5$)	−4℃	제1석유류(비수용성)	200L

위 [표]에서 알 수 있듯이 인화점이 가장 낮은 것은 초산에틸이고, 메틸알코올, 나이트로벤젠, 그리고 에틸렌글리콜의 순으로 높다.

🎓 똑똑한 풀이비법

제4류 위험물 중 인화점이 가장 낮은 품명은 특수인화물이며 그 다음으로 제1석유류 및 알코올류, 제2석유류, 제3석유류, 제4석유류, 동식물유류의 순으로 높기 때문에 〈문제〉의 각 물질의 인화점을 몰라도 특수인화물이 가장 인화점이 낮고 그 다음 제1석유류, 알코올류, 제3석유류의 순서로 높다는 것을 알 수 있다.

≫정답 초산에틸, 메틸알코올, 나이트로벤젠, 에틸렌글리콜

---

10 [5점]

아래의 내용은 알코올의 산화과정이다. 다음 물음에 답하시오.
(①)이 산화되면 아세트알데하이드가 되며 최종적으로 (②)이 된다.

(1) ①과 ②의 물질명을 쓰시오.
(2) ①과 ②의 연소반응식을 쓰시오.

≫풀이
(1) **에틸알코올**(C_2H_5OH)은 제4류 위험물로서 품명은 알코올류이고, 지정수량은 400L이며, 위험등급 Ⅱ이다. 산화되면 아세트알데하이드(CH_3CHO)를 거쳐 **아세트산**(초산, CH_3COOH)이 된다.

－ 에틸알코올의 산화 : $C_2H_5OH \xrightarrow[+H_2(환원)]{-H_2(산화)} CH_3CHO \xrightarrow[-0.5O_2(환원)]{+0.5O_2(산화)} CH_3COOH$

(2) ① 연소 시 이산화탄소(CO_2)와 물(H_2O)을 발생한다.
－ 에틸알코올의 연소반응식 : $C_2H_5OH + 3O_2 \rightarrow 2CO_2 + 3H_2O$
② 아세트산(초산, CH_3COOH)은 제4류 위험물로서 품명은 제2석유류이고, 수용성이며, 지정수량은 2,000L 이고, 위험등급 Ⅲ이다. 연소 시 이산화탄소(CO_2)와 물(H_2O)를 발생한다.
－ 아세트산의 연소반응식 : $CH_3COOH + 2O_2 \rightarrow 2CO_2 + 2H_2O$

≫정답
(1) ① 에틸알코올, ② 아세트산(초산)
(2) ① $C_2H_5OH + 3O_2 \rightarrow 2CO_2 + 3H_2O$, ② $CH_3COOH + 2O_2 \rightarrow 2CO_2 + 2H_2O$

필답형 11 [5점]

다음 물질의 연소생성물을 화학식으로 쓰시오. (단, 생성물이 없는 경우 "해당 없음"이라 쓰시오.)

(1) 과염소산
(2) 염소산나트륨
(3) 마그네슘
(4) 황
(5) 적린

>>> 풀이

(1) **과염소산**($HClO_4$)은 제6류 위험물로서 품명은 과염소산이고, 지정수량은 300kg이며, **불연성 물질이므로 산소와 반응하지 않고** 분해 시 산소를 발생하여 가연물의 연소를 도와준다.

(2) **염소산나트륨**($NaClO_3$)은 제1류 위험물로서 품명은 염소산염류이고, 지정수량은 50kg이며, **불연성 물질이므로 산소와 반응하지 않고** 분해 시 산소를 발생하여 가연물의 연소를 도와준다.

(3) **마그네슘**(Mg)은 제2류 위험물로서 품명은 마그네슘이고, 지정수량은 500kg이며, **연소 시 산화마그네슘 (MgO)이 발생**한다.
   – 연소반응식 : $2Mg + O_2 \longrightarrow 2MgO$

(4) **황**(S)은 제2류 위험물로서 품명은 황이고, 지정수량은 500kg이며, **연소 시 이산화황(SO_2)이 발생**한다.
   – 연소반응식 : $S + O_2 \longrightarrow SO_2$

(5) **적린**(P)은 제2류 위험물로서 품명은 적린이고, 지정수량은 100kg이며, **연소 시 오산화인(P_2O_5)이 발생**한다.
   – 연소반응식 : $4P + 5O_2 \longrightarrow 2P_2O_5$

>>> 정답 (1) 해당 없음 (2) 해당 없음 (3) MgO (4) SO_2 (5) P_2O_5

필답형 12 [5점]

다음 〈보기〉는 주유취급소에 있는 전기자동차용 충전설비의 전력공급설비 기준에 대한 내용이다. 옳은 내용을 모두 고르시오.

① 전기사업법에 따른 전기설비의 기술기준에 적합할 것
② 전력량계, 누전차단기 및 배선용 차단기는 분전반 외부에 설치할 것
③ 분전반은 방폭성능을 갖출 것
④ 분전반을 폭발위험장소 외의 장소에 설치하는 경우에는 방폭성능을 갖출 것

>>> 풀이

전기자동차용 충전설비의 전력공급설비는 전기자동차에 전원을 공급하기 위한 전기설비로서 전력량계, 인입구 배선, 분전반 및 배선용 차단기 등을 말하며, 설치기준은 다음과 같다.

① 전기사업법에 따른 전기설비의 기술기준에 적합할 것
② **전력량계, 누전차단기 및 배선용 차단기는 분전반 내에 설치**할 것
③ 분전반은 방폭성능을 갖출 것. 다만, **분전반을 폭발위험장소 외의 장소에 설치하는 경우에는 방폭성능을 갖추지 않을 수 있다.**
④ 인입구 배선은 지하에 설치할 것

>>> 정답 ①, ③

필답형 13 [5점]

제6류 위험물 중 분자량이 34이고, 표백작용과 살균작용을 하며, 농도가 36중량% 이상인 것이 위험물이 되는 이 물질에 대해 다음 물음에 답하시오.

(1) 위험등급
(2) 열분해반응식
(3) 운반용기 외부에 표시해야 하는 주의사항

>>> 풀이 (1) 과산화수소(H_2O_2)는 제6류 위험물로서 품명은 과산화수소이며, **위험등급 Ⅰ 이고**, 지정수량은 300kg이다. 농도가 36중량% 이상인 것이 위험물에 해당되고, 상온에서 불안정한 물질이라 분해하여 산소를 발생시키며 이때 발생한 산소의 압력으로 용기를 파손시킬 수 있어 이를 방지하기 위해 용기는 구멍이 뚫린 마개로 막는다. 수용액에는 인산, 요산 등의 분해방지 안정제를 첨가한다.

(2) 열분해반응식 : $2H_2O_2 \rightarrow 2H_2O + O_2$

(3) 운반용기 외부에 표시해야 하는 사항
① 품명, 위험등급, 화학명 및 수용성
② 위험물의 수량
③ 위험물에 따른 주의사항

유 별	품 명	운반용기의 주의사항
제1류	알칼리금속의 과산화물	화기・충격주의, 가연물접촉주의, 물기엄금
	그 밖의 것	화기・충격주의, 가연물접촉주의
제2류	철분, 금속분, 마그네슘	화기주의, 물기엄금
	인화성 고체	화기엄금
	그 밖의 것	화기주의
제3류	금수성 물질	물기엄금
	자연발화성 물질	화기엄금, 공기접촉엄금
제4류	인화성 액체	화기엄금
제5류	자기반응성 물질	화기엄금, 충격주의
제6류	산화성 액체	**가연물접촉주의**

>>> 정답 (1) Ⅰ
(2) $2H_2O_2 \rightarrow 2H_2O + O_2$
(3) 가연물접촉주의

필답형 14 [5점]

하이드록실아민을 취급하는 제조소에 대해 다음 물음에 답하시오. (단, 하이드록실아민은 제2종 이다.)

(1) 취급량이 1,000kg일 때 안전거리를 구하시오.
(2) 토제의 경사면의 경사도를 쓰시오.
(3) 위험물제조소의 주의사항 게시판의 바탕색과 문자색을 쓰시오.

≫≫풀이 (1) 하이드록실아민등(하이드록실아민, 하이드록실아민염류) 제조소의 안전거리 기준

하이드록실아민등을 취급하는 제조소의 안전거리는 특고압가공전선을 제외하고는 다음의 공식에 의해서 결정된다.

$$D = 51.1 \times \sqrt[3]{N}$$

여기서, D : 안전거리(m)

N : 취급하는 하이드록실아민등의 지정수량의 배수

하이드록실아민의 취급량이 1,000kg이고, 하이드록실아민 제2종의 지정수량은 100kg이므로 지정수량의 배수 $N = 10$이고, **안전거리** $D = 51.1 \times \sqrt[3]{10} = $ **110.09m**이다.

(2) 하이드록실아민등(하이드록실아민과 하이드록실아민염류) 제조소 주위의 담 또는 토제 설치기준

① 담 또는 토제는 제조소의 외벽 또는 이에 상당하는 공작물의 외측으로부터 2m 이상 떨어진 장소에 설치할 것

② 담 또는 토제의 높이는 제조소에 있어서 하이드록실아민등을 취급하는 부분의 높이 이상으로 할 것

③ 담은 두께 15cm 이상의 철근콘크리트조 · 철골철근콘크리트조 또는 두께 20cm 이상의 보강콘크리트 블록조로 할 것

④ 토제의 경사면의 경사도는 **60도 미만**으로 할 것

(3) 제조소의 주의사항 게시판의 기준

① 위치 : 제조소 주변의 보기 쉬운 곳에 설치하는 것 외에 특별한 규정은 없다.

② 크기 : 한 변 0.3m 이상, 다른 한 변 0.6m 이상인 직사각형

③ 위험물에 따른 주의사항 내용 및 색상

위험물의 종류	주의사항 내용	색 상	게시판 형태
• 제2류 위험물 중 인화성 고체 • 제3류 위험물 중 자연발화성 물질 • 제4류 위험물 • **제5류 위험물**	화기엄금	**적색바탕, 백색문자**	
• 제2류 위험물 (인화성 고체 제외)	화기주의	적색바탕, 백색문자	
• 제1류 위험물 중 알칼리금속의 과산화물 • 제3류 위험물 중 금수성 물질	물기엄금	청색바탕, 백색문자	
• 제1류 위험물 (알칼리금속의 과산화물 제외) • 제6류 위험물		게시판을 설치할 필요 없음	

※ 하이드록실아민은 제5류 위험물이다.

≫≫정답 (1) 110.09m

(2) 60도 미만

(3) 적색바탕, 백색문자

필답형 15 [5점]

다음 [표]는 위험물안전관리법령상 소화설비의 적응성을 나타낸 것이다. 위험물에 대해 소화설비가 적응성이 있는 경우 빈칸에 "○"로 표시하시오.

소화설비의 구분	대상물 구분									
	제1류 위험물		제2류 위험물			제3류 위험물		제4류 위험물	제5류 위험물	제6류 위험물
	알칼리금속의 과산화물	그 밖의 것	철분·금속분·마그네슘	인화성 고체	그 밖의 것	금수성 물품	그 밖의 것			
옥내소화전·옥외소화전 설비										
물분무소화설비										
포소화설비										
불활성가스소화설비										
할로젠화합물소화설비										

≫≫풀이 위험물의 종류에 따른 소화설비의 적응성

① 제1류 위험물
   ㉠ 알칼리금속의 과산화물 : 탄산수소염류 분말소화설비로 질식소화한다.
   ㉡ 그 밖의 것 : **옥내소화전·옥외소화전 설비**, 스프링클러설비, **물분무소화설비**, **포소화설비**로 냉각소화한다.

② 제2류 위험물
   ㉠ 철분·금속분·마그네슘 : 탄산수소염류 분말소화설비로 질식소화한다.
   ㉡ 인화성 고체 : **옥내소화전·옥외소화전 설비**, 스프링클러설비, **물분무소화설비**, **포소화설비**, **불활성가스소화설비**, **할로젠화합물소화설비**, 분말소화설비로 냉각소화 또는 질식소화한다.
      ※ 인화성 고체에는 모든 소화설비가 적응성이 있다.
   ㉢ 그 밖의 것 : **옥내소화전·옥외소화전 설비**, 스프링클러설비, **물분무소화설비**, **포소화설비**로 냉각소화한다.

③ 제3류 위험물
   ㉠ 금수성 물질 : 탄산수소염류 분말소화설비로 질식소화한다.
   ㉡ 그 밖의 것(황린) : **옥내소화전·옥외소화전 설비**, 스프링클러설비, **물분무소화설비**, **포소화설비**로 냉각소화한다.

④ 제4류 위험물 : **물분무소화설비**, **포소화설비**, **불활성가스소화설비**, **할로젠화합물소화설비**, 분말소화설비로 질식소화한다.

⑤ 제5류 위험물 : **옥내소화전·옥외소화전 설비**, 스프링클러설비, **물분무소화설비**, **포소화설비**로 냉각소화한다.

⑥ 제6류 위험물 : **옥내소화전·옥외소화전 설비**, 스프링클러설비, **물분무소화설비**, **포소화설비**로 냉각소화한다.

≫≫정답

소화설비의 구분	대상물 구분									
	제1류 위험물		제2류 위험물			제3류 위험물		제4류 위험물	제5류 위험물	제6류 위험물
	알칼리금속의 과산화물	그 밖의 것	철분·금속분·마그네슘	인화성 고체	그 밖의 것	금수성 물품	그 밖의 것			
옥내소화전·옥외소화전 설비		○		○	○		○		○	○
물분무소화설비		○		○	○		○	○	○	○
포소화설비		○		○	○		○	○	○	○
불활성가스소화설비				○				○		
할로젠화합물소화설비				○				○		

필답형 16　　　　　　　　　　　　　　　　　　　　　　　[5점]

위험물 운반에 관한 기준에서 다음 위험물과 혼재할 수 없는 유별을 모두 쓰시오. (단, 지정수량의 1/10을 초과하는 위험물을 운반하는 경우이다.)

(1) 제1류
(2) 제2류
(3) 제3류
(4) 제4류
(5) 제5류

≫≫ 풀이 다음의 [표]에서 알 수 있듯이 위험물의 운반에 관한 혼재기준에 따라 위험물끼리 혼재할 수 없는 유별은 다음과 같다.

① **제1류 : 제2류, 제3류, 제4류, 제5류**
② **제2류 : 제1류, 제3류, 제6류**
③ **제3류 : 제1류, 제2류, 제5류, 제6류**
④ **제4류 : 제1류, 제6류**
⑤ **제5류 : 제1류, 제3류, 제6류**
⑥ 제6류 : 제2류, 제3류, 제4류, 제5류

위험물의 구분	제1류	제2류	제3류	제4류	제5류	제6류
제1류		×	×	×	×	○
제2류	×		×	○	○	×
제3류	×	×		○	×	×
제4류	×	○	○		○	×
제5류	×	○	×	○		×
제6류	○	×	×	×	×	

※ 이 표는 지정수량의 1/10 이하의 위험물에 대하여는 적용하지 아니한다.

💡 Tip

위험물의 운반에 관한 혼재기준 [표]를 그리는 방법은 423, 524, 61의 숫자 조합으로 다음과 같이 만듭니다.
1) 가로줄의 제4류를 기준으로 아래로 제2류와 제3류에 "○"를 표시합니다.
2) 가로줄의 제5류를 기준으로 아래로 제2류와 제4류에 "○"를 표시합니다.
3) 가로줄의 제6류를 기준으로 아래로 제1류에 "○"를 표시합니다.
4) 세로줄의 제4류를 기준으로 오른쪽으로 제2류와 제3류에 "○"를 표시합니다.
5) 세로줄의 제5류를 기준으로 오른쪽으로 제2류와 제4류에 "○"를 표시합니다.
6) 세로줄의 제6류를 기준으로 오른쪽으로 제1류에 "○"를 표시합니다.

≫≫ 정답 (1) 제2류, 제3류, 제4류, 제5류
　　　　(2) 제1류, 제3류, 제6류
　　　　(3) 제1류, 제2류, 제5류, 제6류
　　　　(4) 제1류, 제6류
　　　　(5) 제1류, 제3류, 제6류

필답형 17 [5점]

제조소의 건축물에 다음과 같이 설치된 옥내소화전의 수원의 수량은 몇 m³인지 다음의 물음에 답하시오.

(1) 1층에 1개, 2층에 3개로 총 4개의 옥내소화전이 설치된 경우
(2) 1층에 2개, 2층에 5개로 총 7개의 옥내소화전이 설치된 경우

≫ 풀이 옥내소화전의 수원의 양은 옥내소화전이 가장 많이 설치된 층의 소화전의 수(옥내소화전의 수가 5개 이상이면 5개)에 7.8m³를 곱한 양 이상으로 한다.

(1) 옥내소화전이 가장 많이 설치된 층은 2층이므로 2층의 옥내소화전 3개에 7.8m³를 곱해야 하며, 이 경우 수원의 양은 3×7.8m³=**23.4m³ 이상**이다.

(2) 옥내소화전이 가장 많이 설치된 층은 2층이므로 2층의 옥내소화전 5개에 7.8m³를 곱해야 하며, 이 경우 수원의 양은 5×7.8m³=**39m³ 이상**이다.

 Tip
옥내소화전의 수원의 양은 옥내소화전이 가장 많이 설치된 층의 소화전 수를 기준으로 하므로 1층에 설치된 옥내소화전의 수는 포함시키지 않아야 합니다.

Check ≫≫

옥내소화전설비와 옥외소화전설비의 비교

구 분	옥내소화전	옥외소화전
물(수원)의 양	소화전의 수(소화전의 수가 5개 이상이면 5개)에 7.8m³를 곱한 양 이상	소화전의 수(소화전의 수가 4개 이상이면 4개)에 13.5m³를 곱한 양 이상
방수량	260L/min	450L/min
방수압력	350kPa 이상	350kPa 이상
호스접속구까지의 수평거리	제조소등의 각 층의 각 부분에서 25m 이하	제조소등의 건축물의 각 부분에서 40m 이하
개폐밸브 및 호스접속구의 설치높이	바닥으로부터 1.5m 이하	바닥으로부터 1.5m 이하
비상전원	45분 이상 작동	45분 이상 작동

≫ 정답 (1) 23.4m³ 이상 (2) 39m³ 이상

필답형 18 [5점]

다음 중 옥내저장소의 동일한 실에 함께 저장할 수 있는 유별끼리 연결한 것을 모두 고르시오. (단, 유별끼리 저장하여 1m 이상의 거리를 둔 경우이다.)

A. 무기과산화물(알칼리금속의 과산화물 제외)－유기과산화물
B. 질산염류－과염소산
C. 황린－질산염류
D. 인화성 고체－제1석유류
E. 황－톨루엔

>>>풀이 A. 제1류 위험물 중 알칼리금속의 과산화물은 제5류 위험물과 함께 저장할 수 없지만, 알칼리금속의 과산화물 외의 무기과산화물은 제5류 위험물과 함께 저장할 수 있다. 여기서 유기과산화물은 제5류 위험물에 속하기 때문에 **무기과산화물**과 **유기과산화물은 함께 저장할 수 있다.**
B. 제1류 위험물인 **질산염류**는 제6류 위험물인 **과염소산과 함께 저장할 수 있다.**
C. 제3류 위험물 중 자연발화성 물질인 **황린**은 제1류 위험물인 **질산염류와 함께 저장할 수 있다.**
D. 제2류 위험물 중 **인화성 고체**와 제4류 위험물인 **제1석유류는 함께 저장할 수 있다.**
E. 제2류 위험물인 황과 제4류 위험물인 톨루엔은 함께 저장할 수 없다.

Check >>>

옥내저장소의 동일한 실에는 서로 다른 유별끼리 함께 저장할 수 없다. 단, 다음의 조건을 만족하면서 유별로 정리하여 서로 1m 이상의 간격을 두는 경우에는 저장할 수 있다.
1. 제1류 위험물(알칼리금속의 과산화물 제외)과 제5류 위험물
2. 제1류 위험물과 제6류 위험물
3. 제1류 위험물과 제3류 위험물 중 자연발화성 물질(황린)
4. 제2류 위험물 중 인화성 고체와 제4류 위험물
5. 제3류 위험물 중 알킬알루미늄등과 제4류 위험물(알킬알루미늄 또는 알킬리튬을 함유한 것)
6. 제4류 위험물 중 유기과산화물과 제5류 위험물 중 유기과산화물

>>>정답 A, B, C, D

필답형 19 [5점]

50만L 이상인 옥외탱크저장소의 설치허가를 받고자 한다. 다음 물음에 답하시오.

(1) 기술검토 부서를 쓰시오.
(2) 기술검토 내용을 쓰시오.

>>>풀이 위험물 제조소등 시설의 허가 및 신고
(1) 시·도지사에게 허가를 받아야 하는 경우
 ① 제조소등을 설치하고자 할 때
 ② 제조소등의 위치·구조 및 설비를 변경하고자 할 때
   ※ **제조소등의 설치허가** 또는 제조소등의 위치·구조 및 설비의 변경허가에 있어서 **한국소방산업기술원**의 기술검토를 받아야 하는 사항
     1. 지정수량의 1천배 이상의 위험물을 취급하는 제조소 또는 일반취급소의 구조·설비에 관한 사항
     2. **50만L 이상인 옥외탱크저장소** 또는 암반탱크저장소의 **위험물탱크의 기초·지반, 탱크 본체 및 소화설비에 관한 사항**
(2) 시·도지사에게 신고해야 하는 경우
 ① 제조소등의 위치·구조 또는 설비의 변경 없이 위험물의 품명·수량 또는 지정수량의 배수를 변경하고자 하는 자 : 변경하고자 하는 날의 1일 전까지 신고
 ② 제조소등의 설치자의 지위를 승계한 자 : 승계한 날부터 30일 이내에 신고
 ③ 제조소등의 용도를 폐지한 때 : 제조소등의 용도를 폐지한 날부터 14일 이내에 신고

>>>정답 (1) 한국소방산업기술원
(2) 위험물탱크의 기초·지반, 탱크 본체 및 소화설비에 관한 사항

필답형 20　　　　　　　　　　　　　　　　　　　　　　　　　　　　　　[5점]

제4류 위험물로서 특수인화물에 속하는 물질 중 물속에 저장하는 위험물에 대해 다음 물음에 답하시오.

(1) 화학식을 쓰시오.

(2) 연소반응식을 쓰시오.

(3) 다음 (　) 안에 들어갈 알맞은 내용을 쓰시오.

　　이 위험물의 저장탱크는 벽 및 바닥의 두께가 (①)m 이상이고 누수가 되지 않는 철근콘크리트의 수조에 넣어 보관해야 한다. 이 경우 보유공지, 통기관 및 자동계량장치는 (②).

≫≫ 풀이　이황화탄소(CS_2)

　① 제4류 위험물 중 품명은 특수인화물이며, 지정수량은 50L이다.

　② 인화점 $-30°C$, 발화점 $100°C$, 연소범위 1~50%이다.

　③ 비중은 1.26으로 물보다 무겁고 물에 녹지 않아 물과 혼합하면 층 분리가 발생하여 물보다 무거운 이황화탄소(CS_2)는 하층, 물은 상층에 존재한다.

　④ 연소 시 이산화탄소(CO_2)와 이산화황(SO_2)을 발생하므로 가연성 가스인 이산화황의 발생을 방지하기 위해 물속에 보관한다.

　　－ 연소반응식 : $CS_2 + 3O_2 \rightarrow CO_2 + 2SO_2$

　⑤ 황(S)을 포함하고 있으므로 연소 시 청색 불꽃을 낸다.

　⑥ 이황화탄소의 저장탱크는 벽 및 바닥의 두께가 **0.2m** 이상이고 누수가 되지 않는 철근콘크리트의 수조에 넣어 보관하므로 보유공지, 통기관 및 자동계량장치는 **필요 없다.**

≫≫ 정답　(1) CS_2

　　　　　(2) $CS_2 + 3O_2 \rightarrow CO_2 + 2SO_2$

　　　　　(3) ① 0.2, ② 필요 없다.(생략할 수 있다.)

2024 제1회 위험물산업기사 실기

2024년 4월 28일 시행

※ 필답형＋작업형으로 치러지던 기존 시험에서는 각 문항별 배점이 상이하였으나,
필답형(20문제) 시험만 보는 2020년 1회부터는 각 문항 배점이 모두 5점입니다!

필/답/형 시험

필답형 01 [5점]

다음 [표]는 자체소방대에 설치하는 화학소방자동차의 수와 자체소방대원의 수를 나타낸 것이다. 괄호 안에 들어갈 알맞은 수를 쓰시오.

사업소의 구분	화학소방자동차의 수	자체소방대원의 수
지정수량의 (①)천배 이상 12만배 미만으로 취급하는 제조소 또는 일반취급소	1대 이상	5명 이상
지정수량의 12만배 이상 (②)만배 미만으로 취급하는 제조소 또는 일반취급소	2대 이상	10명 이상
지정수량의 (②)만배 이상 (③)만배 미만으로 취급하는 제조소 또는 일반취급소	3대 이상	15명 이상
지정수량의 (③)만배 이상으로 취급하는 제조소 또는 일반취급소	4대 이상	20명 이상
지정수량의 50만배 이상으로 저장하는 옥외탱크저장소	(④)대 이상	(⑤)명 이상

>>> 풀이 자체소방대는 제4류 위험물을 지정수량의 3천배 이상으로 저장·취급하는 제조소 또는 일반취급소, 제4류 위험물을 지정수량의 50만배 이상 저장하는 옥외탱크저장소에 설치하며, 자체소방대에 두는 화학소방자동차 및 자체소방대원의 수는 다음과 같다.

사업소의 구분	화학소방자동차의 수	자체소방대원의 수
지정수량의 **3천배 이상** 12만배 미만으로 취급하는 제조소 또는 일반취급소	1대 이상	5명 이상
지정수량의 12만배 이상 **24만배 미만으로** 취급하는 제조소 또는 일반취급소	2대 이상	10명 이상
지정수량의 **24만배 이상 48만배 미만으로** 취급하는 제조소 또는 일반취급소	3대 이상	15명 이상
지정수량의 **48만배 이상으로** 취급하는 제조소 또는 일반취급소	4대 이상	20명 이상
지정수량의 50만배 이상으로 저장하는 옥외탱크저장소	**2대** 이상	**10명** 이상

>>> 정답 ① 3, ② 24, ③ 48
④ 2, ⑤ 10

필답형 02
[5점]

다음 반응에서 생성되는 유독가스의 명칭을 쓰시오. (단, 해당 없으면 "해당 없음"이라고 쓰시오.)

(1) 과염소산나트륨과 염산의 반응
(2) 과산화칼륨과 물의 반응
(3) 염소산칼륨과 황산의 반응
(4) 질산칼륨과 물의 반응
(5) 질산암모늄과 물의 반응

>>> 풀이 (1) 과염소산나트륨($NaClO_4$)은 염산(HCl)과 반응 시 염화나트륨($NaCl$)과 유독가스인 **이산화염소(ClO_2)**가 발생한다.
– 염산과의 반응식 : $5NaClO_4 + 8HCl \rightarrow 5NaCl + 8ClO_2 + 4H_2O$
(2) 과산화칼륨(K_2O_2)은 물과 반응 시 수산화칼륨(KOH)과 다량의 산소(O_2), 그리고 열을 발생한다.
– 물과의 반응식 : $2K_2O_2 + 2H_2O \rightarrow 4KOH + O_2$
(3) 염소산칼륨($KClO_3$)은 황산(H_2SO_4)과 반응 시 황산칼륨(K_2SO_4)과 제6류 위험물인 과염소산($HClO_4$)과 유독가스인 **이산화염소(ClO_2)**, 그리고 물(H_2O)이 발생한다.
– 황산과의 반응식 : $6KClO_3 + 3H_2SO_4 \rightarrow 3K_2SO_4 + 2HClO_4 + 4ClO_2 + 2H_2O$
(4) 질산칼륨(KNO_3)은 물, 글리세린에 잘 녹는다.
(5) 질산암모늄(NH_4NO_3)은 물, 알코올에 잘 녹으며, 물에 녹을 때 열을 흡수한다.

>>> 정답 (1) 이산화염소   (2) 해당 없음   (3) 이산화염소   (4) 해당 없음   (5) 해당 없음

필답형 03
[5점]

알루미늄분에 대해 다음 물음에 답하시오.

(1) 물과의 반응식
(2) 물과의 반응에서 생성되는 기체의 위험도
(3) 물과의 반응에서 생성되는 기체의 연소반응식

>>> 풀이 알루미늄분(Al)은 제2류 위험물로서 품명은 금속분이고, 지정수량은 500kg, 위험등급 Ⅲ이며, 가연성 고체이면서 금수성 물질이다. 물과 반응 시 수산화알루미늄[$Al(OH)_3$]과 함께 수소(H_2)기체가 생성되므로, 마른모래, 팽창질석·팽창진주암, 탄산수소염류분말 소화약제 등으로 질식소화를 해야 한다.
– 알루미늄의 물과의 반응식 : $2Al + 6H_2O \rightarrow 2Al(OH)_3 + 3H_2$

이때 발생되는 수소의 연소범위는 4~75%이고, 위험도(H) = $\dfrac{\text{연소상한}(U) - \text{연소하한}(L)}{\text{연소하한}(L)}$ 임을 이용하면 수소

의 연소범위는 $\dfrac{75-4}{4}$ = **17.75**이다. 수소는 산소와 반응, 즉 연소반응 시 수증기가 생성된다.

– 수소의 연소반응식 : $2H_2 + O_2 \rightarrow 2H_2O$

>>> 정답 (1) $2Al + 6H_2O \rightarrow 2Al(OH)_3 + 3H_2$
(2) 17.75
(3) $2H_2 + O_2 \rightarrow 2H_2O$

필답형 04

[5점]

다음 〈보기〉 중 염산과 반응시켰을 때 제6류 위험물이 발생하는 물질의 명칭을 쓰고, 그 물질과 물과의 반응식을 쓰시오. (단, 해당 없으면 "해당 없음"이라고 쓰시오.)

과망가니즈산칼륨, 과산화나트륨, 과염소산암모늄, 마그네슘

(1) 물질의 명칭
(2) 물과의 반응식

▶▶▶풀이
(1) **과산화나트륨**(Na_2O_2)은 제1류 위험물 중 알칼리금속의 과산화물로서 염산(HCl)과 반응시키면 염화나트륨 ($NaCl$)과 제6류 위험물인 과산화수소(H_2O_2)가 발생한다.
　　– 염산과의 반응식 : $Na_2O_2 + 2HCl \longrightarrow 2NaCl + H_2O_2$
(2) 과산화나트륨은 물과 반응 시 수산화나트륨($NaOH$)과 산소(O_2)가 발생한다.
　　– 물과의 반응식 : $\mathbf{2Na_2O_2 + 2H_2O \longrightarrow 4NaOH + O_2}$

> **Check ▶▶▶**
>
> **과산화나트륨의 또 다른 반응식**
>
> 1. 열분해 시 산화나트륨(Na_2O)과 산소가 발생한다.
>   – 열분해반응식 : $2Na_2O_2 \longrightarrow 2Na_2O + O_2$
> 2. 이산화탄소와 반응 시 탄산나트륨(Na_2CO_3)과 산소가 발생한다.
>   – 이산화탄소와의 반응식 : $2Na_2O_2 + 2CO_2 \longrightarrow 2Na_2CO_3 + O_2$

▶▶▶정답 (1) 과산화나트륨　　(2) $2Na_2O_2 + 2H_2O \longrightarrow 4NaOH + O_2$

필답형 05

[5점]

다음 〈보기〉의 위험물을 인화점이 낮은 것부터 높은 것의 순서대로 쓰시오. (단, 인화점이 없는 위험물은 제외하시오.)

과염소산, 나이트로셀룰로오스, 벤젠, 아세트산, 아세트알데하이드

▶▶▶풀이

물질명	유별	품명	인화점	지정수량
과염소산($HClO_4$)	제6류 위험물	과염소산	불연성	300kg
나이트로셀룰로오스	제5류 위험물	질산에스터류	4.4℃	제1종 : 10kg, 제2종 : 100kg
벤젠(C_6H_6)	제4류 위험물	제1석유류(비수용성)	−11℃	200L
아세트산(CH_3COOH)	제4류 위험물	제2석유류(수용성)	40℃	2,000L
아세트알데하이드(CH_3CHO)	제4류 위험물	특수인화물(수용성)	−38℃	50L

위 [표]에서 알 수 있듯이 인화점이 가장 낮은 것은 **아세트알데하이드**이고, **벤젠, 나이트로셀룰로오스, 아세트산**의 순으로 높다. 과염소산은 불연성이며 산소를 함유하고 있어 가연물의 연소를 도와주는 산화성 액체이다.

▶▶▶정답 아세트알데하이드, 벤젠, 나이트로셀룰로오스, 아세트산

필답형 06 [5점]

트라이에틸알루미늄에 대해 다음 물음에 답하시오.

(1) 연소반응식
(2) 물과의 반응식

▶▶풀이 트라이에틸알루미늄[$(C_2H_5)_3Al$]은 제3류 위험물로서 품명은 알킬알루미늄이고, 지정수량은 10kg, 위험등급 Ⅰ 이며, 자연발화성 및 금수성 물질이다.

(1) 트라이에틸알루미늄은 공기 중 산소와의 반응, 즉 연소반응 시 산화알루미늄(Al_2O_3)과 이산화탄소(CO_2), 그리고 수증기(H_2O)가 생성된다.
   – 연소반응식 : $2(C_2H_5)_3Al + 21O_2 \rightarrow Al_2O_3 + 12CO_2 + 15H_2O$
(2) 트라이에틸알루미늄은 물과 반응 시 수산화알루미늄[$Al(OH)_3$]과 에테인(C_2H_6)이 생성된다.
   – 물과의 반응식 : $(C_2H_5)_3Al + 3H_2O \rightarrow Al(OH)_3 + 3C_2H_6$

▶▶정답 (1) $2(C_2H_5)_3Al + 21O_2 \rightarrow Al_2O_3 + 12CO_2 + 15H_2O$
(2) $(C_2H_5)_3Al + 3H_2O \rightarrow Al(OH)_3 + 3C_2H_6$

필답형 07 [5점]

아래의 도표에 대해 다음 물음에 답하시오.

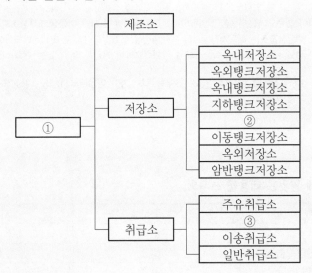

(1) 제조소, 저장소, 취급소를 포괄하는 ①의 위험물안전관리법령상 명칭을 쓰시오.
(2) ②의 명칭을 쓰시오.
(3) ③의 명칭을 쓰시오.
(4) 안전관리자를 선임할 필요 없는 저장소의 종류를 모두 쓰시오. (단, 없으면 "없음"이라 쓰시오.)
(5) 이동저장탱크에 액체위험물을 주입하는 일반취급소로서 액체위험물을 용기에 옮겨 담는 취급소를 포함하는 일반취급소의 명칭을 쓰시오.

▶▶▶ 풀이
(1) 위험물안전관리법에서는 제조소, 저장소, 취급소를 묶어 **제조소등**이라 한다.
(2) 저장소의 종류

옥내저장소	옥내에 위험물을 저장하는 장소
옥외탱크저장소	옥외에 있는 탱크에 위험물을 저장하는 장소
옥내탱크저장소	옥내에 있는 탱크에 위험물을 저장하는 장소
지하탱크저장소	지하에 매설한 탱크에 위험물을 저장하는 장소
간이탱크저장소	간이탱크에 위험물을 저장하는 장소
이동탱크저장소	차량에 고정된 탱크에 위험물을 저장하는 장소
옥외저장소	옥외에 위험물을 저장하는 장소
암반탱크저장소	암반 내의 공간을 이용한 탱크에 액체위험물을 저장하는 장소

(3) 취급소의 종류

주유취급소	고정주유설비에 의하여 자동차, 항공기 또는 선박 등에 직접 연료를 주유하기 위하여 위험물을 취급하는 장소
판매취급소	점포에서 위험물을 용기에 담아 판매하기 위하여 지정수량의 40배 이하의 위험물을 취급하는 장소(페인트점 또는 화공약품점)
이송취급소	배관 및 이에 부속된 설비에 의하여 위험물을 이송하는 장소
일반취급소	주유취급소, 판매취급소, 이송취급소 외의 위험물을 취급하는 장소

 톡톡 튀는 **암기법** 이주일판매(이번 **주** 일요일에 판매합니다.)

(4) 제조소등의 관계인은 위험물의 안전관리에 관한 직무를 수행하게 하기 위하여 제조소등마다 위험물의 취급에 관한 자격이 있는 자를 위험물안전관리자로 선임하여야 하지만 **이동탱크저장소의 경우는 제외**한다.
(5) **충전하는 일반취급소**는 이동저장탱크에 액체위험물(알킬알루미늄등, 아세트알데하이드등 및 하이드록실아민등을 제외)을 주입하는 일반취급소로서 액체위험물을 용기에 옮겨 담는 취급소를 포함한다.

▶▶▶ 정답 (1) 제조소등 (2) 간이탱크저장소 (3) 판매취급소 (4) 이동탱크저장소 (5) 충전하는 일반취급소

필답형 08

[5점]

다음 [표]의 빈칸에 알맞은 내용을 쓰시오.

물질명	화학식	지정수량
(①)	P_4S_3	(②)kg
과망가니즈산암모늄	(③)	1,000kg
인화아연	(④)	(⑤)kg

▶▶▶ 풀이
1. **삼황화인**(P_4S_3)은 제2류 위험물로서 품명은 황화인이며, 지정수량은 **100kg**인 가연성 고체이다.
2. 과망가니즈산암모늄(NH_4MnO_4)은 제1류 위험물로서 품명은 과망가니즈산염류이며, 지정수량은 1,000kg인 산화성 고체이다.
3. 인화아연(Zn_3P_2)은 제3류 위험물로서 품명은 금속의 인화물이며, 지정수량은 **300kg**인 금수성 물질이다.

▶▶▶ 정답 ① 삼황화인, ② 100, ③ NH_4MnO_4, ④ Zn_3P_2, ⑤ 300

필답형 09 [5점]

탄화알루미늄이 물과 반응 시 발생하는 기체에 대해 다음 물음에 답하시오.

(1) 화학식
(2) 연소반응식
(3) 증기비중

》》》풀이 (1) 탄화알루미늄(Al_4C_3)은 제3류 위험물로서 품명은 칼슘 또는 알루미늄의 탄화물이며, 지정수량은 300kg으로 물과 반응 시 수산화알루미늄[$Al(OH)_3$]과 **메테인(CH_4)**가스가 발생한다.
    – 탄화알루미늄의 물과의 반응식 : $Al_4C_3 + 12H_2O \longrightarrow 4Al(OH)_3 + 3CH_4$

(2) 메테인은 연소 시 이산화탄소(CO_2)와 물(H_2O)이 발생한다.
    – 메테인의 연소반응식 : **$CH_4 + 2O_2 \longrightarrow CO_2 + 2H_2O$**

(3) 메테인 1mol의 분자량은 12(C)g×1 + 1(H)g×4 = 16g이므로 증기비중 = $\dfrac{분자량}{29} = \dfrac{16}{29} = $ **0.55**이다.

> **Check 》》》**
>
> 동일한 품명에 속하는 탄화칼슘의 물과의 반응
> 탄화칼슘(CaC_2)은 물과 반응 시 수산화칼슘[$Ca(OH)_2$]과 연소범위가 2.5~81%인 아세틸렌(C_2H_2)가스가 발생한다.
> – 물과의 반응식 : $CaC_2 + 2H_2O \longrightarrow Ca(OH)_2 + C_2H_2$

》》》정답 (1) CH_4
(2) $CH_4 + 2O_2 \longrightarrow CO_2 + 2H_2O$
(3) 0.55

필답형 10 [5점]

제5류 위험물 중 분자량이 227g이며, 폭약의 원료이고, 담황색의 주상결정이며, 물에 녹지 않고 아세톤과 벤젠에는 녹는 물질에 대해 다음 물음에 답하시오.

(1) 구조식
(2) 운반용기 외부에 표시해야 할 주의사항
(3) 제조소 게시판에 표시해야 할 주의사항

》》》풀이 1. 트라이나이트로톨루엔[$C_6H_2CH_3(NO_2)_3$]
① 발화점 300℃, 융점 81℃, 비점 240℃, 비중 1.66, 분자량 227이다.
② 담황색의 주상결정(기둥모양의 고체)인 고체상태로 존재한다.
③ 햇빛에 갈색으로 변하나 위험성은 없다.
④ 물에는 안 녹으나, 알코올, 아세톤, 벤젠 등 유기용제에 잘 녹는다.
⑤ 톨루엔에 질산과 함께 황산을 촉매로 반응시키면 촉매에 의한 탈수와 함께 나이트로화반응을 3번 일으키면서 트라이나이트로톨루엔이 생성된다.
⑥ 독성이 없고, 기준폭약으로 사용되며, 피크린산보다 폭발성은 떨어진다.

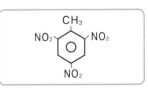
┃ 트라이나이트로톨루엔의 구조식 ┃

2. 운반용기, 제조소등 게시판에 표시해야 할 주의사항

유 별	품 명	운반용기의 주의사항	위험물제조소등의 주의사항
제1류	알칼리금속의 과산화물	화기·충격주의, 가연물접촉주의, 물기엄금	물기엄금(청색바탕, 백색문자)
	그 밖의 것	화기·충격주의, 가연물접촉주의	필요 없음
제2류	철분, 금속분, 마그네슘	화기주의, 물기엄금	화기주의(적색바탕, 백색문자)
	인화성 고체	화기엄금	화기엄금(적색바탕, 백색문자)
	그 밖의 것	화기주의	화기주의(적색바탕, 백색문자)
제3류	자연발화성 물질	화기엄금, 공기접촉엄금	화기엄금(적색바탕, 백색문자)
	금수성 물질	물기엄금	물기엄금(청색바탕, 백색문자)
제4류	모든 대상	화기엄금	화기엄금(적색바탕, 백색문자)
제5류	모든 대상	**화기엄금, 충격주의**	**화기엄금**(적색바탕, 백색문자)
제6류	모든 대상	가연물접촉주의	필요 없음

≫≫정답 (1)

(2) 화기엄금, 충격주의
(3) 화기엄금

필답형 11   [5점]

> 제4류 위험물인 톨루엔을 용량이 각각 50만L, 20만L인 옥외저장탱크에 저장하고 있으며, 두 개의 옥외저장탱크는 하나의 방유제 안에 설치하였다. 두 개의 옥외저장탱크를 둘러싸고 있는 방유제의 용량은 몇 L 이상인지 쓰시오.

≫≫풀이 1. 인화성이 있는 위험물의 옥외저장탱크의 방유제의 용량
  • 옥외저장탱크를 1개만 포함하는 경우 : 탱크 용량의 110% 이상
  • 옥외저장탱크를 2개 이상 포함하는 경우 : **탱크 중 용량이 최대인 것의 110% 이상**
2. 인화성이 없는 위험물의 옥외저장탱크의 방유제의 용량
  • 옥외저장탱크를 1개만 포함하는 경우 : 탱크 용량의 100% 이상
  • 옥외저장탱크를 2개 이상 포함하는 경우 : 탱크 중 용량이 최대인 것의 100% 이상
〈문제〉의 톨루엔은 인화성 액체이므로, 두 개의 옥외저장탱크를 둘러싸고 있는 방유제의 용량은 50만L, 20만L의 탱크 중 용량이 최대인 50만L의 110%인 **55만L** 이상이다.

> Check ≫≫
>
> 이황화탄소 옥외저장탱크는 방유제가 필요 없으며, 벽 및 바닥의 두께가 0.2m 이상인 철근콘크리트의 수조에 넣어 보관한다.

≫≫정답 55만L 이상

필답형 **12** [5점]

제4류 위험물의 특수인화물에 속하는 물질 중 물속에 저장하는 위험물에 대해 다음 물음에 답하시오.

(1) 연소 시 발생하는 독성가스의 화학식
(2) 증기비중
(3) 이 위험물의 옥외저장탱크를 보관하는 철근콘크리트로 된 수조의 벽 및 바닥의 두께는 몇 m 이상으로 해야 하는지 쓰시오.

▶▶▶풀이 (1) 이황화탄소(CS_2)는 제4류 위험물 중 품명은 특수인화물이며, 지정수량은 50L로서 공기 중에 노출되면 산소와 반응, 즉 연소하여 이산화탄소(CO_2)와 함께 가연성이면서 독성 가스인 **이산화황(SO_2)**을 발생하므로 물속에 저장한다.
　　– 이황화탄소의 연소반응식 : $CS_2 + 3O_2 \rightarrow CO_2 + 2SO_2$

> **Check ▶▶▶**
>
> 이황화탄소는 물에 저장한 상태에서 150℃ 이상의 열로 가열하면 황화수소(H_2S)라는 독성 가스와 이산화탄소를 발생하므로 냉수에 보관해야 한다.
> – 물과의 반응식 : $CS_2 + 2H_2O \rightarrow 2H_2S + CO_2$

(2) 이황화탄소의 분자량은 12(C)+32(S)×2=76g이고, 증기비중은 $\frac{76}{29}$=**2.62**로, 이황화탄소의 증기는 공기보다 무겁다.
(3) 이황화탄소의 옥외저장탱크는 벽 및 바닥의 두께가 **0.2m 이상**이고 누수가 되지 아니하는 철근콘크리트의 수조에 넣어 보관하여야 한다. 이 경우 보유공지·통기관 및 자동계량장치는 생략할 수 있다.

▶▶▶정답 (1) SO_2　(2) 2.62　(3) 0.2m 이상

필답형 **13** [5점]

다음 〈보기〉에서 소화난이도등급 Ⅰ에 해당하는 것을 모두 골라 그 기호를 쓰시오.

A. 면적이 1,000m²인 제조소　　　B. 처마높이가 6m 이상인 단층건물의 옥내저장소
C. 지하탱크저장소　　　　　　　D. 제2종 판매취급소
E. 이송취급소　　　　　　　　　F. 이동탱크저장소
G. 간이탱크저장소

▶▶▶풀이 〈보기〉의 제조소등의 소화난이도등급은 다음과 같이 구분한다.
　A. **연면적이 1,000m²인 제조소 : 소화난이도등급 Ⅰ**
　B. **처마높이가 6m 이상인 단층건물의 옥내저장소 : 소화난이도등급 Ⅰ**
　C. 지하탱크저장소 : 소화난이도등급 Ⅲ
　D. 제2종 판매취급소 : 소화난이도등급 Ⅱ
　E. **이송취급소 : 소화난이도등급 Ⅰ**
　F. 이동탱크저장소 : 소화난이도등급 Ⅲ
　G. 간이탱크저장소 : 소화난이도등급 Ⅲ

소화난이도등급 Ⅰ에 해당하는 제조소, 옥내저장소, 이송취급소의 기준
1. **제조소**
   ① **연면적 1,000m² 이상**인 것
   ② 지정수량의 100배 이상인 것(고인화점위험물만을 100℃ 미만의 온도에서 취급하는 것 및 화약류의 위험물을 취급하는 것은 제외)
   ③ 지반면으로부터 6m 이상의 높이에 위험물 취급설비가 있는 것(고인화점위험물만을 100℃ 미만의 온도에서 취급하는 것은 제외)
2. **옥내저장소**
   ① 지정수량의 150배 이상인 것(고인화점위험물만을 저장하는 것 및 화약류의 위험물을 저장하는 것은 제외)
   ② 연면적 150m²를 초과하는 것(150m² 이내마다 불연재료로 개구부 없이 구획된 것 및 인화성 고체 외의 제2류 위험물 또는 인화점 70℃ 이상의 제4류 위험물만을 저장하는 것은 제외)
   ③ **처마높이가 6m 이상인 단층건물**의 것
   ④ 옥내저장소로 사용되는 부분 외의 부분이 있는 건축물에 설치된 것(내화구조로 개구부 없이 구획된 것 및 인화성 고체 외의 제2류 위험물 또는 인화점 70℃ 이상의 제4류 위험물만을 저장하는 것은 제외)
3. **이송취급소**
   – 모든 대상

>>> 정답   A, B, E

필답형 14 [5점]

다음 〈보기〉의 동식물유류를 건성유와 불건성유로 분류하시오. (단, 해당 없으면 "해당 없음"이라고 쓰시오.)

기어유, 동유, 들기름, 실린더유, 야자유, 올리브유

(1) 건성유   (2) 불건성유

>>> 풀이   동식물유류는 제4류 위험물로서 지정수량은 10,000L이며, 아이오딘값의 범위에 따라 건성유, 반건성유, 불건성유로 구분한다.
① 건성유 : 아이오딘값이 130 이상인 것
   – 동물유 : 정어리유, 기타 생선유
   – 식물유 : **동유**(오동나무기름), 해바라기유, 아마인유, **들기름**
② 반건성유 : 아이오딘값이 100~130인 것
   – 동물유 : 청어유
   – 식물유 : 쌀겨기름, 목화씨기름(면실유), 채종유(유채씨기름), 옥수수기름, 참기름
③ 불건성유 : 아이오딘값이 100 이하인 것
   – 동물유 : 소기름, 돼지기름, 고래기름
   – 식물유 : **올리브유**, 동백유, 아주까리기름(피마자유), **야자유**(팜유)
〈보기〉의 기어유와 실린더유는 제4류 위험물 중 품명이 제4석유류이고 지정수량이 6,000L인 인화성 액체이다.

>>> 정답   (1) 동유, 들기름   (2) 야자유, 올리브유

필답형 15 [5점]

다음 〈보기〉의 위험물 중에서 지정수량의 단위가 L인 위험물의 지정수량이 큰 것부터 작은 것 순서대로 쓰시오.

> 다이나이트로아닐린, 하이드라진, 피리딘, 피크린산, 글리세린, 클로로벤젠

≫풀이 〈보기〉의 위험물의 유별과 품명과 지정수량은 다음과 같다.

물질명	유 별	품 명	지정수량
다이나이트로아닐린	제5류 위험물	나이트로화합물	제1종:10kg, 제2종:100kg
하이드라진	제4류 위험물	제2석유류(수용성)	2,000L
피리딘	제4류 위험물	제1석유류(수용성)	400L
피크린산	제5류 위험물	나이트로화합물	제1종:10kg, 제2종:100kg
글리세린	제4류 위험물	제3석유류(수용성)	4,000L
클로로벤젠	제4류 위험물	제2석유류(비수용성)	1,000L

제1류~제6류 위험물 중 제4류 위험물의 지정수량의 단위만 L이고, 다른 위험물의 지정수량의 단위는 kg이다. 〈보기〉의 위험물 중 제4류 위험물의 지정수량이 큰 것부터 작은 것으로 나열하면 **글리세린 – 하이드라진 – 클로로벤젠 – 피리딘** 순서이다.

> Check ≫≫
>
> **2025년 새롭게 바뀐 위험물안전관리법 시행령**
>
> 제5류 위험물인 "자기반응성 물질"이란 고체 또는 액체로서 폭발의 위험성 또는 가열분해의 격렬함을 판단하기 위하여 고시로 정하는 시험에서 고시로 정하는 성질과 상태를 나타내는 것을 말하며, 위험성 유무와 등급에 따라 제1종(지정수량 10kg) 또는 제2종(지정수량 100kg)으로 분류한다.

≫정답 글리세린, 하이드라진, 클로로벤젠, 피리딘

필답형 16 [5점]

위험물의 운반에 관한 기준에 따라 다음 [표]에 혼재할 수 있는 위험물끼리는 "○", 혼재할 수 없는 위험물끼리는 "×"로 표시하시오.

위험물의 구분	제1류	제2류	제3류	제4류	제5류	제6류
제1류						
제2류						
제3류						
제4류						
제5류						
제6류						

>>>풀이 다음의 [표]에서 알 수 있듯이 위험물의 운반에 관한 혼재기준에 따라 위험물끼리 혼재할 수 있는 유별은 다음과 같다.

① 제1류 : 제6류 위험물
② 제2류 : 제4류, 제5류 위험물
③ 제3류 : 제4류 위험물
④ 제4류 : 제2류, 제3류, 제5류 위험물
⑤ 제5류 : 제2류, 제4류 위험물
⑥ 제6류 : 제1류 위험물

위험물의 구분	제1류	제2류	제3류	제4류	제5류	제6류
제1류		×	×	×	×	○
제2류	×		×	○	○	×
제3류	×	×		○	×	×
제4류	×	○	○		○	×
제5류	×	○	×	○		×
제6류	○	×	×	×	×	

※ 이 표는 지정수량의 1/10 이하의 위험물에 대하여는 적용하지 아니한다.

☺ Tip

위험물의 운반에 관한 혼재기준 [표]를 그리는 방법은 423, 524, 61의 숫자 조합으로 다음과 같이 만듭니다.
1) 가로줄의 제4류를 기준으로 아래로 제2류와 제3류에 "○"를 표시합니다.
2) 가로줄의 제5류를 기준으로 아래로 제2류와 제4류에 "○"를 표시합니다.
3) 가로줄의 제6류를 기준으로 아래로 제1류에 "○"를 표시합니다.
4) 세로줄의 제4류를 기준으로 오른쪽으로 제2류와 제3류에 "○"를 표시합니다.
5) 세로줄의 제5류를 기준으로 오른쪽으로 제2류와 제4류에 "○"를 표시합니다.
6) 세로줄의 제6류를 기준으로 오른쪽으로 제1류에 "○"를 표시합니다.

Check >>>

위험물의 저장에 관한 혼재기준

옥내저장소 또는 옥외저장소에서 서로 다른 유별끼리는 함께 저장할 수 없지만 다음의 위험물을 유별로 정리하여 서로 1m 이상의 간격을 두는 경우에는 함께 저장할 수 있다.

1. 제1류 위험물(알칼리금속의 과산화물 제외)과 제5류 위험물
2. 제1류 위험물과 제6류 위험물
3. 제1류 위험물과 제3류 위험물 중 자연발화성 물질(황린)
4. 제2류 위험물 중 인화성 고체와 제4류 위험물
5. 제3류 위험물 중 알킬알루미늄등과 제4류 위험물(알킬알루미늄 또는 알킬리튬을 함유한 것)
6. 제4류 위험물 중 유기과산화물과 제5류 위험물 중 유기과산화물

>>>정답

위험물의 구분	제1류	제2류	제3류	제4류	제5류	제6류
제1류		×	×	×	×	○
제2류	×		×	○	○	×
제3류	×	×		○	×	×
제4류	×	○	○		○	×
제5류	×	○	×	○		×
제6류	○	×	×	×	×	

필답형 17 [5점]

인화점 10℃인 제4류 위험물을 옥외탱크저장소의 지중탱크에 저장하는 경우에 대해 다음 물음에 답하시오. (단, 옥외탱크저장소의 지중탱크 수평단면의 안지름은 100m이고, 높이는 20m이다.)

(1) 옥외탱크저장소가 보유하는 부지의 경계선에서 지중탱크의 지반면의 옆판까지 사이의 거리를 구하시오.
  ① 식
  ② 답
(2) 지중탱크 주위에 보유해야 할 보유공지 너비를 구하시오.
  ① 식
  ② 답

≫≫풀이   지중탱크에 관계된 옥외탱크저장소의 특례
  (1) 지중탱크의 옥외탱크저장소의 위치는 옥외탱크저장소가 보유하는 부지의 경계선에서 지중탱크의 지반면의 옆판까지의 사이에, 해당 지중탱크 수평단면의 안지름의 수치에 0.5를 곱하여 얻은 수치(해당 수치가 지중탱크의 밑판 표면에서 지반면까지 높이의 수치보다 작은 경우에는 해당 높이의 수치) 또는 50m(지중탱크에 저장 또는 취급하는 위험물의 인화점이 21℃ 이상 70℃ 미만의 경우에 있어서는 40m, 70℃ 이상의 경우에 있어서는 30m) 중 큰 것과 동일한 거리 이상의 거리를 유지할 것.
    따라서 옥외탱크저장소가 보유하는 부지의 경계선에서 지중탱크의 지반면 옆판까지 사이의 거리는 지중탱크 **수평단면의 안지름(100m)×0.5＝50m 이상**을 유지한다.
  (2) 지중탱크의 주위에는 해당 지중탱크 수평단면의 안지름의 수치에 0.5를 곱하여 얻은 수치 또는 지중탱크의 밑판 표면에서 지반면까지 높이의 수치 중 큰 것과 동일한 거리 이상의 너비의 공지를 보유할 것.
    따라서 지중탱크 주위에 보유해야 할 보유공지 너비는 지중탱크 **수평단면의 안지름(100m)×0.5＝50m 이상**이어야 한다.

≫≫정답   (1) ① 100m×0.5, ② 50m 이상
  (2) ① 100m×0.5, ② 50m 이상

필답형 18 [5점]

다음 위험물의 열분해반응식을 각각 쓰시오.

(1) 과염소산나트륨
(2) 과산화칼슘
(3) 아염소산나트륨

≫≫풀이   〈문제〉의 제1류 위험물들은 모두 열분해하여 산소(O_2)를 발생하며, 각 물질의 열분해반응식은 다음과 같다.
  (1) 과염소산나트륨($NaClO_4$)의 열분해반응식 : $NaClO_4 \rightarrow NaCl + 2O_2$
  (2) 과산화칼슘(CaO_2)의 열분해반응식 : $2CaO_2 \rightarrow 2CaO + O_2$
  (3) 아염소산나트륨($NaClO_2$)의 열분해반응식 : $NaClO_2 \rightarrow NaCl + O_2$

≫≫정답   (1) $NaClO_4 \rightarrow NaCl + 2O_2$
  (2) $2CaO_2 \rightarrow 2CaO + O_2$
  (3) $NaClO_2 \rightarrow NaCl + O_2$

필답형 19 [5점]

탱크전용실에 설치한 지하탱크저장소에 대해 다음 물음에 답하시오.

(1) 하나의 지하탱크저장소에는 누유검사관을 몇 군데 이상 설치해야 하는지 쓰시오.
(2) 지하저장탱크의 윗부분은 지면으로부터 몇 m 이상 아래에 있어야 하는지 쓰시오.
(3) 밸브 없는 통기관의 선단은 지면으로부터 몇 m 이상의 높이에 설치해야 하는지 쓰시오.
(4) 탱크전용실의 벽 및 바닥의 두께는 몇 m 이상으로 해야 하는지 쓰시오.
(5) 지하저장탱크 주위에 채우는 재료의 종류를 쓰시오.

≫≫풀이 1. 누유(누설)검사관의 설치기준
   ① 하나의 지하탱크저장소에 **4군데 이상 설치**할 것
   ② 이중관으로 할 것. 다만, 소공(작은 구멍)이 없는 상부는 단관으로 할 것
   ③ 재료는 금속관 또는 경질합성수지관으로 할 것
   ④ 관의 밑부분으로부터 탱크의 중심높이까지에는 소공이 뚫려 있을 것. 다만, 지하수위가 높은 장소에 있어서는 지하수위 높이까지의 부분에 소공이 뚫려 있을 것
   ⑤ 상부는 물이 침투하지 아니하는 구조로 하고, 뚜껑은 검사 시에 쉽게 열 수 있도록 할 것
2. 지하저장탱크의 설치기준
   ① **지면으로부터 지하저장탱크의 윗부분까지의 깊이는 0.6m 이상**으로 할 것
   ② **밸브 없는 통기관의 선단은 지면으로부터 4m 이상**의 높이에 설치할 것
   ③ **탱크전용실의 벽, 바닥** 및 뚜껑의 **두께는 0.3m 이상**의 철근콘크리트로 할 것
   ④ **탱크전용실의 내부에는 마른모래 또는 입자지름 5mm 이하의 마른자갈분**을 채울 것
   ⑤ 지하저장탱크를 2개 이상 인접하여 설치할 때 상호거리는 1m 이상으로 할 것. 다만, 지하저장탱크 용량의 합이 지정수량의 100배 이하일 경우에는 0.5m 이상으로 할 것
   ⑥ 탱크전용실로부터 안쪽과 바깥쪽으로의 거리는 다음과 같이 할 것
       ㉠ 지하의 벽, 가스관, 대지경계선으로부터 탱크전용실 바깥쪽과의 사이 : 0.1m 이상
       ㉡ 지하저장탱크와 탱크전용실 안쪽과의 사이 : 0.1m 이상
   ⑦ 지하저장탱크는 용량에 따라 기준에 적합하게 강철판 또는 동등 이상의 성능이 있는 금속재질로 완전용입용접 또는 양면겹침이음용접으로 틈이 없도록 만드는 동시에, 압력탱크 외의 탱크에 있어서는 70kPa의 압력으로, 압력탱크에 있어서는 최대상용압력의 1.5배의 압력으로 각각 10분간 수압시험을 실시하여 새거나 변형되지 않아야 할 것

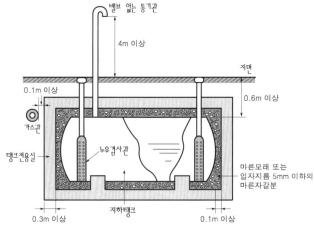

∥ 지하탱크저장소의 구조 ∥

≫≫정답 (1) 4군데 이상   (2) 0.6m 이상   (3) 4m 이상   (4) 0.3m 이상
   (5) 마른모래 또는 입자지름 5mm 이하의 마른자갈분

필답형 20 [5점]

과산화벤조일에 대해 다음 물음에 답하시오.

(1) 구조식
(2) 품명
(3) 옥내저장소에 저장할 경우 바닥면적은 몇 m^2 이하여야 하는지 쓰시오.

≫≫풀이

1. 과산화벤조일[$(C_6H_5CO)_2O_2$]은 제5류 위험물로서 품명은 **유기과산화물**이고, 시험결과에 따라 지정수량은

제1종은 10kg, 제2종은 100kg이며, 구조식은 이다. 건조한 상태에서는 마찰 등으로

폭발의 위험이 있고, 수분 포함 시 폭발성이 현저하게 줄어든다.

2. 옥내저장소의 바닥면적 **1,000m² 이하**에 저장할 수 있는 물질은 다음과 같다.
   ① 제1류 위험물 중 아염소산염류, 염소산염류, 과염소산염류, 무기과산화물, 그 밖에 지정수량이 50kg인 위험물(위험등급 Ⅰ)
   ② 제3류 위험물 중 칼륨, 나트륨, 알킬알루미늄, 알킬리튬, 그 밖에 지정수량이 10kg인 위험물 및 황린(위험등급 Ⅰ)
   ③ 제4류 위험물 중 특수인화물, 제1석유류 및 알코올류(위험등급 Ⅰ 및 위험등급 Ⅱ)
   ④ 제5류 위험물 중 **유기과산화물**, 질산에스터류, 그 밖에 지정수량이 10kg인 위험물
   ⑤ 제6류 위험물 중 과염소산, 과산화수소, 질산(위험등급 Ⅰ)

> **Check ≫≫**
>
> **2025년 새롭게 바뀐 위험물안전관리법 시행령**
> 제5류 위험물인 "자기반응성 물질"이란 고체 또는 액체로서 폭발의 위험성 또는 가열분해의 격렬함을 판단하기 위하여 고시로 정하는 시험에서 고시로 정하는 성질과 상태를 나타내는 것을 말하며, 위험성 유무와 등급에 따라 제1종(지정수량 10kg) 또는 제2종(지정수량 100kg)으로 분류한다.

≫≫정답

(1) O=C-O-O-C=O

(2) 유기과산화물
(3) 1,000m² 이하

2024 제2회 위험물산업기사 실기

2024년 7월 28일 시행

※ 필답형+작업형으로 치러지던 기존 시험에서는 각 문항별 배점이 상이하였으나,
필답형(20문제) 시험만 보는 2020년 1회부터는 각 문항 배점이 모두 5점입니다!

필/답/형 시험

필답형 01 [5점]

피리딘에 대해 다음 물음에 답하시오.

(1) 화학식
(2) 증기비중

>>>풀이　피리딘(C_5H_5N)은 제4류 위험물로서 품명은 제1석유류이며, 지정수량은 400L
이고, 수용성인 인화성 액체이다. 인화점은 20℃이고, 연소범위는 1.8~12.4%
이며, 피리딘 1mol의 분자량은 $12(C)g \times 5 + 1(H)g \times 5 + 14(N)g \times 1 = 79g$으
로 증기비중 $= \dfrac{분자량}{29} = \dfrac{79}{29} = $ **2.72**이다.

‖ 피리딘의 구조식 ‖

>>>정답　(1) C_5H_5N
(2) 2.72

필답형 02 [5점]

오황화인에 대해 다음 물음에 답하시오.

(1) 물과의 반응식 (단, 물과 반응해서 기체가 발생되면 반응식을 쓰고, 기체가 발생되지 않으면 "해당 없음"이라고 쓰시오.)
(2) 물과 반응 시 발생하는 기체의 연소반응식 (단, 해당 없으면 "해당 없음"이라고 쓰시오.)

>>>풀이　(1) 제2류 위험물에 속하는 황화인은 삼황화인(P_4S_3), 오황화인(P_2S_5), 칠황화인(P_4S_7)의 3가지 종류가 있으며,
이 중 오황화인은 물과 반응 시 황화수소(H_2S)기체와 인산(H_3PO_4)을 발생한다.
　　– 물과의 반응식 : $P_2S_5 + 8H_2O \rightarrow 5H_2S + 2H_3PO_4$
(2) 물과 반응 시 발생하는 기체인 황화수소(H_2S)는 연소 시 물(H_2O)과 이산화황(SO_2)을 발생한다.
　　– 황화수소(H_2S)의 연소반응식 : $2H_2S + 3O_2 \rightarrow 2H_2O + 2SO_2$

>>>정답　(1) $P_2S_5 + 8H_2O \rightarrow 5H_2S + 2H_3PO_4$
(2) $2H_2S + 3O_2 \rightarrow 2H_2O + 2SO_2$

필답형 03 [5점]

〈보기〉의 위험물 중에서 물에 녹지 않고 이황화탄소에 잘 녹으며, 연소 시 오산화인을 발생하는 위험물에 대해 다음 물음에 답하시오.

$$P, \ P_4, \ NaClO_3, \ K_2O_2, \ S$$

(1) 이 위험물의 위험등급을 쓰시오.
(2) 이 위험물을 저장하는 옥내저장소의 바닥면적은 몇 m^2 이하인지 쓰시오.
(3) 수산화칼륨 수용액과의 반응식을 쓰시오. (단, 수산화칼륨 수용액과 반응해서 기체가 발생되면 반응식을 쓰고, 기체가 발생되지 않으면 "해당 없음"이라고 쓰시오.)
(4) (3)에서 발생한 기체의 연소반응식을 쓰시오. (단, 해당 없으면 "해당 없음"이라고 쓰시오.)

>>> 풀이 (1) 황린(P_4)은 제3류 위험물로서 품명은 황린이며, 발화점 34℃, 비중 1.82, 지정수량 20kg, **위험등급 I** 인 자연발화성 물질이다. 물에 녹지 않고 이황화탄소에 잘 녹으며, 공기 중에서 연소 시 오산화인(P_2O_5)이 발생한다. 또한, 자연발화를 방지하기 위해 물속에 보관하며 이때 강알칼리성의 물에서는 독성인 포스핀(PH_3) 가스를 발생하기 때문에 pH 9인 약알칼리성의 물속에 보관한다.

(2) 옥내저장소의 바닥면적에 따른 위험물의 저장기준
① 바닥면적 **1,000m^2 이하에 저장**해야 하는 물질
ㄱ 제1류 위험물 중 아염소산염류, 염소산염류, 과염소산염류, 무기과산화물, 그 밖에 지정수량이 50kg 인 위험물(위험등급 I)
ㄴ 제3류 위험물 중 칼륨, 나트륨, 알킬알루미늄, 알킬리튬, 그 밖에 지정수량이 10kg인 위험물 및 **황린 (위험등급 I)**
ㄷ 제4류 위험물 중 특수인화물, 제1석유류 및 알코올류(위험등급 I 및 위험등급 II)
ㄹ 제5류 위험물 중 유기과산화물, 질산에스터류, 그 밖에 지정수량이 10kg인 위험물(위험등급 I)
ㅁ 제6류 위험물(위험등급 I)
② 바닥면적 2,000m^2 이하에 저장할 수 있는 물질
ㅡ 바닥면적 1,000m^2 이하에 저장할 수 있는 물질 이외의 것

(3) 황린(P_4)은 수산화칼륨(KOH) 수용액과 반응 시 차아인산이수소칼륨(KH_2PO_2)과 가연성이면서 맹독성인 포스핀(PH_3) 가스를 발생한다.
ㅡ 수산화칼륨(KOH) 수용액과의 반응식 : $P_4 + 3KOH + 3H_2O \rightarrow 3KH_2PO_2 + PH_3$

(4) 포스핀(PH_3)은 연소 시 오산화인(P_2O_5)과 물(H_2O)을 발생한다.
ㅡ 포스핀(PH_3)의 연소반응식 : $2PH_3 + 4O_2 \rightarrow P_2O_5 + 3H_2O$

>>> 정답 (1) 위험등급 I
(2) 1,000m^2
(3) $P_4 + 3KOH + 3H_2O \rightarrow 3KH_2PO_2 + PH_3$
(4) $2PH_3 + 4O_2 \rightarrow P_2O_5 + 3H_2O$

필답형 04 [5점]

다음 위험물의 운반용기 외부에 표시해야 하는 주의사항을 모두 쓰시오.

(1) 제1류 위험물 중 알칼리금속의 과산화물
(2) 제3류 위험물 중 자연발화성 물질
(3) 제5류 위험물

>>>풀이 유별에 따른 제조소등에 설치하는 주의사항과 운반용기 외부에 표시하는 주의사항은 다음과 같다.

유 별	품 명	제조소등에 설치하는 주의사항	운반용기 외부에 표시하는 주의사항
제1류 위험물	알칼리금속의 과산화물	물기엄금 (청색바탕, 백색문자)	**화기·충격주의, 가연물접촉주의, 물기엄금**
	그 밖의 것	필요 없음	화기·충격주의, 가연물접촉주의
제2류 위험물	철분, 금속분, 마그네슘	화기주의 (적색바탕, 백색문자)	화기주의, 물기엄금
	인화성 고체	화기엄금 (적색바탕, 백색문자)	화기엄금
	그 밖의 것	화기주의 (적색바탕, 백색문자)	화기주의
제3류 위험물	금수성 물질	물기엄금 (청색바탕, 백색문자)	물기엄금
	자연발화성 물질	화기엄금 (적색바탕, 백색문자)	**화기엄금, 공기접촉엄금**
제4류 위험물	인화성 액체	화기엄금 (적색바탕, 백색문자)	화기엄금
제5류 위험물	자기반응성 물질	화기엄금 (적색바탕, 백색문자)	**화기엄금, 충격주의**
제6류 위험물	산화성 액체	필요 없음	가연물접촉주의

>>>정답
(1) 화기·충격주의, 가연물접촉주의, 물기엄금
(2) 화기엄금, 공기접촉엄금
(3) 화기엄금, 충격주의

필답형 05 [5점]

다음은 이동탱크저장소에 설치하는 주입설비에 대한 내용이다. 괄호 안에 알맞은 내용을 쓰시오.

(1) 위험물이 (   ) 우려가 없고, 화재예방상 안전한 구조로 한다.
(2) 주입설비의 길이는 (①)m 이내로 하고, 그 선단에 축적되는 (②)를 유효하게 제거할 수 있는 장치를 한다.
(3) 분당 토출량은 (   )L 이하로 한다.

>>>풀이 이동탱크저장소에 주입설비(주입호스의 선단에 개폐밸브를 설치한 것을 말한다)를 설치하는 기준
① 위험물이 **샐** 우려가 없고, 화재예방상 안전한 구조로 할 것
② 주입설비의 길이는 **50m 이내**로 하고, 그 선단에 축적되는 **정전기**를 유효하게 제거할 수 있는 장치를 할 것
③ 분당 토출량은 **200L 이하**로 할 것

>>>정답
(1) 샐
(2) ① 50, ② 정전기
(3) 200

06 [5점]

다음 〈보기〉 중 불활성가스소화설비가 적응성이 있는 위험물을 모두 골라 그 기호를 쓰시오.

A. 제1류 위험물 중 알칼리금속의 과산화물　　B. 제2류 위험물 중 인화성 고체
C. 제3류 위험물 중 금수성 물질　　　　　　　D. 제4류 위험물
E. 제5류 위험물　　　　　　　　　　　　　　F. 제6류 위험물

≫≫풀이　다음 [표]에서 알 수 있듯이 〈보기〉의 각 위험물의 화재에는 다음과 같은 소화설비가 적응성이 있다.

A. 제1류 위험물 중 알칼리금속의 과산화물은 탄산수소염류등 분말소화설비가 적응성이 있고, 그 밖의 것은 물이 소화약제인 옥내소화전설비, 옥외소화전설비, 스프링클러설비, 물분무소화설비, 포소화설비가 적응성이 있다.

B. **제2류 위험물 중 인화성 고체**는 **불활성가스소화설비**를 포함한 거의 모든 소화설비가 적응성이 있다.

C. 제3류 위험물 중 금수성 물질은 탄산수소염류등 분말소화설비가 적응성이 있고, 자연발화성 물질은 물이 소화약제인 옥내소화전설비, 옥외소화전설비, 스프링클러설비, 물분무소화설비, 포소화설비가 적응성이 있다.

D. **제4류 위험물**은 물이 소화약제인 옥내소화전설비, 옥외소화전설비, 스프링클러설비를 제외하고 물분무소화설비, 포소화설비, **불활성가스소화설비**, 할로젠화합물소화설비, 분말소화설비가 적응성이 있다.

E. 제5류 위험물은 물이 소화약제인 옥내소화전설비, 옥외소화전설비, 스프링클러설비, 물분무소화설비, 포소화설비가 적응성이 있다.

F. 제6류 위험물은 물이 소화약제인 옥내소화전설비, 옥외소화전설비, 스프링클러설비, 물분무소화설비, 포소화설비와 인산염류등 분말소화설비가 적응성이 있다.

소화설비의 구분		대상물의 구분 → 건축물·그 밖의 공작물	전기설비	제1류 위험물 알칼리금속의 과산화물등	제1류 위험물 그 밖의 것	제2류 위험물 철분·금속분·마그네슘등	제2류 위험물 인화성 고체	제2류 위험물 그 밖의 것	제3류 위험물 금수성 물품	제3류 위험물 그 밖의 것	제4류 위험물	제5류 위험물	제6류 위험물
옥내소화전 또는 옥외소화전 설비		○			○		○	○		○		○	○
스프링클러설비		○			○		○	○		○	△	○	○
물분무등소화설비	물분무소화설비	○	○		○		○	○		○	○	○	○
	포소화설비	○			○		○	○		○	○	○	○
	불활성가스소화설비		○				○				○		
	할로젠화합물소화설비		○				○				○		
	분말소화설비 인산염류등	○	○		○		○	○			○		○
	분말소화설비 탄산수소염류등		○	○		○	○		○				
	분말소화설비 그 밖의 것			○		○			○				

≫≫정답　B, D

필답형 07 [5점]

위험물 운반에 관한 기준에서 다음 위험물과 혼재할 수 없는 유별을 모두 쓰시오. (단, 지정수량 의 1/10을 초과하는 위험물을 운반하는 경우이다.)

(1) 제1류 위험물
(2) 제3류 위험물
(3) 제6류 위험물

>>> 풀이 다음의 [표]에서 알 수 있듯이 위험물의 운반에 관한 혼재기준에 따라 위험물끼리 혼재할 수 없는 유별은 다음과 같다.

① **제1류 위험물 : 제2류, 제3류, 제4류, 제5류 위험물**
② 제2류 위험물 : 제1류, 제3류, 제6류 위험물
③ **제3류 위험물 : 제1류, 제2류, 제5류, 제6류 위험물**
④ 제4류 위험물 : 제1류, 제6류 위험물
⑤ 제5류 위험물 : 제1류, 제3류, 제6류 위험물
⑥ **제6류 위험물 : 제2류, 제3류, 제4류, 제5류 위험물**

위험물의 구분	제1류	제2류	제3류	제4류	제5류	제6류
제1류		×	×	×	×	○
제2류	×		×	○	○	×
제3류	×	×		○	×	×
제4류	×	○	○		○	×
제5류	×	○	×	○		×
제6류	○	×	×	×	×	

※ 이 표는 지정수량의 1/10 이하의 위험물에 대하여는 적용하지 아니한다.

>>> 정답 (1) 제2류, 제3류, 제4류, 제5류 위험물
(2) 제1류, 제2류, 제5류, 제6류 위험물
(3) 제2류, 제3류, 제4류, 제5류 위험물

필답형 08 [5점]

제조소에서 위험물을 취급함에 있어서 정전기가 발생할 우려가 있는 설비에는 규정된 방법으로 정전기를 유효하게 제거할 수 있는 설비를 설치하여야 한다. 이에 해당하는 방법 3가지를 쓰시오.

>>> 풀이 정전기를 제거하는 방법 3가지는 다음과 같다.
① **접지**를 통해 전기를 흘려 보낸다.
② 공기를 **이온상태로** 만들어 전기를 통하게 한다.
③ 공기 중 **상대습도를 70% 이상으로** 하여 높아진 습도(수분)가 전기를 통하게 한다.

>>> 정답 접지할 것, 공기를 이온화시킬 것, 공기 중 상대습도를 70% 이상으로 할 것

필답형 09   [5점]

다음 원통형 탱크의 내용적(m^3)을 구하시오. (단, 여기서 $r=60cm$, $l=250cm$, $l_1=30cm$, $l_2=30cm$이다.)

(1)

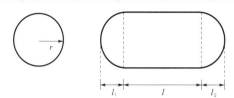

① 식
② 답

(2)

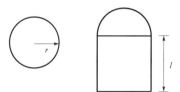

① 식
② 답

>>> 풀이

(1) 원통형 탱크의 내용적(가로로 설치한 것)은 식, 내용적=$\pi r^2\left(l+\dfrac{l_1+l_2}{3}\right)$로 구할 수 있다.

$r=0.6m$, $l=2.5m$, $l_1=l_2=0.3m$를 대입하면 내용적은 $\pi \times (0.6)^2 \times \left(2.5+\dfrac{0.3+0.3}{3}\right)=3.05m^3$이다.

(2) 원통형 탱크의 내용적(세로로 설치한 것)은 식, 내용적=$\pi r^2 l$로 구할 수 있다.
$r=0.6m$, $l=2.5m$를 대입하면 내용적은 $\pi \times (0.6)^2 \times 2.5=2.83m^3$이다.

>>> 정답

(1) ① $\pi \times (0.6)^2 \times 2.5 + \dfrac{0.3+0.3}{3}$, ② $3.05m^3$

(2) ① $\pi \times (0.6)^2 \times 2.5$, ② $2.83m^3$

필답형 10   [5점]

다음 제1류 위험물의 열분해 시 산소가 발생되는 반응식을 각각 쓰시오. (단, 해당 없으면 "해당 없음"이라고 쓰시오.)

(1) 과염소산나트륨
(2) 질산칼륨
(3) 과산화칼륨

>>> 풀이

(1) 과염소산나트륨($NaClO_4$)은 품명은 과염소산염류이며, 지정수량은 50kg이고, 위험등급 I 인 물질이다. 열분해 시 염화나트륨($NaCl$)과 산소(O_2)가 발생된다.

- 열분해반응식 : $NaClO_4 \rightarrow NaCl + 2O_2$

(2) 질산칼륨(KNO_3)은 품명은 질산염류이며, 지정수량은 300kg이고, 위험등급 II 인 물질이다. 열분해 시 아질산칼륨(KNO_2)과 산소(O_2)가 발생된다.

- 열분해반응식 : $2KNO_3 \rightarrow 2KNO_2 + O_2$

(3) 과산화칼륨(K_2O_2)은 품명은 무기과산화물이며, 지정수량은 50kg이고, 위험등급 I 인 물질이다. 열분해 시 산화칼륨(K_2O)과 산소(O_2)가 발생된다.

- 열분해반응식 : $K_2O_2 \rightarrow 2K_2O + O_2$

>>> 정답

(1) $NaClO_4 \rightarrow NaCl + 2O_2$

(2) $2KNO_3 \rightarrow 2KNO_2 + O_2$

(3) $K_2O_2 \rightarrow 2K_2O + O_2$

필답형 11 [5점]

인화성 액체 위험물을 옥외탱크저장소에 저장하는 경우, 탱크 주위에 설치하는 방유제에 대해 괄호 안에 들어갈 알맞은 내용을 쓰시오.

(1) 방유제의 용량은 방유제 안에 설치된 탱크가 하나일 때는 탱크 용량의 (①)% 이상, 2기 이상일 때는 탱크 중 용량이 최대인 것의 용량의 (②)% 이상으로 한다.

(2) 방유제는 높이 0.5m 이상 (①)m 이하, 두께 (②)m 이상, 지하매설깊이 1m 이상으로 한다.

(3) 방유제 면적은 ( )m² 이하로 한다.

>>> 풀이

옥외저장탱크의 방유제 기준

① 방유제의 **높이** : 0.5m 이상 3m 이하

② 방유제의 **두께** : 0.2m 이상

③ 방유제의 지하매설깊이 : 1m 이상

④ 하나의 방유제의 면적 : **8만m² 이하**

⑤ 방유제의 재질 : 철근콘크리트

⑥ 하나의 방유제 안에 설치할 수 있는 옥외저장탱크의 수

    ㉠ 10개 이하 : 인화성이 없는 위험물, 인화점 70℃ 미만의 위험물을 저장하는 옥외저장탱크

    ㉡ 20개 이하 : 모든 옥외저장탱크의 용량의 합이 20만L 이하이고 인화점이 70℃ 이상 200℃ 미만(제3석유류)인 경우

    ㉢ 개수 무제한 : 인화점이 200℃ 이상인 위험물을 저장하는 경우

⑦ 방유제 용량

    ㉠ **인화성이 있는 위험물 옥외저장탱크의 방유제**

      • 옥외저장탱크를 **1개만 포함하는 경우 : 탱크 용량의 110% 이상**

      • 옥외저장탱크를 **2개 이상 포함하는 경우 : 탱크 중 용량이 최대인 것의 110% 이상**

    ㉡ 인화성이 없는 위험물 옥외저장탱크의 방유제

      • 옥외저장탱크를 1개만 포함하는 경우 : 탱크 용량의 100% 이상

      • 옥외저장탱크를 2개 이상 포함하는 경우 : 탱크 중 용량이 최대인 것의 100% 이상

>>> 정답

(1) ① 110, ② 110

(2) ① 3, ② 0.2

(3) 8만

필답형 12 [5점]

소요단위 및 능력단위에 대해 다음 물음에 답하시오.

(1) 아래 표는 소화설비의 능력단위에 대한 내용이다. 괄호 안에 들어갈 알맞은 내용을 쓰시오.

소화설비	용 량	능력단위
소화전용 물통	(①)L	0.3
수조(소화전용 물통 3개 포함)	80L	(②)
수조(소화전용 물통 6개 포함)	(③)L	2.5

(2) 내화구조 외벽을 갖춘 연면적 200m²인 제조소의 소요단위를 쓰시오.

(3) 과염소산 6,000kg의 소요단위를 쓰시오.

≫≫풀이 (1) 소화설비의 능력단위

소화설비	용 량	능력단위
소화전용 물통	**8L**	0.3
수조(소화전용 물통 3개 포함)	80L	**1.5**
수조(소화전용 물통 6개 포함)	**190L**	2.5
마른모래(삽 1개 포함)	50L	0.5
팽창질석, 팽창진주암(삽 1개 포함)	160L	1.0

(2) 소화설비의 설치대상이 되는 건축물 또는 그 밖에 공작물의 규모나 위험물 양의 기준을 1소요단위라고 정하며, 다음의 [표]와 같이 구분한다.

구 분	외벽이 내화구조	외벽이 비내화구조
위험물 제조소 및 취급소	연면적 100m²	연면적 50m²
위험물저장소	연면적 150m²	연면적 75m²
위험물	지정수량의 10배	

따라서 **내화구조 외벽을 갖춘 연면적 200m²인 제조소의 소요단위**는 $\dfrac{200m^2}{100m^2}$ = **2**이다.

(3) 과염소산($HClO_4$)은 제6류 위험물로서 지정수량이 300kg인 산화성 액체이다. 따라서 **과염소산 6,000kg의 소요단위**는 $\dfrac{6,000kg}{300kg \times 10}$ = **2**이다.

≫≫정답 (1) ① 8, ② 1.5, ③ 190
(2) 2
(3) 2

필답형 13 [5점]

다음 〈보기〉에서 위험물의 지정수량이 같은 품명 3가지를 쓰시오. (단, 해당 없으면 "해당 없음" 이라고 쓰시오.)

과염소산염류, 브로민산염류, 알칼리토금속, 적린, 철분, 황, 황린, 황화인

>>> 풀이 〈보기〉의 위험물의 유별과 품명과 지정수량은 다음과 같다.

물질명	유 별	품 명	지정수량
과염소산($KClO_4$)	제1류 위험물	과염소산염류	50kg
브로민산염류	제1류 위험물	브로민산염류	300kg
알칼리토금속	제3류 위험물	알칼리토금속	50kg
적린(P)	제2류 위험물	**적린**	**100kg**
철분(Fe)	제2류 위험물	철분	500kg
황(S)	제2류 위험물	**황**	**100kg**
황린(P_4)	제3류 위험물	황린	20kg
황화인	제2류 위험물	**황화인**	**100kg**

지정수량이 50kg로 같은 위험물은 과염소산, 알칼리토금속으로 2가지이고, 지정수량이 100kg로 같은 위험물은 적린, 황, 황화인으로 3가지이다. 따라서 지정수량이 같은 품명 3가지에 해당되는 위험물은 **적린, 황, 황화인**이 된다.

>>> 정답 적린, 황, 황화인

필답형 14 [5점]

다음 물음에 답하시오.

- 제4류 위험물 중 제1석유류에 속한다.
- 아이소프로필알코올을 산화시켜 제조한다.
- 아이오도폼반응을 한다.

(1) 〈보기〉에 해당하는 위험물의 명칭을 쓰시오.
(2) 아이오도폼의 화학식을 쓰시오.
(3) 아이오도폼의 색상을 쓰시오.

>>> 풀이 제4류 위험물 중 제1석유류에 속하는 **아세톤(CH_3COCH_3)**은 다음 반응식에서 알 수 있듯이 아이소프로필알코올[$(CH_3)_2CHOH$]이 수소(H_2)를 잃는 산화반응을 통해 생성된다. 또한 아세톤은 수산화나트륨(NaOH)과 아이오딘(I_2)을 반응시키면 아이오도폼(CHI_3)이라는 **황색** 물질을 생성하는 아이오도폼반응을 한다.

- 아이소프로필알코올의 산화반응식 : $(CH_3)_2CHOH \xrightarrow{-H_2} CH_3COCH_3$
- 아이오도폼 반응식 : $CH_3COCH_3 + 4NaOH + 3I_2 \rightarrow CH_3COONa + 3NaI + CHI_3 + 3H_2O$

>
> 아세트알데하이드와 에탄올의 아이오도폼 반응식
> 1. 아세트알데하이드의 아이오도폼 반응식
> - $CH_3CHO + 4NaOH + 3I_2 \rightarrow HCOONa + 3NaI + CHI_3 + 3H_2O$
> 2. 에탄올의 아이오도폼 반응식
> - $C_2H_5OH + 6NaOH + 4I_2 \rightarrow HCOONa + 5NaI + CHI_3 + 5H_2O$

>>> 정답 (1) 아세톤   (2) CHI_3 (3) 황색

필답형 15 [5점]

〈보기〉의 제5류 위험물에 대해 다음 물음에 답하시오.

> 과산화벤조일, 트라이나이트로톨루엔, 트라이나이트로페놀, 나이트로글리세린, 다이나이트로벤젠

(1) 질산에스터류를 모두 쓰시오. (단, 해당 없으면 "해당 없음"이라고 쓰시오.)
(2) (1)의 물질 중에서 상온에서 액체상태이고 폭발의 위험이 있는 물질의 열분해반응식을 쓰시오.
  (단, 해당 없으면 "해당 없음"이라고 쓰시오.)

≫≫풀이 **나이트로글리세린**[$C_3H_5(ONO_2)_3$]은 제5류 위험물 중 품명은 **질산에스터류**이다. 상온에서 액체상태로 존재하고, 충격에 매우 민감한 성질을 가지고 있으며, 규조토에 흡수시킨 것을 다이너마이트라고 한다. 또한 나이트로글리세린 4mol을 분해시키면 이산화탄소(CO_2), 수증기(H_2O), 질소(N_2), 산소(O_2)의 4가지 기체가 총 29mol 발생한다.

  – 분해반응식 : $4C_3H_5(ONO_2)_3 \rightarrow 12CO_2 + 10H_2O + 6N_2 + O_2$

  과산화벤조일[$(C_6H_5CO)_2O_2$]은 제5류 위험물 중 품명은 유기과산화물이고, 상온에서 고체상태이다.

  트라이나이트로톨루엔[$C_6H_2CH_3(NO_2)_3$], 트라이나이트로페놀[$C_6H_2OH(NO_2)_3$], 다이나이트로벤젠[$C_6H_4(NO_2)_2$]은 제5류 위험물 중 품명은 나이트로화합물이다.

> **Check ≫≫**
>
> **2025년 새롭게 바뀐 위험물안전관리법 시행령**
>
> 제5류 위험물인 "자기반응성 물질"이란 고체 또는 액체로서 폭발의 위험성 또는 가열분해의 격렬함을 판단하기 위하여 고시로 정하는 시험에서 고시로 정하는 성질과 상태를 나타내는 것을 말하며, 위험성 유무와 등급에 따라 제1종(지정수량 10kg) 또는 제2종(지정수량 100kg)으로 분류한다.

≫≫정답 (1) 나이트로글리세린
  (2) $4C_3H_5(ONO_2)_3 \rightarrow 12CO_2 + 10H_2O + 6N_2 + O_2$

필답형 16 [5점]

다음은 항공기 주유취급소 기준에 대한 내용이다. 물음에 답하시오.

(1) 비행장에서 항공기, 비행장에 소속된 차량 등에 주유하는 주유취급소에 대한 특례기준 적용이 가능한지 여부를 쓰시오. (단, 가능 또는 불가능으로 답하시오.)
(2) 빈칸에 알맞은 말을 쓰시오.
  (   )를 사용하여 주유하는 항공기 주유취급소에는 정전기를 유효하게 제거할 수 있는 접지전극을 설치한다.
(3) 주유호스차를 사용하여 주유하는 항공기 주유취급소에 대한 내용이다. 빈칸에 ○, ×로 표기하시오.
  ① 주유호스차는 화재예방상 안전한 장소에 상시 주차할 것 (   )
  ② 주유호스차의 호스기기에는 항공기와 전기적으로 접속하기 위한 도선을 설치하고 주유호스의 끝부분에 축적되는 정전기를 유효하게 제거할 수 있는 장치를 설치할 것 (   )
  ③ 항공기 주유취급소에는 정전기를 유효하게 제거할 수 있는 접지전극을 설치할 것 (   )

>>>풀이 항공기 주유취급소 특례
1. **비행장에서 항공기, 비행장에 소속된 차량 등에 주유하는 주유취급소에 대하여는 주유공지 및 급유공지, 표지 및 게시판, 탱크, 담 또는 벽, 캐노피의 규정을 적용하지 아니한다.**
2. 1에서 규정한 것 외의 항공기 주유취급소에 대한 특례는 다음과 같다.
　　가. 항공기 주유취급소에는 항공기 등에 직접 주유하는 데 필요한 공지를 보유할 것
　　나. 1의 규정에 의한 공지는 그 지면을 콘크리트 등으로 포장할 것
　　다. 1의 규정에 의한 공지에는 누설한 위험물, 그 밖의 액체가 공지의 외부로 유출되지 아니하도록 배수구 및 유분리장치를 설치할 것. 다만, 누설한 위험물 등의 유출을 방지하기 위한 조치를 한 경우에는 그러하지 아니하다.
　　라. 지하식(호스기기가 지하의 상자에 설치된 형식을 말한다. 이하 같다)의 고정주유설비를 사용하여 주유하는 항공기 주유취급소의 경우에는 다음의 기준에 의할 것
　　　1) 호스기기를 설치한 상자에는 적당한 방수조치를 할 것
　　　2) 고정주유설비의 펌프기기와 호스기기를 분리하여 설치한 항공기 주유취급소의 경우에는 당해 고정주유설비의 펌프기기를 정지하는 등의 방법에 의하여 위험물 저장탱크로부터 위험물의 이송을 긴급히 정지할 수 있는 장치를 설치할 것
　　마. 연료를 이송하기 위한 배관(이하 "주유배관"이라 한다) 및 당해 주유배관의 끝부분에 접속하는 호스기기를 사용하여 주유하는 항공기 주유취급소의 경우에는 다음의 기준에 의할 것
　　　1) 주유배관의 끝부분에는 밸브를 설치할 것
　　　2) 주유배관의 끝부분을 지면 아래의 상자에 설치한 경우에는 당해 상자에 대하여 적당한 방수조치를 할 것
　　　3) 주유배관의 끝부분에 접속하는 호스기기는 누설우려가 없도록 하는 등 화재예방상 안전한 구조로 할 것
　　　4) 주유배관의 끝부분에 접속하는 호스기기에는 주유호스의 끝부분에 축적되는 정전기를 유효하게 제거하는 장치를 설치할 것
　　　5) 항공기 주유취급소에는 펌프기기를 정지하는 등의 방법에 의하여 위험물 저장탱크로부터 위험물의 이송을 긴급히 정지할 수 있는 장치를 설치할 것
　　바. 주유배관의 끝부분에 접속하는 호스기기를 적재한 차량(이하 "주유호스차"라 한다)을 사용하여 주유하는 항공기 주유취급소의 경우에는 마 1)·2) 및 5)의 규정에 의하는 외에 다음의 기준에 의할 것
　　　1) **주유호스차는 화재예방상 안전한 장소에 상시 주차할 것**
　　　2) 주유호스차에는 이동탱크저장소의 위치·구조·설비의 기준의 규정에 의한 장치를 설치할 것
　　　3) 주유호스차의 호스기기는 이동탱크저장소의 위치·구조·설비의 기준의 규정에 의한 주유탱크차의 주유설비의 기준을 준용할 것
　　　4) **주유호스차의 호스기기에는 항공기와 전기적으로 접속하기 위한 도선을 설치하고, 주유호스의 끝부분에 축적되는 정전기를 유효하게 제거할 수 있는 장치를 설치할 것**
　　　5) **항공기 주유취급소에는 정전기를 유효하게 제거할 수 있는 접지전극을 설치할 것**
　　사. **주유탱크차**를 사용하여 주유하는 항공기 주유취급소에는 정전기를 유효하게 제거할 수 있는 접지전극을 설치할 것

>>>정답 (1) 가능
(2) 주유탱크차
(3) ① ○, ② ○, ③ ○

필답형 17 [5점]

다음의 위험물을 인화점이 낮은 것부터 높은 것의 순서대로 쓰시오.

글리세린, 이황화탄소, 초산에틸, 클로로벤젠

>>> 풀이

물질명	인화점	품 명	지정수량
글리세린[$C_3H_5(OH)_3$]	160℃	제3석유류(수용성)	4,000L
이황화탄소(CS_2)	−30℃	특수인화물(비수용성)	50L
초산에틸($CH_3COOC_2H_5$)	−4℃	제1석유류(비수용성)	200L
클로로벤젠(C_6H_5Cl)	32℃	제2석유류(비수용성)	1,000L

위 [표]에서 알 수 있듯이 인화점이 가장 낮은 것은 **이황화탄소**이고, **초산에틸**, **클로로벤젠**, 그리고 **글리세린**의 순으로 높다.

🎓 **똑똑한 풀이비법**

제4류 위험물 중 인화점이 가장 낮은 품명은 특수인화물이며, 그 다음으로 제1석유류 및 알코올류, 제2석유류, 제3석유류, 제4석유류, 동식물유류의 순으로 높기 때문에 〈문제〉의 각 물질의 인화점을 몰라도 특수인화물이 가장 인화점이 낮고 그 다음 제1석유류, 제2석유류, 제3석유류의 순서로 높다는 것을 알 수 있다.

>>> 정답 이황화탄소, 초산에틸, 클로로벤젠, 글리세린

필답형 18 [5점]

인화칼슘에 대해 다음 물음에 답하시오.

(1) 몇 류 위험물인지 쓰시오.
(2) 지정수량을 쓰시오.
(3) 물과의 반응식을 쓰시오.
(4) 물과 반응 시 발생하는 기체의 명칭을 쓰시오.

>>> 풀이 인화칼슘(Ca_3P_2)은 **제3류 위험물**로서 품명은 금속의 인화물이며, 지정수량은 **300kg**이다. 물과 반응 시 수산화칼슘[$Ca(OH)_2$]과 함께 가연성이면서 맹독성인 **포스핀**(PH_3) 가스를 발생한다.
– 물과의 반응식 : $Ca_3P_2 + 6H_2O \rightarrow 3Ca(OH)_2 + 2PH_3$

Check >>>

인화알루미늄(AlP)
인화칼슘과 동일한 품명에 속하는 물질로서 물과 반응하여 수산화알루미늄[$Al(OH)_3$]과 함께 가연성이며 맹독성인 포스핀 가스를 발생한다.
– 물과의 반응식 : $AlP + 3H_2O \rightarrow Al(OH)_3 + PH_3$

>>> 정답
(1) 제3류 위험물
(2) 300kg
(3) $Ca_3P_2 + 6H_2O \rightarrow 3Ca(OH)_2 + 2PH_3$
(4) 포스핀

필답형 19　　　　　　　　　　　　　　　　　　　　　　　　　[5점]

제4류 위험물의 제조소에서 다음의 위험물을 저장 및 취급하는 경우 확보해야 하는 보유공지에 대해 괄호 안에 알맞은 수를 쓰시오.

물질명	저장수량	보유공지 너비
아세톤	400L	(①)m 이상
사이안화수소	100,000L	(②)m 이상
메탄올	8,000L	(③)m 이상
톨루엔	25,000L	(④)m 이상
클로로벤젠	15,000L	(⑤)m 이상

≫≫풀이　제조소 보유공지의 기준

지정수량의 배수	보유공지의 너비
지정수량의 10배 이하	3m 이상
지정수량의 10배 초과	5m 이상

① 아세톤(CH_3COCH_3)은 제4류 위험물 중 품명은 제1석유류이며, 지정수량은 400L이다. 아세톤 400L는 지정수량의 $\frac{400L}{400L}=1$배로, 지정수량의 10배 이하에 해당되므로 보유공지의 너비는 **3m 이상**으로 해야 한다.

② 사이안화수소(HCN)는 제4류 위험물 중 품명은 제1석유류이며, 지정수량은 400L이다. 사이안화수소 100,000L는 지정수량의 $\frac{100,000L}{400L}=250$배로, 지정수량의 10배 초과에 해당되므로 보유공지의 너비는 **5m 이상**으로 해야 한다.

③ 메탄올(CH_3OH)은 제4류 위험물 중 품명은 알코올류이며, 지정수량은 400L이다. 메탄올 8,000L는 지정수량의 $\frac{8,000L}{400L}=20$배로, 지정수량의 10배 초과에 해당되므로 보유공지의 너비는 **5m 이상**으로 해야 한다.

④ 톨루엔($C_6H_5CH_3$)은 제4류 위험물 중 품명은 제1석유류이며, 지정수량은 200L이다. 톨루엔 25,000L는 지정수량의 $\frac{25,000L}{200L}=125$배로, 지정수량의 10배 초과에 해당되므로 보유공지의 너비는 **5m 이상**으로 해야 한다.

⑤ 클로로벤젠(C_6H_5Cl)은 제4류 위험물 중 품명은 제2석유류이며, 지정수량은 1,000L이다. 클로로벤젠 15,000L는 지정수량의 $\frac{15,000L}{1,000L}=15$배로, 지정수량의 10배 초과에 해당되므로 보유공지의 너비는 **5m 이상**으로 해야 한다.

≫≫정답　① 3, ② 5, ③ 5, ④ 5, ⑤ 5

필답형 20 [5점]

다음 〈보기〉 중 제1류 위험물에 해당하는 것을 모두 골라 그 기호를 쓰시오.

A. 탄소를 포함하고 있다.　　　　B. 산소를 포함하고 있다.
C. 가연성 물질이다.　　　　　　D. 물과 반응하여 수소를 발생한다.
E. 고체이다.

〉〉〉풀이 제1류 위험물의 일반적인 성질

① 제1류 위험물의 품명은 아염소산염류, 염소산염류, 과염소산염류, 질산염류, 다이크로뮴산염류처럼 "~산염류"라는 단어를 포함하고 있다. 여기서 염류란 칼륨, 나트륨, 암모늄 등의 금속성 물질을 의미한다.

② 제1류 위험물을 화학식으로 표현했을 때 금속과 **산소**가 동시에 **포함**되어 있는 것을 알 수 있다.

③ 대부분 무색 결정 또는 백색 분말의 산화성 **고체**이다. 단, 과망가니즈산염류는 흑자색(검은 보라색)이며, 다이크로뮴산염류는 등적색(오렌지색)이다.

④ 비중은 모두 1보다 크다(물보다 무겁다).

⑤ **불연성**이지만 조연성이다.

⑥ 산화제로서 산화력이 있다.

⑦ 산소를 포함하고 있기 때문에 부식성이 강하다.

⑧ 모든 제1류 위험물은 고온의 가열, 충격, 마찰 등에 의해 분해하여 가지고 있던 산소를 발생하여 가연물을 태우게 된다.

⑨ **제1류 위험물 중 알칼리금속의 과산화물**은 다른 제1류 위험물들처럼 가열, 충격, 마찰에 의해 산소를 발생할 뿐만 아니라 **물 또는 이산화탄소와 반응할 경우에도 산소를 발생**한다.

⑩ 제1류 위험물 중 알칼리금속의 과산화물은 산(염산, 황산, 초산 등)과 반응 시 과산화수소를 발생한다.

〉〉〉정답 B, E

2024 제3회 위험물산업기사 실기

2024년 11월 2일 시행

※ 필답형+작업형으로 치러지던 기존 시험에서는 각 문항별 배점이 상이하였으나,
필답형(20문제) 시험만 보는 2020년 1회부터는 각 문항 배점이 모두 5점입니다!

 필/답/형 시험

필답형 01 [5점]

다음 위험물의 품명을 쓰시오.

(1) t – 뷰틸알코올
(2) 아이소프로필알코올
(3) n – 뷰틸알코올
(4) 아이소뷰틸알코올
(5) 1 – 프로판올

≫≫풀이 문제의 위험물은 모두 제4류 위험물로 인화성 액체이다.

물질명	화학식	품 명	지정수량	위험등급
t – 뷰틸알코올	$(CH_3)_3COH$	**제2석유류**	1,000L	Ⅲ
아이소프로필알코올	$(CH_3)_2CHOH$	**알코올류**	400L	Ⅱ
n – 뷰틸알코올	C_4H_9OH	**제2석유류**	1,000L	Ⅲ
아이소뷰틸알코올	$(CH_3)_2CHCH_2OH$	**제2석유류**	1,000L	Ⅲ
1 – 프로판올	C_3H_7OH	**알코올류**	400L	Ⅱ

Check ≫≫

알코올류
알킬(C_nH_{2n+1})에 수산기(OH)를 결합한 형태로 OH의 수에 따라 1가, 2가 알코올이라 하고 알킬의 수에 따라 1차, 2차 알코올이라고 한다. 이러한 알코올이 제4류 위험물 중 알코올류 품명에 포함되는 기준은 다른 품명과 달리 인화점이 아닌 다음과 같은 기준에 따른다.
위험물안전관리법상 알코올류는 탄소의 수가 1~3개까지의 포화(단일결합만 존재)1가 알코올(변성알코올 포함)을 의미한다. 단, 다음의 경우는 제외한다.
1. 알코올의 농도(함량)가 60중량% 미만인 수용액
2. 가연성 액체량이 60중량% 미만이고 인화점 및 연소점이 에틸알코올 60중량%인 수용액의 인화점 및 연소점을 초과하는 것

≫≫정답 (1) 제2석유류
(2) 알코올류
(3) 제2석유류
(4) 제2석유류
(5) 알코올류

02 [5점]

다음 위험물이 제6류 위험물이 되기 위한 조건을 쓰시오. (단, 해당 없으면 "해당 없음"이라고 쓰시오.)

(1) 과염소산
(2) 과산화수소
(3) 질산

▶▶▶풀이 제6류 위험물(산화성 액체)

액체로서 산화력의 잠재적인 위험성을 판단하기 위하여 고시로 정하는 시험에서 고시로 정하는 성질과 상태를 나타내는 것을 말하며, 이 중 위험물이 될 수 있는 조건을 필요로 하는 품명의 종류와 조건의 기준은 다음과 같다.

① **과산화수소 : 농도가 36중량% 이상**인 것을 말한다.
② **질산 : 비중이 1.49 이상**인 것을 말한다.

▶▶▶정답 (1) 해당 없음
(2) 농도가 36중량% 이상
(3) 비중이 1.49 이상

 03 [5점]

금속나트륨에 대해 다음 물음에 답하시오.

(1) 지정수량을 쓰시오.
(2) 보호액 1개를 쓰시오.
(3) 물과의 반응식을 쓰시오.

▶▶▶풀이 나트륨(Na)은 제3류 위험물로 **지정수량은 10kg**이고, 공기 또는 공기 중의 수분과 접촉을 방지하기 위해 **석유류 (등유, 경유, 유동파라핀 등)** 속에 담가 저장하며, 물과 반응 시 수산화나트륨(NaOH)과 수소(H_2)가 발생된다.
– 물과의 반응식 : $2Na + 2H_2O \rightarrow 2NaOH + H_2$

> **Check ▶▶▶**
>
> 나트륨의 또 다른 반응식
> 1. 에탄올(C_2H_5OH)과 반응 시 나트륨에틸레이트(C_2H_5ONa)와 수소(H_2)가 발생된다.
>   – 에탄올과의 반응식 : $2Na + 2C_2H_5OH \rightarrow 2C_2H_5ONa + H_2$
> 2. 연소 시 산화나트륨(Na_2O)이 발생된다.
>   – 연소반응식 : $4Na + O_2 \rightarrow 2Na_2O$

▶▶▶정답 (1) 10kg
(2) 등유, 경유, 유동파라핀 중 1가지
(3) $2Na + 2H_2O \rightarrow 2NaOH + H_2$

필답형 04 [5점]

제4류 위험물 중에 아래의 성질을 갖고 있는 물질에 대해서 다음 물음에 답하시오.

- 지정수량 400L
- 휘발성 투명액체
- 시신경을 마비시키는 성질
- 인화점 11℃

(1) 연소반응식을 쓰시오.
(2) 옥내저장소 바닥면적은 몇 m² 이하여야 하는지 쓰시오.
(3) 최종 산화가 되었을 때 생성되는 제2석유류의 명칭을 쓰시오.

》》풀이

1. 메탄올(CH_3OH)은 품명은 알코올류이며, 지정수량은 400L, 수용성인 인화성 액체이다.
   ① 인화점 11℃, 발화점 464℃, 연소범위 7.3~36%, 비점 65℃, 물보다 가볍다.
   ② 시신경장애의 독성이 있으며 심하면 실명까지 가능하다.
   ③ 알코올류 중 탄소 수가 가장 작으므로 수용성이 가장 크다.
   ④ 산화되면 폼알데하이드($HCHO$)를 거쳐 **폼산($HCOOH$)**이 된다.
   ⑤ 연소 시 이산화탄소와 물이 발생한다.
   - 연소반응식 : $2CH_3OH + 3O_2 \rightarrow 2CO_2 + 4H_2O$

2. **옥내저장소의 바닥면적 1,000m² 이하에 저장할 수 있는 물질**
   ① 제1류 위험물 중 아염소산염류, 염소산염류, 과염소산염류, 무기과산화물, 그 밖에 지정수량이 50kg인 위험물(위험등급 I)
   ② 제3류 위험물 중 칼륨, 나트륨, 알킬알루미늄, 알킬리튬, 그 밖에 지정수량이 10kg인 위험물 및 황린(위험등급 I)
   ③ **제4류 위험물 중 특수인화물, 제1석유류 및 알코올류(위험등급 I 및 위험등급 II)**
   ④ 제5류 위험물 중 유기과산화물, 질산에스터류, 그 밖에 지정수량이 10kg인 위험물(위험등급 I)
   ⑤ 제6류 위험물 중 과염소산, 과산화수소, 질산(위험등급 I)

> **Check 》》**
>
> **폼산($HCOOH$)**
> 의산 또는 개미산이라고도 하며, 품명은 제2석유류, 지정수량은 2,000L, 수용성인 인화성 액체이다.
> 1. 인화점 69℃, 발화점 600℃, 비점 101℃, 비중 1.22이다.
> 2. 무색투명한 액체로 물에 잘 녹으며 물보다 무겁고 아세트산보다 강산이므로 내산성 용기에 보관한다.
> 3. 피부와 접촉 시 물집이 발생하며 심하면 화상을 입는다.
> 4. 황산 촉매로 가열하면 탈수되어 일산화탄소(CO)가 발생된다.
> 5. 연소 시 이산화탄소와 물(수증기)이 발생된다.
>   - 연소반응식 : $2HCOOH + O_2 \rightarrow 2CO_2 + 2H_2O$
>
>
> ‖ 의산의 구조식 ‖

》》정답

(1) $2CH_3OH + 3O_2 \rightarrow 2CO_2 + 4H_2O$
(2) 1,000m² 이하
(3) 폼산

05 [5점]

다음 〈보기〉의 위험물 중에서 분해 및 물과의 반응에서 산소를 발생시키는 물질 1가지를 선택하여 물음에 답하시오.

> 과산화칼륨, 질산칼륨, 염소산칼륨, 아이오딘산칼륨

(1) 분해반응식
(2) 물과의 반응식

≫≫풀이 〈보기〉의 위험물은 모두 제1류 위험물로 산화성 고체이며, 〈보기〉의 위험물 중에서 분해 및 물과의 반응에서 모두 산소를 발생시키는 물질은 **과산화칼륨(K_2O_2)**이다.
① 과산화칼륨(K_2O_2)은 품명은 무기과산화물이고, 지정수량은 50kg, 위험등급 Ⅰ이며, 알칼리금속의 과산화물로서 금수성 물질이다. 열분해 시 산화칼륨(K_2O)과 산소(O_2)가 발생하며, 물과의 반응 시 수산화칼륨(KOH)과 다량의 산소(O_2), 그리고 열을 발생하므로 물기엄금 해야 한다.
  – 분해반응식 : $2K_2O_2 \rightarrow 2K_2O + O_2$
  – 물과의 반응식 : $2K_2O_2 + 2H_2O \rightarrow 4KOH + O_2$
② 질산칼륨(KNO_3)은 품명은 질산염류이고, 지정수량은 300kg, 위험등급 Ⅱ이며, 물에 잘 녹고, 흡습성 및 조해성이 없다. 숯+황+질산칼륨의 혼합물은 흑색화약이 되며 불꽃놀이 등에 사용된다. 열분해 시 아질산칼륨(KNO_2)과 산소(O_2)가 발생한다.
  – 분해반응식 : $2KNO_3 \rightarrow 2KNO_2 + O_2$
③ 염소산칼륨($KClO_3$)은 품명은 염소산염류이고, 지정수량은 50kg, 위험등급 Ⅰ이며, 온수 및 글리세린에 잘 녹는다. 열분해 시 염화칼륨(KCl)과 산소(O_2)가 발생한다.
  – 분해반응식 : $2KClO_3 \rightarrow 2KCl + 3O_2$
④ 아이오딘산칼륨(KIO_3)은 품명은 아이오딘산염류이고, 지정수량은 300kg, 위험등급 Ⅱ이며, 물에 잘 녹는다. 열분해 시 아이오딘화칼륨(KI)과 산소(O_2)가 발생한다.
  – 분해반응식 : $2KIO_3 \rightarrow 2KI + 3O_2$

≫≫정답 (1) $2K_2O_2 \rightarrow 2K_2O + O_2$
(2) $2K_2O_2 + 2H_2O \rightarrow 4KOH + O_2$

 06 [5점]

제4류 위험물인 에탄올에 대해 다음 물음에 답하시오.

(1) Na과의 반응 시 생성되는 기체의 화학식을 쓰시오.
(2) 황산탈수축합으로 생성되는 특수인화물의 명칭을 쓰시오.
(3) 산화로 생성되는 특수인화물의 명칭을 쓰시오.

≫≫풀이 에탄올(C_2H_5OH)은 품명은 알코올류이며, 지정수량은 400L, 위험등급 Ⅱ인 인화성 액체이다.
① 인화점 13℃, 발화점 363℃, 연소범위 4.3～19%, 비점 80℃, 물보다 가볍다.
② 무색투명하고 향기가 있는 수용성 액체로서 술의 원료로 사용되며, 독성은 없다.
③ 아이오도폼(CHI_3)이라는 황색 침전물을 만드는 아이오도폼반응을 한다.
  – 아이오도폼 반응식 : $C_2H_5OH + 6NaOH + 4I_2 \rightarrow HCOONa + 5NaI + CHI_3 + 5H_2O$

④ **에탄올에 진한 황산을 넣고 가열하면** 온도에 따라 다른 물질이 생성된다.

- 140℃ 가열 : $2C_2H_5OH$ $\xrightarrow[\text{촉매로서 탈수를 일으킨다.}]{c-H_2SO_4}$ $C_2H_5OC_2H_5 + H_2O$
  에탄올 · · · · · · · **다이에틸에터** 물

- 160℃ 가열 : C_2H_5OH $\xrightarrow[\text{촉매로서 탈수를 일으킨다.}]{c-H_2SO_4}$ $C_2H_4 + H_2O$
  에탄올 · · · · · · · 에틸렌 물

⑤ **산화되면 아세트알데하이드(CH_3CHO)를** 거쳐 아세트산(CH_3COOH)이 된다.

- 산화반응식 : C_2H_5OH $\xrightleftharpoons[+H_2(\text{환원})]{-H_2(\text{산화})}$ CH_3CHO $\xrightleftharpoons[-\frac{1}{2}O_2(\text{환원})]{+\frac{1}{2}O_2(\text{산화})}$ CH_3COOH

⑥ 연소 시 이산화탄소와 물이 발생한다.
- 연소반응식 : $C_2H_5OH + 3O_2 \rightarrow 2CO_2 + 3H_2O$

⑦ 나트륨(Na)과 반응 시 나트륨에틸레이트(C_2H_5ONa)와 **수소(H_2)기체**가 발생한다.
- 나트륨과의 반응식 : $2Na + 2C_2H_5OH \rightarrow 2C_2H_5ONa + H_2$

따라서 Na과의 반응 시 생성되는 기체는 수소(H_2)이고, 황산탈수축합으로 생성되는 물질 중 특수인화물은 **다이에틸에터**($C_2H_5OC_2H_5$)이며, 산화로 생성되는 물질 중 특수인화물은 **아세트알데하이드**(CH_3CHO)이다.

▶▶▶정답 (1) H_2
(2) 다이에틸에터
(3) 아세트알데하이드

필답형 07 [5점]

탄화알루미늄과 물과 반응 시 발생하는 가스에 대해 다음 물음에 답하시오.

(1) 연소반응식을 쓰시오.
(2) 위험도를 구하시오.

▶▶▶풀이 탄화알루미늄(Al_4C_3)은 제3류 위험물로서 품명은 칼슘 또는 알루미늄의 탄화물이며, 지정수량은 300kg인 금수성 물질이다. 물과 반응 시 수산화알루미늄[$Al(OH)_3$]과 **메테인(CH_4)**가스가 발생된다.

- 물과의 반응식 : $Al_4C_3 + 12H_2O \rightarrow 4Al(OH)_3 + 3CH_4$

(1) 메테인(CH_4)가스는 연소 시 이산화탄소(CO_2)와 물(H_2O)을 발생한다.
- 메테인의 연소반응식 : $CH_4 + 2O_2 \rightarrow CO_2 + 2H_2O$

(2) 메테인의 연소범위는 5~15%이며, 위험도(Hazard)$= \dfrac{\text{연소상한(Upper)} - \text{연소하한(Lower)}}{\text{연소하한(Lower)}} = \dfrac{15-5}{5} = 2$
이다.

> **Check ▶▶▶**
>
> **동일한 품명에 속하는 탄화칼슘의 물과의 반응**
> 탄화칼슘(CaC_2)은 물과 반응 시 수산화칼슘[$Ca(OH)_2$]과 연소범위가 2.5~81%인 아세틸렌(C_2H_2)가스가 발생한다.
> - 물과의 반응식 : $CaC_2 + 2H_2O \rightarrow Ca(OH)_2 + C_2H_2$

▶▶▶정답 (1) $CH_4 + 2O_2 \rightarrow CO_2 + 2H_2O$
(2) 2

08 [5점]

다음 〈표〉는 제4류 위험물의 옥외탱크저장소의 보유공지를 나타낸 것이다. 괄호 안에 알맞은 말을 쓰시오.

지정수량의 배수	보유공지
지정수량의 500배 이하	3m 이상
지정수량의 500배 초과 1,000배 이하	(①)m 이상
지정수량의 1,000배 초과 2,000배 이하	9m 이상
지정수량의 2,000배 초과 3,000배 이하	(②)m 이상
지정수량의 3,000배 초과 (③)배 이하	15m 이상
지정수량의 (③)배 초과	탱크의 (④)과 (⑤) 중 큰 것 이상으로 하되 최소 15m 이상 30m 이하로 한다.

>>>풀이 옥외탱크저장소의 보유공지

1. 제6류 위험물 외의 위험물을 저장하는 경우

지정수량의 배수	보유공지
지정수량의 500배 이하	3m 이상
지정수량의 500배 초과 1,000배 이하	**5m** 이상
지정수량의 1,000배 초과 2,000배 이하	9m 이상
지정수량의 2,000배 초과 3,000배 이하	**12m** 이상
지정수량의 3,000배 초과 **4,000배** 이하	15m 이상
지정수량의 **4,000배** 초과	탱크의 **지름**과 **높이** 중 큰 것 이상으로 하되 최소 15m 이상 최대 30m 이하로 한다.

2. 제6류 위험물을 저장하는 경우 : 위 [표]의 옥외저장탱크의 보유공지 너비의 1/3 이상(최소 1.5m 이상)

>>>정답 ① 5, ② 12, ③ 4,000, ④ 지름, ⑤ 높이 (④와 ⑤는 순서가 바뀌어도 됨)

 09 [5점]

안전관리자에 대해 다음 물음에 답하시오.

(1) 제조소등마다 안전관리자를 선임하여야 하는 주체는 누구인지 다음 〈보기〉에서 고르시오.

제조소등의 관계인, 제조소등의 설치자, 소방서장, 소방청장, 시·도지사

(2) 안전관리자를 해임한 경우 며칠 이내에 다시 안전관리자를 선임해야 하는지 쓰시오.
(3) 안전관리자가 퇴직한 경우 며칠 이내에 다시 안전관리자를 선임해야 하는지 쓰시오.
(4) 안전관리자를 선임한 경우에는 선임한 날부터 며칠 이내에 신고해야 하는지 쓰시오.
(5) 안전관리자가 여행·질병, 그 밖의 사유로 인하여 일시적으로 직무를 수행할 수 없는 경우 대리자가 안전관리자의 직무를 대행할 수 있는 기간은 며칠을 초과할 수 없는지 쓰시오.

>>>풀이 위험물안전관리자의 자격
① **제조소등의 관계인**은 제조소등마다 대통령령이 정하는 위험물의 취급에 관한 자격이 있는 자를 **위험물 안전 관리자로 선임**하여야 한다.
② 제조소등의 관계인은 그 안전관리자를 해임하거나 안전관리자가 퇴직한 때에는 **해임하거나 퇴직한 날부터 30일 이내**에 다시 안전관리자를 선임하여야 한다.
③ 제조소등의 관계인은 **안전관리자를 선임한 경우에는 선임한 날부터 14일 이내**에 소방본부장 또는 소방서장에게 신고하여야 한다.
④ 제조소등의 관계인이 안전관리자를 해임하거나 안전관리자가 퇴직한 경우 그 관계인 또는 안전관리자는 소방본부장이나 소방서장에게 그 사실을 알려 해임되거나 퇴직한 사실을 확인받을 수 있다.
⑤ 제조소등의 관계인은 안전관리자가 여행·질병, 그 밖의 사유로 인하여 일시적으로 직무를 수행할 수 없거나 안전관리자의 해임 또는 퇴직과 동시에 다른 안전관리자를 선임하지 못하는 경우에는 위험물의 취급에 관한 자격취득자 또는 안전관리자의 대리자를 지정하여 그 직무를 대행하게 하여야 한다. 이 경우 대리자가 안전관리자의 **직무를 대행하는 기간은 30일을 초과할 수 없다.**

> 안전관리자 대리자의 자격
> 1. 위험물 안전관리자 교육을 받은 자
> 2. 위험물 안전관리업무에 있어서 안전관리자를 지휘·감독하는 직위에 있는 자

>>>정답
(1) 제조소등의 관계인
(2) 30일
(3) 30일
(4) 14일
(5) 30일

필답형 10 [5점]

옥내저장소에 위험물이 저장된 용기들을 겹쳐 쌓을 경우 다음 물음에 답하시오.

(1) 기계에 의하여 하역하는 구조로 된 용기만을 겹쳐 쌓는 경우 높이의 기준
(2) 제4류 위험물 중 제3석유류의 용기를 쌓는 경우 높이의 기준
(3) 제4류 위험물 중 동식물유류의 용기를 쌓는 경우 높이의 기준

>>>풀이 옥내저장소 또는 옥외저장소의 저장용기를 쌓는 높이의 기준
① **기계에 의하여 하역**하는 구조로 된 용기 : **6m 이하**
② 제4류 위험물 중 **제3석유류**, 제4석유류 및 **동식물유류**의 용기 : **4m 이하**
③ 그 밖의 경우 : 3m 이하
④ 용기를 선반에 저장하는 경우
　㉠ 옥내저장소에 설치한 선반 : 높이의 제한 없음
　㉡ 옥외저장소에 설치한 선반 : 6m 이하

>>>정답
(1) 6m 이하
(2) 4m 이하
(3) 4m 이하

필답형 11 [5점]

다음은 제4류 위험물의 품명을 나타낸 것이다. 괄호 안에 들어갈 알맞은 수를 쓰시오.

(1) 제1석유류 : 인화점이 (①)℃ 미만인 것

(2) 제2석유류 : 인화점이 (①)℃ 이상 (②)℃ 미만인 것. 단, 도료류, 그 밖의 물품에 있어서 가연성 액체량이 (③)중량% 이하이면서 인화점이 (③)℃ 이상인 것은 제외한다.

(3) 제3석유류 : 인화점이 (②)℃ 이상 (④)℃ 미만인 것. 단, 도료류, 그 밖의 물품에 있어서 가연성 액체량이 (③)중량% 이하인 것은 제외한다.

(4) 제4석유류 : 인화점이 (④)℃ 이상 (⑤)℃ 미만인 것. 단, 도료류, 그 밖의 물품에 있어서 가연성 액체량이 (③)중량% 이하인 것은 제외한다.

≫≫풀이 제4류 위험물의 품명의 정의

① 특수인화물 : 이황화탄소, 다이에틸에터, 그 밖에 1기압에서 발화점이 100℃ 이하인 것 또는 인화점이 영하 20℃ 이하이고 비점이 40℃ 이하인 것

② 제1석유류 : 아세톤, 휘발유, 그 밖에 1기압에서 인화점이 **21**℃ 미만인 것

③ 알코올류 : 탄소 수가 1개에서 3개까지의 포화1가 알코올(인화점 범위로 품명을 정하지 않음)

④ 제2석유류 : 등유, 경유, 그 밖에 1기압에서 인화점이 **21**℃ 이상 **70**℃ 미만인 것. 단, 도료류, 그 밖의 물품에 있어서 가연성 액체량이 **40**중량% 이하이면서 인화점이 **40**℃ 이상인 동시에 연소점이 **60**℃ 이상인 것은 제외한다.

⑤ 제3석유류 : 중유, 크레오소트유, 그 밖에 1기압에서 인화점이 **70**℃ 이상 **200**℃ 미만인 것. 단, 도료류, 그 밖의 물품은 가연성 액체량이 **40**중량% 이하인 것은 제외한다.

⑥ 제4석유류 : 기어유, 실린더유, 그 밖에 1기압에서 인화점이 **200**℃ 이상 **250**℃ 미만의 것. 단, 도료류, 그 밖의 물품은 가연성 액체량이 **40**중량% 이하인 것은 제외한다.

⑦ 동식물유류 : 동물의 지육 등 또는 식물의 종자나 과육으로부터 추출한 것으로서 1기압에서 인화점이 250℃ 미만인 것

≫≫정답 ① 21, ② 70, ③ 40, ④ 200, ⑤ 250

필답형 12 [5점]

다음의 위험물을 인화점이 낮은 것부터 높은 것의 순서대로 쓰시오.

C_6H_6, $C_6H_5CH_3$, $C_6H_5CH_2CH$, $C_6H_5C_2H_5$

≫≫풀이

화학식	물질명	인화점	품 명	지정수량
C_6H_6	벤젠	−11℃	제1석유류(비수용성)	200L
$C_6H_5CH_3$	톨루엔	4℃	제1석유류(비수용성)	200L
$C_6H_5CH_2CH$	스타이렌	32℃	제2석유류(비수용성)	1,000L
$C_6H_5C_2H_5$	에틸벤젠	15℃	제1석유류(비수용성)	200L

위 [표]에서 알 수 있듯이 인화점은 가장 낮은 것이 C_6H_6(**벤젠**)이고, $C_6H_5CH_3$(**톨루엔**), $C_6H_5C_2H_5$(**에틸벤젠**), $C_6H_5CH_2CH$(**스타이렌**)의 순으로 높다.

≫≫정답 C_6H_6, $C_6H_5CH_3$, $C_6H_5C_2H_5$, $C_6H_5CH_2CH$

필답형 13 [5점]

다음의 조건을 갖는 가로로 설치한 타원형 탱크에 위험물을 저장하는 경우 ① 최대용량과 ② 최소용량을 구하시오. (단, 여기서 $a=2m$, $b=1.5m$, $l=3m$, $l_1=0.3m$, $l_2=0.3m$이다.)

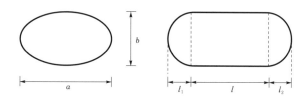

》》풀이 가로로 설치한 양쪽이 볼록한 타원형 탱크의 내용적(V)은 다음과 같이 구할 수 있다.

$$V=\frac{\pi ab}{4}\times\left(l+\frac{l_1+l_2}{3}\right)=\frac{\pi\times2\times1.5}{4}\times\left(3+\frac{0.3+0.3}{3}\right)=7.54m^3$$

탱크의 공간용적은 탱크 내용적의 100분의 5 이상 100분의 10 이하의 용적으로 한다.
7.54의 5%는 0.377m³, 7.54의 10%는 0.754m³
탱크의 용량=탱크 내용적－탱크의 공간용적이므로 공간용적이 0.377m³일 때 탱크의 용량은 **최대용량인 7.16m³**이고, 공간용적이 0.754m³일 때 탱크의 용량은 **최소용량인 6.79m³**이다.

》》정답 ① 7.16m³, ② 6.79m³

필답형 14 [5점]

염소산칼륨에 대해 다음 물음에 답하시오.

(1) 열분해반응식을 쓰시오.
(2) 표준상태에서 23.4kg의 염소산칼륨이 완전분해 할 때 발생하는 산소의 양(m³)을 구하시오. (단, 칼륨의 원자량은 39, 염소의 원자량은 35.5이다.)

》》풀이 염소산칼륨($KClO_3$)
① 제1류 위험물로서 품명은 염소산염류이며, 지정수량은 50kg이다.
② 분해온도는 400℃, 비중은 2.32이며, 무색 결정 또는 백색 분말이다.
③ 열분해 시 염화칼륨(KCl)과 산소(O_2)가 발생한다.
  － 열분해반응식 : $2KClO_3 \rightarrow 2KCl + 3O_2$
④ 찬물과 알코올에는 녹지 않고, 온수 및 글리세린에 잘 녹는다.
⑤ 표준상태(0℃, 1기압)에서 1mol의 기체의 부피는 22.4L이고, 2mol의 염소산칼륨이 분해하면 3mol의 산소가 발생한다. 염소산칼륨 1mol의 분자량은 39g(K)+35.5g(Cl)+16g(O)×3=122.5g/mol, 1m³=1,000L 이므로 23.4kg의 염소산칼륨이 분해 시 생성되는 산소의 부피(m³)는 다음과 같이 구할 수 있다.

$$23.4\times10^3g\ KClO_3\times\frac{1mol\ KClO_3}{122.5g\ KClO_3}\times\frac{3mol\ O_2}{2mol\ KClO_3}\times\frac{22.4L\ O_2}{1mol\ O_2}\times\frac{1m^3}{1,000L}=\textbf{6.42m}^3$$

》》정답 (1) $2KClO_3 \rightarrow 2KCl + 3O_2$
(2) 6.42m³

필답형 15 [5점]

분말소화약제에 대해 다음 괄호 안에 들어갈 알맞은 내용을 쓰시오.

구 분	화학식	착 색	적응화재
제1종 분말소화약제	$NaHCO_3$	백색	(④)
제2종 분말소화약제	(①)	(③)	B급, C급
제3종 분말소화약제	(②)	담홍색	(⑤)

>>> 풀이 분말소화약제

구 분	주성분	화학식	착 색	적응화재
제1종 분말소화약제	탄산수소나트륨	$NaHCO_3$	백색	**B급, C급**
제2종 분말소화약제	탄산수소칼륨	**$KHCO_3$**	**보라색(담회색)**	B급, C급
제3종 분말소화약제	인산암모늄	**$NH_4H_2PO_4$**	담홍색	**A급, B급, C급**
제4종 분말소화약제	탄산수소칼륨과 요소의 반응생성물	$KHCO_3 + (NH_2)_2CO$	회색	B급, C급

> **Check >>>**
>
> 분말소화약제의 열분해반응식
>
> 1. 제1종 분말소화약제 1차 열분해반응식 : $2NaHCO_3 \longrightarrow Na_2CO_3 + H_2O + CO_2$
> 2. 제2종 분말소화약제 1차 열분해반응식 : $2KHCO_3 \longrightarrow K_2CO_3 + H_2O + CO_2$
> 3. 제3종 분말소화약제 완전 열분해반응식 : $NH_4H_2PO_4 \longrightarrow NH_3 + H_2O + HPO_3$

>>> 정답 ① $KHCO_3$, ② $NH_4H_2PO_4$
③ 보라색(담회색)
④ B급, C급, ⑤ A급, B급, C급

필답형 16 [5점]

휘발유를 주입할 때에 대해 다음 물음에 답하시오.

(1) 정전기에 의한 재해 발생의 우려가 있는 액체의 위험물을 이동저장탱크의 상부로 주입할 때 사용하는 물건(장치)은 무엇인가?

(2) 셀프용 고정주유설비
　- 1회 연속주유 시 주유량의 상한은 (①) 이하이다.
　- 1회 연속주유 시 주유시간의 상한은 (②) 이하이다.

(3) 이동저장탱크에 위험물을 주입할 때의 기준
　- 이동저장탱크의 상부로부터 위험물을 주입할 때, 위험물의 액 표면이 주입관의 선단을 넘는 높이가 될 때까지 주입관 내의 유속을 초당 (①) 이하로 한다.
　- 이동저장탱크의 밑부분부터 위험물을 주입할 때, 위험물의 액 표면이 주입관의 정상부분을 넘는 높이가 될 때까지 주입관 내의 유속을 초당 (②) 이하로 한다.

>>> 풀이 (1) 휘발유 · 벤젠, 그 밖에 정전기에 의한 재해 발생의 우려가 있는 액체의 위험물을 이동저장탱크의 상부로 주입하는 때에는 **주입관**을 사용하되 해당 주입관의 선단을 이동저장탱크의 밑바닥에 밀착해야 한다.

(2) 셀프용 고정주유설비 및 고정급유설비의 기준

   ① 셀프용 고정주유설비

      ㉠ 1회 연속주유량의 상한 : 휘발유는 **100L 이하**, 경유는 200L 이하

      ㉡ 1회 연속주유시간의 상한 : **4분 이하**

   ② 셀프용 고정급유설비

      ㉠ 1회 연속급유량의 상한 : 100L 이하

      ㉡ 1회 연속급유시간의 상한 : 6분 이하

(3) 이동저장탱크에 위험물을 주입할 때의 기준

   ① 이동저장탱크의 상부로부터 위험물을 주입할 때 : 위험물의 액 표면이 주입관의 선단을 넘는 높이가 될 때까지 주입관 내의 유속을 **초당 1m 이하**로 한다.

   ② 이동저장탱크의 밑부분으로부터 위험물을 주입할 때 : 위험물의 액 표면이 주입관의 정상부분을 넘는 높이가 될 때까지 주입관 내의 유속을 **초당 1m 이하**로 한다.

>>> 정답 (1) 주입관

(2) ① 100L, ② 4분

(3) ① 1m, ② 1m

필답형 17   [5점]

다음 할론 소화약제의 화학식을 쓰시오.

(1) 할론 2402

(2) 할론 1211

(3) HFC − 23

(4) HFC − 125

(5) FK 5 − 1 − 12

>>> 풀이 1. 할론 번호의 숫자는 순서대로 C, F, Cl, Br의 개수를 의미한다. 할론 2402의 화학식은 $C_2F_4Br_2$이고, 할론 1211의 화학식은 CF_2ClBr이다.

2. HFC(hydrofluorocarbon) − 23은 23 + 90 = 113에서 순서대로 C, H, F의 개수를 의미한다. HFC − 23의 화학식은 CHF_3이고, HFC − 125의 화학식은 125 + 90 = 215, C_2HF_5이다.

3. FK 5 − 1 − 12는 기존 할로젠화합물 소화약제와 달리 환경규제 적용을 받지 않는 청정소화약제이며, 화학식은 $CF_3CF_2C(O)CF(CF_3)_2$, 즉 $C_6F_{12}O$이다.

>>> 정답 (1) $C_2F_4Br_2$

(2) CF_2ClBr

(3) CHF_3

(4) C_2HF_5

(5) $C_6F_{12}O$

필답형 18 [5점]

위험물 운반에 관한 기준에 대해 다음 물음에 답하시오.

(1) 유별을 달리하는 위험물의 혼재기준 표를 채우시오. (단, ○ 또는 X로 표시하시오.)

위험물의 구분	제1류	제2류	제3류	제4류	제5류	제6류
제1류						
제2류						
제3류						
제4류						
제5류						
제6류						

(2) 혼재기준이 적용되지 않는 경우는 지정수량의 얼마 이하인지 쓰시오.

>>> 풀이 유별을 달리하는 위험물의 혼재기준

위험물의 구분	제1류	제2류	제3류	제4류	제5류	제6류
제1류		×	×	×	×	○
제2류	×		×	○	○	×
제3류	×	×		○	×	×
제4류	×	○	○		○	×
제5류	×	○	×	○		×
제6류	○	×	×	×	×	

※ 이 표는 지정수량의 1/10 이하의 위험물에 대하여는 적용하지 아니한다.

⚙ Tip

"위험물의 혼재기준 표" 그리는 방법
423, 524, 61의 숫자 조합으로 표를 만들 수 있습니다.
1) 가로줄의 제4류를 기준으로 아래로 제2류와 제3류에 "○"를 표시합니다.
2) 가로줄의 제5류를 기준으로 아래로 제2류와 제4류에 "○"를 표시합니다.
3) 가로줄의 제6류를 기준으로 아래로 제1류에 "○"를 표시합니다.
4) 세로줄의 제4류를 기준으로 오른쪽으로 제2류와 제3류에 "○"를 표시합니다.
5) 세로줄의 제5류를 기준으로 오른쪽으로 제2류와 제4류에 "○"를 표시합니다.
6) 세로줄의 제6류를 기준으로 오른쪽으로 제1류에 "○"를 표시합니다.

>>> 정답 (1)

위험물의 구분	제1류	제2류	제3류	제4류	제5류	제6류
제1류		×	×	×	×	○
제2류	×		×	○	○	×
제3류	×	×		○	×	×
제4류	×	○	○		○	×
제5류	×	○	×	○		×
제6류	○	×	×	×	×	

(2) 1/10 이하

필답형 19 [5점]

다음 〈보기〉의 제5류 위험물 중에서 각 품명에 해당되는 위험물을 모두 쓰시오. (단, 해당 없으면 "해당 없음"이라고 쓰시오.)

나이트로메테인, 나이트로에테인, 나이트로셀룰로(로오)스, 나이트로글리세린,
나이트로글리(라이)콜, 다이나이트로벤젠, 벤조일퍼옥사이드(과산화벤조일)

(1) 유기과산화물
(2) 질산에스터류
(3) 나이트로화합물
(4) 아조화합물
(5) 하이드록실아민

>>> 풀이

물질명	화학식	품 명
나이트로메테인	CH_3NO_2	나이트로화합물
나이트로에테인	$C_2H_5NO_2$	나이트로화합물
나이트로셀룰로(로오)스	$[C_6H_7O_2(ONO_2)_3]_n$	질산에스터류
나이트로글리세린	$C_3H_5(ONO_2)_3$	질산에스터류
나이트로글리(라이)콜	$C_2H_4(ONO_2)_2$	질산에스터류
다이나이트로벤젠	$C_6H_5(NO_2)_2$	나이트로화합물
벤조일퍼옥사이드(과산화벤조일)	$(C_6H_5CO)_2O_2$	유기과산화물

> **Check >>>**
>
> **나이트로화합물**
> 유기화합물의 수소원자가 나이트로기($-NO_2$)로 치환된 화합물을 나이트로화합물이라 한다. 하나의 나이트로기가 치환된 것은 모노나이트로화합물(mono-), 2개의 나이트로기가 치환된 것은 다이나이트로화합물(di-), 3개의 나이트로기가 치환된 것은 트라이나이트로화합물(tri-)이라 한다. 일반적인 종류에는 트라이나이트로톨루엔, 트라이나이트로페놀, 다이나이트로벤젠, 다이나이트로톨루엔, 다이나이트로페놀 등이 있다.

>>> 정답
(1) 벤조일퍼옥사이드(과산화벤조일)
(2) 나이트로셀룰로(로오)스, 나이트로글리세린, 나이트로글리(라이)콜
(3) 나이트로메테인, 나이트로에테인, 다이나이트로벤젠
(4) 해당 없음
(5) 해당 없음

필답형 20 [5점]

다음 물음에 해당되는 위험물을 〈보기〉 중에서 골라 쓰시오.

인화알루미늄, 뷰틸리튬, 나트륨, 황린

(1) 이동탱크로부터 꺼낼 때 동시에 200kPa 이하의 압력으로 불활성 기체를 봉입해야 하는 위험물
(2) 옥내저장소 바닥면적 1,000m² 이하에 저장 가능한 위험물
(3) 물과 반응하여 수소기체를 발생하는 위험물

풀이 〈보기〉의 위험물은 모두 제3류 위험물로 자연발화성 물질 및 금수성 물질이다.

물질명	품 명	지정수량	위험등급	물과의 반응식
인화알루미늄(AIP)	금속의 인화물	300kg	III	$AIP + 3H_2O \rightarrow Al(OH)_3 + PH_3$
뷰틸리튬(C_4H_9Li)	알킬리튬	10kg	I	$C_4H_9Li + H_2O \rightarrow LiOH + C_4H_{10}$
나트륨(Na)	나트륨	10kg	I	$2Na + 2H_2O \rightarrow 2NaOH + H_2$
황린(P_4)	황린	20kg	I	물과 반응하지 않는다.

1. 이동탱크저장소
   ① **알킬알루미늄등의 이동탱크로부터 알킬알루미늄등을 꺼낼 때 : 동시에 200kPa 이하의 압력으로 불활성 기체를 봉입**해야 한다.
   ② 알킬알루미늄등의 이동탱크에 알킬알루미늄등을 저장할 때 : 20kPa 이하의 압력으로 불활성 기체를 봉입해야 한다.
   ③ 아세트알데하이드등의 이동탱크로부터 아세트알데하이드등을 꺼낼 때 : 동시에 100kPa 이하의 압력으로 불활성 기체를 봉입해야 한다.
2. 옥내저장소의 바닥면적 1,000m² 이하에 저장할 수 있는 물질
   ① 제1류 위험물 중 아염소산염류, 염소산염류, 과염소산염류, 무기과산화물, 그 밖에 지정수량이 50kg인 위험물(위험등급 I)
   ② **제3류 위험물 중 칼륨, 나트륨, 알킬알루미늄등, 알킬리튬, 그 밖에 지정수량이 10kg인 위험물 및 황린(위험등급 I)**
   ③ 제4류 위험물 중 특수인화물, 제1석유류 및 알코올류(위험등급 I 및 위험등급 II)
   ④ 제5류 위험물 중 유기과산화물, 질산에스터류, 그 밖에 지정수량이 10kg인 위험물(위험등급 I)
   ⑤ 제6류 위험물 중 과염소산, 과산화수소, 질산(위험등급 I)

따라서 이동탱크로부터 꺼낼 때 동시에 200kPa 이하의 압력으로 불활성 기체를 봉입해야 하는 위험물은 **뷰틸리튬**이고, 옥내저장소 바닥면적 1,000m² 이하에 저장 가능한 위험물은 위험등급 I인 **뷰틸리튬, 나트륨, 황린**이며, 물과 반응하여 수소기체를 발생하는 위험물은 **나트륨**이다.

정답 (1) 뷰틸리튬
(2) 뷰틸리튬, 나트륨, 황린
(3) 나트륨

인생에서 가장 멋진 일은
사람들이 당신이 해내지 못할 것이라 장담한 일을
해내는 것이다.

−월터 배젓(Walter Bagehot)−

☆

항상 긍정적인 생각으로 도전하고 노력한다면,
언젠가는 멋진 성공을 이끌어 낼 수 있다는 것을 잊지 마세요. ^^

제7편

위험물산업기사 실기 신유형 문제

2020~2024년 새롭게 출제된 신유형 문제 분석 수록

Industrial Engineer Hazardous material

2020~2024 신유형 문제 분석

2020~2024년 시행 기출

위험물산업기사 실기시험은 2019년까지는 필답형(55점)+작업형(45점)으로 치러졌으나, 2020년 1회 시험부터는 작업형 시험 없이 필답형(100점)으로만 시행되고 있습니다. 시험방식이 달라지면서 기존에 출제된 적 없는 신유형 문제들이 다소 출제되었는데, 이에 저자는 신출문제를 선별해 꼼꼼히 분석 후 자세한 설명을 덧붙여 수록함으로써 수험생들이 시험출제경향을 쉽게 파악하여 시험대비에 만전을 기할 수 있도록 하였습니다.

신유형 **01** 두 개의 금속이 포함된 금속의 수소화물의 물과의 반응식 [2020년 제1회 필답형 2번]

다음 물질의 물과의 반응식을 쓰시오.

- (1) 수소화알루미늄리튬
- (2) 수소화칼륨
- (3) 수소화칼슘

>>>풀이 다음 물질은 제3류 위험물로서 품명은 금속의 수소화물이며, 물과의 반응식은 다음과 같다.

(1) 수소화알루미늄리튬($LiAlH_4$)은 물과 반응 시 수산화리튬($LiOH$)과 수산화알루미늄[$Al(OH)_3$], 그리고 수소(H_2)를 발생한다.
  - 수소화알루미늄리튬의 물과의 반응식 : $LiAlH_4 + 4H_2O \rightarrow LiOH + Al(OH)_3 + 4H_2$

☑ **출제 형식**

수소화알루미늄리튬과 같이 두 개의 금속을 가지고 있는 금속의 수소화물의 물과의 반응식을 물은 것으로 처음 출제된 신출문제입니다.

☑ **이런 유형의 문제 대비를 위해 미리 학습해야 할 내용**

또 다른 금속의 수소화물의 물과의 반응식

1. 수소화마그네슘(MgH_2)은 물과 반응 시 수산화마그네슘[$Mg(OH)_2$]과 수소를 발생한다.
   - 수소화마그네슘의 물과의 반응식 : $MgH_2 + 2H_2O \rightarrow Mg(OH)_2 + 2H_2$
2. 수소화알루미늄(AlH_3)은 물과 반응 시 수산화알루미늄[$Al(OH)_3$]과 수소를 발생한다.
   - 수소화알루미늄의 물과의 반응식 : $AlH_3 + 3H_2O \rightarrow Al(OH)_3 + 3H_2$

02 탱크안전성능검사와 완공검사 　　　　　[2020년 제1회 필답형 17번]

다음 물음에 답하시오.

(1) 대통령령이 정하는 위험물 탱크가 있는 제조소등이 탱크의 변경공사를 하는 때에는 완공검사를 받기 전에 무엇을 받아야 하는지 쓰시오.

(2) 이동탱크저장소의 완공검사 신청시기를 쓰시오.

(3) 지하탱크가 있는 제조소등의 완공검사 신청시기를 쓰시오.

(4) 제조소등의 완공검사를 실시한 결과 기술기준에 적합하다고 인정되는 경우 시·도지사는 무엇을 교부해야 하는지 쓰시오.

》》 풀이
(1) 탱크안전성능검사의 실시
대통령령이 정하는 위험물 탱크가 있는 제조소등의 허가를 받은 자가 위험물 탱크의 설치 또는 변경 공사를 하는 때에는 **완공검사를 받기 전에 시·도지사가 실시하는 탱크안전성능검사**를 받아야 한다.

(2) 이동탱크저장소는 **이동저장탱크를 완공하고 상치장소를 확보한 후**에 완공검사를 신청해야 한다.

(3) 지하탱크가 있는 제조소등은 당해 **지하탱크를 매설하기 전**에 완공검사를 신청해야 한다.

(4) 시·도지사는 제조소등에 대하여 완공검사를 실시하고, 완공검사를 실시한 결과 당해 제조소등이 기술기준에 적합하다고 인정하는 때에는 **완공검사합격확인증**을 교부하여야 한다.

☑ **출제 형식**

탱크안전성능검사와 완공검사에 대한 내용을 물은 것으로 처음 출제된 신출문제입니다.

☑ **이런 유형의 문제 대비를 위해 미리 학습해야 할 내용**

제조소등의 완공검사 신청시기

1. 지하탱크가 있는 제조소등의 경우 : 당해 지하탱크를 매설하기 전
2. 이동탱크저장소의 경우 : 이동저장탱크를 완공하고 상치장소를 확보한 후
3. 이송취급소의 경우 : 이송배관공사의 전체 또는 일부를 완료한 후. 다만, 지하·하천 등에 매설하는 이송배관공사의 경우에는 이송배관을 매설하기 전
4. 전체 공사가 완료된 후에는 완공검사를 실시하기 곤란한 경우 : 다음에서 정하는 시기
   ① 위험물설비 또는 배관의 설치가 완료되어 기밀시험 또는 내압시험을 실시하는 시기
   ② 배관을 지하에 설치하는 경우에는 시·도지사, 소방서장 또는 기술원이 지정하는 부분을 매몰하기 직전
   ③ 기술원이 지정하는 부분의 비파괴시험을 실시하는 시기

신유형 03 위험물 저장·취급의 공통기준

[2020년 제1회 필답형 18번]

위험물 저장·취급의 공통기준에 대해 괄호 안에 알맞은 말을 쓰시오.

(1) 위험물을 저장 또는 취급하는 건축물, 그 밖의 공작물 또는 설비는 당해 위험물의 성질에 따라 차광 또는 (①)를 실시하여야 한다.

(2) 위험물은 온도계, 습도계, (②)계, 그 밖의 계기를 감시하여 당해 위험물의 성질에 맞는 적정한 온도, 습도 또는 (②)을 유지하도록 저장 또는 취급하여야 한다.

(3) 위험물을 용기에 수납하여 저장 또는 취급할 때에는 그 용기는 당해 위험물의 성질에 적응하고 파손·(③)·균열 등이 없는 것으로 하여야 한다.

(4) (④)의 액체·증기 또는 가스가 새거나 체류할 우려가 있는 장소 또는 (④)의 미분이 현저하게 부유할 우려가 있는 장소에서는 전선과 전기기구를 완전히 접속하고 불꽃을 발하는 기계·기구·공구·신발 등을 사용하지 아니하여야 한다.

(5) 위험물을 (⑤) 중에 보존하는 경우에는 당해 위험물이 (⑤)으로부터 노출되지 아니하도록 하여야 한다.

≫≫풀이 위험물 저장·취급의 공통기준

① 위험물을 저장 또는 취급하는 건축물, 그 밖의 공작물 또는 설비는 당해 위험물의 성질에 따라 차광 또는 **환기**를 실시하여야 한다.

② 위험물은 온도계, 습도계, **압력**계, 그 밖의 계기를 감시하여 당해 위험물의 성질에 맞는 적정한 온도, 습도 또는 **압력**을 유지하도록 저장 또는 취급하여야 한다.

③ 위험물을 저장 또는 취급하는 경우에는 위험물의 변질, 이물의 혼입 등에 의하여 당해 위험물의 위험성이 증대되지 아니하도록 필요한 조치를 강구하여야 한다.

④ 위험물이 남아 있거나 남아 있을 우려가 있는 설비, 기계·기구, 용기 등을 수리하는 경우에는 안전한 장소에서 위험물을 완전하게 제거한 후에 실시하여야 한다.

⑤ 위험물을 용기에 수납하여 저장 또는 취급할 때에는 그 용기는 당해 위험물의 성질에 적응하고 파손·**부식**·균열 등이 없는 것으로 하여야 한다.

⑥ **가연성**의 액체·증기 또는 가스가 새거나 체류할 우려가 있는 장소 또는 **가연성**의 미분이 현저하게 부유할 우려가 있는 장소에서는 전선과 전기기구를 완전히 접속하고 불꽃을 발하는 기계·기구·공구·신발 등을 사용하지 아니하여야 한다.

⑦ 위험물을 **보호액** 중에 보존하는 경우에는 당해 위험물이 **보호액**으로부터 노출되지 아니하도록 하여야 한다.

☑ **출제 형식**

위험물안전관리법에 있는 위험물 저장·취급의 공통기준 5개를 모두 물은 것으로 처음 출제된 신출문제입니다.

☑ **이런 유형의 문제 대비를 위해 미리 학습해야 할 내용**

괄호 안에 들어갈 위험물 저장·취급의 공통기준의 내용을 다음과 같이 바꿔 출제할 수 있습니다.

(2) 위험물은 ( ), ( ), 압력계, 그 밖의 계기를 감시하여 당해 위험물의 성질에 맞는 적정한, ( ), ( ), 또는 압력을 유지하도록 저장 또는 취급하여야 한다.

신유형 04 옥내소화전에 필요한 수원의 양 [2020년 제1회 필답형 19번]

제조소의 건축물에 다음과 같이 설치된 옥내소화전의 수원의 수량은 몇 m³인지 다음의 각 물음에 답하시오.

(1) 1층에 1개, 2층에 3개로 총 4개의 옥내소화전이 설치된 경우
(2) 1층에 2개, 2층에 5개로 총 7개의 옥내소화전이 설치된 경우

>>> 풀이 옥내소화전의 수원의 양은 옥내소화전이 가장 많이 설치된 층의 소화전의 수(옥내소화전의 수가 5개 이상이면 5개)에 7.8m³를 곱한 양 이상으로 한다.

(1) 옥내소화전이 가장 많이 설치된 층은 2층이므로 2층의 옥내소화전 3개에 7.8m³를 곱해야 하며, 이 경우 수원의 양은 3×7.8m³=**23.4m³ 이상**이다.

(2) 옥내소화전이 가장 많이 설치된 층은 2층이므로 2층의 옥내소화전 5개에 7.8m³를 곱해야 하며, 이 경우 수원의 양은 5×7.8m³=**39m³ 이상**이다.

☑ **출제 형식**

옥내소화전의 수원의 양은 옥내소화전이 가장 많이 설치된 층의 소화전 수를 기준으로 하므로 1층에 설치된 옥내소화전의 수는 포함시키지 않아야 한다는 점을 강조한 신출문제입니다.

☑ **이런 유형의 문제 대비를 위해 미리 학습해야 할 내용**

옥내소화전설비와 옥외소화전설비의 비교

구 분	옥내소화전	옥외소화전
물(수원)의 양	**소화전의 수(소화전의 수가 5개 이상이면 5개)에 7.8m³를 곱한 양 이상**	소화전의 수(소화전의 수가 4개 이상이면 4개)에 13.5m³를 곱한 양 이상
방수량	260L/min	450L/min
방수압력	350kPa 이상	350kPa 이상
호스접속구까지의 수평거리	제조소등의 각 층의 각 부분에서 25m 이하	제조소등의 건축물의 각 부분에서 40m 이하
개폐밸브 및 호스접속구의 설치높이	바닥으로부터 1.5m 이하	바닥으로부터 1.5m 이하
비상전원	45분 이상 작동	45분 이상 작동

신유형 **05** 안전관리자와 대리자의 기준 [2020년 제1회 필답형 20번]

안전관리자에 대해 다음 물음에 답하시오.

(1) 제조소등마다 안전관리자를 선임하여야 하는 주체는 어느 것인지 다음 〈보기〉에서 고르시오.

> 제조소등의 관계인, 제조소등의 설치자, 소방서장, 소방청장, 시·도지사

(2) 안전관리자를 해임한 경우 며칠 이내에 다시 안전관리자를 선임해야 하는지 쓰시오.

(3) 안전관리자가 퇴직한 경우 며칠 이내에 다시 안전관리자를 선임해야 하는지 쓰시오.

(4) 안전관리자를 선임한 경우에는 선임한 날부터 며칠 이내에 신고해야 하는지 쓰시오.

(5) 안전관리자가 여행·질병, 그 밖의 사유로 인하여 일시적으로 직무를 수행할 수 없는 경우 대리자가 안전관리자의 직무를 대행할 수 있는 기간은 며칠을 초과할 수 없는지 쓰시오.

≫≫풀이 위험물안전관리자의 자격

① **제조소등의 관계인**은 제조소등마다 대통령령이 정하는 위험물의 취급에 관한 자격이 있는 자를 **위험물안전관리자로 선임**하여야 한다.

② 제조소등의 관계인은 그 안전관리자를 해임하거나 안전관리자가 퇴직한 때에는 **해임하거나 퇴직한 날부터 30일 이내**에 다시 안전관리자를 선임하여야 한다.

③ 제조소등의 관계인은 **안전관리자를 선임한 경우에는 선임한 날부터 14일 이내**에 소방본부장 또는 소방서장에게 신고하여야 한다.

④ 제조소등의 관계인이 안전관리자를 해임하거나 안전관리자가 퇴직한 경우 그 관계인 또는 안전관리자는 소방본부장이나 소방서장에게 그 사실을 알려 해임되거나 퇴직한 사실을 확인받을 수 있다.

⑤ 제조소등의 관계인은 안전관리자가 여행·질병, 그 밖의 사유로 인하여 일시적으로 직무를 수행할 수 없거나 안전관리자의 해임 또는 퇴직과 동시에 다른 안전관리자를 선임하지 못하는 경우에는 위험물의 취급에 관한 자격취득자 또는 안전관리자의 대리자를 지정하여 그 직무를 대행하게 하여야 한다. 이 경우 대리자가 안전관리자의 **직무를 대행하는 기간은 30일을 초과할 수 없다.**

☑ **출제 형식**

안전관리자와 대리자의 기준은 필기시험에서 자주 출제되던 내용으로 실기시험에는 출제되지 않았으나 이번에 새롭게 출제된 신출문제입니다.

☑ **이런 유형의 문제 대비를 위해 미리 학습해야 할 내용**

안전관리자 대리자의 자격

1. 위험물 안전관리자 교육을 받은 자
2. 위험물 안전관리업무에 있어서 안전관리자를 지휘·감독하는 직위에 있는 자

신유형 06 인화점측정기의 종류와 측정 시험방법 [2020년 제1·2회 통합 필답형 1번]

다음은 인화점측정기의 종류와 시험방법에 대한 설명이다. 괄호 안에 알맞은 내용을 쓰시오.

(1) (　　) 인화점측정기
　① 시험장소는 1기압, 무풍의 장소로 할 것
　② 인화점측정기의 시료컵에 시험물품 $50cm^3$를 넣고 시험물품 표면의 기포를 제거한 후 뚜껑을 덮을 것
　③ 시험불꽃을 점화하고 화염의 크기를 직경이 4mm가 되도록 조정할 것

(2) (　　) 인화점측정기
　① 시험장소는 1기압, 무풍의 장소로 할 것
　② 인화점측정기의 시료컵을 설정온도까지 가열 또는 냉각하여 시험물품(설정온도가 상온보다 낮은 온도인 경우에는 설정온도까지 냉각한 것) 2mL를 시료컵에 넣고 즉시 뚜껑 및 개폐기를 닫을 것
　③ 시험불꽃을 점화하고 화염의 크기를 직경 4mm가 되도록 조정할 것

(3) (　　) 인화점측정기
　① 시험장소는 1기압, 무풍의 장소로 할 것
　② 인화점측정기의 시료컵의 표선(標線)까지 시험물품을 채우고 시험물품 표면의 기포를 제거할 것
　③ 시험불꽃을 점화하고 화염의 크기를 직경 4mm가 되도록 조정할 것

▶▶ 풀이 인화점측정기의 종류와 측정 시험방법
(1) **태그밀폐식** 인화점측정기에 의한 인화점 측정 시험방법
　① 시험장소는 1기압, 무풍의 장소로 할 것
　② 인화점측정기의 시료컵에 시험물품 $50cm^3$를 넣고 시험물품 표면의 기포를 제거한 후 뚜껑을 덮을 것
　③ 시험불꽃을 점화하고 화염의 크기를 직경이 4mm가 되도록 조정할 것
(2) **신속평형법** 인화점측정기에 의한 인화점 측정 시험방법
　① 시험장소는 1기압, 무풍의 장소로 할 것
　② 인화점측정기의 시료컵을 설정온도까지 가열 또는 냉각하여 시험물품(설정온도가 상온보다 낮은 온도인 경우에는 설정온도까지 냉각한 것) 2mL를 시료컵에 넣고 즉시 뚜껑 및 개폐기를 닫을 것
　③ 시험불꽃을 점화하고 화염의 크기를 직경 4mm가 되도록 조정할 것
(3) **클리브랜드개방컵** 인화점측정기에 의한 인화점 측정 시험방법
　① 시험장소는 1기압, 무풍의 장소로 할 것
　② 인화점측정기의 시료컵의 표선(標線)까지 시험물품을 채우고 시험물품 표면의 기포를 제거할 것
　③ 시험불꽃을 점화하고 화염의 크기를 직경 4mm가 되도록 조정할 것

☑ **출제 형식**
과거에 동영상으로 인화점을 측정하는 장면을 보여주면서 출제하던 작업형 문제를 필답형으로 변환시켜 출제한 신출문제입니다.

☑ **이런 유형의 문제 대비를 위해 미리 학습해야 할 내용**
괄호 안에 들어갈 인화점측정기의 종류 및 시험방법의 내용을 다음과 같이 바꿔 출제할 수 있습니다.
(3) 클리브랜드개방컵 인화점측정기에 의한 인화점 측정 시험방법
　① 시험장소는 (　　)기압, 무풍의 장소로 할 것
　② 인화점측정기의 시료컵의 (　　)까지 시험물품을 채우고 시험물품 표면의 기포를 제거할 것
　③ 시험불꽃을 점화하고 화염이 크기를 직경 (　　)가 되도록 조정할 것

신유형 07 자체소방대를 설치하여야 하는 제조소등 [2020년 제1·2회 통합 필답형 2번]

다음 물음에 답하시오.

- (1) 〈보기〉 중 자체소방대를 설치하여야 하는 제조소등에 해당하는 것의 기호를 모두 쓰시오.

  A. 염소산칼륨 250ton을 취급하고 있는 제조소
  B. 염소산칼륨 250ton을 취급하고 있는 일반취급소
  C. 특수인화물 250kL를 취급하고 있는 제조소
  D. 특수인화물 250kL를 취급하고 있는 충전하는 일반취급소

- (2) 자체소방대를 설치하는 경우 화학소방자동차 1대당 필요한 소방대원의 수는 몇 명 이상으로 해야 하는지 쓰시오.

- (3) 〈보기〉의 내용 중 틀린 것을 모두 찾아 그 기호를 쓰시오. (단, 없으면 "없음"이라 쓰시오.)

  A. 2개 이상의 사업소가 상호응원에 관한 협정을 체결하고 있는 경우에는 당해 모든 사업소를 하나의 사업소로 본다.
  B. 포수용액 방사차의 대수는 화학소방자동차 전체 대수의 3분의 2 이상으로 한다.
  C. 포수용액 방사차의 방사능력은 매분 3,000L 이상으로 한다.
  D. 포수용액 방사차에는 10만L 이상의 포수용액을 방사할 수 있는 양의 소화약제를 비치해야 한다.

- (4) 자체소방대를 두지 아니한 관계인으로서 허가를 받은 자에 대한 벌칙의 종류를 쓰시오.

≫≫≫풀이

(1) 자체소방대는 제4류 위험물을 지정수량의 3천배 이상으로 저장·취급하는 제조소 또는 일반취급소에 설치해야 한다.
〈보기〉 A, B의 염소산칼륨은 제1류 위험물로서 지정수량이 50kg이므로 취급하는 양 250ton 즉, 250,000kg은

지정수량의 배수가 $\dfrac{250,000kg}{50kg/배} = 5,000$배이다. 이 양은 지정수량의 3,000배 이상에 속하지만 염소산칼륨은

제1류 위험물이므로 이를 저장·취급하는 제조소 또는 일반취급소에는 자체소방대를 설치하지 않아도 된다.
〈보기〉 C, D의 특수인화물은 제4류 위험물로서 지정수량이 50L이므로 취급하는 양 250kL 즉, 250,000L는

지정수량의 배수가 $\dfrac{250,000kg}{50L/배} = 5,000$배이다. 이 양은 **지정수량의 3,000배 이상**에 속하며 특수인화물은 **제4류**

위험물이므로 이를 저장·취급하는 **제조소 또는 일반취급소**에는 자체소방대를 설치하여야 한다. 하지만 D의 **충전하는 일반취급소는 자체소방대의 설치 제외대상에 속하는 일반취급소**이므로 자체소방대를 설치하지 않아도 된다.

☑ **출제 형식**

과거에 동영상으로 소방차와 사다리차 등을 보여주면서 출제하던 작업형 문제를 필답형으로 변환시켜 출제한 신출문제입니다.

☑ **이런 유형의 문제 대비를 위해 미리 학습해야 할 내용**

자체소방대의 설치 제외대상에 속하는 일반취급소
1. 보일러, 버너, 그 밖에 이와 유사한 장치로 위험물을 소비하는 일반취급소(보일러등으로 위험물을 소비하는 일반취급소)
2. 이동저장탱크, 그 밖에 이와 유사한 것에 위험물을 주입하는 일반취급소(충전하는 일반취급소)
3. 용기에 위험물을 옮겨 담는 일반취급소(옮겨 담는 일반취급소)
4. 유압장치, 윤활유순환장치, 그 밖에 이와 유사한 장치로 위험물을 취급하는 일반취급소(유압장치등을 설치하는 일반취급소)
5. 광산안전법의 적용을 받는 일반취급소

신유형 **08** 소화설비의 적응성

다음 [표]는 위험물안전관리법령상 소화설비의 적응성을 나타낸 것이다. 위험물에 대해 소화설비가 적응성이 있는 경우 빈칸에 "O"로 표시하시오.

소화설비의 구분	대상물 구분									
	제1류 위험물		제2류 위험물			제3류 위험물		제4류 위험물	제5류 위험물	제6류 위험물
	알칼리금속의 과산화물	그 밖의 것	철분·금속분·마그네슘	인화성 고체	그 밖의 것	금수성 물품	그 밖의 것			
옥내소화전·옥외소화전 설비										
물분무소화설비										
포소화설비										
불활성가스소화설비										
할로젠화합물소화설비										

>>> 풀이 위험물의 종류에 따른 소화설비의 적응성

① 제1류 위험물
    ㉠ 알칼리금속의 과산화물 : 탄산수소염류 분말소화설비로 질식소화한다.
    ㉡ 그 밖의 것 : **옥내소화전·옥외소화전설비**, 스프링클러설비, **물분무소화설비**, **포소화설비**로 냉각소화한다.

② 제2류 위험물
    ㉠ 철분·금속분·마그네슘 : 탄산수소염류 분말소화설비로 질식소화한다.
    ㉡ 인화성 고체 : **옥내소화전·옥외소화전설비**, 스프링클러설비, **물분무소화설비**, **포소화설비**, **불활성가스소화설비**, **할로젠화합물소화설비**, 분말소화설비로 냉각소화 또는 질식소화한다.
       ※ 인화성 고체에는 모든 소화설비가 적응성이 있다.
    ㉢ 그 밖의 것 : **옥내소화전·옥외소화전 설비**, 스프링클러설비, **물분무소화설비**, **포소화설비**로 냉각소화한다.

③ 제3류 위험물
    ㉠ 금수성 물질 : 탄산수소염류 분말소화설비로 질식소화한다.
    ㉡ 그 밖의 것(황린) : **옥내소화전·옥외소화전 설비**, 스프링클러설비, **물분무소화설비**, **포소화설비**로 냉각소화한다.

④ 제4류 위험물 : **물분무소화설비**, **포소화설비**, **불활성가스소화설비**, **할로젠화합물소화설비**, 분말소화설비로 질식소화한다.

⑤ 제5류 위험물 : **옥내소화전·옥외소화전설비**, 스프링클러설비, **물분무소화설비**, **포소화설비**로 냉각소화한다.

⑥ 제6류 위험물 : **옥내소화전·옥외소화전설비**, 스프링클러설비, **물분무소화설비**, **포소화설비**로 냉각소화한다.

☑ 출제 형식

각 위험물에 적응성이 있는 소화설비를 찾아 [표]의 빈칸에 "O"를 표시해야 하는 신출문제입니다.

☑ 이런 유형의 문제 대비를 위해 미리 학습해야 할 내용

다음과 같이 대상물의 적응성에 맞는 소화설비의 명칭을 [표]에 직접 쓰는 형태로 출제될 수 있습니다.

다음 빈칸에 들어갈 소화설비의 종류를 쓰시오.

소화설비의 구분		대상물의 구분											
		건축물·그 밖의 공작물	전기설비	제1류 위험물		제2류 위험물			제3류 위험물		제4류 위험물	제5류 위험물	제6류 위험물
				알칼리금속의 과산화물등	그 밖의 것	철분·금속분·마그네슘 등	인화성 고체	그 밖의 것	금수성 물품	그 밖의 것			
(①) 또는 (②)		O			O		O	O		O		O	O
스프링클러설비		O			O		O	O		O	△	O	O
물분무등소화설비	(③)	O	O		O		O	O		O	O	O	O
	(④)	O			O		O	O		O	O	O	O
	불활성가스소화설비		O				O			O			
	할로젠화합물소화설비		O				O			O			
	(⑤)	인산염류등	O	O		O		O	O		O		O
		탄산수소염류등		O	O		O	O		O		O	
		그 밖의 것			O		O			O			

09 옥외저장탱크의 방유제 용량　　　　　　[2020년 제1·2회 통합 필답형 8번]

내용적이 5천만L인 옥외저장탱크에는 3천만L의 휘발유가 저장되어 있고 내용적이 1억2천만L 인 옥외저장탱크에는 8천만L의 경유가 저장되어 있으며, 두 개의 옥외저장탱크를 하나의 방 유제 안에 설치하였다. 다음 물음에 답하시오.

- (1) 두 탱크 중 내용적이 더 적은 탱크의 최대용량은 몇 L 이상인지 쓰시오.
- (2) 두 개의 옥외저장탱크를 둘러싸고 있는 방유제의 용량은 몇 L 이상인지 쓰시오. (단, 두 개의 옥외저장탱크의 공간용적은 모두 10%이다.)
- (3) 두 옥외저장탱크 사이를 구획하는 설비의 명칭을 쓰시오.

▶▶▶풀이　(1) 탱크의 용량이란 탱크의 내용적에서 공간용적을 뺀 값을 말하며, 탱크의 공간용적은 내용적의 100분의 5 이상 100분의 10 이하의 양이다. 여기서 탱크의 최대용량은 탱크의 공간용적을 최소로 했을 때의 양이므로 공간용적 이 5%인 경우이며 이때 탱크의 최대용량은 내용적의 95%가 된다.

　① 내용적이 5천만L인 탱크의 최대용량
　　 : 50,000,000L×0.95=47,500,000L
　② 내용적이 1억2천만L인 탱크의 최대용량
　　 : 120,000,000L×0.95=114,000,000L

따라서 두 탱크 중 내용적이 더 적은 탱크는 5천만L인 탱크이며 이 탱크의 **최대용량은 47,500,000L**이다.

> 🌀 **Tip**
> 〈문제〉에서 제시된 3천만L의 휘발유 와 8천만L의 경유는 실제로 탱크에 저 장된 양이므로 내용적의 95%를 적용 하여 계산하는 탱크의 최대용량과는 상관없는 양입니다.

(2) 인화성이 있는 위험물의 옥외저장탱크의 방유제 용량은 다음과 같다.

　① 하나의 옥외저장탱크의 방유제 용량 : 탱크 용량의 110% 이상
　② **2개 이상의 옥외저장탱크의 방유제 용량 : 탱크 중 용량이 최대인 탱크 용량의 110% 이상**

〈문제〉에서는 두 탱크 모두 공간용적이 10%라고 하였으므로 내용적이 5천만L인 탱크의 용량은 50,000,000L× 0.9=45,000,000L이고, 내용적이 1억2천만L인 탱크의 용량은 120,000,000L×0.9=108,000,000L이다. 따라서 두 탱크 중 용량이 최대인 탱크의 용량은 108,000,000L이므로 두 개의 옥외저장탱크를 둘러싸고 있는 방유제의 용량은 108,000,000L의 110%, 즉 108,000,000L×1.1=**118,800,000L 이상**이 된다.

☑ **출제 형식**

인화성이 있는 위험물의 옥외저장탱크의 방유제 용량은 탱크의 내용적이 아닌 탱크의 용량에 110%를 곱해야 하는 점을 강조한 신출문제입니다.

☑ **이런 유형의 문제 대비를 위해 미리 학습해야 할 내용**

인화성이 없는 위험물의 옥외저장탱크의 방유제 용량
1. 하나의 옥외저장탱크의 방유제 용량 : 탱크 용량의 100% 이상
2. 2개 이상의 옥외저장탱크의 방유제 용량 : 탱크 중 용량이 최대인 탱크 용량의 100% 이상

신유형 ⑩ 옥내탱크저장소의 설치기준과 용량 [2020년 제4회 필답형 19번]

다음 그림은 에틸알코올의 옥내저장탱크 2기를 탱크전용실에 설치한 상태이다. 다음 물음에 답하시오.

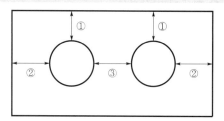

(1) ①의 거리는 몇 m 이상으로 하는지 쓰시오.
(2) ②의 거리는 몇 m 이상으로 하는지 쓰시오.
(3) ③의 거리는 몇 m 이상으로 하는지 쓰시오.
(4) 탱크전용실 내에 설치하는 옥내저장탱크의 용량은 몇 L 이하로 하는지 쓰시오.

≫풀이 (1) 옥내저장탱크의 간격
　　① **옥내저장탱크와 탱크전용실 벽과의 사이 간격 : 0.5m 이상**
　　② **옥내저장탱크의 상호간의 간격 : 0.5m 이상**
(2) 단층건물에 탱크전용실을 설치한 옥내저장탱크에 저장 가능한 위험물과 탱크의 용량
　　① 저장할 수 있는 위험물 : 모든 유별
　　② 탱크의 용량 : **지정수량의 40배 이하.** 다만, 특수인화물, 제1석유류, 알코올류, 제2석유류, 제3석유류의 양이 20,000L를 초과하는 경우에는 20,000L 이하로 한다. 〈문제〉는 품명이 알코올류이고 지정수량이 400L인 에틸알코올을 저장하는 옥내저장탱크이므로 이 옥내저장탱크의 용량은 **400L×40배＝16,000L**가 된다.

☑ 출제 형식

옥내탱크저장소의 설치기준을 그림으로 나타내고 알코올을 저장하는 옥내저장탱크의 용량을 물은 것으로 처음 출제된 신출문제입니다.

☑ 이런 유형의 문제 대비를 위해 미리 학습해야 할 내용

탱크전용실을 단층건물 외의 건축물에 설치한 옥내저장탱크의 기준
1. 저장할 수 있는 위험물의 종류
　　① 건축물의 1층 또는 지하층
　　　㉠ 제2류 위험물 중 황화인, 적린 및 덩어리황
　　　㉡ 제3류 위험물 중 황린
　　　㉢ 제6류 위험물 중 질산
　　② 건축물의 모든 층
　　　－ 제4류 위험물 중 인화점이 38℃ 이상인 위험물
2. 저장할 수 있는 위험물의 양
　　① 건축물의 1층 또는 지하층 : 지정수량의 40배 이하(단, 제4석유류 및 동식물유류 외의 제4류 위험물은 20,000L 초과 시 20,000L 이하)
　　② 2층 이상의 층 : 지정수량의 10배 이하(단, 제4석유류 및 동식물유류 외의 제4류 위험물은 5,000L 초과 시 5,000L 이하)

신유형 11 제조소, 저장소, 취급소의 구분 [2021년 제1회 필답형 4번]

아래의 도표에 대해 다음 물음에 답하시오.

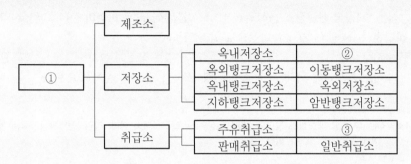

(1) 제조소, 저장소, 취급소를 포괄하는 ①의 위험물안전관리법령상 명칭을 쓰시오.

(2) ②의 명칭을 쓰시오.

(3) ③의 명칭을 쓰시오.

>>> 풀이
(1) 위험물안전관리법에서는 제조소, 저장소, 취급소를 묶어 **제조소등**이라 한다.
(2) 저장소의 종류 : 옥내저장소, 옥외탱크저장소, 옥내탱크저장소, 지하탱크저장소, **간이탱크저장소**, 이동탱크저장소, 옥외저장소, 암반탱크저장소
(3) 취급소의 종류 : 주유취급소, 판매취급소, **이송취급소**, 일반취급소

☑ **출제 형식**

저장소 및 취급소의 종류와 정의를 이해하고 있는지를 묻는 신출문제입니다.

☑ **이런 유형의 문제 대비를 위해 미리 학습해야 할 내용**

괄호 안에 들어갈 저장소 및 취급소의 내용을 다음과 같이 바꿔 출제할 수 있습니다.

1. 저장소의 종류

옥내저장소	옥내에 위험물을 저장하는 장소
옥외탱크저장소	옥외에 있는 탱크에 위험물을 저장하는 장소
옥내탱크저장소	옥내에 있는 탱크에 위험물을 저장하는 장소
지하탱크저장소	지하에 매설한 탱크에 위험물을 저장하는 장소
간이탱크저장소	간이탱크에 위험물을 저장하는 장소
( )	차량에 고정된 탱크에 위험물을 저장하는 장소
옥외저장소	옥외에 위험물을 저장하는 장소
암반탱크저장소	암반 내의 공간을 이용한 탱크에 액체위험물을 저장하는 장소

2. 취급소의 종류

주유취급소	고정주유설비에 의하여 자동차, 항공기 또는 선박 등에 직접 연료를 주유하기 위하여 위험물을 취급하는 장소
판매취급소	점포에서 위험물을 용기에 담아 판매하기 위하여 지정수량의 ( )배 이하의 위험물을 취급하는 장소(페인트점 또는 화공약품점)
이송취급소	배관 및 이에 부속된 설비에 의하여 위험물을 이송하는 장소
일반취급소	주유취급소, 판매취급소, 이송취급소 외의 위험물을 취급하는 장소

신유형 12 제조소의 배출설비 기준 [2021년 제1회 필답형 13번]

다음은 제조소에 설치하는 배출설비에 관한 내용이다. 괄호 안에 들어갈 알맞은 말을 쓰시오.

(1) 국소방식은 1시간당 배출장소 용적의 (①)배 이상인 것으로 하여야 한다. 다만, 전역방식의 경우 바닥면적 $1m^2$당 (②)m^3 이상으로 할 수 있다.

(2) 배출구는 지상 (①)m 이상으로서 연소의 우려가 없는 장소에 설치하고, (②)가 관통하는 벽부분의 바로 가까이에 화재 시 자동으로 폐쇄되는 (③)를 설치해야 한다.

≫≫풀이
(1) 배출설비의 배출능력
국소방식은 1시간당 배출장소 용적의 **20배** 이상인 것으로 하여야 한다. 다만, 전역방식의 경우에는 바닥면적 $1m^2$당 **18m^3** 이상으로 할 수 있다.

(2) 배출구의 기준
배출구는 지상 **2m** 이상으로서 연소의 우려가 없는 장소에 설치하고, **배출덕트**가 관통하는 벽부분의 바로 가까이에 화재 시 자동으로 폐쇄되는 **방화댐퍼**를 설치할 것

☑ **출제 형식**

제조소에 설치하는 배출설비의 배출능력과 배출구의 기준을 묻는 문제로서 신출 변형문제입니다.

☑ **이런 유형의 문제 대비를 위해 미리 학습해야 할 내용**

괄호 안에 들어갈 제조소의 배출설비 기준의 내용을 다음과 같이 바꿔 출제할 수 있습니다.

1. ( )방식은 1시간당 배출장소 용적의 20배 이상인 것으로 하여야 한다. 다만, ( )방식의 경우 바닥면적 $1m^2$당 $18m^3$ 이상으로 할 수 있다.

2. 배출구는 지상 ( )m 이상으로서 연소의 우려가 없는 장소에 설치하고, 배출구가 관통하는 ( )에 화재 시 자동으로 폐쇄되는 방화댐퍼를 설치해야 한다.

신유형 13 소화난이도등급 I 에 해당하는 옥외탱크저장소의 기준 [2021년 제1회 필답형 19번]

다음 〈보기〉 중 위험물안전관리법령상 소화난이도등급 I 에 해당하는 옥외탱크저장소의 기준에 속하는 것의 번호를 쓰시오.

① 질산 60,000kg을 저장하는 옥외탱크저장소
② 과산화수소를 저장하는 액표면적이 40m² 이상인 옥외탱크저장소
③ 이황화탄소 500L를 저장하는 옥외탱크저장소
④ 휘발유 100,000L를 저장하는 해상탱크
⑤ 황 14,000kg을 저장하는 지중탱크

▶▶▶ 풀이 "소화난이도등급 I 에 해당하는 옥외탱크저장소의 기준"의 내용에 위의 〈보기〉의 조건을 적용하면 다음과 같다.

① 저장하는 양에 상관없이 제6류 위험물인 질산을 저장하는 옥외탱크저장소는 소화난이도등급 I 에 해당하지 않는다.
② 액표면적이 40m² 이상이지만 제6류 위험물인 과산화수소를 저장하는 옥외탱크저장소이므로 소화난이도등급 I 에 해당하지 않는다.
③ 옥외탱크저장소의 소화난이도등급 I 은 탱크 옆판의 상단까지 높이 또는 액표면적에 따라 구분되며, 제4류 위험물인 이황화탄소의 저장량만 가지고 판단할 수 있는 기준은 없다. 여기서 이황화탄소 500L를 저장하는 옥외탱크저장소는 이황화탄소의 저장량이 매우 적어 탱크 옆판의 상단까지 높이 또는 액표면적이 소화난이도등급 I 의 기준에 미치지 못하므로 소화난이도등급 I 에 해당하지 않는다는 취지로 해석할 수 있다.
④ 휘발유의 지정수량은 200L이므로 저장량 100,000L는 지정수량의 500배이고 이는 해상탱크로서 지정수량의 100배 이상의 위험물을 저장하는 옥외탱크저장소이므로 **소화난이도등급 I 에 해당**한다.
⑤ 지중탱크는 해상탱크와 함께 특수액체위험물탱크로 분류되어 제2류 위험물인 황과 같은 고체위험물은 저장할 수 없다. 다만, 황을 녹여 액체상태로 저장하는 경우라고 가정하면 황의 지정수량은 100kg이므로 저장량 14,000kg은 지정수량의 140배이고 이는 지중탱크로서 지정수량의 100배 이상의 위험물을 저장하는 옥외탱크저장소이므로 **소화난이도등급 I 에 해당**한다.

☑ 출제 형식

소화난이도등급 I 에 해당하는 옥외탱크저장소의 기준을 묻는 신출 변형문제입니다.

☑ 이런 유형의 문제 대비를 위해 미리 학습해야 할 내용

소화난이도등급 I 에 해당하는 옥내탱크저장소 및 암반탱크저장소의 기준

제조소등의 구분	제조소등의 규모, 저장 또는 취급하는 위험물의 품명 및 최대수량 등
옥내탱크저장소	액표면적이 40m² 이상인 것(제6류 위험물을 저장하는 것 및 고인화점 위험물만을 100℃ 미만의 온도에서 저장하는 것은 제외)
	바닥면으로부터 탱크 옆판의 상단까지 높이가 6m 이상인 것(제6류 위험물을 저장하는 것 및 고인화점 위험물만을 100℃ 미만의 온도에서 저장하는 것은 제외)
	탱크전용실이 단층 건물 외의 건축물에 있는 것으로서 인화점 38℃ 이상 70℃ 미만의 위험물을 지정수량의 5배 이상 저장하는 것(내화구조로 개구부 없이 구획된 것은 제외한다)
암반탱크저장소	액표면적이 40m² 이상인 것(제6류 위험물을 저장하는 것 및 고인화점 위험물만을 100℃ 미만의 온도에서 저장하는 것은 제외)
	고체 위험물만을 저장하는 것으로서 지정수량의 100배 이상인 것

신유형 14 이동탱크저장소의 위험물 취급기준 [2021년 제2회 필답형 6번]

다음 물음에 답하시오.

- (1) 다음 괄호에 들어갈 위험물의 명칭과 지정수량을 쓰시오.
  (㉠)·(㉡), 그 밖에 정전기에 의한 재해발생의 우려가 있는 액체의 위험물을 이동저장탱크의 상부로 주입하는 때에는 주입관을 사용하되 당해 주입관의 선단을 이동저장탱크의 밑바닥에 밀착할 것
  ① ㉠의 명칭과 지정수량
  ② ㉡의 명칭과 지정수량
- (2) (1)의 물질 중 겨울철에 응고할 수 있고 인화점이 낮아 고체상태에서도 인화할 수 있는 방향족 탄화수소에 해당하는 위험물의 구조식을 쓰시오.

>>>풀이 **휘발유·벤젠**, 그 밖에 정전기에 의한 재해발생의 우려가 있는 액체의 위험물을 이동저장탱크의 상부로 주입하는 때에는 주입관을 사용하되 당해 주입관의 선단을 이동저장탱크의 밑바닥에 밀착해야 한다. 여기서 휘발유와 벤젠은 모두 제4류 위험물로서 품명은 제1석유류 비수용성이고, **지정수량은 200L**이며, 위험등급 Ⅱ인 물질이다.

<hr>

☑ 출제 형식

이동탱크저장소의 위험물 취급기준을 알려주고 위험물의 종류와 지정수량을 묻는 것으로 처음으로 출제된 신출 문제입니다.

☑ 이런 유형의 문제 대비를 위해 미리 학습해야 할 내용

정전기에 의한 재해 발생의 우려가 있는 액체위험물(휘발유, 벤젠 등)을 이동탱크저장소에 주입하는 경우의 취급기준
1. 주입관의 선단을 이동저장탱크 안의 밑바닥에 밀착시킬 것
2. 정전기 등으로 인한 재해발생 방지 조치사항
   ① 탱크의 위쪽 주입관에 의해 위험물을 주입하는 경우 : 주입속도 1m/s 이하
   ② 탱크의 밑바닥에 설치된 고정주입배관에 의해 위험물을 주입하는 경우 : 주입속도 1m/s 이하
   ③ 기타의 방법으로 위험물을 주입하는 경우 : 위험물을 주입하기 전에 탱크에 가연성 증기가 없도록 조치하고 안전한 상태를 확인한 후 주입할 것
3. 이동저장탱크는 완전히 빈 탱크 상태로 차고에 주차할 것

신유형 15 묽은 용액의 제조 [2021년 제2회 필답형 9번]

비중이 1.51인 98wt%의 질산 100mL를 68wt%의 질산으로 만들려면 물을 몇 g 더 첨가해야 하는지 구하시오.

>>> 풀이 비중 1.51을 밀도로 바꾸면 1.51g/mL이고, 98wt% 질산용액 100mL를 질량으로 바꾸면

$$100\text{mL 질산용액} \times \frac{1.51\text{g}}{1\text{mL}} = 151\text{g 질산용액이다.}$$

151g 질산용액의 농도가 98wt%이므로 질산의 양은 다음과 같다.

$$151\text{g 질산용액} \times \frac{98\text{g 질산}}{100\text{g 질산용액}} = 147.98\text{g 질산}$$

68wt% 질산용액을 만들기 위해 넣어야 할 물의 양을 x(g)으로 두고 식으로 나타내면 다음과 같다.

$$\frac{147.98\text{g}}{151\text{g} + x(\text{g})} = \frac{68\text{g}}{100\text{g}}$$

$$\therefore \ x = 66.62\text{g}$$

☑ **출제 형식**

진한 용액으로 묽은 용액을 제조하는 방법은 필기시험에는 출제되던 내용으로 실기시험에는 출제되지 않았으나 이번에 새롭게 출제된 신출 변형문제입니다.

☑ **이런 유형의 문제 대비를 위해 미리 학습해야 할 내용**

묽은 용액을 농축시켜 진한 용액 제조

비중이 1.41인 68wt% 질산 100mL를 98wt% 질산으로 만들려면 물을 몇 g 증발시켜야 하는지 구하시오.

농축과정에서도 용질의 양은 변하지 않는다. 비중을 밀도의 단위로 1.41g/mL로 두고 질산용액 100mL의 질량을 구하면 다음과 같다.

$$100\text{mL 질산용액} \times \frac{1.41\text{g}}{1\text{mL}} = 141\text{g}$$

68wt% 농도를 이용하면 141g 질산용액 중의 질산의 양은 다음과 같다.

$$141\text{g 질산용액} \times \frac{68\text{g 질산}}{100\text{g 질산용액}} = 95.88\text{g 질산}$$

물의 양은 141g−95.88g=45.12g이다. 증발시켜야 하는 물의 양을 x(g)으로 두면

$$\frac{95.88\text{g 질산}}{141\text{g} - x(\text{g}) \text{ 질산용액}} \times 100 = 98\text{wt}\%$$

x=43.16g이다.

45.12g의 물에서 43.16g을 증발시키면 98wt% 질산용액을 만들 수 있다.

신유형 16 소화방법 　　　　　　[2021년 제2회 필답형 10번]

다음 물음에 답하시오.

(1) 소화방법의 종류 4가지를 쓰시오.

(2) 증발잠열을 이용하여 소화하는 소화방법을 쓰시오.

(3) 가스의 밸브를 폐쇄하여 소화하는 소화방법을 쓰시오.

(4) 불활성 가스를 방사하여 소화하는 소화방법을 쓰시오.

>>> 풀이 　소화방법에는 다음과 같은 종류들이 있다.

① **제거소화**

가연물을 제거하여 연소를 중단시키는 것을 말하며, 그 방법으로는 다음과 같은 것들이 있다.

㉠ 입으로 불어서 촛불을 끄는 방법

㉡ 산불화재 시 벌목으로 불을 끄는 방법

㉢ **가스화재 시 밸브를 잠가 소화하는 방법**

㉣ 유전화재 시 폭발로 인해 가연성 가스를 날리는 방법

② **질식소화**

공기 중의 산소 또는 산소공급원의 공급을 막아 연소를 중단시키는 소화방법을 말하며, 소화약제의 종류에는 **불활성 가스**, 분말소화약제 등이 있다.

③ **냉각소화**

연소면에 물을 뿌려 발생하는 **증발잠열을 이용**해 연소물로부터 열을 빼앗아 발화점 이하로 온도를 낮추어 소화하는 방법을 말한다.

④ **억제소화(부촉매소화)**

연쇄반응의 속도를 빠르게 하는 정촉매의 역할을 억제시키는 소화방법을 말하며, 대표적인 소화약제의 종류는 할로겐화합물소화약제이다.

⑤ **희석소화**

가연물의 농도를 낮추어 소화하는 방법을 말한다.

⑥ **유화소화**

물 또는 포를 안개형태로 흩어뿌림으로써 유류 표면을 덮어 증기발생을 억제시키는 소화방법을 말한다.

☑ **출제 형식**

소화방법은 필기시험에서 자주 출제되던 내용으로 실기시험에는 출제되지 않았으나 이번에 새롭게 출제된 신출 변형문제입니다.

☑ **이런 유형의 문제 대비를 위해 미리 학습해야 할 내용**

소화방법에 관한 내용을 다음과 같이 바꿔 출제할 수 있습니다.

다음의 소화방법은 연소의 3요소 중에서 어떤 것을 제거 또는 통제하여 소화하는 것인지 연소의 3요소 중 해당되는 것을 1가지씩 쓰시오.

1. 제거소화

2. 질식소화

신유형 ⑰ 위험물의 저장 및 취급 기준　　　　　[2021년 제2회 필답형 14번]

다음 〈보기〉의 내용은 위험물의 저장 및 취급에 관한 중요기준을 나타낸 것이다. 옳은 것을 모두 고르시오.

① 옥내저장소에서 용기에 수납하여 저장하는 위험물의 온도가 45℃가 넘지 아니하도록 필요한 조치를 강구하여야 한다.
② 제3류 위험물 중 황린, 그 밖에 물속에 저장하는 물품과 금수성 물질은 동일한 저장소에 저장할 수 있다.
③ 컨테이너식 이동탱크저장소 외의 이동탱크저장소에 있어서는 위험물을 저장한 상태로 이동저장탱크를 옮겨 싣지 아니하여야 한다.
④ 위험물 이동취급소에 위험물을 이송하기 위한 배관·펌프 및 이에 부속한 설비의 안전을 확인하기 위한 순찰을 행하고, 위험물을 이송하는 중에는 이송하는 위험물의 압력 및 유량을 항상 감시하여야 한다.
⑤ 제조소등에서 허가 및 신고와 관련되는 품명 외의 위험물 또는 이러한 허가 및 신고와 관련되는 수량 또는 지정수량의 배수를 초과하는 위험물을 저장 또는 취급하지 아니하여야 한다.

≫≫ 풀이　〈문제〉의 위험물의 저장 및 취급에 관한 중요기준 중 ①, ②, ④의 항목은 다음과 같이 수정하여야 한다.
① 옥내저장소에서는 용기에 수납하여 저장하는 **위험물의 온도가 55℃가 넘지 아니하도록** 필요한 조치를 강구하여야 한다.
② 제3류 위험물 중 황린, 그 밖에 물속에 저장하는 물품과 금수성 물질은 **동일한 저장소에서 저장하지 아니하여야 한다.**
④ 위험물 **이송취급소**에 위험물을 이송하기 위한 배관·펌프 및 이에 부속한 설비의 안전을 확인하기 위한 순찰을 행하고, 위험물을 이송하는 중에는 이송하는 위험물의 압력 및 유량을 항상 감시하여야 한다.

☑ **출제 형식**
위험물안전관리법에 있는 위험물 저장 및 취급에 관한 공통기준이 아닌 일반 중요기준을 묻는 처음 출제된 신출문제입니다.

☑ **이런 유형의 문제 대비를 위해 미리 학습해야 할 내용**

위험물의 유별 저장 및 취급의 공통기준
1. 제1류 위험물은 가연물과의 접촉·혼합이나 분해를 촉진하는 물품과의 접근 또는 과열, 충격, 마찰 등을 피하는 한편, 알칼리금속의 과산화물 및 이를 함유한 것에 있어서는 물과의 접촉을 피해야 한다.
2. 제2류 위험물은 산화제와의 접촉·혼합이나 불티, 불꽃, 고온체와의 접근 또는 과열을 피하는 한편, 철분, 금속분, 마그네슘 및 이를 함유한 것에 있어서는 물이나 산과의 접촉을 피하고 인화성 고체에 있어서는 함부로 증기를 발생시키지 않아야 한다.
3. 제3류 위험물 중 자연발화성 물질에 있어서는 불티, 불꽃, 고온체와의 접근, 과열 또는 공기와의 접촉을 피하고, 금수성 물질에 있어서는 물과의 접촉을 피해야 한다.
4. 제4류 위험물은 불티, 불꽃, 고온체와의 접근 또는 과열을 피하고, 함부로 증기를 발생시키지 않아야 한다.
5. 제5류 위험물은 불티, 불꽃, 고온체와의 접근이나 과열, 충격 또는 마찰을 피해야 한다.
6. 제6류 위험물은 가연물과의 접촉·혼합이나 분해를 촉진하는 물품과의 접근 또는 과열을 피해야 한다.

신유형 18 위험물의 연소반응식

다음 〈보기〉의 위험물 중에서 공기 중에서 연소하는 경우, 생성되는 물질이 서로 같은 위험물의 연소반응식을 쓰시오.

삼황화인, 오황화인, 적린, 황, 철분, 마그네슘

》》풀이

① 삼황화인(P_4S_3)은 제2류 위험물로 품명은 황화인이고, 위험등급 Ⅱ, 지정수량은 100kg이다. 연소 시 **이산화황**(SO_2)과 **오산화인(P_2O_5)**이 발생한다.
  – 연소반응식 : $P_4S_3 + 8O_2 \rightarrow 3SO_2 + 2P_2O_5$

② 오황화인(P_2S_5)은 제2류 위험물로 품명은 황화인이고, 위험등급 Ⅱ, 지정수량은 100kg이다. 연소 시 **이산화황**(SO_2)과 **오산화인(P_2O_5)**이 발생한다.
  – 연소반응식 : $2P_2S_5 + 14O_2 \rightarrow 10SO_2 + 2P_2O_5$

③ 적린(P)은 제2류 위험물로 위험등급 Ⅱ, 지정수량은 100kg이다. 연소 시 오산화인(P_2O_5)이 발생한다.
  – 연소반응식 : $4P + 5O_2 \rightarrow 2P_2O_5$

④ 황(S)은 제2류 위험물로 위험등급 Ⅱ, 지정수량은 100kg이다. 유황이라고도 하며, 순도가 60중량% 이상인 것을 위험물로 정한다. 연소 시 청색 불꽃을 내며 이산화황(SO_2)이 발생한다.
  – 연소반응식 : $S + O_2 \rightarrow SO_2$

⑤ 철분(Fe)은 제2류 위험물로 위험등급 Ⅲ, 지정수량은 500kg이다. '철분'이라 함은 철의 분말을 말하며, 53μm의 표준체를 통과하는 것이 50중량% 미만인 것은 제외한다. 공기 중에서 서서히 산화하여 산화철(Fe_2O_3)로 변한다.
  – 철의 산화 : $4Fe + 3O_2 \rightarrow 2Fe_2O_3$

⑥ 마그네슘(Mg)은 제2류 위험물로 위험등급 Ⅲ, 지정수량은 500kg이다. 2mm의 체를 통과하지 아니하는 덩어리상태의 것 또는 직경 2mm 이상의 막대모양의 것에 해당하는 마그네슘은 제2류 위험물에서 제외한다. 연소 시 산화마그네슘(MgO)이 발생한다.
  – 연소반응식 : $2Mg + O_2 \rightarrow 2MgO$

☑ **출제 형식**

각 위험물의 연소반응식을 모두 알아야 답할 수 있는 연소생성물이 같은 위험물의 연소반응식을 묻는 신출 변형문제입니다.

☑ **이런 유형의 문제 대비를 위해 미리 학습해야 할 내용**

연소반응의 내용을 다음과 같이 바꿔 출제할 수 있습니다.
삼황화인과 오황화인이 연소 시 공통으로 발생하는 물질을 쓰시오.

신유형 19 알코올의 산화 [2021년 제4회 필답형 12번]

다음은 알코올의 산화 과정이다. 다음 물음에 답하시오.

- 메틸알코올은 공기 속에서 산화되면 폼알데하이드가 되며, 최종적으로 (①)이 된다.
- 에틸알코올은 산화되면 (②)가 되며, 최종적으로 초산이 된다.

(1) ①과 ②의 물질명과 화학식을 쓰시오.

(2) 위 ①, ② 중 지정수량이 작은 물질의 연소반응식을 쓰시오.

▶▶ 풀이 (1) ① 메틸알코올(CH_3OH)은 제4류 위험물로 품명은 알코올류이고, 지정수량은 400L이며, 위험등급 Ⅱ인 물질이다. 산화되면 폼알데하이드(HCHO)를 거쳐 **폼산(HCOOH)**이 된다.

－ 메틸알코올의 산화 : $CH_3OH \xrightarrow[+H_2(환원)]{-H_2(산화)} HCHO \xrightarrow[-0.5O_2(환원)]{+0.5O_2(산화)} HCOOH$

② 에틸알코올(C_2H_5OH)은 제4류 위험물로 품명은 알코올류이고, 지정수량은 400L이며, 위험등급 Ⅱ인 물질이다. 산화되면 **아세트알데하이드(CH_3CHO)**를 거쳐 아세트산(초산, CH_3COOH)이 된다.

－ 에틸알코올의 산화 : $C_2H_5OH \xrightarrow[+H_2(환원)]{-H_2(산화)} CH_3CHO \xrightarrow[-0.5O_2(환원)]{+0.5O_2(산화)} CH_3COOH$

(2) 폼산은 제4류 위험물로 품명은 제2석유류(수용성)이고, 지정수량은 2,000L이며, 위험등급 Ⅲ인 물질이다. 연소 시 이산화탄소(CO_2)와 물(H_2O)을 발생시킨다.

－ 연소반응식 : $2HCOOH + O_2 \rightarrow 2CO_2 + 2H_2O$

아세트알데하이드는 제4류 위험물로 품명은 특수인화물이고, 위험등급 Ⅰ, **지정수량은 50L**이다. 수은, 은, 구리, 마그네슘은 아세트알데하이드와 중합반응을 하면서 폭발성의 금속아세틸라이드를 생성하여 위험해지기 때문에 저장용기 재질로서는 사용하면 안된다. 연소 시 이산화탄소(CO_2)와 수증기(H_2O)를 발생시킨다.

－ 연소반응식 : $2CH_3CHO + 5O_2 \rightarrow 4CO_2 + 4H_2O$

☑ 출제 형식

알코올의 산화 과정과 생성물의 화학식을 묻는 신출 변형문제입니다.

☑ 이런 유형의 문제 대비를 위해 미리 학습해야 할 내용

1. 알코올의 연소
   ① 메틸알코올의 연소반응식 : $2CH_3CHO + 3O_2 \rightarrow 2CO_2 + 4H_2O$
   ② 에틸알코올의 연소반응식 : $C_2H_5OH + 3O_2 \rightarrow 2CO_2 + 3H_2O$
2. 에틸알코올에 진한 황산을 넣고 가열하면 온도에 따라 다른 물질이 생성된다.
   ① 140℃ 가열 : $2C_2H_5OH \xrightarrow[촉매로서\ 탈수를\ 일으킨다.]{c-H_2SO_4} C_2H_5OC_2H_5 + H_2O$
   ② 160℃ 가열 : $C_2H_5OH \xrightarrow[촉매로서\ 탈수를\ 일으킨다.]{c-H_2SO_4} C_2H_4 + H_2O$

신유형 20 옥내탱크저장소의 탱크전용실의 구조 [2021년 제4회 필답형 19번]

다음은 옥내탱크저장소의 탱크전용실의 구조에 관한 내용이다. 괄호 안에 들어갈 알맞은 말을 쓰시오.

(1) 탱크전용실의 창 또는 출입구에 유리를 이용하는 경우에는 (   )로 할 것

(2) 액상인 위험물의 옥내저장탱크를 설치하는 탱크전용실의 바닥은 적당한 경사를 두는 한편, (   )를 설치할 것

(3) 탱크전용실 외의 장소에 옥내저장탱크의 펌프설비를 설치하는 경우
  • 상층이 없는 경우에는 지붕을 (   )로 하며, 천장을 설치하지 아니할 것
  • 펌프실에는 창을 설치하지 아니할 것. 다만, 제6류 위험물의 탱크전용실에 있어서는 (   ) 또는 (   )이 있는 창을 설치할 수 있다.

(4) 탱크전용실에 펌프설비를 설치하는 경우에는 견고한 기초 위에 고정한 다음 그 주위에는 불연재료로 된 턱을 (   )m 이상의 높이로 설치하는 등 누설된 위험물이 유출되거나 유입되지 아니하도록 하는 조치를 할 것

>>> 풀이 옥내탱크저장소의 탱크전용실의 구조
① 창 및 출입구 : 60분 + 방화문 · 60분 방화문 또는 30분 방화문
  • 연소의 우려가 있는 외벽에 두는 출입구는 수시로 열 수 있는 자동폐쇄식의 60분 + 방화문 또는 60분 방화문
  • 창 또는 출입구에 유리를 이용하는 경우에는 **망입유리**로 할 것
② 액상인 위험물의 탱크전용실 바닥
  • 위험물이 침투하지 아니하는 구조로 하고, 적당히 경사지게 하여 그 최저부에 **집유설비**를 할 것
③ 탱크전용실 외의 장소에 옥내저장탱크의 펌프설비를 설치하는 경우
  • 펌프실은 상층이 있는 경우에는 상층의 바닥을 내화구조로, 상층이 없는 경우는 지붕을 **불연재료**로 하며, 천장을 설치하지 아니할 것
  • 창 : 설치하지 아니할 것. 다만, 제6류 위험물의 탱크전용실에 있어서는 **60분 + 방화문 · 60분 방화문** 또는 **30분 방화문**이 있는 창을 설치할 수 있다.
④ 탱크전용실에 펌프설비를 설치하는 경우
  • 견고한 기초 위에 고정한 다음 그 주위에는 불연재료로 된 턱을 **0.2m** 이상의 높이로 설치하는 등 누설된 위험물이 유출되거나 유입되지 않도록 할 것

☑ **출제 형식**

옥외탱크저장소의 탱크전용실의 구조를 묻는 처음으로 출제된 신출문제입니다.

☑ **이런 유형의 문제 대비를 위해 미리 학습해야 할 내용**

1. 옥내탱크저장소의 탱크전용실의 구조
  ① 벽 · 기둥 및 바닥 : 내화구조(연소의 우려가 있는 외벽은 출입구 외의 개구부가 없도록 할 것)
  ② 보 : 불연재료(다만, 인화점이 70℃ 이상인 제4류 위험물만의 옥내저장탱크를 설치하는 탱크전용실에 있어서는 연소의 우려가 없는 외벽 · 기둥 및 바닥을 불연재료로 할 수 있다.)
  ③ 지붕 : 불연재료, 천장 : 설치하지 아니할 것
2. 탱크전용실 외의 장소에 옥내저장탱크의 펌프설비를 설치하는 경우
  ① 벽 · 기둥 · 바닥 및 보 : 내화구조
  ② 출입구 : 60분 + 방화문 또는 60분 방화문. 단, 제6류 위험물의 탱크전용실에 있어서는 30분 방화문을 설치할 수 있다.
  ③ 환기 및 배출 : 방화상 유효한 댐퍼 등을 설치할 것

21 옥외저장소 보유공지   **[2022년 제1회 필답형 16번]**

옥외저장소 보유공지에 대해 다음 빈칸을 알맞게 채우시오.

저장 또는 취급하는 위험물의 최대수량	저장 또는 취급하는 위험물	공지의 너비
지정수량의 10배 이하	제1석유류	(①)m 이상
	제2석유류	(②)m 이상
지정수량의 20배 초과 50배 이하	제2석유류	(③)m 이상
	제3석유류	(④)m 이상
	제4석유류	(⑤)m 이상

▶▶▶풀이 옥외저장소 보유공지 기준은 다음과 같다.

저장 또는 취급하는 위험물의 최대수량	공지의 너비
지정수량의 10배 이하	3m 이상
지정수량의 10배 초과 20배 이하	5m 이상
지정수량의 20배 초과 50배 이하	9m 이상
지정수량의 50배 초과 200배 이하	12m 이상
지정수량의 200배 초과	15m 이상

단, 제4류 위험물 중 **제4석유류**와 제6류 위험물을 저장 또는 취급하는 보유공지는 **공지 너비의 1/3 이상**으로 **단축**할 수 있다.

☑ **출제 형식**

옥외저장소 보유공지에서 제4류 위험물 중 제4석유류를 저장 또는 취급하는 보유공지는 공지너비의 1/3 이상으로 단축할 수 있다는 점을 강조한 신출 변형문제입니다.

☑ **이런 유형의 문제 대비를 위해 미리 학습해야 할 내용**

보유공지를 공지너비의 1/3 이상으로 단축할 수 있는 위험물의 종류

1. 제4류 위험물 중 제4석유류
2. 제6류 위험물

※ 옥외저장소의 보유공지는 1/3로 단축하더라도 옥외탱크저장소의 기준인 최소 3m 이상 또는 1.5m 이상으로 하는 규정은 적용하지 않습니다. 즉, 옥외저장소의 보유공지는 최소 기준이 없습니다.

신유형 **22** 위험물 운송책임자 및 위험물의 운송 기준 [2022년 제1회 필답형 19번]

다음 물음에 답하시오.

(1) 운송책임자의 운전자 감독 · 지원하는 방법으로 옳은 것을 모두 고르시오.
   ① 이동탱크저장소에 동승   ② 사무실에 대기하면서 감독 · 지원
   ③ 부득이한 경우 GPS로 감독 · 지원   ④ 다른 차량을 이용하여 따라다니면서 감독 · 지원

(2) 위험물 운송 시 운전자가 장시간 운전할 경우 2명 이상의 운전자로 하여야 하는데, 그러하지 않아도 되는 경우를 모두 고르시오.
   ① 운송책임자가 동승하는 경우   ② 제2류 위험물을 운반하는 경우
   ③ 제4류 위험물 중 제1석유류를 운반하는 경우   ④ 2시간 이내마다 20분 이상씩 휴식하는 경우

(3) 위험물 운송 시 이동탱크저장소에 비치하여야 하는 것을 모두 고르시오.
   ① 완공검사합격확인증   ② 정기검사확인증
   ③ 설치허가확인증   ④ 위험물안전관리카드

>>> 풀이 (1) 운송책임자의 감독 또는 지원 방법
   ① 운송책임자가 **이동탱크저장소에 동승**하여 감독 · 지원
   ② 운송의 감독 또는 지원을 위하여 마련한 별도의 **사무실에 운송책임자가 대기하면서 감독 · 지원**
(2) 위험물 운송자의 기준
   ① 운전자를 2명 이상으로 하는 경우
      ㉠ 고속국도에서 340km 이상에 걸치는 운송을 하는 경우
      ㉡ 일반도로에서 200km 이상에 걸치는 운송을 하는 경우
   ② **운전자를 1명으로 할 수 있는 경우**
      ㉠ **운송책임자를 동승시킨 경우**
      ㉡ **제2류 위험물, 제3류 위험물(칼슘 또는 알루미늄의 탄화물에 한한다) 또는 제4류 위험물(특수인화물 제외)을 운송하는 경우**
      ㉢ **운송 도중에 2시간 이내마다 20분 이상씩 휴식하는 경우**
(3) ① **완공검사합격확인증** : 규정에 따라 허가를 받은 자가 제조소등의 설치를 마쳤거나 그 위치 · 구조 또는 설비의 변을 마친 때에는 당해 제조소등마다 시 · 도지사가 행하는 완공검사를 받아 규정에 따른 기술기준에 적합하다고 인정받은 후가 아니면 이를 사용하여서는 안된다.
   ② **위험물안전카드**를 휴대해야 하는 위험물 : 제4류 위험물 중 특수인화물 및 제1석유류와 제1류, 제2류, 제3류, 제5류, 제6류 위험물 전부 물이 유출되거나 유입되지 않도록 할 것

☑ **출제 형식**

위험물 운송책임자의 운전자 감독 · 지원하는 방법과 위험물 운송 기준을 함께 묻는 것으로 처음으로 출제된 신출 변형문제입니다.

☑ **이런 유형의 문제 대비를 위해 미리 학습해야 할 내용**

운송책임자의 기준
1. 운송책임자의 자격요건
   ① 위험물 국가기술자격을 취득하고 관련 업무에 1년 이상 종사한 경력이 있는 자
   ② 위험물 운송에 관한 안전교육을 수료하고 관련 업무에 2년 이상 종사한 경력이 있는 자
2. 운송 시 운송책임자의 감독 · 지원을 받아야 하는 위험물
   ① 알킬알루미늄
   ② 알킬리튬

23 탱크의 내용적과 완공검사 및 정기검사 　　　[2022년 제1회 필답형 20번]

탱크 바닥의 반지름이 3m, 높이가 20m인 원통형 옥외탱크저장소에 대해 다음 물음에 답하시오.

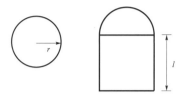

(1) 세로로 세워진 원통형 탱크의 내용적(L)을 구하시오.
(2) 기술검토를 받아야 하면 ○, 받지 않아도 되면 ×를 쓰시오.
(3) 완공검사를 받아야 하면 ○, 받지 않아도 되면 ×를 쓰시오.
(4) 정기검사를 받아야 하면 ○, 받지 않아도 되면 ×를 쓰시오.

≫≫풀이 (1) 세로로 세워진 원통형 탱크의 내용적 = $\pi r^2 l$, 1m^3=1,000L이므로,

탱크의 내용적 = $(\pi \times 3^2 \times 20)m^3 \times \dfrac{1{,}000\text{L}}{1\text{m}^3}$ = **565,486.68L**

(2) 기술검토의 대상인 제조소등
　– 지정수량의 1천배 이상의 위험물을 취급하는 제조소 또는 일반취급소
　– **옥외탱크저장소(저장용량이 50만L 이상인 것만 해당한다)** 또는 암반탱크저장소

(3) 규정에 따라 허가를 받은 자가 제조소등의 설치를 마쳤거나 그 위치·구조 또는 설비의 변을 마친 때에는 당해 제조소등마다 시·도지사가 행하는 **완공검사를 받아** 규정에 따른 기술기준에 적합하다고 인정받은 후가 아니면 이를 사용하여서는 안된다.

(4) **정기검사의 대상인 제조소등**
　– 특정·준특정 옥외탱크저장소(위험물을 저장 또는 취급하는 **50만L 이상의 옥외탱크저장소**)

☑ 출제 형식

자주 출제되는 탱크 내용적을 묻는 문제와 기술검토 및 완공검사, 정기검사에 대한 질문을 함께 묻는 것으로 신출 변형문제입니다.

☑ 이런 유형의 문제 대비를 위해 미리 학습해야 할 내용

1. 탱크 안전성능검사의 위탁업무에 해당하는 탱크
　① 100만L 이상인 액체 위험물 저장탱크
　② 암반탱크
　③ 지하저장탱크 중 이중벽의 위험물탱크

2. 완공검사의 위탁업무에 해당하는 제조소등
　① 지정수량 1천배 이상의 위험물을 취급하는 제조소 또는 일반취급소
　② 50만L 이상의 옥외탱크저장소
　③ 암반탱크저장소

신유형 **24** 안전교육의 대상자와 교육시간

[2022년 제4회 필답형 1번]

다음은 안전교육의 교육과정과 교육대상자, 교육시간에 대한 내용이다. 빈칸을 알맞게 채우시오.

교육과정	교육대상자	교육시간
강습교육	(①)가 되려는 사람	24시간
	(②)가 되려는 사람	8시간
	(③)가 되려는 사람	16시간
실무교육	(①)	8시간 이내
	(②)	4시간
	(③)	8시간 이내
	(④)의 기술인력	8시간 이내

>>> 풀이 안전교육의 과정, 대상자 및 시간

교육과정	교육대상자	교육시간	교육시기	교육기관
강습교육	**안전관리자**가 되려는 사람	24시간	최초 선임되기 전	한국소방안전원
	위험물운반자가 되려는 사람	8시간	최초 종사하기 전	
	위험물운송자가 되려는 사람	16시간	최초 종사하기 전	
실무교육	**안전관리자**	8시간 이내	1. 제조소등의 안전관리자로 선임된 날부터 6개월 이내 2. 신규교육을 받은 후 2년마다 1회	
	위험물운반자	4시간	1. 위험물운반자로 종사한 날부터 6개월 이내 2. 신규교육을 받은 후 3년마다 1회	
	위험물운송자	8시간 이내	1. 위험물운송자로 종사한 날부터 6개월 이내 2. 신규교육을 받은 후 3년마다 1회	
	탱크시험자의 기술인력	8시간 이내	1. 탱크시험자의 기술인력으로 등록한 날부터 6개월 이내 2. 신규교육을 받은 후 2년마다 1회	한국소방산업기술원

☑ 출제 형식

안전교육의 대상자와 교육시간을 묻는 처음으로 출제된 신출문제입니다.

☑ 이런 유형의 문제 대비를 위해 미리 학습해야 할 내용

1. 위험물운반자
   ① 운반용기에 수납된 위험물을 지정수량 이상으로 차량에 적재하여 운반하는 차량의 운전자
   ② 위험물 분야의 자격 취득 후 안전교육을 수료할 것
2. 위험물운송자
   ① 이동탱크저장소에 의하여 위험물을 운송하는 자로 운송책임자 및 이동탱크저장소 운전자
   ② 위험물 분야의 자격 취득 후 안전교육을 수료할 것

25 위험물제조소등의 방화상 유효한 담의 높이 [2022년 제4회 필답형 19번]

다음 주어진 조건을 보고 위험물제조소의 방화상 유효한 담의 높이(h)는 몇 m 이상으로 해야 하는지 구하시오.

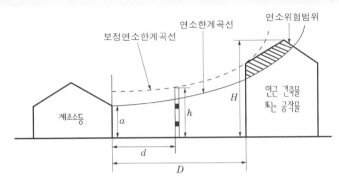

여기서, D : 제조소등과 인근 건축물 또는 공작물과의 거리(10m)
H : 인근 건축물 또는 공작물의 높이(40m)
a : 제조소등의 외벽의 높이(30m)
d : 제조소등과 방화상 유효한 담과의 거리(5m)
h : 방화상 유효한 담의 높이(m)
p : 상수 0.15

>>>풀이 방화상 유효한 담의 높이(h)

• $H \leq pD^2 + a$인 경우 : $h = 2$
• $H > pD^2 + a$인 경우 : $h = H - p(D^2 - d^2)$

$40 \leq 0.15 \times 10^2 + 30$이므로 방화상 유효한 담의 높이($h$)=**2m 이상**이다.

☑ **출제 형식**

위험물제조소등의 방화상 유효한 담의 높이를 구하는 문제는 필기시험에서 출제되던 내용으로 실기시험에는 출제되지 않았으나 이번에 새롭게 출제된 신출문제입니다.

☑ **이런 유형의 문제 대비를 위해 미리 학습해야 할 내용**

식에서 D, H, a, d가 의미하는 것이 무엇인지를 물어보는 내용으로 다음과 같이 출제할 수 있습니다.

제조소의 안전거리를 단축기준과 관련하여 $H \leq pD^2 + a$인 경우 방화상 유효한 담의 높이(h)는 2m 이상으로 한다. 이때 a가 의미하는 것은 무엇인가?

신유형 (26) 주유취급소에 관한 특례기준 [2023년 제1회 필답형 6번]

다음 〈보기〉는 주유취급소에 관한 특례기준이다. 다음 물음에 대한 답을 〈보기〉에서 모두 골라 기호를 쓰시오. (단, 해당사항이 없으면 "해당 없음"이라고 쓰시오.)

① 주유공지를 확보하지 않아도 된다.
② 지하저장탱크에서 직접 주유하는 경우 탱크 용량에 제한을 두지 않아도 된다.
③ 고정주유설비 또는 고정급유설비의 주유관의 길이에 제한을 두지 않아도 된다.
④ 담 또는 벽을 설치하지 않아도 된다.
⑤ 캐노피를 설치하지 않아도 된다.

(1) 항공기 주유취급소 특례에 해당하는 것을 쓰시오.
(2) 자가용 주유취급소 특례에 해당하는 것을 쓰시오.
(3) 선박 주유취급소 특례에 해당하는 것을 쓰시오.

>>> 풀이
(1) 항공기 주유취급소 특례
① 주유공지와 급유공지에 대한 규정을 적용하지 않는다.
② 표지 및 게시판에 대한 규정을 적용하지 않는다.
③ 위험물을 저장 또는 취급하는 탱크 설치에 대한 규정을 적용하지 않는다.
④ 고정주유설비 또는 고정급유설비의 주유관의 길이에 대한 규정을 적용하지 않는다.
⑤ 담 또는 벽에 대한 규정을 적용하지 않는다.
⑥ 캐노피에 대한 규정을 적용하지 않는다.
(2) 자가용 주유취급소 특례
– 주유공지와 급유공지에 대한 규정을 적용하지 않는다.
(3) 선박 주유취급소 특례
① 주유공지와 급유공지에 대한 규정을 적용하지 않는다.
② 위험물을 저장 또는 취급하는 탱크 설치에 대한 규정을 적용하지 않는다.
③ 고정주유설비 또는 고정급유설비의 주유관의 길이에 대한 규정을 적용하지 않는다.
④ 담 또는 벽에 대한 규정을 적용하지 않는다.

☑ 출제 형식

주유취급소의 위치·구조 및 설비의 기준 중 항공기/자가용/선박 주유취급소의 특례기준을 묻는 신출문제입니다.

☑ 이런 유형의 문제 대비를 위해 미리 학습해야 할 내용

주유취급소의 셀프용 고정주유설비 및 고정급유설비의 기준

1. 셀프용 고정주유설비
① 1회 연속주유량의 상한 : 휘발유는 100L 이하, 경유는 200L 이하
② 1회 연속주유시간의 상한 : 4분 이하
2. 셀프용 고정급유설비
① 1회 연속급유량의 상한 : 100L 이하
② 1회 연속급유시간의 상한 : 6분 이하

신유형 **27** 위험물의 소화 방법　　　　[2023년 제2회 필답형 12번]

다음 〈보기〉의 내용은 위험물의 소화 방법에 대한 설명이다. 옳은 것을 모두 고르시오.

① 제1류 위험물은 주수소화가 가능한 물질과 그렇지 않은 물질이 있다.
② 마그네슘 화재 시 물분무소화가 적응성이 없어 이산화탄소소화기로 소화가 가능하다.
③ 에탄올은 물보다 비중이 높아 물로 소화 시 화재면이 확대되어 주수소화가 불가능하다.
④ 제6류 위험물을 저장 또는 취급하는 장소로서 폭발의 위험이 없는 장소에 한하여 이산화탄소소화기는 적응성이 있다.
⑤ 건조사는 모든 유별 위험물에 소화적응성이 있다.

>>> 풀이　④ 제6류 위험물은 다량의 물로 냉각소화하며, 이산화탄소소화기는 폭발의 위험이 없는 장소에 한하여 제6류 위험물에 적응성이 있다.
　　　⑤ 건조사, 팽창질석, 팽창진주암은 모든 유별 위험물에 소화적응성이 있다.

☑ **출제 형식**

각 위험물에 적응성이 있는 소화설비를 묻는 문제로 소화설비 적응성에서 △로 표시되는 제6류 위험물의 이산화탄소소화기의 적응성과 모든 위험물에 소화적응성이 있는 건조사를 포함한 신출 변형문제입니다.

☑ 이런 유형의 문제 대비를 위해 미리 학습해야 할 내용

소화설비의 적응성

소화설비의 구분		대상물의 구분	건축물 · 그 밖의 공작물	전기설비	제1류 위험물		제2류 위험물			제3류 위험물		제4류 위험물	제5류 위험물	제6류 위험물
					알칼리금속의 과산화물 등	그 밖의 것	철분 · 금속분 · 마그네슘 등	인화성 고체	그 밖의 것	금수성 물품	그 밖의 것			
옥내소화전 또는 옥외소화전 설비			○			○		○	○		○		○	○
스프링클러설비			○			○		○	○		○	△	○	○
물분무등소화설비		물분무소화설비	○	○		○		○	○		○	△	○	○
		포소화설비	○			○		○	○		○	△	○	○
		불활성가스소화설비		○				○				○		
		할로젠화합물소화설비		○				○				○		
	분말소화설비	인산염류등	○	○		○		○	○			○		○
		탄산수소염류등		○	○		○	○		○		○		
		그 밖의 것			○		○			○				
대형 · 소형 수동식 소화기		봉상수(棒狀水)소화기	○			○		○	○		○		○	○
		무상수(霧狀水)소화기	○	○		○		○	○		○		○	○
		봉상강화액소화기	○			○		○	○		○		○	○
		무상강화액소화기	○	○		○		○	○		○	○	○	○
		포소화기	○			○		○	○		○	○	○	○
		이산화탄소소화기		○				○				○		△
		할로젠화합물소화기		○				○				○		
	분말소화기	인산염류소화기	○	○		○		○	○			○		○
		탄산수소염류소화기		○	○		○	○		○		○		
		그 밖의 것			○		○			○				
기타		물통 또는 수조	○			○		○	○		○		○	○
		건조사			○	○	○	○	○	○	○	○	○	○
		팽창질석 또는 팽창진주암			○	○	○	○	○	○	○	○	○	○

※ "○"는 소화설비의 적응성이 있다는 의미이고, "△"의 의미는 다음과 같다.
　1. 스프링클러설비 : 제4류 위험물 화재에는 사용할 수 없지만 취급장소의 살수기준면적에 따라 스프링클러설비의 살수밀도가 기준 이상이면 제4류 위험물 화재에 사용할 수 있다.
　2. 이산화탄소소화기 : 폭발의 위험이 없는 장소에 한하여 이산화탄소소화기가 제6류 위험물에 적응성이 있음을 의미한다.

신유형 28 주유취급소의 전기자동차용 충전설비의 전력공급설비 기준 [2023년 제4회 필답형 12번]

다음 〈보기〉는 주유취급소에 있는 전기자동차용 충전설비의 전력공급설비 기준에 대한 내용이다. 옳은 내용을 모두 고르시오.

① 전기사업법에 따른 전기설비의 기술기준에 적합할 것
② 전력량계, 누전차단기 및 배선용 차단기는 분전반 외부에 설치할 것
③ 분전반은 방폭성능을 갖출 것
④ 분전반을 폭발위험장소 외의 장소에 설치하는 경우에는 방폭성능을 갖출 것

>>> 풀이 　전기자동차용 충전설비의 전력공급설비는 전기자동차에 전원을 공급하기 위한 전기설비로서 전력량계, 인입구 배선, 분전반 및 배선용 차단기 등을 말하며, 설치기준은 다음과 같다.
　　① 전기사업법에 따른 전기설비의 기술기준에 적합할 것
　　② **전력량계, 누전차단기 및 배선용 차단기는 분전반 내에 설치**할 것
　　③ 분전반은 방폭성능을 갖출 것. 다만, **분전반을 폭발위험장소 외의 장소에 설치하는 경우에는 방폭성능을 갖추지 않을 수 있다.**
　　④ 인입구 배선은 지하에 설치할 것

☑ **출제 형식**

주유취급소의 위치·구조 및 설비의 기준 중 전기자동차용 충전설비의 전력공급설비 기준을 묻는 신출문제입니다.

☑ **이런 유형의 문제 대비를 위해 미리 학습해야 할 내용**

주유취급소의 전기자동차용 충전설비의 기준
1. 충전기기의 주위에 전기자동차 충전을 위한 전용 공지를 확보하고, 충전공지 주위를 페인트 등으로 표시하여 그 범위를 알아보기 쉽게 할 것
2. 전기자동차용 충전설비를 건축물 밖에 설치하는 경우 충전공지는 폭발위험 장소 외의 장소에 둘 것
3. 전기자동차용 충전설비를 건축물 안에 설치하는 경우에는 다음의 기준에 적합할 것
　① 해당 건축물의 1층에 설치할 것
　② 해당 건축물에 가연성 증기가 남아 있을 우려가 없도록 환기설비 또는 배출설비를 설치할 것
4. 충전기기와 인터페이스는 다음의 기준에 적합할 것
　① 충전기기는 방폭성능을 갖출 것
　② 인터페이스의 구성 부품은 「전기용품 및 생활용품 안전관리법」에 따른 기준에 적합할 것
5. 충전작업에 필요한 주차장을 설치하는 경우에는 다음의 기준에 적합할 것
　① 주유공지, 급유공지 및 충전공지 외의 장소로서 주유를 위한 자동차 등의 진입·출입에 지장을 주지 않는 장소에 설치할 것
　② 주차장의 주위를 페인트 등으로 표시하여 그 범위를 알아보기 쉽게 할 것
　③ 지면에 직접 주차하는 구조로 할 것

신유형 29 주위험물 제조소등 시설의 허가 및 신고 [2023년 제4회 필답형 19번]

50만L 이상인 옥외탱크저장소의 설치허가를 받고자 한다. 다음 물음에 답하시오.

(1) 기술검토 부서를 쓰시오.

(2) 기술검토 내용을 쓰시오.

▶▶▶풀이 위험물 제조소등 시설의 허가 및 신고

(1) 시 · 도지사에게 허가를 받아야 하는 경우

① 제조소등을 설치하고자 할 때

② 제조소등의 위치·구조 및 설비를 변경하고자 할 때

※ **제조소등의 설치허가** 또는 제조소등의 위치·구조 및 설비의 변경허가에 있어서 **한국소방산업기술원**의 기술검토를 받아야 하는 사항

1. 지정수량의 1천배 이상의 위험물을 취급하는 제조소 또는 일반취급소의 구조·설비에 관한 사항

2. **50만L 이상인 옥외탱크저장소** 또는 암반탱크저장소의 **위험물탱크의 기초·지반, 탱크 본체 및 소화 설비에 관한 사항**

(2) 시 · 도지사에게 신고해야 하는 경우

① 제조소등의 위치 · 구조 또는 설비의 변경 없이 위험물의 품명·수량 또는 지정수량의 배수를 변경하고자 하는 자 : 변경하고자 하는 날의 1일 전까지 신고

② 제조소등의 설치자의 지위를 승계한 자 : 승계한 날부터 30일 이내에 신고

③ 제조소등의 용도를 폐지한 때 : 제조소등의 용도를 폐지한 날부터 14일 이내에 신고

☑ **출제 형식**

위험물제조소등 시설의 허가 및 신고는 필기시험에서 자주 출제되었던 내용으로 실기시험에는 출제되지 않았으나 이번에 새롭게 변형 출제된 신출문제입니다.

☑ **이런 유형의 문제 대비를 위해 미리 학습해야 할 내용**

위험물제조소등 시설의 허가 및 신고

1. 허가나 신고 없이 제조소등을 설치하거나 위치 · 구조 또는 설비를 변경할 수 있고 위험물의 품명 · 수량 또는 지정수량의 배수를 변경할 수 있는 경우

① 주택의 난방시설(공동주택의 중앙난방시설을 제외)을 위한 저장소 또는 취급소

② 농예용 · 축산용 또는 수산용으로 필요한 난방시설 또는 건조시설을 위한 지정수량 20배 이하의 저장소

2. 제조소등이 아닌 장소에서 지정수량 이상의 위험물을 취급할 수 있는 경우

① 관할소방서장의 승인을 받아 지정수량 이상의 위험물을 90일 이내의 기간 동안 임시로 저장 또는 취급하는 경우

② 군부대가 지정수량 이상의 위험물을 군사목적으로 임시로 저장 또는 취급하는 경우

신유형 30 제4류 위험물 지정수량

[2024년 제1회 필답형 15번]

다음 〈보기〉의 위험물 중에서 지정수량의 단위가 L인 위험물의 지정수량이 큰 것부터 작은 것 순서대로 쓰시오.

다이나이트로아닐린, 하이드라진, 피리딘, 피크린산, 글리세린, 클로로벤젠

▶▶▶풀이 〈보기〉의 위험물의 유별과 품명과 지정수량은 다음과 같다.

물질명	유별	품명	지정수량
다이나이트로아닐린	제5류 위험물	나이트로화합물	제1종 : 10kg, 제2종 : 100kg
하이드라진	제4류 위험물	제2석유류(수용성)	2,000L
피리딘	제4류 위험물	제1석유류(수용성)	400L
피크린산	제5류 위험물	나이트로화합물	제1종 : 10kg, 제2종 : 100kg
글리세린	제4류 위험물	제3석유류(수용성)	4,000L
클로로벤젠	제4류 위험물	제2석유류(비수용성)	1,000L

제1류~제6류 위험물 중 제4류 위험물의 지정수량의 단위만 L이고, 다른 위험물의 지정수량의 단위는 kg이다.
〈보기〉의 위험물 중 제4류 위험물의 지정수량이 큰 것부터 작은 것으로 나열하면 **글리세린 – 하이드라진 – 클로로벤젠 – 피리딘** 순서이다.

☑ **출제 형식**

제4류 위험물의 지정수량에 대한 문제는 자주 출제되는 빈출문제입니다. 단, 제4류 위험물을 지정수량의 단위가 L인 위험물의 지정수량을 묻는 질문으로 표현이 바뀐 신출 변형문제입니다.

☑ **이런 유형의 문제 대비를 위해 미리 학습해야 할 내용**

위험물의 지정수량의 단위는 제4류 위험물을 제외한 제1류~제6류 위험물은 kg의 단위를 사용하고, 제4류 위험물은 L의 단위를 사용합니다.

신유형 31 항공기 주유취급소 기준   [2024년 제2회 필답형 16번]

다음은 항공기 주유취급소 기준에 대한 내용이다. 물음에 답하시오.

(1) 비행장에서 항공기, 비행장에 소속된 차량 등에 주유하는 주유취급소에 대한 특례기준 적용이 가능한지 여부를 쓰시오. (단, 가능 또는 불가능으로 답하시오.)

(2) 빈칸에 알맞은 말을 쓰시오.

  ( )를 사용하여 주유하는 항공기 주유취급소에는 정전기를 유효하게 제거할 수 있는 접지전극을 설치한다.

(3) 주유호스차를 사용하여 주유하는 항공기 주유취급소에 대한 내용이다. 빈칸에 ○, ×로 표기하시오.

  ① 주유호스차는 화재예방상 안전한 장소에 상시 주차할 것 ( )

  ② 주유호스차의 호스기기에는 항공기와 전기적으로 접속하기 위한 도선을 설치하고 주유호스의 끝부분에 축적되는 정전기를 유효하게 제거할 수 있는 장치를 설치할 것 ( )

  ③ 항공기 주유취급소에는 정전기를 유효하게 제거할 수 있는 접지전극을 설치할 것 ( )

▶▶▶풀이   항공기 주유취급소 특례

1. **비행장에서 항공기, 비행장에 소속된 차량 등에 주유하는 주유취급소에 대하여는 주유공지 및 급유공지, 표지 및 게시판, 탱크, 담 또는 벽, 캐노피의 규정을 적용하지 아니한다.**

2. 1에서 규정한 것외의 항공기 주유취급소에 대한 특례는 다음과 같다.

  가. 항공기 주유취급소에는 항공기 등에 직접 주유하는 데 필요한 공지를 보유할 것

  나. 1의 규정에 의한 공지는 그 지면을 콘크리트 등으로 포장할 것

  다. 1의 규정에 의한 공지에는 누설한 위험물, 그 밖의 액체가 공지의 외부로 유출되지 아니하도록 배수구 및 유분리장치를 설치할 것. 다만, 누설한 위험물 등의 유출을 방지하기 위한 조치를 한 경우에는 그러하지 아니하다.

  라. 지하식(호스기기가 지하의 상자에 설치된 형식을 말한다. 이하 같다)의 고정주유설비를 사용하여 주유하는 항공기 주유취급소의 경우에는 다음의 기준에 의할 것

    1) 호스기기를 설치한 상자에는 적당한 방수조치를 할 것

    2) 고정주유설비의 펌프기기와 호스기기를 분리하여 설치한 항공기 주유취급소의 경우에는 당해 고정주유설비의 펌프기기를 정지하는 등의 방법에 의하여 위험물 저장탱크로부터 위험물의 이송을 긴급히 정지할 수 있는 장치를 설치할 것

  마. 연료를 이송하기 위한 배관(이하 "주유배관"이란 한다) 및 당해 주유배관의 끝부분에 접속하는 호스기기를 사용하여 주유하는 항공기 주유취급소의 경우에는 다음의 기준에 의할 것

    1) 주유배관의 끝부분에는 밸브를 설치할 것

    2) 주유배관의 끝부분을 지면 아래의 상자에 설치한 경우에는 당해 상자에 대하여 적당한 방수조치를 할 것

    3) 주유배관의 끝부분에 접속하는 호스기기는 누설우려가 없도록 하는 등 화재예방상 안전한 구조로 할 것

    4) 주유배관의 끝부분에 접속하는 호스기기에는 주유호스의 끝부분에 축적되는 정전기를 유효하게 제거하는 장치를 설치할 것

    5) 항공기 주유취급소에는 펌프기기를 정지하는 등의 방법에 의하여 위험물 저장탱크로부터 위험물의 이송을 긴급히 정지할 수 있는 장치를 설치할 것

  바. 주유배관의 끝부분에 접속하는 호스기기를 적재한 차량(이하 "주유호스차"라 한다)을 사용하여 주유하는 항공기 주유취급소의 경우에는 마 1) · 2) 및 5)의 규정에 의하는 외에 다음의 기준에 의할 것

    1) **주유호스차는 화재예방상 안전한 장소에 상시 주차할 것**

    2) 주유호스차에는 이동탱크저장소의 위치 · 구조 설비의 기준의 규정에 의한 장치를 설치할 것

    3) 주유호스차의 호스기기는 이동탱크저장소의 위치 · 구조 설비의 기준의 규정에 의한 주유탱크차의 주유설비의 기준을 준용할 것

    4) **주유호스차의 호스기기에는 항공기와 전기적으로 접속하기 위한 도선을 설치하고, 주유호스의 끝부분에 축적되는 정전기를 유효하게 제거할 수 있는 장치를 설치할 것**

    5) **항공기 주유취급소에는 정전기를 유효하게 제거할 수 있는 접지전극을 설치할 것**

  사. **주유탱크차**를 사용하여 주유하는 항공기 주유취급소에는 정전기를 유효하게 제거할 수 있는 접지전극을 설치할 것

☑ 출제 형식

항공기 주유취급소 기준에 대해 묻는 문제는 새롭게 출제된 신출문제입니다.

신유형 32 휘발유를 주입할 때에 대한 기준 [2024년 제3회 필답형 16번]

휘발유를 주입할 때에 대해 다음 물음에 답하시오.

(1) 정전기에 의한 재해 발생의 우려가 있는 액체의 위험물을 이동저장탱크의 상부로 주입할 때 사용하는 물건(장치)은 무엇인가?

(2) 셀프용 고정주유설비
   - 1회 연속주유 시 주유량의 상한은 (①) 이하이다.
   - 1회 연속주유 시 주유시간의 상한은 (②) 이하이다.

(3) 이동저장탱크에 위험물을 주입할 때의 기준
   - 이동저장탱크의 상부로부터 위험물을 주입할 때, 위험물의 액 표면이 주입관의 선단을 넘는 높이가 될 때까지 주입관 내의 유속을 초당 (①) 이하로 한다.
   - 이동저장탱크의 밑부분부터 위험물을 주입할 때, 위험물의 액 표면이 주입관의 정상부분을 넘는 높이가 될 때까지 주입관 내의 유속을 초당 (②) 이하로 한다.

≫≫풀이 (3) 이동저장탱크에 위험물을 주입할 때의 기준
   ① 이동저장탱크의 상부로부터 위험물을 주입할 때 : 위험물의 액표면이 주입관의 선단을 넘는 높이가 될 때까지 주입관 내의 유속을 **초당 1m 이하**로 한다.
   ② 이동저장탱크의 밑부분으로부터 위험물을 주입할 때 : 위험물의 액표면이 주입관의 정상부분을 넘는 높이가 될 때까지 주입관 내의 유속을 **초당 1m 이하**로 한다.

☑ 출제 형식

이동저장탱크에 액체 위험물을 주입할 때의 기준에 대한 문제는 필기시험에서 자주 출제되었던 내용으로 실기시험에 새롭게 출제된 신출문제입니다.

☑ 이런 유형의 문제 대비를 위해 미리 학습해야 할 내용

위험물제조소등에서의 위험물의 취급기준

1. 주유취급소
   ① 위험물을 주유할 때 자동차등의 원동기를 정지시켜야 하는 경우 : 인화점 40℃ 미만의 위험물의 주유
   ② 이동저장탱크로부터 다른 탱크로 위험물을 주입할 때 원동기를 정지시켜야 하는 경우 : 인화점 40℃ 미만의 위험물의 주입
   ③ 이동저장탱크에 위험물을 주입할 때의 기준
      ㉠ 이동저장탱크의 상부로부터 위험물을 주입할 때 : 위험물의 액 표면이 주입관의 선단을 넘는 높이가 될 때까지 주입관 내의 유속을 초당 1m 이하로 한다.
      ㉡ 이동저장탱크의 밑부분으로부터 위험물을 주입할 때 : 위험물의 액 표면이 주입관의 정상부분을 넘는 높이가 될 때까지 주입관 내의 유속을 초당 1m 이하로 한다.

2. 이동탱크저장소
   ① 알킬알루미늄등의 이동탱크로부터 알킬알루미늄등을 꺼낼 때 : 동시에 200kPa 이하의 압력으로 불활성 기체를 봉입해야 한다.
   ② 알킬알루미늄등의 이동탱크에 알킬알루미늄등을 저장할 때 : 20kPa 이하의 압력으로 불활성 기체를 봉입해야 한다.
   ③ 아세트알데하이드등의 이동탱크로부터 아세트알데하이드등을 꺼낼 때 : 동시에 100kPa 이하의 압력으로 불활성 기체를 봉입해야 한다.

33 FK 5-1-12 할로젠화합물 소화약제 [2024년 제3회 필답형 17번]

다음 할론 소화약제의 화학식을 쓰시오.

(1) 할론 2402

(2) 할론 1211

(3) HFC-23

(4) HFC-125

●(5) FK 5-1-12

>>> 풀이 3. FK 5-1-12는 기존 할로젠화합물 소화약제와 달리 환경규제 적용을 받지 않는 청정소화약제이며, 화학식은 $CF_3CF_2C(O)CF(CF_3)_2$, 즉 $C_6F_{12}O$이다.

☑ **출제 형식**

환경 규제 적용을 받지 않는 청정소화약제인 FK 5-1-12는 처음 출제된 할로젠화합물 소화약제 신출문제입니다.

☑ **이런 유형의 문제 대비를 위해 미리 학습해야 할 내용**

할로젠화합물 소화약제의 화학식

소화약제	화학식	소화약제	화학식
Halon 1001	CH_3Br	HFC-23	CHF_3
Halon 1211	CF_2ClBr	HFC-125	C_2HF_5
Halon 1301	CF_3Br	HFC-227ea	C_3HF_7
Halon 2402	$C_2F_4Br_2$	FK 5-1-12	$C_6F_{12}O$

위험물산업기사 필기 + 실기

2021. 6. 15. 초 판 1쇄 발행
2025. 1. 8. 개정 4판 1쇄(통산 6쇄) 발행

지은이 │ 여승훈, 박수경
펴낸이 │ 이종춘
펴낸곳 │ BM (주)도서출판 성안당

주소 │ 04032 서울시 마포구 양화로 127 첨단빌딩 3층(출판기획 R&D 센터)
        │ 10881 경기도 파주시 문발로 112 파주 출판 문화도시(제작 및 물류)
전화 │ 02) 3142-0036
        │ 031) 950-6300
팩스 │ 031) 955-0510
등록 │ 1973. 2. 1. 제406-2005-000046호
출판사 홈페이지 │ www.cyber.co.kr
ISBN │ 978-89-315-8427-1 (13570)
정가 │ 42,000원

이 책을 만든 사람들

책임 │ 최옥현
진행 │ 이용화
전산편집 │ 이다혜, 전채영
표지 디자인 │ 임흥순
홍보 │ 김계향, 임진성, 김주승, 최정민
국제부 │ 이선민, 조혜란
마케팅 │ 구본철, 차정욱, 오영일, 나진호, 강호묵
마케팅 지원 │ 장상범
제작 │ 김유석

👆 한번에
합격하기

위험물산업기사

필기 + **실기**

필기/실기
완벽대비!

핵심이론+법령

핵심 써머리

여승훈, 박수경 지음

BM (주)도서출판 **성안당**

위험물
산업기사
필기 + 실기

핵심이론+법령
핵심 써머리

여승훈, 박수경 지음

BM (주)도서출판 성안당

■ 도서 A/S 안내

핵심이론
&
위험물안전관리법

1. 핵심이론
Industrial Engineer Hazardous material

1. 물질의 물리 · 화학적 성질

📝 원소주기율표

1 주기율표의 구성

(1) 주기율표(periodic table)

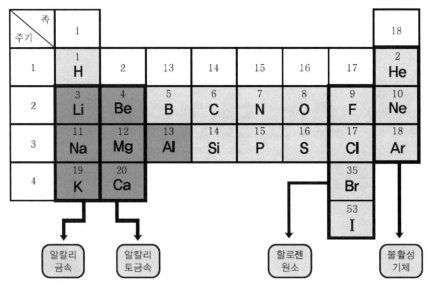

① 주기 : 주기율표의 가로줄
- ㉠ 1주기 : H(수소), He(헬륨)
- ㉡ 2주기 : Li(리튬), Be(베릴륨), B(붕소), C(탄소), N(질소), O(산소), F(플루오린), Ne(네온)
- ㉢ 3주기 : Na(나트륨), Mg(마그네슘), Al(알루미늄), Si(규소), P(인), S(황), Cl(염소), Ar(아르곤)
- ㉣ 4주기 : K(칼륨), Ca(칼슘), Br(브로민)
- ※ I(아이오딘)은 5주기에 속하는 원소이다.

② 족 : 주기율표의 세로줄로서 비슷한 화학적 성질을 가진 원소들끼리의 묶음
- ㉠ 1족(알칼리금속) : H(1족 원소이지만 알칼리금속은 아님), Li, Na, K
- ㉡ 2족(알칼리토금속) : Be, Mg, Ca
- ㉢ 17족 또는 7족(할로젠원소) : F, Cl, Br(브로민), I(아이오딘)
- ㉣ 18족 또는 0족(불활성 기체) : He, Ne, Ar

(2) 원자의 구성

원자는 원자핵과 그 주위를 돌고 있는 전자로 구성

① 원자핵 : 양성자와 중성자로 구성

ㄱ 양성자 : 양(+)의 전하를 띠는 것

ㄴ 중성자 : 전기적 성질이 없는 것

② 전자 : 음(−)의 전하를 띠는 것

(3) 원자량(질량수)

C(탄소)를 기준으로 한 원소들의 상대적인 질량

① 원자번호가 짝수인 원소 : 원자번호×2

② 원자번호가 홀수인 원소 : 원자번호×2+1

③ 예외적인 원소의 원자량

ㄱ 수소(H) : 1   ㄴ 질소(N) : 14   ㄷ 염소(Cl) : 35.5

② 원소의 성질

(1) 원소의 금속성(알칼리성)과 비금속성(산성)

① 금속성 원소 : 주기율표의 왼쪽에 분포

② 비금속성 원소 : 주기율표의 오른쪽에 분포

(2) 원자의 반지름

① 같은 주기 : 원자번호가 증가할수록 원자의 반지름은 작아진다.

② 같은 족 : 원자번호가 증가할수록 원자의 반지름은 커진다.

(3) 이온화경향

① 원자가 전자를 잃고 양(+)이온이 되려는 성질

② 이온화경향의 세기

K > Ca > Na > Mg > Al > Zn > Fe > Ni > Sn > Pb > H > Cu > Hg > Ag > Pt > Au
칼륨 칼슘 나트륨 마그 알루 아연 철   니켈 주석 납   수소 구리 수은 은 백금 금
            네슘   미늄

(4) 이온화에너지

중성인 원자로부터 전자 1개를 떼어 양이온으로 만드는 데 필요한 에너지를 말한다.

① 같은 주기 : 0족(오른쪽)으로 갈수록 크고, 1족(왼쪽)으로 갈수록 작다.

② 같은 족 : 원자번호가 증가(아래쪽)할수록 작고, 원자번호가 감소(위쪽)할수록 크다.

3 화학식의 종류

(1) 시성식

화합물의 성질을 알 수 있도록 작용기를 표시하여 나타낸 식

　예 아세트산의 시성식 : CH_3COOH

(2) 분자식

화합물을 구성하는 각 원소의 수를 나타낸 식

　예 아세트산의 분자식 : $C_2H_4O_2$

(3) 실험식

화합물을 구성하는 원소들을 가장 간단한 정수비로 나타낸 식

　예 아세트산의 실험식 : CH_2O

(4) 구조식

화합물을 구성하는 원소들의 결합상태를 선으로 나타낸 식

　예 아세트산의 구조식 :

4 동소체와 이성질체

(1) 동소체

하나의 원소로 이루어진 것으로서 그 성질은 다르지만 연소 후 최종생성물이 동일한 물질

① 황(S) : 사방황(S), 단사황(S), 고무상황(S)은 서로 동소체로서 연소 시 모두 이산화황(SO_2) 발생

② 인(P) : 적린(P)과 황린(P_4)은 서로 동소체로서 연소 시 모두 오산화인(P_2O_5) 발생

(2) 이성질체

① 이성질체의 정의 : 물질의 분자식 또는 시성식은 같고 그 성질 및 구조는 다른 화합물

② 이성질체의 종류

　㉠ 기하이성질체 : 이중결합의 탄소원자에 결합된 원자 또는 원자단의 공간적 위치가 다른 것

　㉡ 광학이성질체 : 거울에 비치는 것과 같은 구조로서 두 개를 포갰을 때 결코 겹쳐지지 않는 구조

5 오비탈(orbital)

(1) 오비탈(궤도함수)

① 전자가 채워지는 공간을 의미

② 종류

㉠ s오비탈 : 전자를 최대 2개 채울 수 있다.

㉡ p오비탈 : 전자를 최대 6개 채울 수 있다.

㉢ d오비탈 : 전자를 최대 10개 채울 수 있다.

㉣ ƒ오비탈 : 전자를 최대 14개 채울 수 있다.

③ 오비탈의 표시

㉠ 오비탈 앞에 있는 숫자는 주기율표의 주기를 의미한다.

㉡ 오비탈의 오른쪽 위에 있는 수를 모두 합하면 원소의 전자수 즉, 원자번호가 된다.

④ 원소의 오비탈

㉠ 원자번호 6인 C(탄소)를 나타내는 오비탈

주기 ┌ 전자의 수

$$1\,s^2\ 2\,s^2\ 2\,p^2$$

↖ 오비탈의 종류

㉡ 원자번호 12인 Mg(마그네슘)을 나타내는 오비탈

주기 ┌ 전자의 수

$$1\,s^2\ 2\,s^2\ 2\,p^6\ 3\,s^2$$

↖ 오비탈의 종류

(2) 훈트(Hund)의 규칙

오비탈에 들어가는 전자는 각 오비탈마다 분산되어 들어가려고 하는 성질을 갖는다.

☑ 물질의 변화

(1) 고체와 액체의 변화

① 고체 → 액체 : 융해 또는 용융

② 액체 → 고체 : 응고

(2) 액체와 기체의 변화

① 액체 → 기체 : 기화 또는 증발

② 기체 → 액체 : 액화

(3) 고체와 기체의 변화
고체 → 기체 또는 기체 → 고체 : 승화

☑ 화학적 결합

(1) 화학적 결합의 종류
① 이온결합 : 금속과 비금속의 결합
② 금속결합 : 금속과 금속의 결합
③ 공유결합 : 비금속과 비금속의 결합
④ 수소결합 : F(플루오린), O(산소), N(질소)와 H(수소) 원자와의 결합
⑤ 배위결합 : 비공유전자쌍을 다른 원자에게 제공하여 그 원자와 결합하는 방식
⑥ 반 데르 발스(Van der Waals) 결합 : 분자와 분자 간의 끌어당기는 힘에 의해 결합하는 방식

(2) 결합력의 세기
원자결합 > 공유결합 > 이온결합 > 금속결합 > 수소결합 > 반 데르 발스 결합

☑ 물질의 용해도와 농도

1 물질의 용해도

(1) 용해도
어떤 온도에서 용매 100g에 녹아있는 용질의 g수
① 용질 : 녹는 물질
② 용매 : 녹이는 물질
③ 용액 : 용질＋용매

(2) 헨리(Henry)의 법칙
액체에 녹아 있는 기체의 양은 내부 압력에 비례한다.

2 물질의 농도

(1) 물질의 g당량
① 원소의 g당량 : 원자량을 원자가로 나눈 값

② 산(H를 가진 것)의 g당량 : 분자량을 포함된 수소(H)의 개수로 나눈 값

③ 염기(OH를 가진 것)의 g당량 : 분자량을 포함된 수산기(OH)의 개수로 나눈 값

(2) 농도의 종류

① 몰농도(M) : 용액 1,000mL에 녹아 있는 용질의 몰수

② 노르말농도(N) : 용액 1,000mL에 녹아 있는 용질의 g당량수

③ 몰랄농도(m) : 용매 1,000g에 녹아 있는 용질의 몰수

④ ppm농도 : 용액 1L에 녹아 있는 용질의 mg수

⑤ 퍼센트(%)농도 : 용액 100g에 녹아 있는 용질의 g수를 백분율로 나타낸 것

⑥ %농도의 환산

　㉠ %농도를 몰농도(M)로 환산 : $\dfrac{10 \times d(비중) \times s(농도)}{분자량}$

　㉡ %농도를 노르말농도(N)로 환산 : $\dfrac{10 \times d(비중) \times s(농도)}{g당량}$

3 중화적정과 이온농도

(1) 중화적정

농도를 알고 있는 산 또는 염기의 용액을 이용하여 농도를 모르는 일정량의 산이나 염기의 농도를 결정하는 방법

$$N_1 V_1 = N_2 V_2$$

여기서, N_1, N_2 : 각 물질의 노르말농도, V_1, V_2 : 각 물질의 부피

(2) 수소이온농도지수(pH)

용액 1L 중에 존재하는 H^+이온의 몰수를 다음의 식으로 나타낸 것

$$pH = -\log[H^+]$$

여기서, $[H^+]$: 수소이온의 농도

(3) 수산화이온농도지수(pOH)

용액 1L 중에 존재하는 OH^-이온의 몰수를 다음의 식으로 나타낸 것

$$pOH = -\log[OH^-]$$

여기서, $[OH^-]$: 수산화이온의 농도

(4) pH와 pOH

① pH+pOH=14가 성립한다.

② pH는 7이 중성이며, pH의 값이 7보다 작으면 산성, 7보다 크면 알칼리(염기)성이다.

③ pH의 값은 작을수록 강산성, 클수록 강알칼리(강염기)성이다.

4 지시약

지시약의 명칭	산성	중성	알칼리성
메틸오렌지	적색	황색	황색
메틸레드	적색	주황	황색
리트머스	적색	보라	청색
페놀프탈레인	무색	무색	적색

물질에 관한 기본법칙

(1) 배수비례의 법칙

A와 B 두 원소가 화합하여 2가지 이상의 화합물을 만들 때 A 원소의 일정량과 결합하는 다른 원소의 질량에는 간단한 정수비가 성립한다.

(2) 보일(Boyle)의 법칙

온도가 일정할 때 기체의 압력과 부피는 반비례한다.

$$P_1 V_1 = P_2 V_2$$

여기서, P_1, P_2 : 기체의 압력

V_1, V_2 : 기체의 부피

(3) 샤를의 법칙

일정한 압력에서 기체의 부피는 절대온도에 비례한다.

$$\frac{V_1}{T_1} = \frac{V_2}{T_2}$$

여기서, V_1, V_2 : 기체의 부피

T_1, T_2 : 기체의 절대온도(273+실제온도)

(4) 보일–샤를의 법칙

기체의 부피는 압력에 반비례하고, 절대온도에는 비례한다.

$$\frac{P_1 V_1}{T_1} = \frac{P_2 V_2}{T_2}$$

여기서, P_1, P_2 : 기체의 압력
V_1, V_2 : 기체의 부피
T_1, T_2 : 기체의 절대온도(273 + 실제온도)

(5) 아보가드로(Avogadro)의 법칙

같은 온도와 같은 압력에서 같은 부피 속에 들어있는 모든 기체의 분자수는 같다.

(6) 그레이엄(Graham)의 기체확산속도의 법칙

같은 온도와 같은 압력에서 두 기체의 확산속도는 분자량의 제곱근에 반비례한다.

$$\frac{V_1}{V_2} = \sqrt{\frac{M_2}{M_1}}$$

여기서, V_1, V_2 : 각 기체의 확산속도
M_1, M_2 : 각 기체의 분자량

(7) 이상기체상태방정식

물질이 기체상태인 경우 압력, 부피, 몰수, 온도 간의 관계를 나타내는 방정식이다.

$$PV = \frac{w}{M}RT = nRT$$

여기서, P : 압력(기압), V : 부피(L)
w : 질량(g), M : 분자량(g/mol)
n : 몰수(mol), R : 이상기체상수(0.082atm · L/K · mol)
T : 절대온도(273 + 실제온도)(K)

☑ 콜로이드

(1) 콜로이드의 정의

거름종이는 통과하지만 반투막은 통과하지 못하는 정도의 크기를 가진 입자가 물에 분산되어 있는 상태

(2) 콜로이드의 현상

　① 틴들현상 : 입자가 큰 콜로이드가 녹아 있는 용액에 센 빛을 비추면 빛의 진로가 보이는 현상

　② 브라운운동 : 콜로이드 입자가 불규칙하게 지속적으로 움직이는 현상

　③ 투석 : 콜로이드와 콜로이드보다 더 작은 입자를 가진 물질을 반투막에 통과시켜 통과되지 않는 콜로이드를 남기는 현상

✅ 산화와 환원

(1) 산화와 환원의 정의

　① 산화 : 산소를 얻는 것, 수소를 잃는 것, 전자를 잃는 것, 산화수가 증가하는 것

　② 환원 : 수소를 얻는 것, 산소를 잃는 것, 전자를 얻는 것, 산화수가 감소하는 것

(2) 산화제와 환원제

　① 산화제 : 가연물을 연소시키는 물질(산소공급원)

　② 환원제 : 직접 탈 수 있는 물질(가연물)

(3) 산화물의 종류

　① 산성 산화물 : 비금속과 산소가 결합된 물질

　② 염기성 산화물 : 금속과 산소가 결합된 물질

　③ 양쪽성 산화물 : 양쪽성 원소(Al, Zn, Sn, Pb)와 산소가 결합된 물질

(4) 브뢴스테드(Brönsted)의 산과 염기

　① 산 : H^+를 잃는 물질

　② 염기 : H^+를 얻는 물질

✅ 전기화학과 전지

(1) 전지에서 전류와 전자의 이동

　① 전류 : 이온화경향이 작은 금속이 존재하는 (+)극에서 이온화경향이 큰 금속이 존재하는 (−)극으로 이동한다.

　② 전자 : 이온화경향이 큰 금속이 존재하는 (−)극에서 이온화경향이 작은 금속이 존재하는 (+)극으로 이동한다.

(2) 패러데이(Faraday)의 법칙

1F를 물질 1g당량을 석출하는 데 필요한 전기량으로서 96,500C과 같으며, 전류와 시간과의 관계는 다음과 같다.

$$1F = 96,500C, \; C = A \times s$$

여기서, F(패럿)과 C(쿨롬) : 전기량
　　　　A(암페어) : 전류
　　　　s(초) : 시간

☑ 반응속도와 화학평형

(1) 반응속도

반응식 $aA + bB \rightarrow cC + dD$에서 반응 전 물질과 반응 후 물질의 반응속도는 다음과 같다.

① 반응 전 물질의 반응속도(V_1)

$$V_1 = k_1 [A]^a [B]^b$$

여기서, k_1 : 반응계수
　　　　[A], [B] : A와 B의 농도
　　　　a, b : A와 B의 몰수

② 반응 후 물질의 반응속도(V_2)

$$V_2 = k_2 [C]^c [D]^d$$

여기서, k_2 : 반응계수
　　　　[C], [D] : C와 D의 농도
　　　　c, d : C와 D의 몰수

(2) 평형이동의 법칙

기체의 반응식 $aA + bB \rightarrow cC + dD$에서 화학평형은 온도, 압력, 농도를 증가시킴에 따라 다음과 같이 이동한다.

① 온도를 상승시키면 흡열반응 쪽으로 이동
② 압력을 증가시키면 기체몰수의 합이 적은 쪽으로 이동
③ 농도를 증가시키면 농도가 적은 쪽으로 이동

1. 핵심이론

☑ 방사성 원소

(1) 방사선의 투과력 세기

α선, β선, γ선의 투과력 세기는 α선 $<$ β선 $<$ γ선의 순으로 γ선이 가장 크다.

(2) 방사성 원소의 자연붕괴

① α붕괴 : 1회 발생 시 원자번호는 2 감소하고, 원자량(질량수)은 4 감소한다.
② β붕괴 : 1회 발생 시 원자번호는 1 증가하고, 원자량(질량수)은 불변이다.

(3) 반감기

방사성 원소의 붕괴 시 그 양이 처음의 반(1/2)으로 감소하는 데 걸리는 기간

☑ 발열반응과 흡열반응

(1) 발열반응

반응과정에서 열이 발생하여 반응 후 온도가 높아진 반응으로 표시방법은 다음과 같다.

$$A + B \rightarrow C + Q(\text{cal}) \ \text{또는} \ A + B \rightarrow C, \ \Delta H = - Q(\text{cal})$$

(2) 흡열반응

반응과정에서 열이 흡수되어 반응 후 온도가 낮아진 반응으로 표시방법은 다음과 같다.

$$A + B \rightarrow C - Q(\text{cal}) \ \text{또는} \ A + B \rightarrow C, \ \Delta H = + Q(\text{cal})$$

☑ 유기화합물

(1) 알케인(Alkane)

① 메테인계 또는 파라핀계라고도 하며, 단일결합 물질이다.
② 일반식은 C_nH_{2n+2}이며, CH_4(메테인), C_2H_6(에테인), C_3H_8(프로페인) 등이 있다.

(2) 알킬(Alkyl)

① 단독으로는 존재할 수 없는 원자단이다.
② 일반식은 C_nH_{2n+1}이며, CH_3(메틸), C_2H_5(에틸), C_3H_7(프로필) 등이 있다.

(3) 알켄(Alkene)

① 에틸렌계 또는 올레핀계라고도 하며 이중결합 물질이다.

② 일반식은 C_nH_{2n}이며, C_2H_4(에틸렌)이 대표적인 물질이다.

(4) 알카인(Alkyne)

① 아세틸렌계라고도 하며, 삼중결합 물질이다.

② 일반식은 C_nH_{2n-2}이며, C_2H_2(아세틸렌)이 대표적인 물질이다.

2. 화재예방과 소화방법

☑ 연소이론

1 연소의 3요소 (점화원, 가연물, 산소공급원)

(1) 점화원

전기불꽃, 정전기, 산화열, 마찰, 충격 등이 있다.

① 전기불꽃에너지 공식

$$E = \frac{1}{2}QV = \frac{1}{2}CV^2$$

여기서, E : 전기불꽃에너지(J)
Q : 전기량(C)
V : 방전전압(V)
C : 전기용량(F)

② 정전기 방지방법

㉠ 접지할 것

㉡ 공기 중 상대습도를 70% 이상으로 할 것

㉢ 공기를 이온화할 것

(2) 가연물

① 가연물이 될 수 있는 조건

㉠ 발열량이 클 것

㉡ 열전도율이 작을 것

     ⓒ 활성화에너지가 작을 것
     ⓔ 산소와 친화력이 좋을 것
     ⓜ 표면적이 넓을 것
   ② 고온체의 온도와 색상 : 고온체의 온도가 높아질수록 색상이 밝아지며, 낮아질수록
     색상은 어두워진다.

> 암적색(700℃) < 적색(850℃) < 휘적색(950℃) < 황적색(1,100℃) < 백적색(1,300℃)

   ③ 고체가연물의 연소형태
     ㉠ 분해연소 : 석탄, 종이, 목재, 플라스틱
     ㉡ 표면연소 : 목탄(숯), 코크스, 금속분
     ㉢ 증발연소 : 황, 나프탈렌, 양초(파라핀)
     ㉣ 자기연소 : 피크린산, TNT 등의 제5류 위험물

(3) 산소공급원

   ① 공기 중 산소
   ② 제1류 위험물
   ③ 제5류 위험물
   ④ 제6류 위험물
   ⑤ 원소주기율표상 7족 원소인 할로젠원소로 이루어진 분자(F_2, Cl_2, Br_2, I_2)

2 연소 용어의 정리

(1) 인화점

   ① 외부의 점화원에 의해서 연소할 수 있는 최저온도를 의미한다.
   ② 가연성 가스가 연소범위의 하한에 도달했을 때의 온도를 의미한다.

(2) 착화점(발화점)

   외부의 점화원에 관계없이 직접적인 점화원에 의한 발화가 아닌 스스로 열의 축적에
   의하여 발화 또는 연소되는 최저온도를 의미하며, 착화점이 낮아지는 조건은 다음과 같다.
   ① 압력이 클수록
   ② 발열량이 클수록
   ③ 화학적 활성이 클수록
   ④ 산소와 친화력이 좋을수록

3 자연발화 및 분진폭발

(1) 자연발화의 인자
① 열의 축적
② 열전도율
③ 공기의 이동
④ 수분
⑤ 발열량
⑥ 퇴적방법

(2) 자연발화 방지법
① 습도가 높은 곳을 피할 것
② 저장실의 온도를 낮출 것
③ 통풍을 잘 시킬 것
④ 퇴적 및 수납할 때 열이 쌓이지 않게 할 것

(3) 분진폭발
① 분진폭발을 일으키는 물질 : 밀가루, 담배가루, 커피가루, 석탄분, 금속분
② 분진폭발을 일으키지 않는 물질 : 대리석분말, 시멘트분말, 마른 모래

소화이론

1 화재의 종류 및 소화기

(1) 소화방법
① 물리적 소화방법
    ㉠ 제거소화 : 가연물을 제거하여 소화한다.
    ㉡ 질식소화 : 산소공급원을 제거하여 소화한다.
    ㉢ 냉각소화 : 열을 흡수하여 연소면의 온도를 발화점 미만으로 낮추어 소화한다.
② 화학적 소화방법
    – 억제소화(부촉매소화) : 연소반응을 느리게 만들어 소화한다.

(2) 소화기의 종류
① 냉각소화기
    ㉠ 물소화기 : 물을 소화약제로 사용한다.
    ㉡ 산·알칼리소화기 : 탄산수소나트륨($NaHCO_3$)과 황산(H_2SO_4)을 소화약제로 이용한다.
    ㉢ 강화액소화기 : 물에 탄산칼륨(K_2CO_3)을 첨가하여 한랭지 또는 겨울철에 사용한다.

② 질식소화기

ㄱ 포소화기

ㄴ 이산화탄소소화기

ㄷ 분말소화기

③ 억제소화기

– 할로젠화합물소화기

2 소화약제의 종류

(1) 포소화약제

① 수성막포 : 분말소화약제의 사용 시 발생하는 재발화현상을 예방하기 위하여 분말 소화약제와 병용한다.

② 단백질포 : 유류화재용으로 흔히 사용한다.

③ 내알코올포 : 수용성 물질의 화재 시 사용한다.

(2) 불활성가스소화약제

① 이산화탄소

② 불활성가스

ㄱ IG-100 : 질소 100%

ㄴ IG-55 : 질소 50%와 아르곤 50%

ㄷ IG-541 : 질소 52%와 아르곤 40%와 이산화탄소 8%

(3) 할로젠화합물소화약제

① Halon 1301 : CF_3Br

② Halon 2402 : $C_2F_4Br_2$

③ Halon 1211 : CF_2ClBr

(4) 분말소화약제

분 류	약제의 주성분	색 상	화학식	적응화재
제1종 분말	탄산수소나트륨	백색	$NaHCO_3$	B, C
제2종 분말	탄산수소칼륨	보라(담회)색	$KHCO_3$	B, C
제3종 분말	인산암모늄	담홍색	$NH_4H_2PO_4$	A, B, C
제4종 분말	탄산수소칼륨+요소의 부산물	회색	$KHCO_3+(NH_2)_2CO$	B, C

3 **소화약제의 분해반응식**

소화기 및 소화약제	반응의 종류	반응식
분말소화기	제1종 분말 열분해반응식	$2NaHCO_3 \rightarrow Na_2CO_3 + CO_2 + H_2O$ 탄산수소나트륨 탄산나트륨 이산화탄소 물
	제2종 분말 열분해반응식	$2KHCO_3 \rightarrow K_2CO_3 + CO_2 + H_2O$ 탄산수소칼륨 탄산칼륨 이산화탄소 물
	제3종 분말 열분해반응식	$NH_4H_2PO_4 \rightarrow HPO_3 + NH_3 + H_2O$ 인산암모늄 메타인산 암모니아 물
할로젠화합물소화기	연소반응식	$2CCl_4 + O_2 \rightarrow 2COCl_2 + 2Cl_2$ 사염화탄소 산소 포스겐 염소
	물과의 반응식	$CCl_4 + H_2O \rightarrow COCl_2 + 2HCl$ 사염화탄소 물 포스겐 염화수소

☑ 소화설비의 기준

(1) 방호대상물로부터 수동식 소화기까지의 보행거리

① 소형 수동식 소화기 : 20m 이하
② 대형 수동식 소화기 : 30m 이하

(2) 전기설비의 소화설비

전기설비가 설치된 제조소등에는 면적 100m²마다 소형 수동식 소화기를 1개 이상 설치한다.

(3) 소요단위 및 능력단위

① 소요단위

구 분	외벽이 내화구조	외벽이 비내화구조
제조소 또는 취급소	연면적 100m²	연면적 50m²
저장소	연면적 150m²	연면적 75m²
위험물	지정수량의 10배	

② 기타 소화설비의 능력단위

소화설비	용 량	능력단위
소화전용 물통	8L	0.3
수조 (소화전용 물통 3개 포함)	80L	1.5
수조 (소화전용 물통 6개 포함)	190L	2.5
마른 모래 (삽 1개 포함)	50L	0.5
팽창질석 또는 팽창진주암 (삽 1개 포함)	160L	1.0

(4) 옥내소화전설비와 옥외소화전설비

구 분	옥내소화전설비	옥외소화전설비
수원의 양	옥내소화전이 가장 많이 설치되어 있는 층의 소화전의 수(소화전의 수가 5개 이상이면 최대 5개의 옥내소화전 수)×7.8m³	옥외소화전의 수(소화전의 수가 4개 이상이면 최대 4개의 옥외소화전 수)×13.5m³
방수량	260L/min 이상	450L/min 이상
방수압	350kPa 이상	350kPa 이상
호스 접속구까지의 수평거리	25m 이하	40m 이하
비상전원	45분 이상	45분 이상
방사능력 범위	–	건축물의 1층 및 2층
옥외소화전과 소화전함의 거리	–	5m 이내

(5) 불활성가스소화설비

① 이산화탄소소화설비 분사헤드의 방사압력

  ㉠ 고압식(20℃로 저장) : 2.1MPa 이상

  ㉡ 저압식(-18℃ 이하로 저장) : 1.05MPa 이상

② 이산화탄소소화약제 저장용기의 충전비

  ㉠ 고압식 : 1.5 이상 1.9 이하

  ㉡ 저압식 : 1.1 이상 1.4 이하

(6) 포소화설비

① 포헤드방식의 포헤드 기준

ㄱ 방호대상물의 표면적 $9m^2$당 1개 이상의 헤드를 설치할 것

ㄴ 방호대상물의 표면적 $1m^2$당 방사량은 6.5L/min 이상으로 할 것

② 포소화약제의 혼합장치

ㄱ 라인프로포셔너 방식 : 펌프와 발포기의 중간에 설치된 벤투리관의 벤투리작용에 의하여 포소화약제를 흡입 및 혼합하는 방식

ㄴ 프레셔프로포셔너 방식 : 펌프와 발포기의 중간에 설치된 벤투리관의 벤투리작용과 펌프가압수의 포소화약제 저장탱크에 대한 압력에 의하여 포소화약제를 흡입 및 혼합하는 방식

ㄷ 프레셔사이드프로포셔너 방식 : 펌프의 토출관에 압입기를 설치하여 포소화약제 압입용 펌프로 포소화약제를 압입시켜 혼합하는 방식

ㄹ 펌프프로포셔너 방식 : 펌프의 토출관과 흡입관 사이의 배관 도중에 설치한 흡입기에 펌프에서 토출된 물의 일부를 보내고 농도조절밸브에서 조정된 포소화약제의 필요량을 포소화약제 탱크에서 펌프 흡입측으로 보내어 이를 혼합하는 방식

☑️ 경보설비의 기준

(1) 경보설비의 종류

① 자동화재탐지설비 ② 자동화재속보설비 ③ 비상방송설비
④ 비상경보설비 ⑤ 확성장치

(2) 경보설비의 설치기준

① 자동화재탐지설비만을 설치해야 하는 경우

제조소 및 일반취급소	옥내저장소	옥내탱크저장소	주유취급소
• 연면적이 $500m^2$ 이상인 것 • 지정수량의 100배 이상을 취급하는 것	• 지정수량의 100배 이상을 저장하는 것 • 연면적이 $150m^2$를 초과하는 것 • 처마높이가 6m 이상인 단층건물의 것	• 단층 건물 외의 건축물에 설치한 옥내탱크저장소로서 소화난이도 등급 Ⅰ에 해당하는 것	• 옥내주유취급소

② 자동화재탐지설비 및 자동화재속보설비를 설치해야 하는 경우 : 특수인화물, 제1석유류 및 알코올류를 저장 또는 취급하는 탱크의 용량이 1000만L 이상인 옥외탱크저장소

③ 경보설비(자동화재속보설비 제외) 중 1개 이상을 설치할 수 있는 경우 : 지정수량의 10배 이상을 취급하는 제조소등

(3) 자동화재탐지설비의 경계구역의 기준

① 건축물의 2 이상의 층에 걸치지 아니하도록 할 것(단, 하나의 경계구역이 $500m^2$ 이하는 제외)

② 하나의 경계구역의 면적은 $600m^2$ 이하로 할 것(단, 건축물의 주요한 출입구에서 그 내부 전체를 볼 수 있는 경우는 면적 $1,000m^2$ 이하)

③ 경계구역의 한 변의 길이는 50m(광전식 분리형 감지기를 설치한 경우에는 100m) 이하로 할 것

④ 자동화재탐지설비의 감지기는 지붕 또는 벽의 옥내에 면한 부분에 유효하게 화재의 발생을 감지할 수 있도록 설치할 것

⑤ 자동화재탐지설비에는 비상전원을 설치할 것

3. 위험물의 유별에 따른 필수 암기사항

☑ 위험물의 유별

유 별 (성질)	위험 등급	품 명		지정 수량	소화방법	주의사항 (운반용기 외부)	주의사항 (제조소등)
제1류 위험물 (산화성 고체)	Ⅰ	아염소산염류 염소산염류 과염소산염류		50kg	냉각소화	화기 · 충격주의, 가연물접촉주의	게시판 필요 없음
		무기 과산화물	알칼리금속의 과산화물		질식소화	물기엄금, 화기 · 충격주의, 가연물접촉주의	물기엄금 (청색바탕 백색문자)
			그 밖의 것		냉각소화	화기 · 충격주의, 가연물접촉주의	게시판 필요 없음
	Ⅱ	브로민산염류 질산염류 아이오딘산염류		300kg	냉각소화	화기 · 충격주의, 가연물접촉주의	게시판 필요 없음
	Ⅲ	과망가니즈산염류 다이크로뮴산염류		1,000kg			

유 별 (성질)	위험 등급	품 명	지정 수량	소화방법	주의사항 (운반용기 외부)	주의사항 (제조소등)
제2류 위험물 (가연성 고체)	Ⅱ	황화인 적린 황	100kg	냉각소화	화기주의	화기주의 (적색바탕 백색문자)
	Ⅲ	철분 마그네슘 금속분	500kg	질식소화	화기주의, 물기엄금	
		인화성 고체	1,000kg	냉각소화	화기엄금	화기엄금 (적색바탕 백색문자)
제3류 위험물 (자연 발화성 및 금수성 물질)	Ⅰ	칼륨 나트륨 알킬리튬 알킬알루미늄	10kg	질식소화	물기엄금	물기엄금 (청색바탕 백색문자)
		황린	20kg	냉각소화	화기엄금, 공기접촉엄금	화기엄금 (적색바탕 백색문자)
	Ⅱ	알칼리금속 및 알칼리토금속 (칼륨, 나트륨 제외) 유기금속화합물 (알킬리튬, 알킬알루미늄 제외)	50kg	질식소화	물기엄금	물기엄금 (청색바탕 백색문자)
	Ⅲ	금속의 수소화물 금속의 인화물 칼슘 또는 알루미늄의 탄화물	300kg			
제4류 위험물 (인화성 액체)	Ⅰ	특수인화물	50L	질식소화	화기엄금	화기엄금 (적색바탕 백색문자)
	Ⅱ	제1석유류(비수용성)	200L			
		제1석유류(수용성) 알코올류	400L			
	Ⅲ	제2석유류(비수용성)	1,000L			
		제2석유류(수용성)	2,000L			
		제3석유류(비수용성)	2,000L			
		제3석유류(수용성)	4,000L			
		제4석유류	6,000L			
		동식물유류	10,000L			

유 별 (성질)	위험 등급	품 명	지정 수량	소화방법	주의사항 (운반용기 외부)	주의사항 (제조소등)
제5류 위험물 (자기 반응성 물질)	Ⅰ, Ⅱ	유기과산화물 질산에스터류 나이트로화합물 나이트로소화합물 아조화합물 다이아조화합물 하이드라진유도체 하이드록실아민 하이드록실아민염류	제1종 : 10kg, 제2종 : 100kg	냉각소화	화기엄금, 충격주의	화기엄금 (적색바탕 백색문자)
제6류 위험물 (산화성 액체)	Ⅰ	과염소산 과산화수소 질산	300kg	냉각소화	가연물접촉주의	게시판 필요 없음

☑ 행정안전부령이 정하는 위험물

유 별	품 명	지정수량
제1류 위험물	과아이오딘산염류, 과아이오딘산, 크로뮴·납 또는 아이오딘의 산화물, 아질산염류, 염소화아이소사이아누르산, 퍼옥소이황 산염류, 퍼옥소붕산염류	300kg
	차아염소산염류	50kg
제3류 위험물	염소화규소화합물	300kg
제5류 위험물	금속의 아지화합물, 질산구아니딘	제1종 : 10kg, 제2종 : 100kg
제6류 위험물	할로젠간화합물	300kg

4. 위험물의 종류와 지정수량

☑ 제1류 위험물의 종류와 지정수량

품 명	물질명	지정수량
아염소산염류	아염소산나트륨	50kg
염소산염류	염소산칼륨 염소산나트륨 염소산암모늄	50kg
과염소산염류	과염소산칼륨 과염소산나트륨 과염소산암모늄	50kg
무기과산화물	과산화칼륨 과산화나트륨 과산화리튬	50kg
브로민산염류	브로민산칼륨 브로민산나트륨	300kg
질산염류	질산칼륨 질산나트륨 질산암모늄	300kg
아이오딘산염류	아이오딘산칼륨	300kg
과망가니즈산염류	과망가니즈산칼륨	1,000kg
다이크로뮴산염류	다이크로뮴산칼륨 다이크로뮴산암모늄	1,000kg

☑ 제2류 위험물의 종류와 지정수량

품 명	물질명	지정수량
황화인	삼황화인 오황화인 칠황화인	100kg
적린	적린	100kg
황	황	100kg
철분	철분	500kg
마그네슘	마그네슘	500kg
금속분	알루미늄분 아연분	500kg
인화성 고체	고형알코올	1,000kg

✔ 제3류 위험물의 종류와 지정수량

품 명	물질명	상 태	지정수량
칼륨	칼륨	고체	10kg
나트륨	나트륨	고체	10kg
알킬알루미늄	트라이메틸알루미늄 트라이에틸알루미늄	액체	10kg
알킬리튬	메틸리튬 에틸리튬	액체	10kg
황린	황린	고체	20kg
알칼리금속 (칼륨 및 나트륨 제외) 및 알칼리토금속	리튬 칼슘	고체	50kg
유기금속화합물 (알킬알루미늄 및 알킬리튬 제외)	다이메틸마그네슘 에틸나트륨	고체 또는 액체	50kg
금속의 수소화물	수소화칼륨 수소화나트륨 수소화리튬 수소화알루미늄	고체	300kg
금속의 인화물	인화칼슘 인화알루미늄	고체	300kg
칼슘 또는 알루미늄의 탄화물	탄화칼슘 탄화알루미늄	고체	300kg

✔ 제4류 위험물의 수용성과 지정수량의 구분

구 분	물질명	수용성 여부	지정수량
특수인화물	다이에틸에터	비수용성	50L
	이황화탄소	비수용성	50L
	아세트알데하이드	수용성	50L
	산화프로필렌	수용성	50L
	아이소프로필아민	수용성	50L
제1석유류	가솔린	비수용성	200L
	벤젠	비수용성	200L
	톨루엔	비수용성	200L
	사이클로헥세인	비수용성	200L
	에틸벤젠	비수용성	200L
	메틸에틸케톤	비수용성	200L

구 분	물질명	수용성 여부	지정수량
	아세톤	수용성	400L
	피리딘	수용성	400L
	사이안화수소	수용성	400L
	초산메틸	비수용성	200L
	초산에틸	비수용성	200L
	의산메틸	수용성	400L
	의산에틸	비수용성	200L
	염화아세틸	비수용성	200L
알코올류	메틸알코올	수용성	400L
	에틸알코올	수용성	400L
	프로필알코올	수용성	400L
제2석유류	등유	비수용성	1,000L
	경유	비수용성	1,000L
	송정유	비수용성	1,000L
	송근유	비수용성	1,000L
	크실렌	비수용성	1,000L
	클로로벤젠	비수용성	1,000L
	스타이렌	비수용성	1,000L
	뷰틸알코올	비수용성	1,000L
	폼산	수용성	2,000L
	아세트산	수용성	2,000L
	하이드라진	수용성	2,000L
	아크릴산	수용성	2,000L
제3석유류	중유	비수용성	2,000L
	크레오소트유	비수용성	2,000L
	아닐린	비수용성	2,000L
	나이트로벤젠	비수용성	2,000L
	메타크레졸	비수용성	2,000L
	글리세린	수용성	4,000L
	에틸렌글리콜	수용성	4,000L
제4석유류	기어유(윤활유)	비수용성	6,000L
	실린더유	비수용성	6,000L
동식물유류	건성유		10,000L
	반건성유	–	10,000L
	불건성유		10,000L

✅ 제5류 위험물의 종류와 지정수량

품 명	물질명	상태	지정수량
유기과산화물	과산화벤조일 과산화메틸에틸케톤 아세틸퍼옥사이드	고체 액체 고체	제1종 : 10kg, 제2종 : 100kg
질산에스터류	진산메틸 질산에틸 나이트로글리콜 나이트로글리세린 나이트로셀룰로오스 셀룰로이드	액체 액체 액체 액체 고체 고체	
나이트로화합물	트라이나이트로페놀(피크린산) 트라이나이트로톨루엔(TNT) 테트릴	고체 고체 고체	
나이트로소화합물	파라다이나이트로소벤젠 다이나이트로소레조르신	고체 고체	
아조화합물	아조다이카본아마이드 아조비스아이소뷰티로나이트릴	고체 고체	
다이아조화합물	다이아조아세토나이트릴 다이아조다이나이트로페놀	액체 고체	
하이드라진유도체	염산하이드라진 황산하이드라진	고체 고체	
하이드록실아민	하이드록실아민	액체	
하이드록실아민염류	황산하이드록실아민 나트륨하이드록실아민	고체 고체	

※ 위의 표에서 '나이트로소화합물' 이후의 품명들은 지금까지의 시험에 자주 출제되지는 않았음을 알려드립니다.

✅ 제6류 위험물의 종류와 지정수량

품 명	물질명	지정수량
과염소산	과염소산	300kg
과산화수소	과산화수소	300kg
질산	질산	300kg

5. 위험물의 유별에 따른 대표적 성질

(1) 제1류 위험물

① 성질
  ㉠ 모두 물보다 무거움
  ㉡ 가열하면 열분해하여 산소 발생
  ㉢ 알칼리금속의 과산화물은 초산 또는 염산 등의 산과 반응 시 제6류 위험물인 과산화수소 발생

② 색상
  ㉠ 과망가니즈산염류 : 흑자색(흑색과 보라색의 혼합)
  ㉡ 다이크로뮴산염류 : 등적색(오렌지색)
  ㉢ 그 밖의 것 : 무색 또는 백색

③ 소화방법
  ㉠ 알칼리금속의 과산화물(과산화칼륨, 과산화나트륨, 과산화리튬) : 탄산수소염류 분말소화약제, 마른모래, 팽창질석 또는 팽창진주암으로 질식소화
  ㉡ 그 밖의 것 : 냉각소화

(2) 제2류 위험물

① 위험물의 조건
  ㉠ 황 : 순도 60중량% 이상
  ㉡ 철분 : 철의 분말로서 53마이크로미터의 표준체를 통과하는 것이 50중량% 이상인 것
  ㉢ 마그네슘 : 직경이 2mm 이상이거나 2mm의 체를 통과하지 못하는 덩어리상태를 제외
  ㉣ 금속분 : 금속의 분말로서 150마이크로미터의 체를 통과하는 것이 50중량% 이상인 것으로서 니켈(Ni)분 및 구리(Cu)분은 제외
  ㉤ 인화성 고체 : 고형알코올, 그 밖에 1기압에서 인화점이 40℃ 미만인 고체

② 성질
  ㉠ 모두 물보다 무거움
  ㉡ 오황화인(P_2S_5) : 연소 시 이산화황을 발생하고 물과 반응 시 황화수소 발생
  ㉢ 적린(P) : 연소 시 오산화인(P_2O_5)이라는 백색 기체 발생
  ㉣ 황(S) : 사방황, 단사황, 고무상황 3가지의 동소체가 존재하며, 연소 시 이산화황 발생
  ㉤ 철분, 마그네슘, 금속분 : 물과 반응 시 수소 발생

③ 소화방법

    ㉠ 철분, 금속분, 마그네슘, 오황화인, 칠황화인 : 탄산수소염류 분말소화약제, 마른모래, 팽창질석 또는 팽창진주암으로 질식소화

    ㉡ 그 밖의 것 : 냉각소화

(3) 제3류 위험물

① 위험물의 구분

    ㉠ 자연발화성 물질 : 황린(P_4)

    ㉡ 금수성 물질 : 그 밖의 것

② 보호액

    ㉠ 칼륨(K) 및 나트륨(Na) : 석유(등유, 경유, 유동파라핀)

    ㉡ 황린(P_4) : pH=9인 약알칼리성의 물

③ 성질

    ㉠ 비중 : 칼륨, 나트륨, 리튬, 알킬리튬, 알킬알루미늄, 금속의 수소화물은 물보다 가볍고, 그 외의 물질은 물보다 무거움

    ㉡ 불꽃 반응색 : 칼륨은 보라색, 나트륨은 황색, 리튬은 적색

    ㉢ 트라이에틸알루미늄[$(C_2H_5)_3Al$] : 물과 반응 시 에테인(C_2H_6)가스 발생

    ㉣ 황린 : 연소 시 오산화인(P_2O_5)이라는 백색 기체 발생

④ 물과 반응 시 발생 기체

    ㉠ 칼륨 및 나트륨 : 수소(H_2)

    ㉡ 수소화칼륨(KH) 및 수소화나트륨(NaH) : 수소(H_2)

    ㉢ 인화칼슘(Ca_3P_2) : 포스핀(PH_3)

    ㉣ 탄화칼슘(CaC_2) : 아세틸렌(C_2H_2)

    ㉤ 탄화알루미늄(Al_4C_3) : 메테인(CH_4)

⑤ 소화방법

    ㉠ 황린 : 냉각소화

    ㉡ 그 밖의 것 : 탄산수소염류 분말소화약제, 마른모래, 팽창질석 또는 팽창진주암으로 질식소화

(4) 제4류 위험물

① 품명의 구분

    ㉠ 특수인화물 : 이황화탄소, 다이에틸에터, 그 밖에 발화점 100℃ 이하이거나 인화점 -20℃ 이하이고 비점 40℃ 이하인 것

    ㉡ 제1석유류 : 아세톤, 휘발유, 그 밖에 인화점 21℃ 미만인 것

    ㉢ 제2석유류 : 등유, 경유, 그 밖에 인화점 21℃ 이상 70℃ 미만인 것

    ㉣ 제3석유류 : 중유, 크레오소트유, 그 밖에 인화점 70℃ 이상 200℃ 미만인 것

     ⓜ 제4석유류 : 기어유, 실린더유, 그 밖에 인화점 200℃ 이상 250℃ 미만인 것

     ⓗ 동식물유류 : 인화점 250℃ 미만인 것

② 성질

     ㉠ 대부분 물보다 가볍고, 발생하는 증기는 공기보다 무거움

     ㉡ 다이에틸에터 : 아이오딘화칼륨 10% 용액을 첨가하여 과산화물 검출

     ㉢ 이황화탄소 : 물보다 무겁고 비수용성으로 물속에 보관

     ㉣ 벤젠 : 비수용성으로 독성이 강함

     ㉤ 알코올 : 대부분 수용성

     ㉥ 동식물유류 : 아이오딘값의 범위에 따라 건성유, 반건성유, 불건성유로 구분

③ 중요 인화점

     ㉠ 특수인화물

          ⓐ 다이에틸에터($C_2H_5OC_2H_5$) : -45℃

          ⓑ 이황화탄소(CS_2) : -30℃

     ㉡ 제1석유류

          ⓐ 아세톤(CH_3COCH_3) : -18℃

          ⓑ 휘발유(C_8H_{18}) : $-43 \sim -38$℃

          ⓒ 벤젠(C_6H_6) : -11℃

          ⓓ 톨루엔($C_6H_5CH_3$) : 4℃

     ㉢ 알코올류

          ⓐ 메틸알코올(CH_3OH) : 11℃

          ⓑ 에틸알코올(C_2H_5OH) : 13℃

     ㉣ 제3석유류

          ⓐ 아닐린($C_6H_5NH_2$) : 75℃

          ⓑ 에틸렌글리콜[$C_2H_4(OH)_2$] : 111℃

④ 소화방법

    이산화탄소, 할로젠화합물, 분말, 포소화약제를 이용하여 질식소화

(5) 제5류 위험물

① 액체와 고체의 구분

     ㉠ 액체

          ⓐ 질산메틸(CH_3ONO_2) : 품명은 질산에스터류이며, 분자량은 77

          ⓑ 질산에틸($C_2H_5ONO_2$) : 품명은 질산에스터류이며, 분자량은 91

          ⓒ 나이트로글리세린[$C_3H_5(ONO_2)_3$] : 품명은 질산에스터류이며, 규조토에 흡수시
            커 다이너마이트 제조

   ⓛ 고체

    ⓐ 과산화벤조일$[(C_6H_5CO)_2O_2]$: 품명은 유기과산화물이며, 수분함유 시 폭발성 감소

    ⓑ 나이트로셀룰로오스 : 품명은 질산에스터류이며, 함수알코올에 습면시켜 취급

    ⓒ 피크린산$[C_6H_2OH(NO_2)_3]$: 트라이나이트로페놀이라고 불리는 물질로서 품명은 나이트로화합물이며, 단독으로는 마찰, 충격 등에 안정하지만 금속과 반응하면 위험

    ⓓ TNT$[C_6H_2CH_3(NO_2)_3]$: 트라이나이트로톨루엔이라고 불리는 물질로서 품명은 나이트로화합물이며, 폭발력의 표준으로 사용

  ② 성질

   ㉠ 모두 물보다 무겁고 물에 녹지 않음

   ㉡ 고체들은 저장 시 물에 습면시키면 안정함

   ㉢ '나이트로'를 포함하는 물질의 명칭이 많음

  ③ 소화방법

   냉각소화

 (6) 제6류 위험물

  ① 위험물의 조건

   ㉠ 과산화수소 : 농도 36중량% 이상

   ㉡ 질산 : 비중 1.49 이상

  ② 성질

   ㉠ 물보다 무겁고 물에 잘 녹으며, 가열하면 분해하여 산소 발생

   ㉡ 불연성과 부식성이 있으며, 물과 반응 시 열을 발생

   ㉢ 과염소산 : 열분해 시 독성가스인 염화수소(HCl) 발생

   ㉣ 과산화수소

    ⓐ 저장용기에 미세한 구명이 뚫린 마개를 사용하며, 인산, 요산 등의 분해방지 안정제 첨가

    ⓑ 물, 에터, 알코올에는 녹지만, 벤젠과 석유에는 녹지 않음

   ㉤ 질산

    ⓐ 열분해 시 이산화질소(NO_2)라는 적갈색 기체와 산소(O_2) 발생

    ⓑ 염산 3, 질산 1의 부피비로 혼합하면 왕수(금과 백금도 녹임) 생성

    ⓒ 철(Fe), 코발트(Co), 니켈(Ni), 크로뮴(Cr), 알루미늄(Al)에서 부동태함

    ⓓ 피부에 접촉 시 단백질과 반응하여 노란색으로 변하는 크산토프로테인반응을 일으킴

  ③ 소화방법

   냉각소화

제1류 위험물

물질명 (지정수량)	반응의 종류	반응식
염소산칼륨 **[KClO₃]** (50kg)	열분해반응식	$2KClO_3 \rightarrow 2KCl + 3O_2$ 염소산칼륨　　염화칼륨　　산소
과산화칼륨 **[K₂O₂]** (50kg)	열분해반응식	$2K_2O_2 \rightarrow 2K_2O + O_2$ 과산화칼륨　　산화칼륨　　산소
	물과의 반응식	$2K_2O_2 + 2H_2O \rightarrow 4KOH + O_2$ 과산화칼륨　　물　　수산화칼륨　산소
	탄산가스(이산화 탄소)와의 반응식	$2K_2O_2 + 2CO_2 \rightarrow 2K_2CO_3 + O_2$ 과산화칼륨　이산화탄소　　탄산칼륨　　산소
	초산과의 반응식	$K_2O_2 + 2CH_3COOH \rightarrow 2CH_3COOK + H_2O_2$ 과산화칼륨　　　초산　　　　초산칼륨　　과산화수소
질산칼륨 **[KNO₃]** (300kg)	열분해반응식	$2KNO_3 \rightarrow 2KNO_2 + O_2$ 질산칼륨　　아질산칼륨　　산소
질산암모늄 **[NH₄NO₃]** (300kg)	열분해반응식	$2NH_4NO_3 \rightarrow 2N_2 + 4H_2O + O_2$ 질산암모늄　　질소　　물　　산소
과망가니즈산칼륨 **[KMnO₄]** (1,000kg)	열분해반응식 (240℃)	$2KMnO_4 \rightarrow K_2MnO_4 + MnO_2 + O_2$ 과망가니즈산칼륨　망가니즈산칼륨　이산화망가니즈　산소
다이크로뮴산칼륨 **[K₂Cr₂O₇]** (1,000kg)	열분해반응식 (500℃)	$4K_2Cr_2O_7 \rightarrow 4K_2CrO_4 + 2Cr_2O_3 + 3O_2$ 다이크로뮴산칼륨　크로뮴산칼륨　산화크로뮴(Ⅲ)　산소

☑ 제2류 위험물

물질명 (지정수량)	반응의 종류	반응식
삼황화인 [P_4S_3] (100kg)	연소반응식	$P_4S_3 + 8O_2 \rightarrow 3SO_2 + 2P_2O_5$ 삼황화인　산소　이산화황　오산화인
오황화인 [P_2S_5] (100kg)	연소반응식	$2P_2S_5 + 15O_2 \rightarrow 10SO_2 + 2P_2O_5$ 오황화인　산소　　이산화황　　오산화인
	물과의 반응식	$P_2S_5 + 8H_2O \rightarrow 5H_2S + 2H_3PO_4$ 오황화인　물　　황화수소　　인산
적린 [P] (100kg)	연소반응식	$4P + 5O_2 \rightarrow 2P_2O_5$ 적린　산소　　오산화인
황 [S] (100kg)	연소반응식	$S + O_2 \rightarrow SO_2$ 황　산소　이산화황
철 [Fe] (500kg)	물과의 반응식	$Fe + 2H_2O \rightarrow Fe(OH)_2 + H_2$ 철　　물　　수산화철(Ⅱ)　수소
	염산과의 반응식	$Fe + 2HCl \rightarrow FeCl_2 + H_2$ 철　　염산　　염화철(Ⅱ)　수소
마그네슘 [Mg] (500kg)	물과의 반응식	$Mg + 2H_2O \rightarrow Mg(OH)_2 + H_2$ 마그네슘　물　　수산화마그네슘　수소
	염산과의 반응식	$Mg + 2HCl \rightarrow MgCl_2 + H_2$ 마그네슘　염산　　염화마그네슘　수소
알루미늄 [Al] (500kg)	물과의 반응식	$2Al + 6H_2O \rightarrow 2Al(OH)_3 + 3H_2$ 알루미늄　물　　수산화알루미늄　수소
	염산과의 반응식	$2Al + 6HCl \rightarrow 2AlCl_3 + 3H_2$ 알루미늄　염산　　염화알루미늄　수소

☑ 제3류 위험물

물질명 (지정수량)	반응의 종류	반응식
칼륨[K] (10kg)	물과의 반응식	$2K + 2H_2O \rightarrow 2KOH + H_2$ 칼륨　　　물　　　수산화칼륨　　수소
	연소반응식	$4K + O_2 \rightarrow 2K_2O$ 칼륨　　산소　　산화칼륨
	에틸알코올과의 반응식	$2K + 2C_2H_5OH \rightarrow 2C_2H_5OK + H_2$ 칼륨　　　에틸알코올　　칼륨에틸레이트　수소
	탄산가스와의 반응식	$4K + 3CO_2 \rightarrow 2K_2CO_3 + C$ 칼륨　　이산화탄소　　탄산칼륨　　탄소
나트륨[Na] (10kg)	물과의 반응식	$2Na + 2H_2O \rightarrow 2NaOH + H_2$ 나트륨　　　물　　　수산화나트륨　　수소
트라이에틸알루미늄 **[(C₂H₅)₃Al]** (10kg)	물과의 반응식	$(C_2H_5)_3Al + 3H_2O \rightarrow Al(OH)_3 + 3C_2H_6$ 트라이에틸알루미늄　　물　　수산화알루미늄　　에테인
	연소반응식	$2(C_2H_5)_3Al + 21O_2 \rightarrow Al_2O_3 + 12CO_2 + 15H_2O$ 트라이에틸알루미늄　산소　산화알루미늄　이산화탄소　　물
	에틸알코올과의 반응식	$(C_2H_5)_3Al + 3C_2H_5OH \rightarrow (C_2H_5O)_3Al + 3C_2H_6$ 트라이에틸알루미늄　에틸알코올　알루미늄에틸레이트　에테인
황린[P₄] (20kg)	연소반응식	$P_4 + 5O_2 \rightarrow 2P_2O_5$ 황린　　산소　　오산화인
칼슘[Ca] (50kg)	물과의 반응식	$Ca + 2H_2O \rightarrow Ca(OH)_2 + H_2$ 칼슘　　　물　　　수산화칼슘　　수소
수소화칼륨[KH] (300kg)	물과의 반응식	$KH + H_2O \rightarrow KOH + H_2$ 수소화칼륨　물　　수산화칼륨　수소
인화칼슘[Ca₃P₂] (300kg)	물과의 반응식	$Ca_3P_2 + 6H_2O \rightarrow 3Ca(OH)_2 + 2PH_3$ 인화칼슘　　　물　　　수산화칼슘　　포스핀
탄화칼슘[CaC₂] (300kg)	물과의 반응식	$CaC_2 + 2H_2O \rightarrow Ca(OH)_2 + C_2H_2$ 탄화칼슘　　　물　　　수산화칼슘　　아세틸렌
	아세틸렌가스와 구리의 반응식	$C_2H_2 + Cu \rightarrow CuC_2 + H_2$ 아세틸렌　구리　구리아세틸라이드　수소
탄화알루미늄[Al₄C₃] (300kg)	물과의 반응식	$Al_4C_3 + 12H_2O \rightarrow 4Al(OH)_3 + 3CH_4$ 탄화알루미늄　　물　　　수산화알루미늄　　메테인

☑ 제4류 위험물

물질명 (지정수량)	반응의 종류	반응식
다이에틸에터[$C_2H_5OC_2H_5$] (50L)	제조법	$2C_2H_5OH \xrightarrow[\text{탈수}]{H_2SO_4} C_2H_5OC_2H_5 + H_2O$ 에틸알코올　　　　　　　다이에틸에터　　　물
이황화탄소[CS_2] (50L)	연소반응식	$CS_2 + 3O_2 \rightarrow CO_2 + 2SO_2$ 이황화탄소　산소　　이산화탄소　이산화황
	물과의 반응식 (150℃ 가열 시)	$CS_2 + 2H_2O \rightarrow CO_2 + 2H_2S$ 이황화탄소　물　　이산화탄소　황화수소
아세트알데하이드[CH_3CHO] (50L)	산화를 이용한 제조법	$C_2H_4 \xrightarrow{+O} CH_3CHO$ 에틸렌　　　아세트알데하이드
벤젠[C_6H_6] (200L)	연소반응식	$2C_6H_6 + 15O_2 \rightarrow 12CO_2 + 6H_2O$ 벤젠　　산소　　　이산화탄소　　물
톨루엔[$C_6H_5CH_3$] (200L)	연소반응식	$C_6H_5CH_3 + 9O_2 \rightarrow 7CO_2 + 4H_2O$ 톨루엔　　　산소　　이산화탄소　　물
초산메틸[CH_3COOCH_3] (200L)	제조법	$CH_3COOH + CH_3OH \rightarrow CH_3COOCH_3 + H_2O$ 초산　　　메틸알코올　　　초산메틸　　물
의산메틸[$HCOOCH_3$] (400L)	제조법	$HCOOH + CH_3OH \rightarrow HCOOCH_3 + H_2O$ 의산　　　메틸알코올　　　의산메틸　　물
메틸알코올[CH_3OH] (400L)	산화반응식	$CH_3OH \xrightarrow{-H_2} HCHO \xrightarrow{+O} HCOOH$ 메틸알코올　　　폼알데하이드　　　폼산
에틸알코올[C_2H_5OH] (400L)	산화반응식	$C_2H_5OH \xrightarrow{-H_2} CH_3CHO \xrightarrow{+O} CH_3COOH$ 에틸알코올　　아세트알데하이드　　아세트산

☑ 제5류 위험물

물질명	반응의 종류	반응식
질산메틸 [CH_3ONO_2]	제조법	$HNO_3 + CH_3OH \rightarrow CH_3ONO_2 + H_2O$ 질산　　메틸알코올　　질산메틸　　물
트라이나이트로톨루엔 [$C_6H_2CH_3(NO_2)_3$]	제조법	$C_6H_5CH_3 + 3HNO_3 \xrightarrow[\text{탈수}]{H_2SO_4} C_6H_2CH_3(NO_2)_3 + 3H_2O$ 톨루엔　　　질산　　　　트라이나이트로톨루엔　　물

☑️ 제6류 위험물

물질명 (지정수량)	반응의 종류	반응식
과염소산 [HClO₄] (300kg)	열분해반응식	$HClO_4 \rightarrow HCl + 2O_2$ 과염소산　염화수소　산소
과산화수소 [H₂O₂] (300kg)	열분해반응식	$2H_2O_2 \rightarrow 2H_2O + O_2$ 과산화수소　　　물　　산소
질산 [HNO₃] (300kg)	열분해반응식	$4HNO_3 \rightarrow 2H_2O + 4NO_2 + O_2$ 질산　　　물　　이산화질소　산소

2. 위험물안전관리법

Industrial Engineer Hazardous material

1. 위험물안전관리법의 행정규칙

(1) 위험물제조소등

① 제조소 : 위험물을 제조할 목적으로 지정수량 이상의 위험물을 취급하기 위하여 허가를 받은 장소

② 저장소 : 지정수량 이상의 위험물을 저장하기 위한 대통령령이 정하는 장소

③ 취급소 : 지정수량 이상의 위험물을 제조 외의 목적으로 취급하기 위한 대통령령이 정하는 장소

(2) 위험물저장소 및 위험물취급소

① 위험물저장소

㉠ 옥내저장소 : 옥내(건축물 내부)에 위험물을 저장하는 장소

㉡ 옥외탱크저장소 : 옥외(건축물 외부)에 있는 탱크에 위험물을 저장하는 장소

㉢ 옥내탱크저장소 : 옥내에 있는 탱크에 위험물을 저장하는 장소

㉣ 지하탱크저장소 : 지하에 매설한 탱크에 위험물을 저장하는 장소

㉤ 간이탱크저장소 : 간이탱크에 위험물을 저장하는 장소

㉥ 이동탱크저장소 : 차량에 고정된 탱크에 위험물을 저장하는 장소

㉦ 옥외저장소 : 옥외에 위험물을 저장하는 장소

㉧ 암반탱크저장소 : 암반 내의 공간을 이용한 탱크에 액체 위험물을 저장하는 장소

② 위험물취급소

㉠ 이송취급소 : 배관 및 이에 부속된 설비에 의하여 위험물을 이송하는 장소

㉡ 주유취급소 : 고정주유설비에 의하여 자동차, 항공기 또는 선박 등에 직접 연료를 주유하기 위하여 위험물을 취급하는 장소

㉢ 일반취급소 : 주유취급소, 판매취급소, 이송취급소 외의 위험물을 취급하는 장소

㉣ 판매취급소 : 점포에서 위험물을 용기에 담아 판매하기 위하여 지정수량의 40배 이하의 위험물을 취급하는 장소(페인트점 또는 화공약품점)

(3) 위험물제조소등의 시설·설비의 신고

① 시·도지사에게 신고해야 하는 경우

㉠ 제조소등의 위치·구조 또는 설비의 변경 없이 위험물의 품명·수량 또는 지정수량의 배수를 변경하고자 하는 자 : 변경하고자 하는 날의 1일 전까지 신고

㉡ 제조소등의 설치자의 지위를 승계한 자 : 승계한 날부터 30일 이내에 신고

㉢ 제조소등의 용도를 폐지한 때 : 제조소등의 용도를 폐지한 날부터 14일 이내에 신고

② 허가나 신고 없이 제조소등을 설치하거나 위치·구조 또는 설비를 변경할 수 있고 위험물의 품명·수량 또는 지정수량의 배수를 변경할 수 있는 경우
  ㉠ 주택의 난방시설(공동주택의 중앙난방시설을 제외한다)을 위한 저장소 또는 취급소
  ㉡ 농예용·축산용 또는 수산용으로 필요한 난방시설 또는 건조시설을 위한 지정수량 20배 이하의 저장소
③ 안전관리자의 선임 및 해임의 신고기간
  ㉠ 안전관리자의 선임기한 : 안전관리자가 해임되거나 퇴직한 날부터 30일 이내
  ㉡ 안전관리자의 선임신고 : 선임한 날로부터 14일 이내
  ㉢ 대리자의 직무대행기간 : 30일 이내

(4) 자체소방대의 기준

① 자체소방대의 설치기준 : 제4류 위험물을 지정수량의 3천배 이상으로 취급하는 제조소 및 일반취급소와 50만배 이상 저장하는 옥외탱크저장소에 설치
② 자체소방대에 두는 화학소방자동차의 기준

사업소의 구분	화학소방 자동차의 수	자체소방 대원의 수
지정수량의 3천배 이상 12만배 미만으로 취급하는 제조소 또는 일반취급소	1대	5인
지정수량의 12만배 이상 24만배 미만으로 취급하는 제조소 또는 일반취급소	2대	10인
지정수량의 24만배 이상 48만배 미만으로 취급하는 제조소 또는 일반취급소	3대	15인
지정수량의 48만배 이상으로 취급하는 제조소 또는 일반취급소	4대	20인
지정수량의 50만배 이상으로 저장하는 옥외탱크저장소	2대	10인

③ 화학소방자동차에 갖추어야 하는 소화능력 및 설비의 기준

소방차의 구분	소화능력 및 설비의 기준
포수용액방사차	포수용액의 방사능력이 매분 2,000L 이상일 것
	소화약액탱크 및 소화약액혼합장치를 비치할 것
	10만L 이상의 포수용액을 방사할 수 있는 양의 소화약제를 비치할 것
분말방사차	분말의 방사능력이 매초 35kg 이상일 것
	분말탱크 및 가압용 가스설비를 비치할 것
	1,400kg 이상의 분말을 비치할 것
할로젠화합물 방사차	할로젠화합물의 방사능력이 매초 40kg 이상일 것
	할로젠화합물탱크 및 가압용 가스설비를 비치할 것
	1,000kg 이상의 할로젠화합물을 비치할 것
이산화탄소방사차	이산화탄소의 방사능력이 매초 40kg 이상일 것
	이산화탄소 저장용기를 비치할 것
	3,000kg 이상의 이산화탄소를 비치할 것
제독차	가성소다 및 규조토를 각각 50kg 이상 비치할 것

※ 포수용액을 방사하는 화학소방자동차의 대수는 화학소방자동차 대수의 3분의 2 이상으로 하여야 한다.

(5) 위험물 운송의 기준

① 위험물안전카드를 휴대해야 하는 위험물

㉠ 제4류 위험물 중 특수인화물 및 제1석유류

㉡ 제1류 · 제2류 · 제3류 · 제5류 · 제6류 위험물 전부

② 위험물운송자의 기준

㉠ 운전자를 2명 이상으로 하는 경우

ⓐ 고속국도에서 340km 이상에 걸치는 운송을 할 때

ⓑ 일반도로에서 200km 이상에 걸치는 운송을 할 때

㉡ 운전자를 1명으로 할 수 있는 경우

ⓐ 운송책임자를 동승시킨 경우

ⓑ 제2류 위험물, 제3류 위험물(칼슘 또는 알루미늄의 탄화물에 한한다) 또는 제4류 위험물(특수인화물 제외)을 운송하는 경우

ⓒ 운송 도중에 2시간 이내마다 20분 이상씩 휴식하는 경우

③ 운송 시 운송책임자의 감독 · 지원을 받아야 하는 위험물

㉠ 알킬알루미늄

㉡ 알킬리튬

(6) 탱크의 종류별 공간용적

탱크의 용량은 탱크 내용적에서 다음의 공간용적을 뺀 용적으로 한다.

① 일반탱크 : 탱크의 내용적의 100분의 5 이상 100분의 10 이하

② 소화약제 방출구를 탱크 안의 윗부분에 설치한 탱크 : 소화약제 방출구 아래의 0.3m 이상 1m 미만 사이의 면으로부터 윗부분의 용적

③ 암반탱크 : 탱크 안에 용출하는 7일간의 지하수의 양에 상당하는 용적과 그 탱크 내용적의 100분의 1의 용적 중에서 보다 큰 용적

(7) 예방규정 작성대상

① 지정수량의 10배 이상의 위험물을 취급하는 제조소

② 지정수량의 100배 이상의 위험물을 저장하는 옥외저장소

③ 지정수량의 150배 이상의 위험물을 저장하는 옥내저장소

④ 지정수량의 200배 이상의 위험물을 저장하는 옥외탱크저장소

⑤ 암반탱크저장소

⑥ 이송취급소

⑦ 지정수량의 10배 이상의 위험물을 취급하는 일반취급소

(8) 정기점검

① 정의 : 제조소등이 자체적으로 기술수준에 적합한지의 여부를 정기적으로 점검하고 결과를 기록 및 보존하는 것

② 정기점검의 대상이 되는 제조소등

  ㉠ 예방규정대상에 해당하는 것

  ㉡ 지하탱크저장소

  ㉢ 이동탱크저장소

  ㉣ 위험물을 취급하는 탱크로서 지하에 매설된 탱크가 있는 제조소, 주유취급소 또는 일반취급소

③ 정기점검의 횟수 : 연 1회 이상

(9) 정기검사

① 정의 : 소방본부장 또는 소방서장으로부터 제조소등이 기술수준에 적합한지 여부를 정기적으로 검사받는 것

② 정기검사의 대상이 되는 제조소등 : 특정·준특정옥외탱크저장소(위험물을 저장 또는 취급하는 50만L 이상의 옥외탱크저장소)

---

2. 위험물제조소등의 시설기준

☑ 안전거리

(1) 제조소등의 안전거리

건축물의 구분	안전거리
주거용 건축물	10m 이상
학교·병원·극장	30m 이상
지정문화재	50m 이상
고압가스·액화석유가스 취급시설	20m 이상
7,000V 초과 35,000V 이하의 특고압가공전선	3m 이상
35,000V를 초과하는 특고압가공전선	5m 이상

(2) 안전거리를 제외할 수 있는 조건

① 제6류 위험물을 취급하는 제조소, 취급소 또는 저장소

② 주유취급소　　　　　　　③ 판매취급소

④ 지하탱크저장소　　　　　⑤ 옥내탱크저장소

⑥ 이동탱크저장소　　　　　⑦ 간이탱크저장소

⑧ 암반탱크저장소

☑️ 보유공지

(1) 제조소의 보유공지

위험물의 지정수량의 배수	보유공지의 너비
지정수량의 10배 이하	3m 이상
지정수량의 10배 초과	5m 이상

(2) 옥내저장소의 보유공지

위험물의 지정수량의 배수	보유공지의 너비	
	벽·기둥·바닥이 내화구조인 건축물	그 밖의 건축물
지정수량의 5배 이하	–	0.5m 이상
지정수량의 5배 초과 10배 이하	1m 이상	1.5m 이상
지정수량의 10배 초과 20배 이하	2m 이상	3m 이상
지정수량의 20배 초과 50배 이하	3m 이상	5m 이상
지정수량의 50배 초과 200배 이하	5m 이상	10m 이상
지정수량의 200배 초과	10m 이상	15m 이상

(3) 옥외탱크저장소의 보유공지

위험물의 지정수량의 배수	보유공지의 너비
지정수량의 500배 이하	3m 이상
지정수량의 500배 초과 1,000배 이하	5m 이상
지정수량의 1,000배 초과 2,000배 이하	9m 이상
지정수량의 2,000배 초과 3,000배 이하	12m 이상
지정수량의 3,000배 초과 4,000배 이하	15m 이상

(4) 옥외저장소의 보유공지

위험물의 지정수량의 배수	보유공지의 너비
지정수량의 10배 이하	3m 이상
지정수량의 10배 초과 20배 이하	5m 이상
지정수량의 20배 초과 50배 이하	9m 이상
지정수량의 50배 초과 200배 이하	12m 이상
지정수량의 200배 초과	15m 이상

☑️ 위험물제조소의 기준

(1) 표지 및 게시판의 기준

① 표지의 기준

　㉠ 내용 : 위험물제조소

　㉡ 크기 : 한 변 0.3m 이상, 다른 한 변 0.6m 이상인 직사각형

　㉢ 색상 : 백색 바탕, 흑색 문자

② 방화에 관하여 필요한 사항을 게시한 게시판의 기준

　㉠ 내용 : 위험물의 유별·품명, 저장최대수량(취급최대수량), 지정수량의 배수, 안전관리자의 성명(직명)

　㉡ 크기 : 한 변 0.3m 이상, 다른 한 변 0.6m 이상인 직사각형

　㉢ 색상 : 백색 바탕, 흑색 문자

(2) 건축물의 구조

① 벽, 기둥, 바닥, 보, 서까래 및 계단

　불연재료로 만든다.

② 연소의 우려가 있는 외벽

　내화구조로 만든다.

③ 출입구의 방화문(옥내저장소에도 동일하게 적용)

　㉠ 출입구 : 60분+방화문·60분 방화문 또는 30분 방화문

　㉡ 연소의 우려가 있는 외벽에 설치하는 출입구 : 수시로 열 수 있는 자동폐쇄식 60분+방화문 또는 60분 방화문

(3) 환기설비 및 배출설비

① 환기설비의 설치기준(옥내저장소에도 동일하게 적용)

구 분	환기설비	배출설비
배기 방식	자연배기방식	강제배기방식
급기구의 수 및 면적	바닥면적 150m²마다 급기구는 면적 800cm² 이상의 것 1개 이상 설치	
급기구의 위치/장치	낮은 곳에 설치 /인화방지망 설치	높은 곳에 설치 /인화방지망 설치
환기구 및 배출구 높이	지붕 위 또는 지상 2m 이상 높이에 설치	지상 2m 이상 높이에 설치

② 배출설비의 설치조건
  ㉠ 제조소 : 가연성의 증기 또는 미분이 체류할 우려가 있는 장소
  ㉡ 옥내저장소 : 인화점 70℃ 미만의 위험물을 저장하는 장소

(4) 제조소의 위험물취급탱크의 방유제 기준

① 위험물제조소의 옥외에 설치하는 위험물취급탱크의 방유제 용량
  ㉠ 하나의 취급탱크의 방유제 용량 : 탱크 용량의 50% 이상
  ㉡ 2개 이상의 취급탱크의 방유제 용량 : 탱크 중 용량이 최대인 것의 50%에 나머지 탱크 용량 합계의 10%를 가산한 양 이상
② 위험물제조소의 옥내에 설치하는 위험물취급탱크의 방유턱 용량
  ㉠ 하나의 취급탱크의 방유턱 용량 : 탱크에 수납하는 위험물 양의 전부
  ㉡ 2개 이상의 취급탱크의 방유턱 용량 : 탱크 중 실제로 수납하는 위험물 양이 최대인 탱크의 양의 전부

☑ 옥내저장소의 기준

(1) 옥내저장소의 안전거리를 제외할 수 있는 조건

① 지정수량 20배 미만의 제4석유류 또는 동식물유류를 저장하는 경우
② 제6류 위험물을 저장하는 경우
③ 지정수량의 20배 이하로서 다음의 기준을 동시에 만족하는 경우
  ㉠ 저장창고의 벽, 기둥, 바닥, 보 및 지붕을 내화구조로 할 것
  ㉡ 저장창고의 출입구에 수시로 열 수 있는 자동폐쇄식의 60분+방화문 또는 60분 방화문을 설치할 것
  ㉢ 저장창고에 창을 설치하지 아니할 것

(2) 건축물의 구조

① 지면에서 처마까지의 높이는 6m 미만인 단층 건물로 해야 한다.

② 벽, 기둥, 바닥 : 내화구조로 만든다.

③ 보, 서까래, 계단 : 불연재료로 만든다.

④ 지붕 : 폭발력이 위로 방출될 정도의 가벼운 불연재료로 만든다.

> 제2류 위험물(분상의 것과 인화성 고체 제외)과 제6류 위험물만의 저장창고에 있어서는 지붕을 내화구조로 할 수 있다.

⑤ 천장 : 기본적으로는 설치하지 않는다. 다만, 제5류 위험물만의 저장창고는 창고 내의 온도를 저온으로 유지하기 위하여 난연재료 또는 불연재료로 된 천장을 설치할 수 있다.

(3) 위험물의 종류에 따른 옥내저장소의 바닥면적

바닥면적 1,000m² 이하에 저장 가능한 위험물	
제1류 위험물	아염소산염류, 염소산염류, 과염소산염류, 무기과산화물
제3류 위험물	칼륨, 나트륨, 알킬알루미늄, 알킬리튬, 황린
제4류 위험물	특수인화물, 제1석유류, 알코올류
제5류 위험물	유기과산화물, 질산에스터류
제6류 위험물	과염소산, 과산화수소, 질산
바닥면적 2,000m² 이하에 저장 가능한 위험물	
바닥면적 1,000m² 이하에 저장 가능한 위험물 이외의 것	

(4) 다층 건물 옥내저장소의 기준

① 저장 가능한 위험물 : 제2류(인화성 고체 제외) 또는 제4류(인화점 70℃ 미만 제외)

② 층고(바닥으로부터 상층 바닥까지의 높이) : 6m 미만

③ 하나의 저장창고의 모든 층의 바닥면적 합계 : 1,000m² 이하

(5) 지정과산화물 옥내저장소의 기준

① 지정과산화물의 정의 : 제5류 위험물 중 유기과산화물 또는 이를 함유한 것으로서 지정수량이 10kg인 것을 말한다.

② 격벽의 기준 : 바닥면적 150m² 이내마다 격벽으로 구획한다.

　㉠ 격벽의 두께

　　ⓐ 철근콘크리트조 또는 철골철근콘크리트조 : 30cm 이상

　　ⓑ 보강콘크리트블록조 : 40cm 이상

        ⓛ 격벽의 돌출길이

            ⓐ 창고 양측의 외벽으로부터 1m 이상

            ⓑ 창고 상부의 지붕으로부터 50cm 이상

    ③ 저장창고 외벽 두께의 기준

        ㉠ 철근콘크리트조 또는 철골철근콘크리트조 : 20cm 이상

        ㉡ 보강콘크리트블록조 : 30cm 이상

☑️ 옥외탱크저장소의 기준

(1) 보유공지의 단축

    ① 제6류 위험물을 저장하는 옥외저장탱크 : 보유공지의 1/3 이상(최소 1.5m 이상)

    ② 동일한 방유제 안에 있는 2개 이상 탱크의 상호간 거리

        ㉠ 제6류 위험물 외의 위험물을 저장하는 옥외저장탱크 : 보유공지의 1/3 이상(최소 3m 이상)

        ㉡ 제6류 위험물을 저장하는 옥외저장탱크 : 보유공지 너비의 1/9 이상(최소 1.5m 이상)

(2) 옥외저장탱크 통기관의 기준

    ① 밸브 없는 통기관

        ㉠ 직경은 30mm 이상으로 할 것

        ㉡ 선단은 수평면보다 45도 이상 구부려 빗물 등의 침투를 막을 것

        ㉢ 인화점이 38℃ 미만인 위험물만을 저장, 취급하는 탱크의 통기관에는 화염방지장치를 설치하고, 인화점이 38℃ 이상 70℃ 미만인 위험물을 저장, 취급하는 탱크의 통기관에는 40mesh 이상의 구리망으로 된 인화방지장치를 설치할 것

    ② 대기밸브부착 통기관 : 5kPa 이하의 압력 차이로 작동할 수 있을 것

(3) 옥외탱크저장소의 방유제

    ① 방유제의 용량

        ㉠ 인화성이 있는 위험물 옥외저장탱크의 방유제

            ⓐ 옥외저장탱크를 1개만 포함하는 경우 : 탱크 용량의 110% 이상

            ⓑ 옥외저장탱크를 2개 이상 포함하는 경우 : 탱크 중 용량이 최대인 것의 110% 이상

        ㉡ 인화성이 없는 위험물 옥외저장탱크의 방유제

            ⓐ 옥외저장탱크를 1개만 포함하는 경우 : 탱크 용량의 100% 이상

            ⓑ 옥외저장탱크를 2개 이상 포함하는 경우 : 탱크 중 용량이 최대인 것의 100% 이상

② 방유제의 높이 : 0.5m 이상 3m 이하

③ 방유제의 두께 : 0.2m 이상

④ 방유제의 지하매설깊이 : 1m 이상

⑤ 하나의 방유제의 면적 : 8만m^2 이하

⑥ 방유제의 재질 : 철근콘크리트

⑦ 하나의 방유제 안에 설치할 수 있는 옥외저장탱크의 수

   ㉠ 10개 이하 : 인화점 70℃ 미만의 위험물을 저장하는 옥외저장탱크의 경우

   ㉡ 20개 이하 : 인화점이 70℃ 이상 200℃ 미만인 위험물을 저장하는 옥외저장탱크의 용량의 합이 20만L 이하인 경우

   ㉢ 개수 무제한 : 인화점이 200℃ 이상인 위험물을 저장하는 옥외저장탱크의 경우

⑧ 소방차 및 자동차의 통행을 위한 도로 설치기준 : 방유제 외면의 2분의 1 이상은 3m 이상의 폭을 확보한 도로에 접하도록 설치한다.

⑨ 방유제로부터 옥외저장탱크의 옆판까지의 거리

   ㉠ 탱크 지름이 15m 미만 : 탱크 높이의 3분의 1 이상

   ㉡ 탱크 지름이 15m 이상 : 탱크 높이의 2분의 1 이상

⑩ 간막이둑을 설치하는 기준 : 방유제 내에 설치된 용량이 1,000만L 이상인 옥외저장탱크에는 각각의 탱크마다 간막이둑을 설치한다.

   ㉠ 간막이둑의 높이 : 0.3m 이상(방유제 높이보다 0.2m 이상 낮게)

   ㉡ 간막이둑의 용량 : 탱크 용량의 10% 이상

   ㉢ 간막이둑의 재질 : 흙 또는 철근콘크리트

⑪ 계단 또는 경사로의 기준 : 높이가 1m를 넘는 방유제의 안팎에는 약 50m마다 계단 또는 경사로 설치

☑ 옥내저장탱크의 기준

(1) 옥내저장탱크에 저장할 수 있는 위험물의 종류

① 탱크전용실을 단층 건축물에 설치한 옥내저장탱크에 저장할 수 있는 위험물
   모든 유별의 위험물

② 탱크전용실을 단층 건물 외의 건축물에 설치한 옥내저장탱크에 저장할 수 있는 위험물

   ㉠ 건축물의 1층 또는 지하층

      ⓐ 제2류 위험물 중 황화인, 적린 및 덩어리상태의 황

      ⓑ 제3류 위험물 중 황린

      ⓒ 제6류 위험물 중 질산

   ㉡ 건축물의 모든 층 : 제4류 위험물 중 인화점이 38℃ 이상인 위험물

(2) 옥내저장탱크의 용량

　① 단층 건물에 탱크전용실을 설치하는 경우 : 지정수량의 40배 이하

　　(단, 제4석유류 및 동식물유류 외의 제4류 위험물의 저장탱크는 20,000L 이하)

　② 단층 건물 외의 건축물에 탱크전용실을 설치하는 경우

　　㉠ 1층 이하의 층에 탱크전용실을 설치하는 경우 : 지정수량의 40배 이하

　　　(단, 제4석유류 및 동식물유류 외의 제4류 위험물의 저장탱크는 20,000L 이하)

　　㉡ 2층 이상의 층에 탱크전용실을 설치하는 경우 : 지정수량의 10배 이하

　　　(단, 제4석유류 및 동식물유류 외의 제4류 위험물의 저장탱크는 5,000L 이하)

(3) 옥내저장탱크의 통기관

　① 밸브 없는 통기관

　　㉠ 통기관의 선단(끝단)과 건축물의 창, 출입구와의 거리

　　　: 옥외의 장소로 1m 이상

　　㉡ 지면으로부터 통기관의 선단까지의 높이

　　　: 4m 이상

　　㉢ 인화점 40℃ 미만인 위험물을 저장하는 탱크의 통기관과 부지경계선까지의 거리

　　　: 1.5m 이상

　　㉣ 통기관의 선단은 옥외에 설치할 것

　　㉤ 직경은 30mm 이상으로 할 것

　　㉥ 선단은 수평면보다 45도 이상 구부려 빗물 등의 침투를 막을 것

　　㉦ 인화점이 38℃ 미만인 위험물만을 저장, 취급하는 탱크의 통기관에는 화염방지
　　　장치를 설치하고, 인화점이 38℃ 이상 70℃ 미만인 위험물을 저장, 취급하는 탱
　　　크의 통기관에는 40mesh 이상의 구리망으로 된 인화방지장치를 설치할 것

　② 대기밸브부착 통기관 : 5kPa 이하의 압력 차이로 작동할 수 있을 것

☑ **지하탱크저장소의 기준**

(1) 지하저장탱크의 시험

　① 압력탱크 : 최대상용압력의 1.5배 압력으로 10분간 실시하는 수압시험

　② 압력탱크 외의 탱크 : 70kPa의 압력으로 10분간 실시하는 수압시험

(2) 지하저장탱크의 설치기준

　① 전용실의 내부 : 입자지름 5mm 이하의 마른 자갈분 또는 마른 모래를 채울 것

　② 지면으로부터 지하탱크의 윗부분까지의 거리 : 0.6m 이상

　③ 지하저장탱크를 2개 이상 인접해 설치할 때 상호거리 : 1m 이상

　　※ 탱크 용량의 합계가 지정수량의 100배 이하일 경우 : 0.5m 이상

④ 탱크전용실로부터 안쪽과 바깥쪽으로의 거리
　　㉠ 지하의 벽, 가스관, 대지경계선으로부터 탱크전용실 바깥쪽과의 거리 : 0.1m 이상
　　㉡ 지하저장탱크와 탱크전용실 안쪽과의 거리 : 0.1m 이상
⑤ 탱크전용실의 기준 : 벽, 바닥 및 뚜껑의 두께는 0.3m 이상의 철근콘크리트로 할 것
⑥ 지면으로부터 통기관의 선단까지의 높이 : 4m 이상

☑ 간이탱크저장소의 기준

(1) 보유공지
① 옥외에 설치하는 경우 : 1m 이상
② 전용실 안에 설치하는 경우 : 탱크와 전용실의 벽까지 0.5m 이상

(2) 간이탱크저장소의 구조 및 설치기준
① 하나의 간이탱크저장소에 설치할 수 있는 간이저장탱크의 수 : 3개 이하
② 하나의 간이저장탱크 용량 : 600L 이하
③ 간이저장탱크의 두께 : 3.2mm 이상의 강철판
④ 탱크의 시험방법 : 70kPa의 압력으로 10분간 수압시험 실시

☑ 이동탱크저장소의 기준

(1) 표지 및 게시판의 기준

구 분	위 치	규격 및 색상	내 용	실제 모양
표지	이동탱크저장소의 전면 상단 및 후면 상단	60cm 이상×30cm 이상의 가로형 사각형으로 흑색 바탕에 황색 문자	위험물	위험물
UN번호	이동탱크저장소의 후면 및 양 측면	30cm 이상×12cm 이상의 가로형 사각형으로 흑색 테두리선(굵기 1cm)과 오렌지색 바탕에 흑색 문자	UN번호의 숫자 (글자 높이 6.5cm 이상)	1223
그림문자	이동탱크저장소의 후면 및 양 측면	25cm 이상×25cm 이상의 마름모꼴로 분류기호에 따라 바탕과 문자의 색을 다르게 할 것	심벌 및 분류·구분의 번호 (글자 높이 2.5cm 이상)	

(2) 이동저장탱크의 구조

① 탱크(맨홀 및 주입관의 뚜껑 포함)의 두께

3.2mm 이상의 강철판

② 칸막이

㉠ 하나로 구획된 칸막이의 용량 : 4,000L 이하

㉡ 칸막이의 두께 : 3.2mm 이상의 강철판

③ 방파판

㉠ 칸막이로 구획된 부분의 용량이 2,000L 미만인 부분에는 설치하지 않을 수 있다.

㉡ 두께 및 재질 : 1.6mm 이상의 강철판

㉢ 개수 : 하나의 구획부분에 2개 이상 설치

(3) 측면틀 및 방호틀

① 측면틀

㉠ 측면틀의 최외측과 탱크 최외측의 연결선과 수평면이 이루는 내각 : 75도 이상

㉡ 탱크 중심점과 측면틀 최외측선을 연결하는 선과 중심점을 지나는 직선 중 최외 측선과 직각을 이루는 선과의 내각 : 35도 이상

㉢ 탱크 상부의 네 모퉁이로부터 탱크의 전단 또는 후단까지의 거리 : 각각 1m 이내

② 방호틀

㉠ 두께 : 2.3mm 이상의 강철판

㉡ 높이 : 방호틀의 정상부분을 부속장치보다 50mm 이상 높게 유지

(4) 이동저장탱크의 접지도선

제4류 위험물 중 특수인화물, 제1석유류 또는 제2석유류를 저장하는 이동저장탱크에 설치할 것

(5) 상치장소(주차장으로 허가받은 장소)

① 옥외에 있는 상치장소

화기를 취급하는 장소 또는 인근의 건축물로부터 5m(인근의 건축물이 1층인 경우 에는 3m) 이상의 거리를 확보할 것

② 옥내에 있는 상치장소

벽·바닥·보·서까래 및 지붕이 내화구조 또는 불연재료로 된 건축물의 1층에 설 치할 것

☑️ 옥외저장소의 저장기준

(1) 보유공지를 3분의 1로 단축할 수 있는 위험물
① 제4류 위험물 중 제4석유류
② 제6류 위험물

(2) 덩어리상태의 황만을 경계표시의 안쪽에 저장하는 기준
① 하나의 경계표시의 내부면적 : $100m^2$ 이하
② 2 이상의 경계표시 내부면적의 합 : $1,000m^2$ 이하
③ 인접하는 경계표시와 경계표시와의 간격 : 보유공지의 너비의 1/2 이상으로 하되 저장하는 위험물의 최대수량이 지정수량 200배 이상의 경계표시끼리의 간격은 10m 이상
④ 경계표시의 높이 : 1.5m 이하
⑤ 경계표시의 재료 : 불연재료
⑥ 천막고정장치의 설치간격 : 경계표시의 길이 2m마다 설치

(3) 옥외저장소에 저장 가능한 위험물
① 제2류 위험물
　－ 황 또는 인화성 고체(인화점이 섭씨 0도 이상인 것에 한함)
② 제4류 위험물
　㉠ 제1석유류(인화점이 섭씨 0도 이상인 것에 한함)
　㉡ 알코올류
　㉢ 제2석유류
　㉣ 제3석유류
　㉤ 제4석유류
　㉥ 동식물유류
③ 제6류 위험물
④ 시·도조례로 정하는 제2류 또는 제4류 위험물
⑤ 국제해상위험물규칙(IMDG Code)에 적합한 용기에 수납된 위험물

✅ 주유취급소의 기준

(1) 주유공지

너비 15m 이상, 길이 6m 이상

(2) 주유취급소의 탱크 용량

① 고정주유설비 및 고정급유설비에 직접 접속하는 전용탱크 : 각각 50,000L 이하
② 보일러 등에 직접 접속하는 전용탱크 : 10,000L 이하
③ 폐유, 윤활유 등의 위험물을 저장하는 탱크 : 2,000L 이하
④ 고정주유설비 또는 고정급유설비용 간이탱크 : 600L 이하의 탱크 3기 이하
⑤ 고속도로의 주유취급소 탱크 : 60,000L 이하

(3) 게시판

① 내용 : 주유 중 엔진정지
② 색상 : 황색바탕, 흑색문자
③ 규격 : 한 변의 길이 0.3m 이상, 다른 한 변의 길이 0.6m 이상

(4) 주유관의 길이

① 고정식 주유관 : 5m 이내
② 현수식 주유관 : 지면 위 0.5m의 수평면에 수직으로 내려 만나는 점을 중심으로 반경 3m 이내

(5) 고정주유설비 및 고정급유설비의 기준

① 셀프용 외의 고정주유설비 및 고정급유설비의 최대토출량
  ㉠ 제1석유류 : 분당 50L 이하
  ㉡ 경유 : 분당 180L 이하
  ㉢ 등유 : 분당 80L 이하
② 셀프용 고정주유설비
  ㉠ 1회 연속주유량의 상한 : 휘발유는 100L 이하, 경유는 200L 이하
  ㉡ 1회 연속주유시간의 상한 : 4분 이하
③ 셀프용 고정급유설비
  ㉠ 1회 연속급유량의 상한 : 100L 이하
  ㉡ 1회 연속주유시간의 상한 : 6분 이하

✅ 판매취급소의 기준

(1) 제1종 판매취급소와 제2종 판매취급소의 구분

구 분	제1종 판매취급소	제2종 판매취급소
위치	건축물의 1층	건축물의 1층
취급량	지정수량의 20배 이하	지정수량의 40배 이하
판매취급소의 용도로 사용되는 건축물의 부분	내화구조 또는 불연재료	벽·기둥·바닥·보를 내화구조
다른 부분과의 격벽	내화구조	내화구조
보	불연재료	내화구조
천장	불연재료	불연재료
상층바닥	내화구조	내화구조로 하는 동시에 상층으로의 연소방지 조치
지붕	내화구조 또는 불연재료	내화구조
방화문의 종류	60분+방화문·60분 방화문 또는 30분 방화문	60분+방화문·60분 방화문 또는 30분 방화문 (연소의 우려가 있는 출입구에는 자동폐쇄식 60분+방화문 또는 60분 방화문)
창 또는 출입구에 이용하는 유리	망입유리	망입유리

(2) 위험물 배합실의 기준

① 바닥면적은 $6m^2$ 이상 $15m^2$ 이하로 할 것
② 내화구조 또는 불연재료로 된 벽으로 구획할 것
③ 바닥은 적당한 경사를 두고 집유설비를 할 것
④ 출입구에는 자동폐쇄식 60분+방화문 또는 60분 방화문을 설치할 것
⑤ 출입구 문턱의 높이는 바닥면으로부터 0.1m 이상으로 할 것
⑥ 가연성의 증기 또는 미분을 지붕 위로 방출하는 설비를 할 것

3. 제조소등의 소화설비

☑ 소화난이도등급

구 분	소화난이도등급 Ⅰ의 제조소등	소화난이도등급 Ⅱ의 제조소등
제조소 및 일반취급소	• 연면적 1,000m² 이상인 것 • 지정수량의 100배 이상 취급하는 것 • 지반면으로부터 6m 이상의 높이에 위험물 취급설비가 있는 것	• 연면적 600m² 이상인 것 • 지정수량의 10배 이상 취급하는 것
옥내저장소	• 연면적 150m²를 초과하는 것 • 지정수량의 150배 이상 취급하는 것 • 처마높이 6m 이상인 단층건물의 것	지정수량의 10배 이상 취급하는 것
옥외탱크저장소 및 옥내탱크저장소 (제6류 위험물을 저장하는 것 제외)	• 액표면적이 40m² 이상인 것 • 지반면으로부터 탱크 옆판의 상단 까지의 높이가 6m 이상인 것	소화난이도등급 Ⅰ 이외의 것
옥외저장소	덩어리상태의 황을 저장하는 것으로서 경계표시 내부의 면적이 100m² 이상인 것(2개 이상의 경계표시 포함)	덩어리상태의 황을 저장하는 것으로서 경계표시 내부의 면적이 5m² 이상 100m² 미만인 것
암반탱크저장소 (제6류 위험물을 저장하는 것 제외)	액표면적이 40m² 이상인 것	–
주유취급소	직원 외의 자가 출입하는 부분의 면적의 합이 500m²를 초과하는 것	옥내주유취급소
이송취급소	모든 대상	–
판매취급소	–	제2종 판매취급소

☑ 소화설비의 적응성

소화설비의 구분	건축물·그 밖의 공작물	전기설비	제1류 위험물		제2류 위험물			제3류 위험물		제4류 위험물	제5류 위험물	제6류 위험물
			알칼리금속의 과산화물등	그 밖의 것	철분·금속분·마그네슘 등	인화성 고체	그 밖의 것	금수성 물품	그 밖의 것			
옥내소화전 또는 옥외소화전 설비	○			○		○	○		○		○	○
스프링클러설비	○			○		○	○		○	△	○	○
물분무등소화설비 — 물분무소화설비	○	○		○		○	○		○	○	○	○
물분무등소화설비 — 포소화설비	○			○		○	○		○	○	○	○
물분무등소화설비 — 불활성가스소화설비		○				○				○		
물분무등소화설비 — 할로젠화합물소화설비		○				○				○		
물분무등소화설비 — 분말소화설비 — 인산염류등	○	○		○		○	○			○		○
물분무등소화설비 — 분말소화설비 — 탄산수소염류등		○	○		○	○		○		○		
물분무등소화설비 — 분말소화설비 — 그 밖의 것			○		○			○				
대형·소형 수동식 소화기 — 봉상수(棒狀水)소화기	○			○		○	○		○		○	○
대형·소형 수동식 소화기 — 무상수(霧狀水)소화기	○	○		○		○	○		○		○	○
대형·소형 수동식 소화기 — 봉상강화액소화기	○			○		○	○		○		○	○
대형·소형 수동식 소화기 — 무상강화액소화기	○	○		○		○	○		○	○	○	○
대형·소형 수동식 소화기 — 포소화기	○			○		○	○		○	○	○	○
대형·소형 수동식 소화기 — 이산화탄소소화기		○				○				○		△
대형·소형 수동식 소화기 — 할로젠화합물소화기		○				○				○		
대형·소형 수동식 소화기 — 분말소화기 — 인산염류소화기	○	○		○		○	○			○		○
대형·소형 수동식 소화기 — 분말소화기 — 탄산수소염류소화기		○	○		○	○		○		○		
대형·소형 수동식 소화기 — 분말소화기 — 그 밖의 것			○		○			○				
기타 — 물통 또는 수조	○			○		○	○		○		○	○
기타 — 건조사(마른 모래)			○	○	○	○	○	○	○	○	○	○
기타 — 팽창질석 또는 팽창진주암			○	○	○	○	○	○	○	○	○	○

※ "○"는 소화설비의 적응성이 있다는 의미이고, "△"는 경우에 따라 적응성이 있다는 의미이다.

4. 위험물의 저장 · 취급 기준

(1) 유별이 다른 위험물끼리 동일한 저장소에 저장할 수 있는 경우

옥내저장소 또는 옥외저장소에서는 서로 다른 유별끼리 함께 저장할 수 없지만 다음의 조건을 만족하면서 유별로 정리하여 서로 1m 이상의 간격을 두는 경우에는 저장할 수 있다.

① 제1류 위험물(알칼리금속의 과산화물 제외)과 제5류 위험물
② 제1류 위험물과 제6류 위험물
③ 제1류 위험물과 제3류 위험물 중 자연발화성 물질(황린)
④ 제2류 위험물 중 인화성 고체와 제4류 위험물
⑤ 제3류 위험물 중 알킬알루미늄등과 제4류 위험물(알킬알루미늄 또는 알킬리튬을 함유한 것)
⑥ 제4류 위험물 중 유기과산화물과 제5류 위험물 중 유기과산화물

(2) 유별이 같은 위험물이라도 동일한 저장소에 저장할 수 없는 경우

① 제3류 위험물 중 황린과 같이 물속에 저장하는 물품과 금수성 물질은 동일한 저장소에서 저장하지 아니하여야 한다.
② 동일 품명의 위험물이라도 자연발화할 우려가 있거나 재해가 현저하게 증대할 우려가 있는 위험물을 다량 저장하는 경우에는 지정수량의 10배 이하마다 구분하여 상호간 0.3m 이상의 간격을 두어 저장하여야 한다.

(3) 옥내저장소 또는 옥외저장소의 저장용기를 쌓는 높이의 기준

① 기계에 의하여 하역하는 구조로 된 용기 : 6m 이하
② 제4류 위험물 중 제3석유류, 제4석유류 및 동식물유류의 용기 : 4m 이하
③ 그 밖의 경우 : 3m 이하
④ 용기를 선반에 저장하는 경우
　㉠ 옥내저장소에 설치한 선반 : 높이의 제한 없음
　㉡ 옥외저장소에 설치한 선반 : 6m 이하

(4) 탱크에 저장할 때 위험물의 저장온도

구 분	옥외저장탱크, 옥내저장탱크, 지하저장탱크		이동저장탱크	
	압력탱크에 저장하는 경우	압력탱크 외의 탱크에 저장하는 경우	보냉장치가 있는 이동저장탱크에 저장하는 경우	보냉장치가 없는 이동저장탱크에 저장하는 경우
아세트알데하이드등	40℃ 이하	15℃ 이하	비점 이하	40℃ 이하
산화프로필렌 및 다이에틸에터등	40℃ 이하	30℃ 이하	비점 이하	40℃ 이하

(5) 주유취급소 · 이동탱크저장소 · 판매취급소에서의 기준

① 위험물을 주유할 때 자동차 등의 원동기를 정지시켜야 하는 위험물

인화점 40℃ 미만의 위험물

② 이동저장탱크에 위험물을 주입할 때의 기준

㉠ 이동저장탱크의 상부로부터 위험물을 주입할 때 : 위험물의 액표면이 주입관의 선단을 넘는 높이가 될 때까지 주입관 내의 유속을 초당 1m 이하로 한다.

㉡ 이동저장탱크의 밑부분으로부터 위험물을 주입할 때 : 위험물의 액표면이 주입관의 정상부분을 넘는 높이가 될 때까지 주입관 내의 유속을 초당 1m 이하로 한다.

③ 이동탱크저장소에 봉입하는 불활성 기체의 압력

㉠ 알킬알루미늄등의 이동탱크로부터 알킬알루미늄을 꺼낼 때 : 동시에 200kPa 이하의 압력으로 불활성 기체 봉입

㉡ 알킬알루미늄등의 이동탱크에 알킬알루미늄을 저장할 때 : 20kPa 이하의 압력으로 불활성 기체 봉입

㉢ 아세트알데하이드등의 이동탱크로부터 아세트알데하이드를 꺼낼 때 : 동시에 100kPa 이하의 압력으로 불활성 기체 봉입

5. 위험물의 운반기준

(1) 운반용기의 수납률
① 고체 위험물 : 운반용기 내용적의 95% 이하
② 액체 위험물 : 운반용기 내용적의 98% 이하(55℃에서 누설되지 않도록 공간용적 유지)
③ 알킬알루미늄 또는 알킬리튬 : 운반용기 내용적의 90% 이하(50℃에서 5% 이상의 공간용적 유지)

(2) 운반용기 외부에 표시해야 하는 사항
① 품명, 위험등급, 화학명 및 수용성
② 위험물의 수량
③ 위험물에 따른 주의사항

(3) 운반 시 피복기준
① 차광성 피복으로 가려야 하는 위험물
　㉠ 제1류 위험물
　㉡ 제3류 위험물 중 자연발화성 물질
　㉢ 제4류 위험물 중 특수인화물
　㉣ 제5류 위험물
　㉤ 제6류 위험물
② 방수성 피복으로 가려야 하는 위험물
　㉠ 제1류 위험물 중 알칼리금속의 과산화물
　㉡ 제2류 위험물 중 철분, 금속분, 마그네슘
　㉢ 제3류 위험물 중 금수성 물질

(4) 유별을 달리하는 위험물의 혼재기준

위험물의 구분	제1류	제2류	제3류	제4류	제5류	제6류
제1류		×	×	×	×	○
제2류	×		×	○	○	×
제3류	×	×		○	×	×
제4류	×	○	○		○	×
제5류	×	○	×	○		×
제6류	○	×	×	×	×	

※ 이 [표]는 지정수량의 1/10 이하의 위험물에 대하여는 적용하지 않는다.

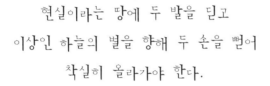

현실이라는 땅에 두 발을 딛고
이상인 하늘의 별을 향해 두 손을 뻗어
착실히 올라가야 한다.

- 반기문 -

꿈꾸는 사람은 행복합니다.

그러나 꿈만 좇다 보면 자칫 불행해집니다. 가시밭에 넘어지고 웅덩이에 빠져 허우적거릴 뿐, 꿈을 현실화할 수 없기 때문이죠.

꿈을 이루기 위해서는, 냉엄한 현실을 바탕으로 한 치밀한 전략, 그리고 뜨거운 열정이라는 두 발이 필요합니다. 그러지 못하면 넘어지기 십상이지요.

우선 그 두 발로 현실을 딛고, 하늘의 별을 따기 위해 한 계단 한 계단 올라가 보십시오. 그러면 어느 순간 여러분도 모르게 하늘의 별이 여러분의 손에 쥐어 져 있을 것입니다.

M·E·M·O

M · E · M · O

M · E · M · O

M · E · M · O

Industrial Engineer Hazardous material

| 위험물산업기사 필기+실기 |

www.cyber.co.kr

표준 주기율표
(Periodic Table of The Elements)

표기법:
원자 번호
기호
원소명(국문)
원소명(영문)
일반 원자량
표준 원자량

1	2	3	4	5	6	7	8	9	10	11	12	13	14	15	16	17	18
H 수소 hydrogen [1.0078, 1.0082]																	**He** 헬륨 helium 4.0026
Li 리튬 lithium 6.94 [6.938, 6.997]	**Be** 베릴륨 beryllium 9.0122											**B** 붕소 boron 10.81 [10.806, 10.821]	**C** 탄소 carbon 12.011 [12.009, 12.012]	**N** 질소 nitrogen 14.007 [14.006, 14.008]	**O** 산소 oxygen 15.999 [15.999, 16.000]	**F** 플루오린 fluorine 18.998	**Ne** 네온 neon 20.180
Na 소듐 sodium 22.990	**Mg** 마그네슘 magnesium 24.305 [24.304, 24.307]											**Al** 알루미늄 aluminium 26.982	**Si** 규소 silicon 28.085 [28.084, 28.086]	**P** 인 phosphorus 30.974	**S** 황 sulfur 32.06 [32.059, 32.076]	**Cl** 염소 chlorine 35.45 [35.446, 35.457]	**Ar** 아르곤 argon 39.95 [39.792, 39.963]
K 포타슘 potassium 39.098	**Ca** 칼슘 calcium 40.078(4)	**Sc** 스칸듐 scandium 44.956	**Ti** 타이타늄 titanium 47.867	**V** 바나듐 vanadium 50.942	**Cr** 크로뮴 chromium 51.996	**Mn** 망가니즈 manganese 54.938	**Fe** 철 iron 55.845(2)	**Co** 코발트 cobalt 58.933	**Ni** 니켈 nickel 58.693	**Cu** 구리 copper 63.546(3)	**Zn** 아연 zinc 65.38(2)	**Ga** 갈륨 gallium 69.723	**Ge** 저마늄 germanium 72.630(8)	**As** 비소 arsenic 74.922	**Se** 셀레늄 selenium 78.971(8)	**Br** 브로민 bromine 79.904 [79.901, 79.907]	**Kr** 크립톤 krypton 83.798(2)
Rb 루비듐 rubidium 85.468	**Sr** 스트론튬 strontium 87.62	**Y** 이트륨 yttrium 88.906	**Zr** 지르코늄 zirconium 91.224(2)	**Nb** 나이오븀 niobium 92.906	**Mo** 몰리브데넘 molybdenum 95.95	**Tc** 테크네튬 technetium	**Ru** 루테늄 ruthenium 101.07(2)	**Rh** 로듐 rhodium 102.91	**Pd** 팔라듐 palladium 106.42	**Ag** 은 silver 107.87	**Cd** 카드뮴 cadmium 112.41	**In** 인듐 indium 114.82	**Sn** 주석 tin 118.71	**Sb** 안티모니 antimony 121.76	**Te** 텔루륨 tellurium 127.60(3)	**I** 아이오딘 iodine 126.90	**Xe** 제논 xenon 131.29
Cs 세슘 caesium 132.91	**Ba** 바륨 barium 137.33	57-71 란타넘족 lanthanoids	**Hf** 하프늄 hafnium 178.49(2)	**Ta** 탄탈럼 tantalum 180.95	**W** 텅스텐 tungsten 183.84	**Re** 레늄 rhenium 186.21	**Os** 오스뮴 osmium 190.23(3)	**Ir** 이리듐 iridium 192.22	**Pt** 백금 platinum 195.08	**Au** 금 gold 196.97	**Hg** 수은 mercury 200.59	**Tl** 탈륨 thallium 204.38 [204.38, 204.39]	**Pb** 납 lead 207.2	**Bi** 비스무트 bismuth 208.98	**Po** 폴로늄 polonium	**At** 아스타틴 astatine	**Rn** 라돈 radon
Fr 프랑슘 francium	**Ra** 라듐 radium	89-103 악티늄족 actinoids	**Rf** 러더포듐 rutherfordium	**Db** 두브늄 dubnium	**Sg** 시보귬 seaborgium	**Bh** 보륨 bohrium	**Hs** 하슘 hassium	**Mt** 마이트너륨 meitnerium	**Ds** 다름슈타튬 darmstadtium	**Rg** 뢴트게늄 roentgenium	**Cn** 코페르니슘 copernicium	**Nh** 니호늄 nihonium	**Fl** 플레로븀 flerovium	**Mc** 모스코븀 moscovium	**Lv** 리버모륨 livermorium	**Ts** 테네신 tennessine	**Og** 오가네손 oganesson

란타넘족 (Lanthanoids)

57	58	59	60	61	62	63	64	65	66	67	68	69	70	71
La 란타넘 lanthanum 138.91	**Ce** 세륨 cerium 140.12	**Pr** 프라세오디뮴 praseodymium 140.91	**Nd** 네오디뮴 neodymium 144.24	**Pm** 프로메튬 promethium	**Sm** 사마륨 samarium 150.36(2)	**Eu** 유로퓸 europium 151.96	**Gd** 가돌리늄 gadolinium 157.25(3)	**Tb** 터븀 terbium 158.93	**Dy** 디스프로슘 dysprosium 162.50	**Ho** 홀뮴 holmium 164.93	**Er** 어븀 erbium 167.26	**Tm** 툴륨 thulium 168.93	**Yb** 이터븀 ytterbium 173.05	**Lu** 루테튬 lutetium 174.97

악티늄족 (Actinoids)

89	90	91	92	93	94	95	96	97	98	99	100	101	102	103
Ac 악티늄 actinium	**Th** 토륨 thorium 232.04	**Pa** 프로트악티늄 protactinium 231.04	**U** 우라늄 uranium 238.03	**Np** 넵투늄 neptunium	**Pu** 플루토늄 plutonium	**Am** 아메리슘 americium	**Cm** 퀴륨 curium	**Bk** 버클륨 berkelium	**Cf** 캘리포늄 californium	**Es** 아인슈타이늄 einsteinium	**Fm** 페르뮴 fermium	**Md** 멘델레븀 mendelevium	**No** 노벨륨 nobelium	**Lr** 로렌슘 lawrencium

※ 표준 원자량은 2011년 IUPAC에서 결정한 새로운 형식을 따른 것으로 [ ] 안에 표시된 숫자는 2종류 이상의 안정한 동위원소가 존재하는 경우에 각각 시료에서 발견되는 자연 존재비의 분포를 고려한 표준 원자량의 범위를 나타낸 것임.

위험물산업기사 필기+실기

핵심 써머리

성안당은 여러분의 합격을 응원합니다!

*더 쉽게 더 빠르게 산업기사 되기

한번에 합격하기

BM Book Multimedia Group

성안당은 선진화된 출판 및 영상교육 시스템을 구축하고
항상 연구하는 자세로 독자 앞에 다가갑니다.

비매품